신재생에너지 발전시스템 (태양광)공학

공학박사/기술사 **정춘병** 저

동일출판사

머리말

지금까지 산업혁명은 에너지 개발 사용을 기반으로 한 생산성 증대가 변화의 전부였다. 제5차 산업혁명(Industry 5.0)은 사람과 로봇이 동반자로 자리매김하고, 생성형 인공지능(AI) 기술로 진화된 위험을 통제할 수 있는 메타버스(metaverse) 세계 속에서 자원과 환경을 바탕으로 한 초인지(meta cognition) 생물공학 발전의 시대로 가고 있다. 이 시대가 필요로 하는 다량의 에너지를 고전적인 화석에너지에만 의존한다면, 지구온난화와 환경오염 등의 심각한 문제를 해결할 수 없을 것이다.

다음 세대에게 온전하고 청정한 지구환경을 물려줄 책무가 있는 공학 기술인들에게는 화석에너지를 대제할 청정에너지를 부족함 없이 생산하여 보급할 사명이 있다.

대체에너지 개발연구와 활용을 위해 국가는 "신에너지 및 재생에너지 개발 · 이용 · 보급 촉진법"과 "기후 위기 대응을 위한 탄소중립 · 녹색성장 기본법" 제정 등으로, UN의 지속가능개발 목표(SDGs)와 파리기후 국제협약 이행 준수체계를 구축하여 우리나라도 국제사회 동반자로서의 책무인 지구환경 보호를 위해 노력하고 있다.

저자는 이미 신재생에너지 분야 지식을 단편적으로 학생과 기술인에게 전달한 바 있으나, 이 지식이 더 많은 관계자들에게 전달 · 공유 · 활용되어 청정에너지 생산과 이용에 실질적 도움이 될 수 있기를 바란다. 따라서 앞서 미진한 부분은 다양한 자료를 찾아 인용하고 일일이 전문가들의 자문을 받아 새롭게 3차 개정판을 출판하였다. 본서가 신재생에너지를 이해하는 최상의 지침서로 활용되고, 관련학과 학생과 국가기술자격 수험도서로 활용되기를 기대한다. 아울러 집필 과정에서 부족한 부분과 뜻하지 않은 오류가 있다면, 바로잡을 수 있도록 제언해주면 끊임없이 보완하여 신재생에너지 공학 도서로 손색없도록 노력하겠다.

끝으로 에너지 빈민국인 대한민국이 에너지 부족 없는 국가로 발전되기를 소망하며 그동안 도움을 주신 모든 분들께 깊이 고개 숙입니다. 감사합니다.

2025. 7.

경동엔지니어링(주) 기술연구소에서

공학박사 정 춘 병

차 례

1장 신 · 재생에너지 / 9

2장 태양광발전 시스템 개요 / 69

3장 태양광 모듈 / 109

4장 태양광 인버터 / 125

5장 관련기기 및 부품 / 149

6장 스마트 그리드 및 마이크로 그리드 / 173

7장 태양광발전 설계 기술 / 183

8장 태양광발전설비 시공 / 233

Chapter

1 신 · 재생에너지

1.1 신에너지 및 재생에너지 정의와 종류

화석에너지는 1차 산업혁명부터 근대까지 공업화에 결정적으로 기여한 에너지원으로 현재까지도 에너지원의 대부분을 차지하고 있으며 화석에너지의 부족으로 핵에너지를 개발 사용하게 되었다. 인류가 초기에는 불을 이용하여 음식을 조리하거나 추위를 피하거나 맹수들의 공격으로부터 피하는 정도로 사용되었지만 문명의 발달과 더불어 에너지 사용 기술이 발달하여 이제는 낮은 물론 밤에도 인간의 활동이 가능하게 되었다. 또한 지하와 해저 등의 자연광이 도달하지 못하는 공간에도 인간이 활동할 수 있도록 하였으며 교통, 운송, 의료, 산업 등 다양한 분야에서 획기적인 에너지 사용 개발로 인해 우리 인류는 풍요롭고 안정된 삶을 영위하게 되었다. 하지만 그 이면에는 환경오염이라는 문제를 안고 있다. 핵에너지와 화석에너지의 경우 다양한 문제들을 가지고 있어 핵에너지와 화석에너지를 대체할 새로운 에너지원이 시급한 실정이다. 또한 화석연료의 급격한 가격 상승은 우리 경제에 치명적이다. 더불어 우리나라는 식량자급자족율이 30 %대인데 세계 곡물 가격은 계속 상승하는 추세이며 이 또한 에너지와 무관하지 않은 것이 사실이다. 우리나라는 선진국에 비해 생산 대비 에너지사용량이 많은 나라이며 또한 해외로 부터의 수입에 의존하는 국가이다. 즉 에너지빈국이자 에너지낭비국인 셈이다. 통계청 자료에 의한 표 1-1 우리나라 에너지수급과 1인당 에너지소비량이며, 세계에너지 수요예측은 그림 1-2와 같다.

표 1-1 국내에너지수급과 수입의존도 (한국통계연감 제71호 2024년 참조)

년 도	2010	2016	2017	2018	2019	2020	2021	2022	2023
1차 에너지수급 (단위 : 백만Toe)	264	294	302	307	303	292	303	305	305
수입의존도 (%)	96.5	94.7	94.0	93.7	93.5	92.8	94.8	94.3	93.9
1인당 에너지소비량 (단위 : Too)	5.33	5.73	5.87	5.96	5.86	5.64	5.62	5.42	5.37

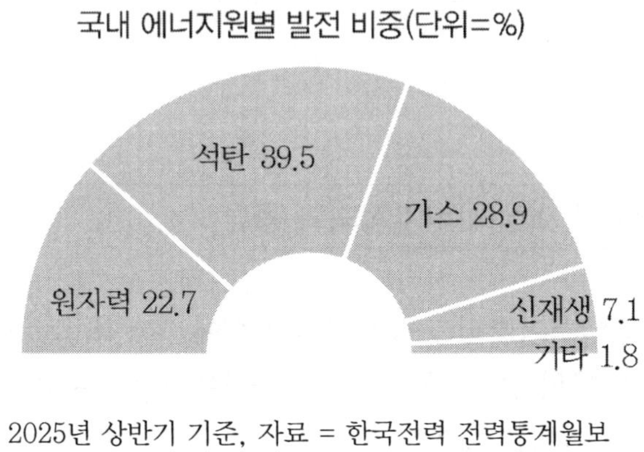

그림 1-1 에너지원별 발전 비중

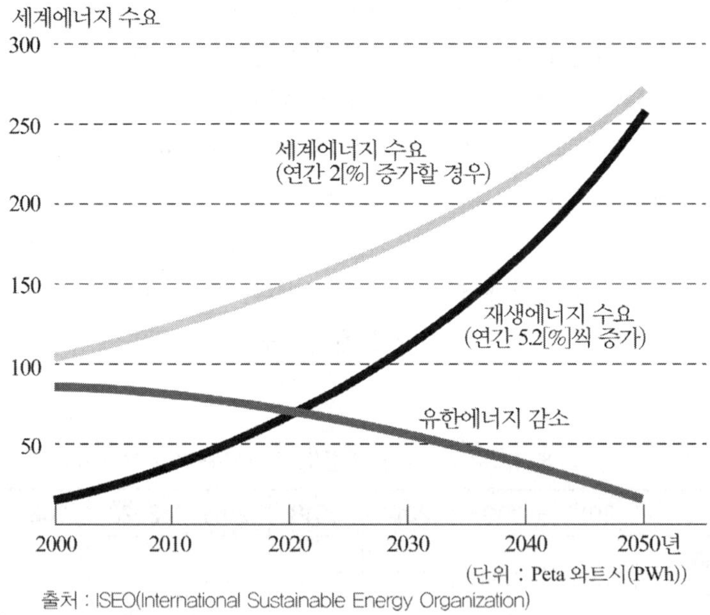

그림 1-2 세계 에너지 시나리오 2000~2050

1.2 신 · 재생에너지의 중요성

신 · 재생에너지의 문제점인 과다한 초기투자의 장애요인에도 불구하고 화석에너지의 고갈 문제와 핵에너지의 환경문제에 대한 해결방안이라는 관점에서 개발연구와 보급 정책 등을 추진하고 있다.

특히 유엔의 지속가능개발목표(Sustainable Development Goals)와 파리기후변화협약(Paris Climate Change Accord)의 규제대응과 원자력에너지의 기피현상으로 더욱 신 · 재생에너지 활용이 가속화 될 전망이다.

우리나라 제11차 전력수급계획에서 2038년에는 발전설비용량을 268.1 GW로 계획하였다. 신재생에너지 발전설비는 138,068 MW로 전망하였고, 실효용량으로 보면 신 · 재생에너지 발전설비에 약 13%인 18,100 MW가 될 것이나. 즉, 우리나라 총발전설비용량의 7% 정도 신 · 재생에너지설비가 기여하게 된다. 앞으로 더 많은 설비를 개발보급할 의무가 전기인에게 있다.

표 1-2 전원구성 전망 (단위 : GW, %))

연도	구분	원자력	석탄	LNG	재생에너지	신에너지	양수	기타	무탄소 시장 /유보	계
2023 (실적)	용량	24.7	39.2	43.2	30.0	1.4	4.7	1.3	–	144.4
	비중	17.1	27.1	29.9	20.8	1.0	3.3	0.9	–	100.0
2026	용량	28.9	39.3	50.3	44.1	2.1	4.7	0.7	–	169.9
	비중	17.0	23.1	29.6	25.9	1.2	2.8	0.4	–	100.0
2030	용량	28.9	31.7	58.8	78.0	2.9	5.2	0.7	–	206.1
	비중	14.0	153.4	28.5	37.8	1.4	2.5	0.3	–	100.0
2035	용량	32.4	28.1	64.7	107.8	3.6	7.9	0.7	2.2	247.4
	비중	13.1	11.4	26.2	43.6	1.5	3.2	0.3	0.9	100.0
2038	용량	35.2	22.2	69.2	121.9	4.0	10.4	0.7	4.6	268.1
	비중	13.1	8.3	25.8	45.5	1.5	3.9	0.2	1.7	100.0

※ 전원구성비는 연말 정격용량 기준
※ 원전에는 SMR 포함, 석탄에는 '암모니아 혼소' 포함
※ LNG에는 '수소 혼 · 전소' 포함

표 1-3 연도별 신재생에너지 설비 보급 전망(2024~2038) (단위 : GWh)

연도	사업용										자가용	합계(비중, %)
	재생에너지						신에너지			합계		
	태양광	풍력	수력	해양	바이오	소계	연료전지	IGCC	소계			
2024	28,150	2,293	1,909	256	1,852	34,458	1,148	346	1,494	35,952	4,369	40,321
	(4,025)	(55)	(405)	(0)	(1,083)	(5,568)	(840)	(346)	(1,186)	(6,754)		
2026	36,090	3,958	1,909	256	1,852	44,064	1,721	346	2,067	46,131	5,344	51,475
	(5,161)	(95)	(405)	(0)	(1,083)	(6,743)	(1,260)	(346)	(1,606)	(8,349)		
2030	55,675	18,281	1,909	256	1,852	77,972	2,521	346	2,867	80,839	7,441	88,280
	(7,962)	(439)	(405)	(0)	(1,083)	(9,887)	(1,845)	(346)	(2,192)	(12,079)		
2035	70,811	32,972	1,909	256	1,852	107,799	3,271	346	3,617	111,416	10,324	121,740
	(10,126)	(791)	(405)	(0)	(1,083)	(12,404)	(2,394)	(346)	(2,741)	(15,145)		
2038	77,203	40,671	1,909	256	1,852	121,890	3,621	346	3,967	125,857	12,211	138,068
	(11,040)	(976)	(405)	(0)	(1,083)	(13,503)	(2,650)	(346)	(2,997)	(16,500)		

※ ( )는 실효용량 기준

표 1-4 연도별 신재생에너지 발전량 전망(2024~2038) (단위 : GWh)

연도	사업용										자가용	합계(비중, %)
	재생에너지						신에너지			합계(비중, %)		
	태양광	풍력	수력	해양	바이오	소계(비중, %)	연료전지	IGCC	소계(비중, %)			
2024	34,160	4,330	3,633	446	11,146	53,716 (9.0)	7,277	2,182	9,459 (1.6)	63,174 (10.5)	5,956	69,130 (10.8)
2026	44,154	6,889	3,712	445	10,870	66,070 (10.8)	10,631	2,176	12,806 (2.1)	78,877 (12.8)	7,212	86,089 (13.1)
2030	67,127	38,822	3,712	445	10,814	120,920 (18.8)	16,500	2,176	18,675 (2.9)	139,595 (21.7)	10,071	149,666 (21.7)
2035	88,738	76,243	3,712	445	10,799	179,937 (26.0)	22,081	2,176	24,256 (3.5)	204,193 (29.5)	13,973	218,166 (29.3)
2038	96,560	94,353	3,712	445	10,602	205,673 (29.2)	24,270	2,176	26,446 (3.8)	232,119 (32.9)	16,523	248,641 (32.7)

1.3 신 · 재생에너지의 종류

1. 정의

기존의 화석연료를 액체 또는 기체로 변화시켜서 이용하거나 햇빛 · 물 · 바람 · 지열 · 생물 유기체 등 재생 가능한 에너지를 변환시켜 이용하는 에너지이다.

2. 신 · 재생에너지의 종류

「신에너지 및 재생에너지 개발 · 이용 · 보급촉진법」에 의거 "신에너지"와 "재생에너지"를 구분하고 있다.

(1) 신에너지란 기존의 화석연료를 변환시켜 이용하거나 수소 · 산소 등의 화학 반응을 통하여 전기 또는 열을 이용하는 에너지로서 다음 각 목의 어느 하나에 해당하는 것을 말한다.

① 수소에너지

② 연료전지

③ "석탄을 액화 · 가스화한 에너지 및 중질잔사유(重質殘渣油)를 가스화한 에너지"로서 대통령령으로 정하는 기준 및 범위에 해당하는 에너지

④ 그 밖에 "석유 · 석탄 · 원자력 또는 천연가스가 아닌 에너지"로서 대통령령으로 정하는 에너지

(2) 재생에너지란 햇빛 · 물 · 지열(地熱) · 강수(降水) · 생물유기체 등을 포함하는 재생 가능한 에너지를 변환시켜 이용하는 에너지로서 다음 각 목의 어느 하나에 해당하는 것을 말한다.

① 태양에너지(태양광, 태양열)

② 풍력

③ 수력

④ 해양에너지(조력발전, 조류발전, 파력발전, 온도차 발전)

⑤ 지열에너지

⑥ 생물자원을 변환시켜 이용하는 "바이오에너지"로서 대통령령으로 정하는 기준 및 범위에 해당하는 에너지

⑦ "폐기물에너지"(비재생폐기물로부터 생산된 것은 제외한다)로서 대통령령으로 정하는 기준 및 범위에 해당하는 에너지

⑧ 그 밖에 "석유 · 석탄 · 원자력 또는 천연가스가 아닌 에너지"로서 대통령령으로 정하는 에너지

3. 신 · 재생에너지의 특징

(1) 지속가능한 에너지 공급체계를 위한 미래에너지원

(2) 공공미래에너지, 환경친화형 청정에너지, 비고갈성 에너지, 기술에너지

(3) 신 · 재생에너지는 국가마다 정의가 다르며 기준 또한 다르다.

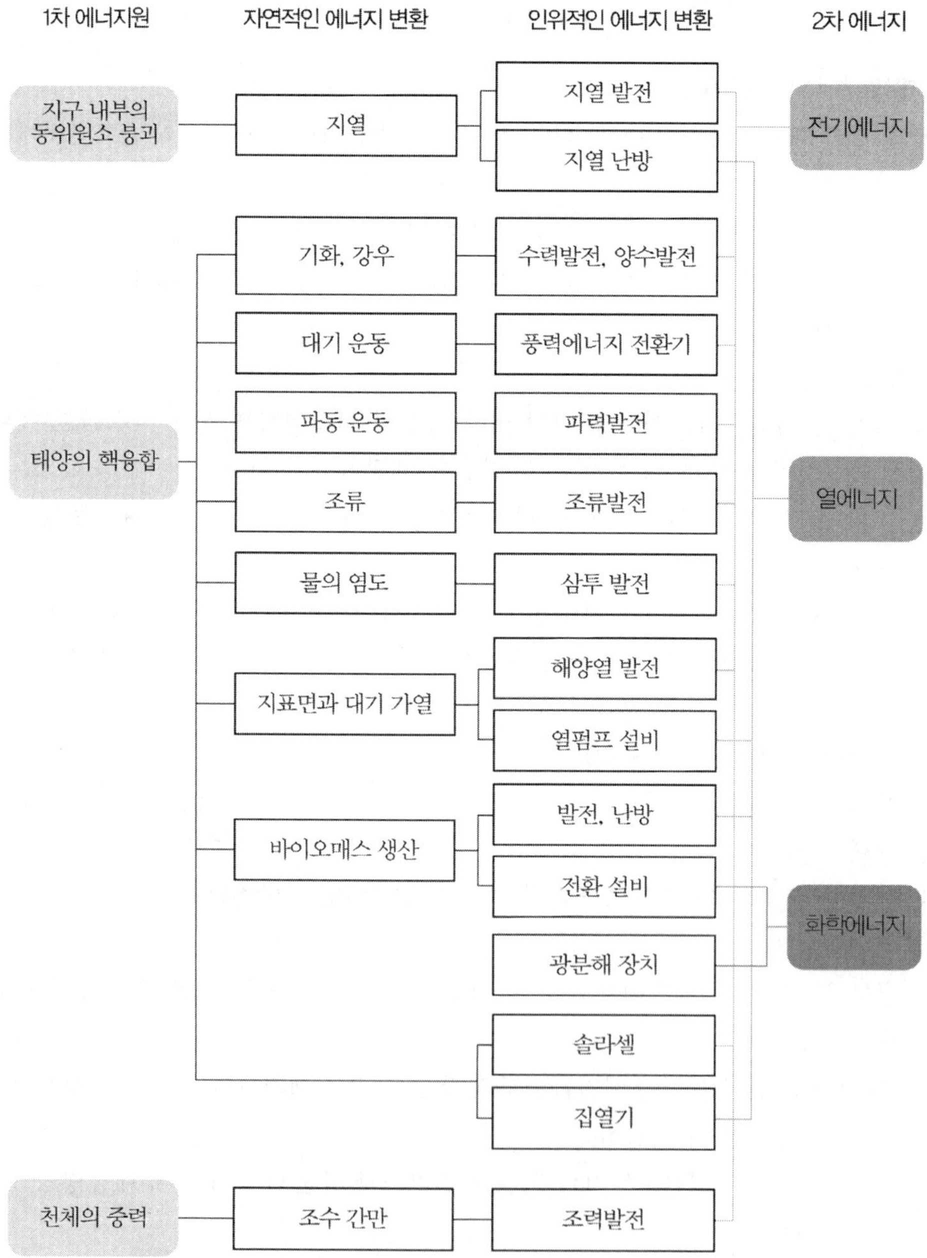

그림 1-3 재생가능에너지 분류

1.3.1 태양광 발전

태양광전지를 이용하여 태양광을 전기에너지로 직접변환 직류전기를 생산하는 시스템으로 적용되는 이론은 광기전력효과(Photo Voltaic effect)이며 시스템 구성은 태양광전지(Solar Cell)로 구성된 모듈(Module)과 축전지, 전력변환장치 그리고 주변기기와 장치가 있다.

태양광 발전의 특징

(1) 장점
- ① 태양에너지는 비고갈성이다.
- ② 태양에너지는 무공해자원이다.
- ③ 유지보수가 용이, 무인화가 가능하다.
- ④ 태양전지수명이 장수명이다.

(2) 단점
- ① 에너지의 밀도가 낮다.
- ② 태양에너지는 간헐적이다.
- ③ 전력생산량이 지역별 일사량에 의존한다.
- ④ 설치장소가 한정적이다.
- ⑤ 초기 투자비와 발전단가가 높다.
- ⑥ 많은 대지 면적이 필요하다.

본 시스템은 뒷장에서 상세히 설명하기로 한다.

1.3.2 태양열

태양열에너지를 이용하는 방법은 태양열발전시스템과 태양열 집열 시스템으로 대별할 수 있다. 태양열발전시스템은 다양한 형상의 반사 거울 등을 이용하여 태양에너지를 집적하여 고온의 열에너지로 변환, 증기를 발생시켜 전력을 생산한다. 태양열발전시스템은 비교적 적은비용으로 첨두부하 시 전력을 생산할 수 있어 에너지원은 분산측면에서 그 역할이 기대되고 있다. 야간이나 일사량이 적은 시간대에 전력공급을 지속하기 위해 열저장장치를 사용하거나 화석연료와 복합발전하는 방법을 사용한다. 태양열발전시스템은 직달광만 사용할 수 있어 일사량이 적은 시간대나 지역에서는 급격하게 효율이 저하되어 산란광 비율이 많은 지역에서는 경제성 문제로 도입 자체에 제한을 받을 수 있다. 발전시스템은 화력발전과 같은 랭킨 싸이클을 이용하며 방식으로는 타워형, 홈통형, 접시형 등이 있다.

태양열집열시스템은 급탕, 난방 등의 열원으로 사용되며 이용방법으로는 외벽면적에 대한 창면적비를 크게 하는 등 자연적으로 태양에너지를 많이 취득할 수 있도록 건축물을 계획하는 수동적인 방법과 특별하게 설계된 장치를 이용하여 햇빛으로부터 얻는 열에너지를 증가시키는 능동적인 방법이 있다.

태양열 화학반응 기술은 에너지의 이동이나 축적을 위하여 흡열 화학반응 기술을 이용하여 수소 연료 등 이송 가능한 연료 형태의 생성물 또는 기존 화석연료를 전환(개질, 가스화 등)하기도 한다.

표 1-5 태양열발전시스템의 방식별 비교

방식	에너지 밀도	고온부 온도(℃)	열역학적 효율
전력 타워형	1000	500~1000	중간
홈통형	100	300~500	낮음
접시형	3000	800~1200	높음

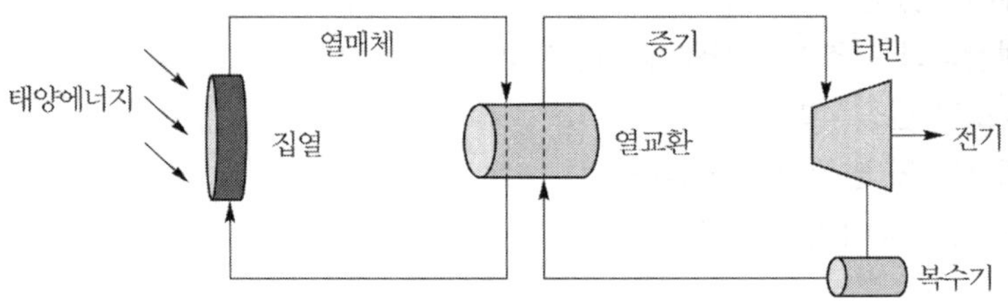

그림 1-4 태양열발전시스템의 계통

1. 태양열발전시스템의 방식

(1) 타워형

중앙집중형이라고도 불리는 타워형은 지표면의 여러개의 태양추적거울로 태양빛을 반사시켜 타워 상부 중앙에 있는 집열기로 집속, 열전달 매체를 가열하여 타워 하부에 있는 터빈으로 전달, 발전을 한다. 열전달 매체로는 에너지 저장능력도 뛰어난 용융질산염을 주로 사용한다.

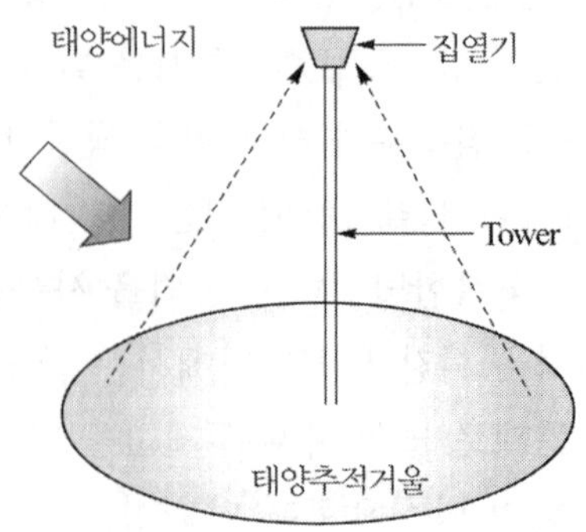

그림 1-5 타워형 태양열발전시스템

(2) 홈통형

분산형이라고도 불리는 홈통형은 금속판으로 제작된 홈통형태의 반사경을 이용하여 홈통중앙부의 집열관에 집속(集束), 가열하여 고온의 증기로 변환, 발전에 사용한다. 남북방향으로 설치하고 동서 방향으로 태양을 추적하도록 설치.

(3) 접시형

접시형은 여러 개의 오목거울을 이용한 접시형태의 반사경으로 태양에너지를 집속하고 그 중심부에 설치한 엔진을 가열하여 발전하는 형태.

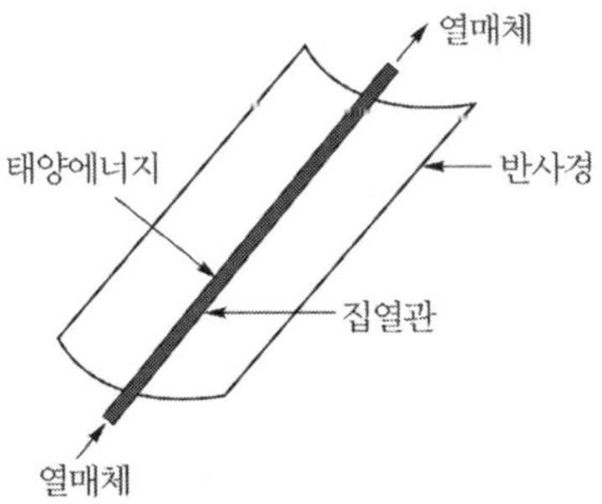

그림 1-6 홈통형 태양열 발전시스템

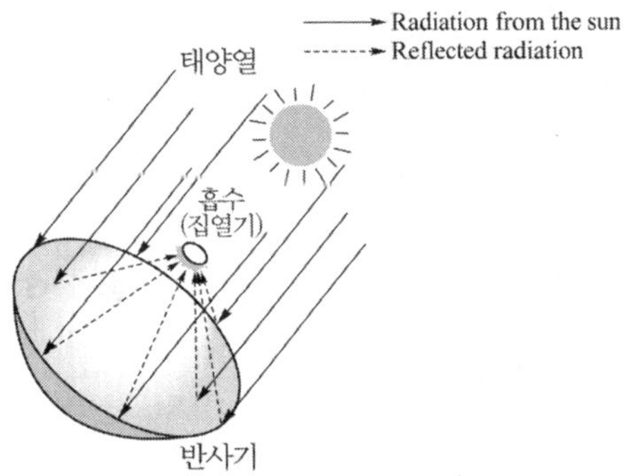

그림 1-7 접시형 태양열 발전시스템

2. 태양열집열시스템

(1) 수동적 태양열 난방

직접획득형, 간접획득형, 고립형으로 나눌 수 있으며 직접획득형은 태양에너지가 유리창을 통해 실내로 유입되고 유입된 열에너지는 바닥이나 벽체 등 축열부에 저장되는 방식으로 같은 공간에서 열에너지를 획득하고 저장, 분배되는 시스템이다. 간접획득형은 태양과 난방공간 사이에 축열부가 배치되는 방식으로 유리창을 통해 유입된 열에너지는 유리창과 벽체사이의 공간에서 상승하여 벽체상부의 통기구를 통해 실내로 유입하게 된다. 고립형은 태양열로 난방하는 부분을 다른 공간과 분리하여 열에너지의 대류 작용을 이용하여 난방한다. 열에너지의 분배는 천장 · 벽체 · 유리창 · 문 · 통기구나 휀 등으로 구성된다.

(2) 능동적 태양열 난방

특별하게 설계된 장치를 사용하는 방식으로 집열기를 통하여 열에너지를 수집하고 열매체를 통하여 열에너지를 전달한다. 집열기는 태양열집열시스템에서 가장 중요한 부분이며 급탕이나 난방에 일반적으로 사용하는 평판형 집열기와 진공관식 집열기 반사판을 이용하여 태양에너지를 집적하는 집적형 집열기등이 있다. 태양열 난방을 위한 장치로는 온도가 높은 물이 밀도가 낮아져서 온수저장탱크의 상부로 모아지는 원리를 이용하는 자연순환형과 열매체와 펌프 · 열교환기 · 보조열원 등의 장치를 사용하는 강제순환형이 있다.

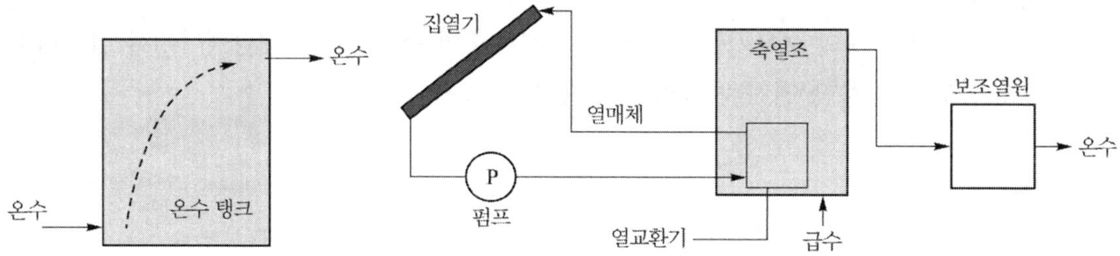

(a) 자연 순환형 (b) 강제 순환형

그림 1-8 태양열 발전시스템

3. 태양열 화학

(1) 태양열 화학분야의 중요 분야는 물과 같은 비탄소 수소원을 직접 분해하여 이송 가능한 태양연료/수소(Solar Fuel/Hydrogen)를 생산함.

(2) 태양열에 의한 직접 물분해는 4,000 K 이상의 초고온을 다룰 수 있는 각종 재료 및 분리기술을 필요로 하는 관계로, 현재 기술로 접근이 가능한 보다 낮은 온도의 태양열 열화학반응 응용기술로부터 단계적인 기술개발, 상용화를 추진 중이다.

(3) 단기적으로는 저온(약 1,000 K)에서 응용이 가능한 기존의 화석연료 전환기술에 태양열을 적용하는 기술개발의 상용화에 주력하고 있으며, 중 · 장기적으로는 다단계 열화학사이클 혹은 금속산화물을 이용하는 2단계 화학반응 물분해 사이클의 응용기술을 개발 노력 중이다.

태양열 발전의 특징

(1) 장점
① 무공해 무한한 양의 청정에너지원이다.
② 직접 에너지 비용이 들지 않는다.
③ 환경오염 물질의 배출이 없는 재생 가능한 에너지원이다.

(2) 단점
① 고급에너지이나 밀도가 낮아서 수집하여 이용하는데 경제성이 낮다.
② 이용 시 초기 장치 비용이 높게 든다.
③ 에너지 생산이 간헐적이므로 계속적인 수용에 안정적 공급이 어렵다.

1.3.3 풍력

바람이 갖고 있는 운동에너지를 이용하여 풍력터빈의 회전자를 회전시켜 전력을 생산한다. 풍력은 청정에너지로서 고갈될 염려가 없는 에너지이며 연료비가 들지 않는 수려한 미관으로 상품으로 개발 가능하며, 완전자동운전으로 유지비가 절감되는 장점이 있으나, 투자비가 비교적 많으며 바람이 계속 불지 않으면 지속적인 전기 생산이 불가능하고 주변에 소음 의한 피해를 주는 등의 단점이 있다.

풍력발전은 블레이드와 전달축, 증속기, 발전기를 수납하는 나셀, 발전출력을 조절하기 위해 블레이드의 취부각도를 제어하는 피치 제어장치, 로터의 방향을 풍향에 추종시키는 요 제어장치, 풍속이 너무 약하거나 강하여 발전에 부적합하거나 점검, 수리 시에 로터를 정지시키는 브레이크 등으로 구성된다. 풍력발전은 날개의 형상에 따른 효율과 기계적인 마찰, 발전기 등의 손실을 고려하면 실질적인 효율은 20~30 % 정도이다. 풍력발전은 지면에 대한 회전축의 방향에 따라 수직축과 수평축으로 분류되며, 일반적으로 발전방식에 따른 소요면적은 풍력 1,335 m^2/GWh, 석탄 3,642 m^2/GWh, 태양열 3,561 m^2/GWh, 태양광 발전 3,237 m^2/GWh로써 풍력발전이 가장 작은 면적을 필요로 한다.

풍력발전은 공해물질저감효과도 커서 200 kW급 풍력 발전기 1대가 1년간 400,000 kWh의 전력을 생산한다면 석탄사용 화력발전과 비교하면 공해물질의 저감배출량은 연간 SOx는 2~3.2톤, NOx는 1.2~2.4톤, CO_2는 300~500톤, 슬래그(slag)와 분진은 16~28톤에 달하며, 부유 물질은 연간 약 160~280 kg 정도 배출이 억제되는 효과가 있다.

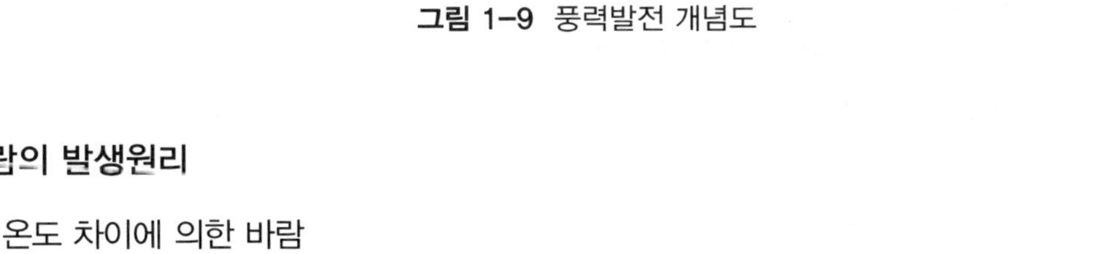

그림 1-9 풍력발전 개념도

1. 바람의 발생원리

(1) 온도 차이에 의한 바람

적도지역은 다른 지역보다 태양에 의해 더 많이 가열된다. 가열된 공기는 찬 공기에 비해 가볍기 때문에 지표면으로부터 약 10 km 고도까지 상승한 후 북쪽과 남쪽으로 퍼진다. 이러한 공기의 순환은 온도 차이에 의한 바람의 발생이다.

우리나라의 육지는 북위 30~40도 위치해 있어 편서풍지역이다.

(2) 코리올리스 힘(Coriolis force)

지구의 자전에 의한 힘으로 바람의 방향이 북반구에서는 오른쪽, 남반구에서는 왼쪽으로 작용하는 편향의 힘을 코리올리스 힘이라 한다.

북반구와 남반구의 위도 30도 주위에는 코리올리스 힘은 공기가 멀리 이동하는 것을 막는다. 코리올리스 편향의 힘으로 인하여 위도에 따른 지배적인 바람의 방향은 다음 표 1-6과 같다.

표 1-6 위도에 따른 바람의 방향

위도	북위 90~60°	북위 60~30°	북위 30~0°	남위 0~30°	남위 30~60°	남위 60~90°
바람 방향	북동	남서	북동	남동	북서	남동

(3) 지구의 자전에 의한 바람

① 지구의 자전에 의한 바람 : 지구의 자전에 의한 지구 바람은 온도 차이에 의해서 발생하며, 압력 차이는 지구표면에 영향을 주지 못한다. 지구 자전에 의한 바람은 지표로부터 1 km 고도에서 발생된다.

② 지구 표면 바람 : 바람은 고도 100 m까지 지표면의 상태의 영향을 받는다. 바람은 지구 표면의 높낮이와 장애물에 의해 감속되며, 표면에서의 바람의 방향은 지구의 자전에 의한 바람의 방향과 약간 다르다.

(4) 국부적 바람

정해진 지역의 지배하고 있는 바람을 결정할 때 지구의 바람이 중요하지만, 국부적인 기후조건이 바람의 방향에 가장 많은 영향을 줄 수 있다. 국부적인 바람은 항상 대규모의 바람에 겹쳐서 증폭되기 때문에 바람의 방향은 전체적, 국부적 효과가 겹쳐서 영향을 받으며, 대규모 바람이 약하다면 국부적 바람이 풍향을 결정한다.

① 해풍 : 육지에서 가열된 공기는 상승하여 바다로 흐르고, 지표면에는 낮은 압력이 생겨서 바다로부터 찬 공기를 흡인한다. 이것을 해풍이라고 하며, 해질 무렵 육지와 바다의 온도가 같아지면 바람이 불지 않는다. 야간에는 바람이 주간과는 반대방향으로 바람이 분다. 이때의 바람을 육풍이라고 하며, 바람의 세기는 낮은 속도이다.

② 산바람 : 산악지역에서는 다양한 방향의 바람이 존재한다. 언덕과 그 주위가 태양에 의해 가열될 때 공기의 밀도는 감소함으로써 공기는 계곡 표면을 따라 정상까지 상승한다. 밤에는 바람의 방향이 바뀌어 경사면을 따라 하강한다.

2. 바람 에너지

풍력터빈은 바람의 힘을 회전자 날개에 작용하는 회전력으로 변화하여 동력을 얻는다. 바람이 회전자에 전달하는 에너지의 크기는 공기의 밀도, 회전자의 면적, 바람의 속도에 의존한다.

바람 에너지와 실제효율

풍차의 단면적을 수직으로 통과하는 바람 에너지(P)는 다음과 같다.

$$P = \frac{1}{2}\rho A V^3 = \frac{1}{2}\rho \pi r^2 V^3 [\mathrm{W}]$$

여기서, ρ : 공기 밀도(1.225[kg/m^3] : 15[℃])

A : 풍차의 단면적[m^2]

r : 풍차의 반경[m]

V : 풍속[m/s]

실제 발전량은 출력계수 C_p를 고려하여야 한다.

$$C_p = \text{공기역학적 효율} \times \text{기계적 효율} \times \text{전기적 효율}$$

실제 발전량을 높이려면

① 풍차의 날개면적을 크게 한다.

② 풍속이 높은 지역을 선정한다.

③ 출력계수가 높은 발전기를 선정한다.

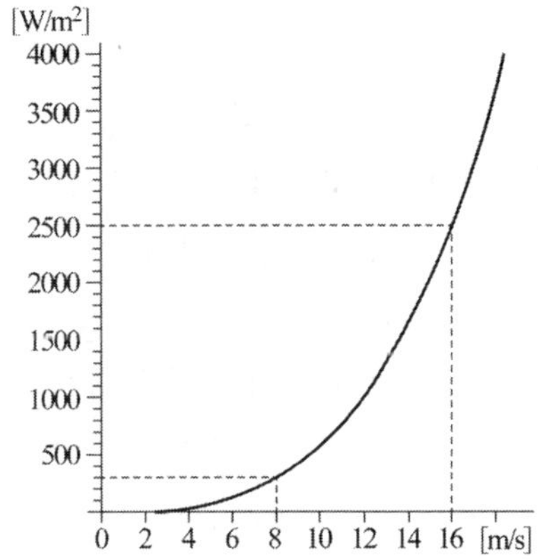

그림 1-10 풍속과 발전량

표 1-7 풍력에너지의 장단점

장 점	단 점
• 청정에너지원 • 점유면적이 작다.	• 소음발생 • 간헐적 에너지 생산 • 가격이 높다.

풍력발전시스템은 바람이 가진 에너지를 흡수, 변환하는 운동에너지 변환장치, 동력전달장치, 제어장치로 구성된다.

① 기계장치부 : 바람으로부터 회전력을 생산하는 회전날개(Blade), 회전축(Shaft)을 포함한 회전자(Rotor), 이를 적정속도로 변환하는 증속기(Gearbox)와 기동과 제동 및 운용효율성 향상을 위한 브레이크(Brake), 피칭 및 요잉 시스템(Pitching & Yawing System) 등의 제어장치 부문으로 구성 되어 있다.

② 전기장치부 : 발전기 및 기타 안정된 전력을 공급하도록 하는 전력안정화장치로 구성되어 있다.

③ 제어장치부 : 풍력발전기가 무인운전이 가능토록 설정, 운전하는 제어시스템 및 요잉과 피칭 제어기의 원격제어, 지상에서 시스템상태 판별을 가능하게 하는 모니터링 시스템

으로 구성되어 있다.

(1) 풍력발전기의 구성요소

① 로터(Rotor) : 바람이 가진 에너지를 회전력으로 변환시켜주는 장치이며, 풍력발전기의 성능에 큰 영향을 미친다.

② 날개(Blade) : 구조적 하중 특성, 재료 성능, 날개 디자인, 수명 등을 고려한 재료로 섬유, 수지, 목재 등이 사용된다.

③ 나셀(Nacelle) : 풍력발전기의 심장부에 해당하는 부분으로 풍력터빈의 하우징(Housing)과 베드 플레이트(Bed plate), 메인 프레임(Main frame), 방향제어 시스템을 포함한다. 메인 프레임은 동력전달장치의 고정을 위한 장치이며, 하우징과 베드 플레이트는 외부환경으로부터 주요 기계요소들을 보호하는 역할을 하며, 방향제어시스템은 축을 항상 바람이 불어오는 방향과 일치하도록 제어하는 장치로 풍력터빈의 나셀 후방에 장착된 풍향계와 풍속계에 의해 자동으로 제어되며, 나셀의 방향을 제자리에 고정하기 위한 목적으로 사용하며, 나셀의 구성품은 다음과 같은 것들이 있다.

④ 기계적 브레이크 : 강풍이 불거나 시스템 이상 시 또는 보수 점검 시 등 비상사태 시에 로터를 정지시키기 위해 사용되는 브레이크로써 시스템에 무리가 가지 않도록 에어 브레이크(Air Break)나 피치 제어(Pitch control)로 속도를 감소시킨 후 사용하는 브레이크이다.

⑤ 요잉 시스템(Yawing system) : 모든 수평축 풍력발전기에 적용되는 시스템으로써 풍향의 변화로 발생하는 요 에러(로터의 회전면과 바람의 방향이 수직이 되지 않을 때 에너지의 효용이 떨어지는 현상)에 대응하거나 긴급 상황 시 요 에러를 유발시켜 로터 블레이드의 회전속도를 줄이기 위해 필요한 장치이다.

⑥ 타워(Tower) : 풍력발전기를 지탱해 주는 구조물로써 수평축 풍력발전기의 경우 나셀과 로터를 지상에서부터 일정한 높이에 유지시켜 지탱해 주는 구조물이며, 수평축 발전기의 경우에는 회전축의 역할까지 담당하는 구조물이다. 대형 구조물의 경우에는 내부에 엘리베이터를 유지 · 보수목적으로 설치한다.

⑦ 증속기(Gear Box) : 증속기는 마찰원판, 벨트, 체인, 기어로 구성되어 있어 기어드(Greared)형이라고 하며, 정속운전, 유도발전기에 적용된다.
대형일수록 수십 rpm 이하의 저속이 될 수밖에 없다. 이 경우 4극 발전기의 경우 60[Hz]의 교류를 만들기 위해서는 1,800[rpm]으로 회전시켜야 하므로 증속기가 필요하게 된다.
풍력발전기의 용량에 따른 증속기의 기어는 다음과 같은 것을 사용한다.
㉮ 소형 풍력발전기 : 마찰원판, 벨트, 체인 기어사용
㉯ 대형 풍력발전기 : 치차(톱니바퀴)를 많이 사용

⑧ 발전기 : 바람에 의해 회전력으로 변환된 후 그 회전력을 이용하여 전기를 발생시키는 구성품으로 실제 전기에너지 발전의 효율이나 전기의 품질을 좌우하는 중요한 요소로회전주체, 회전자의 종류, 자기장의 회전속도와 기계적 회전속도에 따라 다음 표 1-8과 같이 분류한다.

표 1-8 발전기의 분류

구분기준	명 칭	
회전주체	도체 회전	전기자형
	자기장 회전	회전계자형
회전자의 종류	농형	
	영구자석형	
	권선형	
자기장의 회전 속도와 기계적 회전속도	다를 때	유도발전기
	같을 때	동기발전기

⑨ 풍력발전기의 출력제어방식

풍력발전기의 출력제어방식은 다음과 같다.

㉮ 요 제어(Yaw Control) : 바람방향을 향하도록 블레이드의 방향을 조절

㉯ 날개각 제어(Pitch Control) : 날개의 경사각 조절로 출력을 능동적 제어

㉰ 실속 제어(Stall Control) : 한계풍속 이상이 되었을 때, 양력이 회전날개에 작용하지 못하도록 날개의 공기역학적 형상에 의한 제어

3. 풍력발전기의 종류

일반적으로 풍력발전의 종류는 회전축 방향, 운전방식, 출력제어방식, 전력계통 연계방식에 따라 다음 표 1-9와 같이 분류한다.

표 1-9 풍력발전기의 분류

구 분	종 류	
구조상 분류 (회전축 방향)	• 수평축	• 수직축
운전방식	• 정속운전	• 가변속운전
출력제어방식	• 날개각제어 • 요 제어	• 실속제어
전력계통 연계방식	• 독립전원	• 계통연계

(1) 회전축 방향에 따른 분류

지표면에 대한 회전축의 방향에 따라 수직축과 수평축으로 분류하며,

① 수직축 풍력터빈(Vertical Axis Wind Turbine) : 회전축이 지면에 수직한 수직축 풍력터빈은 회전축이 바람의 방향에 대해 수직으로 바람의 방향에 관계없이 운전이 가능하다. 증속기 및 발전기가 지상에 설치되어 있어서 유지 · 보수 · 점검이 용이하다.

㉮ 수직축 풍력터빈의 종류

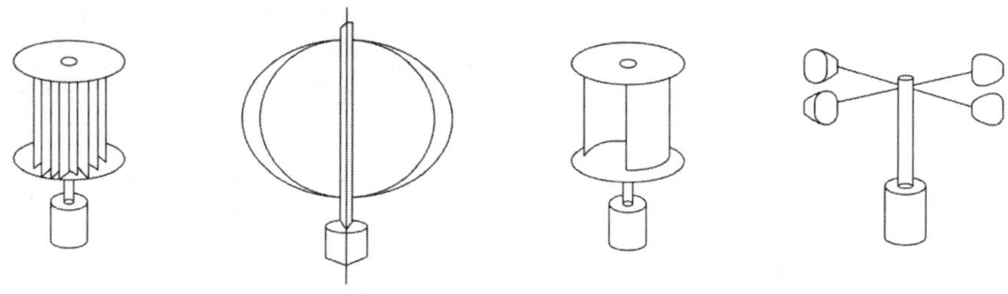

그림 1-11 수직축 풍력터빈

㉯ 수직축 풍력터빈의 장점

㉠ 로터는 무지향성으로 요기구가 불필요

㉡ 날개의 길이가 일정해서 양산가공이 용이하다.

㉢ 타워 상부 중량이 작기 때문에 설치비용이 적다.

㉣ 전달기구가 지상 높이에 있기 때문에 보수점검이 용이하다.

㉤ 전달기구가 지상 높이에 있기 때문에 소음이 작다.

㉥ 블레이드의 다단 설치가 가능하고 설치면적이 작다.

㉰ 수직축 풍력터빈의 단점

㉠ 로터의 위치가 낮기 때문에 이용 가능한 풍속이 약간 낮아진다.

㉡ 주속비가 낮고 정속기구가 필요하다.

㉢ 와이어 이용 타워지지의 경우 설치 면적이 넓어진다.

㉣ 토크의 맥동이 전달기구에 주기적인 변동하중을 주게 된다.

㉤ 수평축 풍력터빈의 약 2배 길이의 블레이드가 필요하게 된다.

② 수평축 풍력발전기(Horizontal Axis Wind Turbine) : 수평축 풍력발전기는 가장 일반적인 형태로, 회전축이 바람이 불어오는 방향에 수평인 풍력발전 시스템으로, 현재 가장 안정적인 고효율 풍력 발전시스템으로 인정되고 있다. 중형급 이상의 풍력발전기에서는 대부분 3개의 블레이드 수평축 풍력발전기를 사용하고 있다.

㉮ 수평축 풍력터빈의 종류

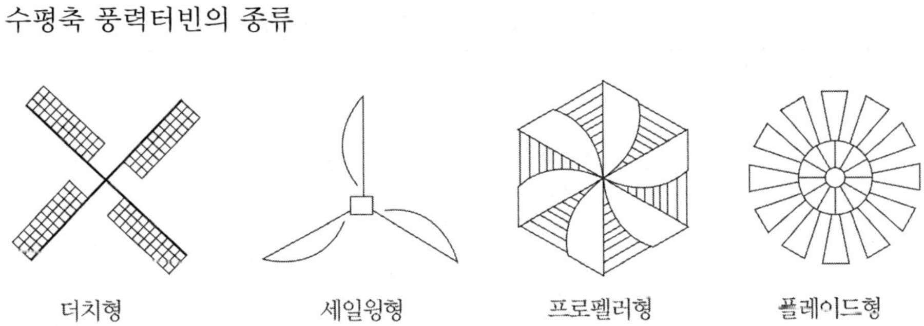

그림 1-12 수평축 풍력터빈

㉯ 수평축 풍력터빈의 장점

㉠ 타워가 높아, 허브가 높기 때문에 약간 더 높은 풍속을 얻을 수 있다.

㉡ 자립형 타워를 사용하는 것이 많기 때문에 설치면의 넓이가 작게 필요하다.

㉢ 재료비가 수직축에 비해 적게 든다.

㉣ 사용실적이 많다.

㉰ 수평축 풍력터빈의 단점

㉠ 로터 회전면을 바람의 방향과 수직이 되게 하는 요(Yaw) 제어가 필요하다.

㉡ 방위제어를 할 때 자이로스코픽 모멘트(Gyroscopic Moment)하중을 받아서 진동한다.

㉢ 날개의 형상이 복잡하여 양산가공이 곤란하다.

㉣ 날개 끝단과 전달기구의 소음이 높은 타워구조이기 때문에 주변으로 소음이 전파되기 쉽다.

㉤ 전달기구가 타워 위에 있기 때문에 이를 지탱하기 위한 대형타워가 필요하다.

㉥ 가변 피치기구는 구조가 복잡하게 된다.

(2) 운전방식에 따른 분류

운전방식에 다른 분류로는 정속운전과 가변속운전으로 구분할 수 있는데, 정속운전은 바람속도가 변하더라도 회전속도가 변하지 않는 경우로 통상 기어드형이라 하며, 가변속운전은 바람의 세기에 따라 날개의 속도가 변하는 시스템으로 기어리스형 이라 한다. 특징을 비교하면 다음 표 1-10과 같다.

표 1-10 정속회전과 비정속회전의 특징

구 분	특 징
정속회전	• 유도발전기, 증속기어 사용 • 발전기의 회전수 제어 불필요 • 유도 발전기 사용 • 설계풍속 이탈시 에너지 변환효율 감소 • 설계풍속 이탈시 출력 제어로 일정회전수 유지 • 증속기어 사용으로 인한 나셀부의 하중 증가
비정속회전	• 풍속증가에 맞춰 로터 회전수를 증가시킴 • 로터의 공력 토크와 발전기의 부하토크 일정하게 유지 • 익단 속도비를 일정하도록 제어

① **기어드형(Geared type)** : 기어드형은 대부분의 정속운전 유도발전기를 사용하는 풍력발전시스템에 해당되며, 유도발전기의 높은 정격회전수에 맞추기 위해 회전자의 회전속도를 증속하는 기어장치가 장착되어 있는 형태이다.

㉮ 장점

㉠ 저렴한 제작비용으로 고 신뢰도의 동력전달계 구성이 가능하다.

㉡ 계통연계가 간편하고 용이한 기술적 특성을 가지고 있다.

㉢ 어느 지역에서도 설계제작이 가능한 보편기술이다.

㉣ 유지보수가 용이하며 부속품의 교체로서 쉽게 성능유지가 가능하다.

㉯ 단점

㉠ 증속기어의 기계적 마모나 이에 따른 유지관리상의 문제가 야기될 수 있다.

㉡ 기계적 소음발생의 원인이며, 고장발생의 주요원인이 될 수 있다.

㉢ 저출력 시 추가적인 보상회로에 의한 역률개선이 필요하다.

② **기어리스형(Gearless type)** : 기어리스형은 대부분 가변속운전(동기 또는 영구자석) 발전기를 사용하는 풍력발전시스템에 해당되며, 다극형 동기발전기를 사용하여 증속기어 장치가 없이 회전자와 발전기가 직결되는 직접구동 형태로 속도변화로 한전계통의 주파수와 맞지 않기 때문에 인버터가 필요하고, 발전효율이 높다.

㉮ 장점

㉠ 증속 기어장치 등 많은 기계부품을 제거할 수 있다.

㉡ 나셀(nacelle) 구조가 매우 간단하여 유지보수가 쉽다.

㉢ 증속기어의 제거로 기계적 소음이 획기적으로 저감된다.

㉣ 역률제어가 가능하여, 출력에 무관하게 고역률 실현이 가능하다.

㉯ 단점

㉠ 매우 크고 무거우며, 제작비용이 많이 들어가는 다극형 링 발전기가 필요하다.

㉡ 다극형 동기발전기 공극이 외기에 노출되어 염해나 먼지 등의 부유물에 영향을 받을 수 있다.

㉢ 전기적 절연에 있어서의 안전성 확보가 절대적으로 필요하다.

㉣ 인버터로 계통연계시 고조파 문제가 발생할 수 있다.

(3) 출력제어 방식에 따른 구분

수평축 풍력발전기의 출력제어 방식은 크게 피치제어방식과 실속제어 방식으로 나눌 수 있다. 현재 대부분의 MW급 이상의 풍력 발전기는 대형화에 따른 시스템의 안정적 출력 확보를 위해 정격풍속 이상에서 피치 제어를 통해 일정한 출력을 얻고 있으며, 중소형 풍력 발전기의 경우는 경제성을 고려하여 실속제어방식을 채택하고 있다.

① 날개각 제어(Pitch Control) 방식

정격풍속 이상에서 정격출력을 일정하게 유지하기 위하여 회전자 날개를 조절하는 방식으로 날개각 조절장치는 초기에는 유압으로 작동하였으나, 문제가 많아 현재는 전기식을 사용한다.

② 실속(失速) 제어(Stall Control) 방식

날개의 붙임각 고정여부에 따라 수동형과 능동형 실속제어로 구분한다.

㉮ 수동형 실속제어(Passive stall control)

㉯ 능동형 실속제어(Active stall control)

③ 출력제어방식별 특징비교

날개각 제어방식과 실속 제어방식의 특징을 비교하면 다음 표 1-11과 같다.

표 1-11 날개각 제어방식과 실속 제어방식 비교

날개각 제어방식	실속 제어방식	
	수동 제어	능동 제어
바람에 대한 날개의 날개각을 제어하여 공력출력을 제어하는 방식	바람에 대한 블레이드의 날개각을 증가시켜 스톨을 일으킴으로써 공력 출력을 제어하는 방식	
날개의 길이 방향이 회전축이 되도록 각도 조절	고정피치	가변피치
정격풍속 이상에서는 피치감소, 정격풍속 이하에서는 피치증가로 출력제어	구조적 간단/견고	정확한 제어가능
로터의 공기역학적 안전제동 장치로 사용	풍속변화에 자동으로 제어	구조적으로 복잡
	바람 특성 예측 어려움	구조강도 떨어짐

(4) 전력계통 연계방식에 따른 분류

전력계통 연계방식에 따라 독립형과 계통연계형으로 분류되며, 풍력발전에 사용되는 발전기는 유도발전기, 동기발전기, 직류발전기가 있다. 한전계통과 연계되어 운전되는 풍력발전기는 일반적으로 여자장치가 불필요하고 시스템이 간단한 유도발전기가 널리 사용되고 있으며, 독립형은 동기발전기나 직류발전기를 주로 채용한다.

5. 소형풍력발전기

(1) 소형풍력발전의 정의

① 소형풍력발전시스템의 정의

㉮ 날개의 회전면적 200[m^2] 미만

㉯ 정격출력 30[kW] 미만 (정격전압 AC 1000[V] 또는 DC 1500[V] 미만)

② 초소형 풍력발전시스템의 정의

㉮ 날개의 회전면적 6.5[m^2] 미만

㉯ 정격출력 1[kW] 미만 (정격전압 AC 1000[V] 또는 DC 1500[V] 미만)

③ 소형풍력발전의 적용

소형풍력발전은 순수발전용, 주거용, 농업용, 가로 조명용으로 적용한다.

(2) 소형 풍력발전기의 기종 선택

① 수평축 풍력발전기 : 해안가 및 산간지방에 높은 풍속의 방향성 바람이 있는 강원도, 제주도, 서해, 남해안 등에 적합.

② 수직축 풍력발전기 : 서울, 부산 등 도심지역의 경우에는 잦은 돌풍과 주변 환경에 의한 가변적 바람이 있는 곳에 적합.

1.3.4 수력발전

수력발전원리

물은 하천이나 호수 또는 저수지 등으로부터 여러 가지 방법으로 취수하여 인공적으로 수위차를 얻고, 물이 가지고 있는 위치, 압력, 속도에너지를 수차를 이용하여 기계적 에너지로 바꾸고, 수차에 직결된 발전기로 전기에너지를 변환시키는 것을 수력발전이라 하며, 수차를 회전시키는 물의 양이 많을수록, 낙차가 클수록 발전설비 용량이 커지고 전력량도 많아진다. 신 · 재생에너지 범위에는 수력발전 전체가 포함되지만 주요 연구개발 및 보급대상은 소수력발전을 대상으로 하고 있다. 최근 화석연료의 고갈과 지구온난화로 인하여 신 · 재생에너지의 개발 필요성이 증대되면서 관심을 받고 있는 발전 형태이다. 일반적으로 1,000~10,000 kW 사이의 수력발전을 소수력발전이라고 하지만 우리나라에서는 3,000

kW급의 소수력발전이 주로 개발되고 있다.

1. 원리

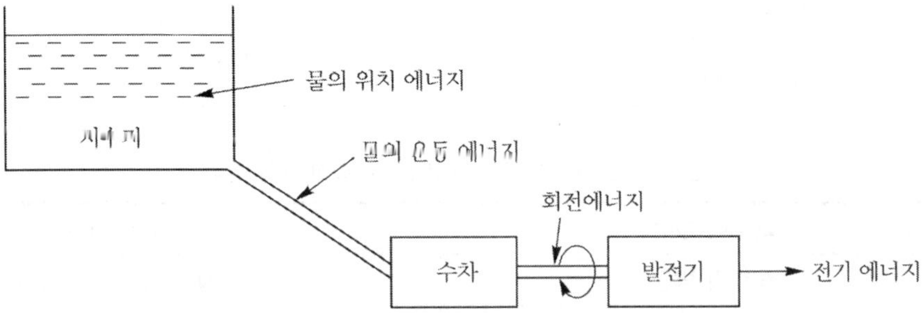

그림 1-13 수력발전의 원리

$$P_0 = QH\,[\mathrm{m^3/s \cdot m}] = 1{,}000\,QH\,[\mathrm{kg/s \cdot m}]$$
$$= 9.8 \times 1{,}000\,QH\,[\mathrm{J/s}] = 9.8\,QH\,[\mathrm{kW}]$$

단, 물의 무게 $1\,[\mathrm{m^3}] = 1{,}000[\mathrm{kg}]$

$1\,[\mathrm{kg \cdot m}] = 9.8\,[\mathrm{J}]$

$1\,[\mathrm{J/s}] = 1\,[\mathrm{W}]$

$10^3\,[\mathrm{J/s}] = 1\,[\mathrm{kW}]$

수력발전을 취수방법과 운영방법에 따라 표 1-12와 같이 분류할 수 있다.

(1) 수로식 발전

경사가 급한 하천의 상류를 막아 취수 댐을 만들고 수로를 통하여 물을 수차에 유입시켜 낙차를 얻는 발전 방식.

(2) 댐식 발전

유량은 풍부하나 기울기가 완만한 하천의 중하류에 하천을 가로질러 높은 댐을 막고 수위를 높게 하여 낙차를 얻어 발전하는 방식.

(3) 댐 수로식 발전

댐식과 수로식을 혼합한 방식이다. 이 방식은 댐에서 수위를 높이고 다시 수로에 의해서 낙차를 더욱 증가시켜 발전하는 방식.

표 1-12 수력발전소의 분류

취수방법에 따른 분류	운영방법에 따른 분류
수로식 발전 댐식 발전 댐 수로식 발전 유역변경식 발전	저수지식 발전 양수식 발전 조력 발전

표 1-13 출력 규모에 따른 수력발전의 분류

대수력 발전	100,000 kW 이상
중수력 발전	10,000~100,000 kW
소수력 발전	1,000~10,000 kW
미니수력 발전	100~1,000 kW
마이크로수력 발전	100 kW 이하

(4) 유역 변경식 발전

낙차 차이가 큰 인접한 하천을 수로로 연결하여 매우 큰 낙차를 얻어 발전하는 방식.

2. 소수력 발전

소수력 발전은 비교적 소용량의 전력생산 외에 농업용 저수지와 보, 하수처리장, 정수장, 다목적댐의 용수로 등에도 적용할 수 있기 때문에 국내 개발 잠재량은 풍부하며, 또한 청정 자원으로서 개발할 가치가 큰 자원으로 평가받고 있다. 소수력발전은 국지적인 지역 조건에 크게 영향을 받으며, 원자력, 화력발전 등 다른 에너지원에 비해 단위 출력당 투자비용이 많이 소요되나 수명이 길고, 운전 · 유지비용이 저렴하며, 조작제어가 간단하고 환경에 대한 영향이 거의 없는 청정한 에너지 설비이다.

3. 수력 발전의 특징

석유나 석탄 등의 다른 에너지원에 비해 이산화탄소 배출량이 매우 적은 청정에너지로 지구온난화 방지에 가장 적합한 에너지 중의 하나이다.

표 1-14 발전원별 1[kWh]당 이산화탄소 배출량

구 분	1[kWh]당 CO_2 배출량 [g-CO_2/kWh]
석탄 화력	975.2
석유 화력	742.1
LNG 화력	607.6
원자력	28.4
태양광	53.4
풍력	29.5
지열	15.0
수력	11.3

수력은 3~5분의 짧은 시간에 발전이 가능하기 때문에 전력수요의 변화에 가장 민첩하게 대응할 수 있으며, 유입식은 기저전력 공급용으로 사용하고, 조정지식, 저수지식, 양수식은 첨두부하 공급용으로 사용이 가능하다.

1.3.5 해양에너지

1. 개요

해양에너지는 크게 태양, 달 지구 등 천체 상호운동에너지와 태양에서 방사되는 태양에너지 등으로 크게 나눌 수 있다.

태양에서 방사되는 에너지는 지구의 대기권에 도달하면 약 30[%]는 대기 중에서 산란이나 반사 등에 의하여 우주공간으로 되돌아가고, 나머지 70[%]는 대기권내에 흡수되어 여러 가지 형태의 에너지로 변환된다.

그 중 바람, 파랑, 해류와 같은 흐름형태의 운동에너지는 약 23[%]로 풍력, 해류, 파력에너지로 이용될 수 있으며, 나머지 47[%]는 대지, 육지 또는 해양에 저장되는 열에너지로 부존자원은 풍부하다.

달과 태양과 지구의 상호작용에 의해 발생하는 바다의 밀물과 썰물 즉, 조류(tide) 현상은 지형적 특성에 따라 그 크기나 형태가 각각 다르게 나타난다. 우리나라의 서해를 비롯해서 지구상의 몇몇 해역에서는 조류 현상이 아주 강하게 발생해서, 밀물과 썰물의 수위차를 이용하는 조력 발전을 통해 대규모의 전력생산이 가능하며, 우리나라에서는 서해안 시화호 방조제에 대규모의 조력발전을 운영하고 있다. 또한 지형적 특성에 따라 강한 조류가 발생하고 있는 남해안 울돌목에는 바닷물의 흐름을 직접 이용하는 조류발전을 가동하고 있다.

이러한 조류현상은 규칙적인 천체운동에 의해 발생하므로, 바다에서 발생하는 현상 가운데 가장 규칙적으로 정확한 장기예측이 가능하다는 큰 장점을 가지고 있으며, 해양에너지 발전으로는 조력발전, 조류발전, 해양온도차발전, 파력발전 등이 있다.

2. 조력발전

(1) 조력발전의 원리

조력발전은 조류가 크게 발생하는 강 하구나 만에 방조제를 막아 밀물과 썰물 때 바다와 저수지의 수위차를 이용하여 발전하는 방식으로 발전방식은 크게 단류식과 복류식으로 구분하며, 조력발전은 낙차가 보통 10[m] 이하이고, 하루에 발전 2회, 배수 2회가 이루어져 설비의 이용율이 낮은 편이다.

(2) 발전방식

① 단류식 발전방식 : 단류식 발전은 한 방향으로만 발전하는 방식으로 창조식과 낙조식 발전방식으로 분류되며, 창조식 발전방식은 밀물 때 바닷물을 저수지로 유입시켜 발전하고 썰물 때 저수지의 물을 방류하는 방식이고, 낙조식은 창조식과 반대로 밀물 때 저수지에 물을 채운 후 썰물 때 바닷물을 방류시켜 발전하는 방식이다. 우리나라의 시화호 조력발전은 밀물 때만 발전하는 단류식 창조발전방식을 채택하고 있다.

표 1-15 시화호 조력발전 설비 현황

발 전 방 식	단류식 창조 발전
발 전 용 량	25,400[kW]×10기
형 식	수 차 : 횡축 벌브형 카플란 수차 발전기 : 횡축 3상 동기발전기 (극수 112극)
수 차 직 경	ϕ7.5[m] (날개 수 3개)
사 용 수 량	482.13[m^3/sec]
회 전 수	64.29[RPM]
낙 차	최대낙차 : 7.50[m], 정격낙차 : 5.82[m], 최소낙차 : 1.00[m]

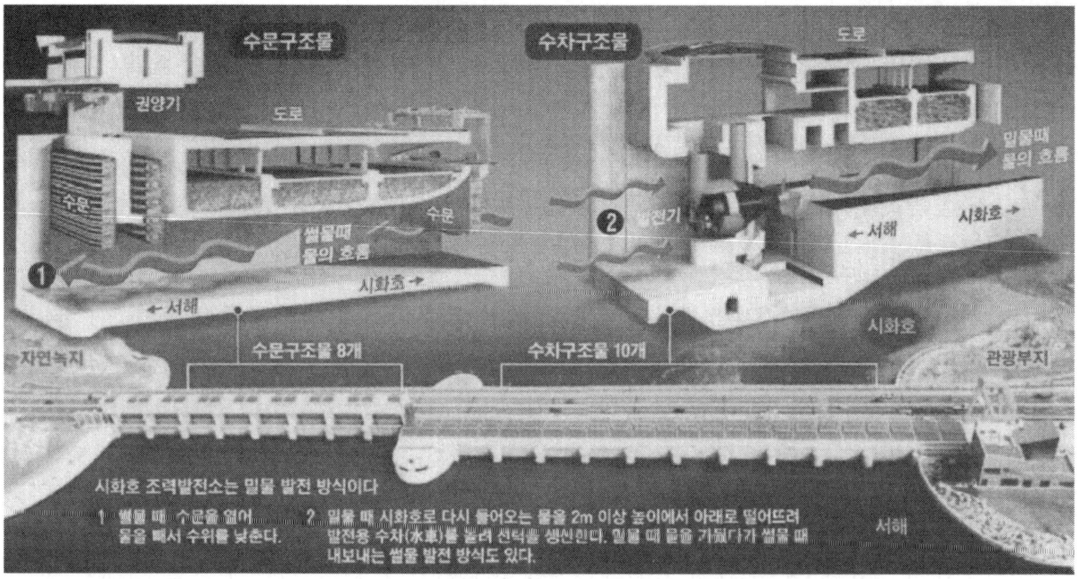

그림 1-14 단류식 조력발전 (시화호)

② 복류식 발전방식 : 창조 및 낙조 시 모두 발전이 가능하며 발전시간도 연장될 수 있다. 그러나 이 발전방식도 저수지와 외해와의 수위차가 발전가능낙차에 이를 때까지 대기하여야 하므로 발전은 단속적이고, 수차발전기는 양방향 발전이 가능해야 하므로 단류식보다 구조가 복잡해진다.

(3) 조력발전의 특징

① 장점

㉮ 발전지점의 간만 변화를 예측하는 것이 가능하다.

㉯ 청정에너지이다.

② 단점

㉮ 얻어지는 유효 낙차가 적고, 또한 간만의 변화가 연간 균일하지 않으므로 일정한 시간대에서는 발전할 수 없다.

㉯ 조수 간만의 차가 심해야 하므로, 지역적으로 한정된 장소에만 적용할 수 있다.

㉰ 건설 및 개발비용이 많이 들고, 유지관리비가 높으며, 해양환경에 영향을 미친다.

3. 조류발전

(1) 개요

조류발전은 조수간만에 의해 발생되는 해수의 흐름을 이용하여 발전하는 형식으로 조류현상을 이용한다는 점에서는 조력발전과 동일하지만 조력발전이 댐을 만들어 댐 내외의 수위차를 이용하여 발전하는데 반하여, 조류발전은 댐이 없이 발전에 필요한 수차발전기만을 설치하기 때문에 비용이 적게 들고, 해수유통이 자유롭고 해양환경에 미치는 악영향이 거의 없어 조력발전보다 더 환경 친화적인 발전방식이다. 조류의 흐름이 빠른 곳에 수차발전기를 설치, 터빈을 회전시켜 전기를 생산하는 시스템으로 조류의 양방향을 모두 이용하도록 설계되며, 우리나라의 조류발전 가능지역은 울돌목 장죽수도, 진도 맹골수도 등이 있다.

(2) 조류발전의 원리

조류발전은 간만의 차로 발생하는 조류의 빠른 유속이 운동에너지를 만들고, 이 에너지를 터빈의 회전자로 기계적 에너지로 바꾸어, 여기에 발전기 축을 연결해 전기적 에너지로 변환하는 방식이다.

(3) 발전장치의 고정형태에 따른 분류

① **파일고정식** : 주로 파일을 사용하여 해저에 구조물을 고정하는 형태.

② **부유식** : 지지구조물이 수면위에 있고, 발전회전자가 해저 면에 있는 형태.

③ **착저식** : 해저에 자중이나 앵커(anchor)로 고정하는 형태로 해수면에 구조물이 전혀 보이지 않으며, 수심의 깊이에 따라 선박이 그 위로 항해할 수도 있다.

(4) 조류발전의 특징

① **장점**

㉮ 조류의 흐름에 의한 운동에너지를 수차를 이용하여 전기를 생산함으로 댐이 필요 없고, 갯벌을 파괴하지 않는 친화경적인 발전방식이다.

㉯ 고갈되지 않고, 오염이 없는 청정에너지이다.

㉰ 해양생물의 이동 및 선박의 항해에 지장을 주지 않는다.

㉱ 날씨 변화와 상관없이 계속적인 발전이 가능하여 연속적이고 예측 가능한 신뢰성 높은 에너지원이다.

② **단점**

㉮ 발전지점 선정의 어려움이 있다.

㉯ 자연적인 조류 흐름의 세기에 따라 발전량이 좌우된다.

4. 파력발전

(1) 개요

파랑에너지를 에너지 변환장치를 통하여 기계적인 회전운동 또는 축방향 운동으로 변환시킨 후, 전기에너지로 변환시키는 것

파랑은 모든 해역에 폭넓게 분포하므로 가용 에너지원이 풍부하여 반도의 지형적 특성을 가진 우리나라의 연안 해역에서도 대규모 활용이 가능한 에너지이다.

(2) 조류발전의 발전방식

① 터빈의 회전자 방향에 따른 분류

㉮ 수평축 발전방식 : 유체의 흐름과 수평하게 회전자축이 설치되어 있다. 즉 회전자가 유체흐름에 직각으로 놓여 있으면서 회전을 하는 특징을 갖고 있다.

㉯ 수직축 발전방식 : 회전자축이 유체의 흐름과 직각이고, 회전자의 회전방향은 유체 방향과 같은 형태이다. 수직축 형태 발전의 특징은 여러 개의 회전자를 수직축에 설치할 수 있으며 발전기가 수면 위에 위치한 구조이다.

(3) 파력발전의 발전방식

① 장치의 운동으로서 에너지를 흡수하는 방법에 따른 분류

㉮ 가동물체형(moveable body) : 유압장치나 공기터빈 등의 2차 변환장치를 부착한 가동물체에 파랑이 작용하게 함

㉯ 진동수주형(oscillating water column) : 유압장치나 공기터빈 등의 2차 변환장치를 부착한 진동 수주에 파랑이 작용하게 함

㉰ 수압면형(pressure type) : 해중에서 파랑의 수압변동을 흡수하여 공기나 물의 흐름으로 변환한 후 2차 변환장치를 운전

② 파랑의 변형을 이용하는 방법에 따른 분류

㉮ 월파(越波)형 : 수심이 얕은 해역에서 파랑의 비선형 영향에 의한 해수의 수평류 또는 제방으로부터의 월파를 이용하여 수차를 운전하는 방식

㉯ 설정형 : 파력을 흡수 방출하는 구조물에 의한 평균수위의 상승작용에 의한 해수의 흐름을 이용하는 방식

(4) 파력발전의 특징

① 장점

㉮ 소규모 개발이 가능하고, 방파제로 활용할 수 있어 실용성이 크다.

㉯ 한 번 설치해 놓으면 거의 영구적으로 사용할 수 있고, 공해를 유발하지 않는다.

② 단점

㉮ 심한 출력변동과 대규모 발전 플랜트를 해상에 계류시키는데 기술적인 어려움이 있다.

㉯ 현재의 기술 수준으로는 초기 제작비가 많이 들며, 발전단가가 화력발전보다도 고가이다.

5. 온도차 발전

(1) 개요

바다 속의 물은 열원인 태양에 가까운 표층수부터 데워지고, 그 열이 점차 아래로 전해진다. 즉 해양의 온도차를 이용하여 해면 표층의 해수를 고온으로 하고, 심층의 해수를 저온으로 하여 그 사이에서 열 사이클을 행하면 에너지를 추출할 수 있다. 이처럼 해양의 표층수와 심층수의 온도차를 프레온과 같은 저온 비등매체를 이용하여 발전하는 기술을 해양 온도차발전이라고 한다.

(2) 온도차발전의 발전방식

① 설치방식에 따른 분류

㉮ 부유식 : 발전소를 부유식 구조물에 설치하고, 이를 다점계류시스템으로 계류하는 방식으로 발전된 전력은 해저케이블을 이용하여 육상에 송전한다.

㉯ 착저식 : 연안의 고정식 구조물에 발전소를 설치하고, 냉각수 파이프를 정해진 수심까지 연장하는 방식

㉰ 육상설치식 : 육상에 발전소를 설치하고 냉각수 파이프를 정해진 수심까지 연장하는 방식

② 사이클에 따른 분류

㉮ 개방 사이클 방식 : 펌프로 증발기에 유입시킨 표면 온수를, 증발기가 진공펌프로 압력을 낮추어 상온에서 비등하게 하여, 생성된 증기로 저압터빈을 구동시켜 전력을 생산하게 된다. 터빈을 나온 증기는 심해에서 끌어올린 심층냉수가 응축기를 통과하면서 부산물로 냉각된 담수를 얻게 한다.

㉯ 폐쇄 사이클 방식 : 표면온수를 사용하여 오존층을 파괴하지 않는 암모니아나 프로필렌 같은 작동유체를 증발시켜 발전기의 터빈을 구동시켜 전력을 생산하게 된다. 터빈을 통과한 증기는 해저로부터 끌어올린 심층냉수에 의하여 응축기에서 응축액으로 바뀌어 다시 재순환된다.

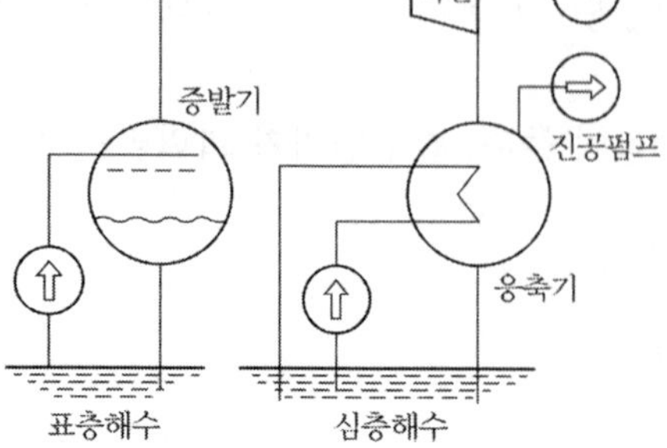

그림 1-15 개방 사이클 방식

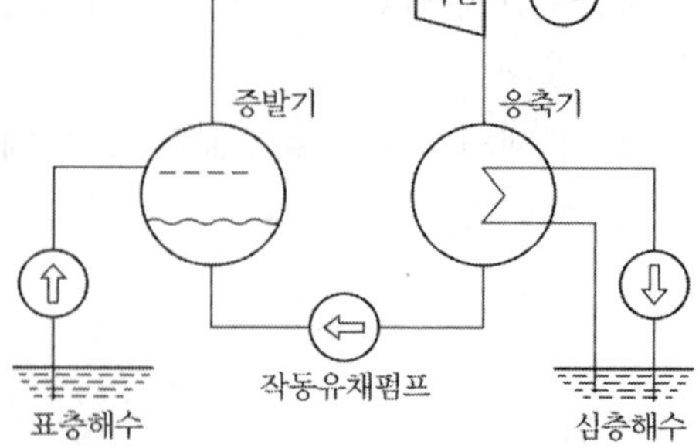

그림 1-16 폐쇄 사이클 방식

㉰ 혼합 사이클 방식 : 폐쇄 사이클 시스템과 개방 사이클 시스템의 장점을 결합한 것으로, 열원을 최대로 사용하도록 설계하여 전력과 담수를 동시에 얻게 하는 방법이다. 아직은 이론적 단계에 있지만, 두 시스템의 장점을 조합하였기 때문에 미래의 시스템으로 기대되며, 효율은 개방회로 시스템과 거의 같은 것으로 보고되고 있다.

(3) 온도차발전의 특징

① 장점

㉮ 연료의 수송과 발전소 건설을 위한 많은 용지가 필요로 하지 않는다.

㉯ 이산화탄소나 기타 오염의 근원이 되는 유해물질을 발생시키지 않는 청정 자연에너지이며, 재생 가능한 자연자원을 이용한다.

㉰ 조석이나 파랑 등의 해상요소에 별로 영향을 받지 않고, 주·야간 구별 없이 전력 생신이 가능한 안정적 에너지원으로, 계절적인 변동을 사전에 감안해 계획적인 발전이 가능한 우수한 자원이다.

㉱ 발전과 동시에 응축과정에서 막대한 양의 담수를 얻게 되어 담수가 부족한 도서지역에 있어서는 상당한 혜택을 가져올 수 있다. 그 밖에 부산물로 식염 마그네슘, 요오드(옥소) 등의 해수 중 자원을 얻을 수 있다.

② 단점

㉮ 막대한 양의 증기압을 얻으려면, 터빈을 비롯한 여러 가지 장치가 대형화되어야 하므로 시설비용이 많이 소요된다.

㉯ 발전 설비를 바닷물의 부식에 강한 재료로 만들어야 한다.

㉰ 생물 때문에 생기는 오염을 막기 위한 대책이 필요하다.

㉱ 많은 양의 해수를 표층과 심층으로부터 끌어 올려야 하기 때문에 큰 동력을 필요하며, 복수기로부터 따뜻해진 해수를 해양으로 유출하면, 부근 해양이 변하게 되어 최초 기대했던 온도차를 확보하기 어렵다.

㉲ 해양온도차 발전을 통한 전력을 생산할 때 열역학 시스템의 총 효율은 3.0[%] 정도로 낮아, 적당한 작동 유체를 개발하여 이를 향상된 열역학 사이클에 적용하는 연구가 필요하다.

1.3.6 폐기물 에너지

1. 개요

사업장 또는 가정에서 발생되는 가연성 폐기물 중 에너지 함량이 높은 폐기물을 열분해에 의한 오일화 기술, 성형고체연료의 제조기술, 가스화에 의한 가연성 가스 제조기술 및 소각에 의한 열회수 기술 등의 가공·처리방법을 통해 고체연료, 액체연료, 가스연료, 폐열 등을 생산하고, 이를 산업 생산 활동에 필요한 에너지로 이용될 수 있도록 한 재생에너지 중 비재생 폐기물로부터 생산된 것은 제외한다. 단, 이미 승인되어 생산 중인 것은 2035년까지 그러하지 않는다.

비재생 폐기물이란 생물 기원이 아닌 폐기물로 석유, 석탄 등 화학연료에 기원한 화학섬유, 인조가죽, 비닐 등이 해당된다.

2. 폐기물 에너지 종류

(1) 성형고체연료

종이, 나무, 플라스틱 등의 가연성 폐기물을 파쇄, 분리, 건조, 성형 등의 과정을 거쳐 제조된 고체연료

(2) 폐유 정제유

자동차 폐윤활유 등의 폐유를 이온정제법, 열분해 정제법, 감압증류법 등의 공정으로 정제하여 생산된 재생유

(3) 플라스틱열분해 연료유

플라스틱, 고무, 합성수지, 타이어 등의 고분자 물질 폐기물을 열분해하여 생산하는 청정연료유

(4) 폐기물 소각열

가연성 폐기물 소각열 회수에 의한 스팀생산 및 발전 등의 열원으로 이용하는 것

3. 폐기물 에너지 특징

(1) 비교적 짧은 시간 내에 상용화가 가능하다.
(2) 타 에너지에 비해 경제성이 매우 높은 편이며 조기 보급이 가능하다.
(3) 폐기물의 청정처리 및 자원으로서의 재활용 효과가 크다.
(4) 환경문제를 일으킬 수 있는 폐기물을 활용함으로서 환경문제 해소에도 기여한다.
(5) 지방자치단체 및 기업체 등에서의 산업용폐기물 처리문제를 해소한다.

표 1-16과 그림 1-17은 폐기물관리법상 및 폐기물 통계 작성상의 폐기물 분류 비교표를 나타낸 것이다.

표 1-16 화학적 폐기물 에너지화 기술의 특징

구 분		열분해 유화	가스화	소각열 회수이용
산화제 공급		무산소 분위기	완전연소에 필요한 산소보다 부족한 산소량 공급	완전연소에 필요한 이상의 산소량 공급
온도		400～550℃	750～1300℃	1000℃ 내외
생성물	가스상태	탄화수소계열의 가스가 주성분인 합성가스로 응축하여 오일을 얻을 수 있음	CO_2, H_2가 주성분인 합성가스(Synthesis Gas)	CO_2, H_2O가 주성분인 합성가스
	고체상태	불연물 + 탄화물	슬랙(용융 시) 재(비용융 시)	소각재(Ash)
에너지 이용방법		폐기물의 화학에너지를 합성가스로 변환시킨 후 이를 응축하여 액상의 연료로 이용	폐기물의 화학에너지를 합성가스로 변환시킨 후 이를 연료가스 및 화학원료로 이용	폐기물의 화학에너지를 합성가스로 변환하여 열에너지로부터 증기를 얻어 발전 및 난방

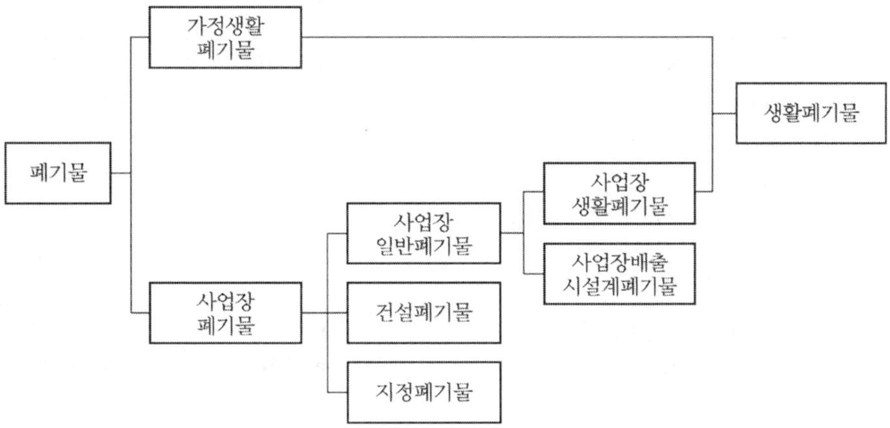

그림 1-17 폐기물 분류 (폐기물관리법기준)

1.3.7 바이오 에너지

1. 개요

바이오매스(Bio mass)는 생물체량이라 하는 생태학 용어로서 살아 있는 동물 · 식물 · 미생물의 유기물량을 의미하며, 주로 에너지 자원으로서 식물체 및 동물체의 양을 나타내는 말로 사용된다. 이 정의에 따르면 나무의 줄기와 뿌리, 잎, 잡초 등이나 전분 또는 클로렐라 같은 미생물도 바이오매스이다.

바이오매스는 에너지 자원의 관점에서 보면 광합성으로 얻어진 식물계 연료자원이다. 이것은 재생이 가능하며, 또 광역 분산형의 지역 에너지원으로 주목되고 있다. 에너지원으로서 바이오매스의 장점은 에너지를 저장할 수 있고, 최소의 자본으로 이용기술개발이 가능하며, 원자력과 비교할 때 친환경적이다.

2. 바이오 에너지의 범위

신 · 재생에너지 개발 · 이용 · 보급 촉진법 시행령[별표1]에 따른 바이오 에너지의 범위는 다음과 같다.

(1) 쓰레기 매립장의 유기성폐기물을 변환시킨 매립지가스
(2) 동 · 식물의 유지를 변환시킨 바이오디젤
(3) 생물유기체를 변환시킨 땔감, 목재칩, 펠릿 및 목탄 등의 고체연료
(4) 생명유기체를 변환시킨 바이오가스, 바이오에탄올, 바이오 액화유 및 합성가스

이를 표로 정리하면 다음 표 1-17과 같다.

표 1-17 바이오메스의 종류

	고체 바이오메스	액체 바이오메스	바이오가스
종류	• 나무류 • 수중생물 (조류 포함) • 작물 및 작물의 껍질 · 줄기 등 농업폐기물(콩, 옥수수, 사탕수수 등) • 잡초 등 초본식물 • 동물배설물 등	• 바이오알코올 (에탄올, 메탄올, 부탄올) • 식물추출오일 • 바이오디젤	• 바이오메탄
용도	• 직접 연소(나무, 배설물) • 액체바이오메스의 원료	• 연료용 • 산업용 소재	• 연료용 • 산업용 소재

3. 이용기술

표 1-18 바이오에너지 이용기술의 분류

대분류	중분류	내 용
바이오 액체 연료 생산기술	연료용 바이오에탄올 생산기술	당질계, 전분질계, 목질계
	바이오디젤 생산기술	바이오디젤 전환 및 엔진적용기술
	바이오매스 액화기술(열적전환)	바이오매스 액화, 연소, 엔진이용기술
바이오매스 가스화기술	혐기 소화에 의한 메탄가스화 기술	유기성 폐수의 메탄가스화 기술 및 매립지 가스 이용기술(LFG)
	바이오매스 가스화기술(열적전환)	바이오매스 열분해, 가스화, 가스화발전기술
	바이오수소 생산기술	생물학적 바이오수소 생산기술

대분류	중분류	내 용
바이오매스 생산, 가공기술	에너지 작물 기술	에너지 작물 재배, 육종, 수집, 운반 가공기술
	생물학적 CO_2 고정화기술	바이오매스 재배, 산림녹화, 미세조류 배양기술
	바이오 고형연료 생산, 이용기술	바이오 고형연료 생산 및 이용기술 (왕겨탄, 우드칩 등)

4. 바이오에너지의 특징

(1) 장점

① 에너지를 저장할 수 있다.

② 바이오매스는 재생이 가능하다. 종이나 비료 같은 다른 산물을 만들어서 재활용된다.

③ 물과 온도 조건만 맞으면 지구상 어느 곳에서나 얻을 수 있다.

④ 나무와 식물이 다시 자라는 것보다 더 빨리 베어내지 않는 한, 바이오매스는 재생에너지원이다.

⑤ 최소의 자본으로 이용기술의 개발이 가능하다.

⑥ 원자력과 비교할 때 환경 보존적이며, 안전하다.

⑦ 석탄과 비교하여 훨씬 적은 아황산가스와 이산화질소를 배출한다.

(2) 단점

① 바이오매스 생산에 넓은 면적의 토지가 필요하다.

② 토지 이용 면에서 농업과 경합한다.

③ 자원 매장량의 지역차가 크다.

④ 비료, 토양, 물 그리고 에너지의 투입이 필요하다.

⑤ 문란하게 개발하면 환경파괴를 초래한다.

⑥ 바이오매스의 생산, 수집, 운반, 변환에 관련한 기술적 문제, 경제성, 에너지 균형에 대한 문제도 있다.

⑦ 넓은 산림이나 자연 목초지를 단일 종의 바이오매스 농장으로 만드는 것은 생물 다양성의 감소를 가져온다.

1.3.8 지열발전

1. 개요

지열이란 지표면의 얕은 곳에서부터 수 km 깊이에 뜨거운 물과 돌을 포함하고 있으며 지열은 지구 내부에서 표면을 거쳐 외부로 나오게 되는 열을 말한다. 땅속 깊은 곳에서는 방사성 동위원소들의 붕괴로 끊임없이 열이 생성되고 있고, 땅속 마그마는 종종 지각이 얇은 곳에서 화산이나 뜨거운 노천온천의 형태로 열을 분출한다. 이러한 열을 보통 지열이라 부르는데, 지열은 방사성 물질과 마그마의 작용으로 생성되는 것이다.

이와 더불어 태양열의 약 47%가 지표면을 통해 지하에 저장되며, 이렇게 태양열을 흡수한 땅속의 온도는 지형에 따라 다르지만 지표면 가까운 땅속의 온도는 대략 10℃ ~ 20℃ 정도로 연중 큰 변화가 없으나 지하 수 km의 지열온도는 40℃ ~ 150℃ 이상을 유지한다. 이렇게 지열은 태양과 지구가 존재하는 한 계속 생성되는 에너지의 보고로서 지열에너지원은 굴착 깊이에 따라 무궁무진하게 사용할 수 있는 자원이다. 이를 냉 · 난방시스템으로 이용하여 여름철에는 실내의 높은 온도를 지중으로 겨울철에는 지중으로부터 열을 흡수하여 난방을 수행할 수 있다.

일반적으로 땅의 온도는 100[m] 깊어질 대마다 대략 2.5[℃]씩 증가한다고 한다. 지형과 지역에 따라 다소 차이가 있지만 천부지열은 대략 15 ~ 30[℃], 심부지열은 대략 40 ~ 400[℃]의 온도 범위에 있어 직접적인 난방, 전력생산, 히트 펌프를 통한 난방과 냉방, 제조용열 등으로 이용되고 있다.

2. 지열발전의 원리

지열발전은 일반적으로 지열 유체 중의 증기만을 이용하여 발전하는 천연증기발전방식으로, 대개의 경우 물이 섞인 증기가 분출되므로 기수분리기를 이용하여 증기를 분리하여 발전에 사용된다. 현재 지열발전에 이용되는 지열온도는 200 ~ 250[℃] 대역을 사용하고 있으며 채집 깊이는 100 ~ 2,500[m] 이다.

지열에너지는 다음과 같은 특징을 가지고 있다.

(1) 분산형이고 풍부한 에너지

(2) 저렴한 에너지

(3) 저공해의 에너지

(4) 다목적이용을 포함한 지역사회에 많은 이익을 가져오는 에너지

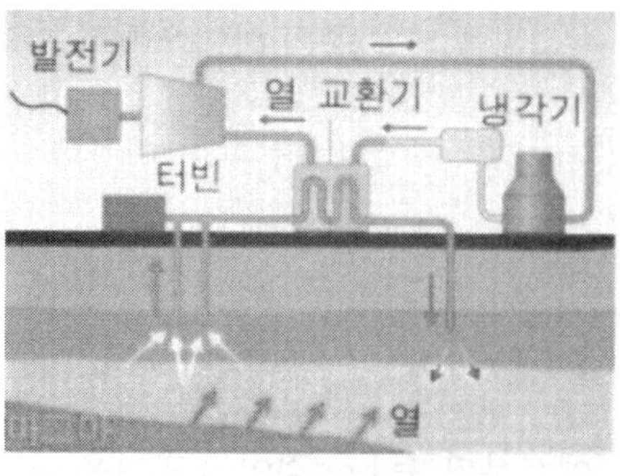

그림 1-18 지열에너지 원리

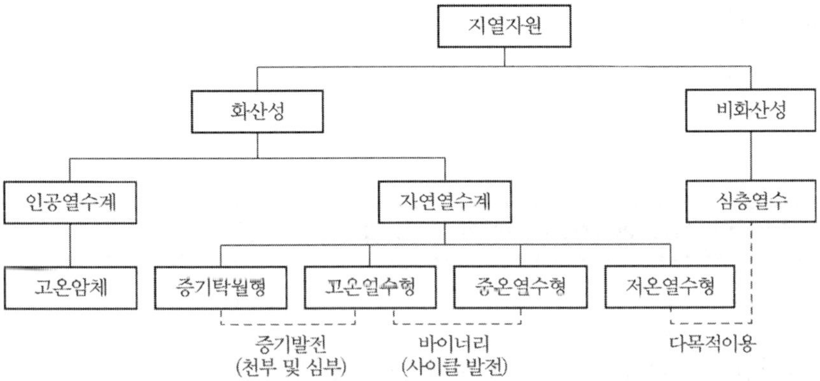

그림 1-19 지열자원의 종류

바이너리사이클발선소는 증기를 효율적으로 만들기 위하여 지열원의 온도가 충분히 높지 않은 중온수 또는 지열원이 화학적 불순물을 많이 함유되어 증발하지 못하는 곳에서 사용된다. 바이너리사이클 과정에서 지열수는 열교환기를 통과하여, 물보다 낮은 비등점을 갖는 유기혼합물인 이소부탄(isobutane)또는 펜탄(pentane)등의 제2유체를 기화시킨다. 기화된 제2유체는 전기를 생산하기 위하여 터빈에서 팽창되며, 팽창된 작동유체는 응축되어 다음 사이클에서 재사용된다. 모든 지열수는 밀폐 사이클 시스템의 지하로 배출된다. 그림 1-20에 바이너리사이클발전소의 개요를 나타내었다.

(1) 지열에너지의 한계와 위험

지열에너지는 기존의 에너지원과 비교하면 공해 배출량이 상당히 적기 때문에 환경에 긍정적인 영향을 미친다. 지역에 따라 지층의 침강 등을 유발할 가능성이 존재한다. 지열에너지 생산이 지진활동을 유도할 수 있다는 개연성도 있으며, 이용도중 지하수계의 오염요인으로 작용될 수도 있음에 유념하여야 한다.

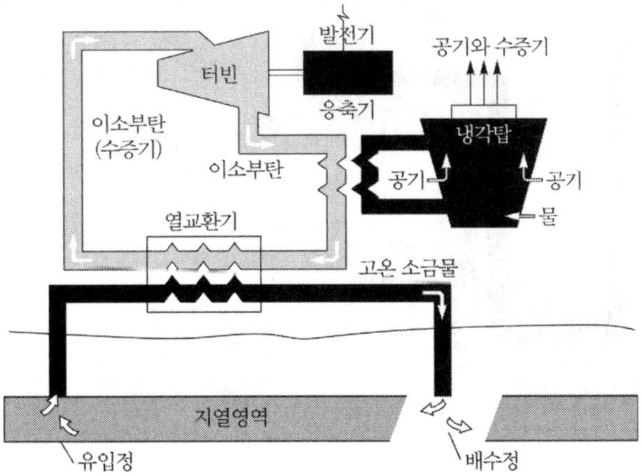

그림 1-20 바이너리사이클발전소

(2) 지열에너지의 미래

중 · 단기적인 관점에서 보면, 지열유체는 상업용으로 성장할 수 있는 유일한 열원이며, 거대한 에너지원이다.

1.3.9 수열에너지(Hydrothermal energy)

1. 개요

수열에너지란 해수나 담수 등의 내부 열에너지를 일컫는 말이다. 히트펌프를 이용하여 냉난방에 활용하는 기술로 주로 건물 냉난방 농가 급탕열원 지역냉난방 온실 수산양식장 제설작업 등의 열원을 이용하는 것이다. 청정 무공해의 새로운 신 · 재생에너지라 할 수 있다.

2. 수열에너지의 특성

수열에너지는 여름에는 대기보다 온도가 낮고 겨울엔 온도가 높아 열펌프의 열원으로 효율적인 에너지라 할 것이다. 또한 보존량이 여타 에너지들과 같이 무한대에 가깝고 대규모 열수요에 이용이 가능하다. 수열에너지의 열회수 장치인 히트펌프를 통해 냉방을 할 때 건물의 열을 물을 통해 밖으로 보내고 난방을 할때는 물에서 열을 얻어 건물 안으로 공급하는 원리로 운영이 된다. 물의 온도차를 이용한 기술로 수열에너지를 사용하게 되면 기존 냉난방 시스템 대비 20~50%의 에너지 절감 효과를 기대할 수 있다.

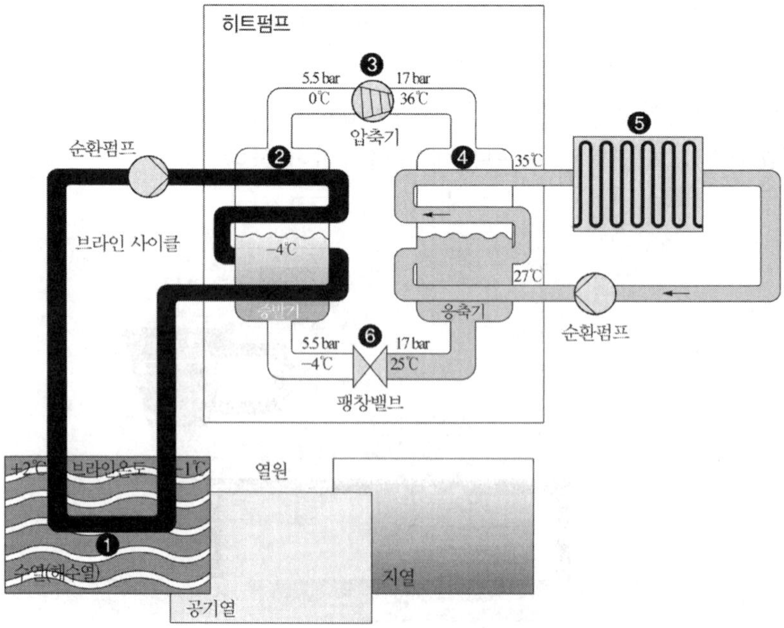

그림 1-21 수열에너지계통 개념도

이 밖에도 하수열에너지도 최근 알려져 있는데 하수열에너지란 생활하수를 이용하여 열에너지를 얻는 방식이다. 하수열에너지는 기존의 고정 관념을 깨고 접근한 청정에너지원이라 할 수 있다. 이산화탄소배출감소는 물론이고 뛰어난 경제성까지 갖춰 앞으로 더욱더 관심을 기울여 기술개발 및 보급화가 필요하다.

3. 수열에너지 현황

전 세계적으로 수열에너지를 신 · 재생에너시로 분류히는데 차이는 있으나 유럽, 미국, 일본 등지에는 수열에너지를 신 · 재생에너지의 범주에 포함시켜 많은 연구 개발이 이루어지고 있는 상태이고 일본은 하수 하천수 및 설빙열과 함께 온도차 에너지로 인정하고 있으며 유럽과 미국의 경우는 해양에너지로 인정하고 있다. 1960년대부터 건물 농업 교육시설등에 수열에너지를 사용하는 곳은 유럽과 미국 등이 있다. 그중 스웨덴의 스톡홀름에서는 해수를 비롯한 하수, 호수, 지하수를 활용하여 히트펌프를 통해 전체의 지역난방의 44%를 공급하고 있다. 일본의 경우 지역 냉난방에 적용할 수 있도록 해수열원 열펌프를 개발하여서 1970년대부터 이용하여 왔으며 1991년 일본에서는 하수열을 활용하여 냉난방을 공급하여 13~23%의 에너지 절감효과를 얻고 있으며 일본은 해수 열에 대한 지속적인 연구를 펼쳐 2030년까지 운용활성화 및 세계시장 점유율 확대등 차세대 대체 에너지원으로 수열을 연구개발하고 있다. 우리나라에서도 2015년 부산 롯데타운 마트 및 타워동에 수열에너지 시스템을 도입하여 에너지 절감효과를 가져왔으며 이외에도 한수원 및 발전사 온배수 양식장등 수산 양식장에 적용된 사례를 가지고 있다. 이처럼 수열에너지의 활용을 산업 전반에 적용한다면 기술개발을 통한 기술 수출도 가능할 것이라 할 수 있겠다.

1.3.10 수소에너지(Hydrogen energy)

1. 개요

수소는 석유화학공업을 비롯하여 암모니아 및 메탄올 제조를 위한 공정 등에 광범위하게 사용되고 있으며, 또한 화학, 식품, 정제산업 등에서 그 사용량이 날로 증가되고 있는 추세이다. 연료로서 수소의 사용은 NO_X, SO_X, CO, CO_2 등의 공해물질배출을 감소시킴으로서 미래의 주요 청정에너지원으로서의 사용 또한 점차 증가하고 있다.

수소는 물, 화석연료 및 바이오매스 등과 같은 자원을 원료로 다양한 방법으로 만들 수 있다. 이중에서 생물학적 수소제조 방법, 광화학적, 전기화학적 수소 제조방법, 수전해(water electrolysis) 방법 및 열화학적 수소제조 방법 등이 있으며, 이 중 순수물 분해 수소제조 기술에는 광촉매를 이용한 광화학적 방법, 미생물 등을 이용한 방법, 태양열화학 및 전기분해 방법이 있다.

수소는 전기와 같은 에너지매체이므로 이것을 제조하기 위해서는 어느 정도의 에너지 손실이 불가피하나, 이 에너지를 태양에너지와 같은 재생에너지로 조달하여 해결하기 위한 노력이 이루어지고 있다. 태양에너지를 수소로 변환하여 이용하면 간헐적, 낮은 에너지 밀도, 수요처와의 거리 등의 고질적인 단점을 해결할 수 있다. 수소는 기술주도형 에너지 매체이므로 화석연료 부존량이 거의 없는 우리나라는 자원빈국에서 탈피할 수 있는 기회가 될 것이다.

2. 수소에너지 시스템

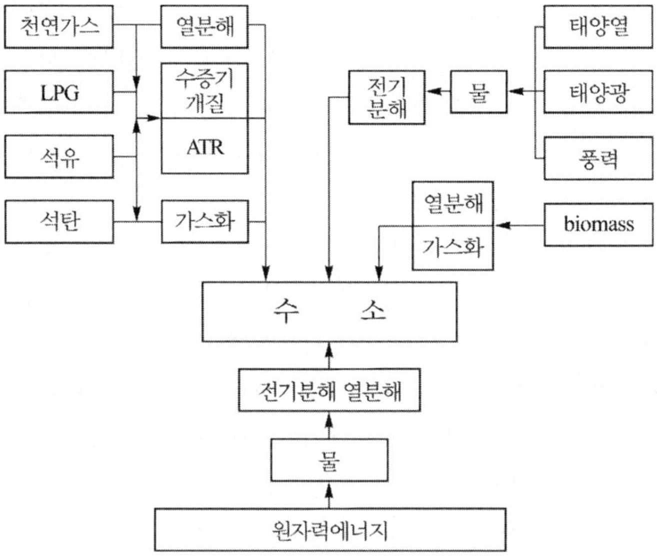

그림 1-22 수소제조방법

3. 수소 제조와 생산 기술

(1) 원료와 제조 방법에 따라 수소를 다양하게 생산할 수 있지만, 현재 가장 널리 사용되는 것은 석유화학산업이나 제철 산업에서 발생하는 부생 수소, 즉 백색 수소(white hydrogen)이다. 가격이 가장 저렴하지만, 공급량에 한계가 있다.

(2) 갈탄을 가스화하여 생산하는 갈색 수소(brown hydrogen)도 있으나, 생산 단가는 낮지만, 생산과정에 이산화탄소 및 오염물질의 배출이 대량으로 발생한다.

(3) 천연가스를 개질하여 생산하는 회색 수소(grey hydrogen)는 기술의 성숙도가 높아 저가의 수소를 대량으로 생산할 수 있지만, 수소 1kg당 약 11kg의 이산화탄소가 배출된다.

(4) 이산화탄소를 포집 저장 처리하며 생산한 수소를 청색 수소(blue hydrogen)라 부른다. 이 경우는 생산 단가가 상승하게 되며, 포집 저장된 이산화탄소의 해결이 어려운 문제로 남는다.

(5) 기존 전력망에서 공급받은 전력으로 물을 전기분해하여 생산한 수소를 황색 수소(yellow hydrogen)라고 한다. 생산 과정에서 이산화탄소 배출은 없지만, 전력 생산과정에서 탄소배출이 발생하므로 사용하기 어려운 기술이다.

(6) 녹색 수소(green hydrogen)는 태양광이나 풍력으로 생산된 전력을 이용, 물을 전기분해하여 생산된 수소이다. 재생에너지의 간헐성과 높은 전력비용으로 생산 단가가 높아지며, 대량생산에 한계가 있다.

(7) 원자력 발전으로 생산한 전력을 이용하여 물을 전기분해하여 생산한 수소를 적색 수소라고 부른다.

청정수소(Clean hydrogen)는 정의가 아직 명확하지 않으나 탄소배출이 없이 생산된 수소를 통칭하는 것으로 청색 수소, 녹색 수소, 적색 수소 등이다.

4. 수소 저장 및 수송 기술

(1) 금속 수소 화합물 저장기술

(2) 액체 수소 저장기술

(3) 고압가스 저장기술

(4) 파이프라인을 이용한 수송기술

5. 수소의 안전 대책 기술

(1) 폭발 재해 방지 기술

(2) 수소 사용 재료의 취성 방지 기술

6. 수소에너지의 미래

수소의 이용은 화학공정에서의 이용 이외에도 화학공업의 원료, 연료전지에 의한 발전, 2차 전지, 금속 수소화물을 이용한 시스템, 수소를 매체로한 열-화학에너지 변화, 수소 연소시스템, 수소 추진시스템 등 다양한 이용방안이 제안되고 있다. 로켓 및 제트엔진 추진시스템에 수소연소에 의한 열에너지 이용 시스템이 일부 실용화 단계에 있다. 이는 가스터빈, 자동차엔진에도 이용이 가능할 것으로 예상되어 개발이 진행되고 있다. 이런 수소에너지는 물의 전기분해로 쉽게 얻을 수 있으나 입력에너지에 비해 수소에너지의 경제성이 너무 낮으므로 대체전원, 촉매를 이용한 제조기술 등의 다른 방법을 이용한 수소제조기술 등이 연구중이다. 수소는 가스나 액체로서 쉽게 수송할 수 있으며 고압가스, 액체수소, 금속수소화물 등의 다양한 형태로 저장이 가능하다. 이러한 수소에너지의 수소저장시스템은 자동차, 발전용, 휴대용, 연료전지뿐만 아니라 다양한 분야에서 이용가능하기 때문에 각 분야에서 반드시 개발해야 할 핵심기술이다.

7. 수소에너지의 특징

(1) 장점

① 공해물질이 배출되지 않는다.
② 연료가 물과 같이 풍부하다.
③ 수소가 연소되거나 전기로 변환되어 생성된 물의 재사용이 가능하다.
④ 지속적인 에너지이며, 자동공급도 가능하다.
⑤ 수소에너지 시스템은 다양한 에너지원으로부터 생산되어 저장되고 수송되며, 전기적 이용, 산업, 가정, 자동차, 비행기, 공장 등에서 사용된다.
⑥ 수소에너지는 저장과 수송이 쉽다.

(2) 단점

① 수소에너지는 사용상 안전의 문제가 따른다.
② 물을 전기분해하여 수소를 얻기 위해서는 많은 양의 전기에너지가 필요하다.

1.3.11 연료전지

1. 개요

물을 분해하면 산소와 수소를 얻을 수 있는데 연료전지는 반대의 과정을 이용하는 것이다. 연료전지는 수소와 산소가 가진 화학적 에너지를 직접 전기에너지로 변환한다. 발전효율은 40~50% 정도이지만 발생열을 에너지로 이용하면 효율이 80%대에 육박한다. 발전 시 부산물로 H_2O만 발생하여 대기오염 물질의 배출이 없다. 또한 저진동, 저소음이다.

연료로는 수소와 산소가 필요하며 수소는 천연가스나 메탄올에서 추출하며 산소는 대기에서 포집한다. 개질기로부터 들어오는 수소와 공기 중의 산소를 이용하여 직류전기와 물, 열을 발생시키는 연료전지 본체, 수소를 함유한 연료(LPG, LNG, 메탄가스, 메탄올 등)를 수소 가스로 변환시키는 개질기(Reformer), 연료전지 본체에서 생산되는 직류전기를 교류전기로 변환하는 인버터 등으로 구성된다. 연료전지는 크게 제1세대, 제2세대, 제3세대 연료전지로 나눌 수 있는데 제 1세대 연료전지는 연료로서 경질유와 LNG등을 사용하고 인산을 전해질로 하여 동작시키는 연료전지로 이미 수천 kW급이 실용화되어 설치되어 운전되고 있다.

제2세대 연료전지는 석유, LNG 및 석탄가스의 개질에 의한 수소와 일산화탄소를 연료로 하고 전해질로 용융탄산염을 이용하는 연료전지이다. 제2세대 연료전지는 1세대보다 효율이 높고 석탄가스를 이용할 수 있는 장점이 있다. 제3대세 연료전지는 석탄가스의 개질에 의한 저순도가스도 연료로 쓸 수 있는 산화칼슘(CaO), 산화지르코늄(ZrO_2) 등의 고체전해질을 사용하는 연료전지를 제3세대 연료전지라고 한다.

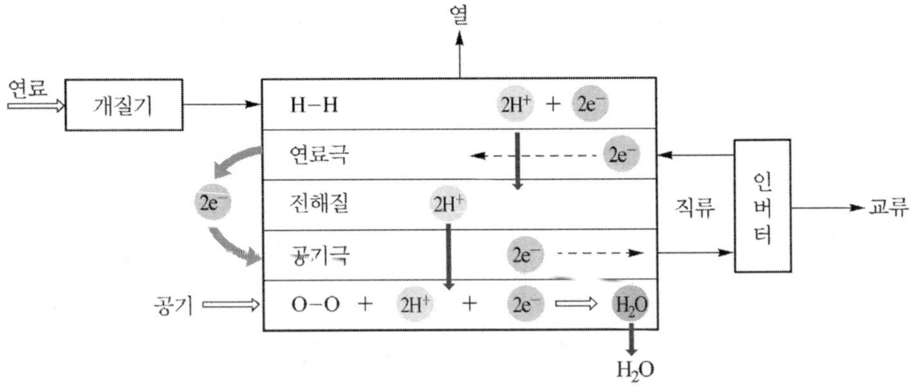

그림 1-23 연료전지의 원리

2. 발전원리

(1) 연료극에서 수소(H_2)가 수소이온($2H^+$)과 전자($2e^-$)로 분리된다.

반응식 : $H_2 \Rightarrow 2H^+ + 2e^-$

(2) 수소이온($2H^+$)은 전해질을 통해 공기극으로 이동한다.

(3) 전자($2e^-$)는 외부 전기회로(도체)를 통해 공기극으로 이동한다.

(4) 공기극에서 수소이온, 전자, 공기가 결합하여 물을 만들고, 이때 열이 발생한다.

반응식 : $2H^+ + 2e^- + \frac{1}{2}O_2 \Rightarrow H_2O$

전체 반응식 : $H_2 + \frac{1}{2}O_2 \Rightarrow H_2O$ + 에너지(전기, 열)

연료전지 특징

① 발전효율이 40~60% 이상이며, 폐열을 이용할 경우 종합효율 80% 가능
② 단위출력당의 용적 또는 무게가 작다.
③ 배기가스 중 NO_X, SO_X 및 분진이 거의 나오지 않기 때문에 수용가 근처 설치가 가능하다.
④ 회전부위가 없어 소음이 없으며 다량의 냉각수가 필요하지 않는다.
⑤ 부하조정이 용이하고 지부하에서도 발전효율의 저하가 적다.
⑥ 설비의 부품화가 가능하여 대량생산이 가능하다.
⑦ 석유의 대체효과 기대

그림 1-24는 연료전지를 가정용에 적용하였을 경우 기존 에너지 대비 효율을 나타낸 것이다. 연료전지를 사용할 경우 발전소로 들어가는 에너지 대신 수소를 개질해서 연료전지 에

너지로 사용하는 도시가스가 더 비중이 크므로 최초에너지투입이 기존에 비해 줄어들었음을 알 수 있다. 발전소와 도시가스에서 발생되는 손실합계도 16%로 감소함을 알 수 있다.

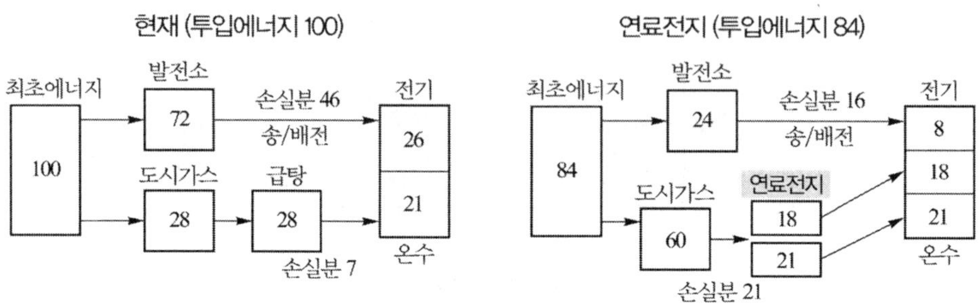

그림 1-24 기존에너지와 연료전지의 에너지 효율 비교(가정용)

표 1-18 연료전지의 종류(전해질 종류에 따라 구분)

구 분	알카리 (AFC)	인산염형 (PAFC)	용융탄산염형 (MCFC)	고체산화물형 (SOFC)	고분자전해질형 (PEMFC)	직접메탄올형 (DMFC)
전해질	알카리	인산염	탄산염	세라믹	이온교환막	이온교환막
동작온도 (℃)	100이하	220이하	650이하	1200이하	80이하	80이하
효율(%)	85	70	80	85	75	40
용도	특수용 (우주선)	중형건물 (200kW)	중 · 대형건물 (100kW~MW)	소 · 중 · 대용량발전 (1kW~MW)	가정 · 상업용 (1~10kW)	소형이동 (1kW이하)

3. 연료전지의 효율

발전효율, 종합효율, 공급연료가스유량(온도압력보정), 가스 입열량, 열 회수량의 계산식은 다음과 같다.

(1) 발전효율(η_E)

$$\eta_E = \frac{P_0 \times 3600}{H_i} \times 100[\%]$$

여기서, P_0 : 송전단 출력[kW], H_i : 가스 입열량[kJ/h]

(2) 종합효율(η_T)

$$\eta_T = \left(\frac{P_o \times 3600 + H}{H_i}\right) \times 100[\%] = \left(\eta_E + \frac{H}{H_i}\right) \times 100[\%]$$

여기서, H : 열회수량[kJ/h]

(3) 공급연료 가스유량(F) : 온도압력보정

$$F = F_0 \times \frac{273}{T+273} \times \frac{P}{1.013 \times 10^2} \ [\mathrm{m^3N/h}]$$

여기서, F_0 : 1시간당 연료사용 측정량[$\mathrm{m^3N/h}$], N(normal) : 20[℃] 1기압 상태

P : 가스측정 압력[kPa]

T : 가스 온도[℃]

(4) 가스 입열량(H_i)

$$H_i = F \times K$$

여기서, F : 1시간당 연료사용량, K : 가스 발열량

(5) 열 회수량(H)

$$H = (i_2 - i_1) \times Q \ [\mathrm{kJ/h}]$$

여기서, Q : 열 회수용 유체 질량

i_2 : 온도 T_2(온수 출구 측)에 있어서 물 엔탈피

i_1 : 온도 T_1(온수 입구 측)에 있어서 물 엔탈피

1.3.12 석탄 액화가스화 및 중질잔사유 가스화

1. 석탄의 액화 및 가스화

(1) 석탄의 수분을 제거한 후의 원소조성은 탄소 70～90[%], 질소 1～2[%], 황 0.5～5[%], 수소 4～5[%] 및 산소 5～15[%] 정도이고 나머지는 회분이다.

(2) 석탄을 직접사용 할 때 석탄 내에 포함된 많은 양의 무기질의 고체분이 많은 회분이 발생해서 대기 중에 먼지 농도를 증가시키고, 또한 황분이 많아서 아황산가스(SO_2)를 발생시킨다.

(3) 석탄의 액화 및 가스화는 석탄의 고형분과 황분을 제거할 수 있다.

2. 중질잔사유의 가스화

(1) 원유는 유정 위치에 따라 조성이 다르지만, 일반적으로 주성분은 탄화수소이고, 약간의 질소, 황, 산소 등의 화합물과 금속 화합물이 포함되어 있다.

(2) 황이 연소하면 이산화황(아황산가스)과 삼산화황(무수황산)이 대기 중에 방출되어 인체와 농작물에 악영향을 주는 산성비의 원인이 된다.

(3) 황산화물과 질소산화물은 연소되면서 대기환경을 해치는 유해 가스를 발생한다.

(4) 중질잔사유의 가스화는 원유의 황, 황산화물, 질소산화물을 제거할 수 있다.

3. 석탄의 액화 및 가스화 원리

(1) 석탄의 액화

① 석탄과 석유가 다른 점은 수소와 탄소의 비가 다른 것이다. 석탄의 경우 중량비로 탄소 79에 대하여 수소 1.5(중량비 52)인데 비하여, 중유의 경우는 탄소 62에 대하여 수소 4.7(중량비 13)이다.

② 석유의 평균분자량이 200인 것에 비하여 석탄은 2,000 이상으로 고체이다.

③ 석탄을 석유로 바꾼다는 것은 결국 석탄에 부족한 수소를 가해 주면서 분자량이 200 ~300 정도가 되도록 석탄을 분해시켜 주면 된다.

④ 이 반응은 약 200[atm], 400~450[%]의 조건 하에서 석탄에 수소를 반응시켜 액상 생성물이 생기도록 하는 것이다.

(2) 석탄의 가스화

① 석탄을 산소와 수증기로 반응시켜 일산화탄소와 수소의 혼합가스를 만드는 것이다.

② 반응식 : $C + H_2O$(수증기) → $CO + H_2$(수성가스반응)

(3) 석탄(중질잔사유) 가스화

가스화 복합발전기술(IGCC : Integrated Gasification Combined Cycle)은 석탄, 중질잔사유 등의 저급연료를 고온 · 고압의 가스화기에서 수증기와 함께 한정된 산소로 불완전연소 및 가스화시켜 일산화탄소와 수소가 주성분인 합성가스를 만들어 정제공정을 거친 후 가스터빈 및 증기터빈을 구동하여 발전하는 신기술이다.

4. 석탄 액화가스화 및 중질잔사유 가스화 특징

(1) 장점

① 고효율 발전

② 황산화물(SO_X)을 95[%], 질소산화물(NO_X)을 90[%]이상 저감하여 환경친화적이다.

③ 다양한 저급연료를 활용한 발전, 화학플랜트 활용, 액화연료 생산 등 다양한 형태의 고부가가치의 에너지화가 가능하다.

(2) 단점

① 소요면적이 넓은 대형장치산업으로 시스템 비용이 고가이므로 초기 투자비용이 높다.

② 복합설비로 전체 설비의 구성과 제어가 복잡하여 연계시스템의 최적화, 시스템 고효율화, 운영 안정화 및 저비용화가 요구된다.

1.4 에너지 저장장치(ESS)

1.4.1 개요

(1) 에너지 저장은 장치 혹은 물리적 매체를 이용하여 에너지를 나중에 사용하기 위해 저장하는 것을 말한다. 더 넓은 범위의 체계 전체를 에너지 저장 시스템 (Energy Storage System, ESS) 이라고 한다. 일반 가정에서 사용하는 건전지나 전자 제품에 사용하는 소형 배터리도 전기에너지를 다른 에너지 형태로 변환하여 저장할 수 있지만 이런 소규모 전력저장장치를 ESS라고 말하지는 않고, 일반적으로 수 kWh 이상의 전력을 저장하는 단독 시스템을 ESS라고 부른다.

(2) ESS는 전력계통에서 발전, 송배전, 수용가에 설치되어 운영이 가능하며, 주파수 조정, 신재생발전기 출력 안정화, 첨두부하 저감, 부하평준화, 비상전원 등의 기능으로 사용된다.

(3) 에너지 저장은 저장방식에 따라 크게 물리적 에너지저장과 화학적 에너지저장으로 구분할 수 있다. 대표적인 물리적 에너지저장으로는 양수발전과 압축공기저장, 플라이휠(Flywheel) 등을 들 수 있으며, 화학적 에너지저장으로는 리튬이온배터리, 납축전지, 나트륨황전지 등이 있다. 배터리 형식의 ESS를 BESS(Battery Energy Storage System) 이라고 하며, 흔히 ESS라고 하면 BESS를 말한다.

(4) 신 · 재생에너지 산업의 성장과 함께 관심을 받고 있는 것이 있다. 바로 ESS다. 신재생에너지는 스마트 그리드에서 중요하게 쓰이는데, ESS를 이용하면 원하는 시간에 전력을 생산하기 어려운 태양광, 풍력 등이 신재생 에너지를 미리 저장했다가 필요한 시간대에 사용할 수 있기 때문이다.

ESS는 전력 인프라를 구성하는 요소이자, 스마트 그리드와 같은 차세대 전력망을 구현하기 위한 핵심 요소 중 하나가 될 것이다. ESS는 전기를 생산하는 발전 영역, 전기를 이송하는 송배전 영역, 그리고 전달된 전기를 실제 사용하는 수용가 영역에 모두 적용된다.

(5) 적용은 ESS를 이용하여 주파수조정, 신 · 재생에너지연계, 수요반응, 비상발전 등에 활용함으로써 전력피크 억제, 전력품질 향상 및 전력수급 위기 대응 할 수 있다.

산업통상자원부와 한국전력공사는 에너지 신산업 육성과 에너지저장장치 보급활성화 지원을 위해 에너지저장장치 전기요금할인제도를 2017년부터 일몰제로 한시적으로 시행하고 있다.

표 1-19 ESS 활용분야

활용 구분	주요 내용
주파수 조정	실시간으로 변하는 주파수에(60 Hz) 즉각적인 충·방전으로 전력균형(Power Balance)유지
신재생 연계	단속적인 풍력, 태양광 발전원의 출력보정 및 급전지시 응동 가능
수요 반응	저렴할 때 충전하여 비쌀 때 방전하여 전기요금 절감하고, 수요관리시장의 감축지시에 반응하여 보상금 수령
비상발전 대체	정전 방지를 통한 안정적 전력 공급 수단인 비상(예비) 전원으로 활용

1.4.2 초전도 에너지저장장치(Superconducting Magnetic Energy Storage)

1. 원리

초전도 코일로 자석을 만들어 자기 에너지의 형태로 에너지를 저장하는 방식으로 초전도의 전기저항 제로의 특징을 이용하여 초전도 코일에 통전하더라도 전류가 감쇠(Attenuation, 減衰)되지 않고 일정한 자장을 계속 발생하는 점을 이용하여 전기에너지를 자기에너지로 저장하는 장치이다.

2. 특징

다른 저장방법에 비해 전력의 변환에 따른 효율이 높고 급속한 충·방전을 견딜 수 있다. 즉, 코일에서 전력을 저장하기 때문에 필요한 에너지양만 저장할 수 있고, 저장부 코일은 수만~수십만 회의 충·방전에 견딜 수 있다.

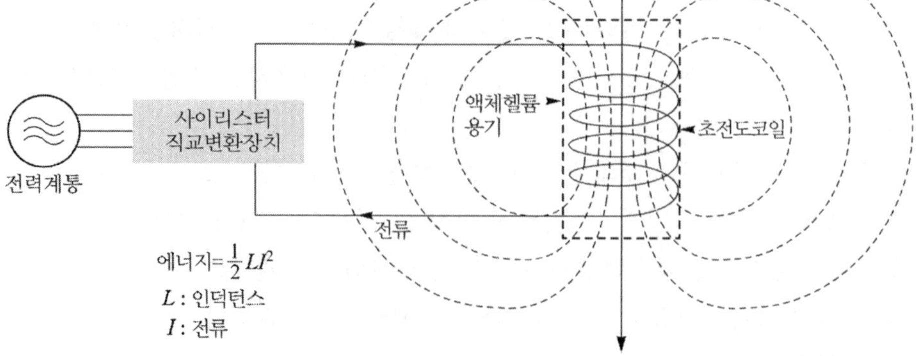

(출처 https://www.atomic.or.kr/atomica/read.html?chapter=15-7-1-2)

그림 1-25 초전도 에너지 저장장치의 개념도

3. 용도

큰 출력이 필요한 전력네트워크의 계통안정화나 벼락 등으로 일시적으로 전압이 저하되는, 이른바 순간 전압저하를 방지하는 용도이다. 부하변동이 크고 충 · 방전 횟수가 많은 고속철도 등의 전기철도의 최대전력을 차단하는 용도에 적합하다.

1.4.3 압축공기 에너지저장(Compressed Air Energy Storage)

1. 개요

기존의 압축공기 에너지저장(CAES)은 잉여전력을 이용하여 압축공기를 저장하고 저장된 압축공기는 필요시 터빈을 구동하여 전력을 발생하는 전력저장과 발전의 하이브리드 개념이라고 할 수 있다.

최근에는 발전 시 압축공기 가열원으로 다양한 열원(폐열, 태양열, 신 · 재생에너지 등)을 활용한 압축공기 에너지저장 발전과 공기 압축시 압축열을 난방열로 팽창시 냉각효과를 함께 활용하여 열전을 공급할 수 있는 등 여러 가지 기능이 결합된 압축공기 에너지저장이 연계활용 되고 있다. 압축공기 지하 암반 공동저장장식은 저장 압축공기 토출압력의 변동 유무에 따라 정압식과 변압식으로 분류할 수 있다.

표 1-20 압축공기 저장방식별 주요 특징(출처 : 한국자원연구소, 1995)

구 분	정 압 식	변 압 식
기밀성	• 지하수 및 암반의 기밀성에 의존	• 콘크리트 및 특수시트 등에 의한 라이닝 필요
공동용적	• 지하 공동 내에 저장된 공기는 전량 사용 가능하므로 변압식에 비해 상대적으로 작음	• 저장 최대공기압과 최소공기압의 차에 의해 용적이 결정되므로 상대적으로 큼
시공성(심도)	• 저장 공기압과 동일한 지하수압을 확보하기 위하여 대심도에 공동을 건설할 필요가 있음	• 저장압에 관계없어 심도의 제약이 없음 • 지질, 조건이 양호할 경우 비교적 지하 천부에도 건설 가능
안정성	• 암반의 응력변형특성은 굴착시 및 점검시에만 고려하면 됨	• 저장 및 발전에 수반하여 암반에 걸리는 응력이 변동하기 때문에 주변 암반과 시공 콘크리트에 대한 안정성 평가가 필요
시설	• 통수갱, 저수지 등이 필요	–
기타	• 용존 공기들이 분출되는 샴페인 현상에 대한 대책이 필요	–

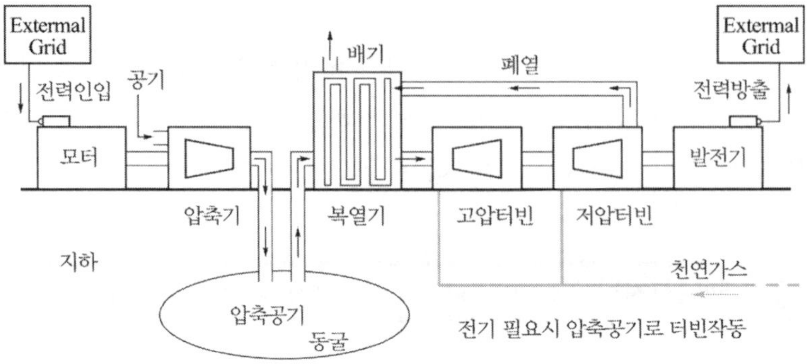

그림 1-26 CAES 구성

1.4.4 플라이휠 에너지저장장치(Fly-Wheel Energy Storage System)

1. 개요

플라이휠 에너지 저장 시스템(FESS)은 입력되는 전기에너지를 플라이휠의 회전 운동에너지로 변환하여 저장하고 필요시 전기에너지로 재출력하는 장치이다. 최근 재료, 자기 베어링, 전력 전자학 등 관련 기술의 발전에 힘입어 플라이휠 에너지 저장 시스템의 활발한 연구가 진행되고 있다. 이 장치는 무정전 전원 공급장치, 기차 및 버스와 같은 대형 수송 차량에서의 제동 에너지 회생장치 등과 같은 여러 제품에서 이미 실용화가 진행 또는 완료되어 있다. 다른 에너지 저장 분야에 비해 잉여 에너지의 저장을 통한 에너지 절약효과, 높은 전력밀도, 높은 에너지밀도, 짧은 충전 시간, 반영구적 수명, 환경 친화성 등과 같이 뛰어난 장점이 있다.

구성은 기계적인 부분과 전기적인 부분으로 구성되어 있다.

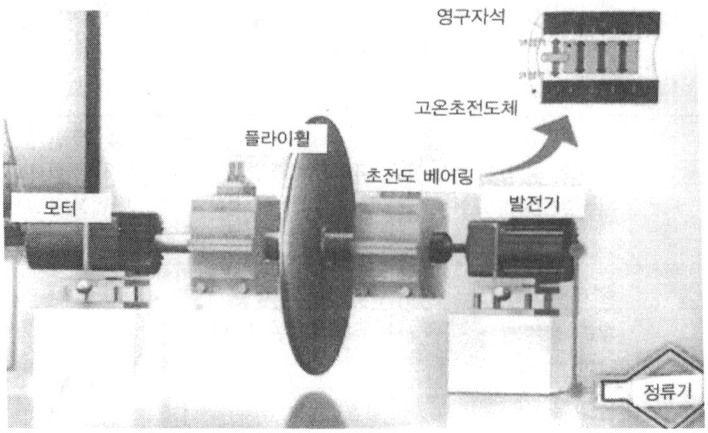

그림 1-27 플라이휠의 구성

플라이휠에 저장된 에너지를 활용할 때에는 모터를 발전기로 사용하고 에너지를 방출한다. 플라이휠이 저장된 에너지를 방출하면서 방출이 끝날 때까지 속도가 저하된다.
플라이휠의 장점으로는 90%의 높은 에너지효율과 이차전지보다 더 긴 사이클 수명을 들 수 있다. 또한 고장율이 낮으며 환경 친화적이다. 단점으로는 높은 출력의 분야에만 활용되는 제약이 있으며 초기구축비용이 과다하게 드는 것과 낮은 에너지밀도를 들 수 있다.

1.4.5 양수발전(Pumped Storage)

1. 개요

양수발전은 수력 발전의 하나로 높이 차이가 있는 두 개의 저수지를 만들어서 발전과 양수를 반복하는 발전 방식이다. 주로 수요가 적고 전기의 단가가 낮은 시간대에 전동기로 펌프를 동작시켜 위치가 낮은 저수지에서 높은 저수지로 물을 퍼 올리고, 전기 수요가 높은 시간대에 저장된 물로 발전기를 회전시켜 발전한다.
양수발전을 위해서는 전동기와 발전기가 동시에 필요하지만, 두기기의 원리가 같다는 점을 이용하여 발전용과 양수용을 각각 설치하는 경우와 단일 설비를 사용하는 경우로 나뉜다. 두 설비를 각각 설치하는 경우에는 발전 및 양수를 높은 효율로 할 수 있지만, 건설비가 비싸다는 단점이 있다

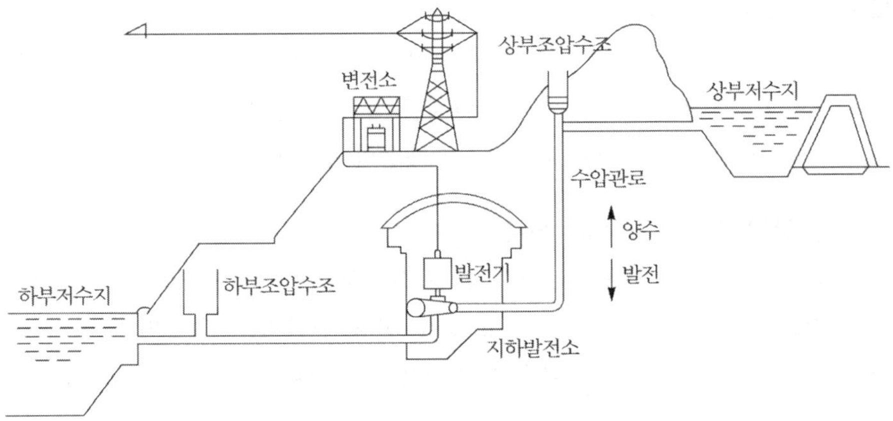

그림 1-28 양수발전 시스템의 구성

일반적인 수력발전소의 경우, 연간 강수량에 따라 연간 발전량이 제한될 수 있지만, 양수발전의 경우 저장된 물을 이용하기 때문에 대용량 저장이 가능하고 안정성 및 효율이 높다. 하지만 지리적인 제약에 따른 설계의 어려움, 초기의 고 투자비용 등이 단점이다.

1.4.6 전지에너지 저장장치(Battery Energy Storage Systems)

1. 개요

BESS는 전기에너지를 가장 간편하게 저장할 수 있다. 전지의 종류 및 주요용도는 다음 그림 1-29와 같이 정리할 수 있으며 전기 에너지 저장시스템용 전지의 종류별 특징을 간단히 소개한다.

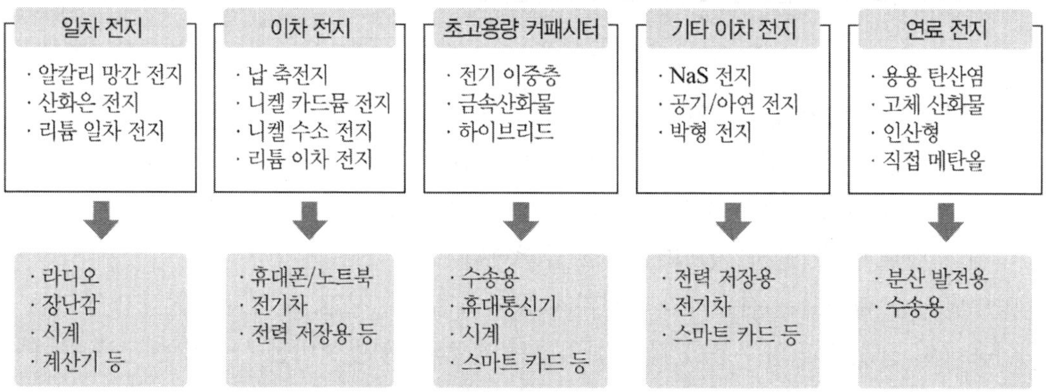

그림 1-29 전지의 종류 및 주요용도

2. 리튬-이온(Li-ion) 전지

2차 전지의 한 종류이며 리튬-이온이 격리막과 전해질을 통하여 양극(리튬산화물전극)과 음극(탄소계 전극) 사이를 이동하여 에너지를 저장한다. 출력 특성과 효율이 좋으나, kWh 당 단가가 높아 주파수 조정과 같은 단기 대응에 유리하다.

3. 리독스-플로우(Redox-Flow) 전지

전해질 내 이온종의 전기화학적 산화 환원 전위차를 이용하여 전기를 저장하고 사용하는 장치로, 산화(Reduction) 환원(Oxidation) 반응 물질의 조합에 따라 전지의 전위를 결정한다. 대용량 · 장시간 사용이 필요한 조건에 적합하다.

4. 나트륨-유황(NaS) 전지

음극에 나트륨 금속을, 양극에 유황 등 나트륨과 반응하여 화합물을 형성하는 물질을 사용하는 전지이다. 나트륨 이온전도가 가능한 고체전해질을 사용하는 전기에너지 저장시스템이다. 단위 전지의 용량을 크게 만들 수 있어 대용량의 전지 구성에 유리하며, 나트륨과 황 등 비교적 가격이 저렴한 재료를 사용한다.

5. 초고용량 커패시터(Supercapacitor, Ultracapacitor)

초고용량 커패시터의 활성탄의 표면에서 이온과의 정전기적 흡착 · 탈착에 의해 충 · 방전이 일어나는 에너지저장 장치이다. 전지가 도달할 수 없는 고출력 특성과 반영구 · 장수명이 특징이다. 중대형 초고용량 커패시터는 수송 · 기계 분야에서 제동에너지회수에 의한 전력회생용 및 단주기 출력 변동 완화 등의 전력안정화용 등에 유리하다.

6. 전력저장용 2차 전지의 특징

(1) 적절한 크기의 보수교환 단위군으로 구성될 수 있기 때문에 조합시켜 용도, 입지에 따라 적절한 규모의 설비를 선정할 수 있다.
(2) 시스템 구성요소가 모듈화 될 수 있기 때문에 건설기간이 짧다.
(3) 전지 고장 시 일부 교환할 수 있기 때문에 고장에 의해서 출력이 대폭 저하될 가능성이 적고, 신뢰성이 높다.
(4) 전지는 공장에서 양산될 수 있기 때문에 품질관리가 확실히 이루어질 수 있다.
(5) 상당히 많은 단전지들로 시스템이 구성되어 있어 단전지의 수명, 신뢰성 있는 설계가 완전히 이루어지지 않으면 전체 시스템의 수명과 신뢰성이 저하될 가능성이 있다.
(6) 2차 전지의 종류에 따라 모터, 펌프 등의 보조 기기류가 군전지에 내장되어 있기 때문에 이의 신뢰성, 수명, 효율 등이 시스템 전체에 큰 영향을 끼칠 우려가 있다.
(7) 많은 요소에 대한 이상검출, 보수, 관리뿐만 아니라 전지의 운전제어에 대해서도 충분한 고려가 필요하다.

7. 양수발전, 초전도, 압축공기 등과 비교 장점

(1) 높은 에너지 밀도를 갖고 있다.
(2) 기동정지 및 부하추종 등의 운전특성이 우수하다.
(3) 모듈구조로 분산배치가 가능하다.
(4) 진동과 소음이 적고 환경에 끼치는 부정적인 영향이 적다.
(5) 입지제약이 없어 수요지 근방에 설치가 가능하다.
(6) 모듈구조로 양산될 수 있어 건설기간이 짧고, 비용절감 가능성이 높다.
(7) 적용범위가 광범위하며 가까운 시기에 보급 및 확산될 가능성이 높다.

단점으로는 부식성 물질 사용으로 인하여 다른 설비보다 수명이 짧다는 것과 다수의 단전지로 구성된 시스템이기 때문에 고도의 보수, 유지관리 기술이 요구된다.

부속설비로는 전력변환장치인 교류를 직류로 변환하는 컨버터(Converter)와 직류를 교류로 변환하는 인버터(Inverter) 등이 필요하게 되며, 에너지 관리 시스템(EMS : Energy Management System)으로 효율적인 관리를 하게 된다.

1.5 미래 에너지(Future Energy)

1.5.1 핵융합발전

1. 개요

핵융합발전은 신 · 재생에너지 분야에는 포함되지는 않지만 향후 미래에너지 부분에서 가장 중요한 에너지원이라 할 수 있으므로 간단히 소개하고자 한다. 핵융합이란 수소(H), 중수소(D), 삼중수소(T)등의 가벼운 원소의 원자핵끼리 충돌하여 헬륨(He)으로 융합되는 것을 말한다. 핵융합을 하려면 수억℃에 달하는 초고온의 플라즈마 상태에서 핵융합을 해야 하는데 이 핵융합과정에서 질량결손이 발생하게 된다. 이 질량결손으로 인해 감소된 질량 감소부분이 에너지화 되어 외부로 방출되는 것이다. 핵융합로는 핵융합시 발생되는 거대한 에너지를 이용하는 것이다. 핵융합을 하기위해 초고온의 에너지를 가할 때 주로 극초단파 레이저(Ultrashort Pulse Laser)가 사용된다. 극초단파 레이저는 출력 10TW (테라와트 10^{12})이상 펄스폭 수백Fs(펨토세컨드 10^{-15})이하의 광 펄스를 만들어내는 레이저이다. 극초단파 레이저는 이론상 수억℃까지 에너지를 가할 수 있다. 핵융합으로 인해 발생되는 에너지는 원자력발전의 4.5배 정도가 된다. 1[g]의 중수소와 삼중수소의 혼합연료로 시간당 10만[kW]의 전기를 생산할 수 있다. 표 1-21은 원자력발전과 핵융합발전을 비교한 것이다.

표 1-21 원자력발전과 핵융합발전 비교

구 분	원자력발전	핵융합발전
개 념	핵분열에너지 사용	핵융합에너지 사용
연 료	우라늄, 플루토늄 등	중수소, 삼중수소
가 격	kg당 900달러(연간540억)	ℓ당 약 10만원(연간 5,000만원)
폐기물	고준위-저준위 폐기물 발생	중저준위 폐기물만 발생
안전성	99.9% 안전(냉각계통 고장시 치명적)	100% 안전(3~5초간 가동연료만 공급)

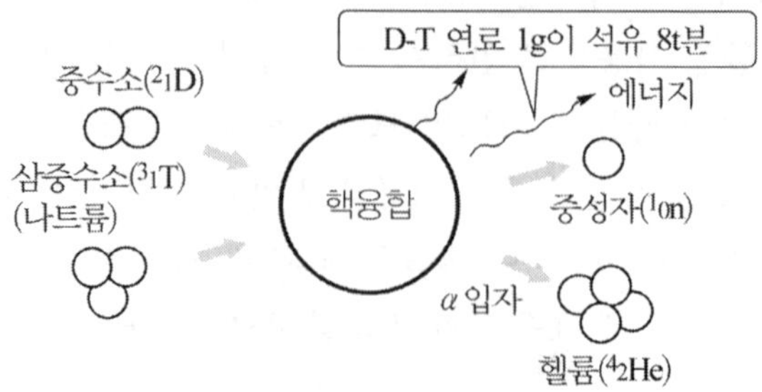

그림 1-30 핵융합발전 원리

이 핵융합발전이 좋은 점은 원자력발전의 경우 핵분열과정에서 우리 인체에 치명적인 방사능이 나오게 되는데 핵융합발전은 발전과정에서 방사능이 전혀 나오지 않으므로 상당히 청정에너지라 할 수 있겠다. 이러한 방사능으로 인해 원자력발전 과정에서 방사능으로 오염된 핵폐기물의 처리문제가 상당히 문제가 되고 있는데 핵융합발전은 이런 부분에서도 상당한 장점이라 할 수 있겠다. 또한 에너지원이라 할 수 있는 중수소와 삼중수소가 해저심해에 거의 무한정한 양으로 존재하므로 우라늄과 플루토늄을 쓰고 있는 원자력에 비해 에너지원 고갈문제에서도 자유롭다. 이러한 많은 장점을 가지고 있는 핵융합발전이지만 현재 우리 인류의 기술적인 한계로 인해 핵융합발진을 상용화하기 위해서는 앞으로 상당기간 시간이 필요할 것으로 보인다. 현재 많은 나라가 핵융합발전을 상용화하기 위해 끊임없는 연구를 진행중인데 인류의 새로운 에너지원이 될 핵융합발전시스템 건설을 위한 국제에너지기구 출범으로 우리나라를 포함한 미국, EU, 일본, 중국, 러시아, 인도 등 7개국이 참여하는 국제 핵융합 실험로(ITER)기구의 가동 등으로 2050년경에 상용화를 목표로 추진중에 있으며 우리나라는 대덕연구단지에 있는 국기핵융합연구소 초전도 핵융합장치인 케이스타(KSTAR) 실험동에서 2018년 핵융합의 가장 핵심적인 운전조건인 플라스마 중심 이온온도를 2018년 1억 도로 끌어올리는 데 성공한 후 유지 시간을 늘려왔다. 2020년 20초 연속 운전, 2021년 30초 유지에 성공한 바 있다.

중성자 입자 빔 가열장치(Neutral Beam Injection)를 도입하여 1억도 이상 초고온 플라스마를 10초 이상 안정적으로 유지하는 실험에 도전할 예정이다. 플라스마 이온온도 1억도는 태양 중심 온도(1천500만도)보다 7배 정도 높은 온도로, 태양에서보다 중력이 훨씬 작은 지구에서 핵융합이 될 수 있는 플라스마 이온온도가 1억도 이상 초고온이 되어야 한다. 즉, 1억도 이상의 플라스마 이온온도를 안정적으로 확보하여야만 될 것으로 판단하고 국가핵융합연구소(NFRI)는 핵융합에너지 상용화연구를 계속하고 있다.

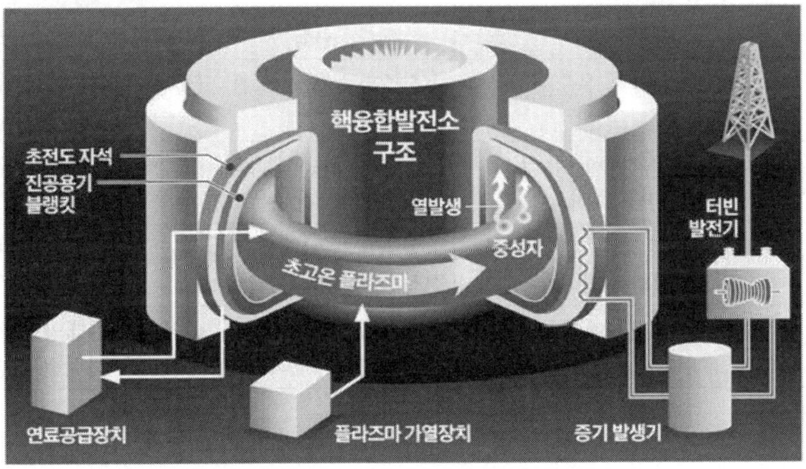

그림 1-31 핵융합로에 의한 발전

앞으로 이 핵융합발전이 상용화만 된다면 원자력발전과 화석에너지를 사용하는 원자력 발전과 화력발전이 가지고 있는 다양한 문제들을 해결함과 동시에 에너지자원 고갈문제도 동시에 해결될 것으로 보여 원자력발전과 화력발전을 대체할 수 있는 새로운 에너지원이 될 것으로 확실시 되고 있다.

1.5.2 우주 태양광 발전(Space-based solar Power)

태양광이 지표면에 도달하기까지 대기에 흡수 또는 산란 감쇠되고 날씨에 따라 일사량이 일정하지 않으며 주간에만 태양광을 활용할 수 있다.

우주공간에서는 대기의 필터효과나 구름 등에 의해 영향을 받지 않는 강력한 태양빛을 받을 수 있으며 야간의 제약이 없어 지표면에서는 하루 중 약 30%의 시간에만 태양광을 수집가능하나, 위성에서는 하루 중 99% 시간동안 태양광 수집이 가능하다.

문제점은 우주공간으로부터 안전하게 지구로 송전할 수 있다면 지구의 해상이나 내수면 등에 설치되는 태양광 발전설비를 우주공간으로 보낼 수 있게 될 것이다.

현재 마이크로파로 우주로부터 전력을 전송하는 시험을 한 상태이나 인체에 미치는 안전문제와 낮은효율(2%)을 개선 중에 있다. 이에 무선전력전송의 실태를 보면 표 1-22와 같다. 현재 비접촉식 유도결합 방식을 적용하여 소형가전분야에서 비약적인 발전을 이루고 있으나, 보다 높은 자유도와 안전성 그리고 효율이 높은 무선송전으로 대용량을 송전하는 시대가 올 것으로 판단된다.

표 1-22 무선전력전송 기술 분류

구 분	자기유도	자기공명	전자기파
주 파 수	125 kHz 13.56 MHz	10 MHz 이내	수 GHz
송전전력	수 W	수십 W	고출력
동작원리	코일 간 전자기 유도현상	공진주파수가 동일한 코일간 자기공명 현상	안테나를 통해 전자파를 직접 송수신
장 점	수cm 이내 전송에 유리 코일소형화에 유리	1 m 이내 전송에 유리 코일간 정렬 자유유도가 높음	1 m 이상의 원거리 에너지 전송이 가능함
단 점	전송거리가 짧음 코일 간 정렬에 민감	코일설계가 어려움 전자파 환경극복 필요	전송효율이 매우 낮음 전자파 환경문제 발생
적용분야	휴대기기, 전기자동차 등	휴대기기, 전기자동차, 공공서비스 등	우주태양광발전 무선전력 전송 등

1.6 기후온난화 대책 및 기후 협약

1.6.1 지구온난화(Global Warming)

지구의 지상평균 기온은 약 15℃로 유지되도록 태양으로부터 받은 복사에너지에 의해 조절되고 있다. 그러나 지난 20년 동안 0.5℃ 평균 기온 상승이 있었고 21세기 중반에는 1℃ 이상으로 평균 기온 상승이 예상 되며, 지구온난화는 인간의 활동으로 인해 대기 중으로 배출되는 이산화탄소, 축산폐수 등에서 발생하는 메탄, 과용되는 질소비료가 분해되면서 발생하는 아산화질소 등, 소위 온실가스들이 대기로 들어가 잔류하면서 지구 복사열의 흡수가 과다하게 일어나 지구의 에너지 균형이 깨지면서 지구의 온도가 높아지는 현상을 지구 온난화라 한다.

1.6.2 기후변화의 원인

1. 개요

기후와 날씨를 구분하면, '날씨'는 매일 우리가 경험하는 기온, 바람, 비 등의 대기 상태를 말하며, '기후'는 수십 년 동안 한 지역의 날씨를 평균화한 것이며, '기후변화'는 장기간 지속되는 통계적으로 중요한 기후의 변동을 의미하고 기후변화 원인으로 자연적 요인과 인위적인 요인으로 구분 된다.

2. 자연적인 원인

기후변화는 외적으로 야기된 변화뿐만 아니라 기후시스템 요소의 변화와 요소간의 상호 작용에 의해서 발생, 외적 요소에 의한 기후화로는 화산분화에 의한 성층권의 에어로졸 증가, 태양 활동의 변화, 태양과 지구의 천문학적인 상대위치 변화 등이 있다. 외적 요인 없이도 기후시스템의 자연적 요소인 대기, 해양, 육지, 설빙, 생물권 각 요소들이 각기 상호 작용하여 끊임없이 변화하기 때문이다.

(1) 자연적 온실 효과

태양에너지(단파복사)를 세분하여 보면 대기 흡수 20%, 대기권 반사 30%, 표면(땅) 흡수 50%로 유지하면서 지구가 온도를 조절하는 현상을 '자연적 온실 효과'라고 한다. 즉 지구의 적당한 온도의 유지를 위해서 온실가스가 꼭 필요하지만 과도한 온실가스 증가는 더 많은 열을 흡수하여 온실효과를 배가시켜 지구의 온도를 증가시켜 '지구 온난화' 현상을 초래하는 원인이다.

(2) 태양에너지의 변화

태양 흑점수의 변화에 따라 태양 복사에너지량이 변화.

(3) 화산 폭발에 의한 변화

화산분출물이 대류권에 도달하는 태양빛을 감소시켜 기후변화가 일어남.

(4) 지구 움직임의 변화

지구의 공전궤도는 10만년을 주기로, 지구의 자전축은 4.1만년을 주기로 조금씩 바뀌고 있는데 이로 인해 태양에너지를 받는 양이 달라 기후에 영향을 준다.

"밀란코비치(Milankovitch)이론" 참조.

3. 인간 활동의 온실 효과

공장이나 가정에서의 화석연료 연소와 생물체의 연소 등은 온실가스와 에어로졸을 생산하여 온실가스를 증가시키고 있다.

(1) 온실가스 배출에는 사람의 활동에 수반하여 발생하는 온실가스를 대기중에 배출시키는 직접배출과 다른 사람으로부터 공급된 전기 또는 열(연료 또는 전기를 열원으로 하는 것만 해당)을 사용함으로써 온실가스가 배출되도록 하는 간접배출이 있다.

(2) 산림파괴 및 환경변화

산림의 파괴는 물과 탄소의 순환에 영향을 미치며, 자연환경의 변화를 일으켜 기후변화의 원인이 됨.

1.6.3 온실가스의 종류

이산화탄소(CO_2), 메탄(CH_4), 아산화질소(N_2O), 수소불화탄소(HFCS), 과불화탄소(PFCS), 육불화황(SF_6) 및 그 밖에 대통령령으로 정하는 것으로 적외선 복사열을 흡수하거나 재방출하여 온실효과를 유발하는 대기 중의 가스 상태의 물질을 말한다(기후 위기 대응을 위한 탄소중립, 녹색성장기본법 제2조 참조).

1.6.4 지구온난화 지수(Global Warming Potential)

이는 이산화탄소가 지구온난화에 미치는 영향을 기준으로 각각의 온실가스가 지구온난화에 기여하는 정도를 수치로 표현한 것으로 이산화탄소를 1로 볼 때 메탄(CH_4)은 21, 아산화질소는 310, 수소불화탄소는 1,300, 과불화탄소는 7,000, 육불화황은 23,900 이다.

1.6.5 기후변화 적응과 대응

기후 상태가 변화하는 것에 적응하기 위해 생태계 또는 사회 경제 시스템이 취하는 모든 행동을 의미한다. 적응의 개념은 여러 가지 의미로 해석할 수 있으며, 생태학적인 적응은 유기체가 그들의 환경에 적합하도록 진화하는 과정을 의미하며, 또한 사회 경제적 측면에서도 기후 변화의 결과로 발생하는 것을 기회로 삼는 행동 또는 과정까지를 포괄한다.

기후 변화에 대응하기 위한 방법은 온실가스 감축과 기후 변화에 대한 적응으로 구분된다.

1. 적응(Adaptation)

(1) 폭염시 야외활동 자제
(2) 방역
(3) 범람지역 기반시설 이전
(4) 하수도 정비
(5) 외래종 관리
(6) 옥상정원, 지붕녹화
(7) 고효율 단열재 활용

2. 감축(Mitigation)

(1) 자전거, 대중교통 이용
(2) 신 · 재생에너지 사용
(3) 에너지 절약
(4) 분리수거 및 재활용
(5) 나무 심고 가꾸기

1.6.6 기후변화 대책 필요성

(1) 지구 온실가스 농도를 450ppm으로 안정화시키더라도「2℃ 목표」달성확률은 50% 내외로 예측(기후변화에 관한 정부간 협의체 : IPCC, 2007)

(2) 2050년까지 기온상승 2℃ 억제에 성공해도 세계인구 20억 명이 물 부족으로 고통당하고, 생물종의 20~30%가 멸종위기에 처할 전망

(3) 우리나라 기후변화 진행속도와 전망은 세계평균을 상회하며, 열섬효과 등으로 도시지역에는 더 높은(30% 이상) 기온 상승이 발생되고 있으며, 우리나라 평균기온 2℃ 이상 추가 상승(2050년)에 대비한 기후변화 적응대책 수립에 국가적 역량을 모아야 할 절박한 상황이다.

1.6.7 기후변화협약(UNFCCC)

기후변화에 관한 최초의 국제회의는 1979년에 열린 "인간 활동에 의한 잠재적 기후변화를 예측, 방지하기 위한" 세계기후회의였다.

이후 WMO(세계기상기구)와 UNEP(유엔환경계획)에 의해 1988년 IPCC(기후변화에 의한 정부간 패널)가 조직되고, 1992년 리우 지구환경선언에서는 154개국에 의해 유엔기후변화협약이 채택되었다. 유엔기후변화협약은 50개의 조인국에 의해 1994년부터 효력이 발생하였으며 181개국의 당사국들이 모이는 정기적인 당사국회의(COP)가 발전하여, 기후변화협약의 궁극적인 목적인 기후 시스템에 위협이 되는 인위적인 교란을 막는 수준에서 대기 중 온실가스 농도를 안정화시키는 것이다.

기후변화협약은 최고 의사결정기구로서 당사국총회를 두고, 협약이행 및 논의는 당사국 합의로 결정하도록 있으며, 해마다 당사국 총회 개최하며, 당사국을 부속서 I, 부속서 II 및 비부속서 I 국가로 구분, 각기 다른 의무를 부담토록 규정되어 있고 우리나라는 1993년 12월에 47번째로 가입하여 기후변화협약 상 우리나라의 지위는 개도국(비부속서 I 국가)으로 분류되어 국가보고서 제출 등의 공통의무사항만 수행하고 있다. 2020년까지의 교통의정서와 2021년부터 시행되는 파리협정을 비교하면 다음 표 1-23와 같다.

표 1-23 교토의정서와 파리협정의 비교

구 분	교토의정서(~ '20)	파리협정('21 ~)
목 표	온실가스 배출량 감출 (1차 : 5.2[%], 2차 : 18[%])	온도상승 2[℃]이하 유지목표 (1.5[℃] 목표달성 노력)
범 위	주로 온실가스 감축에 초점	온실가스 감축만이 아니라 적응, 재원, 기술이전, 역량배양, 투명성 등을 포괄
감국 의무국가	주로 선진국	모든 당사국
목표 설정방식	하향식	상향식
목표 불이행시 징벌 여부	징벌적(미달성량의 1.3배를 다음 공약기간에 추가)	비징벌적
목표 설정기준	특별한 언급 없음	진전원칙
지속가능성	공약기간에 종료 시점이 있어 지속가능한지 의문	종료 시점을 규정하지 않아 지속가능한 대응 가능
행 위 자	국가중심	다양한 행위자의 참여 독려

파리협정의 목적은 기후변화에 대응하고, 인류생존을 위한 목표와 실천방안을 수립하는데 있으며 장기목표는 산업화 이전 대비 지구온도 상승폭을 2[℃]보다 훨씬 낮은 수준으로 억제하고, 기후변화 취약 국가를 위해 온도상승을 1.5[℃]로 제한하기 위해 노력하기로 결정, 재원은 2025년 이후 선진국은 매년 기후재원 조성, 선진국 외 국가들에게는 자발적 기여를 장려하기로 함.

감축은 2050년 이후 인류활동에 의한 배출량과 자연의 흡수량간의 균형을 달성하기 위해 최선의 수단을 통해 온실가스 감축 목표는 각국이 스스로 정하되 매5년마다 상향된 목표 제출 의무화하고 모든 국가는 2020년까지 장기 저탄소 개발 전략 수립 및 제출하여야 된다. 이행점검은 2023년부터 5년 단위로 국제사회 공동 차원의 이행점검 실시 및 보고 의무화하고 다자

간 협의로 이행 투명성을 확보하되, 개도국에는 유연성이 허용됨. 우리나라의 온실가스 2030년 감축목표는 2018년 대비 40%로 확정한 바 있으며, 목표달성을 위해 기후위기 대응을 위한 탄소중립 · 녹색성장기본법을 만들어 운영 중에 있다.

MEMO

Chapter

2 태양광발전 시스템 개요

2.1 태양광발전 개요

2.1.1 태양광발전의 정의

태양에너지는 청정하고 재생가능하며 무한한 에너지원으로서 태양광에너지를 전기에너지로 변환시키는 시스템 기술이다. 에너지변환 과정에 기계적, 화학적 작용이 없어 시스템의 구조가 단순하고 유지보수가 거의 요구되지 않는다. 수명이 20～30년 정도로 길고 안전하며 환경 친화적이며, 발전규모를 주택용에서부터 대규모 발전용까지 다양하게 할 수 있다.

태양전지의 최소단위인 하나의 셀 전압이 0.5V 정도로 작으므로 다수의 태양전지를 직 · 병렬로 연결하여 사용범위에 따라 실용적인 범위의 전압과 출력을 얻을 수 있도록 제작된 한 개의 발전장치를 태양전지 모듈이라고 한다. 태양전지 모듈은 외부환경으로 부터 태양전지를 보호하기 위해 유리, 완충재 및 표면재 등을 사용하여 패널형태로 제작하고 발전된 출력을 인출하기 위한 외부단자를 포함하게 된다.

태양광발전 시스템은 태양광에너지를 직접 전기에너지로 변환하는 발전방식으로 빛을 받아서 전기로 변환하여 주는 부분과 생산된 직류전기를 교류로 변환시키고 계통에 연결시켜 주거나 직류전기를 저장하는 부분 등으로 구성된다. 태양광발전 시스템은 크게 세 가지로 나눌 수 있는데 첫 번째는 독립형 태양광발전으로서 계통과 연계할 수 없는 지역에 주로 설치하며 축전지 설비를 필수로 설치해야하는 특징이 있다.

두 번째로 계통과 연계된 계통연계형 태양광발전 시스템으로 생산된 전력을 부하에 즉시 교류로 변환하여 공급하고 부족한 전력이나 남은 전력을 계통에 보내거나 받는 방식이다. 계통연계형 태양광발전은 태양전력생산자와 전력망 관리회사간의 요금 계산을 위한 전력량계도 필요하다.

세 번째는 하이브리드형 태양광발전 시스템으로 기상조건으로 발전생산량에 제약을 받는 태양광발전을 보완하기 위한 시스템이다. 태양광발전으로 발전하지 못하는 때에는 부족한 전력을 보충하는 시스템이다. 하이브리드 태양광발전 시스템은 안정된 에너지를 얻을 수 있다.

2.1.2 태양광발전의 역사

태양에서는 수소핵융합에 의해 엄청난 양의 빛과 열, 방사선 등의 에너지가 연속적으로 방출되고 있어, 인류는 기원전부터 태양광선을 집광해 불을 붙이는 방법 등으로 사용되었으며 1839년 프랑스의 물리학자 에드몬드 베크렐(Edmond Becquerel)이 태양광 스펙트럼, 전자기(電磁氣), 광학분야를 연구하는 과정에서 처음으로 광전효과(photovoltaic effect)를 발견하였다. 특정물질이 햇빛에 노출되면 전기에너지가 생산된다는 사실을 처음으로 입증하였다. 또한 1870년 독일의 물리학자 Heinrich Hertz는 셀레늄(Selenium)같은 고체에서도 광전효과가 있음을 연구를 통하여 관찰하였다. 당시의 광전변환효율은 1~2%로 알려져 있다.

1883년 미국의 Charles Fritts는 처음으로 태양전지를 제작하여 입증하였다. 반도체 재료인 셀레늄을 금 박막으로 코팅하여 제작하였는데 광전변환효율은 1%정도 인 것으로 알려져 있다. 이후1941년에 Russell Ohl는 광전변환효율이 5% 정도 되는 초보적 단계의 Silicon P-N 접합 태양전지로 발전시켰다. 1940년대와 1950년대는 태양광발전의 실용화가 급격하게 진행되던 시기라 할 수 있으며 이시기에 순도가 높은 결정질 실리콘의 생산을 가능케 한 Czochralski공정의 개발과 맞물려서 1954년도에는 벨연구소에서 최초로 4%대의 광전변환효율을 갖는 결정질 실리콘 태양전지를 개발하였다.

이후 실리콘 태양전지를 실용화하려는 시도가 진행되었으며 특히 우주개발 분야에서의 적용이 주목을 받기 시작하였다. 1958년에는 Vanguard, Explorer 등 위성에 장착하여 통신전원을 성공적으로 공급함으로서 태양전지의 개발은 우주개발프로그램의 일부로서 추진되었다. 이후 태양광발전에 대한 개발은 꾸준하게 추진되었으며 오일쇼크가 발생한 1970년대에는 태양광발전의 필요성이 크게 대두되어 정부, 산업체, 연구소 등에 의해 연구가 활발하게 진행되었다. 1990년대에 들어서면서 이산화탄소로 인한 온실효과의 심각성이 인식되어 태양광발전을 포함한 신·재생에너지의 개발에 세계적으로 관심이 집중되기 시작하였다. 특히 1997년 12월 온실가스의 배출량을 줄이기로 국제적으로 약속하는 교토의정서가 발효됨에 따라 세계 각국은 경쟁적으로 신·재생에너지 개발에 투자를 집중하고 있다. 특히 태양광발전 시스템의 활용도를 높이기 위한 연구, 개발이 활발하게 이루어지고 있다. 대표적인 연구, 개발 분야를 보면 효율의 향상, 초기투자비의 경감, 적용성 다변화를 위한 박막화, 가요성 태양전지 개발, 투명한 태양전지 개발, 색상의 다변화와 건축물 일체형 태양광 발전 시스템(BIPV)의 개발 등이 계속 발전되어 가고 있는 중이다.

그러나 아직까지 태양광 발전은 기존의 화력 발전보다 비싸다. 그 주원인 중 하나는 태양전지 제작에 필요한 실리콘 가공에 있다. 기존에는 실리콘 잉곳(Ingot)을 만든 다음 이것을 잘게 잘라서 가공하는 방식이었다. 이는 너무나도 비용이 많이 드는 방식이었다. 따라서 태양전지 제작사들은 막대한 자금을 들여 잉곳을 만들 필요 없이 처음부터 작게 가공하는 방식, 또는 세라믹, 유리, 플라스틱, 철 등의 저렴하지만 단단한 물질 안에 태양전지의 소재를 넣는 방식을 연구하는 중이다.

오늘날 일반적인 태양전지의 에너지 효율은 20% 내외이다. 그러나 2013년 독일 프라운호퍼 태양에너지 시스템 연구소는 에너지 효율이 44.7%에 달하는 태양전지를 만드는 데 성공했으며, 앞으로 이 수치를 50%까지 끌어올릴 목표다.

태양에너지는 무한의 무공해 에너지로 올바르게 활용하는 것은 우리 인류의 몫이 될 것이다.

2.1.3 태양광발전의 특징

태양광발전에서 태양전지의 변환효율은 태양전지의 종류에 따라 다르지만 15~22[%]로 다른 발전시스템에 비하여 비교적 낮다. 효율을 단순비교하면 발전시스템으로서 채택이 곤란한 것으로 판단되기 쉽겠으나 화석연료를 사용하는 화력발전을 포함한 다른 발전 시스템에 비하여 무한정한 무공해에너지라는 장점 외에 표 2-1과 같은 특징을 가지고 있다. 따라서 지구온난화 방지라는 대의명분과 고갈우려가 없고 안전한 에너지원이라는 매우 큰 장점을 가지고 있기 때문에 미래의 청정에너지원으로 크게 각광받고 있다.

표 2-1 태양광발전의 특징과 유의사항

특 징	유의사항
1. 청정 발전방식 빛에너지를 전기에너지로 직접변환 물리적으로 화학변화를 동반하지 않아 공해가 없음 가동부분이 없어 소음발생이 없음 2. 유지보수 용이, 무인운전 가능 고온 · 고압 연소부분이 없어 비교적 단순시스템으로 구성 3. 무한정한 에너지원 4. 양산성 태양광 모듈은 시스템의 규모나 부하의 종류에 무관하게 제조되기 때문에 양산성이 좋음 5. 적용성 소규모에서 대규모까지 제약없이 적용 가능 태양전지 면적에 따라 발전량이 변화하지만 규모와 무관하게 같은 효율로 설계가능	1. 발전량이 일사시간에 좌우 햇빛이 있는 주간에만 발전가능 발전량도 계절, 시간, 기상에 따라 변화 2. 설치 면적 태양광은 단위면적당 에너지 밀도가 낮아 대전력을 얻기 위해서는 넓은 설치 면적을 필요로 한다 3. 전력 생산단가 현재의 제조기술 수준으로는 적은 생산량으로 재료비를 포함한 설치비가 상용전력에 비하여 고가이다 4. 직류전기 생산 일반적인 부하설비는 교류전기를 필요로 한다 5.설치방향 제약 태양광 모듈의 설치방향이 남향을 벗어날 경우 출력이 감소한다 6. 그림자의 영향 그림자에 가려지지 않아야 한다

2.1.4 태양광발전의 전망

1. 개요

태양광 발전의 성장속도는 획기적이다. 고갈이 예상되는 화석연료를 퇴출시켜 온실가스배출을 억제하는 것과 핵에너지사용에 따른 방사능물질의 위험에서 벗어나는 일을 비고갈성 에너지인 재생에너지 중 태양광을 세계 태양광 수요 모니터(Global Solar Demand Monitor) 최신 보고서에 따르면 전세계 태양광발전 설비용량은 2017년말 390GW가 되어, 이는 전세계 핵발전 용량과 맞먹는 규모다. 핵에너지연구소(Nuclear Energy Institute)에 따르면 현재 전세계에서 가동중인 핵발전소는 391.5GW에 이른다. 태양광발전과 핵발전이 시설용량에서 대등한 관계에 이르기는 사상 처음이다.

증가 규모는 2015년 50.3GW, 2016년 77.8GW로 갈수록 커지고 있다. 2000년 전세계 태양광발전 시설용량이 150MW에 불과했던 것과 비교하면 그 성장속도는 대단하다.

물론 2017년 현재 실제 발전량에서는 여전히 핵발전 비중이 높다. 핵발전은 연간 247만 671GWh의 전기를 생산한다. 이는 전세계 발전량의 11%에 이른다. 반면 태양광 발전량은 37만5000GWh에 그치고 있다. 전세계 발전량에서 차지하는 비중이 1.8%에 불과하다.

2040년 전세계 전원별 발전량 비중 전망을 보면 태양광발전량이 609만800 GW로 핵발전(347만500 GW)보다 크게 앞서는 것으로 예측하고 있다.

2. 태양광 타입 별 기술 목표 전망

현재 태양광 모듈 기술 중 실리콘 웨이퍼 기반 결정질 실리콘 기술은 시장점유율 85～90[%]를 차지하며 태양광 발전을 선도하고 있으며, 박막 태양전지는 유리, 스테인리스, 철, 플라스틱 기판 위에 증착하는 공정 특성상 증착 공정 신기술 개발 유 · 무에 따라 변환효율이 달라진다.

표 2-2에서 보는 바와 같이 태양광발전 원가는 점차 낮아져서 경쟁력을 갖출 것으로 전망된다.

표 2-2 기술 목표 및 전망

기 술	기술목표	2015～2020	2020～2030
결정질 실리콘 태양전지	상업용 태양전지 효율성[%]	단결정 : 23[%]	단결정 : 25[%]
		다결정 : 19[%]	다결정 : 21[%]
	제조공정	실리콘 소비량 : 3g/W 미만	실리콘 소비량 : 2g/W 미만
	연구개발	장치 구조 개발	웨이퍼 기술
		생산성 및 공정 가격 절감	새로운 장치 구조

기 술	기술목표	2015~2020	2020~2030
박막 태양전지	상업용 태양전지 효율성[%]	박막 실리콘 : 12[%]	박막 실리콘 : 15[%]
		CIGS : 15[%]	CIGS : 18[%]
		CdTe : 14[%]	CdTe : 15[%]
	제조공정	제조공정 단순화	고효율 생산공정
		저비용 패키징	제조공정 재료
		유해물질 관리	모듈 재활용
	연구 개발	셀 구조 개발	재료 및 기술 컨셉 개발
		증착 기술 개발	

2.1.5 태양복사에너지

1. 태양에너지의 근원

태양에서 방출하는 에너지는 지구상에 있는 모든 생명체 활동의 근원이다. 끊임없이 방출되는 태양에너지는 두 개의 수소원자핵이 융합하여 한 개의 헬륨 원자핵을 형성하는 과정에서 생성되는 에너지이다. 이러한 수소의 핵융합반응에 의해 생성된 초당 3.84×10^{26}[kW]의 에너지를 약 1.5×10^{26}[m] 거리의 지구 표면에 복사에너지 형태로 전달한다. 거대한 구형의 고온 기체 덩어리이며 태양을 구성하고 있는 기체는 대부분이 수소이고 그다음이 헬륨, 적은 량의 Na, Mg, Fe 등 70여종의 기체이며 직경이 1,392,000 km 이고 질량은 1.989×10^{30} kg 이다. 태양 중심부의 온도는 1500만[℃] 이상, 외부의 온도는 5,778[℃]이다. 태양에너지는 전자기 복사로서 대부분은 파장이 200~1500nm 영역에 존재하며 가시광선, 자외선, 적외선영역으로 구분한다. 태양에서 방출되는 전자기파를 태양복사라 하며 전체에서 약 47 % 정도를 차지하는 가시광선과 약 7% 정도인 자외선 그리고 나머지가 적외선이다.

태양복사는 대기권에 시간에 따라 약간의 변동은 있지만 1,376 W/m^2의 세기로 전달되고 있다. 이 값을 태양상수(Gs)라 하며 태양빛에 수직한 지구의 대기권 밖 단위표면에 도달한 태양에너지의 양이다. 대기권 표면에 도달한 태양에너지는 30~40 km 두께의 대기권을 통과하면서 대기 중의 공기분자, 먼지, 오존, CO_2 가스, 수증기, 구름, 불순물에 의한 오염, 스모그 등에 의해 흡수, 산란, 반사 또는 투과되어서 지표면에 도달한다. 대기권을 통과하면서 감소되는 태양에너지의 양상을 보면 자외선 영역은 대기권 상층의 산소나 오존에 의해 흡수되고 적외선은 대기 중의 수증기 및 이산화탄소에 의해 주로 흡수된다. 가시광선은 대기 중에서의 흡수량이 상대적으로 적어 대부분이 지표면에 도달한다. 또한 태양에너지는 공기분자, 먼지, 불순물, 스모그 등에 의해 산란되어 일부는 우주공간으로 되돌아가고 일부는 지표면에 도달한다. 태양에너지는 고갈 될 염려가 없고 양도 거대하며 환경을 오염시키지 않는 친환경에너지로 다른 에너지원에 비하여 장점이 많지만 에너지 밀도가 아주 낮아서 유용한 에너지로 이용하려면 에너지의 집적이 필요하여 비용이 많이 드는 단점도 있다.

2. 직달일조와 확산일조

전체의 태양복사에너지는 수직으로 입사하는 직달일조와 여러 방향으로 입사하는 확산일조로 구성된다. 태양으로부터 오는 복사에너지가 오는 도중에 구름이나 먼지 등 다른 물체와의 반사없이 방향을 유지하면서 직접 도달하는 경우 직달일조라 한다. 직달일조의 경우 렌즈와 같은 광학장치로 광에너지를 집적하여 이용하기에 적합하다. 확산일조는 대기중에 다른 물체에 반사된 광으로 직달일조보다 긴 경로를 거치며 입사방향도 서로 다르다. 이러한 확산일조는 광에너지의 집적 효율이 낮아 이용하기 곤란하다. 평판형 태양전지는 직달일조와 확산일조를 모두 이용할 수 있지만 집광형 태양전지는 주로 직달일조만 이용할 수 있다.

3. 일사량

특정지역에 입사하는 햇빛의 양을 일사량이라 한다. 통상 수평면에 입사하는 평균 복사량을 의미한다. 일조는 태양빛이 구름이나 안개로 가려지지 않고 지표면에 비치는 것을 말하며 일조시간은 일조가 지속되는 시간을 말한다. 가조시간 즉, 맑은 날의 일조시간은 그 지점의 위도에 따라 정해지며 일조율은 일조시간과 가조시간의 비를 의미한다. 우리나라의 수평면에 입사하는 일사량의 연 평균 값은 전국이 하루에 약 3,040 kcal/m^2 · day 정도이다. 분포상의 특징으로는 중서부 남해안과 태안반도 일대, 안동, 영주분지 일원의 일사조건이 전국에서 가장 양호하며 다음은 호남평야, 김해평야, 중부, 제주도, 서울과 인접한 경기도의 순으로 측정되었다. 서울과 경기도의 일사조건이 불량한 것은 대기오염의 영향으로 판단되어진다.

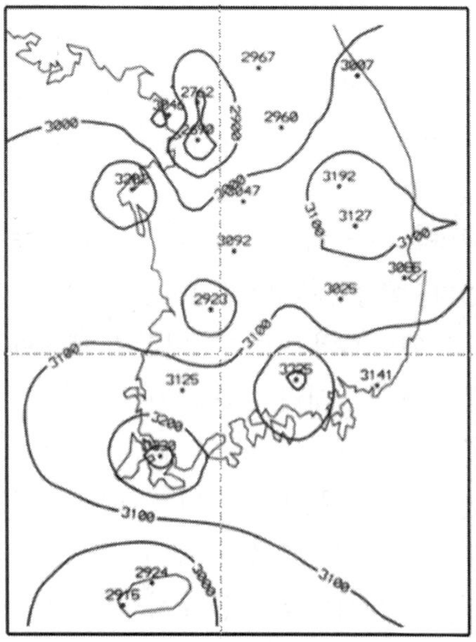

그림 2-1 전국 연 평균 일사량(MJ/m^2)

표 2-3 국내 일사조건(수평면 전일사량)

1일 수평면 전일사량 (kcal/m^2·day)													
구 분	3월	4월	5월	6월	7월	8월	9월	10월	11월	12월	1월	2월	소계
월 별 평 균	3,188	3,991	4,278	4,008	3,551	3,581	3,238	2,850	2,023	1,730	1,929	2,553	3,077
계절별 평 균	3,819			3,714			2,704			2,071			3,077
계절상 대계수	1.24			1.21			0.88			0.67			1.00

표 2-4 태양광 월별 일사량/효율

구 분	1월	2월	3월	4월	5월	6월	7월	8월	9월	10월	11월	12월
일사량	3.82	4.17	4.14	4.52	4.60	4.08	3.90	4.25	3.84	4.25	3.78	3.65
효 율	0.76	0.76	0.74	0.72	0.70	0.69	0.68	0.67	0.69	0.71	0.73	0.77

표 2-5 국내 최적경사각/일사량 분포(단위 : kWh/m^2·day)

구 분	강릉	춘천	서울	원주	서산	청주	대전	대구	영주	부산	전주	광주	목포	제주
각 도	36	33	33	33	33	33	33	33	33	33	30	30	30	24
발 전	3.99	3.86	3.58	3.84	4.14	3.94	4.02	3.92	4.17	4.09	3.71	4.01	4.25	3.59

4. 평균 일조시간

- 한국지역 평균 일조시간 : 약 6 시간/day
- 평균 일조시간 최대지역 : 충남부여(7.5 시간/day)

표 2-4와 2-5는 태양광 월별 일사량/효율, 지역별 국내 최적 경사각/일사량 분포를 나타낸 자료이다.

2.1.6 표준시험조건

우선 태양광발전 시스템 이론에 대한 내용을 말하기에 앞서 태양광 공학에서 말하는 각각의 표준시험조건에 대해 알아보기로 한다.

1. 대기질량정수(AM : Air Mess)

태양광이 우주를 가로질러 지구의 내기권 바깥에 도달한 태양광 에너지 세기는 1,367 W/m^2이고 이 값을 태양 정수(E_0)라고 한다.

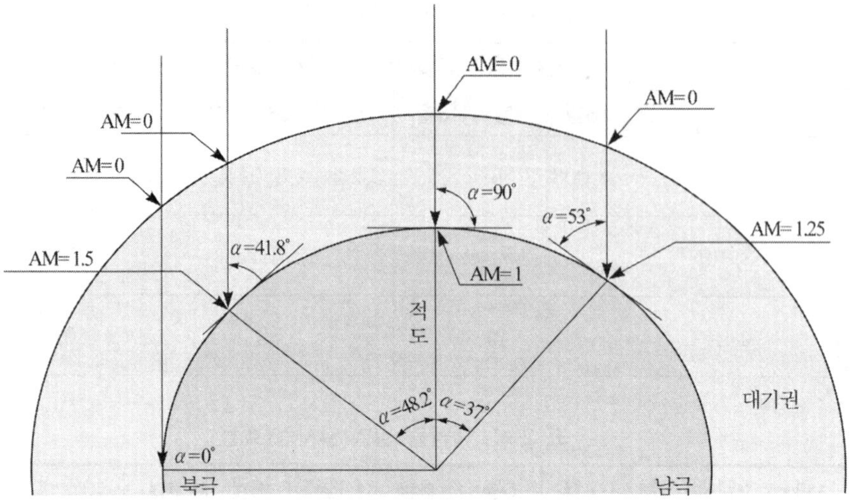

그림 2-2 대기질량정수

그림 2-2를 보면 지구를 둘러싼 대기권을 통과하는 과정에서 지표상에 도달하는 태양광의 세기가 달라진다. 즉 태양광선은 대기권을 통과하면서 반사되거나 흡수되고 산란되어 손실되어 지표면에 도달하게 되었을 때는 1,060 W/m^2로 줄어들게 된다. 이 빛의 세기는 직사광선과 반사광선, 가시광선과 자외선, 적외선을 모두 포함한 빛의 세기이다. 지구의 대기권은 약 1,000 km에 달하는데 이 대기권을 수직으로 통과할 때 손실이 가장 적다. 적도의 나라들이 이에 해당하며 그렇기에 위의 그림과 같이 태양광이 대기권 입구에서 적도지방 해발 0 m 지점에 도달하기까지의 구간을 AM 1로 정의하는 것이다. 위 그림을 보면 유럽국가들이 밀집되어 있는 지역은 위도 41.8도 부근으로 이 지역의 AM은 1.5이다. 그리고 우리나라 같은 경우는 AM 1.4 정도의 대기질량정수가 나온다. 입사되는 태양광과 지표면이 이루는 각도를 α라고 할 때 대기질량정수를 구하는 식은 아래와 같다.

$$AM = \frac{1}{\sin(\alpha)}$$

$$\text{대기질량정수} = \frac{1}{\sin(\alpha)} = \frac{1}{\frac{h}{z}} = \frac{z}{h=1} = z$$

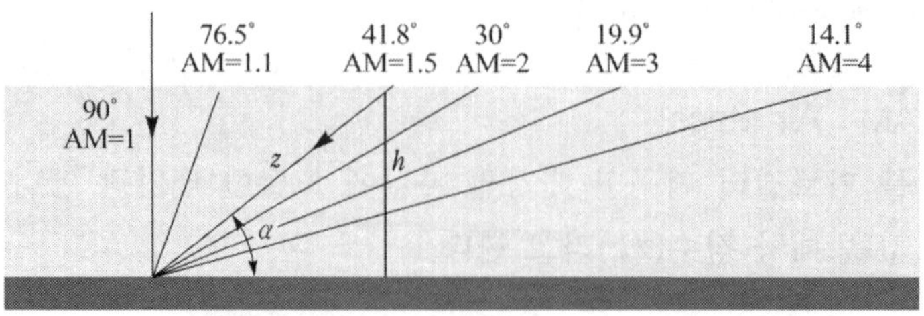

그림 2-3 태양의 입사각과 대기질량정수 관계

표 2-6 태양광의 입사각과 감쇄율과의 관계

입사각	대기질량정수	대기흡수율(%)	레일리산란율(%)	미(Mie)산란율(%)	전체감쇄율(%)
90°	1.00	8.7	9.5	0~25.6	17.3~38.5
60°	1.15	9.2	10.5	0.7~29.5	19.4~42.8
41.8°	1.50	9.8	12.6	1.6~34.6	22.5~48.7
30°	2.00	11.2	16.3	4.1~44.9	28.8~59.1
10°	5.76	16.2	31.9	15.4~74.3	51.8~85.4
5°	11.50	19.5	42.5	24.6~86.5	65.1~93.8

위 대기질량정수를 구하는 식은 그림 2-3를 보면 직각 삼각형의 높이에 대한 빗변의 비라는 것임을 알 수 있다. 표 2-6은 태양광의 입사각과 감쇄율에 대한 값을 나타낸 것이다.

2. 일사 강도 1,000 W/m^2

표준시험조건에서 정하는 일사 강도는 1,000 W/m^2 이다. 수광조건은 AM=1.5지역을 기준으로 하므로 AM=1.5지역의 일사 강도는 1,060 W/m^{2}가 된다. 따라서 표준 일사강도를 1,000 W/m^{2}로 정한 것이다. 지역이 달라지면 예를 들어 고산지대나 적도와 같이 해발 고도가 높은 곳은 태양광이 대기권을 지나는 구간이 다른 곳보다 적어도 약 1,150 W/m^{2}까지 높아진다. 극지방에 가까울수록 일조 강도는 점점 낮아지게 된다.

3. 기준 온도

표준시험조건에서 정하는 기준 온도는 25℃ 이다. 태양전지 또는 PV 모듈이 온도에 따라 민감하게 변하기 때문에 모든 태양광발전 시스템을 25℃ 조건하에 놓고 시험하여 그 결과를 비교 판단하려는 것이다. 실질적으로 태양전지는 전기에너지로 변환되는 에너지보다 복사열에 의한 열로 전환되는 에너지가 더 크다. 태양광 모듈이 온도가 1℃ 상승할 때마다 단자전압은 0.4% 정도 낮아진다. 만약 여름철 한 낮에 태양전지 표면이 70℃ 가까이 상승했다면 태양광모듈의 단자전압의 표준전압보다 약 18% 감소한 전압이 나타날 것이다.

즉, 태양광발전 공학에 말하는 국제적인 표준시험기준은 다음과 같다.

(1) 수광 조건은 대기질량정수(AM) 1.5의 지역을 기준으로 한다.

(2) 빛의 일사 강도는 1,000 W/m^{2}를 기준으로 한다.

(3) 모든 시험의 기준 온도는 25℃로 한다.

2.1.7 태양광 스펙트럼

그림 2-4에서 보듯이 지표면에 도달하는 태양광의 구성은 자외선이 약 7%, 가시광선이 약 47%, 적외선이 약 46%로 구성되어 있다. 태양광 속에는 파장이 380 nm~780 nm 사이인 가시광선의 강도가 세기는 하지만 적외선도 780 nm~2500 nm에 걸쳐 가시광선보다 많이 분포되어 있다. 투과성이 좋은 적외선은 날씨가 흐린 날에 비중이 높은데 이 적외선은 태양광 발전에 상당한 도움이 된다. 이에 비하여 380 nm~250 nm의 자외선은 상대적으로 그 양이 적으며 태양광 발전에는 거의 기여를 하지 못한다.

그림 2-4의 곡선 안의 ①은 대기권 바깥에 도달한 태양광 에너지이고 ②는 ①의 태양광 에너지가 대기권을 통과하면서 공기입자와 수증기 등에 의해 흡수 또는 산란되어 에너지가 줄어든 크기로 지표면에 도달한 것이다.

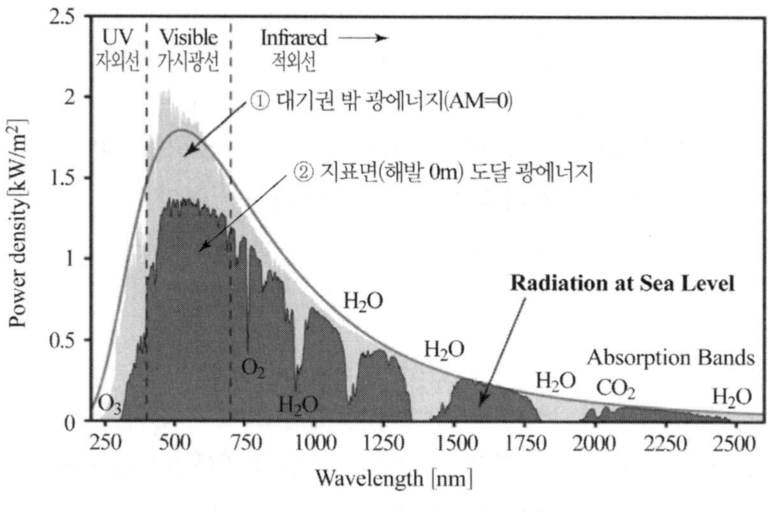

그림 2-4 태양광 스펙트럼 분포

이 자료를 근거로 다결정이나 단결정 실리콘 태양전지들은 가시광선 영역뿐만 아니라 적외선 영역에서도 광-전기 변환을 할 수 있기 때문에 흐린 날에도 전력생산이 가능함을 알 수 있다.

2.1.8 경사각

경사각이란 태양광발전 패널과 지면이 이루는 각도를 말한다. 최적의 효율을 위한 경사각은 태양광발전패널과 태양이 수직면을 이루고 있을 때이다. 예를 들어 위도가 35도인 우리나라의 경우는 태양광패널을 지면에서 35도만큼 일으켜 세워야만 태양광을 수직으로 받을 수 있게 된다. 이와 같이 태양광을 수직으로 바라보기 위해 태양광패널을 지면으로부터 일으켜 세우는 각도를 경사각이라고 한다. 경사각은 태양광발전 시스템 패널각도를 결정하는데 중요하므로 각 설치위치에서 최적의 효율을 낼 수 있는 경사각을 설정하는 것이 중요하다.

최적의 경사각은 태양광모듈을 설치하려는 지역의 위도와 같은 각도로 하면 된다. 우리나라의 경우 중부지방은 37도, 남부지방은 35도이므로 이곳에 태양광발전을 설치할 때는 이론상 각각 35도와 37도가 된다. 즉, 태양광이 모듈에 수직으로 입사될 때 가장 에너지밀도가 높아진다.

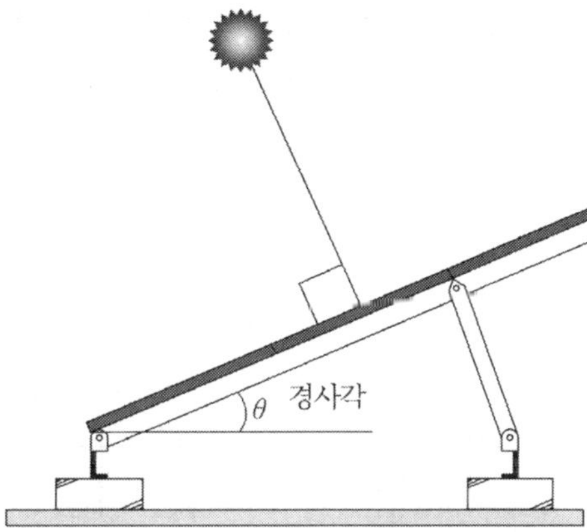

그림 2-5 경사각

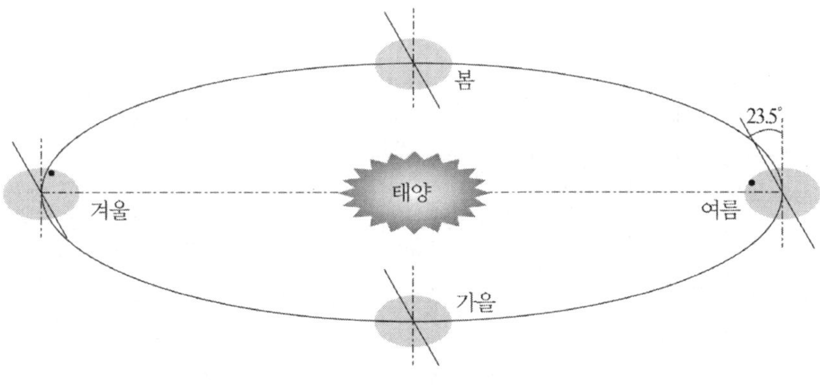

그림 2-6 기울어진 자전축으로 공전하는 지구

최적의 경사각으로 설치하였을 경우 평균출력은 클 수 있으나 계절별로 보면 최대효율이 아니다. 봄, 가을의 경우 최적 경사각일 때 최대출력이 나오지만 겨울에는 위도값 보다 높게 경사각을 세웠을 때 최대출력이 나오고, 여름에는 위도보다 낮게 경사각을 세웠을 때 최대출력이 나온다. 이렇게 계절마다 최대출력 경사각이 달라지는 이유는 그림 2-6과 같이 지구의 자전축이 23.5도 기울어 있기 때문이다. 여름에는 태양이 북반구 쪽으로 올라오기 때문에 태양광의 입사각은 우리나라의 경우 위도 37도보다 23.5도가 작은 13.5도이고 반대로 겨울의 경우에는 태양이 남반구 쪽으로 멀리 내려가서 위도 37도 보다 더 기울어진 60.5도에서 비추어지게 되는 것이다. 그림에서 검은 점은 우리나라의 위치를 나타낸 것이다.

그림 2-7과 2-8은 월별 최적설치 경사각과 계절별로 경사각을 변화시키는 데 따라 태양광 에너지의 획득비율을 나타낸 것이다. 그림을 보면 여름에는 경사각 10~13도 내외에서 최대효율을 나타내고, 겨울에는 경사각 55~60도 부근 범위에서 최대효율을 나타내고 있다. 태양광발전 시스템을 각각 계절에 맞춰 최적효율을 나타내는 각도로 변화시켜 비용적인 문제와 대비하여 반고정형을 도입하기도 하나 보통은 위도와 동일한 각도로 선정하여 고정 설치하기도 한다.

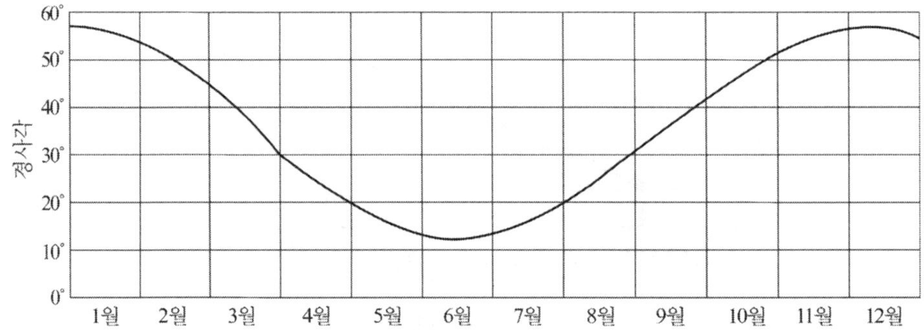

그림 2-7 월별 최적 설치 경사각 조견표

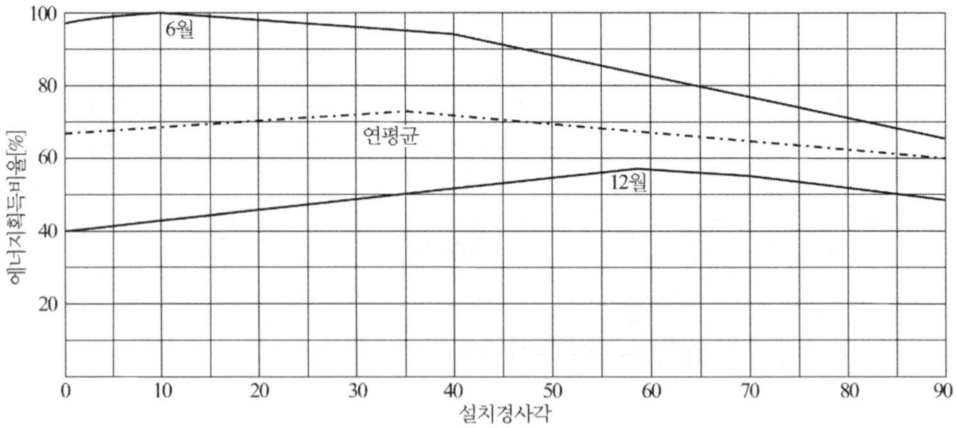

그림 2-8 경사각변동에 따른 태양광 에너지 획득량

또한 혼합추적형의 태양광발전 시스템도 위와 같은 관련자료들과 태양의 이동경로를 추적하여 각각의 상황에 맞는 최적의 효율을 얻을 수 있을 것이다.

2.1.9 남중고도

태양의 남중고도는 태양이 정남쪽에 위치하고 하루 중 가장 높은 고도에서의 태양(시간으로는 정오 12시)과 지표면이 이루는 각이므로 태양전지 어레이의 각도를 결정하는 파라메터라고 볼 수 있다. 남중고도는 계절에 따라 달라지는데 여름의 경우 76.5도, 겨울의 경우 29.5도를 나타낸다. 남중고도는 년 중 변화하고 있으므로 경사고정식 태양광발전을 설치할 경우 북반구에 위치한 우리나라의 도서지역의 경우 태양광 모듈의 표면이 가능한 한 긴 일조시간에 노출될 수 있도록 하는 것이 바람직하다고 볼 수 있다. 태양의 남중고도는 크게 춘추분, 하지, 동지로 구분된다.

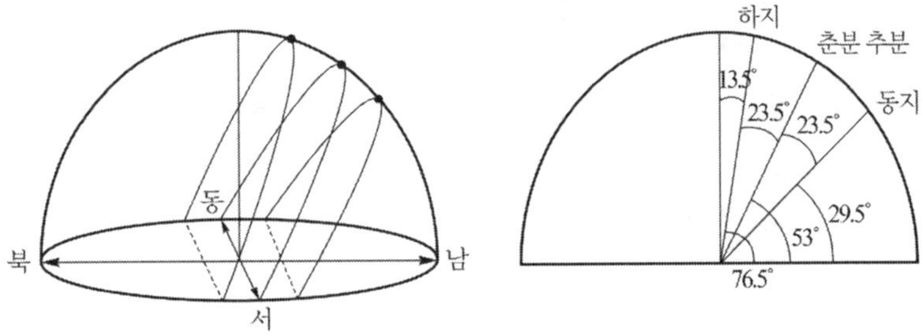

그림 2-9 태양의 남중고도

2.1.10 방위각

연간 태양궤적에 비추어 볼 때 지구 북반구 즉, 우리나라가 해당되는 북반구의 경우는 태양광발전 시스템 패널방향을 남쪽으로 하는 것이 원칙이다. 여기에 최적효율의 경사각을 유지하면서 남쪽으로 향해야 한다. 방위각은 남중고도를 기준(방위각 0도)으로 태양광 모듈의 면 벡터와 태양광 입사광과의 사이각도를 한다. 당연히 태양광모듈은 이 방위각 0도에 근접해야 최적의 효율을 낼 수 있다. 그러므로 태양광모듈을 설치할 때는 자북보다 정오의 태양방향을 보고 설치하는 것이 좋다. 그런데 우리나라의 표준시는 태양이 한반도 중앙을 지나지 않고 동해를 지나는 동경 135도를 기준하기 때문에 서울에서는 12시 32뷰에 해가 정남방 하늘인 위치에 남중고도가 위치하게 되고 부산에서는 12시 24분에 해가 정남방으로 남중고도가 위치하게 된다. 따라서 태양광발전 시스템 패널의 설치방향은 태양의 남중고도가 뜨는 시간에 태양의 실제방향을 보고 결정하여야 최적효율을 얻어낼 수가 있는 것이다.

표 2-7은 동경 135도로 정한 경도와 남중시간과의 관계를 나타낸 것이다. 그림 2-10은 방위각에 따른 연간 발전량을 나타낸 것이다. 그림에서도 알 수 있듯이 방위각 0도일 때 가장 효율이 높으나 건물 등의 위치가 불가피한 경우가 많으므로 여러 경우를 고려해서 최소 30도 안에는 방위각이 들어오도록 설치해야 할 것이다.

표 2-7 경도와 남중시간과의 관계

남중시간	12:42	12:36	12:32	12:28	12:24	12:16	12:00
경도	E125	E126	E127	E128	E129	E131	E135
지역명	흑산도	목포 평양	서울 광주	원주 전주	부산 강릉	울릉도	표준시 경도

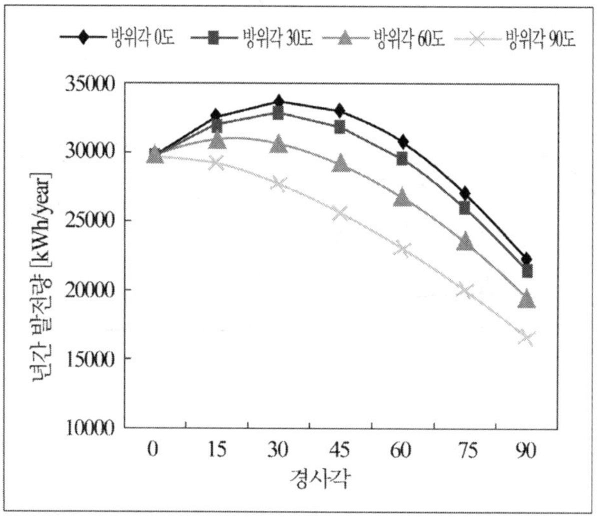

그림 2-10 방위각에 따른 연간 발전량

2.2 태양광발전시스템 정의 및 종류

2.2.1 태양광발전 시스템 정의

태양광발전 시스템이란 태양에서 나오는 에너지를 전기에너지로 변환하는 시스템을 말한다. 태양광발전 시스템의 주요부품인 태양전지에서 태양광에 의하여 생산된 직류전력을 안정된 교류전력 또는 사용가능한 직류전력으로 변환해주는 시스템이 태양광발전 시스템의 주요

기능이다. 시스템이 단순하며, 설치가 다른 신 · 재생에너지에 비해 비교적 수월한 편이어서 다른 신 · 재생에너지 발전시스템 보다 많은 보급이 이루어지고 있는 실정이다. 그러나 태양광발전은 단가대비 효율이 좋지 못한 단점을 안고 있다. 태양광발전 시스템은 크게 독립형, 계통연계형, 하이브리드형 태양광발전 시스템으로 분류할 수 있으며, 태양광발전 시스템의 효율을 높이기 위한 여러 태양광발전이 시도 되고 상용화되고 있다.

태양광발전시스템은 입사된 태양 빛을 직접 전기에너지로 변화하는 부분인 태양전지나 배선, 그리고 이것들을 지지하는 구조물을 총칭하여 태양전지 어레이라 한다. 태양전지 어레이 구조물과 그 외의 구성기기는 일반적으로 주변장치(BOS : Balance of System)라고 한다. 태양전지 어레이와 축전지를 제외한 인버터 등의 전기적인 전력변환 기기류와 제어 · 보호장치를 일체화한 유닛(unit)을 PCS(Power Conditioning System)라고 한다. 태양광발전시스템은 다음과 같은 요소로 구성되어 있다.

(1) 태양전지 어레이
(2) 직류전력 조절장치
(3) 축전지
(4) 인버터와 전력품질 보호기능의 PCS
(5) 계통연계제어장치

이와 관련하여 다음 장에서 자세한 설명을 하기로 한다.

2.2.2 태양광발전 시스템 분류

1. 독립형 태양광발전 시스템(Stand Alone type PV System)

상용 전력의 공급이 곤란한 지역에서 전력을 사용하기 위해 설치하는 시스템이다. 햇볕이 있는 주간에 발전하여 사용하고 남은 전력을 축전지에 저장하여 햇볕이 없는 눈, 비가 올 때나 야간에 사용하는 방식이다. 낙도, 오지, 무인등대, 무인 중계소, 인공위성, 시계탑 등에 축전지나 인버터를 이용하여 직류부하나 교류부하에 전력을 공급한다. 부하의 종류와 시스템 구성에 따라 직류부하용과 교류부하용으로 분류할 수 있으며 축전지설비가 필수적으로 필요하다. 상용전력 계통과 분리되어 있어 시스템에서 발생할 수 있는 무효전력이나 유효전력, 고조파가 외부전력계통에 영향을 주지 않는다.

2. 계통연계형 태양광 발전시스템(Utility-Connection type PV System)

계통연계형 태양광 발전 시스템은 단방향 연결형과 양방향 연결형으로 구분할 수 있으며, 단방향 계통선 연결방식은 주택용, 공장용 전원 등으로 많이 이용되는 시스템으로서 단방향 계통선 연계형 인버터를 사용하여 부하 측에 전력을 공급하며 축전지를 사용하지 않고 운전한다. 그리고 계통선에서는 태양 전지에서 공급되는 전력의 부족분만을 부하 측으로 공급한다. 양방향 계통선 연계방식으로 대용량발전소의 경우나 주택용 전원 등에 이용하는 시스템으로 계통선 연계형 인버터를 직접 태양전지와 연결하여 PV모듈로부터 발생된 인버터출력이 부하가 필요로 하는 전력보다 클 경우 그 잉여전력은 계통선으로 공급되며, PV모듈로부터 발생된 인버터출력이 부하가 필요로 하는 전력보다 적을 경우 부족한 전력은 계통선에서 공급된다. 또한 독립형 시스템에서와 같이 고가의 축전설비가 필요 없기 때문에 축전지의 충방전 손실이 없고 효율이 개선되는 장점이 있다.

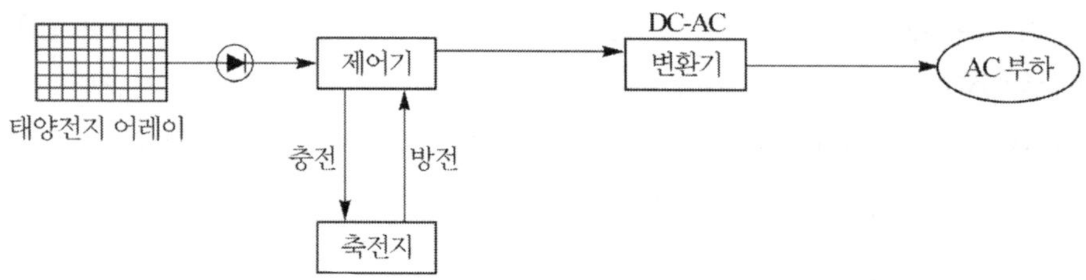

그림 2-11 독립형 태양광 발전시스템 구성

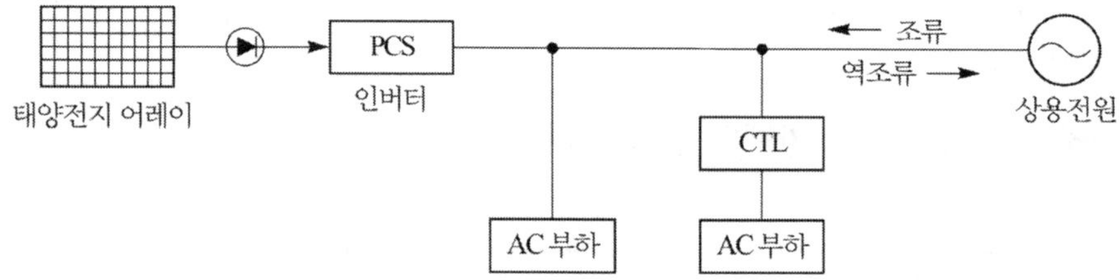

그림 2-12 계통연계형 태양광 발전시스템 구성

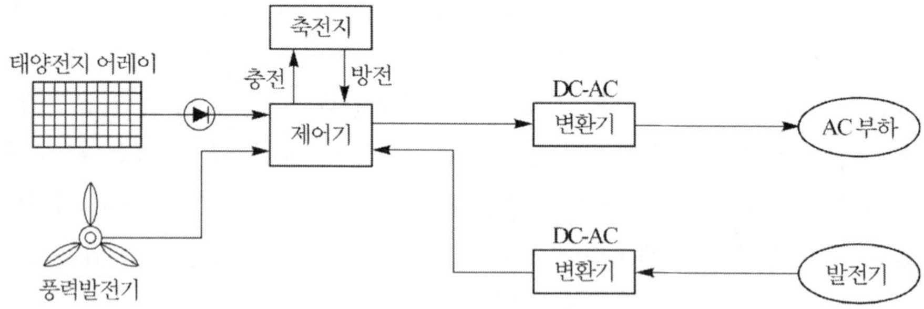

그림 2-13 하이브리드형 태양광 발전시스템 구성

그러나 계통연계형 시스템에서 PV모듈의 발생전력은 인버터를 지나 계통선과 직접 연결되어 있기 때문에 인버터 발생 고조파와 유효전력과 무효전력의 동요는 직접 전력계통선에 영향을 미치는 단점이 있다. 계통선에는 많은 시스템들이 연결되어 있어 안전성에 관련된

기술적인 문제들이 나타나게 되며, 이러한 기술적인 문제점 해결을 위해 태양전지와 계통선 사이에 전기적인 절연이 필요하며, 시스템의 제어장치가 복잡해진다. 그러나 연계시스템은 보수가 없고 시스템 효율이 높기 때문에 주택용 PV시스템으로 사용하기 위한 가장 이상적인 시스템 형태라 할 수 있다. 그림 2-12는 계통연계형 태양광 발전시스템의 구성을 나타낸 것이다.

3. 하이브리드형 태양광 발전시스템(Hybrid type PV System)

하이브리드 태양광 발전시스템은 기상조건에 큰 영향을 받는 태양광 발전시스템의 단점을 보완하기 위하여 디젤발전기나 풍력발전기 등을 복합적으로 적용한 시스템이다. 하이브리드 태양광 발선시스템은 계통연계형 및 독립형 태양광발전 시스템에 모두 적용이 가능하며 태양광 발전으로 부족한 전원은 자가 발전기나 풍력발전기 등의 보조전원으로 대체한다. 특히 태양광발전과 풍력발전은 시간대 및 계절에 따라 상호 보완적인 관계에 있어 안정된 에너지를 얻을 수가 있기 때문에 전력저장설비의 축소화가 기대되어 신·재생에너지 시스템의 저가화에 기여할 수 있다. 그림 2-13는 하이브리드형 태양광 발전시스템의 구성을 나타낸 것이다.

2.2.3 그 밖의 태양광발전 시스템

1. 건물일체형 태양광 발전 시스템(BIPV : Building Integrated PV System)

태양전지모듈을 건물의 벽재 등의 외피를 구성하는 태양광발전 시스템이다. 건물의 외관과 태양광모듈이 결합하여 또 다른 기능을 제공할 수 있는 가능성을 부여한다. 태양광발전 시스템을 위한 별도의 부지확보 비용이 들지 않으며 전기부하가 필요한 그 지점에서 전력이 발생된다는 장점도 있다. 에너지로 전기를 생산하여 소비자에게 송전하는 것 외에 건물일체형 태양광모듈을 건축물 외장재로 사용하여 건설비용을 줄이고 건물의 가치를 높이는 디자인 요소로도 쓰인다. 이러한 장점들은 태양광발전이 화력발전에 비해 단가대비 4배 정도 비싼 수준임에도 여러 나라의 수많은 사례를 보듯이 BIPV 시스템이 급속히 성장하고 있음을 알 수 있다.

BIPV와 건물부착형(BAPV : Building Attached PV)와 혼동하는 경우를 대비하여 표 2-8에서 구분 설명한다.

표 2-8 BAPV와 BIPV의 차이점

구 분	BAPV	BIPV
개 요	• 별도의 구조물로 설치한 태양광 발전 시스템	• 태양전지를 건축외장화하여 건축물과 일체형으로 설치한 태양 광발전
특 징	• 건축물과 별도로 설치 • 기술의 일반화로 소형업체도 설치가능 • 기성품 사용	• 건축외장재로 사용 • 미려한 건물디자인 및 환경친화적 건물외관 구현 • BIPV전용 제작 모듈사용
장 단 점	• 건축물과 인접설치시 건물외관저해 • 별도의 설치공간 필요	• 외관의 다양한 확보가능 및 별도의 설치공간 불필요 • 건물 내 채광활용 가능
특기사항	• PV용 모듈의 BIPV 적용 불가능	• 설치공간 협소건물에 특히 유효

2. 집광형 태양광발전 시스템(Concentrated Photovoltaic System)

집광형 태양광발전 시스템은 태양광발전 시스템의 단위면적당 에너지 효율을 향상시키기 위해서 개발되었으며 태양에서 방사되는 빛에너지를 전기에너지로 변환하는 장치를 말한다. 초기의 집광형 태양광 발전 시스템은 1970년대 중반 미국의 Sandra Lab에서 개발되었으며, 1kWp 시스템으로 50배 집광효율 12.7%를 기록하였다.

최근 40% 이상의 고효율 태양전지의 개발과 태양광 집광비율의 증가 및 생산자동화를 통해 미래 점진적인 태양광시장에 대한 점유율이 높아질 것으로 예상된다. 모듈의 발전효율은 500배 집광의 경우 대략 25%~28% 수준이며, 집광율이 높아질수록 모듈효율은 감소하여 1,000배 집광인 경우 17%~22%까지 광학계에 따라 편차를 보이고 있다. 대부분의 모듈은 passive cooling 방식을 채택하여 모듈의 몸체를 통하여 열이 발산되도록 하거나 별도의 Cooling Fan을 통해 냉각시키는 방식의 전도성 방열이 주로 사용된다. 모듈의 발열을 줄이기 위한 반사 파장을 통제하는 필터링 기법도 연구중으로 발열을 일으키는 특정 파장에 대한 투과 및 반사를 유도하는 방식이 집광형 태양광 모듈 전지의 수명을 연장 시킬 수 있는 방법으로 대두 되고 있다.

집광형 태양광발전 시스템의 경우 현재 결정질 태양광발전 시스템의 가장 큰 단점이라고 할 수 있는 저효율을 개선할 수 있는 또다른 방안으로 볼 수 있으나 반드시 위치추적형 시스템으로 설계해야 하며 그로 인해 고정식 태양광발전 시스템에 비해 풍압설계에 의한 고정비용이 비약적으로 상승하는 문제가 발생해 우리나라 같이 하절기 태풍이 많고 풍압의 영향을 많이 받는 지역에서는 경제성 문제가 거론되고 있다. 그러나 앞으로 이런 문제들을 해결하고 집광형 태양광발전 시스템의 효율 상승 및 집광형 발전시스템의 냉각장치에서 발생되는 폐열까지 이용한다면 충분히 발전가능성이 있는 시스템이라 할 수 있겠다.

표 2-9는 기존 PV시스템대비 집광형 태양광발전 시스템의 시스템 별 특징을 나타낸 것이다.

표 2-9 집광형 태양광발전 시스템 비교

구 분		실리콘 모듈형 집광장치(PV)	접시형 초점 집광시스템(CPV)	집광렌즈형 집광모듈장치(CPV)
효율	기존	최대 19%	25%	40%
	개선목표	25%	40%	50%
집광방식			오목거울을 이용한 집광	배율집광 (예:300배/500배/1000배)
렌즈방식		투명강화유리 (반사방지판 표면처리)	거울 반사	프레넬 렌즈
구조물/ Tracker		고정식/반고정식/ 위치추적식	위치추적식(2축)	위치추적식(2축)
추적방식		실시긴 광센서 추적방식	실시간 프로그램 데이터 추적방식	실시간 광센서 추적방식
태양광 효율		소	중	대
1MW 기준 필요수량		약 320기	약 330기	약 170기
가격경쟁력		고가	고가	중가
공사소유 대지면적		대	대	소

3. 수상태양광발전 시스템

현재 태양광발전 시스템의 저효율을 끌어 올릴 수 있는 또 다른 대안으로 수상에 설치하는 수상태양광발전 시스템이 거론되고 있다. 수상태양광발전의 가장 큰 특징이라면 기존 태양광발전의 경우 발전대비 넓은 면적을 필요로 해 적지 않은 부지매입비용이 들어가지만 수상태양광발전의 경우 부지매입비용을 획기적으로 줄일 수 있으므로 초기 투자비용을 줄일 수 있다. 또한 육상에 설치하는 태양광발전의 경우 지면에서 올라오는 복사열로 인해 태양전지의 표면온도가 상승하여 여름철의 경우 발전효율이 급격히 떨어지게 되는데 수상태양광발전의 경우 물 위에 설치하므로 복사열을 피할 수 있어 거의 최적온도인 25도를 유지하며 발전할 수 있다. 그리고 태양광이 물에 반사되어 태양전지 뒤로 재입사되어 발전상승효과를 가져온다. 기존 육상태양광발전대비 약 10% 발전효율 상승과 육상태양광발전에 비해 주변건물이나 구조물에 의한 음영에서도 비교적 자유로울 수 있다. 수상태양광발전 시스템의 기본구조는 태양전지를 물 위에 띄울 수 있도록 부력체를 설치하고 움직이지 않도록 앵커로 고정한다. 그리고 생산된 전기를 수중케이블을 이용해 육상에 있는 전기실로 공급하여 발전하는 식의 기본구조를 가지고 있다. 단점으로는 자연 경관을 저해하고 수상레저 활동이 제한되며, 환경변화에 따른 생태 변화 현상 등을 장기적으로 연구하여 고려할 필요가 요구되기도 한다.

현재 우리나라에서는 한국수자원공사가 가장 적극적으로 사업을 추진하고 있으며 경남 합천호에 수상태양광발전 시스템을 2011년에 완공하여 운용 중에 있으며, 2018년 전북 군산 제2 국가 산업단지 유수지에 국내최대 18.7 MW급의 발전설비가 가동된 바 있다.

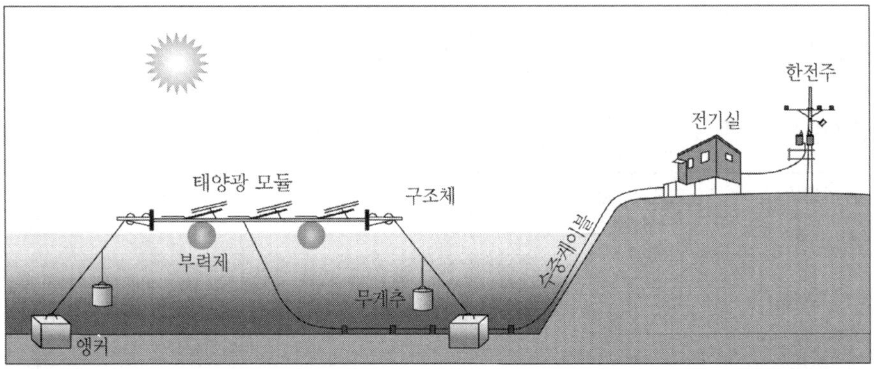

그림 2-14 수상태양광발전 시스템 상용화모델

수상태양광발전 시스템 부지선정 및 설계시 다음과 같은 사항을 고려해야 한다.

(1) 수위변화
(2) 우천시 홍수에 의한 유속
(3) 취수나 방류영향
(4) 구조물을 안정적으로 고정할 수 있는 고정방안
(5) 바다에 설치했을 경우에 염해 및 부식대책
(6) 겨울철 담수호의 동결
(7) 안정적인 전력전송방안
(8) 부유물유입 및 오염, 청소대책
(9) 접근통제 및 보안시설
(10) 자연 생태 변화

2.3 태양전지

2.3.1 태양전지 원리

태양전지는 빛을 흡수하여 빛이 가지고 있는 광에너지를 전기에너지로 변환하는 반도체 소자이다. 태양전지에 빛에너지가 입사되면 전압과 전류가 발생하여 부하에 전력을 공급하게 된다. 원리는 광전효과(Photoelectric Effect)에 의한다.

이러한 광전효과가 잘 이루어지는 금속물이 무엇인지를 알아보면 바로 게르마늄(Ge), 실리콘(Si)으로 게르마늄의 경우 희귀금속으로서 상업적으로 활용하기에는 경제성에 어려움이 있고 따라서 실리콘이 반도체로서 태양광발전용 소재로서 주로 사용되는 것이며 이러한 실리콘으로 만들어진 것이 태양전지(Solar Cell)이라고 한다. 그림 2-15에 태양전지의 기본적인 pn 접합구조 및 광전효과에 의한 광전류의 발생 메커니즘을 도식적으로 나타냈다.

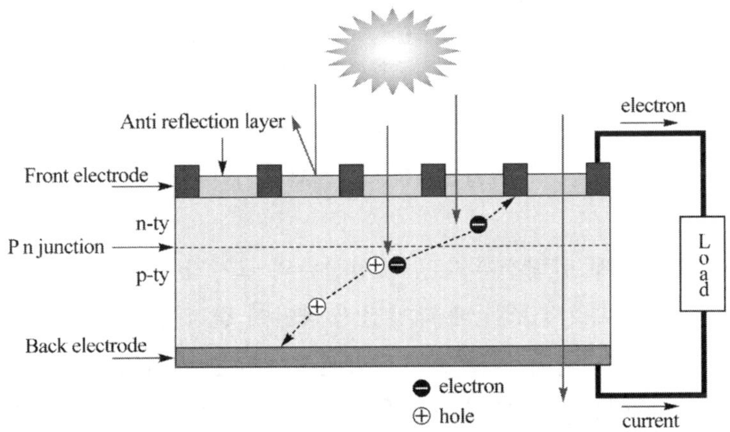

그림 2-15 PN접합 반도체의 광전효과

태양전지가 입사광으로부터 에너지를 전달받으면 태양전지의 공핍층(Depletion layer)에서는 빛 에너지에 의한 EHP(Electron Hole Pair)가 생성되고, 생성된 EHP는 접합 후 형성되어진 전계로부터 힘을 받아 전자는 n층으로, 정공은 p층으로 나뉘어져 이동하게 된다. n층과 p층에서 각각 과잉캐리어가 된 전자와 정공은 연결된 외부회로를 타고 이동하여 부하에 전력을 공급하게 된다.

이 때 흐르는 전류를 광전류라 하며 전류가 흐르는 방향은 정공이 이동하는 방향, 즉 전자의 흐름과 반대방향이다. 그리고 광전류와는 반대로 빛을 받지 않는 상태에서 태양전지로부터 출력을 얻을 때 태양전지 양단에 순방향 바이어스전압에 의해서 생성되는 전류를 암전류

(Diode Current)라고 하며 광전류와는 반대방향으로 흐른다. 태양전지 양단의 전압이 0[V]일 때 흐르는 전류를 단락전류라 하며, 아래의 식과 같이 표현한다.

$$I_{sc(Cell)} = S_c \int_0^{\lambda m} F(\lambda) q (1 - R(\lambda) \eta_{cell}(\lambda) d\lambda$$

위의 식에서 S_c는 태양전지의 면적으로 정확히는 빛이 입사되는 면적을 의미한다. 그리고 0부터 λm까지의 적분기호는 입사광의 파장대역을 의미하지만, 태양전지가 흡수할 수 있는 파장대역으로 축소될 수 있다. $F(\lambda)$는 입사광에 대한 파장별 광자 수(Photon Flux)를 의미하며, $(1 - R(\lambda))$에 의해 태양전지 표면에서 반사되지 않고 흡수된 광자 수를 계산할 수 있다. $\eta_{cell}(\lambda)$는 흡수된 광자가 광전류로 변화되는 효율을 의미하며 전하량 q에 의해 이를 전기적인 양으로 환산할 수 있다

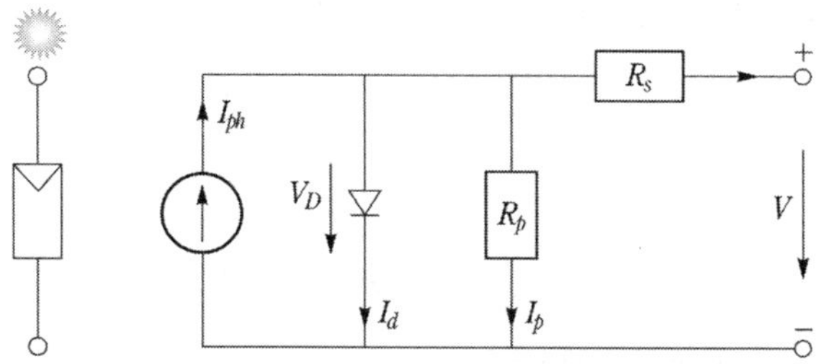

그림 2-16 태양전지 등가회로

이상적인 태양전지의 경우 단락전류와 광 생성전류의 크기가 동일하다고 본다. 그리고 외부회로가 단선되어 전류가 흐르지 못할 때 태양전지 양단에 걸리는 전압을 개방전압라 하며, 이는 태양전지가 가질 수 있는 최대 전압이다. 태양전지는 넓은 면적의 다이오드로 볼 수 있으므로 광 생성 전류원과 다이오드의 개념을 적용하여 그림 2-16과 같은 등가회로로 나타낼 수 있다. 그림 2-16의 등가회로는 아래의 식과 같은 수식으로 표현 가능하며 여기서 R_s 및 R_p는 각각 태양전지의 직렬저항(R_s)와 병렬저항(R_p)를 의미한다.

태양전지의 출력전류는 다음과 같이 나타낼 수 있다.

$$I = I_{ph} - I_d = I_{ph} - I_o(e^{\frac{qV}{A_o kT}} - 1)$$

여기서, I : 태양전지의 출력전류　　I_{ph} : 광전류

I_d : 암전류(Diode Current)　　I_o : 다이오드 포화전류

q : 전자의 전하량　　A_o : 이상계수

k : 볼쯔만 상수　　T : 절대온도

위 식에서 태양전지 양단의 출력전압은 다음식과 같이 나타낼 수 있다.

$$V = \frac{A_o kT}{q} \ln\left(\frac{I_{ph} - 1}{I_o} + 1\right)$$

실제 태양전지에서는 이상적인 등가회로와 달리 직렬저항과 병렬저항을 고려해야 하므로 실제적인 등가회로에서 태양전지의 출력전류는 다음과 같다.

$$I = I_{ph} - I_d - \frac{V_d}{R_{sh}} \quad \text{또한} \quad V_d = V + IR_s$$

위의 두 식으로부터

$$I = I_{ph} - I_o [e^{\frac{q(V + IR_s)}{A_o kT}} - 1] - \frac{V + IR_s}{R_{sh}}$$

병렬저항 R_{sh}를 무시하면

$$I = I_{ph} - I_o [e^{\frac{q(V + IR_s)}{A_o kT}} - 1]$$

$$V = - IR_s + \frac{A_o kT}{q} \ln\left(1 + \frac{I_{ph} - I}{I_o}\right)$$

여기서 직렬저항(R_s)은 광전류의 흐름을 방해하는 값으로 작용하며 N층의 표면저항, P층의 기판저항, 전극의 접촉저항가 전극 자체의 고유저항 등이 이에 해당된다. 태양전지가 최대의 효율을 얻기 위해서는 이 직렬저항 값을 최소로 하여야 한다. 태양전지의 직렬저항이 출력특성에 미치는 영향은 그림 2-18과 같으며 개방전압(V_{oc})에는 영향이 미미하지만 충진율이 급격하게 감소하는 것을 알 수 있다.

또한 직렬저항에 의한 전압강하가 순방향 바이어스 상태로 되어 암전류를 증가시키므로 단락전류(I_{sc})가 감소한다. 또한 병렬저항(R_{sh})은 태양전지 내부의 누설에 의한 것으로 누설저항이라고도 하며 PN 접합면의 재결합전류, 태양전지의 가장자리를 통하는 표면 누설전류, 손상이 있는 태양전지 표면에 전극이 부착될 경우 금속물질이 접합부에 침투하여 접합을 분리시키는 경우 등이 해당된다. 실제의 태양전지는 누설저항이 매우 크기 때문에 1,000 W/m^2 정도의 비교적 높은 일사강도에서는 큰 영향이 없고 그이하의 낮은 일사강도에서 영향이 커지게 된다. 병렬저항(누설저항)이 태양전지의 출력특성에 미치는 영향은 그림 2-17과 같으며 단락전류는 변하지 않지만 누설저항이 감소함에 따라 충진율과 개방전압이 감소한다. 태양전지로부터 얻어지는 출력은 직렬저항과 병렬저항을 무시하면 출력전압과 출력전류의 곱이며 다음식으로 나타낼 수 있다.

$$P = I \cdot V = [I_{ph} - I_o(e^{\frac{qV}{A_o kT}} - 1)] \cdot V$$

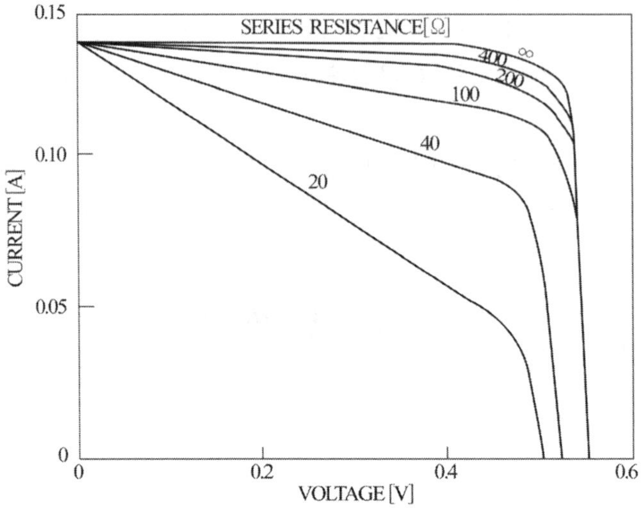

그림 2-17 병렬저항의 효과

2.3.2 태양전지의 변환효율

태양전지의 표면에 입사한 태양에너지를 어떤 비율로 전기에너지로 변환할 수 있느냐 하는 것은 태양전지의 성능을 가늠하는 중요한 요소이다. 이 비율을 광전변환효율이라 하며 다음 식으로 정의한다.

$$\eta = \frac{P_{output}}{P_{input}} = \frac{I_{\max} V_{\max}}{P_{input}} = \frac{I_{sc} V_{oc} FF}{P_{input}}$$

여기서, η : 광전변환효율 P_{input} : 태양전지에 입사되는 태양에너지
P_{output} : 생산된 전기에너지 $I_{\max}$: 최대전류값
$V_{\max}$: 최대전압값 I_{sc} : 단락전류값
V_{oc} : 개방전압값 FF : 충진율(Fill Factor)

위의 FF(충진율)에 대해 설명하면 태양전지가 발전할 때 공급되는 전력의 출력특성은 다이오드의 특성이 적용되어 그림 2-18과 같은 비선형적인 $I-V$ Curve로 표현된다. 태양전지가 발전할 수 있는 최대출력(MPP:Maximum Power Point)은 $I-V$ Curve에서 전압과 전류값의 곱이 최대가 되는 지점에서 얻을 수 있고, 최대출력을 얻는 지점의 전압과 전류 값이 최대

출력 전압(V_{mp}) 및 최대출력 전류(I_{mp})가 된다. 최대출력지점은 직렬저항과 병렬저항 성분에 의해서 달라질 수 있다.

그리고 아래 식과 같이 개방전압과 단락전류의 곱에 대한 태양전지의 최대출력의 비를 곡선인자(FF : Fill Factor)라 하는데 이 값은 태양전지 효율과 질에 직접적인 영향을 미친다.

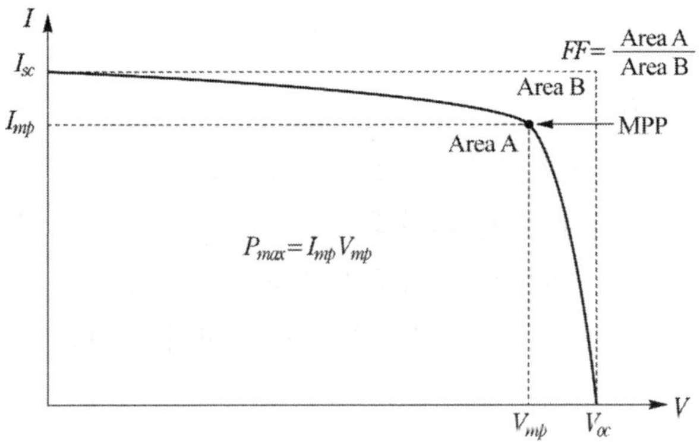

그림 2-18 태양전지의 $I-V$ Curve

$$FF = \frac{I_{mp}V_{mp}}{I_{sc}V_{oc}}$$

태양전지의 표면에 입사한 태양에너지 전체를 전기에너지로 변환시키지 못한다. 초기의 태양전지는 변환효율이 1~2% 정도였으나 현재의 태양전지는 재료에 따라 차이가 있지만 일반적으로 15~22% 범위이다. 태양광발전 시스템에서 태양전지의 변환효율은 매우 큰 부분을 차지한다. 소요 설치면적, 모듈의 소요수량 등에서 큰 차이를 보일 수 있어 설치비가 경감되어 보다 적은 비용으로 친환경적으로 전기에너지를 생산할 수 있기 때문이다. 태양전지의 변환효율을 향상시키기 위해서는 태양광의 스펙트럼이나 반도체 재료의 광학적, 전기적 특성에 기인하는 것들을 제외하고 제조과정에서 손실의 원인을 분석하여 제거하는 방법이 우선 고려되어야 한다.

2.3.3 태양전지 특성

1. 태양전지의 전기적 특성

(1) 실리콘(Si)와 갈륨비소(GaAs)를 비교하면, 갈륨비소의 금지대 폭이 실리콘보다 크기 때문에 단락전류의 값은 실리콘 보다 적지만, 개방전압은 0.45[V] 정도 높다.

(2) 태양전지의 전기적 특성은 개방전압, 단락전류, 동작점 특징으로 정의 된다.

① 개방전압 : 태양전지에 부하를 연결하지 않은 상태(고저항 상태)에서 태양전지 양단

에 발생되는 전압 값

② 단락전류 : 태양전지의 전극을 단락한 상태에서 도선을 흐르는 전류의 최대값

③ 동작점 : 태양전지로부터 전력을 얻기 위하여 설정하는 전압-전류 곡선상의 실질적인 최적 구동 전압-전류 값

(3) 일반적으로 태양전지는 온도가 상승하면 전압이 감소하고 생산되는 전력이 감소하는 경향이 있으므로 온도특성을 고려하여야 한다.

2. 태양전지 평가용 광원

태양전지의 성능을 정확히 평가하는 것은 연구개발뿐만 아니라, 시스템 설계나 관리, 상거래에 있어서 매우 중요하다. 자연 태양광은 지리적 위치, 날씨, 계절, 일시 등에 의해서 입사각, 조도나 분광방사가 변화하기 때문에 태양전지의 측정용 광원으로서 사용하는 것은 어렵다. 일반적으로 태양전지의 평가는 태양광을 모사한 인공광원이 사용되고 있다.

2.3.4 태양전지의 손실인자

1. 반사

현재 주로 사용되고 있는 결정질 실리콘 태양전지로 만든 태양광 모듈은 보통 입사광의 20~30% 정도를 반사하는 것으로 나타나 있다. 물론 이런 반사율을 저감시키기 위해 표면에 반사방지막을 적용하거나 또는 표면요철형성방법으로 반사율을 저감하거나 태양전지 자체의 두께를 두껍게하는 등의 다양한 방법이 제시되었고 실용화 되어있다. 태양광모듈의 광손실은 주로 태양전지의 내구성을 증진시키기 위해 사용한 부속품들에 의해 빛이 반사되거나 흡수되면서 발생한다. 표 2-10에 태양광모듈에서 발생하는 광 손실의 종류와 발생 부분을 표시하였다.

표 2-10 태양광모듈의 광 손실 종류와 발생부분

발생부분	광 손실 종류
1	공기-Glass 경계에서의 반사
2	Glass에서의 흡수
3	Glass-EVA 경계에서의 흡수
4	EVA에서의 흡수
5	Solar Cell의 반사방지막과 전극에서의 반사
6	EVA-Solar Cell 경계에서의 반사
7	Back sheet에서의 흡수
8	Back sheet에서의 반사

태양광모듈에 입사되는 전체 빛 중에 흡수에 의한 손실은 3%에 불과하고 대부분의 손실이 반사에 의한 손실이다. 그리고 반사에 의한 손실은 대부분 전면유리와 충진재(EVA), 태양전지에 있으며 모두 태양광모듈 전면에 있음을 알 수 있다. 이 중 백시트에서 반사되는 광손실은 오히려 태양전지 뒤로 재입사되므로 태양전지 광 흡수율을 높이는 계기가 된다.

2. 온도

태양전지모듈의 전압과 전류 값은 Cell의 온도변화에 따라 조금씩 변화하는 특성이 있다. 예를 들어 간단한 계산식을 통해 동지와 하지시의 전압 값을 계산해보기로 한다. 모든 기준은 개방전압(V_{oc})을 29V 기준으로 하고, 온도계수는 −0.1015 V/℃로 한 경우이다.

(1) 동지시 −10℃일 때

$$V = V_{oc} + [(\text{모듈예상온도} - 25℃) \times \text{온도계수}]$$

$$= 29 + (-10℃ - 25℃) \times (-0.1015) = 32.55\text{V}$$

(2) 하지시 70℃일 때

$$V = V_{oc} + [(\text{모듈예상온도} - 25℃) \times \text{온도계수}]$$

$$= 29 + (70℃ - 25℃) \times (-0.1015) = 24.43\text{V}$$

위 계산 결과를 통해 높은 온도에서 출력전압이 저하되는 것을 알 수 있다. 이것은 태양전지 표면의 온도가 상승하여 손실이 발생하는 것을 의미 한다. 결정질 태양전지의 경우 모듈의 온도가 1℃ 상승하면 변환효율은 약 0.4% 정도 떨어지는 것으로 알려져 있으며, 최상의 변환효율을 얻기 위해서는 모듈의 주변온도가 상승하더라도 통풍 등을 통하여 모듈에서의 열축적을 방지할 수 있는 설치방법을 고려해야 한다. 표 2-11을 보면 모듈온도 5℃ 상승시 약 3%의 발전효율이 감소하는 것을 알 수 있다.

표 2-11 모듈 온도변화에 따른 발전효율 변화

모듈온도	효율비
25℃	100%
30℃	97.3%
35℃	94.3%
40℃	91.3%
45℃	88.5%

3. 그림자

발진을 위한 태양광 모듈은 다수의 태양전지를 직병렬 접속하여 사용하며, 이중 전부 또는 일부에 그림자가 드리워져 태양광이 태양전지에 제대로 입사되지 못하면 해당 태양광 패널 전체의 에너지 획득에 악영향을 미치게 된다. 그림자 발생의 요인에는 인접건물, 주변의

장애물 등과 건물에 설치할 경우 건물 자체, 그리고 태양전지모듈 배치에 의한 것들이 있다. 건물, 장애물 및 태양전지 모듈 간격에 의한 그림자는 쉽게 확인 할 수 있는 것으로 배치나 간격을 조정하여 용이하게 방지할 수 있다. 또한 조경 또는 녹화에 의한 식재로서 태양광발전 설비의 수명을 고려할 때 설치당시에는 영향을 미치지 않더라도 성장에 의해 추후 발전에 큰 영향을 줄 수 있으므로 식생의 성장속도 역시 고려되어야 할 부분이다. 시뮬레이션 프로그램을 사용하여 시간대별 그림자 분석을 할 수 있으므로 설계 시 활용할 필요가 있다.

4. 전기저항

태양전지의 제조과정에서 전자의 흐름을 방해하는 전기적인 저항의 존재는 태양전지의 효율을 감소시킨다. 따라서 제조의 전과정에서 전기적인 저항이 최소로 될 수 있도록 해야 한다.

5. 태양전지의 손실을 줄이기 위한 대책

(1) 광학적 손실을 줄이기 위한 대책

① 표면 반사방지 코팅

② 전극면적의 최소화

③ 표면에 요철을 형성하는 표면조직화

(2) 전기적 손실을 줄이기 위한 대책

① PN접합의 개선

② 표면과 계면의 패시베이션(Passivation) 형성

③ 결정 품질의 개선에 의한 캐리어의 재결합 손실의 저감

④ 전극의 높은 도전율 재료를 사용하여 저항손실 저감

6. 태양전지 모듈의 검사

(1) 출하검사

① 전기적 특성검사 ② 강박시험

③ 구조 및 조립시험 ④ 내전압검사

⑤ 절연저항 시험

(2) 신뢰성 검사

① 내풍압 검사 ② 온도 사이클 테스트

③ 내습성 검사 ④ 염수분무 시험

⑤ 내열성 검사 ⑥ 자외선(UV) 피복 시험

2.3.5 PN 접합 실리콘 반도체

1. 개요

태양전지용 순수 실리콘은 절연체임으로 실리콘(Si)에 5가 원소를 도핑(Doping)시킨 n형 반도체와 3가 원소를 도핑시킨 p형 반도체로 이루어진 P-N 접합구조로 되어있다.

2. 진성 반도체

반도체 물질로 쓰이는 실리콘(Si) 한 가지 원소로 만들어 진 것으로 내부의 각 실리콘 원자는 서로 가전자를 공유결합을 이루게 되며 공유결합 상태의 실리콘은 전기적으로 안정된 절연체(부도체)가 된다.

3. P형 반도체

정공의 수를 증가시킴으로써 전도성을 높여, 저항을 감소시킨 것을 P형 반도체라 한다. 정공의 수를 증가시키기 위해서는 알루미늄(Al), 붕소(B), 갈륨(Ga) 등 3가 원소를 첨가하며, 이러한 불순물 원자를 억셉터(Acceptor)라 하고 불순물 반도체는 진성반도체보다 전도성이 높아 반도체소자로 많이 사용된다.

4. N형 반도체

자유전자 밀도가 정공 밀도보다 높은 반도체를 N형 반도체라고 하며, 자유전자 밀도를 높게 하기 위해서는 인(P), 비소(As), 안티몬(Sb)과 같은 5가 원소를 첨가하면 전자를 잃고 이온화된 불순물 원자가 되는데 이를 도너(Donor)라 한다.

5. P-N 접합(P-N junction)

P형 반도체와 N형 반도체를 정밀하게 접합한 것을 P-N 접합이라고 한다.

P형 반도체나 N형 반도체는 전도율이 좋은 반도체이나 P-N접합면에서는 P형 반도체의 정공들은 N형 측으로 확산되고, N형 측의 전자는 P형 측으로 확산 되어 전자와 정공이 재결합하여 캐리어가 없게 되어 전도율이 떨어지는 영역을 공간전하 영역 또는 공핍영역(Depletion zone)이라고 한다.

이 전도율이 떨어지는 특성을 이용해서 다이오드를 만들 수 있으며, 다이오드는 한쪽 방향으로는 전류가 흐를 수 있지만, 다른 쪽 방향으로는 전류가 흐르지 않는 소자이다.

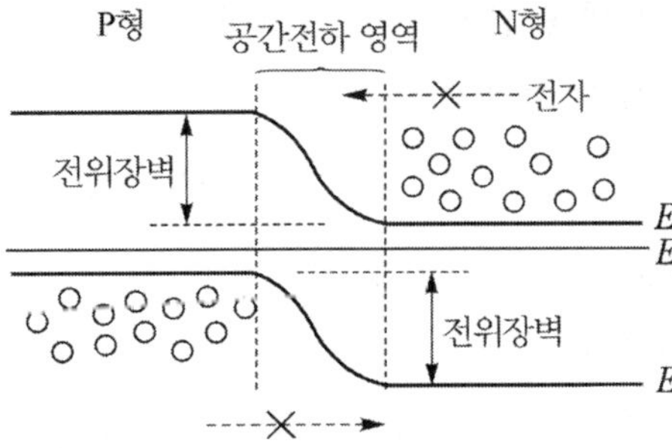

그림 2-19 P-N접합

2.3.6 태양전지 종류와 특징

1. 개요

태양전지는 크게 원재료에 따라 실리콘 태양전지, 화합물, 염료감응형 및 유기물 태양전지 등으로 구분되며 사용되는 기판(실리콘 웨이퍼, 유리)의 종류에 따라 Bulk형과 박막형으로 구분된다. 결정질 실리콘 태양광 발전시스템은 현재 시장의 90% 이상을 차지하고 향후 실리콘 박막 및 CIGS(셀렌화구리인듐갈륨)박막 태양전지, 그리고 차세대 태양전지로 부각되고 있는 염료감응형(DSSC) 및 유기 박막태양전지는 급속한 시장 확대가 예상된다.

- 태양전지
  - 실리콘
    - 결정질
      - 기판형
        - 단결정
        - 다결정
      - 박막형
    - 비정질 박막형
  - 화합물
    - II-VI족 – CdTe, CIGS 등
    - III-V족 – GaAs, InP, InGaAs 등
    - 기　타 – 유기물, 염료감응형, 나노형 등

그림 2-20 태양전지의 종류

2. 단결정 규소 태양전지

단결정 태양전지의 제조 공정은 다음의 단계로 크게 구분할 수 있다.

- 모래로부터 공업용 규소 환원
- 공업용 규소를 반도체급 규소로 정제
- 반도체급 규소로부터 규소 웨이퍼 제조
- 규소 웨이퍼로 태양전지 제조

규소의 환원에는 주로 결정체인 석영을 사용하며 아크로에서 탄소와 다음과 같은 반응을 거쳐 얻어진다.

$$SiO_2 + 2C \rightarrow Si + 2CO$$

단결정 규소를 사용하는 것이 효율이 높아 선호되고 있으나 결정성장의 고비용으로 다결정이나 박막형이 사용되기도 한다. 제조된 단결정은 직경 10～15cm의 기둥모양이며 작은 단결정을 용융된 실리콘위에서 서서히 회전시키며 끌어올리면 용융된 실리콘이 식어가면서 결정화한다. 결정의 상승속도를 가감하여 면적을 조절할 수 있으며 필요에 따라 상당히 큰

면적의 잉곳(Ingot)을 제조할 수 있다.

태양전지는 대략 100μm 정도의 두께를 가지면 태양광을 흡수하는데 문제가 없으므로 태양전지의 제조에 사용되는 단결정 잉곳은 얇은 웨이퍼 형태로 만든다. 잉곳으로부터 절단된 웨이퍼(Wafer)는 화학적 표면처리와 포리싱(Polishing)을 통하여 절단과정에서의 손상을 제거한 다음 도펀트(Dopant)를 확산시켜 태양전지로 만든다. 4가의 물질인 실리콘에 3가의 붕소를 첨가시키면 전자가 1개 모자라는 정공(Hole)이 생겨 P형 반도체가 된다. 또한 5가의 인을 첨가하면 전자가 1개 많은 N형 반도체가 된다. P형과 N형을 접합시키면 P-N접합 소자로 되며 앞면과 뒷면에 전극을 진공 증착시킨다.

3. 다결정 규소 태양전지

단결정 규소 태양전지의 경우 효율과 신뢰성 면에서 많은 장점을 가지고 있지만 잉곳의 성장, 웨이퍼의 가공 등에 많은 경비가 소요되어 이에 대한 대안으로 다결정 규소 태양전지 소자가 개발되었다. 다결정 규소는 단결정 규소와 다르게 많은 단결정의 알갱이(결정립)로 이루어진다. 결정립의 크기와 질은 태양전지의 성능을 결정하게 되는데 결정립이 크고 결정으로서 완벽할수록 다결정 규소 태양전지는 단결정 규소 태양전지에 가까워진다.

4. 비정질 규소 태양전지(Amorphous Silicon)

비정질 규소의 원자 결합은 다결정 규소에 비하여 불규칙하다. 원자가 어떤 특별한 규칙으로 배열되지 않은 구조이다. 불규칙한 구조의 비정질 규소를 태양전지의 소재로 사용하는데 가장 큰 장해요인은 매달림 결합(Dangling Bond)으로 인한 결합수의 존재이다. 비정질 규소의 이동도(Mobility)는 결정질 규소에 비하여는 낮은 수준이지만 결합수를 제거하면 상당하게 개선된다. 비정질 규소의 광 흡수율은 결정질 규소에 비하여 40배 이상 크다. 이는 같은 양의 광을 흡수하는데 두께가 1/40배이면 충분하다는 것을 의미하고 이점 때문에 박막(Thin Film) 태양전지의 재료로 주목받고 있으며 태양전지의 주소재로서 관심을 받고 있는 것이다.

5 CdTe 태양전지

CdTe는 1.47e V의 직접대역간극을 가지고 있기 때문에 태양전지의 소재로 아주 적합하다. 뿐만 아니라 광흡수율이 매우 크기 때문에 수 마이크로(μm) 정도의 박막으로도 태양광을 흡수하기에 충분하다. 그리고 CdTe 태양전지는 유리와 같은 기판위에 결정립이 큰 박막을 스크린 인쇄나 진동 증착, 분무, 도포와 같은 방법을 사용하여 쉽게 만들 수 있다. 초기에는 주로 CdTe 동종 접합 태양전지에 관한 연구가 활발하였으나 접합의 깊이 소설이 어렵고 표면에서의 캐리어 재결합을 줄이기 어려워 큰 성과를 거두지 못했으나 최근에는 기술력발전이 이루어져 CdTe를 소재로 하는 태양전지는 대체로 개방전압이 높고 박막 제조공정이 단순할 뿐만 아니라 제조 원가에서 소재가격이 차지하는 비중이 낮아 박막형 태양전지 중에는 가장 유망 시 되고 있다. 그러나 CdTe의 물리적 특성이 확실하게 규명되지 않았고 P형 도핑도 쉽지 않으며 전극 형성이 어렵다는 것이 단점이다.

6. Zn_3P_2 태양전지

Zn_3P_2 태양전지는 CdTe보다 소재가 풍부하고 1.5e V근방에서 광흡수율이 매우 커 단락전류가 큰 태양전지를 만들 수 있는 것으로 알려져있다. 최근까지 Zn_3P_2에 관한 연구는 Mg 박막을 이용한 기술개발되어 Mg이 박막의 임계면을 따라 확산되어 소수 캐리어 수집통로가 형성되기 때문에 임계면 효과가 나타나지 않는 것이 큰 장점이다. 에너지 대역 구조로 보아 태양전지로서 적합한 것으로 알려지고 있으나 Zno-Zn_3P_2 경계면의 물리적 특성이 규명되지 않아 개발이 답보상태에 머물러 있다.

7. CIGS($CuInGaS_2$) 태양전지

CIGS 박막 태양전지는 기판, 후면전극, 광흡수층, 버퍼(Buffer)층, 투명 전극으로 구성된다. 기판의 경우 소다회 유리가 보편적으로 사용되며 스테인레스 스틸, Mo, Ti, 등의 금속 호일이나 폴리머 기판 등도 사용된다. 후면전극은 대부분 Mo금속을 스파터링법으로 증착하여 사용한다. 광흡수층은 보편적으로 Cu, In, Ga, Se로 구성된 CIGS계 화합물이 사용된다. CIGS 박막 태양전지는 광전변환효율이 20%에 근접하므로 이는 다결정 실리콘 태양전지의 최고효율 23.3%에 근접한 수준이다. 상용모듈 역시 11~13% 정도로 비정질 규소 태양전지(a-Si) 박막의 거의 2배 수준이며 CdTe박막에 비해서도 높은 효율을 나타내고 있다. 또한 결정질 규소 태양전지(c-Si) 두께의 1/100 수준으로 소재 소비량이 현저하게 적고 제조공정도 간단하여 제조단가를 낮출 수 있다.

CIGS 화합물은 c-Si의 100 배 수준으로 광흡수율이 매우 높아 흐린 날씨에도 발전 성능이 우수하여 입사각의 영향이 적고 산란광에 의한 광전변환효율도 우수하여 같은 용량의 모듈을 설치할 경우 결정질 규소 태양전지로 제작한 모듈보다 발전량이 많다. 대량생산 체제로 진입하면 웨이퍼 기반 태양전지 모듈 단가의 약 60% 수준으로 낮아질 전망이며 성능과 가격면에서 모두 우수한 경쟁력을 갖추고 있다.

8. CIGS($CuInSe_2$) 태양전지

$CuInSe_2$는 광흡수율이 대단히 크고 생성된 캐리어의 수집효율이 거의 1에 가깝기 때문에 매우 큰 단락전류를 가진 전지의 제조가 가능하다. 그러나 $CuInSe_2$는 에너지 대역 간극이 1.04e V로 낮기 때문에 개방전압(V_{oc})이 상당히 낮아 고효율화에 한계가 있다. 뿐만 아니라 $CuInSe_2$의 물리적 특성이 아직 규명되지 않은 것도 단점이라 하겠다.

9. 단결정 GaAs 태양전지

GaAs는 대표적인 화합물 반도체이며 규소와 같은 격자 구조를 가지고 있다. GaAs는 규소와는 다르게 직접 대열간극(Direct bandage)반도체 이므로 광흡수율이 대단히 크다. 이는 소수캐리어의 수면과 확산거리가 규소보다 매우 짧다는 것을 의미한다. 따라서 GaAs 태양전지의 구조는 규소태양전지와 다르다. GaAs 태양전지는 매우 큰 표면 재결합 속도를 보상하기 위하여 매우 얇은 n^+층을 가진 동종접합구조로 하거나 GaAs와 격자 상수가 비슷한 대역간극(Indirect bandage) 물질인 AlAs를 입혀 빛을 받아들이게 하는 이종 투과면 구조로 한다. GaAs 태양전지는 효율이 높은 이점이 있으나 값비싼 Ga소재를 사용하기 때문에 고효율이 요구되는 집광형 시스템에 적합하다. 그리고 유독물질인 비소(As)를 소재로 사용하기 때문에 일반적인 태양광 발전시스템에서의 적용에는 한계가 있다.

10. 유기 태양전지

유기 태양전지의 기본적인 구조는 양극과 음극 사이의 빛을 전기로 변환하는 광 활성층을 연결하는 프라스틱 필름 형태로 제조가 가능하고 가볍고 변형이 용이한 구조로 제작할 수 있다. 양극은 투명전극 물질인 인듐 주석 산화물(ITO)이 주로 사용되며 최근에는 금속 미세망(Grid) 이나 전도성 고분자가 일부 사용된다. 음극은 금속물질로 구성하고 전자를 쉽게 받을 수 있는 알루미늄, 칼슘 등이 사용된다. 광활성층은 변환효율에 영향을 주는 핵심 소재로서 2종 이상의 유기반도체 물질이 전기를 발생할 수 있도록 혼합물로 구성된다. 유기 태양전지는 100nm의 얇은 두께의 박막에서도 50% 이상의 빛을 흡수할 수 있다. 제조공정이 간단하고 모듈화가 용이하며 단위 소자와 모듈과의 에너지 손실이 적고 광흡수율이 높아 양산체제에 들어갈 경우 획기적인 원가절감이 가능할 것으로 예상되고 있다. 가장 매력적인 차세대 태양광분야라 할 수 있다.

11. 염료감응형 태양전지

염료감응형 태양전지는 광합성 원리를 이용하는 고효율 광전기화학적 태양전지이다. 유기와 무기성분의 조합으로 제작되어 저가 생산이 가능하다. 염료감응형 태양전지의 기본구성은 20(Rs)직경의 TiO_2 나노입자로 이루어진다. TiO_2의 표면은 연속적으로 전자를 전달하여 적합한 소재이다.

표면에 염료분자가 화학적으로 증착된 n형 반도체 나노입자 산화물 전극에 태양빛이 흡수되면 염료분자는 전자-정공 쌍을 생성하며 전자는 산화물의 전도대로 주입된다. 전자는 산화물 전극에서 나노입자 간 계면을 통하여 투명 진도성 박으로 전달되어 전류가 흐르게 된다. 염료분자에서 생성된 정공은 산화-환원 전해질에 의해 전자를 받아 다시 환원되며 이것이 염료감응형 태양전지의 발전과정이다. 염료감응형 태양전지의 광전효율은 비정질 규소 태양전지와 비슷한 수준이며 종이처럼 얇고 신축성이 좋아 잘 휘어지게 제작할 수 있는 원천기술을 국내에서 이미 확보한 것으로 태양광 발전 시스템의 저변확대에 크게 기여할 것으로 크게 기대되고 있다. 태양전지 모듈을 제1세대형, 제2세대형, 제3세대형으로 나누어 간단히 표로 작성하여 각각의 특징에 대해 간단히 요약해 보았다.

표 2-12~15는 태양전지별 동향에 대해서 비교한 것이다.

표 2-12 1세대형 모듈 비교

종 류	단결정 Si	다결정 Si	비정질(amorphous)
원자의 배열상태	• 원자의 배열방향이 균일	• 원자의 배열이 규칙적이나 배열방향이 서로다른 여러 부분으로 구성	• 보통 μm정도 두께의 물질을 1mm 정도 두께의 유리등에 코팅하여 제작
장 점	• 고효율	• 큰 면적의 전지를 균일하고 저렴하게 제작가능	• 표면이 불규칙한 곳이나 설치하기 곤란한 곳에 쉽게 적용가능 • 운반 및 보관이 용이
단 점	• 제품 제작비용이 고단가 • 갈색/검정색으로 불투명하고 무겁다	• 비교적 효율이 낮음	• 효율이 낮음 • 설치면적이 넓음 • 공사단가가 높음

표 2-13 2세대형 모듈비교

종 류	실리콘계	화합물계	
	a-Si 비정질	CIGS	CdTe
특 징	• 원자나 분자의 배열이 고르지 못한 형태로, 비정질 실리콘을 유리기판 사이에 주입하여 만든 태양전지	• 구리, 인듐, 갈륨, 셀레늄 등 화합물을 사용하여 만든 태양전지	• 카드뮴, 텔룰라이드 등의 화합물을 사용하여 만든 태양전지
장 점	• 실리콘 박막의 두께를 종전의 100분의 1수준으로 줄여 재료비절감 • 표면이 불규칙한 곳이나 설치하기 어려운 곳에 쉽게 적용가능 • 운반 및 보관이 용이	• 0.001mm 두께의 얇은 광흡수층만으로 고효율의 태양전지가 제조가능 • 안정성이 우수하고 가벼워서 휴대가 간편 • 유연성이 있는 기판을 활용하여 곡선제작가능 • 단순공정으로 생산비저렴 • 비실리콘 태양전지중에 최고효율	• 비정질 실리콘 대비 효율이 높고 초기 열화현상이 없어 안정성이 높음
단 점	• 효율이 낮음 • 설치면적이 넓음 • 초기 열화현상 발생	• 원재료의 가격급등에 따른 공급문제 발생 • 대량 생산공정 기술개발 미흡	• 카드뮴의 희소성에 따른 대량생산 불가 • 공해를 유발하는 문제점을 가지고 있음

표 2-14 3세대형 모듈비교

종 류	염료감응형	유기물 반도체형	나노형
특 징	• 광합성 반응원리를 이용하여 전기를 생산	• 플라스틱의 원료인 유기물질은 부도체이나 고분자유기화합물인 전도성 폴리머를 사용하여 도체화한 태양전지	• nm 수준의 가공정밀도를 요구하는 나노기술을 이용해 플라스틱 덮개나 페인트처럼 칠할 수 있도록 만든 태양전지
장 점	• 생산원가저렴 • 흐린 날에도 발전가능 • 태양광의 입사각도가 10도에서도 발전가능 • 투명, 반투명 제품 제작가능 • 다양한 색상, 무늬의 제조 가능 • 다중적층형으로 생산시 2~3배 이상 발전가능	• 무게가 매우 가볍고 플렉시블하며 프린팅까지 가능하여 종래의 실리콘계 태양전지로는 구현할 수 없었던 값싸고 다양한 용도의 응용제품개발이 가능	• 자유로운 형태를 구현할 수 있으며, 가공이 용이하다.
단 점	• 루테인 염료 가격의 초고가로 제품개발이 어려움	• 해당사항 없음	• 해당사항 없음

표 2-15 태양전지 모듈별 효율비교

세대구분	1세대		2세대				3세대
구 분	결정형(Crystal)		박막형(amorphous)				
	단결정 Si	다결정Si	a-Si	CIGS	CdTe	DSSC	OPV
최고효율 [%]	25	20	14	20	16	12	6
양산효율 [모듈, %]	18	16	8	12	10	–	–

2.4 태양광발전시스템 구성요소

태양광 발전시스템은 일사량에 의존하여 직류전력을 발전하는 태양전지와 발전된 전력을 부하에 공급하기 위한 부하매칭의 기본기능을 요구하고 있다. 태양광발전 시스템을 구성하는 구성요소들은 전기분야, 토목 · 건축분야 및 구조분야 등으로 대별되며 본장에서는 전기분야만 설명하고 토목 · 건축분야 및 구조분야 등은 별도 장에서 다루도록 하며 전기분야는 다음과 같이 크게 나눌 수 있다.

(1) 일사량에 의존하여 직류전력을 발전하는 태양전지 어레이

(2) 발전한 전력을 저장하는 전력저장장치

(3) 발전한 직류를 교류로 변환하는 인버팅 기능과 전력품질 및 보호기능을 갖는 파워컨디셔너(PCS)
(4) 전력계통이나 다른 전원(발전기 등)에 의한 Back-Up 기능
(5) 발전된 전력을 공급하기 위한 주변장치

태양전지 어레이 구조물과 그 외의 구성기기는 일반적으로 주변장치라고 불려지고 있으며, BOS라고 한다. 태양광 발전설비는 어레이 구조물과 BOS 및 PCS로 대별된다.

2.4.1 태양전지 모듈 및 어레이

1. 개요

태양전지는 태양의 빛 에너지를 전기에너지로 변화하는 기능을 가진 최소단위인 「태양전지 셀(Cell)」이 기본이 된다. 시판되고 있는 태양전지 셀은 10~15[cm] 각 판상의 실리콘에 P-N 접합을 한 반도체의 일종이다. 태양전지 셀은 1매 기준 발생전압이 약 0.5[V] 정도로 낮기 때문에 모듈형태로 제작되어 이용된다.

(1) 셀(Cell) : 태양전지의 최소단위
(2) 모듈(Module) : 셀(Cell)을 수 십장 모아 일정한 틀에 고정하여 구성된 것
(3) 스트링(String) : 모듈(Module)의 직렬연결 집합 단위
(4) 어레이(Array) : 스트링(String), 케이블(전선), 가대를 포함하는 모듈의 집합 단위

2. 태양전지 모듈(Module)

태양전지 모듈은 태양전지의 최소단위인 셀을 내후성 패키지에 수 십장 모아 일정한 틀에 고정하여 구성되는 것으로, 태양전지 모듈 속에 태양전지 셀을 직렬 연결하여 소정의 전압, 출력을 얻을 수 있도록 제작된다.

3. 태양전지 어레이(Array)

태양전지 모듈을 강제나 알루미늄 프레임을 이용하여 지붕이나 지상에 설치한 태양전지 모듈 전체를 태양전지 어레이라고 한다. 태양전지 어레이는 복수의 태양전지 모듈을 직렬, 병렬로 접속하여 파워컨디셔너 입력 직류전압과 필요한 발전전력을 얻을 수 있도록 구성된다.

태양전지 어레이를 구성하기 위해서는 태양전지 모듈을 조합하여 어레이형태로 견고하게 고정하기 위한 금속 철물 및 기초, 기지대 등의 가대가 사용된다. 발전량에 따른 어레이 설치면적은 국내 기준으로 1[kW] 태양전지 모듈을 설치하기 위해서는 약 8[m^2]의 면적이 필요하며, 태양전지 모듈의 효율향상에 따라 면적이 점차 축소되고 있다.

또한, 태양광 발전시스템의 용량은 표준 태양전지 어레이 출력(태양전지 모듈의 최대 출력 합계: W_p)으로 표기된다. 태양광 발전시스템의 출력은 일사강도의 영향을 크게 받고, 또한 태양전지 모듈 내의 태양전지 셀의 온도의 영향을 받으므로, 일사강도 1,000[W/m^2], 셀 온도 25[℃], AM(Air mass) 1.5의 표준시험 조건일 때의 최대출력을 표준 대양선지 어레이 출력으로서 표시하고 있다.

4. 태양전지 어레이의 전기적 구성

태양전지 어레이와 접속함의 전기적 회로구성은 일반적으로 그림 2-21과 같다. 태양전지 모듈의 직렬 집합체로서의 스트링, 역류방지 다이오드, 바이패스 다이오드, 서지보호장치(SPD), 직류차단기, 접속함 등으로 구성된다.

여기서 스트링이란 모듈의 개방전압(V_{oc})을 기준하여 파워컨디셔너의 입력전압 범위 내에서 결정되는 모듈의 직렬회로 집합을 말하며, 각 스트링간의 전압차로 인한 역류를 방지하기 위한 목적의 역류방지 다이오드를 스트링회로에 직렬로 접속한다. 바이패스 다이오드의 설치 목적은 모듈의 셀 일부분에 음영이 발생한 경우 전류 집중으로 인한 열점(Hot spot)으로 인한 셀의 소손을 방지하기 위하여 보통 18～22개 셀 단위로 바이패스 다이오드를 설치한다. 접속함은 스트링 단위로 발전된 전력을 합쳐 파워컨디셔너회로에 전력을 공급하기 위하여 태양광발전 어레이와 파워컨디셔너 사이에 설치된다. 내부에는 역류방지 다이오드, 서지보호장치, 차단기, 통신장치 등이 내장된다.

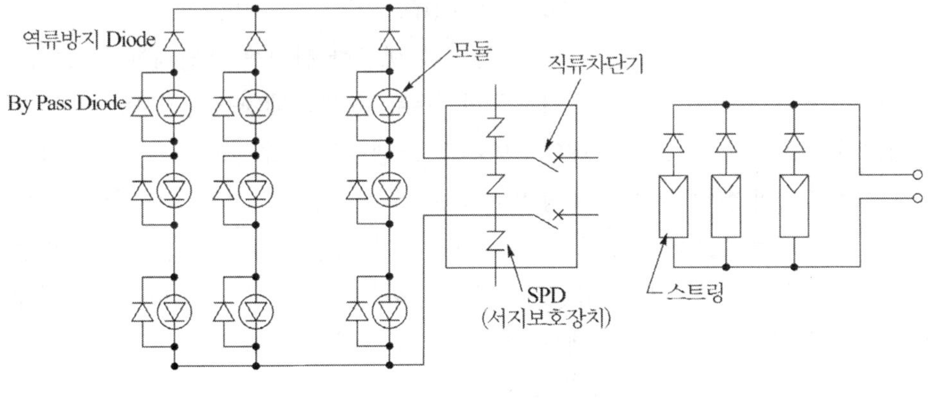

그림 2-21 어레이의 전기회로도의 (예)

2.4.2 PCS(Power Conditioning System)

파워컨디셔너 시스템은 직류를 교류로 변환하는 인버터부와 사고 발생 시에 계통을 보호하는 계통연계 보호장치, 최대전력 추종 및 자동운전을 위한 제어회로 등으로 구성된다. 인버터부는 태양전지 어레이에서 발전한 직류전력을 전력회사에서 공급받는 전력과 동일한 전압과 주파수의 교류전력으로 변환한다.

PCS의 주요 기능이 인버터이므로 태양광발전용 인버터라고 칭하는 경우가 있으나, 파워컨디셔너 시스템이라고 하여야 한다. 계통연계 보호장치는 한국전력공사 규정 "분산형 전원 배전계통 연계기술기준"에 따라 과주파수, 저주파수, 과전압, 저전압, 지락, 단독운전, 직류유출 등을 검출하여 분산형 전원으로 인한 전력계통의 안정도 저하 방지 및 인명에 대한 안전을 확보를 위해 태양광발전시스템을 계통으로부터 분리하는 기능이 포함되어 있다.

PCS가 갖추어야 되는 조건은 다음과 같다.

(1) 태양광출력에 따른 자동운전, 자동정지 및 최대전력추종제어
(2) 태양광발전설비와 전력망(Grid)과의 병렬운전을 위한 주파수, 전압, 위상제어
(3) 발전출력의 품질(전압변동, 고조파)의 제어
(4) 전력망 이상 발생시 단독운전방지기능
(5) 태양광발전설비 및 파워컨디셔너 자체고장진단 및 이상 발생시 자동정지기능

2.4.3 전력저장장치(Battery Energy Storage System)

1. 개요

여러 가지 ESS 시스템이 있으나 본장에서는 BESS를 설명하며, 생산한 전기를 저장하는 장치로 축전지가 사용된다. 햇빛이 있는 동안에 생산한 전기를 축전지에 저장하고 야간이나 햇빛이 없는 우천시에 전원으로 사용한다. 주로 독립형 태양광발전 시스템의 경우 계통과 연계되지 않기 때문에 독립형 태양광발전 시스템에는 필수적으로 축전지가 충전조절기와 함께 설치되어야 한다. 계통연계형의 경우는 부하공급의 의미보다는 전력품질에 관련된 기능이 주된 설치목표로서 방재대응형, 부하평준화 대응형, 계통안정화 대응형 등이 있는데 방재대응형의 경우 정전시에 비상부하를 공급하는 기능이고, 부하평준화 대응형은 전력피크억제, 계통안정화 대응형은 계통 전압안정의 역할을 하고 있다. 표 2-16은 축전지의 용도별 분류에 대해 간단히 나타낸 것이다.

표 2-16 축전지의 용도별 분류

구 분		용 도	특 징
독립형 태양광발전		태양광모듈 발전량 부족시 전력 공급 및 부하대응	잦은 충방전에 대응
계 통 연계형 태양광 발 전	방재대응형	정전시 비상부하공급	평상시 계통연계시스템으로 동작, 정전시 인버터 자립운전, 복전 후 재충전
	부하평준화 대응형	전력부하 피크억제	태양전지 출력과 축전지 출력을 병행, 부하 피크시 기본전력요금 절감효과, 피크전력 대응의 설비투자 절감
	계통안정화 대응형	계통 전압 안정	계통부하 증가시 축전지 방전, 태양전지 출력 증대로 계통전압 상승시 축전지 충전, 역전류 감소, 전압상승 방지

2. 축전지

도서지방이나 산간지방 등 상용전원이 없는 곳에서 활용되는 독립형 태양광발전 시스템에는 거의 모든 시스템에 축전지가 설치되고 있으며, 발전량 부족시나 야간, 일조가 없을 때의 부하로 전력공급하기 위해 축전지를 설치한다. 또한, 독립형 태양광발전 시스템에서 태양전지 출력전압의 안정화를 위해서 축전지를 활용하는 경우도 있다.

계통 연계형 태양광발전 시스템에서도 축전지를 설치하여 재해시 비상전원공급, 발전전력 급변시 축전지를 선정할 때에는 축전지의 전압전류특성 등의 전기적 성능, 비용, 용량, 중량, 수명, 보수성, 안전성, 재활용성 등을 고려하고, 경제성을 고려하여 최적의 것을 선정하여야 한다.

축전지에는 납축전지, 니켈카드뮴 축전지, 니켈수소 축전지, 리튬 2차전지 등이 실용화되어 있는데, 상기의 선정조건을 종합적으로 판단하여 선정하며 축전지의 기대수명은 방전심도, 사용온도, 방전횟수 등에 의해 좌우되며 사용하는 축전지의 형태에 따라 약 3~15년 정도로 기대 수명의 차이가 크기 때문에, 축전지의 선정 시에는 비교 검토하여 선정하는 것이 바람직하다.

MEMO

Chapter 3 태양광 모듈

3.1 태양광 모듈

태양광모듈이란 다수의 Solar Cell을 직렬로 연결하여 하나의 프레임에 조립한 패널을 말하는 것으로서 셀 하나의 기전력은 0.5V 정도로 너무 작기 때문에 셀을 여러 개를 직렬 연결하여 원하는 전압을 만들어내는 것이다. 태양광모듈은 셀의 직렬연결에 따라 여러 가지 규격이 있으며 보통 54셀 직렬, 60셀 직렬, 72셀 직렬이 많이 쓰인다. 직렬연결은 통상적으로 전압을 높이기 위해 연결하며 병렬연결은 전류를 높이기 위해 연결한 것이 태양광모듈 이다.

3.1.1 태양광 모듈의 특성

태양광 모듈이 생산하는 전력을 확인하기 위해 태양광 모듈의 특성을 측정한다. 태양광 모듈의 특성을 나타내는 가장 좋은 방법은 측정을 통하여 I-V 곡선을 얻는 것이다. 측정하고자 하는 태양광 모듈의 부하저항을 변화시키면서 전압과 전류의 변화를 측정하면 I-V 곡선을 얻을 수 있다. I-V 곡선에서 수직축은 전류를, 수평축은 전압을 나타낸다. 여기서 단락전류(Isc)는 태양광 모듈의 양(+)단자와 음(−)단자가 단락(Short) 되었을 때 단자간 전압이 0이고 부하저항도 0일 때 흐르는 전류 값이다.

외부의 저항이 전혀 없는 상태에서 일정량의 빛이 입사하였을 때 흐를 수 있는 전류값을 말한다. 개방전압(V_{OC})는 태양전지의 단자가 개방되어 부하저항이 무한대 일때 단자간에 인가되는 전압값으로 태양광 모듈에 외부회로가 접속되지 않은 상태에서 일정량의 빛이 입사하였을 때 인가되는 전압값이다.

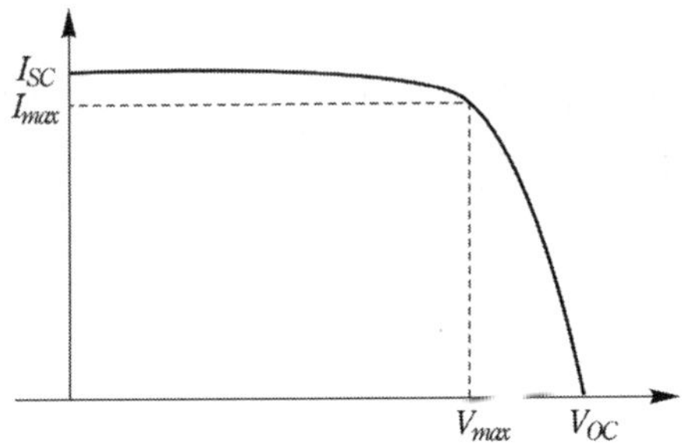

그림 3-1 태양광 모듈의 I-V 곡선

태양광 모듈은 입사하는 빛의 강도(방사조도) [W/m^2], 태양전지의 표면 온도[℃]에 따라 다양한 전압과 전류값으로 동작하게 된다. 전류와 전압, 저항이 0부터 무한대까지 변화하게 되는데 태양광 모듈이 최대전력을 생산하는 조건을 결정할 수 있다. I-V 곡선에서 최대전력점은 전압과 전류의 곱이 최대로 되는 부분에서 나타난다.

$$최대출력(P_{\max}) : I_{\max} \times V_{\max}$$

3.1.2 태양광 모듈의 구조

태양광 모듈은 태양전지를 직 · 병렬로 연결하고 전기적, 기계적인 안정성과 더불어 설치시에 편리함을 겸비하여 패키지화 시킨 것이다. 이러한 태양광 모듈을 계획용량에 맞추어서 직 · 병렬 접속한 것을 태양광 어레이라고 한다. 태양전지가 발전시스템으로서 역할을 할 수 있으려면 태양전지 자체가 물리적인 손상으로부터 보호되어야 하고 전기적으로도 절연이 유지되어야 한다. 또한 화학적인 손상으로부터 보호되어질 수 있도록 적정단위의 모듈로 조립 · 포장되어야 한다. 조립 · 포장은 깨어지기 쉬운 태양전지의 물리적강도를 향상시키고 전지와 전지를 연결하는 도선의 보호를 위해서도 필요하다. 이밖에 모듈로서 갖추어야 할 요건으로는 자외선에 대한 안정성이 있어야하고 심한 온도변화 등에 견딜 수 있어야 하고 변환효율을 극대화하기 위해 태양전지의 내구성 온도가 적정선을 유지해야 한다.

모듈의 제작에 있어 채택하고 있는 일반적인 구조는 전면 보강구조와 양면 보강구조이며 구조재로는 철분함량이 적은 강화유리가 광투과율이 높기 때문에 주로 사용되고 있다. 전지 접착재와 충진재는 자외선에 대해 안정되고 광흡수율이 적으며 열충격을 경감시키는 특성을 가진 규소수지가, 적층재로는 PVB(Polyvinyl butyrate)나 EVA(Ethylene vinyl acetate)가 주로 사용되고 있다. 또한 모듈의 제작에 있어 고려해야할 사항은 전지와 전지를 전기적으로 결선할 때 여분의 결선을 두어 결선작업 중 발생할 수 있는 불량에 대비하는 것이다. 또한 연결부위에 만곡부를 두거나 결선재를 주름지게 하여 결선재와 구조재의 열팽창계수 차이와 반복적인 열충격 등으로 발생하는 응력을 제거한다.

KS C IEC 표준에 기초하여 다음의 항목이 모듈의 뒷면에 표시하도록 되어 있다.

- 제조업자명 또는 그 약호
- 내풍압성의 등급
- 어레이의 조립형태(A 또는 B)
- 공칭 개방전압(V_{oc})[V]
- 공칭 최대출력 동작전압(V_{mpp})[V]

- 공칭 중량[kg]
- 제조년월일 및 제조번호
- 최대 시스템 전압(H 또는 L)
- 공칭 최대출력(P_{mpp})[W_p]
- 공칭 단락전류(I_{sc})[A]
- 공칭 최대출력 동작전류(I_{mpp})[A]
- 크기
- 역내전압[V] : 바이패스 다이오드의 유무(Amorphous계만 해당)

태양전지 모듈은 안전성, 내구성 확보를 위해 연구 개발 및 설계되고 있으며, 20년 이상의 내용연수가 기대된다. 이를 기대수명이라고 한다.

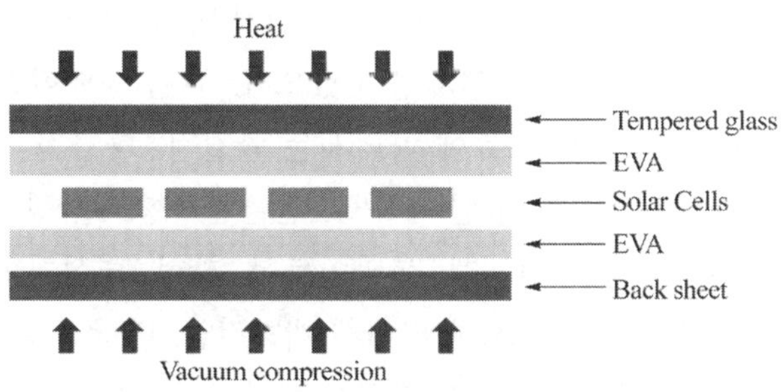

그림 3-2 태양광 모듈의 일반적인 구조

3.1.3 태양광 모듈의 종류

태양광모듈을 집광여부에 따라 평판형 태양광 모듈과 집광형 태양광 모듈로 분류할 수 있다.

1. 평판형 태양광 모듈(Flat form solar cell module)

태양광 모듈의 표면에 입사하는 태양광을 이용하여 발전하는 방식이다. 모듈에 필요한 기본적인 구조 외에 다른 광학장치 등이 불필요하며 태양추적장치가 필수적으로 요구되지 않는다. 또한 직사광 외에 산란광도 이용할 수 있어 설계와 제작이 비교적 간단하고 유지보수가 용이하다. 집광형에 비하여 높은효율 기대할 수 없어 같은 발전량을 얻기 위해서는 모듈의 소요가 많아 넓은 면적이 필요하다(그림 3-4참조).

2. 집광형 태양광 모듈(Concentrator solar cell Module)

태양전지의 표면에 자연적으로 쪼이는 태양광을 그대로 이용하지 않고 렌즈로 태양광을 모아 밀도를 올리는 광학을 채택, 발전량을 증가시키는 방법이다. 일반적인 집광형 모듈은 평판형 모듈의 구성요소 외에 빛을 집중시키는 렌즈, 전지 표면을 비켜난 빛을 반사시키는 2차 집광기, 집광으로 인해 축적되는 열을 제거하는 냉각시스템 등으로 구성된다. 집광형 모듈의 채택은 작은 면적에서 평판형 모듈보다 많은 전력생산을 가능하게 하나, 집광에 따른 복사열의 발생과축열은 태양전지의 효율을 급격히 저하시키고 모듈내의 각종소자의 안정성에 위협이 되므로 온도를 낮추는 냉각시스템을 필수적으로 고려해야 한다.

3.1.4 태양전지 모듈의 선정

태양전지의 모듈의 종류는 셀 구성 재료의 종류, 설치 방식, 주 용도에 따라 분류된다. 태양전지 모듈은 주택용과 산업용, 건자재 일체형이 있으며, 주 용도에 따른 분류는 주택용과 산업용으로 크게 분류하며, 셀의 구성 재료에 따라서는 단결정, 다결정, 박막 등으로 분류하고, 설치 방식에 따라서는 경사 지붕형, 평면 지붕형, 건물일체형 태양광발전시스템은 설치 위치 및 방식에 따라 지붕재형, 지붕재 일체형, 톱라이트형, 창형, 벽설치형, 베란다형 등이 있다. 태양전지의 종류에 따른 특성은 제조사에 따라서 개방전압, 단락전류, 최대출력, 최대 출력전압, 최대 출력전류, 효율, 치수, 중량 등이 다르므로 제조사에서 제공하는 사양서를 참조하여 선정 시공하는 것이 바람직하다.

1. 태양전지 모듈 선정 시 고려사항

(1) 효율 : 변환효율은 단위면적당 들어오는 태양광에너지가 얼마만큼 전기에너지로 변환되는 비율이 효율이며 높을수록 좋다.

(2) 허용오차

① 다수의 셀을 직렬 또는 병렬로 연결한 경우 각 모듈의 최대출력이 전압과 전류의 특성 차이 등으로 이론상의 출력과 차이가 발생 되는 것을 검토한다.

② 모듈을 직렬로 구성할 경우 가장 낮은 전압이 발전되는 스트링(string)이 다른 높은 전압을 발생하는 스트링에 영향을 미쳐 전체적으로 발전전압이 낮아지므로 이를 검토한다.

(3) 신뢰성 : 모듈은 설치 후 내구 연한 동안 사용이 가능토록 높은 신뢰성을 갖추어야 한다.

(4) 인증 : 국내의 공인인증기관에서 인증 받은 모듈을 사용하고, 결정계 및 박막계는 한국산업표준(KS)에 적합해야 한다.

(5) 설치 분류 : 건축물에 설치하는 태양전지 모듈은 설치위치, 설치방식, 부가기능 등의 차이가 있으므로, 건축물의 설치여건을 고려하여 선정한다.

2. 태양전지 모듈의 온도계수

(1) 모듈의 온도계수

지역 및 계절적 요인에 따라 셀의 표면온도가 상승하거나 하강하면 온도계수에 따라 출력 및 전압이 변화하게 된다. 일반적으로 태양전지 모듈의 셀 온도가 상승하면 출력과 전압은 감소하게 된다.

① 온도계수는 [%/℃] 또는 [W/℃], [V/℃], [A/℃]로 주어진다.

② 출력과 전압의 온도계수는 부(−)특성을 갖는다.

③ 전류의 온도계수는 정(+)특성을 갖는다.

④ 시험조건의 표준온도는 25[℃]이다.

(2) 온도계수에 따른 출력 계산

① 온도계수로 [%/℃]가 주어진 경우

$$P'_{\max} = P_{\max}\{1+\gamma(T_{cell}-25)\}[\mathrm{W}]$$

여기서, $P'_{\max}$: T_{cell} 온도에서의 출력[W]

$P_{\max}$: 표준시험 조건 [25℃]에서의 출력 [W]

γ : 출력 온도계수[%/℃]

T_{cell} : 셀의 표면온도[℃]

② 온도계수로 [W/℃]가 주어진 경우

$$P'_{\max} = P_{\max}+\{\gamma(T_{cell}-25)\}[\mathrm{W}]$$

여기서, $P'_{\max}$: 표준시험 조건[25℃]에서의 출력 [W]

γ : 출력 온도계수 [W/℃]

(3) 온도계수에 따른 전압 계산

① 온도계수로 [%/℃]가 주어진 경우

$$V' = V\{1+\alpha(T_{cell}-25)\}[\mathrm{V}]$$

여기서, V' : T_{cell} 온도에서의 전압[V]

V : 표준시험 조건[25℃]에서의 전압[V]

α : 전압 온도계수 [%/℃]

T_{cell} : 셀의 표면 온도[℃]

② 온도계수로 [V/℃]가 주어진 경우

$$V' = V + \{\alpha(T_{cell} - 25)\}[\mathrm{V}]$$

여기서, α : 전압 온도계수[V/℃]

V : 표준시험 조건[25℃]에서의 전압[V]

3.1.5 단자함

모듈의 후면에는 단자함을 두어 모듈에서의 출력단자로 부터 인접 모듈이나 외부회로에 접속하기 위한 리드선이 인출되어 있다. 또한 리드선에는 원할한 결선작업을 위해 +, − 리본과 방수 콘넥터가 부착되어 있다. 단자함 내부에는 리드선 인출을 위한 단자대와 함께 바이패스 다이오드를 부착하고 있다. 단자함의 재질은 주로 합성수지제로서 내부로의 수분침투를 방지하기위한 방수처리가 되어있다.

바이패스 다이오드는 높은 건물이나 나무, 태양전지 셀의 오염 등으로 그늘이 생기거나 태양전지 셀의 결함, 특성의 열화가 발생하면, 그 태양전지 셀에는 다른 태양전지 셀에서 발생하는 모든 전압이 인가되어 열점(Hot spot)이 발생한다. 이러한 경우에 대비하여 태양전지 모듈 내의 셀 18～22개마다 셀의 전류방향과 반대로 바이패스 다이오드를 설치하여 출력저하 및 발열을 억제하고, 일반적으로 바이패스 다이오드는 태양전지 모듈의 후면 출력 단자함에 설치된다. 태양전지 모듈의 셀에 음영(그늘)이 진 경우 셀의 저항이 높아져 바이패스 다이오드를 통하여 흐르게 된다.

그림 3-3 단자함

3.2 태양광 어레이의 설치

태양광 모듈의 설치방법에 따라 고정형, 반고정형, 추적식으로 분류할 수 있다. 설치방법은 모듈의 설치 방위, 방위각과 관련이 있다.

표 3-1은 대전지방을 중심으로 측정한 값으로 수평면의 일사에너지의 연평균값을 100%로 했을 때 태양광 입사방위각에 따른 일사에너지의 값을 백분율로 표시하고 있다.

3.2.1 고정형 어레이

년중 최적각도로 어레이를 고정하여 설치하는 방식으로 어레이 지지형태가 단순하여 안정된 구조로 설치할 수 있으며 공사비가 가장 저렴하고 유지보수가 용이하다. 해안지방이나 산악지형 등 바람이 많이 부는 지역에서의 적용에 유리하다.

다른 설치방법에 비하여 면적이 가장 적게 소요되며 공사비가 저렴하여 초기투자비를 경감할 수 있으나 발전효율은 다소 낮아진다. 우리나라에서 가장 많이 채택하고 있는 설치방법이다. 표 3-2는 고정형 어레이의 표면에 일사에너지를 가장 많이 받을 수 있는 지역별 모듈 경사도와 해당 경사도에서의 일평균 일사량을 나타내고 있다.

표 3-1 태양광 입사방위각에 따른 일사에너지

계절 / 방위각	봄 (3~5월)	여름 (6~8월)	가을 (9~11월)	겨울 (12~2월)	연평균 (%)
수평(0°)	124.11	123.82	85.59	66.18	100
남향(15°)	136.47	129.12	105.00	90.00	115.29
남향(30°)	139.12	123.53	116.47	105.59	121.18
남향(50°)	122.63	101.37	115.00	112.84	112.94
남향(60°)	109.41	86.47	109.12	110.88	104.12
남향(75°)	87.35	62.94	95.88	103.53	87.65
남향(90°)	67.64	45.29	83.53	96.18	73.24
동향(90°)	57.94	53.82	42.65	36.76	47.94
서향(90°)	58.24	54.41	43.53	36.47	48.24
북향(90°)	22.06	26.47	13.24	10.88	18.24

표 3-2 지역별 고정형 어레이 최적경사도와 일평균 일사량(남향 기준)

지역	최적경사도(°)	일평균 경사면 일사량	
		Kcal / m^2day	KWh / m^2day
강 릉	36	3,433.2	3.99
춘 천	33	3,323.8	3.86
서 울	33	3,083.3	3.58
원 주	33	3,301.9	3.84
서 산	33	3,561.7	4.14
청 주	33	3,387.8	3.94
대 전	33	3,462.4	4.02
포 항	33	3,464.4	4.03
영 주	33	3,589.6	4.17
부 산	33	3,515.6	4.09
진 주	33	3,746.8	4.35
광 주	30	3,447.7	4.01
목 포	30	3,664.9	4.26
제 주	24	3,091.0	3.59

그림 3-4 고정형 어레이

3.2.2 반고정형 어레이

반고정형 어레이는 시기별로 각기 다른 최대 일사량을 받을 수 있는 방위각에 맞추어 수동으로 변화시켜주는 형태이다. 일반적으로 계절별로 모듈의 경사도를 바꾸어주고 있으며 반고정형 어레이의 발전량은 고정형 어레이에 비하여 20 % 정도의 발전량 증가를 기대할 수 있다.

고정형 어레이 시스템의 경우 kW당 입지면적이 약 24 m^2가 요구되는 반면, 반고정형의 경우 약 33 m^2가 필요하다.

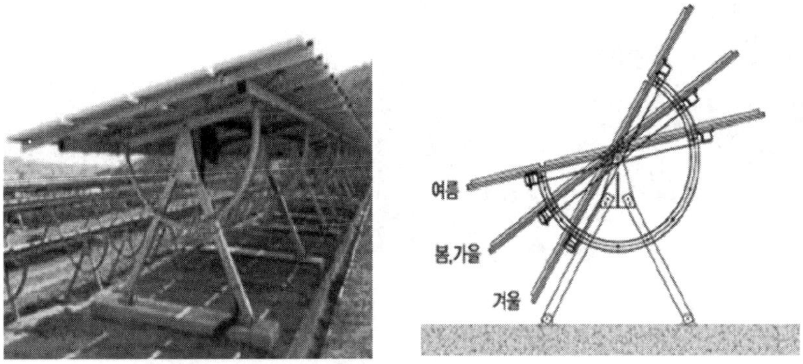

그림 3-5 반고정형 어레이

3.2.3 추적식 어레이

모듈에 입사되는 일사량을 최대로 하여 발전량을 극대화하기 위하여 시간대별, 월별, 계절별로 최적의 방위와 경사각도로 모듈의 표면을 맞추기 위한 방책으로 태양의 위치를 추적하는 방식이다. 추적방향에 따라 단방향 추적식과 양방향 추적식으로 분류할 수 있으며 추적방식에 따라 감지식 추적법, 프로그램 추적법 그리고 혼합식 추적법으로 구분할 수 있다.

1. 추적방향에 따른 분류

(1) 단방향 추적식(Single Axis Tracking Array)

모듈의 표면이 태양의 한축만 추적하도록 설계된 방식으로 상하 추적식과 좌우 추적식으로 나눌 수 있다. 좌우 추적식을 예로 들면 그림 3-6과 같이 직달일사가 모듈면과 직각으로 입사할 수 있도록 오전시간대에는 모듈의 표면이 태양이 위치하는 동쪽을 향하고 점차 정오에 가까워지면서 수직으로 향하게 되고 오후시간대에는 서쪽으로 이동하는 형태가 된다. 고정형에 비하여 발전량의 증가를 기대할 수 있다.

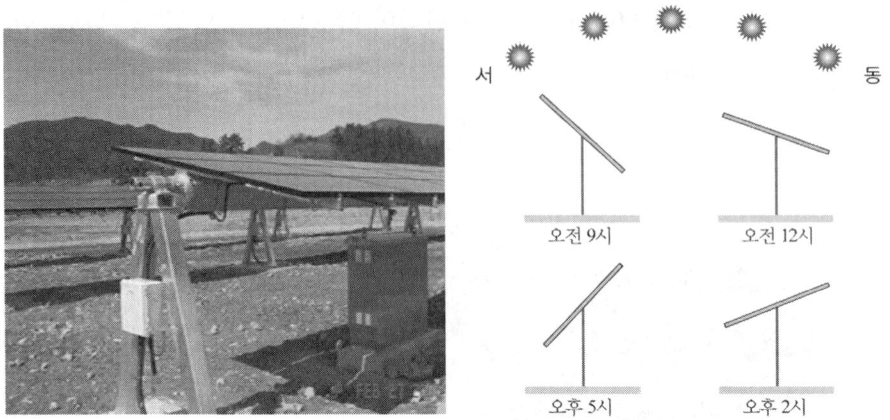

그림 3-6 단방향 추적식 어레이

(2) 양방향 추적식(Double Axis Tracking Array)

모듈의 표면을 상시 태양의 방향에 맞추어 직달일사가 수직으로 입사할 수 있도록 상하 좌우를 동시에 추적하도록 설계된 방식이다. 공사비가 많이 드는 단점도 있지만 고정형에 비하여 50% 전후의 발전량 증가를 기대할 수 있다. 고정형에 비하여 구조적으로 취약하여 바람이 많이 부는 지역에서는 구조적으로 보강하여 강풍에 의한 피해를 줄이는 방법을 고려하여야 한다.

그림 3-7 양방향 추적식 어레이

2. 추적방식에 따른 분류

(1) 감지식 추적법(Sensor Tracking)

감지부(Sensor)를 사용하여 최대일사량이 입사될 수 있도록 추적하는 방식으로 감지부의 종류와 성능에 따라 정확성이 떨어질 수 있다. 또한 짙은 안개나 구름, 그림자에 의해서 감지기능이 방해받는 경우 정확한 추적을 기대할 수 없게 된다. 주로 모듈의 상부에 감지부를 설치하며 전용 트렉커(Tracker)로 구동한다.

(2) 프로그램 추적법(Program Tracking)

년중 태양의 이동궤도를 추적하는 프로그램을 내장한 컴퓨터, 마이크로 프로세서 등을 이용하는 방식이다. 설치장소의 위도 등 지정학적 위치정보에 따라 시간, 일, 월 별로 태양의 위치를 추적한다. 비교적 안정되게 태양의위치를 추적할 수 있으나 추적의 정확도를 높이기 위해서는 약간의 프로그램 보정, 수정이 필요한 경우도 있다.

(3) 혼합식 추적법(Mixed Tracking)

감지식 추적법과 프로그램 추적법을 병용하는 방식으로 프로그램 추적식을 중심으로 추적하되 설치위치에 따른 편차를 감지부를 이용하여 보정, 수정해 주어 추적의 정확도를 높이는 방식이다. 추적방식 중 추적의 정확도가 가장 높은 방식이다.

3.2.4 건축물에 설치하는 방식

건축물에 설치하는 방법에는 건물부착형(BAPV)과 건물일체형(BIPV)이 있으며, 그림 3-8 및 표 3-3과 같이 시공 · 설치되는 부위에 따라 지붕, 벽, 기타로 분류하며 세부내용은 다음과 같다.

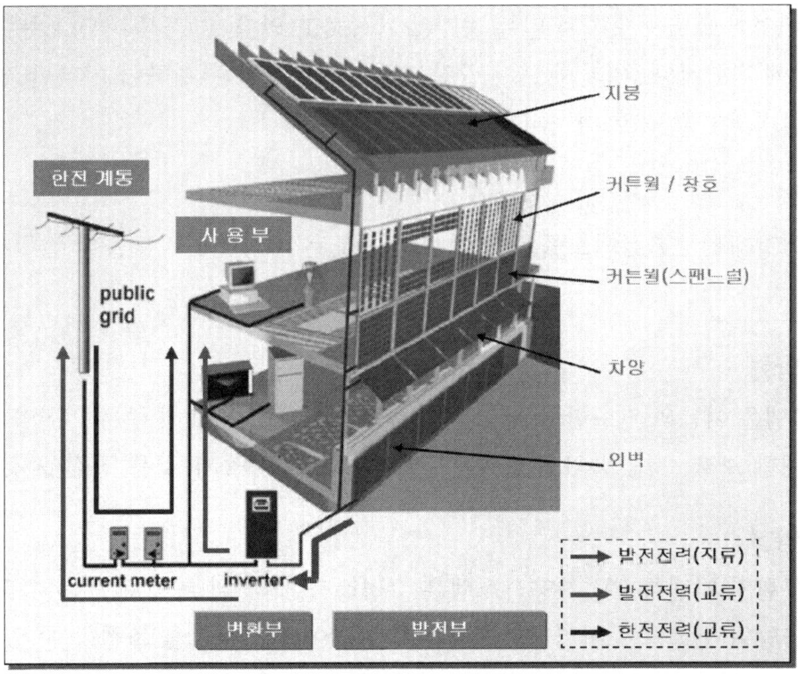

그림 3-8 건물에 적용되는 태양광발전설비

표 3-3 건축물 부착시공 · 설치 분류

설치 부위	설치 방식
지붕	경사 지붕형
	평 지붕형
	지붕일체형
	지붕설치형
	톱라이트 형
벽	벽 일체형
	벽 설치형
기타	창재형
	차양형
	루버형

1. 경사 지붕형

경사각을 지닌 경사지붕에 태양전지를 설치하는 형식이다. 이 시스템의 단점은 배선과정에서 결함이 발생할 수 있다.

2. 평 지붕형

평지붕은 태양광발전에 매우 적절한 장소이다. 대부분 평지붕은 사용되지 않고, 마감처리가 잘 되어있어 그림자가 지지 않는 공간을 제공하고 있다. 따라서 이 장소는 추가적 용도로 사용되기에 적합하다. 여기서 PV-발전부는 설치방향과 관계하여 어떠한 제한도 받지 않으므로 전력생산을 위한 최적의 배치가 가능하다.

3. 벽 일체형

기존의 외장재를 PV 유리모듈로 교체하거나 또는 비정질 PV 모듈이 접착된 금속판으로 대체가능하다.

4. 고정 차양형

차양시스템은 여름의 과도한 일사로부터 사람과 건물을 보호해 주는 역할을 한다. 또한 빛공해에 대한 보호, 자연광의 모듈화, 건물외피의 냉각 등과 같은 장점을 갖고 있다.

5. 가동 차양형

건물에 통합된 가변형 PV 차양시스템은 수평축을 따라 위 아래로 또는 수직축을 따라 좌우로 태양방위와 고도에 따라 PV 모듈의 방위각이나 경사각을 조절할 수 있다. 이 시스템은 개별 창호의 상부내지 건물 전체를 위한 차양기능을 수행하고 전기모터를 설치하여 자동으로 동작할 수 있도록 한다.

6. 아트리움 지붕 및 천창

남향으로 천창이 경사져 있다면 효율이 좋다. 전형적으로 아트리움, 온실, 외기로부터 피할 수 있도록 제공되는 지하철 입구 또는 건물 로비공간에 많이 적용된다.

3.2.5 시공 및 설치 방식에 따른 손실

태양전지의 시공 · 설치 방법에 따른 온도 상승과 에너지 감소율은 태양전지판 주변의 음영, 열손실, 비후면 통풍의 영향으로 최적 성능의 태양광에너지의 발전량보다 10[%] 적게 전기를 생산한다. 그리고 음영을 가진 벽면(입면)의 경우 70[%] 이하의 성능이 보이고 최적의 방향계획, 단열과 후면 통풍이 되는 경우 85[%]까지 성능향상을 보인다. 태양전지 모듈의 온도상승은 곧 발전량의 저하를 의미한다. 태양전지 모듈에 자연 통풍을 적용 하고자 한다면 최소 10～15[cm]의 이격 공간을 확보하여야 한다. 만일 후면통풍이 없다면 출력은 10[%] 정도 감소한다.

1. 태양전지 모듈의 열화(출력 저하) 요인

태양광 모듈의 신뢰성 이슈 중 최근 가장 많이 거론 되는 것이 PID(potential induced degradation)현상이라 할 수 있다. 고전압이 걸리는 태양전지 모듈에서 감전방지와 낙뢰에 의한 피해 방지를 위한 프레임 접지방식에 의해 생성되는 전압이 매우 커서 접지된 프레임과 모듈내부 셀간의 전위차가 발생하게 되고, 셀에서 생성된 전자들이 전극으로 이동하여 수집되지 못하고, 프레임 쪽으로 누설전류 흘러 출력이 저하되는 현상이다.

(1) PID현상의 저감 방법

① PID 방지를 위한 접지와 중성화

절연변압기 방식의 인버터와 같이 접지를 할 수 있는 경우 셀의 Type에 따라 다음과 같은 분극화가 발생되고 이에 대한 대책으로 적합한 태양전지 어레이의 접지방식을 채택한다.

㉮ N-Type 셀을 사용한 모듈은 양(+)의 전위에서 작동될 때 분극화가 발생한다. 대책으로는 어레이의 양극(+)을 접지한다.

㉯ P-type 셀을 사용한 모듈은 음(−)의 전위에서 작동될 때 분극화가 발생한다. 대책으로는 어레이의 음극(−)을 접지한다.

무변압기 방식의 인버터와 같이 DC측을 접지할 수 없거나, 태양전지 모듈이 이미 분극화된 경우에는 중성화만이 대책이 된다.

② PID 현상과 봉합재(EVA)의 내구성

태양전지 셀을 보호하기 위한 봉합재는 태양광발전 시스템 구성기술에서 중요한 역할을 담당한다. 충격에 약한 고가의 셀을 보호하고 시간이 지남에 따라 박리현상, 변색, 전극 부식 등 다양한 형태의 노화현상이 발생되는 모듈이 내구성을 확보하고 25년 이상의 장기신뢰성을 보증해야 되는 것을 방지하여 장기간 태양광모듈을 사용해 성공적으로 이윤을 창출해야 하는 발전사업자들이 고려해야 하는 중요한 요소 중 하나이다.

③ PID 현상의 해결을 위한 봉합재(EVA)의 선택

현재 가장 많이 사용되고 있는 결정질 실리콘 모듈은 Glass, EVA, Cell, EVA, Back sheet 구조를 이루고 있으며, 일반적으로 셀의 앞, 뒷면에 라미네이팅되는 봉합재의 역할은 다음과 같다.

㉮ 셀을 충격으로부터 보호해 주는 역할

㉯ 셀, 글라스, 백시트를 하나의 유닛으로 부착하는 역할

㉰ 습기 침투 및 태양전지 전극의 부식 방지 등의 역할

이러한 봉합재는 접착력과 투과율이 우수해야 하며, 자외선에 강해야만 태양광모듈의 내구성을 확보할 수 있다.

2. TCO 부식

비교적 짧은 운전시간이 지난 후에도 일부 박막 태양전지 모듈에서 TCO(Transparent Conductive Oxide)층 손상이 주로 발생되었다. 이 손상은 커버 글래스 내부의 전기 전도층 손상으로 수리 할 수 없으며, 많은 양의 전력손실을 야기한다.

(1) 필요한 조치

부식은 누전에 직접적인 영향을 받으며 이에 따라 접지에 대한 태양전지 어레이에 영향을 준다. 이는 인버터의 절연방식에 따라 영향을 받으며, 누전은 태양전지 모듈과 접지된 프레임간의 거리를 최대한 멀리 떨어뜨려서 어느 정도 줄일 수 있다.

3. 누전유도

태양전지 모듈은 전기적으로 충전 가능한 표면영역을 생성하며, 이 영역은 접지된 프레임의 옆이다. 이러한 배치로 인해 전기적 커패시터처럼 작동하게 된다. 이 정전용량은 원하지 않는 효과이다.

또한 태양전지 모듈이 계통연계형 인버터에 의해 전력계통과 연계되어 운전되는 경우 인버터 출력 교류전압 진폭의 일부가 태양전지 모듈로 전달된다. 이러한 교류전압으로 인하여 태양전지 모듈과 프레임 사이의 불필요한 커패시터의 전하가 지속적으로 변화하여 정전용량 및 전압진폭에 비례하는 변위전류가 흐르게 되는 변위전류에 의한 누전은 인체에 위험하지 않는 무효전류이나 누전전류가 50[mA]를 초과하는 경우 생명을 위협하므로 주의가

필요하다.

4. 절연저항

태양광발전시스템 모듈의 구성요소인 셀들은 대부분 제로(0)가 아닌 특정전위에 영구적으로 놓이게 된다. 화재 및 인명보호를 위해 누전을 방지해야 하므로 태양전지 모듈은 충분한 절연이 되어야 한다. 태양광발전시스템에 대한 절연저항의 규정은 모듈의 절연저항은 최소 40[MΩ/m^2] 이상이어야 한다. 즉 모듈 표면적이 1[m^2]인 태양전지 모듈의 절연저항은 최소 40[MΩ] 이상이어야 한다는 것이다.

MEMO

Chapter 4 태양광 인버터

4.1 태양광 인버터의 개요

앞서 제시한 태양광 발전시스템 평균 설치비용 구성 비율을 보더라도 태양전지를 제외한 주변장치 중에 가장 큰 비중을 차지하는 것이 인버터이며, 실질적으로 태양광 발전시스템의 가장 중요한 구성품 중의 하나로 계통과 연계하기 위하여 "분산형 전원 배전계통연계 기술기준"에 규정에 적합하여야 하며 단상과 3상이 있다.

4.1.1 태양광 인버터의 역할

태양광 인버터는 태양광 모듈로부터 입력되는 직류전력을 교류전력 계통에 연계송전이 가능한 교류전력으로 변환하는 전력변환장치이다. 보통 태양광 발전시스템에서는 파워 컨디셔너라고 부르기도 하며 파워 컨디셔너의 주구성품이 인버터이기 때문에 그냥 인버터로 많이 부른다. 태양광용 인버터, 즉 파워 컨디셔너는 계통과 병렬운전을 수행하는데 필요한 주파수, 전압, 전류, 위상, 무효전력, 기동정지, 동기출력의 품질(전압변동, 고조파)의 제어기능을 기본적으로 갖추고 있으며 여기에 계통연계 보호장치, 단독운전 검출, 태양광 발전시템의 원격 감시 및 제어의 부가적인 기능을 추가적으로 갖추고 있다.

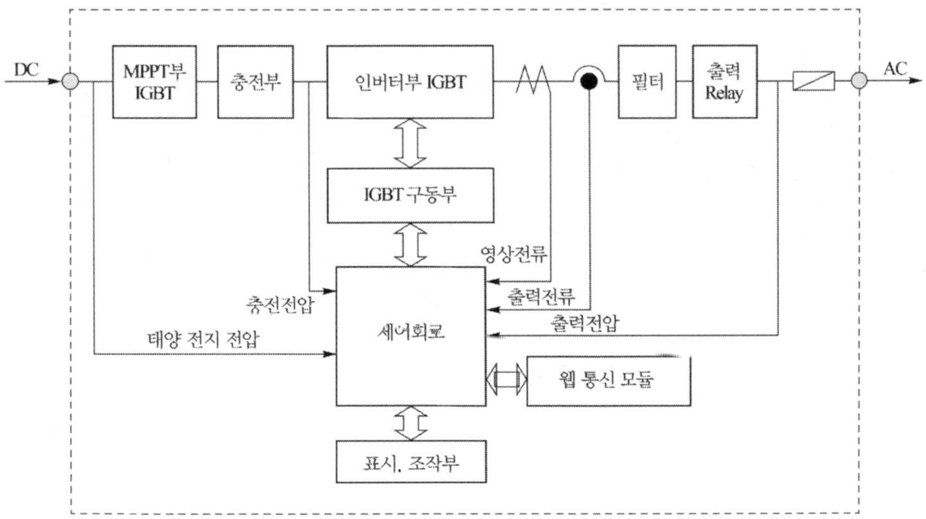

그림 4-1 태양광 인버터 구성(예)

4.1.2 태양광 인버터의 회로방식

태양광 인버터의 절연방법에 따른 회로방식에는 인버터의 형식을 대별하면 정류방식, 제어방식, 절연방식에 따라 구분할 수 있으며 다음과 같은 3가지 방식이 있다. 인버터 용량, 설치장소, 사용목적 등에 따라 선택이 달라진다.

(1) 상용주파 변압기 절연방식

(2) 고주파 변압기 절연방식

(3) 트랜스리스(Transless) 방식

이 있으며, "전기설비기술 기준의 판단기준의 (저압 계통연계시 직류유출방지 변압기시설)"에 따른 제품이어야 된다.

상용주파 변압기 절연방식(그림 4-2)은 PWM인버터를 사용하여 상용주파수의 교류를 만들고, 상용주파수의 변압기를 사용하여 절연과 전압 변환을 행한다. 내부 신뢰성이나 노이즈 컷 성능이 우수하나, 상용주파 변압기를 사용하기 때문에 중량이 무겁다.

고주파 변압기의 절연방식(그림 4-3)은 소형 경량이지만 회로가 복잡하고 가격이 고가이어서 잘 적용되고 있지 않은 방식이다.

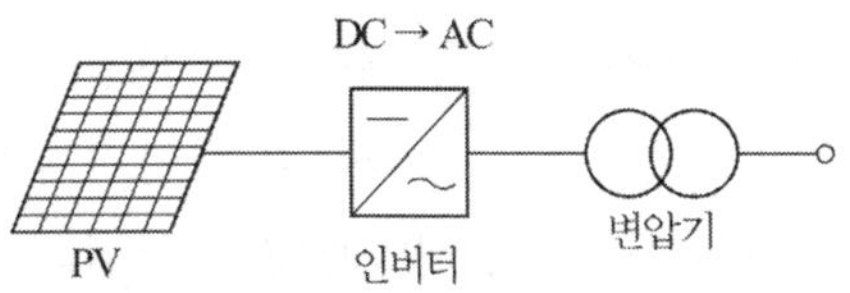

- 태양전지의 직류출력을 상용주파수의 교류로 변환한 후 변압기로 절연하므로 안정성이 있다.
- 구조가 간단하고 절연이 가능하며 회로 구성이 간단하다.
- 중대용량에서 많이 채용된다.
- 저주파 변압기의 사용으로 효율이 낮다.
- 중량과 부피가 크다.

그림 4-2 상용주파 변압기 절연방식

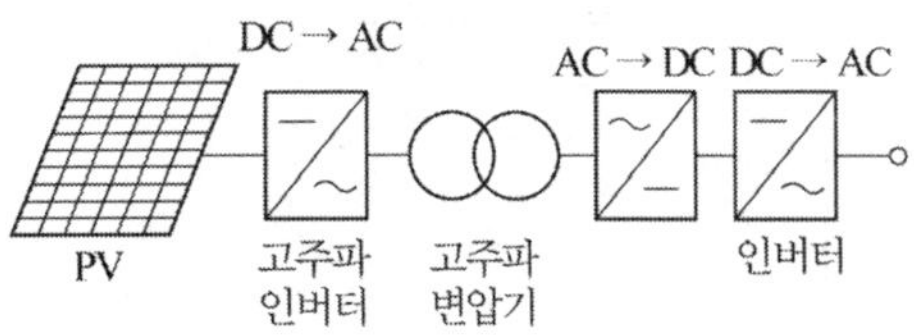

- 태양전지의 직류출력을 교류로 변환한 후 소형고주파 변압기로 절연한다. 그 후 일단 직류로 변환하고 다시 상용주파수의 교류로 변환한다.
- 소형 경량화가 가능하다.
- 절연이 가능하다.
- 2단으로 전력을 변환하므로 효율이 낮고 회로구성이 복잡하다.

그림 4-3 고주파 변압기 절연방식

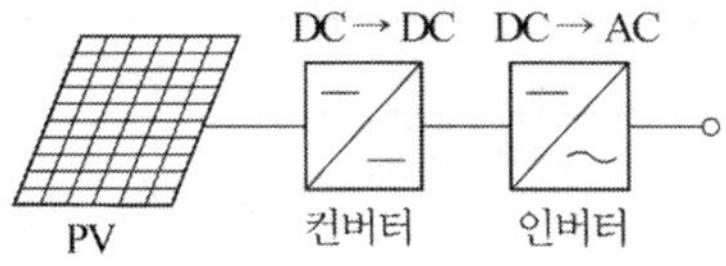

• 태양전지의 직류출력을 DC-DC 컨버터로 승압하고 인버터로 상용주파수의 교류로 변환한다.
• 트랜스리스로 소형 경량 및 효율이 높다.
• 가격이 저렴하다.
• 입출력간의 비절연이 가능하다.
• 1차측으로 직류성분 유입의 가능성이 있다.

그림 4-4 트랜스리스 방식

트랜스리스 방식에서는 태양전지의 직류전압을 트랜스리스 인버터가 필요로 하는 전압까지 승압하는 컨버터와 직류전력으로 변환하는 인버터, 그리고 계통연계보호 릴레이 기능이 있는 제어회로로 구성되어 있다. 인버터를 전기적으로 차단할 수 있는 방식으로 되어 있다.

표 4-1과 4-2에 인버터의 트랜스유무에 대한 장단점과 회로구성에 따른 분류이다.

표 4-1 인버터의 장단점 비교

	상용주파 변압기 절연방식	고주파 절연방식	트랜스리스 방식
특징	태양전지 직류출력을 상용주파의 교류로 변환한 후 변압기로 절연하는 방식	태양전지 직류출력을 교류로 변환한 후 소형고주파 변압기로 절연한 후 이를 직류로 변환하고 다시 사용주파의 교류로 변환하는 방식	태양전지의 직류출력을 DC-DC 컨버터로 승압하고 인버터에서 상용주파로 변환하는 방식
장점	• 신뢰성 우수 • 노이즈컷 우수 • 누설전류 감소 • 사용범위 넓음(모든 모듈에 적용 가능)	• 한전계통과 전기적으로 절연되어 안정성이 높다. • 저주파 절연 변압기를 사용하지 않기 때문에 고효율화, 소형경량화, 상용주파 절연방식에 비해 저렴.	• 효율 높음 (변압기 관련 손실 감소) • 크기 및 무게 감소 • 가격 저렴
단점	• 변압기 손실(철손+동손) 인버터마다 저주파 변압기가 내장되므로, 트랜스리스 방식보다 효율이 감소된다.(약 1%) • 크기 및 무게 증가 • 가격 고가	• 많은 파워 소자를 사용하며 구성이 복잡하다. • 유지관리가 어렵다.	• 인버터와 인버터 간에 절연이 되지 않음 • 누설전류 증가로 오동작 우려 • 1차측으로 직류 유입우려 • 일부 모듈(접지방식, 박막형)에 사용할 수 없음 • 추가 보호 장치 필요(지락검출) • 대용량에는 잘 사용하지 않음

표 4-2 인버터의 회로구성에 따른 분류

<table>
<tr><th colspan="2">구 분</th><th>동작특성</th><th>비고</th></tr>
<tr><td colspan="2">전류형</td><td>정류기에서 전류를 조정하여 평활용 필터(Filter)로 일정 전류를 만들어 인버터로 주파수를 변환</td><td>대용량에 채용</td></tr>
<tr><td rowspan="2">전압형</td><td>PAM</td><td>정류기에서 DC전압을 조정하여 콘덴서로 평활전압을 만들어 인버터부로 주파수를 변환</td><td>초기에 사용된 기술로 현재는 단종</td></tr>
<tr><td>PWM</td><td>정류기에서 일정 DC전압을 만들고 인버터로 전압과 주파수를 동시에 변환(VVVF제어)</td><td>최근 대부분의 인버터에 채용</td></tr>
</table>

* PWM : Pulse Width Modulation
* PAM : Pulse Amplitude Modulation
* VVVF : Variable Voltage Variable Frequency

4.1.3 태양광 인버터의 원리

인버터의 원리는 Diode, Thyristor, Transistor, IGBT, GTO 등의 Power Electronics 기기들을 이용하여 상용 교류전원을 직류전원으로 변환한 후, 다시 원하는 주파수와 전압의 교류로 변환시켜 사용하는 것이다. 즉 인버터는 주파수와 전압을 동시에 변환시킬 수 있다. 태양광 인버터는 태양전지에 나오는 전력이 직류이므로 직류에서 교류로 변환하는 기능을 하며 상용교류전원에 맞춰 주파수와 전압을 변환하여 공급하는 것이다. 현재 대부분의 인버터에는 PWM 방식을 이용한 직류에서 교류를 변환하는 방식이 사용되고 있는데 PWM방식에 대해서 간단히 설명해 본다.

1. PWM(Pulse Width Modulation) 방식

PWM 방식이란 인버터를 출력 주파수보다 높게 동작시켜 반 사이클로 복수의 펄스파형을 발생하여 펄스파형의 폭을 제어함으로써 출력전압을 제어하는 방식이다. 두 대의 인버터를 병렬로 결선하고 그 2차측에 변압기를 통해 위상차를 갖도록하여 사용하는 방법을 다중 PWM방식이라고 한다. 그림 4-5는 PWM 방식의 원리에 대해 나타낸 것이다.

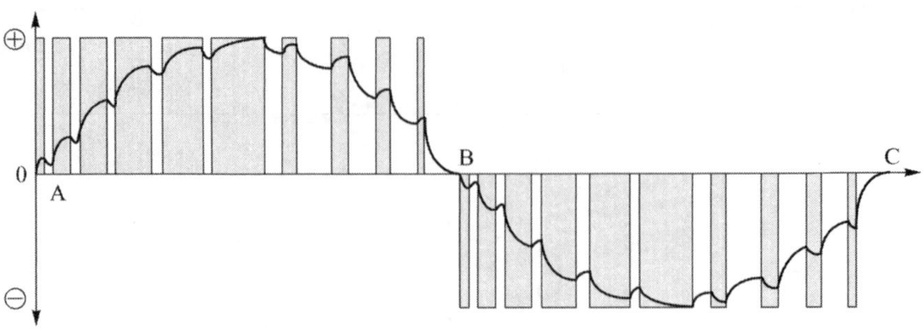

그림 4-5 PWM방식의 원리

그림을 보면 직류의 펄스폭을 넓게 또는 좁게 조정하면서 R-L직렬회로에 전류를 흘려주면 위의 그림과 같은 곡선의 전류가 흐르게 된다. BC구간은 전압의 극성을 바꾸어 인가해주면 된다. 이렇게 직류펄스폭을 원하는 만큼 조정하여 교류와 비슷한 파형을 나타낼 수 있는데 이것이 PWM 방식의 기본원리이다. 이렇게 나온 파형을 필터를 통해 정현파 파형으로 출력하는 것이다.

4.2 태양광 인버터의 기능

인버터는 직류를 교류로 변환하며 날씨에 따라 변동하는 태양전지의 출력을 최대로 발생시키기 위한 자동운전 정지 기능, 최대전력 추종제어 기능과 고장시 계통 보호를 위한 단독운전 방지기능, 자동전압 조정기능이 있으며 계통이나 인버터 내 이상 발생 시 안전하게 인버터를 정지시키는 기능을 가지고 있어야 한다.

4.2.1 자동운전 정지 기능

인버터는 일사강도가 증대하여 출력이 발생되는 조건이 되면 자동적으로 운전을 시작하게 된다. 운전을 시작하게 되면 태양전지의 출력을 자체적으로 감시하여 자동적으로 운전을 계속 하게 되며, 일몰시에 운전을 정지하게 된다. 흐린 날이나 비오는 날에도 운전을 계속할 수는 있지만, 태양전지 출력이 많지 않아 인버터 출력이 거의 0이 되면 운전 대기상태로 된다. 발전효율을 올리기 위한 조건과 전력계통의 안정적 연결을 위하여 빈번하게 ON-OFF 하거나 구름 및 태양빛의 불균형적인 분포에 따른 전압 발생의 차가 심한 경우 인버터를 효과적으로 운전하기 위한 조정과 관리가 중요하다.

4.2.2 최대전력 추종제어 기능

MPPT 제어 방식에는 지금까지 많이 사용되고 있는 방식이 일반적인 추종제어 방식과, 순간 기상 상태의 변화를 감지하여 부분운영까지 추종하는 최대전력추종제어 방식이 있으며 일명 지능형 인버터라 할 수 있다.

1. 일반적인 추종제어 방식

태양전지의 출력은 일사강도나 태양전지 표면온도, 그리고 그늘 등에 의해서 변동한다. 이런 변동에 대해서 태양전지의 동작점이 항상 최대출력이 추종되도록 변화시켜 태양전지에서 최대출력을 발생하는 제어를 최대전력점추종(MPPT)제어라 한다.

이 제어방식은 인버터의 직류동작전압을 일정시간 간격으로 약간 변동시켜 그때의 태양전지 출력전력을 계측하여 사전에 발생한 부분과 비교를 하게 되고 항상 전력이 크게 되는 방향에 인버터의 직류전압을 변화시킨다. 최대출력점추종제어의 일례를 그림 4-6에 표시한다. 그림에서 A점에서 동작하고 있을 때에 동작전압을 V_1에서 V_2에 변화시켜 출력전력이 $P_1 < P_2$로 된 경우 재차 V_2에서 V_1에 되돌려서도 $P_1 < P_2$로 된 때 동작전압을 V_2로 변화시킨다. 또한 D점에서 동작하고 있는 경우에는 역으로 동작전압을 V_4에서 V_3으로 변화시킨다. 이같이 최대출력추종제어는 출력전력의 증감을 감시하여 항상 최대출력 점에서 동작하도록 제어하는 방식이 가장 많이 사용하고 있는 방식이다.

동작전압이 최대전력점보다 오른쪽에 있으면 전압변화에 대한 전력변환의 기울기는 마이너스(−)가 된다. 이 경우에는 기울기가 0이 될 때 최적동작전압으로 운전한다.

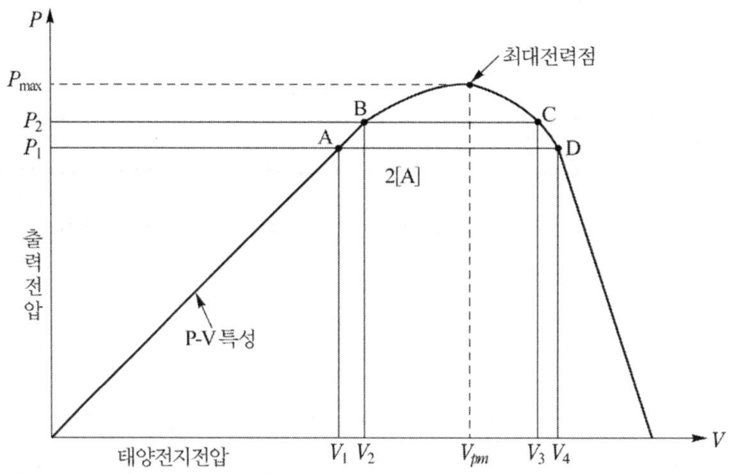

그림 4-6 최대출력 추종제어

2. 부분음영 최대전력점 추종제어 방식

태양광 발전설비는 설치된 태양전지에 기상환경 또는 설치환경에 의해 부분적으로 음영이 발생될 경우 생산되는 전력량이 급격히 저하되는 특징이 있다. 부분 음영 최대전력점 추종제어 방식은 환경적 요소로 인해 부분음영이 발생하면, 스트링별로 최대 출력점을 제어함으로써 전체 발전량을 증대시키는 특징을 갖고 있다. 기존의 태양광 발전장치는 스트링별 발전량 차이를 보완하기 위해 인버터에서 MPPT 제어를 하더라도 음영이 발생할 경우 MPPT 제어가 국부적 최대전력점 근처에서 동작하여 실제의 최대전력점을 찾지 못하고, 그 값의 변화폭이 커지므로 손실이 그만큼 많이 발생하였다. 그러나 이 방식은 음영 부분의

PV모듈의 상태를 감시 진단하여 출력저하가 발생하는 시간과 그 원인을 실시간으로 분석할 수 있을 뿐만 아니라, 부분 음영 시에도 최대 출력점에서 MPPT가 실행되게 함으로써 태양광 발전시스템의 효율을 최적으로 유지할 수 있는 효과가 있다. 또한, 본 시스템은 부분 음영 판단을 위해 별도의 센서나 추가적인 회로없이 기존회로를 보완하여 시스템을 구성할 수 있어 저렴한 비용으로 기존시스템을 개선할 수 있는 장점도 가지고 있다.
또한 음영 부분의 PV 모듈 상태를 감시, 진단하여 출력저하가 발생하는 시간과 원인을 실시간으로 분석함과 동시에 부분음영시에도 최대전력점에서 최대출력 추종이 실행되게 함으로서 태양광 발전시스템의 효율을 최적으로 유지할 수 있으며 그림 4-7의 스마트 인버터의 경우 음영 발생시에도 최대전력점에서 최대출력 추종이 가능하다. 스마트 인버터는 부분음영 판단을 위해 별도의 센서나 추가적인 회로 없이 기존 회로를 보완하여 시스템을 구성할 수 있어 경제적으로 기존 시스넴을 개선할 수 있는 장점이 있다.

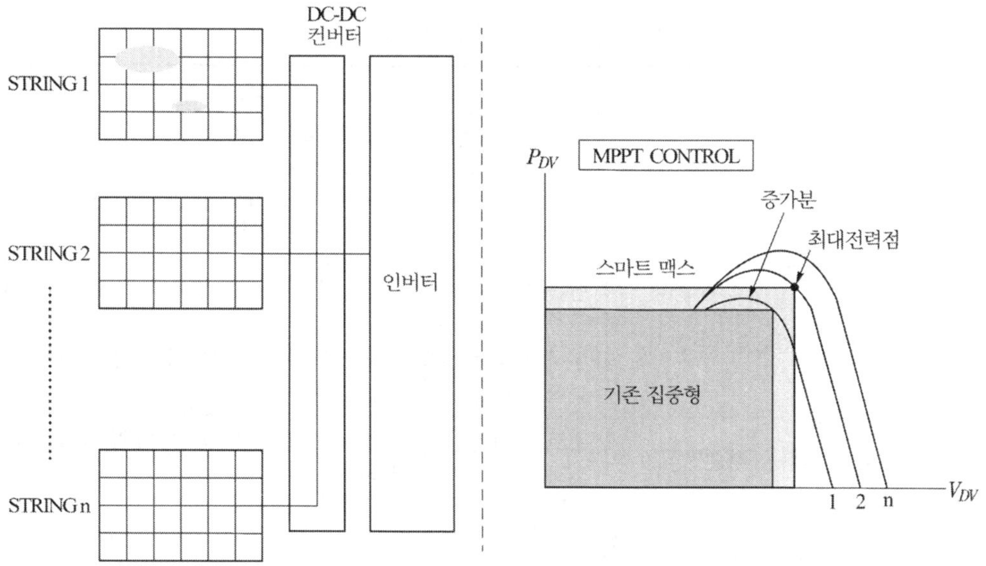

그림 4-7 스마트 인버터 시스템

4.2.3 단독운전 방지기능

신·재생에너지 등을 이용한 분산형 전원을 계통에 연계할 때에는 단독운전에 대한 대책을 세워야 한다. 태양광 발전시스템이 계통에 연계되어 있는 상태에서 계통 측에 정전이 발생한다면 부하 전력이 인버터의 출력전력과 같은 경우에는 인버터의 출력전압·주파수는 변화하지 않고, 전압·주파수 계전기에서는 정전을 검출할 수가 없다.

그 때문에 계속해서 태양광 발전시스템에서 계통에 전력이 공급될 가능성이 있다. 이와 같은 운전상태를 단독운전이라고 한다. 단독운전이 발생하면 전력회사의 배전망에서 끊어져있는 배전선에 태양광발전시스템에서 전력이 공급되며, 보수점검자에게 위험을 미칠 우려가 있다. 이 때문에 태양광 발전 시스템의 운전을 정지할 필요가 있으나, 단독 운전상태에서는 앞에 기술한 것처럼 전압계전기(OVR, UVR), 주파수 계전기(OFR, UFR)에서는 보호되지 않는다. 그 대책으로서 단독운전 방지기능이 설치되며, 안전하게 정지되도록 되어있다. 파워컨디셔너에서는 수동적 방식과 능동적 방식의 2종류의 단독운전 방지기능이 내장되어있다.

1. 수동운전 방식

연계운전에서 단독으로 이행했을 때의 전압파형이나 위상 등의 변화를 포착하여 단독운전을 검출하도록 하는 것이다.

표 4-3 운전방지 기능의 개요

(1) 수동운전 방식(검출시한 0.5초 초과 시, 보호시한 5~10초)

종 별	개 요
전압위상 도약 검출방식	단독운전 이행 시의 인버터 출력이 역률 1 운전에서 부하의 역률로 변화하는 순시 전압 위상의 도약을 검출한다. 단독운전 이행 시에 위상변화가 발생하지 않을 때는 검출 되지 않는다. 오작동이 적고 실용적이다.
제3고주파 전압급증 검출방식	단독운전 이행시 변압기의 여자전류공급에 따른 변압 왜곡의 급증을 검출한다. 부하가 되는 변압기와의 조합이기 때문에 오작동의 확률이 비교적 작다.
주파수 변화율 검출방식	주로 단독운전을 이행 시에 발전전력과 부하의 불평형에 의한 주파수의 급변을 검출한다.

(2) 능동적 방식(검출시한 0.5~1초)

종 별	개 요
주파수 시프트방식	인버터의 내부발진기에 주파수 바이패스를 부여하고, 단독운전시에 나타나는 주파수 변동을 검출한다.
유효전력 변동방식	인버터의 출력에 주기적인 유효전력 변동을 부여하고, 단독운전시에 나타나는 전압, 주파수 변동을 검출한다.
무효전력 변동방식	인버터의 출력에 주기적인 무효전력 변동을 부여하고, 단독운전시에 나타나는 주파수 변동 등을 검출한다.
부하 변동방식	인버터의 출력과 병렬로 임피던스를 순시적 또한 주기적으로 삽입하고, 전압 또는 전류의 급변을 검출한다.

2. 능동적 방식

항상 인버터에 변동 요인을 부여하고, 연계 운전 시에는 그 변동 요인이 출력에 나타나지 않고 단독운전시에만 나타나도록 해서 이상을 검출하는 것이다. 표 4-3에 각 방식의 개요를 나타낸다.

4.2.4 자동전압 조정기능

태양광 발전 시스템은 계통에 접속해서 역조류 운전을 한 경우, 전력의 역송전 때문에 수전점의 전압이 상승하고, 전력회사의 운전범위를 초과할 가능성이 있다. 이것을 피하기 위해 자동 전압 조정 방법에는 진상 무효전력제어 방법과 출력제어 방법 2가지가 있다. 단, 소용량의 경우에는 전압 상승의 가능성이 적기 때문에 본기능을 생략할 수 있다.

1. 진상 무효전력 제어

계통에 연계하는 인버터는 계통전압과 출력전류의 위상을 동상으로 하고, 상시는 역률 1에서 운전하고 있다. 연계점의 전압이 상승하여 진상무효전력제어의 설정 전압 이상으로 되면 역률 1의 제어를 해소하고 인버터의 전류위상을 계통전압보다 올린다. 그것은 다른 계통측에서 유입하는 전류가 지연전류로 되며, 연계점 전압을 내리는 방향으로 작용한다. 뒤진 전류의 제어는 역률 0.8까지 행해지며, 이것에 의한 전압상승의 억제효과는 최대 2~3% 정도가 된다.

2. 출력제어

진상무효전력 제어에 의한 전압억제가 한계에 달하고, 계통전압이 상승하는 경우에는 태양광 발전 시스템의 출력 자체를 제한하여 연계점의 전압상승을 방지하도록 동작한다. 특히 배전선의 전압이 높은 경우에는 출력제어가 동작하여 발전량이 저하되므로 주의가 필요하다.

4.2.5 직류검출기능

인버터는 반도체 스위치를 고주파로 스위칭 제어하기 때문에 소자의 편차 등에 의해 출력에는 약간이지만, 직류분이 중첩된다. 상용주파 절연변압기를 내장하고 있는 인버터에서는 이 직류분은 절연 변압기에 의해 저지되므로 계통측으로 유출되지는 않지만, 고주파 변압기 절연방식이나 트랜스리스 방식에서는 인버터 출력이 직접 계통에 접속되기 때문에 직류분이 존재하면 주상변압기의 자기포화 등 계통측에 악 영향을 미치게 된다. 이것을 피하기 위해 고주파 변압기 절연방식이나 트랜스리스 방식의 인버터에서는 출력전류에 중첩하는 직류분이 정격교류출력 전류의 1% 이하인 것이 요구되고 있으므로, 직류분을 제어하는 직류제어 기능과 함께 만일 이 기능에 장애가 생긴 경우에 인버터를 정지시키는 보호기능이 내장되어 있다.

4.2.6 직류지락검출기능

트랜스리스 방식의 인버터에서는 태양전지와 계통측이 절연되어있지 않기 때문에, 태양전지의 지락에 대한 안전대책이 필요하다. 통상 수전점(분전반)에는 누전 차단기가 설치되어 옥내 배선이나 부하기기의 지락을 감시하고 있으나, 태양전지에서는 지락이 발생하면, 지락전류에 직류성분이 중첩되고, 통상의 누전차단기에서는 보호되지 않는 경우가 있다. 따라서, 인버터 내부에 직류의 지락검출기를 설치하고, 이것을 검출, 보호할 필요가 있다.

4.2.7 계통연계 보호장치

계통에 연계하여 운전하고 있는 태양광발전시스템에서 계통측이나 인버터측에 이상이 발생할 때는 그것을 감지하여 신속하게 인버터를 정지하지 않으면 안전을 확보할 수 없게 된다. 계통연계 보호장치는 일반적으로 인버터에 내장되어 있는 경우가 많으나 발전사업자용 대용량시스템에서는 인버터와 관계없이 별도로 계통보호용 보호계전시스템을 구성하고 있다.

역송전이 있는 저압 연계시스템에서는 과전압 계전기(OVR), 부족전압 계전기(UVR), 과주파수 계전기(OFR), 저주파수 계전기(UFR)의 설치가 필요하고, 고압 및 특별고압 연계에서 보호계전기의 설치장소는 지락과전압 계전기(OVGR)를 제외하고 실질적으로 인버터와 관계없이 별도로 수배전반에 디지털용으로 내장하는 경우가 대부분이다. 보호계전기의 표준적인 정정치와 정정시간에 대해서는 전력회사와 사전에 협의하여 결정하여야 한다. 분산형 전원 발전설비의 고장, 또는 전력계통 고장 시 신속하게 고장을 제거하고, 고장범위를 국한시키기 위하여 다음 사항을 고려한 보호협조를 하여야 한다.

(1) 분산형 전원 발전설비의 이상 및 고장으로 인한 영향이 연계계통으로 파급되지 않도록 해당계통과 신속히 분리하도록 시스템을 구성하여야 한다.
(2) 분산형 전원 발・변전설비시스템의 보호협조 도면과 제어장치 도면은 사전에 한국전력공사와 협의 후 시설하여야 한다. 즉, 보호협조는 발전설비 또는 계통고장시 확실하게 동작하되, 부동작 또는 오동작 되는 일이 없도록 해야 하며, 필요한 최소한의 범위를 차단하고 인접 보호계전방식과 협조하여 무보호구간이 발생되지 않도록 하여야 한다.

표 4-4는 특별고압배전선로에 분산형 전원을 연계운전하기 위하여 기준적으로 설치해야 하는 보호계전장치를 표시한 것이다.

표 4-4 보호장치 설치기준표

계전기	보호내용	설치장소(검출장소)	분리개소	설치상수 등
지락과전압 (OVGR)	지락고장	수전점 또는 검출가능 한 장소	수전점 또는 전원설비를 분리할 수 있는 위치	1상(영상회로), 발전기의 OVGR로 지락사고를 검출할 수 있는 경우에는 생략가능
과전압 (OVR)	과전압 단독운전			1상, 다만 회전기 자체의 보호에서 검출 · 보호가 가능한 경우에는 생략
저전압 (UVR)	저전압 단락사고			3상
단락방향과전류 (DSCR)	연계선 단락			3상, 계통의 경우에는 PWR 이때 DOCR는 후비보호 함
지락방향과전류 (DGCR)	연계선 지락			1상(영상회로), 연계변압기 특별고압측 중성점이 접지된 경우 적용
저주파 (UFR)	단독운전			1상
과주파 (OFR)	단독운전			1상
역전력 (RFR)	단독운전		수전점 또는 전원설비를 분리할 수 있는 위치	1상(역조류가 없는 경우)
전송차단 (TTR)	단독운전	양단자		1상(역조류가 있는 경우)
표시선급보호 (PWR)	연계선 단선, 지락	양단자		1상 또는 3상 (루프계통의 경우)
보완적 단독운전방지 보호기능	단독운전	수전점 또는 검출가능 한 장소		개별검토 적용

4.2.8 인버터의 연결방법

1. 중앙 집중식 인버터

인버터 전압범위는 $V_{DC} \leq 120$ V 저전압 방식의 어레이 시스템을 나타내는 것으로 3～5개의 모듈을 직렬로 하고 그 직렬을 병렬로 연결하는 것으로 그림 4-8과 같다. 이 방법은 음영의 영향을 적게 받는 장점이 있으며, 단점으로는 전류 값이 매우크기 때문에 상대적으로 저항손을 줄이기 위해 케이블의 단면적을 크게 해야 한다.

2. 어레이 인버터와 스트링 인버터

태양광에 따라 서로 다르게 배치한 PV 어레이 시스템 또는 음영이 있는 어레이 시스템에서는 일사 조건에 따라 스트링 인버터의 개념이 중요하며 태양광 발전 시스템에서는 어레이와 스트링마다 인버터를 사용한다. 이 방식은 비슷한 방위 조건 또는 음영조건을 갖는 모듈들이 한 개의 스트링에 함께 연결되어 있는가를 확인해야한다. 매우 긴 스트링 에서는 최소 입사 강도에 의한 모듈전체의 스트링 전류로 결정 되므로 매우 큰 출력 손실을 발생시킨다.

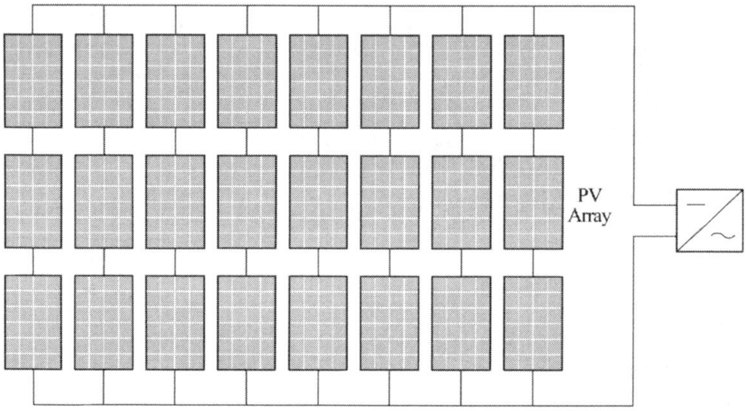

그림 4-8 중앙 집중식 저전압 인버터 어레이 개념도

스트링 인버터는 초기 설치비용이 적으며 인버터는 태양광 발전 시설 가까이에 설치하기 때문에 0.5~3kW의 가용 출력으로 스트링에서 스트링으로 연결된다. 따라서 설치 장소를 선정할 때 인버터는 표준 규격이상으로 선택하고, 온, 습도 등의 기상 상태에 따라 수명에 영향을 미치므로 인버터는 직사광선과 빗물로부터 보호되어야 한다.

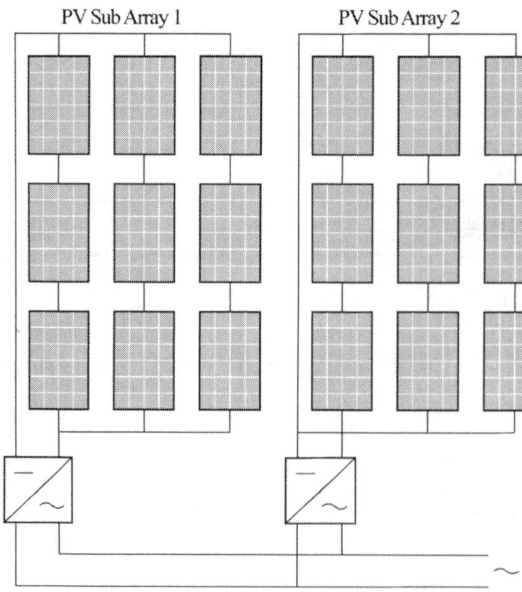

그림 4-9 어레이 인버터 개념도

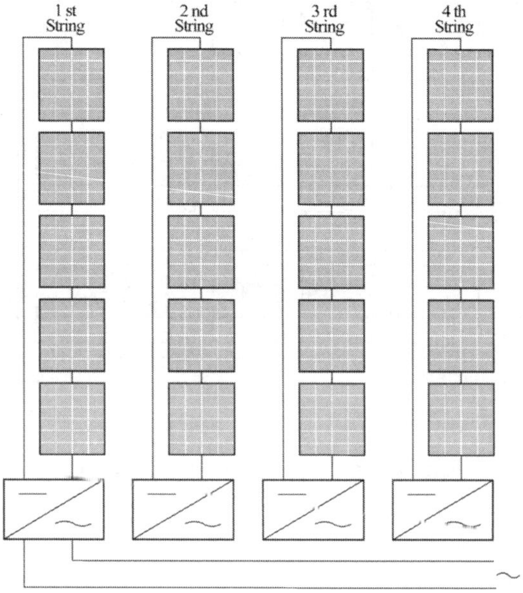

그림 4-10 스트링 인버터 개념도

3. 마스터-슬레이브(Master-Slave) 제어형 인버터

대규모 태양광 발전 시스템은 마스터-슬레이브 제어방식을 채용한 중앙집중식 인버터를 사용한다. 2~3개의 집중식 인버터를 사용하게 되며, 총 출력은 크기에 따라 인버터의 개수에 의해서 분리되기도 한다. 따라서 일사강도가 낮을 때에는 한 개의 인버터를 마스터로 놓고 운전하며, 일사 강도가 증가 하면 마스터 인버터의 출력이 한계에 도달하게 되어 슬레이브 인버터를 연결 한다. 인버터의 부하를 동등하게 하기 위하여 마스터-슬레이브 인버터는 규정된 주기에 의해 교체를 한다. 이 방식의 장점은 일사강도가 낮을 때나 부분적으로 저출력이 될 때, 한 개의 인버터로 중앙집중식으로 운전하는 것보다 효율을 향상시킬 수 있으나 초기 투자비용은 중앙 집중식 인버터보다 증가 한다.

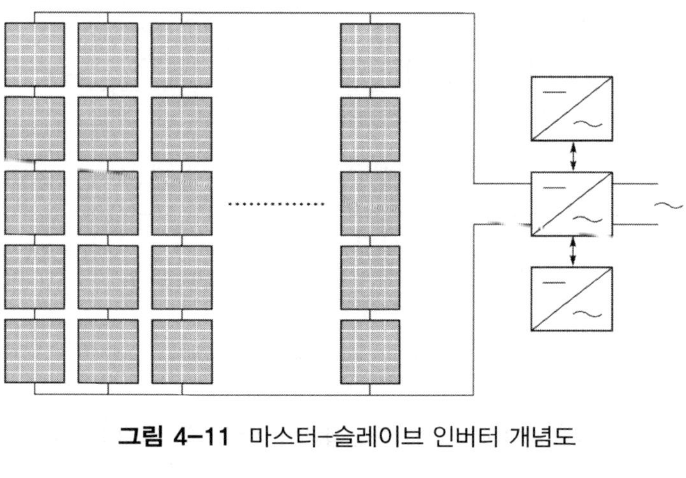

그림 4-11 마스터-슬레이브 인버터 개념도

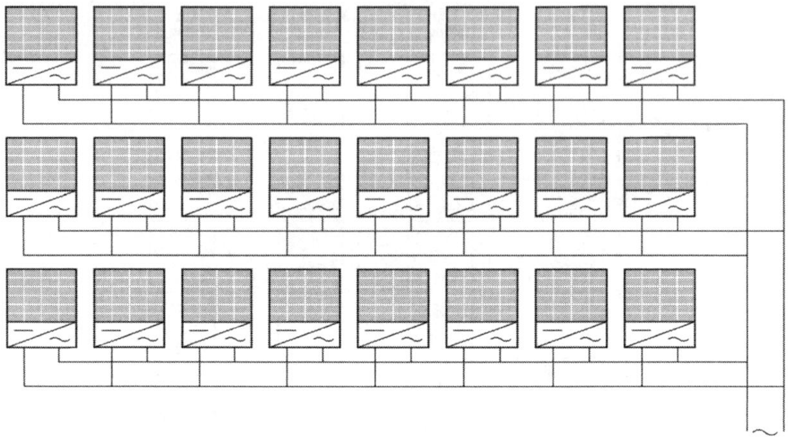

그림 4-12 모듈 인버터(AC 모듈) 개념도

4. 모듈 인버터(AC 모듈)

고효율 태양광 발전시스템 필요조건은 인버터가 태양광 모듈의 최대전력점에 최적으로 조정되어야 하며, 모든 모듈이 최대전력점에서 지속적으로 운전 되어야한다. 따라서 최대전력점의 최적조건은 태양광 모듈과 인버터가 한유니트로 구성되어 있으면 매우 효과적일 것이다. 장점으로는 태양광 발전시스템을 쉽게 확장할 수 있으며, 단점으로는 효율이 작으며 소형이며 가격이 고가이다. 그림 4-12는 모듈 인버터(AC 모듈)의 설치 예이다.

5. 고전압 방식의 인버터와 어레이

$V_{DC}>120[V]$ 이상의 고전압 어레이 시스템에 적용하며 긴 스트링에 의해서 구성된다. 장점으로는 낮은 전류가 흐르므로 케이블의 단면적이 작지만 모듈이 긴 스트링에 연결되어 있으므로 음영 손실은 증가할 수 있다. 따라서 고전압 어레이의 개방전압이 인버터의 입력전압 범위를 벗어나지 않도록 어레이 설계를 해야 한다.

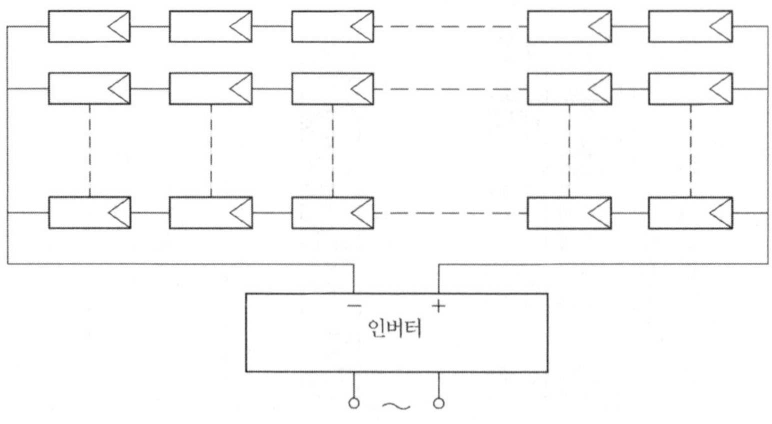

그림 4-13 고전압 중앙집중식 인버터와 어레이 개념도

4.2.9 인버터의 보호등급

1. 한국에너지공단 기준

- 옥내형/옥외형(IP44 이상) 구분
- 온습도 사이클 시험으로 옥외형 승인

2. IP65는 설치환경 제약 없음

- 먼지(분진)으로부터 완전 보호
- 모든 방향의 물분사로부터 보호

3. IP는 [외함보호등급]

(예) IP 00, IP 43, IP 54

- 첫 번째 자리 수는 외부 이물질의 접촉과 칩입에 대한 보호 등급(방진보호)
  0 ……………… 전혀 보호 되지 않음. OPEN 상태
  1 ……………… 50mm 이상의 물체로 부터 보호(Hand proof)
  2 ……………… 12mm 이상의 물체로부터 보호(Finger proof)
  3 ……………… 2.5mm이상의 물체로부터 보호(Exclusion of tools, Objects)
  4 ……………… 1.0mm이상의 물체로부터 보호(Exclusion of tools, Wires)
  5 ……………… 먼지 등의 침적(쌓이는) 위험에 대한 보호 등급(Full Protection)
  6 ……………… 먼지 등의 침입이 없는 완전 밀폐 형 보호 등급(Full Protection)
- 두 번째 자리 수는 물(빗물, 눈, 폭풍우 등)의 침입으로부터의 보호 등급(방수보호)
  0 ……………… 전혀 보호 되지 않음. OPEN 상태
  1 ……………… 수직 낙하 상태의 보호(Drip Proof)
  2 ……………… 15도 경사각으로 쏟아지는 상태의 보호
  3 ……………… 60도 경사각으로 쏟아지는 상태의 보호
  4 ……………… 상하좌우 전 부분 쏟아지는 상태의 보호(Splash proof)
  5 ……………… 상하좌우 전 부분 쏟아지는 상태의 보호(Hose proof) : 물 호스로 뿌려대는 상태
  6 ……………… 폭풍우, 해일 상태로부터의 보호(Deck water proof)
  7 ……………… 일정 압력과 일정 시간 동안 물에 잠긴 상태로 부터의 보호(Immersible)
  8 ……………… 완전 물속에 잠겨버린 상태 시에도 보호(Submersible)

4.3 인버터의 선정

4.3.1 태양전지 전압과 인버터

인버터는 광범위한 직류 입력전압에 대응할 수 있는 것이 바람직하나, 유지관리와 경제성을 고려하여 결정하여야 한다.

4.3.2 인버터 선정의 체크 포인트

1. 종합적인 체크

(1) 연계하는 계통측(전원측)과 전압 및 전기방식이 일치하고 있는가

(2) 인증 등록제품 인가

(3) 설치가 용이한가

(4) 비상 재해시에 자립운전이 가능한가

(5) 축전지 부착 운전은 가능한가 (정전 시에도 사용할 경우)

(6) 경제적이고 신뢰성이 높은 기기인가

(7) 보호장치의 설정 및 시험은 간단한가

(8) 발전량을 쉽게 알 수 있는가

(9) 서비스 네트워크는 안전한가

2. 태양광의 유효 이용에 관하여

(1) 전력변환효율이 높을 것

(2) 최대전력추종점(MPPT)제어에 의한 최대전력의 추출이 가능할 것

(3) 야간 등의 대기 손실이 적을 것

(4) 저 부하시의 손실이 적을 것

3. 전력 품질, 공급안정성

(1) 잡음 발생이 적을 것

(2) 고조파의 발생이 적을 것

(3) 기동 · 정지가 안정적일 것

4.3.3 인버터 사용 일람표

1. 인버터 선정시 고려할 사항

(1) 인버터 제어방식 : 전압형 전류 제어방식

(2) 출력 기본파 역율 : 95% 이상

(3) 전류 변형율 : 종합 5%이하, 각 차수마다 3% 이하

(4) 평균효율(유로 효율/ Euro Efficiency)이 높을 것

표 4-5 인버터의 사양서(예)

모델명		
입력	동작전압범위(25℃)	150V～500V
	MPPT 전압범위(25℃)	100V～500V
	정격전압(25℃)	350V
	운전시작전압(25℃)	150V
	제어방식	최대전력점 추종제어(MPPT)
출력	정격 출력 용량	○○ kW
	정격전압	계통 전압(AC 220V + 10% / −12%)
	주파수 변동률	계통 주파수 (60Hz + 0.5Hz / −0.7Hz)
	상수	1상 2선
	역률	0.95 이상
	전류왜율 (전류 THD)	종합 5% 이하
		각 차 3% 이하
	제어방식	PWM 방식
	단독 운전 방식	0.5초 이내
	과부하	11%
	효율	96% 이상
구조	냉각방식	자연 공냉식
	보호구조	IP 65
	기기소음	50 dB 이하
	외형치수	390 * 390* 135 mm
	전체무게	10.4 kg
외부 인터페이스		RS 232C / RS485
모니터링 단말기(Option)		DSP−WR5/DSP−ZR5(유선 / 무선, RS485/232)

모델명		
보호기능	인버터	입력 과전압, 출력 단락, 과부하, 인버터 과열 보호, 퓨즈단선, DC 출력 유출 방지
	계통	단독운전방지, 계통 과전압, 저전압 보호, 계통 과주파수, 저주파수 보호
사용환경	주위온도	−20℃ ~ 50℃
	보존온도	−20℃ ~ 65℃
	주위습도	상대습도 90% RH 이하(이슬 맺힘 현상 없을 것)
	고도 · 진동	1,000m 이하 · 5.9 m/sec^2 (=0.6g) 이하
	주위환경	부식성 가스, 인화성 가스, 오일 미스트, 먼지 등이 없을 것

표 4-6 태양광 발전시스템 효율의 종류

구 분	내 용
최고효율 (변환효율)	전력변환(직류 → 교류, 교류 → 직류)을 행하였을 때 최고의 변환효율을 나타내는 단위. (일반적으로 부하 70[%]에서 최고의 변환효율) $\eta_{MAX} = \frac{AC_{power}}{DC_{power}} \times 100[\%]$
유로효율 (Euro Efficiency)	변환기의 고효율 성능척도를 나타내는 단위로서 출력에 따른 변환효율 비중을 둬서 측정하는 단위. (예; 각 출력 5[%]/10[%]/20[%]/30[%]/50[%]/100[%]에서 효율을 측정하여 그 비중(계수)을 0.03/0.06/0.13/0.10/0.48/0.20 두어 곱한 값을 합산하여 계산한 값.) $\eta_{EURO} = 0.03 \cdot \eta_{5\%} + 0.06 \cdot \eta_{10\%} + 0.13 \cdot \eta_{20\%} + 0.10 \cdot \eta_{30\%} + 0.48 \cdot \eta_{50\%} + 0.20 \cdot \eta_{100\%} [\%]$
추적효율	태양광 발전시스템용 파워컨디셔너가 일사량과 온도변화에 따른 최대 전력점을 추적하는 효율 $\text{추적효율} = \frac{\text{운전최대출력[kW]}}{\text{일조량과 온도에 따른 최대출력[kW]}} \times 100[\%]$

표 4-7 인버터의 주요 이상[Fault] 내용 단상 비절연형 승압형 (예)

구분	이상내용	발생원인	확인내용
1	태양전지 저전압	태양전지 전압이 규정전압(동작전압) 이하	모듈 출력, 접속함의 이상 유무 확인
2	태양전지 과전압	태양전지 전압이 규정전압(동작전압) 이상	모듈의 오결선, 과결선
3	컨버터 과전압	승압컨버터의 출력 전압이 규정전압 이상	인버터 제어 이상
4	컨버터 저전압	승압컨버터의 출력 전압이 규정전압 이하	인버터 제어 이상
5	컨버터 과전류	승압컨버터의 전류가 규정전류 이상	인버터 제어 이상
6	퓨즈 단선	내부 퓨즈 단선	내부 퓨즈 단선 유무 확인

구분	이상내용	발생원인	확인내용
7	인버터 전압 이상	계통과 연계전에 만들어진 인버터 전압이 규정치 이상 또는 이하	인버터 제어 이상 또는 MC 이상
8	인버터 과전류	인버터의 출력 전류가 규정치 이상	외부 부하의 급변, 인버터 제어 이상
9	인버터 동기 이상	인버터와 계통간의 전압 위상이 규정치 이상 또는 이하로 벗어날 경우	인버터 제어 이상
10	인버터 과열	인버터 내부 스위칭 소자의 과열 보호 동작	설치 조건 확인, 내부 조립 불량
11	인버터 DC 유출	출력전류 제어 이상으로 출력 전류에 DC 성분이 유출	인버터 제어 이상(센서, 스위칭 소자 이상)
12	인버터 MC 이상	계통과의 연계점인 MC 이상	MC 동작 유무 확인
13	계통 주파수 이상	계통 전원의 주파수가 규정치를 벗어남	계통 전원 주파수 확인
14	계통 전압 이상	계통 전원의 전압이 규정치를 벗어남	계통 전원 주파수 확인
15	정전	계통전원 차단	계통 전원 확인, 인버터 내부 센싱부 이상

4.4 정전 시 자립 운전시스템

계통의 정전시에 계통과 분리된 상태에서 운전하는 것을 자립운전이라고 하며 태양광 발전 시스템은 가동부분이 없고, 연료 · 냉각수의 보급도 필요 없기 때문에 재해로 인한 정전시에 있어서 전력의 공급에 힘을 발휘한다. 자립운전 시스템에는 태양전지 출력에 상당하는 전력만을 부하에 공급하는 축전지가 없는 시스템과, 야간이나 비오는 날에도 전력 공급에 기여할 수 있는 축전지가 있는 시스템도 있다. 그림 4-14는 자립 운전 시스템이다. 통상은 배선용 차단기(MCCB1), 전자접촉기(MC1)을 ON해서 계통연계운전을 함과 동시에 전자접촉기(MC2)를 OFF해서 축전지를 태양전지에 절리하여 계통에서 유지 충전되고 있다.

정전시에는 수동으로 배선용 차단기기(MCCB2)를 OFF 함으로써 인버터는 전압제어로 절환되어서 자동적으로 운전을 개시한다. 전자접촉기(MC3)를 ON하면 축전지를 병용해서 독립운전 부하에 전력을 공급할 수 있다.

또, 재해시의 피난소로서 지정되어 있는 장소 등에 태양광 발전 시스템에 의한 전력공급용으로서 정전 백업 대응 자동절환식 독립운전 기능부착 계통연계 시스템이 있다. 그 일례를 그림 4-15에 나타낸다. 상시에 축전지는 태양전지에서 MC2로 구분 절리되어 충전상태를 유지한 상태로, 비상시에는 태양전지와 병렬로 접속되어 사용한다. 또, 야간이나 일조 부족일 때는 축전지에서 방전하고, 태양전지의 출력이 충분한 주간에는 태양전지에서 충전된다.

태양전지로부터 충전전력과의 관계에서 독립운전의 부하는 설비용량의 10~30% 정도로 하는 경우가 많다. 그림 4-15는 보충전기가 필요 없는 장치이며, 충전시의 손실을 저감하기 위해 야간에 단시간에 충전하는 시스템에 유효하다. 계통연계시 및 자립운전시의 동작은 다음과 같다.

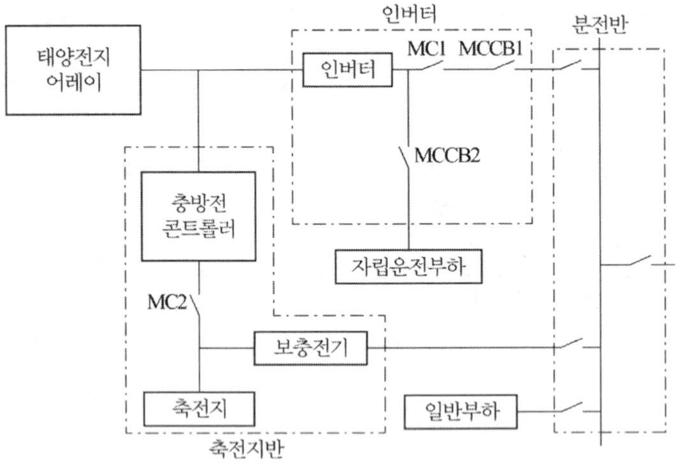

그림 4-14 자립운전 기능부착 태양광 발전시스템(수동절환)

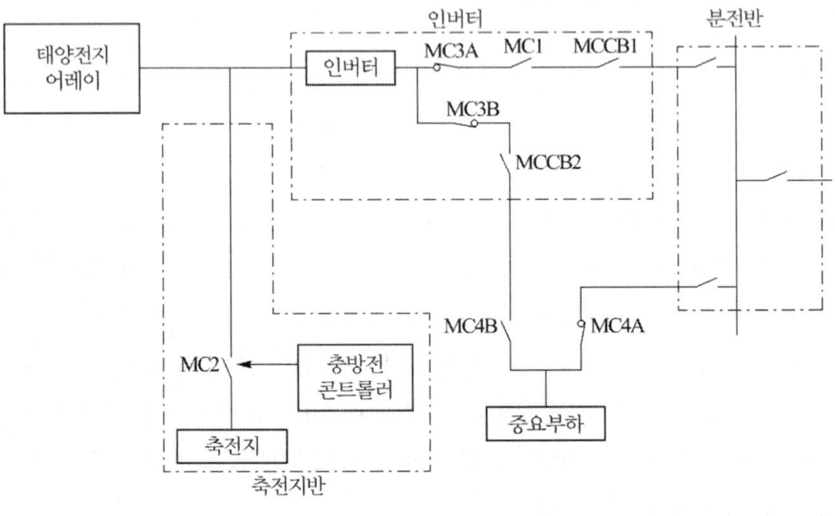

그림 4-15 자립운전 기능부착 태양광 발전시스템(자동절환)

(1) 계통연계시

인버터 내의 MC3A 및 MC1, MCCB1과 중요부하 MC4A가 폐로 되며, 분전반의 교류전원 계통과 연계하고 있다. 축전지의 충전을 충방전 컨트롤러에 의해 제어되며, 계통연계 중 인버터의 축전지 충전동작은 없지만, 야간에 계통에서 인버터를 매개로 충전된다.

(2) 자립운전시

인버터 내의 MC3A 및 중요부하의 MC4A가 폐로해서 계통과 분리함과 동시에 MC3B와 MCCB2, MC4B가 폐로 되며, 중요부하에 급전을 계속한다.

4.5 인버터의 종류 및 특징

4.5.1 출력파형에 따른 인버터의 종류

1. 정현파 인버터(Pure Sine Wave Inverter)

한국전력공사(KEPCO)에서 공급되는 전기의 파형은 정현파로 교류 전기제품에 모두 사용할 수 있다. 독립형 태양광발전 시스템이나 측정기기, 의료기기, 통신기기, 음향기기, 형광램프, 컴퓨터 등 고가 정밀기기의 사용에는 정현파 인버터를 선택하여야 한다.

2. 유사정현파 인버터(Modifide Sine Wave Invertor)

정현파와 비슷하지만 파형의 왜곡에 있어서 정격출력에 도달하면 파형의 왜곡현상이 생겨 서지가 발생되고 잡음과 영상 노이즈 현상이 발생한다. 변형된 파형이기 때문에 민감한 전자제품은 사용을 피하는 것이 좋으며 이 파형으로 사용할 수 있는 제품은 파형에 민감하지 않은 모터류, 전열기구 등에 사용된다.

4.5.2 시스템에 따른 인버터의 종류

1. 독립형 인버터(Stand Alone Inverter)

전력계통의 배전시스템이나 송전 시스템에 연결되지 않는 부하에 전력을 공급하는 인버터로, 축전지 전원 인버터라고도 한다.

2. 계통연계형 인버터(Grid-Connected Invertor)

전력계통에 배전시스템이나 송전시스템과 병렬로 동작할 수 있는 인버터로, 계통 연결(Grid-Intertied, Grid-Tied, On Grid)형 인버터라 한다.

4.5.3 인버터 설치 및 사용 시 고려사항

1. 적용 환경

주택, 레저, 차량, 선박, 휴대용, 비상 전원용

2. 전기적 표준

입력 직류전압, 출력 교류 전압과 주파수

3. 전력용량

지속 공칭능력 제한적인 지속 공칭능력 서지 용량(모터 시동시/펌프) 확장성 (모듈식 확장성)

4. 전력의 질(파형)

(1) 사인파 인버터 : 가장 이상적인 교류 파형 전력선의 전력과 대등 혹은 그 이상, 하지만 상대적으로 고가이다.

(2) 유사 정현파

① 질 낮은 파형, 파형의 각이 유선형이지 않고 각이 져 있다.

② 저렴하다.

③ 단순한 부하인 경우 적합하다.

④ 디지털 타이밍 기능의 제품에 오작동을 초래할 수 있다.

⑤ 파워 컨버터의 과열을 야기할 수 있다. (예 : 컴퓨터 전원)

⑥ 서지 보호기를 과열시킬 수 있다.

⑦ 형광등이나 변압기, 선풍기 등의 전기용품의 소음을 야기 시킨다.

⑧ 모터나 변압기 같은 용품의 에너지효율을 10% 이상 감소시킨다.

⑨ 제품의 신뢰성을 저하시킨다.

5. 내부 보호 장치

과부하 및 서지 보호기능, 저전압 차단 기능

6. 유도성 부하 사용 여부

일부 부하들은 교류 부하 파형을 일부 시간이 지연된 후 받아들인다. 이러한 부하를 유도성 부하라고 한다. 모터의 경우 가장 대표적인 유도성 부하이다. 대용량의 모터(우물 펌프, 세탁기, 냉장고 등)

7. 확장성 옵션

일부 인버터는 용량을 확장하기 위해 서로 모듈식으로 결합하여 사용할 수 있도록 설계되어 있다.

8. 품질 인증

인버터는 TÜV, CE, ETL, CSA 규격 같은 독립적인 테스트를 거쳐 품질 인증을 받아야 하며 동시에 제품에 표시해야 한다. 인버터는 사용 용도에 따라 예를 들어 주택용, 차량용, 선박용 등에 따라 설계와 기능이 차이가 난다. 또한 나라마다 차이가 난다. 현재 우리나라에서도 인증을 받지 못한 인버터는 생산 및 판매가 허용이 되지 않고 있다. 국내 인증제품만 설치 승인 및 사용 전 검사를 받을 수 있다.

9. 인버터의 효율

효율은 입력된 전력과 출력된 전력의 비례를 말한다. 손실된 전력은 열 형태로 나타나며, 효율은 일반적으로 용량의 2/3 정도에서 최고로 나타난다. 인버터 자체의 전력소모를 감안할 때 인버터 용량에 비해 작은 부하를 연결했을 때 효율은 보다 낮게 나온다. 인버터 제작 업체는 부하대비 효율성을 표시하는 그래프를 제품 메뉴얼에 제시하고 있다.

4.5.4 인버터의 선정

예로 총 소요용량이 300kW 인버터를 선정할 경우 50kW 6대를 선정할 것인지, 100kW짜리 3대를 선정할 것인지 장 · 단점을 충분히 검토 후 선정하여야 한다.

표 4-8 인버터 선정시 고려사항

구 분		인버터 선정시 고려사항
소용량 (50kW)	장점	1. 1대 고장시 전력 손실량이 적다. 2. 고장시 쉽게 대처 할 수 있다.
	단점	1. 고장 확률이 높다 2. 신뢰도가 낮다 3. 보호 및 제어회로가 복잡하다. 4. 설치공간이 넓어진다. 5. 유지보수비가 증가한다. 6. 설비비가 증가한다.
대용량 (100kW)	장점	1. 신뢰도가 높다. 2. 고장 확률이 낮아진다. 3. 설비비가 낮아진다. 4. 설치공간이 작아진다.
	단점	1. 1대 고장시 여러 대 설치시 보다 전력 손실이 커진다.

MEMO

Chapter

5 관련기기 및 부품

5.1 바이패스 소자와 역류방지 소자

5.1.1 바이패스 소자

태양광발전 시스템의 일부인 모듈의 표면에 태양광이 비춰지면 모듈내의 태양전지는 각각 출력특성에 따라 발전하여 직 · 병렬회로에 전류가 흘러 모듈의 출력특성으로 나타난다. 계절이나 시간대에 따라 수목, 구조물, 시설물 등에 의해 태양광발전 시스템의 설치장소 일부가 그림자에 가리워질 수 있다. 동작중인 모듈내의 전지 일부 또는 전부가 그림자에 의해 태양빛이 차단되는 경우 햇빛이 차단된 전지는 발전을 못할 뿐만 아니라 고저항체로 작용하여 발열하게 된다. 모듈내의 전지가 발열로 인하여 파손된 부위를 열점(Hot spot)이라고 한다. 열점은 그림자에 의해 태양광이 차단될 때 마다 반복적으로 발생하여 결국 모듈의 수명을 단축시키고 전체 발전 시스템에 악영향을 주는 결과를 초래한다. 이러한 경우 해당 모듈에 전류가 흐르지 않도록 바이패스 시키기 위해 바이패스 소자를 모듈에 설치한다. 최적의 효율을 위해서는 각 셀 양단에 설치하는 것이 바람직하나, 경제성을 고려하여 일반적으로 셀 18~22개마다 바이패스 다이오드를 모듈 후면의 단자함 내에 설치한다.

5.1.2 역류방지 소자

모듈의 직렬연결 회로를 스트링(String)이라고 하는데 여러개의 스트링은 서로 병렬회로의 형태로 접속함으로 모아지게 된다. 각 스트링은 출력특성이 같은 모듈을 같은 수로 조합하여 각 스트링의 출력특성은 같아지도록 계획한다. 모듈의 표면에 그림자로 인하여 태양빛이 차단되는 등의 서로 다른 여건에 의하여 각 스트링의 전압이 서로 다른 경우 상대적으로 전압이 높은 스트링으로부터 전류를 공급받아 역방향으로 전류가 흐를 수 있다. 이러한 경우 발전 시스템을 유효하게 작동시키지 못하는 결과가 되며 이렇게 전류가 역방향으로 흐르는 것을 방지하기위해 역류방지 소자를 설치한다. 역류방지 소자는 주로 접속함 내에 설치하며 스트링의 최대 역전압과 최대로 흐를 수 있는 전류에 견딜 수 있도록 단락전류의 2배 이상의 용량을 선정해야 한다.

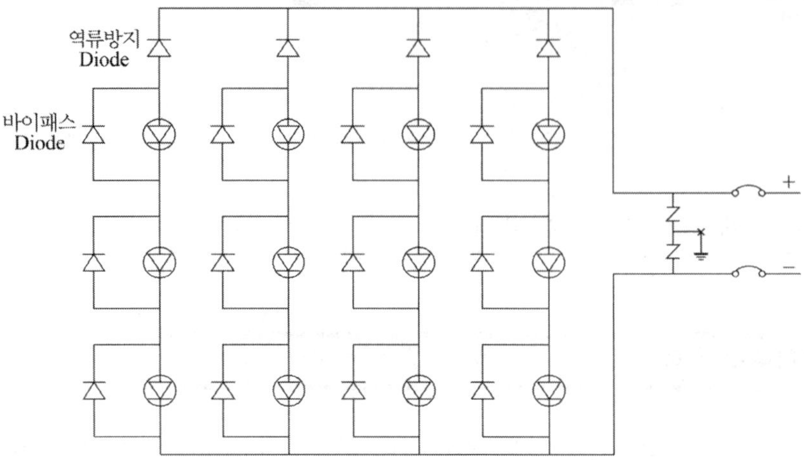

그림 5-1 바이패스 다이오드와 역류방지 다이오드

5.2 접속함

접속함에는 직류 전압계, 직류 전류계와 같은 감시용 계기와 차단기, 피뢰소자, 역류방지 소자, 퓨우즈, 단자대 등을 수납하고 있다. 각 어레이에서 배선되는 케이블은 개폐기를 거쳐 내부회로에 접속한다. 어레이측 개폐기는 각 어레이의 보수 · 점검 시나 고장발생시 이를 차단한 후 작업하기 위해 설치한다. 어레이측 개폐기로는 주로 직류 배선용 차단기(MCCB)가 사용되며 어레이에 흐를 수 있는 최대의 단락전류를 차단할 수 있는 규격의 것을 적용해야 한다. 각 어레이로 부터의 배선은 접속함 내부에서 취합되어 주개폐기를 거쳐 인버터로 보내지게 된다. 주개폐기의 설치 목적도 어레이 측 개폐기와 동일하다. 주개폐기 역시 해당회로에 최대로 흐를 수 있는 최대의 직류전류를 개폐할 수 있어야 하며 주개폐기로도 주로 직류 배선용 차단기를 사용하고 있다. 접속함에 적용하는 피뢰소자로는 서지보호기(SPD)가 주로 적용되며 어레이 보호를 위해 각 스트링과 출력단에 설치한다. 동일회로에서 배선경로가 길거나 뇌서지 피해가 우려되는 경우 양단에 설치하는 것이 유리하다.

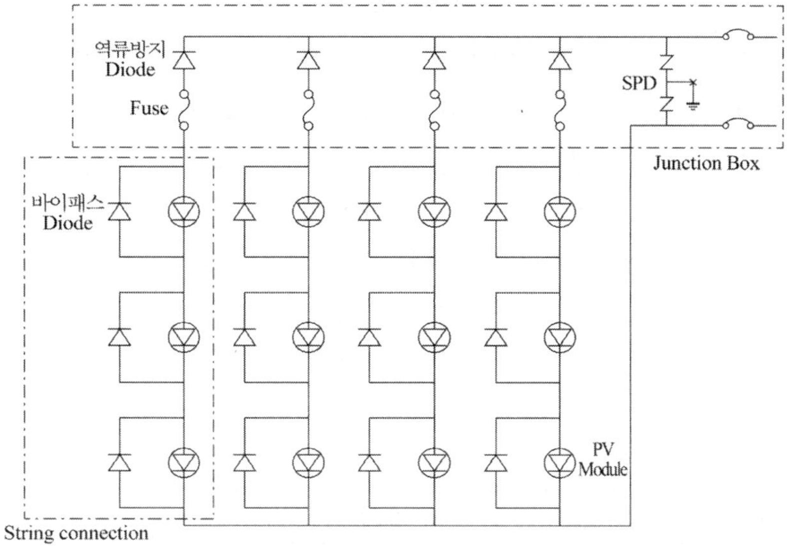

그림 5-2 접속함 회로도

5.2.1 태양전지 어레이측 개폐기

태양전지 어레이 개폐기는 태양전지 어레이 점검 · 보수시 또는 일부 태양전지모듈에 사고가 발생할 때 회로에서 태양전지모듈을 차단하기 위해 설치한다. 개폐기는 태양전지에서 얻는 최대직류전류(단락전류)를 차단하는 능력을 가진 MCCB를 사용해야만 한다. 현재 시중에 판매되고 있는 MCCB는 보통 교류회로에 사용되는 것을 보통이다. 따라서 제품사양서에서 직류전류 적용의 적합성여부와 정격을 확인해야 한다.

그림 5-3 개폐기 실물 사진 및 표시 내용(예)

5.2.2 주개폐기

주개폐기는 일반적으로 태양전지 어레이의 출력을 접속함 내부의 1개소에 통합한 후 PCS와의 회로 도중에 설치한다. 이 개폐기는 태양전지 어레이측 개폐기와 목적이 동일하기 때문에 태양전지 어레이측 개폐기의 종류와 기능에 따라 생략하는 경우도 있다. 주개폐기의 선정은 태양전지 어레이의 최대사용전압, 통과전류를 만족하는 것으로서 최대통과전류를 개폐할 수 있는 것을 사용하면 좋다. 그러므로 보수와 관리가 용이한 MCCB를 사용하는 경우가 많으며 이 경우에는 어레이측 개폐기에서 설명한 내용과 같이 직류차단특성에 맞도록 선정하여 사용하여야 한다.

5.2.3 피뢰소자(Surge Protection Device)

서지보호장치(SPD)는 뇌서지가 태양전지 어레이 혹은 인버터에 침입한 경우 기기마다 장치를 보호하기 위하여 설치하며, 보통 접속상자에는 태양전지 어레이 보호를 위하여 스트링마다 SPD를 설치한다. 경우에 따라서 태양전지 전체의 출력단에도 설치한다. 태양광 발전시스템에 사용되는 서지보호기는 갭형과 반도체식이 있다. 갭형은 반도체식에 비해 높은 서지전류내량을 갖고 누설전류가 없다. 반도체식은 배리스터방식(산화아연소자)과 실리콘 Surge Absorber가 있다. 배리스터전압보다 높은 전압이 인가되면 저항이 급격히 저하해서 뇌서지전류를 방전한다. 큰 방전에너지 처리는 어렵지만 고속동작해서 과전압을 저감하는 효과가 크다. 뇌서지값에 의해 파손되어 단락상태로 되는 가능성이 있기 때문에 이런 경우에는 파손된 배리스터식 SPD를 격리할 회로구성이 필요하다. 그림 5-4는 SPD의 회로도를 나타낸 것이다.

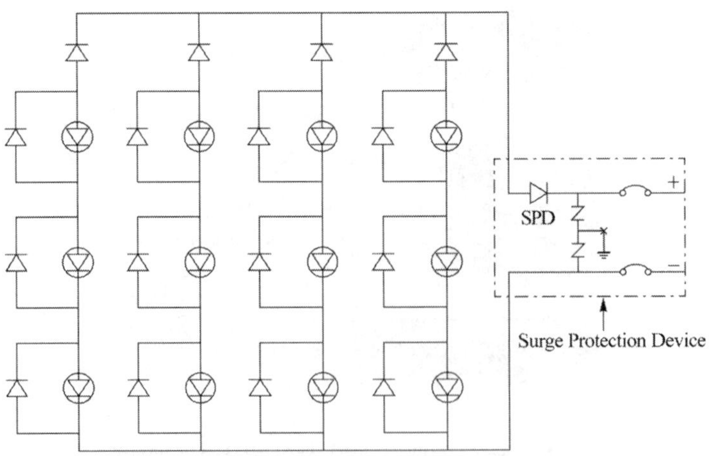

그림 5-4 서지보호장치 회로도

5.2.4 단자대

일반적으로 태양전지 어레이의 스트링마다 배선을 접속함까지 가지고 가서 접속함 내의 단자대에 접속한다. 접속단자는 전류 도전특성과 내식성이 우수한 무산소동(Oxygen free copper) 단자를 사용하는 것이 바람직하다. 전기용품안전관리법에 의한 안전인증 규격과 IEC60947-2 규격에서는 표 5-1과 같이 차단기 각 부의 온도상승한계가 규정되어 있다. 안전인증 규격상 차단기 외부연결단자의 온도상승한계를 80℃로 정하고 있으며, KS규격에서는 단자부의 온도상승한계를 60℃로 규정하고 있다

표 5-1 차단기 각 부의 온도상승한계

부품명		온도상승한계
외부연결단자		80℃
수동동작방법	금 속	25℃
	비금속	35℃
접촉은 가능하나 손에 접촉이 안 되는 부품	금 속	40℃
	비금속	50℃
정상 동작시 접촉이 필요 없는 부품	금 속	50℃
	비금속	60℃

5.3 교류측 기기

교류측 기기는 사용전압에 따라 2가지의 경우로 나누어 생각할 수 있다. 첫 번째의 경우는 주택, 사무용 건물, 관공서 등을 포함한 건축물에 적용하는 것으로서 자체 시설물에서 전력을 생산, 전력사용량을 저감하여 에너지를 절약하는 것을 주목적으로 적용되는 경우이다. 이 경우 인버터로부터 사용전압인 교류 220/380V를 직접 인출하여 저압용 배전반이나 분전반에 접속하므로 비교적 간단하게 전용 분전반 또는 전용 차단기의 적용으로 시스템이 구성될 수 있다.

두 번째의 경우는 대용량의 태양광 발전소에서 전력을 생산하여 상업용 전원의 송전, 배전계통으로 송전해야 하므로 발전소 내부 시스템에서 상업용 송전전원의 전압인 특별고압으로 승압하여야 한다. 따라서 승압을 위한 변전설비, 전력 거래를 위한 적산 전력계 등 시스템이 복잡해지게 된다. 대용량 태양광 발전소에서 전기실에는 인버터, 변압기, 배전반 등을 수용하게 된다.

5.3.1 전기실

1. 전기실의 위치선정

전기실의 위치를 선정하는 경우 다음의 사항을 고려해야 한다.

(1) 어레이구성의 중심에 가깝고 배전에 편리한 장소
(2) 전력회사로부터의 전원인출과 구내배전선의 인입이 편리한 장소
(3) 기기의 반출입에 지장이 없는 곳
(4) 증설이나 확장의 여유가 있을 것
(5) 고온다습한 곳은 피할 것
(6) 부식성가스, 먼지가 많은 곳은 피할 것
(7) 침수 기타 재해의 우려가 없을 것
(8) 냉방 및 환기시설을 할 것
(9) 쥐 등 설치류 등의 침입이 불가능한 장소

2. 전기실의 건축적인 고려사항

전기실은 건축적으로 다음의 사항을 고려하여 반영하여야 한다.

(1) 실내 높이
변전기기 설치, 운영, 보수를 위한 충분한 높이를 확보해야 한다. 1차측 전원의 전압이 22.9kV인 경우 보 아래에서 바닥면까지 4.5m 이상 확보하여야 한다.
(2) 바닥면의 하중은 변압기와 같은 중량물에 견디는 구조로 해야 한다.
(3) 벽면에 연하여 창고, 사무실 등 타용도의 방이 있는 경우 콘크리트, 블록 등으로 완전하게 방화구획 하여야 한다.
(4) 출입문은 갑종 또는 을종방화문으로 설치하고 장비의 반출입에 지장이 없도록 크기를 결정한다.
(5) 장비의 반입, 배치에 지장이 없는 면적으로 한다.
(6) 운전 조작, 감시제어에 지장이 없도록 배전반, 장비 등을 배치한다.
배전반과 벽과의 간격
① 전면 : 1.5~4.0m
② 측면 : 1.0~2.0m
③ 후면 : 1.0~1.5m
(7) 전기실 내부의 마감에는 먼지가 발생되지 않는 재료를 사용한다.

5.3.2 변압기(승압용)

일반적으로 배전계통의 3ϕ4W 22.9kV 전원을 변압기를 사용하여 사용전압인 3ϕ4W 220/380V로 강압하여 부하계통에 전력을 공급한다. 이와는 달리 태양광 발전 시스템에서의 변압기는 전압을 높이기 위해 사용한다. 인버터의 출력전압을 배전이나 송전계통의 전압으로 승압하는 용도로 변압기가 사용된다.

1. 변압기의 종류

변압기를 절연방식, 사용소재 등에 따라 유입 변압기, 건식 변압기, 몰드 변압기, 가스절연 변압기, 아몰퍼스 변압기 등으로 분류할 수 있다.

(1) 유입 변압기

절연과 냉각을 위하여 절연유를 사용한다. 냉각을 위한 별도장치가 없이 온도차에 의한 대류에 의존하는 유입자냉식, 변압기의 냉각에 물을 활용하는 유입수냉식, 공기를 강제로 불어넣는 유입풍냉식 등이 있다. 별도 장치를 사용하여 냉각성능을 좋게 하면 변압기의 용량을 증가시키는 효과를 기대할 수 있다. 유입변압기는 옥내용, 옥외용 등 모든 용도의 변압기로서 사용실적이 많으며 비교적 가격이 저렴하여 널리 사용되고 있다.

(2) 건식 변압기

유입변압기에 사용하는 절연유는 화재에 취약하다. 반면에 건식변압기는 불연성으로 건축물내의 큐비클에 수납하여 사용하는데 적합하다. 건식변압기는 주로 H종 절연이 사용되며 유입변압기에 비하여 절연강도가 낮고 옥외용으로 사용하기에는 구조상 불합리하다.

(3) 몰드 변압기

에폭시 수지로 몰딩한 건식변압기의 일종이다. 따라서 난연성, 자기소화성, 절연성능이 우수하고 절연의 경년변화가 적다. 최근 건축물 내의 변전설비에 많이 사용되고 있다. 유입변압기에 비하여 서지에 약하기 때문에 몰드변압기 설치 시에는 서지 흡수기(S.A. Surge Absorber)등으로 보완할 필요가 있다.

(4) 가스절연 변압기

SF_6 가스를 봉입하여 절연하는 변압기이다. SF_6의 우수한 절연성능으로 유지보수는 가스의 보충정도로 충분하다. 다만 SF_6 가스가 지구온난화를 야기시키는 유해가스로 대체가스를 개발하기 위한 연구가 활발하게 진행되고 있다.

(5) 아몰퍼스 변압기

기존의 변압기는 철심소재로 규소강판을 사용한다. 아몰퍼스 변압기는 Fe, Si, B 등을 혼합하여 용융한 후 급속냉각시킨 비정질 금속(Amorphous Metal)을 철심 소재로 사용하는 변압기이다. 무부하손실이 기존의 규소강판을 사용하는 변압기의 20% 정도로 효율면에서 우수하여 최근에 사용량이 증가하고 있다.

2. 변압기의 결선방식

태양광발전 시스템에서 사용되는 변압기의 결선은 주로 3ϕ4W 이다. 일반적으로 사용되는 변압기의 결선방식은 다음 4종류가 있으며 이외에 3권선 변압기, 지그재그 결선 변압기 등을 특수하게 결선된 변압기도 있다.

(1) 1ϕ2W식

1ϕ2W식 결선 변압기의 출력전압은 110V, 220V 또는 기타전압의 단일전압으로 소규모의 전원이 필요한 경우에 사용된다.

(2) 1ϕ3W식

1ϕ3W식은 과거에 출력전압으로 110V와 220V을 사용할 때 많이 사용하던 결선방식이다. 최근에 신설되는 시설에는 사용의 예가 거의 없는 방식이다.

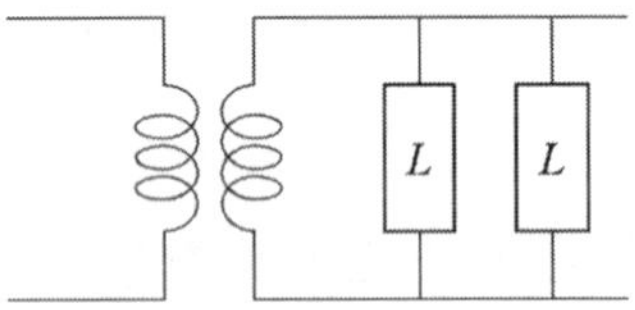

그림 5-5 1ϕ2W 결선도

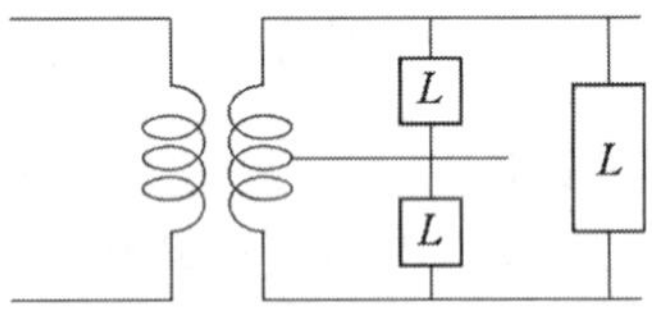

그림 5-6 1ϕ3W 결선도

(3) 3ϕ3W식

3ϕ3W식은 1차측과 2차측을 Δ결선하고 출력전압은 3ϕ 단일전압이다. 최근에는 일반적인 경우 많이 사용되지 않고 특정 부하에 시설물의 주계통전압과 다른 전압을 공급할 필요가 있는 경우에 사용되고 있다. 예컨대 주계통전압이 22.9 kV와 220/380 V인 경우 대용량 냉동기의 전원으로 3ϕ · 3300V가 필요한 경우 냉동기 전원 전용으로 3ϕ3W식 결선변압기를 사용한다.

(4) 3ϕ4W식

3ϕ4W식은 1차측은 Δ결선, 2차측은 Y결선하고 출력전압은 상전압과 상전압의 $\sqrt{3}$ 배인 선간전압, 2종의 전압을 인출할 수 있다. 최근에 적용되는 변압기의 결선은 특별한 경우를 제외하고는 거의 이방식의 결선을 사용하고 있다.

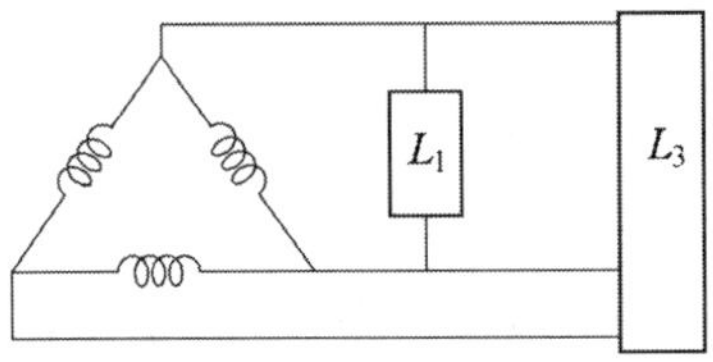

그림 5-7 3ϕ3W 결선도

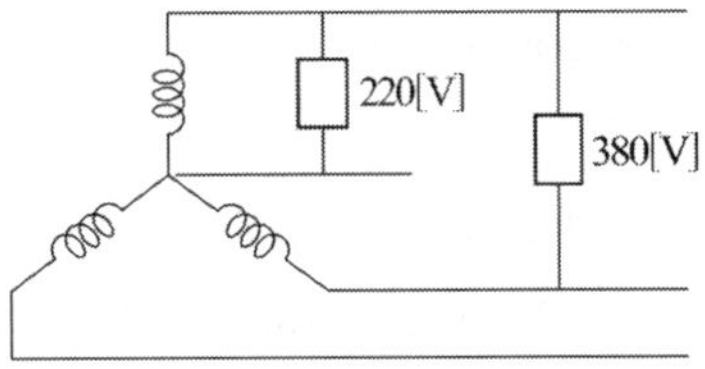

그림 5-8 3ϕ4W 결선도

5.3.3 배전반

1. 배전반의 형태

변압기 외에 전력계통과 각종 기기의 상태를 조작하고 감시하기 위한 장치들을 안전한 철제 함속에 수납한 것을 배전반이라 한다. 배전반은 회로의 전압에 따라 특별고압반, 고압반, 저압반 등으로 구분하여 설치한다.

2. 배전반의 구성

배전반에는 차단기, 개폐기, 단로기 등 회로를 개폐할 수 있는 기기와 전압계, 전류계, 역률계 등 계통의 상태를 감시할 수 있는 기기, 계전기, 변류기, 계기용 변압기 등의 보호기기 등으로 구성된다.

(1) 차단기

차단기는 정상운전 상태에서 선로를 개폐할 수 있지만 설치의 주목적은 변류기, 계기용 변압기와 함께 계전기와 조합하여 사고발생시 선로를 신속하게 차단하여 사고부분을 계통에서 분리시켜 사고의 파급을 방지하는데 있다. 차단기의 종류로는 투입과 차단 시에 발생하는 아크를 절연유에 의해 소호하는 유입차단기, 자연공기 내에서 자연적으로 소호하는 기중차단기, 압축공기를 아크에 불어 차단하는 공기차단기, 아크와 직각으로 자계를 주어 소호하는 자기차단기, 절연내력과 소호능력이 뛰어난 SF_6 가스를 이용하여 소호하는 가스차단기, 진공을 이용하여 소호하는 진공차단기 등이 있으나 최근에는 소형 경량으로 차단성능이 우수한 진공차단기가 주로 사용되고 있다.

(2) 개폐기

차단기의 용도는 고장전류를 차단하는데 있지만 개폐기는 부하전류를 개폐할 수 있도록 설계되어 있다. 따라서 운전중인 선로를 필요에 따라 개폐할 수 있다. 개폐기의 종류로는 컷아웃 스위치, 자동고장구분 개폐기, 기중 부하개폐기 등이 있다.

(3) 단로기(Disconnect Switch)

DS는 고장전류나 부하전류를 차단할 수 없고 단순히 전류가 흐르지 않는 상태에서 차단기나 개폐기로 이미 차단한 선로를 더욱 안전을 기하기 위해 단로하거나 회로를 변경하고자 할 때 사용된다. 따라서 전원을 차단할 경우 차단기와 개폐기로 선로를 차단, 전류가 흐르지 않은 상태에서 조작하여야 한다.

(4) 계전기

계전기는 회로의 상태를 감시하는 변성기, 변류기의 설정된 출력값에 따라 차단기를 동작시키는 기기이다. 계전기의 종류로는 회로의 단락과 과부하에 의해 흐를 수 있는 과전류로부터 보호하는 과전류 계전기, 전압이 과하거나 부족할 경우 보호하는 과전압 계전기와 부족전압 계전기 그리고 회로의 지락사고로부터 보호하는 지락계전기가 있다.

(5) 기타 기기

차단기, 개폐기, 단로기, 계전기 외에 배전반에 수납되는 기기는 각종 계기, 변류기, 계기용 변압기, 피뢰기, 전력용 퓨우즈, 전력용 콘덴서, 서어지 보호장치(SPD) 등이 있다.

5.3.4 분전반

분전반은 일반적으로 전력간선의 일부 설비로 내부에 과전류를 차단하기 위한 배선용 차단기가 수납되며 용도에 따라서는 전류계, 전압계 등 계기류가 설치되기도 한다. 계통연계형의 경우 PCS의 교류 출력을 기존 계통에 접속하는데 이 경우 분전반 내에 전용차단기를 지정하여 접속한다. 분전반 내의 전용 차단기를 통하여 역송전하게 되는데 PCB의 후단에 별도의 전용 차단기를 두는 것이 유지보수에 유리하다. 변전설비가 있는 시설의 경우 전기실 내의 저압배전반 내의 차단기 중 전용차단기로 지정하여 접속한다.

계통연계형을 건축물에 시설하여 저압전기를 사용하는 경우 기존 분전반이나 배전반에 용량이 맞는 예비차단기가 있는 경우 이를 전용차단기로 활용할 수 있으나 여의치 않은 경우 전용 분전반을 신설하는 것이 필요하게 된다.

5.4 축전지

5.4.1 독립형 시스템

태양광 발전시스템은 낮 시간대에도 일사량에 따라 발전량이 각각 다르고 흐리거나 눈, 비가 오거나 특히 야간에 발전량이 부하의 소요 전력량에 비해 부족하거나 발전이 전혀 되지 않을 수 있다. 태양광 발전시스템이 작동하여 전력을 생산하는 시간대와 전력을 소비하는 시간대가 일치하지 않는 경우 시스템 내에 생산한 전력을 저장하고 필요한 시간에 사용할 수 있는 기능이 필요하다. 이러한 기능을 담당하는 것이 축전지이다.

5.4.2 계통연계형 시스템

축전지는 주로 독립형 시스템에서 일사가 양호한 낮 시간대에 발전한 전력을 야간이나 일사가 불량한 시간대에 사용하기 위해 전기를 저장하는 용도로 적용하고 있다. 그러나 실시간대로 상업용 전력계통에 연계하는 계통연계 시스템에서의 축전지의 활용은 독립형 시스템에서 같이 그 역할은 크지 않지만 시스템의 기능 향상에 크게 기여할 수 있다. 시스템의 발전량이 단시간 급감하거나 부하의 전력사용량이 일시적으로 급증하는 경우 계획보다 많은 전력을 계통의 전력으로 대체 사용하게 되게 된다. 이런 경우를 대비하여 축전지를 적용하면 적은 용량의 축전지 적용으로 큰 효과를 얻을 수 있다.

5.4.3 축전지의 설계

축전지의 용량은 방전전류와 방전시간의 곱으로 표현된다.

$$C = I_D \times t_D$$

여기서, C : 축전지 용량[Ah]

I_D : 방전전류[A]

t_D : 방전시간[h]

시스템에 필요한 축전지의 용량계산은 다음과 같이 한다.

$$C = \frac{E_l(1 + N_D)}{L \times B_D \times V_B} \text{[Ah]}$$

여기서, E_l : 부하설비의 1일 적산전력량[Wh]

N_D : 부조일수

L : 보수율(일반적으로 0.8 적용)

B_D : 방전심도(일반적으로 0.5~0.75 적용)

V_B : 축전지 방전전압[V]

공칭 전압[V/Cell] × 직렬로 연결된 전지의 수[Cell]

5.4.4 축전지 선정 시 고려사항

1. 축전지의 자기방전

축전지는 인위적인 방전을 통하여 전류를 방출하지 않아도 전극에서의 화학작용으로 인하여 비록 적은양이지만 방전을 계속한다. 이러한 방전을 자기방전이라 한다. 자기방전량이 크거나 시간이 길어지면 필요시 전력량이 부족하게 되므로 이를 보완하기 위하여 보다 큰 용량의 축전지를 적용하는 것 보다 자기방전량이 적은 축전지를 선정하는 것이 필요하다. 독립형 태양광 발전시스템에서는 장마철과 같은 시기에는 수일간 축전지의 전원을 사용하기 때문에 가급적 자기방전량이 적은 축전지를 선정하여야 한다.

2. 충전전류

축전지의 특성 중 일정 전류값 이하에서는 충전되지 않는 부분이 존재한다. 태양광 발전시스템의 특성상 흐린날 일사량이 다소 부족한 상태에서도 축전지가 충전될 수 있어야 시스템을 유용하게 운전할 수 있다. 따라서 태양광 발전 시스템에 적용하는 축전지는 가급적 작은 전류에서도 충전이 될 필요성이 있으며 축전지 선정 시 이러한 점을 고려하여야 한다.

3. 축전지 출력특성의 온도 의존성

축전지의 주변온도가 낮게 되면 축전지의 출력이 저하된다. 동절기 혹한기가 되면 축전지의 출력은 부하에 전원공급하기에 부족할 정도로 심하게 저하되는데 이에 대비하여 온도저하에 따른 출력저하가 적은 축전지를 선별하여 선정할 필요가 있다.

4. 높은 충방전 빈도에 따른 수명단축

독립형 시스템에서의 축전지는 매일 충전과 방전을 반복한다. 또한 충전하는 량도 일사량에 따라 매시간 다르므로 과충전과 부족충전을 반복한다. 따라서 일반적으로 사용하는 축전지에 비하여 훨씬 가혹한 조건에서 운전되고 있는 것이다. 일반적으로 축전지의 전극은 과충전의 경우 (+)전극이, 부족충전의 경우 (−)전극이 열화한다. 설계시에 축전지 용량 선정이 제대로 되었다면 태양광 발전시스템에서는 과충전의 경우보다 부족충전의 경우가 많은데 이로 인한 (−)전극의 열화가 축전지 수명단축의 주요원인으로 된다. 따라서 독립형 시스템에 적용하는 축전지는 (−)전극의 열화를 보완할 수 있는 수단을 강구해야 한다. (−)전극 주변을 카본으로 둘러싸거나 축전지 내부를 실리콘으로 충진하는 방법 등이 시도되고 있다.

5. 태양광발전용 축전지가 갖추어야 할 조건

(1) 자기 방전율이 낮을 것
(2) 에너지 저장밀도가 높을 것
(3) 중량 대비 효율의 높을 것
(4) 과충전 및 과방전에 강할 것
(5) 가격이 저렴하고 장수명일 것

5.5 낙뢰 대책

5.5.1 낙뢰 개요

태양광 발전시스템은 건축물 옥상에 설치되거나 대규모 발전소의 경우 산지의 개활지에 설치되는 것이 보통이므로 낙뢰의 우려가 어떤 시설물 보다 높다고 할 수 있다. 뇌방전은 뇌운 내에 축적된 전하와 지표면의 정전유도된 전하가 뇌운과 지표면 사이 대기의 절연파괴로 도전로가 형성되는 뇌운과 대지간의 방전이다.

뇌운을 형성하고 있는 전하의 이동으로 뇌격전류가 흐르게 되며 순간적으로 서지형태의 전압이 인가되고 큰전류가 흐르게 된다. 뇌격전류의 파형은 뇌운의 규모, 뇌격 지점의 형태, 도전율 등에 따라 매우 다양하게 나타난다. 뇌운에서 일어나는 선행방전은 50m 정도 전진하면 30~50μs 정도의 휴지시간을 갖고 다시 전진하는 계단적 전진을 반복하며 지표면에 접근한다.

뇌격거리에 대하여는 많은 연구사례가 있으며 일반적으로 다음식을 사용하고 있다.

$$\tau_s = kI^n$$

여기서, τ_s : 뇌격거리 [m]

I : 뇌전류 파고값 [kA]

k, n : 상수

산 출 식	연 구 자
$\tau_s = 6.72I^{0.8}$	H.R Amstrong. E.R Whitehead
$\tau_s = 10I^{0.65}$	K.Berger. J.G Anderson
$\tau_s = 3.3I^{0.78}$	R.H Golde
$\tau_s = 10.6I^{0.51}$	C.F Wagner

5.5.2 뇌서지 대책

1. 피뢰방식

낙뢰의 위험으로부터 시설물을 보호하기 위한 피뢰방식에는 돌침방식, 수평도체방식, 케이지방식 등이 있으며 피보호물의 형태, 조건에 따라 선정하거나 2가지 이상의 방식을 조합하여 적용한다.

(1) 돌침방식

뇌격은 선단이 뾰족한 부분으로 잘 방전하므로 시설물의 상단에 뾰족한 형태의 피뢰침을 설치하고 근방에 접근한 뇌격을 흡인하여 도체와 접지전극을 통하여 대지로 안전하게 방류하는 방식이다. 이 방식은 건축물과 같이 면적이 크지 않은 시설의 보호를 위해 많이 사용되어 왔으며 태양광 발전시스템을 건물 옥상에 시설하는 경우 적용이 용이한 방식이다. 하지만 대규모 태양광 발전소와 같이 넓은 면적의 시설물을 보호하기 위해서는 단독으로 전체의 시설을 보호하기에는 한계가 따르는 방식이다(그림 5-9).

(2) 수평도체방식

태양광발전 시스템을 구성하고 있는 구조물의 상부에 수평으로 도체를 가설하고 인하도선과 접지전극을 통하여 뇌전류를 안전하게 대지로 방류시키는 방식이다. 돌침방식에 비하여 공사비는 많이 들지만 태양광 발전 시스템에 적용하기에 가장 좋은 방식이다(그림5-10).

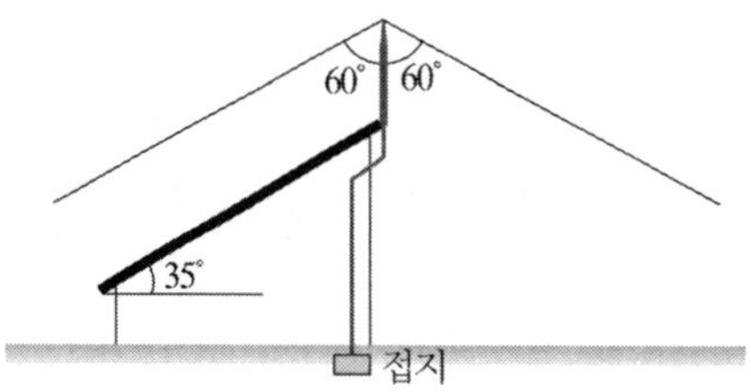

그림 5-9 태양광발전 시스템에 설치한 돌침방식

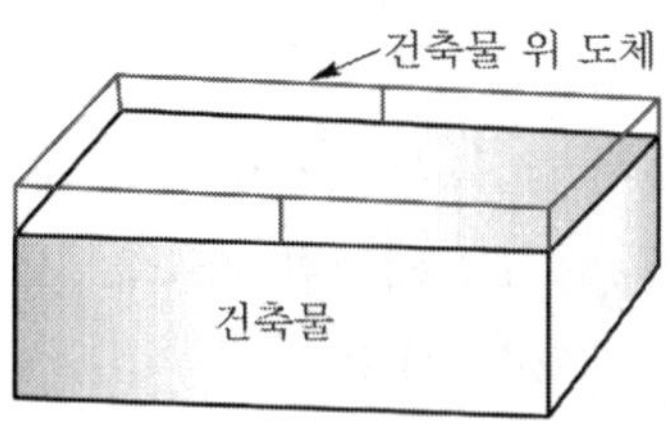

그림 5-10 수평도체 방식

(3) 케이지방식

피보호물을 새장과 같이 메쉬형태의 도체로 둘러싸는 방식으로 시설물 전체를 낙뢰로부터 매우 안전하게 보호할 수 있다(그림 5-11).

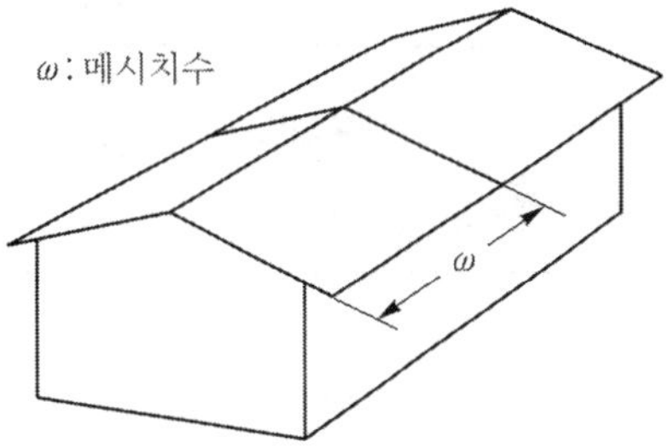

그림 5-11 케이지 방식

2. 보호범위

피뢰침과 수평도체의 보호범위는 높이가 높을수록 뇌격거리를 고려해야 하므로 일률적인 보호각 설정으로 나타내기에는 불합리한 면이 있다. 뇌격거리는 뇌전류가 클수록 길어진다. 따라서 설치조건이 같은 피뢰침이라도 뇌전류가 커지면 보호 범위가 넓어져야 한다. 회전구체법은 뇌격거리를 고려해서 보호범위를 설정하는 방식이다. 보호범위를 단순하게 보호각으로 설정해도 실용상 문제가 되지 않는 경우는 피뢰침의 설치높이가 뇌격거리의 약 1/2이하인 경우이며 피뢰침의 설치높이가 낮을수록 보호각을 넓게 설정할 수 있다. 따라서 1～2개의 피뢰침을 높게 설치하는 것보다 여러개의 피뢰침이나 수평도체를 보다 낮은위치에 분산하여 설치하는 것이 보호 효과면에서 우수하다고 할 수 있다. 보호범위를 설정하는 방법으로는 보호각도법, 회전구체법 그리고 메쉬법이 있다.

(1) 보호 각도법

그림 5-12와 같이 피뢰침의 높이에 따라 보호각을 다르게 적용하여야 한다. 보호각은 피뢰침과 건물 끝과의 각도를 말하는 것으로서 보호각은 작을수록 좋다.

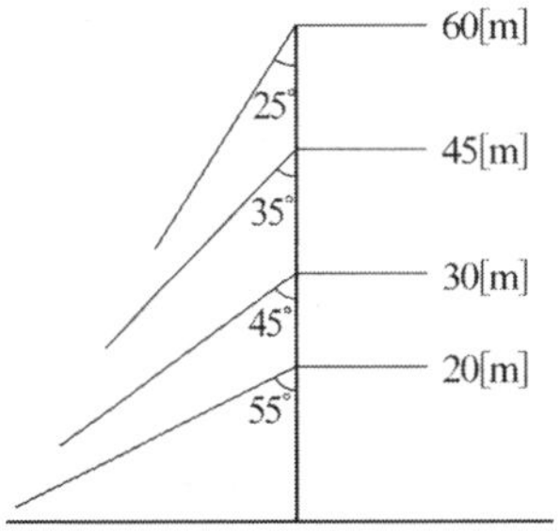

그림 5-12 피뢰침의 높이 (예)

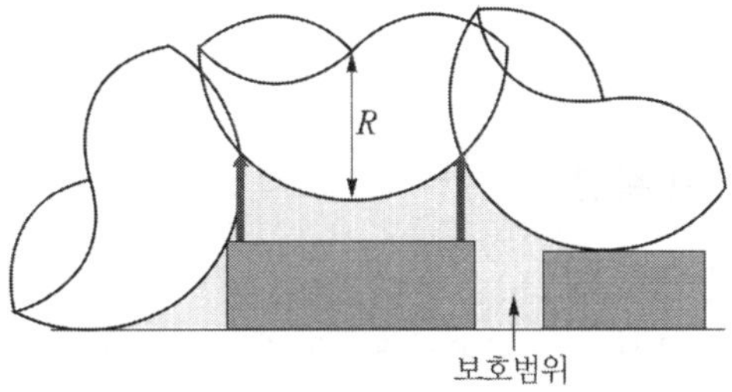

그림 5-13 회전구체법에 따른 보호각

(2) 회전구체법

뇌격거리 R을 반지름으로 하는 구체를 이용해 보호범위를 적용한다. 2개 이상의 수뢰부에 동시에 접하게 하든가 수뢰부 1개 이상과 대지에 동시에 접할 수 있도록 하여 구체를 회전시킬 때 구체표면의 물선으로부터 보호범위를 정하는 방법이다. 구체의 반경은 표 5-2에서의 R에 의한다.

표 5-2 보호레벨에 따른 수뢰부의 배치

보호 레벨	회전구체법 R	보호각법 h(m)					메쉬법 폭(m)
		20	30	45	60	60초과	
		α(°)	α(°)	α(°)	α(°)	α(°)	
Ⅰ	20	25	*	*	*	*	5
Ⅱ	30	35	25	*	*	*	10
Ⅲ	45	45	35	25	*	*	15
Ⅳ	60	55	45	35	25	*	20

(3) 메쉬법

피보호물을 메쉬(Mech) 형태의 도체 내부에 두어 낙뢰로부터 보호하는 방식이다. 고층 건물의 남측 벽면에 건축물 일체형 태양광발전 시스템(BIPV)을 시설할 경우 건물 외벽면의 재료가 도전성인 경우, 이를 수뢰부의 일부로 이용할 수 있다.

메쉬법의 원리적인 측면에 대하여 고려하면 시설물의 형태, 조건 등을 이용하여 적용하기 좋은 방식으로 피 보호물을 보호할 수 있다.

5.5.3 피뢰소자 선정

태양광발전 시스템을 구성하는 장비나 기기들을 외부로부터 침입하는 낙뢰, 시스템 내부에서 발생할 수 있는 개폐서지 등 순간 과전압으로부터 보호하기 위하여 SPD와 같은 피뢰소자를 용도에 따라 필요개소에 설치해야 한다. 시스템에 서지가 침입할 때 구성기기가 파손되는 것은 선간이나 선과 대지 간에 절연내력을 상회하는 전압이 인가되어 절연이 파괴되기 때문이다. 보호대상에 따라 전원용, 통신용, 신호용 등으로 구분할 수 있다.

1. SPD의 종류

(1) 전원용 SPD

전원회로에 사용하는 서지보호기는 보호하고자 하는 선로나 기기의 분기회로에 설치하거나 기기에 내장하여 사용한다. 전원회로의 운전전압은 최소 100V 이상이므로 속류를 차단할 수 있는 전류제한형 소자를 적용시켜야 하며 여기에는 산화아연 바리스터가 주로 사용되고 있다. 서지는 전원회로의 선로와 접지를 통하여 침입한다.

따라서 전원 계통의 공급방식과 접지방식에 따라 서지보호기의 회로도 달라지므로 차동모드서지와 공통모드 서지 모두로부터 보호하기 위해서는 용도에 맞는 서지보호기 선정이 중요하다. 전압제한형 소자인 산화아연 바리스터와 전류 방류형 소자인 가스방전관을 직렬로 접속하면 각 소자의 장점을 활용 할 수 있다. 바리스터와 가스방전관을 직렬로 접속하면 가스방전관은 정상상태의 운전전압에서 누설전류를 매우 작게 제한하며 과도전압에 대해서는 바리스터가 동작하도록 스위칭 작용을 한다. 과도 전압이 침입할 때 바리스터가 과도 전압을 제한하며 그 순간 가스방전관은 대개 아크상태가 되며 과도전압이 통과한 후 전원전압에 의해 글로우 방전상태로 된다. 전원전압의 영점교차 후 반주기 이내에 글로우 방전은 소멸되고 정상적인 운전상태로 복귀해야 한다.

(2) 통신, 신호용 SPD

통신, 신호용 서지보호기는 2단자형, 다단자형으로 구분할 수 있으며 전압제한 소자로 구성된 서지보호기와 전압제한 소자와 전류제한소자로 구성된 서지보호기의 2종류가 기본형이다. 다단자형 서지보호기는 보호대상의 다양한 요구사항을 충족시키기 위하여 여러 종류의 서지보호소자를 각각 소자의 장점을 발휘할 수 있도록 조합하여 제작한 것을 말한다. 혼합형 서지보호기는 가스방전관과 바리스터를 조합하는 경우와 가스방전관과 다이오드를 조합하는 경우의 두가지가 일반적으로 적용되고 있다. 가스방전관과 바리스터를 조합하는 경우는 전원용 서지보호기와 유사하다. 서지가 침입하면 먼저 전압제한형 다이오드가 동작하여 회로를 보호하고 다음에 가스방전관이 동작하여 다이오드를 보호한다.

이때 대부분의 서지전류는 가스방전관을 통하여 방출된다. 그러나 가스방전관이 방전이 개시될 수 있는 어느정도의 전압과 시간이 필요하며 이로 인하여 회로나 기기가 서지에 민감할 경우 손상될 우려가 있다. 제너다이오드는 가스방전관의 방전개시전압이 민감한 회로나 기기에 영향을 주지 않도록 안전한 제한전압 이하로 제한시킬 수 있다. 제너다이오드를 사용하고 제너다이오드와 가스방전관 사이에 직렬로 임피던스를 접속하면 제너다이오드에는 적절한 전류만 흐르게 되고 대부분의 서지전류는 가스방전관을 통해서 흐르게 한다.

(3) 자동차단장치 적용 SPD

차단기나 퓨우즈는 동작속도가 느리기 때문에 과도전압으로부터의 보호는 기대할 수 없다. 그러나 바리스터와 같은 고속응답 보호소자와 병용하면 서지보호기의 성능 향상에 도움이 된다. 매우 큰 에너지를 갖고 있는 뇌서지가 침입하면 서지보호기가 파손될 수 있으며 바리스터의 고장이나 파손은 단락사고로 이어질 수 있다. 이 경우 큰에너지의 뇌서지로부터 서지보호기를 보호할 수 있다.

5.6 모니터링 및 방재 · 방범 시스템

5.6.1 모니터링 시스템

태양광발전소 모니터링 시스템은 발전소의 현재 발전량 및 누적량, 각 장비별 현황은 물론 방재시스템 및 방범시스템까지 발전소내의 모든 시스템을 실시간 모니터링하여 체계적이고 효율적으로 다음사항들을 관리하기 위한 시스템이다.

(1) 시스템의 운전 상태를 감시하기 위한 계측 또는 표시

(2) 시스템에 의한 발전전력량을 알기 위한 계측

(3) 시스템 기기 또는 시스템 종합 평가를 위한 계측

(4) 시스템의 운전상황을 다른 사람들에게 보여 시스템 홍보를 위한 계측

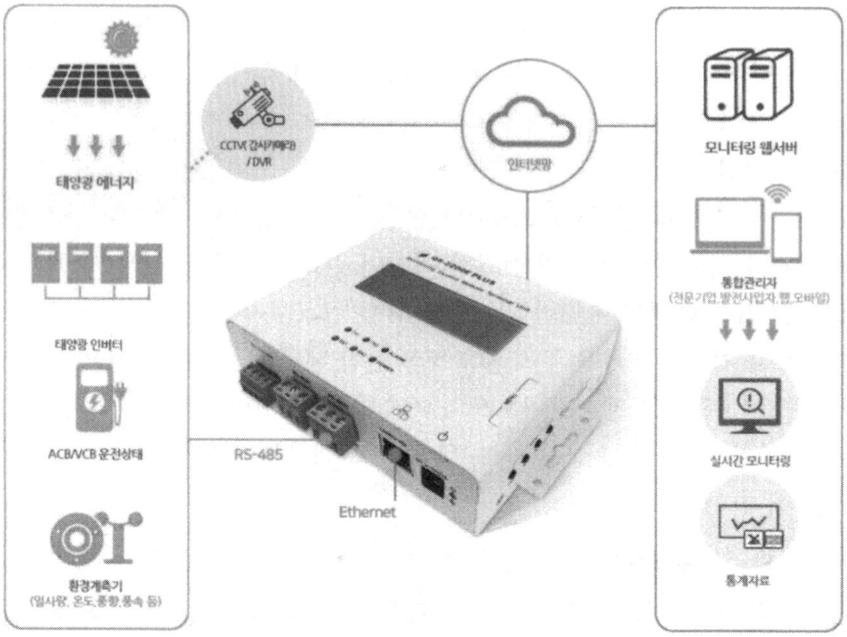

그림 5-14 빌딩용 태양광발전 모니터링 시스템

1. 시스템 구성요소

(1) PC : 로컬 모니터링 프로그램 내장

(2) 모니터 : LCD, 디지털 감시 화면, 계통도 화면, 경보화면, 보고서 화면 표시

(3) 공유기 : CCTV저장(NVR) 데이터, 인터넷, 직렬서버 데이터 공유 TCP/IP 유선 연결

(4) 직렬서버 : 기상수집 데이터, 발전, 고장, 경보 전력 기기감시 등 데이터 수집, 공유기를 통해 사용자 PC로 전달.

(5) 기상수집 I/O 통신모듈 : 일사량센서, 온도센서, 습노센서, 풍속센서 등으로부터 정보 수집

(6) 각종 센서류 : 일사량, 온도, 습도, 풍속 등

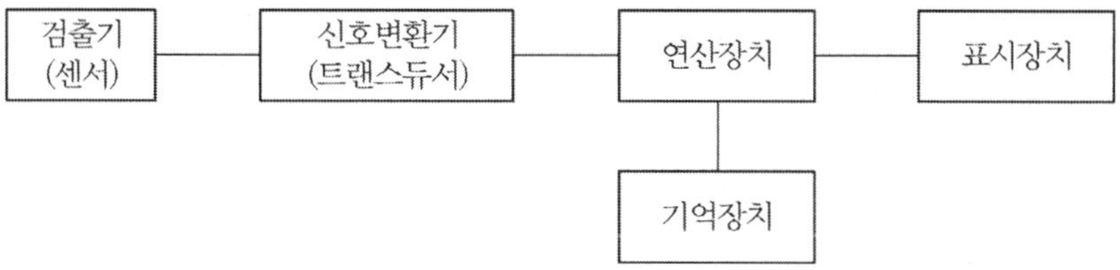

그림 5-15 계측 표시시스템의 구성도

2. 프로그램내용 및 기능

(1) 데이터 수집기능

각각의 계측시스템에서 서버로 전송되는 데이터는 데이터수집 프로그램에 의하여 데이터를 전송받아 데이터를 가공 후 데이터베이스서버에 저장한다. 수초 간격으로 전송받은 데이터는 태양전지 출력전압, 출력전류, 인버터상 각상전류, 각상전압, 출력전력, 주파수, 역률, 누적전력량, 외기온도, 모듈표면 온도, 수평면일사량, 경사면일사량 등 각각의 데이터로 분리하고, 데이터베이스의 실시간 테이블 형식에 맞도록 데이터를 수집한다.

(2) 데이터 저장기능

데이터베이스의 실시간 테이블 형식에 맞도록 수집된 데이터는 데이터베이스에 실시간 테이블로 저장되며, 일정 시간마다 저장된 데이터를 읽어 산술평균값을 구한 뒤 평균데이터를 저장하는 테이블에 데이터를 저장한다.

(3) 데이터 분석기능

데이터베이스에 저장된 데이터를 표로 작성하여 각각의 계측요소마다 일일 평균값과 시간에 따른 각 계측값의 변화를 알 수 있도록 표의 테이블 형식으로 데이터를 제공한다.

(4) 데이터 통계 기능

데이터베이스에 저장된 데이터를 일간과 월간의 통계기능을 구현하여 엑셀에서 지정날짜 또는 지정 월의 통계 데이터를 출력한다.

3. 모니터링 시스템 구성 일반조건

(1) 모니터링 시스템 설치대상

태양광 발전설비 용량 50[kW] 이상

(2) 모니터링 시스템 기본 데이터 및 전송간격

① 일일 에너지 총 생산량[시간별]

② 일일 에너지 생산시간

③ 익일 중앙서버(신 · 재생에너지 센터) 요청 시 전송

(3) 측정항목 및 모니터링 항목

표 5-3 측정항목 및 모니터링 항목

측정항목	모니터링 항목	데이터(누적값)
인버터 출력	일일 발전량[kWh]	24개[시간당]
	생산 시간[분]	1개[1일]

(4) 태양광 모니터링 설비 구성항목

표 5-4 태양광 모니터링 설비 구성항목

구 분	로컬표시사항[옵션]	센터 전송항목	측정위치 및 항목
태양광	누적발전량 [년/월/일/최초]	① 일일발전량[kWh] ② 발전시간[h]	인버터, 출력

(5) 계측설비별 요구사항

표 5-5 계측설비별 요구사항

계측설비	요구사항	확인방법
인 버 터	CT 정확도 3[%] 이내	관련내용이 명시된 설비사양 제시
온도센서	정확도 ±[3°C](−25~100[°C]) 미만	관련내용이 명시된 설비사양 제시
전력량계	정확도 1[%] 이내	관련내용이 명시된 설비사양 제시

(6) 모니터링 시스템 접속방법 및 접속설비

표 5-6 모니터링 시스템 접속방법 및 접속설비

접속방법	접속설비 및 구성	비 고
계측설비 (전송기능내장)	계측설비 → 중앙서버	• 센터의 요구기능 및 요구사항을 만족 • 중앙서버로 전송할 수 있는 별도 · 통신포트를 사전에 확보
외장형 전송설비	계측설비 → 전송설비 → 중앙서버	• 센터의 요구기능 및 요구사항을 만족 • 중앙서버로 전송할 수 있는 별도 통신포트를 사전에 확보 • 전송설비와 호환성을 갖는 계측설비 선정
로컬서버(PC포함)	로컬서버 → 중앙서버	

5.6.2 방재 시스템

1. 피뢰시스템

태양광 발전 설비는 야외에 상시 노출되어 있으므로 직격뢰의 위험과 접지선, 전력선을 통한 간접뢰에 대한 방지 대책을 강구하여야 하며, 국내 건축법상 20[m] 미만의 건축물은 피뢰침의 설치의무 대상이 아니나 개방된 넓은 공간에 설치된 발전 설비 구조물은 직격뢰의 피격 대상이 될 가능성이 높아 이를 고려하여야 한다.

2. 피뢰시스템의 역할

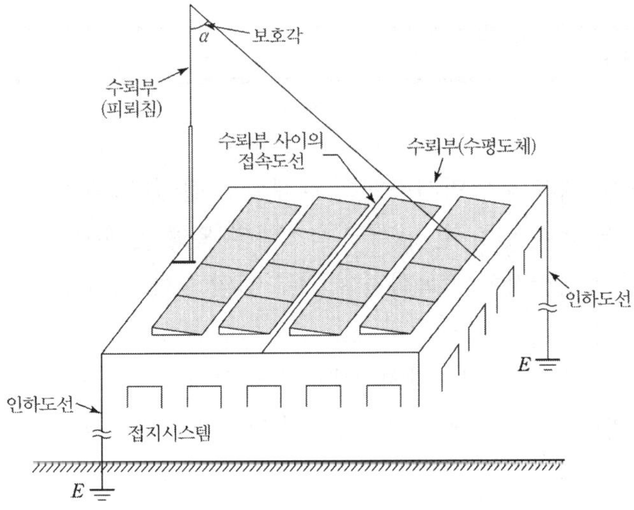

그림 5-16 외부 피뢰시스템의 구성

(1) 수뢰부 : 구조물의 뇌격을 받아들임(피뢰침, 피뢰도선)
(2) 인하도선 : 뇌격전류를 안전하게 대지로 보냄
(3) 접지시스템 : 뇌격전류를 대지로 방류시킴(KEC 접지규정 참조)

3. 서지보호장치(SPD)

교류 1,000[V], 직류 1,500[V] 이하의 전선로에서 과도한 과전압을 제한하고, 서지전류를 다른 경로를 통해 흐르게 하기 위한 장치로 KSC IEC 관련규정에 따라 설치한다.

4. SPD의 설치목적

전기설비기술기준의 판단기준 제18조 전기설비 접지계통과 건축물의 피뢰설비 및 통신설비 등의 접지극을 공용하는 경우 통합접지를 할 수 있으며 이 경우 낙뢰 등에 의한 과전압으로부터 전기설비를 보호하기 위하여 SPD를 설치하여야 한다.

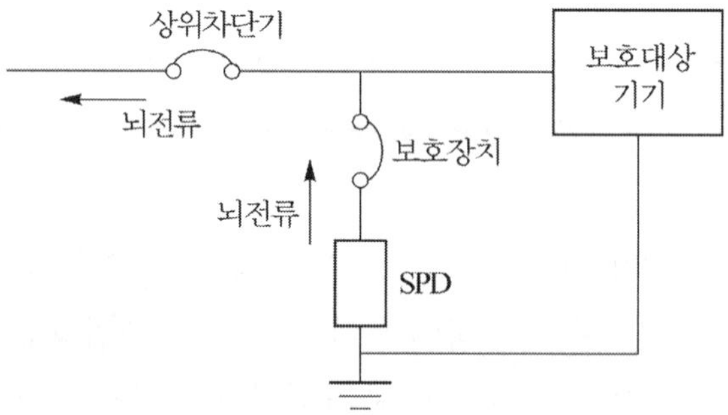

그림 5-17 SPD 보호장치 설치 개념도

5.6.3 방범 시스템

1. 개요

(1) 태양광 발전 설비에서의 방범시스템은 폐쇄회로 텔레비전(CCTV) 시스템과 출입통제 시스템으로 구분할 수 있으며, CCTV 시스템은 옥외 및 옥내에 설치하여 주변 상황을 실시간 감시하고 저장장치에 녹화하여 외부 침입 등에 의한 문제 발생 시 근거 자료로 활용이 가능하다.
(2) 출입통제 시설은 울타리, 시건장치, 적외선 및 RFID 등을 설치하여 관계자의 인가 및 외부인의 시스템 접근을 통제하거나 동물의 침입으로 인한 피해를 막기 위해 설치한다.

2. CCTV 시스템

(1) 고려사항

① 발전소 내부의 전 공간의 실시간 감시 기능
② 얼굴 식별이 가능한 최소한의 해상도
③ 최소 30일 이상의 기록이 가능한 저장장치
④ 감시 제어반에서의 통합 감시 기능(원격 모니터링)
⑤ 시스템 상호 운영성(통합 관제 기능)
⑥ 출입통제, 경보, 방재 시스템 가동 등 타 시스템과의 연동

(2) 시스템 구성 방안

표 5-7 CCTV 시스템의 최소한의 구성 설비

구성품	주요 내용
카메라	• 주야간 구분 없이 재생 시 식별 가능한 수준의 화상을 제공할 수 있어야 한다. • 사각지대가 없도록 주요부지 내 전 지역의 감시가 가능하여야 한다.
저장장치(NVR)	• 별도의 저장장치에 카메라의 해상도에 따른 용량 확보
영상선택기, 매트릭스 스위치, 멀티플렉서	• 영상 선택기 : 2대 이상 카메라를 1대의 모니터로 선택 또는 전환하여 모니터링 할 수 있도록 하는 장치 • 매트릭스 스위치 : 영상 선택기의 기능 확장을 위해 다수대의 모니터를 표출하도록 하는 장비 • 멀티플렉서 : 카메라 다수의 영상을 다중녹화 및 다양한 디스플레이모드로 설정이 가능하며 화면분할을 4~16분할 등 다중감시를 가능하게 하는 장비
영상 분배 증폭기(VDA)	• 하나의 영상 신호를 입력하여 다수의 동일한 영상 신호로 분배해 주는 용도로 사용
폴	• 카메라 설치 폴의 높이, 구조, 재질 및 풍압 하중 고려
낙뢰 보호 시설	• 낙뢰 대비 보호를 위한 SPD 또는 신호 절연기
하우징	• 장기간 카메라 보호를 위한 하우징의 구조 재질 등
안내판 설치	• 개인정보보호법에 따른 안내판 설치

3. 출입통제 시설

(1) 시스템 구성 방안

① 동물의 접근 통제
㉮ 음향 장치, 섬광 장치 등을 고려하여 조수 침입방지
㉯ 산짐승의 접근 통제를 위한 울타리 설치

② 외부인 출입 통제

㉮ 변전실, 감시 제어반 등 주요 보안구역 출입 통제

㉯ 출입허용 대상자를 식별하고 기록할 수 있는 출입통제장치의 설치

㉰ 가급적 출입구의 수를 최소화 하고 CCTV와 병행하여 지속적인 확인과 관리가 되도록 출입통제장치를 설치

㉱ 화재발생 시 출입통제장치가 자동으로 해제될 수 있도록 강구

㉲ 주요시설의 열쇠 분실이나 패스워드 노출 등으로부터 보다 안전하게 하기 위하여 잠금장치를 이중화

③ 차량 출입 통제

㉮ 인가된 차량만 통과 허용

㉯ 통합 관제 시스템과 연동

㉰ 차량번호 인식 및 기록 저장

④ 정보 보안

㉮ 방화벽(Fire Wall), IPS(Intrusion Prevention System) 구축

㉯ 인증, 암호화, 접근제어

㉰ Rock key 등 하드웨어 보안

Chapter

6 스마트 그리드 및 마이크로 그리드

6.1 스마트 그리드(Smart Grid) 개요

Smart Grid는 기존의 전력망에 정보 · 통신기술(ICT)을 접목하여 전력생산 및 소비되는 정보를 양방향, 실시간으로 유통함으로써 에너지 효율을 최적화하고, 전력피크 발생을 줄이며, 소비자의 에너지 사용정보를 통해 소비자 스스로 에너지절감을 유도하려는 목적을 가지고 있으며 신 · 재생에너지원을 통해 전력생산에도 참여하여, 전기에너지를 소비하는 소비자의 역할과 전기에너지를 생산하는 생산자의 역할을 동시에 수행할 수 있어, 모든 사람들이 에너지의 생산과 소비를 담당하는 시스템이다.

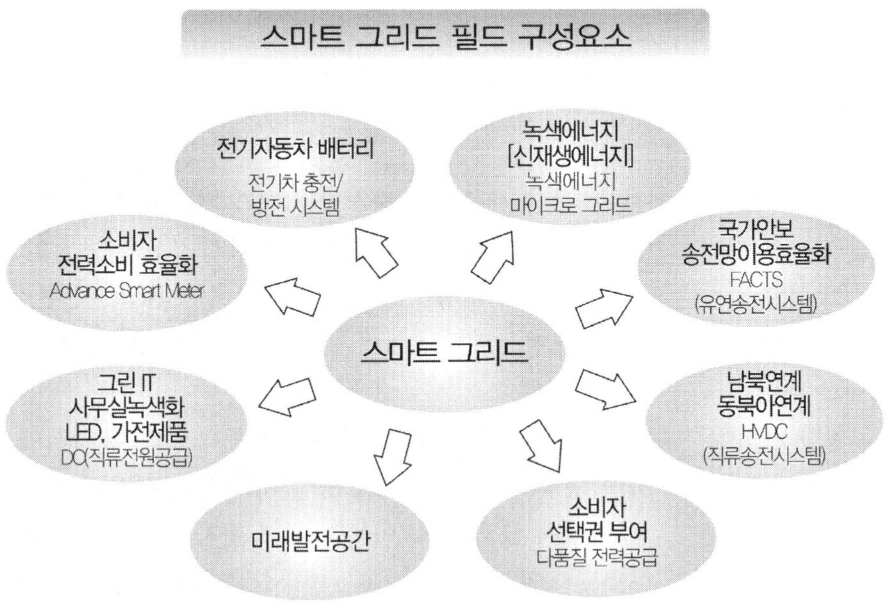

그림 6-1 스마트 그리드의 개념도

(1) 스마트 그리드의 특징

① 소비자 참여
② 분산전원 시스템의 확대
③ 새로운 전력시장 창출
④ 고품질 · 고신뢰성의 전력서비스 제공
⑤ 자산 최적화 및 운영효율화
⑥ 전력망 감시 · 보호의 고도화

6.1.1 스마트 그리드의 개념

표 6-1 기존 전력망과 스마트그리드의 차이점

구 분	기존 전력망	스마트그리드
통 신	단방향, 비실시간	양방향, 실시간
소비자와 소통	제한된 범위	다양한 범위
미터링	전자기계적 미터링	디지털 미터링, 실시간 요금제 기능
운 전	수동감시 정기적 유지보수	자동 감시 상태 기반 유지보수
발 전	집중식	집중식 + 분산전원
전력 제어	제한적	자동, 광범위
신뢰도	신뢰도 낮음 사고 파급 수동 대비	신뢰도 높음 사고 한정 또는 자동 치유 자동 대비
복 구	수동	자가 복구
시스템 토폴로지	수지상 정해진 방향 전력흐름	네트워크 다양한 전력 흐름

출처 : 지식경제부(2010), 스마트그리드 국가로드맵

기존의 전력망은 발전 → 송전 → 배전 → 판매의 순서를 거치게 되는데, 이는 전기 생산자가 전기를 생산하여 보내면, 소비자가 그 전기를 필요할 때마다 받아서 쓰는 일방적인 구조이다. 발전소에서 생산된 전기는 인근 변전소까지 송전선로를 통하여 수송되고, 이 변전소에서는 전압이 높은 전기의 전압을 낮추어 배전선로를 통하여 집 주변의 전주 위에 설치되어 있는 변압기로 보내게 된다.

변압기는 일반 가정에서 사용하는 전압인 220V로 낮추어 최종적으로 각 가정에 공급하게 되고 우리는 이 전기를 이용하여 냉장고, 세탁기, TV 등 가전제품을 사용하게 된다.

이 과정에서 하나의 문제점이 발생하게 되는데, 이는 바로 소비자들에게 현재 공급되고 있는 전기에 대한 정보가 전혀 전달되지 않는다는 점이다. 이러한 소통의 단절은 소비자들로 하여금 비효율적인 전기 사용을 조장하여 전기 사용에 대한 통제도 불가능하게 만든다.

이와 같은 통제 불가능성으로 인하여 현재의 전력망에서는 전력사용량이 가장 많은 때를 기준으로 하여 전기를 생산할 수밖에 없다. 따라서 전기를 많이 사용하지 않는 다른 시간대에 생산된 전기는 모두 버려지게 된다.

반대로 전기 사용량이 급증하여 전기가 부족하게 될 경우에는 정부나 전력회사들이 단지 소비자들에게 전기 사용을 자제하여 줄 것을 요구하는 방법밖에는 뾰족한 수가 없게 된다.

이에 반하여 스마트그리드는 양방향 통신이 가능한 구조로, 스마트그리드에서는 공급되는

전기에 대한 요금, 예비율 등의 모든 정보들이 첨단계량인프라(AMI)를 통하여 제공됨에 따라 소비자들이 선택적으로 전기를 소비할 수 있게 된다. 반대로 전기를 공급하는 입장에서는 소비자들의 시간대별 전력수요량을 정확히 파악할 수 있게 된다.

여기서 더 나아가 스마트그리드에서는 전기요금이 쌀 때 전기를 에너지저장장치, 전기자동차 등에 저장해 두었다가, 전기요금이 비쌀 때 사용하는 것이 가능하게 된다.

이러한 과정들이 축적이 되면 '부하의 평준화'를 이룰 수 있게 되고, 결국 불필요한 전기 생산을 줄일 수 있게 됨으로써 최종적으로는 국가 전체의 경쟁력을 높이게 되는 것이다.

기존 전력망과 스마트그리드의 또 다른 차이점은 전원 공급 방식에서 찾을 수 있다.

기존의 전력망은 대규모 발전소에서 생산된 전기를 중심으로 움직이는 중앙집중형 전원 공급 방식을 채택하고 있다.

최근에 들어서는 지구온난화 방지를 위하여 화석연료를 사용하지 않는 신 · 재생에너지에 대한 관심이 높아지고 있으며, 실제로도 많은 신 · 재생에너지원들이 현장에 설치되어 가동되고 있다.

신 · 재생에너지의 경우 고갈될 걱정이 없고, 친환경적인 자연 에너지를 이용하기 때문에 매우 유용한 에너지원으로 각광 받고 있지만, 미래 예측이 불가능한 바람, 태양, 바다 등을 이용하기에 출력이 불안정한 특성을 갖고 있다.

즉 수많은 시행착오를 통하여 이제는 안정화된 발전기를 중심으로 짜여 진 기존 전력망에 출력 자체가 매우 불안정한 신 · 재생에너지를 연계한다는 것은 기존의 전력계통 전체를 위험에 빠트릴 수도 있게 된다는 의미이다.

6.1.2 스마트 그리드 필요성

1. 기후변화 대응을 위한 최선책

스마트그리드는 지구온난화 방지라는 명제를 전제로 하고 있기 때문에 세계 각국의 관심을 받으며 급성장하고 있다. 지구온난화 등 기후변화로 인한 대응책 마련이라는 명제는 스마트그리드의 태동 배경이라 할 수 있을 만큼 스마트그리드 시스템구축의 필요성이 중요한 위치를 차지한다.

18세기 중반 영국에서 시작된 산업혁명으로 인하여 세계는 비약적인 발전을 이룬 반면에 다량의 오염물질이 배출되면서 지구의 환경은 극심한 몸살을 앓게 되었다. 특히 석탄, 석유 등 화석연료를 무차별적으로 사용하면서 이산화탄소 등 다량의 온실가스를 배출하여 지구온난화의 원인을 제공하여, 이에 국제 사회는 온난화 재앙을 방지하고 새로운 생존 번영의 패러다임으로 '녹색성장'을 기치로 내세운 것이다.

과거에는 경제성장이라는 한 마리 토끼만 쫓았다면, 앞으로는 '환경'과 '경제성장'이라는 두

마리 토끼를 함께 잡겠다는 의미이다.

우리나라도 저탄소 녹색성장 정책의 효과적인 추진을 위한 법 · 제도적 기반으로 2010년 1월 '저탄소 녹색성장 기본법'을 제정하고, 같은 해 4월부터 본격적으로 시행에 들어갔다. '저탄소 녹색성장 기본법'에는 녹색성장 국가전략 수립, 녹색기술 · 산업의 육성 · 지원을 통한 국제경쟁력 제고 및 새 일자리 창출, 녹색금융 · 펀드 조성, 화석연료의 수입의존도 감축, 온실가스 감축 등에 대한 목표관리제 도입, 배출권 거래제 도입 근거 마련, 친화경적 세제 추진 등의 내용이 포함되어 있다.

이처럼 21세기 들어서면서부터 우리나라를 비롯한 세계 각국은 온실가스 배출을 줄일 수 있는 방안을 찾는 데 총력을 기울이게 되었는데, 그 방안 중 가장 관심을 갖고 주력하는 분야가 전력 분야이다. 왜냐하면 전 세계 이산화탄소 배출량의 약 24%가 발전 산업에서 발생하고 있기 때문이다.

우리나라 역시 2017년 초 통계청이 발표한 자료에 따르면 2013년 온실가스 총배출량은 총 694,523천 톤이었다. 그리고 전력거래소의 자료에 의하면, 우리나라에서 발생하는 온실가스 중 약 1/3 정도가 전력부분에서 발생하고 있다는 것이다.

2. 기존전력망과 스마트 그리드의 비교

기존전력망과 스마트 그리드를 비교하면 다음 표 6-2와 같다.

표 6-2 기존전력망과 스마트 그리드의 비교

구 분	기존 전력망	Smart Grid
전원공급 방식	중앙전원	중앙전원 + 분산전원
에너지 효율	30~50[%]	70~90[%]
전력흐름제어	Demand-pull 방식	전력흐름에 따른 세부제어
네트워크 토폴로지	대도시 인근의 중앙집중식 방사형 구조	최적 자연조건을 활용하는 분산형 네트워크 구조
통신 방식	단방향 통신	양방향 통신
기술특성	아날로그/전자기계식	디지털방식

3. 스마트 그리드의 국가 비전 및 목표

(1) 정책비전 : 스마트그리드 구축을 통한 기후위기 대응을 위한 탄소중립 기반 조성

(2) 전략방향

① 국가 : 에너지 효율 향상 및 CO_2 배출 저감

② 기업 : 신성장동력 발굴 및 수출산업화

③ 개인 : 국민 삶의 질 향상

4. 스마트그리트(Smart Grid) 분야별 구성요소

(1) Smart Grid는 크게 전력기술과 정보통신기술로 나눌 수 있는데, 정보통신기술들은 유선과 무선 통신기술로 나눌 수 있고, 전력기술은 발전, 송배전, 변전, 수용가 측 전기설비들로 나눌 수 있다.

(2) 정보통신기술은 스마트그리드 전 분야에 걸쳐서 인터넷, PLC(전력선통신), WiFi, Zigbee 등 다양한 통신 프로토콜이 사용되고 있으며, 유무선통신을 이용해 전달된 데이터는 데이터센터에서 관리 및 이용한다.

(3) 전력기술 중 전기에너지를 생산하는 발전분야에서는 원자력에너지, 화력발전, 수력발전 등 전기를 생산하는 설비와 설비의 진단, 유지관리, 실시간 감시제어 등의 요소를 포함한다.

(4) 전기에너지를 전달하는 송배전분야에서는 송배전감시 기능을 하는 원격감시제어시스템 (SCADA), 송전이용효율을 높이는 유연송전시스템(FACTS) 등 송배전망에 발생하는 문제를 찾아내거나, 이용효율을 높이는 요소로 구성된다.

(5) 송배전 분야에서 신 · 재생에너지 등 분산전원에 대한 계통연계 등 전력망에 유입되는 외부에너지에 대한 안정성 확보도 중요한 요소이며, 이에 대한 기술적 해결방안은 계속 발전시키고 있는 실정이다.

(6) 수용가 측 구성요소는 기능에 따라 다양하게 구성될 수 있는데, 가장 핵심요소는 AMI, EMS로 스마트그리드 기능을 수행하기 위한 가장 기초적이고 핵심적인 구성요소이다.

(7) AMI는 송배전망을 통해 수용가에 연결되어 사용된 전력정보 및 원격제어에 필요한 신호들을 송수신할 수 있는 다기능 전력량계로써 최근에는 무선 중심의 체계를 구축 중에 있다.

(8) EMS는 주택 및 빌딩 등 시스템 내 에너지를 관리할 수 있는 시스템으로서, 기능에 대한 정의는 제품의 사양에 따라 다르지만, 기본적인 기능은 에너지 사용 데이터에 대한 정보제공, 스마트기기에 대한 제어기능 등을 포함한다.

(9) 그 외 구성요소

① 전기자동차와 충전시스템

② 수요관리를 위해 잉여 생산된 전력을 저장할 수 있는 에너지저장시스템

③ 수요 반응에 따른 가격변동을 관리하는 전력시장

5. 스마트 그리드의 구현기술

(1) 양방향 정보통신기술(Two-way ICT)

① 실시간 정보가 전달

② 소비자들은 가격정보에 따라 자신의 전력수요를 조절

③ 스마트기기들은 가격신호에 대응하여 자동으로 운영 · 조정

(2) 감독/모니터링 : 점검장치

① 스마트그리드에서는 이동이 가능한 발전원에 대한 모니터링

② 자동적으로 사고를 예방 · 복구 할 수 있는 self-monitoring 및 self-healing 기능

(3) 분산형 EMS(Energy Management system) : 두뇌 기능

① 전력계통을 운영하는 시스템으로 현재의 전력망에서는 중앙집중형으로 운영

② 마아크로그리드 및 스마트기기가 확산되므로 local 단위의 정보를 관할 · 유지하는 분산형 EMS 필요

(4) DR(Demand Response)및 소비자의 참여

플러그인, 배터리 등의 소형 발전원 들을 소유하고 있는 소비자들의 전력거래 참여

(5) 첨단 계량 기반기술(AMI : Advanced Metering Infrastructure)

① AMI는 오픈 아키텍처를 근거로 소비자를 통합하려는 기반기술

② 소비자에게는 전기를 효율적으로 사용하도록 정보제공

③ 공급자에게는 시스템 문제탐지 및 시스템의 효율적 운영능력을 제공

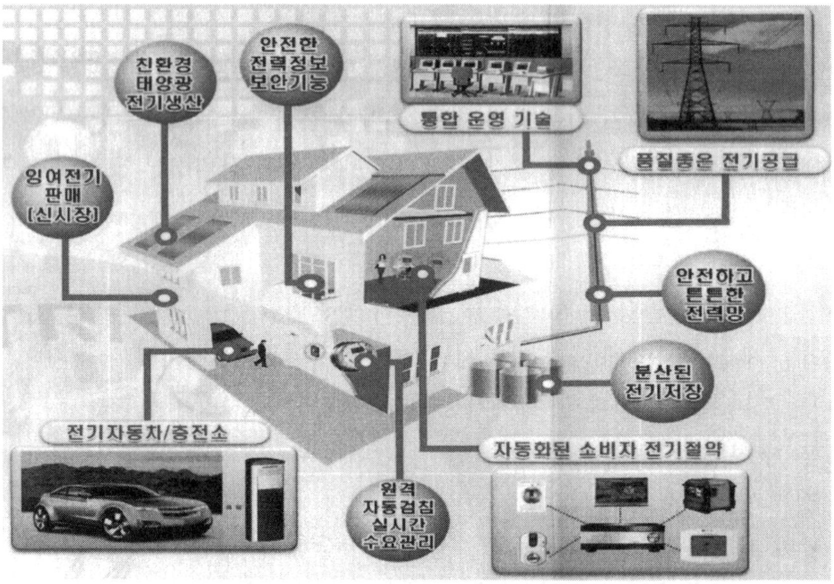

그림 6-2 한국형 스마트그리드의 미래 예시도

(6) 가시화 기술(Visualization technology)

① 전력계통을 실시간으로 감시하여 1초미만의 간격으로 부하관리

② 수요자원 시장 및 소비자가 참여하는 에너지 효율 시장이 가능

6.1.3 스마트 그리드 관련시스템

1. 지능형 전력계량시스템(Advanced Metering Infrastructure)

(1) 개요 및 구성요소

① 지능형 전력계량시스템은 단방향 디지털 계량기인 원격검침(AMR)이 진화된 형태로 수용가와 전력회사 사이의 전력서비스를 위한 양방향 데이터 통신을 하기 위한 인프라(Infra)이다.

② 전력량을 계측할 수 있는 스마트미터, 계측된 데이터를 송수신할 수 있는 DCU(Data Concentration Unit) 및 데이터 송수신 장치, 수집된 데이터를 보관, 관리할 수 있는 MDMS(Meter Data Management System)로 구성된다.

③ AMI 보급을 통해 ToU(Time of Use), CPP(Critical Peak Pricing), RTP(Real-Time Pricing)등 고도화된 Time-based 요금제도를 지원한다.

④ 양방향 통신의 장점을 이용하여 부하예상, 부하제어, 정전관리, 전력품질 모니터링 등 전력회사 측면에서의 효율적인 전력수급을 위한 부가서비스도 가능하다.

2. 에너지관리시스템(Energy Management System)

(1) 개요 및 구성요소

① 에너지관리시스템(EMS)은 전력계통을 운영하는 에너지 관리 시스템으로 현재의 전력망은 중앙에서 통제하는 시스템으로 구축되고 있으나, 스마트 그리드 도입에 따라 마이크로그리드, 지역 단위 에너지관리 시스템, 가정 내 에너지관리 시스템 등 다양한 규모의 EMS 개발 예정이다.

② EMS는 각 단말에 위치한 지능형기기 및 제품들의 에너지 사용 정보를 유 · 무선으로 전송 받아 전체 사용량 정보, 기능제어 및 사용량 예측 등의 정보를 제공한다.

③ 이를 위해 배전반, 부하감시 및 제어장치, 에어컨, 보일러, 통풍, 조명 등 지능형설비 및 기기들의 에너지를 제어하고, IHD(In-Home Display)를 통해 사용자에게 제공한다.

④ EMS는 규모 및 특징에 따라 다음과 같이 분류되는데, 산업 발전에 따라 보다 명칭이 세분화될 예정이다

㉮ HEMS : Home Energy Management System

㉯ BEMS : Building Energy Management System

㉰ FEMS : Factory Energy Management System

⑤ 국가단위 에너지관리 시스템으로는 K-EMS가 개발되어 운영되고 있으며, 구성요소를 살펴보면,

㉮ SCADA : 전력계통 운전데이터 실시간 취득, 해당 설비 감시제어 기능

㉯ 발전응용프로그램 : 전력계통 운전 중 발전력 실시간 감시제어

㉰ 전력계통해석 응용프로그램 : 전력계통 안정도 실시간 분석평가

㉱ 급전훈련, 시뮬레이터 : 급전원 훈련

⑥ 이와 달리 BEMS 및 HEMS의 구성요소를 살펴보면,

㉮ 스마트 분전함 : 스마트미터-IHD 간 정보교환 게이트웨이 내장, 선로별 전력사용량 계측 및 제어

㉯ 에너지정보표시장치(IHD) : 에너지 정보표시

㉰ ESP(Energy Service Portal) : 요금제도 관리 기능, 가격정보교환, 이벤트 연계, 전력정보 및 CO_2 배출량 통계 및 분석 등

㉱ PLC, Zigbee 등 통신시스템 : 지능형기기 및 AMI간 정보통신 데이터 송수신

㉲ 기능요구사항

- 설비별, 종류별, 용도별 에너지 사용 분포 파악 및 분석
- 에너지 사용량 예측

⑦ FEMS의 구성요소 및 기능

㉮ 계측기반 : 계측기 설치, 모니터링, 데이터 분석, 주요 설비 및 계측 현황 파악

㉯ 수집/분석 시스템 : 에너지 맵, 트렌드 분석, 시계열 예측, 관리요인 도출

㉰ 개선활동 : 온실가스 분석 및 절감, 에너지 효율화

⑧ 이 외에 빌딩 및 건물의 에너지 관리를 위해서 전기에너지 이외에 필요한 설비들은

㉮ Air Conditioning : 냉방을 포함한 빌딩의 온도 관리

㉯ Boilers : 전열기구 등의 설비 사용 관리

㉰ Ventilation : 통풍 시스템 관리

㉱ 조명 시스템 관리

㉲ 난방 관리

6.2 마이크로 그리드(Micro Grid)

기존의 전력시스템은 발전소에서 생산된 전기를 소비자에게 전달하는 단방향 구성이었다. 기존의 전력시스템에서 소비자들은 자급자족만 하였고, 전체 계통 망에는 기여하지 않았다. 즉 생산되고 남은 전기는 대부분 버릴 수밖에 없어 효율성이 떨어졌다. 하지만 기존의 소비자 중에서 직접 전기를 생산하여 공급자 역할까지 하는 프로슈머(Prosumer)가 등장하였다.

마이크로그리드는 이들이 생산하는 전기에너지를 활용하여 전체 네트워크의 에너지를 극대화시키기 위한 기술로, 발전소에서만 전기를 생산하는 것이 아니라, 양방향 송배전시스템을 바탕으로 다수의 프로슈머가 전력망의 전력생산을 맡게 되는 구조이다.

따라서 마이크로그리드는 대규모전력망이 가진 문제점, 즉 발전원의 입지문제, 전력수송을 위한 전력설비의 사회적 수용성문제, 생산과 소비의 불일치로 인한 지역적 갈등과 보상 문제들을 해결할 수 있는 새로운 전력망 개념이다.

이러한 마이크로그리드는 물리적으로 구분되는 영역 내의 신·재생에너지, 전력지장장치(ESS) 등 다수의 분산에너지 자원과 이를 소비하는 부하로 구성된 커뮤니티 단위의 소규모 전력망으로 대규모 전력계통과 전기적으로 연결되어 운전되는 계통연계형과 대규모 전력계통과 전기적으로 분리되어 소규모 자립형으로 운전되는 독립형으로 분리된다.

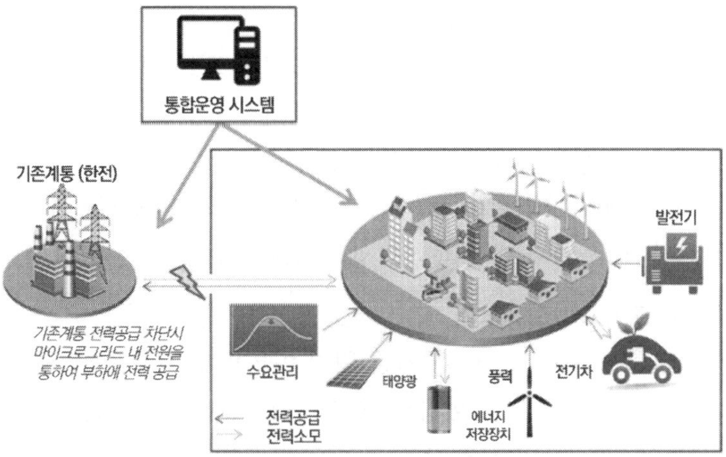

출처 : 한국전력블로그-굿모닝KEPCO http://blog.kepco.co.kr/723

그림 6-3 마이크로 그리드의 구성

6.2.1 마이크로 그리드 기술의 구성요소

마이크로그리드 기술은 다음 표와 같이 유효/무효전력 제어 및 전력품질 보상, 원격제어 및 감시기능, 계통연계/단독운전을 제어하는 전력조절장치(PCS), 계통의 보호를 위한 STS/IED(Static Transfer Switch/Intelligent Electronic Device), 그리고 에너지의 생산과 경제적 급전을 제어하는 장치인 EMS 등으로 구성되며, 마이크로그리드의 구성 요소는 표 6-3과 같다.

표 6-3 마이크로그리드의 구성요소

구성요소	주요기능
PCS	• 유효/무효전력 제어 및 전력품질 보상 • 원격제어 및 감시기능, 계통연계/단독운전 겸용
STS/IED	• 단독운전 방지 등의 배전계통 연계 보호기능 • 배전계통 고장시 독립운전 전환, 재동기 투입
Network Gateway	• 범용 통신(직렬통신, 필드버스, 이더넷)과 IEC 61850 변환기능
Micro Grid EMS	• 부하(전력, 열) 및 신 · 재생에너지 발전량 예측 • 경제급전, 자동발전제어 및 최적발전 계획

6.2.2 국내 마이크로 그리드 사업현황

1. 국내사업 현황

우리나라는 계통연계가 되지 않은 도서지방에 내연발전소를 이용하여 전력을 공급하고 있다. 이런 도서지역의 발전단가는 육지에 비해 4배 이상 비싼 비용으로 전력을 공급하고 있는 실정이다. 또한 지자체에서 시공한 태양광발전기와 납축전지가 디젤발전기와 연계되어 운전 중이나, 최적 설계가 확립되어 있지 않은 실정으로 한전에서는 체계적인 기술개발과 실증을 통하여 국내 도서에 독립형 마이크로그리드 기술을 적용할 예정이다.

(1) 기술집약형 마이크로그리드 사업

전력연구원에서 확보한 엔지니어링 기술 및 마이크로그리드 통합 운영시스템(마이크로그리드 EMS)을 활용한 수 MW 이상의 대규모 마이크로그리드를 실증하고, DC 마이크로그리드, 해수담수화, 해양조류 발전 등 다양한 부가서비스를 통한 마이크로그리드의 경제성을 확보하기 위한 모델이다.

(2) 미래 시장형 마이크로그리드

신 · 재생에너지, 에너지저장장치 등의 분산에너지자원 보급이 확대되는 선진국 환경에 맞추어 연계형 마이크로그리드와 자동 발전제어, 배전 상태 추정, 전압 최적제어 등 선진국 적용형 고급 기능이 추가된 능동형 배전망운영시스템(DMS) 기반의 기술이다.

2. 향후 전망

마이크로그리드는 신 · 재생에너지산업, 전력저장장치 및 인버터 산업, ICT 산업 등 다양한 산업군들과의 공급사슬로 직간접적인 시너지를 극대화할 수 있는 융 · 복합 기술이다. 따라서 전력산업 전반에 미치는 파급효과가 크다. 밝은 전망에도 불구하고 마이크로그리드를 상업화하고 확산하기 위해서는, 마이크로그리드 소유와 운영주체를 어떻게 합리적이고 효율적으로 구분하는가 하는 점과 이러한 규칙과 관련된 제도와 규제개선이 뒤따라야 할 것이며, 문제를 해결하는 노력과 더불어 수익을 창출할 수 있는 사업화 모델의 검증도 필요하다.

Chapter

7 태양광발전 설계 기술

7.1 태양광발전시스템 설계

태양광발전 시스템 설계 계획은 가능하면 남향이며 그늘의 영향이 없는 장소를 선택하고 설치 조건과 지역 특성을 고려하여 최적의 경사각을 갖도록 한다. 국내 설치의 경우 경사각은 설치 장소의 위도와 거의 동일하게 하는 것이 일반적이며 같은 지역이라 하더라도 고정형과 추적형에 따라 경사각을 각각 달리 정하고 있으며 사전에 면밀히 조사가 이루어지고, 설치하고자 하는 면적대비 지나치게 많은 모듈 배치로 인한 음영 발생으로 발전량이 감소될 수도 있으므로 사전에 충분히 검토한다.

7.1.1 설계 시 고려사항

「전기사업법」 제67조 및 동 법 시행령 제43조에 의한(산업통상자원부 고시) 「전기설비 기술기준」의 고시에 따른 「한국전기설비규정」(KEC, Korea Electro-technical Code)은 전기설비 기술기준에서 정하는 전기설비의 안전성능과 기술적 요구사항을 구체적으로 정하는 것을 목적으로 하고 있다.

전기설비 기술기준의 부속서인 「전기설비기술기준의 판단기준」을 기반으로 대한전기협회가 발간한 민간단체 표준 「내선규정」은 2021년 1월부터 국제표준에 기반한 「한국전기설비규정」(KEC)이 시행됨에 따라 KEC 시행일 이후에 내선규정은 가치를 상실한 것으로 본다.

태양광발전 시스템 사전 조사사항으로는 지자체별 조례, 전선로별 허용 용량확인, 환경 조건으로는 산과 나무 건물 등에 의한 그늘 굴뚝, 철탑 등에 따라 발전량 감소와 염해가 있는 지역에서는 이종 금속 접속에 의한 부식대책 겨울철 적설, 결빙, 낙뢰 등에 의한 대책과 국지성 호우 등에 대한 대책, 조류의 분비물에 대한 대책이 필요하며 계통연계 태양광발전과 독립형 태양광발전 시스템 설계 시 고려사항 등으로 구분하여야 하며 시스템 설계는 토목, 토질 및 기초, 구조, 전기, 건축, 환경 및 안전 등을 고려해야 하는 복합적인 설계로 고려 사항은 다음과 같다.

(1) 토목설계 : 지적도, 설치면적, 우수개거 종 · 횡단면도 등

(2) 토질 및 기초 : 대상대지의 토질을 분석하고 이에 따른 기초방식 등

(3) 구조설계 : 어레이 구조물의 고정하중, 풍하중(부력포함), 적설하중 등

(4) 전기설계 : 직 · 병렬 계산, 접속함 수량, 인버터용량 및 수량, 간선도 등
(5) 건축설계 : 수 · 변전실, 전기실, 관리실 등
(6) 환경 및 안전 : 발전소 주변의 환경, 안전 문제여부 등

1. 계통연계 시스템 설계 시 고려사항

계통연계 시스템은 태양광 발전 시스템에서 생산된 직류 전력을 인버터를 통하여 교류전력으로 변환 하여 배전선로에 연계하는 것으로 시스템 설계 시 고려사항은 다음과 같다.

(1) 태양전지판 설치 용량 및 단위 태양전지용량, 직 · 병렬 조합수량
(2) 태양전지 접속함 용량 및 수량
(3) 인버터 용량 및 수량
(4) 수 · 배전반 형식
(5) 해당부지 및 건축물에 대한 인허가 사항
(6) ESS을 고려할 경우 별도의 계획

2. 독립형 시스템 설계 시 고려사항

독립형 태양광 발전 시스템은 직류부하나 교류부하를 사용하는 형태로 상용전원과 관계없이 단독으로 전기를 생산하고 소비하는 것으로 야간 및 기후 변화에 대비하여 축전지설비가 필요하며 고려사항은 다음과 같다.

(1) 태양전지판 총 설치 용량 및 단위 태양전지용량, 직 · 병렬 조합수량
(2) 인버터 용량 및 수량
(3) 축전지 종류 및 용량, 수량
(4) 축전지 충 · 방전 조절장치인 충전장치 용량

3. 부지 선정 시 고려사항

(1) 지정학적 조건

태양광 발전 전력은 일사량에 비례 하므로 기상청 자료를 근거로 연평균 일사량 및 일조시간 등의 조건을 고려하며. 토지의 방향이 경제적인지, 지반강도가 충분하고 토목공사와 경사면의 각도가 경제적인지, 공해, 염해, 기상재해 등과 장래 주변 환경변화 풍속 등을 고려한다.

(2) 건설 조건

반드시 지적도를 참고하며 차량 및 중장비등이 하중에 견딜 수 있는 조건과 토양과 배수 등의 주변 환경을 고려한다.

(3) 행정 조건

태양광 발전소를 건립하기 위해서는 각 지자체 별로 조례 등이 각각 다르기 때문에 지역

특성에 따른 행정 절차가 있다. 따라서 해당 지자체의 관련 부서 확인 통하여 부지의 소유권, 지역주민의 민원제기 등 발전소건설에 문제가 없는지 확인한다.

(4) 전력 계통과의 연계 조건

태양광 발전소의 시설용량에 따라 한국전력공사 배전선로의 접근성과 그 선로에 허용용량을 사전에 확인해야하며, 한국전력공사 기본공급약관과 전력회사와 발전사업자가 개별협의에 의하여 계통에 연계할 수 있도록 유연성을 부여하고 있는데 그 조건으로는 표 7-1, 표 7-2와 같다.

표 7-1 계약전력과 공급전압

계약전력	공급방식 및 공급전압
500[kW] 미만	교류단상 220[V], 또는 교류 삼상 380[V]중 한전이 적당하다고 결정한 한 가지 공급방식 및 공급전압
500[kW] 이상 10,000[kW] 이하	교류 삼상 22,900[V]
10,000[kW] 초과 400,000[kW] 이하	교류 삼상 154,000[V]
400,000[kW] 초과	교류 삼상 345,000[V] 이상

표 7-2 표준전압과 유지범위

표준전압	유지범위
110[V]	110[V] ± 6[V] 이내
220[V]	220[V] ± 13[V] 이내
380[V]	380[V] ± 38[V] 이내

현재 22,900[V] 배전선로에는 전압강하 2[%] 기준에서 3[MW]까지 밖에 연계할 수 없다. 기술검토 시 연결지점의 전압강하가 2[%]를 넘으면 사전에 기술적 검토가 병행되어야 한다. 그렇지 않은 경우에는 전용선로 등으로 연계되어야 한다. 표 7-3은 계통연계 기준을 정리한 것이다.

표 7-3 연계 기준에 의한 용량

연계구분	연계설비용량		공급방식
저압배전선로	일반	20[kW] 이하	단상 220[V] 삼상 380[V]
	전용	21~500[kW] 미만	
특별고압 배진신로	일반	501~3,000[kW] 이하	삼상 22,900[V]
	선용	3,001~20,000[kW] 이하 난, 10,000[kW] 초과~20,000[kW] 이하 대용량선로 연계	
송전선로	원칙적으로 10,000[kW] 초과		삼상 154,000[V]

[주] 전압변동 기준, 저압 배전선로의 전압변동율 : 상시 3[%], 순시 4[%] 이하,
특별고압 배전선로의 전압변동율 : 상시 2[%], 순시 2[%]이하

4. 장소의 적정성

태양광 발전 시스템 설치 장소의 부지 매입비용 및 도로개설비용, 설치공사비 등을 연계하여 평가하며, 주택용 태양광발전 시스템의 경우 지붕에 태양전지판을 설치하므로 지붕의 내구성과 디자인에 충분한 주위가 필요하며 설계에 앞서 발주자의 요구 사항과 설치 환경, 건물의 구조, 분전반의 위치 인버터, 접속함, 개폐기, 배선경로와 접지방식 등의 전기설비 조사, 자재 반입경로, 작업 공간, 자재 보관, 작업장 주위의 장애물 등 작업환경 등을 사전 조사하며 설계 순서는 그림 7-1과 같다.

또한 건물의 옥상에 설치하는 경우는 들보의 위치나 방수구조 등의 건물의 구조상에 관련된 사항이나 각종 타워 등에 의한 그늘의 영향을 정확하게 조사하여, 태양전지 어레이의 설치장소, 방향, 가대각도 등의 최적 설계를 한다. 이 때 배수나 구배의 방향도 고려하여 배수의 장해가 없는 기초구조로 한다. 또한 벽면에 취부 할 때는 태양전지의 온도상승에 의한 출력저하를 일으키지 않도록 자연대류에 의한 방열 틈새, 배기구를 설치하는 것이 필요하다.

7.1.2 설계기술

설계는 사용자의 요구조건과 관련 제법 · 규정과 규칙 및 조례 등의 조건을 충족하고 경제적이며 안전하게 설계하여야 하며 설계순서는 그림 7-1과 같다.

1. 부지선정

(1) 부지선정 시 일반적 고려사항

① 지정학적 조건

㉮ 일조량 및 일조시간이 풍부해야 한다.

㉯ 음영이 없어야 하며 적설량이 적어야 한다.

② 설치 및 운영상의 조건

㉮ 주변 환경

㉠ 태풍 등 기상 재해 발생 여부

㉡ 수목의 영향

㉢ 공해, 염해, 오염의 영향

㉣ 장래 주변 환경 변화 여부

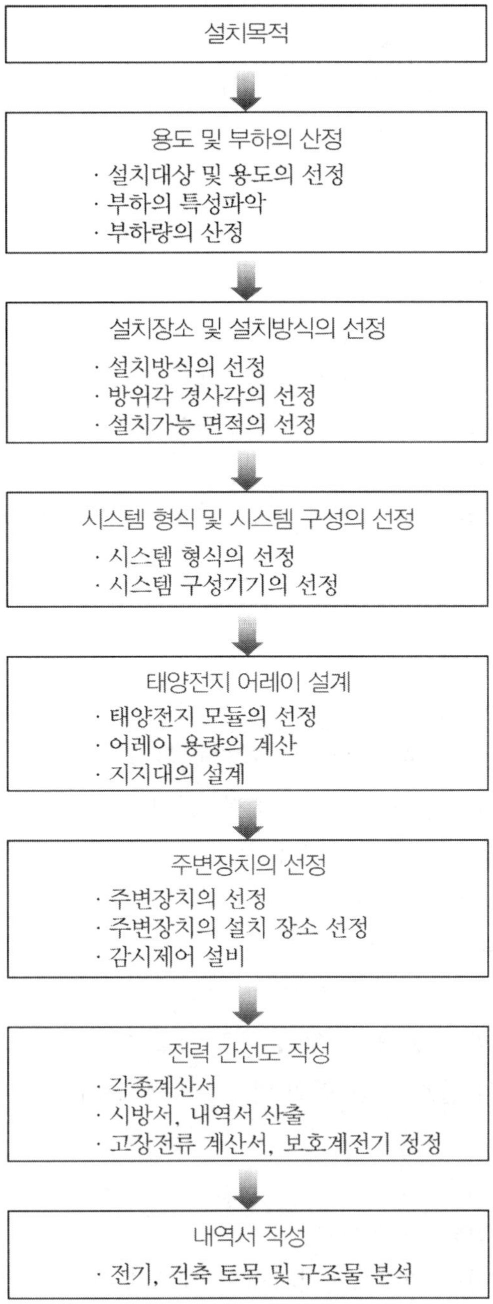

그림 7-1 태양광발전 시스템 설계순서

㉯ 접근성

㉠ 자재의 운송 및 작업장비의 접근성이 용이

㉡ 계통연계 가능

ⓒ 토지대장이나 지적도를 근거하여 현장조사
ⓔ 주변 토지 이용 현황, 지질 등 파악
ⓜ 녹지, 생태, 식생, 경관 등의 파악
ⓑ 재해 발생 여부 등 조사

③ **토지 현황 파악**

㉮ 토지용도 및 이용 현황 파악

㉠ 현황 및 위치 분석
㉡ 토지의 이용 상태
㉢ 진입 도로 현황 및 주변 토지의 이용 상태 파악
㉣ 주변 지형, 암반 여부, 지질 상태 파악
㉤ 경사도 분석
㉥ 공부(公簿) 확인 및 검토(지적도, 토지대장, 등기부등본 등)
㉦ 공시지가 검토
㉧ 개발계획 여부, 계획부지 여부 파악
㉨ 인허가 문제 검토

㉯ 일조권 및 주변 여건 파악

㉠ 기후 파악 : 강수량, 적설량, 온도 변화 등
㉡ 지형의 형태 : 동서분산향이 최적, 남향
㉢ 그늘의 발생 가능성 : 주변 산세, 건물, 수목의 영향 등
㉣ 공해, 오염 등 발생 여부
㉤ 계통연계 문제
㉥ 수도, 가스, 전기 등 공급 가능 여부
㉦ 차량 및 사람의 통행, 동물의 출몰 상황 등
㉧ 지역 주민의 선호도 및 민원 발생 가능성 여부

㉰ 법적사항 검토

㉠ 발전 사업 허가

ⓐ 전기 사업법 제7조(사업의 허가)
ⓑ 동법 시행령 제4조(전기사업의 허가기준)
ⓒ 동법 시행규칙 제4조 (사업허가의 신청)

㉡ 개발 행위 허가

ⓐ 국토의 계획 및 이용에 관한 법률 제56조(개발행위의 허가) 등

㉣ 행정상의 조건
  ㉠ 발전사업 허가 취득경로
  ㉡ 개발행위 허가 취득 및 사전환경성 검토
  ㉢ 지역 및 토지용도의 관련 법령 별 검토
㉤ 계통연계 : 송배전용 전기설비 이용 가능성
㉥ 경제성 : 부지매입 가격 및 부대 공사비
㉦ 기타 : 주민들과의 협의 및 민원의 발생 가능성 여부

2. 음영의 유형 및 분석

(1) 음영의 원인 및 영향

태양전지 어레이는 다수의 태양전지 모듈을 직병렬 접속하여 사용, 이 중 전부 또는 일부에 음영 발생 시 출력이 급격히 저하된다.

(2) 음영의 발생원인

① 인접 건물, 식재 등 장애물
② PV어레이 상호간 배치에 의해 생성
③ 기타 나뭇잎, 새의 배설물, 흙탕물 등

단, 전선로, 피뢰침, 안테나 등 경미한 음영은 장애물로 보지 아니한다.

(3) 음영의 영향

① 음영이 생기거나 오염된 셀 또는 모듈은 전기적으로 부하가 되어 역전류 방향의 전류를 소비
② 셀이 손상될 때까지 가열되어 핫스팟(Hot spot)을 만들고 급격한 출력의 손실을 가져온다.

(4) 음영의 대책

① 음영이 생기지 않도록 어레이를 배치한다.
② 부분 음영이 발생될 것을 대비해 일정한 셀 수(18개) 마다 바이패스 다이오드를 설치한다.
③ 바이패스 다이오드 설치 시 역전압에 의해 흐르는 역전류는 바이패스 다이오드를 통해서 오염된 셀을 우회하므로 역 바이어스 전압을 생성하지 않게 된다.
④ 인버터의 최대전력 추종제어 기능으로 출력 손실을 최소화 한다.

7.2 태양전지 어레이 설계

1. 개요

(1) 어레이는 설치 장소에 따라 지상, 옥상, 지붕, 외벽 등으로 구분할 수 있으며 발전장치의 역할을 하는 모듈이나 지지대 및 태양전지 모듈 결선 회로와 단자도 포함된다.

(2) 태양광에너지를 최상의 효율로 이용하기 위하여 태양광 발전시스템 설치의 최적조건을 충족시키는 것이 경제적이다. 최대 전력생산에 있어서 가장 중요한 요소인 일사량은 위도로 따라 변화하며, 태양광 발전시스템 시스템의 설치 위치 즉, 방위각과 경사각에 의해 결정되어야 하며 이는 지역별 특성에 따라 다소 차이가 난다.

(3) 일반적으로 최대의 일사 획득이 가능한 방위는 정남향이고, 태양광 발전시스템이 정동, 정서 방향으로 설치되는 경우 통상 정남향으로 설치했을 때의 60% 정도의 일사량만을 획득하는 것으로 나타났다. 경사각은 그 지역의 위도에 의해 결정되는데 우리나라는 일반적으로 수평면으로부터 경사각이 30~35도가 최적이다.

설치 방식과 형태 결정에 있어서 태양전지 모듈은 고온일수록 출력이 저하되므로 온도 저감 방안이 주요한 고려 요소 중 하나이다.

7.2.1 태양전지 어레이 가대 조건

태양전지 어레이용 가대 조건은 기초하중, 풍압, 적설 하중에 견디어야하고 풍력에 의한 부력으로의 파손과 건축물의 방수에 문제가 없어야 한다.

1. 지지대

태양전지 어레이 지지대 (철 구조물) 및 철판 부위는 용융아연도금 처리 또는 동등이상의 녹 방지 처리를 하여야하며 절단 가공 및 용접 부위는 반드시 방식처리를 하여야 한다.

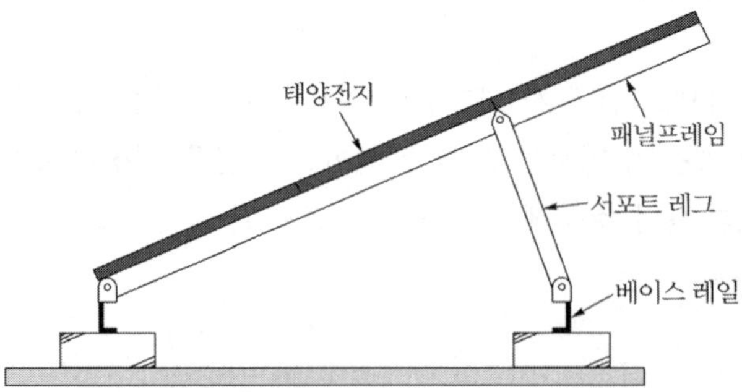

그림 7-2 설치개략도

2. 체결

용융아연도금처리 또는 동등이상의 녹방지 처리를 하여야 하며 기초 콘크리트 앵커볼트부분은 너트 및 스프링 와셔를 사용하고 볼트 캡을 착용하여야 한다.

3. 태양전지 어레이용 가대 설계

태양전지 어레이용 가대의 강도 계산은 설치하고자 하는 지역, 장소 등에 의해 하중이 다르므로 그때마다 상세 설계가 필요하다. 기본적인 가내는 그림 7-2와 같이 패널프레임, 서포트레그, 베이스레일 등으로 구성되며 상세 설계는 구조적으로 안전하게 하여야 한다.

(1) 가대재료의 선정

일반적인 가대의 주요 구성부재인 패널프레임, 서포트레그, 베이스레일 등은 각 하중조건을 만족하는 재료를 선정한다. 또, 각부재의 강도계산은 각각의 가대형상에 준해서 「신·재생에너지원별 시공기준」을 참조하여 시행하여야 한다.

(2) 가대의 강도

최소한 자중에 풍압과 부압을 가한 하중에 견디는 것이어야 한다. 옥상의 설치의 경우도 자중과 풍압 및 부압을 고려한 최대하중으로 설계하여야한다. 가대의 설계 하중은 태양전지의 모듈의 자체하중과 가대하중으로 이루어진 고정하중과 바람과 눈으로 발생하는 동하중을 추가하여 구조계산이 이루어져야 한다. 이상기후 현상으로 인한 바람과 적설의 변화가 많은 지역에서는 별도의 안전율을 고려하여 대책을 강구 하여야 한다.

(3) 가대의 수명

설비의 사용내구연수 및 유지보수 방법과 실시주기 등을 고려하여 가대의 재질을 선택한다.

① 강재 + 도색 : 도장의 재질에 따라 3～10년에 재 도장

② 강재 + 용융아연도금 : 20～30년 정도

③ 스테인리스 : 30년 이상

(4) 가대 기초

지상설치의 경우 기초는 지내력을 조사하며, 지진에도 견딜 수 있는 기초로 하고, 단, 과잉 설계로 되지 않고, 충분한 강도가 있는 경제적인 것이 요구된다. 옥상 설치의 경우에는 방수 등 건축적 조건에 따른 기초가 되어야 한다

7.2.2 태양전지 어레이 방위각과 경사각

1. 방위각 : 태양광 어레이가 정남향과 이루는 각

(1) 하루 중의 최대부하 시로 선정 또는 건물의 그림자를 피할 수 있는 각도로 선정

(2) 발전시간 내 음영이 생기지 않도록 어레이 배치

2. 경사각 : 태양광 어레이가 지면과 이루는 각

(1) 발전전력량이 연간 최대가 되는 최적 경사각 설정

(2) 발전시간 내 음영이 생기지 않도록 어레이 배치

(3) 건축물의 경사진 지붕을 이용할 경우 지붕의 경사각

(4) 적설을 고려하여 결정

표 7-4 방위각과 경사각의 고려사항

구 분	개 념	설계 시 고려사항
방위각	어레이가 정남향과 이루는 각	• 발전시간 내 음영이 생기지 않도록 배치 • 최소의 설치 면적
경사각	어레이가 지면과 이루는 각	• 발전전력량이 연간 최대가 되도록 배치 • 적설을 고려하여 결정 • 경사각에 따른 이격 거리 확보

7.2.3 부지의 설치 가능 용량 산출

1. 산출 순서

(1) 어레이 설치 부지 면적 결정

발전소 전체 부지에 대한 어레이 설치 부지 면적을 결정

(2) 태양전지 모듈 결정

태양전지의 효율, 가격, 수명, 신뢰성, 규격 등을 고려하여 결정

(3) 모듈의 배열 결정

PCS 전압 범위에 따른 직렬(스트링)수, 병렬 수를 결정

(4) 구조물(지지대, 기초) 결정

어레이의 구성에 따른 구조물의 형식, 종류 등을 결정

(5) 어레이 간 이격 거리 산정

산출 식에 의해 어레이간 거리를 산정

(6) 설치 가능한 모듈의 총 수 산출

모듈총수는 어레이 설치가능 부지면적을 (모듈1개의 면적 + 좌우 이격 거리)로 나눈 수의 이내 수

(7) 설치 가능 용량 산출

설치 용량[Wp]=모듈 총 수(직렬 수×병렬 수)×모듈 1장의Wp

2. 이격 거리 산정 시 고려사항

(1) 전체 설치 가능 면적

(2) 어레이 1개의 면적

(3) 어레이의 가로, 세로 길이

(4) 그 지역의 위도

(5) 동지 시 발전 가능 한계 시각에서의 태양의 고도

3. 이격 거리산정

$$d = L \times \frac{\sin(180° - \alpha - \beta)}{\sin\beta} \qquad (L,\ \alpha,\ \beta \text{ 값만 있는 경우})$$

$$d = L \times [\cos\alpha + \sin\alpha \times \tan(90° - \beta)]$$

$$d = L \times [\cos\alpha + \sin\alpha \times \tan(\ell at + 23.5°)] \quad (\alpha,\ \ell at \text{ 값만 있는 경우})$$

여기서, d : 어레이의 최소 이격 거리 L : 어레이 길이

α : 어레이의 경사각(tilt각, 양각) β : 발전한계 시각에서의 태양의 고도

ℓat : 설치지역의 위도

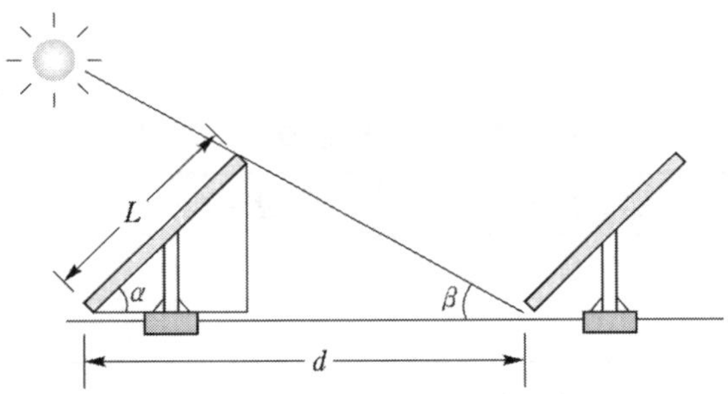

그림 7-3 태양전지어레이 간 이격 거리 계산

4. 대지 이용률 및 α, β각에 대한 고찰

(1) 대지 이용률 : 대지 이용률이란 부지의 면적에 대한 모듈의 면적 비를 백분율[%]로 나타낸 것이다.

$$\text{대지 이용률} = \frac{\text{모듈의 면적}}{\text{부지의 면적}} \times 100[\%]$$

(2) α, β각과 대지이용률과의 관계 : 동일한 경사각(α) 기준

① β증가 시 → 이격거리 감소 → 대지이용률 증가

② β감소 시 → 이격거리 증가 → 대지이용률 감소

7.2.4 태양전지 어레이 구분

1. 추적식

(1) 추적 방향에 따른 분류

① 단축 추적식 : 방위각 변화, 경사각 변화

② 양축 추적식 : 방위각과 경사각 모두 변화

(2) 추적방식에 따른 분류

① 감지식 추적법 : 센서를 이용, 정확한 태양 궤도 추적

② 프로그램 추적법 : 프로그램에 따른 태양의 위치 추적

③ 혼합식 추적법 : 감지식+프로그램 추적법, 이상적인 추적방식

2. 반고정식(경사 가변식)

수동으로 사계절에 한번씩 어레이의 경사각을 변화시킴

3. 고정식

어레이 지지형태가 가장 값싸고 안정된 구조

표 7-5 고정식 가대 및 추적식 가대의 비교

구 분	고정식	단축 추적식	양축 추적식
시설단가[%]	100	110	115
발전시간[hr]	4	4.6	5
발전효율[%]	100	115	125
년간발전량[%]	100	115	125
디 자 인	다양한 디자인 가능	디자인 적용 시 한계	
유지보수	비교적 간단	태양광 추적센서, 구동모터 등 유지보수 비용이 증가	

4. 태양전지 어레이용 가대 조건

(1) 가대의 재질 및 형태

① 염해 등의 공해로 부식이 발생하지 않을 것

② 최소 20년 이상의 내구성을 가질 것

③ 어레이의 자체하중에 풍하중(풍압 및 부압), 눈의 중량 등을 고려한 하중에 견딜 수 있을 것

④ 어레이를 단단히 고정할 수 있도록 할 것

⑤ 가공이 쉽고 가벼울 것

⑥ 수급이 용이하고 경제적일 것

⑦ 부재의 접합은 볼트 접합, 용접 접합 및 이들과 동등 이상의 품질을 확보할 수 있는 방법을 사용한다.

(2) 가대의 종류

① 재질에 따른 분류 : 가대의 종류로는 재질에 따라 강제 + 도장, 강제 + 용융아연도금, 스테인레스, 알루미늄 합금재 등으로 나뉜다.

② 어레이 설치 방식에 따른 분류 : 고정식, 경사가변식, 추적식

③ 설치장소에 따른 분류 : 평지, 경사지, 평지붕, 경사지붕, 건물외벽 등

표 7-6 가대의 재질에 따른 비교

가대의 종류	가격	특징	장점	단점
강제+도장	저가	도료의 재질에 따라 내후성이 다름	경제성	5~10년 주기로 재도장
강제+용융아연도금	중가	철의 10배 이상의 내식성	비교적 저렴 장시간 사용	부분 녹 발생
스테인레스(SUS)	고가	니켈, 크롬 합금	경량, 내식성 우수	고 가
알루미늄 합금제	중가	경 량	시공성 우수 다양한 형태의 프레임 제작 가능	강도가 다소 약함, 부식

(3) 가대의 구성

프레임(수평부재, 수직부재), 지지대, 기초판으로 구성

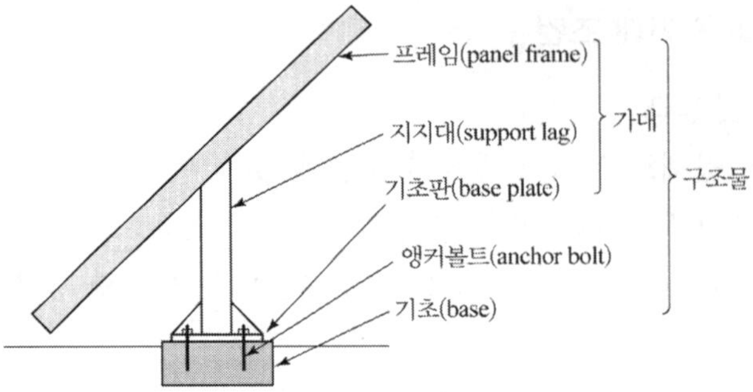

그림 7-4 태양전지 어레이용 가대 및 구조물

7.3 발전시스템 구성

7.3.1 모듈의 수량 및 사양의 선택

1. 발전시스템 용량 결정

부지면적, 모듈 1매의 크기, 모듈 1매의 최대출력 등에 의해 결정.

2. 태양전지 모듈의 선정

태양전지의 종류, 효율, 크기, 최대출력, 가격 등을 고려하여 결정.

3. 파워컨디셔너(PCS, 태양광 인버터) 선정

절연방식, 입력전류 범위, 정격출력, 운전 대수, 효율 등 고려하여 결정.

4. 모듈의 직렬 수 계산

(1) 모듈의 개방전압 온도계수를 고려한다.

(2) 모듈 표면온도가 최저인 상태에서의 모듈 개방전압(V_{oc})×직렬 수가 파워 컨디셔너(PCS)의 입력전압 변동범위 최고값 미만이 되도록 선정

(3) 모듈의 직렬 수 $< \dfrac{\text{PCS 입력 전압변동범위 최고값}}{\text{모듈 표면온도가 최저인 상태의 개방전압}}$ [개]

표 7-7 스트링 전압의 선택 요소

구분	스트링 전압이 높을 경우	스트링 전압이 낮을 경우
장점	전력손실이 적음	정격전압이 낮은 차단기 사용 가능
	음영 발생 및 흐린날에도 발전 가능	접지설비의 부담 경감(400[V]미만 100[Ω])

구분	스트링 전압이 높을 경우	스트링 전압이 낮을 경우
단점	접지저항의 확보가 어려움(10[Ω])	음영 발생 및 흐린날 발전이 불가할 수 있음
	정격전압이 높은 차단기 사용(비용 상승)	전력손실 증가 및 접속함 과열. (케이블사이즈 증가)

5. 모듈의 병렬 수 계산

(1) PCS의 용량 및 모듈의 직렬 수와 모듈 1매분의 최대출력으로 산출한다.

$$\text{모듈의 병렬 수} = \frac{\text{PCS 용량}}{\text{모듈의 직렬 수} \times \text{모듈 1매분 최대출력}} \ [\text{개}]$$

(2) 신 · 재생에너지 센터 원별 시공기준의 적용검토

(3) 모듈의 직병렬 수 검토

(직렬 수×병렬 수×모듈 1장당 면적) < 설치면적이 되도록 선정

7.4 태양광발전시스템 전기설계

7.4.1 전기설비 시스템 구성

태양광 발전 시스템은 크게 계통연계형(grid-connected)과 독립형으로 분류되며, 다시 부하의 형태 및 축전지의 유무 등에 따라 분류된다.

표 7-8 설계순서

모듈결정	⇒	인버터 결정	⇒	송 · 배전방식 결정
• 장소와 목적에 맞게 결정 • 모듈선정 기준에 따라 결정 • 규격정보와 인증정보 확인		• 인버터 규격에 의한 직렬 수 결정 • 인버터 규격에 의한 병렬 수 결정(접속함 결정) • 인버터용량과 수량 결정		차단기 결정 / 변압기 선정 • 사용 전압, 전류와 설비기준에 맞추어 결정
⇓		⇓		⇓
스트링 수 결정		**접속반 결정**		**케이블 선정**
• 인버터의 입력 전압으로 직렬 스트링 수 결정 • 입력 전류로 스트링 병렬 수 결정		• 모듈 병렬 수에 의한 접속함 채널과 수량결정		• 각 부분의 전압, 전류, 환경을 고려하여 설비기준에 맞게 결정한다.

태양광 발전 시스템의 전기 설계 시 설치 장소와 목적에 맞는 모듈을 결정하고 인버터 용량과 수량을 결정하며 송전용 배전반을 선정하여 계획한다.

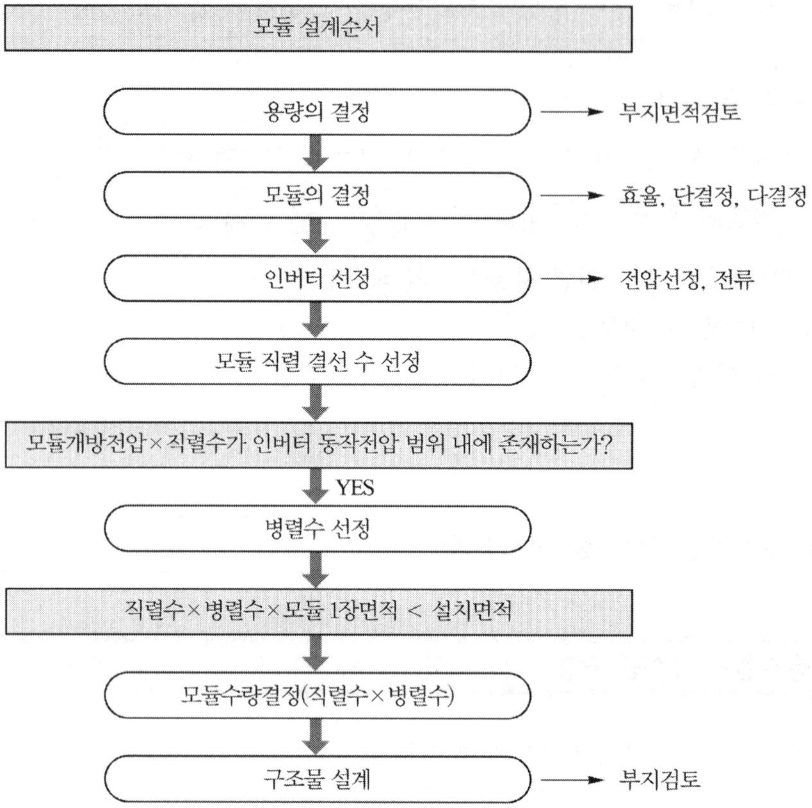

그림 7-5 모듈 설계순서

1. 태양전지 모듈

(1) 중요 고려사항

① 효율이 높고 경제적일 것.

② KS규격(KS C IEC 61730)에 적합한 모듈을 선정할 것

③ 태양전지 내부에는 바이패스 다이오드가 필히 부착될 것

④ 전선은 기계적 강도와 전기적 규격과 정격을 가질 것

⑤ 수명이 길고 신뢰성이 높을 것

⑥ 제품의 수급 및 A/S가 보장될 것

⑦ 경년변화에 따른 효율 저하가 적을 것

2. 파워컨디셔너(Power Conditioner)

(1) 파워컨디셔너의 주요 기능

① 전압 · 전류 제어기능
② 최대전력 추종(MPPT)기능
③ 계통연계 보호기능
④ 단독운전 검출기능
⑤ 자동 전압 조정 기능
⑥ 직류 검출, 직류 지락 검출 기능
⑦ 자동 운전 정지 기능

(2) 파워컨디셔너의 중요 고려사항

① 국내 · 외 인증 제품 선정
② 전력변환효율이 높을 것
③ 저부하 시, 대기 시 손실이 적을 것
④ 고조파, 잡음 발생이 적을 것
⑤ 수명이 길고 신뢰성이 높을 것
⑥ 제품의 수급 및 A/S 체계 확인

3. 전선의 종류 및 굵기 선정

(1) 전선의 종류 및 굵기는 기계적강도 및 단락사고 시 발생하는 단시간 단락전류, 연속 허용 전류를 고려하여 선정하되, 전력손실 및 전압강하를 고려한다.

(2) 전선의 굵기 선정 시 고려사항

① 기계적 강도
② 허용 전류
③ 전압강하

(3) DC 케이블에 흐르는 허용전류

PV 어레이의 DC전원 케이블은 KSC IEC 60364-7-712 기준에 따라 PV 어레이 단락 전류의 1.25배의 허용전류를 갖도록 설계되어야 한다.

4. 축전지 설비

(1) 축전지 설계 시 고려사항

① 방재 대응용은 재해로 인한 정전 시에 태양전지에서 충전을 하기 때문에 충전전력량과 축전지 용량을 일체화할 필요가 있음
② 축전지 직렬 개수는 태양전지에서도 충전 가능한지, 파워컨디셔너 입력전압 범위에 포함되는지 확인하여 산정
③ 부동 충전방법을 충분히 검토 적용
④ 설치장소는 축전지 하중에 견딜 수 있는 장소로 선정
⑤ 지진에 견딜 수 있는 구조로 검토 적용

(2) 축전지가 갖추어야 할 요구 조건

① 유지보수가 용이할 것
② 자기방전율이 낮을 것
③ 수명이 길 것
④ 방전 전압, 전류가 안정적일 것
⑤ 과충전, 과방전에 강할 것
⑥ 중량 대비 효율이 높을 것
⑦ 환경변화에 안정적일 것
⑧ 에너지 저장 밀도가 높을 것

표 7-9 상용 축전지 비교

구분	연축전지	니켈카드뮴	니켈수소	리튬이온	리튬폴리머
셀전압[V]	2.1	1.2	1.2	3.6	3.6
에너지밀도[W/kg]	50~100	150~200	100~200	100~200	120~200
중량효율[Wh/kg]	25~45	50~70	50~70	100~140	110~150
방전수명(80% 용량)	200~300	1000~1500	300~500	1000이상	500회
자기방전율(%/월)	5	20	30	5~10	5~10
충전시간	6~8	2~4	1	2~4	2~4
사용온도[℃]	−20~60	−40~60	−20~60	−20~60	0~60
중간충전영향	없음	메모리 효과	메모리 효과	없음	없음
장 점	저가, 낮은 자기방전율	장수명, 온도특성 우수	경량	경량, 고효율, 낮은 자기방전율	경량, 고효율, 안정성 우수, 낮은 자기방전율
단 점	무거움, 출력밀도 낮음, 안정성 낮음	출력대비 무거움, 메모리 효과, 독성물질 함유	수명 짧음	제조 어려움, 가격 높음	제조 어려움, 가격 높음, 저온 성능 저하

(3) 축전지의 용어 정리

① 방전시간 : 예측되는 최장 백업시간으로 방재 대응형은 12시간에서 24시간 정도를 방전시간으로 한다.

② 방전전류 : 방전개시에서 종료까지 부하전류의 크기

$$\text{방전전류[A]} = \frac{\text{부하용량 [VA]}}{\text{정격전압 [V]}}$$

③ 용량환산시간(K) : 방전시간, 축전지의 최저온도 및 허용할 수 있는 최저전압에 의해서 정해지는 시간[H], 축전지의 사양에 따라 제공됨

④ 방전종지전압(허용최저전압)

축전지의 보호를 위해 방전을 중단해야 하는 전압 1셀당 1.8[V] 정도

$$V_p = \frac{V_a + V_c}{N} [\mathrm{V}]$$

여기서, V_p : 단위 전지의 방전종지전압(최저전압)[V]

V_a : 부하의 최종허용전압[V]

V_c : 축전지와 부하 간 접속선의 전압강하[V]

N : 직렬로 접속한 단위전지 셀 수량

⑤ 예상 최저 축전지 온도: 실내의 경우 25[℃], 옥외 외함이 있는 경우 5[℃], 옥외 외함이 없는 경우 −5[℃], 축전지 온도가 보장되는 경우에는 그 온도로 한다.

⑥ 축전지의 부하특성곡선 : 시간에 따른 부하전류의 증감을 나타낸 곡선

⑦ 방전심도(Depth of discharge)는 축전지의 잔존용량(State of charge)을 표현하는 다른 방법이다.

$$\text{방전심도} = \frac{\text{실제방전량}}{\text{축전지의 정격용량}} \times 100[\%]$$

방전심도를 30～40[%] 정도로 낮게 설정하면 전지수명이 길어지고, 방전심도를 70～80[%]까지 설정하면 전지 이용률은 높아지는 대신 그만큼 전지수명이 단축된다.

⑧ 보수율 : 축전지는 수명이 있어 그 말기에도 부하를 만족하는 용량을 결정하기 위한 계수로 보통 0.8로 선정한다.

⑨ 셀 수의 산정 : 부하의 최고 허용전압 및 최저 허용전압, 축전지 방전종지전압, 태양전지로 충전할 경우 충전전압 등을 고려하여 셀의 수를 산정

⑩ 용량산출의 일반식 : 방전전류가 일정한 경우, 도는 평균적인 방전전류가 산출 가능할 때의 축전지 용량의 산출은 다음의 식으로 구할 수 있다.

$$C = \frac{KI}{L}$$

단, C : 온도 25[℃]에서 정격 방전율 환산용량(축전지의 표시 용량)

K : 방전시간, 축전지 온도, 허용최저전압으로 결정되는 용량환산계수 (K값은 축전지별 용량환산시간표 참조)

I : 평균 방전전류

L : 보수율(수명말기의 용량감소율 고려) 0.8

(4) 독립형 전원시스템용 축전지의 선정

독립형 시스템용 축전지의 기대수명은 방전횟수, 사용온도 등에 의해 크게 변하며, 또한 태양광발전시스템에서는 일조량에 따라 충 · 방전량이 변화하기 때문에 특성을 고려하여 최적의 축전지 기종을 선정해야 한다.

(5) 축전지의 충전방식

① 보통 충전방식 : 필요할 때 소정의 충전전류를 충전하는 방식

② 급속 충전방식 : 단시간에 충전전류의 2~3배의 전류로 충전하는 방식

③ 부동 충전방식 : 상시부하전류는 정류기가 부담하고 순시 대전류는 충전기와 축전지가 분담하며, 정전 시에는 축전지가 전 부하를 부담하고, 정전회복 후에는 정류기가 충전과 부하전류를 부담하는 방식

㉮ 부동 충전방식 충전기 2차 전류

연축전지의 정격 용량 100[Ah], 상시부하 8[kW], 표준전압 100[V]인 부동 충전 방식에서의 충전기 2차 전류[A]

$$\text{충전기 2차 전류} = \frac{\text{축전지 정격용량[Ah]}}{\text{표준시간율[h]}} + \frac{\text{상시 부하용량[VA]}}{\text{표준전압[V]}}$$

$$\therefore\ I_2 = \frac{100}{10} + \frac{8 \times 10^3}{100} = 90[\text{A}]$$

④ 균등 충전방식 : 부동충전을 유지하면 완전충전 상태로 유지되나 축전지 개개의 특성에 따라 자기 방전량에 차이가 발생하여 개개의 부동충전전압이 상이하게 된다. 따라서 장기간 부동 충전 시 충전부족 상태의 것이 나오게 된다. 균등충전은 이러한 현상을 보완하는 방법

⑤ 세류 충전방식(트리클 충전방식) : 축전지의 장기방전을 보충하기 위해 부하를 제거한 상태로 늘 미소전류로 충전하는 방식

⑥ 초충전 : 축전지에 아직 전해액을 넣지 아니한 미 충전 상태의 전지에 전해액을 주입하여 처음으로 하는 충전

5. ESS(Energy Storage System)

(1) ESS의 필요성

① 부하 평준화 : 설비용량 절감 가능

② 기기의 고효율 운전 : 경부하시 설비를 정지시키지 않음

③ 전력생산비 절감 : 운전비가 저렴한 원자력발전이나 석탄 화력발전의 지속 운전

④ 전력시스템의 신뢰도 향상 : 주파수 조정, 수급조절, 조류제어 등 용이

⑤ 기타 : 전력품질 향상, 신재생 발전설비의 출력 변동률 감소 등

(2) ESS의 구비조건

① 경제성이 있을 것

② 저장밀도가 높을 것

③ 저장 에너지량이 많을 것

④ 저장기간이 길 것

⑤ 입 · 출력 변환 효율이 높을 것

⑥ 입 · 출력 변환 속응성 클 것

⑦ 저장효율이 클 것

⑧ 안전성과 신뢰성이 높을 것

(3) ESS의 구성

① 2차전지

② 배터리관리시스템(BMS)

배터리의 열화 예측, 수명계산, 충 · 방전 상태 관리, 모니터링과 제어 정보를 제공

③ 전력변환장치(PCS)

신 · 재생에너지에서 생산된 전력의 주파수와 전압을 계통 및 부하 특성에 맞추어 변환하고 관리

④ 에너지관리시스템(PMS)

㉮ 상위계층 로직을 관리하고, 전력변환장치의 인버터 모듈의 제이 부분을 통하여 응용 프로그램을 실행하도록 설계

㉯ 배터리의 충 · 방전 상태에 대한 정보를 활용

㉰ 계통연계와 관련된 전력량계와 차단장치 등과 인터페이스를 지원

㉱ 변전소의 전력설비에 대한 감시를 위한 감시제어 데이터 수집 시스템(SCADA, Supervisory Control and Data Acquisition)와 연계 인터페이스를 제공

6. 접지 및 피뢰설비

태양광 발전 설비의 접지 및 피뢰 설비는 감전사고 방지와 기기의 절연보호 및 낙뢰로부터 설비 보호를 할 목적으로 설치되며, 특정 부위에서 발생한 대지전압 상승이 인접계통에 영향을 미치지 않게 하여 접지 계통의 안정성과 신뢰성이 확보될 수 있도록 하여야 한다. 접지는 제8장에서 피뢰설비는 제5장의 내용을 참조할 것.

7. 전기실 설치 방안

(1) 전기실의 설치 시 고려사항

① 어레이구성의 중심에 가깝고, 배전에 편리한 장소

② 전력회사로부터의 전원인출과 구내배전선의 인입이 편리한 곳

③ 장치 증설이나 확장의 여유가 있을 것

④ 기기의 반출입이 편리할 것

⑤ 냉방 및 환기시설을 설치할 것

⑥ 부식성 가스와 먼지가 많은 곳은 피할 것

⑦ 침수의 우려가 없을 것

⑧ 진동이 없고, 지반이 견고한 장소일 것

8. 계통 연계

분산형 전원을 계통에 연계하고자 할 경우, 공공 인축과 설비의 안전, 전력 공급 신뢰도 및 전기품질을 확보하기 위한 기술적인 제반 요건이 충족되어야 하며 연계의 기술기준에 관한 총칙, 기본사항, 평가사항 등 전체적인 내용은 '분산형 전원 배전계통연계 기술기준(한국전력)'을 참조하여야 한다.

표 7-10 연계 기술검토를 위한 기술적 요건 (1)

관리개념	기술적 요건	연계용량 평가방안
누적 연계 용량평가	• 적정전압 유지측면 • 단락용량 상회측면	• 분산형전원 연계로 인한 주변압기 송출기준전압 변동 제한 • 분산형전원 연계에 따른 단락용량 증대 제한 – 뱅크 단위의 연계용량 제한 기준으로 적용 • 규정전압 유지를 위해 분산형전원 연계에 따른 전압변동률 제한 • 피더 단위 연계용량 제한기준으로 적용
단위 연계 용량평가	• 순시전압변동 측면	• 개별분산형 전원의 계통연결시 유발하는 전압변동률 제한 • 개별분산형 전원의 출력변동 및 탈락에 따른 전압 변동률 제한

표 7-11 연계 기술검토를 위한 기술적요건(2)

구분	법령 및 기준	주요내용
기술검토 사항	• 고조파왜곡 측면	• "배전계통 고조파관리 기준"을 적용
	• 보호협조 측면	• "분산형전원 연계 배전선로 보호업무 편람"에 따른 기술검토
	• 기술적 기본사항(전기방식, 접지와 협조, 동기화, 비의도적 한전 가압, 감시 설비, 분리장치, 단독운전 등)	• "분산형전원 배전계통 연계기술 Guideline"에 의한 기술검토 및 기술적 요건으로 적용
ESS	• 분산형 배전계통 연계 기술기준 • 공급인증서 발급 및 거래시장 운영에 관한 규칙	• 분산형 전원에서 발전된 전력만이 ESS에 충전 • 충전시간 : 10:00~16:00 • 방전시간 : 충전시간 이외의 시간
분산형연계 용량	• 분산형 전원 배전계통 연계의 구분 : 저압일반선로 연계기준	• 저압연계 : 500[kW] 미만 • 배전용변압기 용량의 50[%] 이하
	• 분산형 전원 배전계통 연계의 구분 : 특고압 일반선로연계기준	• 특고일반선로연계 : 501~10,000[kW]이하 • 주변압기 용량의 15[%]이하
	• 분산형 전원 10,000[kW]초과 일반선로	• 선로누적용량 초과시 특고 전용선로 • 10,000~20,000[kW] 미만 시 대용량배전

<table>
<tr><th>구분</th><th>법령 및 기준</th><th>주요내용</th></tr>
<tr><td>전기품질</td><td>• 전기품질 등의 유지의무</td><td>• 직류유입 제한 : 0.5[%]를 초과하지 말 것
• 역률 : 90[%]이상
• 플리커 : 전기사용자에게 시각적 자극 없을 것
• 고조파 : 배전계통 고조파 관리기준에 따름
• 저압 연계점의 전압범위 : 380[V]±38[V]
• 특고압 연계점의 전압범위 : 20.8∼23.8[kV]</td></tr>
<tr><td>한전계통 이상시 분리 및 재병입</td><td colspan="2">• 비정상 전압에 대한 분산형전원 분리시간
<table>
<tr><th>전압범위
(기준전압에 대한 백분율[%])</th><th>분리시간[초]</th></tr>
<tr><td>$V < 50$</td><td>0.16</td></tr>
<tr><td>$50 \leq V < 88$</td><td>2.00</td></tr>
<tr><td>$110 < V < 120$</td><td>1.00</td></tr>
<tr><td>$V \geq 120$</td><td>0.16</td></tr>
</table>
• 비정상 주파수에 대한 분산형전원 분리시간
<table>
<tr><th>분산형전원 용량</th><th>주파수 범위[Hz]</th><th>분리시간[초]</th></tr>
<tr><td rowspan="2">30[kW] 이하</td><td>>60.5</td><td>0.16</td></tr>
<tr><td><59.3</td><td>0.16</td></tr>
<tr><td rowspan="3">30[kW] 초과</td><td>>60.5</td><td>0.16</td></tr>
<tr><td><{57.0∼59.8}(조정 가능)</td><td>{0.16∼300}(조정가능)</td></tr>
<tr><td><57.0</td><td>0.16</td></tr>
</table>
전압 및 주파수가 정상 범위로 복원된 후 5분간 재 연결금지 지연기능을 갖출 것.</td></tr>
<tr><td>보호장치</td><td>• 보호장치의 설치의무 (보호계전기)</td><td>• 단락, 지락고장 보호장치(50/51, 67N)
• 과 · 저전압(64,27),
과 · 저주파수(81O, 81U) 계전기
• 단순분산형전원의 경우 역전력계전기
• 단독운전방지 기능(81R)
• 기타 세부사항은 계통보호업무처리지침 또는 계통보호 업무편람 기준에 따름</td></tr>
</table>

7.5 송 · 배전 설비

7.5.1 송전설비

1. 개요

(1) 송변전설비는 태양광 발전 전력을 계통으로 역송전 하기 위한 송전 및 변전설비로 파워 컨디셔너가 설치된 저압 배전반 및 변압기, 차단기, 보호계전기, 각종 계기류 등이 포함된다.

(2) 송변전설비의 위치는 경제성 및 운영 측면을 고려하여 태양광설비 및 계통연계지점과 근접한 곳으로 선정하는 것이 건설비를 절감하고 운용 및 유지관리에 유리하다.

(3) 송변전설비의 각 기기는 정격용량에 맞는 것을 선정하여야 한다.

2. 전력계통도

전기를 생산하고 이것을 수용가에게 공급하는 일련의 설비로 발전설비, 변전설비, 전선로 등으로 구성되어 있다.

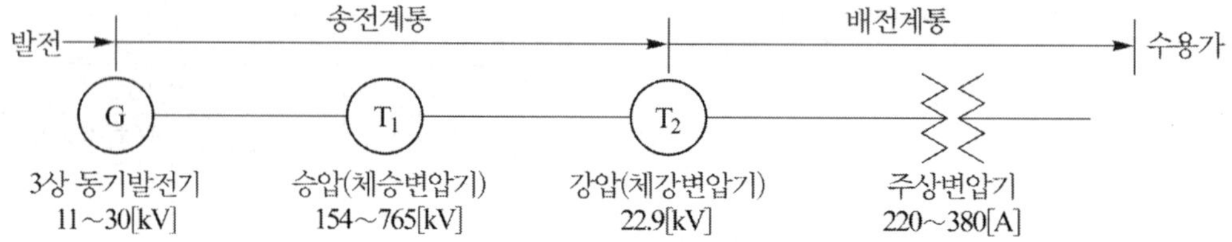

그림 7-6 전력계통도

3. 가공 전선로

(1) 전선의 구비조건

① 경제적일 것　② 기계적 강도가 클 것
③ 도전율이 클 것　④ 비중이 작을 것
⑤ 가요성이 있을 것　⑥ 부식성이 작을 것
⑦ 내구성이 클 것

(2) 구성형태에 의한 분류

① 단선 : 심선이 한 가닥인 전선 → 직경(지름) : d[mm]

단면적 계산 : $A = \pi r^2 = \pi\left(\frac{D}{2}\right)^2 = \frac{\pi}{4}D^2[\text{mm}^2]$

② 연선 : 심선 여러 가닥을 꼬아서 만든 전선 → 공칭단면적 : $A[\text{mm}^2]$

㉮ 규격표기법 : $[N/d]$ =[소선 가닥수 / 소선 직경]

㉯ 소선 가닥수 : $N=3n(n+1)+1$

㉰ 연선의 직경 : $D=(1+2n)d[\text{mm}]$

㉱ 연선의 단면적 : $A=a\cdot N=\dfrac{\pi}{4}d^2N[\text{mm}^2]$

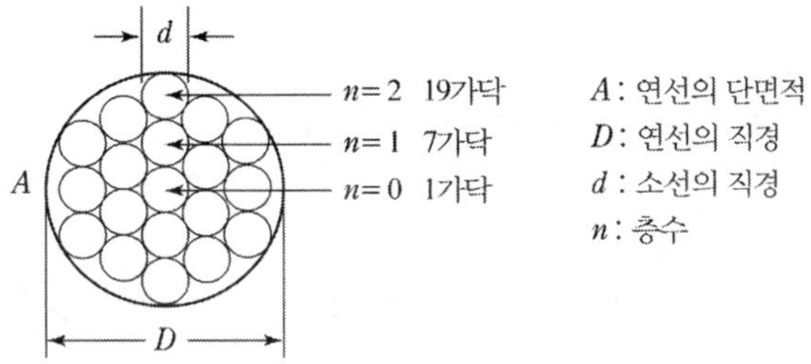

그림 7-7 연선의 구조

(3) 전선의 종류 및 용도

① 연동선

㉮ 용도 : 옥내 배선, 지중전선로

㉯ 도전율 : $C=100[\%]$ → 기준이 되는 전선

㉰ 고유저항 : $\rho=\dfrac{1}{58}[\Omega\cdot\text{m}]$

② 경동선

㉮ 용도 : 옥외 배선, 인입선 및 저압 가공전선로

㉯ 도전율 : $91\sim98[\%]$

㉰ 고유저항 : $\rho=\dfrac{1}{55}\sim\dfrac{1}{56}[\Omega\cdot\text{m}]$

③ 알루미늄선

㉮ 도전율 : $C=61[\%]$

㉯ 고유저항 : $\rho=\dfrac{1}{35}[\Omega\cdot\text{m}]$

(4) 경제적인 전선의 굵기 선정 : 캘빈 법칙

전선 굵기 선정 5요소 : 허용전류, 전압강하, 기계적 강도, 코로나 손, 경제성

(5) 애자

전선로를 시시하고 시시물과의 질연을 유지한다.

애자의 구비조건

(1) 충분한 절연 내력을 가질 것
(2) 충분한 절연 저항을 가질 것
(3) 기계적 강도가 클 것
(4) 누설전류가 적을 것
(5) 경제적일 것

(6) 지지물의 이도계산

▶ 고저 차가 없고 지지 점의 높이가 같은 경우

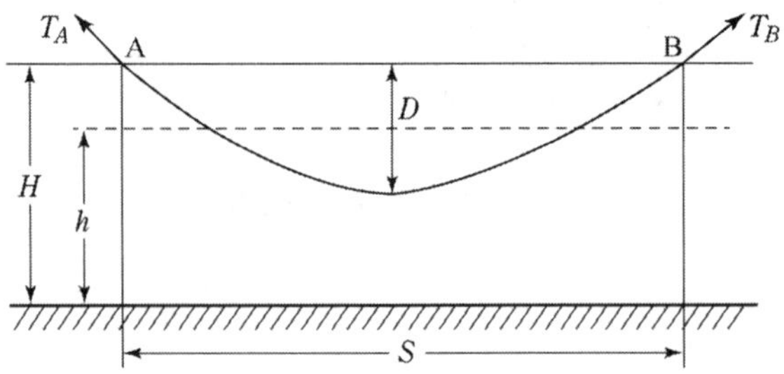

그림 7-8 고저차가 없는 이도

① 이도 : $D = \dfrac{WS^2}{8T}$[m]

수평장력= $\dfrac{\text{인장하중}}{\text{안전율}}$ (안전율= $\dfrac{\text{인장하중}}{\text{수평장력}}$)

W : 합성하중[kg/m], S : 경간[m], T : 수평장력[kg]

② 전선의 실제길이 $L = S + \dfrac{8D^2}{3S}$[m](늘어진 정도 경간(S)의 0.1[%])

③ 지지점 평균 높이 : $h = H - \dfrac{2}{3}D$ [m]

④ 온도 변화 시 이도계산 $t_1° \rightarrow D_1$

$$t_2° \rightarrow D_2 = \sqrt{D_1^2 \pm \frac{3}{8}\alpha t S^2}$$

[주의] 이도계산에서 지지점의 고저차가 있는 경우에는 본 계산식을 사용할 수 없다.

4. 지중 전선로

(1) 지중 전선로의 장 · 단점

① 장점

㉮ 도시의 미관상 좋다.

㉯ 가공선로에 비해 고장이 적다.

㉰ 화재 발생이 적다.

㉱ 보안상의 위험이 적다.

㉲ 기상조건에 대한 영향이 적다.

㉳ 통신선 유도장해가 적다.

㉴ 설비의 안정성에 있어 유리하다.

② 단점

㉮ 시설비가 비싸다.

㉯ 고장의 발견, 보수가 어렵다.

(2) 매설 방법

① 직매식(직접매설방식) : 구내 인입선

㉮ 매설 깊이 : 차량 등의 압력을 받을 경우 1.2[m]

㉯ 차량 등의 압력을 받지 않을 경우 0.6[m]

② 관로식(맨홀방식) : 시가지 배전선로

㉮ 강관, 파형 PE관을 땅속에 묻는 방법

㉯ 맨홀 : 케이블의 중간 접속 및 점검개소

③ 암거식(공동 부설식) : 많은 가닥수를 시공할 때 시가지 고전압 대용량 간선부근, 공사비가 비싸다.

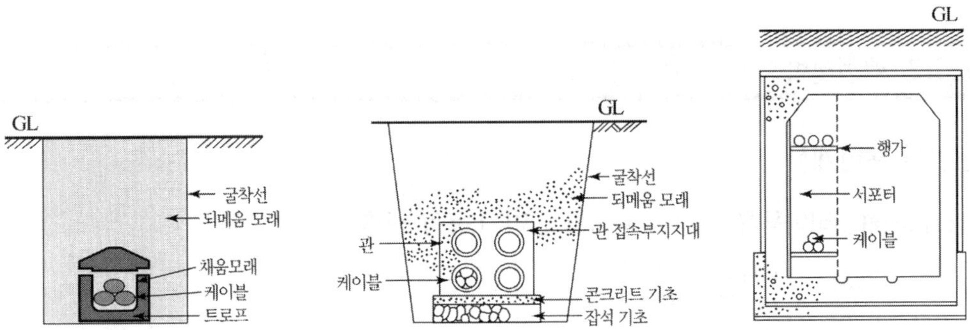

(a) 직매식 (b) 관로식 (c) 암거식

그림 7-9 케이블 매설 방법

5. 송전방식

(1) 직류송전 방식의 장 · 단점

① 장점

㉮ 절연 계급을 낮출 수 있다.

㉯ 리액턴스가 없으므로 리액턴스에 의한 전압강하가 없다.

㉰ 송전 효율이 좋다.

㉱ 안정도가 좋다.

㉲ 도체 이용률이 좋다.

② 단점

㉮ 교직 변환장치가 필요하며 설비가 비싸다.

㉯ 고전압 대전류 차단이 어렵다.

㉰ 회전자계를 얻을 수 없다.

㉱ 변압이 어렵다.

(2) 교류송전 방식의 장 · 단점

① 장점

㉮ 전압의 승압 강압 변경이 용이하다.

㉯ 회전자계를 쉽게 얻을 수 있다.

㉰ 일괄된 운용을 기할 수 있다

② 단점

㉮ 보호 방식이 복잡해진다.

㉯ 많은 계통이 연계되어 있어 고장 시 복구가 어렵다.

㉰ 무효전력으로 인한 송전 손실이 크다.

7.5.2 배전설비

1. 변압기 용량계산

(1) 수용률(설비이용률) : 단독 수용가 변압기 용량 산출

① $\text{수용률} = \dfrac{\text{최대수용전력[kW]}}{\text{총 설비용량[kW]}} \times 100[\%]$

② 최대수용전력[kW] = 수용률 × 총 설비용량[kW]

③ $\text{변압기 용량[kW]} = \dfrac{\text{수용률} \times \text{총 설비용량[kW]}}{\cos\theta}$

(2) 부하율(F) : 임의의 기간 동안 부하의 변동 상태파악

① 부하율$=\dfrac{\text{평균전력[kW]}}{\text{최대전력[kW]}}\times 100=\dfrac{\text{사용전력량[kWh]/시간[h]}}{\text{최대전력[kW]}}\times 100[\%]$

㉮ 일 부하율 : 24시간

㉯ 월 부하율 : 24시간 × 30일 (1달)

㉰ 연 부하율 : 24시간 × 365일 (1년)

② 사용전력량[kWh]=최대수용전력(수용률×총 설비용량)[kW]×부하율×시간[h]

(3) 부등률 : 전력소비기기를 동시에 사용되는 정도, 다수 수용가 변압기 용량 산출

① 부등률$=\dfrac{\text{개별수용 최대전력의 합[kW]}}{\text{합성최대전력[kW]}}\geq 1$ (항상 1 이상이다.)

② 변압기 용량[kVA]$=\dfrac{\text{개별수용 최대전력(수용률}\times\text{설비용량)의 합[kW]}}{\text{부등률}\times\cos\theta\times\text{효율}}$

2. 배전 방식

(1) 가지식(수지상식, 방사상식)

① 장점

㉮ 시설비가 싸다.

㉯ 용량 증설이 용이하다.

② 단점

㉮ 인입선의 길이가 길다.

㉯ 전압강하가 크다.

㉰ 전력손실이 크다.

㉱ 정전범위가 넓다.

(2) 환상식(Loop식) : 수용밀도가 큰 지역(중, 소도시)

① 장점

㉮ 가지식에 비해 전압강하 및 정전의 범위가 작다.

㉯ 고장 개소의 분리 조작이 용이

② 단점 : 설비가 복잡하고 증설이 어렵다.

(3) 저압 뱅킹방식 : 부하가 밀집된 시가지

① 장점

㉮ 부하의 융통성을 도모하고, 전압변동 전력손실이 경감된다.

㉯ 변압기 용량 절감, 공급신뢰도 향상

② 단점 : 캐스케이딩 현상발생

(4) 저압 네트워크방식(망상식) : 2회선 이상의 급전선으로 공급

① 장점

㉮ 무정전공급 가능 ㉯ 공급신뢰도 우수

㉰ 전압변동 및 전력손실 감소 ㉱ 기기의 이용률 향상

② 단점

㉮ 시설비가 비싸다.

㉯ 인축의 접지사고가 많다.

㉰ 고장 시 전류 역류현상 발생

3. 배전선로의 전기공급 방식

(1) 1선당 공급전력 비교

① 단상 2선식($1\phi 2W$) : $P = VI\cos\theta$

② 단상 3선식($1\phi 3W$) : $P = 2VI\cos\theta$

1선당 전력 : $P' = \dfrac{2VI\cos\theta}{3} = \dfrac{2}{3}VI = 0.67VI$

$\text{비교} = \dfrac{\text{단상3선식}}{\text{단상2선식}} = \dfrac{0.67VI}{0.5VI} = 1.33\text{배}$

③ 3상 3선식 ($3\phi 3W$) → 송전선로 전기방식

$P = \sqrt{3}VI\cos\theta$

1선당 전력 : $P' = \dfrac{\sqrt{3}VI\cos\theta}{3} = \dfrac{\sqrt{3}}{3}VI = 0.57VI$

$\text{비교} = \dfrac{\text{3상3선식}}{\text{단상2선식}} = \dfrac{0.57VI}{0.5VI} = 1.15\text{배}$

④ 3상 4선식 ($3\phi 4W$) → 배전선로 전기방식

(부하 불평형 시 전력손실 최대)

$P = 3VI\cos\theta$

1선당 전력 : $P' = \dfrac{3VI\cos\theta}{4} = \dfrac{3}{4}VI = 0.75VI$

$\text{비교} = \dfrac{\text{3상4선식}}{\text{단상2선식}} = \dfrac{0.75VI}{0.5VI} = 1.5\text{배}$

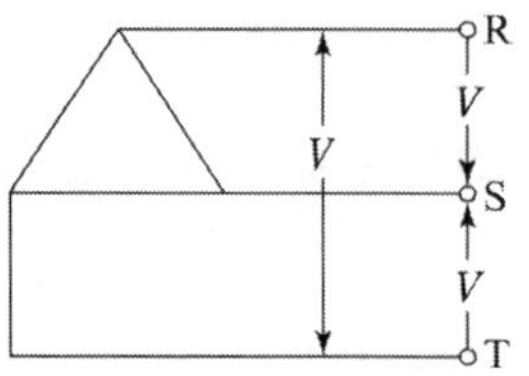

그림 7-10 3상 3선식

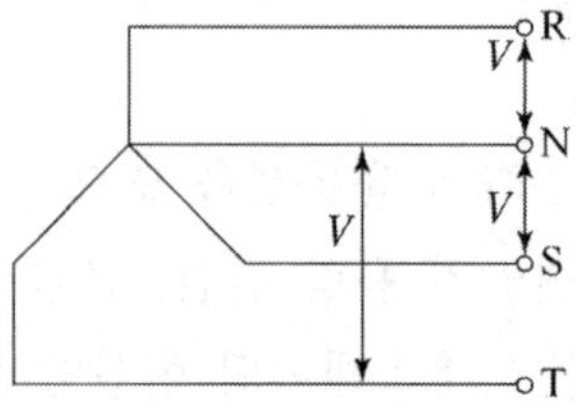

그림 7-11 3상 4선식

표 7-12 전기 공급 방식별 비교

전기방식	가닥수	전력	1선당전력	$1\phi 2W$ 기준 (전력)	전선중량비 (전력손실비)
$1\phi 2W$	2W	$VI\cos\theta$	$0.5\,VI\cos\theta$	1(100[%])	1
$1\phi 3W$	3W	$2\,VI\cos\theta$	$0.67\,VI\cos\theta$	1.33배(133[%])	$\frac{3}{8}$
$3\phi 3W$	3W	$\sqrt{3}\,VI\cos\theta$	$0.57\,VI\cos\theta$	1.15배(115[%])	$\frac{3}{4}$
$3\phi 4W$	4W	$3\,VI\cos\theta$	$0.75\,VI\cos\theta$	1.5배(150[%])	$\frac{1}{3}$

4. 조상설비

(1) 전력용 (진상용, 병렬) 콘덴서

부하와 병렬로 접속하여 부하의 역률을 개선하기 위한 병렬콘덴서

$$\text{역률}(\cos\theta) = \frac{\text{유효전력}}{\text{피상전력}}$$

① 역률개선의 필요성

부하의 역률이 나쁠 경우에는 전력손실이 증가되며 전압강하가 커지므로 수전 설비 용량이 증가하게 된다.

$$\text{변압기 용량} : P_a = \frac{P}{\cos\theta}[\text{kVA}]$$

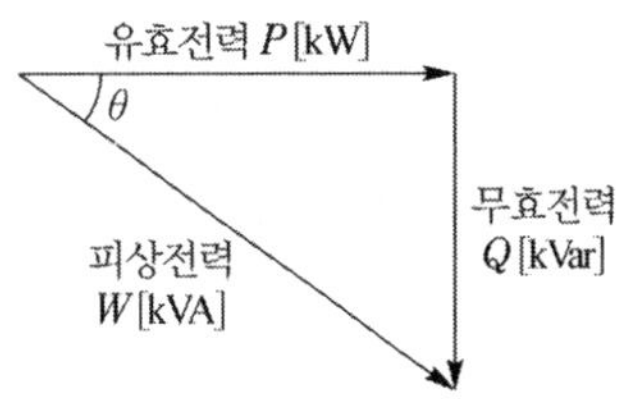

그림 7-12 역률의 개념

② 역률개선의 원리 및 콘덴서 용량

$$\begin{aligned}\therefore\ Q_C &= P(\tan\theta_1 - \tan\theta_2)\\ &= P\left(\frac{\sin\theta_1}{\cos\theta_1} - \frac{\sin\theta_2}{\cos\theta_2}\right)\\ &= P\left(\frac{\sqrt{1-\cos^2\theta_1}}{\cos\theta_1} - \frac{\sqrt{1-\cos^2\theta_2}}{\cos\theta_2}\right)[\text{kVA}]\end{aligned}$$

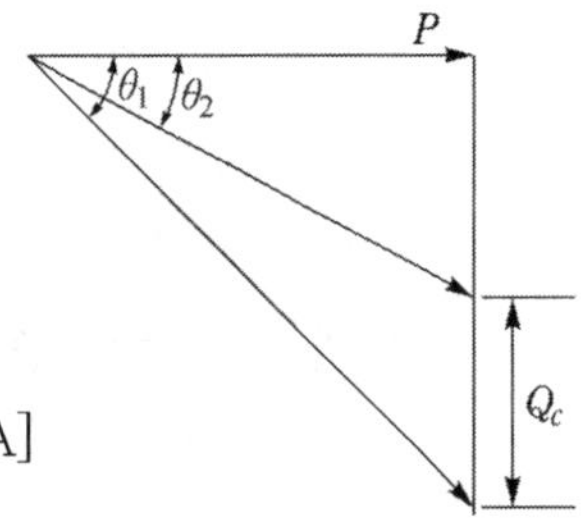

그림 7-13 콘덴서 필요용량

③ 전력용 콘덴서의 결선 방법

㉮ 직렬 리액터(SR) : 제 5고조파 제거

㉯ 공진조건 $5\omega_o L - \frac{1}{5\omega_o C} \rightarrow \omega_o L = \frac{1}{25} \cdot \frac{1}{\omega_o C} = 0.04\frac{1}{\omega_o C}$

㉰ 직렬리액터의 용량 : 콘덴서 용량의 5~6[%] 연결

㉣ 방전 코일(DC) : 콘덴서의 잔류전하 방전

㉤ 전력용 콘덴서의 결선 : △결선

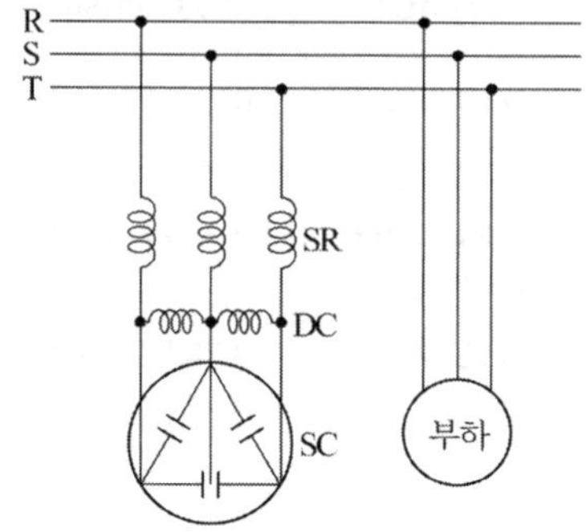

그림 7-14 콘덴서의 결선

(2) 동기조상기

무부하로 운전하는 동기 전동기의 여자전류를 변화시켜 진상 또는 지상 전류를 공급함으로서 부하의 역률을 개선하는 장치

① 여자 전류(I_f) 증가 ─┬ 진상전류(앞선역률)
　　　　　　　　　　　└ 전기자 전류(I_a) 증가

② 여자 전류(I_f) 감소 ─┬ 지상전류(뒤진역률)
　　　　　　　　　　　└ 전기자 전류(I_a) 증가

5. 변전설비 기초

(1) 중성점 접지 방식

① 중성점 접지의 목적

㉮ 1선 지락 시 전위상승을 억제하여 기계기구의 절연보호

㉯ 단절연이 가능하므로 기기값이 저렴하다.

㉰ 과도 안정도 증진

㉣ 보호 계전기의 동작이 신속하다.

(2) 중성점 접지방식 종류

① $Z_n \fallingdotseq 0$ (직접접지)

③ $Z_n = jX_L$ (소호리액터 접지)

② $Z_n = R$ (저항접지)

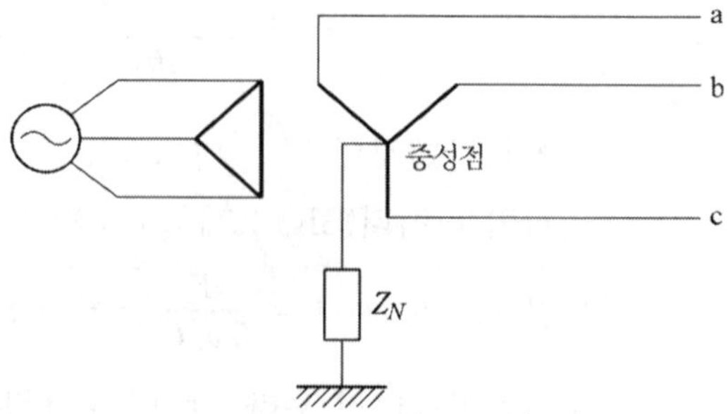

그림 7-15 중성점 접지

(3) 직접 접지와 비접지 방식의 특징

① 직접 접지방식의 특징

㉮ 1선 지락사고 시 건전상의 전위상승이 없다.(이상전압 억제)

㉯ 지락전류가 대전류, 통신선에 유도장해가 크다.

㉰ 지락전류가 대전류, 과도안정도가 나쁘다.

② 비접지 방식의 특징

㉮ 1선 지락사고 시 건전상의 전위상승이 높다.

㉯ 이상전압이 높으므로 전절연, 균등절연이 필요하다.

㉰ 지락전류가 적어, 통신선에 유도장해가 없다.

㉱ 지락전류가 적어, 과도안정도가 좋다.

표 7-13 중성점 접지방식 비교

종류	전위상승	지락전류	보호계전기 동작	통신선의 유도장해	과도안정도	절연레벨
직접접지	1.3배(小)	최대	가장 확실	최대	최소(고속차단 재폐로 방식)	최저 단절연 가능
고 저항접지	약간 크다. 비접지보다 작다	중간정도	확실	중간정도	중간정도	비접지보다 낮다(전절연)
비접지	$\sqrt{3}$ 배	작다(송전거리가 길면 크다)	곤란	작다	크다	최고 (전절연)
소 호 리액터접지	$\sqrt{3}$ 이상 (大)	최소	불가능	최소	최대	비접지보다 낮다 (전절연)

6. 유도장해

전력선에 통신선이 근접해 있는 경우 통신선에 전압, 전류가 유도되는 현상

(1) 정전유도장해 : 송전선로의 영상전압과 통신선과의 상호 정전용량의 불평형에 의해 통신선에 전압이 유도되는 현상

(2) 전자유도장해 : 고장(단락, 지락) 발생 시 전력선과 통신선 사이의 상호 인덕턴스에 의해 발생

(3) 유도장해 방지대책

① 전력선측

㉮ 충분한 연가를 한다.

㉯ 소호리액터 접지방식을 채용한다.

㉰ 고속도 차단방식을 채용한다.

㉱ 차폐선을 설치한다. (30～50[%] 감소)

㉮ 전력선과 통신선과의 이격거리를 크게 한다.

㉯ 전력선과 통신선을 수직으로 교차시킨다.

② 통신선측

㉮ 절연 변압기 채용

㉯ 연피케이블을 사용

㉰ 특성이 양호한 피뢰기를 설치한다.

㉱ 통신 장비 내에 배류코일을 설치한다.

㉮ 통신선 및 기기의 절연 강화

7. 이상전압 및 방호대책

(1) 이상전압의 종류

① 내부 이상전압

㉮ 개폐서지 : 선로 개폐 시 전위상승

㉯ 1선 지락 시 전위상승

㉰ 무부하시 전위 상승(페란티 현상)

㉱ 잔류전압에 의한 전위상승

② 외부 이상전압

㉮ 직격뢰　　㉯ 유도뢰

(2) 이상전압 방호대책(뇌해 방지)

① 가공지선　　② 매설지선　　③ 소호장치

④ 피뢰기　　⑤ 피뢰침

8. 피뢰기

(1) 피뢰기의 설치장소

① 발 · 변전소 인입구 및 인출구

② 배전용 변압기 고압측 및 특고압측

③ 고압 및 특고압을 수전받는 수용가 인입구

④ 가공전선과 지중전선 접속점

(2) 피뢰기 구비조건

① 상용주파 방전개시 전압은 높을 것.

② 충격 방전개시 전압은 낮을 것.

③ 방전 내량은 크고, 제한 전압은 낮을 것.

④ 속류 차단 능력은 클 것.

(3) 피뢰기의 정격전압

표 7-14 피뢰기의 정격전압

<table>
<tr><th>전압 [kV]</th><th>정격전압 [kV]</th></tr>
<tr><td>345</td><td>288</td></tr>
<tr><td>154</td><td>138(144)</td></tr>
<tr><td>66</td><td>75</td></tr>
<tr><td>22.9</td><td>18(21)</td></tr>
<tr><td>22</td><td>24</td></tr>
<tr><td>6.6</td><td rowspan="2">7.5</td></tr>
<tr><td>3.3</td></tr>
</table>

(4) 절연협조 : 보호기와 피 보호기와의 상호절연 협력관계

(계통전체의 신뢰도를 높이고 경제적, 합리적인 설계를 한다.)

① 여유도= $\dfrac{\text{기기의 절연강도} - \text{제한전압}}{\text{제한전압}} \times 100[\%]$

② 절연협조 순서

변압기(LA) → 변압기(코일-부싱) → 결합콘덴서 → 선로(애자)

③ 보호기와 피보호기 이격거리 $\begin{cases} 154[\mathrm{kV}] : 65[\mathrm{m}] \\ 22.9[\mathrm{kV}] : 20[\mathrm{m}] \end{cases}$

④ BIL(기준충격 절연강도) : 기기의 절연을 표준화하고 통일된 절연체계를 구성하기 위한 절연 계급 설정 → 피뢰기 제한전압 기준

※ 기준충격 절연강도 = $\dfrac{\text{선로 공칭전압}}{1.1} \times 5\text{배} + 50$

9. 보호 계전기

(1) 보호계전기의 구비조건

① 고장의 정도 및 위치를 정확히 파악할 것.

② 고장 개소를 정확히 선택할 것.

③ 동작이 예민하고 오동작이 없을 것.

④ 소비전력이 적고, 경제적일 것.

⑤ 후비 보호능력이 있을 것.

(2) 동작시간에 의한 분류

① 순한시 계전기 : 규정된 이상의 전류가 흐르면 즉시 동작(0.3초 이내)

※ 고속도 계전기 : 0.5～2[Hz] 내에 동작하는 계전기

② 정한시 계전기 : 규정된 이상의 전류가 흐를 때 전류의 크기와 관계없이 일정 시간 후 동작

③ 반한시 계전기 : 전류가 크면 동작시간은 짧고, 전류가 작으면 동작시간은 길어지는 계전기(반대로 동작)

④ 반한시-정한시 계전기 : 전류가 작은 구간은 반한시 특성, 전류가 일정범위를 넘으면 정한시 특성을 갖는 계전기

(3) 기능(용도)상의 분류

① 단락보호용

㉮ 과전류 계전기(OCR) : 과부하전류, 단락전류 검출시 동작

㉯ 부족전압계전기(UVR) : 전압이 정격전압보다 부족할 경우 동작

㉰ 단락방향계전기(DSR) : 단락된 방향을 검출하여 동작

㉱ 선택단락계전기(SSR) : 단락된 회선을 검출하여 동작

㉲ 거리계전기 → 임피던스(선로) 계전기 : 전압과 전류비가 바뀌었을 때 동작

② 지락보호용 : 지락계전기(GR) → 영상변류기(ZCT)와 조합하여 사용

㉮ 선택지락계전기(SGR) : 2회선 이상(다회선)에서 사고난 회선만 선택차단

㉯ 방향지락계전기(DGR) : 환상선로 지락사고 보호

③ 발전기 · 변압기 보호용

㉮ 차동 계전기(단상) : 양쪽 전류차에 의해 동작

㉯ 비율차동 계전기(3상)

㉰ 과전류 계전기

㉱ 부흐홀쯔 계전기 : 변압기 내부 고장 보호

④ 계기용 계전기

㉮ 계기용변압기(PT) : 고전압을 저전압으로 변성하는 기기
- 점검시 : 2차측 개방

㉯ 계기용변류기(CT) : 대전류를 소전류로 변류하는 기기
- 점검시 : 2차측 단락

㉰ 계기용 변압 변류기(MOF, PCT) : 한 탱크에 PT와 CT조합

㉱ 영상 변류기(ZCT) : 영상 전류를 검출하여 지락(접지) 계전기에 공급

㉲ 계기용 접지 변압기 (GPT) : 영상 전압을 검출하여 지락(접지) 계전기에 공급
2차 전압 : $110\sqrt{3} = 190[V]$

⑤ 기타 계전방식

㉮ 전력 반송 보호 계전방식 : 방향비교, 위상비교, 고속도 거리+기타방식

㉯ 표시선 계전방식 : 전압방향, 전류순환, 방향비교

㉰ 트랜지스터 계전방식 : CT, PT 부담이 작아 오차를 작게 한 계전방식

10. 개폐기

(1) 개폐기 종류 및 능력

개폐기의 종류에는 단로기, 개폐기, 차단기가 있으며 개폐능력은 표 7-15와 같다.

표 7-15 개폐기의 종류에 따른 개폐 능력

구 분	무 부하전류	부하전류	고장전류
단로기	○	×	×
개폐기	○	○	×
차단기	○	○	○

(2) 차단기 소호 매질에 의한 분류

① 유입차단기(OCB)

② 공기차단기(ABB)

③ 가스차단기(GCB)

④ 진공차단기(VCB)

⑤ 자기차단기(MBB)

(3) 차단기의 용량 선정

$$\text{정격차단용량[MVA]} = \sqrt{3} \times \text{정격전압[kV]} \times \text{정격차단전류[kA]}$$

계통의 $\%Z$에 의한 단락전류 및 단락용량을 산출한 후 단락용량 이상의 정격차단용량의 차단기를 선정한다.

표 7-16 24[kV] VCB 정격 (IEC 규격)

구 분		용량 구분			비 고
중 · 소형	정격차단전류 [kA]	12.5	16	25	24[kV] 적용
	정격차단용량 [MVA]	520	665	1040	
대형	정격차단전류 [kA]	31.5		40	24[kV] 적용
	성격차난용량 [MVA]	1309		1662	

7.5.3 각종 계산서 작성

1. 개요

계산서는 각 기기 및 설비의 정격 용량을 선정하기 위한 산출 근거로서 태양전지셀의 전압, 전류, 출력에 의한 PCS용량, 전선의 단면적 및 전압과 배선길이를 고려한 전압강하, 상위 전선의 규격, 변압기 용량, 차단기 및 MCCB의 용량 선정 등의 근거 자료가 된다.

2. 구조 계산서

가대(프레임, 지지대 등)의 하중계산 및 기초 방식의 선정에 관한 설명은 제12장과 제13장에서 별도로 설명한다.

3. 부하 계산서

(1) 독립형 시스템의 경우 발전 전력이 감당할 전체 부하에 대한 부하용량을 산출하여야 한다.

(2) 발전 용량을 결정하는 근거 자료로 사용

(3) 태양전지 용량 산출 계산 : 부하의 수요 전력량에 설계계수, 여유율 등을 고려

(4) PCS용량 산출 계산 : 어레이 출력용량 및 저감율, 효율 등을 고려

(5) 축전지 용량 계산 : 축전지를 설치 시 용량 선정의 산출 근거

(6) 간선 계산 : 전압 강하 계산, 전선의 굵기 및 배관 선정을 위함

(7) 태양광 발전 출력 계산서 : MCCB, 차단기 등의 선정과 변압기 용량 및 시스템 총 용량의 산출 근거가 됨.

(8) 예상 발전량 산출 계산

① 기획 및 타당성 조사 단계에서의 태양광 발전 시스템 기획자료

② 지역별 일조량 및 일조시간, 태양전지의 효율 등을 기초로 함

(9) 변압기 용량 계산 : 변압기 용량 산출

(10) 고장 계산

① 태양광 발전 시스템의 안정적인 운용, 사고의 차단 및 확대 방지, 계통연계 요건의 충족을 위한 보호시스템의 구축을 위한 보호기기의 용량, 계전기의 보정값 산출 등의 근거 마련

② 교류 회로는 물론 직류 회로까지 고려하여야 함

③ 1선 지락, 선간 단락, 3상 단락 등 각 고장 발생 시의 고장전류를 산출하고 캐스케이딩(Cascading)방지를 위한 보호계전기보정(Protection Relay correction)계산서, 보호협조곡선의 작성이 필요

7.6 태양광 발전량

7.6.1 발전량 산출

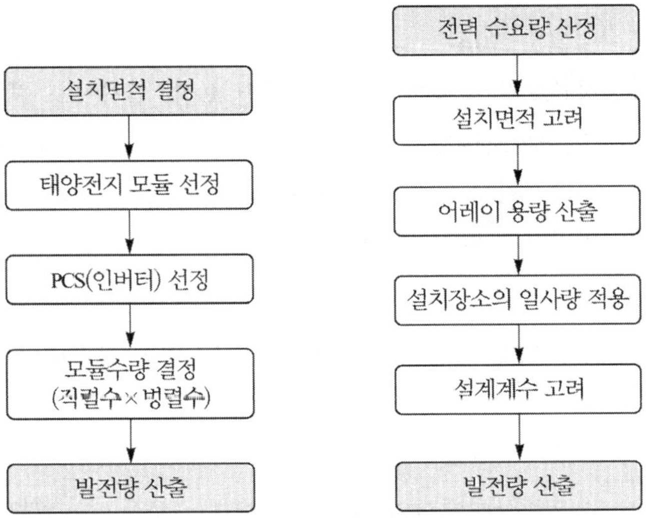

그림 7-16 계통연계형과 독립형 PV시스템의 발전 가능량 산출 순서

1. 발전량 산출 순서

(1) 계통연계형의 경우 부지면적에 설치 가능한 태양전지의 개수(모듈 수)를 산출한 후 발전량을 산출

(2) 독립형의 경우 전력 수요량을 산출한 후 이를 토대로 태양전지의 출력, 일사강도, 기타 계수 등을 고려하여 발전량을 산출한다.

2. PV시스템의 발전량 산출

(1) 태양전지 어레이 필요 용량[kW] 산출

$$P_{AD} = \frac{E_L \times D \times R}{\left(\dfrac{H_A}{G_S}\right) \times K}$$

여기서, P_{AD} : 표준상태에서의 태양전지 어레이 필요 출력[kW]
(AM(대기질량) 1.5, 일사강도 1,000[W/m^2], 태양전지 셀 온도 25[℃])
H_A : 어떤 기간에 얻을 수 있는 어레이 표면(경사면) 일사량[kWh/(m^2 · 기간)]
G_S : 표준상태에서의 일사강도[kW/m^2](=1[kW/m^2])

E_L : 어느 기간에서의 부하소비전력량(전력수요량)[kWh/기간]

D : 부하의 태양광발전시스템에 대한 의존율=1-(백업 전원전력의 의존율)

R : 설계여유계수(추정일사량의 정확성 등 설치환경에 따른 보정)

K : 종합설계계수(태양전지 모듈 출력의 불균형 보정, 회로손실, 기기에 의한 손실 등을 포함)

$$K = K_d \times K_t \times \eta_{INV}$$

K_d : 직류보정계수(태양전지 표면의 오염, 일사강도 변화에 따른 손실의 보정, 태양전지 특성차에 의한 보정값, 축전지 손실률)

K_t : 태양전지 온도상승에 따른 보정 계수(계절별로 상이, 약 0.85)

η_{INV} : 인버터 변환 효율(약 0.95)

(2) 월간 발전량 산출

① 경사면 일사량에 의한 방법 : 월간 발전량(시스템 발전전력량) E_{PM}

$$E_{PM} = P_{AS} \times \left(\frac{H_{AM}}{G_S}\right) \times K \ [\text{kWh/월}]$$

여기서, P_{AS} : 표준상태에서의 태양전지 어레이(모듈 총 수량) 출력[kW]

H_{AM} : 월 적산 어레이 표면(경사면) 일사량[kWh/(m^2 · 월)]

G_S : 표준상태에서의 일사강도[kW/m^2](=1[kW/m^2])

K : 종합설계계수

② 발전시간에 의한 방법

$$\text{일평균 발전시간} = \frac{\text{1년간 발전전력량[kWh]}}{\text{시스템 용량[kW]} \times \text{운전일수}}$$

$$\text{시스템 이용률[\%]} = \frac{\text{1년간 발전전력량[kWh]}}{24[\text{h}] \times \text{운전일수} \times \text{시스템 용량[kW]}} \times 100$$

$$= \frac{\text{일평균 발전시간[h]}}{24[\text{h}]} \times 100$$

다음 해의 예상 발전전력량[kWh]=첫 해의 발전전력량[kWh]×(1−시스템 효율저하율)

3. 시스템 이용률 및 발전시간의 추정

(1) 위의 발전량 산출 결과에 따라 시스템 이용률 및 발전시간의 추정이 가능하다.

연간 운전일수가 355일이라 가정 시

$$\text{일평균 발전시간} = \frac{13{,}149.78[\text{kWh}]}{10.8[\text{kW}] \times 355} \fallingdotseq 3.43\text{시간}$$

$$\text{시스템 이용률} = \frac{\text{일평균 발전시간[h]}}{24[\text{h}]} \times 100 = \frac{3.43}{24} \times 100 \fallingdotseq 14.29[\%]$$

(2) 시스템 이용률 저하의 주원인
① 일조량 감소
② 여름철 셀 온도 상승에 의한 출력 저하
③ 전력 손실

(3) 시스템 주요 전력 손실 요소
① 케이블 손실 ② 인버터 손실 ③ 변압기 손실

7.7 방범 · 방재 · 관제시스템 설계

방범 · 방재 · 관제시스템은 발전설비의 재산적 보호와 인축의 안전을 위하여 중요한 설비로 신뢰성 및 안전성과 경제성을 고려하여 설계되어야한다.

7.7.1 방범시스템

태양광 발전 설비에서의 방범시스템은 폐쇄회로 텔레비전(CCTV) 시스템과 출입통제 시스템으로 구분하며 출입통제 시설은 울타리, 잠금장치, 적외선 및 RFID(Radio-Frequency Identification) 등을 설치하여 관계자의 인가 및 외부인의 시스템 접근을 통제하거나 동물의 침입으로 인한 피해를 막기 위해 설치한다.

1. CCTV 시스템

(1) 고려사항
① 발전소 내부의 전 공간의 실시간 감시 가능
② 얼굴 식별이 가능한 최소한의 해상도
③ 최소 30일 이상의 기록이 가능한 저장장치
④ 감시 제어반에서의 통합 감시 가능(원격 모니터링)
⑤ 시스템 상호 운영성(통합 관제 기능)
⑥ 출입통제, 경보, 방재 시스템 가동 등 타 시스템과의 연동

2. 출입통제 시설

(1) ᄀ려사항
① 설비별 중요도를 고려한 시설 계획
② 부지의 면적, 사람 및 동물의 접근 가능성 고려

③ 감시 제어반에서의 식별 및 감시 가능(원격 모니터링)
④ 타 시스템(차량 통제 시스템, CCTV 등)과의 연동

7.7.2 방재시스템

1. 피뢰시스템

태양광 발전 설비는 개방된 넓은 야외공간에 상시 노출되어 있으므로 국내건축 법상 20[m] 미만의 건축물은 피뢰침의 의무설치 대상이 아니나, 직격뢰의 위험과 접지선이나 전력선을 통한 유도뢰에 대한 방지 대책을 강구하여야 한다.

(1) 피뢰레벨(보호레벨, 보호등급)의 선정

① 중요도 및 낙뢰발생의 가능성 등을 고려하여 발주자와 설계자간 협의하여 선정
② 피뢰레벨에 따라 회전구체 반경, 수뢰부의 높이, 보호각, 인하도선의 굵기, 메시의 간격 등을 적용

(2) 피뢰시스템의 역할

① 수뢰부시스템은 외부 구조물의 뇌격을 받아들여 대지로 보내는 시스템
② 내부 시스템의 고장 보호(차폐, 본딩(bonding) 및 접지, SPD)

(3) 서지보호장치(SPD)

과전압을 제한하고 서지전류를 우회시키기 위한 장치로 최소한 한 개의 비선형 소자를 포함한다.

① SPD의 사양 : SPD 사양은 각각의 타입별로 임펄스전류, 공칭방전전류, 개회로전압, 최대연속사용전압 및 전압보호수준의 규격 값을 규정하고 있다.

2. 방화시스템

태양광 발전 시스템의 방화대책은 PV어레이 및 접속함, 케이블 등이 설치된 실외시스템과 파워 컨디셔너 및 전력 기기 등이 설치된 실내시스템으로 구분하여 소방관련법 및 건축법에 따라 설계되어야 하며, 전기적 고려사항은 아래와 같다.

(1) 시공가이드라인 상의 접속함의 화재예방조치를 한다.
(2) 방진방수등급 IP54 이상의 접속함을 설치하도록 한다.
(3) 역전류방지 다이오드 용량은 모듈단락전류(I_{sc})의 1.4배 이상, 개방전압(V_{oc})의 1.2배 이상으로 한다.
(4) 인버터 발산 열로 인한 접속함 내부온도 상승방지를 위해 접속함과 인버터는 구분하여 설치하도록 한다.

7.7.3 모니터링 시스템

모니터링 시스템은 발전소의 현재 발전량 및 누적량, 각 장비별 현황은 물론 방범시스템 및 방재시스템까지 발전소내의 모든 시스템을 실시간 모니터링 하여 체계적이고 효율적으로 관리하기 위한 시스템이다.

1. 시스템 구성 요소

(1) PC : 로컬 모니터링 프로그램 내장

(2) 모니터 : LCD, 디지털 감시 화면, 계통도 화면, 경보화면, 보고서 화면 표시

(3) 공유기

① CCTV저장(NVR) 데이터, 인터넷, 직렬서버 데이터 공유

② TCP/IP 유선 (UTP케이블) 연결

(4) 직렬서버(Serial server)

기상수집 데이터, 발전, 고장, 경보 전력 기기 감시 등 데이터 수집, 공유기를 통해 사용자 PC로 전달

(5) 기상수집 I/O 통신모듈 : 일사량센서, 온도센서, 습도센서, 풍속센서 등으로부터 정보 수집

(6) 각종 센서류 : 일사량, 온도, 습도, 풍속센서 등

2. 프로그램 기능

(1) 데이터 수집 기능

각각의 계측 소자로부터 서버로 전송되는 데이터는 데이터 수집 프로그램에 의하여 데이터를 가공 후 데이터베이스에 저장한다. 전송받은 데이터는 태양전지 출력전압, 출력전류, 상전류, 상전압, 출력전력, 주파수, 역률, 누전전력량, 외기온도, 모듈표면온도, 수평면일사량, 경사면일사량 등 각각의 데이터로 분리하고, 데이터베이스의 실시간 테이블 형식에 맞도록 데이터를 수집한다.

(2) 데이터 저장 기능

데이터베이스의 실시간 테이블 형식에 맞도록 수집된 데이터는 데이터베이스에 실시간 테이블로 저장되며, 일정 시간마다 저장된 데이터를 읽어 산술평균값을 구한 뒤 평균데이터를 저장하는 테이블에 데이터를 저장한다.

(3) 데이터 분석 기능

데이터베이스에 저장된 데이터를 표로 작성하여 각각의 계측요소마다 일일 평균값과 시간에 따른 각 계측 값의 변화를 알 수 있도록 표의 테이블 형식으로 데이터를 제공한다.

(4) 데이터 통계 기능

데이터베이스에 저장된 데이터를 일간과 월간의 통계기능을 구현하여 엑셀에서 지정날짜 또는 지정 월의 통계 데이터를 출력한다.

7.8 설계도서

7.8.1 설계도서의 종류

"설계도서"란 설계의 성과물로 공사용 도면, 구조 계산서, 설계내역 및 발주지침서, 시방서(示方書), 그 밖에 '국토 교통부령'으로 정하는 공사에 필요한 서류를 말하며 기본 및 실시설계로 구분되어 진다.

1. 기본설계 성과물

기본설계 성과물은 설계개요, 기본설계도면, 개략공사비 내역 및 기타의 용량계획서, 시스템선정 검토서, 협의기록서 등으로 이루어진다.

- 기본설계 성과물
  - 설계 계획서
  - 기본 설계도면
  - 개략 공사비 내역서
  - 기타 사항
    - 용량계획서(개략계산서)
    - 시스템선정 검토서
    - 협의기록서(협의, 자문 등)

그림 7-17 기본설계 성과물

2. 실시설계 성과물

실시설계 성과물은 설계도면, 시방서, 공사비적산서, 각종계산서 기타 협의기록 등으로 이루어진다.

- 실시설계 성과물
  - 실시설계 도서
    - 설계설명서
    - 설계도면
    - 공사시방서
  - 공사비 적산서
    - 내역서
    - 산출서
    - 견적서
  - 각종계산서
    - 구조계산서
    - 부하계산서
    - 간선계산서
    - 용량계산서(태양전지, 변압기 등)
    - 기타계산서
  - 기타 사항
    - 관공서 협의기록
    - 관계자 협의기록
    - 기타 기록(설계자문, 심의 등)

그림 7-18 실시설계 성과물

3. 설계도서 해석의 우선순위

설계도서 · 법령해석 · 감리자의 지시 등이 서로 일치하지 아니하는 경우에 있어 계약으로 그 적용의 우선수위를 정하지 아니한 때에는 다음의 순서를 원칙으로 한다.

(1) 공사시방서
(2) 설계도면
(3) 전문시방서
(4) 표준시방서
(5) 산출내역서
(6) 승인된 상세시공도면
(7) 관계법령의 유권해석
(8) 감리자의 지시사항

7.8.2 시방서

공사계약문서의 하나로서 건설공사 관리에 필요한 시공기준으로 품질과 직접적으로 관련된 문서로 재료의 종류와 품질, 사용처, 시공방법, 제품납기, 준공기일 등 설계도면에 나타내기 어려운 사항을 명확하게 기록한 것

1. 시방서의 종류

(1) 표준시방서 : 시설물의 안전 및 공사시행의 적정성과 품질확보 등을 위하여 시설물별로 정한 표준적인 시공기준

(2) 전문시방서 : 시설물별 표준시방서를 기본으로 모든 공종을 대상으로 하여 특정한 공사의 시공 또는 공사시방서의 작성에 활용하기 위한 종합적인 시공기준

(3) 공사시방서 : 공사별로 건설공사 수행을 위한 기준으로서 설계도면에 표시하기 곤란하거나 불편한 내용과 당해 공사의 수행을 위한 재료, 공법, 품질시험 및 검사 등 품질관리, 안전관리계획 등에 관한 사항을 기술하고, 당해 공사의 특수성, 지역여건, 공사방법 등을 고려하여 공사별, 공종별로 정하여 시행하는 시공기준을 말한다.

7.8.3 설계도

설계도면이란 시공될 공사의 성격과 범위를 표시하고 설계자의 의사를 일정한 약속에 근거하여 그림으로 표현한 도서로서 공사목적물의 내용을 구체적인 그림으로 표시한 도서로 KS 및 IEC 규정에 근거한 도서를 말한다.

(1) 설계도의 내용 및 기재사항

① 표지 : 설계도서의 체계상 작성하는 것으로 공사명칭, 설계자명 및 도면매수 등을 기재한다.

② 목록 : 설계도서를 철한 순서대로 도면번호와 도면명칭을 기재한다.

③ 배치도 : 설계대상 건축물, 대지상황, 인접건물, 통로, 구내도로를 기입하며, 전력인입선로, 전화 인입선로, 외등 등의 구내배선도 포함하여 기입한다.

④ 건물 단면도 : 단면도에는 기준 지반면, 각층 바닥면, 천장높이, 처마높이 등을 기입하며, 피뢰침, TV 안테나 등도 포함하여 기입하는 것이 일반적이다.

⑤ 단선결선도 : 분전반, 동력 제어반, 수변전, 자가발전설비 등의 주회로 전기적 결선도를 단선으로 표시해 중요 기기의 전기적 위치와 계통을 명확하게 한다.

⑥ 계통도 : 건축전기설비 종목별로 기능을 계통적으로 도시하며 건축전기설비의 개요를 이해할 수 있도록 한다.

⑦ 배선도 : 조명, 콘센트, 동력, 약전 및 구내통신, 전기방재설비 등으로 구분하여 각층마다 평면도로 표시한다.

⑧ 기기 시방 및 기기 배치도 : 기기 명칭, 정격, 동작설명, 개략도, 마무리, 재질 등을 표시하고, 기기 주변의 배선은 필요에 따라 상세도, 설치도 등으로 표현한다.

표 7-17 태양광 발전 시스템 설계도면 목록(예)

구 조		전 기	
00	도면목록표 및 범례	00	도면목록표 및 범례
01	태양광 발전 시스템 배치도	01	수변전설비 단선결선도
02	어레이 배치도	02	태양광 제어 시스템 계통도
03	어레이 평면도	03	태양광 발전 시스템 단선도
04	구조물 입면도(동, 서, 남, 북)	04	접속반 내부 결선도
05	구조물 평면도	05	태양광 발전 옥외 전력시스템 배치도
06	태양전지모듈 하부구조 평면도	06	태양광 발전 옥외 제어시스템 배치도
07	MAIN FRAME 구조 평면도	07	어레이 간선 CABLE DUCT 시공 단면도
08	MAIN FRAME 가구도	08	태양전지 모듈 결선도
09	어레이 지지대 단면도	09	태양전지 모듈 상세도
10	어레이 지지대 BASE PLATE 상세도	10	케이블 접속도
11	어레이 지지대 보접합상세도	11	파워컨디셔너 외형도
12	HOIST RAIL 입면도 및 단면도	12	파워컨디셔너 내부 회로도
13	HOIST RAIL 고정부 상세도	13	접속반 외형도
		14	옥외 전등설비 배치도

7.8.4 적산 및 견적

적산(積算)이란 설계도면, 시방서 등을 토대로 도면에 기재된 기자재의 수량을 파악하는 것이며 견적(見積)은 적산된 기자재의 수량에 따른 공수, 노임, 자재비 단가 등을 적용하여 물량과 함께 금액을 산출하는 작업이다.

1. 적산의 종류

(1) 발주자의 적산

① 계획예산의 적산 (사업계획 시)

② 발주예정가격 산출용 적산 (공사발주 시)

(2) 시공자의 적산

① 입찰시의 적산

② 계약 시의 적산

③ 실행예산의 적산

④ 설계변경(정산) 공사비 적산

(3) 상세 정도에 의한 분류

① 명세 견적 : 도면 및 시방서에 의한 정확한 수량을 산출

② 개산 견적 : 과거 규모가 유사한 완공물 등에 기준

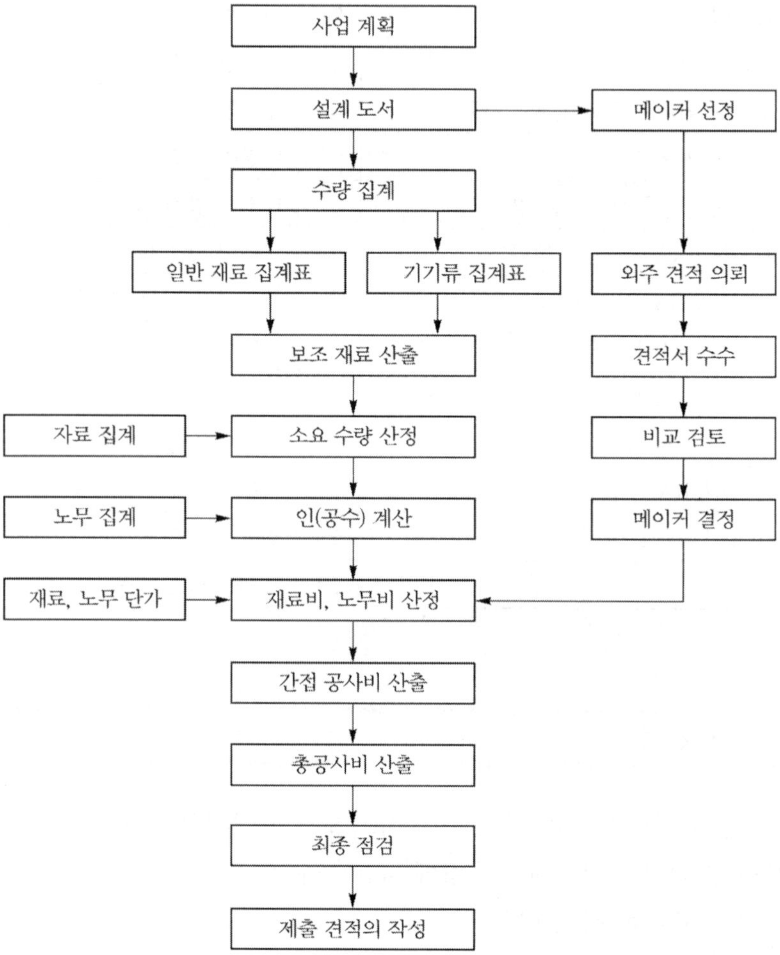

그림 7-19 견적의 흐름도

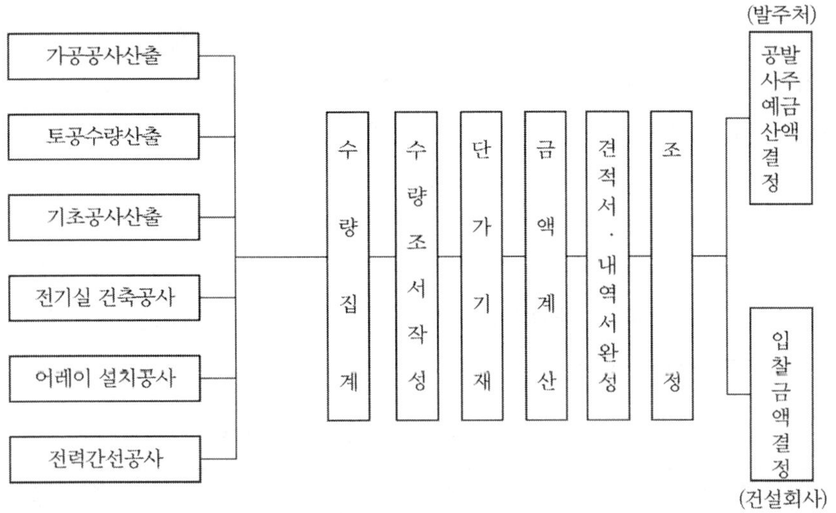

그림 7-20 태양광 발전설비공사 발주금액의 결정 과정

7.8.5 내역서의 작성

내역서에는 단가 및 금액이 없고, 재료의 수량 및 직종별 노무량 만 기재되어 있는 내역서와 재료의 수량 및 노무량은 물론 단가와 금액까지 기재되어 있는 내역서로 대별되며 전자를 물량내역서 후자는 산출내역서라 하며 사업진행에 따라 설계내역서, 입찰내역서, 계약내역서, 착공내역서, 기성내역서, 준공내역서 등으로 구분하기도 한다.

1. 내역서의 구성

(1) 공사비 총괄표 : 총공사비에 대한 공급가액, 부가가치세, 합계액을 표기한 것
(2) 원가계산서 : 총공사비를 구성하는 순공사비, 이윤, 일반관리비를 한눈에 알아보기 쉽도록 일목요연하게 정리하여 나타낸 것
(3) 집계표 : 재료비, 노무비, 경비의 내역서 항목의 집계 및 금액을 합산한 것.
(4) 내역서 : 재료비, 노무비, 경비의 세부 항목을 품명, 단위, 수량, 단가, 금액의 순으로 나타낸 것.
(5) 일위대가 목록 : 일위대가의 목록에 대한 재료비, 노무비, 경비의 금액만을 정리한 것
(6) 일위대가 : 내역서에 모두 나타내기 어려운 자재, 장비, 단위 공종 등의 단가를 구성하는 재료비, 노무비, 경비의 세부 항목을 품명, 단위, 수량, 단가, 금액의 순으로 나타낸 것

(7) 순공사원가의 금액 표시 순서

일위대가 → 일위대가 목록 → 내역서 → 집계표 → 원가계산서 → 공사비 총괄표로 연결되며, 열거한 항목을 한 권으로 묶어 구성한 것을 일반적인 의미로 '산출내역서'라 한다. 이와 더불어 단가 및 가격 등의 결정 근거를 첨부한다.

2. 품셈

(1) 품셈 적용 기준

기준이 되는 공량은 매년 관련기관에서 조사발표하며, 인건비는 반기별로 조사하여 발표하고 있으며 관련기관은 표 7-18과 같다.

표 7-18 품셈기준 관련기관

구 분	적용 기준	발행처
전 기 공 사	전기공사 표준품셈	대한전기협회
통 신 공 사	정보통신 표준품셈	정보통신공사협회
건 축 공 사	건설공사 표준품셈 - 건축부문	한국건설기술연구원
토 목 공 사	건설공사 표준품셈 - 토목부문	한국건설기술연구원
기계설비공사	건설공사 표준품셈 - 기계설비부문	한국건설기술연구원
시중노임단가	시중노임단가조사 보고서	엔지니어링협회

Chapter

8 태양광발전설비 시공

8.1 태양광발전시스템의 시공기준

태양광발전시스템의 시공 순서는 일반적으로 자재반입, 구조물 설치, 어레이 설치, 접속함 설치, 인버터 및 기타 주변장치 설치, 전기 배선 공사인 태양전지 모듈 간 배선공사, 어레이와 접속함 배선공사, 접속함과 인버터 간 배선공사, 인버터와 분전반 간 배선공사와 철재가대, 금속제 외함이나 금속배관 등은 누전으로 인한 사고 방지를 위해 반드시 접지 공사가 필요하며 관련 법규나 규정에 따라 충분한 안전 대책과 감전사고 방지에 주의해야 한다.

8.1.1 모듈

일정 규격의 태양전지 셀을 직·병렬로 전기적으로 연결하여 소정의 전압과 전류를 발생시켜 출력을 얻도록 하는 것이 태양전지 모듈이며, 태양전지는 설치위치, 설치 방법 등의 차이에 대해서 분류되며 기획 및 설계 단계에서 경제적이고 미관을 고려하여 견고하고 가장 효율이 높도록 관련규정에 따른 인증 절차를 받은 제품으로 파손 및 오손이 없는 상태로 설치하여야 한다.

1. 태양전지 모듈의 설치

(1) 태양전지 모듈의 필요 정격전압이 되도록 직렬매수(string)를 선정

(2) 태양전지 모듈의 가대의 하단에서 상단으로 순차적으로 조립

(3) 태양전지 모듈과 가대의 서로 다른 재질 접합시에는 전식(electrolytic corrosion)방지 가스켓(gasket)을 적용한다.

2. 태양전지 모듈의 설치용량

설치용량은 사업계획서 상에 제시된 설계용량 이상이어야 하며, 사업계획서 상에 제시된 모듈 설계용량의 3%를 초과하지 말아야 한다. 설계용량을 변경할 경우 3,000kW 초과 시는 산업통상자원부 장관에게 공사계획신고변경에 대한 허가를 얻어야 한다. 단, 일반주택 계통연계형의 경우는 주택용 태양광 발전 설치용량기준에 따라 설치해야 한다.

3. 방위각

그림자의 영향을 받지 않는 곳에 정남향 설치를 원칙으로 하되, 건축물의 디자인 등에 부합되도록 현장여건에 따라 설치할 수 있다.

4. 경사각

현장여건에 따라 조정하여 설치할 수 있다.

5. 모듈의 설치 높이

강우 시 모듈로 흙탕물이 튀는 것과 동물에 의한 파손방지를 위해 지면으로부터 0.6m 이상으로 하며 눈이 많이 오는 산간지역의 경우 2.0m 이상의 높이의 설치를 검토하여야 한다.

6. 음영

주변에 일사량을 저해하는 장애물이 없어야 하며 모듈 전면의 음영이 최소화되어야 한다. 단, 피뢰침, 안테나 등의 경미한 음영은 무시한다.

7. 일사시간

(1) 태양광모듈의 앞 · 뒤 배치는 상호 음영이지지 않도록 설치해야 한다.

(2) 태양광 시스템의 발전량 분석은 설계과정에서 분석해야한다.

① 발전량의 계산은 하루 일조시간을 3~4시간으로 설정하여 간단하게 계산하는 방법과 프로그램을 이용하여 계산하는 방법이 있다.

② 프로그램을 이용할 경우 일별, 월별, 년간 발전량이나 태양전지 I-V 곡선 등의 다양한 성능의 분석이 가능하다.

8.1.2 어레이용 가대 및 지지대 설치

태양전지 어레이 가대의 재질은 설치장소의 환경조건과 가대의 내용 년 수를 몇 년으로 설정하느냐에 의해 결정한다.

가대의 고정기초에서 지상 설치의 경우 지내력을 조사하여 지진 등에도 견딜 수 있도록 튼튼한 기초로 하며 다음사항을 고려하여 설치한다.

(1) 태양광 어레이용 지지대 및 가대의 설치순서, 양중방법 등의 설치계획을 결정한다.

(2) 태양광 어레이용 가대, 모듈 고정용 가대 및 케이블 트레이용 찬넬 순으로 조립한다.

(3) 구조물의 자재는 철강 H beam, 형강, 알루미늄 Bar 등으로 구성되어 있으며, 철재류는 공장에서 용융아연도금을 시행한 후 현장에서 조립을 원칙으로 한다.

(4) 설치상태

태양전지 모듈의 지지물은 자중, 적재하중 및 구조하중은 물론 풍압, 적설 및 지진 기타의 진동과 충격에 견딜 수 있는 안전한 구조의 것이어야 한다. 모든 볼트는 와셔 등을 단단히 조립되어야 하며, 특히 지붕설치의 경우에는 건물의 방수 등에 문제가 없도록 설치해야 한다.

(5) 체결용 볼트, 너트, 와셔, 볼트 캡

용융아연도금처리 또는 동등 이상의 녹 방지 처리를 해야 하며 기초 콘크리트 앵커볼트의 돌출부분에는 볼트 캡을 사용해야 한다.

(6) 지지대 및 기초

지지대는 용량별, 고정형, 추적형 등 설치 형태별, 설치장소에 따라 구조와 재질이 결정되며, 지지대를 타입별로 분류해 보면 주택이나 일반건물에 설치시는 지붕건재형, 벽건재형, 벽설치형, 차양형, 톱 라이트형 등이 있으며, 대지에 설치 시에는 고정형, 가변 고정형, 1축추적형, 2축추적형 등이 있으므로 대지의 조건에 따라 디자인하고 시설하여야 한다.

태양광발전용 기초란 모듈 등의 상부 구조물을 지지하고 고정시켜 그 하중을 직접 땅이나 건축물에 전달하는 구조 체계의 한 부분으로 기초의 크기나 형태 등에 대해서는 설치될 구조물에 따라서 달라지기 때문에 좀 더 자세한 기술적 사항은 제12장의 토질 및 기초 및 제13장 구조공학개론 편에서 설명한다.

8.1.3 어레이

1. 어레이 설치 준비 및 주의사항

(1) 태양광 어레이 기초면 확인용 수평기, 수평줄, 수직추를 확보한다.

(2) 지지대 및 가대 운반용, 크레인을 사용시에는 유자격 크레인 운전자 여부를 확인한다.

(3) 태양광 어레이 지지대, 고정용 앵커볼트, 설계도 등을 준비한다.

(4) 가대 및 지지대는 가능한 현장 용접을 피한다. 불가피한 경우 용접부위에 아연도료(galvanized paint)를 도포한다.

(5) 지지대 기초 앵커볼트의 유지 및 매립은 강제프레임 등에 의하여 고정하는 방식으로 하고 콘크리트 타설시 이동, 변형이 발생하지 않도록 한다.

(6) 지지대 기초앵커볼트의 조임은 바로세우기 완료 후, 앵커 볼트의 장력이 균일하게 되도록 한다.

2. 앵커의 종류

(1) 제자리위치 고정형 앵커 (Cast-in-place anchor)

콘크리트 타설 전에 미리 심어놓는 앵커종류에는 헤드볼트타입, 헤드스터드 타입, 갈고리볼트 L형 및 J형 타입이 사용되고 있으며 특징은 표 8-1과 같다.

표 8-1 제자리위치 고정형 앵커의 종류

종 류		내 용
헤드볼트	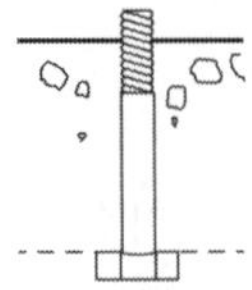	다수의 철근이 배근되어 후 설치가 용이하지 않은 부재에 주로 사용된다.
헤드스터드	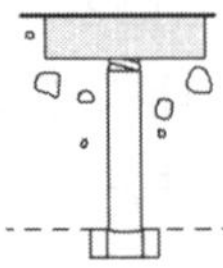	강판을 콘크리트 면과 일치되도록 설치하기 위함이며 볼트 단부가 원판형태이다.
갈고리볼트 (L형)	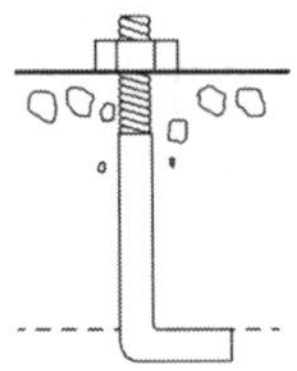	볼트의 단부에 90° 기계적인 맞물림 효과에 의해 성능 발휘
갈고리볼트 (J형)	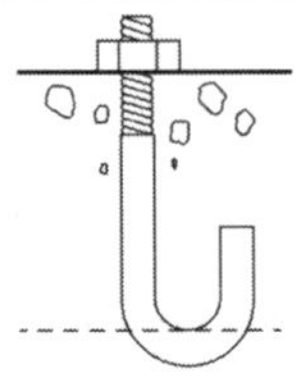	볼트의 단부에 180° 기계적인 맞물림 효과에 의해 성능을 발휘한다.

(2) 콘크리트 설치 후 설치앵커(Post-installed anchor)

콘크리트 타설 후 사용되는 앵커종류에는 슬리브확장타입, 쐐기확장타입, 변위제어확장타입이 사용되고 있으며 특징은 표 8-2와 같다.

표 8-2 콘크리트 설치 후 설치앵커의 종류

종 류		내 용
슬리브확장 앵커	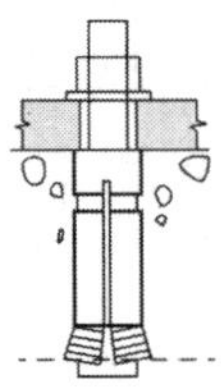	• 고하중용 • 단부의 간격 슬리브가 확장 지지
쐐기확장 앵커	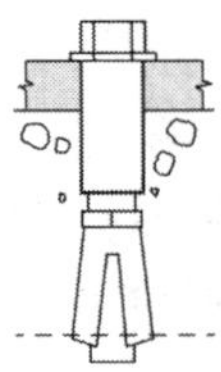	• 중하중용 • 앵커 몸체가 확장 지지

종 류		내 용
언더컷 앵커	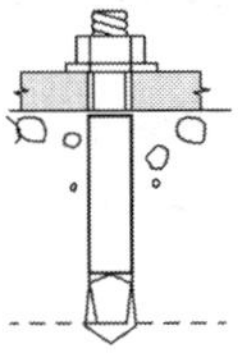	• 단부에서 관을 확장지지 • 확장앵커와 달리 콘크리트면이 직접지지
변위제어확장 앵커	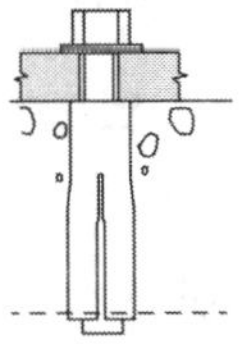	• 간격슬리브가 단부로 이동하여 확장 지지

8.1.4 접속함

접속함 내부는 배선, 차단기, 퓨즈 등이 시설되는 곳으로 배관, 배선된 시공 부분이 방수처리가 되어 있어야 하며 복수의 태양전지 모듈이 접속되는 곳으로 보수, 점검 시 회로를 분리해서 점검 작업을 하여야 하는 곳으로 보수 점검이 용이한 장소에 다음과 같이 설치한다.

(1) 접속함 설치위치는 어레이 근처가 적합하다.

(2) 접속함은 설계하중에 견디고 방수, 방부형으로 제작되어야 한다.

(3) 태양전지판 결선시는 압착단자를 사용하여 전선을 연결해야 한다.

(4) 접속함 내부에는 직류출력 개폐기, 피뢰소자, 역류방지소자, 단자대가 설치되므로 구조, 미관 및 추후 점검 또는 부품 교환 등을 고려하여 설치한다.

(5) 접속함은 내부과열을 피할 수 있게 제작하여야 하고, 역류방지소자(다이오드)용 방열판은 다이오드에서 발생된 열이 접속부분으로 전달되지 않도록 충분한 크기로 하거나, 별도의 역류방지용 분전반을 설치하여야 한다.

(6) 접속함 입력부는 견고하게 고정을 하여 외부 충격에 전선이 움직이지 않도록 한다.

(7) 태양전지로부터 각 군의 인입된 직류전류를 병렬로 연결하여 인버터 입력단에 직류전원을 공급하는 기능과 모니터링 설비를 위하여 각종 센서류의 신호선을 입력받아 태양광 어레이 계측장치에 공급하는 외함으로서 재질은 내 부식성이 강한 재질로 제작 설치한다.

8.1.5 인버터

인버터는 태양전지의 성능을 최대로 하기 위한 기능과 고장시를 대비한 보호기능 등을 갖추고 있어야 하며 국제공인시험기관(KOLAS), 제품인증기관(KAS) 또는 시험기관 등의 참고 시험성적서를 받은 제품을 설치해야 한다.

(1) 인버터는 옥내 · 옥외용을 구분하여 설치하며 옥내용을 옥외에 설치하는 경우 5kW 이상일 경우에만 가능하며 빗물 침투를 방지할 수 있도록 제작된 외함 내에 설치해야 한다.
(2) 또한 인버터에 연결된 모듈의 정격용량 이상으로 각 직렬군의 태양 전지 모듈의 출력전압은 인버터 입력전압 범위 내에 있어야 한다.
(3) 인버터의 설치용량은 설계용량은 인버터에 연결된 모듈의 설치용량이 인버터의 설치용량의 105% 이내이어야 하며 각 직렬군의 태양전지 개방전압은 인버터 입력전압 범위여야 한다.
(4) 인버터 표시사항은 입력단(모듈출력) 전압, 전류, 전력과 출력단(인버터출력)의 전압, 전류, 전력, 역율, 주파수, 누적발전량, 최대출력량이 표시되어야 한다.

8.1.6 전기배선

1. 연결전선

태양전지에서 옥내에 이르는 배선에 쓰이는 전선은 모듈전용선 또는 Tray용 난연(TFR-CV)케이블을 사용하여야 하며, 전선이 지면을 통과하는 경우에는 피복에 손상이 발생되지 않게 별도의 조치를 취해야 한다.

2. 커넥터(접속 배선함)

(1) 태양전지판의 프레임을 부착할 경우에는 흔들림이 없도록 고정되어야 한다.
(2) 태양전지판의 전선과 접속 배선함 연결부위는 일체형 전용 커넥터를 사용한다.

3. 태양전지판 배선

태양전지판 배선은 바람에 흔들림이 없도록 케이블 타이(Cable Tie) 등으로 단단히 고정하여야 하며 태양전지판의 출력배선은 군별 · 극성별로 확인할 수 있도록 표시하여야 한다.

4. 태양전지판 직 · 병렬상태

태양전지 각 직렬군은 동일한 단락전류를 가진 모듈로 구성하여야 하며 1대의 인버터에 연결된 태양전지 직렬군이 2병렬 이상일 경우에는 각 직렬군의 출력 전압이 동일하게 형성되도록 배열하여야 한다.

5. 접지공사

전기설비기술기준에 따라 접지공사를 하여야 하며, 낙뢰의 우려가 있는 건축물 또는 높이 20미터 이상의 건축물에는 건축물의 설비기준 등에 관한 규칙에 따라 적합한 피뢰설비를 하여야 한다.

6. 전압강하

태양전지판에서 인버터입력단간 및 인버터출력단과 계통연계점간의 전압강하는 각 3%를 초과하여서는 아니 된다. 단, 전선길이가 60 m를 초과할 경우에는 다음 표 8-3에 따라 시공할 수 있다.

표 8-3 전선길이에 따른 전압강하

전선길이	전압강하
120 m 이하	5%
200 m 이하	6%
200 m 초과	7%

7. 전기공사

전기사업법에 의한 사용전 점검 또는 사용전 검사규정에 적합한 시설을 하여야 한다.

8.1.7 모니터링

신 · 재생에너지 설비원별 시공기준에 의하여 50 kW 이상의 발전설비에 대해 의무적으로 설치하도록 규정되어 있다. 의무적으로 설치해야 하는 설비요건과 측정위치 및 모니터링 항목은 다음과 같다.

1. 설비요건

모니터링 설비의 계측설비는 하기의 표 8-4를 만족하도록 설치하여야 한다.

표 8-4 계측설비별 요구사항

계측설비	요구사항	확인방법
인버터	CT 정확도 3% 이내	• 관련 내용이 명시된 설비 스펙 제시 • 인증 인버터는 면제
온도센서	정확도 ±3°C(−20~100°C) 미만	• 관련 내용이 명시된 설비 스펙 제시
	정확도 ±1°C(100~1000°C) 이내	
유량계, 열량계	정확도 ±1.5% 이내	• 관련 내용이 명시된 설비 스펙 제시
전력량계	정확도 1% 이내	• 관련 내용이 명시된 설비 스펙 제시

2. 측정위치 및 모니터링 항목

표 8-5의 요건을 만족하여 측정된 에너지 생산량 및 생산시간을 누적으로 모니터링 하여야 한다.

표 8-5 모니터링 항목

구 분	모니터링 항목	데이터(누계치)	측정항목
태양광, 풍력, 수력, 폐기물 바이오	일일발전량[kWh]	24개 [시간당]	인버터 측정
	생산시간[분]	1개 [1일]	

8.1.8 안전대책

태양광 발전 시스템, 설치공사의 안전 대책으로는 추락 방지를 위한 안전모, 안전띠, 안전화 착용 등이 있으며 작업중 감전 방지 대책으로는 다음과 같다.

(1) 작업전 태양전지 모듈 표면에 차광시트를 붙여 태양광을 차폐한다.

(2) 절연 장갑을 착용한다.

(3) 절연 처리된 공구를 사용한다.

(4) 우천시 작업을 하지 않는다.

(5) 공사용 자재 반입시 크레인(crane)을 사용하는 경우 크레인 붐(Boom)이 배전선로에 근접할 때, 공사 착수전 전력회사와 사전 협의하여 전력케이블에 보호관을 씌우는 등의 보호조치를 한다.

8.2 태양광발전설비 시공계획

각종 설계도서, 법규, 현장 조건 등을 과거의 공사실적이나, 신기술, 신공법을 참고하여 충분히 검토 적용한다.

8.2.1 시공계획서 작성순서

시공계획서 작성 순서는 일반적으로 다음 같은 구성요소로 작성되며, 이 외에도 현장 상황에 따라 다양한 방식으로 작성된다.

(1) 공사개요도
(2) 조직표 및 업무 분장
(3) 인원동원 및 자재조달계획
(4) 공사시공 검토
(5) 공사시공 계획
(6) 품질관리 계획
(7) 안전 및 환경 계획
(8) 제안 및 건의 사항
(9) 시공표준서
(10) 검사 및 시험 계획서
(11) 재해 및 민원 대책
(12) 교육 및 훈련

8.2.2 시공 순서

태양광 발전시스템을 시공하는 경우 발주자의 요구사항을 고려하여 설치환경이나 주택의 구조 등에 대한 사전조사하고 그 결과를 근거로 시공 순서를 정하며 건설실무자와 여러 차례 협의를 거쳐 최종적인 계획을 수립하여 승인을 얻는다.

소용량 태양광 발전시스템의 경우는 설치위치에 따라 설치 가능 면적을 산출하여 이에 맞게 계획한다. 신축 건물적용의 경우 건설회사의 공정과도 조정을 충분히 하면서 태양광 발전 시스템을 완성하며 필요한 제반 수속은 시간의 여유를 갖고 진행하는 것이 중요하다. 공사는 관련법규와 제규정에 따라서 충분한 안전대책을 강구하는 것이 필요하며 특히 감전방지와 중량물의 추락이나 넘어짐 등에 주의해야한다.

1. 공사의 순서

태양광 발전시스템의 전기공사는 태양전지 모듈의 설치와 병행하여 진행한다. 다음 그림 8-1과 같이 태양전지 모듈간의 배선을 비롯하여 접속함과 인버터 등의 기기설치와 그들의 상호접속을 순차적으로 행한다.

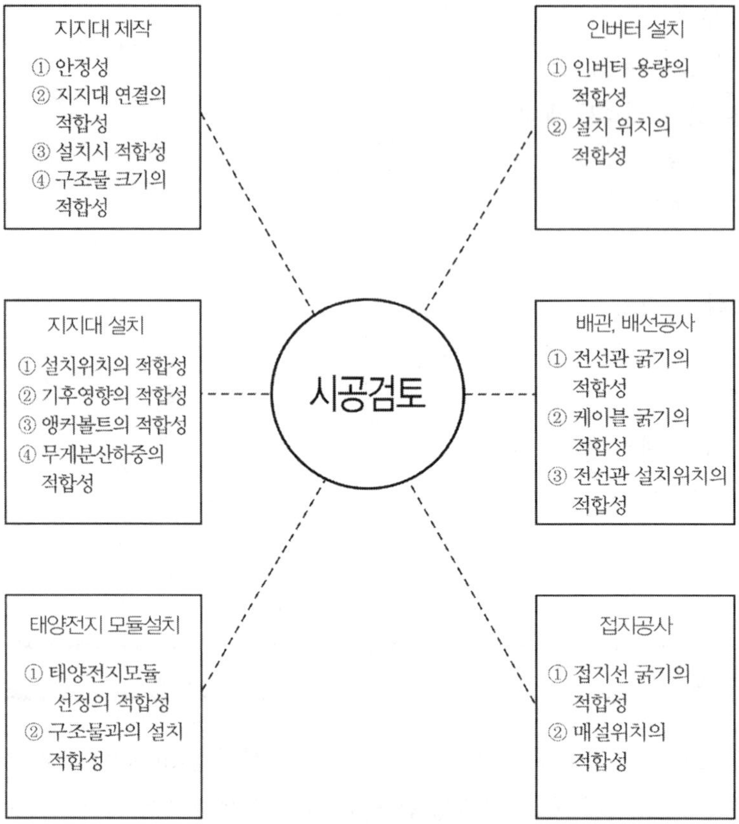

그림 8-1 시공검토의 절차(예)

8.2.3 태양광발전시스템의 안전대책

안전관리의 목표는 공사를 안전하고 성공적으로 수행하기 위하여 시공과정에서 발생할 수 있는 위험요소를 사전에 검토하고 안전대책을 수립하여 인명과 재산의 손실을 없도록 하는데 있다.

1. 안전관리자의 선임 및 관계법령

태양광과 관련된 전기설비는 사용목적에 적절하고 안전하게 작동하고 그 손상으로 인하여 전기 공급에 지장을 주지 않아야 하며 다른 전기설비 등에 장해를 주지 않도록 시설해야 한다.

태양광 발전설비 안전 관리자는 용량 1,000kW 미만인 것은 안전관리 업무를 대행하게 할 수 있으며, 그 이상의 용량의 경우 상주 안전 관리자를 선임하여야 한다. 좀 더 자세한 세부사항은 제16장의 관련 법 및 규정을 참조하도록 한다.

8.3 태양광발전설비의 구조물 시공

8.3.1 발전 형태에 따른 구조물 시공

1. 개요

태양광발전설비는 크게 대지 설치와 물위 설치로 구분되고 대지설치를 다시 지상과 건조물로 구분되고 대지는 평지와 산지로 나눌 수 있다. 건조물은 지붕에 설치하는 경우와 벽체나 기타부분에 설치로 구분되고 건물일체형과 별도 설치방식으로 구분된다. 물위 설치방법에는 해상과 내수면(호소)을 이용하는 방식으로 구분 할 수 있다. 이와 같이 다양한 장소와 방법에 따른 구조물 설치를 하기 위해서는 관련법 즉, 건축, 토목, 환경, 구조, 토질, 기상 등의 관련법과 전문기술이 필요하여 제12장부터 제14장까지 서술 하였으며 제16장에는 관련법을 수록하였다.

2. 기초 공사 및 구조물 설치

소용량 지붕설치의 기초공사 경우 일반적인 지상 설치 시스템과 많은 차이가 있으며 이는 지붕에 고정철물을 고정하고 그 고정철물과 지지대, 그리고 모듈을 설치하는 형태로 시스템이 구성된다. 어레이는 그 설치 장소에 따라 지상 설치, 옥상 설치, 지붕설치 및 이외의 설치한 어레이로 구분할 수 있다. 설치 형태에 따라서는 건물의 구조에 모듈을 바로 붙여 건물의 일부가 되게 하는 경우, 건물에 부착된 지지구조와 태양전지 모듈이 평행하게 설치하는 경우 및 지상이나 건물에 태양전지 모듈을 설치할 수 있는 별도 지지물을 세워 설치하는 경우로 크게 나눌 수 있다.

3. 지상 설치형

지상에 태양광 발전 시스템을 설치하는 경우 여러 기초 형태의 적용이 가능하나 가장 비중이 있게 고려되는 것이 풍하중이다. 강풍의 발생을 대비하여 태양전지 어레이 기초의 안전을 검토해야 하며, 우천 시 진흙이나 모래의 튀어 오름, 작은 동물에 의한 피해를 방지하는 목적으로 지상과의 공간을 두는 것이 바람직하다. 법면에 설치하는 경우는 집중호우 등에 의한 사면의 붕괴 위험성은 없는지, 사면의 배수를 촉진시키는 배수관의 필요성 등을 검토한다. 지반강도가 충분히 얻어지지 않는 경우에는 말뚝박기 작업이나 법면 등의 공사가 필요하다. 또, 기초를 검토할 때 필요한 지내력에 대해서 조사해둔다. 제12장 토질 및 기초와 제13장 구조공학개론편에 서술하였다.

4. 옥상 및 지붕 설치형

옥상 설치형의 경우 평지붕 형, 경사지붕 형 등이 있으며 평지붕 형의 경우 기초 패드와 기초 앵커를 설치하고 기초 패드의 양생 후 본 공사를 시작하며, 신축건물의 설치는 사전에 타입 된 앵커 볼트에 가대 철골을 설치할 수 있다. 이 경우는 견고한 고정으로 되며 또 방수층이 기초와 절연되어 있으므로 기초나 가대 등의 하중이 방수층에 걸리지 않고, 방수층의 개수도 비교적 용이하다. 기존 건물에서는 특별한 경우를 제외하고 시공과정에서 방수층이 파손되어 옥상 슬래브에 기초설치가 어렵다. 방수층을 보호하기위해 방수보호 콘크리트 위에 별도의 콘크리트 기초를 설치 또는 콘크리트 블록 등을 고정해서 기초로 하는 방법 등이 사용되고 있다.

경사 지붕형의 경우 지붕위에 별도의 고정철물을 고정하여 설치하는 지붕 설치형과 혼합형인 지붕재료와 지붕재일체형 태양전지 모듈, 그리고 태양전지 모듈 자체가 지붕재로 사용되는 지붕재일체형 태양전지 모듈로 나누어진다.

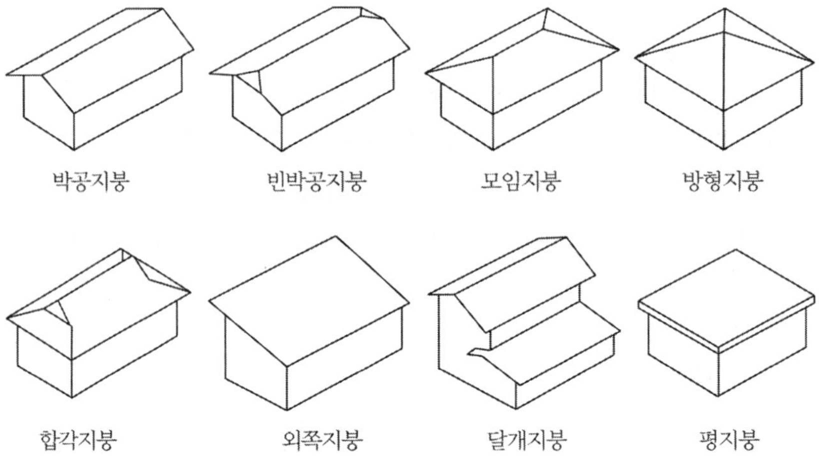

그림 8-2 경사지붕의 종류

(1) 설치장소 결정시 검토

① 태양광모듈을 설치하기 전에 시스템의 하중을 견딜 수 있는지를 점검한다.

② 태양광모듈을 처마 끝이나 용마루에 설치할 경우는 풍력(부력 및 풍압)을 고려해야 한다.

③ 지지철물의 재료는 장시간 옥외사용에 견디는 재료를 선정하고 완충재사용으로 지붕의 파손 등을 고려해야 한다.

(2) 설치방법

① 태양전지 모듈을 지붕바탕 및 지붕구조부재에 결합하는 고정철물은 옥외에서 장시간

사용에 견딜 수 있는 재료를 사용하여 구성한다.

② 태양전지 모듈과 고정철물의 결합부, 고정철물과 지붕바탕 및 지붕구조부재와의 결합부분 및 고정철물끼리의 결합부분은 건축기준법에 정해진 고정하중, 풍력, 적설, 지진에 의한 외력에 대해서 안정성을 확보하는 강도가 있을 것.

③ 지붕표면에서 태양전지 모듈의 이음 등을 통해서, 태양전지 모듈 이면에 누출되는 우수 등을 지장 없이 배출할 수 있는 방수 수단을 갖춘다.

④ 지붕바탕과 고정철물의 접합부에는 방수처리를 하여 주택 지붕에 필요한 방수성능을 확보한다.

(3) 태양광모듈의 설치방법 검토

① 시공, 유지보수 등의 작업은 단순할 것.

② 태양광모듈의 온도상승을 제한하기 위해서 지붕과 태양광모듈의 일정거리를 둔다.

③ 가대와 지지기구 등의 노출부는 미관과 안정성 문제가 될 수 있으므로 최대한 적게 한다.

④ 모듈 고정용 볼트, 너트 등은 상부에서 조일 수 있어야 한다.

⑤ 적설량이 많은 지역에서는 어레이와 건물의 적설하중을 고려한 유효한 대책을 수립한다.

5. 지붕 및 기타 건재형

건재형은 일반 지붕재 및 기타 건물에 태양광 모듈을 부착하여 일체화된 것이고 태양광 모듈은 그 자체가 지붕의 역할을 하는 것이다.

(1) 설치 장소 선정 시 고려사항

① 태양광모듈을 처마 끝과 용마루 부분에 설치할 경우에는 그 부분의 풍력을 고려하여 설치한다.

② 적설량이 많은 지역은 지붕에 쌓인 눈의 하중도 고려해야 한다.

㉮ 쌓인 눈의 제거방법 수립한다

㉯ 적설방지 대책 수립한다.

(2) 설치방법

① 태양광모듈을 지붕하부 및 지붕구조 부재에 결합하는 고정금구는 옥외에서의 장기간 사용되므로 내구성이 강한 재료를 사용하여 구성한다.

② 태양광모듈과 고정금구의 결합부, 고정금구와 지붕구조 부재와의 결합부분 및 고정금구간의 결합부분은 건축법에 규정한 고정하중, 풍압, 적설, 지진에 의한 외부에서 발생할 수 있는 돌발적인 외력에 대하여 안전성을 확보할 수 있는 강도를 가질 것.

③ 지붕표면에서 태양광모듈의 이음매 등을 통해 태양광모듈 뒷면으로 흐르는 빗물에 대해서는 완벽한 방수대책을 실시할 것.

(3) 시공 전 고려사항

① 적설대비 경사각 : 태양광 판넬에 적설이 쉽게 빙결되지 않도록 적정한 경사각검토.

② 자연재해 대비 : 설치예정 장소가 주위보다 저지대인 경우 집중호우나 태풍 시에 배수가 나빠서 물이 고이지 않는가, 과거의 사례를 포함해서 조사.

③ 새 배설물 분진대비 : 새 배설물에는 유분이 있으며, 분진은 다양한 성분을 함유하고 있어 부착 및 건조가 되면 비 등으로는 쉽게 씻기지 않고 발전량이 감소됨으로 이를 조사.

④ 설치예정 장소의 조사 : 건물의 옥상에 설치하는 경우에는 보의 위치나 방수구조 등의 건물구조상에 관한 사항이나 쿨링타워 등에 의한 그늘의 영향을 정확하게 조사하여 태양전지 어레이의 설치장소, 어레이의 설치방향 등의 최적화를 구축한다. 또 벽면에 설치할 때는 태양전지의 온도상승에 의한 출력 저하가 일어나지 않도록 자연대류에 의한 방열과 배기구등 검토.

⑤ 건물의 상태 : 기존건물의 옥상이나 개인주택의 평지붕 옥상에 설치하는 기초 및 어레이는 자중에 더하여 풍압 · 적설의 최대하중에도 건물의 강도가 충분한가를 검토하고, 신축건물의 경우 태양전지 어레이의 기초의 방수를 포함하여 건축시공자에게 시공하도록 하는 것 등을 검토.

⑥ 자재 반입 경로 : 태양광 발전 설비의 설치 장소에 이르는 도로의 폭이나 포장의 내하중 가공배전선로나 전화선 등의 유무, 높이 등을 조사.

6. 수상설치

수상 설치는 해상과 내수면 설치로 대별되며 해상설치는 염해대책과 태풍에 관한사항 및 전력송전에 관한부분을 특별하게 검토하여야 한다. 내수면의 경우는 수질과 수상생태계의 영향 및 환경과 경관 등을 검토하여야 한다.

그림 8-3 수상 태양광설치작업

그림 8-4 합천댐의 태양광발전설비

(1) 특징

① 수면상태 변화에 대응하는 부유식 구조이다.

② 부식(Corrosion)에 취약하다.

③ 수중구조물이 복잡하고 관리가 어렵다.

④ 기타사항은 지상설치 내용을 참조 할 것.

(2) 계획 및 시공관리에 주의 할 사항

① 구조체 및 부력체의 설계계획수립과 시공 및 유지관리방안

② 동절기 결빙시 구조체 보호 방법

③ 홍수기 부유물 및 유속증가로 설비 손상보호 방법

④ 안개 및 파랑에 의한 발전량감소 등을 검토

⑤ 관련법저촉여부 검토(수도법, 환경정책기본 등)

⑥ 육상의 전력설비와 연계의 적정성

⑦ 주민과의 사전협의로 의견소통 등

8.4 배선공사

태양광 발전설비의 직류 배선공사의 경우 직 · 병렬로 결선되므로 극성에 특별히 주의해야 하며 시공 시 전기설비기술기준, 내선규정, 신 · 재생에너지설비의 지원 등에 관한 기준과 기타 관계 법령에 따라 시공해야 한다.

8.4.1 케이블의 선정 및 접속

1. 케이블선정

태양광 발전 시스템은 옥외에 설치되기 때문에 열악한 자연 환경에 직접 노출되므로 온도 변화와 자외선 등에 강한 저항성을 가져야 하며 25년 이상의 긴수명을 유지해야 한다. 장기간 외부 노출시 피복경화 등으로 인하여 사고가 발생할 수 있다. 병렬접속 시에는 회로의 단락전류에 견딜 수 있는 굵기의 케이블을 선정하고, 기계기구의 내부에 안전하게 시설할 수 있을 경우를 제외하면 모든 전선은 다음과 같이 시설해야 한다.

(1) 공칭 단면적 2.5 mm^2 이상의 연동선 또는 이와 동등 이상의 세기 및 굵기의 것이어야 한다.

(2) 옥내에 시설할 경우에는 합성수지관공사, 금속관공사, 가요전선관공사 또는 케이블공사로 전기설비기술기준의 판단기준 규정에 따라 시설해야 한다.

(3) 옥측 또는 옥외에 시설할 경우에는 합성수지관공사, 금속관공사, 가요 전선관공사 또는 케이블공사로 전기설비기술기준의 판단기준 규정에 따라 시설해야 한다.

2. 케이블 접속 방법

태양전지 모듈 및 개폐기 그 밖의 기구에 전선을 접속하는 경우에는 나사 조임 그 밖에 이와 동등 이상의 효력이 있는 방법에 의하여 견고하고 또한 전기적으로 완전하게 접속함과 동시에 접속점에 장력이 가해지지 않도록 해야 한다.

3. 케이블의 연결

(1) 전선의 피복을 벗겨내어 전선을 상호 접속하는 경우 접속부의 절연물과 동등 이상의 절연효과가 있는 재료로 접속해야 한다.

(2) 방화구획 관통부의 처리

방화구획 관통부의 처리를 하는 것은 화재 발생 시 전선배관의 관통 부분에서 다른 설비로 불길이 번지거나 확대하는 것을 방지하기 위해서이다. 관통 부분의 처리방법으로는 다음과 같다.

① 난연성 : 관통 부분의 충전재, 케이블, 배관재의 변형, 파손, 탈락, 소실로 인해 뒷면에 화염, 연기가 나지 않을 것.

② 내열성 : 관통 부분의 내열충진재의 전열에 의해 뒷면이 연소할 위험이 있는 온도가 되지 않을 것.

③ 법적근거(건축법기준) : 내화구조는 다음 표에 게재하는 건축물의 부분에 있어서는 해당 부분에 보통의 화재로 인한 화열이 각각 다음 표 8-6에 게재한 시간만큼 가해진 경우에 구조 내력상 지장이 있는 변형, 응용, 파손 및 기타 손상을 발생시키지 않는

것으로 규정하고 있다. 따라서 내화구조물을 배선, 배관 등으로 관통한 경우의 되메우기 충전재는 관통하기전과 같거나 그 이상의 내화구조로 하지 않으면 안된다.

표 8-6 건축구조 부분의 내화시간

건축물의 분포 \ 건축물의 층		최상층 및 최상층에서 센 층수가 2 이상 4 이내의 층	최상층에서 센 층수가 5 이상 14 이내의 층	최상층에서 센 층수가 15 이상의 층
벽	칸막이벽 (내력벽에 한함)	1시간	2시간	2시간
	외벽 (내력벽에 한함)	1시간	2시간	2시간
기둥		1시간	2시간	3시간
바닥		1시간	2시간	2시간
보		1시간	2시간	3시간
지붕		–	30분간	–
계단		–	30분간	–

1. 이 표에 있어서 층수에 산입되지 않은 옥상부분이 있는 건축물 부분의 최상층은 해당 옥상부분의 직하층으로 한다.
2. 옥상 부분에 대해서는 이 표의 최상층 부분의 시간과 동일한 시간에 의한 것으로 한다.
3. 층수의 산정에 대해서는 지층부분의 층수는 모두 산입하는 것으로 한다.

4. 접속 배선함

(1) 태양전지 모듈의 프레임은 냉간 압연강판 또는 알루미늄 재질을 사용하여 밀봉처리되어 빗물 침입을 방지하는 구조로 흔들림이 없도록 고정되어야 한다.

(2) 태양전지 모듈 결선 시에 접속 배선함 구멍에 맞추어 압착단자를 사용하여 견고하게 전선을 연결해야 하며 접속배선함 연결부위는 방수용 커넥터를 사용한다.

5. 태양전지 모듈간 직 · 병렬 배선

(1) 배선순서

① 태양전지 모듈의 각 직렬군은 동일한 단락전류를 가진 모듈로 구성해야 하며 1대의 인버터에 연결된 태양전지 모듈의 직렬군이 2병렬 이상일 경우에는 각 직렬군의 출력전압이 동일하게 형성되도록 배열한다.

② 모듈 뒷면의 접속용 케이블이 2개씩 나와 있으므로 반드시 극성표시를 확인한 후 결선한다.

③ 태양전지 모듈간의 배선은 단락전류에 충분히 견딜 수 있도록 $2.5mm^2$ 이상의 전선을 사용해야 한다.

④ 배선 접속부위는 전기 절연상태를 양호하게 용융 접착테이프와 보호테이프로 밀봉한다.

⑤ 배선은 바람에 흔들림이 없도록 클램프, 밴드, 새들을 활용한다.

⑥ 검사

㉮ 전압, 극성 확인

㉯ 단락전류 측정

㉰ 접지확인 : 일반적으로 직류 측 회로는 비접지

6. 태양전지 모듈에서 접속함, 인버터 입력단자 간의 배선

(1) 배선순서

① 태양전지 모듈의 이면 단자함으로부터 접속용 케이블이 2가닥씩 나오기 때문에 반드시 극성을 확인한 후 결선한다. 극성 표시는 단자함 내부 또는 리드선의 케이블 커넥터에 극성을 표시한 것이 있다.

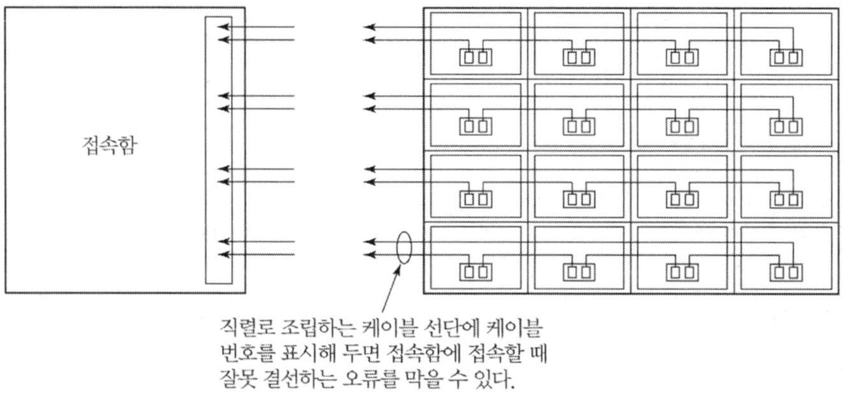

그림 8–5 어레이 배선시공도

② 태양전지 모듈은 스트링 필요매수를 직렬로 결선하고, 어레이 지지대 위에 조립한다. 케이블을 각 스트링으로부터 접속함까지 배선하여 그림 8–5와 같이 접속함 내에서 병렬로 결선한다. 이 경우 케이블에 스트링 번호를 기입해 두면 차후의 점검에 편리하다.

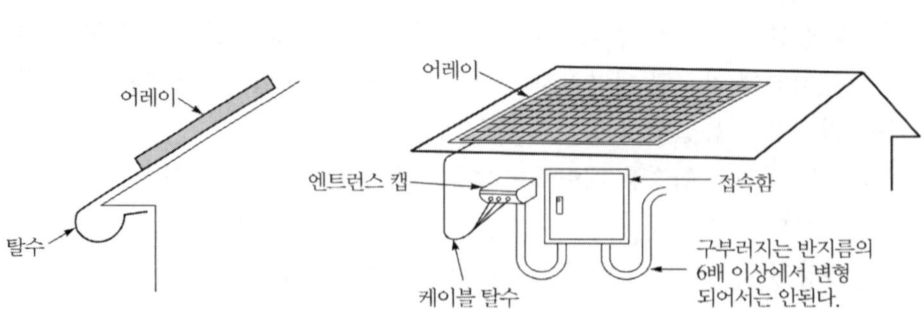

(a) 케이블의 물빼기　　　(b) 엔트런스캡에 의한 탈수

그림 8–6 처마 밑 배선의 물 처리 (예)

④ 옥상 또는 지붕 위에 설치한 태양전지 어레이로부터 접속함으로 배선할 경우 그림 8-6과 같이 처마 밑 배선을 실시한다.

⑤ 접속함은 일반적으로 어레이 근처에 설치한다. 그러나 건물의 구조나 미관상 설치장소가 제한될 수 있으며, 이때에는 점검이나 부품을 교환하는 경우 등을 고려하여 설치해야 한다.

⑥ 태양광 전원회로와 출력회로는 격벽에 의해 분리되거나 함께 접속되어 있지 않을 경우 동일한 전선관, 케이블트레이, 접속함 내에 시설하지 않아야한다.

⑦ 접속함으로부터 인버터까지의 배선은 전압강하율을 2% 이하로 계획하며 전선길이가 60m 초과시는 표 8-3과 같이 예외규정에 따른다.

⑧ 태양전지 어레이를 지상에 설치하는 경우에는 지중배선을 할 수 있다. 이때의 시공방법을 그림 8-7, 그림 8-8, 그림 8-9와 같이 시공할 수 있다. 이 경우, 중량물의 압력을 받을 우려가 없도록 하고 그 길이가 30m를 초과하는 경우는 중간개소에 지중함을 설치할 수 있다.

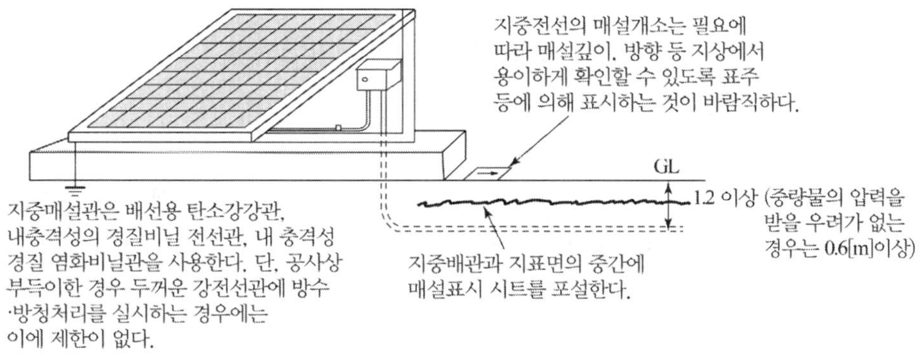

그림 8-7 지중배선의 시공

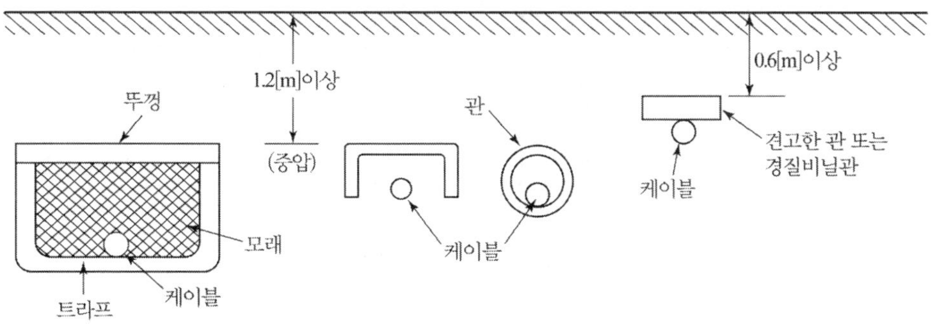

그림 8-8 매설케이블의 보호방법

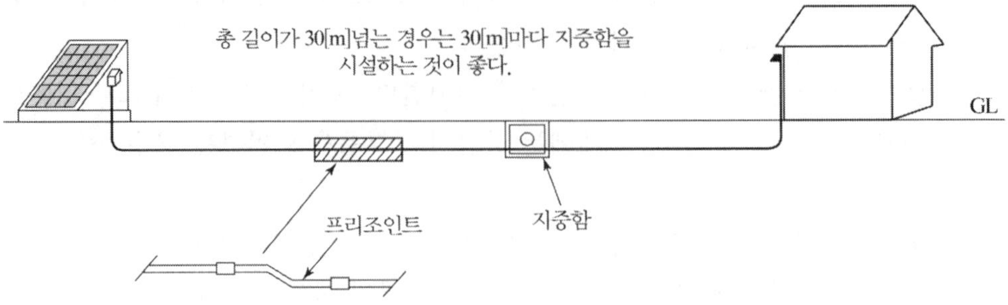

그림 8-9 지반침하 등의 배선 보호 방법

7. 인버터 출력단에서 배전반 간 배선

인버터 출력의 전기방식으로는 단상2선식, 3상3선식 등이 있고 교류측의 중성선을 구별하여 결선한다. 단상3선식의 계통에 단상2선식 220V를 접속하는 경우는 전기설비기술기준에 따르고 다음과 같이 시설한다.

(1) 배선순서

① 부하 불평형에 의해 중성선에 최대전류가 발생할 우려가 있을 경우에는 수전점에 3극 과전류 차단소자를 갖는 차단기를 설치한다.

② 수전점 차단기를 개방한 경우 등 부하 불평형으로 인한 과전압이 발생할 경우 인버터가 정지되어야 한다. 또한 누전에 의해 동작하는 누전차단기와 낙뢰 등의 이상전압에 의해 동작하는 서지보호장치(SPD)를 그림 8-10과 같이 설치하는 것이 바람직하다.

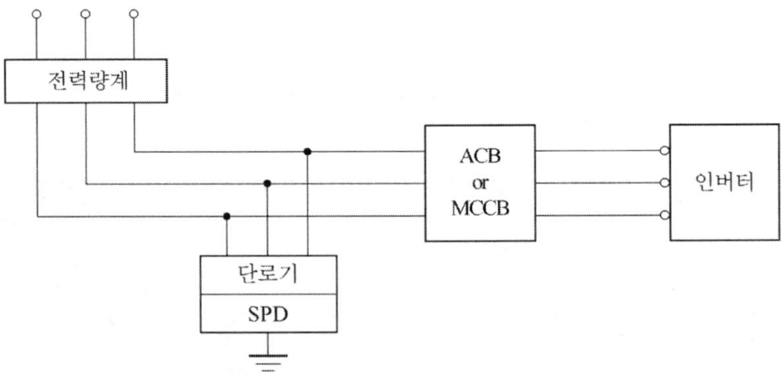

그림 8-10 분전반의 SPD설치 (예)

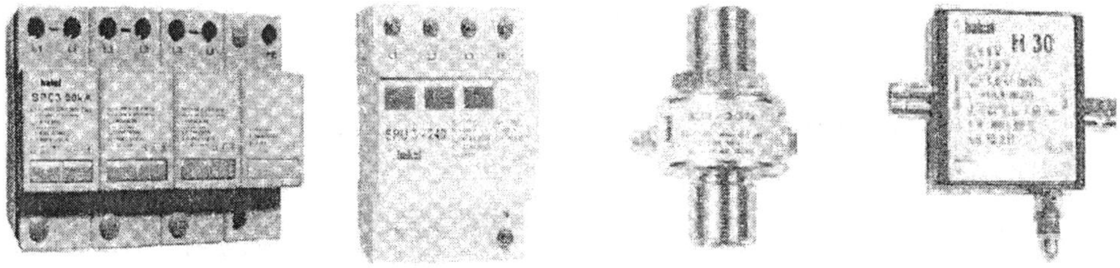

(a) 진원용 SPD (b) 통신용 SPD

그림 8-11 SPD의 종류

(2) 전압강하

전압강하 및 전선 단면적 계산식은 표 8-7과 같다.

표 8-7 전압강하 및 전선 단면적의 계산식 (동 도체)

회로 전기방식	전압강하 [%]	전선 단면적 [mm^2]
직류 2선식 교류 2선식	$e = \dfrac{35.6 \times L \times I}{1,000 \times A}$	$A = \dfrac{35.6 \times L \times I}{1,000 \times e}$
3상 4선식	$e' = \dfrac{17.8 \times L \times I}{1,000 \times A}$	$A = \dfrac{17.8 \times L \times I}{1,000 \times e'}$
3상 3선식	$e = \dfrac{30.8 \times L \times I}{1,000 \times A}$	$A = \dfrac{30.8 \times L \times I}{1,000 \times e}$

e : 각 선간의 전압강하[V] e' : 외측선 또는 각상의 1선과 중성선 간의 전압강하[V]
A : 전선의 단면적[mm^2] L : 전선 1본의 길이[m], I : 전류[A]

8.5 접지공사

개정된 한국전기설비규정(KEC)에 의하여 지금까지 제1종, 제2종, 제3종, 특3종 등으로 구분하여 일률적으로 적용하던 방식을 탈피하여 국제표준의 접지설계 방식 도입을 통한 접지시스템으로 변경되었다.

표 8-8 접지방식 변경 비교

접지대상	내선규정 접지방식	KEC 접지방식
(특)고압설비 600 V 이하 설비 400 V 이하 설비	1종 : 접지저항 10 Ω 특3종 : 접지저항 10 Ω 3종 : 접지저항 100 Ω	• 계통접지 : TN, TT, IT 계통 • 보호접지 : 등전위본딩 등 • 피뢰시스템접지
변압기	2종 : (계산요함)	'변압기 중성점 접지'로 명칭 변경

1. 접지의 목적

(1) 고저압 혼촉시 저압선 전위상승 억제(보호)

(2) 기기의 지락사고 발생시 사람에 걸리는 분담전압의 억제

(3) 선로로부터의 유도에 의한 감전 방지

(4) 이상전압 억제에 의한 절연계급의 저감, 보호장치의 동작확실화

표 8-9 접지목적에 따른 종류

접지의 종류	접지목적
계통접지	고압전로와 저압전로 혼촉시 감전이나 화재방지
기기접지	누전되고 있는 기기에 접촉되었을 때의 감전방지
피뢰기접지(낙뢰방지용 접지)	낙뢰로부터 전기기기의 손상방지
정전기방지용 접지	정전기의 축적에 의한 폭발재해방지
지락검출용 접지	누전차단기의 동작을 확실하게 함
등전위 접지	병원에 있어서의 의료기기 사용 시의 안전
잡음대책용 접지	잡음에 의한 전자장치의 파괴나 오동작방지
기능용 접지	전기방식 설비 등의 접지

8.5.1 접지시스템의 구분 및 종류

접지공사는 전기 재해로 부터 인명과 재산을 보호할 목적으로 계통접지, 보호접지 및 피뢰시스템접지 등을 시설하며, 시설 종류에는 단독접지, 공통접지, 통합접지가 있다.

1. 접지시스템 구분

(1) 계통접지: 전력계통의 이상현상에 대비하여 대지와 계통을 접지

(2) 보호정지: 감전보호를 목적으로 기기의 한 점 이상을 접지

(3) 피뢰시스템접지 뇌격전류를 안전하게 대지로 방류하기 위한 접지

2. 접지시스템의 시설 종류

(1) 단독접지 : (특)고압 접지계통의 접지극과 저압 접지계통의 접지극을 독립적으로 접지하는 방식.

(2) 공통접지 : 공통접지는 (특)고압 계통과 저압 접지계통을 등전위 형성을 위해 공통으로 접지하는 방식.

(3) 통합접지 : 통합접지는 계통접지, 통신접지, 피뢰접지의 접지극을 통합하여 접지하는 방식.

3. 수전전압별 접지설계 시 고려사항

(1) 저압수전 수용가 접지설계 : 주상변압기를 통해 저압전원을 공급 받는 수용가의 경우 지락전류 계산과 자동 차단조건 등을 고려하여 접지설계

(2) (특)고압수전 수용가 접지설계 : (특고압으로 수전 받는 수용가의 경우 접촉 보폭전압과 대지전위상승(EPR), 허용 접촉전압 등을 고려하여 접지설계

8.5.2 접지시스템의 시설

접지시스템은 접지극, 접지도체, 보호도체 및 기타설비로 구성하며, 한국전기설비규정(KEC) 140에 의하는 것 이외에는 KS C IEC 60364-5-54(저압전기설비-제5-54부 전기기기의 선정 및 설치-접지설비 및 보호도체)에 의한다.

1. 접지극의 시설 및 접지저항

(1) 접지극

① 접지극은 토양 또는 콘크리트에 매입되는 접지극의 재료 및 최소 굵기 등은 KS C IEC 60364-5-54(저압전기설비-제5 -54부 전기기기의 선정 및 설치-접지설비 및 보호도체)의 "표54. 1(토양 또는 콘크리트에 매설되는 접지극으로 부식방지 및 기계적 강도를 대비하여 일반적으로 사용되는 재질의 최소 굵기)"에 따라야 하며, 피뢰시스템의 접지는 한국전기설비규정 152.1.3을 우선 적용하여야 한다.

② 접지도체의 단면적은 한국전기설비규정 142.3.1에 의하며, 접지도체의 최소단면적은 구리 6 mm^2 이상 철제는 50 mm^2 이상으로 산정한다. 접지도체에 피뢰시스템이 접속되는 경우, 접지도체의 단면적은 구리 16 mm^2 또는 철 50 mm^2 이상으로 한다.

③ 보호도체의 단면적은 한국전기설비규정 142.3.2에 의해 선정한다.

(2) 접지저항

① 부식, 건조 및 동결 등 대지환경 변화에 충족하여야 한다.

② 공통 또는 통합접지시스템의 경우 지락사고에 따른 대지전위상승 또는 접촉전압이 허용접촉전압 이내의 조건을 만족하는 접지저항 값으로 한다.

③ 특고압권선과 고압권선 간에 혼촉방지판을 시설하여 접지저항값이 10 Ω 이하 또는 변압기 중성점 접지저항 규정을 만족한다.

④ 저압 계통의 접지저항 값은 100 Ω 이하로 한다.

⑤ 피뢰시스템의 접지를 별도로 시설하는 경우 접지저항은 10 Ω 이하로 하여야 한다.

⑥ 접지설계는 KS C IEC 61936-1 또는 IEEE std 80 표준 중 선택 또는 혼용하여 계산한다.

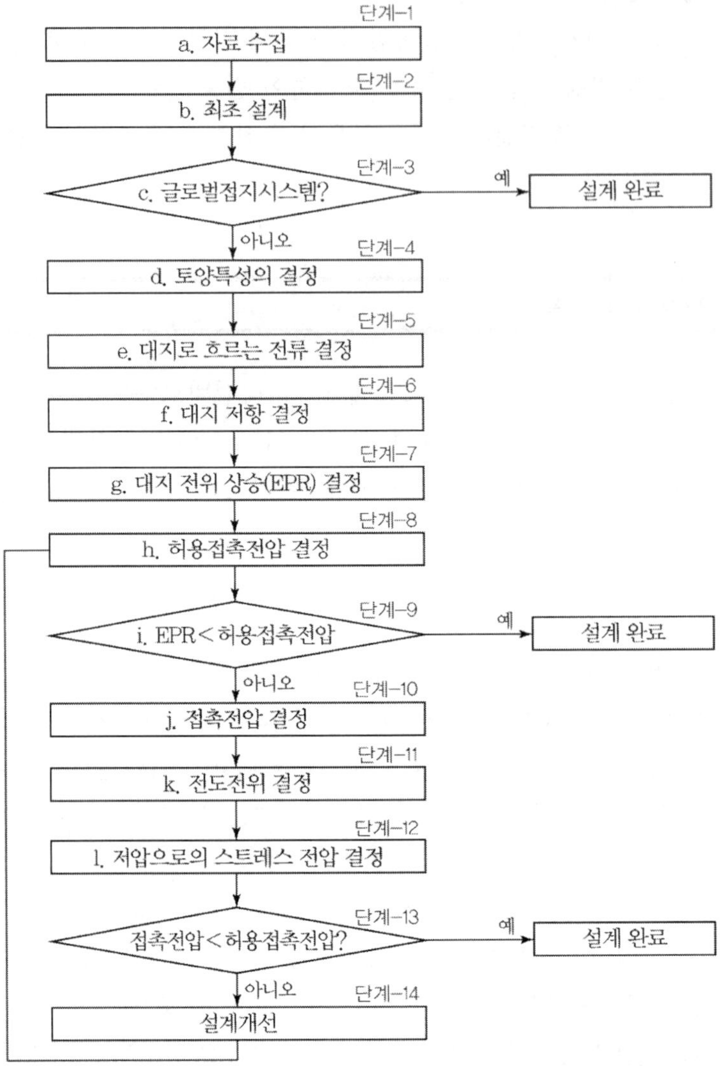

그림 8-12 접지시스템 설계 흐름도 (IEC 61936-1참조)

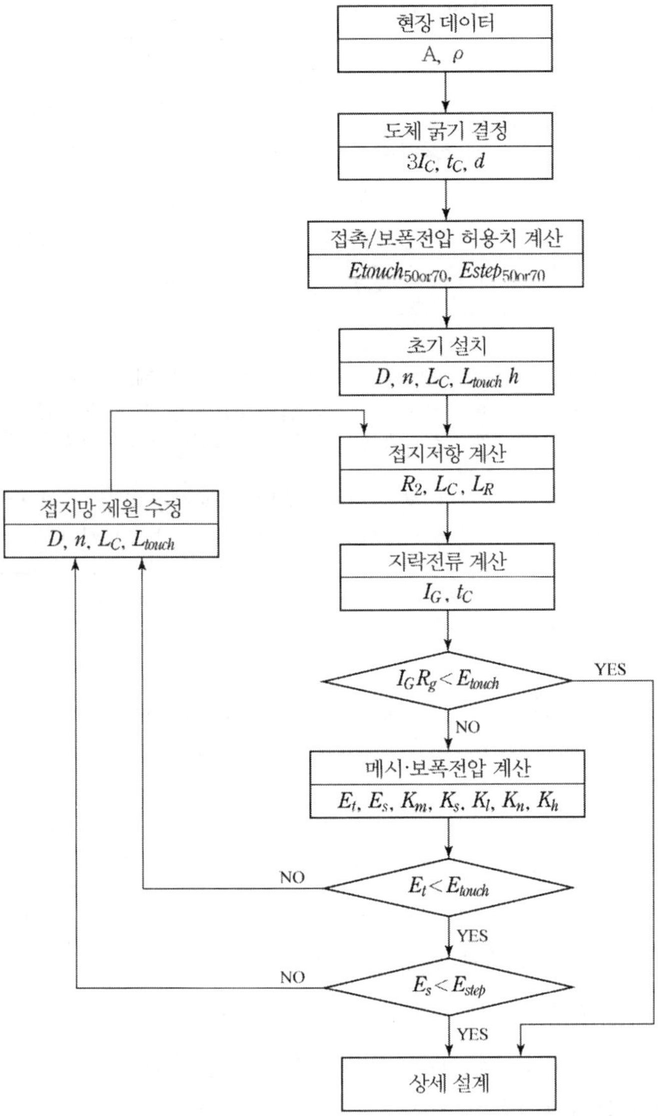

그림 8-13 접지시스템 설계 흐름도 (IEEE 80 참조)

(3) 접지도체의 선정

① 접지도체의 단면적은 표 8-10에 의하며 큰 고장전류가 접지도체를 통하여 흐르지 않을 경우 접지도체의 최소 단면적은 다음과 같다.

- 구리는 6 mm^2 이상
- 철제는 50 mm^2 이상

② 접지도체에 피뢰시스템이 접속되는 경우, 접지도체의 단면적은 구리 16 mm^2 또는 철 50 mm^2 이상으로 하여야 한다.

표 8-10 보호도체의 최소 단면적

선도체의 단면적 S (mm², 구리)	보호도체의 최소 단면적 (mm², 구리)	
	보호도체의 재질	
	선도체와 같은 경우	선도체와 다른 경우
$S \leq 16$	S	$(k_1/k_2) \times S$
$16 < S \leq 35$	16^a	$(k_1/k_2) \times 16$
$S > 35$	$S^a/2$	$(k_1/k_2) \times (S/2)$

여기서,

k_1 : 도체 및 절연의 재질에 따라 KS C IEC 60364-5-54(저압전기설비-제5-54부 : 전기기기의 선정 및 설치-접지설비 및 보호도체)의 "표 A54.1(여러 가지 재료의 변수 값)" 또는 KS C IEC 60364-4-43(저압전기설비-제4-43부 : 안전을 위한 보호-과전류에 대한 보호)의 "표 43A(도체에 대한 k값)"에서 선정된 선도체에 대한 k값

k_2 : KS C IEC 60364-5-54(저압전기설비-제5-54부 : 전기기기의 선정 및 설치-접지설비 및 보호도체)의 "표 A.54.2(케이블에 병합되지 않고 다른 케이블과 묶여 있지 않은 절연 보호도체의 k값)~표 A.54.6(제시된 온도에서 모든 인접 물질에 손상 위험성이 없는 경우 나도체의 k값)"에서 선정된 보호도체에 대한 k값

a : PEN 도체의 최소단면적은 중성선과 동일하게 적용한다.[KS C IEC 60364-5-52(저압전기설비-제5-52부 : 전기기기의 선정 및 설치-배선설비) 참조].

차단시간이 5초 이하인 경우는 다음 계산식을 적용한다.

$$S = \frac{\sqrt{I^2 t}}{k}$$

여기서, S : 단면적(mm²)

I : 보호장치를 통해 흐를 수 있는 예상 고장전류 실효값(A)

t : 자동차단을 위한 보호장치의 동작시간(s)

k : 보호도체, 절연, 기타 부위의 재질 및 초기온도와 최종온도에 따라 정해지는 계수로 KS C IEC 60364-5-54(저압전기설비-제5-54부 : 전기기기의 선정 및 설치-접지설비 및 보호도체)의 "부속서 A(기본보호에 관한 규정)"에 의한다.

③ 접지도체는 지하 0.75 m 부터 지표 상 2 m 까지 부분은 합성수지관(두께 2 mm 미만의 합성수지제 전선관 및 가연성 콤바인덕트관은 제외한다) 또는 이와 동등 이상의 절연효과와 강도를 가지는 몰드로 덮어야 한다.

2. 접지

(1) 변압기 중성점 접지

① 일반적으로 변압기의 고압 · 특고압측 전로 1선 지락전류로 150을 나눈 값과 같은 저항 값 이하

② 변압기의 고압 · 특고압측 전로 또는 사용전압이 35 kV 이하의 특고압 전로가 저압측 전로와 혼촉하고 저압전로의 대지전압이 150 V를 초과하는 경우는 저항 값은 다음에 의한다.

- 1초 초과 2초 이내에 고압 · 특고압 전로를 자동으로 차단하는 장치를 설치할 때는 300을 나눈 값 이하
- 1초 이내에 고압 · 특고압 전로를 자동으로 차단하는 장치를 설치할 때는 600을 나눈 값 이하

③ 전로의 1선 지락전류는 실측값에 의한다. 다만, 실측이 곤란한 경우에는 선로정수 등으로 계산한 값에 의한다.

(2) 공통접지 및 통합접지

① 고압 및 특고압과 저압 전기설비의 접지극이 서로 근접하여 시설되어 있는 변전소 또는 이와 유사한 곳에서는 다음과 같이 공통접지시스템으로 할 수 있다.

㉮ 저압 전기설비의 접지극이 고압 및 특고압 접지극의 접지저항 형성영역에 완전히 포함되어 있다면 위험전압이 발생하지 않도록 이들 접지극을 상호 접속하여야 한다.

㉯ 접지시스템에서 고압 및 특고압 계통의 지락사고 시 저압계통에 가해지는 사용주파 과전압은 표 8-11에서 정한 값을 초과해서는 안 된다.

표 8-11 저압설비 허용 상용주파 과전압

고압계통에서 지락고장시간(초)	저압설비 허용사용주파 과전압(V)	비고
>5	U_0+250	중성선 도체가 없는 계통에서 U_0는 선간전압을 말한다.
≤5	$U_0+1,200$	

1. 순시 사용주파 과전압에 대한 저압기기의 절연 설계기준과 관련된다.
2. 중성선이 변전소 변압기의 접지계통에 접속된 계토에서, 건축물외부에 설치한 외함이 접지되지 않은 기기의 절연에는 일시적 상용주파 과전압이 나타날 수 있다.

㉰ 고압 및 특고압을 수전 받는 수용가의 접지계통을 수전 전원의 다중접지된 중성선과 접속하면 ㉯의 요건은 충족하는 것으로 간주할 수 있다.

㉱ 기타 공통접지와 관련한 사항은 KS C IEC 61936-1(교류 1 kV 초과 전력설비-제1부:공통규정)의 “10 접지시스템”에 이한다.

② 전기설비의 접지설비, 건축물의 피뢰설비 · 전자통신설비 등의 접지극을 공용하는 통합접지시스템으로 하는 경우에는 상기 ①항에 의하며

낙뢰에 의한 과전압 등으로부터 전기전자기기 등을 보호하기 위해 KEC 153.1의 규정에 따라 서지보호장치를 설치하여야 한다.

(3) 기계기구의 철대 및 외함의 접지

전로에 시설하는 기계기구의 철대 및 금속제 외함(외함이 없는 변압기 또는 계기용 변성기는 철심)에는 KEC-140에 의한 접지공사를 하여야 한다.

(4) 금속관 본딩(Bonding) 및 접지공사

본딩이란 전위차가 있는 대상물을 대지와 전기적으로 결합, 대지 전위와 동일하게 하여 전선의 열화등에 의해 금속관내 누전, 지락전류, 사고전류나 충격 전압으로부터 감전 등의 위험을 방지하며 기기를 보호하기 위하여 시설하는 것이다.

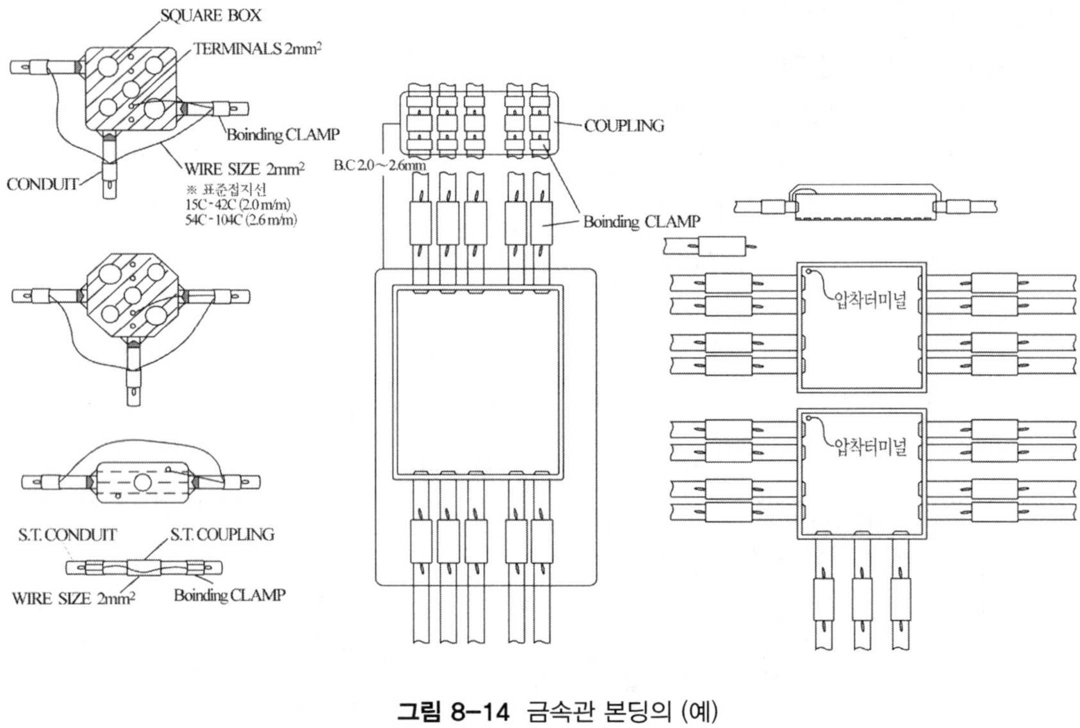

그림 8-14 금속관 본딩의 (예)

표 8-12 접지극의 종류와 크기

종 류	수 치
동판	두께 0.7 mm 이상, 면적 900 cm^2(한쪽면) 이상의 것
동봉, 동피복강봉	지름 8 mm 이상, 길이 0.9 m 이상의 것
아연도금가스철관, 후강전선관	외경 25 mm 이상, 길이 0.9 m 이상
아연도금 철봉	지름 12 mm 이상, 길이 0.9 m 이상
동복강판	두께 1.6 mm 이상, 길이 0.9 m 이상, 면적 250 cm^2(한쪽면)이상
탄소피복 강봉	지름 8 mm 이상의 강심이고 길이 0.9 m 이상일 것

3. 접지저항의 측정

접지저항의 측정은 접지저항계를 이용하여 그림 8-13과 같은 방법으로 접지전극과 보조전극 2본을 사용하여 측정한다. 측정에 있어 접지보조전극을 타설할 수 없는 경우는 간이 접지저항계를 사용하여 접지저항을 측정한다. 이것은 주상변압기의 2차측 중성점에 2종 접지공사가 시공되어 있는 것을 이용하는 방법으로 그림 8-14를 참조한다.

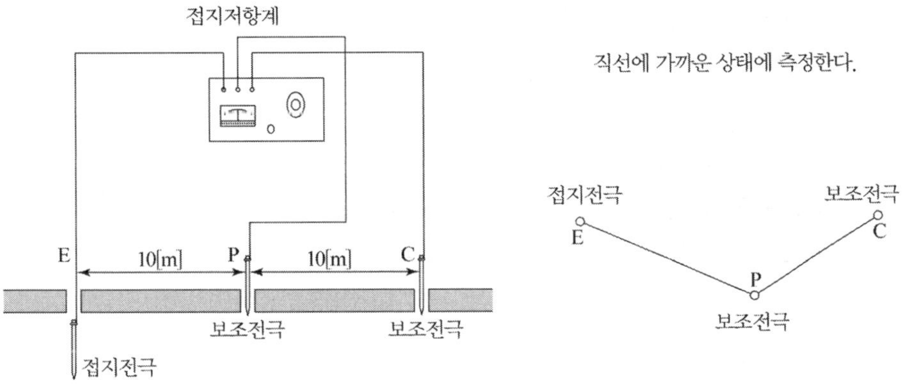

그림 8-15 접지저항의 측정방법

4. 접지저항 저감 방법

접지저항 저감방법에는 물리적인 저감방법과 화학적인 저감방법이 있다. 토양의 오염방지와 접지저항 값의 유지측면에서 물리적 저감방법이 추천되며, 각각의 저감방법을 설명하면 다음과 같다.

(1) 물리적 저감방법

① 수평공법

㉮ 접지극의 병렬접속 : 접지극의 병렬 접속개수에 따라 다음 표 8-13과 같은 접지저항 저감 효과가 있다.

표 8-13 병렬접속에 따른 접지저항 저감 효과

접지극 개수	1개 저항 값에 대한 접지저항
2	1개 저항 값의 55[%]
3	1개 저항 값의 40[%]
4	1개 저항 값의 30[%]
5	1개 저항 값의 25[%]

㉯ 접지극의 치수확대

㉠ 대지와의 접촉되는 면적이 넓을수록 접지저항은 낮아진다.

㉡ 접지봉 보다는 접지판적용

㉰ 매설지선 접지극 사용

㉠ 철탑, 발전소 등 낮은 접지저항 값을 필요로 하는 장소

㉡ 지지물인 경우 전선로와 나란히 시공

㉢ 매설지선 : 50[mm^2] 이상

㉣ 매설깊이 : 75[cm] 이상

㉤ 길이 : 철탑의 경우 20~40[m], 건축물의 경우 건축물 외곽 길이의 80[%] 이상

㉱ 메시공법

㉠ 공통접지 및 통합접지시스템을 채용하는 건축물

㉡ 고장전류가 큰 변전소, 플랜트에 적용

② 수직공법

㉮ 접지봉 깊이 박기 및 보링공법

㉠ 매설깊이가 깊을수록 접지저항은 깊이에 거의 비례하여 감소

(2) 화학적 저감방법

① 화학적 저감방법의 특징

㉮ 화학적 저감방법은 사용 전 저항 값의 약 30% 정도 감소

㉯ 땅이 동결되면 접지저항 값은 상승한다.

② 저감재 구비조건

㉮ 사람과 가축에 안전할 것

㉯ 저감 효과의 연속성 및 지속성이 있을 것

㉰ 접지선 및 접지전극을 부식시키지 않을 것

㉱ 작업성이 좋을 것

㉲ 경제적일 것

8.6 피뢰 설비

피뢰 설비는 보호하고자 하는 대상물에 접근하는 뇌격을 막고 뇌격전류를 대지로 방류하여 건축물 등의 화재, 파손 및 인명 피해를 방지하는 것이다. 즉, 낙뢰 자체에 의한 직접재해 뿐만이 아니라 2차적인 재해도 방지하도록 설치되어야한다.

8.6.1 태양광발전설비에 적용하는 피뢰방식

태양광 발전설비에 적용하는 피뢰방식으로는 돌침 방식, 수평도체 방식, 환상 방식(Mesh 방식) 등이 있다.

1. 돌침 방식

이 방식은 일반 건축물에 가장 많이 적용하며 금속체를 피 보호물에서 돌출시켜 수뢰부로 하는 것으로 투영 면적이 비교적 적은 건축물이나 공작물에 적합하다. 보호각을 고려하여 남쪽에 높게 설치하는 경우 그림자가 태양광 발전 모듈에 직접 영향을 주기 때문에 전체 어레이 뒤쪽에 설치하는 경우 보호 범위를 확보하지 못하는 경우가 있으므로 설계시 검토가 필요하다.

2. 수평도체 방식

이 방식은 낙뢰의 발생이 많은 지역으로 보호 면적이 큰 건축물이나 넓은 부지에 설치하는 태양광 발전시스템에 적합하며 보호 하고자 하는 태양광발전시스템의 상부에 수평도체를 가설 하고 낙뢰를 흡인한 후 피뢰 도선을 통해 뇌 전류를 대지로 방류하는 것으로 모듈에 그림자도 발생하지 않고 어레이 설치 각도가 30도 정도로 가정하더라도 모듈의 설치 높이 부분이 0.2m 이내의 경우 보호 각 55도 범위내에 들어가며, 수평도체의 굵기는 BC 16 mm^2 이상으로 한다.

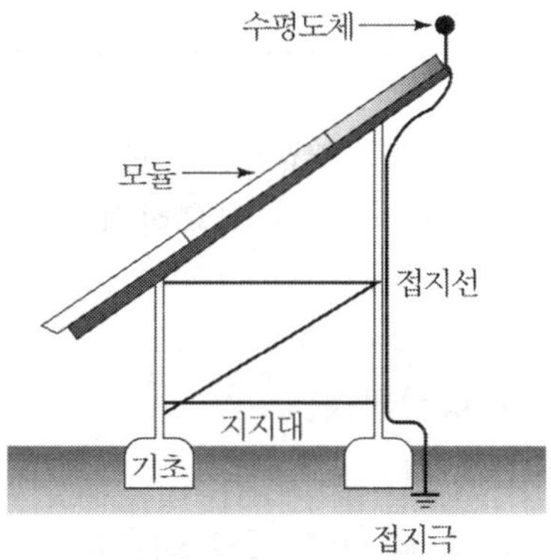

그림 8-16 수평도체 방식

3. 환상 방식(Mesh 방식)

이 방식은 피 보호물이나 건축물 측면 즉 태양전지 모듈(BIPV)에 연속된 망상도체로 싸는 방법으로 건축물 측면이 커튼월(Curtain wall)인 경우 이것이 전부 전기적으로 접속되고, 또한 건축물의 철근 혹은 철골과 전기적으로 접속된 상태이면 이것을 수뇌부로 사용할 수 있으며 금속제 창틀 등도 같은 방식으로서 철골 혹은 철근을 전기적으로 접속(Bonding)하면 Mesh 로서 수뢰효과는 동등하다.

표 8-14 보호 레벨에 따른 인하 도선의 평균 간격

보호 Level	평균간격 [m]
Ⅰ	10
Ⅱ	15
Ⅲ	20
Ⅳ	25

(1) 수뢰 도체를 다음의 위치에 배치한다.
  ① 지붕 가장 자리선
  ② 지붕 돌출부
  ③ 지붕 경사가 1/10을 넘는 경우 지붕마루선
  ④ 높이가 60m 이상인 구조물인 경우 구조물 높이의 80%를 넘는 부분의 측면
(2) 수뢰부 망의 메쉬 간격은 표 8-14에 나타낸 값 이하로 한다.
(3) 수뢰부 시스템 망은 낙뢰 전류가 항상 최소한 2개 이상의 금속 루트를 통하여 대지에 접속 되도록 구성해야 한다.

8.6.2 피뢰도선

피뢰설비에 낙뢰가 유입되면 피뢰도선을 통해 대지로 보내는데 이때 불꽃방전이 발생할 가능성이 있으므로 이를 저감하기 위한 방법이 필요하다.

1. 피뢰도선 시설방법

(1) 여러개의 병렬전류 경로를 형성한다.
(2) 피뢰도선의 길이를 최소로 한다.
(3) 전등, 전화선과는 안전 이격거리 이상으로 띄운다.
(4) 구조체 철근 등과 접촉하고 있다고 생각하는 전선관, 우수관, 철관, 철제사다리 태양광발전설비 가대 등의 금속체는 본딩(Bonding)을 한다.
(5) 피뢰 도선과 돌침과의 접속은 나사고정과 납땜을 병용한다. 피뢰도선의 접속점은 가능하면 적은 것이 바람직하며 전기적으로 완전히 접속 하여야한다.
(6) 피뢰 도선과 철근, 철골 등과의 접속은 도선 접속기를 사용하거나 테르밋 용접(Thermit welding)에 의해 접속한다.

Chapter 9 태양광발전설비의 유지보수와 운영

9.1 유지보수

유지관리란 건설된 태양광발전시스템의 제 기능을 유지하기 위하여 일상점검, 정기점검, 임시점검을 통하여 사전에 유해요인을 제거하고 손상된 부분을 원상복구 하여, 최초 건설된 상태를 유지함과 동시에 경과시간에 따라 요구되는 시설물의 개량을 통해 태양광 발전량의 최적화를 유지시키고 재산의 보호와 안전을 확보하기 위해 시행하는 것이다.

9.1.1 유지보수 계획 시 고려사항

1. 유지관리 시스템의 구축방향

시설물의 유지관리는 다음의 사항을 순차적으로 구축하여야 된다.

(1) 유지관리 담당자에 대한 시설물 보전의 정확한 정보제공

(2) 시설물 하자에 대한 신속하고 적합한 대응

(3) 유지관리 업무에 관한 기준의 확립

(4) 유지관리 활동에 대한 지원체제의 정비

(5) 시설물의 신뢰성 확보

(6) 생애주기의 비용 개념(Life Cycle Cost)을 도입한 시설관리 시행

(7) 사용 후 폐기절차 계획

2. 유지관리의 방침 수립

업무수행이 효과적이고 경제적으로 이행되기 위해서는 다음과 같은 운영방침을 수립해야 한다.

(1) 시설물에 대한 지속적인 점검과 사전정비를 체계적인 방법으로 실시하여 시설물의 기능을 보존하고 이용자의 안전과 편의를 도모하도록 한다.

(2) 시설물의 예방정비를 철저히 시행하여 시설물의 피해가 확대되는 것을 방지한다.

(3) 명확한 작업계획을 년, 월, 별로 수립하고 인력동원, 자재투입, 작업운영 등을 고려하여 수행계획을 수립하여 예산낭비가 발생하지 않도록 한다.

(4) 새로운 방법에 의한 시설의 개량과 규격 및 기준을 변경할 때는 현재 시행되는 모든 기준에 부합되어야 하며, 관련기관과 협의 후 조치한다.

3. 유지관리 계획

(1) 시설물의 유지관리자는 시설물의 특성, 규모 등을 고려한 장기유지관리기준을 수립하여 계획에 따라 유지관리를 행하여야 한다.

(2) 유지관리는 시설물의 현상평가로부터 시작된다. 이 경우 당해 시설물의 계획, 설계, 시공의 기록을 이용하는 것이 점검내용을 확정 할 때 유용하다.

(3) 기록은 유지관리 단계별로 매우 유용하게 이용되므로 관련기록을 정리하여 보관하여야 한다.

4. 유지관리 경제성

(1) 유지관리비의 구성요소

유지관리비의 구성요소는 유지비, 보수비, 개량비, 일반관리비, 운용지원비, 폐기처분비로 대별할 수 있다.

① 유지비 : 시설물을 관리하기 위해서 실시하는 일상점검, 정기점검, 청소, 보안 등에 필요한 비용이 포함된다.

② 보수비와 개량비 : 파손개소, 결함이 발생한 부분에 대한 사후보전을 위해 보수하는 비용과 개조 등을 위해 지출하는 비용이다.

③ 일반관리비 : 시설물을 유지하는데 소요되는 관리비로서 행정비, 관련세금, 보험료, 감가상각, 업무위탁 및 검사에 필요한 경비 등이 포함된다.

④ 운용지원비 : 유지관리에 필요한 기술자료의 수집, 기술의 연수, 보전기술개발의 제반비용 등이다.

⑤ 폐기처분비 : 고장 또는 내구연한이 지난 자재 등을 폐기하는데 필요한 비용이다.

(2) 내용연수

사용수명을 나타내는 방법은 여러 가지가 있지만 일반적으로 물리적 내용연수, 기능적 내용연수, 사회적내용연수, 법정내용연수 4가지로 대별된다.

① 물리적 내용연수 : 시설물과 부대설비가 건설 후 사용함에 따라서 손상, 노화(老化)등으로 그 시설물의 기능의 저하와 사용상 위험한 상태에 이르기까지의 기간이다.

② 기능적 내용연수 : 시설물의 기능이 상대적 저하가 시설물로서의 편익과 효용을 현저하게 저하시켜 그 기능을 발휘하기 어려운 상태에 이르기까지의 기간을 말한다.

③ 사회적 내용연수 : 시설물의 제 기능저하보다는 사회적 환경변화에 적응이 불가능하기 때문에 야기되는 효용성의 감소를 말한다.

④ 법정 내용연수 : 시설물이 안전을 유지하고 그 기능을 지닐 수 있는 기간으로 물리적 마모, 기능상, 경제상의 조건 등을 고려하여 각 시설물이나 부대시설에 대해 규정한 연수를 말한다.

5. 기록 및 보고

(1) 일반사항

① 작업의 통제나 조직의 운영을 위한 각종 관리기록 및 각종 도표 등은 조사 또는 변경되었을 경우 반드시 기록하여야 한다.

② 유지관리 기록 및 보고를 위해서는 순찰일지, 작업일지, 자재수급일지, 취업표 등을 기록하여 관련기관에 보고하여야 한다.

③ 기록체계는 많은 기능들을 잘 포함할 수 있도록 수립되어야 한다.

(2) 기록 보존기간

① 기록은 합리적인 유지관리를 위한 자료이므로 유지관리를 계속 행할 필요가 있는 동안은 보존한다.

② 다른 시설물의 유지관리에 참고자료로 활용하기 위해 보존하는 것이 바람직하다.

(3) 기록 항목

기록해야 할 항목으로는 주요제원, 고장수리내용, 주변환경, 점검계획과 결과, 평가 · 판정의 결과, 대책계획과 향후 추진계획 등으로 한다.

6. 자료관리

(1) 주변지역의 현황도 및 관계서류
(2) 지반조사 보고서 및 실험 보고서
(3) 준공시점에서의 설계도, 구조계산서, 준공도면, 표준시방서, 특별시방서, 견적서
(4) 보수, 개수시의 작업기록
(5) 공사계약서, 시공도, 사용재료의 업체명 및 품명
(6) 관련된 인허가 서류 등

9.1.2 유지관리 절차

태양광발전시스템의 유지관리는 초기에 변형이나 결함을 정확히 파악하여 가장 적절한 대책을 수립하는 것이므로 결함의 예측, 점검, 평가 및 판정, 대책, 기록 등을 합리적으로 조합시켜 순서에 따라 대처하여야 한다. 태양광 발전 설비의 유지 관리 절차를 도식화하여 보면 그림 9-1과 같은 유형의 절차가 필요하다.

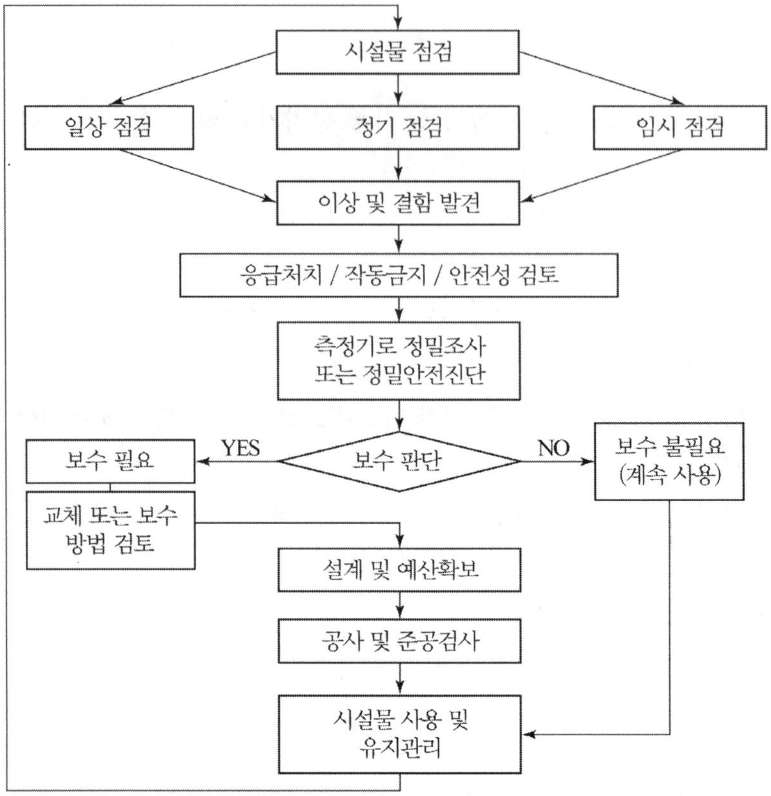

그림 9-1 발전시스템 유지관리 절차도

9.1.3 유지보수 점검 방법

태양광 발전 설비의 유지 보수 방법에는 운전점검, 일상점검, 정기점검, 임시점검 방법이 있으며 다음과 같이 설명할 수 있다.

1. 운전점검

운전점검은 각종계기의 동작 상태 및 감각에 의해 외관을 점검하는 것으로 필요시 청소, 교체 등을 실시한다.

2. 일상점검

일상점검은 시설물의 기능을 유지하기 위한 점검으로 다음과 같다. 일상 점검은 유지보수 요원의 감각에 의거하여 점검하는 방식으로 시각 점검, 소리, 냄새, 손상 등을 점검 하는 것으로 이상 상태의 내용을 기록하여 정기점검시 기초 자료로 활용한다.

표 9-1 점검의 요약 분류

No	점검 방법	설비 상태	점검 횟수
1	운전점검	운전 중	1회/8시간
2	일상점검	운전 중	1회/1주일
3	정기점검(보통)	정지(단시간)	1회/6개월~1회/2년
4	정기점검(세밀)	정지(장시간)	1회/1년~1회/5년
5	임시점검	정지	

3. 정기점검

정기점검은 시설물을 정지상태에서 운전제어 장치의 기계점검, 절연 저항측정 등을 실시하며 필요시 배전반 동작시험, 계전기의 특성동작시험 또는 계기의 점검시험을 실시한다.

4. 임시점검

일상 점검 등에서 이상을 발견한 경우 및 사고가 발생할 경우 정밀점검을 한다.

9.1.4 유지보수 점검 시 주의사항

점검에 임하기 전에 작업자의 안전을 위하여 각종 기기의 구조 및 운전에 관한 내용을 사전에 숙지하고 안전에 대한 주의를 하여야 하며 주의사항은 다음과 같다.

1. 점검 전 주의 사항

(1) 어레이 군별 회로구성, 주요간선 설비의 구성 등을 확인한다.

(2) 사전에 계획을 수립하고 필요한 절연 보호구 및 공구 등을 준비하여야 한다.

(3) 회로도에 의한 검토

전원계통이 가압중인 경우 각종 전원을 준공도서를 참조하여 확인한다.

(4) 무전압 상태확인 및 안전조치

차단기를 열고 주 회로에 무전압이 되게 한 후 필요 개소에 접지를 행한다.

(5) 각 접속반의 차단기가 OFF 상태일 때도 태양광 어레이의 각 군은 발전 중이므로 감전사고에 유의한다.

(6) 잔류 전압에 대한 주의

어레이 회로를 점검할 경우에 잔류 전압 유무를 확인 후 점검한다.

2. 점검 시 유의 사항

(1) 태양광발전시스템은 햇빛을 받으면 발전하는 소자로 구성되어 있어 접속반의 차단기를 개방시켰다 하더라도 통전 상태이므로 감전에 주의하여야 한다.

(2) 인버터는 계통 연계판넬(태양광) 및 접속반을 OFF 시키면 자동으로 정지하게 되어 있으나 인버터 정지를 확인 후 점검을 한다.

(3) 구름이 많은 날에는 일사량의 급격한 변화로 인버터의 MPPT 제어의 실패로 인한 인버터 정지현상이 발생할 수 있으며 이 경우 일정시간이 경과 후 자동으로 재 기동 한다. 인버터 고장이 의심 되더라도 이러한 현상이 있음을 유의하여 점검한다.

3. 점검 후의 주의 사항

(1) 접지선의 제거

점검 시 안전을 위하여 접지한 것을 점검 후에는 반드시 제거할 것.

(2) 최종확인

① 작업자가 태양광 어레이 안쪽이나 함 내에서 작업 중인지를 확인한다.

② 점검을 위한 임시로 설치한 설치물의 철거가 지연되지 않았는가 확인한다.

③ 공구 등이 시설물 내부에 방치되어 있지 않은지 확인한다.

(3) 점검의 기록

점검 및 수리한 요점 및 고장의 상황, 일자 등을 기록하여 참고자료로 활용할 수 있도록 보관한다.

4. 설치 사용시 주의사항

(1) 태양광 발전시스템은 인체에 위험한 전압이 존재하므로 관리는 공인된 서비스요원에 의해 실시하여야 한다.

(2) 전기적인 충격이나 화재로 인한 위험을 최소화 할 수 있는 곳에 설치하여야 한다.

(3) 태양광발전시스템은 내부에 DC 전압 감소용의 전해 콘덴서가 내장되어 있어 입력이 끊어진 후에도 일정기간 위험한 전압이 존재 하므로 대책수립이 필요하다.

(4) 태양광 발전시스템은 사용하기 위한 적정온도는 15～30℃이나 극한온도에서도 정상작동이 가능하여야 한다.

9.1.5 태양전지 어레이 점검

태양전지 모듈은 통상 특별한 관리는 불필요하지만, 정기점검시 모듈의 오염, 손상에 관하여 육안으로 점검을 실시하고, 가대는 녹의 발생, 손상의 유무를 점검하여야 하며 절연저항 및 접지저항의 측정도 똑같은 빈도로 하는 것이 바람직하다.

표 9-2 태양전지 어레이 점검주기

기기명	점검 부위	점검종류	주 기	점검내용
태양전지가대 접속함	모듈, 가대 MCCB, 서지업서버	일상점검	1개월	• 외관점검
		법정점검	설치 후 1년 및 4년	• 외관점검 • 각부의 청소 • 볼트배선 등의 이완 • 절연저항 측정 • 태양전지 출력전압, 전류 측정

9.1.6 인버터 및 연계보호 장치의 보수 점검

인버터 및 연계보호 장치는 장기적으로 안전하게 사용하기 위해서는 아래와 같은 보수 점검을 하여야 한다.

표 9-3 인버터 점김주기

기기명	점검 부위	점검 종류	주 기	점검 내용
인버터	• 인버터 주회로 • 제어보드 • 냉각용 팬 • 서지업서버 • 각종 제어용 전원 • 전자 접촉기 • 저항기 • LCD 표시기	일상점검	1개월	• 외관점검(이음, 이취) • 상태표시 LED 확인 내부 수납기기 탈락 파손 · 변색
		법정점검	설치 후 1년 및 4년	• 외관점검 • 커넥터 접속 상태 점검 • 절연 저항 측정 • 냉각용 팬 운전 상태 점검 • 서지업서버 상태 육안 점검 • 제어 전원 전압 측정 • 전자 접촉기 육안 점검 • 보호요소 동작 특성, 시한 특성 측정

표 9-4 연계보호 장치 점검주기

기기명	점검 부위	점검종류	주 기	점검 내용
연계 보호 장치	• 보호 릴레이 • 트랜스 유저 제어 전원 • 보조 릴레이 • 냉각팬 히터	일상점검	1개월	• 외관점검 • 축전지 일충전 상태 • 내부 수납기기 탈락 · 파손 · 변색
		법정점검	설치 후 1년 및 4년	• 외관점검 • 절연 저항 측정 • 동작(시퀀스) 시험 • 보호 릴레이 동작 특성 시험 • 무정전 전원 백업 시간 • 제어 전원 전압 확인

9.2 태양광발전시스템 운영

9.2.1 운영계획 및 사업개시

운영계획 수립 시 고려요소로는 안전하고 효율적인 관리로 경제적인 사업이 되기 위한 방법으로 주변 정보와 정부 관련정책 등을 사전 조사하여 적용하여야 한다.

1. 발전전력의 거래

신 · 재생에너지 발전 사업자 및 자가용 신 · 재생에너지 발전설비 설치자는 전기사업법에 따라 생산한 전력을 전기판매사업자(한전) 또는 전력시장(전력거래소)과 거래할 수 있다.

(1) 규정

전력거래가격 상한에 관한 고시(산업통상자원부고시)

(2) 발전설비 용량 구분

① 1,000[kW] 이하 : 전기판매사업자(한국전력), 전력시장(한국전력거래소)

② 1,000[kW] 초과 : 전력시장(한국전력거래소)

2. 안전관리자 선임

전기안전관리법 제22조에 근거하여 안전관리자가 선임 되어야한다.

(1) 안전관리자의 선임

① 용량 1,000[kW] 이상인 경우 : 상주 안전관리자 선임

② 용량 1,000[kW] 미만인 경우 : 안전공사 및 대행사업자 위탁 가능

③ 용량 250[kW] 미만인 경우 : 개인 대행자 가능

④ 용량 20[kW] 이하인 경우 : 미선임 가능

⑤ 선임시기 : 전기설비 사용 전 검사 신청 전 또는 사업개시 전

3. 점검 항목

태양광발전시스템은 무인 자동 운전되는 것을 전제로 설계 · 제작되어 일상적인 보수점검은 불필요한 것처럼 보이나, 경년변화에 따른 열화 및 고장이 예상되고, 법적으로 발전설비로 분류되어 관련법규에 따른 한국전기안전공사의 준공 시 사용 전 검사와 4년마다 1회의 정기검사가 의무화되어 있다. 아울러 발전설비 소유자의 자체점검에는 일상점검, 정기점검, 임시점검이 있으며, 일반적인 자체 일상점검과 정기점검의 항목을 나타내면 다음 표와 같다.

표 9-5 설비별 점검방법

설비종류	점검 부위	점검 분류	점검 방법	점검 주기	점검내용
태양 전지	모듈	일상	육안	●	유리 등 표면의 오염 및 파손 확인
	가대	일상	육안	●	가대의 부식 및 녹 확인
	배선	일상	육안	●	외부배선(접속케이블)의 손상 확인
	접지	정기	육인	◎	접지선의 접속 및 접속단지 풀림 확인
		정기	측정	◎	접지저항 측정
접속함	외함	일상	육안	●	외함의 부식 및 파손 확인
		정기	육안	◎	
	배선	일상	육안	●	외부배선(접속케이블)의 손상 확인
		정기	육안	◎	외부배선의 손상 및 접속단자의 풀림 확인
	접지	정기	육안	◎	접지선의 손상 및 접지단자의 풀림 확인
		정기	측정	◎	접지저항 측정
	기타	정기	시험	◎	각 회로마다 개방전압 측정(극성 등 확인)
파워 컨디셔너	외함	일상	육안	●	외함의 부식 및 파손 확인
		정기	육안	◎	
	배선	일상	육안	●	외부배선(접속케이블)의 손상 확인
		정기	육안	◎	외부배선의 손상 및 접속단자의 풀림 확인
	접지	정기	육안	◎	접지선의 손상 및 접지단자의 풀림 확인
		정기	측정	◎	접지저항 측정
	환기구	일상	육안	●	환기구, 환기필터 등의 환기 확인
		정기	육안	◎	
	표시부	일상	육안	●	표시부의 이상 표시
		정기	시험	◎	표시부의 동작 확인(충전전력 등)
	타이머	정기	시험	◎	투입저지 시한 타이머 동작시험 확인
	기타	일상	육안	●	발전상황 확인
		일상	육안	●	이상음, 악취, 발연, 이상과열 확인
		정기	육안	◎	운전시 이상음, 악취, 진동 등 확인
기타	개폐기	정기	육안	◎	개폐기의 접속단자 풀림 확인
		정기	측정	◎	절연저항 측정(DC 500[V] 측정시 0.1[MΩ] 이상)

[주] ● : 월 1회 실시 ◎ : 정기점검

표 9-6 안전관리 대행업체의 점검 횟수

용량[kW]	300미만	500미만	700미만	1,000미만
횟수[월]	1회	2회	3회	4회

4. 태양광 발전시스템 운영 시 갖추어야 할 목록

(1) 계약서 사본
(2) 시방서
(3) 건설 관련 도면(토목, 건축, 기계 전기도면 등)
(4) 구조물의 구조 계산서
(5) 운영 매뉴얼
(6) 한전 계통 연계 관련 서류
(7) 핵심기기의 매뉴얼(인버터, PCS 등)
(8) 기기 및 부품의 카탈로그
(9) 안전 경고표시와 위치도

9.2.2 태양광발전설비의 운영

1. 모듈관리

(1) 모듈 표면은 특수 처리된 강화유리로 되어 있어 강한 충격이 있을 시 파손될 우려가 있으므로 충격이 발생되지 않도록 주의가 필요하다.
(2) 모듈 표면에 그늘이 지거나 분진과 공해물질이나 나뭇잎 등이 쌓인 경우 전체적인 발전효율이 저하되므로 이물질을 제거해주면 발전효율을 높일 수 있다. 이때 모듈 표면에 흠이 생기지 않도록 주의해야 한다.

2. 파워컨디셔너 및 접속함 관리

(1) 태양광 발전설비의 고장요인은 대부분 인버터에서 발생하므로 정상 가동여부를 정기적인 점검으로 확인해야 한다.
(2) 접속함에는 역류방지 다이오드, 차단기, T/D, PT, CT, 단자대 등이 내장되어 있으므로 누수나 습기침투 여부에 대한 정기적 점검이 필요하다.

3. 강구조물 및 전선 관리

(1) 강구조물이나 구조물 접합자재에 녹이 슨 경우 녹을 제거한 다음 방청페인트 도료를 칠한 후 도장을 하여야 장기간 안전하게 사용할 수 있다.
(2) 전선 연결부는 정기적으로 점검하고 문제가 발생한 경우 보수한다.

4. 태양광 발전설비 응급조치 방법

(1) 인버터(PCS)가 작동되지 않는 경우

① 접속함 내부 DC 차단기 개방(Off)
② AC 차단기 개방(Off)
③ 인버터 정지 확인[제어 전원 S/W가 있는 경우 제어 전용 S/W 개방(Off)]
④ 인버터 점검

(2) 점검 완료 후 복귀 순서

① 제어 전원 S/W가 있는 경우 제어 전용 S/W 투입(On)
② AC 차단기 투입(On)
③ 접속함 내부 DC 차단기 투입(On)

(3) 수변전 설비(고압 이상 개폐기 및 차단기) 조작 순서

① 고압 이상 개폐기 및 차단기의 조작은 조작순서에 의해 조작한다.
㉮ 차단순서 : ④ → ② → ③ → ①
㉯ 투입순서 : ③ → ① → ② → ④
번호설명 : ① 개폐기(IS) ② 차단기(CB) ③ COS ④ 배선용차단기(MCCB)
② 고압 이상 개폐기 조작은 꼭 무부하 상태에서 실시하고 개폐기 조작 후 잔류전하 방전 상태를 검전기로 확인한다.
③ 고압 이상의 전기설비는 안전장구(고압고무절연장갑, 안전화 등)를 착용한 후 조작한다.
④ 비상용 발전기 가동 전 비상전원 공급구간을 재확인하여 역송전으로 인한 감전 사고에 주의한다.
⑤ 작업완료 후 전기설비의 이상 유무를 확인한 후 통전한다.

5. 태양광 발전시스템 운전 시 조작방법

(1) VCB반 전압 확인
(2) 접속반, 인버터 DC전압 확인
(3) AC측 차단기 On, DC용 차단기 On
(4) 5분 후 인버터 정상작동여부 확인

6. 태양광 발전시스템 정전 시 조작방법

(1) VCB반 및 계전기를 확인하여 정전여부 확인
(2) 태양광 인버터 상태 확인
(3) 한전 전원 복구여부 확인
(4) 인버터 DC전압 확인 후 운전시 조작 방법에 의해 재시동

9.2.3 태양광발전시스템의 위험요소 및 위험관리

1. 위험요소

(1) 침수 대비

① 지표면으로부터 충분한 공간을 확보한 뒤 전력설비를 설치하고, 침수 피해를 막기 위해 사전에 배수시설을 확보한다.

② 외장형 인버터의 경우에는 사전에 외함 보호등급을 반드시 확인한다.

(2) 풍속 대비

① 국내 시설물 내풍 설계기준(25～45[m/s])을 확인하여야 한다.

② 온난화현상으로 태풍의 강도가 매년 커지고 있음으로 평균 풍속 50～60[m/s]까지 견딜 수 있도록 구조물을 견고히 한다.

(3) 습기 및 염해 대비

① 습한 공기가 인버터 내부로 들어오지 않도록 덕트 내에 습기방지필터를 설치한다.

② 바닷가 인근 지역에는 염해방지를 한 구조물을 사용하고 높은 외함 등급의 인버터를 설치한다.

(4) 낙뢰 대비

낙뢰에 대비한 피뢰 접지와 과전압 보호장치 등을 설치하여 피해를 최소화해야 한다.

(5) 인버터 관리

발전소 운영이 어려울 정도로 날씨 조건이 안 좋을 경우에는 인버터 내부 조작전원을 포함한 모든 전원을 차단한 후 인버터 작동을 중지하고 재가동 시에는 절연상태 확인한 후 인버터를 가동시킨다.

9.2.4 전기 작업의 안전

정전 작업 시 오송전 및 다른 활선과의 혼촉 등으로 정전회로가 충전되어 감전사고가 발생할 수 있으며, 활선작업에서는 직접 충전부분을 취급하기 때문에 감전의 위험성이 매우 높다. 따라서 어떤 경우에도 충분한 안전대책을 세우고 재해방지에 노력하여야 한다.

1. 전기작업 구분

⑴ 정진작업 : 노출된 충전부 또는 그 부근에서 작업함으로써 감전될 우려가 있어 해당전로를 차단하고 실시하는 작업

⑵ 활선작업 : 충전전로 또는 지지애자의 점검 수리 청소 등을 위해 충전전로를 직접 취급하는 작업

2. 전기작업의 유해 위험요인

(1) 신체등 직접접촉으로 인한 감전
(2) 섬락 등 간접 접촉
(3) 정전작업 중 갑작스러운 통전
(4) 잔류전하 미확인에 의한 감전

3. 전기작업 기본수칙

(1) 산업안전보건에 관한 규칙 제318조에 해당하는 전기작업자의 제한
(2) 해당 전압이 50[V]를 넘거나 전기에너지가 250[VA]를 넘는 경우 작업계획서 작성
(3) 도면(배선도)을 통한 정전범위 및 공급전원 위치 확인
(4) 작업지휘자가 해당 작업자에게 안전수칙 및 작업계획 주지시킴

4. 전기작업안전계획에 포함하여야 할 사항

(1) 작업 목적
(2) 관련 작업자 자격 및 인원수
(3) 작업 범위 및 위험 특성
(4) 접근 한계
(5) 적용 가능한 안전작업지침
(6) 필요한 개인보호구
(7) 필요한 질연용 방호구 및 기구
(8) 특수 예방 기술
(9) 전기도면
(10) 기기 세부사항
(11) 특별한 사항에 대한 스케치 또는 그림
(12) 기타 참고 자료

표 9-7 충전부의 접근한계(전격방지를 위한 충전부와 작업자 사이 거리)

공칭계통전압 상-상(kV)	접근제한(m)[1]		접근한계(m)[1] (부주의한 이동 감안)	접근금지(m)[1]
	노출 이동 도체	노출 고정 전로		
0.05 미만	미규정	미규정	미규정	미규정
0.05~0.3	3.05	1.07	접촉 금지	접촉 금지
0.31~0.75	3.05	1.07	0.305	0.254
0.751~15	3.05	1.53	0.66	0.178
15.1~36	3.05	1.83	0.787	0.254
36.1~46	3.05	2.44	0.838	0.432
46.1~72.5	3.05	2.44	0.965	0.635
72.5~121	3.05	2.44	0.991	0.813
138~145	3.36	3.05	1.093	0.940
161~169	3.56	3.56	1.22	1.07
230~242	3.97	3.97	1.6	1.45
345~362	4.68	4.68	2.59	2.44
500~550	5.8	5.8	3.43	3.28
765~800	7.24	7.24	4.55	4.4

주1) 보다 자세한 사항은 안전보건기술지침 "활선작업 및 활선근접작업에 관한 기술지침"을 참조한다.

표 9-8 작업기술 및 계획 점검표(예)

위험확인(Indentify)
- ☐ 위험
- ☐ 전압수준
- ☐ 요구되는 기능
- ☐ 외부 전원(제2의 전원)
- ☐ 비정상 작업조건
- ☐ 작업에 필요한 작업자 수
- ☐ 전격보호한계
- ☐ 예측되는 에너지
- ☐ 아크섬광위험성(섬광위험분석에 의한)
- ☐ 섬광보호한계

질문(Ask)
- ☐ 장비를 정전시킬 수 있는가?
- ☐ 작업예정인 전로에 역송전의 가능성은?
- ☐ 대기자를 필요로 하는가?

점검(Check)
- ☐ 작업계획
- ☐ 단선도 및 기타 자료
- ☐ 상황판
- ☐ 공장 및 공급자 정보의 보완
- ☐ 안전 절차
- ☐ 공급자 정보
- ☐ 개인의 설비 숙련도

인지(Know)
- ☐ 무슨 작업인가?
- ☐ 누구와 의사전달을 필요로 하는가?
- ☐ 책임자는 누구인가?

생각(Think)
- ☐ 예기치 않은 일이 무엇인가?
- ☐ 잠금(Lock)-표지(Tag)-시험(Test)-시행(Try)
- ☐ 맨 먼저 전압시험
- ☐ 개인보호구를 포함하는 올바른 장비와 기기의 적정 사용
- ☐ 접지의 설치 및 철거
- ☐ 배리어 및 바리케이드의 설치
- ☐ 그 외에 무엇이 있는가?

비상대비(Prepare for an emergency)
- ☐ 교육받은 응급조치요원이 있는가?
- ☐ 필요한 구급장비가 구비되고, 어디에 비치되어 있는가?
- ☐ 가장 가까운 전화는 어디 있는가?
- ☐ 화재경보기는 어디 있는가?
- ☐ 밀폐 공간 구급은 가능한가?
- ☐ 정확한 작업위치는 어디인가?
- ☐ 비상시에 장비를 어떻게 정지시키는가?
- ☐ 비상전화번호를 알고 있는가?
- ☐ 소화기는 어디에 있는가?
- ☐ 사용가능한 무선 송수신기가 있는가?

5. 전기 작업의 준비

(1) 작업 책임자

작업책임자를 임명하고 지휘명령계통을 확립하여야 하며, 계획된 작업순서에 따라 시행하여야 한다.

① 작업책임자는 작업시작 전에 현장의 시설상태를 확인하고 작업내용과 안전조치를 잘 주지시켜야 한다.

② 정전작업의 경우

㉮ 정전작업을 할 때에는 미리 정전범위, 정전 및 송전시간, 개폐기의 차단장소, 선로의 단락접지를 하는 장소와 상태, 작업순서, 작업자의 작업배치, 작업종료 후의 처치 등에 대하여 설명한다.

㉯ 작업개시 전 동선금시에 관한 사항의 표시 등 개폐기의 관리상태, 정전상태, 단락접지기구의 설치상황, 감시인의 배치상태를 확인한 후에 작업하도록 한다.

㉰ 작업을 종료할 때에는 작업 현장의 상황과 전 작업자의 안전을 확인한 후 단락접지기구를 철거하고 송전한다.

③ 정전작업 요령

감전의 위험을 방지하기 위해 정전작업 시에는 다음 사항을 포함한 정전작업 요령에 의거하여 작업을 실시해야 한다.

㉮ 작업책임자의 임명, 정전범위 및 절연용 보호구의 작업시작 전 점검 및 작업 시 작업에 필요한 사항

㉯ 전로 또는 설비의 정전순서에 관한 사항

㉰ 개폐기 관리 및 표지판 부착에 관한 사항

㉱ 정전확인순서에 관한 사항

㉲ 단락접지실시에 관한 사항

㉳ 전원 재투입순서에 관한 사항

㉴ 점검 또는 시운전을 위한 일시운전에 관한 사항

㉵ 교대 근무 시 근무인계에 필요한 사항

9.3 태양광발전 모니터링 시스템 관리

9.3.1 태양광발전 모니터링

태양광발전시스템 모니터링 시스템은 태양광발전시설의 효율적인 운전지원을 위하여 발전상태를 실시간 감시하고 운영 데이터 관리 및 이상 발생 시 원인 분석 등을 할 수 있는 것으로 단위 또는 통합 모니터링 시스템과 현장에 가지 않고도 운영 상태 파악 및 유지보수가 가능한 기능을 갖춘 웹(Web) 모니터링 시스템도 있다.

9.3.2 모니터링 기본데이터

1. 모니터링 시스템 기본 데이터 및 전송간격

(1) 일일 에너지 총 생산량(시간별)

(2) 일일 에너지 생산시간

(3) 익일 중앙서버(신 · 재생에너지 센터) 요청 시 전송

2. 측정항목 및 모니터링 항목

측정항목	모니터링 항목	데이터(누적값)
인버터 출력	일일 발전량[kWh]	24개[시간당]
	생산 시간[분]	1개[1일]

9.3.3 전송장치(RTU : Remote Terminal Unit)

1. 전송장치의 종류

(1) 카드형

(2) 온 보드형

(3) 외장형

2. 기능 및 요구사항

(1) 하위통신 기능

① 계측설비와의 실시간 통신기능

② 계측데이터 수집/변환/저장

(2) 상위통신 기능

① 서버 접속 및 재접속 기능

② 데이터 전송 및 재전송 기능

③ 서버 지시 처리기능(시각동기화, 통신해제, 오류처리)

(3) 동작 기능

① 통신환경 설정기능(시리얼(Serial) 및 랜(LAN) 통신)

② 전원상실시 시스템 유지 기능(시스템 데이터 백업, 시간유지)

③ CPU 감시 및 오토부팅기능(워치독(watch talk) 타이머 기능)

9.3.4 모니터링 주요 표시화면

1. 주택용/빌딩용 구축 (예)

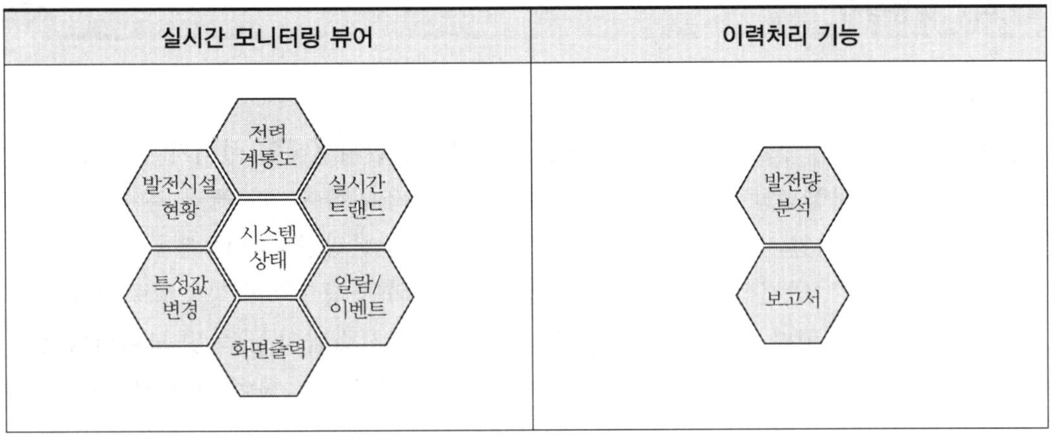

[주1] 주택용 : 실시간 모니터링 뷰어
빌딩용 : 실시간 모니터링 뷰어 + 이력처리 기능

그림 9-2 주택용 빌딩용의 (예)

2. 대단위 발전사업자용의 (예)

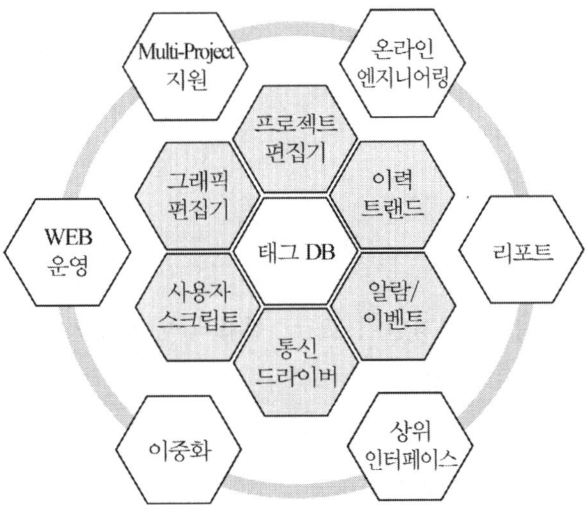

그림 9-3 대단위 발전 사업자용 (예)

9.4 태양광발전설비 품질관리

9.4.1 성능평가

1. 성능평가 개념

태양광 발전시스템 구축에 따른 시공방법, 설치장소, 설치형태와 설치가격 저감, 신뢰성 확보를 통하여 태양광발전시스템의 유효성을 입증하기 위하여 성능평가 분석은 태양광발전시스템의 전반적인 사이트 개요, 설치가격, 발전성능, 신뢰성 등으로 분류하여 평가 분석할 필요가 있으며, 발전성능은 시스템의 전체적 성능과 구성요소의 성능으로 분류하여 평가 분석할 필요가 있다. 성능평가 분석이란 태양광발전시스템의 계측 및 모니터링만 하는 것이 아니고, 계측과 모니터링된 데이터를 구체적으로 정밀 분석하여 기술개발로 피드백시키는 산업화 기술로 연계되는 중요한 기술이다.

2. 성능평가를 위한 측정요소

(1) 사이트 평가방법

① 설치 용량
② 설치 시설의 분류
③ 설치 시설의 지역
④ 설치 형태
⑤ 설치 각도와 방위
⑥ 기기 제조사

(2) 설치가격 평가방법

① 시스템 설치 단가
② 태양전지 설치 단가
③ 파원컨디셔너 설치 단가
④ 어레이 가대 설치 단가
⑤ 기초공사 단가

(3) 신뢰성 평가분석 항목

① 인버터정지, 지락, 누전차단기 Trip, 컴퓨터의 조작오류, 기타 원인불명
② 운전 데이터의 기록 상황
③ 계획정지, 정기점검 · 개수정전, 계통 정전

(4) 성능분석 산출 : 시스템 성능(출력)계수

$$\frac{\text{시스템 발전전력량[kWh]}}{\text{경사면 누적일사량[kWh/m}^2\text{]} \times \text{태양전지 어레이 면적[m}^2\text{]} \times \text{태양전지 어레이 변화효율(표준상태)}}$$

성능분석 용어	산출방법
태양광 어레이 변환효율	$\frac{\text{태양전지 어레이 출력전력[kW]}}{\text{표준 일사강도[kW/m}^2\text{]} \times \text{태양전지 어레이 면적[m}^2\text{]}}$
시스템 발전효율	$\frac{\text{시스템발전전력[kW]}}{\text{경사면 일사량[kW/m}^2\text{]} \times \text{태양전지 어레이 면적[m}^2\text{]}}$
태양에너지 의존율	$\frac{\text{시스템의 평균발전전력[kW] 또는 전력량[kWh]}}{\text{부하소비전력[kW] 또는 전력량[kWh]}}$
시스템 이용률	$\frac{\text{시스템발전전력량[kWh]}}{\text{24[h]} \times \text{운전일수} \times \text{태양전지 어레이 설계용량(표준상태)}}$
시스템 성능(출력)계수	$\frac{\text{시스템발전전력량[kWh]} \times \text{표준 일사강도[kW/m}^2\text{]}}{\text{태양전지 어레이 설계용량(표준상태)[kW]} \times \text{경사면 누적일사량[kWh/m}^2\text{]}}$
시스템 가동률	$\frac{\text{시스템 동작시간 [h]}}{\text{24[h]} \times \text{운전일수}}$
시스템 일조가동률	$\frac{\text{시스템 동작시간 [h]}}{\text{가조시간}}$

(5) 구성요소 성능평가

① 모듈 성능평가 항목

㉮ 평균 출력

㉯ 최대 전류

㉰ 최대 전압

㉱ 모듈 효율

② PCS 성능평가 항목

㉮ 변환 효율

㉯ 종합 왜형률

㉰ 역률

㉱ 최대출력 추종

9.4.2 품질관리

PV 인증제도란 신에너지 및 재생에너지 개발 · 이용 · 보급 촉진법 및 국가 표준기본법 적합성평가체계의 구축에 따라 신 · 재생에너지설비의 보급촉진을 위하여 일정기준 이상의 신 · 재생에너지설비에 대하여 인증하는 제도

1. 주요내용

(1) 국제규격 및 한국공업규격에 적합한 제품을 인증하는 것

(2) 한국에너지기술원과 한국에너지공단에서 KS C IEC 규격에 기초한 인증시험 및 공장조사를 행하고 있으며 합격한 모듈에 한해 인증을 발행하고 있다.

(3) 국제인증 제품 모듈도 국내의 공인증기관에서 인증받은 모듈을 사용하도록 규정하고 있다.

9.4.3 태양광발전설비 심사 세부기준

1. 중대형 태양광발전용 인버터

(1) 적용범위

이 규정은 정격출력 10[kW] 초과~250[kW](직류입력전압 1,000[V] 이하, 교류출력전압 1,000[V]이하) 이하인 태양광발전용 인버터(계통연계형, 독립형)의 시험 방법 및 평가기준에 대해 규정한다.

(2) 인버터 입력 전압의 종류

① 최대 입력전압(Vdc_max) : 인버터의 입력으로 허용되는 최대 입력전압

② 최소 입력전압(Vdc_min) : 인버터가 발전을 시작하기 위한 최소 입력전압

③ 정격 입력전압(Vdc_r) : 인버터의 정격출력이 가능한 제조사에 의해 규정된 최적 입력전압이다.
다음 식으로 계산할 수 있다. Vdc_r=(Vdc_max + Vdc_min)/2

④ MPP 최대전압(Vmpp_max) : 인버터의 정격출력이 가능한 최대 MPP전압.
단, 0.8×Vdc_max를 초과하지 않는다.

⑤ MPP 최소전압(Vmpp_min)
인버터의 정격출력이 가능한 최소 MPP전압

(4) 시험 방법 및 판정기준

① 형태별 시험항목
태양광 독립형과 계통연계형에 따라 다음 표 9-9에 제시된 시험항목을 적용한다.

표 9-9 태양광발전용 인버터 시험항목(KS C IEC관련규정 참조)

시험항목		독립형	계통연계형	구분
1.구조시험		○	○	비고1
2.절연성능 시험	절연저항시험	○	○	비고1
	내전압시험	○	○	비고1
	감전보호시험	○	○	비고1
	절연거리시험	○	○	비고1
3. 보호기능 시험	전력 과전압 및 부족전압 보호기능 시험	○	○	
	주파수 상승 및 저하 보호기능 시험	○	○	
	단독운전 방지기능 시험	×	○	
	복전 후 일정시간 투입방지기능 시험	×	○	
4. 정상특성시험	교류 전압, 주파수 추종범위 시험	×	○	
	교류출력전류 변형률 시험	×	○	
	누설전류시험	○	○	비고1
	온도상승시험	○	○	비고1
	효율시험	○	○	
	대기 손실 시험	×	○	
	자동기동 · 정지시험	×	○	
	최대전력 추종시험	○	○	
	출력전류 직류분 검출 시험	○	○	
5. 과도응답 특성시험	입력전력 급변시험	○	○	
	계통전압 급변시험	×	○	
	계통전압위상 급변시험	×	○	
6. 외부 사고시험	출력측 단락시험	○	○	
	계통전압 순간정전 · 강하시험	×	○	
	부하차단시험	○	○	
7. 내 전기 환경시험	계통전압 왜형률내량시험	×	○	
	계통전압 불평형 시험	×	○	
	부하 불평형 시험	○	×	비고2
8. 내 주위 환경시험	습도시험	○	○	비고1
	온도 사이클 시험	○	○	비고1
9. 전자기적합성 (EMC)	전자파 장애(EMI)	○	○	비고1
	전자파 내성(EMS)	○	○	비고1

[비고1] 실내 · 외설치를 위해 케이스 변경 시 인증모델의 유사모델을 적용하며, 이 항목만 실시
[비고2] 부하 불평형 시험은 3상 인버터만 적용한다.

표 9-10 절연종류별 허용온도 기준

절연종류	표면 온도계법에 의한 기준	매입형 온도계법에 의한 기준
A종 절연	90[℃]	95[℃]
E종 절연	105[℃]	110[℃]
B종 절연	110[℃]	120[℃]
F종 절연	130[℃]	140[℃]
H종 절연	150[℃]	160[℃]
N종 절연	165[℃]	175[℃]
R종 절연	180[℃]	190[℃]
S종 절연	195[℃]	205[℃]

[주1] 표면온도계는 각 측정 장소의 열점(Hot-spot)에 위치하지 않는 것으로 한다.
[주2] 매입형 온도계는 열점(Hot-spot)온도를 측정하는 것으로 한다.
[주3] 절연종류에 대한 정확한 판단이 불가능한 경우는 A종 절연으로 간주한다.

표 9-11 태양광발전용 절연물 및 소자의 허용온도 기준

절연물 및 소자	온도상승기준
전해 커패시터	65[℃]
기타 커패시터	90[℃]
주전원 연결단자[주1)]	60[℃]
주전원 연결단자이외의 전원 연결부 및 전원 연결 도체부	60[℃]
인버터 내부의 절연된 도체	제조사 허용온도
퓨즈	90[℃]
PCB	105[℃]
절연물	90[℃]

[주1] 허용온도를 제조사가 별도 기재한 경우는 본 표의 기준값을 초과하더라도 제조사 기준에 따른다.

표 9-12 태양광발전용 기계기구 주변 허용온도 기준

측정 장소	외곽 재질	
	금속성 재질	비금속성 재질
인버터의 이동, 운반을 위해 잡는 손잡이	50[℃]	60[℃]
인버터의 이동, 운반이외의 목적으로 접촉하는 손잡이 또는 유지 관리를 위해 접촉되는 기타	60[℃]	85[℃]
우연히 접촉될 수 있는 외곽부	70[℃]	95[℃]
제조자로부터 고온주의 표시가 있는 부분	90[℃]	95[℃]
인버터가 설치될 설치대 표면 및 그 인접한 부분	90[℃]	90[℃]

9.4.4 태양광발전용 접속함

1. 적용 범위

이 기준은 주로 독립형 또는 계통연계형 태양광발전시스템에 사용되는 개폐 장치 및 제어 장치 부속품을 포함하는 태양전지 어레이 접속함의 성능 검사를 위한 평가기준 및 시험방법에 대하여 규정한다.

2. 성능시험

(1) 절연저항(Insulation Resistance)

500[V](시험품의 정격전압이 300[V] 초과 600[V] 이하의 것에서는 1,000[V])의 절연저항계 또는 이와 동등한 성능이 있는 절연저항계로 입력 단자 및 출력 단자를 각각 단락하고 그 단자와 대지 사이에서 측정값이 1[MΩ]이상일 것.

(2) 내전압(High Potential Voltage Test)

시험은 태양전지 어레이와 태양광 인버터를 분리하고 개폐를 통전상태에서 입력 단자 또는 출력단자를 단락하고 그 부분과 대지 사이에 인가하여 시행한다. 태양전지 어레이 또는 태양광 인버터의 출력단자의 1단 또는 중간점이 접지된 경우 그 접지를 떼어내고 사용전압의 2배에 1,000[V]를 인가하여 1분간 견디어야 한다.

(3) 기타 성능시험은 표 9-13의 각 항을 만족하여야 하다.

표 9-13 태양광 발전용 접속함의 성능시험

<table>
<tr><td rowspan="5">조작성능</td><td>수동조작</td><td>개폐조작</td><td>조작이 원활하고 확실하게 개폐동작을 할 것</td></tr>
<tr><td rowspan="4">전기조작</td><td>투입조작</td><td>조작회로의 정격 전압(85~110)[%] 범위에서 지장 없이 투입할 수 있을 것</td></tr>
<tr><td>개방조작</td><td>조작회로의 정격 전압(85~110)[%] 범위에서 지장 없이 개방 및 리셋할 수 있을 것</td></tr>
<tr><td>전압 Trip</td><td>조작회로의 정격 전압(75~125)[%] 범위 내의 모든 Trip 전압에서 지장 없이 Trip이 될 것</td></tr>
<tr><td>Trip 자유</td><td>차단기 Trip을 확실히 할 수 있을 것</td></tr>
<tr><td colspan="3">차단기 성능</td><td>KS C IEC 60898-2에 따른 승인을 득한 부품을 사용할 것</td></tr>
</table>

9.5 사용 후 폐기물처리 계획

태양광발전에 사용되는 모듈 수명은 최장 30년이나 경제적 수명은 필요에 따라 변하게 된다.

수명을 최장 30년으로 가정하여 2050년에는 전 세계적으로 60~78 MT(Megaton)의 폐기물량이 발생될 것으로 예측하며, 산업통상자원부에서는 2030년까지 우리나라는 약0.15MT의 폐기물량이 발생될것으로 보고 있다.

9.5.1 폐기물 처리 법 · 규정

태양광 폐 패널 발생 시 가정용은 생활폐기물로 분류 · 배출, 폐기물 처리장에서 재활용 업체로 인계되었고, 발전사업용은 사업장폐기물로 분류 · 해체된 뒤 재사용 가능 패널은 해외로 수출되거나 재활용 업체로 인계되는 실정이었다.

유럽은 WEEE 지침 개정을 통해 태양광을 전기 · 전자 폐기물로 규정하고 사후관리를 위한 특별 지침 · 법으로 관리하고 있으며, 전기 및 전자 장비 폐기물 처리 지침(WEEE) 개정(2012/19/EU)을 통해 태양광 모듈을 재활용하는 것을 의무화. 2018년부터 시장 보급량의 65% 또는 발생한 폐기물의 85%(중량 기준)를 수거하고, 수거된 폐모듈의 회수율 85%와 재사용/재활용률을 80%를 달성하는 것을 목표로 하고 있다.

WEEE는 (Waste Electrical and Electronic Equipment, 폐기전기전자제품처리지침)과 RoHS (Restriction of the use of Hazardous Substances in Electrical and Electronic Equipment, 전기 및 전자장비 내에 특정 유해물질 사용에 관한 제한 지침)은 유럽회원국 EU 영내로 수입되는 전기 · 전자 제품에 대한 제한 지침으로 요약하면, WEEE는 폐전기전자제품의 처리에 대한 지침으로 그 제품이 폐기할 때 환경적 영향, 재활용 및 재생률을 제한하는 지침이고, RoHS은 유럽회원국 EU 영내로 수입되는 전기 · 전자 제품 내 특정 유해물질 납, 카드뮴, 6가 크롬, 수은, 폴리 브롬화 비 페닐, 폴리 브롬화 디 페닐 에테르, (Pb, Cd, Cr6+, Hg, PBB, PBDE)에 대한 사용 제한 지침이다

1. WEEE

(1) 일정 : 2005. 8.13(표시개시), 2007.1.19(재활용 및 재생률 만족)

(2) 대응방법 : 쓰레기통 마킹 및 제품의 전체 중량에서 일정 비율 이상 재생률 및 재활용 비율 만족, 소비자 및 재활용 센터를 위한 정보 공개

(3) 해당국가 : EU

(4) 대응주체 : 생산자(바이어) 완제품 업체(소비자가 독자적 구매 가능한 단위)

(5) 패널티 : 벌금 및 수입 금지

2. RoHS

(1) 일정 : 2006. 7.1(발효)
(2) 대응방법 : 제품의 균질재질 상태에서 유해물질 기준치를 만족하여야 함
(3) 해당국가 : EU
(4) 대응주체 : 생산자(바이어) 및 제조자(완제품), 협력업체
(5) 패널티 : 벌금 및 수입 금지

정리하면, 대응 내용의 경우 완진히 다른 지침을 도대로 회원국이 자국법을 만드는 것이다. 하지만 환경규제라는 내용과 강제규제 그리고 적발 시 패널티가 심각하다는 부분에서는 동일하다고 볼 수가 있다.

3. 우리나라의 법 · 규정 및 제도

정부는 2023년 1월「태양광 폐패널 관리 강화방안」을 확정하였다. 전기 · 전자제품 및 자동차의 자원순환에 관한 법률 시행규칙에서, 태양광 패널은 해체 · 선별 · 파쇄 등의 중간처리 과정을 거쳐 재사용 가능한 부품을 재사용하거나 소재별로 분리해 재활용해야 한다. 이때 중금속에 해당하는 납, 카드뮴, 6가 크롬, 수은, 폴리 브롬화 비 페닐, 폴리 브롬화 디 페닐 에테르, 유해물질 기준 미만으로 관리해야 한다. 또 재활용이나 재사용되는 비율이 전체 중량의 80% 이상이어야 한다고 명시했다.

2000년대 초반부터 전국적으로 설치되기 시작한 태양광 패널은 사용 기한이 20~25년이다. 폐패널 처리 수요가 급증할 것에 대비하여 2023년부터 태양광발전에 생산자책임재활용제도(EPR)가 적용된다.

우리나라는 태양광 폐모듈은「폐기물관리법」에서 관리하고 있으며, 유럽 EU국가와 같은 규제가 뒤늦게 준비되고 있다. 자세한 내용은 별도 확인 필요하다.

4. 태양광 폐기물의 재활용 기술

(1) 폐패널 발생량은 (2025년) 1,223톤 → (2027년) 2,645톤 → (2029년) 6,796톤 → (2032년) 9,632톤으로 전망되고 있다.
(2) 유럽 RoHS 및 WEEE 지침과 관련 법규정 등을 준수하여야 국제 경쟁력이 있음에 유의하여 기술활용을 하여야 한다.
(3) 알루미늄 프레임과 정션 박스 등을 제거하는 단계를 거친 후에 적층구조로부터 밀봉재를 제거하는 단계, Si, Ag, Cd, Te, Se, In, Ga 등의 유용 및 독성 금속을 회수하는 단계로 구성

(4) 결정질 실리콘 태양전지 패널은 일반적으로 약 76%의 유리(패널 표면), 10%의 고분자(밀봉재와 백시트 호일), 8%의 알루미늄(프레임), 5%의 Si(PV cell), 1%의 구리, 0.1% 이내 은과 기타 주석, 납 등으로 구성

(5) 태양광 모듈의 유리는 재활용 공정을 통해 회수하여 유리폼 또는 유리섬유와 같은 단열재료로 재활용이 가능

9.5.2 태양광모듈의 사용 후 문제

지구의 기후 환경과 생태계는 필요할 때만 쓰고 버릴 수 있는 존재가 아니다. 지구 생태계를 건강하게 유지하고 경제 체제의 안정과 번영을 위해 신 · 재생에너지를 이용한 발전으로 온실가스 배출이 없는 Net Zero를 위해 지구 자연환경을 버릴 수 없으며, 산업은 에너지 없이 발전될 수가 없다.

시작점에 와 있는 제5차 산업혁명(Industry 5.0)도 전기에너지 없이는 인공지능(AI) 기술로 진화된 메타버스(metaverse) 세계 구현이 불가함을 명심하여 전 세계가 추구하는 환경시스템을 지켜 에너지를 얻도록 해야 한다.

Chapter

10 감리

감리란 건축법 제25조 관련한 건축물의 공사 감리 등 여러 관련법에 근거한 감리제도가 있으나 본서에서는 재생에너지 발전설비공사와 연관된 사항에 대하여 설명하며, 전력기술관리법 12조에 따라 공사에 대하여 발주자의 위탁을 받은 감리업자가 감리원의 품위와 책임의식을 가지고 설계도서, 그 밖의 관계 서류의 내용대로 시공되는지 여부를 확인하고, 품질관리, 공사관리, 환경 및 안전관리 등에 대한 기술지도를 하며, 관계 법령에 따라 발주자의 권한을 대행하는 것을 말한다(이하 "감리"라 한다).

10.1 용어

(1) 발주자

발주자란 전력시설물 공사를 하기 위하여 공사업자 또는 감리업자에게 공사를 발주하는 자

(2) 감리업자

감리업자란 공사감리를 업으로 하고자 시 · 도지사에게 등록한 자

(3) 공사업자

공사업자란 「전기공사업법」에 따라 업 등록을 필한 자

(4) 감리원

감리원이란 전력기술관리 법 12조 3항에 따라 감리업체소속으로 감리업무를 수행하는 사람으로서 상주감리원과 기술지원감리원(비상주감리원)

(5) 책임감리원

책임감리원이란 감리업자를 대표하여 현장에 상주하면서 해당 공사 전반에 관하여 책임감리 등의 업무를 총괄하는 자

(6) 보조 감리원

보조감리원이란 책임감리원을 보좌하는 사람으로서 담당 감리업무를 책임감리원과 연대하여 책임지는 자

(7) 상주감리원

상주감리원이란 현장에 상주하면서 감리업무를 수행하는 자

(8) 기술지원감리원(비상주감리원)

기술지원감리원(비상주감리원)이란 감리업체에 근무하면서 상주감리원의 업무를 기술적 · 행정적으로 지원하는 자

(9) 지원업무담당자

지원업무담당자란 감리업무 수행에 따른 업무 연락 및 문제점 파악, 민원해결, 용지보상 지원 그밖에 필요한 업무를 수행하게 하기 위하여 발주자가 지정한 발주자의 소속직원

(10) 공사계약문서

공사계약문서란 계약서, 설계도서, 공사입찰유의서, 공사계약 일반조건, 공사계약 특수조건 및 산출내역서 등으로 구성되며 상호 보완의 효력을 가진 문서를 말한다.

(11) 감리용역계약문서

감리용역 계약문서란 계약서, 기술용역입찰유의서, 기술용역계약 일반조건, 감리용역 계약 특수조건, 과업지시서, 감리비 산출내역서 등으로 구성되며 상호보완의 효력을 가진 문서를 말한다.

(12) 검토

검토란 공사업자가 수행하는 중요 사항과 해당 공사와 관련한 발주자의 요구 사항에 대하여 공사업자가 제출한 서류, 현장실정 등을 고려하여 감리원의 경험과 기술을 바탕으로 타당성 여부를 확인하는 것

(13) 확인

확인이란 공사업자가 공사를 공사계약 문서대로 실시하고 있는지 여부 또는 지시 · 조정 · 승인 · 검사 이후 실행한 결과에 대하여 발주자 도는 감리원이 원래의 의도와 규정대로 시행되었는지를 확인 하는 것

(14) 검토 · 확인

검토 · 확인이란 공사의 품질을 확보하기 위하여 기술적인 검토뿐만 아니라 그 실행 결과를 확인하는 일련의 과정을 말하며 검토 · 확인사항에 대하여 책임을 진다.

(15) 지시

지시란 발주자가 감리원 또는 감리원이 공사업자에게 발주자의 발의나 기술적 · 행정적 소관 업무에 관한 계획, 방침, 기준, 지침, 조정 등에 대하여 기술지도를 하고, 실시하게 하는 것

(16) 요구

요구란 계약당사자들이 계약조건에 나타난 자신의 업무에 충실하고 정당한 계약이행을 위하여 상대방에게 검토, 조사, 지원, 승인, 협조 등 적합한 조치를 취하도록 의사를 밝

히는 것

(17) 승인

승인이란 발주자 또는 감리원이 공사 또는 감리업무와 관련하여, 이 지침에 나타난 승인 사항에 대하여 감리원 또는 공사업자의 요구에 따라 그 내용을 서면으로 동의하는 것

(18) 조정

조정이란 공사 또는 감리업무가 원활하게 이루어지도록 하기 위하여 감리원, 발주자, 공사업자가 사전에 충분한 검토와 협의를 통하여 관련자 모두가 동의하는 조치가 이루어지도록 하는 것

(19) 작성

작성이란 공사 또는 감리에 관한 각종 서류, 변경 설계도서, 계획서, 보고서 및 관련 도서를 양식에 맞게 제작, 검토, 관리하는 것

(20) 검사

검사란 공사계약문서에 나타난 공사 등의 단계 또는 자재 등에 대한 공정과 완성품의 품질을 확보하기 위하여 감리원 또는 검사원이 시공상태 또는 완성품 등의 품질, 규격, 수량등을 확인하는 것

(21) 보고

보고란 감리업무 수행에 관한 내용이나 결과를 말이나 글로 알리는 것

(22) 협의

협의란 여러 사람이 모여 서로의 의견을 의논하는 것

10.2 감리의 종류 및 역할

감리에는 설계감리와 시공감리로 대별되며 시공감리에는 상주감리와 기술지원감리(비상주감리)로 구분된다. 또한, 시공감리는 공사착수전과 공사 중 및 준공시의 업무를 구분하여 검토할 필요가 있다.

10.2.1 감리원의 주요업무

1. 상주감리원의 현장근무

상주감리원은 공사현장에서 운영요령에 따라 감리원의 품위와 근무자의 책임의식을 가지고 배치된 일수를 상주하여야 하며, 관련 업무는 반드시 문서로 기록 보존하여야 하며 주요

내용은 아래와 같다.

2. 기술지원감리원(비상주감리원)의 업무수행

(1) 설계도서 등의 검토
(2) 상주감리원이 수행하지 못하는 현장 조사분석 및 시공상의 문제점에 대한 기술검토와 민원사항에 대한 현지조사 및 해결방안 검토
(3) 중요한 설계변경에 대한 기술검토
(4) 설계변경 및 계약금액 조정의 심사
(5) 기성 및 준공검사
(6) 정기적으로 현장 시공상태를 종합적으로 점검 · 확인 · 평가하고 기술지도
(7) 공사와 관련하여 발주자가 요구한 기술적 사항 등에 대한 검토

10.2.2 설계 감리

"설계 감리"란 전력시설물의 설치 · 보수 공사의 계획 · 조사 및 설계가 전력기술기준과 관계 법령에 따라 적정하게 시행되도록 관리하는 것을 말한다.

1. 설계 감리 관련 업무의 범위

(1) 설계 감리의 주요 업무범위

① 전력시설물공사의 관령 법령, 기술기준, 설계기준 및 시공기준에의 적합성 검토
② 사용자재의 적정성 검토
③ 설계의 경제성 검토
④ 설계공정의 관리에 관한검토
⑤ 설계내용의 시공 가능성에 대한 사전 검토
⑥ 공사기간 및 공사비의 적정성 검토
⑦ 설계도면 및 설계 설명서 작성의 적정성 검토

(2) 설계 감리를 받아야 할 설계도서

① 용량 80만[kW] 이상의 발전설비
② 전압 30만[V] 이상의 송전 및 변전설비
③ 전압 10만[V] 이상의 수전설비, 구내배전설비, 전력사용 설비
④ 전기철도의 수전설비, 철도신호설비, 구내배전설비, 전차선설비, 전력사용설비
⑤ 국제공항의 수전설비, 구내배전설비, 전력사용 설비
⑥ 21층 이상이거나 연면적 5만[m^2] 이상인 건축물의 전력시설물("주택법" 제2조 제2호에 따른 공동주택의 전력시설물은 제외)

⑦ 그밖에 산업통상자원부령으로 정하는 전력시설물

3. 설계 감리원의 책무

(1) 주요 설계용역 업무에 대한 기술자문
(2) 사업기획 및 타당성조사 등 전 단계 용역 수행 내용의 검토
(3) 시공성 및 유지관리의 용이성 검토
(4) 설계도서의 누락, 오류, 불명확한 부분에 대한 추가 및 정정 지시 및 확인
(5) 설계업무의 공정 및 기성관리의 검토 · 확인
(6) 설계 감리 결과보고서의 작성
(7) 그밖에 계약문서에 명시된 사항

10.2.3 착공 감리

공사계약문서 상호 간의 모순되는 사항, 현장 실정과의 부합여부 등 현장 시공을 주안으로 하여 해당 공사 시작 전에 검토하여 내용을 완전히 숙지하여 공사의 품질향상과 원가절감 및 환경과 안전을 개선하도록 노력하여야 한다.

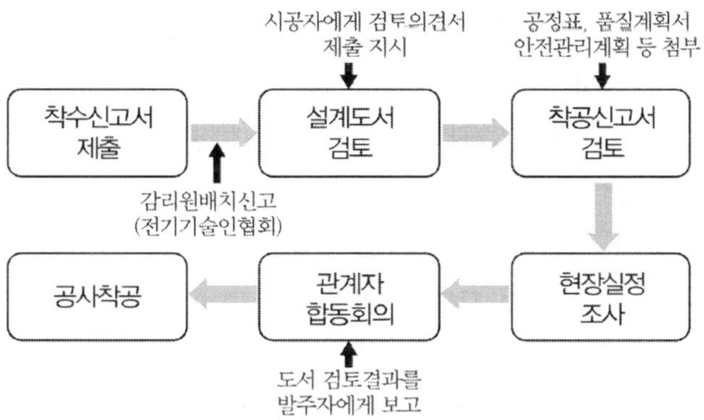

그림 10-1 착공단계 감리업무 FLOW

1. 설계도서 검토

(1) 감리업무 착수 시 주요내용

① 착수신고서 첨부 서류

㉮ 감리업무 수행계획서
㉯ 감리비 산출내역서
㉰ 상주, 비상주 감리원 배치계획서와 감리원의 경력확인서
㉱ 감리원 조직 구성내용과 감리원별 투입기간 및 담당업무

(2) 설계도서등의 검토 시 주요내용

① 감리원은 설계도면, 설계설명서, 공사비 산출내역서, 기술계산서, 공사계약서의 계약내용과 해당 공사의 조사 설계보고서 등의 내용을 완전히 숙지하여 새로운 방향의 공법개선 및 예산절감을 도모하도록 노력하여야 한다.

② 감리원은 설계도서 등에 대하여 공사계약문서 상호 간의 모순되는 사항, 현장 실정과의 부합여부 등 현장 시공을 주안으로 하여 해당 공사 시작 전에 검토하여야 하며 검토내용에는 다음 각 호의 사항 등이 포함되어야 한다.

㉮ 현장조건에 부합 여부

㉯ 시공의 실제가능 여부

㉰ 다른 사업 또는 다른 공정과의 상호부합 여부

㉱ 설계도면, 설계설명서, 기술계산서, 산출내역서 등의 내용에 대한 상호일치 여부

㉲ 설계도서의 누락, 오류 등 불명확한 부분의 존재여부

㉳ 발주자가 제공한 물량 내역서와 공사업자가 제출한 산출내역서의 수량일치 여부

㉴ 시공 상의 예상 문제점 및 대책 등

2. 착공신고서 검토 및 보고

(1) 착공신고서의 검토 및 보고 시 주요내용

감리원은 공사가 시작된 경우에는 공사업자로부터 다음 각 호의 서류가 포함된 착공신고서를 제출 받아 적정성 여부를 검토하여 7일 이내에 발주자에게 보고하여야 한다.

① 시공관리책임자 지정통지서(현장관리조직, 안전관리자)

② 공사 예정공정표

③ 품질관리 계획서

④ 공사도급 계약서 사본 및 산출내역서

⑤ 공사시작 전 사진

⑥ 현장기술자 경력사항 확인서 및 자격증 사본

⑦ 안전관리계획서

⑧ 작업인원 및 장비투입 계획서

⑨ 그밖에 발주자가 지정한 사항

(2) 착공신고서의 적정여부 검토 시 주요내용

감리원은 다음 각 호를 참고하여 착공신고서의 적정여부를 검토하여야 한다.

① 계약내용의 확인

② 현장기술자의 적격여부

③ 공사 예정공정표는 작업 간 선행 · 동시 및 완료 등 공사 전 · 후 간의 연관성이 명시되어 작성되고, 예정 공정률이 적정하게 작성되었는지 확인

④ 품질관리계획은 공사 예정공정표에 따라 공사용 자재의 투입시기와 시험방법, 빈도 등이 적정하게 반영되었는지 확인

⑤ 안전관리계획은 산업안전보건법령에 따른 해당 규정 반영여부

(3) 공사관계자의 합동회의

감리원은 발주자(지원업무수행자)가 주관하는 공사관계자 합동회의에 참석하여 현장조사결과와 설계도면 등의 검토내용을 협의하고 그 결과를 관리대장에 기록 · 관리하여야 한다.

3. 하도급관련사항 검토

(1) 하도급 적정성여부 검토

감리원은 공사업자가 도급받은 공사를 「전기공사업법」에 따라 하도급 하고자 발주자에게 통지하거나, 동의 또는 승낙을 요청하는 사항에 대해서는 「전기공사업법 시행규칙」 별지 제20호 서식의 전기공사 하도급 계약통지서에 관한 적정성 여부를 검토하여 요청받은 날부터 7일 이내에 발주자에게 의견을 제출하여야 한다.

(2) 하도급 지도 및 감독

감리원은 제1항에 따라 처리된 하도급에 대해서는 공사업자가 「하도급거래 공정화에 관한 법률」에 규정된 사항을 이행하도록 지도 · 감독하여야 한다.

4. 현장여건 조사

(1) 현장사무소, 공사용 도로, 작업장부지 등의 선정

① 감리원은 공사 시작과 동시에 공사업자에게 다음 각 호에 따른 가설시설물의 면적, 위치 등을 표시한 가설시설물 설치계획표를 작성하여 제출하도록 하여야 한다.

② 감리원은 가설시설물 설치계획 검토 및 승인 사항

(2) 현지 여건조사

감리원은 공사 시작 후 조속한 시일 내에 공사추진에 지장이 없도록 공사업자와 합동으로 현지 조사하여 시공 자료로 활용하고 당초 설계내용의 변경이 필요한 경우에는 설계변경 절차에 따라 처리하여야 한다.

10.2.4 시공 감리

감리원은 감리업무 착수 후 소명의식을 갖고 빠른 시일 내에 해당 공사의 내용, 규모, 감리원 배치인원수 등을 감안하여 각종 행정업무 중에서 최소한의 필요한 행정업무 사항을 발주자와 협의하여 결정하고, 이를 공사업자에게 통보하여야 한다.

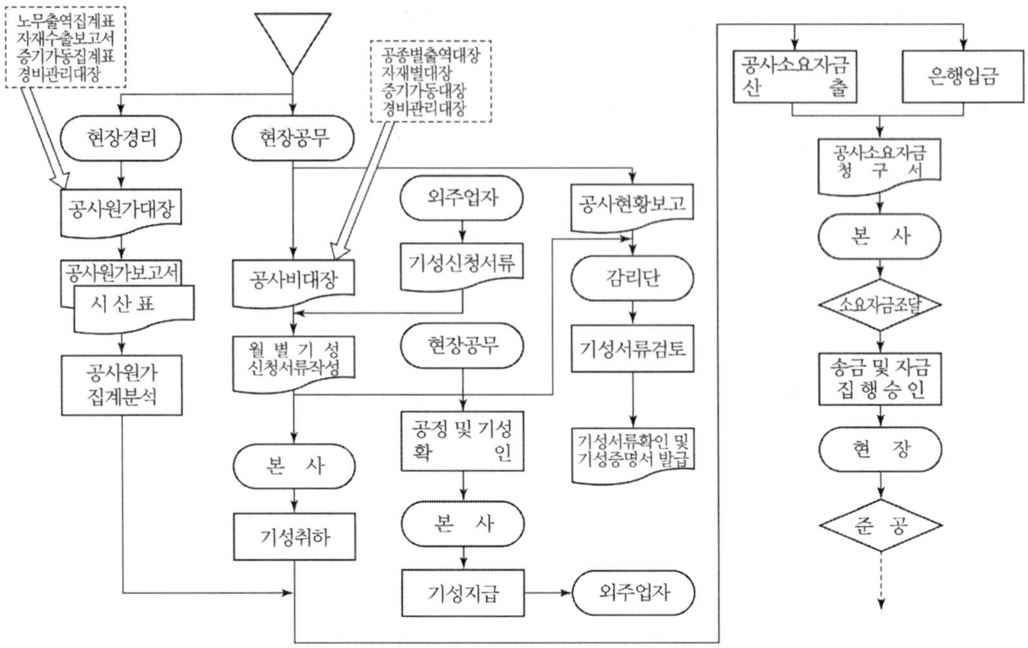

그림 10-2 시공관리 FLOW

1. 감리업무 서식 및 기록 보관 서류

감리원은 다음 각 호의 서식 중 해당감리현장에서 감리업무 수행 상 필요한 서식을 비치하고 기록 · 보관하여야 한다.

표 10-1 감리업무 주요문서

감리업무 수행 상 필요서식 보관 서류	
• 감리업무일지 • 근무상황판 • 지원업무수행 기록부 • 착수 신고서 • 회의 및 협의내용 관리대장 • 문서접수대장 • 문서발송대장 • 교육실적 기록부 • 민원처리부 • 지시부 • 발주자 지시사항 처리부 • 품질관리 검사 · 확인 대장 • 설계변경 현황 • 검사 요청서 • 검사 체크리스트 • 시공기술자 실명부	• 검사결과 통보서 • 기술검토 의견서 • 주요기자재 검수 및 수불부 • 기성부분 감리조서 • 발생품(잉여자재) 정리부 • 기성부분 검사조서 • 기성부분 검사원 • 준공검사조서 • 기성공정 내역서 • 기성부분 내역서 • 준공검사조서 • 준공감리조서 • 안전관리 점검표 • 사고 보고서 • 재해발생 관리부 • 사후환경영향조사 결과보고서

2. 공사업자용 서식 및 보관 서류

공사업자는 다음 각 호의 서식 중 해당 공사현장에서 공사업무 수행 상 필요한 서식을 비치하고 기록 · 보관하여야 한다.

(1) 하도급 현황
(2) 주요인력 및 장비투입 현황
(3) 작업계획서
(4) 기자재 공급원 승인현황
(5) 주간공정계획 및 실적보고서
(6) 안전관리비 사용실적 현황
(7) 각종 측정 기록표

3. 감리보고 등

감리업무 수행 중 긴급하게 발생되는 중요사항에 대하여 발주자에게 수시로 보고하여야 하며, 보고서는 규정된 기간 내에 제출한다.

(1) 분기보고서

책임감리원이 다음 각 호의 사항이 포함된 분기감리보고서를 분기다음달 5일 이내에 발주자에게 제출하여야 한다.

① 공사추진 현황(공사계획의 개요와 공사추진계획 및 실적, 공정현황, 감리용역현황, 감리조직, 감리원 조치내역 등)
② 감리원 업무일지
③ 품질검사 및 관리현황
④ 검사요청 및 결과통보내용
⑤ 주요기자재 검사 및 수불내용(주요기자재 검사 및 입 · 출고가 명시된 수불현황)
⑥ 설계변경 현황

(2) 최종보고서 작성 제출

책임감리원이 다음 각 호의 사항이 포함된 최종감리보고서를 감리기간 종료 후 14일 이내에 발주자에게 제출하여야 한다.

① 공사 및 감리용역 개요
② 공사추진 실적현황
③ 품질관리 실적
④ 주요기자재 사용실적
⑤ 안전관리 실적
⑥ 환경관리 실적(폐기물발생 및 처리실적)
⑦ 종합분석

4. 현장 정기교육

감리원은 공사업자에게 현장에 종사하는 시공기술자의 양질시공 의식고취를 위한 다음 각 호와 같은 내용의 현장 정기교육을 해당 현장의 특성에 적합하게 실시하도록 하게하고, 그 내용을 교육실적 기록부에 기록 · 비치하여야 한다.

(1) 관련 법령 · 전기설비기준, 지침 등의 내용과 공사현황 숙지에 관한 사항
(2) 감리원과 현장에 종사하는 기술자들의 화합과 협조 및 양질시공을 위한 의식교육
(3) 시공결과 · 분석 및 평가
(4) 작업 시 유의사항 등

5. 감리원의 의견제시 및 주요조치사항

(1) 감리원의 의견제시

① 해당 공사와 관련하여 공사업자의 공법 변경요구 등 중요한 기술적인 사항에 대하여 요구 한 날부터 7일 이내에 이를 검토하고 의견서를 첨부하여 발주자에게 보고하여야 하며, 전문성이 요구되는 경우에는 요구가 있는 날부터 14일 이내에 비상주감리의 검토의견서를 첨부하여 발주자에 보고하여야 한다. 이 경우 발주자는 그가 필요하다고 인정하는 때에는 제3자에게 자문을 의뢰할 수 있다.

② 감리원은 시공 중 예산이 변경되거나 계획이 변경되는 중요한 민원이 발생된 때에는 발주자가 민원 처리를 할 수 있도록 검토의견서를 첨부하여 발주자에게 보고하여야 한다.

③ 감리원은 발주자가 민원사항 처리를 위하여 조사와 서류작성의 요구가 있을 때에는 적극 협조하여야 한다.

(2) 시공기술자 등의 교체

① 감리원은 공사업자의 시공기술자 등이 제2항 각 호에 해당되어 해당 공사현장에 적합하지 않다고 인정되는 경우에는 공사업자 및 시공기술자에게 문서로 시정을 요구하고, 이에 불응하는 때에는 발주자에게 그 실정을 보고하여야 한다.

② 감리원으로부터 시공기술자의 실정보고를 받은 발주자는 지원업무담당자에게 실정 등을 조사 · 검토하게 하여 교체사유가 인정될 경우에는 공사업자에게 시공기술자의 교체를 요구하여야 한다.

(3) 제3자의 손해방지

① 감리원은 다음 각 호의 공사현장 인근상황을 공사업자에게 충분히 조사하도록 함으로써 시공과 관련하여 제3자에게 손해를 주지 않도록 공사업자에게 대책을 강구하게 하여야 한다.

㉮ 지하매설물
㉯ 인근의 도로
㉰ 교통시설물
㉱ 인접건조물
㉲ 농경지, 산림 등

② 감리원은 시공으로 인하여 제3자에게 손해를 준 경우에는 공사업자 부담으로 즉시 원상 복구하여 민원이 발생되지 않도록 하여야 한다.

(4) 공사업자에 대한 지시 및 수명사항의 처리

① 감리원은 공사업자에게 시공과 관련하여 지시

㉮ 감리원은 시공과 관련하여 공사업자에게 지시를 하고자 할 경우에는 서면으로 하는 것을 원칙으로 하며, 현장 실정에 따라 시급한 경우 또는 경미한 사항에 대하여는 우선 구두지시로 시행하도록 조치하고, 추후에 이를 서면으로 확인하여야 한다.

㉯ 감리원은 지시사항에 대하여 그 이행상태를 수시로 점검하고 공사업자로부터 이행결과를 보고 받아 기록·관리하여야 한다.

② 감리원은 발주자로부터 지시를 받았을 때에는 다음 각 호와 같이 처리하여야 한다.

㉮ 감리원은 발주자로부터 공사와 관련하여 지시를 받았을 경우에는 그 내용을 기록하고 신속히 이행되도록 조치하여야 하며, 그 이행결과를 점검·확인하여 발주자에게 서면으로 조치결과를 보고하여야 한다.

㉯ 감리원은 해당 지시에 대한 이행에 문제가 있을 경우에는 의견을 제시할 수 있다.

(5) 사진촬영 및 보관

① 감리원은 공사업자에게 촬영일자가 나오는 시공사진을 공종별로 공사 시작 전부터 끝났을 때까지의 공사과정, 공법, 특기사항을 촬영하고 공사내용(시공일자, 위치, 공종, 작업내용 등) 설명서를 기재, 제출하도록 하여 후일 참고자료로 활용하도록 한다. 공사기록사진은 공종별, 공사추진 단계에 따라 다음의 사항을 촬영·정리하도록 하여야 한다.

㉮ 주요한 공사현황은 공사 시작 전, 시공 중, 준공 등 시공과정을 알 수 있도록 가급적 동일 장소에서 촬영

㉯ 시공 후 검사가 불가능하거나 곤란한 부분

㉠ 암반선 확인 사진　　　　㉡ 매몰, 수중 구조물

㉢ 매몰되는 옥내·외 배관 등　　　　㉣ 배전반 주변의 매몰배관

6. 설계변경

(1) 설계변경의 사유

① 사업계획의 변경 : 규모의 변경, 사용재료의 변경, 구조의 변경

② 설계서의 부적합 : 설계서의 오류, 누락, 상호모순, 현장과의 불일치

③ 기술개발비 보상 성격 : 신기술, 공법, 기자재 사용으로 공사비 절감, 시공기간 단축

④ 기타 발주기관이 설계서를 변경할 필요가 있다고 인정할 경우

(2) 설계변경에 해당하지 않는 경우

① 산출내역서상의 단가의 과다, 과소계상

② 품셈 및 일위대가의 조정

③ 과다원가계산의 경우

(3) 설계변경 첨부 서류

① 설계변경 개요서

② 설계변경 도면, 설계설명서, 계산서 등

③ 수량산출 조서

④ 그밖에 필요한 서류

7. 기기의 품질기준

(1) 성능시험계획

① 감리원은 공사업자에게 각 공정마다 준비과정에서부터 작업완료까지의 각 과정마다 품질확보를 위한 수단, 절차 등을 규정한 총체적 품질관리 계획서를 작성 · 제출하도록 하고 이를 검토 · 확인하여야 한다.

② 감리원은 해당 공사에 사용될 전기기계 · 기구 및 자재가 규격에 적합한 것이 선정되고 시공 시 품질관리가 효과적으로 수행되어 하자발생을 사전에 예방할 수 있도록 품질관리 계획을 지도한다.

(2) 품질관리검사 요령

① 감리원은 공사업자가 작성 · 제출한 품질관리계획서에 따라 검사 · 확인이 실시되는지를 확인하여야 한다.

② 감리원은 품질관리를 위한 검사 · 확인은 「전기사업법」에 따른 전기설비기술기준 및 「산업표준화법」 에 따른 한국산업표준에 따라 실시되는지 확인하여야 한다.

⑶ 감리원은 발주자 또는 공사업자가 품질검사 · 확인을 외부 전문기관 등에 대행시키고자 할 때에는 그 적정성 여부를 검토 · 확인하여야 한다.

8. 검사업무

(1) 검사업무 수행 기본방향

① 감리원은 현장에서의 시공확인을 위한 검사는 해당 공사와 현장조건을 감안한 "검사업무지침"을 현장별로 작성 · 수립하여 발주자의 승인을 받은 후 이를 근거로 검사업무를 수행함을 원칙으로 한다. 검사업무지침은 검사하여야 할 세부공종, 검사절차, 검사 시기 또는 검사빈도, 검사 체크리스트 등의 내용을 포함하여야 한다.

② 수립된 검사업무지침은 모든 시공 관련자에게 배포하고 주지시켜야 하며, 보다 확실한 이행을 위하여 교육한다.

③ 현장에서의 검사는 체크리스트를 사용하여 수행하고, 그 결과를 검사 체크리스트에 기록한 후 공사업자에게 통보하여 후속 공정의 승인여부와 지적사항을 명확히 전달한다.

④ 검사 체크리스트에는 검사항목에 대한 시공기준 또는 합격기준을 기재하여 검사결과의 합격여부를 합리적으로 신속 판정한다.

⑤ 단계적인 검사로는 현장 확인이 곤란한 공종은 시공 중 감리원의 계속적인 입회 · 확인으로 시행한다.

⑥ 공사업자가 검사요청서를 제출할 때 시공기술자 실명부가 첨부되었는지를 확인한다.

⑦ 공사업자가 요청한 검사 일에 감리원이 정당한 사유 없이 검사를 하지 않는 경우에는 공정추진에 지장이 없도록 요청한 날 이전 또는 휴일 검사를 하여야 하며 이때 발생하는 감리대가는 감리업자가 부담한다.

(2) 검사 체크리스트 작성 시 고려 사항

① 체계적이고 객관성 있는 현장 확인과 승인

② 부주의, 착오, 미확인에 따른 실수를 사전 예방하여 충실한 현장 확인업무 유도

③ 확인 · 검사의 표준화로 현장의 시공기술자에게 작업의 기준 및 주안점을 정확히 주지시켜 품질 향상을 도모

④ 객관적이고 명확한 검사결과를 공사업자에게 제시하여 현장에서의 불필요한 시비를 방지하는 등의 효율적인 확인 · 검사업무 도모

(3) 검사업무의 수행

① 검사 체크리스트에 따른 검사는 1차적으로 시공관리책임자가 검사하여 합격된 것을 확인한 후 그 확인한 검사 체크리스트를 첨부하여 검사 요청서를 감리원에게 제출하면 감리원은 1차 점검내용을 검토한 후, 현장 확인 검사를 실시하고 검사결과 통보서를 시공관리책임자에게 통보한다.

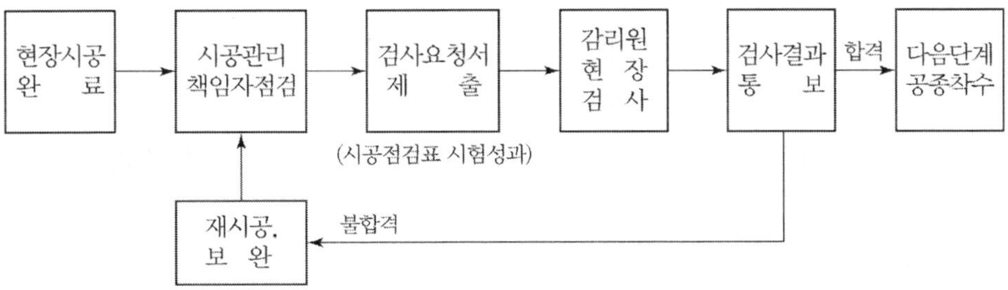

그림 10-3 검사절차

(4) 감리원은 검사할 검사항목(Check Point)을 계약설계도면, 설계설명서, 기술기준, 지침 등의 관련규정을 기준으로 작성하며 공사 목적물을 소정의 규격과 품질로 완성하는데 필수적인 사항을 포함하여 검사항목을 결정하여야 한다.

9. 기타 주요 감리업무

(1) 주요기자재 공급원의 검토 · 승인

① 감리원은 공사업자에게 공정계획에 따라 사전에 주요기자재(KS의무화 품목 등) 공급원 승인신청서를 기자재 반입 7일 전까지 제출하도록 하여야 한다. 다만, 관련 법령에 따라 품질검사를 받았거나, 품질을 인정받은 기자재에 대하여는 예외로 한다.

② 감리원은 시험성적서가 품질기준을 만족하는지 여부를 확인하고 품명, 공급원, 납품실적 등을 고려하여 적합한 것으로 판단될 경우에는 주요기자재 공급승인 요청서를 제출받은 날부터 7일 이내에 검토하여 승인하여야 한다.

③ 감리원은 주요기자재 공급승인 요청서에 다음 각 호의 관계 서류를 첨부하도록 하여야 한다.

㉮ 품질시험 대행 국 · 공립시험기관의 시험성과

㉯ 납품실적 증명

㉰ 시험성과 대비표

(2) 감리원의 공사 중지명령 등

① 전력기술 관리법 제13조에 따라 감리원은 공사업자가 공사의 설계도서, 설계 설명서 그밖에 관계 서류의 내용과 적합하지 않게 시공하는 경우에는 재시공 또는 공사 중지명령이나 그밖에 필요한 조치를 할 수 있다.

② 감리원이 공사업자에게 재시공 또는 공사 중지명령 그밖에 필요한 조치를 취한 때에는 발주자에게 보고하여야 한다. 다만, 경미한 시정사항 및 재시공은 보고를 생략할 수 있다.

(3) 공정관리

① 공정관리계획 검토 사항

㉮ 공정관리 요원 자격 및 그 요원 수의 적합 여부

㉯ 계약 공기의 준수 여부

㉰ 각 공종별 작업공기에 품질 · 안전관리가 고려되었는지 여부

㉱ 자원조달 여부

㉲ 공사주변의 여건 및 법적제약조건 감안 여부

㉳ 주공정의 적합 여부

㉴ 부대설비 및 그 성능 감안 여부

㉵ 작업자의 숙련도 감안 여부

㉶ 준비기간의 반영 여부

㉷ 판단되는 사항

(4) 공사 진도관리

① 월간, 주간 상세공정표 검토 · 확인

㉮ 월간 상세공정표 : 작업 착수 7일전 제출

㉯ 주간 상세공정표 : 작업 착수 4일전 제출

② 감리원은 매주 또는 매월 정기적으로 공사 진도를 확인하여 예정공정과 실시공정을 비교하여 공사의 부진 여부를 검토한다.

③ 감리원은 현장여건, 기상조건, 지장물 이설 등에 따른 관련 기관 협의사항이 정상적으로 추진되는지를 검토 · 확인하여야 한다.

④ 감리원은 주간 단위의 공정계획 및 실적을 공사업자로부터 제출받아 검토 · 확인하고 공정진도의 평가, 그밖에 공사추진 상 필요한 내용의 협의를 위한 주간 또는 월간 공사 추진회의를 개최하고 그 회의록을 관리하여야 한다.

(5) 안전관리

① 감리원은 공사의 안전 시공을 위해서 안전조직을 갖추도록 하고 안전조직은 현장 규모와 작업내용에 따라 구성하며 동시에 「산업안전보건법」에 명시된 업무가 수행되도록 조직을 편성하여야 한다.

② 책임감리원은 소속 직원 중 안전담당자를 지정하여 공사업자의 안전관리자를 지도 · 감독하도록 하여야 하며, 공사전반에 대한 안전관리계획의 사전검토, 실시확인 및 평가, 자료의 기록유지 등 사고예방을 위한 제반 안전관리업무에 대하여 확인을 하도록 하여야 한다.

(6) 감리원의 안전관리업무

① 공사업자의 안전조직 편성 및 임무의 법상 구비조건 충족 및 실질적인 활동 가능성 검토

② 안전관리자에 대한 임무수행 능력보유 및 권한부여 검토

③ 시공계획과 연계된 안전계획의 수립 및 그 내용의 실효성 검토

④ 유해, 위험 방지계획(수립 대상에 한함)내용 및 실천가능성 검토

⑤ 안전점검 및 안전교육 계획의 수립 여부와 내용의 적정성 검토

⑥ 안전점검 계획수립 및 실시

⑦ 안전교육계획의 실시

(7) 공사업자 기록 · 유지하여야 할 안전관리관련 자료

① 안전업무일지(일일보고)

② 안전점검 실시(①항에 포함가능)

③ 안전교육(①항에 포함가능)

④ 각종 사고보고

⑤ 월간 안전통계

⑥ 안전관리비 사용실적(월별)

(8) 환경관리

감리원은 공사업자에게 시공으로 인한 재해를 예방하고 자연환경, 생활환경 사회 · 경제 환경을 적정하게 관리 · 보전함으로써 현재와 장래의 모든 국민이 건강하고 쾌적한 환경에서 생활할 수 있도록 「환경영향평가법」에 따른 환경영향평가 내용과 이에 대한 협의 내용을 충실히 이행하도록 하여야 한다.

10. 사용 전 검사

사용 전 검사란 전기설비의 설치 또는 변경공사를 하면서 그 전기설비가 공사계획의 인가 또는 신고내용 및 전기설비기준에 적합한가에 대한검사로 자체검사, 요청검사, 법정검사 등이 있다.

(1) 법정검사

전기사업법 제63조에 근거하여 사용 전 검사와 사용 중 정기적으로 산업통상자원부장관 또는 시 · 도지사가 실시하는 검사를 받아 사용하여야한다. 단, 권한을 위임 받은 자가 검사한 경우는 검사받은 것으로 한다.(전기안전관리법 참조)

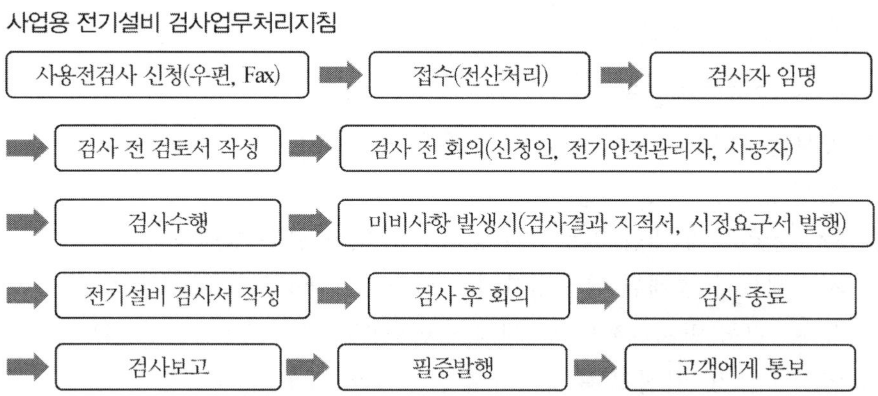

그림 10-4 사용전검사 수행절차

(2) 태양광 발전설비의 사용전검사 기준

전기사업법 제61조의 규정에 의한 공사계획 인가 또는 신고를 필한 상용, 사업용 태양광 발전설비를 대상으로 한다.

(3) 검사대상의 범위

표 10-2 사용전검사 대상의 범위(신설 경우)

구 분	검사종류	용 량	선 임	감리원 배치
일반용	사용전점검	10[kW]이하	미선임	필요 없음
자가용	사용전검사(저압설비는 공사계획 미신고)	10[kW] 초과(자가용 설비 내에 있는 경우 용량에 관계없이 자가용임)	대행업체 대행 가능(1000[kW]이하)	감리원 배치
사업용	사용전검사(시 · 도에 공사계획 신고)	전 용량 대상	대행업체 대행 가능(20[kW] 이하)	감리원 배치

(4) 사용전검사에 필요한 서류

① 사용전검사(점검) 신청서 ② 태양광 발전설비 개요

③ 공사계획인가(신고)서 ④ 태양광전지 규격서

⑤ 단선결선도, 시퀸스 도면, 태양전지 트립 인터록 도면, 종합 인터록도면

⑥ 절연저항시험 성적서, 절연내력시험 성적서, 경보회로시험 성적서, 부대설비시험 성적서, 보호장치 및 계전기시험 성적서

⑦ 출력기록지

⑧ 전기안저관리자 선임필증 사본

⑨ 감리원 배치확인서

11. 태양광발전설비 검사

(1) 사용전검사 진행

세부검사는 태양광 발전설비를 구성하는 각 기기는 설치 완료 시 다음 표 10-3과 같은 내용의 사용전검사 항목에 따라 세부 검사가 진행되어야 한다.

표 10-3 수검자의 준비자료

검사항목	수검자 준비자료
1. 태양광발전 설비이력	• 공사계획인가(신고서) • 태양광 발전설비 개요
2. 태양광전지 검사 • 태양광전지 일반규격 • 태양광전지 검사	• 공사계획인가(신고)서 • 태양광전지 규격서 • 단선결선도 • 태양전지 트립인터록 도면 • 시퀸스 도면 및 공사도면 • 보호장치 및 계전기 시험 성적서 • 절연저항시험 성적서

검사항목	수검자 준비자료
3. 전력변환장치 검사 • 전력변환장치 일반 규격 • 전력변환장치 검사 • 보호장치 검사 • 축전지	• 공사계획인가(신고)서 • 단선결선도 • 시퀀스 도면 및 공사도면 • 보호장치 및 계전기시험 성적서 • 절연저항시험 성적서 • 절연내력시험 성적서 • 경보회로시험 성적서 • 부대설비시험 성적서

표 10-4 사업용 태양광발전설비 사용전검사 항목

검사항목	주요세부내용
1. 변압기 • 규격 • 보호장치 및 제어 • 부대시설	• 규격 및 외관 • 계전기 시험 • 접지 • 보호시설
2. 차단기 • 규격 • 보호장치 및 제어 • 동작시험	• 규격 및 외관 • 특성 및 동작시험 • 개폐기 인터록
3. 전선로 • 규격 • 전선로(가공, 지중, 기타)	• 규격 및 외관 • 상별 표시 • 보호시설
4. 접지 • 접지망구성	• 규격 • 접지저항
5. 비상발전기 • 규격 • 보호장치 및 제어 • 부대시설	• 규격 및 외관 • 보호 및 제어계전기 • 모선과 연결 시스템
6. 종합연동 및 부하운전 • 발전량 • 종합인터록	• 출력확인(기록지) • 부하운전 • 종합연동 등

[비고] 자가설비의 경우 4, 6항만을 적용한다.

12. 준공검사

준공검사는 해당 설비를 계약에 의하여 완성시키고 이를 확인하여 사용자에게 인계하고 그 설비를 사용 하도록 하고, 시공자는 계약내용에 따른 절차를 완성시키고 공사대가를 받기 위한 마무리 업무로 예비준공검사를 시행 후 지적사항과 미비사항을 완성하게 된다. 이때의 업무는 그림 10-5와 같은 업무가 시행된다.

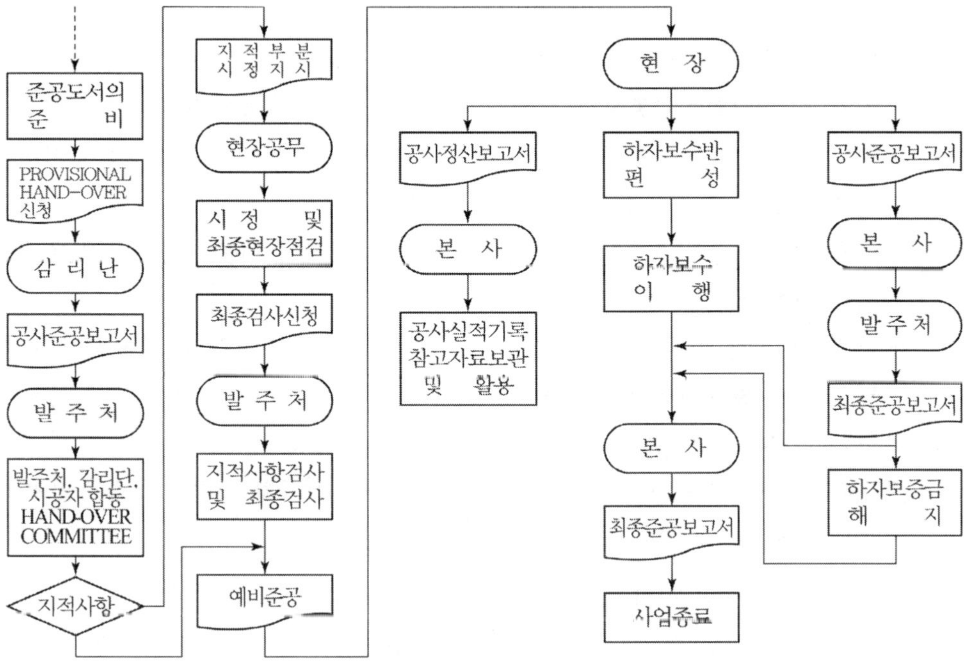

그림 10-5 준공단계 업무 FLOW

(1) 예비준공검사

① 공사현장에 주요공사가 완료되고 현장이 정리단계에 있을 때에는 준공예정일 2개월 전에 준공기한준수 여부 및 미진한 사항의 사전 보완을 위해 예비 준공검사를 실시하여야 한다.

② 예비준공검사 자는 검사를 행한 후 보완사항에 대하여는 공사업자에게 보완을 지시하고 준공검사 시 확인할 수 있도록 감리업자 및 발주자에게 검사결과를 제출하여야 한다. 공사업자는 예비준공검사의 지적사항 등을 완전히 보완하고 책임 감리원의 확인을 받은 후 준공 검사원을 제출하여야 한다.

(2) 시운전 실시

시운전의 종류에는 단독 시운전 및 종합 시운전으로 구분하여 시행하며 내용은 다음과 같다.

① 단독 시운전

㉮ 단독 시운전(수전, 단위 기기별 · 계통별 예비점검 및 시험운전)은 계약자의 주관으로 시행한다.

㉯ 모든 기자재가 완전하게 설치되고, 단위 설비별 · 계통별로 일정한 시험이 완료된 것을 확인 후, "단위 기기별 · 계통별 시운전 준비 완료"를 서면으로 발주자에게 통지하여야 하며, 발주자 입회하에 단위 기기별 · 계통별 시운전을 한다.

② 종합 시운전

㉮ 단위 기기별 · 계통별 시운전이 완료되면, 계약자는 서면으로 "단독 시운전 결과보고서"를 첨부하여 "종합 시운전 준비완료"를 통지하여야 한다.

㉯ 발주자는 계약자에게 서면으로 "종합 시운전 준비완료"접수사실을 통지하고 상호협의 일정에 따라 종합 시운전을 시행한다.

㉰ 종합 시운전은 발주자 시운전 업무지침과 계약자가 제출하여 승인받은 절차서에 따라 진행한다.

㉱ 계약자의 기술지원자는 발전설비의 기동시험 및 수행기간 중 기술적인 자문, 협조 및 지침을 발주자에게 제공한다.

③ 시운전 입회와 조치 등

감리원은 공사업자에게 다음 각 호와 같이 시운전 절차를 준비하도록 하여야 하며 시운전에 입회하여야 한다.

(3) 시운전 완료 후 시설물 인계

감리원은 시운전 완료 후에 다음 각 호의 성과품을 공사업자로부터 제출받아 검토 후 발주자에게 인계하여야 한다.

① 운전개시, 가동 절차 및 방법
② 점검항목 점검표 및 계획서
③ 운전지침
④ 기기류 단독 시운전 방법
⑤ 실가동 Diagram
⑥ 시험구분, 방법, 사용매체 검토 및 계획서
⑦ 시험성적서
⑧ 성능시험 성적서(성능시험 보고서)

(4) 준공도면 등의 검토 · 확인

① 감리원은 준공 설계도서 등을 검토 · 확인하고 완공된 목적물이 발주자에게 차질없이 인계될 수 있도록 지도 · 감독하여야 한다. 감리원은 공사업자로부터 가능한 한 준공 예정일 1개월 전까지 준공 설계도서를 제출받아 검토 · 확인하여야 한다.

② 감리원은 공사업자가 작성 · 제출한 준공도면이 실제 시공된 대로 작성되었는지 여부를 검토 · 확인하여 발주자에게 제출하여야 한다. 준공도면은 계약서에 정한 방법으로 작성되어야 하며, 모든 준공도면에는 감리원이 확인 · 서명이 있어야 한다.

10.2.5 기성 및 준공검사 지침서 검토

1. 기성 및 준공검사

감리원은 검사원은 접수하였을 때에는 신속히 검토 · 확인하고, 감리조서와 다음 서류를 첨부하여 지체 없이 감리업자에게 제출하여야 한다.

(1) 제출하여야 하는 자료

① 주요기자재 검수 및 수불부

② 감리원의 검사기록 서류 및 시공 당시의 사진

③ 품질시험 및 검사성과 총괄표

④ 발생품 정리부

⑤ 그밖에 감리원이 필요하다고 인정하는 서류와 준공검사원에는 지급기자재 잉여분 조치현황과 공사의 사전검사확인서류, 안전관리점검표 등

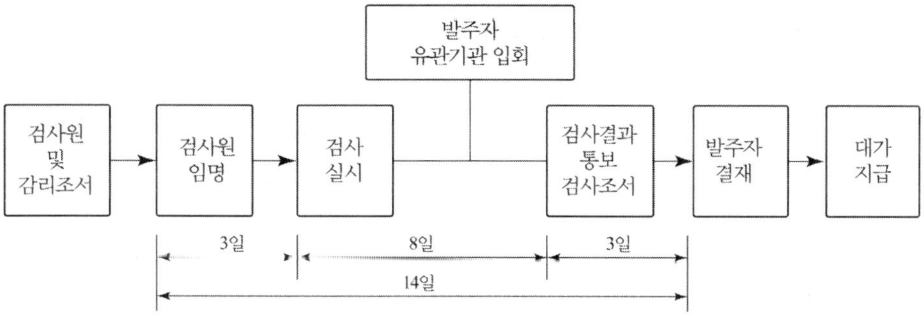

그림 10-6 검사 처리절차

(2) 시설물 인수 · 인계 계획수립

감리원은 공사업자에게 해당 공사의 준공검사, 부분 준공검사(발주자의 필요에 따른 기성부분 포함) 완료 후 14일 이내에 다음의 사항이 포함된 시설물의 인수 · 인계를 위한 계획을 수립하도록 하고 이를 검토하여야 한다.

(3) 인수인계 검토 내용

① 일반사항

② 운영지침서 및 특기사항

㉮ 시설물의 규격 및 기능점검 항목

㉯ 기능점검 절차

㉰ 시험장비 확보 및 보정

㉱ 기자재 운전지침서

㉲ 제작도면 및 절차서 등 관련 자료

③ 시운전 결과 보고서

④ 예비 준공검사결과

(4) 인수 · 인계 수행

① 감리원은 공사업자로부터 시설물 인수 · 인계 계획서를 제출받아 7일 이내에 검토, 확정하여 발주자 및 공사업자에게 통보하여 인수 · 인계에 차질이 없도록 하여야 한다.

② 감리원은 발주자와 공사업자 간 시설물 인수 · 인계의 입회자가 된다.

③ 감리원은 시설물 인수 · 인계에 대한 발주자 등 이견이 있는 경우, 이에 대한 현상파악 및 필요대책 등의 의견을 제시하여 공사업자가 이를 수행하도록 조치한다.

④ 인수 · 인계서는 준공검사 결과를 포함하는 내용으로 한다.

2. 준공 후 현장문서 인수 · 인계

감리원은 해당 공사와 관련한 감리기록서류 중 다음 각 호의 서류를 포함하여 발주자에게 인계할 문서의 목록을 발주자와 협의하여 작성하여야 한다.

(1) 준공 후 현장문서 인수 · 인계 목록 내용

① 준공사진첩

② 준공도

③ 준공내역서

④ 시방서

⑤ 시공도

⑥ 시험성적서

⑦ 기자재 구매서류

⑧ 공사관련 기록부

⑨ 시설물 인수 · 인계서

⑩ 준공검사조서

⑪ 그밖에 발주자가 필요하다고 인정하는 서류

(2) 공사감리 완료보고서 제출

감리업자는 해당 감리용역이 완료된 때에는 15일 이내에 공사감리 완료보고서를 협회에 제출하여야 한다.

10.2.6 유지관리 및 하자보수 지침서 검토

감리원은 발주자 및 설계자 또는 공사업자와 주요설비 납품자 등이 제출한 시설물의 유지관리지침 자료를 검토하여 다음 각 목의 내용이 포함된 유지관리지침서를 작성, 공사 준공 후 14일 이내에 발주자에게 제출하여야 한다.

1. 유지관리지침서 작성 내용

(1) 시설물의 규격 및 기능설명서

(2) 시설물 유지관리 기구에 대한 의견서

(3) 시설물 유지관리방법 및 특기사항 등

2. 유지관리상 기술자문

해당 감리업자는 발주자가 유지관리상 필요하다고 인정하여 기술자문 요청 등이 있을 경우에는 이에 협조하여야 하며, 전문적인 기술 등으로 외부 전문가 의뢰 또는 상당한 노력이 소요되는 경우에는 발주자와 별도로 협의하여 결정한다.

3. 하자보수에 대한 의견제시

(1) 감리업자 및 감리원은 공사준공 후 발주자와 공사업자 간의 시설물의 하자보수 처리에 대한 분쟁 또는 이견이 있는 경우, 감리원으로서의 검토의견을 제시하여야 한다.

(2) 감리업자 및 감리원은 공사준공 후 발주자가 필요하다고 인정하여 하자보수 대책수립을 요청할 경우에는 이에 협조하여야 한다.

표 10-5 업무처리기한

항 목	업무담당	처리기한	비 고
착공신고서	작성 : 공사업자 검토 : 감리원	7일	발주자에게 제출
하도급 적정성여부	검토 : 감리원	7일	발주자에게 의견 제출
감리원 의견제시	요구 : 공사업자 검토 : 감리원	7일	발주자에게 보고
전문성 의견	검토 : 비상주감리원	14일	비상주감리원의 검토의견서를 첨부
분기보고서	제출 : 감리원	5일	분기말 다음 달 5일 이내 발주자에게 제출
최종감리보고서	제출 : 감리원	14일	감리종료 후 14일 이내 발주자에게 제출
설계변경 계약금액 조정	작성 : 공사업자 검토 : 감리원	45일	준공예정일 45일 전까지 발주자에게 제출
설계변경관련 현장실정보고 단순 사항	검토 : 감리원	7일	기일내 처리가 어려울 경우 발주자에게 보고 및 공사업자에게 통보
설계변경관련 그 외의 사항	검토 : 감리원	14일	기일내 처리가 어려울 경우 발주자에게 보고 및 공사업자에게 통보
시공계획서	작성 : 공사업자 검토 및 승인 : 감리원	30일 7일	공사 시작일부터 30일 내용변경은 5일
시공상세도	작성 : 공사업자 검토 및 승인 : 감리원	7일	
주요기자재 공급원 승인신청서	제출 : 공사업자	7일	반입 7일 전
공정관리계획서	작성 : 공사업자 검토 및 승인 : 감리원	30일 7일	공사시작일로부터 30일 검토 후 발주자에게 제출
월간 상세공정표 주간 상세공정표	작성 : 공사업자 작성 : 공사업자	7일 4일	작업 착수 7일 전 작업착수 4일 전
수정 공정계획	검토 및 승인 : 감리원	7일	발주자에게 보고
시운전 계획	작성 : 공사업자 검토 : 감리원	30일 20일	시운전 30일 이내 시운전 20일 이내 통보
예비준공검사		2개월 전	준공예정일 2개월 전 소규모는 생략

항 목	업무담당	처리기한	비 고
기성검사 및 준공검사	검사자 임명 : 감리업자 검사 : 비상주감리원 작성 : 검사자	3일 8일 3일	검사원 접수 후 3일 이내 검사자 임명 후 8일 이내 검사완료 후 3일 이내
시설물 인수 · 인계 계획서	작성 : 공사업자 검토 및 확정 : 감리원	7일	발주자 및 공사업자에게 통보
시설물 인수 · 인계		14일	지적사항 시정완료일부터 14일 이내
공사감리 완료보고서 제출	제출 : 감리업자	15일	감리용역 완료 후 15일 이내 전기기술인협회에 제출

Chapter 11 기본계획 및 인허가

태양광 발전 시스템의 기획은, 사업 시행자가 추구하는 목표와 국가적 차원에서 요구되어지는 부분까지 포괄적으로 면밀히 검토하여 수립하고 특히 관련법령에 의한 제약적 특성이 충족되어야만 성공적인 기획이라 할 것이다. 즉, 시스템과 목적이 다양하고 장소 특성과 환경특성에 따른 최적의 요소를 조사 · 분석하여 과학적 자료에 근거 되어야만 된다. 이와 더불어 국가지원 정책이 계속 변화되고 있으므로 이에 따른 관련 규정을 경제적으로 활용하도록 기획되어야 된다.

본 장에서는 기본계획 일반사항과 관련인허가 그리고 경제성분석 등에 관하여 다음과 같이 설명 되어진다.

11.1 기본계획 수립

11.1.1 장소(지역 및 형질) 선정

(1) 태양광발전사업을 기획함에 있어 가장 중요한 사항은 여타 발전원과 동일하게 적정한 형질을 찾는 것이다. 실제로 입지 선정에 따라 수익성의 편차가 발생하므로 경제적인 입지선정이 수익성 창출에 커다란 역할을 하고 있으며, 또한, 지방자치제도 시행으로 인하여 각 시 · 군 · 구의 조례가 각각 상이하여 일괄적으로 설명할 수는 없지만 문화재보호법, 폐기물관련법, 농지법, 도로법, 국토계획 및 이용에 관한 법률, 수도법 등에 저촉되는지를 설치하고자 하는 시 · 군 · 구에 복합민원으로 사전심사를 청구하여 발전 사업이 가능한지 확인하여야 한다.

(2) 환경정책기본법 시행령 별표 2의 대상이 될 경우 환경영향평가를 받아야한다.

(3) 대상지역이 농지인 경우에는 해당 읍 · 면 · 시 소속의 농지관리위원회로부터 심의를 받게 되는데 이때 농사짓기에 적합한 농업진흥구역은 전용승인이 불가하며, 농업보호구역은 심의 후 승인이 가능하고, 승인 받을 경우 대체농지전용비가 부과된다.

(4) 계통연계가 필요한 경우에는 한국전력공사 지역지점과 사전 협의를 하여야 되며 100kW를 기준으로 이하의 경우는 저압연계, 이상이면 고압연계를 하게 되며 경우에 따라서는 전용선로를 갖추어야 된다. 이의 근거는 분산형 전원 배전계통연계 기술기준(한국전력공사 전력거래 약관)에 근거하게 된다. 또한 한국전력공사 송배전 선로와 발전소와의 접근성과

해당선로의 용량 등까지 확인 조사 · 기획되어야 된다.

(5) 기타사항으로 해당지역의 토질을 분석하여 연약지반 등 형질변경에 많은 비용이 발생되는지와 토지대금이 과다 발생되는지를 경제성 분석과 함께 조사 · 분석되어야 하며 특히 주변주민들의 민원대상이 될 수 있는지를 면밀히 검토하여야 한다.

11.1.2 환경성

(1) 일조량의 경제성을 수년간의 데이터를 확보하여 면밀히 조사 · 평가하여야 하며 산, 수목, 건물, 연돌, 철탑 등에 의해 태양전지 모듈에 그늘이 발생하면 발전전력량이 감소하게 되므로 주변의 여건에 의한 영향이 없는지를 사전에 조사한다. 아울러 황사현상 등의 퇴적물에 관해서도 조사한다. 특히 기획 당시 주변의 그늘에 의한 영향이 없는 것 같이 보일 수 있지만, 환경 여건에 따라 변화되는 것을 고려하여야 한다.

(2) 염해가 있는 지역에서는 부식이 현저하게 나타나기 때문에 이의 대책이 별도로 필요하고, 또한 중공업지대나 통행량이 많은 도로 옆 등, 대기 중의 아황산가스 농도가 높은 지역에서도 부식이 심하게 촉진되기 때문에 기획 당시 사전 검토가 필요하며 약 20년 이상의 사용연한을 확보하려면 중공업지대나 해안지대에서는 특별대책 수립이 요구된다.

(3) 과거 소재지 기상청의 데이터를 입수하여 최다 적설시에도 태양전지 어레이가 매몰되지 않는지 또한 태양전지 어레이의 경사각도를 적설 자중에 의해 스스로 흘러내리고 결빙되지 않을 각도로 설정하여 적설에 의한 발전손실을 최소화 되도록 기획한다. 유도뢰에 의한 기기의 파손과 특히 낙뢰가 많은 지역에서의 피해를 적극 검토한다.

(4) 설치 예정 장소가 주위보다 낮은 경우, 집중호우나 태풍시에 배수가 나빠 물이 고이는 우려는 없는가, 주변의 하천이 범람하여 어레이가 수몰되는 등의 가능성은 없는가, 과거의 사례를 조사해 국지적인 기상 조건을 정확하게 파악하여 적용하여야 된다.

(5) 동물의 분비물이 어레이에 부착되면 비 등으로는 용이하게 제거되지 않고 수광장해가 되므로 야생조류 등의 분비물의 부착의 발생 우려는 없는가, 그 양은 어느 정도인가를 조사 · 적용한다.

11.1.3 설치조건의 조사

(1) 설치 장소가 지상(대지)의 경우에는 오염물질의 오염, 침수 등에 의한 피해를 방지하는 목적으로 최소한의 높이에 시설하도록 계획하는 것이 바람직하다. 경사면에 설치하는 경우는 집중호우 등에 의한 경사면의 붕괴의 위험성은 없는가, 경사면의 배수용 배수관 매립의

필요성 등을 검토한다. 지반강도가 충분하지 않는 경우는 보강공사나 경사면 각도를 가능한 적게 하는 등의 공사가 필요하다.

또한 구조물의 기초를 검토할 때 필요한 지내력에 관해서 조사하여 기획시 고려하여야 한다. 건물의 옥상 등에 설치하는 경우는 들보의 위치나 방수구조 등의 건물의 구조상에 관련된 사항이나 각종 타워 등에 의한 그늘의 영향을 정확하게 조사하여, 태양전지 어레이의 설치장소, 방향, 가대각도 등의 최적을 검토한다. 이때 배수구배의 방향도 고려하여 배수의 장해가 없는 기초구조로 한다. 또한 벽면에 취부할 때는 태양전지의 온도상승에 의한 출력저하를 일으키지 않도록 자연대류에 의한 방열 틈새 · 배기구를 설치하도록 검토한다.

(2) 기존건물의 옥상이나 개인주택의 평지붕위에 설치하는 기조 및 어레이는 자중에 가해시는 풍압, 적설의 최대하중에도 건물의 강도가 충분한가를 검토하여야 한다. 또한 누수대책이나 방화대책도 충분히 고려하고 특히 구조물이 강풍에 의해 파손될 수 있음을 검토하여야 한다.

(3) 설치장소에 이르는 도로 폭이나 포장의 내하중, 가공배전선이나 전화선의 유무, 높이 등을 조사하여 재료반입에 대비해야 한다.

(4) 어레이의 방위각과 경사각은 남향으로 설치할 수 있는 장소를 선택하고 최적의 경사각을 갖도록 한다. 또한 그늘의 영향이 최소화 되도록 기획되어야 한다.

(5) 복합공정 즉, 태양광발전과 풍력발전이 함께 추진되는 경우 상호 연관되는 사항을 면밀히 검토하여 기획되어야 한다.

11.1.4 경제적인 부지 선정

긍정적이고 적극적인 사고로 나무를 보지 말고 숲을 볼 수 있는 자세가 요구되며 특히 법률, 경제, 사회를 총체적으로 이해하고 대상을 선정 가능성을 면밀히 분석한 후 요구조건별 기준을 충족토록 되어야만 된다.

1. 태양광 발전소 부지 선정 요구 기준

(1) 지정학적 조건 : 일사량 및 일조량 등
(2) 건설 조건 : 부지접근성 및 주변 환경
(3) 행정 조건 : 인허가 관련 각종 규제
(4) 전력계통 연계조건 : 전력계통 접근성
(5) 경제 조건 : 부지매입 및 부대 공사비

2. 부지선정 추진 절차

지역 설정 ⇒ 사전 정보 조사 ⇒ 현장 조사 ⇒ 지자체 방문 공부 확인 ⇒ 토지 이용 협의 및 소유자 파악 ⇒ 태양광발전 규모 기획 ⇒ 주변 지역 지가 조사 ⇒ 소유자 협의 및 매입 결정 ⇒ 매매 계약 체결

(1) 현장 조사의 중요성

① 1차 조사

㉮ 대상토지 선정 : 태양광 발전소 건설 예상 부지 선정

㉯ 상황 조사 : 일사량, 토지의 이용 상태 및 주변토지 이용상태 조사

② 2차 조사

㉮ 1차 조사의 반복 확인 조사로 현장조사는 입지선정을 위한 조사단계에서 행했던 전반적인 지역조사와 달리 매입 대상 부동산에 대한 집중적인 조사가 이루어져야 한다. 관련 법적자료 수집을 통해 파악했던 부동산의 권리 외에 현장실사를 통해 검증해야 할 사항으로는 여러 가지가 있으나 지적도와 실제부지 형상을 비교함으로써 점유상태의 확인 등이 이루어져야 함.

(2) 토지 매입 추진 실무

① 부지 매수 업무와 추진 전략

㉮ 토지 매수는 상대성이 있기 때문에 사업시기와 원가관리 목표에 도달할 수 있는 전략 수립 필요.

㉯ 매수 전략은 전항과 같은 성격이 있기 때문에 기준이 없음.

㉰ 사업규모에 따라 단일필지인 경우가 있지만, 일반적인 사항은 다수 필지를 매수하여야 하므로 보안 유지가 필요함.

② 매수 실무 및 계약 실무

㉮ 물건 분석

㉯ 주요 국가가 발급하는 서류

㉰ 권리 분석

㉱ 행정부처의 사전협의

산림훼손 허가(산림녹지과), 농지전용 허가(산업과), 국토이용계획변경(도시과), 도시계획사업시행(도시과) 등

(3) 토지 분석 주요내용은 표 11-1 참조한다.

표 11-1 토지분석 주요 요소

목 록	분 석 내 용	비 고
1. 현황 및 위치분석	신청부지의 진입도로 및 배수로 확인 지형도상의 위치 확인	(현장확인)
2. 경사도 분석	경사도 분석에 의한 인허가 상의 법적 검토 경사도 분석에 의한 사업성 검토	
3. 토지이용 계획 확인원 분석	개발가능 구역 검토 건설 인허가 신청시 체크사항 검토	
4. 지적공부 확인	지적도(임야도)와 토지대장(임야)상의 면적검토 임야 → 토지로 등록 전환시 면적 가감 검토 공지지가 확인	
5. 인근 개발지 (면적) 확인	사업부지와 연접한 토지의 개발 상황을 검토 연접관련 법조항의 저촉여부 검토(추후 확장성 관련) 연접 저촉시 개발 가능 검토	(현장확인)

(4) 현황 분석

① 실제 인 · 허가 가능여부를 지방자치단체에서 직접 체크
② 지적도(임야도) 체크
③ 토질체크(암반 또는 연약지반 등)
④ 진입로 여부 및 개설 필요시 가능성 여부 체크
⑤ 계약시 임야대장 면적과 실측 면적과의 일치 여부 확인
⑥ 등기부등본의 권리 소유관계 여부 확인
⑦ 법인, 종중, 학교 등의 토지인 경우는 관계자와 사전협의가 필수
⑧ 대상부지 안에 문화재 매장여부를 체크
⑨ 도시계획시설부지 여부 확인
⑩ 도시관리계획
　㉮ 용도지역 : 국토계획법
　㉯ 용도지구 : 국토계획법
　㉰ 용도구역 : 국토계획법, 개발제한구역의 지정 및 관리에 관한 법률
　㉱ 도시계획시설 : 국토계획법, 도시공원법, 도시계획시설에 관한 규칙
　㉲ 지구단위계획구역 : 국토계획법
　㉳ 개발일도관리구역 : 국토계획법
　㉴ 기반시설부담구역 : 국토계획법
　㉵ 개발행위허가제한지역 : 국토계획법
　㉶ 도시개발구역 : 도시개발법
　㉷ 정비구역 : 도시및주거환경정비법

㉮ 도시계획입안사항 : 국토계획법

⑪ 군사시설 : 군사시설보호법, 해군기지법, 군용항공기지법

⑫ 농지 : 농지법

⑬ 산림 : 산림법, 산지관리법

⑭ 자연공원 : 자연공원법

⑮ 수도 : 수도법, 한강수계 상수원 수질개선 및 주민지원에 관한 법률

⑯ 하천 : 하천법, 댐건설 주변지역지원에 관한 법률

⑰ 일조권 분석

표 11-2 기본 분석순서

기후조건	→	공 해	→	위치방향성
1. 일사량의 변동 2. 적운, 적설 3. 온도변화에 민감 4. 입지는 동서분산 형이 최적 입지	⇒	1. 오염, 노화, 분광 2. 산업도시·수도권 및 부산, 대전 등 3. 도로 주변	⇒	1. 그늘 발생 온도차이로 모듈 수명에 결정적 영향 2. 계통연계 고려

⑱ 주변여건

㉮ 차량통행이 많지 않은 곳(먼지로 인한 문제)

㉯ 태양전지로 대부분 실리콘계로 파손되기 쉬우므로 사람의 통행이 많지 않은 곳을 선정

㉰ 해당 관청이 협조적인가(인허가의 문제)

㉠ 개발행위허가, 발전사업 허가, 도시계획시설 결정

㉡ 지역주민의 민원 발생

(5) 부동산 관련 법률 체계도

표 11-3 관련법 체계보기

<table>
<tr><th colspan="2">국토기본법</th></tr>
<tr><td colspan="2">수도권정비계획법
(특정지역종합개발촉진에 관한 특별조치법)</td></tr>
<tr><td colspan="2">국토의 계획 및 이용에 관한 법률</td></tr>
<tr><td>개발제한구역의 지정 및 관리에 관한 특별조치법</td><td>개발행위허가, 농지전용허가, 산지전용허가, 초지전용허가, 도로점용허가, 토사(채석)채취허가, 도시계획시설결정(변경)신청</td></tr>
<tr><td rowspan="2">신 · 재생에너지 촉진 및 보급에 관한 법률</td><td>전기사업법</td></tr>
<tr><td>조례</td></tr>
</table>

11.2 인허가 및 유관기관 협의

태양광 발전 사업을 수행하려면 많은 시간을 투자하여 면밀한 조사를 기초하여 이를 기획하여야만 된다. 또한 발전허가를 득하고 시설하는 동안 여러 가지의 인허가 사항과 유관기관과의 협의가 원만히 이루어져야만 될 것이다.

주요 절차는 다음 표 11-4와 같다.

표 11-4 주요 인 · 허가 및 유관기관 업무협의 FLOW

발전사업 인 · 허가 관련 절차 (행정기관 대상)	발전사업관련 협의절차 (유관기관 대상)
발전사업 허가 (산업통상자원부, 지자체)	송전용 전기설비 이용신청 (한국전력공사)
↓ 개발행위 허가 (시·군·구)	전력거래소 회원가입 (한국전력거래소)
↓ 공사계획 인가 및 신고 (산업통상자원부, 지자체)	발전사업을 위한 업무협의 (한국전력거래소)
↓ 공사관련사항 신고 (산업통상자원부, 지자체)	
↓ 발전소 준공 (사업자)	사업용 전기설비 사용전검사 (한국전기안전공사)
↓ 사업개시 신고 (산업통상자원부, 지자체)	관련 지원을 위한 설치확인 (한국에너지공단)
↓ 상업운전 실시 (사업자)	

[비고] 개발행위 허가 대신 전원개발촉진법(산업통상부)의 전원개발사업 실시계획 승인을 통해 개발행위에 필요한 인 · 허가 취득이 가능하나 승인을 위해서는 약 2년의 기간이 필요하다. 또한, 이외에도 부지용도와 단지규모 등에 따라 사전환경성검토(환경영향평가) 등의 추가적인 인·허가사항이 추가될 수 있다.

11.2.1 사업관련 인 · 허가

1. 발전사업 허가

전기사업은 국민생활과 산업 활동에 필수 공공재이고 막대한 투자와 상당기간의 건설 기간이 필요하므로, 전기사용자의 이익 보호와 건전한 전기산업 육성을 위해 적정한 자격과 능력이 있는 자만이 전기사업에 참여할 수 있도록 규제와 보호를 하기위한 수단으로 되어 있다.

(1) 허가권자

① 3,000kW 초과설비 : 산업통상자원부 장관(전기위원회 총괄정책팀)

② 3,000kW 이하설비 : 시 · 도지사

※ 단, 제주특별자치도는 제주국제자유도시 특별법에 따라 3,000kW 이상의 발전설비도 제주특별자치도지사의 허가사항임

(2) 관련 법령

① 전기사업법 제7조(사업의 허가), 제12조(사업허가의 취소 등)

② 동법 시행령 제4조(전기사업의 허가기준), 제62조(권한의 위임·위탁)

③ 동법 시행규칙 제4조(사업허가의 신청), 제5조(변경허가사항 등) 및 제7조(허가의 심사기준)

(3) 허가 기준

① 전기사업 수행에 필요한 재무능력 및 기술능력이 있을 것 ⇒ 재무능력은 신용평가가 양호하고 소요재원 조달계획이 구체적 이어야 하며, 기술 능력은 발전설비 건설 및 운영계획, 기술인력 확보계획이 구체적으로 적시되어 있어야 한다.

② 전기사업이 계획대로 수행될 수 있을 것 ⇒ 사업계획이 예측 가능하고, 부지확보 가능여부, 적정한 이윤확보 방안 등 건설이 차질 없이 진행될 수 있는지 여부 등을 검토한다.

③ 발전소가 특정지역에 편중되어 전력계통의 운영에 지장을 초래하여서는 아니 될 것 ⇒ 발전소 건설로 인하여 송전계통의 보강이 필요하나, 사업개시 예정일까지 송전계통 보강이 곤란한지 여부를 검토한다.

④ 발전연료가 어느 하나에 편중되어 전력수급에 지장을 초래하여서는 아니 될 것 ⇒ 원자력, 석탄, 중유, 천연가스, 신 · 재생에너지 등 발전연료의 편중에 따른 전력수급의 지장 여부를 검토한다.

2. 개발행위 허가

개발행위허가제는 국토의 이용계획 및 이용에 관한 법률에 따라 개발계획의 적정성, 기반시설의 확보여부, 주변 환경과의 조화 등을 고려하여 개발행위에 대한 허가여부를 결정함으로서 난개발을 방지함을 목적으로 한다.

또한, 18개 개발 관련 인 · 허가 사항을 동 개발행위 허가를 통해 처리함으로서, 개발사업자에 행정편의를 도모한다.

태양광발전설비는 건축법상 공작물로 분류되어, 국토의 계획 및 이용에 관한 법률에 따라 개발행위의 대상이 된다. 다만, 동법 시행령 제53조의 경미한 행위는 동 허가대상에서 제외된다.

(1) 허가권자

시장, 군수, 구청장

(2) 관련 법령

① 국토의 계획 및 이용에 관한 법률 제56조(개발행위의 허가)~제65조(개발행위에 따른 공공시설 등의 귀속)

② 동법 시행령 제51조(개발행위허가의 대상)~제61조(도시계획시설부지에서의 개발행위)

③ 동법 시행규칙 제9조(개발행위허가신청서)~제10조(개발행위허가의 규모제한 적용배제)

(3) 허가 기준

① 용도 지역별 특성을 감안한 개발행위의 규모의 적합성

㉮ 도시지역

㉠ 주거지역 · 상업지역 · 자연녹지지역 · 생산녹지지역 : 1만m^2 미만

㉡ 공업지역 : 3만m^2 미만

㉢ 보전녹지지역 : 5천m^2 미만

㉯ 관리지역 : 3만m^2 미만

㉰ 농림지역 : 3만m^2 미만

㉱ 자연환경보전지역 : 5천m^2 미만

관리지역 및 농림지역에 대해서는 해당 지자체장이 상기범위 내에서 허가면적을 지자체 조례로 따로 정할 수 있음

② 도시 관리계획과의 내용에 배치되지 않고, 도시계획사업 시행에 지장이 없을 것

③ 주변지역 토지이용 실태 또는 토지이용계획, 건축물의 높이, 토지의 경사도, 수목의 상태, 물의 배수, 하천, 습지의 배수 등 주변 환경 또는 경관과의 조화 여부

④ 당해 개발행위에 따른 기반시설의 설치 또는 필요 용지 확보계획의 적정성

허가에 필요한 상세한 기준은 동법 시행령 참조.

표 11-5 개발행위 세부허가기준 (국토 계획 및 이용에 관한 법률 시행령 제56조 별표1)

1. 분야별 검토사항	
검 토 분 야	**허 가 기 준**
공통분야	• 조수류 · 수목 등의 집단서식지가 아니고, 우량농지 등에 해당하지 아니하여 보전의 필요가 없을 것 • 역사적 · 문화적 · 향토적 가치, 국방상 목적 등에 따른 원형보전의 필요가 없을 것 • 토지의 형질변경 또는 토석채취의 경우에는 표고 · 경사도 · 임상 및 인근 도로의 높이, 배수 등을 참작하여 도시계획조례(특별시 · 광역시 · 시 또는 군의 도시계획조례를 말한다. 이하 이 표에서 같다)가 정하는 기준에 적합할 것
도시관리 계획	• 용도지역별 개발행위의 규모 및 건축제한 기준에 적합할 것 • 개발행위 허가 제한지역에 해당하지 아니할 것
도시계획 사업	• 도시계획사업부지에 해당하지 아니할 것(제61조의 규정에 의하여 허용되는 개발행위를 제외한다) • 개발시기와 가설시설의 설치 등이 도시계획사업에 지장을 초래하지 아니할 것
주변지역과의 관계	• 개발행위로 건축 또는 설치하는 건축물 또는 공작물이 주변의 자연경관 및 미관을 훼손하지 아니하고, 그 높이 · 형태 및 색채가 주변 건축물과 조화를 이루어야 하며, 도시계획으로 경관계획이 수립되어 있는 경우에는 그에 적합할 것 • 개발행위로 인하여 당해 지역 및 그 주변지역에 대기오염 · 수질오염 · 토질오염 · 소음 · 진동 · 분진 등에 의한 환경오염 · 생태계파괴 · 위해발생 등이 발생할 우려가 없을 것. 다만, 환경오염 · 생태계파괴 · 위해발생 등의 방지가 가능하여 환경오염방지, 위해방지,조경, 녹지의 조성, 완충지대의 설치 등을 허가의 조건으로 붙이는 경우에는 그러하지 아니하다. • 개발행위로 인하여 녹지축이 절단되지 아니하고, 개발행위로 배수가 변경되어 하천 · 호소 · 습지로의 유수를 막지 아니할 것
기반시설	• 주변의 교통소통에 지장을 초래하지 아니할 것 • 대지와 도로의 관계는 「건축법」에 적합할 것
그 밖의 사항	• 공유수면매립의 경우 매립목적이 도시계획에 적합할 것 • 토지의 분할 및 물건을 쌓아놓는 행위에 입목의 벌채가 수반되지 아니할 것
2. 개발행위별 검토사항	
검 토 분 야	**허 가 기 준**
건축물의 건축 또는 공작물의 설치	• 「건축법」의 적용을 받는 건축물의 건축 또는 공작물의 설치에 해당하는 경우 그 건축 또는 설치의 기준에 관하여는 「건축법」의 규정과 법 및 이 영이 정하는 바에 의하고, 그 건축 또는 설치의 절차에 관하여는 「건축법」의 규정에 의할 것. 이 경우 건축물의 건축또는 공작물의 설치를 목적으로 하는 토지의 형질변경 또는 토석의 채취에 관한 개발행위허가는 「건축법」에 의한 건축 또는 설치의 절차와 동시에 할 수 있다. • 도로 · 수도 및 하수도가 설치되지 아니한 지역에 대하여는 건축물의 건축(건축을 목적으로 하는 토지의 형질변경을 포함한다)을 허가하지 아니할 것. 다만, 무질서한 개발을 초래하지 아니하는 범위안에서 도시계획조례가 정하는 경우에는 그러하지 아니하다.

검토분야	허가기준
건축물의 건축 또는 공작물의 설치	• 「건축법」의 적용을 받는 건축물의 건축 또는 공작물의 설치에 해당하는 경우 그 건축 또는 설치의 기준에 관하여는 「건축법」의 규정과 법 및 이 영이 정하는 바에 의하고, 그 건축 또는 설치의 절차에 관하여는 「건축법」의 규정에 의할 것. 이 경우 건축물의 건축또는 공작물의 설치를 목적으로 하는 토지의 형질변경 또는 토석의 채취에 관한 개발행위허가는 「건축법」에 의한 건축 또는 설치의 절차와 동시에 할 수 있다. • 도로 · 수도 및 하수도가 설치되지 아니한 지역에 대하여는 건축물의 건축(건축을 목적으로 하는 토지의 형질변경을 포함한다)을 허가하지 아니할 것. 다만, 무질서한 개발을 초래하지 아니하는 범위안에서 도시계획조례가 정하는 경우에는 그러하지 아니하다.
토지의 형질변경	• 토지의 지반이 연약한 때에는 그 두께 · 넓이 · 지하수위 등의 조사와 지반의 지지력 · 내려앉음 · 솟아오름에 관한 시험을 실시하여 흙바꾸기 · 다지기 · 배수 등의 방법으로 이를 개량할 것 • 토지의 형질변경에 수반되는 성토 및 절토에 의한 비탈면 또는 절개면에 대하여는 옹벽 또는 석축의 설치 등 도시계획조례가 정하는 안전조치를 할 것
토석채취	• 지하자원의 개발을 위한 토석의 채취허가는 시가화대상이 아닌 지역으로서 인근에 피해가 없는 경우에 한하도록 하되, 구체적인 사항은 도시계획조례가 정하는 기준에 적합할 것. 다만, 국민경제상 중요한 광물자원의 개발을 위한 경우로서 인근의 토지이용에 대한 피해가 최소한에 그치도록 하는 때에는 그러하지 아니하다.
토지분할 (I)	• 녹지지역 · 관리지역 · 농림지역 및 자연환경보전지역 안에서 관계법령에 따른 허가 · 인가 등을 받지 아니하고 토지를 분할하는 경우에는 다음의 요건을 모두 갖출 것 • 「건축법」 제49조제1항에 따른 분할제한면적(이하 이 칸에서"분할제한면적"이라 한다) 이상으로서 도시계획조례가 정하는면적 이상으로 분할할 것 • 「소득세법 시행령」 제168조의3제1항 각 호의 어느 하나에 해당하는 지역 중 토지에 대한 투기가 성행하거나 성행할 우려가 있다고 판단되는 지역으로서 건설교통부장관이 지정 · 고시하는 지역 안에서의 토지분할이 아닐 것. 다만, 다음의 어느 하나에 해당되는 토지의 경우는 예외로 한다.
토지분할 (II)	• 다른 토지와의 합병을 위하여 분할하는 토지 • 2006년 3월 8일 전에 토지소유권이 공유로 된 토지를 공유지분에 따라 분할하는 토지 • 그 밖에 토지의 분할이 불가피한 경우로서 건설교통부령이 정하는 경우에 해당되는 토지 • 토지분할의 목적이 건축물의 건축 또는 공작물의 설치, 토지의 형질변경인 경우 그 개발행위가 관계법령에 따라 제한되지 아니할 것 • 분할제한면적 미만으로 분할하는 경우에는 다음의 어느 하나에 해당할 것 • 녹지지역 · 관리지역 · 농림지역 및 자연환경보전지역 안에서의 기존묘지의 분할 • 사설도로를 개설하기 위한 분할(「사도법」에 의한 사도개설허가를 받아 분할하는 경우를 제외한다) • 사설도로로 사용되고 있는 토지 중 도로로서의 용도가 폐지되는 부분을 인접토지와 합병하기 위하여 하는 분할 〈삭제〉

검토분야	허가기준
토지분할 (II)	• 토지이용상 불합리한 토지경계선을 시정하여 당해 토지의 효용을 증진시키기 위하여 분할 후 인접토지와 합필하고자 하는 경우에는 다음의 1에 해당할 것. 이 경우 허가신청인은 분할 후 합필되는 토지의 소유권 또는 공유지분을 보유하고 있거나 그 토지를 매수하기 위한 매매계약을 체결하여야 한다. • 분할 후 남는 토지의 면적 및 분할된 토지와 인접토지가 합필된 후의 면적이 분할제한면적에 미달되지 아니할 것 • 분할전후의 토지면적에 증감이 없을 것 • 분할하고자 하는 기존토지의 면적이 분할제한면적에 미달되고, 분할된 토지와 인접토지를 합필한 후의 면적이 분할제한면적에 미달되지 아니할 것 • 너비 5m 이하로 분할하는 경우로서 토지의 합리적인 이용에 지장이 없을 것
물건을 쌓아 놓는 행위	• 당해 행위로 인하여 위해발생, 주변환경오염 및 경관훼손 등의 우려가 없고, 당해 물건을 쉽게 옮길 수 있는 경우로서 도시계획조례가 정하는 기준에 적합할 것

[비고] 동법 시행규칙 제6조제1항제5호의2에 따라 발전용량이 200kW 이하인 태양광발전설비는 도시관리 계획으로 결정하지 아니하여도 설치할 수 있다.

표 11-6 관련법에 의한 개발행위 인·허가(법 제61조) 요약

종 류	관련법령
① 공유수면 매립의 면허와 실시계획인가	공유수면매립법
② 공유수면 점·사용 허가 및 실시계획의 인가 또는 신고	공유수면관리법
③ 채광계획의 인가	광업법
④ 농업기반시설의 목적외 사용 승인	농어촌정비법
⑤ 농지전용허가 또는 협의농지의 타용도 일시사용 허가 또는 협의	농지법
⑥ 도로공사시행의 허가, 도로점용의 허가	도로법
⑦ 무연분묘의 개장허가	장사 등에 관한법률
⑧ 사도개설의 허가	사도법
⑨ 토지의 형질변경 등의 허가, 사방지지정의 해제	사방사업법
⑩ 1) 산지전용허가 및 산지전용신고, 채석허가 및 토사 채취 허가 · 신고 2) 입목벌채 등의 허가 · 신고	1) 산지관리법 2) 산림자원의 조성 및 관리에 의한 법률
⑪ 소하천공사시행의 허가, 소하천의 점용허가	소하천정비법
⑫ 전용상수도설치 및 전용공업용수도설치의 인가	수도법
⑬ 연안정비사업실시계획의 승인	연안관리법
⑭ 체육시설 설치 사업계획의 승인	체육시설의 설치 · 이용에 관한 법률
⑮ 초지전용의 허가, 신고 또는 협의	초지법
⑯ 측량성과사용의 심사	측량법

종 류	관련법령
⑰ 공공하수도에 관한 공사시행의 허가	하수도법
⑱ 하천공사시행의 허가, 하천점용의 허가	하천법

3. 산지전용 및 입목 벌채 허가

태양광발전소를 산지에 건설할 경우, 사업자가 해당 산지를 공작물의 축조가 가능한 대지로 형질 변경하고 부지 안의 입목을 벌채하기 위한 인 · 허가를 말한다.

(1) 허가권자

산림청장, 지방산림관리청장, 국유림관리소장, 시장 · 군수

(2) 관련 법령

① 산지관리법 제9조(산지전용 제한구역의 지정), 제14조(산지전용허가)~제21조(용도변경의 승인)

② 동법 시행령 제8조(산지전용제한구역의 지정대상산지), 제15조(산지전용허가의 절차 및 심사)~제26조(용도 변경의 승인)

③ 동법 시행규칙 제5조(산사태 위험지의 판정기준), 제10조(산지전용허가의신청 등)~제22조(산지전용 허가의 취소 등)

④ 산림자원의 조성 및 관리에 관한 법률 제36조(입목 벌채 등의 허가 및 신고 등)

⑤ 동법 시행령 제41조(입목 벌채 등의 제한지역)~제43조(임의로 하는 입목벌채 등)

(3) 허가 기준

① 인근 산림의 경영·관리에 큰 지장을 주지 않을 것

② 집단적인 조림 성공지 등 우량한 산림이 많이 포함되지 아니할 것

③ 희귀 야생 동·식물의 보전 등 산림의 자연생태학적 기능유지에 현저한 장애가 발생되지 아니할 것

④ 토사의 유출·붕괴 등 재해 발생이 우려되지 아니할 것

⑤ 산림의 수원함양 및 수질보전 기능을 크게 해치지 아니할 것

⑥ 산지의 형태 및 임목의 구성 등의 특성으로 인하여 보호할 가치가 있는 산림에 해당되지 아니할 것

⑦ 사업계획 및 산지전용면적이 적정하고 산지전용 방법이 자연 경관 및 산림 훼손을 최소화하고 산지전용 후의 지장에 우려가 없을 것

※ 50만m^2 이상의 산지 전용시 산지전용타당성에 관한 중앙관리위원회의 사전심의를 거쳐야 한다.

그림 11-1 산지전용허가 절차

신청인	처리기관
	산림청, 국립산림과학원, 국립수목원, 지방산림청, 지방산림청국유림관리소, 시 · 도 · 군 · 구

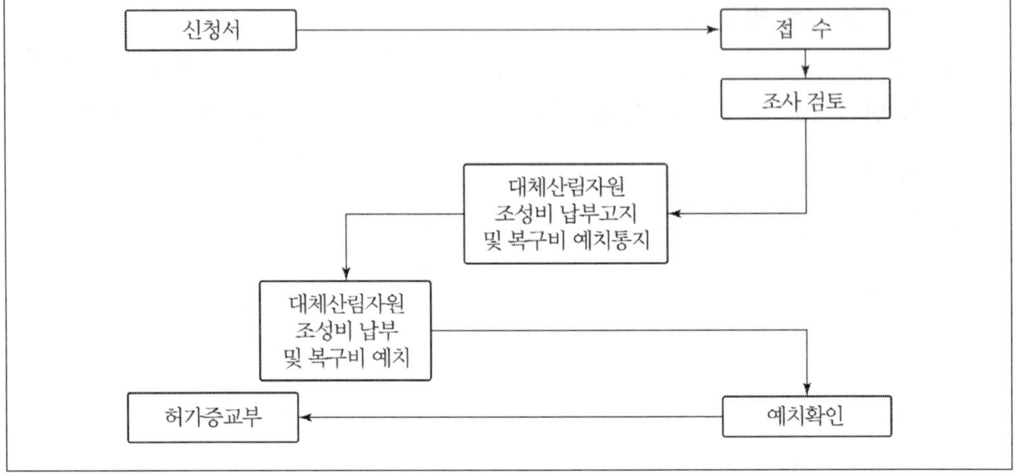

4. 농지전용 허가

태양광발전소를 건설하려는 부지가 현재 농지로 되어 있는 경우, 사업자는 해당 농지를 발전사업이 가능한 대지로 형질 변경하여야 하는데, 이 때 필요한 인 · 허가가 농지전용허가이다.

(1) 허가권자

① 시 · 도지사 : 농지법 시행령 제71조제1항의 규정 해당사항

② 시장, 군수, 구청장 : 농지법 시행령 제71조제2항의 규정 해당사항 관련 법령

③ 농지법 제34조(농지의 전용허가 · 협의) ~ 제43조(농지전용허가의 특례)

④ 동법 시행령 제32조(농지전용허가의 신청) ~ 제60조(농지전용허가의 특례)

⑤ 동법 시행규칙 제26조(농지전용허가의 신청) ~ 제53조(농지전용허가의 특례)

(2) 허가 기준

① 법 제34조(농지의 전용허가·협의) 및 동법 시행령 제34조(농지의 전용에 관한 협의 등)의 규정에 위배되지 않을 것

② 농지의 전용 목적

⇒ 시설의 규모 및 용도의 적정성과 건축물의 건축에 해당하는 경우 도로·수도 및 하수도의 설치 등 당해 지역 여건

③ 농지 전용 면적의 적정성

⇒ 건축법의 적용을 받는 건축 또는 공장물의 설치에 해당하는 경우에는 건폐율(대지

면적에 기초건축물을 시공면적 비율) 등 「건축법」규정
⇒ 건축물 또는 공작물의 기능 · 용도 및 배치계획

④ 전용코자 하는 농지의 보전 필요성 ⇒ 경지정리 및 수리시설 등 농업생산기반 정비사업 시행 여부
⇒ 당해 농지가 포함된 지역 농지의 집단화 정도
⇒ 당해 농지 전용으로 인해 ⓐ. 인근 농지의 연쇄적인 전용 등 농지 잠식우려가 있는 여부, ⓑ. 인근농지의 농업경영 환경을 저해할 우려가 있는지 여부, ⓒ. 농지축이 절단되거나 배수가 변경되어 물의 흐름에 지장을 주는지 여부

⑤ 농지전용으로 인한 피해가 예상되는 경우, 피해방지계획의 타당성
⇒ 당해 농지 전용이 ⓐ. 농지개량시설 또는 도로의 폐지 · 변경을 수반하는 경우 예상되는 피해 및 피해방지계획의 적정성, ⓑ. 토사의 유출, 폐수의 배출, 악취 · 소음의 발생을 수반하는 경우 예상되는 피해 및 피해방지 계획의 적정성, ⓒ. 인근 농지의 일조·통풍·통작에 현저한 지장을 초래 하는 경우 그 피해 방지계획, ⓓ. 용수의 취수를 수반하는 경우 농수산업 또는 농어촌생활환경 유지에 예상되는 피해 및 피해방지계획의 적정성

⑥ 사업계획 및 자금조달계획이 전용목적사업의 실현에 적합하도록 수립되어있을 것

5. 사방지 지정의 해제

태양광발전소를 사방지로 지정된 지역에 건설하고자 할 경우, 사업자가 그 지정을 해제하기 위해 득해야하는 허가사항이다.

(1) 허가권자

산림청장, 시 · 도지사, 지방산림청장 및 시장 · 군수

(2) 관련 법령

① 사방사업법 제14조(사방지안에서의 행위제한), 제20조(사방지의 지정해제등), 제25조(권한의 위임)
② 동법 시행령 제17조(사방지의 지정해제), 제19조(비용의 변상), 제22조(권한의 위임)
③ 동법 시행규칙 제12조(사방지의 지정해제)

(3) 허가 기준

① 국가 또는 지방자치단체가 그 시책으로 권장하는 사업으로 필요성이 인정되는 경우
② 국가 또는 지방자치단체가 직접 경영하는 사업으로 필요성이 인정되는 경우
③ 공익사업을 위하여 필요하다고 인정될 때
④ 철도 · 항만 · 공항 · 도로 · 간척 등 공공사업
⑤ 국가 또는 지방자치단체가 직접 시행하거나 위탁하여 시행하는 사업

⑥ 농지의 지력증진을 위한 객토사업

⑦ 지방자치단체의 장이 시책상 특히 필요하다고 인정하는 토석채취사업

(4) 변상 비용의 면제

사방지의 지정을 해제 받고자 하는 자는 사방사업의 시행에 소요된 비용을 사업시행자 또는 관리자에게 변상하여야 하나, 신 · 재생에너지 발전사업의 경우, 규칙 제19조제3항에 의해 그 비용을 면제 받을 수 있다.

6. 사도개설의 허가

태양광발전소를 건설함에 있어, 구조물의 운송 등을 위해 사도를 개설할 필요가 있을 때 득해야하는 인 · 허가를 말한다.

(1) 허가권자

시장 또는 군수

(2) 관련 법령

① 사도법 제4조(개설허가)

② 동법 시행령 제2조(개설허가 신청), 제6조(사도의 구조)

③ 동법 시행규칙 제1조(개설허가 등 신청서의 서식)

7. 무연분묘의 개장허가

태양광발전소를 건설하고자 하는 지역에 무연고 분묘가 있을 경우 개장(매장한 시체 또는 유골을 다른 분묘 또는 납골시설에 옮기거나 화장함)후 사업면적 확보를 하기 위한 인 · 허가 절차를 말한다.

(1) 허가권자

시장, 군수, 구청장

(2) 관련 법령

① 장사 등에 관한 법률 제23조(타인의 토지 등에 설치된 분묘의 처리 등)

② 동법 시행규칙 제4조(무연고 시체 등의 처리공고)

(3) 허가 대상(동법 제23조)

① 토지 소유자의 승낙 없이 당해 토지에 설치한 분묘

② 묘지 설치자 또는 연고자의 승낙 없이 당해 묘지에 설치한 분묘

(4) 허가에 의해 개장이 가능한 경우(동법 제23조)

기존 분묘의 사진, 분묘의 연고자를 알지 못하는 사유 등을 증명하는 서류를 검토하여 허가

8. 초지전용의 허가

태양광발전소를 초지에 건설하는 경우, 사업자가 해당 초지를 임대 또는 매입하여 공작물의 축조가 가능한 대지로 형질을 변경하기 위한 인 · 허가를 말한다.

(1) 허가권자

시장 또는 군수

(2) 관련 법령

① 초지법 제23조(초지의 전용 등)
② 동법 시행령 제16조(초지의 전용허가 등)
③ 동법 시행규칙 제15조(초지의 전용허가 등)

(3) 허가 기준

① 전용목적의 실현 가능성
② 전용목적사업을 위한 최소한의 필요한 토지면적
③ 인근 초지 및 농지에 피해가 없도록 하기 위한 피해방지시설의 설치계획
④ 대체시설의 설치계획(인근 초지 및 농지용 도로 등의 폐지가 수반되는 경우에 한함)
⑤ 잔여초지의 이용가능성(초지의 일부만을 전용하는 경우에 한한다)

9. 기타 인 · 허가 사항

(1) 전기사업용 전기설비의 공사계획 인가 또는 신고

전기설비의 설치 및 변경 공사를 함에 있어, 전기설비의 안전 확보 여부와 전기의 원활한 공급을 위해 그 공사계획에 대해 사전에 산업통상자원부 장관의 인가를 득하거나 신고를 해야 한다.

① 관련 행정청
　㉮ 산업통상자원부 전력산업팀(인가사항일 경우), 광역지자체(신고사항일 경우)
② 관련 법령
　㉮ 전기사업법 제61조(전기사업용전기설비의 공사계획의 인가 또는 신고)
　㉯ 동법 시행령 제42조(공사계획의 인가)
　㉰ 동법 시행규칙 제28조(인가 및 신고를 하여야 하는 공사계획)
③ 인가 및 신고 기준
　㉮ 산업통상자원부 인가사항 : 출력 10,000 kW 이상의 발전소 설치공사
　㉯ 지자체 신고사항 : 출력 10,000 kW 미만의 발전소 설치공사

(2) 사전환경성 검토 · 협의

개발사업의 허가 · 인가 등을 함에 있어 환경측면의 적정성 및 입지의 타당성 등을 검토하여 환경오염과 환경훼손을 예방하고 환경을 적정하고 지속가능하게 관리 · 보전하기 위함이다.

① 관련 행정청

㉮ 개발행위 허가권자인 시장·군수와 지방환경관서의 장

② 관련 법령

㉮ 환경정책기본법 제5조(사업자의책무), 제7조(오염원인자 책임원칙), 제10조(환경기준의 설정), 제25조(사전환경성검토)～제25조의3(사전환경성검토협의요청), 제27조(개발사업의 사전허가 등의 금지)

㉯ 동법 시행령 제7조(사전환경성검토대상 및 협의요청시기 등)～제8조(검토서의 작성내용·방법 등)

③ 개발사업의 사전허가 금지

㉮ 관계행정기관의 장은 협의의견을 통보받기 전에 개발사업에 대한 허가 등을 하여서는 아니 된다.

㉯ 협의기관의 장은 협의절차가 완료되기 전에 시행한 개발사업에 대하여는 관계 행정기관의 장에게 공사중지, 원상복구, 개발사업의 허가 등의 취소 등 필요한 조치를 할 것을 요청할 수 있다. 이 경우 관계행정기관의 장은 특별한 사유가 없는 한 이에 응하여야 한다.

④ 허가 기준

㉮ 개발행위 허가시 허가권자는 시행령 별표 1의 규정에 적합한지를 검토하여야 한다. 이때 특별시 · 광역시 · 도는 지역환경의 특수성을 고려하여 필요하다고 인정하는 때에는 당해 시 · 도의 조례로 별표 1의 규정에 의한 환경기준보다 확대 · 강화된 별도의 환경기준(이하 "지역환경기준"이라 한다)을 설정할 수 있다. 특별시장 · 광역시장 · 도지사는 지역환경기준이 설정되거나 변경된 때에는 이를 지체 없이 환경부장관에게 보고하여야 한다.

표 11-7 용도 및 규모별 사전환경성 검토대상

구분	5,000m² 이상	7,500m² 이상	10,000m² 이상	50,000m² 이상
국토의 계획 및 이용에 관한 법률	자연환경보전지역 보전관리지역	농림지역 생산관리지역	계획관리 지역	
개발제한구역의 지정 및 관리에 관한 특별소치법	개발제한구역			
자연환경 보전 법	생태계보전지역 임시생태보전지역 시·도 생태계보선시역 자연유보지역	완충지역		
조수보호 및 수렵에 관한 법률	조수보호구			
산지관리법			공익용산지	공익용산지 외
자연공원법	자연보존지구	자연환경지구		
습지보전법	습지보호지역	습지주변관리지역	습지개선지역	
수도법	광역상수도 설치지역 (공동주택의건설)	광역상수도 설치지역 (공동지역의경우 제외)		
하천법			하천구역	
소하천정비법	소하천구역			
지하수법	지하수보전구역			
수질환경보전법				
그 밖의 개발사업	사업계획면적이 최소 사전환경성검토협의대상 면적의 60% 이상인 개발사업 중 사전환경성검토가 필요하다고 관계기관의 장이 결정한 사업			
협의 시기	사업의 허가 · 인가 · 승인 · 면허 · 결정 또는 지정 전			

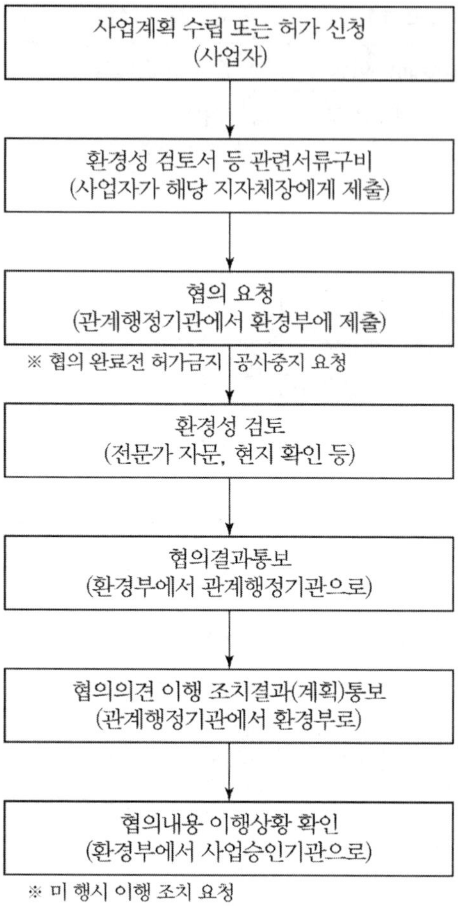

그림 11-2 사전환경성검토 업무 FLOW

(3) 문화재 지표조사

사업계획 지역에 대한 유적의 매장 및 분포여부를 확인하기 위함이다.

① 관련 행정청

㉮ 사업지역 관할 시장, 군수, 구청장을 거쳐 시·도지사에 제출, 시 · 도지사는 문화재청장과 협의

② 관련 법령

㉮ 문화재보호법 제74조(건설공사시의 문화재보호)

㉯ 동법 시행령 제43조의2(건설공사시 문화재의 보호)~제43조의4(지표조사보고서 등)

㉰ 동법 시행규칙 제59조의2(문화재 지표조사 대상사업)

③ 조사 대상

㉮ 지방자치단체의 장이 매장문화재가 매장되어 있는 것으로 인정하여 지표조사를 명하는 다음 지역에서 행하는 사업

- 문화유적이 분포되어 있거나 문화유적과 근접한 지역
- 문화재지표조사보고서, 문화유적분포지도, 문화유적원부, 그 밖의 학술문헌에 근거하여 문화유적이 분포되어 있을 것으로 판단되는 지역
- 과거 문화재가 출토된 바 있는 지역
- 경주시 · 공주시 · 김해시 및 부여군 그밖에 문화재청장이 정하는 고도지역
- 관계전문가의 자문의견에 비추어 지형여건상 매장문화재의 매장가능성이 높은 지역
- 동법 규정에 의하여 매장문화재가 발견된 곳으로 신고된 지역

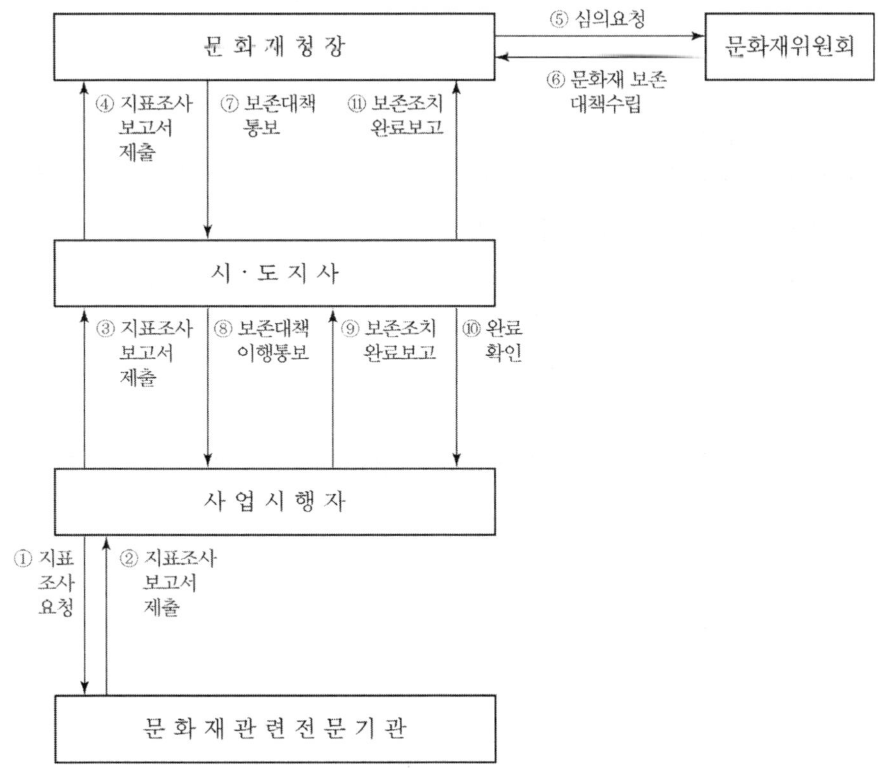

그림 11-3 문화재관련 지표조사 절차

[비고] 법 제74조의2에 의해 문화재 지표조사 대상 지역에서 건설공사를 수행코자 하는 사업자는 사업계획 수립시 당해 공사지역에 대한 유적의 매장 및 분포여부를 확인하기 위하여 문화재 지표조사를 실시하여야 한다.

④ 보고서에 포함되어야 할 내용

㉮ 건설공사 대상지역의 역사·고고·민속·지질 및 자연환경에 대한 문헌조사 및 현장조사 내용

㉯ 해당 지표조사를 실시한 문화재관련 전문기관의 조사자의 의견

(4) 건축물 허가

태양광발전소를 건설하려는 사업자는 건축물의 용도 등을 정하여 건축물의 안전·기능·환경 및 미관을 향상시킴으로써 공공복리의 증진을 기하여야 한다.

① 허가권자

시장, 군수, 구청장

② 관련 법령

㉮ 건축법 제8조(건축허가), 제11조(건축허가 등의 수수료), 제12조(건축허가의제한), 제16조(착공신고 등), 제18조(건축물의 사용승인), 제33조(대지와 도로의 관계)

㉯ 동법 시행령 제8조(건축허가), 제9조(건축허가 등의 신청), 제17조(건축물의사용승인), 제28조(대지와 도로와의 관계)

㉰ 동법 시행규칙 제6조(건축허가신청 등), 제10조(건축허가 등의 수수료), 제14조(착공신고 등), 제16조(사용승인신청)

③ 허가 신청시 주요 검토사항

㉮ 건축물에 관한 입지 및 규모의 검토

㉯ 건축물의 대지 및 도로와의 관계 검토

㉰ 건축물의 구조 및 재료의 적정성

④ 허가신청에 필요한 설계도서(건축법 시행규칙 제6조 별표2)는 표 11-8과 같다

표 11-8 건축허가신청에 필요한 설계도서

도서의 종류	조서의 축척	표시하여야 할 사항
건축계획서	임의	개요(위치 · 대지면적 등) 지역 · 지구 및 도시계획사항 건축물의 규모(건축면적 · 연면적 · 높이 · 층수 등) 건축물의 용도별 면적 주차장규모 에너지절약계획서(해당건축물에 한한다) 노인 및 장애인 등을 위한 편의시설 설치계획서 (관계법령에 의하여 설치의무가 있는 경우에 한한다)
배치도	임의	축척 및 방위 대지에 접한 도로의 길이 및 너비 대지의 종 · 횡단면도 건축선 및 대지경계선으로부터 건축물까지의 거리 주차동선 및 옥외주차계획 공개공지 및 조경계획
평면도	임의	1층 및 기순층 평번도 기둥 · 벽 · 창문 등의 위치 방화구획 및 방화문의 위치 복도 및 계단의 위치 승강기의 위치
입면도	임의	2면 이상의 입면계획 외부마감재료
단면도	임의	종 · 횡단면도 건축물의 높이, 각층의 높이 및 반자높이
구조도 (구조안전확인 대상건축물)	임의	구조내력상 주요한 부분의 평면 및 단면 주요부분의 상세도면
시방서	임의	시방내용(건설교통부장관이 작성한 표준시방서에 없는 공법인 경우에 한한다) 흙막이공법 및 도면
실내마감도	임의	벽 및 반자의 마감의 종류
소발설비도	임의	「소방시설설치유지 및 안전관리에 관한 법률」에 따라 소방관서의 장의 동의를 얻어야 하는 건축물의 해당소방 관련 설비
건축설비도	임의	냉 · 난방설비, 위생설비, 환경설비, 전기설비, 통신설비, 승강설비 등 건축설비
토지굴작 및 옹벽도	임의	지하매설구조물 현황 흙막이 구조(지하 2층 이상의 지하층을 설치하는 경우에 한한다) 단면상세 옹벽구조

(5) 공작물 축조 신고

일정한 공작물은 설치 전에 그 축조에 대하여 건축법에 따라 신고를 하여야 한다.

① 신고기관

시장, 군수, 구청장

② 관련법령

㉮ 건축법 제72조(옹벽 등 공작물에의 준용)

㉯ 동법 시행령 제118조(옹벽 등 공작물 등에의 준용)

㉰ 동법 시행규칙 제41조(공작물 축조신고)

③ 신고대상 공작물

㉮ 높이 6m를 넘는 굴뚝

㉯ 높이 6m를 넘는 장식탑·기념탑 기타 이와 유사한 것

㉰ 높이 4m를 넘는 광고탑·광고판 기타 이와 유사한 것

㉱ 높이 8m를 넘는 고가수조 기타 이와 유사한 것

㉲ 높이 2m를 넘는 옹벽 또는 담장

㉳ 바닥면적 30m를 넘는 지하대피호

㉴ 높이 6m를 넘는 운동시설을 위한 철탑과 주거지역 및 상업지역안에 설치하는 통신용 철탑 기타 이와 유사한 것

㉵ 높이 8m(위험방지를 위한 난간의 높이를 제외한다) 이하의 기계식 주차장 및 철골조립식 주차장(바닥면이 조립식이 아닌 것을 포함한다)으로서 외벽이 없는 것

㉶ 건축조례가 정하는 제조시설·저장시설(시멘트저장용 싸이로를 포함한다). 유희시설 기타 이와 유사한 것

㉷ 건축물의 구조에 심대한 영향을 줄 수 있는 중량물로서 건축조례가 정하는 것

(6) 자연공원의 점 · 사용 허가

태양광발전소를 자연공원으로 지정된 지역에 건설하고자 할 경우, 사업자가 그 건설을 위해 득해야하는 허가사항이다.

① 허가권자

공원관리청장

② 관련 법령

㉮ 자연공원법 제23조(행위허가)

㉯ 동법 시행령 제17조(행위허가 신청 등), 동법 제21조(허가에 관한 관계행정기관과의 협의 등)

㉰ 동법 시행규칙 제18조(행위허가신청서 등)

③ 허가 기준

㉮ 공익을 위하여 반드시 필요한 행위 또는 시설로서 당해 환경지구가 아니고는 할 수 없는 행위 또는 시설

㉯ 국방상 필요한 행위 또는 시설

(7) 군사시설 보호지역 사용에 관한 협의

태양광발전소를 군사시설보호지역으로 지정된 지역에 건설하고자 할 경우, 사업자는 관계행정기관의 장에게 필요서류를 제출하고, 관계행정기관의 장은 그 건설을 위해 국방부장관 또는 관할부대장과 협의하여야 하는 사항이다.

① 협의대상자

㉮ 관계 행정기관의 장과 국방부장관 또는 관할부대장

② 관련 법령

㉮ 군사시설보호법 제10조(행정청의 허가사항에 관한 협의 등)

㉯ 동법 시행령 제11조(행정청의 허가사항에 관한 협의 등)

㉰ 동법 시행규칙 제5조(행정청의 허가사항에 관한 협의)

③ 필요서류 목록

㉮ 행정청의 허가에 관한 협의서 1부

㉯ 위치도(1 : 50,000 또는 1 : 25,000 지형도) 1부

㉰ 사업계획개요서 1부

㉱ 계획구역이 도시된 지적도등본 또는 임야도등본 1부

㉲ 시설배치요도(평면, 주택 기타 구조물에 한함) 1부

㉳ 시설단면요도(입면, 주택 기타 구조물에 한함) 1부

11.2.2 유관기관과의 업무협의

1. 송전용 전기설비 이용신청(한국전력공사)

전력의 안정적 공급을 위해 발전소가 건설될 지역의 송·변전 설비의 용량 등 공급신뢰도 및 안정적인 발전력 공급, 계통운용의 효율성이 고려된 한전의 송전용 전기설비의 이용 가능 여부를 검토한다.

(1) 관련기관

한국전력공사 전력관리처 계통운영부 계통계획실

(2) 관련 법령(규정)

① 전기사업법 제15조(송배전용전기설비의 이용요금 등)

② 동법 시행규칙 제14조(송배전용전기설비의 이용요금 및 이용조건의 내용)

③ 송전용 전기설비 이용규정(한국전력공사)

(3) 검토 기준

① 송전용 전기설비이용을 위한 기술조건을 만족하여야 함

⇒ 세부기술기준은 "송전용 전기설비 이용규정" 별표3(계통연계기준), 별표4(일반 접속조건) 및 별표5(발전접속조건) 참조

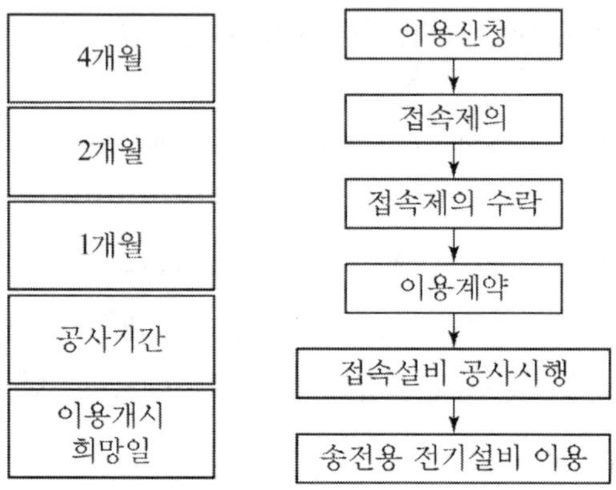

그림 11-4 송전용 전기설비 이용 허가절차

2. 발전회사 등록(한국전력거래소)

민간 발전사업자가 발전사업 추진에 있어 국내 전력계통에 전력을 공급하는데 필요한 기술적 · 행정적 사항을 전력시장 운영기관인 전력거래소와 협의할 수 있는 창구를 마련하기 위함이다.

(1) 등록기관

한국전력거래소 시장운영팀

(2) 관련 법령

① 전기사업법 제31조(전력거래)

② 동법 시행령 제19조(전력거래)

③ 전력시장운영규칙(한국전력거래소)

(3) 등록 조건

① 전기(발전)사업 허가를 득할 것

② 전력시장운영규칙상의 기술기준을 만족할 것

③ 회원가입비 및 연회비 납부

3. 사업용 전기설비의 사용전 검사(한국전기안전공사)

전기설비의 설치 또는 변경 공사시 전기설비의 설치상태가 기술기준에 적합한지의 여부를 검사하여 안정적인 전력공급을 보장하기 위함이다.

(1) 검사기관

한국전기안전공사 법정검사팀

(2) 관련 법령

① 전기사업법 제63조(사용전검사)

② 동법 시행규칙 제28조(인가 및 신고를 하여야 하는 공사계획), 제31조(사용전검사의 대상 · 기준 및 절차)

(3) 검사 기준

전기설비 기술기준 및 검사기준에 적합 유무를, 합격, 부분합격, 임시사용, 불합격으로 구분하여 판정

4. 관련 지원을 위한 설치확인(한국에너지공단)

(1) 관련기관

한국에너지공단 신 · 재생에너지센터 신 · 재생에너지기술지원실

(2) 관련 법령

신에너지 및 재생에너지 개발 · 이용 · 보급 촉진법 제17조

(3) 신청 절차

한국전기안전공사의 사용전검사 완료 후 설치확인 신청

⇒ 설치확인 접수 후 10일 이내에 설치확인서 발급

(4) 필요서류 목록

① 발전사업 허가증 사본 1부

② 한국전기안전공사 사용전검사필증 사본 1부

③ 총 사업비에 대한 무상지원비율 확인 증빙서류 1부

④ 신 · 재생에너지설비 현장배치도(단면도 또는 Lay-out) 1부

⑤ 연간 연료사용계획서(폐기물소각, 바이오에너지, 연료전지 발전사업자에 한함) 1부

5. 주민들과의 사전협의

(1) 태양광발전사업 추진 시 사업자들이 행정청으로부터의 인 · 허가를 조속히 받는 것에만 초점을 맞추어, 사업설명회 등 인근 주민들의 수용성 확보를 위한 노력에 다소 무관심한 측면이 있을 수 있다.

(2) 이러한 주민반발로 인한 사업추진의 어려움을 피하기 위해서는 사업자는 사업 준비 단계부터 세밀한 주민설득 계획을 세워야만 되며, 개발부지가 환경영향평가나 사전환경성검토 대상이 아니라 하더라도 사업자는 자발적으로 태양광단지건설에 따른 환경과 경관에 미치는 영향을 조사하여 주민들에게 발표할 필요가 있다.

① 일조량 및 부지 소유상황 파악 등 예정부지에 대한 사전조사

㉮ 인근 지역주민 대표자들에게 조사 사실을 알리고 협조를 요청

② 대상 부지 선정 및 인·허가 취득 등 사업 착수

㉮ 태양광발전소 건설에 따라 생활환경에 영향을 받을 수 있는 지역주민들 대상

㉯ 1차 설명회 : 사업개요, 발전소 건설 및 운전에 따른 환경문제 저감대책과 주민들에 대한 지원방안 등

㉰ 2차 설명회 : 1차 설명회 후 주민들 사이에서 제기되는 다양한 비판을 청취하고 이에 대한 해결책을 제시

㉱ 토론회 : 설명회 이후에도 주민들이 만족하지 못하는 경우, 지역 시민단체, 관련 국책연구소 등 객관성을 가지는 제3의 기관을 주관으로 객관적 자료 제시와 토론을 통해 주민들의 동의를 유도

11.3 경제성 분석(Economic Feasibility)

설비투자 의사결정에 기초자료로 이용되며 분석방법에는 여러 가지가 있으나 본서에서는 초기투자비 산정시 차입금리와 연간 물가상승률 등을 고려하여 자본회수계수(CRF)를 결정한 다음 연간 운영비를 시산하여 결정 적용하도록 구성하였다.

(1) 투자수익성 분석(Benefit/Cost Analysis : BCA)

(2) 수명주기 분석(Life Cycle Analysis : LCA)

(3) 정태적 분석(Static Analysis) – 기술진보, 시장변화, 경제구조변화 무시

(4) 동태적 분석(Dynamic Analysis) – 정태적 분석의 반대 즉, 변화 고려

$$\text{실적원가} = \frac{\text{감가상각비} + \text{운전유지비} + \text{세금} + \text{보험료}}{\text{연간 총에너지 발생량}} = \text{단위생산원가}$$

에너지공급설비 연간소요비용

$$= \frac{(i-K)(1+i)^n}{[(1+i)^n-(1+K)^n](1+K)}C + A - \frac{(i-K)(1+i)^n}{(1+i)^n-(1+K)^n}(F-T)$$

여기서, i : 차입금리[%]

K : 연간물가상승률[%]

n : 감가상각년수[년]

C : 초기투자비(건설비+제반세금)

A : 변동비(유지수선비+제세공과금)

F : 잔존가

T : 철거처리비

$$자본회수계수(CRF) = \frac{i(1+i)^n}{i(1+i)^n - 1}$$

여기서, i : 할인율, n : 수명기간

$$연가소요비용(AK) = I_o\ CRF + K_o$$

여기서, I_o : 초기투자비용

K_o : 연간유지비용

$I_o\ CRF$: 초기투자비를 설비수명기간, 매년 회수하는 비용

11.3.1 원가분석기초

(1) 분석절차/발전차액 지원정책 결정시에는 그림 11-5를 참조한다.

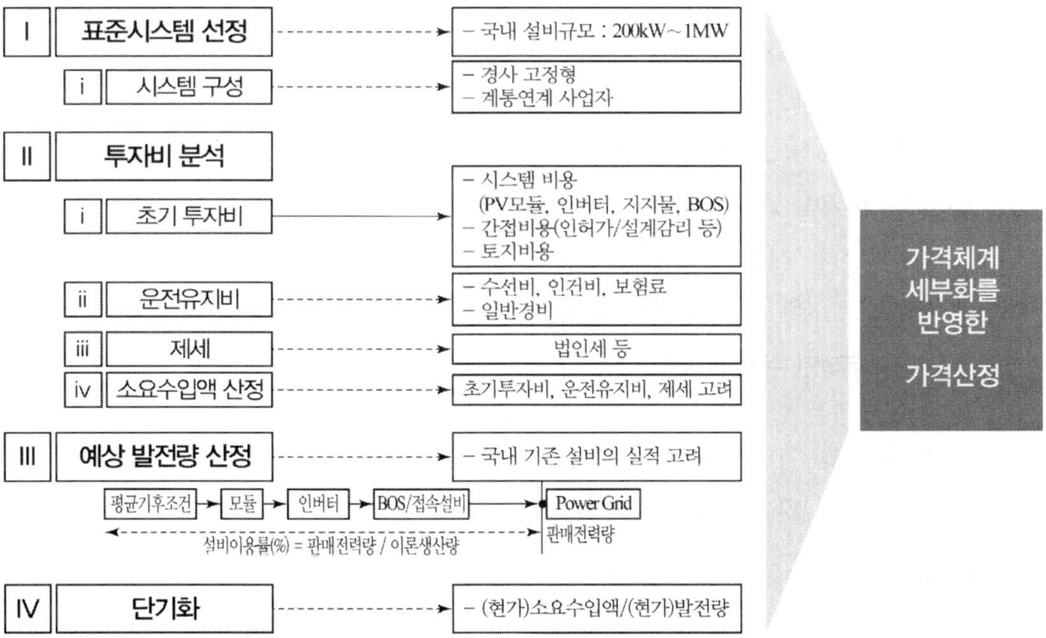

그림 11-5 원가분석 요소

표 11-9 원가 구성요소

구 분		산정기준
주 설 비	• PV모듈	• 국제시세($/₩), 낙찰률 및 환율
	• 인버터	• 국제시세 감안 국내 도입가격(원/kVA)
	• 지지물	• 경사고정형 기준, 국내 실적 반영
계통연계	• 수배전/연계설비	• 수배전설비, 연계공사 등 총 시스템비용
	• 모니터링설비	• 모니터링설비
공 사 비	• 토목/전기공사	• 토목 및 전기공사, 국내실적 및 '년도 산출기준 감안
	• BOS	• 전선, 잡자재 등, 국내 실적 및 '년도 산출기준 감안
	• 기타	• 안전시설 등
인허가/설계감리/검사	• 인허가용역	• 전기사업허가, 개발행위허가, 사전환경성검토, 한국전력송배전 기술검토
	• 설계 및 감리	• 설계비용 및 감리비용
	• 검사비용	• 계통 병입 검사
토지비용		• 경사고정형 기준, 소요면적, 소요비요, 잔존가치 반영

11.3.2 사업계획서의 골격체계(Outline of Business Plan)

1. 경영 요약

(1) 제안하는 사업의 내용

① 상품 및 서비스의 내용

② 도표, 그림 또는 사진으로 표현

(2) 제안하는 마케팅 기법의 요약

① 목표로 하는 시장의 내용

② 세분된 시장에 접근 경로의 설명

(3) 추정된 재무적인 수치의 요약

① 목표로 하는 판매금액

② 필요로 하는 창업자본의 추정액

③ 손익분기점 및 투자금액 환수계획

2. 사업목표

(1) 서비스가 갖고 있는 장점

(2) 제안된 사업의 장기 및 단기 목표

3. 제안하는 사업의 배경

(1) 제안사업의 기존의 상태에 관한 요약적 기술

(2) 진입하려는 사업의 공간적인 상태에 관한 상세한 기술

① 사업 및 산업분야에서의 기대예상과 추세에 관한 기술

② 경쟁에 대응할 전략 내용

③ 서비스의 특성에 관한 기술

4. 서비스의 기술적 내용과 경제

(1) 서비스가 어떻게 사용되는지에 관한 기술적이며 정확한 표현

(2) 실험 및 실험 목적과 결과물의 요약기술

(3) 판매이익을 구체적으로 기술

5. 공정계획

(1) 필요한 사업기능과 관계소개

(2) 요구되는 장비, 시설물, 공간, 입지소개

(3) 필요로 하는 연구 및 개발시설을 설명

6. 부속자료

(1) 도표화된 제공될 서비스를 설명

(2) 공구 및 도구의 추정비용과 생산에 필요한 세목을 설명

(3) 필요로 하는 자본적인 장비들과 비용을 설명

(4) 배치도와 공정흐름을 나타낸 차트와 관련된 비용명세서 설명

(5) 다음의 재무제표 자료를 첨부

① 처음 2년간은 매달, 3년째부터는 분기별 예상 재무제표와 대차대조표

② 처음 2년간 월별 현금흐름분석표

③ 월별비용과 고정자산 획득 일정표

7. 결론

(1) 필요로 하는 총자본과 사용될 안정적인 요인을 기술

(2) 얼마의 이윤이 기대 되어지며, 언제 성취될 것인지에 기술

(3) 필요로 하는 총자본액의 크기와 조달방법에 대하여 기술

(4) 창업계획 일정을 기술

11.3.3 태양광발전설비의 Life Cycle Costing

1. LCC(Life Cycle Costing)의 개념 및 중요성

태양광발전설비를 일반적인 공업상품과 비교해 보면 여러 가지의 큰 차이점이 존재한다. 그 중 주요한 차이점 3가지를 열거하면 다음과 같다.

(1) 유일성

이 세상의 모든 태양광발전설비 중 똑같은 조건을 갖고 있는 태양광발전설비는 존재하지 않는다. 설령 크기, 외관 및 내부설계가 완전히 동일하다고 하여도 태양광발전설비가 서있는 위치가 같을 수는 없는 것이다. 그러므로 모든 태양광발전설비는 유일무이한 독특한 존재라고 할 수 있다. 이에 비해 대부분의 공업상품은 동일한 제품을 대량생산하는 것이 일반적이다.

(2) 다양한 자원의 결합

하나의 태양광발전설비가 완성되기 위해서는 설계와 시공의 과정이 필수적으로 요구되는데 이때 필요한 자원의 종류는 적게는 수십 가지에서 많게는 수백 가지에 이를 정도로 다양한 자원의 동원 및 결합이 필수적이다. 또한 태양광발전설비가 완성된 후 사용을 위해 필요한 유지관리에서도 다양한 자원이 필요하다. 공업상품은 종류에 따라 어떤 경우에는 수많은 자원을 필요로 하는 것도 있으나 대부분의 경우 태양광발전설비에 비해 소수의 자원만 요구되는 것이 일반적이다.

(3) 매우 긴 생산기간과 사용기간

대부분의 공업상품에 비해 태양광발전설비는 생산기간이 길고 사용기간도 수십 년에 이를 정도로 매우 긴 생애주기 특징을 가지고 있다.

태양광발전설비의 생애주기란 태양광발전설비의 탄생에서 종말에 이르는 전 과정을 나타내는 용어로 일반적으로 다음의 단계를 포함한다 : 기획단계, 설계단계, 입찰 및 계약단계, 시공계획단계, 시공단계, 인도단계, 운영단계, 폐기처분단계.

태양광발전설비의 생애주기비용은 태양광발전설비의 수명주기 동안에 발생되는 모든 비용 즉 기획, 설계, 시공, 운영 및 폐기처분 등에 소요되는 전체비용의 총합을 의미한다. 나아가 생애주기비용은 태양광발전설비 투자에 관한 보다 효과적인 의사결정을 위하여 LCC에 근거한 제반 경제적 평가를 가리킨다. 이러한 측면에서 생애주기비용 기법은 태양광발전설비의 설계, 시공단계뿐만 아니라 전체 사용기간 동안의 전략적 의사결정을 위한 필수적 관리수법 중의 하나이다. 이러한 수명주기비용의 개념에 따라 어떠한 하드웨어 시스템이나 소프트웨어 시스템에도 적용될 수 있다. 건설 분야의 경우 주로 하드웨어 시스템에 적용되는데 태양광발전설비의 경우 각 부위부품들이 주요 대상이다.

태양광발전설비의 경우 위에서 설명한 바와 같이 수명주기가 매우 긴 관계로, 물리적 수명동안 태양광발전설비를 사용할 경우 유지관리비가 발생되고 있다.

LCC기법 분석의 절차를 요약하면 다음의 그림 11-6과 같다.

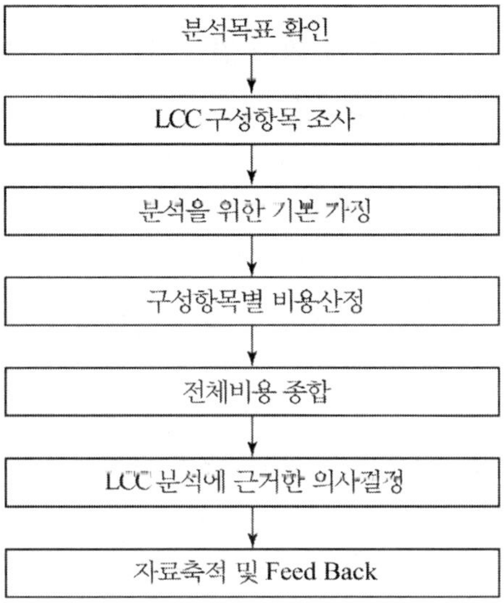

그림 11-6 LCC 분석절차

2. LCC 구성항목

분석목표에 따라 LCC 구성항목이 결정되어 진다. 일반적인 경우의 LCC 구성항목은 다음의 표 11-10과 같다.

표 11-10 Life Cycle Cost 구성항목

구 성 항 목	내 용
Planning Costs (기획비)	– 계획비 – 타당성조사비
Design Costs (설계비)	– Engineering Fee
Construction Costs (건설비)	– 직접공사비 – 간접공사비(현장관리비, 산재보험료, 안전관리비, 일반관리비 등)
Running Costs – 운영 및 일상(소)수선비 (Operation & Minor Maintenance Costs)	– 일반관리비 – 청소비(오물수거비 포함) – 일상(소)수선비 – 전기료 수도료 – 난방비
Remaining Value & Removal Costs – 폐기처분비	– 잔존가치 – 폐기처분비

(1) 분석기간

분석기간은 수명주기를 얼마동안으로 산정할 것인가에 대한 가정이다. 분석기간의 가정에는 다음과 같은 태양광발전설비부품의 수명에 대한 고려가 필요하다.

3. 태양광발전설비의 수명

(1) 물리적 수명 : 물리적인 노후화에 의해 결정되는 수명이다.

(2) 기능적 수명 : 원래의 기능을 충분히 달성하지 못함으로서 결정되는 수명이다.

(3) 사회적 수명 : 기술의 발달로 사용가치가 현저히 떨어지는 것에 의해 결정되는 수명이다.

(4) 경제적 수명 : 지가의 상승, 기술의 발달 등으로 인해 경제성이 현저히 떨어지는 것에 의해 결정되는 수명이다.

(5) 법적 수명 : 공공의 안전등을 위해 법으로 정해진 수명이다.

4. 전체비용 종합

구성항목별 비용 산정이 완료되면 이들 비용을 종합함으로서 총비용을 구할 수 있다. 총비용에는 2가지 종류가 있으며 이들은 다음과 같다.

(1) 불변 총비용 : 구성항목별 비용들을 단순히 더한(+) 비용이다. 이는 구성항목별 비용들간의 상호 비교목적으로 사용된다.

(2) 할인 총비용 : 구성항목별 비용들을 현가로 환산하여 더한(+) 비용이다. 이는 현가에 기초한 의사결정 목적에 사용된다.

5. LCC기법의 활용

LCC기법은 건설 분야에서 매우 다양하게 이용될 수 있다. 주요한 활용분야를 요약하면 다음과 같다.

(1) 합리적 투자 : 일반적으로 발주자는 주로 초기비용에만 관심을 가진다. 그러나 현명한 발주자와 투자자는 초기비용도 중요하지만 수명주기비용의 최적화가 총체적 관점에서 볼 때 더욱 중요하다는 것을 알고 있다. 이때 발주자와 투자자는 LCC기법을 이용하여 투자의 경제성 고양 및 합리화를 꾀할 수 있다.

(2) LCC 기준 입찰 : 초기공사비가 적으면 흔히 운영관리비가 상대적으로 증가한다. 그러므로 발주자는 입찰 시부터 Life Cycle 동안의 총비용을 계상하는 LCC 기준 입찰을 요구할 수 있다. 이렇게 LCC기법을 입찰안내에 활용함으로써 발주자는 투자의 가치를 극대화 할 수 있다.

(3) 발주자의 의사결정 지원 : 흔히 발주자는 태양광발전프로젝트에 관한 전문적 지식을 갖고 있지 못하다. 이런 경우 발주자는 Project Manager로부터 프로젝트의 각종 구상에 대한 전문적인 조언을 받게 된다.

이때 Project Manager는 LCC기법을 이용하여 프로젝트 진행과정 중 발주자와 투자자의 각종 구상에 대한 의사결정을 지원할 수 있다.

(4) 입찰전략의 일환으로 활용 : 선진국의 경우 경쟁 입찰 시 대안입찰제도가 활성화되어 있다. 이 제도는 국내에서도 부분적으로 사용되고 있다.
이때 도급자(입찰자)는 입찰전략의 일환으로 LCC기법을 활용하여 대안 입찰에 임할 경우 수주의 기회를 고양시킬 수 있다.

(5) 설계대안의 선택 : 설계자는 항상 여러 가지의 설계대안 중 최적대안의 선택에 관하여 고심하게 된다. 이때 LCC기법의 활용은 다른 조건이 비슷할 경우, 최적대안 선정을 위한 중요한 의사결정 도구로 활용될 수 있다.

(6) 수선계획 및 수선충당금 산정 : LCC의 일부인 사용기간 동안의 수선유지비를 추정함으로서 장래 수선계획 및 요구되는 수선충당금을 산정할 수 있다. 그러므로 LCC기법은 태양광발전설비 관리자 또는 수선책임자에게도 매우 중요한 업무도구이다.

(7) 경제수명의 예측 : 태양광발전설비의 수명은 다양한 요인 즉, 물리적 수명, 사회적 수명, 법적 수명, 경제적 수명, 등에 의하여 결정된다. 여기서 LCC기법을 이용하면 태양광발전설비의 경제적 수명을 효과적으로 예측할 수 있다.

(8) 의사결정 지원도구 : 위에서 살펴본 바와 같이 태양광발전설비에 관련된 사람들에게 사안에 따라 경제적 측면의 의사결정 지원도구로 활용될 수 있다.

(9) LCC기법과 함께 태양광발전설비에 관련된 투자분야에서 활용할 필요가 있는 기법들로는 B/C Ratio, NPV 등이 있다.

6. LCC과 타당성조사

타당성조사는 해당사업에 대한 생존성(타당성)을 검토하고자 하는 것으로 주요 검토분야는 다음과 같다.

(1) 기술적 타당성 (Technical Feasibility)
(2) 경제적 타당성 (Economical Feasibility)
(3) 재무적 타당성 (Financial Feasibility)
(4) 법규적 타당성 (Legal Feasibility)
(5) 정치적 타당성 (Political Feasibility)
(6) 사회적 타당성 (Social Feasibility)
(7) 환경적 타당성 (Environmental Feasibility)

여기서 일반적인 경우에 있어서 가장 중요시되는 것이 경제적 타당성이다. 경제적 타당성은 투자이익을 검토하고자 하는 것으로 태양광설비개발 시의 비용항목은 기획비용, 토지비용, 설계비, 시공비, 시간비용 등이고, 태양광설비투자 시의 기획비용, 토지비용, 설계비용, 시공비용, 운영관리비용, 폐기처분비용, 시간비용 등이다. 이들 비용은 LCC의 비용항목들과 거의 일치한다. 그러므로 LCC기법과 타당성조사는 상호연관성이 매우 깊다고 할 수 있다.

7. LCC기법의 문제점

LCC기법이론의 합리성과 설득력에도 불구하고 LCC기법은 널리 사용되지 못하고 있다. 그 이유는 사용자의 비적극성도 관계되지만 건설 산업과 태양광발전설비 자체에 관한 문제점에 크게 관계된다. 이들 문제점을 분류하면 크게 자료에 관한 문제점과 위험 및 불확실성에 관한 문제점으로 나눌 수 있다.

(1) 자료(Data)에 관한 문제점

특정 태양광발전설비에 대한 LCC기법 분석을 하고자 하는 경우에 반드시 필요한 것이 유사설비에 관한 과거자료이다. 그러나 유사설비에 대한 과거 실적자료가 제대로 보존되어 있는 경우는 흔치 않다. 설사 실적자료가 어느 정도 존재하는 경우에도 통상적으로 다음과 같은 문제를 안고 있다.

① 자료의 불충분/불완전성 : 특정기간동안의 자료가 일부만 존재하고 완벽하게 처음부터 끝까지 존재하지 않는 경우가 대부분이다.

② 자료의 불비교성 : 유사설비의 자료가 존재해도 위치, 사용정도, 수선유지 정도 등의 차이 때문에 자료간의 비교가 용이치 않다.

③ 자료의 비신뢰성 : 유사설비의 자료가 존재해도 태양광발전설비의 정책, 요식행위, 감세목적 등의 이유로 자료의 신뢰성이 문제가 되는 경우가 많다.

(2) 위험 및 불확실성에 관한 문제점

LCC기법은 정의 자체가 미래를 다루는 일이고 미래는 항상 불확실하고 결국 추측에 의존할 뿐이다. 태양광발전설비 LCC기법에 있어서 특히 불확실성과 위험 요소가 많은 부분은 주로 시공후의 비용항목들이다. 예를 들면 운영관리비, 교체 및 수선비, 폐기처분비 등이다. 이들 비용에 영향을 미치는 요소는 태양광발전설비 및 부품들의 사용수명, 필요 수선의 정도, 물가상승률 및 할인율의 선택, 세금 및 보험관계 등이다.

특히 장기수선비 추정의 경우 대부분의 장기수선 항목들은 수선시작시기, 수선주기, 수선율 등에 의하여 특징지어지는데 이들은 모두 수많은 불확정 요인들에 의해 영향을 받는다. 그러나 대부분의 기존 모델들은 이러한 불확정 요인에 대한 충분한 고려 없이 과거 데이터를 확정적 방식으로 사용하였다. 그러므로 확정적 방식에 의한 장기수선비 예측은 현실성이 매우 취약한 단점이 있었으며 이에 근거한 LCC기법 역시 실질적이지 못하였다.

이러한 차원에서 태양광발전설비에 대한 중요한 의사결정 지원수단인 LCC기법의 실무적 활용을 촉진하기 위해서는, 위에서 언급된 태양광발전설비 LCC기법에 있어서의 근본적인 문제점들에 대한 개선책 연구가 지속적으로 추진되어야 한다.

이에 추가하여 LCC기법의 실무적 활용을 촉진하기 위해서는 정부차원의 법규를 통한 유인책의 확대가 필요하고, 더욱 중요한 것은 개발자 및 투자자들의 LCC기법의 중요성에 대한 이해의 증진과 함께 의사결정의 중요한 도구로 활용해야 보다 효과적인 의사결정이 된다는 인식의 전환이 요구된다.

11.3.4 발전량 산출 및 판매

1. PV시스템의 발전 가능량 산출

(1) 태양전지 어레이 필요 용량[kW] 산출

$$P_{AD} = \frac{E_L \times D \times R}{\left(\frac{H_A}{G_s}\right) \times K}$$

여기서, P_{AD} : 표준상태에서의 태양전지 어레이 필요 출력[kW]
(AM(대기질량) 1.5, 일사강도 1,000[W/m^2], 태양전지 셀 온도 25[℃])
H_A : 어떤 기간에 얻을 수 있는 어레이 표면(경사면) 일사량[kWh/(m^2 · 기간)]
G_s : 표준상태에서의 일사강도[kW/m^2](=1[kW/m^2])
E_L : 어느 기간에서의 부하소비전력량(전력수요량)[kwh/기간]
D : 부하의 태양광발전시스템에 대한 의존율=1−(백업 전원전력의 의존율)
R : 설계여유계수 (추정일사량의 정확성 등 설치환경에 따른 보정)
K : 종합설계계수 (태양전지 모듈 출력의 불균형 보정, 회로손실, 기기에 의한 손실 등을 포함)

$$K = K_d \times K_t \times \eta_{INV}$$

여기서, K_d : 직류보정계수(태양전지 표면의 오염, 일사강도 변화에 따른 손실의 보정, 태양전지 특성차에 의한 보정값, 축전지 손실률)
K_t : 태양전지 온도상승에 따른 보정 계수(계절별로 상이, 약 0.85)
η_{INV} : 인버터 변환 효율(약 0.95)

(2) 월간 발전 가능량 산출

① 경사면 일사량에 의한 방법 : 월간 발전 가능량(시스템 발전전력량) E_{PM}

$$E_{PM} = P_{AS} \times \left(\frac{H_{AM}}{G_S}\right) \times K \text{ [kWh/월]}$$

여기서, P_{AS} : 표준상태에서의 태양전지 어레이(모듈 총 수량) 출력[kW]
H_{AM} : 월 적산 어레이 표면(경사면) 일사량[kWh/(m^2 · 월)]

G_S : 표준상태에서의 일사강도[kW/m²]=1[kW/m²])

K : 종합설계계수

② 발전시간에 의한 방법

$$\text{일평균 발전시간} = \frac{\text{1년간 발전전력량[kWh]}}{\text{시스템 용량[kW]} \times \text{운전일수}}$$

$$\text{시스템 이용률[\%]} = \frac{\text{1년간 발전전력량[kWh]}}{\text{24[h]} \times \text{운전일수} \times \text{시스템 용량[kW]}} \times 100$$

$$= \frac{\text{일평균 발전시간[h]}}{\text{24[h]}} \times 100$$

2. 발전전력의 판매액 산출

태양광 발전 전력의 판매액은 계통한계가격(SMP)과 RPS제도에 따른 공급 인증서가격(REC) 및 가중치를 적용하여 계산할 수 있으나, 최근 동향을 보면 컴퓨터 프로그램을 이용한 산출방식이 활성화되고 있다.

실제 판매단가 = 계통한계가격(SMP)+공급인증서가격(REC)×가중치/(단위 : 원)

(1) 계통한계가격

① 한전에 판매하는 전력 단가로서 월별 평균 단가를 적용한다.

② 계통한계가격(SMP) 거래시간별로 일반발전기(원자력, 석탄 외의 발전기)의 전력량에 대해 적용하는 전력시장가격(원/kWh)으로서, 시간대별로 출력이 할당된 발전기의 유효 발전가격(변동비) 가운데 가장 높은 값으로 결정된다.

(2) 공급인증서 가격

① RPS제도에 따른 공급인증서(REC) 거래 가격에 의해 결정된다.

② 공급인증서(REC) 거래시장 운영방식

REC 거래시장은 인증서 매매계약에 의해 거래되는 계약시장과 경매방식으로 운영되는 현물시장으로 나뉜다. 판매자와 구매자 쌍방이 계약을 체결하는 계약시장은 상반기와 하반기로 나누어 판매사업자를 선정하고 연중 개설된다.

계약시장의 판매사업자로 선정되지 못한 비선정 태양광발전사업자 등은 현물시장에 1REC단위로 원하는 가격을 정하여 공급인증서를 내놓을 수 있고, 매월 하루 경매를 통해 공급인증서가 거래된다. 계약시장에서 의무공급량을 채우지 못한 의무공급발전사업자는 매달 열리는 현물시장에서 REC를 구입해야 한다.

③ REC 가중치는 변화되므로 발전사업계획시 특별히 검토 고려하여야 된다.

④ 신 · 재생에너지 공급의무화제도 및 연료혼합 의무화제도 관리 운영 지침의 별표 참조한다.

Chapter 12 토질 및 기초의 개론

12.1 기본사항

12.1.1 지반의 구성 물질

암석과 흙 사이의 경계부가 변할 뿐 아니라, 흙이 암석 특성과 유사한 특성을 가지는 경우가 있기 때문에 암석과 흙을 정확하게 구분할 수 있는 정의를 내리기는 어려우나 일반적으로 통용되는 암석과 흙에 대한 정의는 다음과 같으며 지반물질의 구분은 표 12-1과 같다.

표 12-1 지반구성 물질의 분류

구분	물 질		상 태
암 석	기반암	원상태	풍화나 파쇄작용을 받지 않음.
		손상된 상태	풍화를 받지는 않았으나 균열에 의해 여러 조각으로 나누어짐.
중간지대	풍화암	원상태	풍화를 받을 모암의 구조나 조직은 그대로 유지하지만 광물입자가 변질을 받아 전반적으로 강도 저하.
		손상된 상태	풍화를 받고 불연속면이 발달하여 암반이 변질되고 연약해짐.
흙	풍화토		광물입자 대부분이 변화되었으나 모암조직은 그대로 유지.
	운반토		풍화토가 바람, 물, 중력, 빙하에 의해 이동하여 퇴적된 흙. 입도분포는 이동수단에 따라 결정.
	부식토		식생으로 형성된 유기토.

[비고] • 암석 : 한 개 이상의 광물이 강하게 결합되어 이루어졌다. 풍화로 인한 영향을 크게 받지 않아 구성광물이나 조직이 대부분 남아 있다.
• 토양 : 분리된 입자들이 약하게 결합되어 이루어졌다. 풍화나 침식, 퇴적과 정을 거쳐 생성되었으며 유기물질이 포함되어 있는 경우도 있으며, 성층면이 미약하거나 거의 발달하지 않는다.

12.1.2 토층의 분류

1. 지질학적 분류

(1) 기원에 따른 분류 (풍화토, 충적토, 풍적토, 빙적토, 붕적토 등)

(2) 산출상태에 따른 분류 (범람원, 퇴적토, 해성토, 퇴석)

(3) 구조에 따른 분류 (입도 및 입도분포에 따른 분류)

(4) 토양학적인 분류 (기후 및 지형에 따른 분류)

2. 공학적 분류

토층은 입도분포, 소성, 유기물 함유량에 따라 점성토층, 비점성토층, 사질토층, 비사질토층으로 분류하며, 공학적 특성에 따라 경질토층, 연약토, 예민토층, 비예민토층, 압축토층, 비압축토층, 팽창성토층, 비팽창성토층, 투수성토층, 불투수성토층으로 분류

12.1.3 암석의 분류

1. 지질학적 분류

암석은 기원에 따라 화성암, 퇴적암, 변성암으로 구분하며, 광물조성, 구조, 조직에 따라 암석학적으로 분류하기도 한다.

2. 공학적 분류

암석 · 암반의 강도, 풍화도 및 균열상태에 따라 풍화암, 연암, 보통암, 경암, 극경암으로 구분된다.

12.1.4 흙의 기본특성

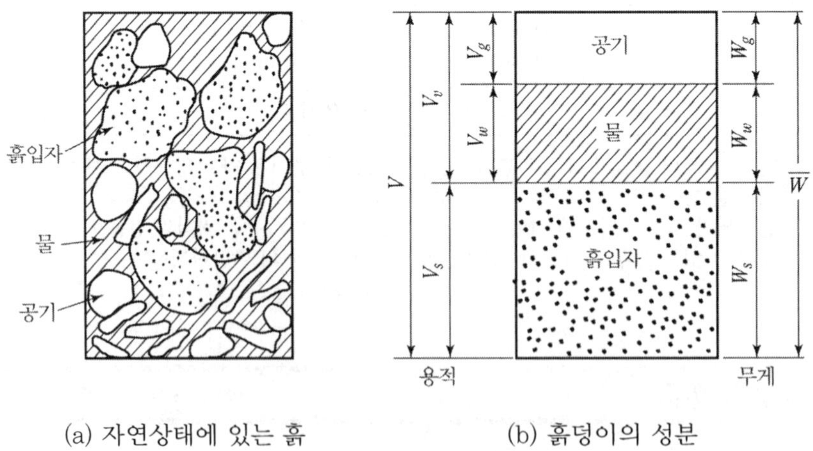

그림 12-1 흙의 골격

자연 상태에 있는 흙은 그 골격을 이루고 있는 토립자와 토립자 사이의 간극으로 이루어져 있으며, 간극은 다시 물과 공기로 채워져 있다. 즉 흙은 토립자, 물, 공기의 3가지 성분으로 이루어져 있는데 이들은 각각 고체, 액체, 기체 상태이므로 이 세가지 성분을 흙의 3상(그림 12-1의 b)이라 한다.

자연 상태의 흙(그림 12-1의 a)은 위의 그림과 같이 3가지 성분이 불규칙하게 섞여 있고 각각의 함유상태에 따라 간극률, 포화도, 함수비, 단위중량, 비중 등의 상태정수로 표현되며, 상관관계의 특수성을 이용하여 흙의 기본적인 상태를 표현한다.

또한 흙을 이루는 토립자의 입경에 따라 조립토와 세립토로 대별하고 자갈, 모래, 실트, 점토 등으로 세분하고 있으며, 세립토의 경우 함수비에 따라 액체 상태에서 고체 상태로까지 변화하면서 토사의 성질이 변화된다.

이러한 특성을 바탕으로 한 공학적인 분류방법으로는 통일분류법(U.S.C.S분류), AASHTO 분류법, FAA법과 그 외의 각국에서 기준으로 하는 분류법 등이 있으며, 가장 이해하기 쉬운 AASHTO의 분류법을 설명하면 이것은 미국 도로국의 분류인 PR의 분류를 기초로 하여 그것을 수정하여 AASHTO(American Association of State Highway and Transportation Officials)의 분류기준이 된 것이고, 우리나라에서도 많이 사용하고 있는 분류법이다.

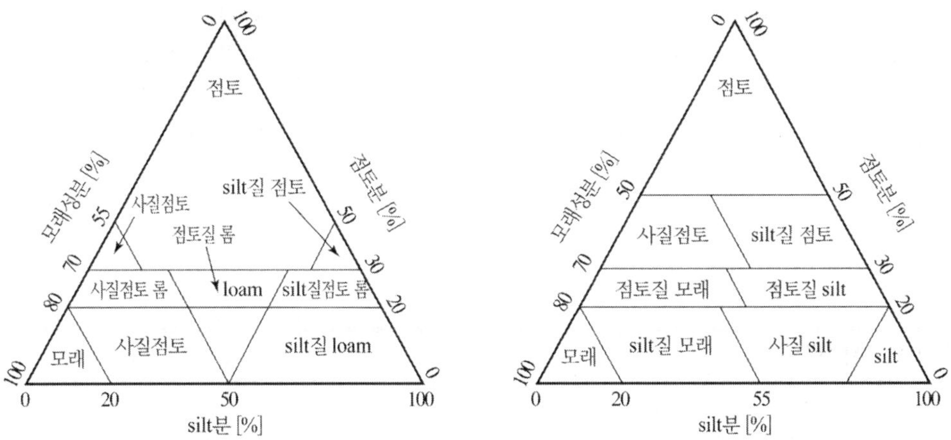

(a) 미국 도로국(P.R.)의 삼각좌표 분류 (b) Mississippi 하천관리위원회의 3각좌표 분류

그림 12-2 3각 좌표 분류

12.1.5 암반의 기본특성

암석은 광물의 집합체이며, 암반은 다양한 암석으로 구성되므로 결국 암반은 수많은 광물로 이루어져 있으며, 이들의 기원과 조직, 산상과 변형, 변질양상 등에 따라 분류가 가능하다. 즉 지각을 구성하는 모든 암석은 마그마가 냉각고결된 화성암, 화산활동, 침식작용 및 풍화작용 등에 의해 형성된 퇴적암, 이들 암석이 열과 압력에 의해 변형·변질되어 형성된 변성암으로 대분된다.

1. 암반의 구조

암반은 지각을 형성하는 암석의 집합체로서, 지각변동에 의한 압축 및 인장, 기상작용에 의한 퇴적 및 침식, 지열에 의한 가열팽창 및 냉각수축 등으로 인하여 다양한 불연속면을 갖고 있으며, 이러한 불연속면에 의해 암반의 물성이 변화된다.

표 12-2 암반의 분류기준

구 분	분류방법	개 요
지질학적 분 류	• 성인에 따른 분류	• 암석의 생성조건에 따라 분류
품 셈 에 의한 분류	• 지반조사에 의한 분류 • 탄성파 속도에 따른 분류 • 일축압축강도에 의한 분류 • 토공 작업성에 의한 분류	• 지반조사시 암반분류기준에 의거 • 해머타격 및 탄성파 속도에 의한 분류 • 암석의 강도특성에 따른 분류 • R.Q.D, T.C.R 및 탄성파 속도에 따른 분류
공 학 적 분 류	• R.Q.D를 이용한 분류 • RMR을 이용한 분류 • Q-System에 의한 분류	• 시추조사시 회수된 Core를 이용 • 암반상태를 등급화 하여 분류 • 터널공사에 영향을 미치는 특성을 등급화

12.1.6 지반조사

지반조사란 대상지반의 지형·지질, 성층분포나 지하수의 상황, 지반을 구성하는 토질이나 암석의 공학적 성질 등을 명백하게 다루기 위하여 행하는 조사 전반을 총칭하는 것으로 각종 구조물의 성토 재료조사나 시공 중의 현장측정, 실내에서의 자료조사나 토질시험 등도 그 범위에 포함된다. 다시 말해 지표로부터 지반을 천공하여 지층의 상태 등을 조사하는 방법으로서 지층구성 및 지하수위를 파악할 수 있고, 실내시험에 사용할 시료를 채취할 수 있으며, 표준관입시험이나 계측기기의 매설 등을 수행할 수 있다.

1. 지반조사의 목적

지반조사 및 시험은 기능적인 구조물을 가급적 안전하면서 경제적으로 건설하며, 또 유지관리 하는데 필요한 구체적인 지반정보를 얻는 것을 목적으로 하고 있다.

기초설계와 시공을 하기 위해서는 주어진 현장에서 흙의 실제적인 성층 구조와 여러 깊이에서 채취한 흙 시료의 시험결과 및 유사한 조건에서 시공된 다른 구조물에 대한 관찰 등에 관한 지식이 필요하다. 대부분의 중요한 구조물을 시공할 때는 그 기초지반에 대한 지반조사가 필요하며, 구체적인 목적은 다음과 같이 요약된다.

(1) 구조물의 위치선정

(2) 구조물의 설계계산

(3) 기초 혹은 토공설계(지하구조물 포함)

(4) 가설구조물 설계

(5) 주위 환경영향평가(인접구조물, 지반조건 및 환경변화 등)

(6) 시공계획, 관리 및 확인

(7) 지반사고 및 그 대책수립

(8) 재료의 적합성, 매장량의 결정

2. 지반조사의 계획

지반조사에 대한 필요한 지반정보는 주로 다음의 3가지이다.

(1) 지반구성 : 깊이방향의 토층구성과 수평방향의 넓이, 분포

(2) 물성시험 : 사운딩(sounding) 및 실내시험으로 지반의 물리적, 역학적 성질파악

(3) 지 하 수 : 지하수의 분포와 수위

이들을 파악함으로써 설계 및 해석을 하기 위한 지반모델 및 지반조건을 결정하는 동시에 공사 중 및 공사 후에 관한 지반의 거동을 예측한다.

일반적으로 토층구성은 복잡하고 다양하기 때문에 조사항목 및 조사수량을 처음부터 일률적으로 결정하는 것은 매우 곤란하다.

조사항목 및 조사수량이 많을수록 지반공학적인 정보도 많으므로 설계, 시공 등의 정밀도가 높아진다고 생각할 수 있으나 그렇지 않은 경우도 있으므로 조사목적과 내용을 잘 이해하고, 조사결과의 활용방법 등을 잘 인식하고 난 다음에 지반조사 및 시험결과가 구조물의 설계, 시공, 유지관리에 충분히 반영될 수 있도록 종합적인 견지에서 효과적인 지반조사 계획을 수립하는 것이 중요하다.

조사방법의 선정은 조사목적에 부합된 정보를 정확하게 얻을 수 있는 방법으로 선택하여야 하기 때문에 각종 조사방법의 특징, 얻어지는 결과와 그 이용방법, 대상 지반 등의 적용 조건, 공사기간 및 비용 등의 제약조건 등을 고려할 필요가 있다.

표 12-3 구조물별 지반조사의 주안점과 조사내용

구 분	조사 착안사항	조 사 항 목	비 고
구조물기초 (건축물, 교량, 옹벽 등)	지지층판단, 지지력, 침하검토, 지하수위, 공동유무, 기초형식, 지반 반력계수, 말뚝기초의 경우 부마찰력	보링조사, 표준관입시험, 공내물리검층, 공내재하시험, 평판재하시험, 물성시험, 일축압축시험, 삼축압축시험, 압밀시험	**
호안, 방파제	강제치환깊이 산정, 지반개량 검토, 압밀침하 및 침하시간, 사면안정, 전단강도 특성	보링조사, 표준관입시험, 물리탐사, 더치 콘관입시험, 베인시험, 물성시험, 일축압축시험, 삼축압축시험, 압밀시험	
댐, 저수지	지층분포와 지지층 판단, 기초지반의 투수성, 그라우팅 계획, 파이핑 검토, 성토재 유용성 및 다짐특성, 제체의 침투, 제체의 사면안정	보링조사, 표준관입시험, 물리탐사, 수압시험, 물성시험, 다짐시험, 삼축압축시험, 직접전단시험, 투수시험	
연약지반	연약층두께, 범위, 연약정도, 압밀침하 및 침하소요시간, 단계성토고, 사면안정, 지반처리계획, 장비 진입성, 압밀이력상태, 강도증가율	보링조사, 표준관입시험, 더치콘관입시험, 베인시험, 물성시험, 일축압축시험, 삼축압축시험, 압밀시험	**
액상화 지 반	액상화발생가능 지반판단, 지하수위, 액상화 안전율, 액상화 대책검토	보링조사, 표준관입시험, 물성시험(특히 입도), 상대밀도시험, 현장밀도시험, 반복삼축압축시험, 반복단순전단시험, 지진응답해석	**

[비고] 비고란의 ** 표시내용만 참조바람

12.2 토공사(깎기 및 쌓기)

1. 개요

토목공사에 있어서 흙을 이동하는 작업을 말하고 이것을 대별하면 절토(Cutting), 운반(Transfer), 성토(Banking)로 나눈다. 절토는 지반의 흙의 굴착, 성토는 흙의 쌓아올리기를 말한다.

공사의 끝손질면을 시공기면(Formation level)이라 하고 그보다 높은 본바닥은 절취(切取)하여 그 흙은 운반되어 시공기면보다 낮은 곳에 성토된다. 넓은 부지 내의 절토, 성토를 정지(Grading)라고 한다. 또 하천이나 항만공사에 동반하는 수중(水中)에서의 절토나 성토를 각각 준설(Dredging), 매립(Reclamation)이라 한다.

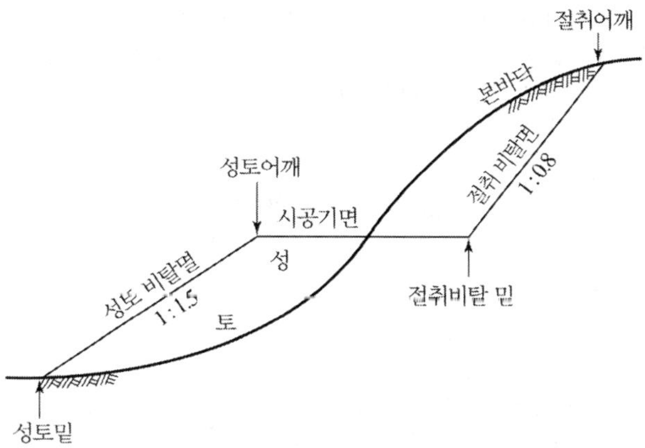

그림 12-3 토공단면

2. 깎기 토공

깎기의 난이도는 암반의 강도뿐만 아니라 암반 내에 발달하고 있는 불연속면의 발달빈도에 따라서 결정되며, 임질의 종류, 층리 및 절리의 유무, 풍화의 정도, 시공장비 등에 따라 달라진다.

토목공학적 측면에서의 암반분류는 토사, 풍화암, 연암 및 경암 등으로 구분하는 것이 통례화되어 있으나 이러한 기존의 분류방법이 리핑암 혹은 발파암 등 굴착방법에 의한 암반분류와 일치되지 않아 최근에는 깎기공을 기준으로 토사, 리핑암, 발파암 등으로 구분하고 풍화암, 발파암을 연암 및 경암에 대비하여 깎기공의 암반분류에 사용한다.

3. 쌓기 토공

흙 쌓기는 현장에서 발생하는 흙을 효과적으로 사용하여 장래에 받게 될 외력에 대하여 안정된 내구적인 흙 구조물을 구축하는 것을 목적으로 한다. 흙 쌓기 구조의 대부분을 차지하는 노체에 대한 시방기준은 다음과 같다.

표 12-4 노체 시방기준(도로설계요령참조)

공 종 / 항 목	노 체		시험법
	토 사	암 괴	
시방최소 밀도에서의 수침 CBR	2.5 이상	–	KSF 2320
다 짐 도	90%	시험시공에 의해 결정	KSF 2312
시공함수비	다짐시험방법에 의한 최적함수비 부근과 90%밀도에 대응하는 습윤측 함수비 차이	자연함수비	KSF 2306
시공층 두께	30cm 이하	시험시공에 의해 결정	한 층의 마무리 두께

[비고] 1. 토사란 암괴에 해당하지 않는 일반적인 흙 쌓기 재료를 말한다.
2. 암괴란 단단한 암석으로 된 지반을 땅깎기 또는 터널 굴착을 했을 때 발생하는 암석조각을 말한다.
3. 이암, 혈암, 응회암 등의 재료를 사용한 흙 쌓기 중에는 시공후 큰 압축침하를 일으키는 것이 있으므로 충분한 대책을 강구해야 한다.

표 12-5 노상의 다짐기준

항목 / 공종	노 상	비 고
다 짐 도	95% 이상	KS F 2312 A-2, B-2, C-2, D-2
시공시의 함수비	다짐도 및 수정 CBR 10% 이상을 얻을 수 있는 함수비, 최적함수비 ±2%	KS F 2306 KS F 2312
시공층 두께	20cm 이하	한 층당 마무리 두께

12.3 구조물 기초 계획

1. 개요

지상에 설치하는 모든 구조물은 「상부구조물-기초-지반」의 정역학적 시스템을 이루고 있다. 기초란 상부구조물의 하중을 지반에 전달하는 기능을 갖는 구조부재를 말한다. 따라서, 기초의 거동을 정확히 해석하기 위해서는 각각의 거동특성을 알아야 하며, 이러한 기초가 구비해야 할 조건은 다음과 같다.

(1) 기초는 정역학적 측면에서 안정되어야 한다.

(2) 기초는 최소 근입 깊이를 확보하여 지반의 습윤팽창, 건조수축, 동결, 지하수 변동, 파이핑, 인접공사 등의 영향을 받지 않아야 한다.

(3) 기초의 위치변경(침하, 부등침하, 수평이동, 회전)이 허용한계 이내이어야 한다.

(4) 기초는 다음에 대해서 충분한 안전율을 유지해야 한다.
지반의 전단파괴(지지력), 구조물 - 지반 시스템의 안정, 기초바닥면의 활동, 전도에 대한 안정

(5) 기초는 경제적이고 기술적으로 시공이 가능해야 하며 시공하는 동안에 인접한 구조물에 피해가 없어야 한다.

2. 기초의 구분

얕은 기초란 상부구조의 하중을 기초슬래브에서 지반에 직접 전달시키는 형태의 기초를 말한다. 얕은 기초는 무게가 비교적 작은 구조물이나 양호한 지반이 지표 가까이에 있는 경우에 선택하고 상부구조의 하중을 지반에 직접 전달한다 하여 직접기초라고도 하고, 그 모양이 기둥의 하단을 확대시킨 형태이므로 확대기초라고도 한다(그림 12-4(a)). 또한 단순하게 근입깊이 D_f가 기초폭의 8배 보다 작은 기초를 얕은 기초라고 말하기도 한다.

깊은 기초란 기초지반의 지지력이 충분하지 못하거나 침하가 과도하게 일어나는 경우에는 말뚝, 피어, 케이슨 등의 특수한 구조부재를 설치하여 지지력이 충분히 큰 깊은 지층에 상부구조물의 하중을 전달하는 방식의 기초를 말하며, 기초주변의 마찰력과 기초의 선단지지력에 의해 지지된다(그림 12-4(b)).

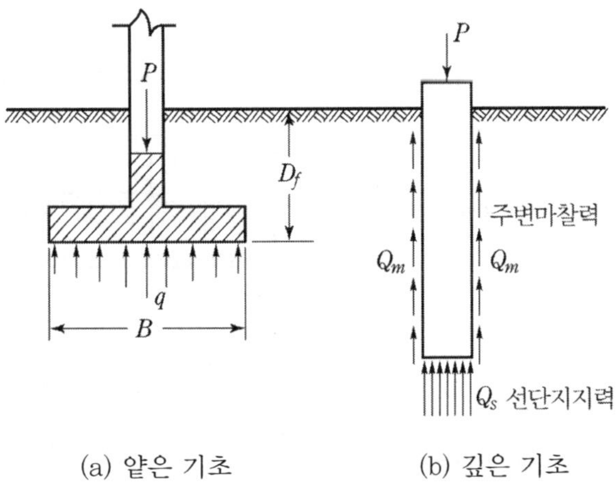

그림 12-4 기초의 형태에 따른 지지원리

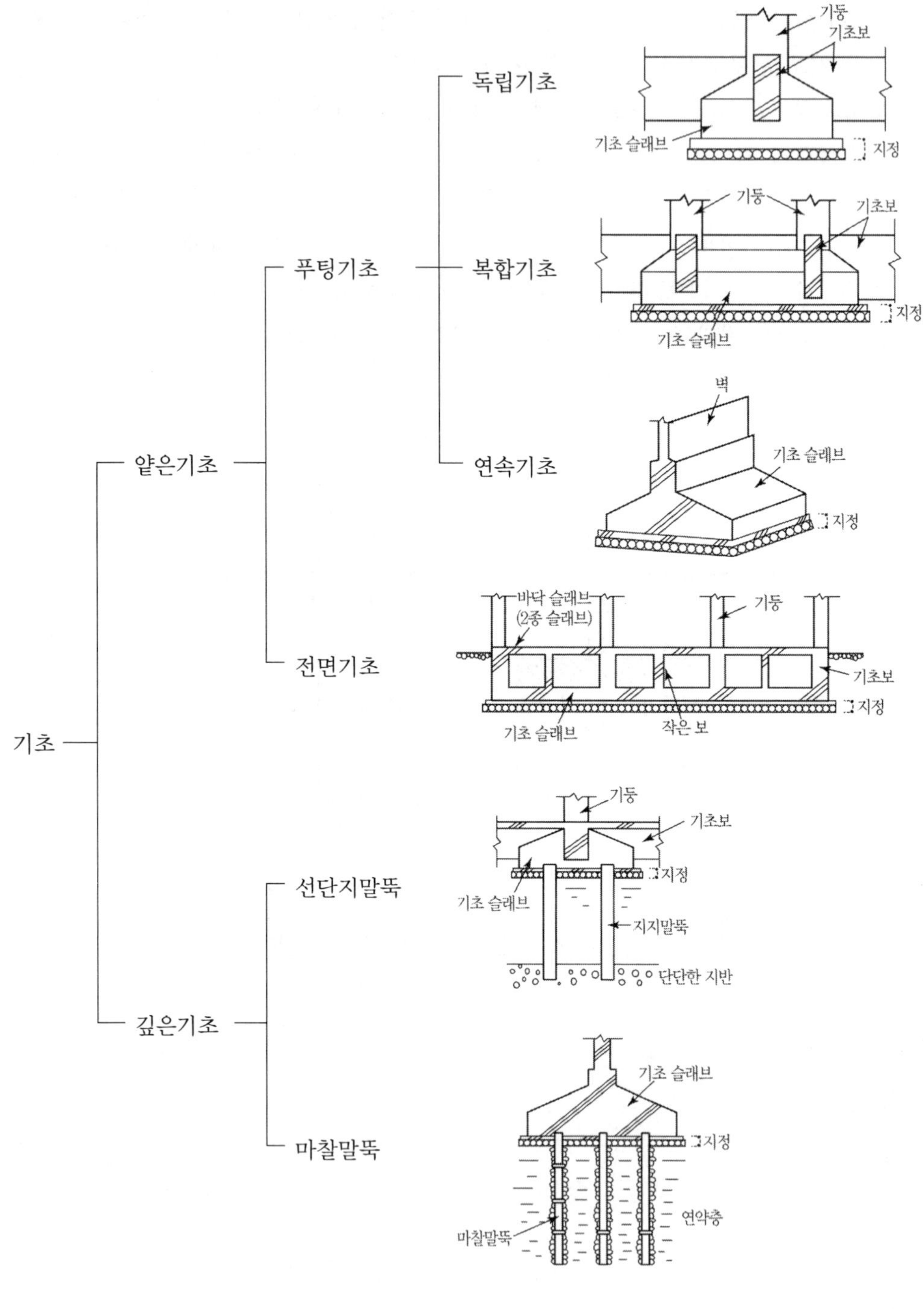
기초
얕은기초
깊은기초
푸팅기초
전면기초
선단지말뚝
마찰말뚝
독립기초
복합기초
연속기초
기둥
기초보
기초 슬래브
지정
벽
바닥 슬래브
(2종 슬래브)
작은 보
지지말뚝
단단한 지반
연약층

그림 12-5 기초의 종류

3. 직접기초(얕은 기초)의 종류

직접 기초(直接基礎)는 형식이나 기능에 따라서 푸팅 기초(footing foundation)와 전면 기초(mat foundation)로 대별한다.

푸팅 기초는 상부구조의 하중을 전달하는 기둥이나 벽 중 몇 개를 기초판으로 지지하는 형식인것을 말하고, 전면 기초는 상부구조의 전하중을 단일의 기초판으로 지지하는 형식인 것을 말한다. 또 푸팅 기초는 단일 기둥을 지지하는 독립 푸팅, 두 개 또는 그 이상의 기둥을 지지할 수 있는 복합 푸팅과 일련의 기둥의 수가 다시 많은 경우이거나 벽 등 하중이 기초판에 대상(帶狀)으로 분포한다고 생각하는 연속 푸팅의 세 가지로 나눈다.

복합 푸팅의 일종으로 많이 사용하는 것에 캔틸레버(cantilever)식 푸팅이 있다. 이것은 두 개 이상의 독립 푸팅을 보(beam)로 연결한 것과 같은 형식인 것이다.

매트 기초는 상부 구조물의 전구역으로 넓혀진 복합 푸팅 기초라고도 생각할 수 있다.

4. 말뚝기초 (깊은 기초)

(1) 현장말뚝의 종류

① 관입식 : 페데스탈(pedestal) 말뚝, 바이브로 페데스탈(vibro pedestal) 말뚝, 프랭키(Franki)말뚝

② 굴착식 : 베노토(Benoto) 말뚝, 어스 드릴(earth drill) 말뚝, 리버스 서큘레이션(reverse circulation)말뚝, 오거(auger) 말뚝, 이코스(ICOS) 말뚝, 심초공법

5. 기초의 지지력

얕은 기초의 지지력은 지반이 전단파괴되지 않는 상태에서 기초가 지지할 수 있는 최대하중을 말하며 다음의 여러 가지 방법으로 산정할 수 있다.

(1) 기준지지력표 이용

(2) 표준관입 시험결과 이용

(3) 지지력 이론에 의한 계산

(4) 평판재하시험등 현장시험에서 구한 시험허용지지력

일반적으로 기초의 지지력을 계산하기 위해서는 지반의 특성을 정확히 알아야 한다. 그러나, 중요도가 떨어지는 구조물의 경우에는 대표적인 지반에 대한 기준지지력을 참조하여 독립기초나 연속기초를 설계할 수 있다. 또한 표준관입시험과 평판재하시험등 현장시험의 결과로부터 개략적으로 지반의 지지력을 예측할 수 있다.

그러나, 보통의 기초에 대해서는 현장지반의 특성과 형상을 정확히 고려하여 이론적으로 또는 실험적으로 지반의 지지력을 산정하여 기초를 설계하는 것이 가장 경제적이고 안전하다.

- 말뚝기초
  - 기제말뚝
    - 타격공법(임펙트 공법)
      - 나무말뚝
      - RC 말뚝
      - PC 말뚝, HC 말뚝, SC 말뚝,
      - 강말뚝(강관, H형)
      - 대구경 PC 말뚝, PC well
      - 대구경 강관말뚝
    - 압입공법
    - 진동공법
    - jet 공법
    - pre-boring 공법
    - 중굴공법
    - 리버스 서큘레이션 공법
  - 현장말뚝
    - 기계굴착
      - all casing 공법
      - 리버스 서큘레이션 공법
      - 어스 드릴 공법
    - 인력굴착
      - 심초공법
        - 기다식(木田式)
        - 오바야시식(大林式)
    - 관입공법
      - 페레데스탈 말뚝
      - 프랭키 말뚝
      - 레이몬드 말뚝, 기타
    - 특수공법
      - 치환말뚝
        - MIP 공법
        - CIP 공법
        - PIP 공법
      - ICOS 공법
      - 솔레턴슈 공법
  - 수중특수공법
  - 다항기초

그림 12-6 말뚝기초공법의 분류

깊은기초의 지지력은 기초폭에 비해 근입깊이가 깊은 경우로서 말뚝 선단의 지지력과 측면마찰력의 합으로 정의되며, 다음의 방법으로 구할 수 있다.

(1) 정역학적 방법

(2) 동역학적 방법

(3) 말뚝 재하시험에 의한 방법

(4) 표준관입시험, 콘관입시험 등의 현장시험에 의한 방법

단일말뚝의 정역학적 지지개념은 말뚝이 그 기능을 발휘하기 위해서는 우선 가해진 하중에 의해 말뚝이 파손되지 말아야 하고(말뚝의 내적 지지력), 주변지반의 강도가 충분히 커서 큰 침하가 일어나지 않고도 말뚝이 가해진 하중을 지지할 수 있어야 한다(말뚝의 외적 지지력). 말뚝의 내적 지지력은 말뚝의 재료적 특성이므로 지반공학적인 문제가 되지 않는 반면에 외적 지지력은 말뚝과 지반의 상호거동에 의하여 결정되므로 매우 어렵다.

$$Q_u + W_p = Q_m + Q_s$$

여기서, Q_u : 극한하중

Q_s : 말뚝선단의 지지력

Q_m : 말뚝 표면의 마찰저항

W_p : 말뚝의 무게

주변마찰력 Q_m은 정확히 구하기가 곤란하므로 정역학적 공식은 말뚝설계의 예비적인 검토와 시험말뚝의 길이 결정 그리고 재하시험을 수행하지 않은 경우에 항타공식으로 구한 극한지지력을 검토할 때에 이용된다.

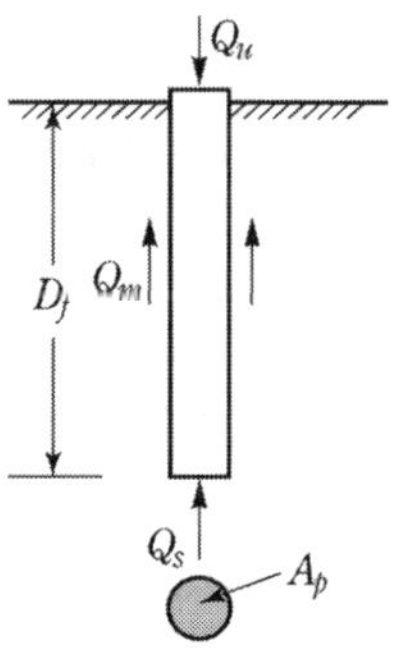

$$Q_m = \tau_m A_e$$

$$Q_s = cN_c + qN_e + \frac{1}{2}B\gamma N_\gamma$$

단면적 : A_p

주변면적 : A

그림 12-7 말뚝의 주변마찰저항과 선단지지력

표 12-7 지반의 허용 지내력

지반의 종류		허용 지내력 [t/m²]
암반		100이상
사암반		50
경점토반		25
역 층	치밀한 것 느슨한 것	60 30
사 층	치밀한 것 중정도 느슨한 것 아주 느슨한 것	30 15 5 0
점질도지빈	경한것 보통 연한 것	10~20 5 0~2

6. 기초의 침하

구조물이 침하가 허용될 때에 침하가 균등하게 일어나면 구조물이 손상되기보다는 구조물의 기능이 문제가 된다. 그러나 침하가 균등하지 않으면 이로 인한 힘이 추가로 구조물에 작용하게 되어 구조물이 손상되는 경우가 있다.

모든 구조물에 일률적으로 적용할 수 있는 허용침하량 또는 허용부등침하량은 있을 수 없으며 구조물의 용도, 구조, 다른 구조물과의 연결상태 및 부속설비 등에 따라서 결정된다. 부등침하로 인한 구조물의 손상은 구조물과 지반의 상대적인 강성도에 따라 다르므로 일반화하여 수치로 나타내기 어렵다. 그러므로 경험적으로 부등침하의 한계를 정할 뿐이다. 부등침하의 크기는 대개 부등침하량 Δs와 부재의 길이 l로부터 구한 처짐각 $\alpha(\tan\alpha = \Delta s/l)$로 정의한다. 처짐각이 1/500 미만($\Delta s/l < 1/500$)이면 구조물이 손상되지 않으나, 처짐각이 1/300이상이면 건물의 기능과 외형상 문제가 발생하며 처짐각이 1/150 이상이면 구조적인 손상이 온다. 철근콘크리트는 처짐각이 1/50 이상이면 균열이 발생한다.

침하에 민감한 기계 등이 있는 경우에는 허용처짐각은 1/750 정도이며 균열이 발생되어서는 안 되는 구조물인 경우에는 허용처짐각은 1/500을 한계로 한다. 처짐각이 1/250이상이면 고층구조물의 기울어짐을 느낄 수 있다.

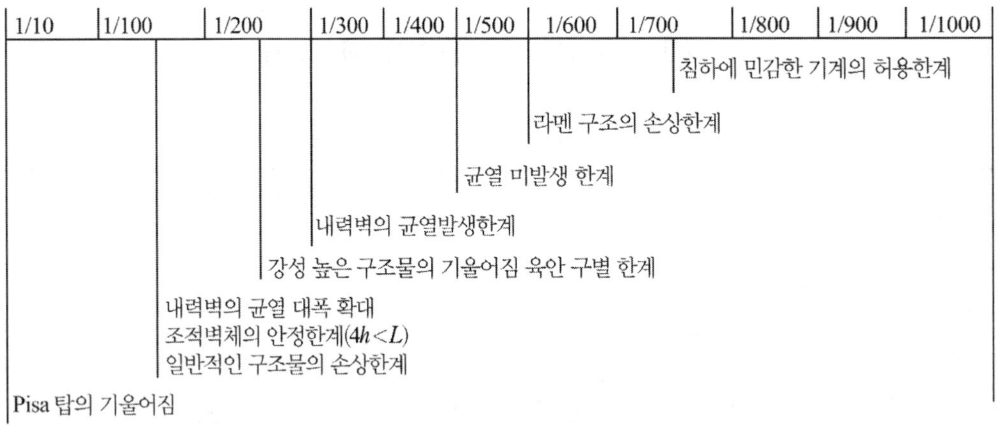

그림 12-8 구조물의 허용부등침하(처짐각) (Bjerrum, 1973)

12.4 비탈면의 계획

비탈면은 현장조건(형상, 지반특성, 지하수 등)을 충분히 파악하고 시공성 및 경제성을 고려하여 비탈면의 안정성을 확보하는 최적의 비탈면 기울기 및 대책공법을 선정하는데 그 목적이 있다. 비탈면은 생성원인에 따라 자연비탈면과 인공비탈면으로 나뉘어지고 지반조건에 따라 토사비탈면과 암반비탈면으로 구분되며, 그에 따른 파괴형태 및 안정검토 방법이 달라지게 된다.

1. 토사 비탈면

표 12-8 비탈면 붕괴 유형

분 류		설 명	
붕 락(Falls)		• 연직으로 깎은 비탈면 일부가 떨어져 나와 공중에서 낙하하거나 굴러서 아래로 떨어지는 현상	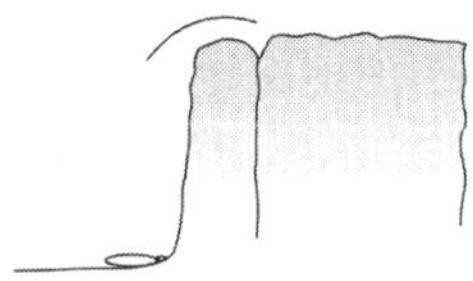
활동	회전활동 (Rotational Slides)	• 활동물질과 활동면 사이의 전단변형에 의해 발생하며 활동형상은 지반의 균질성에 따라 얕은 원호, 비원호로 구성됨	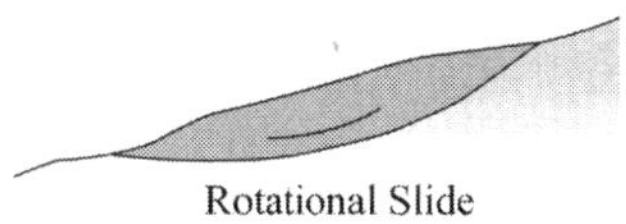
	병진활동 (Translational Slides)	• 자연비탈면과 같이 비탈면 아래로 내려갈수록 강도가 커지는 지반에서 발생	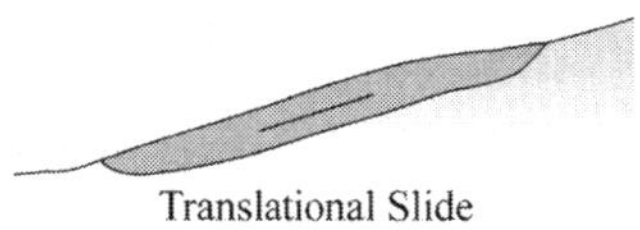
	퍼 짐 (Spread)	• 지층 중에 전단강도가 현저히 약한 층이 존재할 때 그 층을 따라 흙덩이가 멀리까지 퍼지면서 활동	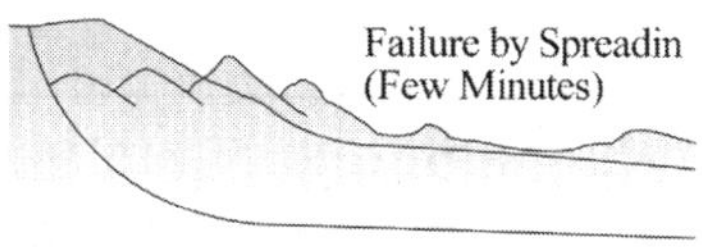
	유 동 (Flows)	• 활동깊이에 비해 활동되는 길이가 대단히 길며 전단저항력의 부족으로 인한 활동이라기보다는 소성적인 활동이 지배적임	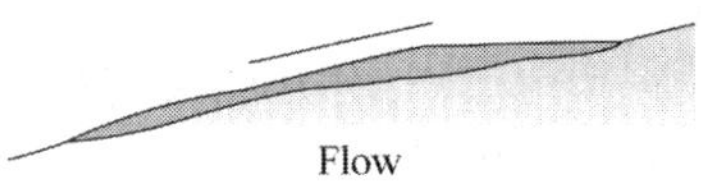

토사 비탈면의 안정성 해석은 활동면을 따라 파괴가 일어나려는 순간에 있는 토체의 안정성을 해석하는 한계평형이론(Limit Equilibrium Theory)을 적용하여 검토한다.
한계평형해석(Limit Equilibrium Theory) 방법은 활동면을 따라 파괴발생이 예상되는 토체의 안정성을 해석하는 것으로 검토를 단순화하기 위한 조건을 가정하고 이를 이용하여 간단한 정역학적 이론으로 해를 얻을 수 있다.

2. 암반 비탈면

암반비탈면의 붕괴는 주로 암반 내 발달된 불연속면에 의하여 발생되므로 불연속면의 특성(주향, 경사, 내부마찰각)을 이용하여 사면의 파괴형태를 예측하고 계획단계에서 개략적으로 정성적 안정성 평가를 할 수 있으며, 예상파괴에 대해서는 한계평형해석을 통하여 안정성을 정량적으로 평가할 수 있다.

3. 비탈면 보호 및 보강

비탈면 안정화 방법으로는 기능별로 비탈면의 침식, 세굴 등에 의해 안전율이 감소하는 것을 방지시켜주는 억제공과 불안전한 비탈면의 안전율을 증가시켜주는 억지공으로 크게 대별된다. 다음의 표에 억제공(보호공)과 억지공(보강공)의 종류를 열거하였다.

표 12-9 비탈면 보호공의 종류

공 종	특 징	주요공종
피복공	• 비탈면을 식물, 인조섬유, 숏크리트 등으로 피복함으로써 우수에 의한 침식, 표층붕락, 세굴 등을 방지	비탈면 보호용 식생공법 암반비탈면 녹화공법
구조물공	• 침식, 세굴, 풍화 및 동상으로부터 비탈면을 보호하기 위하여 비탈면 표면에 블록이나 구조물을 설치	붙임공,콘크리트 격자공 콘크리트 뿜어붙이기공
배수공	• 지표로부터 우수가 지중으로 유입되는 것을 방지하고, 지중에 침투한 침투수를 신속히 배제하여 비탈면의 파괴를 방지	지하배수구, 돌망태공 수평배수공법
표층안정공	• 주입재를 주입하여 불안정한 토질의 안정도를 향상시키고 지하수나 침투수의 유입을 막아 비탈면을 안정시키는 공법으로 어느 정도 강성을 가지는 재료를 함께 병용하므로써 비탈면의 강도 보강 효과도 가질 수 있는 가장 확실한 보호공	지반보강그라우팅

표 12-10 비탈면 보강공의 종류

공 종	특 징	주요공종
경사완화	• 비탈면의 경사를 완화시켜 활동력을 감소시키는 방법	
지반보강	• 비탈면에서 수직, 수평 또는 약간의 하향경사로 강재를 삽입하여 저항력을 증가시켜 비탈면의 안정을 꾀하는 방법으로서 시멘트 페이스트를 주입하여 강재와 지반이 일체화되도록 시공	Soil Nail공 Micro Pile공 억지말뚝공 Rock Bolt공 Anchor공
하중균형	• 비탈면의 활동력에 대응하도록 비탈면 전면부에 성토를 하여 안정화시키는 방법	압성토공
강도증가	• 주입재를 주입하여 불안정한 토질의 안정도를 향상시키고 원지반의 강도를 증가시켜 비탈면을 안정시키는 공법	보강그라우팅 고압분사

Chapter 13 구조공학 개론

13.1 구조

1. 개요

구조공학은 구조물에 작용하는 각종 하중이나 외력에 대하여 기능적으로 만족스러우면서도 안전하고 경제적인 제작 · 가설이 매우 중요한 모든 종류의 구조물 또는 구조 시스템의 계획, 설계, 시공, 유지관리에 관한 고도의 공학적 기술을 다루는 구조공학에서 매우 중요한 분야이다.

전 과정이 단계별로 또는 전체적으로 자동화 · 전산화되고 있다. 설계법도 지난 80년대부터 도입된 구조신뢰성이론에 바탕을 둔 현대적 · 과학적 · 합리적 설계규준인 하중저항계수설계, 한계상태설계로 모두 전환하였다. 뿐만 아니라 경제성분석, 물량견적에서 최적설계와 연계하여 시공단면까지 전문가 시스템 등이 개발되고 있는 실정이며 시공기술면에서는 자동화 · 경제적이고 효율적인 첨단 공정기술 (기계화 · 자동화), 전산화 시공관리 S/W 기술도 실용화되고 있는 상황이다.

한편, 건설 분야에서 최신 첨단 구조공학 및 강구조 제작 · 시공 기술을 전단계에 걸쳐 전산화시킨 CAE/CAD(Computer Aided Engineerig/Computer Aided Design)와 CAD/CAM(Computer Aided Manufacturing) S/W가 실용화되었다.

우리 신 · 재생에너지분야의 기술인도 전문분야가 아니라도 기본적으로 기본이론 및 용어의 정의 정도는 습득하여야만 전문기술인과 대화를 통한 융합된 기술을 구현할 수 있을 것임으로 개략적인 사항을 설명한다.

2. 하중의 종류

구조물에서 고려해야 할 하중을 크게 나누어 보면, 하중의 특성 · 작용빈도 등에 따라 주하중 · 부하중 · 특수하중 등으로 분류한다.

이를 세부적으로 나누어 보면 표 13-1과 같다.

표 13-1 하중의 종류 구분

하중의 종류	상세분류
주하중(P)	사하중(D), 활하중(L), 충격(I), 프리스트레스(PS), 콘크리트 크리프의 영향(SH), 콘크리트의 건조수축의 영향(SH),토압(H), 수압(F), 부력 또는 양압력(B)
부하중(S)	풍하중(W), 온도변화의 영향(T), 지진의 영향(E)
주하중에 상당하는 특수하중(PP)	설하중(SW), 지반변동의 영향(GD), 지점이동의 영향(SD), 파압(WP), 원심하중(CF)
특수하중(PA)	제동하중(BK), 가설시하중(ER), 충돌하중(CO), 기타

[비고] ( )속의 것은 각 하중의 기호

균일단면을 가진 구조용강에 대한 인장실험 결과, 다음의 $\sigma \sim \epsilon$ 그래프를 얻었으며, 이를 응력－변형률 곡선(stress－strain curve)이라 한다.

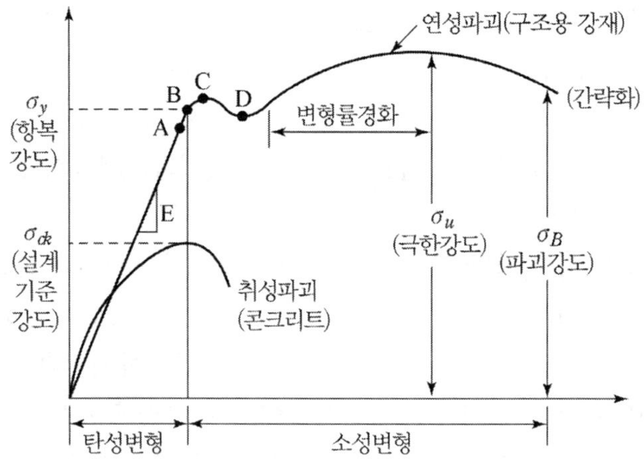

그림 13-1 응력－변형률 곡선(stress－strain curve)

여기서, A : 비례한도 (proportional limit) → Hooke의 법칙이 성립할 수 있는 구간
B : 탄성한도 (elastic limit) → 탄성과 소성의 경계점, 소성변형이 생기기 시작하는 점
C : 상항복점 → 실험조건에 따라 여러 가지 값을 나타냄
D : 하항복점 → 강재의 종류에 따른 항복응력

(1) 비례한도 내

비례한도 내에서는 재료가 탄성거동을 하며, 이 구간 내에서 Hooke의 법칙과 탄성계수가 이용된다.

① Hooke의 법칙

$$\sigma = E \cdot \epsilon, \quad \tau = G \cdot \gamma$$

여기서, σ : 수직응력
ϵ : 종변형률
E : 탄성계수 (또는 수직탄성계수, 종탄성 계수)
G : 전단탄성계수(또는 횡탄성계수)
τ : 전단응력
γ : 전단변형률

여기에서 횡탄성계수와 종탄성계수를 비교하여보면 횡탄성계수 G는 종탄성계수 E의 약 2/5 정도가 됨을 알 수 있다.

② 구조용 강재의 탄성계수

$E_s = (2 \sim 2.1) \times 10^6\,[\mathrm{kg/cm^2}]$

③ 콘크리트의 단성계수

$\sigma_{ck} \leq 300 : E_c = W^{1.5} \times 4270 \sqrt{\sigma_{ck}}$

$\sigma_{ck} > 300 : E_c = 10500 \sqrt{\sigma_{ck}} + 70000$

여기서, W : 콘크리트의 단위중량[t/m^3]

※ 콘크리트 시방서는 σ_{ck}를 f_{ck}, σ_y를 f_y 등으로 사용하고 있다.

13.2 콘크리트의 구성

1. 아직 굳지 않은 콘크리트

콘크리트의 재료를 혼합 후 아직 굳지 않은 콘크리트의 성질은 컨시스턴시, 워커빌리티, 플래스티시티(plasticity), 피니셔빌리티(finishability)의 용어로 표시한다. 이들은 콘크리트 표준시방서에 의하여 표시되어 있다.

2. 굳어진 콘크리트

(1) 강도 및 중량

콘크리트는 주로 압축강도가 큰 것을 요구한다. 단, 강도(强度)라고 하면 압축강도를 말한다. 강도는 물 · 시멘트 비와 관계가 있고 현재 일반적으로 사용하고 있는 콘크리트의 압축강도는 재령 28일이고 100～400 kg/cm^2 이다. 또 단위중량은 골재의 비중, 입도, 굵은 골재의 최대 치수, 배합, 건조의 정도에서 다르나 대략 2,300～2,400 kg/cm^{2}이라고 할 수 있다.

(2) 수밀성(water tightness)

물을 흡수하거나 물이 침투하지 않는 성질을 수밀성(水密性)이라 한다. 원래 콘크리트는 다공질의 성질이고 시멘트의 입자와 물과의 화학작용에 의하여 콘크리트가 경화되는 것인데 골재립(骨材粒)의 간격이 모두 시멘트 풀로 채워지지 않는다는 것은 시멘트의 수화에 의하여 생기는 시멘트 풀의 양이 시멘트 및 물의 각각의 절대용적의 합보다 적고 아직 수화가 되지 않는 입자가 있는 까닭이다.

3. 체적변화

(1) 수분의 변화에 의한 체적 변화

① 콘크리트를 수중에서 양생하면 $(100\sim200)\times10^{-6}$ 정도 팽창한다.(체적에 대하여 0.0001~0.0002 정도 팽창)

② 물로 포화된 콘크리트 공시체(供試體)를 건조시키면 $(500\sim600)\times10^{-6}$(체적에 대하여 0.0005~0.0006 팽창) 정도 수축한다. 이것을 건조수축(乾燥收縮, drying shrinkage)이라 하고 콘크리트가 구속되어 자유로운 수축이 방해될 때는 균열이 생기기 쉽다.

③ 콘크리트의 건조수축에 영향을 주는 주된 요인은 다음과 같다.

㉮ 콘크리트의 배합

㉯ 시멘트의 조성과 분말도

㉰ 골재의 품질

㉱ 상대습도와 건조기간

(2) 온도변화에 의한 체적 변화

① 콘크리트의 열팽창계수는 사용 골재의 종류 및 배합에 따라 다르나 보통 온도변화의 범위 내에서 1℃에 대하여 $(7\sim13)\times10^{-6}$ 이다.(온도 1℃에 대하여 체적이 0.000007~0.000013 율로 팽창). 설계 계산에는 10×10^{-6}으로 해도 좋다.

② 인공경량골재 콘크리트의 열팽창계수는 보통 콘크리트의 70~80% 이다.

③ 매스 콘크리트(mass concrete)에 있어서는 시멘트의 수화열에 의하여 20~30℃의 온도상승이 생길 때가 있다. 구조물에 구속되어 있을 경우 온도가 상승되어 있는 초기 재령에 있어서는 콘크리트의 영(young)계수는 적고 크립(creep)도 크므로 팽창에 의한 압축응력도 비교적 적으나 그 후 온도가 내려가기 시작하면 콘크리트의 영계수는 크고 크립도 적어지므로 수축에 의한 인장응력에 의하여 콘크리트에 균열이 생기기 쉽다.

4. 내구성

콘크리트의 내용연수(耐用年數)에 의하여 정한 콘크리트의 성질이고 여러 가지 물리적, 화학적 작용으로 부식 또는 파괴되는 정도로서 정한다. 이와 같은 원인의 대부분은 기상(건습, 한서, 동결, 융해), 산, 염류, 유류 및 해수의 작용, 침식, 전식 등이다.

5. 시멘트의 이해

(1) 시멘트의 일반적 성질

① 수화 : 시멘트에 물을 주어 혼합하여 비비면 화학변화가 생겨 응결, 경화현상을 일으킨다. 이 물과의 화합을 수화(水和)라고 부른다.

② 응결과 경화 : 시멘트의 응결(凝結), 경화(硬化)는 시멘트 겔(cement gel, 교질화)의 생성으로 나타나는 현상이지만 시간의 경과와 함께 gel이 증대하여 시멘트 입자간은 치밀해짐과 동시에 gel에서 수분이 감소되어 경화가 진행됨으로써 강도가 발현된다.

③ 수축 : 시멘트 페이스트(cement paste)의 수축(收縮)에는 경화에 동반한 수축, 건조에 의한 수축, 탄산화에 의한 수축 등이 있으나 주로 건조에 의한 수축이고 그 수축량은 시멘트의 분말도, 혼합재의 유무, 물 · 시멘트비, 양생조건 등에 의하여 다르나, 1 : 2 모르타르의 길이의 변화율은 1주에서 $2 \sim 4 \times 10^{-4}$, 26주에서 $12 \sim 18 \times 10^{-4}$ 정도이다.

④ 풍화 : 시멘트는 저장 중에 공기에 접촉하면 습분을 흡수하여 가벼운 수화반응을 일으키거나 탄산가스를 흡수하여 응결이 늦어지거나 강도의 발현성(發現性)이 저하된다. 이것을 일반적으로 시멘트의 풍화라 칭하고 있는데 포대 시멘트 등을 장기간 저장하면 풍화할 때가 많고 강도의 발현이 50% 정도로 저하되는 일이 적지 않다.

⑤ 시멘트의 저장 : 시멘트는 3개월 이상 경과하면 굳어져 사용할 수 없게 된다. 저장 중의 풍화에 의한 시멘트의 품질저하를 적게 하기 위하여 포대 시멘트는 지상 30cm 이상의 방습적 창고에 입하시기와 품종을 구분하여 저장하고 입고순으로 사용하게 한다. 또 포대 시멘트는 창고의 벽에서 떨어져 쌓아 올리고 그 수는 13대 이하, 다소 길게 저장할 경우는 7대 이하로 한다.
대공사에서 대량의 시멘트를 사용할 때는 가루 시멘트를 사용하는 편이 경제적이다. 가루 시멘트는 방습구조 사일로(silo)에 저장한다.

(2) 물(water)

일반적으로 음료수는 콘크리트 비비기수로서 사용할 수 있다. 하천수나 호소수(湖沼水)는 화학분석을 하여 콘크리트에 나쁜 영향을 주는 물질의 유해량을 함유하지 않은 것을 확인한 다음 사용해야 한다.

검사한 물을 사용한 모르타르(mortar)의 재령(材令) 7일 및 28일의 압축강도가 상수도 용수를 사용한 경우의 90% 이상이면 그 물은 사용할 수 있다.

13.3 용어의 이해

(1) 강도감소계수(strength reduction factor)

재료의 공칭강도와 실제 강도와의 차이, 부재를 제작 또는 시공할 때 설계도와의 차이, 그리고 부재 강도의 추정과 해석에 관련된 불확실성을 고려하기 위한 안전계수

(2) 건조수축(drying shrinkage)

콘크리트는 습기를 흡수하면 팽창하고 건조하면 수축하게 되는데, 이와 같이 습기가 증발함에 따라 콘크리트가 수축하는 현상

(3) 고정하중(dead load)

구조물의 수명기간 중 상시 작용하는 하중으로서 자중은 물론 벽, 바닥, 지붕, 천장, 계단 및 고정된 사용 장비 등을 포함한 하중

(4) 공칭강도(nominal strength)

강도설계법의 규정과 가정에 따라 계산된 부재 또는 단면의 강도를 말하며, 강도감소계수를 적용하기 이전의 강도

(5) 구조용 경량콘크리트(structural lightweight concrete)

골재의 전부 또는 일부를 인공경량골재로 만든 콘크리트로서 재령 28일의 설계기준압축강도가 15 MPa 이상이며, 단위질량이 2,000 kg/m^3 미만인 콘크리트

(6) 구조물의 기반(base of structure)

지진동이 구조물에 전달되었다고 가정하는 수평면 : 이 면은 지표면과 반드시 일치하지 않을 수 있음.

(7) 기둥(column)

높이가 단면 최소 치수의 3배 이상인 압축재

(8) 기둥머리(column capital)

플랫 슬래브나 플랫 플레이트를 지지하는 기둥의 상단에서 단면적이 점진적으로 증가된 부분

(9) 기둥 밑판(base plate)

기둥 아랫부분에 붙이는 강재판

(10) 내력벽(bearing wall)

공간을 구획하기 위하여 쓰이는 수직방향의 부재로서 중력방향의 힘에 견디거나 힘을 전달하기 위한 벽체

(11) 라멘(rahmen) 구조

여러 개의 직선부재를 강절로 연결한 구조

(12) 레디믹스트 콘크리트(ready mixed concrete)

정비된 콘크리트 제조설비를 갖춘 공장에서 생산되어 굳지 않은 상태로 운반차에 의하여 구입자에게 공급되는 굳지 않은 콘크리트

(13) 무근콘크리트(plain concrete)

철근이 배치되지 않았거나 이 기준에서 규정하고 있는 최소 철근비 미만으로 배근된 구조용 콘크리트

(14) 배합강도(proportioning strength)

콘크리트의 배합을 정할 때 목표로 하는 콘크리트의 압축강도

(15) 비틀림 단면(section for torsion)

보가 슬래브와 일체로 되거나 완전한 합성구조로 되어 있을 때, 슬래브의 위 또는 아래로 내민 깊이 중 큰 깊이만큼을 보의 양측으로 연장한 슬래브 부분을 포함한 단면으로서, 보의 한 측으로 연장되는 거리를 슬래브 두께의 4배 이하로 한 단면

(16) 사용하중(service load)

고정하중 및 활하중과 같이 이 기준에서 규정하는 각종 하중으로서 하중계수를 곱하지 않은 하중으로 작용하중이라고도 함.

(17) 설계강도(design strength)

구조체 또는 부재의 공칭축강도에 강도감소계수 ϕ를 곱한 강도

(18) 설계하중(design load)

부재를 설계할 때 적용되는 계수하중

(19) 소요강도(required strength)

철근콘크리트 부재가 사용성과 안전성을 만족할 수 있도록 요구되는 단면의 단면력

(20) 수평력 저항시스템(lateral-force resisting system)

풍하중 또는 지진하중 등 수평하중에 저항할 수 있는 부재로 구성된 구조 시스템

(21) 수평전단(horizontal shear)

부재축과 나란한 방향으로 발생하는 전단

(22) 슬래브판(slab platc)

모든 변에서 기둥, 보, 또는 벽체 중심선에 의해 구획되는 판으로서 설계시에 축력의 영향을 무시할 수 있는 부재

(23) 압축지배단면(compression-controlled section)

공칭강도에서 최 외단 인장철근의 순인장변형률이 압축지배 변형률 한계 이하인 단면

(24) 앵커(anchor)

기초 또는 콘크리트 구조체에 페데스탈, 기둥 등 다른 부재를 정착하기 위하여 묻어두는 볼트 등을 말하며, 또는 그를 묻어 두는 일

(25) 연직하중(gravity load)

고정하중이나 활하중과 같이 구조물에 중력방향으로 작용하는 하중으로 중력하중이라고도 함.

(26) 원형철근(plain reinforcement)

표면에 리브 또는 마디 등의 돌기가 없는 원형단면의 봉강으로서 KS D 3504에 규정되어 있는 철근

(27) 이형철근(deformed reinforcement)

표면에 리브와 마디 등의 돌기가 있는 봉강으로서 KS D 3504에 규정되어 있는 철근 또는 이와 동등한 품질과 형상을 가지는 철근

(28) 유효단면적(effective section area)

유효깊이에 유효폭을 곱한 면적

(29) 응력(stress)

단위면적당에 발생하는 내력의 크기

(30) 2방향 슬래브(two-way slab)

직교하는 두 방향으로 주철근이 배치된 슬래브

(31) 2방향 슬래브 시스템(two-way slab system)

기둥에 하중을 전달하는 보의 유무에 관계없이, 주철근이 두 방향으로 배치된 콘크리트 슬래브 시스템

(32) 1방향 슬래브(one-way slab)

한 방향으로만 주철근이 배치된 슬래브

(33) 전단머리(shear head)

보가 없는 2방향 슬래브 시스템에서 전단 보강을 위하여 기둥 상부의 슬래브 내에 배치하는 강재

(34) 전단면(shear plane)

전단력이 작용하는 면으로서 균열면 또는 전단력에 의해 균열이 일어날 가능성이 있는 면

(35) 전도(overturning)

저판 끝단을 기준으로 작용하는 수평력에 의한 휨모멘트(전도휨모멘트)가 연직력에 의한 휨모멘트(저항휨모멘트)를 초과하여 옹벽 및 벽체 등이 넘어지려는 현상

(36) 전면기초(mat foundation)

건축물 또는 구조물의 밑바닥 전부를 기초판으로 구성한 기초

(37) 정착길이(development length)

위험단면에서 철근의 설계기준항복강도를 발휘하는데 필요한 최소 묻힘 길이

(38) 주각(pedestal)

기초 위에 돌출된 압축부재로서 단면의 평균최소치수에 대한 높이의 비율이 3 이하인 부재

(39) 주열대(column strip)

기둥 중심선에서 양측으로 각각 $0.25l_1$과 $0.25l_2$중에서 작은 값과 같은 폭을 갖는 설계대 : 보가 있는 경우 주열대는 그 보를 포함함.

(40) 지반지지력(bearing capacity)

지반이 지지할 수 있는 힘의 크기

(41) 지속하중(sustained load)

장기간에 걸쳐서 지속적으로 작용하는 하중

(42) 지압강도(bearing strength)

하중이 가해지는 면적에 대한 지지면 콘크리트의 압축강도

(43) 지진하중(earthquake load)

지각변동으로 인해 발생하는 지진에 의해 구조물에 작용하는 힘

(44) 철근의 설계기준항복강도(specified yield strength of reinforcing bar)

철근콘크리트 부재를 설계할 때 기준이 되는 철근의 항복강도

(45) 철근콘크리트(reinforced concrete)

외력에 대해 철근과 콘크리트가 일체로 거동하게 하고, 규정된 최소 철근량 이상으로 철근을 배치한 콘크리트

(46) 침하(settlement)

지반, 말뚝 등이 내려앉는 현상

(47) 크리프(creep)

지속하중으로 인하여 콘크리트에 일어나는 장기변형

(48) 탄성계수(modulus of elasticity)

재료의 비례한도 이하의 변형률에 대응하는 인장 또는 압축응력의 비 : 콘크리트의 탄성계수는 크게 할선탄성계수 Ec와 초기접선탄성계수 Eci로 구분되며, 할선탄성계수를 간단히 탄성계수라고도 함. 강재의 경우 철근의 탄성계수 Es와 프리스트레싱강재 Eps 및 형강 Ess로 구분함.

(49) 풍하중(wind load)

바람에 의하여 구조물에 작용하는 하중

(50) 피복두께(cover thickness)

콘크리트 표면과 그에 가장 가까이 배치된 철근 표면 사이의 콘크리트 두께

(51) 하중(load)

구조물 또는 부재에 응력 및 변형을 발생시키는 일체의 작용

(52) 하중계수(load factor)

하중의 공칭값과 실제 하중사이의 불가피한 차이 및 하중을 작용 외력으로 변환시키는 해석상의 불확실성, 환경작용 등의 변동을 고려하기 위한 안전계수

(53) 확대기초판(spread footing)

상부 수직하중을 하부 지반에 분산시키기 위해 저면을 확대시킨 철근콘크리트판

(54) 활동(sliding)

흙에서 전단파괴가 일어나서 어떤 연결된 면을 따라서 엇갈림이 생기는 경우

(55) 횡하중(lateral load)

풍하중, 지진하중, 횡방향 토압 또는 유체압과 같이 수직방향 구조물에 수평으로 작용하는 하중

(56) 휨부재(flexural member)

축력을 받지 않거나 축력의 영향을 무시할 수 있을 정도의 축력을 받는 부재로서 주로 휨모멘트와 전단력을 저항하는 부재

13.4 적용기준 및 사용재료

13.4.1 적용기준

표 13-2 적용기준

구 분	적용기준
국내	· 선축 구조실계기준 (2011) : 대한건축학회 · 콘크리트 구조기준 (2012) : 한국콘크리트학회 · 강구조 설계기준 (2009) : 한국강구조학회 · 구조물 기초설계기준 (2015) : 한국지반공학회 · 도로교 설계기준 (2010) : 한국도로교통협회

13.4.2 사용재료

표 13-3 사용재료별 계수

<table>
<tr><th>구 분</th><th>항 목</th><th colspan="2">적 용</th></tr>
<tr><td rowspan="4">콘크리트</td><td>설계기준압축강도</td><td>$f_{ck} = 21(\text{MPa})$</td><td rowspan="7">· m_c : 콘크리트의 단위질량 $(1,450 \sim 2,500\text{kg/m}^3)$
다만, 보통 골재를 사용한 콘크리트 (m_c=2,300 kg/m^3)의 경우는
$E_c = 8,500\sqrt[3]{f_{cu}}(\text{MPa})$
· f_{cu} : 재령 28일에서 콘크리트의 평균 압축강도 (f_{ck}+8 (MPa))</td></tr>
<tr><td>할선탄성계수</td><td>$E_c = 0.077 m_c^{1.5} \sqrt[3]{f_{cu}}(\text{MPa})$</td></tr>
<tr><td>Poisson's Ratio</td><td>0.17</td></tr>
<tr><td>선팽창계수</td><td>$\alpha = 1.0 \times 10^{-5}/℃$</td></tr>
<tr><td rowspan="3">철근</td><td>설계기준항복강도</td><td>$f_y = 300(\text{MPa})$</td></tr>
<tr><td>탄성계수</td><td>$E_s = 200,000(\text{MPa})$</td></tr>
<tr><td>선팽창계수</td><td>$\alpha = 1.2 \times 10^{-5}/℃$</td></tr>
</table>

13.4.3 적용 설계방법

구조물의 설계방법은 철근콘크리트 부재는 강도설계법(U.S.D), 강재는 허용응력설계법(W.S.D)에 의하여 구조부재 단면의 안전도를 검토함을 원칙으로 하고, 또한 강도설계법에 의한 철근콘크리트 구조물은 허용응력설계법(W.S.D)에 의해 사용하중에 대한 사용성을 검토한다.

13.5 설계적용하중

13.5.1 하중의 분류

구조물의 설계에 있어서 고려해야 할 하중을 크게 나누어 보면, 하중의 특성 · 작용빈도 등에 따라 주하중 · 부하중 · 특수하중 등으로 분류한다. 주요 부분 설계시 항상 작용하고 있다고 볼 수 있는 하중을 주하중이라 하고 항상 작용한다고 볼 수 없으나 때때로 작용한다고 볼 수 있으며, 하중 조합시에 반드시 고려해야 하는 하중을 부하중이라 한다. 또, 구조물 주요부분을 설계할 때 구조물의 종류 · 구조형식 · 가설지점의 상황 등의 조건에 따라 특히 고려해야 할 하중을 특수하중이라 한다.

시공시 가설구조물이 필요한 경우 여러 조건과 구조에 따라 적절하게 하중 및 하중의 조합을 선정하여야 하나, 반드시 모든 하중을 고려할 필요는 없다. 이들 하중 중에서 사하중은 구조물의 자중으로서 정적이며 비교적 산정이 쉬우나 활하중, 풍하중, 지진하중등은 시간의 변화에 따라 변동하는 성질을 가지므로 될 수 있는 대로 가장 불리한 상태를 정확하게 예상하고 하중을 조합하여 구조물을 설계하여야 한다.

13.5.2 고정하중

표 13-4 재료의 단위중량

재 료	단위중량 [kN/m^3]	재 료	단위중량 [kN/m^3]
강재,주강	78.5	물	10.0
철근콘크리트	25.0	흙(보통)	19.0
콘크리트	23.5	흙(수중)	10.0
자갈,모래	19.0	흙(포화)	20.0
시멘트 모르타르	21.5	아스팔트포장	23.0

13.5.3 적설하중

1. 일반사항

설계용 지붕적설하중은 지상적설하중의 기본값을 기준으로 하여 기본 지붕적설하중계수, 노출계수, 온도계수, 중요도 계수 및 지붕의 형상계수와 기타 재하분포상태 등을 고려하여 산정한다.

2. 지상적설하중

(1) 지상적설하중의 적용조건

① 지붕적설하중을 산정하기 위한 지상적설하중은 표 13-5에 의한다. 단, 지역적 기후와 지형에 따라 국부적인 변화를 초래할 수 있다는 점을 고려하여 같은 지역이라도 고지대나 산간지방 같은 특정한 지형조건에서는 사용할 수 없다.

② 특성지역에 대한 지상적설하중은 실제의 조사 · 연구에 의한 수직적설깊이 및 눈의 평균 중량 등을 고려하여 산정할 수 있다.

③ 최소 지상적설하중은 0.5kN/m^{2}로 한다.

(2) 기본지상적설하중

구조물에 대한 지역별 100년 재현주기 지상적설하중의 기본값 S_g은 표 13-5 에 의한다.

표 13-5 기본지상적설하중 S_g

지 역	지상적설하중 [kN/m^2]
서울, 수원, 춘천, 서산, 대전, 추풍령, 포항, 군산, 대구, 전주, 울산, 광주, 부산, 통영, 목포, 여수, 제주, 서귀포, 진주, 이천	0.5
정읍, 울진	0.65
인 천	0.8
속 초	2.0
강 릉	3.0
울릉도, 대관령	7.0

(3) 평지붕 적설하중

평지붕 적설하중은 다음식에 의하여 산정한다.

$$S_f = C_b \cdot C_e \cdot C_t \cdot I_g \cdot S_g \text{ [kN/m}^2\text{]}$$

① 기본지붕적설하중계수 C_b

기본지붕적설하중계수 C_b는 일반적으로 0.7로 한다.

② 노출계수 C_e

노출계수 C_e는 일반적으로 표 13-6에 의한다.

표 13-6 노출계수 C_e

주 변 환 경	C_e
A. 지형, 높은 구조물, 나무 등 주변환경에 의해 모든 면이 바람막이가 없이 노출된 지붕이 있는 거센 바람 부는 지역	0.8
B. 약간의 바람막이가 있는 거센 바람 부는 지역	0.9
C. 바람에 의한 눈의 제거가 지형, 높은 구조물 또는 근처의 몇몇 나무들 때문에 지붕 하중의 감소를 기대할 수 없는 위치	1.0
D. 바람의 영향이 많지 않은 지역 및 지형과 높은 구조물 또는 몇몇 나무들에 의하여 지붕에 바람막이가 있는 지역	1.1
E. 바람의 영향이 거의 없는 조밀한 숲 지역으로서, 촘촘한 침엽수 사이에 위치한 지붕	1.2

[비고] (1) 주변환경은 구조물의 수명기간에 지속되는 환경을 말한다.
(2) $10h_0$(지붕면에서 장애물까지의 높이) 거리 내에 있는 장애물들은 바람막이가 된다.
(3) 겨울에 잎이 떨어지는 낙엽수에 의한 장애물인 경우 C_e는 0.1만큼 저감할 수 있다.

③ 온도계수 C_t

온도계수 C_t는 일반적으로 표 13-7에 의한다.

표 13-7 온도계수 C_t

주 변 환 경	C_t
난방 구조물(적설하중 제어구조)	1.0
비난방 구조물(적설하중 비제어구조)	1.2

④ 중요도계수 I_g

중요도계수 I_g는 일반적으로 표 13-8에 의한다.

표 13-8 중요도계수 I_g

중요도	특	1	2	3
중요도계수 I_g	1.2	1.1	1.0	0.8

13.5.4 풍하중(wind load)

구조물에 미치는 바람의 영향은 공기의 밀도 및 속도, 구조물의 형상 및 강성(剛性), 그리고 표면의 조도(粗度)등에 좌우된다. 기본적으로 바람의 속도압(dynamic pressure) q는 그 운동에너지로 정의된다. 즉 공기의 밀도 $\rho = 0.12464\text{kg/m}^3$이므로 풍속 v를 m/sec로 나타내면 다음과 같이 된다.

$$q = \frac{1}{2}\rho\, v^2 = 0.06232\, v^2$$

여기서 q는 풍속에 연직한 평면에 작용하는 속도압(kg/m^2)이 된다.

설계시 사용하는 풍압(wind pressure)은 풍속의 함수인 속도압 q에 구조물의 형식과 형상의 함수인 풍력계수 C를 곱한 값으로 표시된다.

$$p = C \cdot q$$

구조물에 대한 최대설계풍속 v는 이론적으로는 그 지방의 풍속에 관한 과거기록에 기초하여 통계적으로 구해야 하지만, 정확한 풍속은 지리적인 위치와 고도에 따라 달라지므로, 일반적으로는 시방서에 주어진 풍속대 지도(wind-zone maps)로부터 구한다. 이러한 풍속지도의 기본풍속은 각 지역 기상대의 장기간 풍속기록에 근거를 두고 통계적으로 유도한 통상 50년 또는 100년 재현기간의 지상 특정고도(통상 지상 10m)에서의 최대풍속(10분간 평균최대풍속)을 나타내고 있다. 우리나라에서는 교량의 경우 지역에 따라 30m/s~55m/s를 기본설계풍속으로 사용하고 있다. 풍속은 고도에 따라 증가하므로 지상고도는 매우 중요하다. 구조물이 높으면 높을수록 더 큰 풍하중이 작용하게 된다. 풍력계수는 바람에 의한 구조물의 공기역학적 특성에 관한 세밀한 연구 또는 풍동실험에 근거를 두고 있다.

도로교시방서에서는 풍하중을 다음과 같이 산정하도록 하고 있다. 즉 구조물의 정적설계를 위한 단위면적당 작용하는 풍하중 p(kgf/m^2)는 설계기준풍속 V_d(m/s), 공기밀도 ρ, 항력계수 C_d 및 거스트응답계수 G를 사용하여 다음 식에 의하여 구한다.

$$p = \frac{1}{2}\rho\, V^2{}_0 C_d G$$

여기서, 거스트응답계수 G는 순간 풍속변동의 영향을 보정하기 위한 계수로 종래의 수평길이 보정계수를 제곱한 것과 같다.

풍속은 시간과 공간에 따라 변하는데 이것을 평균풍속과 그 주변의 변동풍속으로 나누어 생각할 수 있다. 이때 설계에 고려하는 평균풍속을 설계기준풍속이라 하며, 풍하중의 산정에 있어서 가장 기본이 되는 인자이다.

변동풍속의 영향에 대해서는 거스트응답 계수로서 고려하게 된다. 풍속은 지리적 위치, 주변의 지형조건, 지표조건에 고도에 따라 다르다. 이를테면, 해면과 같이 표면이 매끄러운 곳이 대도시의 경우와 같은 고층건물이 밀집된 장소에 비해 평균풍속이 높다. 따라서 설계기준풍속은 일반적으로 이들의 영향 즉 지표조도(地表組度)를 고려하여 설정한다.

바람의 특성은 지점에 따라 다르며, 또 항력계수 값도 구조물의 단면형상에 따라 달라지기 때문에 실제로 작용하는 하중은 구조물마다 다르게 된다.

구조 설계는 전문가의 도움을 받아야 하는 분야이다.
기본풍속 V_0는 건설지점이 위치한 지역에 따라 표 13-9에 의해 정한다.

표 13-9 기본풍속(지역별) V_0

지 역		V_0 (m/sec)
서울 인천광역시 경기도	서울, 인천, 김포, 부천, 부평, 구리, 오산, 송탄, 평택, 시흥, 과천, 안양, 수원, 안산, 군포, 의왕, 안성, 강화	30
	양평, 성남, 하남, 용인, 의정부, 동두천, 포천, 파주, 광주, 기흥, 미금, 여주, 이천, 신갈, 장호원	25
강원도	속초, 강릉, 양양, 주문진	40
	거진, 간성, 동해, 삼척, 원덕	35
	춘천, 화천, 양구, 철원, 김화, 인제, 영월, 정선, 태백, 원주, 평창, 홍천	25
대전광역시 충청남북도	장항	40
	태안, 서산, 청주, 대천, 서천, 안면도, 조치원, 천안, 홍성, 광천, 아산	35
	대전, 당진, 합덕, 성환, 진천, 증평, 온양	30
	음성, 청양, 금산, 영동, 공주, 논산, 제천, 충주, 부여, 보은, 단양, 괴산, 옥천	25
부산광역시 대구광역시 경상남북도	포항, 울릉도, 구룡포, 오천, 홍해, 감포	45
	부산, 기장, 장안, 연일, 외동, 가덕도	40
	울산, 통영, 거제, 고성, 진해, 김해, 마산, 창원, 양산, 진영, 울진, 평해, 안강, 경주, 남해, 삼천포	35
	건천, 가야, 삼랑진, 영덕, 사천	30
	대구, 영주, 구미, 김천, 영천, 안동, 봉화, 풍기, 예천, 청송, 영양, 하양, 경산, 청도, 남지, 의령, 추풍령, 상주, 선산, 군위, 의성, 문경, 점촌, 함창, 진주, 거창, 함양, 산청, 고령, 창녕, 합천, 밀양	25
광주광역시 전라남북도	군산, 미성	40
	목포, 여수, 완도, 진도, 옥구, 노화, 익산, 금일, 해남, 관산, 대덕, 도양, 고흥	35
	광주, 나주, 화순, 영암, 일노, 강진, 장흥, 보성, 벌교, 순천, 광양, 무안, 함평, 영광	30
	전주, 함열, 진안, 무주, 삼례, 담양, 부안, 남원, 순창, 구례, 고창, 정주, 장수, 승주, 임실, 태인	25
제주도	전지역	40

(1) 구조골조 및 지붕골조 설계용 거스트 영향계수

구조골조 및 지붕골조 설계용 거스트 영향계수(G_f)의 산정시 강체구조물 및 바람에 의한 공진효과를 무시할 수 있는 구조인 경우의 거스트 영향계수는 표 13-10에 따른다.

표 13-10 구조골조 설계용 거스트 영향계수 G_f

노풍도구분	거스트 영향계수 G_f
A	2.5
B	2.2
C	1.9
D	1.8

13.5.5 온도하중의 분류

1. 설계시 온도변화의 범위

(1) 온도변화의 승강은 가설시 온도를 기준으로 하여 계산한다. 온도변화의 범위는 −10℃에서 +50℃를 표준으로 하되 특히 추운 지방에서는 −30℃에서 +50℃까지로 한다.

(2) 태양의 직사부분과 그늘부분과의 온도차는 15℃로 한다.

13.6 철골구조물 접합

13.6.1 철골구조물의 접합방법

1. 리벳접합

① 가열온도는 800~1000도 정도(600이하는 타격금지)

② 불량리벳 판정 : 건들거리는 것, 머리모양 틀린 것, 축선이 불일치하는 것, Crack이 있는 것, 강재와 밀착이 안 된 것.

③ 검사방법 : 외관관찰, 타격음 검사.

④ 불량 리벳 처리 : 치핑해머, 리벳카디, 드릴로 따내고 다시 치기함.

⑤ 리벳 접합 순서 : 접합부 → 가새 → 귀잡이 순으로 타정

(1) 리벳접합의 장 · 단점

표 13-11 리벳접합의 장 · 단점

장 점	단 점
접합부 응력이 확실하다.	타정시 소음이 크다.
결함부의 발견, 측정이 용이하다.	온도 측정이 어렵다.
전단 접합이다.	강재가 많이 소모된다.

2. Bolt 접합

(1) Bolt 접합의 일반 사항

① Bolt 사용 건물 : 처마높이 9m 이하, 간사이 13m 이하, 연면적 $3000m^2$ 이하 건 물에 사용, 중요내력부분은 사용금지

② 풀림 방지법 : 이중너트사용, 너트를 용접, Spring Washer 사용, Concrete에 매립.

③ Bolt 길이 : 조임 종료 후 나사선이 nut 밖으로 3개 이상 나올 것.

④ Bolt 구멍 조정 : 0.5mm 이상 어긋남은 리이머로 수정 안 하고 이음판을 교체.

3. 용접 접합

용융 용접(Fusion welding)은 모재나 재료를 녹여서 가공물을 접합하는 방식으로, 가장 보편적인 용접법에 속한다. 고체상에서 완전히 용해되는 물질은 융접이 잘 되며, 두 금속 사이에 용해되는 중간매개재료를 넣어 접합하기도 한다. 용접의 종류는 매우 다양하며, 이를 분류하는 방법도 여러 가지가 있다. 일반적으로 용접하는데 필요한 에너지의 근원에 따라 분류할 수 있는데, 기계적, 전기적, 화학적, 광학적으로 분류할 수 있다.

(1) 용접 접합의 장단점

표 13-12 용접접합의 장 · 단점

장 점	단 점
공해(소음, 진동)가 없다.	용접의 숙련공이 필요.
강재의 양을 절약(중량감소).	용접부 결함 검사가 어려움.
접합부의 강성이 크며, 응력전달 확실함.	용접열에 의한 변형 우려.
일체성, 수밀성 확보.	용접 모재의 재질상태에 따라 응력의 집중.

(2) 용접기의 종류

① 직류아크용접 : 작업용이, 공장용접에 사용, 전류가 안정적.

② 교류아크용접 : 가격이 저렴하고, 유지관리가 용이하여 현장용접에 많이 사용.

③ 기타용접 : 특수용접으로 본서에서는 제외하였다.

(3) 용접결함의 종류

① 슬래그 감싸들기 : 슬래그가 용착금속내에 혼입되는 현상.

② 언더컷 : 모재가 녹아 용착금속이 채워지지 않고 홈으로 남게 된 부분.

③ 오버랩 : 용접금속과 모재가 융합 되지 않고 단순히 겹쳐지는 것(전류가 낮을 때 발생).

④ 블로우 홀 : 방출되어야할 가스가 남아서 생기는 공처럼 길죽하게 빈자리.

⑤ Crack : 용착금속 급냉, 과대전류 등에 의한 갈라짐.

⑥ Pit : 모재의 불량 등으로 생기는 미세한 홈.

⑦ 용입부족 : 모재가 녹지않고 용착금속이 채워지지않고 홈으로 남음.

⑧ Crater : Arc 용접시 끝부분이 패이는 현상(항아리 모양)

⑨ Fisheye : Slag 혼입 및 Blow hole 겹침 현상, 생선눈알 모양의 은색 반점이 나타남.

13.6.2 강재 비파괴시험

비파괴시험(Non-Destructive Testing)이란 재료나 제품의 원형과 기능을 전혀 변화시키지 않고 물리적 에너지를 이용하여 시험체 이상 여부나 결함의 정도를 알아내는 모든 시험을 말한다.

강구조물에 대한 비파괴시험은 주로 용접 이음부 결함조사에 적용되며, 시험방법은 초음파탐상시험, 자분탐상시험, 방사선투과시험 등이 있다.

(1) 시험목적

강재 토목 구조물에 있어서 용접 이음 부는 설계하중에 대한 강도확보는 물론 사용조건에 따라서는 피로파괴에 대한 저항도 요구된다. 이러한 용접부의 성능에 대한 품질정보를 얻기 위하여 용접 제작상태와 용접결함 현황을 조사하고, 그 결과를 대상 구조물의 내하성능 및 안정성평가를 위한 기초자료로 활용한다.

(2) 시험대상 시설물

강교, 수문, 상하수도 배관, 저장탱크, 강관말뚝 등의 강구조물

(3) 비파괴시험 방법의 특성

표 13-13 비파괴시험 방법의 특성

시험방법	초음파탐상 시험	자분탐상 시험	방사선투과 시험
검출원리	결함에서의 초음파 반사로 결함 검출	자력선 유도에 의한 결함 검출	방사선을 시험체에 투과시켜 결함 검출
대상결함	내부결함	표면결함	내부결함
결함검출능	면상결함 검출 용이	표면균열 검출 용이	구상결함 검출 용이
표시형태	CRT상의 반사신호	결함부의 자분 형태	필름상의 투영상
시험체영향	시험체 조직에 영향	자성체에만 적용 가능	시험체 두께에 영향
안전관리	방사선 안전관리 필요	불필요	불필요
결함식별	결함종류 식별 용이	미세균열에 대한 감도 탁월	결함종류 식별 곤란
결함위치판별	3차원적 위치 확인	2차원적 위치 확인	2차원적 위치 확인
시험체접근성	1면에서 탐상 가능	1면에서 탐상 가능	2면이상에서 탐상 가능

13.7 구조설계방법

13.7.1 강도설계법

표 13-14 하중의 조합

<table>
<tr><th>구 분</th><th>내 용</th></tr>
<tr><td>$U = 1.4(D+F)$</td><td rowspan="9">D : 고정하중 또는 이에 의해서 생기는 단면력
E : 지진하중 또는 이에 의해서 생기는 단면력
F : 유체의 밀도를 알 수 있고, 저장 유체의 높이를 조 절할 수 있는 유체의 중량 및 압력에 의한 하중 또는 이에 의해서 생기는 단면력
H_v : 흙, 지하수 또는 기타재료의 자중에 의한 또는 이에 의해서 생기는 단면력
H_h : 흙, 지하수 또는 기타재료의 횡압력에 의한 수평방향하중, 또는 이에 의해서 생기는 단면력
L : 활하중 또는 이에 의해서 생기는 단면력
L_r : 지붕활하중 또는 이에 의해서 생기는 단면력
R : 강우하중 또는 이에 의해서 생기는 단면력
S : 적설하중 또는 이에 의해서 생기는 단면력
T : 온도, 크리프, 건조수축 및 부등침하의 영향 등에 의해서 생기는 단면력
W : 풍하중 또는 이에 의해서 생기는 단면력</td></tr>
<tr><td>$U = 1.2(D+F+T)+1.6(L+\alpha_H H_v+H_h)$
$+0.5(L_r \text{ or } S \text{ or } R)$</td></tr>
<tr><td>$U = 1.2D+1.6(L_r \text{ or } S \text{ or } R)$
$+(1.0L \text{ or } 0.65W)$</td></tr>
<tr><td>$U = 1.2D+1.3W+1.0L$
$+0.5(L_r \text{ or } S \text{ or } R)$</td></tr>
<tr><td>$U = 1.2D+1.3W+1.0L+0.5(L_r \text{ or } S \text{ or } R)$</td></tr>
<tr><td>$U = 1.2(D+H_v)+1.0E+1.0L+0.2S$
$+1.0H_h \text{ or } 0.5H_h$</td></tr>
<tr><td>$U = 1.2(D+F+T)+1.6(L+\alpha_H H_v)$
$+0.8H_h+0.5(L_r \text{ or } S \text{ or } R)$</td></tr>
<tr><td>$U = 0.9D+1.0E+1.6(\alpha_H H_v+H_h)$</td></tr>
<tr><td>$U = 0.9(D+H_v)+1.0E+(1.0H_h \text{ or } 0.5H_h)$</td></tr>
</table>

[주] α_H =토피의 두께에 따른 연직방향 하중 H_v에 대한 보정계수
$h \leq 2\text{m}$에 대해서 $\alpha_H = 1.0$, $h > 2\text{m}$에 대해서 $\alpha_H = 1.05 - 0.025h \geq 0.875$

표 13-15 강도감소계수

부재 또는 하중의 종류			강도감소계수
휨모멘트와 축력을 받는 부재	① 인장지배 단면	최외단 인장철근의 순인장변형률 εt가 인장지배 변형률 한계인 0.005 이상인 경우	0.85
	② 압축지배 단면	나선철근으로 보강된 철근콘크리트 부재	0.70
		그 이외의 철근콘크리트 부재	0.65
③ 전단력과 비틀림모멘트			0.75
④ 콘크리트의 지압력(포스트텐션 정착부나 스트럿-타이 모델은 제외)			0.65
⑤ 무근콘크리트의 휨모멘트, 압축력, 전단력, 지압력			0.55

[주] ②의 경우 중에서, 공칭강도에서 최외단 인장철근의 순인장변형률 ϵt가 압축지 배와 인장지배 단면 사이일 경우, ϵt가 압축지배 변형률 한계에서 0.005로 증가함에 따라 ϕ값을 압축지배 단면에 대한 값에서 0.85까지 증가시킨다.

3. 단면결정

휨 응력을 받는 슬래브 및 BEAM 구조의 철근량 계산은 단철근 계산 방법에 의하여 계산함을 원칙으로 하고 계산 철근량이 최대 철근량을 초과할 경우 구조단면을 재가정하여 적정 단면이 되도록 설계한다.

4. 설계 강도 검토

근사해법 및 전산해석의 방법으로 산출한 철근콘크리트 부재의 휨모멘트 및 전단력에 대하여 극한강도설계법으로 검토하며, 설계강도는 다음과 같다.

(1) 공칭모멘트 강도

$$M_n = A_s \cdot f_y \cdot (d - a/2)$$

$$a = A_s \cdot f_y / (0.85 \cdot f_{ck} \cdot b)$$

(2) 설계모멘트 강도

$$M_d = \phi_f \cdot M_n = 0.85 \cdot A_s \cdot f_y \cdot (d - a/2)$$

$$V_v = \frac{1}{6}\sqrt{f_{ck}}\, b_w \cdot d$$

$$V_v = \phi_v \cdot V_s + \phi_v \cdot V_c = 0.75 \cdot (V_s + V_c)$$

V_s : 전단철근에 의한 공칭전단강도

V_c : 콘크리트에 의한 공칭전단강도

5. 사용성 검토

(1) 균열검토

콘크리트에 발생하는 균열이 구조물의 기능, 내구성 및 미관 등 사용목적에 손상을 주는가에 대하여 적절한 방법으로 검토하여야 한다.

내구성에 대한 균열의 검토는 콘크리트 표면의 균열폭을 환경조건, 피복두께, 공용기간 등으로부터 정해지는 허용 균열폭 이하로 제어하는 것을 원칙으로 한다.

표 13-16 강재부식 환경조건

구 분	강재 부식에 대한 환경조건
건조한 환경	일반 옥내부재, 부식의 우려가 없을 정도로 보호한 경우, 보통 주거 및 사무실 건물 내부
습윤환경	일반 옥외의 경우, 흙 속의 경우, 옥내의 경우에 있어서 습기가 찬 곳
부식성 환경	① 습윤 환경과 비교하여 건습의 반복작용이 많은 경우, 특히 유해한 물질을 함유한 지하수위 이하의 흙속에 있어서 강재 부식에 해로운 영향을 주는 경우, 동결작용이 있는 경우, 동상방지제를 사용하는 경우 ② 해양콘크리트구조물 중 해수 중에 있거나 극심하지 않은 해양환경에 있는 경우(가스, 액체, 고체)
극심한 부식성 환경	① 강재의 부식에 현저하게 해로운 영향을 주는 경우 ② 해양콘크리트 구조물중 비말대에 있는 경우, 간만조위 및 극심한 해풍의 영향을 받는 경우

표 13-17 허용균열폭(Wa)

구 분	강재 부식에 대한 환경조건			
	건조환경	습윤환경	부식성환경	고부식성환경
철근	0.4mm와 0.006Cc 중 큰값	0.3mm와 0.005Cc 중 큰값	0.3mm와 0.004Cc 중 큰값	0.3mm와 0.0035Cc 중 큰값

[주] Cc : 최외단 주철근의 표면과 콘크리트 표면사이의 콘크리트 최소 피복두께[mm]

(2) 균열폭의 계산

설계 균열폭은 다음 식에 따라 계산한다.

$$w_d = k_{st}\, l_s(\epsilon_{sm} - \epsilon_{cm})$$

여기서, k_{st} : 균열폭 평가계수

l_s : 평균 균열 간격

ϵ_{sm} : 균열 간격내 평균 철근변형률

ϵ_{cm} : 균열 간격내 평균 콘크리트변형률

13.7.2 허용응력 설계법

현행 설계기준은 1999년에 제정되어 2003년에 개정되어서 별도 설계법(Alternative Design Method)으로 부록편에 수록되어 있다.

이는 강도 설계법에 대해 보완적인 설계법이며 사용성 검토 등에 사용되는 것으로 태양광발전설비를 기획하고 설계하는 실무자가 활용하기에는 많은 어려움이 예상된다.

단, 4차 산업의 융 · 복합 시대의 기술인으로, 여러 분야를 이해하고 적응할 수 있는 기회를 만들어 가기를 바라며 일부 기술을 소개한 것이다.

1. 허용응력

(1) 콘크리트의 응력

콘크리트 응력은 표 13-18을 참조할 것을 권장한다.

표 13-18 곤크리드의 응력

응력의 종류	구 분	적 용 공 식
허용 휨 응력	허용 휨 압축응력 허용 휨 인장응력 (무근의 확대기초와 벽체) 허용 휨 강도 (파괴계수, 보통 콘크리트)	$f_{ca} = 0.40 f_{ck}$ $f_{ta} = 0.13\sqrt{f_{ck}}$ $f_{ru} = 0.63\sqrt{f_{ck}}$
허용압축응력	허용압축응력 (무근의 확대기초와 벽체)	$f_{ca} = 0.25 f_{ck}$
허용전단응력	사인장 철근을 두지 않는 보 사인장 철근을 두는 보 1방향 배근의 슬래브와 확대기초 2방향 배근의 슬래브와 확대기초	$\nu_{ca} = 0.08\sqrt{f_{ck}}$ $\nu_{ca} = 0.32\sqrt{f_{ck}}$ $\nu_{ca} = 0.08\sqrt{f_{ck}}$ $\nu_{ca} = 0.08(1+\frac{2}{\beta_c})\sqrt{f_{ck}} \le 0.16\sqrt{f_{ck}}$
허용지압응력	일반식 처짐이나 편심하중의 경우	$f_{ba} = 0.25 f_{ck}\sqrt{\frac{A_c}{A_b}} \le 0.5 f_{ck}$ $f_{ba} = 0.75 \times 0.25 f_{ck}\sqrt{\frac{A_c}{A_b}} \le 0.5 f_{ck}$

(2) 강재

① 허용축방향압축응력 : $f_{ca} = f_{cag} \cdot f_{cal} / f_{cao}$

여기서, f_{cag} : 국부좌굴을 고려치 않은 허용축방향압축응력(MPa)

f_{cal} : 국부좌굴에 대한 허용응력(MPa)

f_{cao} : 국부좌굴을 고려치 않은 허용축방향압축응력의 상한값(MPa)

(3) 하중조합

표 13-19 철근 및 무근콘크리트 강구조의 조합

	하 중 조 합	증가계수
1	주하중 + 주하중에 해당하는 특수하중 + 온도변화의 영향	1.15
2	주하중 + 주하중에 해당하는 특수하중 + 풍하중	1.25
3	주하중 + 주하중에 해당하는 특수하중 + 온도변화의 영향 + 풍하중	1.35
4	주하중 + 주하중에 해당하는 특수하중 + 풍하중 + 제동하중	1.25
5	주하중 + 주하중에 해당하는 특수하중 + 충돌하중	
	강구조에 대하여	1.70
	철근 및 무근 콘크리트에 대하여	1.50
6	활하중 및 충격 이외의 주하중 + 지진의 영향	
	강구조에 대하여	1.50
	철근 및 무근 콘크리트	1.33
7	가설시 하중의 조합	
	완성 후의 응력이 현저히 저하되는 경우	1.50
	완성 후의 응력이 허용응력과 같은 정도로 되는 경우	1.25

Chapter

14 건축기초

최근 “녹색건축물 조성지원법”에 의한 건축물 에너지 절약 설계 기준이 강화되고 “신에너지 및 재생에너지개발 · 이용 · 보급촉진법”에 의한 신 · 재생에너지 공급 의무비율이 증기됨에 따라 태양광발전의 건물적용과 국토교통부는 신규 건축물을 대상으로 2025년까지 제로(Zero) 에너지빌딩 의무화를 추진하고 있으며 산업통상부는 사용전력의 100%를 신 · 재생에너지로 충당하는 RE100 캠페인을 도입검토하고 있다.

즉, 신 · 재생에너지 발전을 평지에서 산간으로, 한발 더 나아가 내수면과 해상으로 확대 하는 추세이나 자연환경 파괴와 사용가능 면적의 고갈로 건축물의 지붕과 벽체 등을 활용하는 방안이 강구되고 있다. 신 · 재생에너지 전문기술인들은 신 · 재생에너지기술과 앞장에서의 토목분야의 토질 및 기초와 구조, 건축법을 기초로 한 기술적 부분을 이해할 수 있는 역량을 갖추어야 될 것으로 판단하여 이를 추가하였고, 부족부분은 제16장 관련법규 등을 활용할 필요가 있다.

14.1 건축물에 적용되는 태양광발전설비

건축물의 지붕 또는 옥상, 외벽, 커튼월, 차양 등에 태양광발전용 모듈을 설치하여 전기에너지를 얻는 방식이 적극추진 되고 있으며, 이에 따른 건축법규와 건축적 상식이 신 · 재생에너지를 배우는 학생들에게도 요구됨으로 건축마감재와 시공방법을 소개하게 되었다.

건축법과 건축법시행령 및 건축법시행규칙을 이해하고 신 · 재생에너지관련 조례내용을 알아야만 신 · 재생에너지관련 인 · 허가업무를 원활하게 수행할 수 있게 될 것이다.

그림 14-1 건축물 태양광발전설비

14.2 건축허가 절차 요약

표 14-1 건축절차 종합 체계도

절차단계		세부단계		주요규정내용	근거규정	비고
	1 기획 단계	-입지선정, 확보시 법적인 검토사항			국토이용관리법 15조, 도시계획법 4조, 농지법 34,36,38조 등 17개 관련법	
		-설계발주				
		-건축관계인의 협의 및 계약			법 9조의2	
	2 설계 단계	-설계와 설계자의 관계		설계, 설계자, 설계도서작성기준	법19조	
		-건축사 설계 건축물		대상지역, 예외건축물	법8조	
		-관계전문기술자 협력		토목분야기술자, 기술사, 설비 및 냉동기계기술사	영91조의3, 규칙36조의2	
		-집단규정	건축물의 대지 및 도로	대지의 안전	법30조, 규칙25조	
				대지안의 조경	법32조, 영27조, 규칙26조의2	
				대지와 도로의 관계	법33조, 영28조	
				건축선의 지정	법36조, 영31조	
				건축선에 의한 건축제한	법37조	

절 차 단 계		세 부 단 계		주 요 규 정 내 용	근 거 규 정	비 고
		- 집단규정	지역 및 지구안의 건축물	건축물의 대지가 지역, 지구 또는 구역에 걸치는 경우의 조치	법46조, 영77조	
				건축물의 건폐율	법47조, 영78조	
				건축물의 용적률	법48조, 영79조	
				대지의 분할제한	법49조, 영80조	
				건축물의 높이제한	법51조, 영82조	
			공개공지	공개공지등의 확보	법67조, 영113조	
		- 개체규정	구조 및 재료	기술적 기준	법59조의3	
	건축행정 절 차			구조기준	법38조, 영32조	
				건축물의 피난 및 방재기준	법39조	
				내화구조기준	법40조, 영56조	
				방화구획기준	영57조	
			건축설비	설비일반	법55조, 영87,93조, 설비규칙13,14,17,18,20조	
				승강기	법57조, 영89조, 설비규칙5,6조	
				건축물의 에너지 이용 및 폐자재의 활용	법59조, 영91조, 규칙38조, 설비규칙21~23조	
			건축물의 유지·관리	건축물의 유지관리	법26조, 영23조	
건축 절차 종합		- 사전승인		사전승인의 대상	법8조, 영8조	
	3. 건축허가 단 계			시장, 군수의 도서제출	법8조, 영8조	
				신청서류 및 승인권자의 의무	법8조, 규칙7조	
		- 건축심의		건축위원회 구성	법4조, 영5조, 규칙2조,2조의2	
				심의대상 건축물	영5조, 규칙2조	
				건축위원회 개최	규칙2조	
				의결	법4조, 영5조, 규칙2조	
		- 건축허가		건축허가의 대상	법8조, 영8조, 규칙7조	
				취소	법8조	
				변경	법10조, 영12조	
				제한	법12조, 영13조	
		- 건축신고, 협의 등		건축신고의 대상	법9조, 영11조, 규칙12조	
				가설건축물(공작물)	법15조, 영15조, 규칙13조	
				용도변경	법14조, 영14조, 규칙12의2	
				대수선	법2조, 영3의2	
				협의	법 25조, 영 22조, 규칙 22조	
		- 신청서류와 수수료		신청서류	법8조, 영9조, 규칙6,8조	
				수수료	법11조, 규칙10조	

절차단계		세부단계	주요규정내용	근거규정	비고
	4. 착공신고 단계	- 착공신고절차	절차	법16조, 규칙14조	
			허가권자의 의무	규칙14조	
			착공지연시 처리	규칙14조	
		- 서류 및 설계도서		법16조, 규칙14조	
	5. 시공 및 감리단계	- 시공	공사시공자의 의무	법19조의2	
			설계변경 요청	법19조의2	
			상세시공도면 작성	법19조의2	
		- 감리	공사감리자의 지정	법21조, 영19조	
			감리 중간보고서의 제출	법21조, 영19조, 규칙19조	
			감리방법 및 범위결정	법21조, 영19조	
			공사감리분류	법21조, 영19조	
			공사감리자 임무	법21조, 영19조, 규칙19조, 19조의2	
			기타 건축관계자의 임무	법21조, 영19조	
	6. 사용승인 단계	- 건축물의 사용승인신청	사용승인 신청	법18조, 영17조, 규칙16조	
			사용승인 효력	법18조, 영17조	
		- 임시사용 승인신청	신청서 제출	법18조, 영17조, 규칙17조	
			승인조건	법18조, 영17조, 규칙17조	
			승인기간	규칙17조	
		- 건축물 대장의 작성	기재 및 보관	법29조, 29의2, 영25조, 건축물대장의~규칙2조	
			건축물대장의 작성절차	법29조, 영25조	
			등기촉탁	법29의2조, 건축물대장의~규칙2조	
			건축물대장의 말소	건축물대장의 기재 및 관리 등에 관한 규칙9조	
	7. 유지관리 단계	- 건축물의 유지관리	유지관리자	법26조, 영23조	
			유지관리대상	법26조, 영23조	
			건축법 적용규정	법26조, 영23조	
			유지관리 기준	법26조, 영23조	
		- 건축물의 하자보수		건설산업기본법28조 등	
		- 건축물 철거 등의 신고	신고자	법27조, 규칙24조	
			대상건축물	법27조, 규칙24조	
			신고기간	법27조, 규칙24조	
			신고기관	법27조, 규칙24조	

절차단계		세부단계	주요규정내용	근거규정	비고
		- 건축지도원	자격	법28조, 영24조	
			업무	법28조, 영24조	
			지정	법28조, 영24조	
			절차 및 보수기준	법28조, 영24조	
		-건축물 관리대장	작성기준	법29조, 영25조, 건축물대장의 기재 및 관리 등에 관한 규칙3조	
			종류	법29조, 영25조, 건축물대장의 기재 및 관리 등에 관한 규칙3조	

[자료 제공] '건축행정 프로세스 개발연구'-한국건설기술연구원

14.3 건축 마감 재료의 특성

표 14-2 벽외장재

외장재 비교표				
구분	적벽돌치장쌓기	AL판넬	화강석	커튼월(유리)
물성 및 특징	• 흙의 질감과 색감이 순수하고 친밀감이 있다. 적정흡수율은 5~8%이며 불연재이고 내구성이 좋으며 개체를 쌓아 구조재 및 외장재 사용한다. 1,000도 이상의 고온에서 소성된다.	• 알루미늄 원판(T0.5, T0.5) 사이에 심재(PVC,폴리에틸렌)를 접합시키고 일변불소수지 코팅처리하여 제작하는 금속판넬 이다.	• 석영과 장석류를 주성분으로 하는 암석으로 화산활동으로 만들어진 마그마가 지표면 밖으로 분출되지 못하고 식어서 형성된 암석으로 포천석, 거창석, 문경석, 가평석 등 종류가 많고 검은색, 회색, 푸른색, 붉은색 등 종류마다 각기 다른 색감을 지니고 있다.	• 커튼월(curtain wall)은 건물의 하중을 모두 기둥, 들보, 바닥, 지붕으로 지탱하고, 외벽은 하중을 부담하지 않은 채 마치 커튼을 치듯 건축자재를 둘러쳐 외벽으로 삼는 건축 양식으로 흔히 통유리 또는 글라스월이라고도 불린다.
장점	• 친환경적이다. • 외관이 미려하고 내구성이 좋으며 구조재도 가능하다. • 방한, 방서에 유리하고 구조 및 시공이 용이하다. • 벽돌의 종류가 다양하다. • 유지관리가 용이하다.	• 평활성, 내식성이 뛰어나다. • 소재가 가볍고 고온의 열처리과정과 불소의 화학적 안정으로 악천후, 적외선, 자외선에 강하다. • 다양한 색상연출이 가능하다. • 부분교체가 가능하다.	• 외관이 장중하고 미려하다. • 내구성 및 강도가 크고 풍화에 의한 마멸에 강하다. • 내부식성에 강하고 유지 관리가 용이하다.	• 건식공법으로 공기가 빠르다. • 다양한 디자인의 연출이 가능하다. • 자연채광 및 높은 개방감과 유리로 인해 조망권 확보에 유리하다.
단점	• 시공 불량에 따른 백화현상 발생우려가 있다. • 습기에 약하다. • 내진에 취약하다.	• 내구성은 양호하나 충격에는 다소 약하다. • 선코팅 후가공으로 곡면가공이 어렵다. • AL복합판넬(단열재부착)시 열에 취약하다.	• 중량이 무겁고 단단하여 가공시간이 길다. • 질감 및 색상이 균일하지 않다. • 단열 및 차음성이 다소 떨어진다.	• 냉·난방 효율성이 현저히 낮다. • 야간에 별도의 프라이버시 확보가 필요하다. • 화재,지진 등 재난상황에 취약하다.
공사비	저가	중가	중가	고가

표 14-3 지붕외장재

지붕재 비교표				
구분	콘크리트(평스라브)	아스팔트 쉬글	기와	티타늄아연판
물성 및 특징	• 철근콘크리트 모체위에 여러 가지 방수공법을 적용 후 노출 또는 보호층을 형성 마무리하는 공법이다.	• 특수 아스팔트 사이에 강한 유리섬유를 넣어 만들며 바깥 표면을 채색된 돌 입자로 코팅해 종이처럼 넓적하게 만들어 육각이나 직사각형의 너와모양을 띈 지붕마감재.	• 주 원료로 사용되는 재료에 따라 시멘트기와, 점토기와, 금속(강판, 동판)기와, 플라스틱기와 등이 있다.	• 순도 99.995%의 아연과 티타늄, 구리를 합금하여 만든 강판으로 두께 0.7T~1T 정도의 두께를 형성한다.
장점	• 지붕의 용도에 따른 활용도가 높다. • 보편화된 공법으로 내구, 내화, 차음성이 좋다.	• 시공비가 저렴하고 자재가 가볍고 유연해 시공이 간편하다. • 건축물 하중부담이 없다. • 다양한 외곽연출이 가능하다.	• 지붕의 경사면 표현이 좋다. • 색상과 모양 등 다양한 지붕연출이 가능하다. • 부분적수리 및 보수가 용이하다.	• 가공성 및 재활용이 가능하며 유지보수에 용이하다. • 천연재료로서 친환경적이다. • 청회색 산화층 방어막이 생겨 내부식성이 있다.
단점	• 자중이 무겁다. • 건조수축에 따른 균열 발생으로 누수에 약하다.	• 온도변화로 인한 들뜸현상 발생한다. • 접착재 붙임시공으로 습기 및 바람에 취약하다.	• 파손에 약하다. • 자중이 무거워 건축물의 하중부담이 가중된다. • 누수에 다소 취약하다.	• 하자 발생 시 보수가 어렵다. • 시공비가 고가이다.
공사비	저가	저가	중가	고가

위의 내용만으로는 건축물을 이해하고 활용하는 것은 곤란하다. 신 · 재생에너지 분야의 융 · 복합된 기술을 이해하는 최소의 내용으로 제16장의 관련법규정을 활용하고 전문가와 면밀히 협의하여야 될 것이다.

표14-4 습식공사와 건식공사방식비교

건식 및 습식공법 비교표		
구분	건식 공법	습식 공법
정의	• 시공시에 물을 쓰지 않고 못 치기, 비스 고정, 볼트 조임, 접착제 등에 의한 공법	• 물에 의해 응결 · 고결(固結)하는 재료를 사용하여 현장에서 주체공사나 마감공사를 하는 공법
장점	• 고층건물에 유리 • 공기단축 • 공사비 절감 • 계절에 영향을 거의 받지 않는다. • 백화, 결로 방지 • 재료의 대형화, 경량화가 가능	• 소형 자재에 유리 • 오랜 경험의 노하우로 시공성 향상 • 얇은 부재로 재료비 절감
단점	• 재료손실이 많음 • 외벽창호주위의 누수 및 결로(방수대책 필요)	• 공사지연의 우려 • 백화현상의 발생 • 고정철물의 산화(녹물)
주재료	• 커튼월(유리), 석재 벽 붙이기, 알루미늄 판넬, 티타늄 아연판 등	• 제물 치장 콘크리트 (현장타설), 미장, 조적(벽돌), 돌쌓기 등

Chapter

15 태양광발전설비 발주실무

본 장은 실무지침서로 엔지니어가 알아야 할 분야이며 특히 법률적 의미와 생소한 용어 등을 이해하고 실무에 활용하기를 바람.

제Ⅰ편 구매계약서
    물품구매계약서

제Ⅱ편 계약조건
    제 1 장 계약일반조건
    제 2 장 계약특수조건

제Ⅲ편 물품 및 가격명세
    제 1 장 상업사항
    제 2 장 기술사항

제Ⅳ편 기술규격서
    제 1 장 일반설계조건
    제 2 장 기술규격서

[부록]

1. 설치공사지침
2. 품질보증요건서(K)
3. 도면 및 광디스크 작성기준 및 절차(D1)
4. 도면/자료 및 기자재 번호체계(D2)

상기에 구분한 항목은 발주에 요구되는 모든 내용을 열거하였으나, 전 과정을 설명하는 것은 본서의 취지와 불일치하여 일부만 소개하는바, 필요시 세부내용을 별도로 학습하도록 한다.

15.1 물품 구매계약서(예)

1. 계 약 명 : O O O 태양광 발전시스템 구매계약
   (계약번호 : O-O-O호)
2. 구매물품 : 태양광 발전설비, 주제어설비 등 1식 (세부내용 규격서 참조)
3. 계약금액 : 一金 원정(₩)
   (공급가액 : ₩ 부가세 : ₩)
4. 계약보증금 : ₩ (보증증서)
5. 납기
   ◦ 기자재 :
   ◦ 설치 (시운전 및 성능시험포함) :
6. 하자보증기간 : 인수통보서 발급일로부터 O년
7. 납품조건 : 설치조건부
8. 가격조건 : ______________
9. 지체상금 : 지체1일당 해당금액의 1000분의 1.5
10. 지분율 : 대표사( ) : 00%, 참여사(건설) : 00%

위의 물품구매계약을 체결함에 있어 계약상대자는 물품구매에 관한 모든 조건을 구비하고 물품구매입찰유의서, 물품구매계약일반조건, 특수조건, 규격서 및 기타 계약상의 모든 조건이 이 계약의 일부가 됨을 수락하고 제3장 기술규격서의 기재물품에 관한 계약상의 의무이행을 완수할 것을 확약하고 기명날인 한다.

0000 년 0월 0일

구 매 자 : 주 소 :
상 호 :
대표자 :

계약상대자 : 주 소 : *공동도급일 경우 사용*
(공동수급대표) 상 호 :
대표자 :

계약대상자 : 주 소 :
상 호 :
대표자 :

15.2 공동수급협정서(공동이행방식)

제1조(목적) 이 협정서는 과 가 공동수급업체를 구성하고 재정 경영 및 기술능력과 인원 및 기자재를 동원하여 이 발주하는 아래 사업을 위하여 계획 입찰 계약의 체결 및 이행을 공동연대하여 사업을 영위할 것을 약속하는 협약을 정함에 있다.

1. 사 업 명 :
2. 발주자명 :

제2조(공동수급체) 공동수급체의 명칭, 사업소의 소재지, 대표자는 다음과 같다.

1. 명 칭 :
2. 주사무소 소재지 :
3. 대 표 자 성 명 :

제3조(공동수급체의 구성원 및 대표자) ① 공동수급체의 구성원은 다음과 같다.

1. (대표자 :)
2. (대표자 :)

② 공공수급체의 대표자는 로 한다.

③ 대표자는 OO 및 제3자에 대하여 공동수급체를 대표하며, 공동수급체 재산의 관리 및 대금청구 등의 권한을 가진다.

제4조(효력기간) 본 협정서는 당사자간의 서명과 동시에 발효하며, 당해 계약의 이행완료로 종결된다. 다만, 제3자에 대하여 본 사업과 관련한 권리의무관계가 남아있는 한, 이 협정서의 효력은 존속된다.

제5조(의무) 공동수급체의 구성원은 제1조에서 규정한 목적을 수행하기 위하여 성실, 근면 및 신의를 바탕으로 하여 필요한 모든 지식과 기술을 활용할 것을 약속한다.

제6조(책임) 공동수급체의 구성원은 발주자에 대한 계약상의 의무이행에 대하여 연대하여 책임을 진다.

제7조(하도급) 공동수급업체의 구성원은 다른 구성원의 동의를 받지 않고 분담부분의 일부를 하도급 할 수 없다.

제8조(거래계좌) 기성대가 등은 공동수급체의 대표자 또는 각 구성원의 다음 계좌로 지급받는다.

1. (공동수급체 대표자) :
은행, 계좌번호 : , 예금주 :
2. :
은행, 계좌번호 : , 예금주 :

제9조(구성원의 출자비율) ① 당 공동수급업체의 출자비율은 다음과 같이 정한다.
1. : 00%
2. : 00%

② 제1항의 비율은 다음 각호의 1에 해당하는 경우에는 변경할 수 있다. 다만, 출자비율을 변경하는 경우 공동수급체의 일부 구성원의 출자비율 전부를 다른 구성원에게 이전할 수 없다.
1. OO과의 계약내용 변경에 따라 계약금액이 증감되었을 경우
2. 공동수급체 구성원 중 파산, 해산, 부도 등의 사유로 인하여 당초 협정서의 내용대로 계약이행이 곤란한 구성원이 발생하여 공동수급체 구성원 연명으로 출자비율의 변경을 요청한 경우

③ 현금 이외의 출자는 시가를 참작, 구성원이 협의 평가하는 것으로 한다.

제10조(손익의 배분) 당해 계약을 이행한 후 이익 또는 손실이 발생하였을 경우에는 제9조에서 정한 비율에 따라 배당하거나 분담한다.

제11조(권리,의무의 양도제한) 구성원은 이 협정서에 의한 권리, 의무를 제3자에게 양도할 수 없다.

제12조(중도탈퇴에 대한 조치) ① 공동수급체의 구성원은 발주자 및 구성원 전원의 동의가 없으면 입찰 및 당해 계약의 이행을 완료하는 날까지 탈퇴할 수 없다. 다만, 공동수급체 구성원 중 파산, 해산, 부도 기타 정당한 이유 없이 당해 계약을 이행하지 아니하여 입찰참가자격제한조치를 받은 구성원에 대하여는 다음 구성원이 탈퇴조치를 하여야 한다.

② 제1항의 규정에 의하여 구성원 중 일부가 탈퇴한 경우에는 잔존구성원이 공동 연대하여 당해 계약을 이행한다. 다만, 잔존구성원만으로는 면허, 실적, 시공능력공시액등 잔여계약이행에 필요한 요건을 갖추지 못할 경우에는 연대보증인과 연대하여 당해 계약을 이행하여야 하며, 연대보증인이 없거나 연대보증인이 계약을 이행하지 않는 경우에는 잔존구성원이 발주자의 승인을 얻어 당해 요건을 충족하여야 한다,

③ 탈퇴하는 자의 출자금은 계약이행 완료후 제10조의 손실을 공제한 잔약을 반환한다.

제13조(하자담보책임) 공동수급체가 해산한 후 당해 계약에 관하여 하자가 발생하였을 경우에는 연대하여 책임을 진다.

제14조(운영위원회) ① 공동수급체는 공동수급체 구성원을 위원으로 하는 운영위원회를 설치하여 계약이행에 관한 제반하항을 협의한다.

② 이 협정서에 규정되지 아니한 사항은 운영위원회에서 정한다.

위와 같이 공동수급협정을 체결하고 그 증거로서 협정서 2통을 작성하여 각 통에 구성원이 기명날인하여 각자 보관한다.

0000년 0월 0일

공동수급 대표자
대표자 : (인)
상 호 :
주 소 :

공동수급체 구성원
대표자 : (인)
상 호 :
주 소 :

15.3 계약조건의 이해

15.3.1 계약일반조건의 주요항목

1. 용어의 정의
2. 계약의 효력
3. 계약문서
4. 사용언어
5. 설계변경으로 인한 계약금액의 조정
6. 일반규정
7. 계약금액 및 대가지급
8. 공급범위
9. 납품
10. 지체상금
11. 불가항력
12. 책임
13. 보증
14. 인허가
15. 계약변경
16. 준거법
17. 중재
18. 계약의 해제 또는 해지
19. 보험
20. 세금 및 공과금

주요항목은 위에 열거한 내용이 포함되며 필요에 따라 항목은 가감되며, 이를 자세히 설명하면 아래와 같다.

15.3.2 용어의 정의

이 계약에서 사용된 아래의 용어와 표현들은 문맥상 달리 해석되지 않는 한, 여기에서 정의된 의미를 갖는다.

(1) 계약(Contract, Purchase Contract)

건설에 필요한 물품 및 용역을 구매하기 위하여 양 당사자 간에 체결된 이 구매계약을 뜻한다.

(2) 발주자

계약에 의하여 물품 및 용역을 구매하는 회사와 그 법적 대표자, 권한 있는 수임자, 승계인 및 양수인을 뜻한다. 경우에 따라 구매자, 발주자(Purchaser, Owner, Buyer) 로 표기될 수 있다.

(3) 계약상대자 또는 공급자(Seller, Supplier, Contractor)

계약에 의하여 물품 및 용역을 공급하는 자연인, 법인 또는 다른 법적 단체, 그 법적 대표자, 권한 있는 수임자, 계약상대자, 승계인 및 양수인을 뜻한다.

(4) 하수급자 (Subsupplier, Subcontractor)

계약상대자의 국내·외 하도급 계약상대자로서 하도급계약에 의하여 업무의 일부를 제공하는 개인, 법인 또는 기타 법적 단체와 그 대표자, 권한 있는 수임자, 승계인 및 양수인을 뜻한다.

(5) 종합설계용역자 (Architect Engineer, A/E)

플랜트 종합설계를 위해 발주자가 선임한 기술용역회사 및 그 법적 대표자, 권한 있는 수임자, 승계인 및 양수인을 뜻한다.

(6) 당사자 (Party, Parties)

발주자 또는 계약상대자를 뜻한다. 양 당사자라고 할 때에는 일방 또는 쌍방 모두를 뜻할 수 있다.

(7) 업무 (Works, Supplies)

계약에 의하여 계약상대자가 이행하여야 하는 물품의 납품 및 용역의 수행을 포함한 모든 의무와 책임을 뜻한다.

(8) 물품 (Goods, Equipment, Materials)

계약에 의하여 계약상대자가 공급하는 기계, 구성품, 부분품, 장비, 공구, 자재 등을 뜻한다.

(9) 용역 (Service(s))

계약에 의하여 계약상대자가 공급하는 기술지원 및 교육훈련을 포함한 모든 종류의 용역을 뜻한다.

(10) 설치 (Installation, Erection)

계약에 의하여 계약상대자가 공급하는 물품을 현장에 설치하는 것을 뜻한다.

(11) 사업 (Project)

시스템의 건설을 뜻한다.

(12) 현장 (Site)

건설되는 구역을 말한다.

(13) 설치완료

기자재를 설치하고 모든 단위기기 예비점검 및 운전 시험(System Test 포함)이 완료되어 정상적 가동을 위한 준비가 완료된 상태를 의미한다.

(14) 신뢰도운전시험

신뢰도운전시험은 연속 자동 운전하는 것을 뜻한다.(계약서에 명시한다)

(15) 준공

준공은 현장성능시험 완료일을 뜻하며 또한 인수통보서 발급일 기준이 되며 하자보수 보증기간 기산일을 뜻한다.

(16) 상업운전 (Commercial Operation)

신뢰할 만한 수준에서 지속적으로 이루어지는 상업적 목적의 출력 운전을 뜻하며, 상업운전 개시일은 전력거래소에 신고한 전력거래 신고일을 말한다.

(17) 성능시험 (Performance Test)

계약서에 규정한 바와 같이 계약상대자가 보증해야 하는 성능 보증치를 포함하여 물품의 성능을 확인하기 위한 시험을 뜻한다.

(16) 국내공급분 (On-shore Portion)

계약에 의하여 계약상대자가 공급해야 하는 물품 및 용역 중에서 한국 내에서 조달되거나 수행되는 부분을 뜻한다. 단, 국외계약상대자가 한국내에서 직접 수행하는 용역은 국외공급분으로 간주한다.

(17) 국외공급분 (Off-shore Portion)

계약에 의하여 계약상대자가 공급해야 하는 물품 및 용역 중에서 한국외의 지역에서 조달되거나 수행되는 부분을 뜻한다.

(18) 확정분

확정분이라 함은 공사범위를 구분, 물량을 산출하고 선행발전소 공사실적을 참고하여 예정가격을 결정, 해당역무에 대하여 확정가액으로 계약하는 공사(물품)을 말한다.

(19) 개산분

공사범위가 미확정인 공사로써 개산으로 계약금액을 결정, 해당공사 공사설계서 작성이 가능한 시점이후 별도의 계약에 따라 계약금액을 결정하는 공사(물품)를 말한다.

(20) 기본설계변경

발전용량 및 형식등 태양광 발전소 주설비의 주요규격 변경 및 해당공사와 관련하여 발주자가 인정하는 규격변경을 말한다.

2. 계약의 효력

계약은 양당사자가 적법하게 계약서에 날인하거나 양당사자의 적법한 서명권자가 계약서에 서명한 날에 발효되며, 양당사자가 계약상의 모든 의무를 이행할 때까지 효력을 유지한다.

3. 계약문서

(1) 계약서는 발주자와 계약상대자 사이의 계약 전체를 구성하며, 양당사자는 계약서에 명시되지 않은 진술, 표현, 약속 또는 합의에 구속되지 아니한다. 계약서는 다음과 같이 구성된다.

1. 구매계약서
2. 계약일반조건
3. 계약특수조건
4. 물품 및 가격명세
5. 기술규격서
6. 설치시방서

(2) 계약서상의 각 규정 사이에 의도하지 않은 상충이나 의미의 모호함이 발견되는 때에는, 발주자와 계약상대자는 다음의 적용 우선순위에 따라 이를 해결한다.

1. 변경계약서
2. 구매계약서
3. 물품 및 가격명세
4. 계약특수조건
5. 계약일반조건
6. 기술규격서 및 변경추록
7. 발주자의 검토·승인을 거친 계약상대자 제출문서

동일 우선순위의 규정간에 불일치나 상충이 있을 때에는, 문제가 되는 사항에 가장 관련성이 있으며 보다 상세히 깊이 있게 기술한 규정이 우선한다.

(3) 산출내역서 제출

계약상대자는 산출내역서를 대신하여 각 단위공정별 계약금액을 재료비, 노무비, 경비, 일반관리비, 이윤으로만 구분한 서류를 작성, 발주자에게 제출하여 한다.

4. 사용언어 (계약서에 명기)

계약문서 및 계약하의 모든 의사소통은 (한국어)로 이루어진다. 다만 기술규격서, 도면, 설계서와 같은 기술관련 서류 및 서신에 의한 의사소통은 영어로 이루어질 수 있다.

5. 설계변경으로 인한 계약금액의 조정

(1) 발주자는 설계변경으로 시공방법의 변경, 투입자재의 변경 등 공사량의 증감이 발생하는 경우에는 다음 각 호의 1의 기준에 의하여 계약금액을 조정하여야 한다.

① 증감된 공사량의 단가는 계약단가로 한다. 다만, 계약단가가 예정가격보다 높은 경우로서 물량이 증가하게 되는 경우 그 증가된 물량에 대한 적용 단가는 예정가격 단가로 한다.

② 산출내역서에 없는 품목 또는 비목의 경우는 선행호기의 동일 공종(동일 공종이 없을 시 유사공종)의 실적단가를 기준하여 동 단가에 낙찰률을 적용한 단가로 한다.

(2) 발주자가 설계변경을 요구한 경우에는 증가된 물량 또는 신규비목의 단가는 설계변경 당시를 기준으로 하여 산정한 단가와 동 단가에 낙찰률을 곱한 금액의 범위 안에서 발주자와 계약상대자가 상호 협의하여 결정한다.

(3) 계약금액의 증가분에 대한 간접노무비, 산재보험료 및 안전관리비 등 승률비용과 일반관리비 및 이윤은 산출내역서상의 간접노무비율, 산재보험료율 및 안전관리비율 등의 승률비율과 일반관리비율 및 이윤율에 의하되 관계법령 및 발주자가 정한율을 초과할 수 없다.

6. 일반규정

(1) 계약상의 권리와 의무는 양 당사자간 및 양당사자에 의하여 신의성실의 원칙에 따라 행사되고 이행되어야 한다.

(2) 계약은 양 당사자간의 완전한 합의를 이루고, 계약 이전의 모든 의사표시는 계약에 포함되었으며, 양 당사자의 적법한 대표자의 서면 합의에 의하지 아니하고는 변경되지 아니한다.

(3) 계약서에 충분히 기술되지 못한 규격들은 합리적인 상관례에 따라야 하며, 계약상대자는 계약서의 기술규격에 대한 개선 사항이 있으면 발주자에 통지하여야 한다.

7. 계약금액 및 대가지급

(1) 계약상대자는 물품 납품 또는 계약이행을 완료한 후 계약특수조건에 명시된 절차에 따라 납품된 물품 또는 수행된 업무에 대한 대가지급을 청구한다.

(2) 발주자는 계약상대자의 대가지급 청구를 받은 후 특별한 사유가 없는 한, 소정의 기일 내에 그 대가를 지급한다.

8. 공급범위

계약서에 달리 규정되지 않는 한, 계약상대자는 계약조건에 따라 설계하고, 절차서, 목록, 도면 및 자료를 작성 및 제공하며 필요한 경우 내진검증을 실시하고 물품을 제작, 조립, 검사, 시험, 등록번호 부여, 포장 및 표지하여 납품하고 필요한 경우 기술지원용역을 제공하여야 하며 계약서에 별도로 명시될 경우 설치 및 성능시험을 실시하여야 한다.

9. 납품

(1) 계약상대자는 계약에 규정된 납품조건 및 일정에 따라 물품을 납품하고 업무를 수행하여야 한다.

(2) 물품 납품은 계약특수조건에 규정된 납품조건 및 절차에 따라 시험 및 검사에 합격한 물품을 발주자가 지정된 장소에서 계약상대자로부터 수령한 때에 완료된다.

(3) 계약상대자가 발주자의 귀책사유로 인해 물품을 납품할 수 없는 때에는 계약상대자는 발주자가 지정하는 적당한 위치의 창고에 물품을 보관할 수 있다. 이 조항에 의한 납품과정에서 발생한 비용과 정상적인 납품 시 발생했을 비용간의 차액은 상대방에게 정산지급되어야 한다.

10. 지체상금

(1) 계약상대자 업무의 일부 또는 전부가 면책사유 이외의 사유로 규정된 기일을 경과하여 지체된 경우 또는 사용불능분이 발생한 경우, 계약상대자는 다음과 같이 해당 지체상금을 벌금이 아닌 예정손해배상금으로 발주자에게 지급하여야 한다.

(2) 1항의 “면책사유”는 다음과 같다.

① 납품일 이전에 계약상대자에게 발생한 11항의 불가항력 사유

② 계약상대자 귀책이 아닌 사유

11. 불가항력

당사자가 (1) 폭풍, 홍수, 지진 등과 같은 천재지변, (2) 폭동, 혁명, 반란, 봉기 등의 소요, (3) 화재, 폭발 등의 사고나 혼란, (4) 전쟁, 입출항금지, 검역격리 등등 법률 또는 정부기관의 규제 또는 공적의 행위와 같은 당사자의 합리적인 통제를 벗어나고, 과실과 태만이 없는 불가항력 사태로 인하여 계약의 전부 또는 일부를 이행할 수 없는 경우에는, 불가항력 발생 후 상대방에게 서면 통지함으로써 이행할 수 없는 부분에 대하여 상대방에게 면책된다.

12. 책임

(1) 계약상대자는 계약의 이행과 관련하여 계약상대자, 하수급자 또는 그들의 관리감독 하에 있거나 그들을 대리하는 자의 과실, 태만, 부작위 또는 고의적 행위로 인하여 발생하는 모든 인적 · 물적 손해 또는 비용에 대하여 책임을 지고 그로 인한 손해 또는 비용을 배상하여야 한다.

(2) 계약상대자 또는 하수급자의 신의성실에 어긋난 행위나 고의적 불법행위에 의한 경우를 제외하고는, 계약상대자는 발주자의 수익 또는 수입상의 손실, 발전소 운전정지 또는 정격출력운전 불능으로 인한 손실, 대체전력 비용, 수용가의 손해배상청구 등의 결과적 손해 또는 간접적 손해에 대하여 책임을 지지 아니한다.

13. 보증

(1) 물품 및 용역

① 계약상대자는 물품과 용역이 계약에서 의도된 목적에 적합하고, 물품의 성능과 용역의 성과를 포함한 모든 면에서 계약서에서 정한 요건에 엄격히 일치하며, 발주자의 재산에 어떠한 손해도 초래하지 않을 것임을 보증하여야 하며, 계약상대자는 또한 물품은 신품이며 설계, 자재 및 작업기술에 하자가 없고, 용역은 일반적으로 인정된 전문직무 수행기준 및 엔지니어링 원칙에 따라 수행됨을 보증한다.

② 여기에서, "하자"란 성능미달 등을 포함하여 계약서에서 정한 요건에 부합하지 아니하는 물품 또는 용역의 상태나 특성을 의미하며, "시정"이란 수리, 교체, 수정 또는 재 수행을 포함한 하자의 제거를 의미한다.

(2) 소유권

① 계약상대자는 물품의 소유권이 정당하고 합법적이며, 타인의 권리주장 · 손해배상청구권 · 유치권 · 저당권 등에 의하여 침해되지 않음을 보증한다.

② 이 보증의 기간은 무한이다.

(3) 특허권

① 계약상대자는 계약 하에서 계약상대자가 제공한 기술, 제조공정 및 자재를 포함한 모든 물품 및 용역이 특허권, 상표권, 판권 또는 지적재산권에 대하여 침해가 없음을 보증한다.

② 계약상대자에게 특허권 침해를 서면으로 통지할 경우, 계약상대자는 자기 비용과 위험으로 신속히 발주자에게 재산의 계속적 사용권을 확보해 주거나, 특허권을 침해한 재산을 교체 또는 시정하여 비 침해 재산이 되도록 하여야 한다.

③ 이 보증의 기간은 무한이다.

14. 인허가

(1) 계약상대자는 계약상 업무의 이행을 위해 필요한 인허가 신청자료를 적기에 작성하여 발주자 및 종합설계 용역자에게 제출하여야 하고 발주자의 승인을 득한후 필요한 모든 인허가를 계약기간내에 계약상대자 책임하에 수행하여야 한다.

(2) 계약상대자는 한국 규제기관이 요청하는 안전성 분석, 환경 평가 및 기타 관련 사안에 관한 자료 및 정보를 발주자에게 제공하여야 한다.

(3) 양 당사자는 인허가를 구득하는 데 가능한 상호 협조를 하여야 한다.

15. 계약변경

발주자는 계약상대자에 대한 사전 서면통지로써 업무를 변경할 수 있으며, 계약상대자는 변경된 업무를 수행하여야 한다. 이러한 업무변경으로 인하여 업무비용의 증가나 감소, 일정의 지연 등이 초래되는 경우에는, 양당사자는 관련 조항 또는 상호합의에 의하여 이를 반영하는 계약변경을 한다.

16. 준거법 (계약시 해당 국가를 지정하여야 된다)

계약상대자 및 하수급자는 업무의 이행에 있어 (대한민국)의 법, 규칙, 규정 및 시행령을 준수하여야 하며, 계약상대자는 그 위반에 대하여 책임을 진다.

17. 중재(소송절차를 신속하게 하기위한 법)

(1) 계약상 발생하는 사실문제에 관한 분쟁은 계약상대자와 발주자의 결정에 대해 양당사자가 합의하지 못하는 경우, 그 분쟁은 이 조항에 규정된 중재에 의하여 해결한다.

(2) 계약과 관련하여 발생되는 양당사자 간의 모든 분쟁은 대한상사중재원의 상사중재규칙 및 대한민국법률에 따라 한국 서울에서 이루어지는 중재에 의해 최종 해결한다.

(3) 분쟁의 해결은 법원소송 또는 관계기관 조정, 상사중재원의 중재로 대별되며 제16조의 중재가 분쟁해결의 간단한 방법 중 하나이다.

18. 계약의 해제 또는 해지

(1) 계약상대자 귀책에 의한 계약해제 또는 해지

발주자는 다음 각 호에 해당하는 경우에 계약의 전부 또는 일부를 해제 또는 해지 할 수 있다.

① 지체상금이 계약이행보증금 상당액에 달하고, 계약이행기간을 연장하여도 업무가 계약하의 일정 내에 완료되지 못할 것으로 예상되는 경우

② 계약서상의 납품일 내에 계약상대자가 계약된 규격 등과 같은 물품의 납품을 거부하거나 완료하지 못할 경우

③ 계약상대자의 귀책사유로 인하여 납품일 내에 납품할 가능성이 없음이 명백하다고 인정될 경우

(2) 발주자의 임의 계약해지

① 업무의 정지 및 해지된 업무의 하도급 또는 주문의 중단

② 해지업무와 관련된 하도급계약의 취소 및 발주자에게 만족스런 조건으로 하수급자와의 미결 채무 정산

(3) 해지의 발효 후 계약상대자가 서면으로 청구할 경우, 발주자는 다음에 대한 적정 금액을 계약상대자에게 지급하여야 한다.

① 완성된 업무에 대한 미지급 금액

② 진행 중인 해지업무에 대한 금액

③ 주문의 취소로 인한 정산 비용

④ 해지업무의 보호, 보관 또는 처리 비용

19. 보험

(1) 계약상대자 가입 보험

① 근로자재해보상보험 또는 이에 상응하는 보험

② 사용자배상책임보험 또는 이에 상응하는 보험

③ 자동차손해배상책임보험 또는 이에 상응하는 보험

④ 기타 대한민국법률에 의거 반드시 가입하여야 하는 보험

(2) 발주자 가입 보험

발주자는 건설기간 중의 물품의 손망실 위험 (물품의 하자와 관련한 계약상대자 책임은 제외) 에 대한 전위험담보 조립보험에 가입한다. 이때 동 조립보험은 계약상대자 및 하수급자에 대한 대위권 포기의 조항을 포함하며, 계약상대자 및 하수급자는 공동피보험자에 포함된다.

20. 세금 및 공과금

(1) 계약상대자는 계약상대자에게 부과된 모든 종류의 세금, 관세, 부과금 및 수수료 등을 관련법에 따라 부담하고 납부하여야 한다.

(2) 납품조건이 운송인 인도조건인 경우 수입물품에 대한 관세 및 부가가치세는 발주자가 부담한다. (계약상대자의 직원과 그 가족이 사용할 개인용품, 잡화품, 자동차 및 기타 재산에 대한 관세 및 세금은 제외)

15.3.3 계약특수조건

1. 사업개요
2. 품질보증, 시험 및 검사
3. 코드 · 표준 및 도량형
4. 품질서류
5. 포장 및 표시
6. 납품조건 및 절차
7. 대가지급조건
8. 인수 통보 및 거부
9. 하자보증기간
10. 기술지원 용역
11. 사업관리
12. 공정예정표 및 산출내역서
13. 성능보증

계약특수조건은 위의 사항을 구체적으로 상호의견이 없도록 명기하며 특히 이해가 잘못될 수 있는 용어는 외래어를 괄호 안에 병기하여 제시하여야 된다.

15.4 가격 및 기술규격

15.4.1 가격 사항

(총괄표)

번호	구 분	금액 (원)
1.	기자재비	______________
2.	설치비	______________
3.	기술용역비 (총 계약금액에 포함)	______________
4.	총합계(기자재, 설치비)	______________
5.	부가가치세	______________
6.	총 계약금액(4+5)	______________

총원가에는 일반관리비 외 이윤과 보험료 등 모든 금액을 합하여 제시하여야 된다. 아래의 내용은 기자재비와 이의 설치비를 예로 보여준 것이며 세부 사항은 제11장의 공사비산정을 참조한다.

1. 기자재비

(단위 : 원, 부가세 불포함)

번호	품 명	단 위	수 량	단 가	금액
1	태양광 어레이 및 부속설비 (0MWp)	Lot	1		
1-1	태양전지 모듈(000 Wp 이상급)	EA			
1-2	계통연계형 인버터(000 kW)	Set	4		
3	계통연계 송 · 수전설비	Lot	1		
4	원격감시반 및 제어장치	Lot	1		
5	기타 예비품 및 특수공구	Lot	1		
소 계					

2. 설치비

(단위 : 원, 부가세 불포함)

번호	품 명	단 위	수 량	단 가	금액
1	태양광 어레이 및 부속설비 (0MWp)	Lot	1		
1-1	태양전지 모듈(000Wp 이상급)	EA			
1-2	계통연계형 인버터(000kW)	Set	4		
3	계통연계 송 · 수전설비	Lot	1		
4	원격감시반 및 제어장치	Lot	1		
5	기타 부대공사 (부지조성,보완용 울타리, 조경,진입로,홍보안내판 등)	Lo	1		
소 계 (기자재 금액에 포함)					

15.4.2 기술규격

1. 일반사항

아래에 제시한 내용을 충실하게 상호 이해하고 업무수행에 오류가 없도록 하여야된다.

(1) 개요

(2) 입지

① 위치

② 지형 및 지질

③ 부지표고

④ 기상조건

(3) 설계일반조건

① 일반조건

② 지진계수

③ 환경오염방지 설계기준

④ 기상조건

㉮ 기압 : ________mmHg

㉯ 기온

㉠ 최고기온 : ____________________℃

㉡ 최저기온 : ____________________℃

㉢ 연평균온도 : __________________℃

㉰ 강수량

㉠ 연평균 강수량 : __________________m/m

㉡ 1일 최다 강수량 : ________________m/m (년월일표기)

㉢ 1시간 최다 강수량 : ______________m/m (년월일표기)

㉱ 상대습도

㉠ 연평균 상대습도 : ________________%

㉡ 최저 상대습도 : __________________% (년월일표기)

㉢ 최대월평균 상대습도 : ____________% (년월일표기)

㉲ 풍속

㉠ 최대순간풍속 : __________m/sec

㉳ 연간 현상일수

㉠ 맑음일수 : ________________일

㉡ 흐림일수 : ________________일

㉢ 안개일수 : ________________일

㉣ 강수일수 : ________________일

㉤ 눈 일수 : ________________일

㉥ 개임일수 : ________________일

㉴ 증발량

㉠ 연 총증발량 : ______________________m/m

㉡ 1일 최대증발량 : ____________________m/m (년월일표기)

㉵ 적설량

㉠ 1일 최대 적설량 : ____________cm (년월일표기)

㉡ 적설하중 : “건축물 하중기준 및 해설”(대한건축학회)의 규정에 따른다.

㉶ 일사량 : 기상청 자료 참조

2. 기술 (Technical) 사항

1. 공급 범위
   1.1 일반사항　　1.2 공급 항목　　1.3 공급 한계
2. 적용규격 및 표준
3. 운전 및 설계조건
   3.1 운전조건　　3.2 설계 조건　　3.3 성능 보증
4. 제작요건
   4.1 일반사항　　4.2 제작
5. 설치
6. 품질보증
   6.1 일반 사항　　6.2 공장시험 및 검사항목
   6.3 현장시험 및 검사
7. 운송, 취급 및 저장
   7.1 운송준비　　7.2 명판 및 꼬리표
   7.3 운송 및 보관
8. 도면 및 양식제출 요건
   8.1 일반 사항　　8.2 도면 및 서류
9. 성능보증 및 시험조건

위의 항목을 기술적으로 오류가 없도록 명확하게 서술하고 상호 이해 할 수 있도록 제시하여야 된다.

3. 기술표준(예)

1. 한국산업규격(KS)
2. International Electrotechnical Committee(IEC)
3. Institute of Electrical and Electronics Engineers(IEEE)
4. American National Standard Institute(ANSI)
5. Internation Organization For Standardzation(IOS)
6. American Society For Testing And Materials(ASTM)
7. National Electrical Manufacturer Assciation(NEMA)
8. Manufactuer's Standard
9. Occupational Safety and Health Administration(OSHA)

제출도서 목록 및 제출기한 (예)

(1) 입찰서 제출시

번호	도 서 명	승인 여부	제출기한	제출부수		비고
				입찰용	계약후	
1	도면 및 도서목록과 제출일정 계획서	–	입찰서 제출시	5	5	
2	종합 공정표(납기포함)			5	5	
3	납품 자재 목록			5	5	
4	기술규격서 및 관련 도면			5	5	
5	태양전지모듈및각종기기용량 계산서			5	5	
6	인버터-모듈간의 최적운전점계산서			5	5	
7	전선관 설치도			5	5	
8	기기 접지 위치도			5	5	
9	SINGLE LINE DIAGRAM			5	5	
10	설비별, 계통별 구성도 및 흐름도			5	5	
11	제어전원계통 구성도			5	5	
12	무정전전원 계통구성도			5	5	
13	예비품 및 특수공구 목록			5	5	
14	기술지원 용역 계획서			5	5	
15	P & ID			5	5	
16	Plot Plan 및 기기 배치도			5	5	

(2) 계약체결후 제출자료

제출기한과 제출부수는 계약서에 명기하고 이를 기준으로 하며, 아래 제시한 내용은 예로 표기한 사항이다.

번호	도 서 명	승인 여부	제출기한	제출부수		비고
				승인용	승인후	
1	상세설계 및 제작 추진 일정 (공정예정표)	○	5일이내	5	10	
2	회로도	○	14일이내	5	10	
3	기기 외형도	○	〃	5	10	
4	종합설치 도면(배관도 및 배선도등)	–	〃	5	10	
5	설치기기의 설치 시방서	○	〃	5	10	
6	기기 배치도	○	〃	5	10	
7	차단기 특성자료	○	〃	5	10	
8	변압기 설계자료	○	〃	5	10	
9	보호계전기 정정 및 설정치 계산	–	〃	5	10	
10	기자재 세부 인도 일정계획표	○	〃	5	10	
11	기초, 건물 설계	○	〃	5	10	
12	기기 기초도	–	〃	5	10	
	(기기중량 및 하중 분포도 포함)	○	〃	–		
13	기초 구조 계산서	○	〃	5	10	
14	기타 구매자가 요구자료	○	〃	5	10	

번호	도 서 명	승인 여부	제출기한	제출부수		비고
				승인용	승인후	
15	자연친화적태양광주택형건물 기본 및 상세설계 (공사설계서)	○	계약후 20일이내	5	10	
16	건축허가등 인허가신청서 및 인허가 계획서	○	계약후 20일이내	5	10	
17	착공신고서 및 세부 산출내역서	○	계약후 5일이내	5	10	
18	품질보증 계획서	○	계약후 14일이내	5	10	
19	LOGIC & SCHEMATIC DIAGRAM	○		5	10	
20	CONTROL LOGIC DIAGRAM (태양광어레이전압,전류감시기능포함)	○		5	10	
21	WIRING DIAGRAM (원격감시장치 Software 포함)	○		5	10	
22	기기부품 명세서	–	선적전 30일전	–	10	
23	기기 부품도	–		–	10	
24	기기 조립도	–		–	10	
25	명 판 도	–		–	10	
26	공장시험 계획 절차서	○	시험전 30일이내	5	10	
27	공장검사 및 시험계획서	○		5	10	
28	선적 및 운송계획서	–	선적전 30일 전	–	10	
29	자재관리 지침서	–		–	10	
30	기기설치 계획 및 절차서	○		–	10	
31	기기설치 공정표	○	선적전 30일전	5	10	
32	현장시험계획 및 절차서	○	60일이내	5	10	
33	예비운전 지침서	○	"	5	10	
34	기술지원용역 세부 수행계획서	○	14일이내	5	10	
35	검사 및 시험결과 보고서	–	시험후 5일이내	–	10	
36	월간진도 보고서	–	매월 익월5일	–	10	
37	DATA SHEET	–	수시 (구매자 요구시)	–	10	
38	기타 참고자료	–		–	10	
39	운전 및 보수지침서	○	성능 시험 완료 즉시 5일이내	2	15	CD는 2매
40	준공도면(원도)	–		–	1	
41	준공도면(제본, CD)	–		–	15	
42	자재목록	–		–	5	

[참고도면]

1. 부지배치도
2. 태양광어레이 및 제어실 건물 배치도
3. 송변전설비 단선결선도
4. 태양광시스템 단선도
5. 접속반 및 분전반 내부 결선도
6. 22.9kV 특별고압송전선로 계통도
7. 저압배전 및 통신선로 계통도
8. 전기 기기실 및 제어실 기기배치 평면도

양식 A.

공급자 설계변경 요청서

Supplier Deviation Disposition Request(SDDR)

<table>
<tr><td colspan="2">3. 공급자용</td><td colspan="3" rowspan="2">1. 사 업 명 ____________
2. 구매단위 ____________</td><td colspan="2">4. A/E 용</td></tr>
<tr><td>서류번호</td><td>제출일자</td><td>서류번호</td><td>접수일</td></tr>
<tr><td rowspan="7">공
급
자
작
성
란</td><td colspan="3">5. 공급자명 ______________
주 소 ______________</td><td>6. 계약번호</td><td colspan="2">7. 기술규격서 번호</td></tr>
<tr><td colspan="2">8. 관련 서류</td><td colspan="4">번 호 : 서류명 :</td></tr>
<tr><td colspan="6">9. 계약요건과의 불일치내용(필요시 첨부물 첨부)</td></tr>
<tr><td colspan="6">10. 변경요청내용 및 기술적근거(필요시 첨부물 첨부) 수리 현상사용 구매서류변경</td></tr>
<tr><td colspan="6">11. 공급자 관련 서류변경</td></tr>
<tr><td colspan="3">12. 가격영향여부 예 아니오</td><td colspan="3">13. 납기영향여부 예 아니오</td></tr>
<tr><td colspan="6">14. 공급자 승인
이름 _________ 직위 _________ 서명 _________ 일자 ______</td></tr>
<tr><td rowspan="3">A
/
E
승
인
란</td><td colspan="2">15. 검토결과
승인
미승인</td><td colspan="4">16. 관련서류처리
도면변경 인허가 서류변경
기술규격서 변경 기타 서류변경</td></tr>
<tr><td colspan="6">17. 승인내용 (필요시 첨부물 첨부)
시공관련 여부 예 아니오</td></tr>
<tr><td colspan="6">18. A/E 승인
_________ _________ _________ _________
담당자 일자 검토자 / 일자 검토자 / 일자 승인자 / 일자</td></tr>
<tr><td colspan="4">19. 승인

승인자 ________ 일자 _________</td><td colspan="3">조치결과 확인
20. 공급자 _________ 일자 _______
21. 구매검사자 _______ 일자 _______</td></tr>
</table>

요청서 기재요령

본 양식은 다음 목적을 위해 공급자가 기재한다.

(1) 제작된 품목이나 용역이 기 수립된 계약요건을 만족하지 않을 경우 구매자에게 통보하고 그에 내한 타당한 기술적인 이유(적절한 원가/공정상의 요인)를 포함한 공급자의 처리제안을 문서화 하기 위함.
(2) 계약시 공급자가 예기치 못한 계약문서의 변경이 필요하다고 판단될 때 구매자에게 통보하기 위함.
(3) 공급자설계변경요청서(SDDR)에 대한 구매자에 처리결과를 기록하기 위함.

불일치사항이란 구매문서의 요구사항에서 벗어난 것을 말하며 공급자는 완성된 제품 또는 제공된 용역에 불일치사항을 반영하거나 제의하여야 한다. 공급자설계변경요청서(SDDR)의 처리는 “현상사용”, “수리” 또는 “구매서류변경”으로 된다. “수리”란 어떤 품목의 불만족스러운 특성을 원래조건에는 아직 적합하지 못하더라도 그 품목을 안전성, 신뢰성의 기능이 손상되지 않을 정도로 회복 시켜주는 작업과정으로 정의된다. 수리작업은 재료의 성질을 열처리, 용접, 도금, 화학처리 등으로 변화시켜주는 것도 포함하도록 위임하였을 경우에는 본 양식은 사용되지 않는다. 그러나 각 특정한 수리 작업에 대한 기록은 유지되어야 한다.
구매자측 조치사항은 구매문서에 규정된 대로 제공해야할 품목이나 용역의 정확성, 적합성, 적절성에 대한 공급자의 책임을 면하게 하는 것이 아니며 또한 구매문서의 해당조항을 재조정할 권리를 포기하는 것을 의미하지 않는다.

기 재 사 항

해당번호
1. 해당사업명
2. 구매 PKG 번호
3. 공급자 SDDR 번호 및 제출일자
4. A/E SDDR 번호 및 접수일자
5. 공급자명, 주소 및 전화번호를 명기한다. 해당될 경우 하청공급자에 대한 사항도 기재
6. 계약번호
7. 해당 기술규격서(Tech. Spe.)번호
8. 기술규격서, 도면, 등 변경요청 관련 구매서류명 및 번호

9. 각 관련품목에 대한 계약요건 불일치 정도 및 특성을 명기하되 제조번호, 수량, 열처리 번호 등을 포함시킨다. 불일치 사항의 위치 또는 기술규격서의 해당 조항을 명시하고 필요시 그와 동일하게 복제된 별첨 서류, 스케치, 사진 등을 첨부 한다.
10. 처리제안 사항을 상세히 기술하고 구매자가 평가하기 위한 기술적 타당성을 기술한다. 필요시 동질의 복사본을 첨부한다. 불일치사항이 수리작업으로 시정될 수 있다면, 상세한 수리작업 절차서나 유사한 상황에 사용하기 위해 기 제출되어 구매자가 승인한 절차서에 관련된 사항을 기술한다. 구매자의 관리번호, 공급자의 관리번호 및 절차서명을 기재한다. 문서의 경우에는 제시된 교정 용어, 절차서, 서류 등을 첨부하고 공급자 공장에 상주하는 구매자의 품질검사자에게 각 첨부물 사본을 제출한다.
11. 관련 공급자문서(도면, 사양서, 절차서, 설치지침서 등)상에 변경되어야할 사항 등을 표시
12. 변경제안 및 해당 구매서류에 반영하므로써 원가에 미치는 영향을 표시
13. 변경제한으로부터 납품공정에 미치는 영향을 표시
14. 처리요청 권한이 있는 공급자측의 책임자의 성명 및 직위를 타자를 치거나 정확히 쓰고 서명 및 날짜를 기재
15. 구매자 측 프로젝트 엔지니어링에 의한 조치 내용을 해당칸에 표시
16. SDDR 승인에 다른 관련서류 변경여부 표시
17. 상기 15항에 지시된 구매자의 조치상에 대한 타당성을 기술함. 도면, 사양서 또는 기타 발주자의 문서가 포함된 경우, 각 문서로 표시하고 관련 변경사항을 약술한다. 다른 공급자가 관련된 사항인 경우는 그 공급자를 기재하고 그 관련사항의 해결에 필요한 문서를 기재한다.
18. A/E는 기술적 적합성을 검토하며 서명 및 날짜를 기재
19. 구매자는 가격 및 납기영향 여부를 검토하여 최종 승인하며 서명 및 날짜 기재
20. 모든 것이 만족하게 완료되었음을 입증할 권한을 가진 공급자의 검사 또는 관련 책임자의 서명 및 날짜 기재
21. 구매자의 품질검사자의 서명 및 날짜 기재

양식B

품질검사 계획서(QIP)

Quality Inspection Plan(QIP)	QIP NO	
	Page	

Project Name :

1. Contract Name :
2. Item Description :
3. Customer :

Rev. NO	Name	Name	Name	Approvql Category
	Date	Date	Date	
	Prepared By QA Engineer	Reviewed By QA Sect. MGR	Approved By QA Gen. MGR	

Quality Inspection Plan(QIP)	QIP NO	
	Page	

1. Revision History

2. Sequence of Fabrication

<table>
<tr><td colspan="3" rowspan="2">품질검사계획서
(QIP)</td><td colspan="2" rowspan="2">단위 기자재명 :</td><td>QIP
번호</td><td colspan="3"></td></tr>
<tr><td>개정
번호</td><td></td><td>페이지</td><td></td></tr>
<tr><td rowspan="2">번호</td><td rowspan="2">부품명</td><td rowspan="2">검사항목</td><td rowspan="2">적용규격
판정기준</td><td colspan="3">검 사 결과</td><td rowspan="2">서류
제출</td><td rowspan="2">제작자
(검사장소,예정일)</td></tr>
<tr><td>제 작</td><td>계 약</td><td>00</td></tr>
<tr><td>1</td><td></td><td></td><td></td><td></td><td></td><td></td><td></td><td></td></tr>
<tr><td>2</td><td></td><td></td><td></td><td></td><td></td><td></td><td></td><td></td></tr>
<tr><td>3</td><td></td><td></td><td></td><td></td><td></td><td></td><td></td><td></td></tr>
<tr><td>4</td><td></td><td></td><td></td><td></td><td></td><td></td><td></td><td></td></tr>
<tr><td>5</td><td></td><td></td><td></td><td></td><td></td><td></td><td></td><td></td></tr>
<tr><td colspan="9">특기사항 :</td></tr>
</table>

MEMO

Chapter 16 관련법규 및 운영지침

신 · 재생에너지 발전 사업을 위하여 검토 대상이 되는 법 규정은, 광범위하여 이를 모두 수록하는 것은 어렵다.

신에너지 및 재생에너지개발 · 이용 · 보급 촉진법(신 · 재생에너지법), 신 · 재생에너지 공급의무화제도 및 연료 혼합의무화제도 관리 · 운영지침과 저탄소 녹색성장 기본법을 폐지하고, 다시 만든 기후위기 대응을 위한 탄소중립 · 녹색성장 기본법 그리고 전기사업법, 전기공사업법, 전기안전관리법을 정리하여 신 · 재생에너지 사업 실무에 활용하도록 하였다.

이외에 국토의 계획 및 이용에 관한 법, 건축법, 전력기술관리법, 산업안전보건법, 농지법, 산지관리법, 자연환경보전법, 하천법, 문화재보호법, 군사시설보호법, 중대 재해 처벌 등에 관한 법률 등과 각종 규칙과 조례의 많은 법 규칙이 필요하다. 별도의 전눈적 소양이 필요한 부분이다.

법과 규정 등은 생물과 같아 필요에의 하여 변경되거나 삭제되는바, 인용 시 확인하여 오류가 없도록 하여야 한다.

16.1 신에너지 및 재생에너지 개발 · 이용 · 보급 촉진법(약칭 : 신 · 재생에너지법)

[법률 제20967호, 2025. 5. 27., 일부개정][대통령령 제35382호, 2025. 3. 12., 타법개정]

제1조(목적) 이 법은 신에너지 및 재생에너지의 기술개발 및 이용 · 보급 촉진과 신에너지 및 재생에너지 산업의 활성화를 통하여 에너지원을 다양화하고, 에너지의 안정적인 공급, 에너지 구조의 환경친화적 전환 및 온실가스 배출의 감소를 추진함으로써 환경의 보전, 국가경제의 건전하고 지속적인 발전 및 국민복지의 증진에 이바지함을 목적으로 한다.

[전문개정 2010.4.12.]

제2조(정의) 이 법에서 사용하는 용어의 뜻은 다음과 같다.

〈개정 2013.3.23., 2013.7.30., 2014.1.21., 2019.1.15.〉

1. "신에너지"란 기존의 화석연료를 변환시켜 이용하거나 수소 · 산소 등의 화학 반응을 통하여 전기 또는 열을 이용하는 에너지로서 다음 각 목의 어느 하나에 해당하는 것을 말한다.
   가. 수소에너지
   나. 연료전지

다. 석탄을 액화 · 가스화한 에너지 및 중질잔사유(重質殘渣油)를 가스화한 에너지로서 대통령령으로 정하는 기준 및 범위에 해당하는 에너지
라. 그 밖에 석유 · 석탄 · 원자력 또는 천연가스가 아닌 에너지로서 대통령령으로 정하는 에너지

2. "재생에너지"란 햇빛 · 물 · 지열(地熱) · 강수(降水) · 생물유기체 등을 포함하는 재생 가능한 에너지를 변환시켜 이용하는 에너지로서 다음 각 목의 어느 하나에 해당하는 것을 말한다.
가. 태양에너지
나. 풍력
다. 수력
라. 해양에너지
마. 지열에너지
바. 생물자원을 변환시켜 이용하는 바이오에너지로서 대통령령으로 정하는 기준 및 범위에 해당하는 에너지
사. 폐기물에너지(비재생폐기물로부터 생산된 것은 제외한다)로서 대통령령으로 정하는 기준 및 범위에 해당하는 에너지
아. 그 밖에 석유 · 석탄 · 원자력 또는 천연가스가 아닌 에너지로서 대통령령으로 정하는 에너지

3. "신에너지 및 재생에너지 설비"(이하 "신 · 재생에너지 설비"라 한다)란 신에너지 및 재생에너지(이하 "신 · 재생에너지"라 한다)를 생산 또는 이용하거나 신 · 재생에너지의 전력계통 연계조건을 개선하기 위한 설비로서 산업통상자원부령으로 정하는 것을 말한다.
4. "신 · 재생에너지 발전"이란 신 · 재생에너지를 이용하여 전기를 생산하는 것을 말한다.
5. "신 · 재생에너지 발전사업자"란 「전기사업법」 제2조제4호에 따른 발전사업자 또는 같은 조 제19호에 따른 자가용전기설비를 설치한 자로서 신 · 재생에너지 발전을 하는 사업자를 말한다. [전문개정 2010.4.12.]

시행령 **제2조(석탄을 액화 · 가스화한 에너지 등의 기준 및 범위)** ① 「신에너지 및 재생에너지 개발 · 이용 · 보급 촉진법」 (이하 "법"이라 한다) 제2조제1호다목에서 "대통령령으로 정하는 기준 및 범위에 해당하는 에너지"란 별표 1 제1호 및 제2호에 따른 석탄을 액화 · 가스화한 에너지 및 중질잔사유(重質殘渣油)를 가스화한 에너지를 말한다.
② 법 제2조제2호 바 목에서 "대통령령으로 정하는 기준 및 범위에 해당하는 에너지"란 별표 1 제3호에 따른 바이오에너지를 말한다.
③ 법 제2조제2호 사 목에서 "대통령령으로 정하는 기준 및 범위에 해당하는 에너지"란 별표 1 제4호에 따른 폐기물에너지를 말한다.
④ 법 제2조제2호 아 목에서 "대통령령으로 정하는 에너지"란 별표 1 제5호에 따른 수열에너

지를 말한다. [전문개정 2015.3.30.]

■ 신에너지 및 재생에너지 개발이용보급 촉진법 시행령(별표1) 〈개정 2021.1.5.〉

바이오에너지 등의 기준 및 범위(제2조 관련)

에너지원의 종류	기준 및 범위	
1. 석탄을 액화 · 가스화한 에너지	가. 기준	석탄을 액화 및 가스화하여 얻어지는 에너지로서 다른 화합물과 혼합되지 않은 에너지
	나. 범위	1) 증기 공급용 에너지 2) 발전용 에너지
2. 중질잔사유(重質殘渣油)를 가스화한 에너지	가. 기준	1) 중질잔사유(원유를 정제하고 남은 최종 잔재물로서 감압증류 과정에서 나오는 감압잔사유, 아스팔트와 열분해 공정에서 나오는 코크, 타르 및 피치 등을 말한다)를 가스화한 공정에서 얻어지는 연료 2) 1)의 연료를 연소 또는 변환하여 얻어지는 에너지
	나. 범위	합성가스
3. 바이오에너지	가. 기준	1) 생물유기체를 변환시켜 얻어지는 기체, 액체 또는 고체의 연료 2) 1)의 연료를 연소 또는 변환시켜 얻어지는 에너지 ※ 1) 또는 2)의 에너지가 신 · 재생에너지가 아닌 석유제품 등과 혼합된 경우에는 생물유기체로부터 생산된 부분만을 바이오에너지로 본다.
	나. 범위	1) 생물유기체를 변환시킨 바이오가스, 바이오에탄올, 바이오액화유 및 합성가스 2) 쓰레기매립장의 유기성폐기물을 변환시킨 매립지가스 3) 동물 · 식물의 유지(油脂)를 변환시킨 바이오디젤 및 바이오중유 4) 생물유기체를 변환시킨 땔감, 목재칩, 펠릿 및 숯 등의 고체연료
4. 폐기물 에너지	기준	1) 폐기물을 변환시켜 얻어지는 기체, 액체 또는 고체의 연료 2) 1)의 연료를 연소 또는 변환시켜 얻어지는 에너지 3) 폐기물의 소각열을 변환시킨 에너지 ※ 1)부터 3)까지의 에너지가 신 · 재생에너지가 아닌 석유제품 등과 혼합되는 경우에는 폐기물로부터 생산된 부분만을 폐기물 에너지로 보고, 1)부터 3)까지의 에너지 중 비재생 폐기물(석유, 석탄 등 화석연료에 기원한 화학섬유, 인조가죽, 비닐 등으로서 생물 기원이 아닌 폐기물을 말한다)로부터 생산된 것은 제외한다.
5. 수열에너지	가. 기준	물의 열을 히트펌프(heat pump)를 사용하여 변환시켜 얻어지는 에너지
	나. 범위	해수(海水)의 표층 및 하천수의 열을 변환시켜 얻어지는 에너지

시행규칙 **제2조(신 · 재생에너지 설비)** 「신에너지 및 재생에너지 개발 · 이용 · 보급 촉진법」(이하 "법"이라 한다) 제2조제3호에서 "산업통상자원부령으로 정하는 것"이란 다음 각 호의 설비 및 그 부대설비(이하 "신 · 재생에너지 설비"라 한다)를 말한다. 〈개정 2015.4.23., 2019.10.1〉

1. 수소에너지 설비: 물이나 그 밖에 연료를 변환시켜 수소를 생산하거나 이용하는 설비
2. 연료전지 설비: 수소와 산소의 전기화학 반응을 통하여 전기 또는 열을 생산하는 설비
3. 석탄을 액화 · 가스화한 에너지 및 중질잔사유(重質殘渣油)를 가스화한 에너지 설비: 석탄

및 중질잔사유의 저급 연료를 액화 또는 가스화시켜 전기 또는 열을 생산하는 설비

4. 태양에너지 설비
   가. 태양열 설비: 태양의 열에너지를 변환시켜 전기를 생산하거나 에너지원으로 이용하는 설비
   나. 태양광 설비: 태양의 빛에너지를 변환시켜 전기를 생산하거나 채광(採光)에 이용하는 설비
5. 풍력 설비: 바람의 에너지를 변환시켜 전기를 생산하는 설비
6. 수력 설비: 물의 유동(流動) 에너지를 변환시켜 전기를 생산하는 설비
7. 해양에너지 설비: 해양의 조수, 파도, 해류, 온도차 등을 변환시켜 전기 또는 열을 생산하는 설비
8. 지열에너지 설비: 물, 지하수 및 지하의 열 등의 온도차를 변환시켜 에너지를 생산하는 설비
9. 바이오에너지 설비: 「신에너지 및 재생에너지 개발 · 이용 · 보급 촉진법 시행령」 (이하 "영"이라 한다) 별표 1의 바이오에너지를 생산하거나 이를 에너지원으로 이용하는 설비
10. 폐기물에너지 설비: 폐기물을 변환시켜 연료 및 에너지를 생산하는 설비
11. 수열에너지 설비: 물의 열을 변환시켜 에너지를 생산하는 설비
12. 전력저장 설비: 신에너지 및 재생에너지(이하 "신 · 재생에너지"라 한다)를 이용하여 전기를 생산하는 설비와 연계된 전력저장 설비

[전문개정 2014.11.28.]

제3조 삭제 〈2010.4.12.〉

제4조(시책과 장려 등) ① 정부는 신 · 재생에너지의 기술개발 및 이용 · 보급의 촉진에 관한 시책을 마련하여야 한다.

② 정부는 지방자치단체, 「공공기관의 운영에 관한 법률」 제4조에 따른 공공기관(이하 "공공기관"이라 한다), 기업체 등의 자발적인 신 · 재생에너지 기술개발 및 이용 · 보급을 장려하고 보호 · 육성하여야 한다. [전문개정 2010.4.12.]

제5조(기본계획의 수립) ① 산업통상자원부장관은 관계 중앙행정기관의 장과 협의를 한 후 제8조에 따른 신 · 재생에너지정책심의회의 심의를 거쳐 신 · 재생에너지의 기술개발 및 이용 · 보급을 촉진하기 위한 기본계획(이하 "기본계획"이라 한다)을 5년마다 수립하여야 한다. 〈개정 2013.3.23., 2014.1.21.〉

② 기본계획의 계획기간은 10년 이상으로 하며, 기본계획에는 다음 각 호의 사항이 포함되어야 한다. 〈개정 2013.3.23., 2017.3.21.〉

1. 기본계획의 목표 및 기간

2. 신 · 재생에너지원별 기술개발 및 이용 · 보급의 목표
3. 총전력생산량 중 신 · 재생에너지 발전량이 차지하는 비율의 목표
4. 「에너지법」 제2조제10호에 따른 온실가스의 배출 감소 목표
5. 기본계획의 추진방법
6. 신 · 재생에너지 기술수준의 평가와 보급전망 및 기대효과
7. 신 · 재생에너지 기술개발 및 이용 · 보급에 관한 지원 방안
8. 신 · 재생에너지 분야 전문인력 양성계획
9. 직전 기본계획에 대한 평가
10. 그 밖에 기본계획의 목표달성을 위하여 산업통상자원부장관이 필요하다고 인정하는 사항

③ 산업통상자원부장관은 신 · 재생에너지의 기술개발 동향, 에너지 수요 · 공급 동향의 변화, 그 밖의 사정으로 인하여 수립된 기본계획을 변경할 필요가 있다고 인정하면 관계 중앙행정기관의 장과 협의를 한 후 제8조에 따른 신 · 재생에너지정책심의회의 심의를 거쳐 그 기본계획을 변경할 수 있다. 〈개정 2013.3.23.〉

[전문개정 2010.4.12.]

제6조(연차별 실행계획) ① 산업통상자원부장관은 기본계획에서 정한 목표를 달성하기 위하여 신 · 재생에너지의 종류별로 신 · 재생에너지의 기술개발 및 이용 · 보급과 신 · 재생에너지 발전에 의한 전기의 공급에 관한 실행계획(이하 "실행계획"이라 한다)을 매년 수립 · 시행하여야 한다. 〈개정 2013.3.23.〉

② 산업통상자원부장관은 실행계획을 수립 · 시행하려면 미리 관계 중앙행정기관의 장과 협의하여야 한다. 〈개정 2013.3.23.〉

③ 산업통상자원부장관은 실행계획을 수립하였을 때에는 이를 공고하여야 한다.
〈개정 2013.3.23.〉

[전문개정 2010.4.12.]

제7조(신 · 재생에너지 기술개발 등에 관한 계획의 사전협의) 국가기관, 지방자치단체, 공공기관, 그 밖에 대통령령으로 정하는 자가 신 · 재생에너지 기술개발 및 이용 · 보급에 관한 계획을 수립 · 시행하려면 대통령령으로 정하는 바에 따라 미리 산업통상자원부장관과 협의하여야 한다. 〈개정 2013.3.23.〉

[전문개정 2010.4.12.]

시행령 **제3조(신 · 재생에너지 기술개발 등에 관한 계획의 사전협의)** ① 법 제7조에서 "대통령령으로 정하는 자"란 다음 각 호의 어느 하나에 해당하는 자를 말한다.

1. 정부로부터 출연금을 받은 자

2. 정부출연기관 또는 제1호에 따른 자로부터 납입자본금의 100분의 50 이상을 출자받은 자

② 법 제7조에 따라 신에너지 및 재생에너지(이하 "신 · 재생에너지"라 한다) 기술개발 및 이용 · 보급에 관한 계획을 협의하려는 자는 그 시행 사업연도 개시 4개월 전까지 산업통상자원부장관에게 계획서를 제출하여야 한다. 〈개정 2013.3.23.〉

③ 산업통상자원부장관은 제2항에 따라 계획서를 받았을 때에는 다음 각 호의 사항을 검토하여 협의를 요청한 자에게 그 의견을 통보하여야 한다. 〈개정 2013.3.23.〉

1. 법 제5조에 따른 신 · 재생에너지의 기술개발 및 이용 · 보급을 촉진하기 위한 기본계획(이하 "기본계획"이라 한다)과의 조화성
2. 시의성(時宜性)
3. 다른 계획과의 중복성
4. 공동연구의 가능성

[전문개정 2010.9.17.]

제8조(신 · 재생에너지정책심의회) ① 신 · 재생에너지의 기술개발 및 이용 · 보급에 관한 중요 사항을 심의하기 위하여 산업통상자원부에 신 · 재생에너지정책심의회(이하 "심의회"라 한다)를 둔다. 〈개정 2013.3.23.〉

② 심의회는 다음 각 호의 사항을 심의한다. 〈개정 2013.3.23.〉

1. 기본계획의 수립 및 변경에 관한 사항. 다만, 기본계획의 내용 중 대통령령으로 정하는 경미한 사항을 변경하는 경우는 제외한다.
2. 신 · 재생에너지의 기술개발 및 이용 · 보급에 관한 중요 사항
3. 신 · 재생에너지 발전에 의하여 공급되는 전기의 기준가격 및 그 변경에 관한 사항
4. 그 밖에 산업통상자원부장관이 필요하다고 인정하는 사항

③ 심의회의 구성 · 운영과 그 밖에 필요한 사항은 대통령령으로 정한다.

[전문개정 2010.4.12.]

시행령 **제4조(신 · 재생에너지정책심의회의 구성)** ① 법 제8조제1항에 따른 신 · 재생에너지정책심의회(이하 "심의회"라 한다)는 위원장 1명을 포함한 20명 이내의 위원으로 구성한다.

② 심의회의 위원장은 산업통상자원부 소속 에너지 분야의 업무를 담당하는 고위공무원단에 속하는 일반직공무원 중에서 산업통상자원부장관이 지명하는 사람으로 하고, 위원은 다음 각 호의 사람으로 한다. 〈개정 2013.3.23., 2017.7.26.〉

1. 기획재정부, 과학기술정보통신부, 농림축산식품부, 산업통상자원부, 환경부, 국토교통부, 해양수산부의 3급 공무원 또는 고위공무원단에 속하는 일반직공무원 중 해당 기관

의 장이 지명하는 사람 각 1명

2. 신 · 재생에너지 분야에 관한 학식과 경험이 풍부한 사람 중 산업통상자원부장관이 위촉하는 사람 [전문개정 2010.9.17.]

시행령 **제10조(심의회의 심의사항에서 제외되는 기본계획의 경미한 변경)** 법 제8조제2항제1호 단서에서 "대통령령으로 정하는 경미한 사항을 변경하는 경우"란 기본계획에서 정한 예산의 규모에 영향을 미치지 아니하는 범위에서 기본계획의 내용 중 그 계획의 집행을 위한 세부사항을 변경하는 경우를 말한다.
[전문개정 2010.9.17.]

제9조(신 · 재생에너지 기술개발 및 이용 · 보급 사업비의 조성) 정부는 실행계획을 시행하는 데에 필요한 사업비를 회계연도마다 세출예산에 계상(計上)하여야 한다.
[전문개정 2010.4.12.]

제10조(조성된 사업비의 사용) 산업통상자원부장관은 제9조에 따라 조성된 사업비를 다음 각 호의 사업에 사용한다. 〈개정 2013.3.23., 2015.1.28.〉

1. 신 · 재생에너지의 자원조사, 기술수요조사 및 통계작성
2. 신 · 재생에너지의 연구 · 개발 및 기술평가
3. 삭제 〈2015.1.28.〉
4. 신 · 재생에너지 공급의무화 지원
5. 신 · 재생에너지 설비의 성능평가 · 인증 및 사후관리
6. 신 · 재생에너지 기술정보의 수집 · 분석 및 제공
7. 신 · 재생에너지 분야 기술지도 및 교육 · 홍보
8. 신 · 재생에너지 분야 특성화대학 및 핵심기술연구센터 육성
9. 신 · 재생에너지 분야 전문인력 양성
10. 신 · 재생에너지 설비 설치기업의 지원
11. 신 · 재생에너지 시범사업 및 보급사업
12. 신 · 재생에너지 이용의무화 지원
13. 신 · 재생에너지 관련 국제협력
14. 신 · 재생에너지 기술의 국제표준화 지원
15. 신 · 재생에너지 설비 및 그 부품의 공용화 지원
16. 그 밖에 신 · 재생에너지의 기술개발 및 이용 · 보급을 위하여 필요한 사업으로서 대통령령으로 정하는 사업

[전문개정 2010.4.12.]

시행령 **제11조(조성된 사업비를 사용하는 사업)** 법 제10조제16호에서 "대통령령으로 정하는 사업"이란 다음 각 호의 사업을 말한다.

1. 신 · 재생에너지 기술개발 및 이용 · 보급에 관한 학술활동의 지원
2. 법 제31조제1항에 따른 신 · 재생에너지센터(이하 "센터"라 한다)의 신 · 재생에너지 기술개발 및 이용 · 보급 사업에 대한 지원 및 관리

[전문개정 2010.9.17.]

시행령 **제14조(출연금의 사용 및 관리)** ① 출연금은 법 제10조 각 호의 사업의 수행과 관련되는 비용 외의 용도로 사용해서는 아니 된다.

② 출연금을 받은 자는 별도의 계정(計定)을 만들어 관리하여야 한다.

[전문개정 2010.9.17.]

제11조(사업의 실시) ① 산업통상자원부장관은 제10조 각 호의 사업을 효율적으로 추진하기 위하여 필요하다고 인정하면 다음 각 호의 어느 하나에 해당하는 자와 협약을 맺어 그 사업을 하게 할 수 있다. 〈개정 2011.3.9., 2013.3.23., 2016.3.22., 2025. 1. 31.〉〈시행 2025. 11. 15.〉

1. 「특정연구기관 육성법」에 따른 특정연구기관
2. 「기업부설연구소등의 연구개발 지원에 관한 법률」 제7조제1항에 따라 인정받은 기업부설연구소
3. 「산업기술연구조합 육성법」에 따른 산업기술연구조합
4. 「고등교육법」에 따른 대학 또는 전문대학
5. 국공립연구기관
6. 국가기관, 지방자치단체 및 공공기관
7. 그 밖에 산업통상자원부장관이 기술개발능력이 있다고 인정하는 자

② 산업통상자원부장관은 제1항 각 호의 어느 하나에 해당하는 자가 하는 기술개발사업 또는 이용 · 보급 사업에 드는 비용의 전부 또는 일부를 출연(出捐)할 수 있다.
〈개정 2013.3.23.〉

③ 제2항에 따른 출연금의 지급 · 사용 및 관리 등에 필요한 사항은 대통령령으로 정한다.

[전문개정 2010.4.12.]

시행령 **제12조(기술료의 징수 등)** ① 법 제11조제1항에 따라 산업통상자원부장관과 협약을 맺은 자(이하 이 조에서 "사업주관기관"이라 한다)의 장 또는 대표자는 신 · 재생에너지 연구 · 개발사업의 성과를 생산과정에 이용하려는 자로부터 신청을 받아 이용하게 할 수 있다. 〈개정 2013.3.23.〉

② 제1항에 따라 신 · 재생에너지 연구 · 개발사업의 성과를 생산과정에 이용한 자가 신제품 생산 · 원가절감 또는 품질 향상의 효과를 얻을 경우에는 사업주관기관의 장 또는 대표자는

해당 이용자로부터 협약의 내용에 따라 기술료를 징수할 수 있다. 다만, 그 이용자가 해당 신 · 재생에너지 연구 · 개발사업에 참여한 자로서 「중소기업기본법」 제2조에 따른 중소기업자에 해당하는 경우에는 기술료를 감면할 수 있다.

[전문개정 2010.9.17.]

시행령 **제13조(출연금의 지급방법)** 산업통상자원부장관은 법 제11조제2항에 따른 출연금(이하 "출연금"이라 한다)을 분할하여 지급한다. 다만, 사업의 규모 및 착수시기를 고려하여 필요하다고 인정될 때에는 한 번에 지급할 수 있다. 〈개정 2013.3.23.〉

[전문개정 2010.9.17.]

제12조(신 · 재생에너지사업에의 투자권고 및 신 · 재생에너지 이용의무화 등) ① 산업통상자원부장관은 신 · 재생에너지의 기술개발 및 이용 · 보급을 촉진하기 위하여 필요하다고 인정하면 에너지 관련 사업을 하는 자에 대하여 제10조 각 호의 사업을 하거나 그 사업에 투자 또는 출연할 것을 권고할 수 있다. 〈개정 2013.3.23.〉

② 산업통상자원부장관은 신 · 재생에너지의 이용 · 보급을 촉진하고 신 · 재생에너지산업의 활성화를 위하여 필요하다고 인정하면 다음 각 호의 어느 하나에 해당하는 자가 신축 · 증축 또는 개축하는 건축물에 대하여 대통령령으로 정하는 바에 따라 그 설계 시 산출된 예상 에너지사용량의 일정 비율 이상을 신 · 재생에너지를 이용하여 공급되는 에너지를 사용하도록 신 · 재생에너지 설비를 의무적으로 설치하게 할 수 있다. 〈개정 2013.3.23., 2015. 1.28.〉

1. 국가 및 지방자치단체
2. 공공기관
3. 정부가 대통령령으로 정하는 금액 이상을 출연한 정부출연기관
4. 「국유재산법」 제2조제6호에 따른 정부출자기업체
5. 지방자치단체 및 제2호부터 제4호까지의 규정에 따른 공공기관, 정부출연기관 또는 정부출자기업체가 대통령령으로 정하는 비율 또는 금액 이상을 출자한 법인
6. 특별법에 따라 설립된 법인

③ 산업통상자원부장관은 신 · 재생에너지의 활용 여건 등을 고려할 때 신 · 재생에너지를 이용하는 것이 적절하다고 인정되는 공장 · 사업장 및 집단주택단지 등에 대하여 신 · 재생에너지의 종류를 지정하여 이용하도록 권고하거나 그 이용설비를 설치하도록 권고할 수 있다. 〈개정 2013.3.23.〉 [전문개정 2010.4.12.]

제12조의2 삭제 〈2015.1.28.〉

제12조의3 삭제 〈2015.1.28.〉

제12조의4 삭제 〈2015.1.28.〉

시행령 제15조(신 · 재생에너지 공급의무 비율 등) ① 법 제12조제2항에 따른 예상 에너지사용량에 대한 신 · 재생에너지 공급의무 비율은 다음 각 호와 같다. 〈개정 2013.3.23.〉

1. 「건축법 시행령」 별표 1 제5호부터 제16호까지, 제23호가목부터 다목까지, 제24호 및 제26호부터 제28호까지의 용도의 건축물로서 신축 · 증축 또는 개축하는 부분의 연면적이 1천제곱미터 이상인 건축물(해당 건축물의 건축 목적, 기능, 설계 조건 또는 시공 여건상의 특수성으로 인하여 신 · 재생에너지 설비를 설치하는 것이 불합리하다고 인정되는 경우로서 산업통상자원부장관이 정하여 고시하는 건축물은 제외한다): 별표 2에 따른 비율 이상
2. 제1호 외의 건축물: 산업통상자원부장관이 용도별 건축물의 종류로 정하여 고시하는 비율 이상

② 제1항제1호에서 "연면적"이란 「건축법 시행령」 제119조제1항제4호에 따른 연면적을 말하되, 하나의 대지(垈地)에 둘 이상의 건축물이 있는 경우에는 동일한 건축허가를 받은 건축물의 연면적 합계를 말한다.

③ 제1항에 따른 건축물의 예상 에너지사용량의 산정기준 및 산정방법 등은 신 · 재생에너지의 균형 있는 보급과 기술개발의 촉진 및 산업 활성화 등을 고려하여 산업통상자원부장관이 정하여 고시한다. 〈개정 2013.3.23.〉 [전문개정 2010.9.17.]

■ 신에너지 및 재생에너지 개발 · 이용 · 보급 촉진법 시행령[별표2] 〈개정 2020.9.29.〉

신 · 재생에너지의 공급의무 비율(제15조제1항제1호 관련)

해당 연도	2020～2021	2022～2023	2024～2025	2026～2027	2028～2029	2030 이후
공급의무 비율(%)	30	32	34	36	38	40

시행령 제16조(신 · 재생에너지 설비 설치의무기관) ① 법 제12조제2항제3호에서 "대통령령으로 정하는 금액 이상"이란 연간 50억원 이상을 말한다.

② 법 제12조제2항제5호에서 "대통령령으로 정하는 비율 또는 금액 이상을 출자한 법인"이란 다음 각 호의 어느 하나에 해당하는 법인을 말한다.

1. 납입자본금의 100의 50 이상을 출자한 법인
2. 납입자본금으로 50억원 이상을 출자한 법인

[전문개정 2010.9.17.]

시행령 제17조(신 · 재생에너지 설비의 설치계획서 제출 등) ① 법 제12조제2항에 따라 같은 항 각 호의 어느 하나에 해당하는 자(이하 "설치의무기관"이라 한다)의 장 또는 대표자가

제15조제1항 각 호의 어느 하나에 해당하는 건축물을 신축 · 증축 또는 개축하려는 경우에는 신 · 재생에너지 설비의 설치계획서(이하 "설치계획서"라 한다)를 해당 건축물에 대한 건축허가를 신청하기 전에 산업통상자원부장관에게 제출하여야 한다. 〈개정 2013.3.23.〉

② 산업통상자원부장관은 설치계획서를 받은 날부터 30일 이내에 타당성을 검토한 후 그 결과를 해당 설치의무기관의 장 또는 대표자에게 통보하여야 한다. 〈개정 2013.3.23.〉

③ 산업통상자원부장관은 설치계획서를 검토한 결과 제15조제1항에 따른 기준에 미달한다고 판단한 경우에는 미리 그 내용을 설치의무기관의 장 또는 대표자에게 통지하여 의견을 들을 수 있다. 〈개정 2013.3.23.〉 [전문개정 2010.9.17.]

제12조의5(신 · 재생에너지 공급의무화 등) ① 산업통상자원부장관은 신 · 재생에너지의 이용 · 보급을 촉진하고 신 · 재생에너지산업의 활성화를 위하여 필요하다고 인정하면 다음 각 호의 어느 하나에 해당하는 자 중 대통령령으로 정하는 자(이하 "공급의무자"라 한다)에게 발전량의 일정량 이상을 의무적으로 신 · 재생에너지를 이용하여 공급하게 할 수 있다. 〈개정 2013.3.23.〉

1. 「전기사업법」 제2조에 따른 발전사업자
2. 「집단에너지사업법」 제9조 및 제48조에 따라 「전기사업법」 제7조제1항에 따른 발전사업의 허가를 받은 것으로 보는 자
3. 공공기관

② 제1항에 따라 공급의무자가 의무적으로 신 · 재생에너지를 이용하여 공급하여야 하는 발전량(이하 "의무공급량"이라 한다)의 합계는 총전력생산량의 25% 이내의 범위에서 연도별로 대통령령으로 정한다. 이 경우 균형 있는 이용 · 보급이 필요한 신 · 재생에너지에 대하여는 대통령령으로 정하는 바에 따라 총의무공급량 중 일부를 해당 신 · 재생에너지를 이용하여 공급하게 할 수 있다. 〈개정 2021.4.20.〉

③ 공급의무자의 의무공급량은 산업통상자원부장관이 공급의무자의 의견을 들어 공급의무자별로 정하여 고시한다. 이 경우 산업통상자원부장관은 공급의무자의 총발전량 및 발전원(發電源) 등을 고려하여야 한다. 〈개정 2013.3.23.〉

④ 공급의무자는 의무공급량의 일부에 대하여 3년의 범위에서 그 공급의무의 이행을 연기할 수 있다. 〈개정 2014.1.21.〉

⑤ 공급의무자는 제12조의7에 따른 신 · 재생에너지 공급인증서를 구매하여 의무공급량에 충당할 수 있다.

⑥ 산업통상자원부장관은 제1항에 따른 공급의무의 이행 여부를 확인하기 위하여 공급의무자에게 대통령령으로 정하는 바에 따라 필요한 자료의 제출 또는 제5항에 따라 구매하여 의무공급량에 충당하거나 제12조의7제1항에 따라 발급받은 신 · 재생에너지 공급인증서의 제출을 요구할 수 있다. 〈개정 2013.3.23.〉

⑦ 제4항에 따라 공급의무의 이행을 연기할 수 있는 총량과 연차별 허용량, 그 밖에 필요한 사항은 대통령령으로 정한다. 〈신설 2014.1.21.〉 [본조신설 2010.4.12.]

시행령 **제18조의3(신 · 재생에너지 공급의무자)** ① 법 제12조의5제1항에서 "대통령령으로 정하는 자"란 다음 각 호의 어느 하나에 해당하는 자를 말한다.

1. 법 제12조의5제1항제1호 및 제2호에 해당하는 자로서 50만킬로와트 이상의 발전설비(신 · 재생에너지 설비는 제외한다)를 보유하는 자
2. 「한국수자원공사법」에 따른 한국수자원공사
3. 「집단에너지사업법」 제29조에 따른 한국지역난방공사

② 산업통상자원부장관은 제1항 각 호에 해당하는 자(이하 "공급의무자"라 한다)를 공고하여야 한다. 〈개정 2013.3.23.〉 [본조신설 2010.9.17.]

시행령 **제18조의4(연도별 의무공급량의 합계 등)** ①법 제12조의5제2항 전단에 따른 의무공급량(이하 "의무공급량"이라 한다)의 연도별 합계는 공급의무자의 다음 계산식에 따른 총전력생산량에 별표 3에 따른 비율을 곱한 발전량 이상으로 한다. 이 경우 의무공급량은 법 제12조의7에 따른 공급인증서(이하 "공급인증서"라 한다)를 기준으로 산정한다.
〈개정 2014.1.21.〉

총전력생산량 = 지난 연도 총전력생산량 – (신 · 재생에너지 발전량+「전기사업법」 제2조 제16호나목 중 산업통상자원부장관이 정하여 고시하는 설비에서 생산된 발전량)

② 산업통상자원부장관은 3년마다 신 · 재생에너지 관련 기술 개발의 수준 등을 고려하여 별표 3에 따른 비율을 재검토하여야 한다. 다만, 신 · 재생에너지의 보급 목표 및 그 달성 실적과 그 밖의 여건 변화 등을 고려하여 재검토 기간을 단축할 수 있다.
〈개정 2013.3.23., 2014.4.24.〉

③ 법 제12조의5제2항 후단에 따라 공급하게 할 수 있는 신 · 재생에너지의 종류 및 의무공급량에 대하여 2015년 12월 31일까지 적용하는 기준은 별표 4와 같다. 이 경우 공급의무자별 의무공급량은 산업통상자원부장관이 정하여 고시한다. 〈개정 2013.3.23., 2014.4.24.〉

④ 제3항에 따라 공급하는 신 · 재생에너지에 대해서는 산업통상자원부장관이 정하여 고시하는 비율 및 방법 등에 따라 공급인증서를 구매하여 의무공급량에 충당할 수 있다.
〈개정 2013.3.23., 2014.4.24.〉

⑤ 공급의무자는 법 제12조의5제4항에 따라 연도별 의무공급량(공급의무의 이행이 연기된 의무공급량은 포함하지 아니한다. 이하 같다)의 100분의 20을 넘지 아니하는 범위에서 공급의무의 이행을 연기할 수 있다. 이 경우 공급의무자는 연기된 의무공급량의 공급이 완료되기까지는 그 연기된 의무공급량 중 매년 100분의 20 이상을 연도별 의무공급량에 우선

하여 공급하여야 한다. 〈개정 2014.4.24.〉

⑥ 공급의무자는 법 제12조의5제4항에 따라 공급의무의 이행을 연기하려는 경우에는 연기할 의무공급량, 연기 사유 등을 산업통상자원부장관에게 다음 연도 2월 말일까지 제출하여야 한다. 〈개정 2013.3.23.〉 [본조신설 2010.9.17.]

■ 신에너지 및 재생에너지 개발 · 이용 · 보급 촉진법 시행령[별표3] 〈개정 2023.4.11.〉

연도별 의무공급량의 비율(제18조의4제1항 관련)

해당 연도	비율(%)
2012년	2.0
2013년	2.5
2014년	3.0
2015년	3.0
2016년	3.5
2017년	4.0
2018년	5.0
2019년	6.0
2020년	7.0
2021년	9.0
2022년	12.5
2023년	13.0
2024년	13.5
2025년	14.0
2026년	15.0
2027년	17.0
2028년	19.0
2029년	22.5
2030년 이후	25.0

■ 신 · 재생에너지의 종류 및 의무공급량[별표4] (제18조의4제3항 전단 관련) 〈개정 2014.4.24〉

1. 종류

태양에너지(태양의 빛에너지를 변환시켜 전기를 생산하는 방식에 한정한다)

2. 연도별 의무공급량

(단위: GWh)

해당 연도	의무공급량
2012년	276
2013년	723
2014년	1,353
2015년 이후	1,971

제12조의6(신 · 재생에너지 공급 불이행에 대한 과징금) ① 산업통상자원부장관은 공급의무자가 의무공급량에 부족하게 신 · 재생에너지를 이용하여 에너지를 공급한 경우에는 대통령령으로 정하는 바에 따라 그 부족분에 제12조의7에 따른 신 · 재생에너지 공급인증서의 해당 연도 평균거래 가격의 100분의 150을 곱한 금액의 범위에서 과징금을 부과할 수 있다. 〈개정 2013.3.23.〉

② 제1항에 따른 과징금을 납부한 공급의무자에 대하여는 그 과징금의 부과기간에 해당하는 의무공급량을 공급한 것으로 본다.

③ 산업통상자원부장관은 제1항에 따른 과징금을 납부하여야 할 자가 납부기한까지 그 과징금을 납부하지 아니한 때에는 국세 체납처분의 예를 따라 징수한다. 〈개정 2013.3.23.〉

④ 제1항 및 제3항에 따라 징수한 과징금은 「전기사업법」에 따른 전력산업기반기금의 재원으로 귀속된다. [본조신설 2010.4.12.]

시행령 **제18조의5(과징금의 산정방법)** ① 법 제12조의6제1항에 따른 과징금은 법 제12조의5 제2항 전단 및 후단에 따른 신 · 재생에너지의 종류별 공급인증서의 해당 연도 평균거래 가격을 기준으로 구분하여 산정한다.

② 제1항에 따른 공급인증서의 평균거래 가격은 공급인증서의 거래량과 거래 가격의 가중평균으로 산정한다.

③ 제2항에 따라 산정한 가격이 공급인증서의 거래량 부족 및 그 밖의 사정으로 인하여 해당 연도 공급인증서의 평균거래 가격으로 보는 것이 어렵다고 인정될 때에는 다음 각 호의 사항을 고려하여 산정한 금액을 공급인증서의 평균거래 가격으로 본다.

1. 해당 연도의 공급인증서 평균거래 가격
2. 직전 3개 연도의 공급인증서 평균거래 가격
3. 신 · 재생에너지원의 종류별 발전 원가

④ 산업통상자원부장관은 제1항에 따른 과징금을 부과할 때에는 공급 불이행분과 불이행 사유, 공급 불이행에 따른 경제적 이익의 규모, 과징금 부과횟수 등을 고려하여 그 금액을 늘리거나 줄일 수 있다. 이 경우 늘리는 경우에도 과징금의 총액은 법 제12조의6제1항에 따른 금액을 초과할 수 없다. 〈개정 2013.3.23.〉 [본조신설 2010.9.17.]

시행령 **제18조의6(과징금의 부과 및 납부)** ① 산업통상자원부장관은 법 제12조의6제1항에 따라 과징금을 부과하기 위하여 과징금 부과 통지를 할 때에는 공급 불이행분과 과징금의 금액을 분명하게 적은 문서로 하여야 한다. 〈개정 2013.3.23.〉

② 제1항에 따라 통지를 받은 자는 통지를 받은 날부터 30일 이내에 과징금을 산업통상자원부장관이 정하는 수납기관에 내야 한다. 다만, 천재지변이나 그 밖의 부득이한 사유로 그 기간에 과징금을 낼 수 없을 때에는 그 사유가 해소된 날부터 7일 이내에 내야 한다. 〈개정 2013.3.23.〉

③ 제2항에 따라 과징금을 받은 수납기관은 과징금을 낸 자에게 영수증을 내주어야 한다.

④ 과징금의 수납기관은 제2항에 따라 과징금을 받았을 때에는 지체 없이 그 사실을 산업통상자원부장관에게 통보하여야 한다. 〈개정 2013.3.23.〉

⑤ 과징금은 분할하여 낼 수 없다. [본조신설 2010.9.17.]

제12조의7(신 · 재생에너지 공급인증서 등) ① 신 · 재생에너지를 이용하여 에너지를 공급한 자(이하 "신 · 재생에너지 공급자"라 한다)는 산업통상자원부장관이 신 · 재생에너지를 이용한 에너지 공급의 증명 등을 위하여 지정하는 기관(이하 "공급인증기관"이라 한다)으로부터 그 공급 사실을 증명하는 인증서(전자문서로 된 인증서를 포함한다. 이하 "공급인증서"라 한다)를 발급받을 수 있다. 다만, 제17조에 따라 발전차액을 지원받은 신 · 재생에너지 공급자에 대한 공급인증서는 국가에 대하여 발급한다. 〈개정 2013.3.23., 2015.1.28.〉

② 공급인증서를 발급받으려는 자는 공급인증기관에 대통령령으로 정하는 바에 따라 공급인증서의 발급을 신청하여야 한다.

③ 공급인증기관은 제2항에 따른 신청을 받은 경우에는 신 · 재생에너지의 종류별 공급량 및 공급기간 등을 확인한 후 다음 각 호의 기재사항을 포함한 공급인증서를 발급하여야 한다. 이 경우 균형 있는 이용 · 보급과 기술개발 촉진 등이 필요한 신 · 재생에너지에 대하여는 대통령령으로 정하는 바에 따라 실제 공급량에 가중치를 곱한 양을 공급량으로 하는 공급인증서를 발급할 수 있다.

1. 신 · 재생에너지 공급자
2. 신 · 재생에너지의 종류별 공급량 및 공급기간
3. 유효기간

④ 공급인증서의 유효기간은 발급받은 날부터 3년으로 하되, 제12조의5제5항 및 제6항에 따라 공급의무자가 구매하여 의무공급량에 충당하거나 발급받아 산업통상자원부장관에게 제출한 공급인증서는 그 효력을 상실한다. 이 경우 유효기간이 지나거나 효력을 상실한 해당 공급인증서는 폐기하여야 한다. 〈개정 2013.3.23.〉

⑤ 공급인증서를 발급받은 자는 그 공급인증서를 거래하려면 제12조의9제2항에 따른 공급인증서 발급 및 거래시장 운영에 관한 규칙으로 정하는 바에 따라 공급인증기관이 개설한 거래시장(이하 "거래시장"이라 한다)에서 거래하여야 한다.

⑥ 산업통상자원부장관은 다른 신 · 재생에너지와의 형평을 고려하여 공급인증서가 일정 규모 이상의 수력을 이용하여 에너지를 공급하고 발급된 경우 등 산업통상자원부령으로 정하는 사유에 해당할 때에는 거래시장에서 해당 공급인증서가 거래될 수 없도록 할 수 있다. 〈개정 2013.3.23.〉

⑦ 산업통상자원부장관은 거래시장의 수급조절과 가격안정화를 위하여 대통령령으로 정하는 바에 따라 국가에 대하여 발급된 공급인증서를 거래할 수 있다. 이 경우 산업통상자원부

장관은 공급의무자의 의무공급량, 의무이행실적 및 거래시장 가격 등을 고려하여야 한다. 〈신설 2015.1.28.〉

⑧ 신 · 재생에너지 공급자가 신 · 재생에너지 설비에 대한 지원 등 대통령령으로 정하는 정부의 지원을 받은 경우에는 대통령령으로 정하는 바에 따라 공급인증서의 발급을 제한할 수 있다. 〈신설 2015.1.28.〉 [본조신설 2010.4.12.]

시행령 **제18조의7(신 · 재생에너지 공급인증서의 발급 제한 등)** ① 산업통상자원부장관은 법 제12조의7제7항에 따라 국가에 대하여 발급된 공급인증서의 거래가격과 거래물량 등을 포함한 거래계획을 수립하고, 그 계획에 따라 공급인증서를 거래할 수 있다. 〈신설 2015.6.15.〉

② 법 제12조의7제8항에서 "신 · 재생에너지 설비에 대한 지원 등 대통령령으로 정하는 정부의 지원을 받은 경우"란 법 제10조 각 호의 사업 또는 다른 법령에 따라 지원된 신 · 재생에너지 설비로서 그 설비에 대하여 국가나 지방자치단체로부터 무상지원금을 받은 경우를 말한다. 〈개정 2015.6.15.〉

③ 제2항에 따른 무상지원금을 받은 신 · 재생에너지 공급자(신 · 재생에너지를 이용하여 에너지를 공급한 자를 말한다)에 대해서는 지원받은 무상지원금에 해당하는 비율을 제외한 부분에 대한 공급인증서를 발급하되, 무상지원금에 해당하는 부분에 대한 공급인증서는 국가 또는 지방자치단체에 대하여 그 지원비율에 따라 발급한다. 〈개정 2015.6.15.〉

④ 법 제12조의7제1항 단서 및 이 조 제3항에 따라 발급된 공급인증서의 거래 및 관리에 관한 사무는 산업통상자원부장관이 담당하되, 산업통상자원부장관이 지정하는 기관으로 하여금 대행하게 할 수 있다. 〈개정 2013.3.23., 2015.6.15.〉

⑤ 제4항에 따라 공급인증서를 거래하여 얻은 수익금은 「전기사업법」에 따른 전력산업기반기금의 재원(財源)으로 한다. [본조신설 2010.9.17.]

시행령 **제18조의8(신 · 재생에너지 공급인증서의 발급 신청 등)** ① 법 제12조의7제2항에 따라 공급인증서를 발급받으려는 자는 법 제12조의9제2항에 따른 공급인증서 발급 및 거래시장 운영에 관한 규칙에서 정하는 바에 따라 신 · 재생에너지를 공급한 날부터 90일 이내에 발급 신청을 하여야 한다.

② 제1항에 따라 발급 신청을 받은 공급인증기관은 발급 신청을 한 날부터 30일 이내에 공급인증서를 발급하여야 한다. [본조신설 2010.9.17.]

시행령 **제18조의9(신 · 재생에너지의 가중치)** 법 제12조의7제3항 후단에 따른 신 · 재생에너지의 가중치는 해당 신 · 재생에너지에 대한 다음 각 호의 사항을 고려하여 산업통상자원부장관이 정하여 고시하는 바에 따른다. 〈개정 2013.3.23., 2014.4.24.〉

1. 환경, 기술개발 및 산업 활성화에 미치는 영향
2. 발전 원가

3. 부존(賦存) 잠재량
4. 온실가스 배출 저감(低減)에 미치는 효과
5. 전력 수급의 안정에 미치는 영향
6. 지역주민의 수용(受容) 정도

[본조신설 2010.9.17.]

제12조의8(공급인증기관의 지정 등) ① 산업통상자원부장관은 공급인증서 관련 업무를 전문적이고 효율적으로 실시하고 공급인증서의 공정한 거래를 위하여 다음 각 호의 어느 하나에 해당하는 자를 공급인증기관으로 지정할 수 있다. 〈개정 2013.3.23.〉

1. 제31조에 따른 신 · 재생에너지센터
2. 「전기사업법」 제35조에 따른 한국전력거래소
3. 제12조의9에 따른 공급인증기관의 업무에 필요한 인력 · 기술능력 · 시설 · 장비 등 대통령령으로 정하는 기준에 맞는 자

② 제1항에 따라 공급인증기관으로 지정받으려는 자는 산업통상자원부장관에게 지정을 신청하여야 한다. 〈개정 2013.3.23.〉

③ 공급인증기관의 지정방법 · 지정절차, 그 밖에 공급인증기관의 지정에 필요한 사항은 산업통상자원부령으로 정한다. 〈개정 2013.3.23.〉 [본조신설 2010.4.12.]

제12조의9(공급인증기관의 업무 등) ① 제12조의8에 따라 지정된 공급인증기관은 다음 각 호의 업무를 수행한다. 〈개정 2013.7.30.〉

1. 공급인증서의 발급, 등록, 관리 및 폐기
2. 국가가 소유하는 공급인증서의 거래 및 관리에 관한 사무의 대행
3. 거래시장의 개설
4. 공급의무자가 제12조의5에 따른 의무를 이행하는 데 지급한 비용의 정산에 관한 업무
5. 공급인증서 관련 정보의 제공
6. 그 밖에 공급인증서의 발급 및 거래에 딸린 업무

② 공급인증기관은 업무를 시작하기 전에 산업통상자원부령으로 정하는 바에 따라 공급인증서 발급 및 거래시장 운영에 관한 규칙(이하 "운영규칙"이라 한다)을 제정하여 산업통상자원부장관의 승인을 받아야 한다. 운영규칙을 변경하거나 폐지하는 경우(산업통상자원부령으로 정하는 경미한 사항의 변경은 제외한다)에도 또한 같다. 〈개정 2013.3.23.〉

③ 산업통상자원부장관은 공급인증기관에 제1항에 따른 업무의 계획 및 실적에 관한 보고를 명하거나 자료의 제출을 요구할 수 있다. 〈개정 2013.3.23.〉

④ 산업통상자원부장관은 다음 각 호의 어느 하나에 해당하는 경우에는 공급인증기관에 시정기간을 정하여 시정을 명할 수 있다. 〈개정 2013.3.23.〉

1. 운영규칙을 준수하지 아니한 경우
2. 제3항에 따른 보고를 하지 아니하거나 거짓으로 보고한 경우
3. 제3항에 따른 자료의 제출 요구에 따르지 아니하거나 거짓의 자료를 제출한 경우

[본조신설 2010.4.12.]

제12조의10(공급인증기관 지정의 취소 등) ① 산업통상자원부장관은 공급인증기관이 다음 각 호의 어느 하나에 해당하는 경우에는 산업통상자원부령으로 정하는 바에 따라 그 지정을 취소하거나 1년 이내의 기간을 정하여 그 업무의 전부 또는 일부의 정지를 명할 수 있다. 다만, 제1호 또는 제2호에 해당하는 때에는 그 지정을 취소하여야 한다. 〈개정 2013.3.23.〉

1. 거짓이나 그 밖의 부정한 방법으로 지정을 받은 경우
2. 업무정지 처분을 받은 후 그 업무정지 기간에 업무를 계속한 경우
3. 제12조의8제1항제3호에 따른 지정기준에 부적합하게 된 경우
4. 제12조의9제4항에 따른 시정명령을 시정기간에 이행하지 아니한 경우

② 산업통상자원부장관은 공급인증기관이 제1항제3호 또는 제4호에 해당하여 업무정지를 명하여야 하는 경우로서 그 업무의 정지가 그 이용자 등에게 심한 불편을 주거나 그 밖에 공익을 해칠 우려가 있으면 그 업무정지 처분을 갈음하여 5천만원 이하의 과징금을 부과할 수 있다. 〈개정 2013.3.23.〉

③ 제2항에 따라 과징금을 부과하는 위반행위의 종별 · 정도 등에 따른 과징금의 금액과 그 밖에 필요한 사항은 대통령령으로 정한다.

④ 산업통상자원부장관은 제2항에 따른 과징금을 납부하여야 할 자가 납부기한까지 그 과징금을 납부하지 아니한 때에는 국세 체납처분의 예를 따라 징수한다. 〈개정 2013.3.23.〉

[본조신설 2010.4.12.]

시행령 **제18조의10(과징금의 금액)** 법 제12조의10제3항에 따른 위반행위의 종별과 정도 등에 따른 과징금의 금액은 별표 5와 같다. [본조신설 2010.9.17.]

■ 과징금의 금액(제18조의10 관련) [별표5] 〈신설 2010.9.17〉

1. 일반기준

과징금의 금액은 업무정지기간에 따라 산정하며, 업무정지기간은 법 제12조의10제1항에 따른 업무정지의 기준에 따라 부과되는 기간을 말한다.

2. 개별기준

(단위: 만원)

위반행위	근거법령	업무정지기간	과징금
1. 법 제12조의8제1항제3호에 따른 지정기준에 부적합하게 된 경우	법 제12조의10 제2항	1개월 이하	2,000
		1개월 초과 ~ 3개월 이하	4,000
2. 법 제12조의9제4항에 따른 시정명령을 시정기간에 이행하지 않은 경우	법 제12조의10 제2항	1개월 이하	3,000
		1개월 초과 ~ 3개월 이하	5,000

제12조의11(신 · 재생에너지 연료 품질기준) ① 산업통상자원부장관은 신 · 재생에너지 연료(신 · 재생에너지를 이용한 연료 중 대통령령으로 정하는 기준 및 범위에 해당하는 것을 말하며, 「폐기물관리법」 제2조제1호에 따른 폐기물을 이용하여 제조한 것은 제외한다. 이하 같다)의 적정한 품질을 확보하기 위하여 품질기준을 정할 수 있다. 대기환경에 영향을 미치는 품질기준을 정하는 경우에는 미리 환경부장관과 협의를 하여야 한다.

② 산업통상자원부장관은 제1항에 따라 품질기준을 정한 경우에는 이를 고시하여야 한다.

③ 제1항에 따른 신 · 재생에너지 연료를 제조 · 수입 또는 판매하는 사업자(이하 "신 · 재생에너지 연료사업자"라 한다)는 산업통상자원부장관이 제1항에 따라 품질기준을 정한 경우에는 그 품질기준에 맞도록 신 · 재생에너지 연료의 품질을 유지하여야 한다.

[본조신설 2013.7.30.]

시행령 **제18조의12(신 · 재생에너지 연료의 기준 및 범위)** 법 제12조의11제1항에서 "대통령령으로 정하는 기준 및 범위에 해당하는 것"이란 다음 각 호의 연료(「폐기물관리법」 제2조제1호에 다른 폐기물을 이용하여 제조한 것은 제외한다)를 말한다. 〈개정 2019.9.24., 2021.1.5.〉

1. 수소
2. 중질잔사유를 가스화한 공정어에서 얻어지는 합성가스
3. 생물유기체를 변환시킨 바이오가스, 바이오에탄올, 바이오액화유 및 합성가스
4. 동물 · 식물의 유지(油脂)를 변환시킨 바이오디젤 및 바이오중유
5. 생물유기체를 변환시킨 목재칩, 팰릿 및 숯 등의 고체연료

〈본조신설 2014.1.21.〉

제12조의12(신 · 재생에너지 연료 품질검사) ① 신 · 재생에너지 연료사업자는 제조 · 수입 또는 판매하는 신 · 재생에너지 연료가 제12조의11제1항에 따른 품질기준에 맞는지를 확인하기 위하여 대통령령으로 정하는 신 · 재생에너지 품질검사기관(이하 "품질검사기관"이라 한다)의 품질검사를 받아야 한다.

② 제1항에 따른 품질검사의 방법과 절차, 그 밖에 필요한 사항은 산업통상자원부령으로 정한다. [본조신설 2013.7.30.]

시행령 **제18조의13(신 · 재생에너지 품질검사기관)** 법 제12조의12제1항에서 "대통령령으로 정하는 신 · 재생에너지 품질검사기관"이란 다음 각 호의 기관을 말한다.

1. 「석유 및 석유대체연료 사업법」 제25조의2에 따라 설립된 한국석유관리원
2. 「고압가스 안전관리법」 제28조에 따라 설립된 한국가스안전공사
3. 「임업 및 산촌 진흥촉진에 관한 법률」 제29조의2에 따라 설립된 한국임업진흥원

[본조신설 2014.1.21.]

제12조의13(공영주차장의 신 · 재생에너지 설비 설치 의무화) ① 대통령령으로 정하는 규모 이상의 주차장(「주차장법」 제2조제1호에 따른 주차장을 말한다)을 설치ㆍ운영하는 자 중 다음 각 호에 해당하는 자는 대통령령으로 정하는 바에 따라 일정 규모 이상의 신ㆍ재생에너지 설비를 설치하여야 한다.

1. 국가 및 지방자치단체
2. 공공기관
3. 정부가 대통령령으로 정하는 금액 이상을 출연한 정부출연기관
4. 「국유재산법」 제2조제6호에 따른 정부출자기업체
5. 지방자치단체 및 제2호부터 제4호까지에 따른 공공기관, 정부출연기관 또는 정부출자기업체가 대통령령으로 정하는 비율 또는 금액 이상을 출자한 법인
6. 특별법에 따라 설립된 법인

② 제1항에 따른 신·재생에너지 설비 설치의 절차와 그 밖에 필요한 사항은 대통령령으로 정한다.

③ 국가 및 지방자치단체는 제1항에 따라 신·재생에너지 설비를 설치하려는 자에게 필요한 재정적·행정적 지원을 할 수 있다.

[본조신설 2025. 5. 27.]

제13조(신 · 재생에너지 설비의 인증 등) ① 신 · 재생에너지 설비를 제조하거나 수입하여 판매하려는 자는 「산업표준화법」 제15조에 따른 제품의 인증(이하 "설비인증"이라 한다)을 받을 수 있다. 〈개정 2013.3.23., 2015.1.28.〉

② 산업통상자원부장관은 산업통상자원부령으로 정하는 바에 따라 제1항에 따른 설비인증에 드는 경비의 일부를 지원하거나, 「산업표준화법」 제13조에 따라 지정된 설비인증기관(이하 "설비인증기관"이라 한다)에 대하여 지정 목적상 필요한 범위에서 행정상의 지원 등을 할 수 있다. 〈개정 2013.3.23., 2015.1.28.〉

③ 설비인증에 관하여 이 법에 특별한 규정이 있는 경우를 제외하고는 「산업표준화법」에서 정하는 바에 따른다. 〈개정 2015.1.28.〉

④ 삭제 〈2015.1.28.〉

⑤ 삭제 〈2015.1.28.〉

⑥ 삭제 〈2015.1.28.〉

[전문개정 2010.4.12.]

시행령 **제19조(신 · 재생에너지의 이용 · 보급의 촉진)** 산업통상자원부장관은 신 · 재생에너1 지의 이용 · 보급을 촉진하기 위하여 필요한 경우 관계 중앙행정기관 또는 지방자치단체에 대하여 관련 계획의 수립, 제도의 개선, 필요한 예산의 반영, 법 제13조제1항에 따라 인증(이하

"설비인증"이라 한다)을 받은 신 · 재생에너지 설비의 사용 등을 요청할 수 있다.
〈개정 2013.3.23.〉 [전문개정 2010.9.17.]

제13조의2(보험 · 공제 가입) ① 제13조에 따라 설비인증을 받은 자는 신 · 재생에너지 설비의 결함으로 인하여 제3자가 입을 수 있는 손해를 담보하기 위하여 보험 또는 공제에 가입하여야 한다.

② 제1항에 따른 보험 또는 공제의 기간 · 종류 · 대상 및 방법에 필요한 사항은 대통령령으로 정한다. [본조신설 2013.7.30.]

시행령 **제20조의2(보험 · 공제 가입 등)** ① 설비인증을 받은 자가 법 제13조의2제1항에 따라 가입하여야 하는 보험 또는 공제는 다음 각 호의 기준을 모두 충족하는 것이어야 한다.

1. 사고당 배상한도액이 1억원 이상일 것
2. 피해자 1인당 배상한도액이 1억원 이상일 것
3. 설비인증을 받은 신 · 재생에너지설비의 「제조물책임법」 제2조제2호에 따른 결함으로 인한 같은 법 제3조제1항에 따른 손해를 보장하는 것일 것

② 법 제13조의2제2항에 따른 보험 또는 공제의 가입기간 및 가입대상은 다음 각 호와 같다. 〈개정 2015.6.15.〉

1. 가입기간: 법 제13조제2항에 따른 설비인증기관(이하 "설비인증기관"이라 한다)으로부터 부여받은 인증유효기간
2. 가입대상: 설비인증을 받은 신 · 재생에너지설비

③ 설비인증을 받은 자는 보험증서 또는 공제증서를 설비인증기관의 장에게 제출하여야 한다.

④ 제1항부터 제3항까지의 규정에 따른 보험 또는 공제의 가입절차, 가입금액, 보험증서 또는 공제증서의 제출시기 등에 관하여 필요한 사항은 산업통상자원부장관이 정하여 고시한다. [본조신설 2014.1.21.]

제14조 삭제 〈2015.1.28.〉

제15조 삭제 〈2015.1.28.〉

제16조(수수료) ① 품질검사기관은 품질검사를 신청하는 자로부터 산업통상자원부령으로 정하는 바에 따라 수수료를 받을 수 있다. 〈개정 2013.3.23., 2013.7.30., 2015.1.28.〉

② 공급인증기관은 공급인증서의 발급(발급에 딸린 업무를 포함한다)을 신청하는 자 또는 공급인증서를 거래하는 자로부터 산업통상자원부령으로 정하는 바에 따라 수수료를 받을 수 있다. 〈개정 2013.3.23., 2013.7.30.〉

[전문개정 2010.4.12.]

제17조(신 · 재생에너지 발전 기준가격의 고시 및 차액 지원) ① 산업통상자원부장관은 신 · 재생에너지 발전에 의하여 공급되는 전기의 기준가격을 발전원별로 정한 경우에는 그 가격을 고시하여야 한다. 이 경우 기준가격의 산정기준은 대통령령으로 정한다. 〈개정 2013.3.23.〉

② 산업통상자원부장관은 신 · 재생에너지 발전에 의하여 공급한 전기의 전력거래가격(「전기사업법」 제33조에 따른 전력거래가격을 말한다)이 제1항에 따라 고시한 기준가격보다 낮은 경우에는 그 전기를 공급한 신 · 재생에너지 발전사업자에 대하여 기준가격과 전력거래가격의 차액(이하 "발전차액"이라 한다)을 「전기사업법」 제48조에 따른 전력산업기반기금에서 우선적으로 지원한다. 〈개정 2013.3.23.〉

③ 산업통상자원부장관은 제1항에 따라 기준가격을 고시하는 경우에는 발전차액을 지원하는 기간을 포함하여 고시할 수 있다. 〈개정 2013.3.23.〉

④ 산업통상자원부장관은 발전차액을 지원받은 신 · 재생에너지 발전사업자에게 결산재무제표(決算財務諸表) 등 기준가격 설정을 위하여 필요한 자료를 제출할 것을 요구할 수 있다. 〈개정 2013.3.23.〉 [전문개정 2010.4.12.]

[법률 제10253호(2010.4.12.) 부칙 제2조제1항의 규정에 의하여 이 조는 2011년 12월 31일까지 유효함]

시행령 **제18조(신 · 재생에너지 설비의 설치 및 확인 등)** ① 설치의무기관의 장 또는 대표자는 제17조제2항에 따른 검토결과를 반영하여 신 · 재생에너지 설비를 설치하여야 하며, 설치를 완료하였을 때에는 30일 이내에 신 · 재생에너지 설비 설치확인신청서를 산업통상자원부장관에게 제출하여야 한다. 〈개정 2013.3.23.〉

② 산업통상자원부장관은 제1항에 따른 신 · 재생에너지 설비 설치확인신청서를 받았을 때에는 제17조제2항에 따른 검토 결과를 반영하였는지 확인한 후 신 · 재생에너지 설비 설치확인서를 발급하여야 한다. 〈개정 2013.3.23.〉

③ 산업통상자원부장관은 설치의무기관의 신 · 재생에너지 설비 설치 및 신 · 재생에너지 이용 현황을 주기적으로 점검하여 공표할 수 있다. 〈개정 2013.3.23.〉

[전문개정 2010.9.17.]

시행령 **제22조(발전차액의 지원을 위한 기준가격의 산정기준)** 법 제17조제1항 후단에 따른 발전원(發電源)별 기준가격의 산정기준은 다음 각 호와 같다.

1. 신 · 재생에너지 발전소의 표준공사비, 운전유지비, 투자보수비 및 각종 세금과 공과금
2. 신 · 재생에너지 발전소의 설비 이용률, 수명 기간, 사고 보수율과 발전소에서의 신 · 재생에너지 소비율 등의 설계치 및 실적치
3. 신 · 재생에너지 발전사업자의 송전 · 배전 선로 이용요금
4. 신 · 재생에너지 발전기술의 상용화 수준 및 시장 보급 여건
5. 운전 중인 신 · 재생에너지 발전사업자의 경영 여건 및 운전 실적

6. 전기요금 및 전력시장에서의 신 · 재생에너지 발전에 의하여 공급한 전력의 거래가격의 수준 [전문개정 2010.9.17.]

제18조(지원 중단 등) ① 산업통상자원부장관은 발전차액을 지원받은 신 · 재생에너지 발전사업자가 다음 각 호의 어느 하나에 해당하면 산업통상자원부령으로 정하는 바에 따라 경고를 하거나 시정을 명하고, 그 시정명령에 따르지 아니하는 경우에는 발전차액의 지원을 중단할 수 있다. 〈개정 2013.3.23.〉

1. 거짓이나 부정한 방법으로 발전차액을 지원받은 경우
2. 제17조제4항에 따른 자료요구에 따르지 아니하거나 거짓으로 자료를 제출한 경우

② 산업통상자원부장관은 발전차액을 지원받은 신 · 재생에너지 발전사업자가 제1항제1호에 해당하면 산업통상자원부령으로 정하는 바에 따라 그 발전차액을 환수(還收)할 수 있다. 이 경우 산업통상자원부장관은 발전차액을 반환할 자가 30일 이내에 이를 반환하지 아니하면 국세 체납처분의 예에 따라 징수할 수 있다. 〈개정 2013.3.23.〉

[전문개정 2010.4.12.]

제19조 삭제 〈2015.1.28.〉

제20조(신 · 재생에너지 기술의 국제표준화 지원) ① 산업통상자원부장관은 국내에서 개발되었거나 개발 중인 신 · 재생에너지 관련 기술이 「국가표준기본법」 제3조제2호에 따른 국제표준에 부합되도록 하기 위하여 설비인증기관에 대하여 표준화기반 구축, 국제활동 등에 필요한 지원을 할 수 있다. 〈개정 2013.3.23.〉

② 제1항에 따른 지원 범위 등에 관하여 필요한 사항은 대통령령으로 정한다.

[전문개정 2010.4.12.]

시행령 **제23조(신 · 재생에너지 기술의 국제표준화를 위한 지원 범위)** 법 제20조제2항에 따른 지원 범위는 다음 각 호와 같다.

1. 국제표준 적합성의 평가 및 상호인정의 기반 구축에 필요한 장비 · 시설 등의 구입비용
2. 국제표준 개발 및 국제표준 제안 등에 드는 비용
3. 국제표준화 관련 국제협력의 추진에 드는 비용
4. 국제표준화 관련 전문인력의 양성에 드는 비용

[전문개정 2010.9.17.]

제21조(신 · 재생에너지 설비 및 그 부품의 공용화) ① 산업통상자원부장관은 신 · 재생에너지 설비 및 그 부품의 호환성(互換性)을 높이기 위하여 그 설비 및 부품을 산업통상자원부장관이 정하여 고시하는 바에 따라 공용화 품목으로 지정하여 운영할 수 있다. 〈개정 2013.3.23.〉

② 다음 각 호의 어느 하나에 해당하는 자는 신 · 재생에너지 설비 및 그 부품 중 공용화가 필요

한 품목을 공용화 품목으로 지정하여 줄 것을 산업통상자원부장관에게 요청할 수 있다. 〈개정 2013.3.23.〉

1. 제31조에 따른 신 · 재생에너지센터
2. 그 밖에 산업통상자원부령으로 정하는 기관 또는 단체

③ 산업통상자원부장관은 신 · 재생에너지 설비 및 그 부품의 공용화를 효율적으로 추진하기 위하여 필요한 지원을 할 수 있다. 〈개정 2013.3.23.〉

④ 제1항부터 제3항까지의 규정에 따른 공용화 품목의 지정 · 운영, 지정 요청, 지원기준 등에 관하여 필요한 사항은 대통령령으로 정한다. [전문개정 2010.4.12.]

시행령 **제24조(신 · 재생에너지 설비 및 그 부품 중 공용화 품목의 지정절차 등)** ① 법 제21조 제2항 및 제4항에 따라 신 · 재생에너지 설비 및 그 부품 중 공용화 품목의 지정을 요청하려는 자는 산업통상자원부령으로 정하는 바에 따라 대상 품목의 명칭, 규격, 지정 요청 사유 및 기대효과 등을 적은 지정요청서에 대상 품목에 대한 설명서를 첨부하여 산업통상자원부장관에게 제출하여야 한다. 〈개정 2013.3.23.〉

② 산업통상자원부장관은 제1항에 따른 지정 요청을 받은 경우에는 산업통상자원부령으로 정하는 바에 따라 전문가 및 이해관계인의 의견을 들은 후 해당 신 · 재생에너지 설비 및 그 부품을 공용화 품목으로 지정할 수 있다. 〈개정 2013.3.23.〉

③ 산업통상자원부장관은 법 제21조제3항에 따라 공용화 품목의 개발, 제조 및 수요 · 공급 조절에 필요한 자금을 다음 각 호의 구분에 따른 범위에서 융자할 수 있다. 〈개정 2013.3.23.〉

1. 중소기업자: 필요한 자금의 80퍼센트
2. 중소기업자와 동업하는 중소기업자 외의 자: 필요한 자금의 70퍼센트
3. 그 밖에 산업통상자원부장관이 인정하는 자: 필요한 자금의 50퍼센트

[전문개정 2010.9.17.]

제22조 삭제 〈2015.1.28.〉

제22조의2 삭제 〈2015.1.28.〉

제23조 삭제 〈2010.4.12.〉

제23조의2(신 · 재생에너지 연료 혼합의무 등) ① 산업통상자원부장관은 신 · 재생에너지의 이용 · 보급을 촉진하고 신 · 재생에너지 산업의 활성화를 위하여 필요하다고 인정하는 경우 대통령령으로 정하는 바에 따라 「석유 및 석유대체연료 사업법」 제2조에 따른 석유정제업자 또는 석유수출입업자(이하 "혼합의무자"라 한다)에게 일정 비율(이하 "혼합의무비율"이라 한다) 이상의 신 · 재생에너지 연료를 수송용연료에 혼합하게 할 수 있다.

② 산업통상자원부장관은 제1항에 따른 혼합의무의 이행 여부를 확인하기 위하여 혼합의무자

에게 대통령령으로 정하는 바에 따라 필요한 자료의 제출을 요구할 수 있다.
[본조신설 2013.7.30.]

시행령 **제26조의2(신 · 재생에너지 연료 혼합의무)** 「석유 및 석유대체연료 사업법」 제2조에 따른 석유정제업자 또는 석유수출입업자(이하 "혼합의무자"라 한다)는 법 제23조의2제1항에 따라 연도별로 별표 6의 계산식에 의하여 산정하는 양 이상의 신 · 재생에너지 연료를 수송용 연료에 혼합하여야 한다. [본조신설 2015.6.15.]

■ 신에너지 및 재생에너지 개발 · 이용 · 보급 촉진법 시행령[별표6]〈개정 2021.6.29.〉

신 · 재생에너지 연료의 혼합량 산정 계산식(제26조의2 관련)

「석유 및 석유대체연료사업법」 제2조에 다른 석유정제업자 또는 석유수출입업자가 수송용 연료에 혼합하여야 하는 신 · 재생에너지 연료의 연도별 의무혼합량은 다음 계산식에 따라 산정한다.

연도별 의무혼합량 = (연도별 혼합의무비율)
× [수송용 연료(혼합된 신 · 재생에너지 연료를 포함한다)의 내수판매량]

[비고] 1. 연도별 혼합의무비율은 다음과 같다.

해당 연도		수송용 연료에 대한 신 · 재생에너지 연료 혼합의무비율
2021년	1월 1일부터 6월 30일까지	0.03
	7월 1일부터 12월 31일까지	0.035
2022년		0.035
2023년		0.035
2024년		0.04
2025년		0.04
2026년		0.04
2027년		0.045
2028년		0.045
2029년		0.045
2030년 이후		0.05

※ 산업통상자원부장관은 신 · 재생에너지 기술개발 수준, 연료 수급 상황 등을 고려하여 2021년 7월 1일을 기준으로 3년마다(매 3년이 되는 해의 7월 1일전까지를 말한다) 연도별 혼합의무비율을 재검토한다. 다만, 신 · 재생에너지 연료 혼합의무의 이행실적과 국내외 시장여건 변화 등을 고려하여 재검토 기간을 단축할 수 있다.

2. 수송용 연료의 종류: 자동차용 경유
3. 신 · 재생에너지 연료의 종류: 바이오디젤

4. 내수판매량 : 해당 연도의 내수판매량
5. 그 밖에 신 · 재생에너지 연료의 혼합량 산정에 필요한 사항은 산업통상자원부장관이 정하여 고시한다.

시행령 **제26조의3(자료제출)** ① 산업통상자원부장관은 법 제23조의2제2항에 따라 혼합의무자에게 다음 각 호의 자료 제출을 요구할 수 있다.

1. 신 · 재생에너지 연료 혼합의무 이행확인에 관한 다음 각 목의 자료
   가. 수송용연료의 생산량
   나. 수송용연료의 내수판매량
   다. 수송용연료의 재고량
   라. 수송용연료의 수출입량
   마. 수송용연료의 자가소비량
2. 신 · 재생에너지 연료 혼합시설에 관한 다음 각 목의 자료
   가. 신 · 재생에너지 연료 혼합시설 현황
   나. 신 · 재생에너지 연료 혼합시설 변동사항
   다. 신 · 재생에너지 연료 혼합시설의 사용실적
3. 혼합의무자의 사업에 관한 다음 각 목의 자료
   가. 수송용연료 및 신 · 재생에너지 연료 거래실적
   나. 신 · 재생에너지 연료 평균거래가격
   다. 결산재무제표
4. 그 밖에 혼합의무의 이행 여부를 확인하기 위하여 산업통상자원부장관이 필요하다고 인정하는 자료

② 제1항에 따라 혼합의무자가 제출하여야 하는 자료의 제출 시기와 방법, 그 밖에 필요한 사항은 산업통상자원부장관이 정하여 고시한다.

[본조신설 2015.6.15.]

제23조의3(의무 불이행에 대한 과징금) ① 산업통상자원부장관은 혼합의무자가 혼합의무비율을 충족시키지 못한 경우에는 대통령령으로 정하는 바에 따라 그 부족분에 해당 연도 평균거래가격의 100분의 150을 곱한 금액의 범위에서 과징금을 부과할 수 있다.

② 산업통상자원부장관은 제1항에 따른 과징금을 납부하여야 할 자가 납부기한까지 그 과징금을 납부하지 아니한 때에는 국세 체납처분의 예에 따라 징수한다.

③ 제1항 및 제2항에 따라 징수한 과징금은 「에너지 및 자원사업 특별회계법」에 따른 에너지 및 자원사업 특별회계의 재원으로 귀속된다. 〈개정 2014.1.1.〉

[본조신설 2013.7.30.]

시행령 **제26조의4(신 · 재생에너지 연료 혼합의무 불이행에 대한 과징금의 산정방법)** ① 법 제23조의3제1항에 따른 과징금은 연도별 혼합의무 불이행분(연도별로 별표 6의 계산식에 의하여 산정하는 양에서 해당 연도에 실제로 혼합한 신 · 재생에너지 연료의 양을 차감한 것을 말한다. 이하 같다)에 혼합하여야 하는 신 · 재생에너지 연료의 해당 연도 평균거래가격을 곱하여 산정한 금액으로 한다.

② 산업통상자원부장관은 혼합의무 불이행분과 불이행 사유, 혼합의무 불이행에 따른 경제적 이익의 규모 및 과징금 부과횟수 등을 고려하여 제1항에 따라 산정한 금액을 늘리거나 줄일 수 있다. 이 경우 늘리는 경우에도 과징금의 총액은 법 제23조의3제1항에 따른 과징금의 상한액을 초과할 수 없다.

[본조신설 2015.6.15.]

시행령 **제26조의5(신 · 재생에너지 연료 혼합의무 불이행에 대한 과징금의 부과 및 납부)**

① 산업통상자원부장관은 법 제23조의3제1항에 따라 과징금을 부과하기 위하여 과징금 부과 통지를 할 때에는 혼합의무 불이행분과 과징금의 금액을 분명하게 적은 문서로 하여야 한다.

② 제1항에 따라 통지를 받은 자는 통지를 받은 날부터 30일 이내에 과징금을 산업통상자원부장관이 정하는 수납기관에 내야 한다. 다만, 천재지변이나 그 밖의 부득이한 사유로 그 기간에 과징금을 낼 수 없을 때에는 그 사유가 해소된 날부터 7일 이내에 내야 한다.

③ 제2항에 따라 과징금을 받은 수납기관은 과징금을 낸 자에게 영수증을 내주어야 한다.

④ 과징금의 수납기관은 제2항에 따라 과징금을 받았을 때에는 지체 없이 그 사실을 산업통상자원부장관에게 통보하여야 한다. 〈2021.9.24.〉 [본조신설 2015.6.15.]

제23조의4(관리기관의 지정) ① 산업통상자원부장관은 혼합의무자의 혼합의무비율 이행을 효율적으로 관리하기 위하여 다음 각 호의 어느 하나에 해당하는 자를 혼합의무 관리기관(이하 "관리기관"이라 한다)으로 지정할 수 있다

1. 제31조에 따른 신 · 재생에너지센터
2. 「석유 및 석유대체연료 사업법」 제25조의2에 따른 한국석유관리원

② 관리기관으로 지정받으려는 자는 산업통상자원부장관에게 지정을 신청하여야 한다.

③ 관리기관의 신청 및 지정 기준 · 방법 및 절차, 그 밖에 필요한 사항은 산업통상자원부령으로 정한다. [본조신설 2013.7.30.]

제23조의5(관리기관의 업무) ① 제23조의4에 따라 지정된 관리기관은 다음 각 호의 업무를 수행한다.

1. 혼합의무 이행실적의 집계 및 검증
2. 의무이행 관련 정보의 수집 및 관리

3. 그 밖에 혼합의무의 이행과 관련하여 산업통상자원부장관이 필요하다고 인정하는 업무

② 관리기관은 제1항에 따른 업무를 수행하기 위하여 필요한 기준(이하 "혼합의무 관리기준"이라 한다)을 정하여 산업통상자원부장관의 승인을 받아야 한다. 승인받은 혼합의무 관리기준을 변경하는 경우에도 또한 같다.

③ 산업통상자원부장관은 관리기관에 혼합의무 관리에 관한 계획, 실적 및 정보에 관한 보고를 명하거나 자료의 제출을 요구할 수 있다.

④ 제3항에 따른 관리기관의 보고, 자료제출 및 그 밖에 혼합의무 운영에 필요한 사항은 산업통상자원부령으로 정한다.

⑤ 산업통상자원부장관은 관리기관이 다음 각 호의 어느 하나에 해당하는 경우에는 기간을 정하여 시정을 명할 수 있다.

1. 혼합의무 관리기준을 준수하지 아니한 경우
2. 제3항에 따른 보고 또는 자료제출을 하지 아니하거나 거짓으로 보고 또는 자료제출을 한 경우 [본조신설 2013.7.30.]

제23조의6(관리기관의 지정 취소 등) ① 산업통상자원부장관은 관리기관이 다음 각 호의 어느 하나에 해당하는 경우에는 그 지정을 취소하거나 1년 이내의 기간을 정하여 업무의 전부 또는 일부의 정지를 명할 수 있다. 다만 제1호 또는 제2호에 해당하는 경우에는 그 지정을 취소하여야 한다.

1. 거짓이나 그 밖의 부정한 방법으로 관리기관 지정을 받은 경우
2. 업무정지 기간에 관리업무를 계속한 경우
3. 제23조의4에 따른 지정기준에 부적합하게 된 경우
4. 제23조의5제5항에 따른 시정명령을 이행하지 아니한 경우

② 산업통상자원부장관은 관리기관이 제1항제3호 또는 제4호에 해당하여 업무정지를 명하여야 하는 경우로서 그 업무의 정지가 그 이용자 등에게 심한 불편을 주거나 그 밖에 공익을 해칠 우려가 있으면 그 업무정지 처분을 갈음하여 5천만원 이하의 과징금을 부과할 수 있다.

③ 제2항에 따라 과징금을 부과하는 위반행위의 종별 · 정도 등에 따른 과징금의 금액과 그 밖에 필요한 사항은 대통령령으로 정한다.

④ 산업통상자원부장관은 제2항에 따른 과징금을 납부하여야 할 자가 납부기한까지 그 과징금을 납부하지 아니한 때에는 국세 체납처분의 예에 따라 징수한다.

⑤ 제1항에 따른 지정 취소, 업무정지의 기준 및 절차, 그 밖에 필요한 사항은 산업통상자원부령으로 정한다. [본조신설 2013.7.30.]

시행령 **제26조의6(혼합의무 관리기관의 업무정지를 갈음하는 과징금의 금액)** 법 제23조의6 제3항에 따른 위반행위의 종별 · 정도 등에 따른 과징금의 금액은 별표 7과 같다.
[본조신설 2015.6.15.]

■ 혼합의무 관리기관의 업무정지를 갈음하는 과징금의 금액(제26조의6 관련) [별표 7]
〈개정 2015.6.15.〉

1. 일반기준
과징금의 금액은 업무정지기간에 따라 산정하며, 업무정지기간은 법 제23조의6제1항에 따른 업무정지의 기준에 따라 부과되는 기간으로 한다.
2. 개별기준

위반행위	근거 법조문	업무정지기간	과징금(단위: 만원)
가. 법 제23조의4제3항에 따른 지정기준에 부적합하게 된 경우	법 제23조의6 제2항	1개월	2,000
		3개월	4,000
나. 법 제23조의5제5항에 따른 시정명령을 시정기간에 이행하지 않은 경우	법 제23조의6 제2항	1개월	3,000
		3개월	5,000

■ 시행규칙 [별표 2] 관리기관에 대한 지정 취소 및 업무정지의 기준(제13조의4제1항 관련)
〈개정 2015.7.9.〉

1. 일반기준
위반행위의 횟수에 따른 행정처분의 기준은 최근 1년간 같은 위반행위로 행정처분을 받은 경우에 적용한다. 이 경우 위반횟수는 같은 위반행위에 대하여 행정처분을 한 날과 다시 같은 위반행위를 적발한 날을 각각 기준으로 하여 계산한다.
2. 개별기준

위반내용	근거 법령	처분기준		
		1차 위반	2차 위반	3차 이상 위반
가. 거짓이나 그 밖의 부정한 방법으로 관리기관 지정을 받은 경우	법 제23조의6 제1항제1호	지정 취소		
나. 업무정지 기간에 관리업무를 계속한 경우	법 제23조의6 제1항제2호	지정 취소		
다. 법 제23조의4에 따른 지정기준에 부적합하게 된 경우	법 제23조의6 제1항제3호	업무정지 1개월	업무정지 3개월	지정 취소
라. 법 제23조의5제5항에 따른 시정명령을 이행하지 않은 경우	법 제23조의6 제1항제4호	업무정지 1개월	업무정지 3개월	지정 취소

제24조(청문) 산업통상자원부장관은 다음 각 호에 해당하는 처분을 하려면 청문을 하여야 한다. 〈개정 2013.3.23., 2013.7.30.〉

1. 제12조의10제1항에 따른 공급인증기관의 지정 취소
2. 삭제 〈2015.1.28.〉
3. 제23조의6에 따른 관리기관의 지정 취소

[전문개정 2010.4.12.]

제25조(관련 통계의 작성 등) ① 산업통상자원부장관은 기본계획 및 실행계획 등 신·재생에너지 관련 시책을 효과적으로 수립·시행하기 위하여 필요한 국내외 신·재생에너지의 수요·공급에 관한 통계자료를 조사·작성·분석 및 관리할 수 있으며, 이를 위하여 필요한 자료와 정보를 제11조제1항에 따른 기관이나 신·재생에너지 설비의 생산자·설치자·사용자에게 요구할 수 있다. 〈개정 2013.3.23.〉

② 산업통상자원부장관은 산업통상자원부령으로 정하는 바에 따라 전문성이 있는 기관을 지정하여 제1항에 따른 통계의 조사·작성·분석 및 관리에 관한 업무의 전부 또는 일부를 하게 할 수 있다. 〈개정 2013.3.23.〉

[전문개정 2010.4.12.]

제26조(국유재산·공유재산의 임대 등) ① 국가 또는 지방자치단체는 국유재산 또는 공유재산을 신·재생에너지 기술개발 및 이용·보급에 관한 사업을 하는 자에게 대부계약의 체결 또는 사용허가(이하 "임대"라 한다)를 하거나 처분할 수 있다. 이 경우 국가 또는 지방자치단체는 신·재생에너지 기술개발 및 이용·보급에 관한 사업을 위하여 필요하다고 인정하면 「국유재산법」 또는 「공유재산 및 물품관리법」에도 불구하고 수의계약(隨意契約)으로 국유재산 또는 공유재산을 임대 또는 처분할 수 있다. 〈개정 2020.3.31.〉

② 국가 또는 지방자치단체가 제1항에 따라 국유재산 또는 공유재산을 임대하는 경우에는 「국유재산법」 또는 「공유재산 및 물품관리법」에도 불구하고 자진철거 및 철거비용의 공탁을 조건으로 영구시설물을 축조하게 할 수 있다. 다만, 공유재산에 영구시설물을 축조하려면 지방의회의 동의를 받아야 하며, 지방의회의 동의 절차에 관하여는 지방자치단체의 조례로 정할 수 있다. 〈개정 2020.3.31.〉

③ 제1항에 따른 국유재산 및 공유재산의 임대기간은 10년 이내로 하되, 제31조에 따른 신·재생에너지센터(이하 "센터"라 한다)로부터 신·재생에너지 설비의 정상가동 여부를 확인받는 등 운영의 특별한 사유가 없으면 각각 10년 이내의 기간에서 2회에 걸쳐 갱신할 수 있다. 〈개정 2020.3.31.〉

④ 제1항에 따라 국유재산 또는 공유재산을 임차하거나 취득한 자가 임대일 또는 취득일부터 2년 이내에 해당 재산에서 신·재생에너지 기술개발 및 이용·보급에 관한 사업을 시행하지 아니하는 경우에는 대부계약 또는 사용허가를 취소하거나 환매할 수 있다.

⑤ 국가 또는 지방자치단체가 제1항에 따라 국유재산 또는 공유재산을 임대하는 경우에는 「국유재산」 또는 「공유재산 및 물품관리법」 에도 불구하고 임대료를 100분의 50의 범위에서 경감할 수 있다. 〈개정 2020.3.31.〉

⑥ 산업통상자원부장관은 제1항에 따라 임대 또는 처분할 수 있는 국유재산의 범위와 대상을 기획재정부장관과 협의하여 산업통상자원부령으로 정할 수 있다. 〈신설 2020.3.31.〉
[전문개정 2010.4.12.]

제27조(보급사업) ① 산업통상자원부장관은 신 · 재생에너지의 이용 · 보급을 촉진하기 위하여 필요하다고 인정하면 대통령령으로 정하는 바에 따라 다음 각 호의 보급사업을 할 수 있다. 〈개정 2013.3.23.〉

1. 신기술의 적용사업 및 시범사업
2. 환경친화적 신 · 재생에너지 집적화단지(集積化團地) 및 시범단지 조성사업
3. 지방자치단체와 연계한 보급사업
4. 실용화된 신 · 재생에너지 설비의 보급을 지원하는 사업
5. 그 밖에 신 · 재생에너지 기술의 이용 · 보급을 촉진하기 위하여 필요한 사업으로서 산업통상자원부장관이 정하는 사업

② 산업통상자원부장관은 개발된 신 · 재생에너지 설비가 설비인증을 받거나 신 · 재생에너지 기술의 국제표준화 또는 신 · 재생에너지 설비와 그 부품의 공용화가 이루어진 경우에는 우선적으로 제1항에 따른 보급사업을 추진할 수 있다. 〈개정 2013.3.23.〉

③ 관계 중앙행정기관의 장은 환경 개선과 신 · 재생에너지의 보급 촉진을 위하여 필요한 협조를 할 수 있다. [전문개정 2010.4.12.]

시행령 **제27조(보급사업의 실시기관)** ① 산업통상자원부장관은 법 제27조제1항 각 호에 따른 보급사업(이하 이 조에서 "보급사업"이라 한다)을 시행하는 경우에는 다음 각 호의 어느 하나에 해당하는 자 중에서 보급사업의 실시기관을 선정하여 시행한다. 〈개정 2013.3.23.〉

1. 법 제11조제1항 각 호의 어느 하나에 해당하는 자
2. 센터

② 산업통상자원부장관은 보급사업을 촉진하기 위하여 필요한 경우에는 보급사업의 시행에 필요한 비용을 예산의 범위에서 제1항에 따른 실시기관에 지원할 수 있다. 〈개정 2013.3.23.〉

③ 보급사업의 지원대상, 지원 조건 및 추진절차, 그 밖에 필요한 사항은 산업통상자원부장관이 정하여 고시한다. 〈개정 2013.3.23.〉 [전문개정 2010.9.17.]

제27조의 2(신 · 재생에너지 발전사업에 대한 주민 참여) ①신 · 재생에너지 설비가 설치된 지역의 주민은 다음 각 호의 어느 하나에 따른 방식으로 해당 지역의 신 · 재생에너지 발전사업에 참여할 수 있다.

1. 신 · 재생에너지 발전사업에 출자하는 방식
2. 신 · 재생에너지 발전사업을 목적으로 하는 협동조합(「협동조합 기본법」에 따라 설립된 협동조합을 말한다)에 조합원으로 출자하는 방식
3. 그 밖에 산업통상자원부장관이 정하는 방식

② 신 · 재생에너지 발전사업자는 제12조의7제3항에 따라 발급받은 공급인증서 중 제1항에 따른 주민 참여로 인한 가중치로 발생한 수익을 지역 주민에게 제공하여야 한다.

③ 제1항에 따른 지역의 범위 및 제2항에 따라 지역 주민에게 제공하는 수익과 관련한 기준 · 절차 · 내용, 그 밖에 필요한 사항은 산업통상자원부장관이 정한다. [본조신설 2020.10.20.]

제28조(신 · 재생에너지 기술의 사업화) ① 산업통상자원부장관은 자체 개발한 기술이나 제10조에 따른 사업비를 받아 개발한 기술의 사업화를 촉진시킬 필요가 있다고 인정하면 다음 각 호의 지원을 할 수 있다. 〈개정 2013.3.23.〉

1. 시험제품 제작 및 설비투자에 드는 자금의 융자
2. 신 · 재생에너지 기술의 개발사업을 하여 정부가 취득한 산업재산권의 무상 양도
3. 개발된 신 · 재생에너지 기술의 교육 및 홍보
4. 그 밖에 개발된 신 · 재생에너지 기술을 사업화하기 위하여 필요하다고 인정하여 산업통상자원부장관이 정하는 지원사업

② 제1항에 따른 지원의 대상, 범위, 조건 및 절차, 그 밖에 필요한 사항은 산업통상자원부령으로 정한다. 〈개정 2013.3.23.〉 [전문개정 2010.4.12.]

제29조(재정상 조치 등) 정부는 제12조에 따라 권고를 받거나 의무를 준수하여야 하는 자, 신 · 재생에너지 기술개발 및 이용 · 보급을 하고 있는 자 또는 제13조에 따라 설비인증을 받은 자에 대하여 필요한 경우 금융상 · 세제상의 지원대책이나 그 밖에 필요한 지원대책을 마련하여야 한다. [전문개정 2010.4.12.]

제30조(신 · 재생에너지의 교육 · 홍보 및 전문인력 양성) ① 정부는 교육 · 홍보 등을 통하여 신 · 재생에너지의 기술개발 및 이용 · 보급에 관한 국민의 이해와 협력을 구하도록 노력하여야 한다.

② 산업통상자원부장관은 신 · 재생에너지 분야 전문인력의 양성을 위하여 신 · 재생에너지 분야 특성화대학 및 핵심기술연구센터를 지정하여 육성 · 지원할 수 있다.
〈개정 2013.3.23.〉 [전문개정 2010.4.12.]

제30조의2(신 · 재생에너지사업자의 공제조합 가입 등) ① 신 · 재생에너지 발전사업자, 신 · 재생에너지 연료사업자, 신 · 재생에너지 설비 설치기업, 신 · 재생에너지 설비의 제조 · 수입 및 판매 등의 사업을 영위하는 자(이하 "신 · 재생에너지사업자"라 한다)는 신 · 재생

에너지의 기술개발 및 이용 · 보급에 필요한 사업(이하 "신 · 재생에너지사업"이라 한다)을 원활히 수행하기 위하여 「엔지니어링산업 진흥법」 제34조에 따른 공제조합의 조합원으로 가입할 수 있다. 〈개정 2015.1.28.〉

② 제1항에 따른 공제조합은 다음 각 호의 사업을 실시할 수 있다.

1. 신 · 재생에너지사업에 따른 채무 또는 의무 이행에 필요한 공제, 보증 및 자금의 융자
2. 신 · 재생에너지사업의 수출에 따른 공제 및 주거래은행의 설정에 관한 보증
3. 신 · 재생에너지사업의 대가로 받은 어음의 할인
4. 신 · 재생에너지사업에 필요한 기자재의 공동구매 · 조달 알선 또는 공동위탁판매
5. 조합원 및 조합원에게 고용된 자의 복지 향상을 위한 공제사업
6. 조합원의 정보처리 및 컴퓨터 운용과 관련된 서비스 제공
7. 조합원이 공동으로 이용하는 시설의 설치, 운영, 그 밖에 조합원의 편익 증진을 위한 사업
8. 그 밖에 제1호부터 제7호까지의 사업에 부대되는 사업으로서 정관으로 정하는 공제사업

③ 제2항에 따른 공제규정, 공제규정으로 정할 내용, 공제사업의 절차 및 운영 방법에 필요한 사항은 대통령령으로 정한다.

[본조신설 2013.7.30.]

시행령 **제28조(공제규정)** ① 법 제30조의2제1항에 따른 공제조합이 같은 조 제2항에 따른 공제사업을 하려면 공제규정을 정하여야 한다.

② 제1항에 따른 공제규정에는 다음 각 호의 사항이 포함되어야 한다.

1. 공제사업의 범위
2. 공제계약의 내용
3. 공제금 및 공제료
4. 공제금에 충당하기 위한 책임준비금
5. 그 밖에 공제사업의 운영에 필요한 사항

[본조신설 2014.1.21.]

제30조의3(하자보수) ① 신 · 재생에너지 설비를 설치한 시공자는 해당 설비에 대하여 성실하게 무상으로 하자보수를 실시하여야 하며 그 이행을 보증하는 증서를 신 · 재생에너지 설비의 소유자 또는 산업통상자원부령으로 정하는 자에게 제공하여야 한다. 다만, 하자보수에 관하여 「국가를 당사자로 하는 계약에 관한 법률」 또는 「지방자치단체를 당사자로 하는 계약에 관한 법률」에 특별한 규정이 있는 경우에는 해당 법률이 정하는 바에 따른다.

② 제1항에 따른 하자보수의 대상이 되는 신 · 재생에너지 설비 및 하자보수 기간 등은 산업통상자원부령으로 정한다. [본조신설 2015.1.28.]

제30조의4(신 · 재생에너지 설비에 대한 사후관리) ① 신 · 재생에너지 보급사업의 시행기관 등 대통령령으로 정하는 기관의 장(이하 이 조에서 "시행기관의 장"이라 한다)은 제27조제1항에 따라 설치된 신 · 재생에너지설비 등 산업통상자원부장관이 정하여 고시하는 신 · 재생에너지 설비에 대하여 사후관리에 관한 계획을 매년 수립 · 시행하여야 한다.

② 시행기관의 장은 제1항에 따라 고시된 신 · 재생에너지 설비에 대한 사후관리 계획을 수립할 때에는 신 · 재생에너지 설비의 시공자에게 해당 설비의 가동상태 등을 조사하여 그 결과를 보고하게 할 수 있다.

③ 제1항에 따라 고시된 신 · 재생에너지 설비의 시공자는 대통령령으로 정하는 바에 따라 연 1회 이상 사후관리를 의무적으로 실시하고, 그 실적을 시행기관의 장에게 보고하여야 한다.

④ 시행기관의 장은 제1항에 따른 사후관리 시행결과를 센터에 제출하여야 하고, 센터는 이를 종합하여 산업통상자원부장관에게 보고하여야 한다.

⑤ 제1항에 따른 사후관리 계획에 포함될 점검사항 및 점검시기, 제3항 또는 제4항에 따른 보고의 절차 등에 관하여 필요한 사항은 산업통상자원부령으로 정한다.

⑥ 산업통상자원부장관은 제4항에 따라 센터로부터 보고받은 신 · 재생에너지 설비에 대한 사후관리 시행결과를 확정한 후 국회 소관 상임위원회에 제출하여야 한다.

〈신설 2020.10.20.〉

[본조신설 2020.3.31.]

시행령 **제28조의2(신 · 재생에너지 설비에 대한 사후관리)** ① 법 제30조의4제1항에서 "신 · 재생에너지 보급사업의 시행기관 등 대통령령으로 정하는 기관의 장"이란 제27조제1항에 따라 선정된 보급사업 실시기관의 장을 말한다.

② 법 제30조의4제3항에 따라 연 1회 이상 사후관리를 실시해야 하는 신 · 재생에너지 설비는 설치한 날부터 3년 이내인 신 · 재생에너지 설비로 한다. [본조신설 2020.9.29.]

제31조(신 · 재생에너지센터) ① 산업통상자원부장관은 신 · 재생에너지의 이용 및 보급을 전문적이고 효율적으로 추진하기 위하여 대통령령으로 정하는 에너지 관련 기관에 신 · 재생에너지센터를 두어 신 · 재생에너지 분야에 관한 다음 각 호의 사업을 하게 할 수 있다.

〈개정 2013.3.23., 2013.7.30., 2015.1.28., 2020.3.31.〉

1. 제11조제1항에 따른 신 · 재생에너지의 기술개발 및 이용 · 보급사업의 실시자에 대한 지원 · 관리
2. 제12조제2항 및 제3항에 따른 신 · 재생에너지 이용의무의 이행에 관한 지원 · 관리
3. 삭제 〈2015.1.28.〉
4. 제12조의5에 따른 신 · 재생에너지 공급의무의 이행에 관한 지원 · 관리
5. 제12조의9에 따른 공급인증기관의 업무에 관한 지원 · 관리
6. 제13조에 따른 설비인증에 관한 지원 · 관리

7. 이미 보급된 신 · 재생에너지 설비에 대한 기술지원
8. 제20조에 따른 신 · 재생에너지 기술의 국제표준화에 대한 지원 · 관리
9. 제21조에 따른 신 · 재생에너지 설비 및 그 부품의 공용화에 관한 지원 · 관리
10. 신 · 재생에너지 설비 설치기업에 대한 지원 · 관리
11. 제23조의2에 따른 신 · 재생에너지 연료 혼합의무의 이행에 관한 지원 · 관리
12. 제25조에 따른 통계관리
13. 제27조에 따른 신 · 재생에너지 보급사업의 지원 · 관리
14. 제28조에 따른 신 · 재생에너지 기술의 사업화에 관한 지원 · 관리
15. 제30조에 따른 교육 · 홍보 및 전문인력 양성에 관한 지원 · 관리
16. 국내외 조사 · 연구 및 국제협력 사업
17. 제1호 · 제3호 및 제5호부터 제8호까지의 사업에 딸린 사업
18. 그 밖에 신 · 재생에너지의 이용 · 보급 촉진을 위하여 필요한 사업으로서 산업통상자원부장관이 위탁하는 사업

② 산업통상자원부장관은 센터가 제1항의 사업을 하는 경우 자금 출연이나 그 밖에 필요한 지원을 할 수 있다. 〈개정 2013.3.23.〉

③ 센터의 조직 · 인력 · 예산 및 운영에 관하여 필요한 사항은 산업통상자원부령으로 정한다. 〈개정 2013.3.23.〉 [전문개정 2010.4.12.]

시행령 **제29조(센터의 설치기관)** 법 제31조제1항 각 호 외의 부분에서 "대통령령으로 정하는 에너지 관련 기관"이란 「에너지이용 합리화법」 제45조제1항에 따른 한국에너지공단(이하 "공단"이라 한다)을 말하며, 센터는 공단의 부설기관으로 한다. 〈개정 2015.7.24.〉
[전문개정 2010.9.17.]

제32조(권한의 위임 · 위탁) ① 이 법에 따른 산업통상자원부장관의 권한은 그 일부를 대통령령으로 정하는 바에 따라 소속 기관의 장, 특별시장 · 광역시장 · 특별자치시장 · 도지사 또는 특별자치도지사(이하 "시 · 도지사"라 한다)에게 위임할 수 있다. 〈개정 2013.3.23.〉

② 이 법에 따른 산업통상자원부장관 또는 시 · 도지사의 업무는 그 일부를 대통령령으로 정하는 바에 따라 센터 또는 「에너지법」 제13조에 따른 한국에너지기술평가원에 위탁할 수 있다. 〈개정 2013.3.23.〉 [전문개정 2010.4.12.]

시행령 **제30조(권한의 위임 · 위탁)** ① 산업통상자원부장관은 법 제32조제1항에 따라 다음 각 호의 권한을 국가기술표준원장에게 위임한다. 〈개정 2013.3.23., 2013.12.11., 2015.6.15.〉

1. 삭제 〈2015.6.15.〉
2. 법 제13조제2항에 따른 설비인증기관에 대한 행정상 지원
3. 삭제 〈2015.6.15.〉

4. 법 제20조제1항에 따른 설비인증기관에 대한 표준화기반 구축 및 국제활동 등의 지원
5. 법 제21조에 따른 공용화 품목의 지정
6. 삭제 〈2015.6.15.〉
7. 삭제 〈2015.6.15.〉

② 산업통상자원부장관은 법 제32조제1항에 따라 법 제27조제1항제3호에 따른 보급사업에 관한 권한을 특별시장, 광역시장, 도지사 또는 특별자치도지사에게 위임한다. 〈개정 2013.3.23.〉

③ 산업통상자원부장관은 법 제32조제2항에 따라 다음 각 호의 업무를 센터에 위탁한다. 〈개정 2013.3.23., 2014.4.24.〉

1. 법 제12조제2항 및 이 영 제17조에 따른 설치계획서의 접수, 검토 결과 통보 및 의견 청취
2. 법 제12조제2항 및 이 영 제18조에 따른 신·재생에너지 설비 설치확인신청서 접수 및 신·재생에너지 설비 설치확인서 발급
3. 삭제 〈2015.6.15.〉
4. 삭제 〈2015.6.15.〉

④ 산업통상자원부장관은 법 제32조제2항에 따라 법 제11조제1항에 따른 신·재생에너지 기술개발사업에 대한 협약체결 업무를 「에너지법」 제13조에 따른 한국에너지기술평가원에 위탁한다. 〈개정 2013.3.23.〉 [전문개정 2010.9.17.]

제30조의2(규제의 재검토) 산업통상자원부장관은 제20조의2에 따른 보험 또는 공제의 기준, 가입기간 및 가입대상에 대하여 2025년 1월 1일이 되는 해의 1월 1일 전까지를 말한다) 그 타당성을 검토하여 개선 등의 조치를 해야 한다. 〈개정 2025.3.12.〉

제33조(벌칙 적용 시의 공무원 의제) 다음 각 호에 해당하는 사람은 「형법」 제129조부터 제132조까지의 규정을 적용할 때에는 공무원으로 본다. 〈개정 2013.7.30.〉

1. 삭제 〈2015.1.28.〉
2. 공급인증서의 발급·거래 업무에 종사하는 공급인증기관의 임직원
3. 설비인증 업무에 종사하는 설비인증기관의 임직원
4. 삭제 〈2015.1.28.〉
5. 신·재생에너지 연료 품질검사 업무에 종사하는 품질검사기관의 임직원
6. 혼합의무비율 이행을 효율적으로 관리하는 업무에 종사하는 관리기관의 임직원

[전문개정 2010.4.12.]

제34조(벌칙) ① 거짓이나 부정한 방법으로 제17조에 따른 발전차액을 지원받은 자와 그 사실을 알면서 발전차액을 지급한 자는 3년 이하의 징역 또는 지원받은 금액의 3배 이하에 상당하는 벌금에 처한다.

② 거짓이나 부정한 방법으로 공급인증서를 발급받은 자와 그 사실을 알면서 공급인증서를 발급한 자는 3년 이하의 징역 또는 3천만원 이하의 벌금에 처한다.

③ 제12조의7제5항을 위반하여 공급인증기관이 개설한 거래시장 외에서 공급인증서를 거래한 자는 2년 이하의 징역 또는 2천만원 이하의 벌금에 처한다.

④ 법인의 대표자나 법인 또는 개인의 대리인, 사용인, 그 밖의 종업원이 그 법인 또는 개인의 업무에 관하여 제1항부터 제3항까지의 어느 하나에 해당하는 위반행위를 하면 그 행위자를 벌하는 외에 그 법인 또는 개인에게도 해당 조문의 벌금형을 과(科)한다. 다만, 법인 또는 개인이 그 위반행위를 방지하기 위하여 해당 업무에 관하여 상당한 주의와 감독을 게을리하지 아니한 경우에는 그러하지 아니하다.

[전문개정 2010.4.12.]

제35조(과태료) ① 다음 각 호의 어느 하나에 해당하는 자에게는 1천만원 이하의 과태료를 부과한다. 〈개정 2013.7.30., 2014.1.21.〉

1. 삭제 〈2015.1.28.〉
2. 삭제 〈2015.1.28.〉
3. 삭제 〈2015.1.28.〉
4. 제13조의2를 위반하여 보험 또는 공제에 가입하지 아니한 자
   4의2. 삭제 〈2015.1.28.〉
5. 제23조의2제2항에 따른 자료제출요구에 따르지 아니하거나 거짓 자료를 제출한 자

② 제1항에 따른 과태료는 대통령령으로 정하는 바에 따라 산업통상자원부장관이 부과 · 징수한다. 〈개정 2013.3.23.〉 [전문개정 2010.4.12.]

시행령 **제31조(과태료의 부과기준)** 법 제35조제1항에 따른 과태료의 부과기준은 별표 8과 같다. [전문개정 2010.9.17.]

■ 신에너지 및 재생에너지 개발 · 이용 · 보급 촉진법 시행령[별표8] 〈개정 2021.11.30.〉

과태료 부과기준(제31조 관련)

1. 일반기준
   가. 위반행위 횟수에 따른 과태료의 가중된 부과기준은 최근 2년간 같은 위반행위로 과태료 부과처분을 받은 경우에 적용한다. 이 경우 기간의 계산은 위반행위에 대하여 과태료 부과처분을 받은 날과 그 처분 후 다시 같은 위반행위를 하여 적발한 날을 기준으로 한다.
   나. 가목에 따라 가중된 부과처분을 하는 경우 가중처분의 적용 차수는 그 위반행위 전 부과처분 차수(가목에 따른 기간 내에 과태료 부과처분이 둘 이상 있었던 경우에는 높은 차수를 말한다)의 다음 차수로 한다.
   다. 산업통상자원부장관은 다음의 어느 하나에 해당하는 경우에는 제2호의 개별기준에 따른 과태료 금액의 2분의 1 범위에서 그 금액을 줄일 수 있다. 다만, 과태료를 체납하고 있는 위반행위자의 경우에는 그 금액을 줄일 수 없다.
      1) 위반행위자가 「질서위반행위규제법 시행령」 제2조의2제1항 각 호의 어느 하나에 해당하는 경우
      2) 위반행위가 사소한 부주의나 오류로 인한 것으로 인정되는 경우
      3) 위반행위자가 법 위반상태를 시정하거나 해소하기 위하여 노력한 것으로 인정되는 경우
      4) 그 밖에 위반행위의 정도, 위반행위의 동기와 그 결과 등을 고려하여 줄일 필요가 있다고 인정되는 경우
   라. 산업통상자원부장관은 다음의 어느 하나에 해당하는 경우에는 제2호의 개별기준에 따른 과태료 금액의 2분의 1 범위에서 그 금액을 늘릴 수 있다. 다만, 법 제35조제1항 각 호 외의 부분에 따른 과태료 금액의 상한을 넘을 수 없다.
      1) 위반의 내용 · 정도가 중대하다고 인정되는 경우
      2) 그 밖에 위반행위의 동기와 결과, 위반정도 등을 고려하여 과태료 금액을 늘릴 필요가 있다고 인정되는 경우

2. 개별기준

위반행위	근거 법조문	과태료 금액	
		1회 위반	2회 이상 위반
가. 법 제13조의2를 위반하여 보험 또는 공제에 가입하지 않은 경우	법 제35조 제1항제4호		
1) 가입하지 않은 기간이 30일 이하인 경우		200만원	
2) 가입하지 않은 기간이 30일을 초과하는 경우		200만원에 31일째부터 계산하여 1일마다 2만원을 더한 금액. 다만, 과태료의 총액은 500만원을 초과할 수 없다.	
나. 법 제23조의2제2항에 따른 자료제출 요구에 따르지 않거나 거짓 자료를 제출한 경우	법 제35조 제1항제5호	300만원	500만원

16.2 신 · 재생에너지 설비의 지원 등에 관한 규정

[시행 2025. 2. 28.] [산업통상자원부고시 제2025-25호, 2025. 2. 28., 일부개정.]

제1장 총 칙

제1조(목적) 이 규정은「신에너지 및 재생에너지 개발 · 이용 · 보급 촉진법」(이하 "법"이라 한다),「같은 법 시행령」(이하 "영"이라 한다),「같은 법 시행규칙」(이하 "규칙"이라 한다)에 따라 국가의 지원 또는 의무적으로 신 · 재생에너지 설비를 설치하거나 전기소비자가 자발적으로 재생에너지를 사용하는데 필요한 세부적인 사항에 대하여 규정함을 목적으로 한다.

제2조(용어의 정의) 이 규정에서 사용하는 용어의 정의는 다음과 같다.

1. "신 · 재생에너지 설비"라 함은 규칙 제2조에 따른 설비를 말한다.
2. "보급사업"이라 함은 법 제27조제1항에 따른 사업을 추진하기 위해 해당 비용의 일부를 정부가 보조하는 사업을 말한다.
3. "금융지원사업"이라 함은 신 · 재생에너지 설비의 설치 · 생산 등에 소요되는 비용을 정부가 대출 등의 방법으로 지원하는 사업을 말한다.
4. "융자"라 함은 전력산업기반기금(이하 "기금"이라 한다)의 사업비계정에서 제4조의 시행기관에게 대여 등으로 자금을 지원하는 것을 말한다.

   4의2. "이차보전"이라 함은 제4조의 시행기관이 금융지원사업을 위하여 취급금융기관으로부터 자금을 차입할 때 정부가 정한 지원금리에 해당하는 이자를 보조하는 것을 말한다.

4의3. "지원금리"라 함은 제4조의 시행기관이 취급금융기관으로부터 차입한 금리에서 「에너지 및 자원사업 특별회계 운영요령」 [별표 2]에 따른 융자이자율을 차감한 금리를 말한다.

5. "대출"이라 함은 시행기관이 융자금을 금융기관을 통하여 실수요자에게 대여하는 것을 말한다.
6. "무탄소에너지보증사업"이라 함은 무탄소에너지 분야 관련 사업자가 제27호에 따른 금융기관 또는 제28호에 따른 금융기관등으로부터 자금의 대출 등을 받음으로써 부담하는 금전채무를 제4조제1항제4호의 보증사업기관이 보증하는 사업을 말한다.
7. "공공주택"이라 함은 「공공주택 특별법」 제2조제1호 가목의 주택으로서 「민간임대주택에 관한 특별법」 제20조제1항에 따른 임대조건으로 임대하는 주택을 말한다.
8. "설치의무기관"이라 함은 법 제12조제2항에 해당하는 기관이 영 제15조에 따른 건축물의 용도로 연면적 1천제곱미터 이상의 건축물을 신축 · 증축 · 개축하려는 경우, 해당 건축물의 설계시 산출된 예상 에너지사용량 대비 일정 비율 이상을 신 · 재생에너지를 이용하여 공급되는 에너지로 대체하도록 해당 설비를 의무적으로 설치하여야 하는 기관을 말한다.
9. "참여기업"이라 함은 보급사업에 참여가 가능하도록 평가 · 선정된 기업을 말한다.
10. "신청자"라 함은 신 · 재생에너지 설비의 설치 · 생산에 소요되는 비용의 일부를 지원하여 줄 것을 신청하거나 신 · 재생에너지 설비의 설치확인을 신청하는 자를 말한다.
11. "시공자"라 함은 다음 각 목의 어느 하나에 해당하는 자를 말한다.
    가. 법 제13조에 따라 설비인증을 받은 신 · 재생에너지 설비를 생산하는 제조기업
    나. 「건설산업기본법」 제9조에 따라 관련 건설업을 등록한 기업
    다. 「전기공사업법」 제4조에 따라 관련 공사업을 등록한 기업
    라. 「환경기술 및 환경산업 지원법」 제15조에 따라 관련 공사업을 등록한 기업
    마. 그 밖에 관계법령에 따라 관련 건설 · 공사 · 시공업을 등록한 기업
12. "소유자"라 함은 이 규정에 따라 설치된 신 · 재생에너지 설비를 소유하는 자를 말한다.
13. "설치확인"이라 함은 법 제31조에 따른 신 · 재생에너지센터(이하 "센터"라 한다)가 따로 정한 신 · 재생에너지원별 설치확인기준에 따라 해당 설비가 설치되었는지를 확인하는 것을 말한다.
14. "공사실적증명"이라 함은 제4조제3항에 따라 지정된 법인이 시공자가 시공한 신 · 재생에너지 설비의 공사실적을 발급 · 증명하여 주는 것을 말한다.
15. "상계처리"라 함은 신 · 재생에너지 발전설비 소유자가 전기판매사업자로부터 공급받은 전력량에서 전기판매사업자에게 공급한 전력량을 차감한 후 전기요금을 납부하는 것을 말한다.
16. "자금관리기관"이라 함은 제2호 및 제3호에 해당하는 사업의 정부예산을 집행하기 위하여 제4조의 시행기관에게 사업비를 교부 · 융자하거나 정산 · 반납 등을 담당하는 기관으

로서, 「전력산업기반기금 운용관리규정」 제6조에 따라 기금관리기관으로 지정된 한국전력공사 전력기반센터를 말한다.

17. "자금사용자"라 함은 금융지원사업을 통하여 지원받은 대출금을 사용하여 설비를 설치하거나 사업을 운영하는 자를 말한다.
18. "재생에너지 사용 확인"이란 전기소비자가 제63조제1항 각 호의 수단을 활용하여 재생에너지 전기를 사용하고 확인서를 발급받아 재생에너지 전기의 사용을 증명하는 것을 말한다.
19. "재생에너지"란 법 제2조제2호에 따른 재생 가능한 에너지를 변환시켜 이용하는 에너지로서 태양에너지, 풍력, 수력, 해양에너지, 지열에너지, 바이오에너지를 말한다.
20. "재생에너지 사용 확인서"란 재생에너지 전기를 사용하는 전기소비자에게 별지 제3호의 서식으로 발행하는 전력량(MWh) 단위의 증명서를 말한다.
21. "전기소비자"란 제65조부터 제69조의 각 항에서 정하는 기업, 단체 등으로서 재생에너지 전기를 사용하고 "재생에너지 사용 확인서"를 발급 받는 주체를 말한다.
22. "녹색프리미엄"이란 재생에너지로 생산된 전력을 구매하고자 하는 전기소비자가 전기사업법 제16조에 따른 전기의 공급약관에서 정한 전기요금 외에 자발적으로 추가 부담하는 금원을 말한다.
23. "재생에너지 사용 관리시스템(이하 "관리시스템"이라 한다)"이란 전기소비자의 재생에너지 사용 및 확인서 발급 등을 효율적으로 추진하기 위하여 운영하는 정보처리시스템을 말한다.
24. "신 · 재생에너지 공급인증서(이하 "공급인증서"라 한다)"란 법 제12조의7에 따라 발전사업자가 신 · 재생에너지 설비를 이용하여 전기를 생산 · 공급하였음을 증명하는 인증서로서, 신 · 재생에너지 공급의무화제도 및 연료 혼합의무화제도 관리 · 운영지침 제8조에 따른 설비확인을 완료하고 발급받은 인증서를 말한다.
25. "취급금융기관"이라 함은 제4조의 시행기관과 이차보전 사업 이행 협약을 체결한 금융기관을 말한다.
26. "투자사업"이란 전기소비자의 재생에너지 조달 및 사용을 위해 제65조제8항에 의해 조성된 재원의 일부를 재생에너지 관련 프로젝트 등에 투자하는 사업을 말한다.
27. "금융기관"이란 다음 각 목의 어느 하나에 해당하는 것을 말한다.
    가. 「은행법」에 따른 인가를 받아 설립된 은행
    나. 「한국산업은행법」에 따른 한국산업은행
    다. 「한국수출입은행법」에 따른 한국수출입은행
    라. 「중소기업은행법」에 따른 중소기업은행
    마. 「농업협동조합법」에 따라 설립된 농업협동조합중앙회의 상호금융 부문과 농협은행
    바. 「수산업협동조합법」에 따른 중앙회 및 수협은행

28. "금융기관등"이란 다음 각 목의 어느 하나에 해당하는 것을 말한다.
    가. 제26호에 따른 금융기관
    나. 「자본시장과 금융투자업에 관한 법률」에 따른 신탁업자 및 종합금융회사
    다. 「보험업법」에 따른 보험회사
    라. 「여신전문금융업법」에 따른 여신전문금융회사
    마. 「자본시장과 금융투자법에 관한 법률」에 따른 투자회사와 투자신탁
    바. 「새마을금고법」에 따른 새마을금고중앙회 및 「신용협동조합법」에 따른 신용협동조합중앙회

제3조(적용범위) ① 이 규정은 제5장의 보급사업(주택지원사업, 건물지원사업, 지역지원사업, 융·복합지원사업), 태양광대여사업, 금융지원사업, 무탄소에너지보증사업, 설치의무기관의 의무화사업 등을 통한 신·재생에너지 설비 설치와 설치된 설비의 사후관리 및 제7장의 재생에너지 전기의 사용 및 확인 등에 적용한다.

② 보조금 지원 등 보급사업에 관한 사항과 융자, 보증 등 금융지원에 관한 사항은 관계법령에서 다르게 정한 것을 제외하고는 이 규정에서 정하는 대로 따른다.

제4조(시행기관 등) ① 보급사업, 태양광대여사업, 금융지원사업, 무탄소에너지보증사업의 시행기관은 센터로 한다. 다만, 일부 사업에 대한 시행기관은 다음 각 호와 같다.

1. 제21조의 공공주택 보급사업 : 한국토지주택공사 또는 「지방공기업법」에 따른 지방공기업
2. 제26조의 지역지원사업 : 「지방자치법」 제2조제1항제1호에 따른 지방자치단체(이하 "시·도"라 한다)
3. 제36조의 융·복합지원사업 : 「지방자치법」 제2조제1항제1호에 따른 지방자치단체(이하 "시·도"라 한다) 또는 「지방공기업법」에 따른 지방공기업 및 「공공기관의 운영에 관한 법률」 제4조에 따른 공공기관
4. 제44조제1항제1호에 따른 무탄소에너지보증 : 「신용보증기금법」에 따른 신용보증기금(이하 "보증사업기관"이라 한다.)
5. 제50조의 설치의무화사업 : 해당 설치의무기관

② 신·재생에너지 설비의 설치확인과 사후관리를 시행하는 기관은 센터로 한다. 다만 업무의 효율적 추진을 위해 필요한 경우 센터의 장이 따로 정하는 바에 따라 업무의 일부를 다른 기관에 위탁할 수 있다.

③ 신·재생에너지 설비의 공사실적증명을 발급하는 기관은 한국신·재생에너지협회(이하 "협회"라 한다)로 한다.

제5조(책무) ① 센터의 장은 이 규정에 따른 사업을 총괄 관리한다. 다만, 제44조제1항제1호에 따른 무탄소에너지보증은 보증사업기관이 총괄 관리한다.

② 시행기관의 장은 소관 사업을 성실히 운영 · 관리하여야 하며, 장관 또는 센터의 장이 요구하는 관련 자료는 지체 없이 제공하여야 한다.

③ 이 규정에 따라 지원금을 받고자 하는 자는 자체 부담금을 우선 확보한 다음 관련 지원금을 신청하여야 한다.

④ 소유자는 설비가 효율적으로 운영되도록 확인 · 점검 · 유지 · 보수 등을 성실히 수행하여야 하며, 하자이행보증기간이 만료된 이후에는 설비에 필요한 유지 · 보수비용 등을 자체 부담하여야 한다.

⑤ 시공자는 센터의 장이 정한 절차에 따라 이 규정을 적용받는 사업의 공사실적을 협회에 신고하여야 하며, 시공자 자신이 설치한 설비의 가동상태 · 에너지생산량 등의 관련 자료는 센터의 장이 요구하는 대로 지체 없이 제공하여야 한다.

제 2 장 사업계획 수립 및 소요예산 반영

제6조(지침시달) 장관은 다음 연도 신 · 재생에너지 설비의 보급에 필요한 소요예산을 적정하게 반영하기 위해 필요한 경우에는 사업계획 및 예산편성과 관련된 지침을 센터 또는 시행기관의 장에게 시달할 수 있다.

제7조(사업계획의 수립) ① 센터의 장은 다음 연도의 사업계획을 수립하기 위하여 제4조의 시행기관에게 다음 연도 사업에 필요한 수요조사 결과 및 소요예산 등을 당해 연도 3월말까지 제출하도록 요청할 수 있다.

② 센터의 장은 제1항에 따라 해당 시행기관으로부터 받은 수요조사 결과와 소요예산 등의 자료를 종합 · 조정하여 다음 연도 사업계획을 수립하고, 이를 당해 연도 4월말까지 장관에게 보고하여야 한다.

제8조(예산반영) 장관은 제7조제2항에 따라 보고받은 사업계획을 검토 · 조정하여, 그 내용을 정부예산에 반영할 수 있다.

제9조(사업계획 확정) ① 다음 연도 정부예산이 국회에서 의결 · 확정된 경우에는 이 규정에서 정한 해당사업의 다음 연도 사업계획은 확정된 것으로 본다.

② 시행기관의 장은 제1항에 따라 확정된 사업계획을 토대로 사업공고 등을 통해 다음 연도 사업에 착수 할 수 있다.

③ 시행기관의 장은 제1항에 따라 확정된 배정예산 중 제21조, 제24조, 제35조에 해당하는 사업간의 배정예산 조정이 필요할 때에는 장관의 승인을 거쳐 조정하여 지원할 수 있다.

제 3 장 신 · 재생에너지 설비의 지원기준

제10조(중복 지원의 금지) 시행기관의 장은 제5장의 사업 중 동일한 종류의 신 · 재생에너지 설비가 동일한 장소에 설치되는 사업의 경우에는 중복하여 지원 할 수 없다. 다만, 다음 각 호의 대상은 제외한다.

1. 제26조의 사업이 종료된 이후, 설비용량을 증설하는 경우
2. 에너지자립 인증을 받아 제35조의 사업으로 고도화 사업을 추진하는 경우
3. 불가항력적인 재해로 인하여 피해를 입은 시설에 복구 지원을 하는 경우
4. 융자, 보증 등 금융지원사업의 경우

제11조(보조금 지원방법) ① 제21조 및 제24조의 사업은 보조금 지원단가를 미리 정하여 해당 보조금을 정액 지원한다. 다만, 기술개발이 완료되었거나 상용화를 전제로 시범적으로 실시하는 신 · 재생에너지 설비 설치사업에 대하여는 보조금 지원단가를 따로 정하여 지원할 수 있다.

② 제26조의 사업은 신 · 재생에너지 설비가격(설계비 등을 포함한다)의 50% 이하에서 보조금을 지원한다. 단, 보급 확대가 필요하다고 판단되는 설비에 한해 최대 70% 이하에서 보조금을 지원할 수 있다.

③ 제35조의 사업은 시행기관의 장과 협약(설계비 등을 포함한다)된 금액(이 항에서 "협약금액"이라 한다.)의 50% 이하에서 보조금을 지원한다. 다만, 지원대상 사업 중 연료전지 및 보급확대가 필요하다고 판단되는 설비에 한정하여 협약금액의 70% 이하에서 보조금을 지원할 수 있다.

④ 제1항부터 제3항의 규정에도 불구하고 제2조제7호에 따른 설치의무기관에 대하여는 영 제17조에 따른 설치계획서 제출과 영 제18조에 따른 설치확인을 이행하지 않은 경우에 각 사업별 보조금 지원 대상에서 제외할 수 있다.

제12조(보조금 산정방법 등) ① 제11조제1항에 따라 장관은 신 · 재생에너지 설비의 보조금 지원단가를 매년 정하여 공고하여야 한다.

② 장관은 제1항에 따른 보조금 지원단가에 지원대상, 설치지역 등 설치여건의 특수성을 감안하여 지원단가의 일정비율을 가산하여 지원할 수 있다.

③ 센터의 장은 제1항에 따른 보조금 지원 단가를 정하는 데 필요한 원별 시장가격 조사와 원별 가격예측 방법, 전문가 검토 등에 대한 세부내용은 따로 정하여 운영한다.

④ 장관은 당해 연도 설비가격의 급격한 변화 등으로 제1항에 따른 보조금 지원단가를 수정할 필요가 있다고 판단되는 경우에는 재조사 등의 방법을 거쳐 수정하여 공고할 수 있다.

⑤ 제11조제2항과 제3항에 따른 보조금 지원비율의 구체적인 사항(설비 가격의 범위, 산정방법 등)은 센터의 장이 따로 정한다.

제13조(지원사업 공고 및 지원방법 등) ① 장관은 제9조에 따라 사업별 지원사업 공고를 하거나, 센터의 장에게 공고하게 할 수 있다.

② 센터의 장은 사업의 효율적 운영을 위하여 예비공고 및 추가공고 등을 할 수 있다.

③ 제1항에 따른 지원사업 공고내용에는 지원사업 개요, 용량별 지원금액, 신청자격, 신청방법, 평가방법, 주의사항 등을 포함할 수 있다.

제14조(사업기간) ① 보급사업을 시행하는 시행기관의 장은 정부의 회계 연도에 맞추어 사업을 완료하여야 한다. 다만, 추경편성에 따른 사업은 추경예산안 확정일로부터 1년 이내에 사업을 완료하여야 한다.

② 제1항에 따른 시행기관의 장은 예상할 수 없는 사정변경으로 제1항의 기간 내에 사업을 완료할 수 없는 경우에는 센터의 장으로부터 승인을 받아 사업기간을 연장할 수 있다. 이 경우 사업기간 연장은 승인일의 다음 연도 말일까지로 한다.

제15조(사업비 정산) 시행기관의 장은 사업종료 후 2월(지방자치단체의 경우 3월) 이내에 정산을 실시하여야 하며 정산 결과 잔액 또는 이자가 발생한 경우에는 국가 또는 국가가 지정하는 기관에 반납하여야 한다.

제16조(협약사업) 시행기관의 장은 다음 각 호에 해당하는 자가 신 · 재생에너지 설비 설치비용 중 자부담액을 부담하는 조건으로 제21조 및 제24조의 사업을 신청하는 경우에는 협약을 체결하여 추진할 수 있다.

1. 「공공기관의 운영에 관한 법률」 제5조에 따른 공공기관
2. 국가정책에 따라 추진하는 대규모 주택사업의 시행자
3. 기타 협약사업으로 추진이 필요하다고 인정되어 센터의 장이 해당 사업의 참여자로 선정한 법인 등(건설 시행자, 시공자 및 지방자치단체를 포함한다.)

제 4 장 신 · 재생에너지 설비의 시공기준 및 설치확인

제17조(시공기준 등) ① 센터의 장은 관련 전문가 등의 의견을 수렴하여 신 · 재생에너지 설비의 원별 시공기준, 설치확인 기준, 모니터링 설비 설치기준을 따로 정하여 운영하여야 한다.

② 센터의 장은 시행기관의 장에게 신 · 재생에너지 설비 중 센터의 장이 따로 정하는 일정 용량 이상에 대하여는 제1항의 모니터링 설비 설치기준에 따라 에너지생산량 · 가동상태 등을 파악할 수 있는 설비를 구축하게 할 수 있다.

제18조(시공자) ① 시행기관의 장 또는 신청자가 신 · 재생에너지 설비를 설치하려는 경우에는 제2조제10호의 시공자가 시공하도록 하여야 한다.

② 센터의 장은 제21조 및 제24조의 사업에 참여하는 시공자를 선정할 경우에는 센터의 장이 따로 정하는 선정기준에 따라 평가하여야 한다.

제19조(설치 기준과 하자보증 등) ① 신청자나 시공자가 신 · 재생에너지 설비를 설치할 경우에는 제17조제1항에 따른 원별 시공기준 또는 모니터링설비 설치 기준에 따라 설계에 반영하고 시공하여야 한다.

② 시행기관의 장 또는 시공자는 신 · 재생에너지 설비를 설치할 경우 법 제13조 · 제21조에 따른 KS인증설비 · 공용화품목을 의무 적용하여야 한다.

③ 제2항에 따른 의무적용설비 대상 또는 품목이 없는 경우에는 시험성적서로 갈음할 수 있다.

④ 센터의 장은 제3항에 따른 시험성적서에 대해 발행기관 · 절차 등 필요한 사항을 따로 정하여 운영하여야 한다.

⑤ 규칙 제16조의2제3항에 따른 하자보수기간은 [별표 1]과 같다.

제20조(설치확인) ① 이 규정의 적용을 받는 신 · 재생에너지 설비의 소유자는 설치가 완료된 경우에는 설치확인 기관의 설치확인을 받아야 한다.

② 제1항에 따른 신 · 재생에너지 설비의 설치확인을 받고자 하는 자는 센터의 장이 정하는 바에 따라 설치확인 기관의 장에게 설치확인 신청을 하여야 한다.

③ 제2항에 따라 신청을 받은 설치확인 기관의 장은 신청을 받은 날부터 7일 이내에 서류검토를 하여야 하며, 서류검토 완료 후 14일 이내에 설치확인 기준에 따라 현장확인을 하여야 한다.

④ 설비를 이전하는 경우에는 제1항부터 제3항까지 준용한다.

제 5 장 사업별 시행기준

제1절 주택지원사업

제21조(주택지원사업 등) 주택지원사업은 신 · 재생에너지 설비를 주택에 설치하려는 경우 설치비의 일부를 국가가 보조금으로 지원해 주는 사업을 말하며, 그 범위 및 대상은 다음 각 호와 같다.

1. 「건축법」 제2조제2항 및 동법 시행령 [별표 1]에 따른 단독 · 공동주택(기숙사는 제외한다)
2. 공공주택

제22조(사업신청과 선정) ① 제21조의 사업이 공고된 후 해당 사업에 참여하고자 하는 신청자는 공고에서 정하는 신청절차에 따라 신청하여야 한다.

② 제1항에 따라 신청을 받은 센터의 장 또는 지방자치단체의 장은 공고에서 정한 선정방법에

따라 선정하여야 한다.

③ 센터의 장 또는 지방자치단체의 장은 제2항에 따라 선정이 완료되면, 선정이 완료된 날로부터 5일 이내에 신청자에게 통보하여야 한다.

제23조(보조금 신청과 지급) ① 제21조의 사업으로 신 · 재생에너지 설비 설치를 완료한 후 보조금을 지급받고자 하는 자는 센터의 장이 따로 정하는 절차에 따라 설치확인을 신청하여야 한다.

② 센터의 장은 제1항에 따른 설치확인 완료 후 14일 이내에 보조금을 지급하여야 한다.

제2절 건물지원사업

제24조(건물지원사업 등) 건물지원사업 및 시범적 사업은 건물 등에 신 · 재생에너지 설비를 설치하려는 경우 설치비의 일부를 국가가 보조금으로 지원해 주는 사업을 말하며, 그 범위 및 대상은 다음 각 호와 같다.

1. 건물지원사업 : 제21조의 주택, 제26조제1호 및 제2호의 건물 · 시설물을 제외한 모든 건물 · 시설물
2. 시범적 사업 : 제1호의 건물 · 시설물을 포함한 모든 건물 · 시설물에 기술개발 결과물을 적용하거나, 신기술의 실증 후 신기술 등을 적용하려고 해당 신 · 재생에너지 설비를 일정기간 동안 시범적으로 설치하려는 경우

제25조(사업신청과 선정 등) ① 제24조의 사업이 공고된 후 해당 사업에 참여하고자 하는 신청자는 공고에서 정하는 신청절차에 따라 신청하여야 한다.

② 제1항에 따라 신청을 받은 센터의 장은 공고에서 정한 평가 · 선정방법에 따라 선정하여야 한다. 이 경우 제54조에 따른 평가위원회의 심사를 거쳐야 한다.

③ 센터의 장은 제2항에 따라 신청자에 대한 평가 · 선정이 완료되면, 평가 · 선정이 완료된 날로부터 5일 이내에 신청자에게 통보하여야 한다.

④ 제24조의 사업이 완료된 후 이에 대한 보조금의 신청과 지급절차는 제23조를 준용한다.

제3절 지역지원사업

제26조(지역지원사업 등) 지역지원사업은 지방자치단체가 소유 또는 관리하는 건물 · 시설물 등에 신 · 재생에너지 설비를 설치하려는 경우 설치비의 일부를 국가가 보조금으로 지원해 주는 사업을 말하며, 그 범위 및 대상은 다음 각 호와 같다.

1. 지방자치단체가 소유 또는 관리하는 건물 · 시설물
2. 사회복지시설 중 지방자치단체가 소유자로부터 신청권을 위탁받아 신청하는 경우(이 경우

해당 지방자치단체 및 사회복지시설의 소유자는 자부담과 사후관리 등을 연대하여 부담하여야 한다)

제27조(사업계획과 예산반영) ① 시 · 도의 장(이하 "시 · 도지사"라 한다)은 제6조에 따른 지침을 반영하여 다음 연도 사업계획과 이에 해당하는 소요예산을 3월 말까지 센터의 장에게 제출하여야 한다.

② 센터의 장은 제1항의 사업계획서를 제60조에 따른 평가위원회의 심의를 거친 후 그 결과를 6월말까지 장관에게 보고하여야 한다.

③ 장관은 제2항에 따라 보고받은 사업계획서를 검토 · 확정하고, 사업계획서의 정부 소요자금에 대하여는 예산에 반영될 수 있도록 노력하여야 한다.

제28조(지방자치단체의 예산반영) ① 장관은 제27조에 따라 확정된 사업계획서와 예산반영 현황을 시 · 도지사에게 통보하여야 한다.

② 시 · 도지사는 제1항의 사업계획서와 예산반영 현황을 해당 기초자지단체의 장에게 통보하여 지방자치단체 분담분이 예산에 반영될 수 있도록 하여야 하며, 예산반영 여부를 익년도 1월말까지 센터의 장에게 통지하여야 한다.

제29조(사업확정 및 시행) ① 제27조에 따른 사업계획 및 예산안은 국회에서 심의 · 확정된 예산안을 관할 시 · 도지사에게 통보함으로써 사업이 확정된 것으로 본다.

② 제1항에 따라 장관이 확정 · 통보한 사업에 대하여 해당 지방자치단체의 부담분이 소관 지방예산에 반영된 경우에는 협약이 체결된 것으로 본다.

③ 장관은 제27조에 따른 예산과 국회에서 확정된 예산이 차이가 발생하는 경우 제1항의 사업을 조정하여 시 · 도지사에게 통보하여야 한다.

④ 지방자치단체의 장은 사업계획서를 수립하거나, 신 · 재생에너지 설비를 설치하려고 하는 경우에는 센터의 장이 별도로 정한 신 · 재생에너지 설비가격을 참고할 수 있다.

제30조(보조금 신청과 정산 등) ① 제29조제2항에 따라 체결된 사업의 국가 보조금 예산을 효율적으로 집행 · 관리하기 위하여 자금관리기관의 장에게 자금을 교부토록 요청을 하거나, 정산 등의 절차를 거쳐 발생된 반납금의 납입요청 등에 관한 업무는 센터의 장이 수행하며, 그 세부사항에 대해서는 센터의 장이 별도로 정한다.

② 센터의 장은 시 · 도지사의 보조금 교부신청이 있는 경우에는 사업목적 · 사업내용 · 금액산정의 적정여부를 검토한 후 자금관리기관의 장에게 해당 보조금에 대한 자금을 시 · 도지사로 교부하도록 요청하여야 한다.

③ 시 · 도지사는 제2항에 따른 보조금을 신청하고자 할 경우에는 해당 지방자치단체가 부담하는 예산의 반영 증빙서류를 첨부하여 [별지 제1호 서식]의 「신 · 재생에너지 지역지원사

업 보조금 교부신청서」에 따라 신청하여야 하며, 교부받은 보조금은 별도의 계정으로 관리하여야 한다.

④ 시 · 도지사는 매월 10일까지 지역지원사업 월별 사업비 집행실적을 전월실적 기준으로 센터의 장에게 제출하여야 한다.

⑤ 시 · 도지사는 사업이 완료되거나, 폐지가 승인되거나, 회계연도가 종료된 때에는 집행된 보조금을 정산하여 집행잔액, 보조금으로 발생한 이자와 함께 자금관리기관의 장에게 반납하여야 하며, 센터의 장은 그 현황을 반기별로 장관에게 보고하여야 한다.

⑥ 시 · 도지사는 사업이 확정된 이후에는 사업계획을 변경하거나 다른 용도로 보조금을 사용할 수 없다.

제31조(사업변경 승인) ① 시 · 도지사는 제30조제6항의 규정에도 불구하고 사업계획의 변경승인을 받고자 할 경우에는 센터의 장에게 사업변경을 신청하여 승인을 받아야 한다. 다만, 센터의 장은 정책적 판단이 요구되는 중요사항에 대하여는 장관의 승인을 받아야 한다.

② 제1항에 따른 변경승인 대상은 다음 각 호와 같다.

1. 천재지변이나 그 밖에 이에 준하는 사유가 발생한 경우
2. 안전 또는 설치여건 등의 문제로 설치장소를 변경하여야 할 경우
3. 제29조제2항에 따라 협약된 예산의 범위에서 신 · 재생에너지 설비 용량을 변경하려는 경우
4. 기타 부득이한 사정이 있는 경우

제32조(시설관리의무 등) ① 지방자치단체의 장 및 법인은 전담자를 지정하여 사업이 완료된 신 · 재생에너지 설비에 대하여 [별지 제2호 서식]의 「신 · 재생에너지 지역지원사업 관리카드」를 작성하여 비치하고 에너지생산량 및 유지보수 현황 등을 기입하는 등 유지관리 및 하자보수를 성실하게 수행하여야 한다.

② 시 · 도지사는 제1항에 따른 신 · 재생에너지 설비의 유지 · 관리를 위해 예산반영 등 필요한 조치를 강구하여야 한다.

제33조(설비 수익의 재투자) 지방자치단체의 장은 기존 및 신규 신 · 재생에너지 설비의 자가 외 사용으로 수익이 발생하는 경우, 별도 관리 등을 통하여 신 · 재생에너지 보급 관련 사업에 재투자하여야 하며, 해당 시 · 도지사는 매년 1월말까지 전년도 실적을 센터에 통보하여야 한다.

제34조(실태조사 등) ① 지방자치단체의 장이 제26조의 사업을 추진하려는 경우 이 규정에 적합하도록 사업 진도관리, 현장조사 등의 조치계획을 수립하여 시행하여야 한다.

② 센터의 장은 필요한 경우 지역지원사업의 사업진행, 설치확인, 보조금 관리 등의 현황 파악을 위한 실태조사를 실시할 수 있으며, 이 경우 지방자치단체의 장은 센터의 장이 요청하는 사항에 성실히 협조하여야 한다.

제4절 융·복합지원사업

제35조(융·복합지원사업 등) 융·복합지원사업은 동일한 장소(건축물 등)에 2종 이상 신·재생에너지원의 설비(전력저장장치 포함)를 동시에 설치하거나, 주택·공공·상업(산업)건물 등 지원대상이 혼재되어 있는 특정지역에 1종 이상 신·재생에너지원의 설비를 동시에 설치하려는 경우에 국가가 보조금을 지원해 주는 사업을 말한다.

제36조(사업신청과 선정 등) ① 제35조의 사업이 공고된 후 해당 사업에 참여하고자 하는 자는 센터의 장에게 신청하여야 한다.
② 제1항에 따라 신청자로부터 신청을 받은 센터의 장은 평가 등을 통해 해당 지원사업을 선정하여야 한다.
③ 센터의 장은 제2항에 따라 선정한 결과를 신청자에게 통보하여야 한다.
④ 제1항에 따른 신청자의 자격(컨소시엄 구성 등), 제2항에 따른 평가방법, 제3항에 따른 선정결과 통보 방법 등은 공고에서 따로 정한다.
⑤ 제35조의 사업이 선정되어 협약을 체결하게 되면, 해당 사업에 대한 보조금의 신청과 지급절차는 제23조를 준용한다.

제5절 태양광대여사업

제37조(신청대상) 태양광대여사업은 대여사업자가 주택 등에 태양광발전설비를 직접 설치하고 일정기간 동안 설비의 유지·보수를 이행하는 조건으로 주택 등에게 대여료를 징수하는 사업을 말하며, 그 범위 및 대상은 다음 각 호와 같다.
1. 「건축법 시행령」 제3조의5 및 [별표1]에서 규정한 단독·공동주택
2. 기타 센터의 장이 따로 정하는 시설물 또는 건물

제38조(사업신청과 선정) ① 제37조의 사업이 공고된 후 해당 사업에 참여하고자 하는 대여사업자는 공고에서 정하는 신청절차에 따라 센터의 장에게 신청하여야 한다.
② 제1항에 따른 대여사업자는 공고에서 정한 평가·선정방법에 따라 센터의 장이 선정하여야 한다.

제39조(실태조사 등) 센터의 장은 필요한 경우 태양광대여사업의 사업진행, 설치확인 등의 현황 파악을 위한 실태조사를 실시할 수 있으며, 이 경우 태양광대여사업자는 센터의 장이 요

청하는 사항에 성실히 협조하여야 한다.

제40조(REP단가 등) ① 장관은 REP 단가를 매년 공고하여야 하며, 센터의 장은 태양광대여 사업으로 발전되는 발전량에 대하여 REP(태양광 발전량 포인트)를 부여할 수 있다.

② 제1항에 따라 공고하는 REP 단가에 대한 책정 방법 등에 대하여는 센터의 장이 따로 정한다.

제6절 금융지원사업

제41조(금융지원사업 등) 국가가 금융지원사업을 통해 지원할 수 있는 자금은 다음 각 호와 같다.

1. 생산자금 : 신 · 재생에너지 설비의 제조 · 생산에 필요한 자금과 동 제조 · 생산 설비의 기술 사업화에 소요되는 자금
2. 운전자금 : 제1호에 해당하는 사업자의 사업운영에 필요한 자금(중소기업에 한정한다.)
3. 시설자금 : 신 · 재생에너지 설비를 설치하는 데 필요한 자금(시설용량 5,000 kW를 초과하는 수력설비는 제외한다.) 또는 동 설비의 기술 사업화에 해당되는 시제품 등을 설치하는 데 필요한 자금
4. 주민참여자금 : 태양광발전소와 풍력발전소 주변 주민이 발전사업에 지분투자를 하거나 채권 또는 펀드를 통해 참여하는데 소요되는 자금(시설용량 500 kW 이상 태양광발전소와 3,000 kW 이상 풍력발전소 대상)

제42조(융자조건 및 관리 등) ① 시행기관이 기금 및 취급금융기관으로부터 차입한 자금을 활용하여 금융지원사업을 시행하는 경우 융자 조건 및 관리 등에 관한 사항은 「에너지 및 자원사업 특별회계 운영요령」 제14조부터 제19조까지의 규정을 준용한다. 단, 이차보전의 차입 조건, 차입금융기관 선정방식 등은 금융상황을 고려하여 산업통상자원부장관이 따로 정하여 운영할 수 있다.

② 대출금 지원 절차 등 금융지원사업의 집행 · 정산에 관한 사항 중 제1항 이외의 사항은 센터의 장이 산업통상자원부장관의 승인을 거쳐 별도로 정한다.

③ 제1항 및 제2항의 규정에도 불구하고 다음 각 호에 해당하는 경우에는 대출기간 내에서 대출원금 상환을 유예할 수 있다.

1. 「재난 및 안전관리 기본법」 제3조 제1호에서 정의한 재난(태풍, 홍수, 가뭄 등)이 발생한 경우
2. 위호의 자연 재난에 준하는 경우로서 산업통상자원부 장관이 필요하다고 인정하는 경우

④ 대출금 상환 유예는 1년 이내에서만 허용한다.

⑤ 제3항의 대출금 상환유예 허용 여부는 제60조의 위원회에서 심의하도록 하며, 심의결과를

참고하여 센터의 장이 결정한다.

⑥ 센터의 장이 제5항에 따른 대출금의 상환을 유예하는 경우에는 사전에 산업통상자원부 장관의 승인을 받아야 한다.

⑦ 제3항 내지 제7항에 의한 대출금 상환유예 신청 절차 등은 센터의 장이 따로 정한다.

제43조(실태조사 등) ① 금융기관은 다음 각 호의 사항에 대하여 현지조사 등의 사후관리를 통해 자금사용자가 사업계획서 등에 따라 자금을 적정하게 집행하도록 하여야 한다.

1. 자금추천된 사업의 취소 또는 중단 여부
2. 시설의 종류, 규격 등 자금추천 중요내용에 위반하여 시설을 설치하거나, 대출금을 용도에 따라 사용하였는지 여부
3. 자금사용자 또는 해당사업에 대한 자금추천대상 적합여부

② 센터의 장은 금융기관 및 자금사용자에 대하여 제1항 각 호의 사항 및 사업진행, 자금 적정사용여부 등을 파악하기 위한 실태조사를 실시할 수 있다.

③ 금융기관 및 자금사용자는 제1항 및 제2항에 따른 조사 및 자료 요구에 성실히 협조하여야 한다.

④ 실태조사 결과 등에 따른 조치사항은 센터의 장이 따로 정한다.

제7절 무탄소에너지 보증사업

제44조(무탄소에너지보증사업 등) ① 무탄소에너지보증사업은 다음 각 호와 같이 구분한다.

1. 무탄소에너지보증 : "무탄소에너지보증"은 신 · 재생에너지 및 원전 등 무탄소에너지 관련 기업이 금융기관으로부터 자금의 대출을 받음으로써 부담하는 금전채무를 보증해 주는 사업을 말한다.
2. 해상풍력 맞춤형 보증지원 : "해상풍력 맞춤형 보증지원" 은 해상풍력 발전사업자가 금융기관등으로부터 대출을 받음으로써 부담하는 금전채무를 보증하는 사업을 말한다.

② 해상풍력 맞춤형 보증지원에 신청하고자 하는 사업자는 매년 사업 공고에서 정하는 바에 따라 센터로부터 해상풍력 맞춤형 보증지원 대상사업 확인서를 발급받아 보증사업기관에 보증을 신청하여야 한다.

③ 삭제

④ 제2항의 대상사업 확인방법 등 세부사항은 센터의 장이 산업통상자원부장관의 승인을 거쳐 별도로 정한다.

제45조(보증계정의 설치 및 운용 등) ① 보증기관은 무탄소에너지보증사업을 효율적으로 운영하기 위하여 별도의 계정(이하 "보증계정"이라 한다)을 설치하여 운용 · 관리하여야 한다.

② 보증계정의 수입은 다음의 각 호의 것으로 한다.

1. 법 제11조제2항에 따른 정부의 출연금
2. 제1호 외의 자의 출연금
3. 그 밖의 부대수입

③ 보증계정의 지출은 다음의 각 호의 것으로 한다.

1. 채무이행금의 대위변제
2. 보증계정의 운용 · 관리에 필요한 경비

④ 보증기관은 보증계정에 여유자금이 있는 경우에는 다음 각 호의 방법에 따라 운용하여야 한다.

1. 금융기관에의 예치
2. 국채, 지방채 및 국가 · 지방자치단체 또는 금융기관이 지급을 보증한 채권의 매입

⑤ 보증사업기관은 사업별 재원의 편성 · 집행 · 사후관리 등을 위하여 필요하다고 인정될 경우에는 제44조제1항 각 호의 사업별로 구분회계를 적용하여 운영할 수 있다.

제46조(보증계정의 회계 및 결산 등) ① 보증기관은 보증계정의 회계를 보증사업기관의 다른 회계와 구분하여 처리하여야 한다.

② 보증계정의 회계연도는 정부의 회계연도에 따른다.

③ 보증기관의 장은 회계연도마다 보증계정의 총수입과 총지출에 관한 운용계획을 작성하여 회계연도가 시작하기 1개월 전까지 산업통상자원부장관에게 제출하여야 한다. 이를 변경하려는 경우에는 변경하기 1개월 전까지 제출하여야 한다.

④ 보증기관의 장은 회계연도마다 보증계정의 결산보고서, 재무상태표 및 손익계산서를 작성하여 해당 연도가 끝난 후 2개월 이내에 산업통상자원부장관에게 제출하여야 한다.

⑤ 보증계정의 결산상 이익금이 생겼을 때에는 이를 전액 적립하여야 한다.

⑥ 보증계정의 결산상 손실금이 생겼을 때에는 제5항의 적립금으로 보전한다.

제47조(보증사업기관의 업무) ① 보증사업기관은 보증계정의 설치 목적을 달성하기 위하여 다음 각호의 업무를 수행한다.

1. 무탄소에너지보증사업의 운영 및 관리
2. 보증계정 재산의 운용 및 관리
3. 채무이행금의 대위변제에 따른 구상권의 행사
4. 무탄소에너지보증사업 관련 제도의 연구
5. 제1호부터 제4호까지의 입무의 부수 업무

② 보증사업기관은 회계연도마다 보증계정 운영계획을 수립하고, 다음 회계연도 전까지 산업통상자원부장관에게 보고하여 승인을 받아야 한다. 이를 변경할 때에도 또한 같다. 다만,

특별한 사정이 있다고 산업통상자원부장관이 인정하는 경우에는 이를 적용하지 아니한다.

③ 보증지원 조건 및 절차 등 무탄소에너지보증사업의 운영에 관한 세부적인 사항은 보증사업기관의 장이 산업통상자원부장관의 승인을 거쳐 별도로 정한다.

제48조(업무방법서의 제출) 보증사업기관은 다음 각 호의 사항을 포함하는 업무방법서를 작성하여 장관에게 제출하여야 한다. 이를 변경한 경우에도 또한 같다.

1. 보증수수료율에 관한 사항
2. 무탄소에너지보증사업의 운용방법에 관한 사항
3. 채무이행금의 대위변제와 대위변제에 따른 구상권에 관한 사항
4. 그 밖에 보증 업무를 수행하기 위하여 필요한 사항

제49조(무탄소에너지보증사업 총액의 한도) 무탄소에너지보증사업과 해상풍력 맞춤형 보증지원의 각 총액 한도는 정부의 출연금과 정부 외의 자의 출연금 및 보증계정의 결산에 따른 적립금을 합한 금액의 20배 이내로 한다.

제8절 설치의무기관의 신·재생에너지 설비보급

제50조(설치의무기관 및 설치여부 확인 등) ① 설치의무기관은 영 제15조제1항제1호 [별표 2]에 따른 「신·재생에너지의 공급의무 비율」(이하 "공급의무 비율"이라 한다)을 충족하기 위하여 신·재생에너지 설비를 의무적으로 설치하여야 한다.

② 센터의 장은 설치의무기관의 의무대상 건축물 여부를 연 1회 이상 확인한 후 이행 여부를 관리하여야 하며, 그 중 최근 5년간 신축, 증축 또는 개축 건축물의 신·재생에너지 설비 설치여부 결과를 장관에게 보고하여야 한다.

③ 센터의 장은 제1항에 따른 적용대상 여부를 확인하기 위하여 설치의무기관에 다음 각 호의 증빙자료를 요구할 수 있다.

1. 출연금을 확인할 수 있는 예산서 등 증빙서류
2. 납입자본금을 확인할 수 있는 대차대조표 등 증빙서류
3. 기타 설치의무기관의 건축물이 적용 대상인지 여부를 확인할 수 있는 증빙서류

제51조(설치계획서 제출 등) ① 설치의무기관의 장은 건축허가 신청 전에 신·재생에너지 설비 설치계획서(이하 "설치계획서"라 한다)를 작성하여 센터의 장에게 제출하여야 한다.

② 센터의 장은 제1항에 따라 설치계획서를 접수받은 날로부터 30일 이내에 센터의 장이 따로 정한 절차에 따라 사업타당성 등에 대한 신·재생에너지 설비 설치계획 검토서(이하 "검토서"라 한다)를 설치의무기관의 장에게 통보하여야 한다.

③ 제2항의 검토서를 받은 설치의무기관의 장은 건축허가신청서에 검토서의 내용을 반영하

여야 하며, 건축허가 신청 시 제2항의 검토서를 첨부하여 해당 건출물의 건축허가권자에게 제출하여야 한다.

④ 설치의무기관의 장은 제3항에 따른 건축허가권자에게 제2항에 따른 검토서 내용의 반영여부 등을 확인시켜야 한다.

제52조(설치의무 면제대상 건축물 등) ① 영 제15조제1항제1호 괄호단서에 따라 신 · 재생에너지 설비의 설치가 면제되는 대상건축물은 다음 각 호와 같으며, 이 경우 센터의 장은 제3항에 따른 평가위원회의 심의를 거쳐 면제대상 건축물 여부를 확정한다.

1. 신 · 재생에너지 설비의 설치가 건축물의 구조적 안전성과 주변시설의 안전에 현저히 영향을 미치는 경우
2. 일정기간 한시적으로 사용되는 건축물로서 건축물의 사용목적이 일반건축물의 용도와 다른 경우
3. 신 · 재생에너지 설비를 이용하는데 있어서 연속성이 현저히 낮은 경우
4. 기타 입지조건의 특수성 등으로 인하여 설치면제 또는 조건부 면제가 타당하다고 센터의 장이 인정하는 경우

② 제1항에 따라 설치의무 면제를 받고자 하는 설치의무기관의 장은 센터의 장이 따로 정하는 서식에 따라 신 · 재생에너지 설비 설치면제신청서(이하 "면제신청서"라 한다)를 건축허가 신청 전에 센터의 장에게 제출하여야 한다.

③ 센터의 장은 제2항에 따라 제출받은 면제신청서의 접수일로부터 30일 이내에 제60조에 따른 평가위원회의 심의를 거쳐 타당성을 검토하여 그 결과를 확정한 후 제1항의 신청자에게 확정한 내용을 통보하여야 한다.

④ 제3항의 검토서를 받은 제1항의 설치의무기관의 장은 제60조제3항을 준용하여 필요한 조치를 취하여 건축허가를 신청하여야 한다.

⑤ 설치의무기관의 장은 건축허가권자에게 제3항에 따른 검토서 내용 등을 확인시켜야 한다.

제53조(설치계획서의 검토기준) 설치계획서는 접수일자 기준으로 검토하며, 검토기준은 다음 각 호와 같다. 다만 설치계획서를 제출하지 않고 건축허가를 받은 후 신 · 재생에너지 설비를 설치한 기관은 건축허가일 기준으로 검토한다.

1. 영 제15조제1항에 따른 대상건축물 부합 여부
2. 영 제15조제3항에 따른 신 · 재생에너지 공급의무 비율 산정이 가능한 신 · 재생에너지 설비 부합 여부 및 설비인증 만료 여부
3. 제54조에 따른 예상 에너지사용량 대비 신 · 재생에너지 공급의무 비율 충족 여부

제54조(공급의무 비율의 산정기준과 방법) 영 제15조제1항과 제3항에 따른 「신 · 재생에너지 공급의무 비율의 산정기준과 방법」은 [별표 2]와 같다.

제 6 장 사후관리 및 위원회

제55조(설비의 사후관리) ① 신 · 재생에너지 보급사업의 시행기관의 장은 다음 각 호에 따라 설치된 신 · 재생에너지 설비에 대하여 매년 1월 말일까지 해당 연도의 사후관리 계획을 수립 · 시행하여야 한다. 다만 설치한 날부터 3년 이후의 신 · 재생에너지 설비에 대해서는 제8항을 따른다.

1. 제21조 및 제24조에 따라 설치한 신 · 재생에너지 설비
2. 제26조에 따라 설치한 신 · 재생에너지 설비
3. 제35조에 따라 설치한 신 · 재생에너지 설비

② 시행기관의 장은 제1항에 따른 계획을 수립할 때 시공자에게 신 · 재생에너지 설비의 가동 상태 등을 조사하여 그 결과를 보고하게 할 수 있다.

③ 제1항에 따라 시행기관의 장이 수립 · 시행하는 사후관리 계획은 다음 각 호의 사항을 포함하여야 하며, 센터의 장은 제1항에 따른 다음 연도 신 · 재생에너지 설비의 사후관리 대상설비 목록, 점검사항 및 사후관리방법 등을 매년 말일까지 시행기관의 장에게 제공해야 한다.

1. 신 · 재생에너지 설비의 가동 상태, 구조물 외관 및 각종 부재의 체결 상태 등 점검사항
2. 신 · 재생에너지 설비별 점검시기 및 점검방법
3. 그 밖에 신 · 재생에너지 설비의 효율적인 사후관리를 위해 필요한 사항으로 센터의 장이 정하는 사항

④ 센터의 장은 사후관리업무 중 설비의 A/S 지원을 위하여 고장접수지원센터를 설치 · 운영할 수 있다.

⑤ 소유자는 제5조제4항에 따라 설비의 유지 · 보수를 성실히 수행하여야 하며, 설치된 설비에 대해 가동실적을 알 수 있는 운전데이터 등 시행기관의 장이 요구하는 자료를 성실히 제공하여야 한다.

⑥ 시공자는 제1항 각 호에 따라 설치한 신 · 재생에너지 설비 중 설치한 날부터 3년 이내인 설비에 대해 연 1회 이상 사후관리를 의무적으로 실시하여, 그 실적을 신에너지 및 재생에너지 개발 · 이용 · 보급 촉진법 시행규칙 별지 제11호 서식에 따라 해당 연도의 5월 말일까지 시행기관의 장에게 보고해야 한다.

⑦ 시행기관 장은 사후관리 시행결과를 신에너지 및 재생에너지 개발 · 이용 · 보급 촉진법 시행규칙 별지 제12호 서식에 따라 해당 연도의 6월 말일까지 센터에 제출해야 하고, 센터는 이를 종합하여 해당 연도의 7월 말일까지 산업통상자원부장관에게 보고해야 한다.

⑧ 시행기관의 장은 다음 각 호에 따라 설치된 신 · 재생에너지 설비에 대하여 가동상태 점검 등 사후관리를 위한 실태 점검을 매년 실시하여야 한다. 이 경우 표본조사 등 사후관리 방법 등에 대하여는 센터의 장이 따로 정한다.

1. 제1항 각 호에 따라 설치한 신 · 재생에너지 설비 중 설치한 날부터 3년 이후의 설비
2. 제41조에 따라 설치한 신 · 재생에너지 설비
3. 제50조에 따라 설치한 신 · 재생에너지 설비

제56조(설비의 처분제한) ① 제21조 및 제24조제1호에 따라 지원된 신 · 재생에너지 설비의 소유자는 설치확인일부터 5년 이내에 설치장소를 변경(이하 "이전"이라 한다)하거나 설비를 폐기처분(이하 "처분"이라 한다)할 때에는 센터의 장의 승인을 받아야 한다.

② 제1항의 소유자가 신 · 재생에너지 설비를 양도(매각 · 교환 · 대여 · 기증 · 현물출자 · 담보의 제공 등을 포함한다)하거나, 설치확인일부터 5년 이후에 이전 · 처분을 하려면 센터의 장에게 신고한 후 양도 · 이전 · 처분 등의 행위를 할 수 있다.

③ 제1항과 관련하여 다음 각 호에 해당하는 자가 설치확인일로부터 5년 이내에 설비의 양도 · 이전 · 처분 등을 하려면 센터의 장의 승인을 받아야 한다. 다만, 5년이 경과된 경우에는 센터의 장에게 신고한 후 양도 · 이전 · 처분 등의 행위를 할 수 있다.

1. 제16조, 제24조제2호 따라 지원받은 신 · 재생에너지 설비의 소유자
2. 제26조에 따라 지원받은 지방자치단체의 장
3. 제35조에 따라 지원받은 컨소시움의 장

④ 제1항부터 제3항까지의 승인 및 신고절차 등은 센터의 장이 따로 정한다.

제57조(보조금 환수) ① 보조금의 환수대상은 다음 각 호와 같다.

1. 교부받은 보조금을 다른 용도로 사용한 경우
2. 보조받는 사업이 취소된 경우
3. 제14조의 규정을 위반한 행위를 한 경우
4. 제31조제2항제3호를 위반하여 사업계획서를 임의 변경한 행위를 한 경우
5. 제56조제1항 또는 제3항의 규정을 위반한 행위를 한 경우
6. 거짓 또는 부정한 방법으로 보조금을 받은 경우
7. 장관 또는 센터의 장의 승인 없이 협약사업을 변경한 경우

② 시행기관의 장은 소관업무를 수행함에 있어서 제1항 각 호에 해당하는 사실을 확인하였을 때에는 보조금을 환수조치하고, 이를 장관에게 즉시 보고하여야 한다.

제58조(사업의 참여제한) ① 센터의 장은 신청자, 시공자 또는 소유자가 이 규정을 위반한 경우에는 [별표 3]에서 정한 바에 따라 이 규정의 적용을 받는 지원사업의 참여를 제한할 수 있다.

② 센터의 장은 제1항에 따라 사업의 참여를 제한한 사실을 기록 · 관리하여야 하며, 시행기관의 장이 이를 요청할 경우 필요한 자료를 제공하여야 한다.

제59조(위반사항의 처분통보 등) ① 보급사업 시행기관의 장은 다음 각 호의 제재처분을 통보하기 전에 해당하는 자에게 20일의 의견제출 기간을 주어야 한다.

1. 제57조제2항에 따른 보조금 환수
2. 제58조제1항에 따른 지원사업의 참여제한

② 제1항에 따른 제재처분을 받은 자는 처분을 받은 날로부터 20일 이내에 시행기관의 장에게 이의신청을 할 수 있다.

③ 시행기관의 장은 제2항에 따라 이의신청을 받은 날로부터 30일 이내에 처리하고, 처리결과를 이의신청자와 센터의 장에게 통보하여야 한다.

④ 환수대상자는 제3항에 따라 처리결과를 통보받은 날로부터 30일 이내에 보조금을 반환하여야 한다.

⑤ 이 장의 사후관리 절차에 대하여 이 규정에서 정하지 않는 사항은 관계법령을 준용한다.

제60조(위원회의 설치) ① 센터의 장은 사업별 평가 · 심의, 원별 시공기준 자문, 제56조제1항 및 제3항에 따른 설비처분 등에 대한 승인을 위해 필요한 위원회를 구성 · 운영할 수 있다.

② 센터의 장은 이 규정의 시행과 관련된 사업 참여제한 또는 이의신청 등의 분쟁사항을 심의하기 위한 전문위원회를 구성 · 운영할 수 있다.

③ 제1항에 따른 위원회와 제2항에 따른 전문위원회의 구성 · 운영에 필요한 사항은 센터의 장이 따로 정한다. 제26조의 사업을 위한 위원회 중 중요사항에 대한 최종 의사결정을 위한 위원회의 위원장은 산업통상자원부의 담당국장으로 한다.

제 7 장 재생에너지 전기의 사용 및 확인

제61조(제도의 운영) ① 장관은 자발적인 재생에너지 이용과 보급을 촉진하기 위하여 전기소비자가 제63조의 수단을 활용하여 재생에너지 전기를 사용할 수 있도록 절차와 방법을 정하여 운영할 수 있으며, 전기소비자가 재생에너지 전기를 사용한 경우에는 제64조에서 정한 절차와 방법에 따라 별지 제3호의 서식으로 「재생에너지 사용 확인서」를 발행하여야 한다.

② 장관은 제1항에 따른 재생에너지 전기의 사용을 위한 절차와 방법의 운영 및 확인서 발행 등 제반 행정사항을 전담기관에 위탁할 수 있다.

제62조(전담기관 등) ① 제61조제2항에 따른 전담기관은 신 · 재생에너지센터로 한다.

② 전담기관은 제63조제1항의 이행을 위한 절차와 방법의 운영 및 확인서 발행, 관리시스템 운영, 통계관리 등 전기소비자의 재생에너지 사용 및 확인과 관련된 제도를 총괄 운영한다.

③ 제2항에도 불구하고 제63조제1항 각 호의 운영을 위하여 다음 각 호의 운영기관을 둔다.
1. 녹색프리미엄 제도 운영 : 한국전력공사
2. 전기판매사업자를 통한 전력구매계약의 체결 제도 운영 : 한국전력공사
3. 신 · 재생에너지 공급인증서(REC)의 구매 및 자가소비용 재생에너지 설비의 설치 제도 운영 : 신 · 재생에너지센터

제63조(재생에너지 전기의 사용) ① 전기소비자는 운영기관이 정한 방법과 절차에 따라 다음 각 호의 어느 하나에 해당하는 방법으로 재생에너지 전기를 사용할 수 있다.
1. 녹색프리미엄의 납부
2. 전기판매사업자를 통한 전력구매계약의 체결
3. 법 제12조의7에 따른 신 · 재생에너지 공급인증서(REC)의 구매
4. 지분 참여를 통한 전력 및 신 · 재생에너지 공급인증서(REC) 구매계약의 체결
5. 자가소비용 재생에너지 설비의 설치
6. 기타 전기소비자의 재생에너지 사용을 위하여 장관이 인정한 사항

② 전기소비자가 제1항 각 호의 수단으로 재생에너지 전기를 사용하려는 경우에는 제65조부터 제69조에서 정하는 방법에 따라 사용하여야 한다.

제64조(등록 및 확인서발급) ① 제63조제1항에 따라 재생에너지 전기를 사용하는 전기소비자가「재생에너지 사용 확인서」를 발급받고자 하는 경우에는 관리시스템을 통해 재생에너지 사용내역을 제출하여야 한다. 단, 제63조제1항제1호의 녹색프리미엄 납부에 대한「재생에너지 사용 확인서」의 발급은 제4항에서 정한 절차에 따른다.

② 제1항에 따라 전기사용자가 재생에너지 사용내역을 제출한 경우 전담기관은 적정성을 검토하여 사용내역을 제출한 날로부터 14일 내에「재생에너지 사용 확인서」를 발행하여야 한다.

③ 제2항의「재생에너지 사용 확인서」는 제63조제1항 각 호의 수단별로 발행한다.

④ 제63조제1항제1호의 녹색프리미엄 납부에 대한「재생에너지 사용 확인서」는 운영기관에서 분기별로 발행하며, 운영기관은 확인서를 발행한 날로부터 30일 내에 확인서 발급내역을 전담기관에 제출하여야 한다.

제65조(녹색프리미엄의 납부) ① 전기소비자는 운영기관에 프리미엄을 지불하고, 계약을 체결하여 재생에너지 전기를 구매할 수 있다.

② 운영기관은 녹색프리미엄 청구에 관한 사항을 전기사업법 제16조에 따른 전기의 공급약관에서 정하며, 녹색프리미엄 입찰하한가, 기업별 구매 상한량 등 제도운영에 관한 주요사항은 제72조에 따른 재생에너지 사용 심의위원회에서 정한다.

③ 제2항 외에 녹색프리미엄의 구매 및 납부절차 등에 대한 세부 사항은 운영기관의 업무처리

기준에서 정한다.

④ 운영기관은 프리미엄 납부 절차의 운영, 확인서 발급 등에 따른 수수료를 받을 수 있다.

⑤ 연간 녹색프리미엄 판매 가능 물량은 법 제12조의5에 따른 신 · 재생에너지 공급의무화제도의 당해연도 재생에너지 예상 의무이행실적 등을 고려하여 전담기관과 운영기관이 협의하여 정하되, 제72조의 재생에너지 사용 심의위원회에 보고하여야 한다.

⑥ 운영기관은 제1항의 시행을 위한 전기소비자의 범위, 판매물량 및 구매방법, 절차 등 주요사항을 매년 12월 말일까지 공고하여야 하며, 판매물량 및 잔여량 수준 등을 고려하여 추가공고 할 수 있다.

⑦ 운영기관은 전기소비자와 녹색프리미엄 구매계약을 체결한 경우 계약을 체결한 날로부터 30일 내에 계약 체결내역을 전담기관에 제출하여야한다.

⑧ 운영기관은 전기소비자로부터 납부 받은 프리미엄을 납부 받은 날로부터 30일 내에 전담기관에 이체하여야 한다.

제66조(전기판매사업자를 통한 전력구매계약 체결) ① 전기소비자는 전기판매사업자를 통한 전력구매계약을 체결하여 재생에너지 발전사업자로부터 재생에너지 전기를 구매하여 사용할 수 있다.

② 운영기관은 제1항에 따른 계약내역을 계약이 체결된 날로부터 30일 내에 전담기관에 제출하여야 한다.

③ 제1항에 따른 전기소비자의 범위, 전력구매계약 체결의 대상과 방법, 절차, 기준 등은 별도의 지침에서 정하는바에 따른다.

제67조(공급인증서 구매) ① 전기소비자는 전담기관이 개설한 거래시장을 통하여 공급인증서를 구매할 수 있다.

② 공급인증서는 제2조제19호의 재생에너지원을 활용하는 설비로부터 발급받은 인증서에 한하여 인정한다.

③ 제1항에 따라 전기소비자가 공급인증서를 구매하기 위해서는 관리시스템에 등록하여야 한다.

④ 공급인증서 거래시장에 참여 가능한 전기소비자의 범위, 참여방법, 절차, 기준 등은 법 제12조의9제2항에 따른 공급인증서 발급 및 거래시장 운영에 관한 규칙에서 정한다.

제68조(지분참여를 통한 구매계약의 체결) ① 전기소비자는 재생에너지 발전사업에 지분을 출자하고 제63조제1항제2호 또는 제3호에 해당하는 구매계약을 체결하여 재생에너지 전기를 구매할 수 있다.

② 제1항의 구매계약 체결을 위한 전기소비자의 범위, 방법, 기준, 절차 등은 제66조 및 제67조 각 조항에서 정하는 바에 따른다.

제69조(자가소비용 재생에너지 설비의 설치) ① 전기소비자는 사업장 등의 내에서 자가 소비를 목적으로 하는 자기 소유의 재생에너지 설비를 직접 설치하여 재생에너지 전기를 사용할 수 있다.

② 제1항의 전기소비자의 범위, 자가 사용 전기의 측정 및 계량방법, 인정기준 등은 전담기관이 공고하는 바에 따른다.

제70조(온실가스 감축실적 등의 활용) ① 전기소비자가 제63조제1항제2호, 제3호, 제4호, 제5호의 방법으로 재생에너지 전기를 사용하는 경우에는 별지 제3호의 「재생에너지 사용확인서」를 발급받아 배출권거래제 이행을 위한 온실가스 감축 실적 등의 용도로 활용할 수 있다.

② 제1항의 온실가스 감축실적 등의 용도로 활용하기 위한 대상, 수단, 에너지원, 방법 및 절차 등은 환경부가 고시한 지침에 따른다.

제71조(녹색프리미엄 재원의 활용) ① 전담기관은 제65조제7항에 따라 녹색프리미엄의 운영기관으로부터 납부받은 재원을 다음 각 호의 재생에너지 투자사업에 활용하여야 한다.

1. 재생에너지 설치지원사업
2. 재생에너지 보급확대를 위한 금융지원 사업
3. 재생에너지를 활용한 복지 지원사업
4. 재생에너지 관련 기반구축사업
5. 기타 장관이 재생에너지 사용 활성화를 위하여 필요하다고 인정하는 사업

② 전담기관은 재생에너지 투자계획을 수립하여 제72조의 심의위원회의 심의를 받아야 한다.

③ 전담기관은 제2항의 투자계획 수립을 위하여 필요한 경우 녹색프리미엄 납부 기업으로부터 의견을 들을 수 있다.

제72조(재생에너지 사용 심의위원회) ① 전담기관은 재생에너지 사용 활성화 및 재생에너지 투자사업의 효율적인 운영 등을 위하여 재생에너지 사용 심의위원회(이하 "심의위원회"라 한다)를 구성 · 운영하여야 한다.

② 심의위원회는 산업통상자원부와 전담기관, 운영기관, 산업계, 학계, 연구기관의 전문가 중에서 구성하되, 위원장 1인을 포함하여 10인 이내로 구성한다.

③ 심의위원회 위원장은 위원중에서 호선하며, 간사는 전담기관의 담당부서장으로 한다.

④ 심의위원회는 다음 각 호에 관한 사항을 검토 또는 심의한다.

1. 제71조의 재생에너지 투자사업에 대한 투자 계획의 적정성
2. 제71조의 재생에너지 투자사업의 성과활용 등 투자사업 활성화에 관한 사항
3. 녹색프리미엄 제도 운영에 필요한 주요 사항

4. 그 밖에 재생에너지 사용 활성화를 위하여 장관이 필요하다고 인정하는 사항

⑤ 심의위원회 위원의 임기는 2년으로 하며, 그 밖의 위원회의 운영에 필요한 세부기준은 전담기관의 내부지침에서 정한다.

제 8 장 보칙

제73조(일반용 전기설비의 상계처리) ① 「전기사업법」 제2조제18호에 따른 일반용전기설비 중, 발전설비용량 10 kW 이하 신 · 재생에너지 발전설비 설치자가 생산한 전력(이하 "발전전력"이라 한다)량과 전기판매사업자로부터 공급받는 전력(이하 "수전전력"이라 한다)량은 상계처리를 할 수 있다. 다만, 태양에너지 발전설비는 1,000 kW 이하로 하며, 전기판매사업자와의 수전계약용량 범위내의 신 · 재생에너지 발전설비에 한하여 상계처리계약을 체결할 수 있다.

② 제1항에 따른 발전전력의 kWh당 단가는 수전전력의 kWh당 단가와 동일한 것으로 본다.

③ 신 · 재생에너지 발전설비 설치자의 발전전력 요금채권과 전기판매사업자의 수전전력 요금채권은 검침일에 서로 대등액에서 상계한 것으로 본다.

④ 발전전력이 수전전력보다 많은 경우 그 차이에 대하여는 별도의 전력요금을 지급하지 아니하고 다음달 수전전력에서 차감한다.

⑤ 수전용 전기계기 등의 설치책임 및 설치기준 등은 이 규정을 위반하지 않는 범위 내에서 전기판매사업자의 전기공급약관에서 정하는 바에 따른다.

제74조(업무지침 등) ① 센터의 장은 이 규정에 따른 위탁사무와 센터의 장이 따로 정해야 하는 세부사항 등을 장관의 승인을 받아 업무지침을 정하여 운영할 수 있다.

② 제1항의 업무지침을 개정하는 경우에도 장관의 승인을 받아야 한다.

③ 센터의 장 또는 시행기관의 장은 이 규정에 따른 업무처리와 관련된 서류 등을 5년 이상 보관 · 관리하여야 한다.

제75조(적용특례) ① 장관은 정부의 협약사업이나 지역지원사업 등 신 · 재생에너지의 보급을 확대하기 위해 필요하다고 인정하는 경우에는 이 규정의 일부를 적용하지 아니할 수 있다. 이 경우 장관은 적용하지 아니하는 부분을 구체적으로 표시하여 시행기관의 장에게 시달한다.

② 센터의 장은 이 규정에 따른 사업을 수행할 경우에 「사회적기업육성법」 제2조제1호에 따른 사회적기업의 참여를 우선 반영하는 등의 지원을 할 수 있다.

③ 제37조 및 제41조의 사업에 대하여는 제18조부터 제20조까지의 규정을 따르지 아니하고, 센터의 장이 따로 정하는 절차를 따를 수 있다.

第76条(추진현황 점검 등) ① 장관 또는 센터의 장은 소속 직원으로 하여금 이 규정에 따른 시행기관의 사업추진실태를 현지 점검하여 시행기관의 장에게 시정 등을 요구할 수 있다.
② 제1항에 따라 시정 등을 요구받은 시행기관의 장은 요구받은 날부터 30일 이내에 이를 처리하고 그 결과를 장관 또는 센터의 장에게 보고하여야 한다.

第77条(재검토기한) 이 고시에 대하여 산업통상자원부 장관은 「훈령·예규 등의 발령 및 관리에 관한 규정」에 따라 2021년 7월 1일 기준으로 매3년이 되는 시점(매 3년째의 6월 30일까지를 말한다)마다 그 타당성을 검토하여 개선 등의 조치를 하여야 한다.

부칙 〈제2021-66호, 2021. 4. 16.〉

제1조(시행일) 이 규정은 고시한 날부터 시행한다.

[별지 제1호 서식]

<table>
<tr><th colspan="7">신 · 재생에너지 지역지원사업 보조금 교부신청서</th></tr>
<tr><td>신 청 자
(기 관)</td><td colspan="3"></td><td colspan="2">대표자</td><td></td></tr>
<tr><td>사 무 소
소 재 지</td><td colspan="4"></td><td>전화</td><td></td></tr>
<tr><td>투자예정지</td><td colspan="4"></td><td>전화</td><td></td></tr>
<tr><td>담 당 자</td><td>소속</td><td></td><td>직책</td><td></td><td>성명</td><td></td></tr>
<tr><td>사 업 명</td><td colspan="6"></td></tr>
<tr><td>사업기간</td><td colspan="6">년 월 일 ~ 년 월 일</td></tr>
<tr><td>사업목적</td><td colspan="6"></td></tr>
<tr><td rowspan="2">자금신청
내 역</td><td colspan="2">①보조결정액</td><td>②기 수령액</td><td colspan="2">③금회신청액</td><td>④잔 액
〈①-(②+③)〉</td></tr>
<tr><td colspan="2">천원</td><td>천원</td><td colspan="2">천원</td><td>천원</td></tr>
<tr><td colspan="7">위와 같이 신·재생에너지 지역지원사업을 위한 보조금 교부를 신청합니다.

년 월 일

○ ○ ○ 시·도지사 (직인)

신 · 재생에너지센터 소장 귀하</td></tr>
<tr><td>첨부</td><td colspan="6">1. 년도 신·재생에너지 지역지원사업 계획서 1부.
2. 년도 신·재생에너지 지역지원사업 추진현황 1부.</td></tr>
</table>

[별지 제2호 서식]

신 · 재생에너지 지역지원사업 관리카드

☐ 작성일자 : ☐ 지자체명 : ☐ 담당부서 :

<table>
<tr><td colspan="2" rowspan="3">① 사업명</td><td colspan="4" rowspan="3"></td><td colspan="2">지원년도</td><td colspan="3"></td></tr>
<tr><td colspan="2">기술분야</td><td colspan="3"></td></tr>
<tr><td colspan="2">사업기간</td><td colspan="3"></td></tr>
<tr><td colspan="2" rowspan="3">② 사업비
(천원)</td><td colspan="2">구분</td><td colspan="2">보조금</td><td colspan="2">자부담</td><td colspan="3">계</td></tr>
<tr><td colspan="2">승인</td><td colspan="2"></td><td colspan="2"></td><td colspan="3"></td></tr>
<tr><td colspan="2">집행</td><td colspan="2"></td><td colspan="2"></td><td colspan="3"></td></tr>
<tr><td colspan="2">③ 소재지</td><td colspan="9"></td></tr>
<tr><td colspan="11">④ 보조금정산현황</td></tr>
<tr><td colspan="3">사업완료일</td><td colspan="4">정산일</td><td colspan="4">환수금액(천원)</td></tr>
<tr><td colspan="3"></td><td colspan="4"></td><td colspan="4"></td></tr>
<tr><td colspan="11">⑤ 신·재생에너지 설비 현황</td></tr>
<tr><td>설비명</td><td colspan="2">제조업체명</td><td colspan="2">모델명</td><td colspan="2">단위용량</td><td colspan="2">개수</td><td colspan="2">총 시설규모</td></tr>
<tr><td></td><td colspan="2"></td><td colspan="2"></td><td colspan="2"></td><td colspan="2"></td><td colspan="2"></td></tr>
<tr><td></td><td colspan="2"></td><td colspan="2"></td><td colspan="2"></td><td colspan="2"></td><td colspan="2"></td></tr>
<tr><td rowspan="3">설계</td><td colspan="2" rowspan="2">업체명</td><td colspan="2" rowspan="2"></td><td colspan="2" rowspan="3">시공</td><td colspan="2" rowspan="2">업체명</td><td colspan="2"></td></tr>
<tr><td colspan="2"></td></tr>
<tr><td colspan="2">금액(천원)</td><td colspan="2"></td><td colspan="2">금액(천원)</td><td colspan="2"></td></tr>
<tr><td colspan="11">⑥ 설비 운영현황</td></tr>
<tr><td colspan="2">최초 운영주체</td><td colspan="2">현 운영주체</td><td colspan="2">주체변경일</td><td colspan="2">현 담당자</td><td colspan="3">연락처</td></tr>
<tr><td colspan="2"></td><td colspan="2"></td><td colspan="2"></td><td colspan="2"></td><td colspan="3"></td></tr>
<tr><td colspan="2"></td><td colspan="2"></td><td colspan="2"></td><td colspan="2"></td><td colspan="3"></td></tr>
<tr><td colspan="11">⑦ 설비 관리현황</td></tr>
<tr><td>일시</td><td>고장내용</td><td colspan="2">보수내용</td><td colspan="2">조치결과</td><td>작성일</td><td colspan="2">작성자</td><td colspan="2">연락처</td></tr>
<tr><td></td><td></td><td colspan="2"></td><td colspan="2"></td><td></td><td colspan="2"></td><td colspan="2"></td></tr>
<tr><td></td><td></td><td colspan="2"></td><td colspan="2"></td><td></td><td colspan="2"></td><td colspan="2"></td></tr>
<tr><td></td><td></td><td colspan="2"></td><td colspan="2"></td><td></td><td colspan="2"></td><td colspan="2"></td></tr>
<tr><td colspan="11">⑧ 에너지 생산량</td></tr>
<tr><td>기간</td><td colspan="2">연간에너지사용량
(전기,열)</td><td colspan="3">연간절감액(원)</td><td colspan="3">누적생산량
(전기,열)</td><td colspan="2">가동상태
(정상유무)</td></tr>
<tr><td></td><td colspan="2"></td><td colspan="3"></td><td colspan="3"></td><td colspan="2"></td></tr>
<tr><td></td><td colspan="2"></td><td colspan="3"></td><td colspan="3"></td><td colspan="2"></td></tr>
</table>

[별지 제3호 서식] 재생에너지 사용 확인서

확인서번호 : 제 호

RE100 RENEWABLE 100%

재생에너지 사용 확인서

1. 소비자명 :
2. 주소 :
3. 대표자명 :
4. 사용내용
   - 사용수단 :
   - 사용량 : (MWh)
   - 사용기간 :
   - 생산기간 :
   - 대상전원 :
   - 지역구분 :

위와 같이 재생에너지를 사용(구매)하였음을 확인합니다.

년 월 일

한국에너지공단 신 · 재생에너지센터 소장 (인)

※ 제63조제1항 각 호의 수단에 따라 확인서에 포함되는 내용은 아래와 같음.

1. 녹색프리미엄 : 사용량, 사용기간, 대상전원
2. 인증서구매, 전기판매사업자를 통한 전력구매계약, 지분참여 : 사용량, 생산기간, 사용기간(REC구매분 제외), 대상전원, 인증서(REC) 유효기간
3. 자가용 재생에너지 설비 설치 : 사용량, 사용기간, 대상전원, 지역구분

※ 재생에너지 사용량(MWh)의 소수점 넷째자리 이하는 절사하고 발급한다.

※ 재생에너지 사용 확인서를 발급받는 경우 발급 즉시 해당 공급인증서(REC)는 폐기함

[별표1] 신 · 재생에너지설비의 하자이행보증기간 (제19조제5항 관련)

원 별	하자이행보증기간
태양광발전설비	3년
풍력발전설비	3년
소수력발전설비	3년
지열이용설비	3년
태양열이용설비	3년
기타 신·재생에너지설비	3년

※ 제35조의 사업으로 설치한 신·재생에너지설비의 하자이행보증기간은 5년으로 한다.

[별표2] 신 · 재생에너지 공급의무 비율의 산정기준 및 방법 (제54조 관련)

1. **신 · 재생에너지 공급의무 비율(%)은 다음의 식으로 산정한다.**

$$\text{신·재생에너지 공급의무 비율} = \frac{\text{신·재생에너지 생산량}}{\text{예상 에너지사용량}} \times 100$$

[비고]

(1) 신 · 재생에너지 공급의무 비율이란 건축물에서 연간 사용이 예측되는 총에너지량 중 그 일부를 의무적으로 신 · 재생에너지설비를 이용하여 생산한 에너지로 공급해야 하는 비율이다.

(2) 신 · 재생에너지 생산량이란 신 · 재생에너지를 이용하여 공급되는 에너지를 의미하며, 신 · 재생에너지설비를 이용하여 연간 생산하는 에너지의 양을 보정한 값이다.

(3) 예상 에너지사용량이란 건축물에서 연간 사용이 예측되는 총에너지의 양이다.

※ 신 · 재생에너지 생산량 및 예상 에너지사용량은 법 제12조제2항 및 영 제15조제3항에 의함

2. 예상 에너지사용량은 다음의 식으로 산정한다.

예상 에너지사용량 = 건축 연면적 × 단위 에너지사용량 × 지역계수

[비고]

(1) 연면적이란 영 제15조제2항에 따른 연면적을 말한다. 단, 주차장 면적은 연면적에서 제외한다.

(2) 단위 에너지사용량이란 용도별 건축물의 단위면적당 연간 사용이 예측되는 에너지의 양이다.

(3) 지역계수란 지역별 기상조건을 고려한 계수이다.

(4) 단위 에너지사용량 및 지역계수는 다음과 같다.

〈단위 에너지사용량〉

구 분		단위에너지사용량 ($kWh/m^2 \cdot yr$)
공공용	교정 및 군사시설	392.07
	방송통신시설	490.18
	업무시설	371.66
문교·사회용	문화 및 집회시설	412.03
	종교시설	257.49
	의료시설	643.52
	교육연구시설	231.33
	노유자시설	175.58
	수련시설	231.33
	운동시설	235.42
	묘지관련시설	234.99
	관광휴게시설	437.08
	장례식장	234.99
상업용	판매 및 영업시설	408.45
	운수시설	374.47
	업무시설	374.47
	숙박시설	526.55
	위락시설	400.33

〈지역계수〉

구분	지역계수
서울	1.00
인천	0.97
경기	0.99
강원 영서	1.00
강원 영동	0.97
대전	1.00
충북	1.00
전북	1.04
충남·세종	0.99
광주	1.01
대구	1.04
부산	0.93
경남	1.00
울산	0.93
경북	0.98
전남	0.99
제주	0.97

3. 신·재생에너지 생산량은 다음의 식으로 산정한다.

신·재생에너지 생산량 = 원별 설치규모×단위 에너지생산량×원별 보정계수

[비고]

(1) 원별 설치규모란 설치계획을 수립한 신 · 재생에너지원의 규모를 말한다.

(2) 단위 에너지생산량이란 신 · 재생에너지원별 단위 설치규모에서 연간 생산되는 에너지의 양이다.

(3) 원별 보정계수란 신 · 재생에너지원별 연간 에너지생산량을 보정하기 위한 계수이다.

(4) 단위 에너지생산량, 원별 보정계수는 센터의 장이 정한다. 다만, 단위 에너지생산량이 현저히 낮은 신 · 재생에너지원의 보정계수는 다른 신 · 재생에너지원 보정계수의 최대치를 초과할 수 없다.

[별표 3] 위반행위별 사업참여 제한 기준(제58조제1항 관련)

구 분	내 용	제한기준
시공기준 위반	가. 제17조제1항의 신 · 재생에너지설비의 시공기준을 위반하여 시공한 경우 나. 제19조제2항의 의무적용대상 설비를 적용하지 않고 시공한 경우 다. 허위 또는 부정한 방법으로 제19조제3항의 시험성적서를 제출하거나 시공한 경우	2년 이상
	라. 제17조제2항의 대상사업 중 생산량 등을 파악할 수 있는 설비를 구축하지 않고 시공한 경우	1년 이상
설치확인 및 사후관리 위반	가. 허위 또는 부정한 방법으로 설치확인을 받은 경우 나. 설비의 가동상태 · 생산량 등에 대한 센터의 장의 자료요구에 응하지 않거나 허위의 자료를 제출한 경우 다. 자신이 설치한 설비에 대한 A/S 등 사후관리를 실시하지 않는 경우 라. 제56조의 규정을 위반하여 설비를 관리한 경우	2년 이상
	마. 설치확인시 동일건 3회이상 부적합 판정을 받은 경우 바. 공사실적을 신고하지 않거나 허위로 제출한 경우	1년 이상
사업내용 위반	가. 허위 또는 부정한 방법으로 신청서를 제출한 경우 나. 허위 또는 부정한 방법으로 보조금을 수령한 경우 다. 수혜자 및 참여기업이 특별한 사유없이 사업을 포기하는 경우 라. 센터의 장의 시정요구에 정당한 사유없이 응하지 않는 경우	2년 이상
	마. 센터의 장의 승인없이 사업계획 또는 사업내용(설치용량 · 사업 기간 등)을 변경한 경우	1년 이상

※ 상기의 제한기준에서 설정할 수 있는 최대기간은 5년까지로 한다.

16.3 신 · 재생에너지 공급의무화제도 및 연료 혼합의무화제도 관리 · 운영 지침

[시행 2025. 4. 8.] [산업통상자원부고시 제2025-52호, 2025. 4. 8., 일부개정.]

제1장 총 칙

제1조(목적) 이 지침은 「신에너지 및 재생에너지 개발 · 이용 · 보급 촉진법」(이하 "법"이라 한다) 제12조의5 등에 의한 신 · 재생에너지 공급의무화제도(이하 "공급의무화제도"라 한다) 및 법 제23조의2 등에 의한 신 · 재생에너지 연료 혼합의무화제도(이하 "혼합의무화제도"라 한다)를 효율적으로 운영하기 위하여 필요한 세부사항을 규정함을 목적으로 한다.

제2조(적용범위) 공급의무화제도 및 혼합의무화제도를 관리 및 운영함에 있어 관계법령에서 정하지 아니한 사항은 이 지침에 따른다.

제3조(용어의 정의) 이 지침에서 사용하는 용어의 정의는 다음과 같다.

1. "공급의무자"란 법 제12조의5제1항에 따라 발전량의 일정량 이상을 의무적으로 신 · 재생에너지를 이용하여 공급하여야 하는 자를 말한다.
2. "의무공급량"이란 법 제12조의5제2항에 따라 공급의무자가 연도별로 신 · 재생에너지 설비를 이용하여 공급하여야 하는 발전량을 말한다.
3. "기준발전량"이란 공급의무자별 의무공급량을 산정함에 있어 기준이 되는 발전량으로 신 · 재생에너지 발전량과 태양광 대여사업으로 설치된 설비에서 생산되는 발전량을 제외한 발전량을 말한다.
4. "공급인증기관"이란 법 제12조의8에 따라 지정되고 법 제12조의9에 따른 업무를 수행하는 기관을 말하며, 법 제31조에 따른 신 · 재생에너지센터와 전기사업법 제35조에 따른 한국전력거래소를 말한다.
5. "신 · 재생에너지 공급인증서(이하 "공급인증서"라 한다)"란 법 제12조의7 제1항에 따라 신 · 재생에너지 설비를 이용하여 에너지를 공급하였음을 증명하는 인증서를 말한다.
6. "REC(Renewable Energy Certificate)"란 공급인증서의 발급 및 거래단위로서 공급인증서 발급대상 설비에서 공급된 MWh 기준의 신 · 재생에너지 전력량에 대해 가중치를 곱하여 부여하는 단위를 말한다.
7. "태양광 대여사업"이란 태양광 대여사업자가 주택 등에 태양광 발전설비를 설치하고, 설비가 설치된 주택 등에서 납부하는 대여료와 REP 판매수입으로 투자비를 회수하는 사업을 말한다.
8. "신 · 재생에너지 생산인증서(이하 "생산인증서"라 한다)"란 제6조의2에 따른 신 · 재생에너지 설비를 이용하여 에너지를 생산하였음을 증명하는 인증서를 말한다.

9. "REP(Renewable Energy Point)"란 생산인증서의 발급 및 거래단위로서 생산인증서 발급대상 설비에서 생산된 MWh기준의 신 · 재생에너지 전력량에 대해 부여하는 단위를 말한다.
10. "동일사업자"라 함은 부가가치세법 제8조에 따라 등록된 사업자등록증의 등록번호 또는 대표자(성명)가 동일한 사업자를 말한다.
11. "신 · 재생에너지 개발공급협약(RPA)"이란 정부와 에너지공급사간에 신 · 재생에너지 확대 보급을 위해 체결한 협약을 말한다.
12. "부생가스"란 영 별표 1의 폐기물에너지 중 화석연료로부터 부수적으로 발생하는 폐가스를 말한다.
13. "정산기관"이란 영 제18조의11에서 정의한 의무이행비용을 산정하고 공급의무자에 대한 의무이행비용 정산업무를 수행하는 기관으로서, 한국전력거래소를 말한다.
14. "징수기관"이란 영 제18조의11에 근거하여 의무이행비용의 회수업무를 수행하는 기관으로서, 한국전력공사를 말한다.
15. "혼합의무자"란 법 제23조의2제1항에 따라 일정 비율 이상의 신 · 재생에너지 연료를 수송용 연료에 혼합하여야 하는 자를 말한다.
16. "신 · 재생에너지 연료"란 영 별표6에 따른 바이오디젤을 말한다.
17. "수송용연료"란 영 별표6에 따른 자동차용 경유를 말한다.
18. "혼합의무비율"이란 영 별표6에 따라 혼합의무자가 연도별로 수송용연료에 혼합하여야 하는 신 · 재생에너지 연료의 비율을 말한다.
19. "의무혼합량"이란 혼합의무자가 연도별로 신 · 재생에너지 연료를 수송용 연료에 혼합하여야 하는 양을 말한다.
20. "내수판매량"이란 석유정제업자 또는 석유수출입업자가 국내에 공급한 수송용 연료의 양(혼합된 신 · 재생에너지 연료를 포함한다)으로서 석유 및 석유대체연료 사업법 (이하 "석유사업법"이라 한다) 시행규칙 별표8에 따라 석유정제업자 또는 석유수출입업자가 보고한 물량(내수출하량)에서 타사 입 · 출하량 및 재고변동물량을 가감한 것으로 말한다.
21. "관리기관"이란 법 제23조의4에 따라 지정되고 법 제23조의5에 따른 업무를 수행하는 기관을 말하며, 법 제31조에 따른 신 · 재생에너지센터와 석유사업법 제25조의2에 따른 한국석유관리원을 말한다.
22. "고정가격계약"이란 이 지침에 따라 신 · 재생에너지 공급인증서 가격에 전기사업법 제33조에 따른 전력거래가격을 합산한 가격을 고정가격으로 하여 체결하는 계약(사후재정산 방식의 계약 제외)을 말한다.
23. "미이용 산림바이오매스"란 '산림바이오매스에너지의 이용 · 보급 촉진에 관한 규정' 제2조에서 정한 산물을 활용하여 동 규정의 증명절차에 따른 확인을 받은 연료를 말한다.
24. "전소설비"란 바이오에너지 연료를 100% 비율로 발전하는 설비를 말한다. 단, 초기

Start-up 유지, 안정적인 연소조건 유지 등을 위해 전체 열량의 10%이내 화석연료의 혼소를 인정한다.

25. "혼소설비"란 바이오에너지 설비로서 전소설비가 아닌 것을 말한다.
26. "발전차액지원제도 전환설비"란 법 제17조에 따라 발전차액을 지원받은 신 · 재생에너지 발전설비로서 발전차액 지원이 종료된 후, 발전사업변경허가(변경허가대상이 아닌 경우에는 공사계획변경인가 또는 신고)를 받고 공급인증기관이 정하는 바에 따라 발전설비의 주기기를 교체한 설비를 말한다.
27. "에너지 효율"이란 투입된 에너지 대비 그 에너지로 생산된 열 및 전기 에너지의 비율을 의미한다.
28. 기타 이 지침에서 사용하는 용어는 「신에너지 및 재생에너지 개발 · 이용 · 보급 촉진법」 및 동법 시행령 · 시행규칙, 「전기사업법」 및 동법 시행령 · 시행규칙, 「집단에너지사업법」 및 동법 시행령 · 시행규칙, 「석유 및 석유대체연료 사업법」 및 동법 시행령 · 시행규칙에서 정하는 바에 따른다.

제 2 장 신 · 재생에너지 공급의무화제도

제4조(공급의무자별 의무공급량 산정 및 공고) ① 산업통상자원부장관(이하 "장관"이라 한다)은 법 제12조의5제3항에 따라 공급의무자별 의무공급량을 매년 1월 31일까지 공고하여야 한다. 단, 영 별표3에 따른 연도별 의무공급량의 비율이 변경되는 경우 변경 안에 따라서 공고할 수 있으며, 공고 후에 통계치가 확정되거나 의무공급량의 비율 등이 변경되는 경우, 이에 따라 의무공급량을 재공고 할 수 있다.

② 공급의무자별 의무공급량의 산정기준은 별표 1과 같다.

제4조의2(자율이행계획의 수립과 지원) ① 공급의무자는 의무공급량의 원활한 이행을 위하여 당해연도를 포함한 향후 4개년에 대한 이행계획을 매년 자율적으로 수립하여 운영할 수 있다.

② 장관은 제1항에 따른 공급의무자의 자율이행계획의 효율적 수립과 효과적인 달성을 촉진시키기 위해 필요한 지원 등을 정하여 운영할 수 있다.

제5조(공급인증기관) ① 신 · 재생에너지센터는 법 제12조의9에 의한 다음 각 호의 업무를 수행한다.

1. 공급인증서 발급, 등록, 관리 및 폐기에 관한 업무
2. 공급인증서 발급대상 설비확인 및 사후관리에 관한 업무
3. 공급의무화제도관련 종합적 통계관리 및 정책지원
4. 의무공급량의 산정 및 의무이행실적 확인

5. 「공공기관 운영에 관한 법률」에 따른 공기업 · 준정부기관의 출연 · 출자 사업의 사업성 검토에 관한 업무
6. 기타 장관이 필요하다고 인정하는 업무

② 한국전력거래소는 법 제12조의9에 의한 다음 각 호의 업무를 수행한다.
1. 공급인증서 거래시장의 개설 및 운영
2. 공급의무자의 의무이행비용 소요계획 작성, 정산 및 결제
3. 공급인증서 거래대금의 정산 및 결제
4. 거래시장 운영관련 통계관리 및 정책지원
5. 기타 장관이 필요하다고 인정하는 업무

③ 공급인증기관은 제1항과 제2항의 규정에 의한 업무를 효율적으로 추진하기 위하여 공동의 규정 및 전력시장운영규칙을 제정하여 운영할 수 있으며, 동 규정의 제정 및 개정은 장관의 승인을 받아야 한다.

제6조(신 · 재생에너지 공급인증서 발급대상) ① 공급인증서는 「전기사업법」 제2조제4호에 따른 발전사업자의 신 · 재생에너지 설비 중 2012년 1월 1일 이후 상업운전을 개시한 신 · 재생에너지설비(단, 법 제12조제2항에 따라 의무적으로 설치된 설비는 제외한다)에 대하여 발급한다. 다만, 다음 각호의 어느 하나에 해당하는 경우에도 예외적으로 공급인증서를 발급할 수 있다.
1. 2010년 9월 17일 이후 전기사업법 제63조에 따른 설치공사에 해당하는 사용전검사를 합격한 신 · 재생에너지 발전설비(단, 화력발전소에서 바이오 및 폐기물에너지 등의 신 · 재생에너지 연료를 이용하여 발전하고 변경공사에 해당하는 사용전검사에 합격한 경우와 신 · 재생에너지 연료의 변경 사용에도 불구하고 사용전검사 비대상인 경우도 포함한다)
2. 설비용량 5,000kW를 초과하는 수력 설비
3. 법 제17조에 따라 발전차액을 지원받고 있는 신 · 재생에너지 설비
4. '신 · 재생에너지 개발공급협약(RPA)'에 따라 추진된 사업 중 법 제17조에 따른 발전차액을 지원받지 않는 신 · 재생에너지 설비
5. 2010년 4월 12일 이전에 전기사업법 제7조에 따른 발전사업허가를 받고 2011년 12월 31일 이전에 전기사업법 제63조에 따른 사용전검사를 합격한 부생가스 발전소
6. 법 제12조의2의 개정에 따른 신 · 재생에너지 이용 건축물 인증 규정의 폐지에도 불구하고 법 시행 당시 종전의 규정에 따라 2015년 7월 28일 이전에 신 · 재생에너지 이용 건축물인증을 받은 건축물의 신 · 재생에너지 설비
7. 2012년 1월 1일 이후 전기사업법 제63조에 따라 사용전검사를 받고 같은 법 시행령 제19조 제2항에 따라 전력거래를 하는 자가용발전설비

8. 발전차액지원제도 전환설비

② 공급인증서는 제1항에 따른 신 · 재생에너지 설비를 통해 2012년 1월 1일 이후부터 공급하는 신 · 재생에너지 발전량에 대해서 발급한다. 단, "신 · 재생에너지 개발공급협약(RPA)"의 태양광시장 창출계획에 따라 추진된 태양광 발전설비에 대해서는 2012년 1월 1일 이전에 발전한 신 · 재생에너지 발전량에 대해서도 공급인증서를 소급하여 발급할 수 있다.

③ 다음 각 호에 해당하는 신 · 재생에너지설비를 이용하여 전력을 공급하는 발전사업자는 법 제17조에 따른 발전차액 지원 기간이 만료되기 이전에, 신 · 재생에너지이용 발전전력의 기준가격 지침에 의한 총괄관리기관에서 발전차액지원중단확인서를 발급받아 발전차액 지원을 받는 것을 포기하고 공급인증서를 발급받을 수 있다. 단, 기준가격 적용기간(태양광 전원의 기준가격 적용기간 중 20년을 선택한 사업자도 15년으로 적용한다.) 중 차액지원금을 지원받은 기간을 제외한 기간에 한하여 발급한다.

1. 태양광
2. 연료전지

④ 제3항은 2015년 12월 31일까지 적용한다. 단, 2015년 12월 31일 이전에 제3항에 따라 발전차액지원을 받는 것을 포기하고 공급인증서를 발급받은 발전사업자에 대하여는 기준가격 적용기간(태양광 전원의 기준가격 적용기간 중 20년을 선택한 사업자도 15년으로 적용한다.) 중 차액지원금을 지원받은 기간을 제외한 기간에 한하여 공급인증서를 발급한다.

제6조의2(신 · 재생에너지 생산인증서 발급 및 활용) ① 생산인증서는 태양광 대여사업자가 주택 등에 태양광 발전설비를 설치하고, 설치된 설비로부터 생산되는 전력량에 대해 발급하며, 당해연도 이행연기량 감경 등에 활용할 수 있다.

② 제6조의2제1항에 따른 생산인증서 활용기준은 별표 5와 같다.

제7조(공급인증서 가중치) ① 영 제18조의9에 따른 공급인증서의 가중치는 별표 2와 같다. 단, 장관은 3년마다 기술개발 수준, 신 · 재생에너지의 보급 목표, 운영 실적과 그 밖의 여건 변화 등을 고려하여 공급인증서 가중치를 재검토하여야 하며, 필요한 경우 재검토기간을 단축할 수 있다.

② 제6조제2항에 따른 공급인증서 가중치는 별표 3과 같다.

③ 제1항 및 제2항에도 불구하고 다음 각 호에 따른 기간에 공급된 전력량에 대해서는 공급인증서 발급 가중치를 적용하지 않는다.

1. 「전기안전관리법」 제22조에 따른 전기안전관리자를 선임해야 하는 전기설비의 가동이 화재나 「재난 및 안전관리 기본법」 제3조제1호가목에 따른 자연재난(이하 "자연재난"이라 한다)으로 인해 중단된 경우에는 재가동한 달의 다음 달(재가동 이후에 설비의 가동 중단을 확인한 경우에는 그 확인된 달의 다음 달을 말한다). 다만, 「전기안전관리법

시행규칙」 제26조에 따라 전기안전관리업무를 대행할 수 있는 전기설비는 그 중단된 날부터 3일 이내, 그 밖의 전기설비는 그 설비가 중단된 날부터 1일 이내에 각각 법 제31조제1항에 따른 신 · 재생에너지센터에 그 사실을 알린 경우 공급인증서 발급 가중치를 적용한다.

2. 「전기안전관리법」 제22조에 따른 전기안전관리자를 선임해야 하는 전기설비와 그 부지에 대하여 화재나 자연재난의 예방과 피해 복구를 위해 점검 · 검사 기관 등이 요청한 각 목의 조치가 이루어지지 않은 것이 2회 이상 확인 된 경우에는 조치하지 않은 사실이 확인된 달의 다음 달부터 조치가 이루어진 달의 전달까지
   가. 「전기안전관리법 시행규칙」 제9조제1항에 따른 정기검사 불합격 통지
   나. 「전기안전관리법 시행규칙」 제9조제3항에 따른 재검사 불합격 통지
   다. 「전기안전관리법」 제15조제2항에 따른 특별안전점검 부적합 통지
   라. 「전기안전관리법」 제20조에 따른 적합명령

제7조의2(주민참여사업의 추가 가중치 부여) ① 공급인증기관의 장은 법 제27조의2제1항에 따른 신 · 재생에너지 발전사업에 주민이 참여하는 경우로서 이 조 제2항부터 제4항까지의 요건을 만족하는 경우에는 별표2의 비고 제16호에 따라 발전사업자에게 주민참여 비율별로 추가 가중치를 부여한다.

② 신 · 재생에너지 발전사업에 주민참여를 할 때 제1항에 따른 주민참여 비율 산정시 고려되어 추가 가중치 수익을 배분받는 주민(이하 "참여주민등"이라 한다)은 다음 각호의 하나에 해당하는 자로 하며, 참여주민등의 자격 입증 방법은 공급인증기관의 장이 정한다.

1. 별표2의2에 따른 지역에 공급인증서 발급대상 설비확인 신청일로부터 직전 1년 이상 「주민등록법」 제16조에 따른 주민등록이 되어 있는 주민
2. 태양광발전사업 또는 육상풍력발전사업의 경우 별표2의3에 따른 인접지역에서 공급인증서 발급대상 설비확인 신청일로부터 직전 3년 이상 농업 또는 축산업에 종사한 「농업 · 농촌 및 식품산업 기본법」 제3조제2호에 따른 농업인 또는 「축산법」 제22조제1항에 따라 허가받은 자로서 농업 또는 축산업에 종사하였다는 사실을 증명하는 자
3. 신 · 재생에너지 발전사업에 참여하여 이익을 공유받는 것 등을 목적으로 하며, 제1호부터 제2호까지의 자로만 구성된 협동조합, 유한회사 등 법인(제7조의3제2항 본문에 따른 사유로 협동조합, 유한회사 등 법인의 구성원 전부 또는 일부가 이 항 제1호부터 제2호에 해당하지 아니하게 되는 경우로서 제7조의3제2항 각호의 기한 내에 해당 구성원을 제척하는 경우에는 이 호의 요건을 만족하는 것으로 본다.)
4. 해상풍력발전사업의 경우 법 제27조의2제1항에 따른 신 · 재생에너지 설비의 설치로 인하여 어업권 등 관련법에 따라 해당 해역에서 피해보상의 대상이 되는 어업인(조합, 어촌계 등 유관단체를 통해 참여하는 경우를 포함한다.)

③ 참여주민등은 하나의 세대(세대의 해석에 대해서는 공급인증기관의 장이 정한다)에서 2인까지 참여할 수 있고 1인당 참여금액은 아래 각호의 기준을 초과할 수 없다. 이때 발전사업자는 참여주민등과 협의를 거쳐 발전사업에 따른 영향의 정도 등을 고려하여 이 항 전단에 따른 기준 내에서 참여주민등 간의 투자금 기준에 차등을 둘 수 있다.

1. 총 주민참여금액의 10퍼센트
2. 다음 각 목에 따른 금액
   가. 제2항제1호의 자 중 제4항제1호에 해당하지 아니하는 자(제2항제3호의 방식으로 참여하는 경우를 포함한다) : 1천만원
   나. 제4항제1호의 자 및 제2항제2호의 자(제2항제3호의 방식으로 참여하는 경우를 포함한다.) : 3천만원
   다. 제2항제4호의 자 : 4천만원

④ 다음 각호의 어느 하나에 해당하는 참여주민등(이하 "인접주민등"이라 한다)의 총 주민참여금액은 전체 참여주민등의 총 주민참여금액 대비 30% 이상이 되어야 하며, 인접주민등의 총 주민참여금액이 전체 참여주민등의 총 주민참여금액 대비 30퍼센트 미만일 경우에는 별표2 비고 제16호에서 정하는 바에 따라 미달하는 비율만큼 주민참여에 따른 가중치를 삭감하여 부여한다.

1. 별표2의3에 따른 인접지역에 거주하는 주민(제2항제3호의 방식으로 참여하는 경우를 포함한다.)
2. 제2항제2호에 해당하는 자(제2항제3호의 방식으로 참여하는 경우를 포함하며, 태양광발전사업 또는 육상풍력발전사업에 참여하는 경우에 한한다.)
3. 제2항제4호에 해당하는 자(해상풍력발전사업에 참여하는 경우에 한한다.)

제7조의3(지역주민에게 제공하는 수익과 관련한 기준 · 절차 · 내용) ① 법 제27조의2제2항에 따라 가중치 수익을 참여주민등에게 배분하는 경우 발전사업자는 제7조의2제4항 각호의 어느 하나에 해당하는 인접주민등을 이에 해당하지 않는 참여주민등에 비하여 우대하여야 하며, 인접주민등 간 우대의 정도에 차등을 두려는 경우에는 발전사업에 따른 영향의 정도를 고려하여 사업자와 참여주민등간 협의로 결정하되 해상풍력발전사업의 경우 제7조의2제4항제3호의 자를 같은 조 같은 항 제1호의 자보다 우대하여야 한다.

② 참여주민등이 「가족관계의 등록 등에 관한 법률」 제84조에 따라 사망신고 되었거나 「주민등록법」 제16조에 따라 전출하는 사유 등으로 주민참여사업에 따른 가중치 부여를 위한 최소요건을 만족하지 못하거나 가중치 축소 사유가 발생한 경우 발전사업자는 다음 각호의 기준일(이하 이 조에서 "기준일"이라 한다)로부터 1개월 이내에 공급인증기관의 장에게 신고하여야 하며 공급인증기관의 장은 기준일로부터 3개월간 참여주민등을 모집할 수 있도록 유예기간을 부여하여야 한다.

1. 사망 : 사유가 발생한 날로부터 3개월 이후 최초로 도래하는 정산일(발전사업자가 참여주민등에게 주민참여에 따른 가중치 수익을 배분 · 지급하는 날을 말한다. 이하 이 조에서 같다)
2. 전출 : 사유가 발생한 날 이후 최초로 도래하는 정산일

③ 공급인증기관의 장은 발전사업자가 제2항에 따라 참여주민등을 추가 모집한 이후에도 주민참여사업에 따른 가중치 부여를 위한 최소요건을 만족하지 못하거나 가중치 축소 사유가 해소되지 아니할 때에는 별표2 비고 제16호에 따라 공급인증서 가중치를 재산정하여 발전사업자에게 다시 부여하여야 한다. 이때 유예기간 동안의 가중치에 대해서는 소급하여 적용하지 아니한다.

④ 발전사업자는 참여주민등별 자격 · 투자액, 인접주민등에 대한 우대사항, 수익배분 등에 대한 정보를 개인정보 제공 동의서와 함께 보관 · 관리하며, 정산 시 참여주민등의 사망 · 전출 등 변동 여부를 확인하여 기록을 현행화하여야 한다. 보관 · 관리할 정보의 종류는 공급인증기관의 장이 정하며, 공급인증기관의 장은 가중치 재산정 등 관리에 필요한 범위에서 발전사업자에게 해당 자료를 요청할 수 있다.

제8조(공급인증서 발급대상 설비 확인) ① 공급인증서를 발급받으려는 자는 공급인증서를 최초로 발급받기 전에 신 · 재생에너지센터로부터 해당 신 · 재생에너지설비가 공급인증서 발급대상 설비임을 확인 받아야 한다.

② 제1항에 따른 공급인증서 발급 대상 설비확인을 받으려는 태양광 발전사업자는 「국토의 계획 및 이용에 관한 법률」 제62조에 따른 준공검사를 받고, 같은 법 시행규칙 제11조에 따른 개발행위 준공검사필증을 신 · 재생에너지센터에 제출하여야 한다. 다만, 같은 법 제56조에 따른 개발행위허가를 받지 않아도 되는 경우 관련 기관으로부터 이를 확인할 수 있는 서류를 신 · 재생에너지센터에 제출하여야 한다.

③ 제2항에 따른 개발행위 준공검사필증의 제출기한은 설비확인 신청일이 속한 달 말일부터 6개월까지로 한다.

제8조의2(공급인증서 발급 중단) 제8조제2항 및 제3항에 따른 개발행위 준공검사필증을 제출기한 내 제출하지 않은 경우, 설비확인 신청일이 속한 달 말일을 기준으로 6개월 초과한 달로부터 공급된 전력량에 대해서는 공급인증서 발급 가중치를 적용하지 않는다. 다만, 제8조제3항에도 불구하고, 개발행위 준공검사필증의 제출기한을 초과하여 제출한 경우, 제출일이 속한 달부터 공급된 전력량에 대해 공급인증서 발급 가중치를 적용한다.

제9조(공급인증서 발급 및 거래수수료) ① 「신에너지 및 재생에너지 개발 · 이용 · 보급 촉진법 시행규칙」(이하 "시행규칙"이라 한다) 제10조제2항에 따른 공급인증서 발급수수료는 공급인증서 1REC당 50원으로 하며, 공급인증서 거래수수료는 공급인증서 1REC당 50원

으로 한다.

② 영 제18조의7제2항 또는 제3항에 따라 국가 또는 지방자치단체에 대하여 발급하는 공급인증서의 경우 공급인증서 발급수수료 및 매도자 거래수수료를 면제한다.

③ 한국수자원공사가 발급받는 공급인증서 중 시행규칙 제2조의2 제1호 및 제2호에 해당하는 공급인증서에 대해서는 발급수수료를 면제한다.

④ 신 · 재생에너지 발전설비용량이 100 kW 미만인 발전소는 공급인증서 발급수수료 및 거래수수료를 면제한다. 다만, 100 kW 이상인 발전소에 대해서는 공급인증기관의 운영규칙에 따라 공급인증서 발급수수료 및 거래수수료를 제1항의 범위 이내에서 달리 운영할 수 있다.

⑤ 발급수수료 및 거래수수료는 공급인증기관의 재원으로 귀속되며, 공급인증기관은 제5조에서 정의한 업무를 수행하는 데 사용하여야 한다.

제10조(고정가격계약 경쟁입찰 제도) ① 공급의무자는 법 제12조의5제5항에 따라 신재생에너지 공급인증서를 구매하는 경우에는 신·재생에너지센터에 고정가격계약 경쟁입찰 사업자 선정을 의뢰할 수 있다. 이때 계약기간은 20년을 원칙으로 하되, 필요한 경우 계약기간을 단축 또는 연장할 수 있다.

② 별표1에 따른 그룹 I 에 해당하는 공급의무자는 신·재생에너지센터가 '공급인증서 발급 및 거래시장 운영에 관한 규칙'에 근거하여 운영하는 운영위원회에서 산정한 용량에 대해 선정을 의뢰하여야 한다. 이 경우 공급의무자는 운영위원회에 참여하여 의견을 개진할 수 있으며, 보급여건을 고려하여 필요한 경우 추가로 선정을 의뢰할 수 있다.

③ 신·재생에너지센터는 제1항에 따른 경쟁입찰을 공고할 때 신·재생에너지 설비 보급 현황 등을 고려하여, 전체 선정의뢰용량에 대해 설비 용량 구간 및 비중을 설정할 수 있다.

④ 신·재생에너지센터는 제1항에 따른 경쟁입찰을 공고할 때 「저탄소 태양광 모듈 제품 지원에 관한 운영지침」에 따라 탄소배출량 검증인정서를 받은 태양광 모듈 제품을 사용하는 사업, 법 제28조에 따라 신·재생에너지 기술의 사업화를 위해 필요하다고 인정하는 국가연구개발사업 대상 기자재를 사용하는 사업 및 「국가자원안보 특별법」 제2조제7호나목 또는 다목의 공공공급기관이 고정가격계약 경쟁입찰 사업자로 참여하여 국내 공급망 및 안보에 기여하는 사업에 대해서는 우대할 수 있다.

제10조의2 삭제

제10조의3(고정가격계약설비의 공급인증서 거래방법 등) ① 제3조제22호에 따른 신 · 재생에너지 공급인증서의 계약단가는 고정가격에서 전력거래가격을 차감하여 매월 산정한 가격으로 하며, 전력거래가격이 고정가격을 초과하는 경우 계약단가는 '0'으로 적용한다.

② 고정가격계약은 계약일(계약일 이후 상업운전을 개시한 경우는 상업운전개시일)이 속한 월로부터 공급된 전력량에 대한 월단위 공급인증서 전량을 공급의무자에게 이전하는 것을 원칙으로 한다. 다만, 하나의 발전설비에 대해 2건 이상 분할하여 고정가격계약을 체결하거나, REC 발급량의 일정비율을 공급의무자에게 이전하는 고정가격계약을 체결할 수 있다.

제11조(이행비용 소요계획의 제출 및 지급) ① 정산기관은 매년 1월 31일까지 당해연도의 의무이행비용 소요계획을 작성하여 장관에게 보고하여야 한다. 단, 제4조제1항에 따른 공급의무자별 의무공급량 재공고시 의무이행비용 소요계획을 재산정할 수 있다.

② 장관은 제1항에 의한 의무이행비용 소요계획의 타당성을 검토한 후, 징수기관에 연간 이행비용 소요계획을 통보한다.

③ 정산기관은 매월 의무이행비용 보전을 위한 실제 소요액을 산정하여 징수기관에 지급을 요청하여야 하며, 징수기관은 정산기관이 정한 전력거래대금 지급요청일에 해당 자금을 정산기관에 지급하여야 한다.

④ 정산기관은 제1항 및 제2항에 따른 이행비용 소요계획과 제3항에 따른 연간 의무이행비용 보전 소요액에 대하여 과부족분이 발생하는 경우 해당 내용을 차년도 연간 의무이행비용 소요계획에 반영한다.

제11조의2(이행비용 보전대상) ① 해당연도 이전에 공급된 전력량에 대하여 발급된 공급인증서로서 공급의무자가 의무이행실적으로 제출한 공급인증서에 대하여 제4조에서 장관이 공고한 공급의무자별 의무공급량과 법 제12조의5제4항에 따라 공급의무자가 공급의무의 이행을 연기한 의무공급량 및 공급의무자가 다음 이행연도 공급의무를 해당연도에 미리 이행한 의무공급량을 합한 범위 내에서 해당연도 정산을 한다. 다만, 다음 이행연도 공급의무를 해당연도에 미리 이행한 경우에는 제4조에 따른 의무공급량의 100분의 20을 넘지 아니하는 범위에서 인정한다.

② 제1항의 규정에도 불구하고 다음의 각 호의 하나에 해당하는 발전설비로부터 공급된 전력량에 대한 공급인증서는 의무이행비용 보전대상에서 제외한다.

1. 발전소별로 설비용량 5,000 kW를 초과하는 수력이용 발전설비
2. 기존방조제를 활용하여 건설된 조력이용 발전설비
3. 영 별표1의 석탄을 액화 · 가스화한 에너지 또는 중질잔사유를 가스화한 에너지를 이용하는 발전설비
4. 영 별표1의 폐기물에너지중 하석연료에서 부수적으로 발생하는 폐가스로부터 얻어지는 에너지를 이용하는 발전설비
5. 공급의무자 그룹 I 의 외부구매분(현물시장 구매분 제외) 중 제3조제22호에 따른 고정

가격계약을 체결하지 않은 태양광 및 풍력 발전설비

6. 제주특별자치도에 소재한 바이오중유 발전설비

제12조(이행실적의 확인 및 정산) ① 신 · 재생에너지센터는 공급의무자가 제출한 공급인증서로 의무이행실적을 확인하여야 하며, 해당 공급인증서 정보를 정산기관에 통보하여야 한다.

② 의무이행비용을 정산 받고자 하는 공급의무자는 관련서류를 한국전력거래소에 제출하여야 한다.

③ 정산기관은 제1항, 제2항, 별표 4 및 전력시장운영규칙에 따라 공급의무자별 의무이행비용을 산정하여 해당 공급의무자에게 지급한다.

④ 의무이행비용 정산 등과 관련한 세부 사항은 정산기관의 관련 규정에 따르되, 제 · 개정시 장관의 승인을 받아야 한다.

⑤ 정산기관은 매년 7월 31일까지 직전년도 공급의무자별 의무이행비용 정산실적을 장관에게 보고하여야 한다.

제 3 장 신 · 재생에너지 연료 혼합의무화제도

제13조(관리기관) ① 신 · 재생에너지센터는 법 제23조의5에 의한 다음 각 호의 업무를 수행한다.

1. 혼합의무이행 실적 검증
2. 혼합의무이행 관련 정보의 수집 및 관리
3. 혼합의무이행 검증을 위한 현장조사
4. 혼합의무 관리기준 운영
5. 의무혼합량 및 과징금 산정
6. 운영위원회 구성 및 운영
7. RFS 통합관리시스템 운영
8. 기타 장관이 필요하다고 인정하는 업무

② 한국석유관리원은 법 제23조의5에 의한 다음 각 호의 업무를 수행한다.

1. 혼합의무이행 여부 확인 및 점검
2. 혼합의무이행 여부 확인을 위한 현장조사
3. 신 · 재생에너지 연료 품질관리 및 품질기준 마련
4. 신 · 재생에너지 연료 생산 · 혼합시설 현장점검
5. 가짜 신 · 재생에너지 연료 적발 및 단속
6. 신 · 재생에너지 연료 기술기준 및 안전성 검토

7. 운영위원회 구성 및 운영
8. 기타 장관이 필요하다고 인정하는 업무

③ 관리기관은 제1항과 제2항의 규정에 의한 업무를 효율적으로 추진하기 위하여 공동의 규정을 제정하여 운영할 수 있으며, 동 규정의 제정 및 개정은 장관의 승인을 받아야 한다.

제14조(신 · 재생에너지 연료 의무혼합량 이행확인 · 검증 등) ① 관리기관은 영 제26조의2에 의한 신 · 재생에너지 연료 의무혼합량을 확인 및 검증하여야 한다.

② 제1항에 따른 신 · 재생에너지 연료 의무혼합량 확인 및 검증은 혼합의무자가 제출한 서류와 석유사업법 제38조에 따라 보고된 한국석유관리원 및 한국석유공사의 자료를 기준으로 한다.

③ 혼합의무자는 신 · 재생에너지 연료 혼합시설에 대하여 관리기관이 별도로 정하는 바에 따라 대상 시설임을 확인 받아야 한다.(변경된 경우에도 같다.)

제 4 장 자료요구 등

제15조(자료요구) ① 장관은 제7조에 의한 공급인증서 가중치 등을 조정하기 위하여 필요한 경우 공급의무자, 공급인증기관, 전력기금사업단, 한국전력공사, 한국전기안전공사 등에게 제출기한을 명시하여 다음 각 호의 자료제출을 요구할 수 있으며, 해당 공급의무자 등은 제출기한 내에 해당 자료를 제출하여야 한다.

1. 공급인증서 발급관련 자료
2. 공급인증서 거래관련 자료
3. 신 · 재생에너지 발전차액지원금 지원 실적 및 계획
4. 신 · 재생에너지 발전현황 및 주요 발전설비 변동사항과 영 제18조의3제1항제1호에 해당하는 신규 발전사업자관련 자료
5. 신 · 재생에너지원별 발전량 및 국가전력관련 통계
6. 혼소발전의 경우 혼소율 측정을 위한 연료 사용량
7. 신 · 재생에너지 사업자별 전력거래실적, 결산재무제표 등 발전사업 관련자료
8. 신 · 재생에너지 사업자별 전기설비 사용전 · 정기검사 및 특별안전점검 관련 자료
9. 그 밖에 공급의무자별 의무공급량 산정 및 검증 등을 위하여 장관이 요구하는 자료

② 장관은 사업자에 대한 적산전력계의 확인 및 기재대장 등의 열람과 시설운영현황 점검, 관련자료 수집 등을 위한 현장실태조사를 실시할 수 있으며, 사업자는 조사 및 자료 요구에 성실히 협조하여야 한다.

③ 장관은 시 · 도지사 및 특별자치도지사에게 신 · 재생에너지를 전원으로 하는 발전사업(변경) 허가 및 공사계획의 인가(또는 신고)에 대한 자료제출을 요구할 수 있다.

④ 장관은 자체계약, 자체건설 등에 대한 기준가격 산정을 위하여 공급의무자에게 제출기한을 명시하여 필요한 자료의 제출을 요구할 수 있으며, 공급의무자는 제출기한 내에 해당 자료를 제출하여야 한다.

⑤ 한국전력공사 및 한국전력거래소는 신 · 재생에너지센터의 장에게 제5조에 의한 공급인증서 발급을 위하여 필요한 월단위의 발전량을 익월 23일까지 제출하여야 한다. 이 경우 한국전력공사 및 한국전력거래소는 해당 발전량의 이상 여부를 점검하여야 하며, 특이사항이 있는 경우 해당 사유를 포함하여야 한다. 다만 기한까지 사유를 확인하지 못 한 경우 추후에 이를 확인하여 제출하여야 한다.

⑥ 장관은 혼합의무자에게 제출기한을 명시하여 영 제26조의3제1항 각 호의 자료제출을 요구할 수 있으며, 해당 혼합의무자는 제출기한 내에 해당 자료를 제출하여야 한다.

제16조(과징금 산정절차) 영 제18조의5 및 제26조의4에 따라 과징금을 산정하는 경우에는 법 제8조에 따른 신 · 재생에너지정책심의회의 심의를 거치되 해당 공급의무자 및 혼합의무자에게 의견개진의 기회를 제공하여야 한다.

제17조(권한의 위임 · 위탁) ① 장관은 제4조의2, 제15조제1항부터 제5항에 의한 사항을 신 · 재생에너지센터에 위탁한다. 단, 제15조제1항제2호와 제15조제4항에 따른 사항은 한국전력거래소에 위탁한다.

② 장관은 제15조제6항에 의한 사항을 관리기관에 위탁한다.

③ 신 · 재생에너지센터의 장은 장관의 승인을 얻은 후 세부적인 기준을 정하여 제5조제1항제2호의 업무를 「민법」 제32조에 따라 장관의 허가를 받아 설립된 협회를 통하여 수행토록 할 수 있다.

④ 법 제12조의7제1항 단서 및 영 제18조의7제3항에 따라 국가에 대하여 발급되는 공급인증서의 발급 신청 및 거래에 관한 사무는 법 제31조에 따른 신 · 재생에너지센터에서 대행하며, 거래에 관련된 사항은 별도로 정하여 운영하되 거래시장 안정을 위해 비공개로 운영할 수 있다.

제18조(재검토기한) 장관은 2015년 7월 31일로부터 매 5년마다 법령이나 현실여건의 변화 등을 검토하여 개선 등의 조치를 하여야 한다.

부칙 〈제2023-73호, 2023.4.17.〉

제1조(시행일) 이 지침은 고시한 날부터 시행한다.

제2조(경과조치) 제7조의2, 제7조의3, 별표2의 비고 제16호, 별표2의2 및 별표2의3의 개정 규정에도 불구하고 태양광발전사업 및 육상풍력발전사업의 경우 개정 고시 시행일 전날까지 「전기사업법」제7조에 따른 발전사업의 허가(개정 고시 시행일 이후 변경허가를 받는 경우에는 최초 발전사업허가일 기준으로 발전사업허가를 받은 것으로 본다)를 받은 사업에 대해서는 종전 규정을 적용한다. 다만, 개정 고시 시행일 전날까지 발전사업허가를 받은 태양광발전사업 및 육상풍력발전사업도 개정 고시 시행일 전날까지 전기사업법 제61조제1항에 따른 공사계획의 인가를 받지 아니한 사업은 발전사업자의 선택에 따라 개정 규정을 적용할 수 있다.

제3조(적용례) 해상풍력발전사업의 경우 제7조의2, 제7조의3, 별표2의 비고 제16호, 별표2의2 및 별표2의3의 개정 규정은 발전사업의 허가 시점을 불문하고 이 지침 시행 이후 공급인증서 발급 대상 설비확인을 받는 모든 사업에 대해 적용한다.

[별표1] 공급의무자별 의무공급량의 산정기준

□ 공급의무자별 의무공급량

○ 의무공급량(GWh) = 기준발전량(GWh) × 조정의무비율(%)

[주] 의무공급량은 소수점 넷째자리에서 반올림

– 기준발전량이 0인 공급의무자의 의무공급량(GWh)
= 기준발전량이 0인 공급의무자의 전년도 의무공급량(GWh) × (1+의무공급량 증가율(%))

주1) 기준발전량이 0인 공급의무자의 의무공급량은 태양광에너지만을 대상으로 한다.
주2) 의무공급량 증가율은 전년도 대비 해당연도 총 의무공급량(기준발전량이 0인 공급의무자 및 해당연도 신규 공급의무자의 의무공급량 제외)의 비율을 의미. 단, 의무공급량 증가율이 1보다 작을 경우, 0으로 적용한다.
주3) 의무공급량은 소수점 넷째자리에서 반올림

○ 조정의무비율(%)

$$= \text{영 별표3에 따른 연도별 비율} - \frac{\text{기준발전량이 0인 공급의무자의 수력 및 조력 발전량}}{\text{공급의무자 기준발전량의 합}}$$

주1) 단, 수력 및 조력은 시행규칙 제2조의2의 1.2호에 해당하는 수력 및 조력을 의미
주2) 조정의무비율은 소수점 셋째자리에서 반올림

□ 공급의무자별 기준발전량

구분		산식
설비용량	대상자	
그룹 Ⅰ	한국수력원자력	$RPG_n^{한수원} = NG_{n-1} \times (1-\alpha_n) + G_{n-1}^{한수원}$
	한국남동발전 한국중부발전 한국서부발전 한국남부발전 한국동서발전	$RPG_n^i = G_{n-1}^i + \left(\frac{G_{n-1}^i}{\Sigma G_{n-1}^{5gen\cos}} \times NG_{n-1} \times \alpha_n \right)$
그룹 Ⅱ	한국지역난방공사 한국수자원공사 SK E&S GS EPS GS 파워 포스코인터내셔널 씨지앤율촌전력 평택에너지서비스 대륜발전 에스파워 포천파워 동두천드림파워 파주에너지서비스 GS동해전력 포천민자발전 신평택발전 나래에너지서비스 고성그린파워 강릉에코파워	$RPG_n^j = G_{n-1}^j$

주1) RPG : 공급의무자별 기준발전량(Reference Power Generation)

주2) NG : 원자력 발전량

주3) G : 총 발전량에서 신 · 재생에너지 발전량과 원자력 발전량 및 공급인증기관에 제출한 REP에 해당하는 발전량을 제외한 발전량

주4) α_n : 원자력발전량에 대한 연도별(n) 경감률

주5) n : 의무공급량 이행기간 해당년도

주6) $n-1$: 의무공급량 이행기간 직전년도

주7) $5gencos$: Ⅰ그룹의 공급의무자 중 한국수력원자력을 제외한 공급의무자

주8) i : Ⅰ그룹의 공급의무자 중 한국수력원자력을 제외한 공급의무자 중 하나

주9) j : Ⅱ그룹에 속하는 공급의무자 중 하나

주10) 발전량은 소내소비전력 차감 후 전력시장 또는 전력판매사업자에게 판매한 전력량을 기준으로 한다.

주11) 대상자 변경시 변경내역을 반영하여 위의 산식에 따라 재산정한다.

○ 원자력발전량에 대한 연도별(n) 경감률

연 도	2012년	2013년	2014년	2015년	2016년	2017년 이후
경감률(α_n)	5%	15%	25%	35%	45%	50%

[별표2] 신 · 재생에너지원별 가중치

구분	공급인증서 가중치	대상에너지 및 기준	
		설치유형	세부기준
태양광 에너지	1.2	일반부지에 설치하는 경우	100 kW 미만
	1.0		100 kW부터
	0.8		3,000 kW 초과부터
	0.5	임야에 설치하는 경우	-
	1.5	건축물 등 기존 시설물을 이용하는 경우	3,000 kW 이하
	1.0		3,000 kW 초과부터
	1.6	유지 등의 수면에 부유하여 설치하는 경우	100 kW 미만
	1.4		100 kW부터
	1.2		3,000 kW 초과부터
	1.0	자가용 발전설비를 통해 전력을 거래하는 경우	
기타 신 · 재생 에너지	0.25	폐기물에너지(비재생폐기물로부터 생산된 것은 제외), Bio-SRF, 흑액	
	0.5	매립지가스, 목재펠릿, 목재칩	
	1.0	조력(방조제 有), 기타 바이오에너지(바이오중유, 바이오가스 등)	
	1.0~2.5	지열, 조력(방조제 無)	변동형
	1.2	육상풍력	
	1.5	수력, 미이용 산림바이오매스 혼소설비	
	1.75	조력(방조제 無, 고정형)	
	1.9	연료전지	
	2.0	조류, 미이용 산림바이오매스(바이오에너지 전소설비만 적용), 지열(고정형)	
	2.0	해상풍력	연안해상풍력 기본가중치
	2.5		기본가중치

목재펠릿, 목재칩, Bio-SRF의 경우 별표2에도 불구하고 아래의 기준에 해당하는 경우 각각에 해당하는 가중치를 적용할 수 있다.

구 분	가중치	기 준
목재펠릿, 목재칩	1.0	2019년 6월 30일까지 전기사업법 제61조에 따른 공사계획 인가(신고) 또는 집단에너지사업법 제22조에 따른 공사계획 승인(신고)을 받은 경우(단, 발전사업허가 또는 집단에너지사업 허가를 받고 2018년 6월 26일 이전에 상업운전을 개시한 경우는 제외)
Bio-SRF	0.5	

[비고]

1. "건축물"이란 발전사업허가일 이전(단, 건축물의 용도가 건축법 시행령 별표1에 따른 창고시설과 동물 및 식물관련시설의 경우에 발전사업허가일로 부터 1년 이전)에 건축물 사용승인을 득하여야 하며(단, 전원개발촉진법 제5조에 따른 전원개발사업구역 내 설치된 경우 및 건물일체형 태양광시스템의 경우 제외), ㉠ 지붕과 외벽이 있는 구조물이며, ㉡ 사람이 출입할 수 있어야 하며, ㉢ 사람, 동·식물을 보호 또는 물건을 보관하는 건축물의 본래의 목적에 합리적으로 사용되도록 설계·설치된 구조물을 대상으로 「건축법」 등 관련규정 준수여부 및 안전성 등을 확보할 수 있도록 공급인증기관의 장이 정하는 세부 기준을 충족하는 설비를 의미한다. 다만, 관련 법령 등에 의한 공공건축물의 외벽 등은 해당 기준을 적용할 수 있다.
2. "기존 시설물"이라 함은 「도로법」에 의한 도로의 방음벽 등 고유의 목적을 가진 시설물을 대상으로 「건축법」 등 관련규정 준수여부 및 안전성 등을 확보할 수 있도록 공급인증기관의 장이 정하는 세부 기준을 충족하는 설비를 의미한다.
3. 태양광에너지 가중치와 관련하여, 일반부지에 해당하는 가중치를 적용받는 발전소 중 인근지역(설치장소의 경계가 500미터 이내의 지역을 의미한다)내 동일사업자의 발전소는 해당 발전소 합산용량에 해당하는 가중치를 적용하며, 공급인증기관의 장은 다음 각 호의 어느 하나에 해당하는 경우는 해당 발전설비의 일부 또는 전부에 대하여 가중치 적용을 제한할 수 있다.
   ① 사업자 등이 태양광에너지 발전설비 설치를 위해 일정 토지를 취득 또는 임대하고, 가중치 우대를 목적으로 해당 토지를 분할하거나 발전사업 허가용량을 분할하여 다수의 발전설비로 분할 설치하는 경우는 해당 발전설비의 일부 또는 전부에 대하여 합산용량에 따른 가중치를 적용한다.
   ② 태양광에너지 발전설비의 실질 소유주가 가중치 우대를 목적으로 타인 명의로 태양광에너지 발전소를 준공하여 운영하는 것이 명백하다고 인정되는 경우는 동일사업자 규정을 적용한다.
4. 태양광에너지 가중치는 전체용량에 대하여 부여하되 소숫점 넷째자리에서 절사하며, 설치유형별 용량기준 순으로 구분하여 구간별 해당 가중치를 아래와 같이 적용한다.

① 일반부지에 설치하는 경우

설치용량	태양광에너지 가중치 산정식
100 kW 미만	1.2
100 kW부터 3,000 kW 이하	$\frac{99.999\times1.2+(\text{용량}-99.999)\times1.0}{\text{용량}}$
3,000 kW 초과부터	$\frac{99.999\times1.2}{\text{용량}}+\frac{2{,}900.001\times1.0}{\text{용량}}+\frac{(\text{용량}-3{,}000)\times0.8}{\text{용량}}$

② 건축물 등 기존 시설물을 이용하는 경우

설치용량	태양광에너지 가중치 산정식
3,000 kW 이하	1.5
3,000 kW 초과부터	$\frac{3{,}000\times1.5+(\text{용량}-3{,}000)\times1.0}{\text{용량}}$

③ 유시 등의 수년에 부유하여 설지하는 경우

설치용량	태양광에너지 가중치 산정식
100 kW 미만	1.6
100 kW부터 3,000 kW 이하	$\frac{99.999\times1.6+(\text{용량}-99.999)\times1.4}{\text{용량}}$
3,000 kW 초과부터	$\frac{99.999\times1.6}{\text{용량}}+\frac{2{,}900.001\times1.4}{\text{용량}}+\frac{(\text{용량}-3{,}000)\times1.2}{\text{용량}}$

5. "유지 등의 수면에 부유(浮游)하여 설치하는 경우(이하 수상태양광)"는 다음에 해당하는 경우에 한하며, 안정성, 환경성 등을 확보할 수 있도록 공급인증기관의 장이 정하는 세부 기준을 충족하는 설비를 의미한다.
   ①「댐건설 및 주변지역지원 등에 관한 법률」 제2조에 따른 댐
   ②「전원개발촉진법」 제5조에 따라 전원개발사업구역으로 지정된 지역의 발전용댐
   ③「농어촌정비법」 제2조에 따른 농업생산기반 정비사업에 따른 저수지 및 담수호와 농업생산기반시설로서의 방조제 내측
   ④「산업입지 및 개발에 관한 법률」 제6조, 제7조, 제8조에 따른 산업단지 내의 유수지
   ⑤「공유수면 관리 및 매립에 관한 법률」 제2조에 따른 공유수면 중 방조제 내측
6. "부생가스"는 2010년 4월 12일 이전에 전기사업법 제7조에 따른 발전사업 허가를 받고 2011년 12월 31일 이전에 전기사업법 제63조에 따른 사용전검사를 합격한 발전소에 한한다.

7. "IGCC", "부생가스", "수열"의 공급인증서 가중치는 공급의무자별 의무공급량의 10%이내 발전량에 대해서 적용하며, 이를 상회하는 발전량의 경우 공급인증서 가중치는 0을 적용한다.
8. ① '해상풍력'이란 「공유수면 관리 및 매립에 관한 법률」제2조제1호가목에 따른 바다이거나 같은 법 제2조제1호나목에 따른 바닷가 중 「해양조사와 해양정보 활용에 관한 법률」제8조제1항제2호에 따른 수심(「해양조사와 해양정보 활용에 관한 법률」제8조제1항제2호에 따른 기본수준면을 기준으로 측량한다)이 존재하는 해역에 풍력발전기를 설치하는 경우를 말한다.
   ② '연안해상풍력'이란 제1항에 따른 해상풍력 중에서 「공유수면 관리 및 매립에 관한 법률」 제2조제3호에 따른 간석지이거나 같은 법 제2조제1호나목에 따른 바닷가 중 수심이 존재하는 해역(방조제 내측)에 풍력발전기를 설치하는 경우를 말한다.
   ③ 제1항 및 제2항의 해상풍력과 연안해상풍력을 제외한 나머지는 모두 '육상풍력'으로 본다. 단, 하나의 발전소 내에 육상풍력, 해상풍력, 연안해상풍력이 혼재하는 경우에는 해당 가중치를 각각 적용하며, 해당 설비별 전력공급량 계량설비를 각각 설치함을 원칙으로 한다.
   ④ 해상풍력 가중치 산정시 고려하는 "연계거리"란 「해양조사와 해양정보 활용에 관한 법률」 제8조제1항제3호에 따른 해안선(인공해안선을 포함하되, 한전계통과 연계되는 육지 또는 육지로부터 계통이 연결되는 섬의 해안선을 의미)과 그 해안선에서 가장 근접한 발전기의 중앙부 위치와의 직선거리를 의미한다. 다만, 공급인증기관의 장은 풍력발전단지의 산업기여도 등을 고려하여 별도의 기준을 통해 "발전단지 내부에서 각 풍력발전기간의 직선거리"를 연계거리 산정시 추가할 수 있다.
   ⑤ 해상풍력 가중치 산정시 고려하는 "수심"은 「해양조사와 해양정보 활용에 관한 법률」 제8조제1항제2호에 따라 기본수준면을 기준으로 측량하고, 같은 법에 따라 제작된 국립해양조사원의 전자해도에 따른다. 단, 하나의 발전소 내에 여러 개의 풍력발전기를 설치하는 경우에는 풍력발전기들의 평균 수심을 기준으로 가중치를 적용한다.
   ⑥ 해상풍력 가중치는 발전단지 전체용량에 대하여 부여하되 소수점 넷째자리에서 절사하며, 연계거리 및 수심별로 구분하여 구간별 해당 가중치를 아래와 같이 적용한다.

해상풍력 가중치 기본산정식
(①연계거리 복합가중치 + ②수심 복합가중치) − 기본가중치

구분	①연계거리 복합가중치
5 km 이하	기본가중치
5 km 초과 10 km 이하	$\frac{(5\times 기본가중치)+(총연계거리-5)\times(기본가중치+0.4)}{총연계거리}$
10 km 초과 15 km 이하	$\frac{(5\times 기본가중치)+[5\times(기본가중치+0.4)]+(총연계거리-10)\times(기본가중치+0.8)}{총연계거리}$
15 km 초과	$\frac{(5\times 기본가중치)+[5\times(기본가중치+0.4)]+[5\times(기본가중치+0.8)]+(총연계거리-15)\times(기본가중치+1.2)}{총연계거리}$

구분	②수심 복합가중치
20 m 이하	기본가중치
20 m 초과 25 m 이하	$\frac{(5\times 기본가중치)+(수심-20)\times(기본가중치+0.4)}{(수심-15)}$
25 m 초과 30 m 이하	$\frac{(5\times 기본가중치)+[5\times(기본가중치+0.4)]+(수심-25)\times(기본가중치+0.8)}{(수심-15)}$
30 m 초과	$\frac{(5\times 기본가중치)+[5\times(기본가중치+0.4)]+[5\times(기본가중치+0.8)]+(수심-30)\times(기본가중치+1.2)}{(수심-15)}$

⑦ 지침 제8조제1항에도 불구하고 공급인증서 발급대상 설비확인을 받기 전에 공급인증서 예상 가중치의 안내를 받고자 하는 해상풍력 발전사업자는 다음 각 호의 사항을 완료하고 이를 확인할 수 있는 서류를 첨부하여 신 · 재생에너지센터에 제출하여야 한다.

1. 「환경영향평가법」에 따른 환경영향평가 또는 소규모 환경영향평가
2. 「해양환경관리법」에 따른 해역이용영향평가 또는 해역이용협의

⑧ 제7항에 따른 요청을 받은 경우에 신 · 재생에너지센터는 예상가중치를 검토하고 그 결과를 해상풍력 발전사업자에게 안내하여야 한다. 다만, 해당 발전사업자의 가중치는 지침 제8조제1항에 따른 설비확인이 완료되는 시점에 최종 확정하며, 예상가중치 검토 및 안내에 대한 세부 사항은 공급인증기관의 장이 정하는 바에 따른다.

9. 바이오에너지와 폐기물에너지는 영 제2조(바이오에너지 등의 기준 및 범위) 별표 1에서 정한 기준과 범위에 해당하는 에너지로서 폐기물관리법, 자원의 절약과 재활용 촉진에 관한 법률, 산림자원의 조성 및 관리에 관한 법률 등에 따라 연료로서 품질인증을 받아 적법하게 제조 · 유통 · 처리된 연료를 사용하여 생산한 에너지를 말하며, 연료의 인정을 위한 세부 사항은 공급인증기관의 장이 정하는 세부 기준을 따른다.
10. 폐기물에너지의 경우 영 별표1에 따른 생물기원(바이오매스) 부분의 비율만큼의 발전량에 가중치를 적용한다.
11. 바이오에너지 설비의 경우 건설 폐목재 및 사업장 폐목재(건설현장 폐목재, 폐목재 포장재, 폐전선드럼 등) 중 재활용이 가능한 폐목재를 연료로 사용하는 경우에는 공급인증서 발급 가중치를 적용하지 않으며, 세부 적용 기준은 공급인증기관의 장이 정하는 바에 따른다.
12. 바이오에너지 혼소설비 및 전체 열량의 10%를 초과하여 석탄 등 화석연료(화석연료에서 기원한 화학섬유, 인조가죽, 비닐 등은 제외한다)와 혼합 발전되는 폐기물에너지 설비에 대하여는 가중치를 적용하지 않는다. 단, 바이오에너지 설비에 미이용 산림바이오매스 연료를 혼소하는 경우는 제외한다.
13. 2020년 7월 1일 이전에 제8조에 따라 설비확인을 완료한 석탄화력 바이오에너지 혼소설비 중 별표1에 따른 그룹 I에 해당하는 공급의무자가 보유하고 있는 설비에 대해서는 공급인증서 가중치를 0.5로 적용한다. 단, 미이용 산림바이오매스 연료를 혼소하는 경우는 별표2의 대상에너지 및 기준에 따른 가중치를 적용한다.
14. 고정형과 변동형 가중치는 최초 설비 확인시 신청인이 선택할 수 있으나, 이 후 변경은 불가능하며 변동형 가중치는 아래와 같이 적용한다.

대상에너지 및 기준	공급인증서 가중치 및 적용기간		
	2.5	2.0	1.0
지열	1~5년차	6~15년차	16년차~
조력발전 (방조제 無)	1~10년차	11~30년차	31년차~

15. 「송 · 변전설비 주변지역의 보상 및 지원에 관한 법률」 제2조에 의한 송전선로 주변지역 중 2014년 7월 29일 이후에 준공된 76만 5천 볼트 이상 송전선로의 주변지역 내 일반부지에 직접 설치하는 태양광발전소로써 주민참여율(토지출자를 포함하여 발전소 건설을 위한 총사업비 대비 주민이 투자한 금액의 비율)이 30 % 이상인 경우에 대해서는 일반부지에 직접 설치하는 경우의 공급인증서 가중치에 1.2를 곱한 값을 공급인증서 가중치로 적용한다. 이 경우 참여주민의 자격 및 구성, 참여율 산정 방법, 사업시행주체 등 가중치 적용을 위한 세부 사항은 공급인증기관의 장이 정하는 세부 기준을 따른다.

16. 제7조의2제2항부터 제4항까지의 요건을 만족하는 설비용량 500 kW 이상 태양광발전소와 3,000 kW 이상 풍력발전소로써 주민참여율(총사업비 대비 주민이 투자한 금액의 비율)이 일정 비율 이상이거나, 채권 또는 펀드를 통해 참여한 비율이 일정 비율 이상이면 아래의 가중치를 적용하며, 주민참여율 산정 방법 등 가중치 적용을 위한 세부 사항은 공급인증기관의 장이 정하는 세부 기준을 따른다.

구분	가중치 적용기준[1)4)]			
	500kW 이상 태양광[2)]		3,000kW 이상 육상풍력	3,000kW 이상 해상풍력
	이격거리 기준미준수	이격거리 기준준수		
총사업비[3)]의 1% 이상 2% 미만	(최종 가중치 부여 값)			(최종 가중치 부여 값) + 0.075
총사업비[3)]의 2% 이상 3% 미만	(최종 가중치 부여 값) + 0.08	(최종 가중치 부여 값) + 0.1	(최종 가중치 부여 값) + 0.1	(최종 가중치 부여 값) + 0.15
총사업비[3)]의 3% 이상 4% 미만	(최종 가중치 부여 값) + 0.12	(최종 가중치 부여 값) + 0.15	(최종 가중치 부여 값) + 0.15	(최종 가중치 부여 값) + 0.225
총사업비[3)]의 4% 이상	(최종 가중치 부여 값) + 0.16	(최종 가중치 부여 값) + 0.2	(최종 가중치 부여 값) + 0.2	(최종 가중치 부여 값) + 0.3

※ 1) 주민이 참여한 금액(지분참여의 경우 지분참여금액, 채권참여의 경우 채권발행액, 펀드참여의 경우 펀드모집액)이 총사업비의 일정비율 이상일 경우 우대가중치 적용

2) 이격거리 기준 준수라 함은 지자체가 조례 등을 통해 주거지역 100m, 도로 0m 이내로 이격거리 기준을 규정하거나 별도의 이격거리 기준을 정하지 아니하는 경우를 말하며, 이격거리 기준 미준수라 함은 이격거리 기준 준수에 해당하는 경우 외의 모든 경우를 말함

3) 총사업비는 해당 발전사업의 공사비, 보상비, 시설 부대경비 등 사업 추진에 소요되는 경비를 말하며 구체적인 항목은 공급인증기관의 장이 정한다.

4) 제7조의2제4항 각호에 따른 인접주민등의 주민참여금액이 총 주민참여금액의 30% 미만인 경우, 아래 수식에 따라 주민참여에 따른 가중치를 차감하여 부여 (단, 태양광 · 육상풍력발전사업의 총 주민참여금액이 총사업비의 2% 이상 3% 미만인 경우로서 인접주민등에 해당하는 모두가 제7조의2제3항에 따른 투자금 기준 상한금액만큼 참여하여도 인접주민등의 총 주민참여금액이 전체 참여주민등의 총 주민참여금액의 30% 이상을 달성할 수 없음을 발전사업자가 지방자치단체의 자료 협조를 받아 공급인증기관의 장이 정하는 방식에 따라 입증하는 경우 아래 수식에 따른 값과 주민참여에 따른 추가 가중치 값의 80% 중 큰 값을 부여함. 해상풍력발전사업의 총 주민참여금액이 총사업비의 1% 이상 2% 미만인 경우에도 이를 준용함.)

주민참여형 추가가중치 최종값(소수점 넷째 자리에서 절사)

$$= \text{구간별 주민참여형 추가가중치} \times \frac{\text{인접주민등의 총 주민참여금액}}{\text{전체 주민참여금액}} \times \frac{1}{30} \times 100$$

17. 지방자치법 제2조제1항에 따른 지방자치단체(지방공기업법에 따른 지방공사와 공단 포함)가 부지(해상포함)를 발굴 또는 제공하고, 사업자가 참여하여 이익을 공유하는 등의 지방자치단체 참여형 재생에너지 발전사업(설비용량 500kW이상 태양광발전소와 3,000kW이상 풍력발전소에 한함)의 경우에는 0.1의 추가 가중치를 부여할 수 있으며, 가중치 적용을 위한 세부사항은 공급인증기관의 장이 정하는 세부 기준을 따른다.

18. 「신에너지 및 재생에너지 개발 · 이용 · 보급 촉진법」 제27조 및 「신 · 재생에너지 집적화단지 조성 · 지원 등에 관한 지침」(이하 '집적화단지 지침'이라 한다) 제10조에 따라 장관이 인정한 지방자치단체 주도형 신 · 재생에너지 발전사업의 경우에는 집적화단지 지침 제3조에 따른 실시기관에 최대 0.1의 범위 내에서 우대 가중치를 부여할 수 있으며, 가중치 적용을 위한 세부사항은 공급인증기관의 장이 정하는 세부 기준을 따른다. 단, 제17호와 제18호는 중복하여 적용하지 않는다
19. 자가용 발전설비를 통해 전력을 거래하는 경우에 대한 가중치는 별표2의 대상에너지 및 기준에 따른 가중치를 적용한다. 다만, 대상에너지 및 기준에 해당하는 가중치가 1.0을 초과하는 경우에는 가중치 1.0을 적용한다.
20. 바이오에너지 전소설비에서 가중치가 다른 두 가지 이상의 바이오에너지 연료를 혼소하는 경우에는 연료별로 각각의 가중치를 적용한다.
21. ESS설비의 가중치는 RPS대상 태양광설비와 연계된 ESS설비의 경우 태양광설비로부터 6시부터 15시까지 충전하여 16시부터 23시까지 방전하는 전력량에 한하여 적용하고, RPS대상 풍력설비와 연계된 ESS 설비의 경우 아래 계절별 방전시간 기준에 따라 방전한 전력량에 한하여 적용한다. RPS 대상 태양광 및 풍력설비와 연계된 ESS의 충방전 시간은 국내 전력수급 여건에 따라 산업통상자원부 장관이 별도로 지정하는 경우는 그 기준을 따른다. 방전량 산정 등 공급인증서 발급에 관한 세부사항은 공급인증기관의 장이 정하는 바에 따른다.

지 역	계 절	기 간	방전 시간
육 지	봄 철	3월17일 ~ 6월6일	09시 ~ 12시
	여름철	6월7일 ~ 9월20일	13시 ~ 17시
	가을철	9월21일 ~ 11월14일	18시 ~ 21시
	겨울철	11월15일 ~ 3월16일	09시 ~ 12시
제 주	여름철	6월7일 ~ 9월20일	13시 ~ 15시, 19시 ~ 21시
	그 외	9월21일 ~ 6월6일	5시 ~ 10시 18시 ~ 23시

22. RPS대상 태양광 및 풍력설비와 연계된 ESS설비 중 산업통상자원부의 충전율 안전조치와 시설보강조치를 이행하는 ESS설비에 대해서는 일반인이 출입하는 건물의 부속공간에 설치한 경우 방전량의 8%를 ESS의 방전량에 가산하고, 일반인이 출입하지 않는 독립된 전용건물에 설치한 경우 방전량의 3%를 가산하되, 가산 비율은 전년도 실적 등에 대한 검토를 거쳐 공급인증기관의 장이 정하는 바에 따라 조정할 수 있다. 가산기간은 해당 설비의 공급인증서 최초 발급개시일부터 15년까지로 한다.

23. ESS설비의 충전율 안전조치 이행여부 확인을 위해 사업자는 ESS 설비의 충전율 실적을 한국전기안전공사가 정하는 절차에 따라 제공하여야 한다. 한국전기안전공사는 전월의 ESS 충전율 실적과 시설보강여부를 확인하여 그 결과를 공급인증기관의 장에게 매월 23일까지 제공하여야 한다.
24. 비고 제22호에 따라 확인된 충전율 실적이 충전율 안전조치의 기준치를 초과하는 경우 해당월의 ESS 방전량에 대한 공급인증서 가중치는 0을 적용한다. 비고 제21호부터 이 호까지의 충전율 안전조치와 시설보강조치 적용 관련 세부사항은 공급인증기관의 장이 정하는 바에 따른다.
25. 태양광설비와 연계된 ESS설비는 태양광설비에서 ESS를 통하지 않고 계통으로 공급된 출력과 ESS설비의 방전출력을 합한 값이 태양광 설비용량의 70%이하로 유지되어야 하며, 이를 초과하는 경우 해당일의 ESS 방전량에 대한 공급인증서 가중치는 0을 적용하되, 전력수급상 필요한 경우 등 불가피한 경우는 예외로 할 수 있다. 예외사유 등 세부사항은 공급인증기관의 장이 정하는 바에 따른다.
26. 비고 제20호에 따라 운영하는 제주지역 풍력설비와 연계된 ESS설비의 경우 하계이외의 기간에는 당일 10시부터 다음날 10시까지 충전하여 방전한 량에 대해 공급인증서를 발급하되, 설비운영 과정에서 불가피하게 발생하는 ESS 설비용량의 100% 초과 방전량에 대해서는 ESS와 연계된 풍력설비의 가중치를 적용한다.
27. 재생에너지와 연계된 ESS설비 중 산업통상자원부의 안전조치를 이행하기 위해 ESS 교체, 이전 등 설비를 변경한 경우 한국전기안전공사로 부터 사용전검사시 이행여부를 확인받은 설비에 대해서는 제8조에 따른 최초 RPS 설비확인 시점의 가중치를 적용한다. 단, 공급의무자와 계약을 체결한 설비의 경우 설비변경에도 불구하고 계약기간은 최초 계약기간과 동일하게 적용한다.
28. 발전차액지원제도 전환설비로서 전력량계를 추가로 설치하여, 교체된 설비의 생산 전력량을 별도로 계량 할 수 있는 경우, 별표2의 대상에너지 및 기준에 따른 가중치 부여값에 대하여 아래와 같이 적용한다.

발전차액지원제도 전환설비 가중치	
구분	**공급인증서 가중치**
발전차액지원제도 전환설비	(신 · 재생에너지원별 가중치 부여 값) − 0.2

단, 전력량계가 추가로 설치되지 않아 별도 계량되지 않는 경우, 아래의 용량비율에 따른 가중치를 적용한다.

용량비율 가중치 산정식
$\text{발전차액지원제도 전환설비 가중치} \times \dfrac{\text{발전차액지원제도 전환설비 용량}}{\text{전체설비용량}}$

29. 연료전지 가중치의 경우 정유공정 등을 통해 부수적으로 발생하는 부생수소를 사용할 경우 0.1의 추가 가중치를 부여할 수 있고, 에너지 효율이 65% 이상인 경우 0.2의 추가 가중치를 부여할 수 있으며, 생산된 열(증기 또는 온수)은 수요처에 열(증기 또는 온수)로서 공급되어 활용되어야한다. 에너지 효율의 계산 방법을 포함한 가중치 적용을 위한 세부사항은 공급인증기관의 장이 정하는 세부 기준을 따른다.
30. 지침 제10조에 따른 고정가격계약 경쟁입찰에 선정된 발전사업자의 경우 지침 제8조 제1항에 따른 설비확인시 확정하는 가중치는 해당 고정가격계약 경쟁입찰의 공고일 당시 별표 2에 따른 가중치를 적용한다.

■ [별표2의2] 주민참여사업 대상이 되는 지역의 범위

발전원	발전사업 설비용량	지역의 범위
태양광	500kW 이상 100,000kW 미만	발전소 반경 500m 이내의 지역이 속하는 읍 · 면 · 동
	100,000kW 이상	발전소 반경 500m 이내의 지역이 속하는 시 · 군 · 구
육상풍력	3,000kW 이상 100,000kW 미만	각 발전기 반경 1km 이내의 지역이 속하는 읍 · 면 · 동
	100,000kW 이상	각 발전기 반경 1km 이내의 지역이 속하는 시 · 군 · 구
해상풍력	3,000kW 이상 100,000kW 미만	다음의 어느 하나에 해당하는 지역 1. 각 발전기 반경 10km 이내에 위치한 육지의 해안선 또는 섬이 속하는 읍 · 면 · 동 2. 발전소의 설치에 따라 신설 또는 증설되는 송전선로의 양육지점이 속하는 읍 · 면 · 동
	100,000kW 이상	다음의 어느 하나에 해당하는 지역 1. 각 발전기 반경 10km 이내에 위치한 육지의 해안선 또는 섬이 속하는 시 · 군 · 구(단, 발전기 반경 10km 이내에 위치한 육지의 해안선 또는 섬이 발전기가 위치한 해역을 관할하는 시 · 군 · 구나 해양에 설치되는 송전선로가 경과 또는 양육하는 시 · 군 · 구에 속하지 아니하는 때에는 해당 육지의 해안선 또는 섬이 속하는 읍 · 면 · 동으로 한다.) 2. 발전소의 설치에 따라 신설 또는 증설되는 송전선로의 양육지점이 속하는 시 · 군 · 구
송변전설비	–	발전소의 설치에 따라 신설 또는 증설되는 송변전설비의 인근 지역으로서 아래의 지역 중 어느 하나가 속한 행정리·통 1. 「송변전설비 주변지역의 보상 및 지원에 관한 법률」 제2조제2호에 따른 송변전설비 주변지역 2. 15만 4천볼트 송전선로 : 지상 송전선로 양측 가장 바깥선으로부터 각각 500m 이내의 지역 3. 15만 4천볼트 변전소 : 옥외변전소 외곽경계로부터 사방 400m 이내의 지역

[비고]

1. 섬은 「섬 발전 촉진법」 제2조제1항에 따른 섬 중 유인도(有人島)를 말하며, 같은 법 제2조제1항제2호 및 동법 시행령 제2조에 따라 육지와 연결된 기간 산정 시점은 신 · 재생에너지 공급인증서 발급 대상 설비확인 신청일로 한다.
2. 송전선로가 유인도(有人島)를 통과하여 양육하는 경우에는 송전선로가 최초로 통과하는 유인도(有人島)를 양육지점으로 본다.
3. 발전기가 위치한 해역을 관할하는 시 · 군 · 구나 해양에 설치되는 송전선로가 경과 또는 양육하는 시 · 군 · 구에 속하는지 여부의 판단은 발전기 또는 해양에 설치되는 송전선로와 관련하여 「공유수면 관리 및 매립에 관한 법률」 제8조에 따른 공유수면의 점용 · 사용허가를 하는 공유수면관리청을 기준으로 한다.
4. 「신·재생에너지 집적화단지 조성·지원 등에 관한 지침」에 따른 집적화단지에 대하여 건설되는 「전력계통 신뢰도 및 전기품질 유지기준」 제41조제2항에 따른 공동접속설비를 신설 또는 증설하는 경우에는, 집적화단지 내 해당 공동접속설비를 공유하는 모든 발전사업에 대해 송변전설비가 신설 또는 증설된 것으로 본다. (집적화단지로 지정되지 아니한 지역에서 공동접속설비가 신설 또는 증설되는 경우에도 준용한다)

■ [별표2의3] 인접지역의 범위

발전원(설비)	발전사업 설비용량	인접지역 범위
태양광	500kW 이상 100,000kW 미만	발전소 반경 500m 이내의 지역이 속하는 행정리· 통
	100,000kW 이상	발전소 반경 500m 이내의 지역이 속하는 법정리· 법정동
육상풍력	3,000kW 이상	각 발전기 반경 1km 이내의 지역이 속하는 법정리· 법정동
해상풍력	3,000kW 이상 100,000kW 미만	다음의 어느 하나에 해당하는 지역 1. 각 발전기 반경 10km 이내 위치한 육지의 해안선 및 섬이 속하는 법정리· 법정동 2. 발전소의 설치에 따라 신설 또는 증설되는 송전선로가 양육하는 지점이 속한 법정리· 법정동과 해당 법정리·법정동과 연접한 법정리· 법정동 (해안선에 연접하지 않은 법정리·법정동은 제외하며 별표2의2에 따른 발전사업 설비용량별 주민참여사업 대상이 되는 지역의 범위 내에 포함되는 경우에 한한다)
	100,000kW 이상	다음의 어느 하나에 해당하는 지역 1. 각 발전기 반경 10km 이내 위치한 육지의 해안선이 속하는 법정리· 법정동 2. 각 발전기 반경 10km 이내 위치한 섬이 속하는 법정리· 법정동 (단, 발전기 반경 10km 이내 위치한 섬이 섬으로만 구성된 읍·면에 속하는 경우에는 해당 섬이 속하는 읍· 면으로 한다) 3. 발전소의 설치에 따라 신설 또는 증설되는 송전선로가 양육하는 지점이 속한 법정리· 법정동과 해당 법정리· 법정동과 연접한 법정리· 법정동 (해안선에 연접하지 않은 법정리· 법정동은 제외하며 별표2의2에 따른 발전사업 설비용량별 주민참여사업 대상이 되는 지역의 범위 내에 포함되는 경우에 한한다)

[비고]

1. 섬은 「섬 발전 촉진법」 제2조제1항에 따른 중 유인도(有人島)를 말하며, 같은 법 제2조제1항제2호 및 동법 시행령 제2조에 따라 육지와 연결된 기간 산정 시점은 신 · 재생에너지 공급인증서 발급 대상 설비확인 신청일로 한다.
2. 송전선로가 유인도(有人島)를 통과하여 양육하는 경우에는 송전선로가 최초로 통과하는 유인도(有人島)를 양육지점으로 본다.
3. 「신 · 재생에너지 집적화단지 조성·지원 등에 관한 지침」에 따른 집적화단지에 대하여 건설되는 「전력계통 신뢰도 및 전기품질 유지기준」 제41조제2항에 따른 공동접속설비를 신설 또는 증설하는 경우에는, 집적화단지 내 모든 발전사업에 대해 송변전설비가 신설 또는 증설된 것으로 본다. (집적화단지로 지정되지 아니한 지역에서 공동접속설비가 신설 또는 증설되는 경우에도 준용한다.)

■ [별표 3] 제6조제2항에 따른 공급인증서 발급기준

□ 공급인증서 발급량

○ 공급인증서 발급량
= 설비별 전력공급량(MWh)×설비별 가중치×별도 가중치(α')

○ 별도 가중치(α')

2009년 개시분	2010년 개시분	2011년 개시분
α' = 1.3	α' = 1.2	α' = 1.1

주1) 개시연도는 해당 발전설비의 상업운전일이 속하는 연도를 기준으로 한다.
주2) 상업운전일이 속하는 월부터 만12년간 적용하며, 12년 경과후에는 별도 가중치(α')는 적용하지 않는다.
주3) 「태양광발전 공급인증서 발급 및 매매에 관한 지침(에너지관리공단 내부규정)」에 따라 발급된 신 · 재생에너지 공급인증서를 기준으로 한다.

■ [별표 4] 공급의무자별 의무이행비용 산정기준

□ 공급인증서 기준가격 산정기준

1. 공급인증서 기준가격은 비태양광 및 태양광을 통합하여 다음 각 항목별로 매년 산정함을 원칙으로 하며, 세부산정기준은 「전력시장운영규칙」에서 정한다.
   ① 법 제12조의5제5항에 의한 외부구매분(단, 제10조에 의한 선정분은 제외)
   ② 법 제12조의7제1항에 의한 자체건설분
   ③ 제10조에 의한 선정분
2. 2016년 이전 선정분에 대한 기준가격은 최초 계약단가를 계약년도 이후 12년간의 기준가격으로 적용할 수 있으며, 2017년 이후 선정분 및 제10조의2에 따른 고정가격계약에 대한 기준가격은 제3조의22호에 따른 최초 고정가격에서 전력거래가격을 차감한 가격을 20년간의 기준가격으로 적용할 수 있다.
3. 2017년 이후 선정분을 제외한 고정가격계약에 대한 기준가격은 당해연도 전체 고정가격계약(제10조에 의한 선정분 및 제10조의2에 의한 고정가격계약 포함)의 평균가격을 최초 고정가격으로 하여 해당 고정가격에서 전력거래가격을 차감한 가격을 계약기간 동안 기준가격으로 적용할 수 있다.
4. 설비 소재지를 기준으로 육지와 제주로 구분하여 산정할 수 있다.
5. 당해년도의 중간정산시 적용되는 중간적용가격은 전년도 기준가격과 해당년도 전월까

지의 평균거래가격 중 작은 값으로 한다.

6. 기준가격 산정 시 다음의 경우는 산정대상에 포함하지 않는다.
   ① 공급의무자가 참여하는 특수목적법인(SPC)과의 계약에 의한 거래(단, 제3조제22호에 의한 고정가격계약은 제외)
   ② 사후재정산 방식의 계약에 의한 거래
7. 거래량 부족 등의 사정으로 제3호에 따른 기준가격을 산정하기 어렵거나 산정된 기준가격이 전년대비 급격한 변동 등의 사정으로 기준가격으로 적용하기 어렵다고 인정될 때는 다음의 사항을 고려하여 산정한 금액을 기준가격으로 적용할 수 있다.
   ① 해당년도의 공급인증서 기준가격
   ② 직전 3개 연도의 공급인증서 기준가격
   ③ 직전 3개 연도의 신·재생에너지원별 보급실적
   ④ 신·재생에너지원별 발전원가

□ 공급의무자별 월간 의무이행비용 보전 금액

$$\text{산식} = \text{공급인증서} \times \text{중간적용가격} + \sum_{i=\text{개시년도}}^{\min(i+(11^{\text{주3)}}\text{또는 }19^{\text{주4)}}),\ \text{이행년도})} \text{선정분인증서 } i^{\text{주1)}} \times \text{선정분 중간적용가격 } i^{\text{주2)}}$$

주1) 선정분 인증서 i : 제10조에 따라 i년도에 계약되어 거래된 내용중 이행년도에 제출된 공급인증서
※ 계약 체결일 이후 12년(2016년 이전 선정분), 20년(2017년 이후 선정분) 경과후부터 개시년도는 이행년도 값을 적용
주2) 선정분 중간적용가격 i : i년도 선정분 중간적용가격
주3) min(i+11, 이행년도) : i+11과 이행년도중 작은 값(2016년 이전 선정분)
주4) min(i+19, 이행년도) : i+19과 이행년도중 작은 값(2017년 이후 선정분)

□ 공급의무자별 연간 의무이행비용 보전 금액

$$\text{산식} = \text{공급인증서} \times \text{기준가격} + \sum_{i=\text{개시년도}}^{\min(i+(11^{\text{주3)}}\text{또는 }19^{\text{주4)}}),\ \text{이행년도})} \text{선정분인증서 } i^{\text{주1)}} \times \text{선정분 기준가격 } i^{\text{주2)}} - \sum \text{월간정산금}$$

주1) 선정분 인증서 i : 제10조에 따라 i년도에 계약되어 거래된 내용중 이행년도에 제출된 공급인증서
※ 계약 체결일 이후 12년(2016년 이전 선정분), 20년(2017년 이후 선정분) 경과후부터 개시년도는 이행년도 값을 적용
주2) 선정분 기준가격 i : i년도 선정분 기준가격
주3) min(i+11, 이행년도) : i+11과 이행년도중 작은 값(2016년 이전 선정분)
주4) min(i+19, 이행년도) : i+19과 이행년도중 작은 값(2017년 이후 선정분)

■ [별표 5] 제6조의2에 따른 생산인증서 활용 기준

□ 생산인증서의 이행연기량 감경

○ 이행연기량 감경 인정량(REC) = 생산인증서(REP)i × 전환계수

주1) 이행연기량 감경 인정량은 소수점 첫째자리에서 절사

주2) 생산인증서i : 대여사업 계약에 의해 i년도에 계약되어 이행연도에 제출된 생산인증서

주3) 전환계수 : (i년도 생산인증서 계약가격 / (이행연도(1월~12월) 현물시장 공급인증서(REC) 평균거래가격*)) × 2

* 이행연도 현물시장 공급인증서(REC) 평균거래가격은 월평균가격에 거래량을 가중평균한 가격을 의미

주4) 이행연기량 감경 활용기준

1. 당해연도로 공급의무의 이행을 연기한 이행연기량의 100% 및 당해연도 의무공급량의 80%를 초과하여 이행실적을 제출한 공급의무자에 한하여 생산인증서를 당해연도 의무공급량의 이행연기량 감경으로 활용할 수 있다.
2. 생산인증서를 이행연기량 감경을 위하여 활용코자하는 경우, 공급의무자는 이행실적 증빙자료를 신 · 재생에너지센터에 제출하여야 한다.

16.4 기후위기 대응을 위한 탄소중립 · 녹색성장 기본법

[기본법 법률 제19308호, 2024. 10. 22., 일부개정]
[시행령 대통령령 제33192호, 2025. 4. 8. 일부개정]

「저탄소 녹색성장 기본법」을 폐지하고 국제사회의 여건에 따라 법 「기후위기 대응을 위한 탄소중립 · 녹색성장 기본법」을 제정하였으며, 이 법률에 특징으로는 관련 시행규칙이 없다.

제 1 장 총칙

제1조(목적) 이 법은 기후위기의 심각한 영향을 예방하기 위하여 온실가스 감축 및 기후위기 적응대책을 강화하고 탄소중립 사회로의 이행 과정에서 발생할 수 있는 경제적 · 환경적 · 사회적 불평등을 해소하며 녹색기술과 녹색산업의 육성 · 촉진 · 활성화를 통하여 경제와 환경의 조화로운 발전을 도모함으로써, 현재 세대와 미래 세대의 삶의 질을 높이고 생태계와 기후체계를 보호하며 국제사회의 지속가능발전에 이바지하는 것을 목적으로 한다.

제2조(정의) 이 법에서 사용하는 용어의 뜻은 다음과 같다.

1. "기후변화"란 사람의 활동으로 인하여 온실가스의 농도가 변함으로써 상당 기간 관찰되어 온 자연적인 기후변동에 추가적으로 일어나는 기후체계의 변화를 말한다.
2. "기후위기"란 기후변화가 극단적인 날씨뿐만 아니라 물 부족, 식량 부족, 해양산성화, 해수면 상승, 생태계 붕괴 등 인류 문명에 회복할 수 없는 위험을 초래하여 획기적인 온실가스 감축이 필요한 상태를 말한다.
3. "탄소중립"이란 대기 중에 배출 · 방출 또는 누출되는 온실가스의 양에서 온실가스 흡수의 양을 상쇄한 순배출량이 영(零)이 되는 상태를 말한다.
4. "탄소중립 사회"란 화석연료에 대한 의존도를 낮추거나 없애고 기후위기 적응 및 정의로운 전환을 위한 재정 · 기술 · 제도 등의 기반을 구축함으로써 탄소중립을 원활히 달성하고 그 과정에서 발생하는 피해와 부작용을 예방 및 최소화할 수 있도록 하는 사회를 말한다.
5. "온실가스"란 적외선 복사열을 흡수하거나 재방출하여 온실효과를 유발하는 대기 중의 가스 상태의 물질로서 이산화탄소(CO_2), 메탄(CH_4), 아산화질소(N_2O), 수소불화탄소(HFCs), 과불화탄소(PFCs), 육불화황(SF_6) 및 그 밖에 대통령령으로 정하는 물질을 말한다.
6. "온실가스 배출"이란 사람의 활동에 수반하여 발생하는 온실가스를 대기 중에 배출 · 방출 또는 누출시키는 직접배출과 다른 사람으로부터 공급된 전기 또는 열(연료 또는 전기를 열원으로 하는 것만 해당한다)을 사용함으로써 온실가스가 배출되도록 하는 간접배출을 말한다.

7. "온실가스 감축"이란 기후변화를 완화 또는 지연시키기 위하여 온실가스 배출량을 줄이거나 흡수하는 모든 활동을 말한다.
8. "온실가스 흡수"란 토지이용, 토지이용의 변화 및 임업활동 등에 의하여 대기로부터 온실가스가 제거되는 것을 말한다.
9. "신 · 재생에너지"란 「신에너지 및 재생에너지 개발 · 이용 · 보급 촉진법」 제2조제1호 및 제2호에 따른 신에너지 및 재생에너지를 말한다.
10. "에너지 전환"이란 에너지의 생산, 전달, 소비에 이르는 시스템 전반을 기후위기 대응(온실가스 감축, 기후위기 적응 및 관련 기반의 구축 등 기후위기에 대응하기 위한 일련의 활동을 말한다. 이하 같다)과 환경성 · 안전성 · 에너지안보 · 지속가능성을 추구하도록 전환하는 것을 말한다.
11. "기후위기 적응"이란 기후위기에 대한 취약성을 줄이고 기후위기로 인한 건강피해와 자연재해에 대한 적응역량과 회복력을 높이는 등 현재 나타나고 있거나 미래에 나타날 것으로 예상되는 기후위기의 파급효과와 영향을 최소화하거나 유익한 기회로 촉진하는 모든 활동을 말한다.

11의2. "기후위기 적응정보"란 기후변화가 생태계, 생물다양성, 대기, 물환경, 보건, 농림 · 식품, 산림, 해양 · 수산, 산업, 방재 등에 미치는 영향, 취약성, 위험 및 사회적 · 경제적 파급효과를 조사 · 평가한 자료와 기후위기 적응 정책을 마련 · 추진하는 과정에서 수집 · 활용되는 모든 자료 및 분석 결과물 등을 말한다.

12. "기후정의"란 기후변화를 야기하는 온실가스 배출에 대한 사회계층별 책임이 다름을 인정하고 기후위기를 극복하는 과정에서 모든 이해관계자들이 의사결정과정에 동등하고 실질적으로 참여하며 기후변화의 책임에 따라 탄소중립 사회로의 이행 부담과 녹색성장의 이익을 공정하게 나누어 사회적 · 경제적 및 세대 간의 평등을 보장하는 것을 말한다.
13. "정의로운 전환"이란 탄소중립 사회로 이행하는 과정에서 직 · 간접적 피해를 입을 수 있는 지역이나 산업의 노동자, 농민, 중소상공인 등을 보호하여 이행 과정에서 발생하는 부담을 사회적으로 분담하고 취약계층의 피해를 최소화하는 정책방향을 말한다.
14. "녹색성장"이란 에너지와 자원을 절약하고 효율적으로 사용하여 기후변화와 환경훼손을 줄이고 청정에너지와 녹색기술의 연구개발을 통하여 새로운 성장동력을 확보하며 새로운 일자리를 창출해 나가는 등 경제와 환경이 조화를 이루는 성장을 말한다.
15. "녹색경제"란 화석에너지의 사용을 단계적으로 축소하고 녹색기술과 녹색산업을 육성함으로써 국가경쟁력을 강화하고 지속가능발전을 추구하는 경제를 말한다.
16. "녹색기술"이란 기후변화대응 기술(「기후변화대응 기술개발 촉진법」 제2조제6호에 따른 기후변화대응 기술을 말한다), 에너지 이용 효율화 기술, 청정생산기술, 신 · 재생에너지 기술, 자원순환(「자원순환기본법」 제2조제1호에 따른 자원순환을 말한다. 이하 같다) 및 친환경 기술(관련 융합기술을 포함한다) 등 사회 · 경제 활동의 전 과정에 걸쳐 화석에너지

의 사용을 대체하고 에너지와 자원을 효율적으로 사용하여 탄소중립을 이루고 녹색성장을 촉진하기 위한 기술을 말한다.

17. "녹색산업"이란 온실가스를 배출하는 화석에너지의 사용을 대체하고 에너지와 자원 사용의 효율을 높이며, 환경을 개선할 수 있는 재화의 생산과 서비스의 제공 등을 통하여 탄소중립을 이루고 녹색성장을 촉진하기 위한 모든 산업을 말한다.

제3조(기본원칙) 탄소중립 사회로의 이행과 녹색성장은 다음 각 호의 기본원칙에 따라 추진되어야 한다.

1. 미래세대의 생존을 보장하기 위하여 현재 세대가 져야 할 책임이라는 세대 간 형평성의 원칙과 지속가능발전의 원칙에 입각한다.
2. 범지구적인 기후위기의 심각성과 그에 대응하는 국제적 경제환경의 변화에 대한 합리적 인식을 토대로 종합적인 위기 대응 전략으로서 탄소중립 사회로의 이행과 녹색성장을 추진한다.
3. 기후변화에 대한 과학적 예측과 분석에 기반하고, 기후위기에 영향을 미치거나 기후위기로부터 영향을 받는 모든 영역과 분야를 포괄적으로 고려하여 온실가스 감축과 기후위기 적응에 관한 정책을 수립한다.
4. 기후위기로 인한 책임과 이익이 사회 전체에 균형 있게 분배되도록 하는 기후정의를 추구함으로써 기후위기와 사회적 불평등을 동시에 극복하고, 탄소중립 사회로의 이행 과정에서 피해를 입을 수 있는 취약한 계층·부문·지역을 보호하는 등 정의로운 전환을 실현한다.
5. 환경오염이나 온실가스 배출로 인한 경제적 비용이 재화 또는 서비스의 시장가격에 합리적으로 반영되도록 조세체계와 금융체계 등을 개편하여 오염자 부담의 원칙이 구현되도록 노력한다.
6. 탄소중립 사회로의 이행을 통하여 기후위기를 극복함과 동시에, 성장 잠재력과 경쟁력이 높은 녹색기술과 녹색산업에 대한 투자 및 지원을 강화함으로써 국가 성장동력을 확충하고 국제 경쟁력을 강화하며, 일자리를 창출하는 기회로 활용하도록 한다.
7. 탄소중립 사회로의 이행과 녹색성장의 추진 과정에서 모든 국민의 민주적 참여를 보장한다.
8. 기후위기가 인류 공통의 문제라는 인식 아래 지구 평균 기온 상승을 산업화 이전 대비 최대 섭씨 1.5도로 제한하기 위한 국제사회의 노력에 적극 동참하고, 개발도상국의 환경과 사회정의를 저해하지 아니하며, 기후위기 대응을 지원하기 위한 협력을 강화한다.

제4조(국가와 지방자치단체의 책무) ① 국가와 지방자치단체는 경제·사회·교육·문화 등 모든 부문에 제3조에 따른 기본원칙이 반영될 수 있도록 노력하여야 하며, 관계 법령 개선과 재정투자, 시설 및 시스템 구축 등 제반 여건을 마련하여야 한다.

② 국가와 지방자치단체는 각종 계획의 수립과 사업의 집행과정에서 기후위기에 미치는 영향과 경제와 환경의 조화로운 발전 등을 종합적으로 고려하여야 한다.

③ 지방자치단체는 탄소중립 사회로의 이행과 녹색성장의 추진을 위한 대책을 수립 · 시행할 때 해당 지방자치단체의 지역적 특성과 여건 등을 고려하여야 한다.

④ 국가와 지방자치단체는 기후위기 대응 정책을 정기적으로 점검하여 이행성과를 평가하고, 국제협상의 동향과 주요 국가 및 지방자치단체의 정책을 분석하여 면밀한 대책을 마련하여야 한다.

⑤ 국가와 지방자치단체는 「공공기관의 운영에 관한 법률」 제4조에 따른 공공기관(이하 "공공기관"이라 한다)과 사업자 및 국민이 온실가스를 효과적으로 감축하고 기후위기 적응역량을 강화할 수 있도록 필요한 조치를 강구하여야 한다.

⑥ 국가와 지방자치단체는 기후정의와 정의로운 전환의 원칙에 따라 기후위기로부터 국민의 안전과 재산을 보호하여야 한다.

⑦ 국가와 지방자치단체는 기후변화 현상에 대한 과학적 연구와 영향 예측 등을 추진하고, 국민과 사업자에게 관련 정보를 투명하게 제공하며, 이들이 의사결정 과정에 적극 참여하고 협력할 수 있도록 보장하여야 한다.

⑧ 국가와 지방자치단체는 탄소중립 사회로의 이행과 녹색성장의 추진을 위한 국제적 노력에 능동적으로 참여하고, 개발도상국에 대한 정책적 · 기술적 · 재정적 지원 등 기후위기 대응을 위한 국제협력을 적극 추진하여야 한다.

⑨ 국가와 지방자치단체는 탄소중립 사회로의 이행과 녹색성장의 추진 등 기후위기 대응에 필요한 전문인력의 양성에 노력하여야 한다.

제5조(공공기관, 사업자 및 국민의 책무) ① 공공기관은 탄소중립 사회로의 이행을 위한 국가 및 지방자치단체의 시책에 적극 협조하고, 제66조제4항에 따른 녹색제품의 우선 구매 등을 통하여 녹색기술 · 녹색산업에 대한 투자 및 고용 확대를 유도하며, 예산의 수립과 집행, 사업의 선정과 추진 등 모든 활동에서 기후위기에 미치는 영향을 최소화하도록 노력하여야 한다.

② 사업자는 제55조에 따른 녹색경영을 통하여 사업활동으로 인한 온실가스 배출을 최소화하고 녹색기술 연구개발과 녹색산업에 대한 투자 및 고용을 확대하도록 노력하여야 하며, 국가와 지방자치단체의 시책에 참여하고 협력하여야 한다.

③ 국민은 가정과 학교 및 사업장 등에서 제67조제1항에 따른 녹색생활을 적극 실천하고, 국가와 지방자치단체의 시책에 참여하며 협력하여야 한다.

제6조(다른 법률과의 관계) 탄소중립 사회로의 이행과 녹색성장의 추진에 관하여 다른 법률에 특별한 규정이 있는 경우를 제외하고는 이 법에서 정하는 바에 따른다.

제2장 국가비전 및 온실가스 감축 목표 등

제7조(국가비전 및 국가전략) ① 정부는 2050년까지 탄소중립을 목표로 하여 탄소중립 사회로 이행하고 환경과 경제의 조화로운 발전을 도모하는 것을 국가비전으로 한다.

② 정부는 제1항에 따른 국가비전(이하 "국가비전"이라 한다)을 달성하기 위하여 다음 각 호의 사항을 포함하는 국가탄소중립녹색성장전략(이하 "국가전략"이라 한다)을 수립하여야 한다.

1. 국가비전 등 정책목표에 관한 사항
2. 국가비전의 달성을 위한 부문별 전략 및 중점추진과제
3. 환경 · 에너지 · 국토 · 해양 등 관련 정책과의 연계에 관한 사항
4. 그 밖에 재원조달, 조세 · 금융, 인력양성, 교육 · 홍보 등 탄소중립 사회로의 이행을 위하여 필요하다고 인정되는 사항

③ 정부는 국가전략을 수립 · 변경하려는 경우 공청회 개최 등을 통하여 관계 전문가 및 지방자치단체, 이해관계자 등의 의견을 듣고 이를 반영하도록 노력하여야 한다.

④ 국가전략을 수립하거나 변경하는 경우에는 제15조제1항에 따른 2050 탄소중립녹색성장위원회(이하 "위원회"라 한다)의 심의를 거친 후 국무회의의 심의를 거쳐야 한다. 다만, 대통령령으로 정하는 경미한 사항을 변경하는 경우에는 위원회 및 국무회의의 심의를 생략할 수 있다.

⑤ 정부는 기술적 여건과 전망, 사회적 여건 등을 고려하여 국가전략을 5년마다 재검토하고, 필요한 경우 이를 변경하여야 한다.

⑥ 환경부장관은 국가전략의 수립·변경에 관한 업무를 지원하며, 원활한 업무수행을 위하여 관계 중앙행정기관의 장, 지방자치단체의 장과 공공기관의 장에게 필요한 자료의 제출을 요청할 수 있다. 이 경우 요청을 받은 자는 특별한 사정이 없으면 자료 제출에 협조하여야 한다.

⑦ 제2항부터 제6항까지의 규정에 따른 국가전략의 내용 및 수립·변경 절차 등에 관하여 필요한 사항은 대통령령으로 정한다.

시행령 **제2조(국가탄소중립녹색성장전략의 경미한 변경)** 「기후위기 대응을 위한 탄소중립·녹색성장 기본법」(이하 "법"이라 한다) 제7조제4항 단서에서 "대통령령으로 정하는 경미한 사항을 변경하는 경우"란 정책목표의 범위에서 같은 조 제2항제2호에 따른 부문별 전략 또는 중점추진과제의 세부 내용의 일부를 변경하거나 주관 기관 또는 관련 기관을 변경하는 경우를 말한다.

제8조(중장기 국가 온실가스 감축 목표 등) ① 정부는 국가 온실가스 배출량을 2030년까지 2018년의 국가 온실가스 배출량 대비 35퍼센트 이상의 범위에서 대통령령으로 정하는 비

율만큼 감축하는 것을 중장기 국가 온실가스 감축 목표(이하 "중장기감축목표"라 한다)로 한다.

② 정부는 중장기감축목표를 달성하기 위하여 산업, 건물, 수송, 발전, 폐기물 등 부문별 온실가스 감축 목표(이하 "부문별감축목표"라 한다)를 설정하여야 한다.

③ 정부는 중장기감축목표와 부문별감축목표의 달성을 위하여 국가 전체와 각 부문에 대한 연도별 온실가스 감축 목표(이하 "연도별감축목표"라 한다)를 설정하여야 한다.

④ 정부는 「파리협정」(이하 "협정"이라 한다) 등 국내외 여건을 고려하여 중장기감축목표, 부문별감축목표 및 연도별감축목표(이하 "중장기감축목표등"이라 한다)를 5년마다 재검토하고 필요할 경우 협정 제4조의 진전의 원칙에 따라 이를 변경하거나 새로 설정하여야 한다. 다만, 사회적 · 기술적 여건의 변화 등에 따라 필요한 경우에는 5년이 경과하기 이전에 변경하거나 새로 설정할 수 있다.

⑤ 정부는 중장기감축목표등을 설정 또는 변경할 때에는 다음 각 호의 사항을 고려하여야 한다.

1. 국가 중장기 온실가스 배출 · 흡수 전망
2. 국가비전 및 국가전략
3. 중장기감축목표등의 달성가능성
4. 부문별 온실가스 배출 및 감축 기여도
5. 국가 에너지정책에 미치는 영향
6. 국내 산업, 특히 화석연료 의존도가 높은 업종 및 지역에 미치는 영향
7. 국가 재정에 미치는 영향
8. 온실가스 감축 등 관련 기술 전망
9. 국제사회의 기후위기 대응 동향

⑥ 정부는 중장기감축목표등을 설정 · 변경하는 경우에는 공청회 개최 등을 통하여 관계 전문가나 이해관계자 등의 의견을 듣고 이를 반영하도록 노력하여야 한다.

⑦ 제1항부터 제6항까지의 규정에 따른 중장기감축목표등의 설정 · 변경 등에 관하여 필요한 사항은 대통령령으로 정한다.

시행령 **제3조(중장기 국가 온실가스 감축 목표 등)** ① 법 제8조제1항에서 "대통령령으로 정하는 비율"이란 40퍼센트를 말한다.

② 환경부장관은 법 제8조제1항부터 제3항까지의 규정에 따른 중장기 국가 온실가스 감축 목표, 부문별 온실가스 감축 목표 및 연도별 온실가스 감축 목표(이하 "온실가스중장기감축목표등"이라 한다)의 설정 · 변경에 관한 업무를 총괄 · 조정한다.

③ 정부는 법 제8조제1항부터 제4항까지의 규정에 따라 온실가스중장기감축목표등을 설정 · 변경하거나 새로 설정하는 경우에는 법 제15조제1항에 따른 2050 탄소중립녹색성장위원

회의 심의를 거쳐야 한다.

④ 정부는 법 제8조제1항부터 제4항까지의 규정에 따라 온실가스 중장기감축목표 등을 설정 · 변경하거나 새로 설정하는 경우에는 법 제33조제1항에 따른 탄소흡수원등을 활용한 감축실적과 법 제35조제3항 본문에 따른 국제감축실적 등을 고려할 수 있다.

⑤ 중앙행정기관의 장이 다음 각호의 계획을 수립 · 변경할 때에는 온실가스중장기감축목표 등에 부합하도록 해야 한다.

1. 법 제10조제1항에 따른 국가 탄소중립 녹색성장 기본계획
2. 「전기사업법」 제25조제1항에 따른 전력수급기본계획
3. 「국토기본법」 제9조제1항에 따른 국토종합계획
4. 「지속가능발전법」 제7조에 따른 중앙 지속가능발전 기본계획
5. 「신에너지 및 재생에너지 개발 · 이용 · 보급 촉진법」 제5조제1항에 따른 신 · 재생에너지의 기술개발 및 이용 · 보급을 촉진하기 위한 기본계획
6. 「국가통합교통체계효율화법」 제4조제1항에 따른 국가기간교통망에 관한 계획
7. 「수소경제 육성 및 수소 안전관리에 관한 법률」 제5조제1항에 따른 수소경제 이행 기본계획
8. 「농업 · 농촌 및 식품산업 기본법」 제14조제1항에 따른 농업 · 농촌 및 식품산업 발전계획
9. 「자원순환기본법」 제11조제1항에 따른 자원순환기본계획
10. 「녹색건축물 조성 지원법」 제6조제1항에 따른 녹색건축물 기본계획
11. 「탄소흡수원 유지 및 증진에 관한 법률」 제5조제1항에 따른 탄소흡수원 증진종합계획
12. 그 밖에 법 제15조제1항에 따른 2050 탄소중립녹색성장위원회의 의결을 거쳐 같은 항에 따른 2050 탄소중립녹색성장위원회의 위원장이 선정한 주요 계획

제9조(이행현황의 점검 등) ① 위원회의 위원장(이하 "위원장"이라 한다)은 중장기감축목표 및 부문별감축목표를 달성하기 위하여 연도별감축목표의 이행현황을 매년 점검하고, 그 결과 보고서를 작성하여 공개하여야 한다.

② 제1항에 따른 결과 보고서에는 온실가스 배출량이 연도별감축목표에 부합하는지의 여부, 제1항에 따른 점검 결과 확인된 부진사항 및 그 개선사항과 그 밖에 대통령령으로 정하는 사항이 포함되어야 한다.

③ 제1항에 따른 점검 결과 온실가스 배출량이 연도별감축목표에 부합하지 아니하는 경우 해당 부문에 관한 업무를 관장하는 행정기관의 장은 온실가스 감축 계획을 작성하여 위원회에 제출하여야 한다.

④ 중앙행정기관의 장, 지방자치단체의 장 및 공공기관의 장은 제2항에 따른 부진사항 또는 개선사항이 있는 경우 해당 기관의 정책 등에 이를 반영하여야 한다.

⑤ 제1항에 따른 이행현황의 점검 방법 및 결과 보고서의 공개 절차, 제3항에 따른 온실가스 감축 계획의 제출 방법 등에 관하여 필요한 사항은 대통령령으로 정한다.

시행령 **제4조(이행현황의 점검 등)** ① 법 제15조제1항에 따른 2050 탄소중립녹색성장위원회의 위원장은 법 제9조제1항에 따른 이행현황 점검을 실시하기 위하여 매년 점검계획을 수립해야 한다.

② 법 제9조제1항에 따른 이행현황 점검은 서면점검으로 실시하되, 필요한 경우 현장점검으로 실시할 수 있다.

③ 환경부장관은 법 제9조제1항에 따른 이행현황 점검에 관한 업무를 지원한다.

④ 법 제15조제1항에 따른 2050 탄소중립녹색성장위원회의 위원장은 법 제9조제1항에 따른 이행현황 점검 및 결과 보고서의 작성을 위하여 필요한 경우 관계 행정기관의 장에게 관련 자료의 제출을 요청할 수 있다.

⑤ 법 제15조제1항에 따른 2050 탄소중립녹색성장위원회의 위원장은 법 제9조제1항에 따라 작성한 결과 보고서를 법 제15조제1항에 따른 2050 탄소중립녹색성장위원회의 심의를 거쳐 같은 항에 따른 2050 탄소중립녹색성장위원회의 인터넷 홈페이지에 공개해야 한다. 〈개정 2022. 9. 20.〉

⑥ 법 제9조제2항에서 "대통령령으로 정하는 사항"이란 다음 각 호의 사항을 말한다.

1. 법 제8조제3항에 따른 연도별 온실가스 감축 목표(이하 "연도별감축목표"라 한다)의 이행현황에 대한 이해관계자의 의견수렴 결과
2. 연도별감축목표의 이행현황을 확인하기 위하여 법 제15조제1항에 따른 2050 탄소중립녹색성장위원회의 위원장이 필요하다고 인정하는 사항

⑦ 제1항부터 제6항까지에서 규정한 사항 외에 연도별감축목표의 이행현황 점검에 필요한 사항은 법 제15조제1항에 따른 2050 탄소중립녹색성장위원회의 의결을 거쳐 같은 항에 따른 2050 탄소중립녹색성장위원회의 위원장이 정한다.

제 3 장 국가 탄소중립 녹색성장 기본계획의 수립 등

제10조(국가 탄소중립 녹색성장 기본계획의 수립 · 시행) ① 정부는 제3조의 기본원칙에 따라 국가비전 및 중장기감축목표등의 달성을 위하여 20년을 계획기간으로 하는 국가 탄소중립 녹색성장 기본계획(이하 "국가기본계획"이라 한다)을 5년마다 수립 · 시행하여야 한다.

② 국가기본계획에는 다음 각 호의 사항이 포함되어야 한다.

1. 국가비전과 온실가스 감축 목표에 관한 사항
2. 국내외 기후변화 경향 및 미래 전망과 대기 중의 온실가스 농도변화
3. 온실가스 배출 · 흡수 현황 및 전망

4. 중장기감축목표등의 달성을 위한 부문별 · 연도별 대책
5. 기후변화의 감시 · 예측 · 영향 · 취약성평가 및 재난방지 등 적응대책에 관한 사항
6. 정의로운 전환에 관한 사항
7. 녹색기술 · 녹색산업 육성, 녹색금융 활성화 등 녹색성장 시책에 관한 사항
8. 기후위기 대응과 관련된 국제협상 및 국제협력에 관한 사항
9. 기후위기 대응을 위한 국가와 지방자치단체의 협력에 관한 사항
10. 탄소중립 사회로의 이행과 녹색성장의 추진을 위한 재원의 규모와 조달 방안
11. 그 밖에 탄소중립 사회로의 이행과 녹색성장의 추진을 위하여 필요한 사항으로서 대통령령으로 정하는 사항

③ 정부는 국가기본계획을 수립 · 변경하려는 경우 공청회 개최 등을 통하여 국민과 관계 전문가, 이해관계자 등의 의견을 듣고 이를 반영하도록 노력하여야 한다.

④ 국가기본계획을 수립하거나 변경하는 경우에는 위원회의 심의를 거친 후 국무회의의 심의를 거쳐야 한다. 다만, 대통령령으로 정하는 경미한 사항을 변경하는 경우에는 위원회 및 국무회의의 심의를 생략할 수 있다.

⑤ 환경부장관은 국가기본계획의 수립 · 시행 등에 관한 업무를 지원하며, 원활한 업무수행을 위하여 관계 중앙행정기관의 장에게 필요한 자료의 제출을 요청할 수 있다. 이 경우 관계 중앙행정기관의 장은 특별한 사정이 없으면 자료 제출에 협조하여야 한다.

⑥ 제1항부터 제4항까지의 규정에 따른 국가기본계획의 수립 및 변경의 방법 · 절차 등에 필요한 사항은 대통령령으로 정한다.

시행령 **제5조(국가 탄소중립 녹색성장 기본계획의 수립 · 시행)** ① 삭제

② 법 제10조제2항제11호에서 "대통령령으로 정하는 사항"이란 다음 각 호의 사항을 말한다.

1. 농업 · 축산 · 수산, 산업, 에너지, 발전, 환경, 폐기물, 국토, 건물, 수송, 해양, 중소기업, 산림 등 탄소중립 사회로의 이행과 녹색성장의 추진에 관련된 각 분야별 정책과의 연계에 관한 사항
2. 온실가스 감축 목표 및 감축대책에 따른 경제적 효과 분석
3. 법 제35조제1항에 따른 국제감축사업의 목적, 원칙 및 추진 방안
4. 그 밖에 탄소중립 사회로의 이행과 녹색성장의 추진을 위하여 법 제10조제1항에 따른 국가 탄소중립 녹색성장 기본계획(이하 "탄소중립국가기본계획"이라 한다)에 포함할 필요가 있다고 법 제15조제1항에 따른 2050 탄소중립녹색성장위원회가 인정하여 의결한 사항

③ 법 제10조제4항 단서에서 "대통령령으로 정하는 경미한 사항을 변경하는 경우"란 다음 각 호의 경우를 말한다.

1. 변화된 국내외 여건을 반영하여 법 제10조제2항제2호 및 제3호에 관한 사항 중 일부를 변경하는 경우
2. 탄소중립국가기본계획의 본질적인 내용에 영향을 미치지 않는 사항으로서 정책목표의 범위에서 법 제10조제2항제4호에 따른 부문별 · 연도별 대책의 세부 내용의 일부를 변경하거나 주관 기관 또는 관련 기관을 변경하는 경우

제11조(시 · 도 계획의 수립 등) ① 특별시장 · 광역시장 · 특별자치시장 · 도지사 및 특별자치도지사(이하 "시 · 도지사"라 한다)는 국가기본계획과 관할 구역의 지역적 특성 등을 고려하여 10년을 계획기간으로 하는 시 · 도 탄소중립 녹색성장 기본계획(이하 "시 · 도계획"이라 한다)을 5년마다 수립 · 시행하여야 한다.

② 시 · 도계획에는 다음 각 호의 사항이 포함되어야 한다.

1. 지역별 온실가스 배출 · 흡수 현황 및 전망
2. 지역별 중장기 온실가스 감축 목표 및 부문별 · 연도별 이행대책
3. 지역별 기후변화의 감시 · 예측 · 영향 · 취약성평가 및 재난방지 등 적응대책에 관한 사항
4. 기후위기가 「공유재산 및 물품 관리법」 제2조제1호에 따른 공유재산에 미치는 영향과 대응방안
5. 기후위기 대응과 관련된 지역별 국제협력에 관한 사항
6. 기후위기 대응을 위한 지방자치단체 간 협력에 관한 사항
7. 탄소중립 사회로의 이행과 녹색성장의 추진을 위한 교육 · 홍보에 관한 사항
8. 녹색기술 · 녹색산업 육성 등 녹색성장 촉진에 관한 사항
9. 그 밖에 탄소중립 사회로의 이행과 녹색성장의 추진을 위하여 시 · 도지사가 필요하다고 인정하는 사항

③ 시 · 도지사는 시 · 도계획을 수립 · 변경하려는 경우 공청회 개최 등을 통하여 지역주민과 관계 전문가, 이해관계자 등의 의견을 듣고 이를 반영하도록 노력하여야 한다.

④ 시 · 도지사는 시 · 도계획을 수립 또는 변경하는 경우에는 제22조제1항에 따른 2050 지방탄소중립녹색성장위원회(이하 "지방위원회"라 한다)의 심의를 거쳐야 한다. 다만, 대통령령으로 정하는 경미한 사항을 변경하는 경우에는 심의를 생략할 수 있다.

⑤ 시 · 도지사는 시 · 도계획이 수립 또는 변경된 경우 이를 환경부장관에게 제출하여야 하며, 환경부장관은 제출받은 시 · 도계획을 종합하여 위원회에 보고하여야 한다.

⑥ 정부는 시 · 도계획의 이행을 촉진하기 위하여 필요한 지원시책을 마련할 수 있다.

⑦ 제1항부터 제6항까지의 규정에 따른 시 · 도계획의 수립 · 시행 및 변경, 제출 · 보고, 지원시책의 마련 등에 관하여 필요한 사항은 대통령령으로 정한다.

시행령 제6조(탄소중립시 · 도계획의 수립 등) ① 특별시장 · 광역시장 · 특별자치시장 · 도지사 및 특별자치도지사(이하 "시 · 도지사"라 한다)는 탄소중립국가기본계획이 수립되거나 변경(법 제10조제4항 단서에 따른 경미한 사항이 변경된 경우는 제외한다)된 날부터 6개월 이내에 법 제11조제1항에 따른 시 · 도 탄소중립 녹색성장 기본계획(이하 "탄소중립시 · 도계획"이라 한다)을 수립하거나 변경해야 한다.

② 삭제

③ 법 제11조제4항 단서에서 "대통령령으로 정하는 경미한 사항을 변경하는 경우"란 다음 각 호의 경우를 말한다.

1. 변화된 국내외 여건을 반영하여 법 제11조제2항제1호의 사항 중 일부를 변경하는 경우
2. 탄소중립시 · 도계획(법 제12조제2항에 따라 준용되는 경우에는 같은 조 제1항에 따른 시 · 군 · 구 탄소중립 녹색성장 기본계획을 말한다)의 본질적인 내용에 영향을 미치지 않는 사항으로서 정책목표의 범위에서 법 제11조제2항제2호에 따른 부문별 · 연도별 이행대책의 세부 내용의 일부를 변경하거나 주관 기관 또는 관련 기관을 변경하는 경우

④ 시 · 도지사는 법 제11조제5항에 따라 탄소중립시 · 도계획이 수립 또는 변경된 날부터 1개월 이내에 탄소중립시 · 도계획을 환경부장관에게 제출해야 하며, 환경부장관은 탄소중립시 · 도계획을 모두 제출받은 날부터 3개월 이내에 제출받은 탄소중립시 · 도계획을 종합하여 법 제15조제1항에 따른 2050 탄소중립녹색성장위원회에 보고해야 한다.

⑤ 관계 중앙행정기관의 장은 법 제11조제6항에 따라 특별시 · 광역시 · 특별자치시 · 도 · 특별자치도(이하 "시 · 도"라 한다)의 부문별 탄소중립 정책 추진을 촉진하기 위한 행정적 · 재정적 지원을 할 수 있다.

⑥ 환경부장관은 법 제11조제6항에 따라 다음 각 호의 지원을 할 수 있다.

1. 탄소중립시 · 도계획 작성을 위한 지침 마련 · 제공 등의 지원
2. 탄소중립시 · 도계획의 분야별 실행전략 마련을 위한 컨설팅
3. 탄소중립시 · 도계획 이행 촉진을 위한 교육 · 훈련과 관련 정보시스템 구축 지원

⑦ 제1항 및 제3항부터 제6항까지에서 규정한 사항 외에 탄소중립시 · 도계획의 수립 · 변경에 필요한 사항은 시 · 도의 조례로 정한다.

제12조(시 · 군 · 구 계획의 수립 등) ① 시장 · 군수 · 구청장(자치구의 구청장을 말한다. 이하 같다)은 국가기본계획, 시 · 도계획과 관할 구역의 지역적 특성 등을 고려하여 10년을 계획기간으로 하는 시 · 군 · 구 탄소중립 녹색성장 기본계획(이하 "시 · 군 · 구계획"이라 한다)을 5년마다 수립 · 시행하여야 한다.

② 시 · 군 · 구계획을 수립 · 변경하는 경우에는 제11조제2항 · 제4항을 준용한다. 이 경우 "시 · 도지사"는 각각 "시장 · 군수 · 구청장"으로 본다.

③ 시장 · 군수 · 구청장은 시 · 군 · 구계획이 수립 또는 변경된 경우 이를 환경부장관 및 관할

시 · 도지사에게 제출하여야 하며, 환경부장관은 제출받은 시 · 군 · 구계획을 종합하여 위원회에 보고하여야 한다.

④ 정부는 시 · 군 · 구계획의 이행을 촉진하기 위하여 필요한 지원시책을 마련할 수 있다.

⑤ 제1항부터 제4항까지의 규정에 따른 시 · 군 · 구계획의 수립 · 시행 및 변경, 지원시책의 마련 등에 관하여 필요한 사항은 대통령령으로 정한다.

시행령 **제7조(탄소중립시 · 군 · 구계획의 수립 등)** ① 시장 · 군수 · 구청장(자치구의 구청장을 말한다. 이하 같다)은 탄소중립시 · 도계획이 수립되거나 변경(법 제11조제3항 단서에 따른 경미한 사항이 변경된 경우는 제외한다)된 날부터 6개월 이내에 법 제12조제1항에 따른 시 · 군 · 구 탄소중립 녹색성장 기본계획(이하 "탄소중립시 · 군 · 구계획"이라 한다)을 시 · 도지사와의 협의를 거쳐 수립하거나 변경해야 한다.

② 시장 · 군수 · 구청장은 제1항에 따라 탄소중립시 · 군 · 구계획을 수립하거나 변경하는 경우에는 법 제22조제1항에 따른 2050 지방탄소중립녹색성장위원회(이하 "지방위원회"라 한다)의 심의를 거치기 전에 지역주민, 관계 전문가 및 이해관계자의 의견을 들어야 한다.

③ 시장 · 군수 · 구청장은 법 제12조제3항에 따라 탄소중립시 · 군 · 구계획이 수립 또는 변경된 날부터 1개월 이내에 탄소중립시 · 군 · 구계획을 환경부장관 및 관할 시 · 도지사에게 제출해야 하며, 환경부장관은 탄소중립시 · 군 · 구계획을 모두 제출받은 날부터 3개월 이내에 제출받은 탄소중립시 · 군 · 구계획을 종합하여 법 제15조제1항에 따른 2050 탄소중립녹색성장위원회에 보고해야 한다.

④ 관계 중앙행정기관의 장은 법 제12조제4항에 따라 시 · 군 · 구(자치구를 말한다. 이하 같다)의 부문별 탄소중립 정책 추진을 촉진하기 위한 행정적 · 재정적 지원을 할 수 있다.

⑤ 환경부장관은 법 제12조제4항에 따라 다음 각 호의 지원을 할 수 있다.

1. 탄소중립시 · 군 · 구계획 작성을 위한 지침 마련 · 제공 등의 지원
2. 탄소중립시 · 군 · 구계획의 분야별 실행전략 마련을 위한 컨설팅
3. 탄소중립시 · 군 · 구계획 이행 촉진을 위한 교육 · 훈련과 관련 정보시스템 구축 지원

⑥ 제1항부터 제5항까지에서 규정한 사항 외에 탄소중립시 · 군 · 구계획의 수립 · 변경에 필요한 사항은 시 · 군 · 구의 조례로 정한다.

제13조(국가기본계획 등의 추진상황 점검) ① 위원장은 국가기본계획의 추진상황 및 주요 성과를 매년 정성 · 정량적으로 점검하고, 그 결과 보고서를 작성하여 공개하여야 한다.

② 시 · 도지사 및 시장 · 군수 · 구청장은 시 · 도계획 및 시 · 군 · 구계획의 추진상황과 주요 성과를 매년 정성 · 정량적으로 점검하고, 그 결과 보고서를 작성하여 지방위원회의 심의를 거쳐 시 · 도계획은 환경부장관에게, 시 · 군 · 구계획의 경우에는 환경부장관과 관할 시 · 도지사에게 각각 제출하여야 하며, 환경부장관은 이를 종합하여 위원회에 보고하여야 한다.

③ 위원장은 제1항 및 제2항에 따른 점검 결과 개선이 필요한 사항에 관하여 관계 중앙행정기관의 장, 시 · 도지사 또는 시장 · 군수 · 구청장에게 개선의견을 제시할 수 있다. 이 경우 관계 중앙행정기관의 장, 시 · 도지사 또는 시장 · 군수 · 구청장은 특별한 사정이 없는 한 해당 기관의 정책 등에 이를 반영하여야 한다.

④ 제1항 및 제2항에 따른 점검 방법 및 공개 절차 등에 관하여 필요한 사항은 대통령령으로 정한다.

시행령 **제8조(탄소중립국가기본계획 등의 추진상황 점검)** ① 법 제15조제1항에 따른 2050 탄소중립녹색성장위원회의 위원장은 법 제13조제1항에 따라 탄소중립국가기본계획의 추진상황과 주요 성과를 점검하기 위한 계획을 매년 수립해야 한다.

② 법 제15조제1항에 따른 2050 탄소중립녹색성장위원회의 위원장은 법 제13조제1항에 따른 점검을 위하여 필요한 경우 관계 행정기관의 장에게 관련 자료의 제출을 요청할 수 있다.

③ 법 제15조제1항에 따른 2050 탄소중립녹색성장위원회의 위원장은 법 제13조제1항에 따른 탄소중립국가기본계획 추진상황의 점검 결과를 「정부업무평가 기본법」에 따른 정부업무평가에 반영하도록 요청할 수 있다.

④ 법 제15조제1항에 따른 2050 탄소중립녹색성장위원회의 위원장은 법 제13조제1항에 따른 결과 보고서를 법 제15조제1항에 따른 2050 탄소중립녹색성장위원회의 심의를 거쳐 같은 항에 따른 2050 탄소중립녹색성장위원회의 인터넷 홈페이지에 공개해야 한다.

⑤ 시 · 도지사는 법 제13조제2항에 따라 탄소중립시 · 도계획의 추진상황과 주요 성과에 대한 점검 결과 보고서를 매년 5월 31일까지 환경부장관에게 제출해야 하고, 시장 · 군수 · 구청장은 탄소중립시 · 군 · 구계획의 추진상황과 주요 성과에 대한 점검 결과 보고서를 매년 5월 31일까지 환경부장관과 관할 시 · 도지사에게 각각 제출해야 한다.

⑥ 환경부장관은 탄소중립시 · 도계획 및 탄소중립시 · 군 · 구계획의 추진상황과 주요 성과에 대한 점검 결과 보고서 작성에 필요한 사항을 지원할 수 있다.

⑦ 환경부장관은 제5항에 따라 제출받은 시 · 도와 시 · 군 · 구의 점검 결과 보고서를 종합한 점검 결과 보고서를 작성하여 매년 7월 31일까지 법 제15조제1항에 따른 2050 탄소중립녹색성장위원회에 보고해야 한다.

⑧ 환경부장관은 법 제13조제1항 및 제2항에 따른 탄소중립국가기본계획, 탄소중립시 · 도계획 및 탄소중립시 · 군 · 구계획의 추진상황과 주요 성과에 대한 점검 등에 관한 법 제15조제1항에 따른 2050 탄소중립녹색성장위원회의 위원장의 업무를 지원한다.

⑨ 제1항부터 제8항까지에서 규정한 사항 외에 탄소중립국가기본계획 등의 추진상황과 주요 성과의 점검에 필요한 사항은 법 제15조제1항에 따른 2050 탄소중립녹색성장위원회의 의결을 거쳐 같은 항에 따른 2050 탄소중립녹색성장위원회의 위원장이 정한다.

제14조(법령 제정 · 개정에 따른 통보 등) ① 중앙행정기관의 장은 국가비전에 영향을 미치는 내용을 포함하는 법령을 제정 · 개정 또는 폐지하려고 하거나, 국가기본계획과 관련이 있는 중 · 장기 행정계획을 수립 · 변경하려는 때에는 위원회에 그 내용을 통보하여야 한다.

② 지방자치단체의 장은 국가비전에 영향을 미치는 내용을 포함하는 조례를 제정 · 개정 또는 폐지하려고 하거나, 시 · 도계획 또는 시 · 군 · 구계획과 관련이 있는 행정계획을 수립 · 변경하려는 때에는 위원회와 지방위원회에 그 내용을 통보하여야 한다.

③ 위원회 또는 지방위원회는 제1항 또는 제2항의 규정에 따라 통보받은 법령, 조례 또는 행정계획의 내용을 검토한 후 그 검토결과를 관계 중앙행정기관의 장 또는 관계 지방자치단체의 장(이하 이 조에서 "관계기관장"이라 한다)에게 통보하여야 한다.

④ 위원회 또는 지방위원회는 제3항에 따른 검토에 필요하다고 인정하는 경우 관계기관장에게 관련 자료를 제출하도록 요청할 수 있다. 이 경우 관계기관장은 특별한 사유가 없으면 요청에 따라야 한다.

⑤ 관계기관장은 제3항에 따라 검토결과를 통보받은 때에는 해당 법령 또는 조례의 제 · 개정, 폐지 또는 행정계획의 수립 · 변경에 그 검토내용을 적절하게 반영하여야 한다.

⑥ 제1항부터 제4항까지의 규정에 따른 검토 대상, 방법 및 통보절차 등에 관하여 필요한 사항은 대통령령으로 정한다.

시행령 **제9조(법령 제정 · 개정에 따른 통보 등)** ① 법 제14조제1항에 따라 중앙행정기관의 장이 법 제15조제1항에 따른 2050 탄소중립녹색성장위원회에 그 내용을 통보해야 하는 법령은 온실가스 감축 또는 기후위기 적응과 관련된 법령으로 한다.

② 법 제14조제1항에 따라 중앙행정기관의 장이 법 제15조제1항에 따른 2050 탄소중립녹색성장위원회에 그 내용을 통보해야 하는 중 · 장기 행정계획의 종류는 별표 1과 같다.

③ 법 제14조제1항에 따라 중앙행정기관의 장이 법 제15조제1항에 따른 2050 탄소중립녹색성장위원회에 법령 등의 내용을 통보해야 하는 시기는 다음 각 호의 구분에 따른다.

1. 국가비전에 영향을 미치는 내용을 포함하는 법령: 「법제업무 운영규정」 제11조에 따라 법령안을 관계 기관의 장에게 보낼 때
2. 탄소중립국가기본계획과 관련이 있는 중 · 장기 행정계획: 중 · 장기 행정계획을 수립하거나 변경하기 전(해당 계획의 근거 법령에서 관계 기관과 협의하도록 규정하고 있거나 같은 법령에서 규정하는 위원회 등의 심의를 거치도록 규정하고 있는 경우에는 관계 기관과 협의하기 전 또는 위원회 등의 심의를 거치기 전을 말한다)

④ 법 제14조제2항에 따라 지방자치단체의 장이 법 제15조제1항에 따른 2050 탄소중립녹색성장위원회 및 지방위원회에 그 내용을 통보해야 하는 조례와 행정계획은 다음 각 호의 구분에 따른다. 〈개정 2022. 9. 20.〉

1. 국가비전에 영향을 미치는 내용을 포함하는 조례: 별표 1의2에 따른 행정계획과 관련된 조례 중 온실가스 감축 또는 기후위기 적응에 관련된 조례
2. 탄소중립시 · 도계획 또는 탄소중립시 · 군 · 구계획과 관련이 있는 행정계획: 별표 1의2에 따른 행정계획

⑤ 법 제14조제2항에 따라 지방자치단체의 장이 법 제15조제1항에 따른 2050 탄소중립녹색성장위원회 및 지방위원회에 조례 등의 내용을 통보해야 하는 시기는 다음 각 호의 구분에 따른다. 〈개정 2022. 9. 20.〉

1. 제4항제1호의 조례: 해당 조례의 입법예고 시작일부터 3일 이내
2. 제4항제2호의 행정계획: 행정계획을 수립하거나 변경하기 전

⑥ 법 제14조제1항 또는 제2항에 따른 통보를 받은 법 제15조제1항에 따른 2050 탄소중립녹색성장위원회 또는 지방위원회는 법 제14조제3항에 따라 통보를 받은 날부터 30일 이내에 그 검토 결과를 관계 중앙행정기관의 장 또는 관계 지방자치단체의 장에게 통보해야 한다. 다만, 부득이한 사유로 30일 이내에 통보를 할 수 없는 경우에는 30일의 범위에서 그 기간을 연장할 수 있다.

제 4 장 2050 탄소중립녹색성장위원회 등

제15조(2050 탄소중립녹색성장위원회의 설치) ① 정부의 탄소중립 사회로의 이행과 녹색성장의 추진을 위한 주요 정책 및 계획과 그 시행에 관한 사항을 심의 · 의결하기 위하여 대통령 소속으로 2050 탄소중립녹색성장위원회를 둔다.

② 위원회는 위원장 2명을 포함한 50명 이상 100명 이내의 위원으로 구성한다.

③ 위원장은 국무총리와 제4항제2호의 위원 중에서 대통령이 지명하는 사람이 된다.

④ 위원회의 위원은 다음 각 호에 해당하는 사람으로 한다.

1. 기획재정부장관, 과학기술정보통신부장관, 산업통상자원부장관, 환경부장관, 국토교통부장관, 국무조정실장 및 그 밖에 대통령령으로 정하는 공무원
2. 기후과학, 온실가스 감축, 기후위기 예방 및 적응, 에너지 · 자원, 녹색기술 · 녹색산업, 정의로운 전환 등의 분야에 관한 학식과 경험이 풍부한 사람 중에서 대통령이 위촉하는 사람

⑤ 제4항제2호에 따라 위원을 위촉할 때에는 아동, 청년, 여성, 노동자, 농어민, 중소상공인, 시민사회단체 등 다양한 사회계층으로부터 후보를 추천받거나 의견을 들은 후 각 사회계층의 대표성이 반영될 수 있도록 하여야 한다. 〈개정 2023. 3. 28.〉

⑥ 위원회의 사무를 처리하게 하기 위하여 간사위원 1명을 두며, 간사위원은 국무조정실장이 된다.

⑦ 위원장이 부득이한 사유로 직무를 수행할 수 없는 때에는 국무총리인 위원장이 미리 정한 위원이 위원장의 직무를 대행한다.

⑧ 제4항제2호의 위원의 임기는 2년으로 하며 한 차례에 한정하여 연임할 수 있다.

⑨ 제1항부터 제8항까지의 규정에 따른 위원회의 구성과 운영 등에 관하여 필요한 사항은 대통령령으로 정한다.

[연관 시행령]

시행령 **제3조 (중장기 국가 온실가스 감축 목표 등)**

시행령 **제4조(이행현황의 점검 등)**

시행령 **제5조(국가 탄소중립 녹색성장 기본계획의 수립 · 시행)**

시행령 **제6조(탄소중립시 · 도계획의 수립 등)**

시행령 **제7조(탄소중립시 · 군 · 구계획의 수립 등)**

시행령 **제8조(탄소중립국가기본계획 등의 추진상황 점검)**

시행령 **제9조(법령 제정 · 개정에 따른 통보 등)**

시행령 **제10조(2050 탄소중립녹색성장위원회 위원장의 직무)** 법 제15조제1항에 따른 2050 탄소중립녹색성장위원회(이하 "위원회"라 한다)의 2명의 위원장(이하 "위원장"이라 한다)은 각자 위원회를 대표하고, 위원회의 업무를 총괄한다.

시행령 **제11조(위원회의 구성 등)** ① 법 제15조제4항제1호에서 "대통령령으로 정하는 공무원"이란 교육부장관, 외교부장관, 통일부장관, 행정안전부장관, 문화체육관광부장관, 농림축산식품부장관, 보건복지부장관, 고용노동부장관, 여성가족부장관, 해양수산부장관, 중소벤처기업부장관, 방송통신위원회위원장, 금융위원회위원장, 산림청장과 기상청장을 말한다.

② 법 제15조제4항제2호에 따른 위원(이하 "위촉위원"이라 한다)의 해촉으로 새로 위촉된 위원의 임기는 전임위원 임기의 남은 기간으로 한다.

③ 위촉위원은 법 제15조제8항에 따른 임기가 만료된 경우에도 후임위원이 위촉될 때까지 그 직무를 수행할 수 있다.

④ 대통령은 위촉위원이 다음 각 호의 어느 하나에 해당하는 경우에는 해당 위원을 해촉(解囑)할 수 있다.

1. 심신장애로 직무를 수행할 수 없게 된 경우
2. 직무와 관련된 비위사실이 있는 경우
3. 직무태만, 품위손상이나 그 밖의 사유로 위원으로 적합하지 않다고 인정되는 경우
4. 법 제18조제1항 각 호의 어느 하나에 해당함에도 불구하고 회피(回避)하지 않은 경우
5. 위원 스스로 직무를 수행하는 것이 곤란하다고 의사를 밝히는 경우

제16조(위원회의 기능) 위원회는 다음 각 호의 사항을 심의 · 의결한다.

1. 탄소중립 사회로의 이행과 녹색성장의 추진을 위한 정책의 기본방향에 관한 사항
2. 국가비전 및 중장기감축목표등의 설정 등에 관한 사항
3. 국가전략의 수립 · 변경에 관한 사항
4. 제9조에 따른 이행현황의 점검에 관한 사항
5. 국가기본계획의 수립 · 변경에 관한 사항
6. 제13조에 따른 국가기본계획, 시 · 도계획 및 시 · 군 · 구계획의 점검 결과 및 개선의견 제시에 관한 사항
7. 제38조 및 제39조에 따른 국가 기후위기 적응대책의 수립 · 변경 및 점검에 관한 사항
8. 탄소중립 사회로의 이행과 녹색성장에 관련된 법 · 제도에 관한 사항
9. 탄소중립 사회로의 이행과 녹색성장의 추진을 위한 재원의 배분방향 및 효율적 사용에 관한 사항
10. 탄소중립 사회로의 이행과 녹색성장에 관련된 연구개발, 인력양성 및 산업육성에 관한 사항
11. 탄소중립 사회로의 이행과 녹색성장에 관련된 국민 이해 증진 및 홍보 · 소통에 관한 사항
12. 탄소중립 사회로의 이행과 녹색성장에 관련된 국제협력에 관한 사항
13. 다른 법률에서 위원회의 심의를 거치도록 한 사항
14. 그 밖에 위원장이 온실가스 감축, 기후위기 적응, 정의로운 전환 및 녹색성장과 관련하여 필요하다고 인정하는 사항

시행령 **제12조(위원회의 심의)** ① 위원회는 법 제16조 각 호에 따른 심의를 지원하기 위하여 농업 · 축산 · 수산, 산업, 에너지, 발전, 환경, 폐기물, 국토, 건물, 수송, 해양 등의 분야별로 관련 전문기관을 지정할 수 있다.

② 제1항에 따라 지정된 전문기관의 지정 유효기간은 3년으로 하되, 위원회는 기간 만료 전에 전문기관 지정의 유효기간을 갱신할 수 있다.

제17조(회의) ① 위원장은 위원회의 회의를 소집하고 그 의장이 된다.

② 위원회의 회의는 위원 과반수의 출석으로 개의하고, 출석위원 과반수의 찬성으로 의결한다. 다만, 대통령령으로 정하는 경우에는 서면으로 심의 · 의결할 수 있다.

시행령 **제13조(회의)** ① 법 제17조제2항 단서에서 "대통령령으로 정하는 경우"란 다음 각 호의 경우를 말한다.

1. 긴급한 사유로 위원이 출석하는 회의를 개최할 시간적 여유가 없는 경우
2. 천재지변이나 그 밖의 부득이한 사유로 위원의 출석에 의한 의사정족수를 채우기 어려운 경우 등 위원장이 특별히 필요하다고 인정하는 경우

② 위원회 회의의 공개 방법 · 절차나 비공개 사유에 관한 사항은 위원회의 의결을 거쳐 위원장이 정한다.

시행령 **제13조의2(분과위원회의 설치 등)** ① 법 제19조제1항에 따른 분과위원회(이하 "분과위원회"라 한다)는 온실가스 감축, 에너지 전환, 산업 · 공정 전환, 기후변화 적응, 녹색성장, 국민 참여, 국제협력 등의 분야별로 구성할 수 있다.

② 법 제19조제1항에 따른 특별위원회(이하 "특별위원회"라 한다)는 위원회 업무의 효율적 수행 또는 특정 현안의 논의를 위해 구성할 수 있다. 이 경우 특별위원회는 위원회의 위원으로 구성한다.

③ 관계 중앙행정기관의 장은 탄소중립 사회로의 이행 및 녹색성장과 관련하여 분과위원회 또는 특별위원회에 소속 공무원 또는 관계 전문가를 대상으로 출석 및 의견 진술을 하게 하거나 요청할 수 있고, 필요한 자료를 제출할 수 있다.

제18조(위원의 제척 · 기피 · 회피) ① 위원은 다음 각 호의 어느 하나에 해당하는 경우에는 위원회의 심의 · 의결에서 제척된다.

1. 위원 또는 그 배우자나 배우자였던 자가 해당 사안의 당사자가 되거나 그 사건에 관하여 공동의 권리자 또는 의무자의 관계에 있거나 있었던 경우
2. 위원이 해당 사안의 당사자와 친족이거나 친족이었던 경우
3. 위원이 해당 사안에 관하여 증언, 감정, 법률자문을 하거나 하였던 경우
4. 위원이 해당 사안에 관하여 당사자의 대리인으로서 관여하거나 관여하였던 경우

② 위원에게 심의 · 의결의 공정을 기대하기 어려운 사정이 있는 경우 당사자는 기피 신청을 할 수 있고, 위원회는 의결로 이를 결정한다. 이 경우 기피 신청의 대상인 위원은 그 의결에 참여하지 못한다.

③ 위원이 제1항 각 호의 어느 하나에 따른 제척 사유에 해당하는 경우에는 스스로 해당 안건의 심의에서 회피(回避)하여야 한다.

제19조(분과위원회 등의 설치) ① 위원회는 그 소관 업무를 효율적으로 수행하기 위하여 대통령령으로 정하는 바에 따라 위원회에 분과위원회 또는 특별위원회를 둘 수 있다.

② 분과위원회는 위원회의 위원으로 구성하며, 분과위원회의 위원장은 분과위원회 위원 중에서 호선한다.

③ 분과위원회 또는 특별위원회가 위원회로부터 위임받은 사항에 관하여 심의 · 의결한 것은 위원회가 심의 · 의결한 것으로 본다.

④ 분과위원회는 분과별로 심의 · 의결할 안건을 미리 검토하고, 위원회에서 위임받은 사항을 처리하기 위하여 전문위원회를 둘 수 있다.

⑤ 제1항부터 제4항까지의 규정에 따른 분과위원회, 특별위원회와 전문위원회의 구성 및 운

영에 필요한 사항은 위원회의 의결을 거쳐 위원장이 정한다.

시행령 **제14조(사무처의 운영 등)** ① 법 제21조제1항에 따라 위원회 소속으로 두는 사무처(이하 "사무처"라 한다)의 장은 국무조정실장이 지명하는 국무조정실 소속 정무직 공무원으로 하며, 사무처의 업무를 총괄한다.

② 위원회는 위원회의 운영 및 사무처의 업무 수행을 위하여 필요한 경우에는 관계 중앙행정기관 및 지방자치단체 소속 공무원과 「공공기관의 운영에 관한 법률」 제4조에 따른 공공기관(이하 "공공기관"이라 한다)이나 관계 기관 · 단체 · 연구소 소속 임직원 등의 파견 또는 겸임을 요청할 수 있다.

③ 위원회는 사무처의 운영에 필요한 경우에는 예산의 범위에서 농업 · 축산 · 수산, 산업, 에너지, 발전, 환경, 폐기물, 국토, 건물, 수송, 해양 등 관련 분야의 전문가를 「국가공무원법」 제26조의5에 따른 임기제공무원으로 둘 수 있다.

④ 위원회와 분과위원회 · 특별위원회 및 법 제19조제4항에 따른 전문위원회의 위촉 위원, 관계 전문가, 의견수렴 과정에 참여한 시민, 이해관계자 등이나 공무원이 아닌 직원 등에게는 예산의 범위에서 수당과 여비 또는 그 밖에 필요한 경비를 지급할 수 있다. 다만, 공무원이 소관 업무와 직접 관련되어 위원회에 출석하는 경우에는 지급하지 않는다.

제20조(조사 및 의견청취 등) ① 위원회는 위원회, 분과위원회 및 특별위원회의 운영을 위하여 필요한 경우 다음 각 호의 요구 또는 조사를 할 수 있다.

1. 관계 중앙행정기관의 장에 대한 자료 · 서류 등의 제출 요구
2. 이해관계인 · 참고인 또는 관계 공무원의 출석 및 의견진술 요구
3. 관계 행정기관 등에 대한 현지조사

② 관계 중앙행정기관의 장은 탄소중립 사회로의 이행 및 녹색성장과 관련하여 소속 공무원이나 관계 전문가를 위원회에 출석시켜 의견을 진술하게 하거나 필요한 자료를 제출할 수 있다.

제21조(사무처) ① 위원회의 사무를 처리하기 위하여 위원회 소속으로 사무처를 둔다.

② 사무처에는 사무처장 1명과 필요한 직원을 두며, 사무처장은 정무직공무원으로 한다.

③ 그 밖에 사무처의 조직 및 운영 등에 필요한 사항은 대통령령으로 정한다.

[연관 시행령] 시행령 **제14조(사무처의 운영 등)**

제22조(2050 지방탄소중립녹색성장위원회의 구성 및 운영 등) ① 지방자치단체의 탄소중립 사회로의 이행과 녹색성장의 추진을 위한 주요 정책 및 계획과 그 시행에 관한 사항을 심의 · 의결하기 위하여 지방자치단체별로 2050 지방탄소중립녹색성장위원회를 둘 수 있다.

② 지방위원회는 지방자치단체의 장과 협의하여 지방위원회의 운영 및 업무를 지원하는 사무국을 둘 수 있다.

③ 지방위원회의 구성, 운영 및 기능 등 필요한 사항은 조례로 정한다. 이 경우 위원을 위촉할 때에는 아동, 청년, 여성, 노동자, 농어민, 중소상공인, 시민사회단체 등 다양한 사회계층의 대표성이 반영될 수 있도록 하여야 한다. 〈개정 2023. 3. 28.〉

④ 시 · 도지사 또는 시장 · 군수 · 구청장은 지방위원회가 설치되지 아니한 경우 제11조제4항(제12조제2항에 따라 준용되는 경우를 포함한다), 제13조제2항, 제14조제2항 및 제40조제2항 · 제4항에 따른 심의 또는 통보를 생략할 수 있다.

[연관 시행령] 시행령 **제6조(탄소중립시 · 도계획의 수립 등)**

제 5 장 온실가스 감축 시책

제23조(기후변화영향평가) ① 관계 행정기관의 장 또는 「환경영향평가법」에 따른 환경영향평가 대상 사업의 사업계획을 수립하거나 시행하는 사업자는 같은 법 제9조 · 제22조에 따른 전략환경영향평가 또는 환경영향평가의 대상이 되는 계획 및 개발사업 중 온실가스를 다량으로 배출하는 사업 등 대통령령으로 정하는 계획 및 개발사업에 대하여는 전략환경영향평가 또는 환경영향평가를 실시할 때, 소관 정책 또는 개발사업이 기후변화에 미치는 영향이나 기후변화로 인하여 받게 되는 영향에 대한 분석 · 평가(이하 "기후변화영향평가"라 한다)를 포함하여 실시하여야 한다.

② 제1항에 따라 기후변화영향평가를 실시한 계획 및 개발사업에 대하여 관계 행정기관의 장 또는 사업자가 환경부장관에게 「환경영향평가법」 제16조 · 제27조에 따른 전략환경영향평가서 또는 환경영향평가서의 협의를 요청할 때에는 기후변화영향평가의 검토에 대한 협의를 같이 요청하여야 한다.

③ 제2항에 따른 협의를 요청받은 환경부장관은 기후변화영향평가의 결과를 검토하여야 하며, 필요한 정보를 수집하거나 사업자에게 요구하는 등의 조치를 할 수 있다.

④ 제1항에 따른 기후변화영향평가의 방법, 제3항에 따른 검토의 방법 등에 관하여 필요한 사항은 대통령령으로 정한다.

시행령 **제15조(기후변화영향평가)** ① 법 제23조제1항에서 "온실가스를 다량으로 배출하는 사업 등 대통령령으로 정하는 계획 및 개발사업"이란 별표 2의 계획 및 개발사업을 말한다.

② 법 제23조제1항에 따른 기후변화영향평가(이하 "기후변화영향평가"라 한다)의 대상이 되는 계획을 수립하려는 관계 행정기관의 장은 다음 각 호의 사항을 고려하여 기후변화영향평가를 실시해야 한다.

1. 기후변화 관련 법령, 제도 및 주요 시책 등의 현황
2. 기후변화 관련 국제 협약 및 국가비전과의 정합성
3. 기후변화에 미치는 영향 및 온실가스 감축 방안
4. 기후변화로부터 받게 되는 영향과 적응 방안

③ 기후변화영향평가의 대상이 되는 개발사업을 시행하려는 사업자는 다음 각 호의 사항을 고려하여 기후변화영향평가를 실시해야 한다.

1. 기후변화 관련 법령, 제도 및 주요 시책 등의 현황
2. 탄소중립시 · 도계획, 탄소중립시 · 군 · 구계획 등 관련 계획과의 정합성
3. 개발사업 실시에 따라 예상되는 온실가스 배출량 및 감축 방안
4. 개발사업이 기후변화로부터 받게 되는 영향과 위험성 평가
5. 온실가스 배출원 · 흡수원
6. 기후위기 적응 방안과 개발사업의 사후관리 계획

④ 제2항 및 제3항에서 규정한 사항 외에 기후변화영향평가 방법에 관하여 필요한 사항은 환경부장관이 정하여 고시한다.

⑤ 환경부장관은 법 제23조제3항에 따라 기후변화영향평가 결과를 검토할 때 필요한 경우 다음 각 호의 기관이나 관련 전문가의 의견을 들을 수 있다.

1. 법 제36조제1항에 따른 온실가스 종합정보센터
2. 법 제46조제1항에 따른 국가 기후위기 적응센터
3. 「환경부와 그 소속기관 직제」 제15조에 따른 국립환경과학원
4. 「국립생태원의 설립 및 운영에 관한 법률」에 따른 국립생태원
5. 「정부출연연구기관 등의 설립 · 운영 및 육성에 관한 법률」에 따라 설립된 한국환경연구원
6. 「한국환경공단법」에 따른 한국환경공단(이하 "한국환경공단"이라 한다)
7. 「책임운영기관의 설치 · 운영에 관한 법률」에 따라 설치된 국립기상과학원

⑥ 제5항에서 규정한 사항 외에 법 제23조제3항에 따른 기후변화영향평가 결과의 검토에 필요한 사항은 환경부장관이 정한다.

제24조(온실가스감축인지 예산제도) 국가와 지방자치단체는 관계 법률에서 정하는 바에 따라 예산과 기금이 기후변화에 미치는 영향을 분석하고 이를 국가와 지방자치단체의 재정 운용에 반영하는 온실가스감축인지 예산제도를 실시하여야 한다.

시행령 **제16조(온실가스감축인지 예산제도)** 환경부장관은 기획재정부장관 또는 행정안전부장관과 협의하여 법 제24조에 따른 온실가스감축인지 예산제도의 실시에 필요한 다음 각 호의 업무를 지원한다.

1. 예산과 기금이 기후변화에 미치는 영향 분석
2. 대상사업 선정기준, 온실가스감축인지 예산 · 결산서 작성 방법 등을 포함한 운영지침 마련
3. 온실가스감축인지 예산 · 결산서의 검토 · 분석
4. 온실가스감축인지 기금운용계획서 및 기금결산서의 검토 · 분석
5. 온실가스감축인지 예산제도의 홍보 및 예산기법의 교육
6. 그 밖에 예산과 기금이 기후변화에 미치는 영향을 분석한 결과 국가와 지방자치단체의 재정 운용에 반영할 필요가 있다고 환경부장관이 기획재정부장관 또는 행정안전부장관과 협의하여 정하는 업무

제25조(온실가스 배출권거래제) ① 정부는 국가비전 및 중장기감축목표등을 효율적으로 달성하기 위하여 온실가스 배출허용총량을 설정하고 시장기능을 활용하여 온실가스 배출권을 거래하는 제도(이하 "배출권거래제"라 한다)를 운영한다.

② 배출권거래제의 실시를 위한 배출허용량의 할당방법, 등록 · 관리방법 및 거래소의 설치 · 운영 등에 관하여는 「온실가스 배출권의 할당 및 거래에 관한 법률」에 따른다.

제26조(공공부문 온실가스 목표관리) ① 정부는 국가비전 및 중장기감축목표등을 달성하기 위하여 관계 중앙행정기관, 지방자치단체, 시 · 도 교육청, 공공기관 등 대통령령으로 정하는 기관(이하 이 조에서 "공공기관등"이라 한다)에 대하여 해당 기관별로 온실가스 감축 목표를 설정하도록 하고 그 추진상황을 지도 · 감독할 수 있다.

② 공공기관등은 제1항에 따른 목표를 준수하여야 하며, 매년 이행실적을 정부에 제출하고 공개하여야 한다.

③ 정부는 제2항에 따라 제출받은 이행실적에 대하여 등록부를 작성하고 체계적으로 관리하여야 한다.

④ 정부는 공공기관등의 이행실적이 제1항에 따른 목표에 미달하는 경우 목표달성을 위하여 필요한 개선을 명할 수 있다. 이 경우 공공기관등은 개선명령에 따른 개선계획을 작성하여 이를 성실히 이행하여야 한다.

⑤ 국회, 법원, 헌법재판소, 선거관리위원회(이하 이 조에서 "헌법기관등"이라 한다)는 기관별 온실가스 감축 목표를 매년 자발적으로 설정하여 이행하여야 하며, 그 실적을 정부에 통보하고 공개하여야 한다. 이 경우 정부는 통보받은 실적에 대하여 등록부를 작성하고 체계적으로 관리하여야 한다.

⑥ 정부는 공공기관등이 제1항에 따라 설정된 목표를 달성하고 제4항에 따른 개선계획을 차질 없이 이행할 수 있도록 하기 위하여 필요한 경우 재정 · 세제 · 경영 · 기술 지원, 실태조사 및 진단, 자료 · 정보의 제공 및 관련 정보시스템의 구축 등을 할 수 있으며, 헌법기관등

이 제5항에 따른 목표를 자발적으로 설정하여 이행할 수 있도록 하기 위하여 필요한 경우 재정 · 기술 지원, 자료 및 정보의 제공 등을 할 수 있다.

⑦ 제1항에 따른 온실가스 감축 목표의 설정, 제2항에 따른 목표의 준수 및 이행실적의 제출 · 공개, 제3항에 따른 등록부의 작성 · 관리, 제4항에 따른 개선명령 및 이행, 제5항에 따른 온실가스 감축 목표의 설정, 실적의 통보 · 공개 및 등록부의 작성 · 관리 등에 관하여 필요한 사항은 대통령령으로 정한다.

시행령 **제17조(공공부문 온실가스 목표관리)** ① 법 제26조제1항에서 "관계 중앙행정기관, 지방자치단체, 시 · 도 교육청, 공공기관 등 대통령령으로 정하는 기관"이란 다음 각 호의 기관(이하 "공공기관등"이라 한다)을 말한다.

1. 중앙행정기관
2. 지방자치단체
3. 시 · 도 교육청
4. 공공기관
5. 「지방공기업법」 제49조에 따른 지방공사(이하 "지방공사"라 한다) 및 같은 법 제76조에 따른 지방공단(이하 "지방공단"이라 한다)
6. 「고등교육법」 제2조 및 제3조에 따른 국립대학 및 공립대학
7. 「한국은행법」에 따른 한국은행
8. 「금융위원회의 설치 등에 관한 법률」 제24조에 따른 금융감독원

② 공공기관등의 장은 법 제26조제1항에 따라 매년 12월 31일까지 다음 연도의 온실가스 감축 목표를 설정하여 전자적 방식으로 환경부장관에게 제출해야 한다.

③ 공공기관등의 장은 제2항에 따라 온실가스 감축 목표를 설정하는 경우 다음 각 호의 사항을 포함하여 설정할 수 있다.

1. 다른 공공기관등의 장과의 공동 이행 여부
2. 해당 기관 외부에서의 온실가스 감축 사업 수행 여부

④ 환경부장관은 제2항에 따라 제출받은 온실가스 감축 목표를 검토하여 온실가스중장기감축목표등의 달성에 적절하지 않다고 인정하는 경우에는 공공기관등의 장에게 감축 목표의 개선 · 보완을 요청할 수 있다.

⑤ 공공기관등의 장은 법 제26조제2항에 따른 이행실적을 전자적 방식으로 다음 연도 3월 31일까지 환경부장관에게 제출해야 한다.

⑥ 제5항에 따라 제출하는 이행실적에는 다음 각 호의 사항이 포함되어야 한다.

1. 해당 연도의 온실가스 감축실적 및 감축 목표 달성 여부
2. 온실가스 배출 시설별 온실가스 배출량 및 총 온실가스 배출량
3. 그 밖에 연도별 온실가스 감축 목표를 달성하기 위하여 환경부장관이 정하는 사항

⑦ 법 제26조제3항에 따라 환경부장관은 제5항에 따라 제출받은 이행실적에 대하여 전자적 방식으로 등록부를 작성하고 관리해야 한다.

⑧ 행정안전부장관, 산업통상자원부장관, 환경부장관 및 국토교통부장관은 제5항에 따라 환경부장관이 이행실적을 제출받은 날부터 3개월 이내에 이를 공동으로 검토하고, 그 결과를 위원회에 보고해야 한다. 이 경우 환경부장관은 이행실적 검토에 관한 업무를 총괄 · 조정한다.

⑨ 환경부장관은 제8항에 따른 검토 결과를 법 제36조제1항에 따른 온실가스 종합정보관리체계를 통해 공개할 수 있다.

⑩ 환경부장관은 법 제26조제4항에 따라 공공기관등의 이행실적이 제출한 감축 목표에 미달하는 경우 공공기관등의 장에게 온실가스 감축을 촉진하기 위한 개선을 명할 수 있다.

⑪ 제10항에 따라 개선명령을 받은 공공기관등의 장은 개선명령을 받은 날부터 1개월 이내에 개선계획을 전자적 방식으로 환경부장관에게 제출해야 한다.

⑫ 법 제26조제5항에 따른 국회, 법원, 헌법재판소, 선거관리위원회(이하 이 조에서 "헌법기관등"이라 한다)의 온실가스 감축 목표의 설정, 이행실적의 통보 · 공개 및 등록부의 작성 · 관리에 관하여는 제2항 · 제3항 및 제5항부터 제9항까지의 규정을 준용한다. 이 경우 "공공기관등"은 "헌법기관등"으로, "제출"은 "통보"로 본다.

⑬ 제1항부터 제12항까지에서 규정한 사항 외에 공공기관등의 감축목표 설정, 이행실적의 제출 · 공개, 등록부의 작성 · 관리 및 개선명령 등에 필요한 세부 사항은 환경부장관이 정하여 고시한다.

제27조(관리업체의 온실가스 목표관리) ① 정부는 대통령령으로 정하는 기준량 이상의 온실가스를 배출하는 업체(이하 "관리업체"라 한다)를 지정하고 대통령령으로 정하는 계획기간 내에 달성하여야 하는 온실가스 감축 목표를 관리업체와 협의하여 설정 · 관리하여야 한다.

② 정부는 관리업체를 지정하기 위하여 관리업체 및 관리업체에 해당될 것으로 예상되는 업체(이하 이 조에서 "예비관리업체"라 한다)에 최근 3년간의 온실가스 배출량 산정을 위한 자료를 요청할 수 있다. 이 경우 자료제공을 요청받은 관리업체 및 예비관리업체는 특별한 사정이 없으면 요청에 따라야 한다.

③ 관리업체는 제1항에 따른 목표를 준수하여야 하며, 온실가스 배출량 명세서(이하 "명세서"라 한다)를 「온실가스 배출권의 할당 및 거래에 관한 법률」 제24조의2제1항에 따른 외부 검증 전문기관(이하 "검증기관"이라 한다)의 검증을 받아 정부에 제출하여야 한다. 이 경우 정부는 제출받은 명세서를 검토한 결과 수정 · 보완할 필요가 있는 경우에는 관리업체에 대하여 명세서의 수정 · 보완을 요청할 수 있으며 관리업체는 특별한 사정이 없으면 요청에 따라야 한다.

④ 정부는 제3항에 따라 제출받은 명세서를 바탕으로 등록부를 작성하여 체계적으로 관리하여야 하며, 관리업체별 온실가스 배출량, 목표 달성 여부 등을 공개할 수 있다. 이 경우 관리업체는 그 공개로 인하여 권리나 영업상의 비밀이 현저히 침해될 수 있는 특별한 사유가 있는 경우에는 비공개를 요청할 수 있다.

⑤ 정부는 관리업체로부터 제4항 후단에 따른 정보의 비공개 요청을 받았을 때에는 심사위원회를 구성하여 공개 여부를 결정하고 그 결과를 비공개 요청을 받은 날부터 30일 이내에 해당 관리업체에 통지하여야 한다.

⑥ 정부는 관리업체의 온실가스 감축 실적이 제1항에 따라 설정된 목표에 미달하는 경우에는 1년 이내의 범위에서 기간을 정하여 개선을 명할 수 있다. 이 경우 관리업체는 개선명령에 따른 개선계획을 작성하여 이행하여야 한다.

⑦ 정부는 관리업체가 제1항에 따라 설정된 목표를 달성하고 제6항에 따른 개선계획을 차질 없이 이행할 수 있도록 하기 위하여 필요한 경우 재정 · 세제 · 경영 · 기술 지원, 실태조사 및 진단, 자료 · 정보의 제공 및 관련 정보시스템의 구축 등을 할 수 있다.

⑧ 제1항에 따른 관리업체의 지정 및 온실가스 감축 목표의 설정, 제3항에 따른 목표의 준수 및 명세서의 제출 · 수정 · 보완, 제4항에 따른 등록부의 관리, 정보 공개의 범위 · 방법, 비공개 요청의 방법, 제5항에 따른 심사위원회의 구성 · 운영 및 비공개 여부의 결정, 제6항에 따른 개선명령 및 이행 등에 관하여 필요한 사항은 대통령령으로 정한다.

시행령 **제18조(온실가스배출관리업체의 온실가스 목표관리)** ① 다음 각 호의 구분에 따른 부문별 중앙행정기관(이하 "부문별관장기관"이라 한다)의 장은 해당 호에서 정한 분야별로 법 제27조제1항에 따른 온실가스 감축 목표(이하 "온실가스관리목표"라 한다)의 설정 · 관리와 법 제28조에 따른 권리와 의무의 승계에 관한 업무를 관장하며, 환경부장관은 이를 총괄 · 조정한다. 이 경우 부문별관장기관의 장은 환경부장관의 총괄 · 조정 업무에 최대한 협조해야 한다.

1. 농림축산식품부: 농업 · 축산 · 식품 · 임업 분야
2. 산업통상자원부: 산업 · 발전(發電) 분야
3. 환경부: 폐기물 분야
4. 국토교통부: 건물 · 교통(해운 · 항만은 제외한다) · 건설 분야
5. 해양수산부: 해양 · 수산 · 해운 · 항만 분야

② 환경부장관은 온실가스관리목표를 관리하기 위하여 필요한 경우에는 부문별관장기관의 장의 소관 사무에 대하여 종합적인 점검을 할 수 있으며, 그 결과에 따라 부문별관장기관의 장에게 법 제27조제1항에 따른 관리업체(이하 "온실가스배출관리업체"라 한다)에 대한 개선명령 등 필요한 조치를 하도록 요구할 수 있다.

③ 환경부장관은 국가비전, 온실가스중장기감축목표등, 국내 산업의 여건, 탄소중립 관련 국

제동향 등을 고려하여 다음 각 호의 사항을 포함한 온실가스배출관리업체의 온실가스 목표관리에 관한 종합적인 기준 및 지침을 부문별관장기관의 장과의 협의를 거쳐 정하여 고시한다.

1. 온실가스관리목표의 설정 · 관리
2. 법 제27조제3항에 따른 검증
3. 법 제28조제1항에 따른 권리와 의무의 승계
4. 제21조제2항에 따른 온실가스관리목표의 이행계획 작성 방법

시행령 **제19조(온실가스배출관리업체의 지정기준 및 계획기간)** ① 법 제27조제1항에서 "대통령령으로 정하는 기준량 이상의 온실가스를 배출하는 업체"란 최근 3년간 연평균 온실가스 배출총량이 5만이산화탄소상당량톤(tCO2eq) 이상인 업체이거나 연평균 온실가스 배출량이 1만5천이산화탄소상당량톤(tCO2eq) 이상인 사업장을 하나 이상 보유하고 있는 업체를 말한다.

② 제1항에서 "최근 3년간"이란 온실가스배출관리업체로 지정된 연도(이하 "지정연도"라 한다)의 직전 3년간을 말한다. 다만, 사업기간이 3년 미만이거나 사업장의 휴업 등으로 3년간의 자료가 없는 경우에는 해당 사업기간 또는 자료 보유기간을 대상으로 산정할 수 있다.

③ 법 제27조제1항에서 "대통령령으로 정하는 계획기간"이란 온실가스배출관리업체에 온실가스관리목표를 부여하고 그 이행실적을 관리하기 위하여 환경부장관이 5년 단위로 설정하는 기간을 말한다.

시행령 **제20조(온실가스배출관리업체의 지정절차)** ① 부문별관장기관의 장은 제19조제1항에 해당하는 업체를 온실가스배출관리업체 지정 대상으로 선정하고 법 제27조제2항에 따른 온실가스 배출량 산정을 위한 자료를 첨부하여 제19조제3항에 따른 계획기간(이하 "계획기간"이라 한다) 전년도의 4월 30일까지 환경부장관에게 통보해야 한다.

② 환경부장관은 제1항에 따라 통보받은 온실가스배출관리업체 지정 대상에 대하여 온실가스배출관리업체 선정의 중복 · 누락, 규제의 적절성 등을 검토하여 그 결과를 계획기간 전년도의 5월 31일까지 부문별관장기관의 장에게 통보해야 한다.

③ 제2항에 따라 검토 결과를 통보받은 부문별관장기관의 장은 그 결과를 고려하여 온실가스배출관리업체 지정 대상 중에서 온실가스배출관리업체를 지정한다.

④ 제3항에 따라 온실가스배출관리업체를 지정한 부문별관장기관의 장은 그 사실을해당 온실가스배출관리업체에 통보하고, 계획기간 전년도의 6월 30일까지 관보에 고시해야 한다.

⑤ 부문별관장기관의 장은 제1항부터 제4항까지의 규정에도 불구하고 계획기간 중에 새롭게 제19조제1항에 따른 지정기준에 해당하게 된 업체(이하 "신규진입자"라 한다)에 대해서는

환경부장관의 검토를 거쳐 온실가스배출관리업체로 지정하고, 그 사실을 관보에 고시해야 한다.

⑥ 제5항에 따른 온실가스배출관리업체의 지정에 필요한 세부사항은 환경부장관이 부문별관장기관의 장과 협의하여 고시한다.

⑦ 부문별관장기관의 장은 온실가스배출관리업체가 다음 각 호의 어느 하나에 해당하게 된 경우에는 그 지정을 취소할 수 있다.

1. 폐업신고, 법인 해산, 영업 허가의 취소 등의 사유로 온실가스배출관리업체가 존립하지 않는 경우
2. 법 제28조제1항에 따라 권리와 의무를 다른 업체에 이전한 경우

시행령 **제21조(온실가스배출관리업체에 대한 목표관리 방법 및 절차)** ① 법 제27조제1항에 따라 부문별관장기관의 장은 제2항에 따른 이행연도별 온실가스 관리목표를 온실가스배출관리업체와의 협의 및 위원회의 심의를 거쳐 설정한 후 다음 각 호의 구분에 따른 날까지 온실가스배출관리업체에 통보하고, 그 사실을 법 제27조제4항에 따른 등록부(이하 "온실가스배출관리업체등록부"라 한다)에 기재해야 한다.

1. 신규진입자: 지정연도 다음 연도의 9월 30일
2. 제1호 외의 온실가스배출관리업체: 계획기간 전년도의 9월 30일

② 제1항에 따라 온실가스관리목표를 통보받은 온실가스배출관리업체는 이행연도[계획기간의 각 연도(신규진입자의 경우에는 지정연도 다음다음 연도부터 그 연도가 속하는 계획기간의 마지막 연도까지의 각 연도를 말한다)를 말한다. 이하 같다] 전년도의 12월 31일까지 다음 각 호의 사항이 포함된 온실가스관리목표의 이행계획을 부문별관장기관의 장에게 제출해야 한다.

1. 업체의 사업장 현황 등 일반정보
2. 사업장별 온실가스관리목표 및 관리범위
3. 사업장별 배출 온실가스의 종류 및 배출량
4. 사업장별 사용 에너지의 종류·사용량
5. 배출시설별 활동자료의 측정지점, 모니터링 유형 및 방법
6. 그 밖에 온실가스관리목표의 이행을 위하여 환경부장관이 정하여 고시하는 사항

③ 제2항에 따라 온실가스관리목표의 이행계획을 제출받은 부문별관장기관의 장은 그 내용을 확인하여 해당 이행연도의 1월 31일까지 등록부를 작성해야 한다.

④ 온실가스배출관리업체는 제1항에 따라 설정된 온실가스관리목표에 이의가 있는 경우에는 온실가스관리목표를 통보받은 날부터 30일 이내에 부문별관장기관의 장에게 소명 자료를 첨부하여 이의를 신청할 수 있다.

⑤ 온실가스배출관리업체는 법 제27조제3항 전단에 따라 각 이행연도의 온실가스 배출량 명

세서(이하 "온실가스배출량명세서"라 한다)에 「온실가스 배출권의 할당 및 거래에 관한 법률」 제24조의2제1항 전단에 따른 외부 검증 전문기관(이하 "검증기관"이라 한다)의 검증 결과를 첨부하여 부문별관장기관의 장에게 해당 이행연도 다음 연도의 3월 31일까지 제출해야 한다. 다만, 신규진입자는 다음 각 호의 구분에 따른 온실가스배출량명세서(검증기관의 검증 결과를 첨부한 것을 말한다)를 해당 호에서 정한 날까지 추가로 제출해야 한다.

1. 지정연도와 그 직전 2개 연도의 온실가스배출량명세서: 지정연도 다음 연도의 3월 31일
2. 지정연도 다음 연도의 온실가스 배출량명세서: 지정연도 다음다음 연도의 3월 31일

⑥ 온실가스배출량명세서에는 다음 각 호의 사항이 포함되어야 한다.

1. 업체의 규모, 생산공정도, 생산제품 및 생산량
2. 사업장별 배출 온실가스의 종류 및 배출량
3. 사업장별 사용 에너지의 종류 및 사용량, 사용연료의 성분, 에너지 사용시설의 종류 · 규모 · 수량 및 가동시간
4. 온실가스 배출시설의 종류 · 규모 · 수량 및 가동시간, 배출시설별 온실가스 배출량 · 종류
5. 그 밖에 온실가스배출관리업체의 온실가스 배출량 관리를 위하여 필요한 사항으로서 환경부장관이 정하여 고시한 사항

⑦ 제5항에 따라 온실가스배출량명세서를 제출받은 부문별관장기관의 장은 그 내용을 검토한 후 각 이행연도 다음 연도의 8월 31일까지 온실가스배출량명세서의 내용과 검증 결과를 온실가스배출관리업체등록부에 기재해야 한다.

⑧ 부문별관장기관의 장은 온실가스배출관리업체가 제5항에 따라 제출한 각 이행연도의 온실가스배출량명세서를 바탕으로 온실가스배출관리업체의 온실가스관리목표 달성 여부를 위원회의 심의를 거쳐 결정하고, 그 결과를 해당 이행연도 다음 연도의 9월 30일까지 온실가스배출관리업체등록부에 기재해야 한다.

⑨ 부문별관장기관의 장은 제8항에 따라 온실가스배출관리업체가 온실가스관리목표를 달성하지 못하였다고 결정한 경우에는 온실가스배출관리업체에 법 제27조제6항에 따른 개선명령을 하고, 그 사실을 온실가스배출관리업체등록부에 기재해야 한다.

⑩ 제9항에 따른 개선명령을 받은 온실가스배출관리업체는 법 제27조제6항 후단에 따라 개선계획을 수립하여 다음 이행연도의 이행계획을 수립할 때 이를 반영해야 한다.

⑪ 제1항부터 제10항까지에서 규정한 사항 외에 온실가스배출관리업체의 온실가스관리목표의 설정 · 관리, 온실가스배출량명세서의 작성 · 보고 및 개선명령 등에 필요한 세부사항은 환경부장관이 부문별관장기관의 장과의 협의를 거쳐 정한다.

시행령 **제22조(온실가스배출관리업체등록부의 작성 · 관리)** 환경부장관은 법 제27조제4항 전단에 따라 다음 각 호의 사항이 포함된 온실가스배출관리업체등록부를 전자적 방식으로 작

성 · 관리해야 한다.

1. 온실가스배출관리업체의 상호 및 대표자
2. 온실가스배출관리업체의 지정에 관한 사항
3. 온실가스배출량명세서 및 검증보고서
4. 온실가스관리목표
5. 이행계획
6. 온실가스관리목표 달성 여부 및 개선명령(개선명령을 받은 경우만 해당한다)에 관한 사항

시행령 **제23조(온실가스 배출량 및 목표 달성 여부의 공개 등)** ① 부문별관장기관의 장은 법 제27조제4항에 따라 다음 각 호의 사항을 법 제36조제1항에 따른 온실가스 종합정보관리체계를 통하여 전자적 방식으로 공개해야 한다.

1. 온실가스관리목표의 달성 여부
2. 온실가스배출관리업체의 상호 · 명칭 및 업종
3. 온실가스배출관리업체의 본점 및 사업장 소재지
4. 온실가스배출관리업체의 지정연도 및 소관 관장기관
5. 온실가스배출관리업체의 온실가스배출량명세서 검증 기관
6. 온실가스배출량명세서 중 온실가스배출관리업체의 온실가스 배출량 및 에너지사용량

② 법 제27조제4항 후단에 따라 온실가스 배출량이나 온실가스관리목표 달성 여부 등의 비공개를 요청하려는 온실가스배출관리업체는 온실가스배출량명세서를 제출할 때 비공개신청서에 비공개 사유서를 첨부하여 같은 조 제5항에 따른 심사위원회에 제출해야 한다.

시행령 **제24조(온실가스정보공개심사위원회의 구성 등)** ① 법 제27조제5항에 따른 심사위원회(이하 "온실가스정보공개심사위원회"라 한다)는 위원장 1명을 포함하여 12명 이내의 위원으로 성별을 고려하여 구성한다.〈개정 2022. 9. 20.〉

② 온실가스정보공개심사위원회의 위원장은 법 제36조제1항에 따른 온실가스 종합정보센터의 장으로 하고, 온실가스정보공개심사위원회의 위원은 다음 각 호의 사람으로 한다.

1. 제18조제1항 각 호의 중앙행정기관의 소속 공무원 중에서 해당 기관의 장이 각각 1명씩 지명하는 사람 5명과 국무조정실 소속 공무원 중에서 국무조정실장이 지명하는 사람 1명
2. 탄소중립 · 녹색성장 및 정보공개에 관한 학식과 경험이 풍부한 사람 중에서 환경부장관이 부문별관장기관의 장과 협의하여 위촉하는 사람

③ 제2항제2호에 따라 위촉하는 위원의 임기는 2년으로 하며, 한 차례만 연임할 수 있다.

④ 온실가스정보공개심사위원회의 회의는 재적위원 과반수의 출석으로 개의(開議)하고, 출석위원 과반수의 찬성으로 의결한다.

⑤ 제1항부터 제4항까지에서 규정한 사항 외에 온실가스정보공개심사위원회의 구성 · 운영에 필요한 사항은 온실가스정보공개심사위원회의 의결을 거쳐 온실가스정보공개심사위원회의 위원장이 정한다.

제28조(관리업체의 권리와 의무의 승계) ① 관리업체가 합병 · 분할하거나 해당 사업장 또는 시설을 양도 · 임대한 경우 이 법에서 정한 관리업체의 권리와 의무는 해당 관리업체에 속한 사업장 또는 시설이 이전될 때 합병 · 분할 후 설립된 법인이나 양수인 · 임차인에게 승계된다. 다만, 합병 · 분할 · 양수 · 임차 등으로 그 권리와 의무를 승계하여야 하는 업체가 이를 승계하여도 제27조제1항에 따른 관리업체 지정요건에 해당하지 아니하는 경우에는 그러하지 아니하다.

② 제1항에 따라 자신의 권리와 의무를 이전한 관리업체는 그 이전의 원인인 합병 · 분할 · 양수 · 임대에 관한 계약서를 작성한 날부터 15일 이내에 그 사실을 정부에 보고하여야 한다. 다만, 권리와 의무를 이전한 관리업체가 더 이상 존립하지 아니하는 경우에는 이를 승계한 업체가 보고하여야 한다.

③ 제1항에 따른 권리와 의무의 승계, 제2항에 따른 보고 등에 관하여 필요한 사항은 대통령령으로 정한다.

[연관 시행령] 시행령 **제18조(온실가스배출관리업체의 온실가스 목표관리)**

시행령 **제27조(온실가스배출관리업체의 권리와 의무의 승계)** ① 법 제28조제1항 본문에 따라 자신의 권리와 의무를 이전한 온실가스배출관리업체(같은 조 제2항 단서에 해당하는 경우에는 승계한 업체를 말한다)는 같은 조 제2항에 따라 권리와 의무의 이전 · 승계 사실을 환경부장관이 정하여 고시하는 바에 따라 전자적 방식으로 부문별관장기관의 장에게 보고해야 한다.

② 부문별관장기관의 장은 법 제28조제1항 본문에 따라 온실가스배출관리업체의 권리와 의무가 승계되어 제20조제3항 또는 5항에 따라 지정된 온실가스배출관리업체가 변경되는 경우에는 제1항에 따라 보고받은 날부터 1개월 이내에 온실가스배출관리업체의 변경 내용을 고시하고, 환경부장관에게 통보해야 한다.

③ 제1항 및 제2항에서 규정한 사항 외에 온실가스배출관리업체의 권리와 의무의 승계에 관하여 필요한 사항은 부문별관장기관의 장과의 협의를 거쳐 환경부장관이 정하여 고시한다.

시행령 **제27조의2(자발적 참여업체에 대한 지원)** ① 부문별관장기관의 장은 제19조제1항에 따른 지정기준에 해당하지 않는 업체가 자발적 참여 신청서를 제출하는 경우에는 해당 업체를 자발적 참여업체(이하 “자발적참여업체”라 한다)로 지정하여 온실가스 감축 목표의 관리에 필요한 행정적 지원을 할 수 있다.

② 제1항에 따라 자발적참여업체를 지정한 부문별관장기관의 장은 그 사실을 해당 업체에 통보하고, 관보에 고시해야 한다.

③ 제1항 및 제2항에서 규정한 사항 외에 자발적참여업체의 지정, 온실가스 감축 목표의 설정 및 관리에 필요한 세부사항은 환경부장관이 부문별관장기관의 장과 협의하여 고시한다.

제29조(탄소중립 도시의 지정 등) ① 국가와 지방자치단체는 탄소중립 관련 계획 및 기술 등을 적극 활용하여 탄소중립을 공간적으로 구현하는 도시(이하 "탄소중립도시"라 한다)를 조성하기 위한 정책을 수립 · 시행하여야 한다.

② 정부는 다음 각 호의 사업을 시행하고자 하는 도시를 직접 또는 지방자치단체의 장의 요청을 받아 탄소중립도시로 지정할 수 있다.

1. 도시의 온실가스 감축 및 에너지 자립률 향상을 위한 사업
2. 도시에서 제33조제1항에 따른 탄소흡수원등을 조성 · 확충 및 개선하는 사업
3. 도시 내 생태축 보전 및 생태계 복원
4. 기후위기 대응을 위한 자원순환형 도시 조성
5. 그 밖에 도시의 기후위기 대응 및 탄소중립 사회로의 이행, 환경의 질 개선을 위하여 필요한 사업

③ 제2항에 따라 지정된 탄소중립도시를 관할하는 지방자치단체의 장은 탄소중립도시 조성 사업 계획을 수립 · 시행하여야 한다.

④ 정부는 탄소중립도시 조성 사업의 시행을 위하여 필요한 비용의 전부 또는 일부를 보조할 수 있다.

⑤ 정부는 제3항에 따른 사업 계획의 수립 · 시행 및 이행점검, 조사 · 연구 등을 수행하기 위하여 공공기관 중 대통령령으로 정하는 기관을 지원기구로 지정할 수 있다.

⑥ 정부는 제2항에 따라 지정된 탄소중립도시가 대통령령으로 정하는 지정기준에 맞지 아니하게 된 경우에는 그 지정을 취소할 수 있다.

⑦ 제2항부터 제6항까지의 규정에 따른 탄소중립도시의 지정 및 지정취소, 탄소중립도시 조성 사업 계획의 수립 · 시행, 지원기구의 지정 및 지정취소 등에 관하여 필요한 사항은 대통령령으로 정한다.

시행령 **제28조(탄소중립도시의 지정 등)** ① 환경부장관과 국토교통부장관은 법 제29조제2항에 따라 같은 조 제1항에 따른 탄소중립도시(이하 "탄소중립도시"라 한다)를 공동으로 지정할 수 있다.

② 환경부장관과 국토교통부장관은 법 제29조제2항에 따라 직접 탄소중립도시를 지정하려는 경우에는 관할 지방자치단체의 장 및 관계 중앙행정기관의 장의 의견을 들어야 하고,

지방자치단체의 장의 요청을 받아 탄소중립도시를 지정하려는 경우에는 관계 중앙행정기관의 장의 의견을 들어야 한다.

③ 법 제29조제2항에 따라 탄소중립도시의 지정을 요청하려는 지방자치단체의 장은 다음 각 호의 사항이 포함된 지정요청서를 환경부장관과 국토교통부장관에게 각각 제출해야 한다.

1. 탄소중립도시 지정의 필요성과 조성목표
2. 법 제29조제2항 각 호의 사업 중 시행 예정 사업 및 사업분야별 추진계획
3. 탄소중립도시 조성을 위한 관할구역의 여건 및 인프라 구축계획
4. 탄소중립도시 조성에 필요한 재원조달계획
5. 탄소중립도시 조성에 필요한 토지의 이용 등 도시계획에 관한 사항

④ 환경부장관과 국토교통부장관은 법 제29조제2항에 따라 탄소중립도시를 지정한 경우에는 그 사실을 위원회에 보고한 후 해당 지방자치단체의 장 및 관계 중앙행정기관의 장에게 지체 없이 통보해야 하고, 다음 각 호의 사항을 환경부 및 국토교통부의 인터넷 홈페이지에 각각 공고해야 한다.

1. 탄소중립도시의 조성 위치 · 범위와 면적 등 사업 규모
2. 탄소중립도시 지정 사유
3. 탄소중립도시 조성 사업 내용 및 추진기간

⑤ 법 제29조제3항에 따른 탄소중립도시 조성 사업 계획에는 다음 각 호의 사항이 포함되어야 한다.

1. 탄소중립도시 조성 사업의 목표와 기간
2. 탄소중립도시 조성을 위한 관련 여건 분석
3. 탄소중립시 · 도계획 및 탄소중립시 · 군 · 구계획과의 연계방안
4. 「국토의 계획 및 이용에 관한 법률」 제11조제1항에 따른 광역도시계획, 같은 법 제18조제1항에 따른 도시 · 군기본계획및 같은 법 제24조제1항에 따른 도시 · 군관리계획과의 연계방안
5. 탄소중립도시 조성 사업의 재원조달방안

⑥ 탄소중립도시를 관할하는 지방자치단체의 장은 법 제29조제3항에 따라 탄소중립도시 조성 사업 계획을 수립 · 시행하는 경우에는 미리 해당 지역 주민의 의견을 들어야 한다.

⑦ 법 제29조제5항에서 "대통령령으로 정하는 기관"이란 다음 각 호의 기관을 말한다.

1. 「한국수자원공사법」에 따른 한국수자원공사(이하 "한국수자원공사"라 한다)
2. 한국환경공단
3. 「한국환경산업기술원법」에 따른 한국환경산업기술원(이하 "한국환경산업기술원"이라 한다)

4. 「국토교통과학기술 육성법」에 따른 국토교통과학기술진흥원
5. 「한국토지주택공사법」에 따른 한국토지주택공사
6. 「국가공간정보 기본법」에 따른 한국국토정보공사
7. 「임업 및 산촌 진흥촉진에 관한 법률」 제29조의2에 따른 한국임업진흥원
8. 「정부출연연구기관 등의 설립 · 운영 및 육성에 관한 법률」에 따른 정부출연연구기관(이하 "정부출연연구기관"이라 한다)
9. 「과학기술분야 정부출연연구기관 등의 설립 · 운영 및 육성에 관한 법률」 제8조제1항에 따른 연구기관(이하 "과학기술분야정부출연연구기관"이라 한다)

⑧ 환경부장관과 국토교통부장관은 법 제29조제5항에 따라 지정된 지원기구의 업무 수행에 필요한 경비를 예산의 범위에서 지원할 수 있다.

⑨ 법 제29조제6항에서 "대통령령으로 정하는 지정기준"이란 다음 각 호의 기준을 말한다.

1. 법 제29조제2항 각 호의 사업 시행을 추진할 것
2. 탄소중립시 · 도계획 및 탄소중립시 · 군 · 구계획과 추진 사업과의 연계성이 확보될 것
3. 사업계획이 구체적이고 실현가능하며, 온실가스중장기감축목표등의 달성에 기여할 수 있을 것

⑩ 환경부장관과 국토교통부장관은 법 제29조제6항에 따라 탄소중립도시의 지정을 취소하려는 경우에는 미리 해당 지방자치단체의 장의 의견을 들어야 한다.

⑪ 환경부장관과 국토교통부장관은 법 제29조제6항에 따라 지정을 취소한 경우에는 그 사실을 위원회에 보고한 후 해당 지방자치단체의 장 및 관계 중앙행정기관의 장에게 지체 없이 통보해야 하고, 다음 각 호의 사항을 환경부 및 국토교통부의 인터넷 홈페이지에 각각 공고해야 한다.

1. 탄소중립도시의 지정취소 사유
2. 탄소중립도시의 지정일 및 지정취소일
3. 탄소중립도시의 조성 위치와 조성 사업 내용

⑫ 제1항부터 제11항까지에서 규정한 사항 외에 탄소중립도시의 지정 · 지정취소와 탄소중립도시의 조성 사업 계획의 수립 · 시행에 필요한 사항은 환경부장관과 국토교통부장관이 공동으로 정하여 고시한다.

제30조(지역 에너지 전환의 지원) ① 정부는 기후위기에 대응하기 위하여 제3조의 기본원칙에 따라 지역별로 신 · 재생에너지의 보급 · 확대 방안을 마련하는 등 지방자치단체의 에너지 전환을 지원하는 정책을 수립 · 시행하여야 한다.

② 정부는 제1항에 따른 에너지 전환 지원 정책의 시행에 필요한 비용의 전부 또는 일부를 예산의 범위에서 지방자치단체에 보조할 수 있다.

시행령 **제29조(지역 에너지 전환의 지원)** 산업통상자원부장관은 법 제30조에 따라 지방자치단체의 에너지 전환을 지원하는 다음 각 호의 정책을 수립 · 시행해야 한다.
1. 「에너지법」 제7조에 따른 지역에너지계획의 수립 · 시행 지원정책
2. 법 제68조제2항제3호에 따른 에너지 전환 촉진 및 전환 모델의 개발 · 확산 지원정책
3. 지역 에너지 전환 과정에서의 의견수렴 및 홍보 등 주민수용성 확대 지원정책
4. 그 밖에 산업통상자원부장관이 지역 에너지 전환을 위하여 필요하다고 인정하는 정책

제31조(녹색건축물의 확대) ① 정부는 에너지이용 효율과 신 · 재생에너지의 사용비율이 높고 온실가스 배출을 최소화하는 건축물(이하 "녹색건축물"이라 한다)을 확대하기 위한 정책을 수립 · 시행하여야 한다.
② 정부는 건축물에 사용되는 에너지 소비량과 온실가스 배출량을 줄이기 위하여 대통령령으로 정하는 기준 이상의 건물에 대하여 중장기 및 기간별 목표를 설정 · 관리하여야 한다.
③ 정부는 건축물의 설계 · 건설 · 유지관리 · 해체 등의 전 과정에서 에너지 · 자원 소비를 최소화하고 온실가스 배출을 줄이기 위하여 설계기준 및 허가 · 심의를 강화하는 등 설계 · 건설 · 유지관리 · 해체 등의 단계별 대책 및 기준을 마련하여 시행하여야 한다.
④ 정부는 기존 건축물이 녹색건축물로 전환되도록 에너지 진단 및 「에너지이용 합리화법」 제25조에 따른 에너지절약사업과 「녹색건축물 조성 지원법」 제27조에 따른 그린리모델링 사업을 통하여 온실가스 배출을 줄이는 사업을 지속적으로 추진하여야 한다.
⑤ 정부는 신축되거나 개축되는 건축물에 대해서는 전력소비량 등 에너지의 소비량을 조절 · 절약할 수 있는 지능형 계량기를 부착 · 관리하도록 할 수 있다.
⑥ 정부는 중앙행정기관, 지방자치단체, 대통령령으로 정하는 공공기관 및 교육기관 등의 건축물을 녹색건축물로 전환하기 위한 이행계획을 수립하고, 제1항부터 제5항까지의 규정에 따른 시책을 적용하여 그 이행사항을 점검 · 관리하여야 한다.
⑦ 정부는 대통령령으로 정하는 바에 따라 일정 규모 이상의 신도시 개발 또는 도시 재개발을 하는 경우에는 녹색건축물을 적극 보급하여야 한다.
⑧ 정부는 녹색건축물의 확대를 위하여 필요한 경우에는 대통령령으로 정하는 바에 따라 재정적 지원을 할 수 있다.

시행령 **제30조(녹색건축물의 확대)** ① 법 제31조제2항에서 "대통령령으로 정하는 기준 이상의 건물"이란 「녹색건축물 조성 지원법 시행령」 제11조제1항에 따른 건축물을 말한다.
② 법 제31조제6항에서 "대통령령으로 정하는 공공기관 및 교육기관 등"이란 다음 각 호의 기관을 말한다. 〈개정 2022. 9. 20.〉
1. 공공기관
2. 지방공사 및 지방공단

3. 정부출연연구기관 및 「정부출연연구기관 등의 설립 · 운영 및 육성에 관한 법률」 제18조에 따른 연구회
4. 과학기술분야정부출연연구기관 및 「과학기술분야 정부출연연구기관 등의 설립 · 운영 및 육성에 관한 법률」 제18조에 따른 연구회
5. 「지방자치단체출연 연구원의 설립 및 운영에 관한 법률」에 따른 지방자치단체출연 연구원(이하 "지방자치단체출연연구원"이라 한다)
6. 「고등교육법」 제2조 및 제3조에 따른 국립대학 및 공립대학

③ 국토교통부장관은 법 제31조제7항에 따라 다음 각 호에 해당하는 신도시 개발 또는 도시 재개발을 하는 경우에는 녹색건축물을 적극 보급해야 한다.

1. 「공공주택 특별법」에 따라 330만제곱미터 이상의 규모로 시행되는 공공주택지구조성사업
2. 「기업도시개발 특별법」에 따라 시행되는 기업도시개발사업
3. 「도시개발법」에 따라 시행되는 100만제곱미터 이상의 도시개발사업
4. 「신행정수도 후속대책을 위한 연기 · 공주지역 행정중심복합도시 건설을 위한 특별법」에 따라 시행되는 행정중심복합도시건설사업
5. 「택지개발촉진법」에 따라 330만제곱미터 이상의 규모로 시행되는 택지개발사업
6. 「혁신도시 조성 및 발전에 관한 특별법」에 따라 시행되는 혁신도시개발사업

④ 국토교통부장관은 법 제31조제8항에 따라 녹색건축물의 확대를 위하여 다음 각 호에 해당하는 건축물을 조성하는 자에게 재정적 지원을 할 수 있다.

1. 「녹색건축물 조성 지원법」 제16조에 따른 녹색건축 인증을 받았거나 받으려는 건축물
2. 「녹색건축물 조성 지원법」 제17조에 따른 건축물 에너지효율등급 인증 또는 제로에너지 건축물 인증을 받았거나 받으려는 건축물
3. 「건축법」 제22조에 따라 사용승인을 받은 후 10년이 지난 건축물 중 국토교통부장관이 에너지 효율을 개선하기 위하여 지원이 필요하다고 인정하는 건축물
4. 그 밖에 녹색건축물을 확대하기 위하여 국토교통부장관이 재정적 지원이 필요하다고 인정하는 건축물

제32조(녹색교통의 활성화) ① 정부는 효율적 에너지 사용을 촉진하고 온실가스 배출을 최소화하는 교통체계로서의 녹색교통을 활성화하기 위하여 대통령령으로 정하는 바에 따라 온실가스 감축 목표 등을 설정 · 관리하고 내연기관차의 판매 · 운행 축소 정책을 수립 · 시행하여야 한다.

② 정부는 자동차의 평균에너지소비효율을 개선함으로써 에너지 절약을 도모하고, 자동차 배기가스 중 온실가스를 줄임으로써 쾌적하고 적정한 대기환경을 유지할 수 있도록 자동차 평균에너지소비효율기준 및 자동차 온실가스 배출허용기준을 각각 정하여야 한다. 이 경

우 「대기환경보전법」 제46조제1항에 따른 자동차제작자는 자동차 평균에너지소비효율기준과 자동차 온실가스 배출허용기준 중 하나를 선택하여 준수하여야 한다.

③ 정부는 「환경친화적 자동차의 개발 및 보급 촉진에 관한 법률」 제2조제3호 · 제4호 · 제6호에 따른 전기자동차, 태양광자동차, 수소전기자동차 및 「환경친화적 선박의 개발 및 보급 촉진에 관한 법률」 제2조제3호다목 · 마목에 따른 전기추진선박, 연료전지추진선박의 보급을 촉진하기 위하여 연도별 보급 목표 등을 설정하고, 그 이행 결과를 위원회에 보고하여야 한다.

④ 정부는 제3항에 따른 전기자동차 등의 보급을 촉진하기 위하여 재정 · 세제 지원, 연구개발, 구매의무화, 저공해자동차 보급목표제 등 관련 제도의 도입 및 확대 방안을 강구할 수 있다.

⑤ 정부는 철도가 국가기간교통망의 근간이 되도록 철도에 대한 투자를 지속적으로 확대하고 버스 · 지하철 · 경전철 등 대중교통수단을 확대하며, 철도수송분담률, 대중교통수송분담률 등에 대한 중장기 및 단계별 목표를 설정 · 관리하여야 한다.

⑥ 정부는 온실가스와 대기오염을 최소화하고 교통체증으로 인한 사회적 비용을 획기적으로 줄이며 대도시 · 수도권 등에서의 교통체증을 근본적으로 해결하기 위하여 대통령령으로 정하는 바에 따라 다음 각 호의 사항을 포함하는 교통수요관리대책을 마련하여야 한다.

1. 혼잡통행료 및 교통유발부담금 제도 개선
2. 버스 · 저공해차량 전용차로 및 승용차진입제한 지역 확대
3. 통행량을 효율적으로 분산시킬 수 있는 지능형교통정보시스템의 확대 · 구축
4. 자전거 이용 및 연안해운 활성화 등 다양한 이동수단의 도입 방안

시행령 **제31조(녹색교통의 활성화)** ① 국토교통부장관은 법 제32조제1항에 따라 교통부문의 온실가스 감축 목표(이하 "교통부문감축목표"라 한다)를 관계 중앙행정기관의 장과의 협의를 거쳐 수립 · 시행해야 한다. 이 경우 수립한 교통부문감축목표를 위원회에 보고해야 한다.

② 교통부문감축목표에는 다음 각 호의 사항이 포함되어야한다.

1. 교통수단별 · 연료별 온실가스 배출 현황 및 에너지 소비율
2. 5년 단위의 교통부문감축목표와 그 이행계획
3. 연차별 교통부문감축목표와 그 이행계획

③ 법 제32조제2항에 따라 산업통상자원부장관은 환경부장관 및 국토교통부장관과의 협의를 거쳐 자동차 평균에너지소비효율기준을 정하고, 환경부장관은 산업통상자원부장관 및 국토교통부장관과의 협의를 거쳐 자동차 온실가스 배출허용기준을 정해야 한다.

④ 환경부장관은 법 제32조제2항 후단에 따라 「대기환경보전법」 제46조제1항에 따른 자동차제작자의 자동차 평균에너지소비효율기준 또는 자동차 온실가스 배출허용기준의 준수

여부의 확인 · 관리에 필요한 사항을 정하여 고시한다. 이 경우 환경부장관은 산업통상자원부장관 및 국토교통부장관의 의견을 들어야 한다.

⑤ 국토교통부장관은 법 제32조제6항에 따라 교통수요관리대책을 마련하는 경우에는 다음 각 호의 사항과 정합성을 갖추도록 해야 한다.

1. 「국가통합교통체계효율화법」 제77조에 따른 교통체계지능화사업의 시행
2. 「도시교통정비 촉진법」에 따른 교통수요관리
3. 「도시교통정비 촉진법」 제34조에 따른 자동차의 운행제한
4. 「지속가능 교통물류 발전법」 제21조에 따른 전환교통 지원
5. 「지속가능 교통물류 발전법」 제30조에 따른 자동차 운행의 제한
6. 「지속가능 교통물류 발전법」 제34조에 따른 연계교통시설 확보지원 등

⑥ 국토교통부장관은 제5항제4호에 따른 전환교통 지원 중 연안해운 활성화에 관한 교통수요관리대책을 마련하는 경우에는 해양수산부장관과 협의해야 한다.

⑦ 제5항 및 제6항에서 규정한 사항 외에 교통수요관리대책 마련을 위하여 필요한 사항은 국토교통부장관이 정하여 고시한다.

제33조(탄소흡수원 등의 확충) ① 정부는 산림지, 농경지, 초지, 습지, 정주지 및 「수산자원관리법」 제2조제6호에 따른 바다숲 등에서 온실가스를 흡수하고 저장(흡수된 온실가스를 대기로부터 영구 또는 반영구적으로 격리하는 것을 말한다)하는 「탄소흡수원 유지 및 증진에 관한 법률」 제2조제10호에 따른 탄소흡수원 및 그 밖의 바이오매스 등(이하 "탄소흡수원등"이라 한다)을 조성 · 확충하거나 온실가스 흡수 능력을 개선하기 위한 시책을 수립 · 시행하여야 한다.

② 제1항에 따른 탄소흡수원등의 조성 · 확충 및 온실가스 흡수 능력의 개선을 위한 시책에는 다음 각 호의 사항이 포함되어야 한다.

1. 탄소흡수원등의 조성 · 확충 및 온실가스 흡수 능력의 개선을 위한 목표와 기본방향
2. 탄소흡수원등의 조성 · 확충 현황 및 온실가스 흡수 능력의 개선 현황에 대한 이행평가 · 점검 방안
3. 탄소흡수원등의 조성 · 확충 및 온실가스 흡수 능력의 개선 관련 사업 수행 시 생물다양성 등 생태계 건강성 보호 · 보전을 위한 방안
4. 온실가스 흡수 관련 정보 및 통계 구축에 관한 사항
5. 그 밖에 연구개발, 전문인력 양성, 재원조달, 교육 · 홍보 등 탄소흡수원등의 조성 · 확충과 온실가스 흡수 능력 개선을 위하여 필요한 사항

③ 정부는 사업자가 탄소흡수원등의 조성 · 확충을 자발으로 실시하려는 때에는 이에 필요한 행정적 · 재정적 · 기술적 지원 등을 할 수 있다.

[연관 시행령] 시행령 제3조(중장기 국가 온실가스 감축 목표 등)

제34조(탄소포집 · 이용 · 저장기술의 육성) ① 정부는 국가비전과 중장기감축목표등의 달성에 기여하기 위하여 이산화탄소를 배출단계에서 포집하여 이용하거나 저장하는 기술(이하 "탄소포집 · 이용 · 저장기술"이라 한다)의 개발과 발전을 지원하기 위한 시책을 마련하여야 한다.

② 탄소포집 · 이용 · 저장기술의 실증을 위한 규제특례 등에 관하여는 따로 법률로 정한다.

제35조(국제 감축사업의 추진) ① 협정 제6조에 따라 온실가스 감축 실적을 얻기 위하여 행하는 기술지원, 투자 및 구매 등의 사업(이하 "국제감축사업"이라 한다)을 수행하려는 자는 대통령령으로 정하는 바에 따라 사업내용, 온실가스 예상감축량 등을 포함한 사업계획서를 정부에 제출하고, 사전 승인을 받아야 한다.

② 제1항에 따른 사전 승인을 받은 자(이하 이 조에서 "사업수행자"라 한다)는 해당 사업으로부터 취득하게 되는 온실가스 감축량을 객관적으로 증명하기 위하여 모니터링을 수행하고, 모니터링 보고서를 측정 · 보고 · 검증이 가능한 방식으로 작성하여 검증기관의 검증을 받아 정부에 보고하여야 한다.

③ 국제감축사업을 통하여 협정 제6조에 따른 측정 · 보고 · 검증 방법상 적합하다고 인정되는 온실가스 감축량(이하 "국제감축실적"이라 한다)을 취득한 사업수행자는 지체 없이 정부에 신고하여야 하며, 정부는 신고받은 국제감축실적을 국제 감축 등록부에 등록하고 체계적으로 관리하여야 한다. 다만, 보고내용이 협정의 기준에 부합하지 아니하는 경우에는 보완을 요청할 수 있다.

④ 사업수행자는 등록된 국제감축실적을 매매나 그 밖의 방법으로 거래할 수 있으며, 거래 · 소멸 시 그 사실을 정부에 신고하여야 한다. 다만, 국제감축실적을 해외로 이전하거나 국내로 이전받으려는 때에는 정부의 사전 승인을 받아야 한다.

⑤ 정부는 등록된 국제감축실적을 중장기감축목표등의 달성을 위하여 활용할 수 있다.

⑥ 정부는 외국 정부와 공동으로 국제감축사업을 수행할 수 있으며, 다음 각 호의 사항에 관한 심의를 위하여 공동으로 사업을 수행하는 외국 정부와 협의하여 국제감축사업 협의체를 둘 수 있다.

1. 사업수행 방법의 승인
2. 국제감축사업의 등록
3. 국제감축실적의 이전

⑦ 제1항에 따른 사전 승인 기준 · 방법 및 절차, 제2항에 따른 모니터링 보고서 작성 방법 및 검증 절차, 제3항에 따른 신고 방법, 제4항에 따른 신고 방법 및 사전 승인 기준 · 절차 등에 관하여 필요한 사항은 대통령령으로 정한다.

[연관 시행령] 시행령 제3조(중장기 국가 온실가스 감축 목표 등)

시행령 **제32조(국제감축사업의 사전 승인 기준 · 방법 및 절차)** ① 법 제35조제1항에 따른 국제감축사업(이하 "국제감축사업"이라 한다)을 수행하려는 자는 다음 각 호의 사항을 포함하는 사업계획서를 부문별관장기관의 장에게 제출해야 한다.

1. 사업명, 사업이 시행되는 국가, 사업의 내용 · 기간과 참여자
2. 온실가스 예상감축량과 산정 방법 및 근거
3. 법 제35조제2항에 따른 모니터링 방법과 계획

② 제1항에 따라 사업계획서를 제출받은 부문별관장기관의 장이 법 제35조제1항에 따른 사전 승인을 하려는 경우에는 제33조제1항에 따른 국제감축심의회의 심의를 거쳐 승인해야 한다.

③ 제33조제1항에 따른 국제감축심의회는 제2항에 따라 사전 승인을 심의할 때 다음 각 호의 사항을 고려해야 한다.

1. 법 제35조제3항에 따른 국제감축실적(이하 "국제감축실적"이라 한다)의 지속성, 환경성 및 측정 · 검증 가능성
2. 국제감축사업의 추진 방법 및 법 제35조제2항에 따른 모니터링의 적절성
3. 국제감축사업이 시행되는 국가의 사업승인 조건에 따른 이행가능성

④ 부문별관장기관의 장은 제2항에 따라 사전 승인한 국제감축사업이 다음 각 호의 어느 하나에 해당하는 경우에는 제33조제1항에 따른 국제감축심의회의 심의를 거쳐 그 사전 승인을 취소할 수 있다. 다만, 제1호에 해당하는 경우에는 그 승인을 취소해야 한다.

1. 거짓이나 부정한 방법으로 국제감축사업의 사전 승인을 받은 경우
2. 정당한 사유 없이 사전 승인을 받은 날부터 1년 이내에 해당 사업을 시행하지 않는 경우
3. 사전 승인된 국제감축사업이 「파리협정」에 따라 유효하지 않게 된 경우
4. 법령의 개정이나 기술의 발전 등을 고려할 때 해당 국제감축사업이 일반적인 경영 여건에서 할 수 있는 활동 이상의 추가적인 노력이라고 보기 어려운 경우

⑤ 부문별관장기관의 장은 제2항에 따라 국제감축사업을 사전 승인하거나 제4항에 따라 그 승인을 취소한 경우에는 지체 없이 사전 승인을 받은 자(이하 "국제감축사업수행자"라 한다)와 환경부장관에게 통보해야 한다.

⑥ 제1항부터 제5항까지에서 규정한 사항 외에 사전 승인의 기준 · 방법 및 절차에 관한 세부사항은 제33조제1항에 따른 국제감축심의회의 심의를 거쳐 국무조정실장이 고시한다.

시행령 **제34조(국제감축사업의 보고)** ① 국제감축사업수행자는 법 제35조제2항에 따라 모니터링을 수행한 후 다음 각 호의 서류를 첨부하여 부문별관장기관의 장에게 보고해야 한다. 다만, 국제감축사업수행자의 국제감축실적이 「파리협정」 제6조제4항에 따른 배출 감

축 실적에 해당하는 경우에는 해당 협정에서 정하는 바에 따른다.

1. 법 제35조제2항에 따라 국제감축사업수행자가 작성한 모니터링 보고서
2. 검증기관의 검증보고서
3. 그 밖에 국무조정실장이 국제감축실적 보고에 필요하다고 인정하는 서류로서 부문별관장기관의 장과 협의하여 고시로 정하는 서류

② 제1항에서 규정한 사항 외에 국제감축실적의 보고에 필요한 세부사항은 국제감축심의회의 심의를 거쳐 국무조정실장이 고시한다.

시행령 **제35조(국제 감축 등록부)** ① 환경부장관은 법 제35조제1항에 따라 사전 승인된 국제감축사업과 같은 조 제3항 · 제4항에 따라 신고받은 국제감축실적을 등록 · 관리하기 위하여 같은 조 제3항에 따른 국제 감축 등록부(이하 "국제감축등록부"라 한다)를 전자적 방식으로 작성 · 관리해야 한다.

② 국제감축실적은 온실가스별 지구온난화계수에 따라 1이산화탄소상당량톤을 1국제감축실적으로 환산한 단위로 등록한다.

③ 국제감축등록부는 「파리협정」 제6조 및 같은 협정에 대한 당사국회의 결정문에 따라 구축된 보고플랫폼과 상호 연계할 수 있다.

시행령 **제36조(국제감축실적의 취득 및 거래 · 소멸의 신고)** ① 법 제35조제3항에 따라 국제감축실적을 취득한 국제감축사업수행자는 취득 사실을 국제감축등록부를 통하여 전자적 방식으로 부문별관장기관의 장에게 신고해야 한다.

② 국제감축사업수행자는 법 제35조제4항 본문에 따라 국제감축실적을 매매나 그 밖의 방법으로 거래한 경우에는 국제감축실적의 거래 또는 소멸사실을 국제감축등록부를 통하여 전자적 방식으로 환경부장관에게 신고해야 한다.

③ 법 제35조제4항에 따라 국제감축실적을 거래하는 경우에는 제35조제2항에 따른 1이산화탄소상당량톤을 1국제감축실적으로 하며, 이를 국제감축실적 거래의 최소 단위로 한다.

④ 제1항부터 제3항까지에서 규정한 사항 외에 국제감축실적의 취득 및 거래 · 소멸의 신고방법에 관한 세부사항은 국제감축심의회의 심의를 거쳐 국무조정실장이 고시한다.

시행령 **제37조(국제감축실적 이전의 사전 승인)** ① 법 제35조제4항 단서에 따라 국제감축실적을 해외로 이전하거나 국내로 이전받으려는 국제감축사업수행자는 다음 각 호의 구분에 따라 해당 호에서 정하는 자에게 사전 승인을 전자적 방식으로 신청해야 한다.

1. 법 제35조제3항에 따라 신고하여 등록된 국제감축실적으로서 국내로 이전된 이력이 없는 국제감축실적을 국내로 이전받으려는 경우: 부문별관장기관의 장
2. 국제감축실적을 해외로 이전하거나 제1호 외의 사유로 국제감축실적을 국내로 이전받으려는 경우: 환경부장관

② 제1항에 따라 신청을 받은 부문별관장기관의 장 또는 환경부장관은 국제감축심의회의 심의를 거쳐 사전 승인 여부를 결정하고 지체 없이 그 결과를 신청인에게 통보해야 한다.
③ 제1항 및 제2항에서 규정한 사항 외에 국제감축실적 이전의 사전 승인 기준 및 절차에 관한 사항은 국제감축심의회의 심의를 거쳐 국무조정실장이 고시한다.

제36조(온실가스 종합정보관리체계의 구축) ① 정부는 국가 및 지역별 온실가스 배출량 · 흡수량, 배출 · 흡수 계수(係數) 등 온실가스 관련 각종 정보 및 통계를 개발 · 분석 · 검증 · 작성하고 관리하는 종합정보관리체계를 구축 · 운영하여야 하며, 이를 위하여 환경부에 온실가스 종합정보센터(이하 "종합정보센터"라 한다)를 둔다.
② 관계 중앙행정기관의 장은 제1항에 따른 종합정보관리체계가 원활히 운영될 수 있도록 에너지 · 산업공정 · 농업 · 폐기물 · 해양수산 · 산림 등 부문별 소관 분야의 정보 및 통계를 매년 작성하여 종합정보센터에 제출하는 등 적극 협력하여야 한다.
③ 시 · 도지사 및 시장 · 군수 · 구청장은 제1항에 따른 종합정보관리체계가 원활히 운영될 수 있도록 지역별 온실가스 통계 산정 · 분석 등을 위한 관련 정보 및 통계를 매년 작성하여 제출하는 등 적극 협력하여야 하며, 정부는 국가 온실가스 배출량 및 지역별 온실가스 배출량 간의 정합성을 확보하도록 하여야 한다.
④ 정부는 제1항에 따른 각종 정보 및 통계를 개발 · 분석 · 검증 · 작성 · 관리하거나 종합정보관리체계를 구축함에 있어 협정의 기준을 최대한 준수하여 투명성 · 정확성 · 완전성 · 일관성 및 비교가능성을 제고하여야 한다.
⑤ 정부는 국가 및 부문별 · 지역별 온실가스 배출량 및 잠정치를 포함하여 제1항에 따른 각종 정보 및 통계를 분석 · 검증하고 그 결과를 매년 공개하여야 한다.
⑥ 제1항부터 제5항까지의 규정에 따른 종합정보관리체계 구축, 종합정보센터 운영, 관계 중앙행정기관의 장, 시 · 도지사 및 시장 · 군수 · 구청장의 제출의무대상 정보 · 통계의 범위, 정보 및 통계의 개발 · 분석 · 검증 · 작성 · 관리, 각종 정보 · 통계의 공개 시기와 방법 등에 관하여 필요한 사항은 대통령령으로 정한다.

[연관 시행령]

시행령 **제17조(공공부문 온실가스 목표관리)**

시행령 **제23조(온실가스 배출량 및 목표 달성 여부의 공개 등)**

시행령 **제39조(온실가스종합정보관리체계의 구축 및 관리 등)** ① 법 제36조제1항에 따른 온실가스 종합정보센터(이하 "온실가스종합정보센터"라 한다)는 다음 각 호의 업무를 수행한다.
1. 법 제36조제1항에 따른 온실가스 종합정보관리체계(이하 "온실가스종합정보관리체계"라 한다)의 구축 및 운영

2. 국가 및 지역별 온실가스 배출량 · 흡수량, 배출 · 흡수 계수(係數) 등 온실가스 관련 각종 정보 및 통계의 개발 · 분석 · 검증 · 작성 · 관리와 정보시스템 구축 · 운영
3. 제17조부터 제23조까지의 규정에 따른 업무에 대한 협조 및 지원과 관계 중앙행정기관 · 지방자치단체에 대한 관련 정보 및 통계 제공
4. 온실가스종합정보체계 구축 관련 국제기구 · 단체 및 개발도상국과의 협력

② 온실가스종합정보관리체계의 원활한 운영을 위하여 온실가스종합정보센터에 국가통계관리위원회와 지역통계관리위원회를 둔다. 〈개정 2022. 9. 20.〉

③ 제2항에 따른 국가통계관리위원회의 위원장은 환경부차관으로 하고, 위원은 다음 각 호의 사람 중에서 위원장이 임명하거나 위촉한다. 이 경우 제2호에 따른 위원은 성별을 고려하여 위촉해야 한다. 〈개정 2022. 9. 20.〉

1. 관계 중앙행정기관의 고위공무원단에 속하는 공무원 중에서 해당 중앙행정기관의 장이 지명하는 사람
2. 온실가스 통계에 관한 학식과 경험이 풍부한 사람

④ 제2항에 따른 지역통계관리위원회의 위원장은 온실가스종합정보센터의 장으로 하고, 위원은 다음 각 호의 사람 중에서 위원장이 임명하거나 위촉한다. 이 경우 제2호에 따른 위원은 성별을 고려하여 위촉해야 한다. 〈개정 2022. 9. 20.〉

1. 시 · 도의 「지방자치단체의 행정기구와 정원기준 등에 관한 규정」 제10조 및 별표 2 또는 제12조 및 별표 7에 따라 본청에 두는 실장 · 국장 · 본부장의 직급기준에 해당하는 사람으로서 해당 지방자치단체의 장이 지명하는 사람
2. 온실가스 통계에 관한 학식과 경험이 풍부한 사람

⑤ 제3항제2호 및 제4항제2호에 따른 위원의 임기는 2년으로 한다. 〈신설 2022. 9. 20.〉

⑥ 제3항에 따른 국가통계관리위원회의 위원장과 제4항에 따른 지역통계관리위원회의 위원장은 제3항제2호 또는 제4항제2호에 따라 위촉한 위원이 다음 각 호의 어느 하나에 해당하는 경우에는 그 위원을 해촉할 수 있다. 〈신설 2022. 9. 20.〉

1. 심신장애로 직무를 수행할 수 없게 된 경우
2. 직무와 관련된 비위사실이 있는 경우
3. 직무태만, 품위손상이나 그 밖의 사유로 위원으로 적합하지 않다고 인정되는 경우
4. 위원 스스로 직무를 수행하는 것이 곤란하다고 의사를 밝히는 경우

⑦ 제3항부터 제6항까지에서 규정한 사항 외에 제2항에 따른 국가통계관리위원회와 지역통계관리위원회의 구성 · 운영에 관한 세부사항은 환경부장관이 정한다. 〈신설 2022. 9. 20.〉

⑧ 다음 각 호의 구분에 따른 중앙행정기관의 장은 법 제36조제2항에 따라 해당 호에서 정하는 분야별로 온실가스 정보 및 통계를 매년 3월 31일까지 온실가스종합정보센터에 제출해야 한다. 〈개정 2022. 9. 20.〉

1. 농림축산식품부장관: 농업 · 축산 · 산림 분야

2. 산업통상자원부장관: 에너지 · 산업공정 분야
3. 환경부장관: 폐기물 · 내륙습지 분야
4. 국토교통부장관: 건물 · 정주지 · 교통(해운 · 항만은 제외한다) 분야
5. 해양수산부장관: 해양 · 수산 · 해운 · 항만 · 연안습지 분야

⑨ 시 · 도지사 및 시장 · 군수 · 구청장은 법 제36조제3항에 따라 해당 지역의 다음 각 호의 분야의 온실가스 정보 및 통계를 매년 3월 31일까지 온실가스종합정보센터에 제출해야 한다. 〈개정 2022. 9. 20.〉
1. 에너지 분야
2. 산업공정 분야
3. 농업 · 토지이용 · 산림 분야
4. 폐기물 분야

⑩ 환경부장관은 시 · 도지사 및 시장 · 군수 · 구청장이 제9항에 따른 정보 및 통계를 원활히 작성할 수 있도록 통계분석 관련 전문인력 양성 · 교육, 컨설팅, 정보제공 등의 지원을 할 수 있다. 〈개정 2022. 9. 20.〉

⑪ 법 제36조제5항에 따라 온실가스종합정보센터는 제8항 및 제9항에 따라 제출받은 정보 · 통계를 분석 · 검증한 결과를 매년 12월 31일까지 온실가스종합정보센터의 인터넷 홈페이지에 공개해야 한다. 〈개정 2022. 9. 20.〉

⑫ 환경부장관은 온실가스종합정보센터를 효율적으로 운영하기 위하여 필요한 경우에는 다음 각 호의 기관의 장과 협의하여 해당 기관에 인력, 정보 제공 및 분석 등의 지원(제5호의 기관에 대해서는 정보 제공으로 한정한다)을 요청할 수 있다. 〈개정 2022. 9. 20.〉
1. 중앙행정기관 · 지방자치단체와 그 소속기관
2. 정부출연연구기관
3. 과학기술분야정부출연연구기관
4. 공공기관
5. 「에너지법」에 따른 에너지공급자와 에너지공급자로 구성된 법인 · 단체

⑬ 환경부장관과 국토교통부장관은 지역 · 공간 단위의 온실가스 배출량 · 흡수량 등의 정보를 반영한 공간정보 및 지도를 작성하여 관리할 수 있다. 〈개정 2022. 9. 20.〉

제 6 장 기후위기 적응 시책

제37조(기후위기의 감시 · 예측 등) ① 정부는 대통령령으로 정하는 바에 따라 대기 중의 온실가스 농도 변화를 상시 측정 · 조사하고 기상현상에 대한 관측 · 예측 · 제공 · 활용 능력을 높이며 기후위기에 대한 감시 · 예측의 정확도를 향상시키는 기상정보관리체계를 구축 · 운영하여야 한다.

② 정부는 기후위기 적응정보를 효과적으로 수집 · 관리 · 활용하기 위한 기후위기적응정보관리체계를 구축 · 운영하여야 한다.

③ 정부는 제2항에 따른 기후위기적응정보관리체계를 통하여 수집 · 생산된 기후위기적응정보를 국민에게 공개하고, 관계 중앙행정기관 및 지방자치단체, 산업계 · 연구계 · 학계 등이 이를 손쉽게 활용할 수 있도록 하기 위하여 기후위기적응정보통합플랫폼을 구축 · 운영할 수 있다.

④ 정부는 제1항에 따른 기후위기감시예측관리체계, 제2항에 따른 기후위기적응정보관리체계 및 제3항에 따른 기후위기적응정보통합플랫폼의 구축 · 운영을 위하여 조사 · 연구, 기술개발, 전문기관 지원, 국내외 협조체계 구축 등의 시책을 추진할 수 있다.

⑤ 제1항에 따른 기후위기감시예측관리체계, 제2항에 따른 기후위기적응정보관리체계 및 제3항에 따른 기후위기적응정보통합플랫폼의 구축 · 운영, 제4항에 따른 시책 추진 등에 필요한 사항은 대통령령으로 정한다.

시행령 **제40조(기후위기의 감시 · 예측 등)** ① 환경부장관 및 기상청장은 법 제37조제1항에 따라 대기 중의 온실가스 농도 변화를 상시 측정 · 조사하여 해당 정보를 환경부와 기상청의 인터넷 홈페이지에 각각 공개해야 한다.

② 기상청장은 법 제37조제1항에 따른 기상정보관리체계를 구축 · 운영하고, 기후위기 감시 및 예측에 관한 업무를 총괄 · 지원한다.

③ 환경부장관은 법 제37조제2항에 따른 기후위기적응정보관리체계(이하 "기후위기적응정보관리체계"라 한다)를 구축 · 운영한다.

④ 관계 중앙행정기관의 장은 법 제37조제1항에 따른 기상정보관리체계와 기후위기적응정보관리체계의 원활한 구축 · 운영을 위하여 필요한 경우 소관 분야의 정보를 제공하는 등 적극 협력해야 한다.

제38조(국가 기후위기 적응대책의 수립 · 시행) ① 정부는 국가의 기후위기 적응에 관한 대책(이하 "기후위기적응대책"이라 한다)을 5년마다 수립 · 시행하여야 한다.

② 기후위기적응대책에는 다음 각 호의 사항이 포함되어야 한다.

1. 기후위기에 대한 감시 · 예측 · 제공 · 활용 능력 향상에 관한 사항
2. 부문별 · 지역별 기후위기의 영향과 취약성 평가에 관한 사항
3. 부문별 · 지역별 기후위기 적응대책에 관한 사항
4. 기후위기에 따른 취약계층 · 지역 등의 재해 예방에 관한 사항
5. 기후위기 적응을 위한 국제협약 등에 관한 사항
6. 그 밖에 기후위기 적응을 위하여 필요한 사항으로서 대통령령으로 정하는 사항

③ 기후위기적응대책을 수립하거나 변경하는 경우에는 위원회의 심의를 거쳐야 한다. 다만, 대통령령으로 정하는 경미한 사항을 변경하는 경우에는 그러하지 아니하다.

④ 관계 중앙행정기관의 장은 기후위기적응대책의 소관사항을 효율적 · 체계적으로 이행하기 위하여 세부시행계획(이하 "적응대책세부시행계획"이라 한다)을 수립 · 시행하여야 한다.

⑤ 정부는 기후위기적응대책에 따라 관계 중앙행정기관, 지방자치단체, 공공기관, 사업자 등이 기후위기에 대한 적응역량을 강화할 수 있도록 필요한 기술적 · 행정적 · 재정적 지원을 할 수 있다.

⑥ 제1항부터 제4항까지의 규정에 따른 기후위기적응대책 및 적응대책세부시행계획의 수립 · 시행 및 변경 등에 관하여 필요한 사항은 대통령령으로 정한다.

시행령 **제41조(국가 기후위기 적응대책의 수립 · 시행)** ① 환경부장관은 법 제38조제1항에 따른 국가의 기후위기 적응에 관한 대책(이하 "기후위기적응대책"이라 한다)을 관계 중앙행정기관의 장과 협의하여 수립 · 시행해야 한다.

② 법 제38조제2항제6호에서 "대통령령으로 정하는 사항"이란 법 제67조제1항에 따른 범국민적 녹색생활 운동과 기후위기적응대책의 연계 추진에 관한 사항을 말한다.

③ 법 제38조제3항 단서에서 "대통령령으로 정하는 경미한 사항을 변경하는 경우"란 기후위기적응대책의 본질적인 내용에 영향을 미치지 않는 사항으로서 같은 조 제2항제3호에 따른 부문별 · 지역별 기후위기 적응대책의 세부 내용이나 주관 기관 또는 관련 기관 등에 관한 사항의 일부를 변경하는 경우를 말한다.

④ 환경부장관은 법 제38조제4항에 따른 세부시행계획(이하 "적응대책세부시행계획"이라 한다)의 수립 · 시행에 관한 업무를 총괄 · 조정한다.

⑤ 환경부장관은 기후위기적응정보관리체계의 효율적인 구축 · 운영과 기후위기적응대책 및 적응대책세부시행계획의 수립 · 시행을 위하여 관계 중앙행정기관의 고위공무원단에 속하는 공무원으로 구성된 협의체를 구성 · 운영할 수 있다.

⑥ 관계 중앙행정기관의 장은 다음 각 호의 사항이 포함된 적응대책세부시행계획을 법 제38조제1항 및 제3항에 따라 기후위기적응대책이 수립되거나 변경된 날부터 3개월 이내에 수립하거나 변경해야 한다.

1. 소관 분야의 국내외 동향
2. 추진 경과 및 추진 실적
3. 소관 분야의 정책목표 및 세부이행과제
4. 소관 분야의 연차별 추진계획
5. 그 밖에 기후위기적응대책을 이행하기 위하여 필요한 사항

제39조(기후위기적응대책 등의 추진상황 점검) ① 정부는 기후위기적응대책 및 적응대책세부시행계획의 추진상황을 매년 점검하고 결과 보고서를 작성하여 위원회의 심의를 거쳐 공개하여야 한다.

② 제1항에 따른 결과 보고서에는 부문별 주요 적응대책 및 이행실적, 적응대책 관련 주요 우수사례, 제1항에 따른 점검 결과 확인된 부진사항 및 개선사항이 포함되어야 한다.
③ 정부는 제1항의 결과 보고서 작성에 필요하다고 인정되는 경우 관계 중앙행정기관의 장에게 관련 정보 또는 자료의 제출을 요청할 수 있으며, 관계 중앙행정기관의 장은 특별한 사정이 없으면 요청에 따라야 한다.
④ 관계 중앙행정기관의 장은 제2항에 따른 부진사항 또는 개선사항이 있는 경우 해당 기관의 정책 등에 이를 반영하여야 한다.
⑤ 제1항에 따른 점검의 방법 및 절차 등에 관하여 필요한 사항은 대통령령으로 정한다.

시행령 **제42조(기후위기적응대책 등의 추진상황 점검)** ① 환경부장관은 법 제39조제1항에 따라 기후위기적응대책 및 적응대책세부시행계획의 전년도 추진상황을 점검하고, 그 결과 보고서를 작성하여 위원회의 심의를 거쳐 매년 12월 31일까지 환경부의 인터넷 홈페이지에 공개해야 한다.
② 환경부장관은 제1항에 따른 기후위기적응대책 및 적응대책세부시행계획의 추진상황 점검을 위하여 다음 각 호의 사항이 포함된 점검계획을 수립하여 관계 중앙행정기관의 장에게 통보해야 한다.
1. 점검 대상 및 일정
2. 추진실적의 작성 방법
3. 우수사례 선정 방법
4. 그 밖에 환경부장관이 점검을 위하여 필요하다고 인정하는 사항

제40조(지방 기후위기 적응대책의 수립 · 시행) ① 시 · 도지사, 시장 · 군수 · 구청장은 기후위기적응대책과 지역적 특성 등을 고려하여 관할 구역의 기후위기 적응에 관한 대책(이하 "지방기후위기적응대책"이라 한다)을 5년마다 수립 · 시행하여야 한다.
② 시 · 도지사, 시장 · 군수 · 구청장은 지방기후위기적응대책을 수립하거나 변경하는 경우에는 지방위원회의 심의를 거쳐야 한다. 다만, 대통령령으로 정하는 경미한 사항을 변경하는 경우에는 심의를 생략할 수 있다.
③ 지방기후위기적응대책이 수립 또는 변경된 경우 시 · 도지사는 이를 환경부장관에게, 시장 · 군수 · 구청장은 이를 환경부장관 및 관할 시 · 도지사에게 각각 제출하여야 하며, 환경부장관은 제출받은 지방기후위기적응대책을 종합하여 위원회에 보고하여야 한다.
④ 시 · 도지사 및 시장 · 군수 · 구청장은 지방기후위기적응대책의 추진상황을 매년 점검하고 그 결과 보고서를 작성하여 지방위원회의 심의를 거쳐 시 · 도지사는 환경부장관에게, 시장 · 군수 · 구청장은 환경부장관 및 관할 시 · 도지사에게 각각 제출하여야 하며, 환경부장관은 이를 종합하여 위원회에 보고하여야 한다.

⑤ 제1항부터 제4항까지에 따른 지방기후위기적응대책의 수립 · 시행 및 변경, 점검 등에 관하여 필요한 사항은 대통령령으로 정한다.

시행령 **제43조(지방 기후위기 적응대책의 수립 · 시행)** ① 법 제40조제2항 단서에서 "대통령령으로 정하는 경미한 사항을 변경하는 경우"란 같은 조 제1항에 따른 관할 구역의 기후위기 적응에 관한 대책(이하 "지방기후위기적응대책"이라 한다)의 본질적인 내용에 영향을 미치지 않는 사항으로서 지방기후위기적응대책의 세부 내용이나 주관 기관 또는 관련 기관 등에 관한 사항 중 일부를 변경하는 경우를 말한다.

② 시 · 도지사, 시장 · 군수 · 구청장은 다음 각 호에 해당하는 경우에는 지방위원회의 심의를 거치기 전에 환경부장관과 협의해야 한다.

1. 법 제40조제1항 및 제2항에 따라 지방기후위기적응대책을 수립하거나 변경(같은 조 제2항 단서에 따른 경미한 사항의 변경은 제외한다)하는 경우
2. 법 제40조제4항에 따른 결과 보고서를 작성하는 경우

③ 환경부장관은 제2항에 따라 협의를 할 때에는 법 제46조제1항에 따른 국가 기후위기 적응센터 등 관계 전문기관의 의견을 들을 수 있다.

④ 시 · 도지사와 시장 · 군수 · 구청장은 법 제40조제4항에 따른 결과 보고서를 매년 4월 30일까지 시 · 도지사는 환경부장관에게, 시장 · 군수 · 구청장은 환경부장관과 관할 시 · 도지사에게 각각 제출해야 한다.

⑤ 법 제40조제4항에 따라 환경부장관은 제4항에 따라 제출된 결과 보고서를 종합하여 매년 5월 31일까지 위원회에 보고해야 한다.

⑥ 제1항부터 제5항까지에서 규정한 사항 외에 지방기후위기적응대책의 수립 · 변경 및 이행 점검 등에 필요한 사항은 환경부장관이 정하여 고시한다.

제41조(공공기관의 기후위기 적응대책) ① 기후위기 영향에 취약한 시설을 보유 · 관리하는 공공기관 등 대통령령으로 정하는 기관(이하 "취약기관"이라 한다)은 기후위기적응대책과 관할 시설의 특성 등을 고려하여 공공기관의 기후위기 적응에 관한 대책(이하 "공공기관기후위기적응대책"이라 한다)을 5년마다 수립 · 시행하고 매년 이행실적을 작성하여야 한다.

② 취약기관의 장은 공공기관기후위기적응대책을 수립하거나 이행실적을 작성한 때에는 그 결과를 환경부장관, 관계 중앙행정기관의 장 및 관할 지방자치단체의 장에게 제출하여야 한다.

③ 제1항에 따른 공공기관기후위기적응대책의 수립 · 시행, 이행실적 작성 등에 관하여 필요한 사항은 대통령령으로 정한다.

시행령 **제44조(공공기관의 기후위기 적응대책)** ① 환경부장관은 법 제41조제1항에 따른 공

공기관의 기후위기 적응에 관한 대책(이하 "공공기관기후위기적응대책"이라 한다)의 수립·시행 및 이행실적 관리에 관한 사무를 총괄한다.

② 법 제41조제1항에서 "기후위기 영향에 취약한 시설을 보유·관리하는 공공기관 등 대통령령으로 정하는 기관"이란 공공기관 또는 「지방공기업법」에 따른 지방공기업에 해당하는 기관으로서 다음 각 호의 시설을 보유·관리하는 기관 중 환경부장관이 정하여 고시하는 기관을 말한다.

1. 교통·수송 분야: 도로, 철도, 지하철, 공항, 항만
2. 에너지 분야: 에너지 생산, 에너지 유통 및 공급
3. 용수 분야: 상수도, 댐, 저수지
4. 환경 분야: 하수도, 폐기물 처리, 방사성폐기물 처리
5. 제1호부터 제4호까지의 분야 외에 환경부장관이 공공기관기후위기적응대책의 수립이 필요하다고 인정하여 고시하는 분야의 시설

③ 환경부장관은 제2항에 따른 기관(이하 "기후위기취약기관"이라 한다)을 정하여 고시하려는 경우에는 미리 관계 중앙행정기관의 장과 관할 지방자치단체의 장의 의견을 들어야 한다.

④ 공공기관기후위기적응대책에는 다음 각 호의 사항이 포함되어야 한다.

1. 기관의 일반현황 및 주요업무
2. 기관의 시설 운영·관리와 관련된 기후변화영향의 조사·분석·전망 및 기후변화 위험도 평가
3. 기관의 기후위기 적응계획과 그 이행·관리에 필요한 사항

⑤ 기후위기취약기관의 장은 환경부장관이 제2항 각 호 외의 부분에 따라 고시한 날부터 1년 이내에 공공기관기후위기적응대책을 수립한 후 이를 지체 없이 환경부장관, 관계 중앙행정기관의 장과 관할 지방자치단체의 장에게 제출해야 한다.

⑥ 환경부장관, 관계 중앙행정기관의 장 및 관할 지방자치단체의 장은 제5항에 따라 제출된 공공기관기후위기적응대책을 검토한 후 필요하면 해당 기후위기취약기관의 장에게 보완을 요청할 수 있다.

⑦ 환경부장관은 기후위기취약기관에 공공기관기후위기적응대책의 수립·시행과 이행실적의 작성에 필요한 행정적·기술적 지원을 기후위기취약기관에 할 수 있다.

제42조(지역 기후위기 대응사업의 시행) ① 국가 또는 지방자치단체는 기후변화로 심화되는 환경오염·훼손에 종합적·효과적으로 대응하고, 기후위기에 따른 자연환경의 변화나 자연재해 등으로 농업 등 기존 산업을 유지하기 어려운 취약 지역 및 계층 등을 중점적으로 보호·지원하기 위하여 지역 기후위기 대응사업을 시행할 수 있다.

② 정부는 제1항에 따른 지역 기후위기 대응사업의 시행을 위하여 필요한 비용의 전부 또는

일부를 보조할 수 있다.

③ 정부는 제1항에 따른 지역 기후위기 대응사업의 계획 수립 · 시행 및 이행점검, 조사 · 연구 등을 수행하기 위하여 공공기관 중 대통령령으로 정하는 기관을 지원기구로 지정할 수 있다.

④ 제1항에 따른 지역 기후위기 대응사업의 시행, 제3항에 따른 지원기구의 지정 및 지정취소의 기준 · 절차 등에 관하여 필요한 사항은 대통령령으로 정한다.

시행령 **제45조(지역 기후위기 대응사업의 시행)** ① 지방자치단체의 장은 법 제42조제1항에 따른 지역 기후위기 대응사업을 시행하기 위하여 다음 각 호의 사항을 포함하는 지역 기후위기 대응 사업계획을 수립할 수 있다.

1. 지역 기후위기 현황 및 문제점
2. 사업의 목표 · 내용 · 규모 · 범위
3. 사업의 추진전략 및 타당성
4. 사업 추진을 위한 재원조달방안
5. 이행점검 및 관리 방안

② 법 제42조제3항에서 "대통령령으로 정하는 기관"이란 다음 각 호의 기관을 말한다.

1. 한국수자원공사
2. 한국환경공단
3. 한국환경산업기술원
4. 정부출연연구기관
5. 그 밖에 관계 중앙행정기관의 장이 지역 기후위기 대응사업의 지원에 필요한 전문 인력과 조직을 갖추었다고 인정하는 기관

③ 법 제42조제3항에 따른 지원기구(이하 "기후위기지원기구"라 한다)로 지정받은 기관의 장은 매년 2월 말일까지 전년도 업무수행 결과와 해당 연도의 업무계획을 관계 중앙행정기관의 장에게 제출해야 한다.

④ 관계 중앙행정기관의 장은 법 제42조제3항에 따라 기후위기지원기구를 지정한 경우에는 기후위기지원기구의 명칭과 업무의 범위를 관보와 해당 기관의 인터넷 홈페이지에 공고해야 한다.

⑤ 기후위기지원기구가 다음 각 호의 어느 하나에 해당하는 경우에는 법 제42조제4항에 따라 그 지정을 취소할 수 있다. 다만, 제1호에 해당하는 경우에는 지정을 취소해야 한다.

1. 거짓이나 그 밖의 부정한 방법으로 지정을 받은 경우
2. 지정받은 사항을 위반하여 업무를 수행한 경우

⑥ 관계 중앙행정기관의 장은 제5항에 따라 기후위기지원기구의 지정을 취소한 경우에는 그 사실을 관보와 해당 기관의 인터넷 홈페이지에 공고해야 한다.

제43조(기후위기 대응을 위한 물 관리) 정부는 기후위기로 인한 가뭄, 홍수, 폭염 등 자연재해와 물 부족 및 수질악화와 수생태계 변화에 효과적으로 대응하고 모든 국민이 물의 혜택을 고루 누릴 수 있도록 하기 위하여 다음 각 호의 사항을 포함하는 시책을 수립 · 시행하여야 한다.

1. 깨끗하고 안전한 먹는 물 공급과 가뭄 등에 대비한 안정적인 수자원의 확보
2. 수생태계의 보전 · 관리와 수질 개선
3. 물 절약 등 수요관리, 적극적인 빗물관리 및 하수 재이용 등 물 순환 체계의 정비 및 수해의 예방
4. 자연친화적인 하천의 보전 · 복원
5. 수질오염 예방 · 관리를 위한 기술 개발 및 관련 서비스 제공 등

제44조(녹색국토의 관리) ① 정부는 기후위기로부터 안전하며 지속가능한 국토(이하 "녹색국토"라 한다)를 보전 · 관리하기 위하여 다음 각 호의 계획을 수립 · 시행할 때 기후위기 대응에 관한 사항을 반영하여야 한다.

1. 「국토기본법」에 따른 국토종합계획(이하 이 조에서 "국토종합계획"이라 한다)
2. 「국토의 계획 및 이용에 관한 법률」에 따른 도시 · 군기본계획
3. 그 밖에 지속가능한 국토의 보전 · 관리를 위하여 대통령령으로 정하는 계획

② 정부는 녹색국토를 조성하기 위하여 다음 각 호의 사항을 포함하는 시책을 마련하여야 한다.

1. 도시 및 농어촌의 온실가스 배출량 감축, 마을 · 도시 단위의 에너지 자립률 및 자원 순환성 제고
2. 산림 · 녹지의 확충, 광역 생태축 보전 및 생태계 복원
3. 개발대상지 및 도시지역 생태계서비스 유지 · 증진
4. 농지 및 해양의 친환경적 개발 · 이용 · 보존
5. 도로 · 철도 · 공항 · 항만 등 인프라 시설의 친환경적 건설 및 기존 시설의 친환경적 전환
6. 친환경 교통체계의 확충
7. 기후재난 등 자연재해로 인한 국토의 피해 최소화 및 회복력 제고

③ 정부는 국토종합계획, 「국가균형발전 특별법」에 따른 국가균형발전 5개년계획 등 대통령령으로 정하는 계획을 수립할 때에는 미리 위원회의 의견을 들어야 한다.

시행령 **제46조(녹색국토의 관리)** ① 법 제44조제1항제3호에서 "대통령령으로 정하는 계획"이란 별표 3에 따른 계획을 말한다.

② 법 제44조제3항에서 "국토종합계획, 「국가균형발전 특별법」에 따른 국가균형발전 5개년계획 등 대통령령으로 정하는 계획"이란 다음 각 호의 계획을 말한다.

1. 「국토기본법」 제9조제1항에 따른 국토종합계획 및 같은 법 제13조제1항에 따른 도종합계획
2. 「국가균형발전 특별법」 제4조제1항에 따른 국가균형발전 5개년계획
3. 「수도권정비계획법」 제4조제1항에 따른 수도권정비계획

제45조(농림수산의 전환 촉진 등) ① 정부는 농작물의 생산 및 가축 생산 등의 과정에서 발생하는 온실가스 배출을 줄이고 기후위기에 대응하여 식량안보를 확보함으로써 탄소중립 사회로의 이행에 기여하기 위하여 농림수산의 전환 시책을 수립·시행하여야 한다.

② 제1항에 따른 농림수산의 전환 시책에는 다음 각 호의 사항이 포함되어야 한다.

1. 정밀농업, 유기농업 등 농림수산구조의 전환에 관한 사항
2. 농림수산 분야 온실가스 감축 기술·기자재·시설의 개발 및 보급에 관한 사항
3. 농림수산 분야의 화석연료 사용량 감축, 신·재생에너지 보급과 에너지 순환 및 자립체계 구축에 관한 사항
4. 기후위기로 인한 농림수산업 여건 변화 예측과 신품종 개량 등을 통한 식량자급률 제고에 관한 사항

③ 정부는 「농업·농촌 및 식품산업 기본법」 제14조에 따른 농업·농촌 및 식품산업 발전계획을 수립·시행할 경우 온실가스 감축과 기후 회복력을 높일 수 있는 시책을 반영하여야 한다.

제46조(국가 기후위기 적응센터 지정 및 평가 등) ① 환경부장관은 기후위기적응대책의 수립·시행을 지원하기 위하여 국가 기후위기 적응센터(이하 "적응센터"라 한다)를 지정할 수 있다.

② 적응센터는 기후위기적응대책 추진을 위한 조사·연구 등 기후위기 적응 관련 사업으로서 대통령령으로 정하는 사업을 수행한다.

③ 환경부장관은 적응센터에 대하여 수행실적 등을 평가할 수 있다.

④ 환경부장관은 적응센터에 대하여 예산의 범위에서 사업을 수행하는 데에 필요한 비용의 전부 또는 일부를 지원할 수 있다.

⑤ 제1항부터 제3항까지의 규정에 따른 적응센터의 지정·사업 및 평가 등에 관하여 필요한 사항은 대통령령으로 정한다.

[연관 시행령] 시행령 **제43조(지방 기후위기 적응대책의 수립·시행)**

시행령 **제47조(국가기후위기적응센터의 지정 및 평가)** ① 환경부장관은 법 제46조제1항에 따라 다음 각 호의 기관 또는 단체를 국가 기후위기 적응센터(이하 "국가기후위기적응센터"라 한다)로 지정하여 운영할 수 있다.

1. 국공립 연구기관
2. 정부출연연구기관
3. 한국환경공단
4. 그 밖에 환경부장관이 기후위기적응대책의 수립 · 시행 지원업무를 수행할 수 있는 역량을 갖추었다고 인정하여 고시하는 기관 또는 단체

② 국가기후위기적응센터의 지정기간은 3년 이내로 한다.

③ 법 제46조제2항에서 "대통령령으로 정하는 사업"이란 다음 각 호의 사업을 말한다.

1. 다음 각 목의 대책 또는 계획 추진을 위한 조사 · 연구 사업
   가. 기후위기적응대책
   나. 적응대책세부시행계획
   다. 지방기후위기적응대책
2. 기후위기적응대책의 수립 · 시행 지원 및 관계기관과의 협력 추진 사업
3. 기후위기적응을 위한 국제교류 및 교육 · 홍보 사업
4. 기후위기적응정보관리체계의 구축 · 운영 지원 사업
5. 법 제37조제3항에 따른 조사 · 연구, 기술개발, 전문기관 지원 및 국내외 협조체계 구축 지원 사업
6. 제1호부터 제5호까지의 사업과 관련하여 국가, 지방자치단체 또는 공공기관으로부터 위탁받은 사업

④ 환경부장관은 법 제46조제3항에 따른 수행실적 등을 다음 각 호의 구분에 따라 평가할 수 있다.

1. 정기평가: 매년 국가기후위기적응센터의 전년도 사업실적 등을 평가
2. 종합평가: 지정기간의 마지막 연도에 국가기후위기적응센터의 운영 전반을 평가

⑤ 환경부장관은 제4항에 따른 평가를 실시하기 위하여 관계 전문가로 구성된 국가기후위기적응센터 평가단(이하 "기후위기적응센터평가단"이라 한다)을 구성 · 운영할 수 있다.

⑥ 기후위기적응센터평가단은 평가 예정일부터 2개월 전에 단장 1명을 포함하여 10명 이내의 단원으로 구성한다.

⑦ 기후위기적응센터평가단의 단장은 기후위기 적응 업무를 담당하는 환경부의 고위공무원으로 하고, 적응센터평가단의 단원은 기후위기적응대책 등에 관한 학식과 경험이 풍부한 사람 중에서 환경부장관이 위촉하는 사람으로 한다.

⑧ 환경부장관은 제4항에 따른 평가를 실시하려는 경우 같은 항 각 호의 구분에 따른 평가의 방법 및 시기를 정하여 국가기후위기적응센터에 통보해야 한다.

⑨ 환경부장관은 법 제46조제4항에 따른 지원을 하는 경우 제4항에 따른 평가 결과를 반영할 수 있다.

제 7 장 정의로운 전환

제47조(기후위기 사회안전망의 마련) ① 정부는 기후위기에 취약한 계층 등의 현황과 일자리 감소, 지역경제의 영향 등 사회적 · 경제적 불평등이 심화되는 지역 및 산업의 현황을 파악하고 이에 대한 지원 대책과 재난대비 역량을 강화할 수 있는 방안을 마련하여야 한다.

② 정부는 탄소중립 사회로의 이행에 있어 사업전환 및 구조적 실업에 따른 피해를 최소화하기 위하여 실업의 발생 등 고용상태의 영향을 대통령령으로 정하는 바에 따라 정기적으로 조사하고, 재교육, 재취업 및 전직(轉職) 등을 지원하거나 생활지원을 하기 위한 방안을 마련하여야 한다.

시행령 **제48조(고용상태 영향조사 등)** ① 고용노동부장관은 법 제47조제2항에 따라 탄소중립 사회로의 이행 과정에서 실업의 발생 등 고용상태의 영향을 5년마다 조사해야 한다. 다만, 탄소중립 사회로의 이행 과정에서 사업전환 및 구조적 실업에 따른 피해가 심각한 경우 등 고용노동부장관이 추가적인 조사가 필요하다고 인정하는 경우에는 추가로 조사를 실시할 수 있다.

② 고용노동부장관은 제1항에 따른 조사를 실시하기 위하여 조사 대상 및 방법 등을 포함하는 조사계획을 수립해야 한다.

③ 고용노동부장관은 제2항에 따른 조사계획을 수립할 때에는 기후위기에 취약한 계층, 사회적 · 경제적 불평등이 심화되는 지역의 주민 및 산업계 등 이해관계자의 의견을 들어야 한다.

④ 고용노동부장관은 법 제47조제2항에 따라 제1항에 따른 조사 결과를 반영하여 다음 각 호의 사항을 포함하는 지원대책을 수립 · 시행해야 하며, 이를 지체 없이 위원회에 보고해야 한다.

1. 취업지원 · 구직활동지원 · 직업능력개발훈련 프로그램 개발 및 운영
2. 실업자에 대한 생계 지원
3. 그 밖에 탄소중립 사회로의 이행 과정에서 사회적 · 경제적 불평등이 심화되는 지역 또는 산업을 지원하기 위하여 고용노동부장관이 필요하다고 인정하여 고시하는 지원

제48조(정의로운전환 특별지구의 지정 등) ① 정부는 다음 각 호의 어느 하나에 해당하는 지역을 위원회의 심의를 거쳐 정의로운전환 특별지구(이하 "특구"라 한다)로 지정할 수 있다.

1. 탄소중립 사회로의 이행 과정에서 급격한 일자리 감소, 지역경제 침체, 산업구조의 변화에 따라 고용환경이 크게 변화되었거나 변화될 것으로 예상되는 지역
2. 탄소중립 사회로의 이행 과정에서 사회적 · 경제적 환경의 급격한 변화가 예상되거나 변화된 지역으로서 대통령령으로 정하는 요건을 갖춘 지역
3. 그 밖에 위원회가 탄소중립 사회로의 이행 과정에서 발생할 수 있는 사회적 · 경제적 불

평등을 해소하기 위하여 특구 지정이 필요하다고 인정하는 지역

② 정부는 특구로 지정된 지역에 대하여 다음 각 호의 지원을 포함하는 대책을 수립 · 시행하여야 한다.

1. 기업 및 소상공인의 고용안정 및 연구개발, 사업화, 국내 판매 및 수출 지원
2. 실업 예방, 실업자의 생계 유지 및 재취업 촉진 지원
3. 새로운 산업의 육성 및 투자 유치를 위한 지원
4. 고용촉진과 관련된 사업을 하는 자에 대한 지원
5. 그 밖에 산업 및 고용 전환을 촉진하기 위하여 필요한 행정상 · 금융상 지원 조치 또는 「조세특례제한법」 등 조세에 관한 법률에서 정하는 바에 따른 세제상의 지원 조치

③ 정부는 제1항에 따른 지정사유가 소멸하는 등 대통령령으로 정하는 사유가 있는 경우 위원회의 심의를 거쳐 특구 지정을 변경 또는 해제할 수 있다.

④ 제1항부터 제3항까지의 규정에 따른 특구의 지정 · 변경 · 해제, 지원의 내용 · 방법 등에 관하여 필요한 사항은 대통령령으로 정한다.

시행령 **제49조(정의로운전환 특별지구의 지정 등)** ① 시 · 도지사는 관할 행정구역을 법 제48조제1항에 따른 정의로운전환 특별지구(이하 "정의로운전환특구"라 한다)로 지정받으려는 경우에는 다음 각 호의 사항을 포함하는 신청서를 산업통상자원부장관과 고용노동부장관에게 각각 제출해야 한다.

1. 지정 대상 행정구역
2. 법 제48조제1항 각 호의 기준 해당 여부에 관한 검토자료
3. 지역의 산업 · 고용 및 경제 회복을 위한 자체 계획
4. 지역의 산업 · 고용 및 경제 회복을 위하여 필요한 지원 내용

② 제1항에 따른 신청서를 제출 받은 산업통상자원부장관과 고용노동부장관은 법 제48조제1항에 따라 위원회의 심의를 거치기 전에 관계 중앙행정기관과의 협의를 거쳐 정의로운전환특구를 공동으로 지정할 수 있다.

③ 정의로운전환특구의 지정기간은 2년 이내로 한다.

④ 산업통상자원부장관과 고용노동부장관은 정의로운전환특구로 지정된 지역의 산업 · 고용 및 지역경제 여건 등을 검토하여 2년 이내의 범위에서 지정기간을 연장할 수 있다. 다만, 전체 지정기간은 5년을 초과할 수 없다.

⑤ 산업통상자원부장관과 고용노동부장관은 정의로운전환특구의 지정 여부를 검토하기 위하여 산업통상자원부, 고용노동부 및관계 중앙행정기관 소속 공무원과 기업 · 소상공인 · 산업 · 고용 · 노동 · 지역 등의 분야에 관한 전문가 등으로 조사단을 구성하여 현지실사 및 자료 수집을 할 수 있다.

⑥ 산업통상자원부장관과 고용노동부장관은 법 제48조제2항에 따라 지원대책을 수립하는

경우에는 관계 중앙행정기관의 장과의 협의를 거쳐야 하고, 수립된 지원대책을 위원회에 보고해야 한다.

⑦ 법 제48조제1항제2호에서 "대통령령으로 정하는 요건을 갖춘 지역"이란 해당 지역에서 탄소중립 정책의 직접적 영향을 받는 기업의 경영환경 악화 등이 예상되거나 발생한 지역을 말한다.

⑧ 관계 중앙행정기관의 장과 정의로운전환특구로 지정된 지역을 관할하는 시 · 도지사 또는 시장 · 군수 · 구청장은 법 제48조제2항에 따른 지원대책 시행을 위한 실행계획을 수립하여 산업통상자원부장관과 고용노동부장관에게 각각 제출해야 한다.

⑨ 제8항에 따라 실행계획을 제출받은 산업통상자원부장관과 고용노동부장관은 이를 위원회에 공동으로 보고해야 한다.

⑩ 정의로운전환특구로 지정된 지역을 관할하는 시 · 도지사는 매년 해당 정의로운전환특구의 운영 현황과 지원 실적 및 효과 등에 관한 보고서를 작성하여 산업통상자원부장관과 고용노동부장관에게 각각 제출해야 한다.

⑪ 법 제48조제3항에서 "지정사유가 소멸하는 등 대통령령으로 정하는 사유가 있는 경우"란 다음 각 호의 경우를 말한다.

1. 법 제48조제1항 각 호의 지정사유가 소멸한 경우
2. 법 제48조제2항에 따른 지원대책의 시행으로 효과가 발생하여 정의로운 전환특구 지정이 필요 없게 된 경우

⑫ 산업통상자원부장관과 고용노동부장관이 법 제48조제1항 · 제3항에 따라 정의로운전환특구를 지정 · 변경 또는 해제한 경우에는 다음 각 호의 사항을 공동으로 고시해야 한다.

1. 정의로운전환특구의 위치
2. 정의로운전환특구의 지정, 변경 또는 해제의 사유
3. 정의로운전환특구에 대한 지원대책의 주요 내용(정의로운전환특구를 지정하는 경우만 해당한다)

⑬ 제1항부터 제12항까지에서 규정한 사항 외에 정의로운전환특구의 지정, 변경 또는 해제, 정의로운전환특구에 대한 지원의 내용 및 방법 등에 관하여 필요한 사항은 산업통상자원부장관 및 고용노동부장관이 관계 중앙행정기관의 장과 협의를 거쳐 공동으로 고시한다.

제49조(사업전환 지원) ① 정부는 기후위기 대응 및 탄소중립 사회로의 이행 과정에서 영향을 받을 수 있는 대통령령으로 정한 업종에 종사하는 기업 중 「중소기업기본법」 제2조제1항에 따른 중소기업자가 녹색산업 분야에 해당하는 업종으로의 사업전환을 요청하는 경우 이를 지원할 수 있다.

② 제1항에 따른 사업전환 지원의 대상, 녹색산업 분야에 해당하는 업종, 선정절차, 지원의 종류 및 범위 등에 관하여 필요한 사항은 대통령령으로 정한다.

시행령 **제50조(사업전환 지원)** ① 법 제49조제1항에서 "대통령령으로 정한 업종"이란 온실가스 다배출업종 등 중소벤처기업부장관이 정하여 고시하는 업종을 말한다.
② 법 제49조제1항에 따른 녹색산업 분야에 해당하는 업종은 녹색산업 중 중소벤처기업부장관이 사업전환 지원이 필요하다고 인정하여 고시하는 업종으로 한다.
③ 법 제49조제1항에 따라 사업전환 지원을 요청하려는 사업자는 중소벤처기업부장관에게 다음 각 호의 사항이 포함된 지원신청서를 제출해야 한다.
1. 현재 영위하는 업종과 사업을 전환하려는 업종
2. 사업전환계획
④ 중소벤처기업부장관은 제3항에 따라 지원신청서를 받은 경우에는 해당 사업장에 대한 현장 조사를 한 후 지원 여부를 결정해야 한다. 다만, 해당 사업장에 대한 현장 조사가 필요하지 않다고 판단되면 이를 생략할 수 있다.
⑤ 법 제49조제2항에 따른 지원의 종류와 범위는 다음 각 호와 같다.
1. 사업전환에 관한 정보 제공
2. 사업전환에 필요한 컨설팅 지원
3. 사업전환에 필요한 자금융자 등의 지원
4. 그 밖에 원활한 사업전환을 위하여 중소벤처기업부장관이 필요하다고 인정하는 지원
⑥ 제4항에 따른 현장 조사의 범위, 방법, 절차 및 그 밖에 필요한 사항은 중소벤처기업부장관이 정하여 고시한다.

제50조(자산손실 위험의 최소화 등) ① 정부는 온실가스 배출량이 대통령령으로 정하는 기준 이상에 해당하는 기업에 대하여 탄소중립 사회로의 이행이 기존 자산가치의 하락 등 기업 운영에 미치는 영향을 평가하고, 사업의 조기 전환 등 손실을 최소화할 수 있는 지원 시책을 마련하여야 한다.
② 정부는 투자자 등의 보호를 위하여 기업 등 경제주체가 기후위기로 인한 자산손실 등의 위험을 투명하게 공시 · 공개하도록 하는 제도를 마련하여야 한다.

시행령 **제51조(자산손실 위험의 최소화)** ① 법 제50조제1항에서 "온실가스 배출량이 대통령령으로 정하는 기준 이상에 해당하는 기업"이란 최근 3년간 연평균 온실가스 배출총량이 5만이산화탄소상당량톤 이상인 기업이거나 연평균 온실가스 배출량이 1만5천이산화탄소상당량톤 이상인 사업장을 하나 이상 보유한 기업을 말한다.
② 산업통상자원부장관은 법 제50조제1항에 따라 다음 각 호의 사항을 포함하는 지원 시책을 마련하여 위원회에 보고해야 한다.
1. 사업전환을 위한 컨설팅 지원
2. 전환 대상사업의 연구 · 개발 지원

3. 사업전환비용에 대한 금융 및 자금 지원

제51조(국민참여 보장을 위한 지원) ① 정부는 탄소중립 사회로의 이행을 위한 정책의 수립 · 시행 과정에서 국민참여를 보장하고 국가와 지방자치단체의 정책 제안 플랫폼을 통해 제안된 의견을 반영하기 위하여 「행정절차법」 제52조 및 제53조에 따라 필요한 행정적 · 재정적 지원을 할 수 있다.

② 제1항에 따른 지원 범위 · 방법 등에 관하여 필요한 사항은 대통령령으로 정한다.

제51조의2(국민참여 확대의 지원) 중앙행정기관의 장은 법 제51조에 따라 국민참여를 보장하고 정책 제안 플랫폼에 제안된 의견을 반영하기 위하여 필요한 경우 관계 행정기관에 예산 · 인력의 확보 및 교육 · 홍보 · 포상 등을 지원할 수 있다.

제52조(협동조합 활성화) ① 정부는 신 · 재생에너지의 보급 · 확산 등 에너지 전환과 탄소중립 사회로의 이행 과정에서 발생하는 이익을 공정하고 공평하게 공유하기 위하여 「협동조합 기본법」 제2조제1호 및 제3호에 따른 협동조합 및 사회적협동조합의 활동을 행정적 · 재정적 · 기술적으로 지원할 수 있다.

② 제1항에 따른 지원 범위 · 방법 등에 관하여 필요한 사항은 대통령령으로 정한다.

시행령 **제52조(협동조합 활성화)** 정부는 법 제52조제1항에 따라 협동조합 및 사회적협동조합에 다음 각 호의 지원을 할 수 있다.

1. 「협동조합 기본법」 제10조의2에 따른 경영 지원
2. 「협동조합 기본법」 제10조의3에 따른 교육훈련 지원
3. 「협동조합 기본법」 제95조의2에 따른 공공기관의 우선 구매

제53조(정의로운전환 지원센터의 설립 등) ① 국가와 지방자치단체는 탄소중립 사회로의 이행 과정에서 일자리 감소, 지역경제 침체 등 사회적 · 경제적 불평등이 심화되는 산업과 지역에 대하여 그 특성을 고려한 정의로운전환 지원센터(이하 "전환센터"라 한다)를 설립 · 운영할 수 있다.

② 전환센터의 업무는 다음 각 호와 같다.

1. 탄소중립 사회로의 이행에 따른 일자리 및 지역사회 영향 관련 실태조사
2. 산업 · 노동 및 지역경제의 전환 방안, 일자리 전환모델의 연구 및 지원
3. 재취업, 전직 등 직업전환을 위한 교육훈련 및 취업의 지원
4. 업종전환 등 기업의 사업전환에 관한 컨설팅 및 지원
5. 관련 법령 · 제도 개선 건의
6. 그 밖에 탄소중립 사회로의 이행 과정에서 취약한 지역 및 계층을 지원하기 위하여 대통령령으로 정하는 사항

③ 국가와 지방자치단체는 전환센터의 설립·운영에 소요되는 예산을 지원할 수 있다.
④ 제1항에서 제3항까지의 규정에 따른 전환센터의 설립·운영 등에 관하여 필요한 사항은 대통령령으로 정한다.

시행령 **제53조(정의로운전환 지원센터의 설립·운영 등)** ① 산업통상자원부장관과 고용노동부장관은 법 제53조제1항에 따라 다음 각 호의 기관에 각각 같은 항에 따른 정의로운전환 지원센터(이하 "정의로운전환지원센터"라 한다)를 둘 수 있다.
1. 「산업기술혁신 촉진법」 제38조에 따라 설립된 한국산업기술진흥원
2. 「고용정책 기본법」 제18조에 따라 설립된 한국고용정보원
3. 그 밖에 탄소중립 사회로의 이행과정에서 사회적·경제적 불평등이 심화되는 산업과 지역에 관한 전문성을 보유한 기관으로서 산업통상자원부장관과 고용노동부장관이 협의하여 고시하는 기관

② 산업통상자원부장관과 고용노동부장관은 제1항에 따라 정의로운전환지원센터를 두려는 경우에는 설립계획을 수립하여 위원회에 보고해야 한다.
③ 정의로운전환특구로 지정된 지역을 관할하는 시·도지사는 법 제53조제1항에 따라 조례로 정하는 바에 따라 정의로운전환지원센터를 설립할 수 있다.
④ 법 제53조제2항제6호에서 "대통령령으로 정하는 사항"이란 다음 각 호의 사항을 말한다.
1. 국내외 정의로운 전환 추진동향의 조사 및 연구
2. 지역별·산업별 대체산업 육성
3. 정부와 지방자치단체의 일자리 창출 관련 사업의 연계·조정 지원
4. 정의로운전환특구의 산업·고용·지역경제 회복 등을 위한 사업의 발굴 및 추진

⑤ 정의로운전환지원센터는 매년 1월 31일까지 전년도의 업무수행 실적과 해당 연도의 업무계획을 산업통상자원부장관, 고용노동부장관 및 관할 시·도지사에게 각각 제출해야 한다.
⑥ 제1항부터 제5항까지에서 규정한 사항 외에 정의로운전환지원센터의 설립·운영 등에 필요한 사항은 관계 중앙행정기관의 장과 협의를 거쳐 산업통상자원부장관과 고용노동부장관이 공동으로 정하여 고시한다.

제 8 장 녹색성장 시책

제54조(녹색경제·녹색산업의 육성·지원) 정부는 녹색경제를 구현함으로써 국가경제의 건전성과 경쟁력을 강화하고 성장잠재력이 큰 새로운 녹색산업을 육성·지원하기 위하여 다음 각 호의 사항을 포함하는 시책을 마련하여야 한다.
1. 국내외 경제여건 및 전망에 관한 사항

2. 기존 산업에서 녹색산업으로의 단계적 전환에 관한 사항
3. 녹색산업을 촉진하기 위한 중장기 · 단계별 목표, 추진전략에 관한 사항
4. 녹색산업을 신성장동력으로 육성 · 지원하기 위한 사항
5. 전기 · 정보통신 · 교통 등 기존 국가기반시설을 친환경 시설로 전환하기 위한 사항
6. 제55조에 따른 녹색경영을 위한 자문서비스 산업의 육성에 관한 사항
7. 녹색산업 인력 양성 및 일자리 창출에 관한 사항
8. 그 밖에 녹색경제 · 녹색산업의 촉진에 관한 사항

제55조(기업의 녹색경영 촉진 등) 정부는 기업이 경영활동에서 자원과 에너지를 절약하고 효율적으로 이용하며 온실가스 배출 및 환경오염의 발생을 최소화하면서 사회적 · 윤리적 책임을 다하는 경영(이하 "녹색경영"이라 한다)을 할 수 있도록 지원 · 촉진하기 위하여 다음 각 호의 사항을 포함하는 시책을 수립 · 시행하여야 한다.

1. 친환경 생산체제로의 전환을 위한 기술지원
2. 기업의 온실가스 배출량, 온실가스 감축 실적 및 온실가스 감축 계획의 공개
3. 기업의 에너지 · 자원 이용 효율화, 산림 조성 및 자연환경 보전, 지속가능발전 정보 등 녹색경영 성과의 공개
4. 중소기업의 녹색경영에 대한 지원 및 녹색기술의 사업화 촉진을 위한 지원
5. 대기업의 중소기업에 대한 녹색기술 지도 · 기술이전 및 기술인력 파견에 대한 지원
6. 대기업과 중소기업의 녹색기술 공동개발에 대한 지원
7. 녹색기술 · 녹색산업에 관한 전문인력 양성 · 확보 및 국외 진출
8. 그 밖에 기업의 녹색기술 및 녹색경영 촉진에 관한 사항

시행령 **제54조(중소기업의 녹색경영 촉진 등)** 중소벤처기업부장관은 법 제55조에 따라 중소기업의 녹색기술 및 녹색경영 촉진을 위한 연차별 추진계획을 수립하여 위원회에 보고하고 시행해야 한다.

제56조(녹색기술의 연구개발 및 사업화 등의 촉진) ① 정부는 녹색기술의 연구개발 및 사업화 등을 촉진하기 위하여 다음 각 호의 사항을 포함하는 시책을 수립 · 시행하여야 한다.

1. 녹색기술과 관련된 정보의 수집 · 분석 및 제공
2. 녹색기술 평가기법의 개발 및 보급
3. 녹색기술 연구개발 및 사업화 등의 촉진을 위한 금융지원
4. 녹색기술 전문인력의 양성 및 국제협력 등

② 정부는 정보통신 · 나노 · 생명공학 기술 등 다른 기술 영역과의 융합을 촉진하고 녹색기술의 지식재산권화를 통하여 지식기반 녹색경제로의 이행을 신속하게 추진하여야 한다.

③ 「과학기술기본법」 제7조에 따른 과학기술기본계획에 제1항의 시책이 포함되는 경우에는

미리 위원회의 의견을 들어야 한다.

第57조(조세 제도 운영) 정부는 기후위기와 에너지 · 자원의 고갈 문제에 효과적으로 대응하기 위하여 온실가스와 오염물질을 발생시키거나 에너지 · 자원 이용효율이 낮은 재화와 서비스를 줄이고 환경 및 기후친화적인 재화와 서비스를 촉진하는 방향으로 조세 제도를 운영하여야 한다.

第58조(금융의 지원 및 활성화) ① 정부는 탄소중립 사회로의 이행과 녹색성장의 추진 등 기후위기 대응을 위하여 재원 조성, 자금 지원, 금융상품의 개발, 민간투자 활성화, 탄소중립 관련 정보 공시제도 강화, 탄소시장 거래 활성화 등을 포함하는 금융 시책을 수립 · 시행하여야 한다.

② 제1항에 따른 기후위기 대응을 위한 금융의 촉진에 관한 사항은 따로 법률로 정한다.

第59조(녹색기술 · 녹색산업에 대한 지원 · 특례 등) ① 국가 또는 지방자치단체는 녹색기술 · 녹색산업에 대하여 예산의 범위에서 보조금의 지급 등 필요한 지원을 할 수 있다.

② 「신용보증기금법」에 따라 설립된 신용보증기금 및 「기술보증기금법」에 따라 설립된 기술보증기금은 녹색기술 · 녹색산업에 우선적으로 신용보증을 하거나 보증조건 등을 우대할 수 있다.

③ 국가 또는 지방자치단체는 녹색기술 · 녹색산업과 관련된 기업을 지원하기 위하여 「조세특례제한법」과 「지방세특례제한법」에서 정하는 바에 따라 소득세 · 법인세 · 취득세 · 재산세 · 등록세 등을 감면할 수 있다.

④ 국가와 지방자치단체는 녹색기술 · 녹색산업과 관련된 기업이 「외국인투자 촉진법」 제2조제1항제4호에 따른 외국인투자를 유치하는 경우에 이를 최대한 지원하기 위하여 노력하여야 한다.

⑤ 위원회는 매년 녹색기술 · 녹색산업 관련 기업이나 연구기관 등의 고충을 조사하고 불합리한 규제 등 시정이 필요한 사항이 발견될 경우 관계 기관에 대하여 시정권고 또는 의견표명을 할 수 있다.

⑥ 제5항에 따른 고충조사, 시정권고 및 의견표명 등에 관하여 필요한 사항은 대통령령으로 정한다.

시행령 **제55조(시정권고 및 의견표명 등)** ① 위원회는 법 제59조제5항에 따라 시정권고 또는 의견표명을 할 때에는 고충조사 결과에 대한 녹색기술 · 녹색산업 분야의 전문가 또는 전문기관의 의견을 들을 수 있다.

② 법 제59조제5항에 따른 시정권고 또는 의견표명은 그 내용을 명시한 서면으로 해야 한다.

③ 제1항 및 제2항에서 규정한 사항 외에 고충조사, 시정권고 및 의견표명에 필요한 세부 사항

은 위원회의 의결을 거쳐 위원장이 정한다.

제60조(녹색기술 · 녹색산업의 표준화 및 인증 등) ① 정부는 국내에서 개발되었거나 개발 중인 녹색기술 · 녹색산업이 「국가표준기본법」 제3조제2호에 따른 국제표준에 부합하도록 표준화 기반을 구축하고 녹색기술 · 녹색산업의 국제표준화 활동 등에 필요한 지원을 할 수 있다.

② 정부는 녹색기술 · 녹색산업의 발전을 촉진하기 위하여 녹색기술, 제66조제4항에 따른 녹색제품 등에 대한 적합성 인증을 하거나 녹색기술 및 제66조제4항에 따른 녹색제품의 매출 비중이 높은 기업(이하 "녹색전문기업"이라 한다)의 확인, 공공기관 등 대통령령으로 정하는 기관의 구매의무화 또는 기술지도 등을 할 수 있다.

③ 정부는 다음 각 호의 어느 하나에 해당하는 경우에는 제2항에 따른 적합성 인증 또는 녹색전문기업 확인을 취소하여야 한다.

1. 거짓이나 그 밖의 부정한 방법으로 인증이나 확인을 받은 경우
2. 중대한 결함이 있어 인증이나 확인이 적당하지 아니하다고 인정되는 경우

④ 제1항부터 제3항까지의 규정에 따른 표준화, 인증 및 확인, 그 취소 등에 관하여 필요한 사항은 대통령령으로 정한다.

시행령 **제56조(녹색기술 · 녹색산업의 표준화)** ① 과학기술정보통신부장관, 문화체육관광부장관, 농림축산식품부장관, 산업통상자원부장관, 환경부장관, 국토교통부장관, 해양수산부장관, 중소벤처기업부장관, 방송통신위원회 위원장, 금융위원회 위원장과 산림청장은 법 제60조제1항에 따라 소관 분야의 녹색기술 · 녹색산업의 표준화 기반을 구축하기 위하여 다음 각 호의 활동에 필요한 지원을 할 수 있다.

1. 국제표준과 연계한 표준화 기반 및 적합성 평가체계 구축
2. 국내에서 개발되었거나 연구 · 개발 중인 녹색기술 · 녹색산업의 표준화
3. 표준화 기반을 구축하기 위한 전문인력 양성

② 산업통상자원부장관은 제1항에 따른 녹색기술 · 녹색산업의 표준화 기반 구축에 관한 사항을 총괄한다.

시행령 **제57조(녹색기술 등의 적합성 인증 및 녹색전문기업확인)** ① 중앙행정기관의 장은 소관 분야에 대하여 법 제60조제2항에 따라 녹색기술에 대한 적합성 인증(인증된 녹색기술이 적용된 제품에 대한 확인을 포함하며, 이하 "녹색인증"이라 한다)을 하거나 녹색기술과 녹색제품의 매출 비중이 높은 기업의 확인(이하 "녹색전문기업확인"이라 한다)을 할 수 있다.

② 제1항에 따라 녹색인증이나 녹색전문기업확인을 받으려는 자는 소관 중앙행정기관의 장에게 인증 또는 확인을 신청해야 한다.

③ 제2항에 따른 신청을 받은 중앙행정기관의 장은 신청한 내용을 평가하는 기관(이하 "평가기관"이라 한다)을 지정하여 녹색인증 또는 녹색전문기업확인의 평가를 의뢰해야 한다.
④ 평가기관의 평가 결과를 확인하고 녹색인증 또는 녹색전문기업확인 여부를 결정하기 위하여 관계 중앙행정기관 공동으로 녹색인증 및 녹색전문기업확인 심의위원회(이하 "녹색인증등위원회"라 한다)를 둔다.
⑤ 중앙행정기관의 장은 제2항에 따라 녹색인증이나 녹색전문기업확인을 신청한 자에게 인증 또는 확인에 필요한 비용을 부담하게 할 수 있다.
⑥ 녹색인증 또는 녹색전문기업확인의 유효기간은 3년으로 하고, 1회에 한정하여 4년 이내의 범위에서 연장할 수 있다.
⑦ 제1항부터 제6항까지에서 규정한 사항 외에 녹색인증 및 녹색전문기업 확인의 대상 · 기준 · 절차 · 방법, 평가기관의 지정, 녹색인증등위원회의 구성 · 운영, 녹색인증 및 녹색전문기업확인의 비용, 유효기간 연장 등 녹색인증 및 녹색전문기업확인에 필요한 사항은 기획재정부장관, 과학기술정보통신부장관, 문화체육관광부장관, 농림축산식품부장관, 산업통상자원부장관, 환경부장관, 국토교통부장관, 해양수산부장관, 중소벤처기업부장관, 방송통신위원회위원장과 금융위원회위원장이 공동으로 정하여 고시한다.

시행령 **제58조(녹색제품에 대한 구매촉진)** ① 법 제60조제2항에서 "공공기관 등 대통령령으로 정하는 기관"이란 「녹색제품 구매촉진에 관한 법률」 및 「중소기업제품 구매촉진 및 판로지원에 관한 법률」에 따른 공공기관(이하 이 조에서 "녹색공공기관"이라 한다)을 말한다.
② 조달청장은 법 제60조제2항에 따라 녹색공공기관의 녹색제품 구매를 촉진하기 위하여 필요한 품목을 지정 · 고시하고, 이에 따른 조달 기준을 마련할 수 있다.
③ 조달청장은 녹색공공기관의 장이 제품 또는 공사의 구매 또는 발주를 요청한 경우 해당 녹색공공기관의 장과의 협의를 거쳐 녹색제품으로 구매하거나 공사과정에 녹색기술을 반영하도록 할 수 있다.

제61조(녹색기술 · 녹색산업 집적지 및 단지 조성 등) ① 정부는 녹색기술의 공동연구개발, 시설장비의 공동활용 및 산 · 학 · 연 네트워크 구축 등의 사업을 위한 집적지나 단지를 조성하거나 이를 지원할 수 있다.
② 제1항에 따른 사업을 추진하는 경우에는 다음 각 호의 사항을 고려하여야 한다.
1. 집적지 · 단지별 산업집적 현황에 관한 사항
2. 기업 · 대학 · 연구소 등의 연구개발 역량강화 및 상호연계에 관한 사항
3. 산업집적기반시설의 확충 및 우수한 녹색기술 · 녹색산업 인력의 유치에 관한 사항
4. 녹색기술 · 녹색산업의 사업추진체계 및 재원조달 방안

5. 효율적 에너지 사용체계 구축 및 집적지 · 단지의 필요 에너지를 신 · 재생에너지로 조달할 수 있는 방안 마련에 관한 사항

③ 정부는 녹색기술 및 녹색산업의 발전을 위하여 대통령령으로 정하는 기관 또는 단체로 하여금 녹색기술 · 녹색산업 집적지 및 단지를 조성하게 할 수 있다.

④ 정부는 제3항에 따른 기관 또는 단체가 같은 항에 따른 집적지 및 단지를 조성하는 사업을 수행하는 데에 소요되는 비용의 전부 또는 일부를 출연할 수 있다.

시행령 **제59조(녹색기술 · 녹색산업 집적지 및 단지 조성 등)** 법 제61조제3항에서 "대통령령으로 정하는 기관 또는 단체"란 다음 각 호의 기관 또는 단체를 말한다.

1. 「산업기술단지 지원에 관한 특례법」 제4조에 따른 사업시행자
2. 「산업집적활성화 및 공장설립에 관한 법률」 제45조의17에 따른 한국산업단지공단
3. 「특정연구기관 육성법」 제2조에 따른 특정연구기관 및 같은 법 제8조에 따른 공동관리기구
4. 「고등교육법」에 따른 대학 · 산업대학 · 전문대학 및 기술대학
5. 과학기술분야정부출연연구기관
6. 「민법」 제32조 및 「공익법인의 설립 · 운영에 관한 법률」에 따라 과학기술정보통신부장관의 허가를 받아 설립된 한국산업기술진흥협회
7. 한국환경공단
8. 한국환경산업기술원
9. 「한국교통안전공단법」에 따른 한국교통안전공단
10. 「산업입지 및 개발에 관한 법률」 제16조제1항제1호에 따른 산업단지개발사업의 시행자
11. 「중소기업진흥에 관한 법률」 제68조에 따른 중소벤처기업진흥공단

제62조(녹색기술 · 녹색산업에 대한 일자리 창출 등) ① 정부는 녹색기술 · 녹색산업에 대한 일자리를 창출 · 확대하여 많은 국민이 탄소중립 사회로의 이행과 녹색성장의 추진 과정에서 혜택을 누릴 수 있도록 하여야 한다.

② 정부는 녹색기술 · 녹색산업에 대한 일자리를 창출하는 과정에서 산업분야별 노동력의 원활한 이동 · 전환을 촉진하고 국민이 새로운 기술을 습득할 수 있는 기회를 확대하며, 녹색기술 · 녹색산업에 대한 일자리를 창출하기 위하여 기업과 국민에게 예산의 범위에서 재정적 · 기술적 지원을 할 수 있다.

제63조(정보통신 기술 · 서비스 시책) ① 정부는 정보통신 기술 및 서비스를 적극 활용함으로써 온실가스를 감축하고, 에너지를 절약하며 에너지 이용효율을 향상시키기 위하여 다음 각 호의 사항을 포함한 정보통신 기술 · 서비스 시책을 수립 · 시행하여야 한다.

1. 방송통신 네트워크 등 정보통신 기반 확대
2. 새로운 정보통신 서비스의 개발 · 보급

3. 정보통신 산업 및 기기 등에 대한 녹색기술 개발 촉진

② 정부는 제67조제1항에 따른 녹색생활을 확산시키기 위하여 재택근무 · 영상회의 · 원격교육 · 원격진료 등을 활성화하는 등의 정보통신 시책을 수립 · 시행하여야 한다.

③ 정부는 정보통신기술을 활용하여 전력 네트워크를 지능화 · 고도화함으로써 고품질의 전력서비스를 제공하고 에너지 이용효율을 극대화하며 온실가스를 획기적으로 감축할 수 있도록 하여야 한다.

제64조(순환경제의 활성화) 정부는 제품의 지속가능성을 높이고 버려지는 자원의 순환망을 구축하여 투입되는 자원과 에너지를 최소화함으로써, 생태계의 보전과 온실가스 감축을 동시에 구현하기 위한 친환경 경제 체계(이하 이 조에서 "순환경제"라 한다)를 활성화하기 위하여 다음 각 호의 사항을 포함하는 시책을 수립 · 시행하여야 한다.

1. 제조 공정에서 사용되는 원료 · 연료 등의 순환성 강화에 관한 사항
2. 지속가능한 제품 사용기반 구축 및 이용 확대에 관한 사항
3. 폐기물의 선별 · 재활용 체계 및 재제조 산업의 활성화에 관한 사항
4. 에너지자원으로 이용되는 목재, 식물, 농산물 등 바이오매스의 수집 · 활용에 관한 사항
5. 국가 자원 통계 관리체계의 구축 등 자원 모니터링 강화에 관한 사항

제 9 장 탄소중립 사회 이행과 녹색성장의 확산

제65조(탄소중립 지방정부 실천연대의 구성 등) ① 지방자치단체는 자발적인 기후위기 대응 활동을 촉진하고 탄소중립 사회로의 이행과 녹색성장의 추진을 위한 지방자치단체 간의 상호 협력을 증진하기 위하여 지방자치단체의 장이 참여하는 탄소중립 지방정부 실천연대(이하 "실천연대"라 한다)를 구성 · 운영할 수 있다.

② 실천연대는 원활한 협력과 체계적인 사업의 추진을 위하여 실천연대에 참여하는 지방자치단체의 장 중에서 복수의 대표자를 정할 수 있다.

③ 실천연대는 다음 각 호의 사항을 실천하기 위하여 노력하여야 한다.

1. 2050년까지 탄소중립 달성
2. 탄소중립 사회로의 이행에 대한 사회적 합의 도출과 공감대 형성
3. 탄소중립 달성을 위한 사업의 발굴과 지원
4. 탄소중립 사회로의 이행을 촉진하기 위한 선도적인 기후행동 실천 및 확산
5. 온실가스 감축 및 기후위기 적응을 위한 상호 소통 및 공동 협력
6. 그 밖에 온실가스 감축 및 기후위기 적응, 녹색성장 등 기후위기 대응을 위하여 필요한 사항으로서 실천연대에 참여하는 지방자치단체의 장이 상호 합의하여 정하는 사항

④ 실천연대 활동을 지원하기 위하여 사무국을 둔다.

⑤ 제1항에 따른 실천연대의 구성 · 운영, 제4항에 따른 사무국의 구성 · 운영 등에 필요한 사항은 대통령령으로 정한다.

시행령 **제60조(탄소중립 지방정부 실천연대의 구성 등)** ① 법 제65조제2항에 따른 탄소중립 지방정부 실천연대(이하 "탄소중립실천연대"라 한다)의 복수의 대표자는 「지방자치법」 제182조제1항제1호 및 제3호의 전국적 협의체의 장으로 하되, 탄소중립실천연대가 정하는 운영협약으로 달리 정할 수 있다.

② 법 제65조제2항에 따른 복수의 대표자는 탄소중립실천연대를 각자 대표하고, 실천연대의 사무를 총괄한다.

③ 법 제65조제2항에 따른 복수의 대표자는 각자 탄소중립실천연대의 회의를 소집하며, 공동으로 의장이 된다.

④ 제1항에 따른 운영협약에는 다음 각 호의 사항이 포함되어야 한다.

1. 탄소중립실천연대 참여 지방자치단체
2. 탄소중립실천연대의 처리 사무와 사무국의 구성 · 운영 방안
3. 탄소중립실천연대의 조직 구성과 대표자의 선출 방법 및 임기
4. 탄소중립실천연대의 운영과 사무처리에 필요한 경비의 부담과 지출 방법
5. 그 밖에 탄소중립실천연대의 구성과 운영에 필요한 사항

⑤ 법 제65조제4항에 따라 탄소중립실천연대 활동을 지원하기 위하여 「지방자치법」 제182조제1항제1호 또는 제3호의 전국적 협의체에 사무국(이하 "탄소중립실천연대사무국"이라 한다)을 둘 수 있다.

⑥ 탄소중립실천연대사무국에는 사무국장 1명과 필요한 직원을 두며, 사무국장은 탄소중립실천연대의 대표자가 탄소중립실천연대의 동의를 받아 임명한다.

⑦ 탄소중립실천연대는 탄소중립실천연대의 운영 또는 탄소중립실천연대사무국의 사무 처리를 위하여 필요한 경우에는 지방자치단체 소속 공무원, 공공기관 및 관계 기관 · 단체 · 연구소 소속 임직원 등의 파견 또는 겸임을 요청할 수 있다.

⑧ 행정안전부장관과 환경부장관은 탄소중립실천연대가 법 제65조제3항 각 호의 사항을 실천하는 데 필요한 지원을 할 수 있다.

제66조(탄소중립 사회 이행과 녹색성장을 위한 생산 · 소비 문화의 확산) ① 정부는 재화의 생산 · 소비 · 운반 및 폐기(이하 "생산등"이라 한다)의 전 과정에서 에너지와 자원을 절약하고 효율적으로 이용하며 온실가스의 발생을 줄일 수 있도록 관련 시책을 수립 · 시행하여야 한다.

② 정부는 소비자의 선택권을 확대 · 제고하기 위하여 재화 및 서비스의 가격에 에너지 소비량 및 온실가스 배출량 등이 합리적으로 연계 · 반영되도록 하고 그 정보가 소비자에게 정확하

게 공개 · 전달되도록 하여야 한다.

③ 정부는 재화의 생산등 전 과정에서 에너지와 자원의 사용량, 온실가스와 오염물질의 배출량 등을 분석 · 평가하고 그 결과에 관한 정보를 축적하여 이용할 수 있는 정보관리체계를 구축 · 운영하여야 한다.

④ 정부는 에너지 · 자원의 투입과 온실가스 및 오염물질의 발생을 최소화하는 제품(이하 "녹색제품"이라 한다)의 사용 · 소비의 촉진 및 확산을 위하여 재화의 생산자와 판매자 등으로 하여금 그 재화를 생산하는 과정 등에서 발생되는 온실가스와 오염물질의 양에 대한 정보 또는 등급을 소비자가 쉽게 인식할 수 있도록 표시 · 공개하도록 하는 등의 시책을 수립 · 시행하여야 한다.

⑤ 정부는 탄소중립 사회로의 이행과 녹색성장의 추진을 위한 생산 · 소비 문화를 촉진하기 위하여 대통령령으로 정하는 바에 따라 기업과 협력체계를 구축하고, 「여신전문금융업법」 제2조제3호에 따른 신용카드 등을 활용한 인센티브를 부여할 수 있다.

시행령 **제61조(탄소중립 사회 이행을 위한 협력체계 구축)** 관계 중앙행정기관의 장은 법 제66조제5항에 따라 기업과 협력체계를 구축하여 대중교통을 이용하거나 친환경 농산물 또는 친환경 제품을 구입하는 경우 할인, 적립 등의 경제적 혜택을 제공할 수 있다.

제67조(녹색생활 운동 지원 및 교육 · 홍보) ① 정부는 국민의 생산 · 소비 · 활동 등 일상생활에서 에너지와 자원을 절약하고 녹색제품으로 소비를 전환함으로써 온실가스와 오염물질의 발생을 최소화하는 생활(이하 "녹색생활"이라 한다)을 지원할 수 있는 시책을 마련하고 지방자치단체 · 기업 및 민간단체 등과 탄소중립을 지향하는 협력체계를 구축하며, 교육 · 홍보를 강화하는 등 범국민적 녹색생활 운동을 적극 전개하여야 한다.

② 정부는 녹색생활 운동이 민간주도형의 자발적 실천운동으로 전개될 수 있도록 관련 민간단체 및 기구 등에 대하여 필요한 재정적 · 행정적 지원 등을 할 수 있다.

③ 정부는 녹색생활의 확산을 위하여 다음 각 호의 제도를 시행할 수 있다.

1. 가정용 또는 상업용 건물을 대상으로 전기, 상수도, 도시가스 등의 사용량을 절감하는 수준에 따라 인센티브를 부여하는 제도
2. 승용 · 승합 자동차의 연간 주행거리 감축률에 따라 인센티브를 부여하는 제도
3. 그 밖에 탄소중립 사회로의 이행과 녹색성장에 관한 국민 인식을 확산하고 실천을 지원하기 위하여 필요한 제도로서 대통령령으로 정하는 제도

④ 정부는 탄소중립 사회로의 이행과 녹색성장에 관한 교육 · 홍보를 확대함으로써 사업자와 국민 등이 관련 정책과 활동에 자발적으로 참여하고 일상생활에서 녹색생활을 실천할 수 있도록 하여야 한다.

⑤ 정부는 녹색생활 실천이 모든 세대에 걸쳐 확대될 수 있도록 교과용 도서를 포함한 교재

개발 및 교원 연수 등 학교교육을 강화하고, 일반 교양교육, 직업교육, 기초평생교육 과정 등과 통합 · 연계한 교육을 강화하여야 하며, 탄소중립 사회로의 이행과 녹색성장에 관련된 전문인력의 육성과 지원에 관한 사업을 추진하여야 한다.

⑥ 정부는 녹색생활의 정착과 확산을 촉진하기 위하여 신문 · 방송 · 인터넷포털 등 대중매체를 통한 교육 · 홍보 활동을 강화하여야 한다.

⑦ 공영방송은 기후위기 대응을 위한 프로그램을 제작 · 방영하고 기후위기 관련 공익광고를 활성화하도록 적극 노력하여야 한다.

[연관 시행령] 시행령 **제41조(국가 기후위기 적응대책의 수립 · 시행)**

시행령 **제62조(녹색생활 확산)** 법 제67조제3항제3호에서 "대통령령으로 정하는 제도"란 전자 영수증 사용, 빈 용기를 활용한 제품의 구매 등 녹색생활 실천활동에 인센티브를 부여하는 제도를 말한다.

제68조(탄소중립 지원센터의 설립) ① 지방자치단체의 장은 지역의 탄소중립 · 녹색성장에 관한 계획의 수립 · 시행과 에너지 전환 촉진 등을 통해 탄소중립 사회로의 이행과 녹색성장의 추진을 지원하기 위하여 대통령령으로 정하는 바에 따라 지역에 탄소중립 지원센터를 설립 또는 지정하여 운영할 수 있다.

② 제1항에 따른 탄소중립 지원센터는 다음 각 호의 업무를 수행한다.

1. 시 · 도계획 또는 시 · 군 · 구계획의 수립 · 시행 지원
2. 지방기후위기적응대책의 수립 · 시행 지원
3. 지방자치단체별 에너지 전환 촉진 및 전환 모델의 개발 · 확산
4. 그 밖에 해당 지역의 탄소중립 사회로의 이행과 녹색성장의 추진을 위하여 필요한 사항으로서 대통령령으로 정하는 업무

③ 지방자치단체의 장은 제1항에 따라 지정된 탄소중립 지원센터가 대통령령으로 정하는 지정기준에 맞지 아니하게 된 경우에는 그 지정을 취소할 수 있다.

④ 관계 중앙행정기관의 장은 소관 분야에 대하여 예산의 범위에서 제1항에 따른 탄소중립 지원센터에 대한 재정적 지원을 할 수 있다.

⑤ 제1항 및 제3항에 따른 탄소중립 지원센터의 지정 및 지정취소 등에 관하여 필요한 사항은 대통령령으로 정한다.

시행령 **제63조(탄소중립 지원센터의 설립)** ① 법 제68조제1항에 따라 지방자치단체의 장은 조례로 정하는 바에 따라 같은 항에 따른 탄소중립 지원센터(이하 "탄소중립지원센터"라 한다)를 설립하거나 다음 각 호의 기관 · 단체 중에서 탄소중립지원센터를 지정하여 운영할 수 있다. 〈개정 2022. 9. 20.〉

1. 지방자치단체의 소속기관, 국공립 연구기관 또는 지방자치단체출연연구원
2. 「고등교육법」 제2조에 따른 학교
3. 「한국과학기술원법」에 따른 한국과학기술원, 「광주과학기술원법」에 따른 광주과학기술원, 「대구경북과학기술원법」에 따른 대구경북과학기술원 및 「울산과학기술원법」에 따른 울산과학기술원
4. 그 밖에 제3항 각 호의 요건을 갖춘 기관 · 단체로서 조례로 정하는 기관 · 단체

② 법 제68조제2항제4호에서 "대통령령으로 정하는 업무"란 다음 각 호의 업무를 말한다.
1. 지역의 탄소중립 참여 및 인식 제고방안의 발굴과 그 시행의 지원
2. 지역의 탄소중립 관련 조사 · 연구 및 교육 · 홍보
3. 외국의 지방자치단체와의 탄소중립사업 협력
4. 수송, 건물, 폐기물, 농업 · 축산 · 수산 등 분야별 탄소중립 구축모델의 개발
5. 탄소중립실천연대의 기후위기 대응활동 지원
6. 지방자치단체 간 탄소중립 실천을 위한 상호협력 증진활동 지원
7. 지역의 탄소중립정책 추진역량 강화사업 지원
8. 지역의 온실가스 통계 산정 · 분석을 위한 관련 정보 및 통계의 작성 지원

③ 법 제68조제3항에서 "대통령령으로 정하는 지정기준"이란 다음 각 호의 기준을 말한다.
1. 법 제68조제2항의 업무를 수행할 수 있는 전담조직 및 시설을 갖출 것
2. 법 제68조제2항의 업무를 수행할 수 있는 전문인력을 갖출 것

④ 지방자치단체의 장은 제1항에 따라 탄소중립지원센터를 지정하려는 경우에는 제3항 각 호의 기준 충족 여부를 검토하여 지정 여부를 결정해야 한다.

⑤ 지방자치단체의 장은 제4항에 따라 탄소중립지원센터를 지정한 경우에는 그 사실을 해당 지방자치단체의 인터넷 홈페이지 등을 통하여 공고해야 한다.

⑥ 지방자치단체의 장은 탄소중립지원센터의 운영을 지원하기 위하여 탄소중립지원센터에 다음 각 호의 사항에 관한 자료의 제출을 요청할 수 있다.
1. 탄소중립지원센터의 운영계획
2. 탄소중립지원센터의 인력 · 조직 및 시설 확보 현황
3. 탄소중립지원센터의 예산조달계획
4. 탄소중립지원센터가 지원받은 자금의 사용명세에 관한 자료
5. 그 밖에 지방자치단체의 장이 탄소중립지원센터의 운영 지원을 위하여 필요하다고 인정하는 자료

⑦ 지방자치단체의 장은 탄소중립지원센터가 다음 각 호의 어느 하나에 해당하는 경우에는 그 지정을 취소할 수 있다. 다만, 제1호에 해당하는 경우에는 그 지정을 취소해야 한다.
1. 거짓이나 그 밖의 부정한 방법으로 지정을 받은 경우

2. 정당한 사유 없이 지정받은 날부터 3개월 이상 탄소중립지원센터의 업무를 수행하지 않은 경우
3. 제3항에 따른 지정기준에 맞지 않게 된 경우

⑧ 지방자치단체의 장은 제7항에 따라 탄소중립지원센터의 지정을 취소한 경우에는 지체 없이 그 사실을 해당 기관에 알리고, 해당 지방자치단체의 인터넷 홈페이지에 공고해야 한다.

⑨ 탄소중립지원센터는 국가와 지역의 탄소중립·녹색성장 정책 추진을 위하여 필요한 경우에는 환경부장관에게 탄소중립지원센터의 운영을 위한 컨설팅 등의 지원을 요청할 수 있다. 이 경우 환경부장관은 특별한 사유가 없으면 이에 필요한 지원을 제공해야 한다.

제 10 장 기후대응기금의 설치 및 운용

제69조(기후대응기금의 설치) ① 정부는 기후위기에 효과적으로 대응하고 탄소중립 사회로의 이행과 녹색성장을 촉진하는 데 필요한 재원을 확보하기 위하여 기후대응기금(이하 "기금"이라 한다)을 설치한다.

② 기금은 다음 각 호의 재원으로 조성한다.
1. 정부의 출연금
2. 정부 외의 자의 출연금 및 기부금
3. 다른 회계 및 기금으로부터의 전입금
4. 제71조에 따른 일반회계로부터의 전입금
5. 제3항에 따른 금융기관·다른 기금과 그 밖의 재원으로부터의 차입금
6. 「공공자금관리기금법」에 따른 공공자금관리기금으로부터의 예수금(豫受金)
7. 「온실가스 배출권의 할당 및 거래에 관한 법률」 제12조제3항에 따라 배출권을 유상으로 할당하는 경우 발생하는 수입
8. 기금을 운영하여 생긴 수익금
9. 그 밖에 대통령령으로 정하는 수입금

③ 기금을 지출할 때 자금 부족이 발생하거나 발생할 것으로 예상되는 경우에는 기금의 부담으로 금융기관·다른 기금과 그 밖의 재원으로부터 차입을 할 수 있다.

④ 지방자치단체는 지역 특성에 따른 기후위기 대응 사업을 추진하기 위하여 조례로 정하는 바에 따라 지역기후대응기금을 설치할 수 있다.

시행령 **제64조(기후대응기금의 운용·관리 사무의 위탁)** ① 기획재정부장관은 법 제72조제2항에 따라 법 제69조제1항에 따른 기후대응기금(이하 "기금"이라 한다)의 운용·관리에 관한 다음 각 호의 업무를 기획재정부장관이 지정하여 고시하는 법인 또는 단체에 위탁한다.

1. 기금의 운용 · 관리에 관한 회계 처리
2. 기금의 결산보고서 작성
3. 기금의 자산운용
4. 그 밖에 기금의 운용 · 관리를 위하여 기획재정부장관이 정하여 고시하는 업무

② 제1항에 따라 업무를 위탁받은 자(이하 "기금수탁관리자"라 한다)는 기금을 다른 운영재원과 구분하여 회계처리해야 한다.

③ 기금수탁관리자가 제1항 각 호의 업무 처리를 위하여 경비가 필요한 경우 해당 경비는 기금에서 부담한다.

④ 기금수탁관리자는 위탁받은 기금의 운영 · 관리 업무를 전담할 부서를 설치해야 한다.

⑤ 기금수탁관리자는 분기별 기금의 조성 및 운용현황을 각 분기가 끝난 후 40일 이내에 기획재정부장관에게 보고해야 한다.

제70조(기금의 용도) 기금은 다음 각 호의 어느 하나에 해당하는 용도에 사용한다.

1. 정부의 온실가스 감축 기반 조성 · 운영
2. 탄소중립 사회로의 이행과 녹색성장의 추진을 위한 산업 · 노동 · 지역경제 전환 및 기업의 온실가스 감축 활동 지원
3. 기후위기 대응 과정에서 경제적 · 사회적 여건이 악화된 지역이나 피해를 받는 노동자 · 계층에 대한 일자리 전환 · 창출 지원
4. 기후위기 대응을 위한 녹색기술 연구개발 및 인력양성
5. 기후위기 대응을 위하여 필요한 융자 · 투자 또는 그 밖에 필요한 금융지원
6. 기후위기 대응을 위한 교육 · 홍보
7. 기후위기 대응을 위한 국제협력
8. 차입금의 원리금 상환
9. 「공공자금관리기금법」에 따른 공공자금관리기금으로부터의 예수금에 대한 원리금 상환
10. 기금의 조성 · 운용 및 관리를 위한 경비의 지출
11. 그 밖에 기후위기 대응을 위하여 대통령령으로 정하는 용도

제71조(일반회계로부터의 전입) 정부는 매 회계연도마다 「교통 · 에너지 · 환경세법」에 따른 교통 · 에너지 · 환경세의 1천분의 70에 해당하는 금액을 일반회계로부터 기금에 전입하여야 한다.

제72조(기금의 운용 · 관리) ① 기금은 기획재정부장관이 운용 · 관리한다.

② 기획재정부장관은 기금의 운용 · 관리에 관한 사무의 일부를 기획재정부장관이 정하는 법인 또는 단체에 위탁할 수 있다.

③ 기획재정부장관은 기금의 효율적인 운용 · 관리를 위하여 필요한 경우 대통령령으로 정하

는 바에 따라 계정을 설치하여 회계처리할 수 있다.
④ 기금의 운용 · 관리에 관한 종합적인 사항을 심의하기 위하여 「국가재정법」 제74조에 따라 기획재정부장관 소속으로 기금운용심의회를 둔다.
⑤ 기획재정부장관은 기금의 운용 · 관리에 관하여 대통령령으로 정하는 중요한 사항을 위원회에 보고할 수 있다.
⑥ 그 밖에 기금의 운용 · 관리에 관하여 필요한 사항은 대통령령으로 정한다.

시행령 **제64조(기후대응기금의 운용 · 관리 사무의 위탁)** ① 기획재정부장관은 법 제72조제2항에 따라 법 제69조제1항에 따른 기후대응기금(이하 "기금"이라 한다)의 운용 · 관리에 관한 다음 각 호의 업무를 기획재정부장관이 지정하여 고시하는 법인 또는 단체에 위탁한다.
1. 기금의 운용 · 관리에 관한 회계 처리
2. 기금의 결산보고서 작성
3. 기금의 자산운용
4. 그 밖에 기금의 운용 · 관리를 위하여 기획재정부장관이 정하여 고시하는 업무
② 제1항에 따라 업무를 위탁받은 자(이하 "기금수탁관리자"라 한다)는 기금을 다른 운영재원과 구분하여 회계처리해야 한다.
③ 기금수탁관리자가 제1항 각 호의 업무 처리를 위하여 경비가 필요한 경우 해당 경비는 기금에서 부담한다.
④ 기금수탁관리자는 위탁받은 기금의 운영 · 관리 업무를 전담할 부서를 설치해야 한다.
⑤ 기금수탁관리자는 분기별 기금의 조성 및 운용현황을 각 분기가 끝난 후 40일 이내에 기획재정부장관에게 보고해야 한다.

시행령 **제65조(기금계정의 설치)** 기획재정부장관은 법 제72조제3항에 따라 계정을 설치하는 경우에는 기금의 수입과 지출을 명확하게 하기 위하여 「한국은행법」에 따른 한국은행에 기금계정을 설치해야 한다.

시행령 **제66조(기금운용심의회의 구성 및 운영)** ① 법 제72조제4항에 따른 기금운용심의회(이하 "기금운용심의회"라 한다)는 위원장 1명을 포함하여 10명 이내의 위원으로 구성한다.
② 기금운용심의회의 위원장은 기획재정부 제1차관으로 한다.
③ 기금운용심의회의 위원은 다음 각 호의 사람 중에서 기금운용심의회의 위원장이 임명하거나 위촉하는 사람으로 한다. 이 경우 위원장은 제3호 및 제4호에 해당하는 위원을 2분의 1 이상 위촉해야 한다.
1. 기획재정부의 고위공무원단에 속하는 공무원으로서 기금의 관리를 담당하는 사람
2. 산업통상자원부 · 환경부 · 국토교통부 및 그 밖에 기금운용심의회의 위원장이 필요하

다고 인정하는 관계 중앙행정기관의 고위공무원단에 속하는 공무원 중에서 해당 기관의 장이 지명하는 사람

3. 기금의 운용 · 관리에 관한 전문지식과 경험이 풍부하다고 인정되는 사람
4. 기후위기 대응에 관련 전문지식과 경험이 풍부하다고 인정되는 사람

④ 제3항제3호 및 제4호에 해당하는 위원의 임기는 2년으로 한다.

⑤ 기획재정부장관은 제3항제3호 및 제4호에 따라 위촉한 위원이 다음 각 호의 어느 하나에 해당하는 경우에는 그 위원을 해촉할 수 있다.

1. 심신장애로 직무를 수행할 수 없게 된 경우
2. 직무와 관련된 비위사실이 있는 경우
3. 직무태만, 품위손상이나 그 밖의 사유로 위원으로 적합하지 않다고 인정되는 경우
4. 위원 스스로 직무를 수행하는 것이 곤란하다고 의사를 밝히는 경우

⑥ 기금운용심의회의 위원장은 기금운용심의회를 대표하고 기금운용심의회의 업무를 총괄한다. 다만, 위원장이 부득이한 사유로 직무를 수행할 수 없는 경우에는 기획재정부장관이 지명하는 위원이 그 직무를 대행한다.

⑦ 기금운용심의회는 심의를 위하여 필요한 경우에는 관계 기관의 장 또는 해당 분야의 전문가를 출석시켜 의견을 들을 수 있다.

⑧ 제1항부터 제7항까지에서 규정한 사항 외에 기금운용심의회의 구성 및 운영에 필요한 사항은 기획재정부장관이 정한다.

시행령 **제67조(기금의 운용 · 관리에 관한 사항에 대한 위원회 보고)** 법 제72조제5항에서 "대통령령으로 정하는 중요한 사항"이란 기금의 주요 수입 및 지출에 관련된 사항을 말한다.

제73조(기금의 회계기관) ① 기획재정부장관은 소속 공무원 중에서 기금의 수입과 지출에 관한 사무를 수행할 기금수입징수관 · 기금재무관 · 기금지출관 및 기금출납공무원을 임명하여야 한다.

② 기획재정부장관은 제72조제2항에 따라 기금의 운용 · 관리에 관한 사무를 위탁한 경우에는 위탁받은 기관의 임원 중에서 기금수입담당임원과 기금지출원인행위담당임원을, 그 직원 중에서 기금지출원과 기금출납원을 각각 임명하여야 한다. 이 경우 기금수입담당임원은 기금수입징수관의 업무를, 기금지출원인행위담당임원은 기금재무관의 업무를, 기금지출원은 기금지출관의 업무를, 기금출납원은 기금출납공무원의 업무를 각각 수행한다.

제74조(이익금과 손실금의 처리) ① 기금의 결산 결과 이익금이 생긴 때에는 이를 전액 적립하여야 한다.

② 기금의 결산 결과 손실금이 생긴 때에는 제1항의 적립금으로 보전하고, 그 적립금으로 부족할 때에는 정부가 일반회계에서 보전할 수 있다.

제11장 보칙

제75조(국제협력의 증진) ① 정부는 외국정부 및 국제기구 등과 기후위기 대응에 관한 정보교환, 기술협력 및 표준화, 공동조사 · 연구 등의 활동에 참여하는 등 국제협력을 강화하기 위한 각종 시책을 마련하여야 한다.

② 정부는 개발도상국이 기후위기 대응을 촉진할 수 있도록 재정 지원을 하는 등 국제사회의 일원으로서의 책무를 성실히 이행할 수 있도록 노력하여야 한다.

③ 정부는 지방자치단체 또는 민간단체 등의 기후위기 대응과 관련한 국제협력 활동을 촉진하기 위하여 정보 제공 및 재정 지원 등 필요한 조치를 강구하여야 한다.

제76조(국제규범 대응) ① 정부는 외국 정부 또는 국제기구에서 제정하거나 도입하려는 기후위기 대응과 관련된 제도 · 정책에 관한 동향과 정보를 수집 · 조사 · 분석하여 관련 제도 · 정책을 합리적으로 정비하고 지원체제를 구축하는 등 적절한 대책을 마련하여야 한다.

② 정부는 제1항의 동향 · 정보 및 대책에 관한 사항을 기업 · 국민들에게 충분히 제공함으로써 국내 기업과 국민들이 기후위기 대응 역량을 높일 수 있도록 하여야 한다.

제77조(국가보고서 등 작성) ① 정부는 「기후변화에 관한 국제연합 기본협약」(이하 "협약"이라 한다) 및 협정에 따라 다음 각 호의 보고서를 작성 · 갱신할 수 있다.

1. 협약에 따른 국가보고서
2. 협정에 따른 국가결정기여에 관한 보고서
3. 협정에 따른 격년투명성보고서
4. 협정에 따른 적응보고서
5. 그 밖에 협약 및 협정에 따른 보고서로서 대통령령으로 정하는 보고서

② 정부는 제1항에 따른 보고서의 작성에 필요한 자료의 제출을 관계 중앙행정기관의 장 및 지방자치단체의 장에게 요청할 수 있으며, 이 경우 관계 중앙행정기관의 장은 특별한 사정이 없으면 요청에 따라야 한다.

③ 정부는 제1항에 따른 보고서를 협약의 당사국총회에 제출할 때에는 위원회의 심의를 거쳐야 한다.

④ 제1항에서 제3항까지의 규정에 따른 보고서의 작성 및 자료 제출에 관하여 필요한 사항은 대통령령으로 정한다.

시행령 **제70조(국가보고서 등의 작성)** ① 환경부장관은 법 제77조제1항에 따라 같은 항 각 호의 보고서를 관계 중앙행정기관의 장과의 협의 후 위원회의 심의를 거쳐 작성 · 갱신한다.

② 환경부장관과 관계 중앙행정기관의 장은 제1항에 따른 보고서의 작성 · 갱신에 필요한 경

우에는 관계 전문가나 이해관계자 등의 의견을 들을 수 있다.

③ 외교부장관은 제1항에 따라 작성 · 갱신된 보고서를 「기후변화에 관한 국제연합 기본협약」의 당사국총회에 제출한다.

④ 법 제77조제1항제5호에서 "대통령령으로 정하는 보고서"란 「파리협정」 제6조에 따른 보고서를 말한다.

제78조(국회 보고 등) ① 정부는 국가기본계획을 수립 · 변경하였을 때에는 지체 없이 국회에 보고하여야 한다. 다만, 대통령령으로 정하는 경미한 사항을 변경하는 경우에는 그러하지 아니하다.

② 시 · 도지사 또는 시장 · 군수 · 구청장은 시 · 도계획 또는 시 · 군 · 구계획을 수립 · 변경하였을 때에는 지체 없이 지방의회에 보고하여야 한다. 다만, 대통령령으로 정하는 경미한 사항을 변경하는 경우에는 그러하지 아니하다.

③ 위원회는 제13조제1항에 따른 국가기본계획의 추진상황 점검 결과를 매년 국회에 보고하고, 시 · 도지사 또는 시장 · 군수 · 구청장은 같은 조 제2항에 따른 시 · 도계획 또는 시 · 군 · 구계획의 추진상황 점검 결과를 매년 지방의회에 보고하여야 한다.

④ 제1항부터 제3항까지의 규정에 따른 국회 보고 및 지방의회 보고의 시점, 방법 등에 관하여 필요한 사항은 대통령령으로 정한다.

시행령 **제71조(국회 보고 등)** ① 법 제78조제1항 단서에서 "대통령령으로 정하는 경미한 사항을 변경하는 경우"란 제5조제3항 각 호의 경우를 말한다.

② 법 제78조제2항 단서에서 "대통령령으로 정하는 경미한 사항을 변경하는 경우"란 제6조제3항 각 호의 경우를 말한다.

③ 법 제78조제3항에 따라 위원회는 탄소중립국가기본계획의 전년도 추진상황 점검 결과를 매년 12월 31일까지 국회에 보고하고, 시 · 도지사 또는 시장 · 군수 · 구청장은 탄소중립시 · 도계획 또는 탄소중립시 · 군 · 구계획의 전년도 추진상황 점검 결과를 매년 12월 31일까지 지방의회에 보고해야 한다.

제79조(탄소중립이행책임관의 지정) ① 탄소중립 사회로의 원활한 이행과 녹색성장의 추진을 위하여 중앙행정기관의 장, 시 · 도지사, 시장 · 군수 · 구청장은 소속 공무원 중에서 탄소중립이행책임관을 지정한다.

② 제1항에 따른 탄소중립이행책임관의 지정 요건 및 임무 등에 관하여 필요한 사항은 대통령령으로 정한다.

시행령 **제72조(탄소중립이행책임관의 지정)** ① 법 제79조제1항에 따른 탄소중립이행책임관의 지정 요건은 다음 각 호의 구분에 따른다. 〈개정 2022. 9. 20.〉

1. 중앙행정기관의 장이 지정하는 경우: 해당 기관의 탄소중립 정책 수립 · 시행을 담당하는 고위공무원단에 속하는 공무원
2. 시 · 도지사가 지정하는 경우: 다음 각 목의 어느 하나에 해당하는 사람
   가. 「지방자치법 시행령」 제71조제2항 및 제3항에 따른 부시장 · 부지사
   나. 「지방자치단체의 행정기구와 정원기준 등에 관한 규정」 제10조 및 별표 2 또는 제12조 및 별표 7에 따라 본청에 두는 실장 · 국장의 직급기준에 해당하는 사람으로서 해당 지방자치단체의 탄소중립 정책 수립 · 시행을 담당하는 사람
3. 시장 · 군수 · 구청장이 지정하는 경우: 다음 각 목의 어느 하나에 해당하는 사람
   가. 「지방자치법 시행령」 제71조제7항에 따른 부시장 · 부군수 · 부구청장
   나. 「지방자치단체의 행정기구와 정원기준 등에 관한 규정」 제14조 및 별표 3에 따라 본청에 두는 실장(국장급을 말한다) · 국장의 직급기준에 해당하는 사람으로서 해당 지방자치단체의 탄소중립 정책수립 · 시행을 담당하는 사람. 다만, 「지방자치단체의 행정기구와 정원기준 등에 관한 규정」 제13조에 따라 실 · 국을 두지 않는 시 · 군 · 구의 경우에는 같은 규정 별표 3에 따라 본청에 두는 실장(과장급을 말한다) · 과장 · 담당관의 직급기준에 해당하는 사람을 말한다.

② 법 제79조제2항에 따른 탄소중립이행책임관의 임무는 다음 각 호의 구분에 따른다.
1. 중앙행정기관의 장이 지정한 탄소중립이행책임관의 임무
   가. 온실가스중장기감축목표등의 설정과 법 제9조제1항에 따른 이행현황 점검
   나. 탄소중립국가기본계획 수립 · 시행과 법 제13조제1항에 따른 추진상황 및 주요 성과의 점검
   다. 법 제36조제2항에 따른 소관 분야의 정보 및 통계의 작성 · 제출
   라. 기후위기적응대책의 수립 · 시행과 법 제39조제1항에 따른 추진상황의 점검
   마. 탄소중립 정책의 교육 · 홍보
   바. 그 밖에 탄소중립 사회로의 원활한 이행과 녹색성장의 추진을 위하여 소관 중앙행정기관의 장이 필요하다고 인정하는 임무
2. 시 · 도지사, 시장 · 군수 · 구청장이 지정한 탄소중립이행책임관의 임무
   가. 탄소중립시 · 도계획 또는 탄소중립시 · 군 · 구계획 수립 · 시행과 법 제13조제2항에 따른 추진상황 및 주요 성과의 점검
   나. 법 제36조제3항에 따른 지역별 온실가스 통계 산정 · 분석 등을 위한 관련 정보 · 통계의 작성 · 제출
   다. 지방기후위기적응대책의 수립 · 시행과 법 제40조제4항에 따른 추진상황의 점검
   라. 탄소중립 정책의 교육 · 홍보
   마. 그 밖에 탄소중립 사회로의 원활한 이행과 녹색성장의 추진을 위하여 시 · 도지사 또는 시장 · 군수 · 구청장이 필요하다고 인정하는 임무

제80조(청문) 정부는 다음 각 호의 어느 하나에 해당하는 처분을 하려면 청문을 하여야 한다.
1. 제29조제6항에 따른 지정의 취소
2. 제29조제7항에 따른 지원기구의 지정취소
3. 제42조제4항에 따른 지정취소
4. 제60조제3항에 따른 적합성 인증 또는 녹색전문기업 확인의 취소
5. 제68조제3항에 따른 지정의 취소

제81조(권한의 위임과 위탁) ① 중앙행정기관의 장은 이 법에 따른 권한의 일부를 대통령령으로 정하는 바에 따라 지방자치단체의 장 또는 소속 기관의 장에게 위임할 수 있다.
② 중앙행정기관의 장은 이 법에 따른 업무의 일부를 대통령령으로 정하는 바에 따라 공공기관 또는 대통령령으로 정하는 기후위기 대응 관련 전문기관에 위탁할 수 있다.

시행령 **제73조(권한의 위임)** ① 환경부장관은 법 제81조제1항에 따라 다음 각 호의 권한을 온실가스종합정보센터의 장에게 위임한다. 〈개정 2022. 9. 20.〉
1. 제4조제3항에 따른 연도별감축목표의 이행현황 점검 업무 지원
2. 제5조제2항제2호에 따른 경제적 효과 분석
3. 제17조제7항에 따른 등록부의 작성 · 관리
4. 제22조에 따른 온실가스배출관리업체등록부의 작성 · 관리
5. 제35조제1항에 따른 국제감축등록부의 작성 · 관리
6. 제39조제13항에 따른 공간정보 및 지도의 작성 · 관리
7. 제70조제1항에 따른 보고서의 작성 · 갱신

② 환경부장관은 법 제81조제1항에 따라 제40조에 따른 대기 중의 온실가스 농도 변화 상시 측정 · 조사 및 공개에 관한 권한을 국립환경과학원장에게 위임한다.
③ 기상청장은 법 제81조제1항에 따라 제40조에 따른 대기 중의 온실가스 농도 변화 상시 측정 · 조사 및 공개에 관한 권한을 국립기상과학원장에게 위임한다.
④ 농림축산식품부장관은 법 제81조제1항에 따라 다음 각 호의 권한을 산림청장에게 위임한다.
1. 제32조제1항 · 제2항 · 제4항 및 제5항에 따른 임업 분야 국제감축사업의 사전 승인 및 사전 승인의 취소와 그 통보
2. 제34조제1항에 따른 임업 분야 국제감축사업 보고내용의 검토
3. 제37조제1항 및 제2항에 따른 임업 분야 국제감축실적 이전의 사전 승인

시행령 **제74조(업무의 위탁)** ① 중앙행정기관의 장은 법 제81조제2항에 따라 제57조제2항에 따른 녹색인증과 녹색전문기업확인의 신청 접수에 관한 업무를 「산업기술 혁신 촉진법」 제38조에 따른 한국산업기술진흥원에 위탁한다.

② 중앙행정기관의 장은 법 제81조제2항에 따라 법 제35조제6항에 근거하여 외국 정부와 공동으로 수행하는 국제감축사업의 발굴 및 관리에 관한 업무를 다음 각 호의 기관에 위탁할 수 있다. 이 경우 중앙행정기관의 장은 수탁기관 및 위탁업무의 내용을 고시해야 한다.

1. 한국환경공단
2. 한국수자원공사
3. 「수도권매립지관리공사의 설립 및 운영 등에 관한 법률」에 따른 수도권매립지관리공사
4. 「에너지이용 합리화법」 제45조제1항에 따른 한국에너지공단
5. 「대한무역투자진흥공사법」에 따른 대한무역투자진흥공사
6. 「무역보험법」 제37조에 따른 한국무역보험공사
7. 「한국농어촌공사 및 농지관리기금법」에 따른 한국농어촌공사
8. 「임업 및 산촌 진흥촉진에 관한 법률」 제29조의2에 따른 한국임업진흥원
9. 「해양환경관리법」 제96조에 따른 해양환경공단
10. 「한국수출입은행법」에 따른 한국수출입은행
11. 「해외건설 촉진법」 제23조에 따른 해외건설협회
12. 「해외건설 촉진법」 제28조의2에 따른 한국해외인프라·도시개발지원공사
13. 그 밖에 부문별관장기관의 장이 적합하다고 인정하여 국제감축심의회의 심의를 거쳐 지정하는 기관 또는 단체

③ 환경부장관은 법 제81조제2항에 따라 다음 각 호의 업무를 한국환경공단에 위탁한다.

1. 법 제11조제5항 및 제12조제3항에 따른 탄소중립시·도계획 및 탄소중립시·군·구계획의 종합·보고 지원
2. 제6조제6항 각 호 및 제7조제5항 각 호의 지원
3. 제8조제7항에 따른 보고서 작성 및 위원회 보고의 지원
4. 제16조 각 호의 업무 지원
5. 제17조제4항에 따른 공공기관등의 온실가스 감축목표의 검토 지원, 같은 조 제8항 전단에 따른 이행실적의 검토 지원
6. 법 제26조제6항 및 제27조제7항에 따른 기술 지원, 실태조사 및 진단, 자료·정보의 제공 및 정보시스템의 구축
7. 제18조제1항에 따른 온실가스관리목표의 설정、관리와 권리와 의무의 승계에 관한 총괄·조정 업무의 지원 및 같은 항 제3호에 따른 폐기물 분야의 온실가스관리목표의 설정·관리와 권리와 의무의 승계에 관한 업무의 지원
8. 제32조제2항에 따른 사전 승인을 위한 조사·분석 및 검토
9. 제34조제1항에 따른 국제감축사업 보고내용의 검토
10. 제36조제1항에 따른 국제감축실적 취득신고내용의 검토
11. 제37조제2항에 따른 사전 승인을 위한 조사·분석 및 검토

12. 제39조제8항제3호에 따른 폐기물 분야의 온실가스 정보 및 통계의 작성·제출 지원
13. 제39조제10항에 따른 전문인력 양성、교육, 컨설팅, 정보제공 등의 지원
14. 삭제
15. 제63조제9항에 따른 탄소중립지원센터의 운영을 위한 컨설팅 등의 지원
16. 법 제76조에 따른 기후 위기 대응과 관련된 제도、정책에 관한 동향과 정보의 수집·조사·분석·제공의 지원

④ 환경부장관은 법 제81조제2항에 따라 제39조제8항제3호에 따른 내륙습지 분야의 온실가스 정보 및 통계의 작성·제출 지원 업무를 「국립생태원의 설립 및 운영에 관한 법률」에 따른 국립생태원에 위탁한다.

⑤ 환경부장관은 법 제81조제2항에 따라 다음 각 호의 업무를 「환경정책기본법」 제59조제1항에 따른 한국환경보전원에 위탁한다.

1. 법 제67조제4항에 따른 교육·홍보
2. 법 제67조제5항에 따른 전문인력의 육성과 지원에 관한 사업 지원
3. 법 제67조제6항에 따른 대중매체를 통한 교육·홍보활동 지원

⑥ 환경부장관은 법 제81조제2항에 따라 다음 각 호의 업무를 한국환경산업기술원에 위탁한다.

1. 법 제66조제5항에 따른 신용카드 등을 활용한 인센티브 부여를 위한 사업의 발굴 및 관리 등에 관한 업무
2. 법 제67조제3항 각 호의 제도 시행을 위한 사업의 발굴 및 관리 등에 관한 업무

⑦ 농림축산식품부장관은 법 제81조제2항에 따라 다음 각 호의 구분에 따른 분야의 온실가스 감축 목표의 설정·관리와 권리와 의무의 승계에 관한 업무를 해당 호에서 정한 기관에 각각 위탁한다.

1. 제18조제1항제1호의 농업·축산·식품 : 「농촌진흥법」 제33조에 따른 한국농업기술진흥원
2. 제18조제1항제1호의 임업 : 「임업 및 산촌 진흥촉진에 관한 법률」 제29조의2에 따른 한국임업진흥원

⑧ 농림축산부장관은 법 제81조제2항에 따라 농업·축산·식품 분야의 다음 각 호의 업무를 「한국농어촌공사 및 농지관리기금법」에 따른 한국농어촌공사에 위탁한다.

1. 제32조제2항에 따른 사전 승인을 위한 조사·분석 및 검토
2. 제34조제1항에 따른 국제감축사업 보고내용의 검토
3. 제36조제1항에 따른 국제감축실적 취득신고내용의 검토
4. 제37조제2항에 따른 사전 승인을 위한 조사·분석 및 검토

⑨ 농림축산부장관은 법 제81조제2항에 따라 임업 분야의 다음 각 호의 업무를 「임업 및 산촌 진흥촉진에 관한 법률」 제29조의2에 따른 한국임업진흥원에 위탁한다.

1. 제32조제2항에 따른 사전 승인을 위한 조사·분석 및 검토
2. 제36조제1항에 따른 국제감축실적 취득신고내용의 검토
3. 제37조제2항에 따른 사전 승인을 위한 조사·분석 및 검토

⑩ 산업통상자원부장관은 법 제81조제2항에 따라 제18조제1항제2호에 따른 산업·발전 분야의 온실가스 감축 목표의 설정·관리와 권리와 의무의 승계에 관한 업무를 「에너지이용 합리화법」 제45조제1항에 따른 한국에너지공단에 위탁한다.

⑪ 산업통상자원부장관은 법 제81조제2항에 따라 다음 각 호의 업무를 「에너지이용 합리화법」 제45조제1항에 따른 한국에너지공단 및 「대한무역투자진흥공사법」에 따른 대한무역투자진흥공사에 위탁한다. 이 경우 산업통상자원부장관은 수탁자 및 위탁업무의 내용을 고시해야 한다.

1. 제32조제2항에 따른 사전 승인을 위한 조사·분석 및 검토
2. 제34조제1항에 따른 국제감축사업 보고내용의 검토
3. 제36조제1항에 따른 국제감축실적 취득신고내용의 검토
4. 제37조제2항에 따른 사전 승인을 위한 조사·분석 및 검토

⑫ 산업통상자원부장관은 법 제81조제2항에 따라 제49조제5항에 따른 현지실사 및 자료 수집에 관한 업무를 「정부출연연구기관 등의 설립·운영 및 육성에 관한 법률」 제8조 및 별표 제8호에 따른 산업연구원에 위탁한다.

⑬ 국토교통부장관은 법 제81조제2항에 따라 다음 각 호의 구분에 따른 분야의 온실가스 감축 목표의 설정·관리와 권리와 의무의 승계에 관한 업무를 해당 호에서 정한 기관에 각각 위탁한다.

1. 제18조제1항제4호의 건물 : 「에너지이용 합리화법」 제45조제1항에 따른 한국에너지공단
2. 제18조제1항제4호의 교통(해운·항만은 제외한다) : 「한국교통안전공단법」에 따른 한국교통안전공단
3. 제18조제1항제4호의 건설 : 「한국부동산원법」에 따른 한국부동산원

⑭ 국토교통부장관은 법 제81조제2항에 따라 다음 각 호의 업무를 「해외건설 촉진법」 제23조에 따른 해외건설협회 및 같은 법 제28조의2에 따른 한국해외인프라·도시개발지원공사에 위탁한다. 이 경우 국토교통부장관은 수탁기관 및 위탁업무의 내용을 고시해야 한다.

1. 제32조제2항에 따른 사전 승인을 위한 조사·분석 및 검토
2. 제34조제1항에 따른 국제감축사업 보고내용의 검토
3. 제36조제1항에 따른 국제감축실적 취득신고내용의 검토
4. 제37조제2항에 따른 사전 승인을 위한 조사·분석 및 검토

⑮ 국토교통부장관은 법 제81조제2항에 따라 제39조제13항에 따른 공간정보 및 지도의 작성·관리에 관한 업무를 다음 각 호의 기관에 위탁할 수 있다. 이 경우 국토교통부장관은

수탁자 및 위탁업무의 내용을 고시해야 한다.

1. 정부출연연구기관
2. 과학기술분야정부출연연구기관
3. 공공기관

⑯ 해양수산부장관은 법 제81조제2항에 따라 다음 각 호의 업무를 「해양환경관리법」 제96조제1항에 따른 해양환경공단에 위탁한다.

1. 제18조제1항제5호에 따른 해양·수산·항만 분야의 온실가스 감축목표의 설정·관리와 권리와 의무의 승계에 관한 업무
2. 제32조제2항에 따른 사전 승인을 위한 조사·분석 및 검토
3. 제34조제1항에 따른 국제감축사업 보고내용의 검토
4. 제36조제1항에 따른 국제감축실적 취득신고내용의 검토
5. 제37조제2항에 따른 사전 승인을 위한 조사·분석 및 검토
6. 제39조제8항제5호에 따른 해양·수산·해운·항만·연안습지 분야의 온실가스 정보 및 통계의 제출을 위한 자료의 검토·확인 및 기초자료의 작성

⑰ 해양수산부장관은 법 제81조제2항에 따라 제18조제1항제5호에 따른 해운 분야의 온실가스 감축목표의 설정·관리와 권리와 의무의 승계에 관한 업무를 「한국해양교통안전공단법」에 따른 한국해양교통안전공단에 위탁한다.

시행령 **제74조의2(고유식별정보의 처리)** 환경부장관(제74조제6항에 따라 환경부장관의 권한을 위탁받은 자를 포함한다), 시·도지사 또는 시장·군수·구청장(해당 권한이 위임·위탁된 경우에는 그 권한을 위임·위탁 받은 자를 포함한다)은 법 제67조제3항에 따른 녹색생활의 확산을 위한 제도의 시행에 관한 사무를 수행하기 위하여 불가피한 경우 「개인정보 보호법 시행령」 제19조제1호, 제2호 또는 제4호에 따른 주민등록번호, 여권번호 또는 외국인등록번호가 포함된 자료를 처리할 수 있다.

제82조(벌칙 적용 시의 공무원 의제) 다음 각 호의 어느 하나에 해당하는 사람은 「형법」 제129조부터 제132조까지의 규정을 적용할 때에는 공무원으로 본다.

1. 위원회, 지방위원회, 제19조제1항 · 제4항에 따른 특별위원회 · 전문위원회의 위원 중 공무원이 아닌 위원
2. 제81조제2항에 따라 위탁받은 업무에 종사하는 자

제83조(과태료) ① 다음 각 호의 어느 하나에 해당하는 자에게는 1천만원 이하의 과태료를 부과한다.

1. 제27조제2항을 위반하여 온실가스 배출량 산정을 위한 자료를 제출하지 아니하거나 거짓으로 제출한 자

2. 제27조제3항을 위반하여 명세서를 제출(같은 항 후단에 따라 수정 · 보완하여 제출하는 경우를 포함한다. 이하 같다)하지 아니하거나 거짓으로 제출한 자
3. 제27조제6항을 위반하여 개선명령을 이행하지 아니한 자

② 제1항에 따른 과태료는 대통령령으로 정하는 바에 따라 관계 행정기관의 장이 부과 · 징수한다.

시행령 **제76조(과태료의 부과 · 징수)** ① 법 제83조제1항에 따른 과태료는 부문별관장기관의 장이 환경부장관과 협의하여 부과 · 징수한다.

② 제1항에 따른 과태료의 부과기준은 별표 4와 같다.

■ 기후위기 대응을 위한 탄소중립 · 녹색성장 기본법 시행령 [별표1] 〈개정 2024. 10. 22.〉

탄소중립국가기본계획과 관련이 있는 중 · 장기행정계획의 종류(제9조제2항 관련)

1. 「지속가능발전법」 제7조에 따른 중앙 지속가능발전 기본계획
2. 「과학기술기본법」 제7조제2항에 따른 과학기술기본계획
3. 「원자력 진흥법」 제9조제1항에 따른 원자력진흥종합계획
4. 「관광진흥법」 제49조제1항에 따른 관광개발기본계획
5. 「농어촌정비법」 제15조제1항에 따른 농어촌용수 이용 합리화계획
6. 「농업 · 농촌 및 식품산업 기본법」 제14조제1항에 따른 농업 · 농촌 및 식품산업 발전계획
7. 「사방사업법」 제3조의2제1항에 따른 사방사업 기본계획
8. 「산림기본법」 제11조제1항에 따른 산림기본계획
9. 「지방자치분권 및 지역균형발전에 관한 특별법」 제6조제1항에 따른 지방시대 종합계획
10. 「산업발전법」 제19조제1항에 따른 지속가능경영 종합시책
11. 「신에너지 및 재생에너지 개발 · 이용 · 보급 촉진법」 제5조제1항에 따른 신 · 재생에너지의 기술개발 및 이용 · 보급을 촉진하기 위한 기본계획
12. 「에너지법」 제11조제1항에 따른 에너지기술개발계획
13. 「에너지이용 합리화법」 제4조제1항에 따른 에너지이용 합리화에 관한 기본계획
14. 「전기사업법」 제25조제1항에 따른 전력수급기본계획
15. 「산업표준화법」 제31조의2제1항에 따른 품질경영에 관한 종합시책
16. 「환경친화적 산업구조로의 전환촉진에 관한 법률」 제3조제1항에 따른 환경친화적인 산업구조로의 전환을 촉진하기 위한 종합시책
17. 「대기환경보전법」 제11조제1항에 따른 대기환경개선 종합계획
18. 「대기환경보전법」 제13조제1항에 따른 장거리이동대기오염물질피해방지 종합대책
19. 「독도 등 도서지역의 생태계 보전에 관한 특별법」 제5조제1항에 따른 특정도서보전 기본계획
20. 「백두대간 보호에 관한 법률」 제4조제2항에 따른 백두대간보호 기본계획
21. 「대기관리권역의 대기환경개선에 관한 특별법」 제9조제1항에 따른 대기환경관리 기본계획
22. 「미세먼지 저감 및 관리에 관한 특별법」 제7조제1항에 따른 미세먼지 저감 및 관리를 위한 종합계획
23. 「수도법」 제4조제1항에 따른 국가수도기본계획
24. 「물환경보전법」 제23조의2제1항에 따른 국가 물환경관리기본계획

25. 「습지보전법」 제5조제1항에 따른 습지보전기본계획
26. 「자연공원법」 제11조제1항에 따른 공원기본계획
27. 「자연환경보전법」 제8조제1항에 따른 자연환경보전기본계획
28. 「순환경제사회 전환 촉진법」 제10조제1항에 따른 순환경제기본계획
29. 「녹색제품 구매촉진에 관한 법률」 제4조제1항에 따른 녹색제품의 구매촉진을 위한 기본계획
30. 「토양환경보전법」 제4조제1항에 따른 토양보전에 관한 기본계획
31. 「환경정책기본법」 제14조제1항에 따른 국가환경종합계획
32 「환경기술 및 환경산업 지원법」 제3조제1항에 따른 환경기술 개발 및 환경산업의 육성을 위한 계획
33. 「국가통합교통체계효율화법」 제4조제1항에 따른 국가기간교통망계획
34. 「국토기본법」 제9조제1항에 따른 국토종합계획
35. 「국토의 계획 및 이용에 관한 법률」 제11조제1항에 따른 광역도시계획
36. 「대도시권 광역교통 관리에 관한 특별법」 제3조제1항에 따른 대도시권 광역교통기본계획
37. 「댐건설 · 관리 및 주변지역지원 등에 관한 법률」 제4조제1항에 따른 댐관리기본계획
38. 「도로법」 제6조제1항에 따른 도로건설 · 관리계획
39. 「수도권정비계획법」 제4조제1항에 따른 수도권정비계획
40. 「주거기본법」 제5조제1항에 따른 주거종합계획
41. 「지하수법」 제6조제1항에 따른 지하수관리기본계획
42. 「수자원의 조사 · 계획 및 관리에 관한 법률」 제17조제1항에 따른 수자원장기종합계획
43. 「수자원의 조사 · 계획 및 관리에 관한 법률」 제18조제1항에 따른 하천유역수자원관리계획
44. 「공유수면 관리 및 매립에 관한 법률」 제22조제1항에 따른 공유수면매립 기본계획
45. 「어장관리법」 제3조제1항에 따른 어장관리 기본계획
46. 「해양공간계획 및 관리에 관한 법률」 제5조제1항에 따른 해양공간기본계획
47. 「연안관리법」 제21조제1항에 따른 연안정비기본계획
48. 「항만법」 제5조제1항에 따른 항만기본계획
49. 「해양생태계의 보전 및 관리에 관한 법률」 제9조제1항에 따른 해양생태계보전 · 관리기본계획
50. 「해양수산발전 기본법」 제6조제1항에 따른 해양수산발전기본계획
51. 「해양환경 보전 및 활용에 관한 법률」 제10조제1항에 따른 해양환경종합계획
52. 「수소경제 육성 및 수소 안전관리에 관한 법률」 제5조제1항에 따른 수소경제 이행 기본계획

53. 「녹색융합클러스터의 조성 및 육성에 관한 법률」 제6조제1항에 따른 녹색융합클러스터 기본계획
54. 「기후변화대응 기술개발 촉진법」 제5조제1항에 따른 기후변화대응 기술개발 기본계획
55. 「도시숲 등의 조성 및 관리에 관한 법률」 제5조제1항에 따른 도시숲등 기본계획
56. 「항만지역등 대기질 개선에 관한 특별법」 제7조제1항에 따른 항만지역등 대기질 개선 종합계획
57. 「환경친화적 선박의 개발 및 보급 촉진에 관한 법률」 제3조제1항에 따른 환경친화적 선박의 개발 및 보급을 촉진하기 위한 기본계획
58. 「탄소흡수원 유지 및 증진에 관한 법률」 제5조제1항에 따른 탄소흡수원 증진 종합계획
59. 「기후 · 기후변화 감시 및 예측 등에 관한 법률」 제4조제1항에 따른 기후 · 기후변화 감시 및 예측 등에 관한 기본계획
60. 「대중교통의 육성 및 이용촉진에 관한 법률」 제5조제1항에 따른 대중교통기본계획
61. 그 밖에 위원회의 의결을 거쳐 위원장이 선정한 주요 중 · 장기 행정계획

■ 기후위기 대응을 위한 탄소중립 · 녹색성장 기본법 시행령 **[별표 1의2]** 〈신설 2022. 9. 20.〉

탄소중립시 · 도계획 또는 탄소중립시 · 군 · 구계획과 관련이 있는 행정계획의 종류

(제9조제4항제2호 관련)

1. 「관광진흥법」 제49조제2항에 따른 권역별 관광개발계획
2. 「국가균형발전 특별법」 제7조제1항에 따른 시 · 도 발전계획
3. 「국토기본법」 제13조제1항에 따른 도종합계획
4. 「국토의 계획 및 이용에 관한 법률」 제11조제1항에 따른 광역도시계획
5. 「농업 · 농촌 및 식품산업 기본법」 제14조제5항에 따른 광역시 · 특별자치시 · 도 · 특별자치도의 농업 · 농촌 및 식품산업 발전계획 및 같은 조 제6항에 따른 시 · 군 및 자치구의 농업 · 농촌 및 식품산업 발전계획
6. 「대중교통의 육성 및 이용촉진에 관한 법률」 제7조제1항에 따른 지방대중교통계획
7. 「도로법」 제6조제1항에 따른 도로건설 · 관리계획
8. 「도시숲 등의 조성 및 관리에 관한 법률」 제6조제1항에 따른 도시숲등 조성 · 관리계획
9. 「물환경보전법」 제26조제1항에 따른 소권역 물환경관리계획
10. 「사방사업법」 제3조의2제4항에 따른 지역사방사업계획

11. 「산림기본법」 제11조제2항에 따른 지역산림계획
12. 「수도권정비계획법」 제5조제1항에 따른 수도권정비계획을 실행하기 위한 소관별 추진계획
13. 「수도법」 제5조제1항에 따른 수도정비계획
14. 「수자원의 조사 · 계획 및 관리에 관한 법률」 제19조제1항에 지역수자원관리계획
15. 「습지보전법」 제5조제7항에 따른 습지보전실천계획
16. 「어장관리법」 제4조제1항에 따른 어장관리 시행계획
17. 「자원순환기본법」 제12조제2항에 따른 자원순환사회로의 전환 촉진을 위한 투자계획을 포함한 기본계획의 시행계획
18. 「제주특별자치도 설치 및 국제자유도시 조성을 위한 특별법」 제140조제1항에 따른 국제자유도시개발종합계획, 같은 법 제239조제1항에 따른 관광개발계획, 같은 법 제267조제1항에 따른 농업 · 임업 · 축산업 · 수산업 및 식품산업 발전계획, 같은 법 제351조제2항에 따른 환경보전기본계획, 같은 법 제351조의2제1항에 따른 환경자원총량유지 · 관리계획, 같은 법 제373조제1항에 따라 특별자치도지사가 수립하는 「가축분뇨의 관리 및 이용에 관한 법률」 제5조제1항에 따른 가축분뇨관리기본계획, 같은 법 제378조제1항에 따른 수자원관리종합계획 및 같은 법 제437조제1항에 따라 특별자치도지사가 수립하는 「연안관리법」 제21조제1항에 따른 연안정비기본계획
19. 「주거기본법」 제6조제1항에 따른 10년 단위의 시 · 도 주거종합계획
20. 「지하수법」 제6조의2제1항에 따른 지역지하수관리계획
21. 「토양환경보전법」 제4조제4항에 따른 지역 토양보전계획
22. 「해양생태계의 보전 및 관리에 관한 법률」 제9조제6항에 따른 해양생태계의 보전 및 관리에 관한 세부 실천계획
23. 「환경정책기본법」 제18조제1항에 따른 시 · 도의 환경계획
24. 그 밖에 위원회의 의결을 거쳐 위원장이 선정한 주요 행정계획 또는 지방위원회의 의결을 거쳐 지방위원회의 위원장이 선정한 주요 행정계획

■ 기후위기 대응을 위한 탄소중립 · 녹색성장 기본법 시행령 **[별표 2]** 〈개정 2022. 9. 20.〉

기후변화영향평가의 대상 계획 및 개발사업(제15조제1항 관련)

1. 「환경영향평가법」 제9조제2항제1호에 따른 전략환경영향평가 대상 정책계획 중 기후변화영향평가 대상계획

구 분	기후변화영향평가 대상 정책계획의 종류
가. 도로의 건설	「환경영향평가법 시행령」 별표 2 제1호다목2)
나. 수자원의 개발	「환경영향평가법 시행령」 별표 2 제1호라목
다. 산지의 개발	「환경영향평가법 시행령」 별표 2 제1호바목[바목4)는 제외한다]
라. 폐기물 · 분뇨 · 가축분뇨처리시설의 설치	「환경영향평가법 시행령」 별표 2 제1호아목
마. 에너지 개발	「환경영향평가법 시행령」 별표 2 제1호자목

2. 「환경영향평가법」 제9조제2항제2호에 따른 전략환경영향평가 대상 개발기본계획 중 기후변화영향평가 대상계획

구분	기후변화영향평가 대상 개발기본계획의 종류
가. 도시의 개발	「환경영향평가법 시행령」 별표 2 제2호가목[면적이 100만 m^2 이상인 경우만 해당하고, 가목1) 중 고속국도건설공사는 제외한다]
나. 산업입지 · 산업단지 조성	「환경영향평가법 시행령」 별표 2 제2호나목[면적이 50만 m^2 이상인 경우만 해당하고, 나목7)은 제외한다]
다. 에너지 개발	「환경영향평가법 시행령」 별표 2 제2호다목
라. 항만의 건설	1) 「환경영향평가법 시행령」 별표 2 제2호라목5) 2) 「환경영향평가법 시행령」 별표 2 제2호라목7)
마. 도로의 건설	「환경영향평가법 시행령」 별표 2 제2호마목[마목 1)과 2)는 도로의 길이가 12km 이상인 경우만 해당한다]
바. 하천의 이용 및 개발	「환경영향평가법 시행령」 별표 2 제2호자목(하천의 길이가 20km 이상인 경우만 해당한다)
사. 폐기물 · 분뇨 · 가축분뇨 처리시설의 설치	「환경영향평가법 시행령」 별표 2 제2호거목

3. 「환경영향평가법」 제22조제1항에 따른 환경영향평가 대상사업 중 기후변화영향평가 대상사업

구분	기후변화영향평가 대상 개발사업의 종류
가. 도시의 개발사업	「환경영향평가법 시행령」 별표 3 제1호(면적이 100만 m^2 이상인 경우만 해당한다)
나. 산업입지 및 산업단지의 조성사업	「환경영향평가법 시행령」 별표 3 제2호(면적이 50만 m^2 이상인 경우만 해당하고, 같은 표 제2호가목의 사업 중 「산업입지 및 개발에 관한 법률」 제2조제11호의 산업단지 재생사업은 제외한다)
다. 에너지 개발사업	1) 「환경영향평가법 시행령」 별표 3 제3호가목 2) 「환경영향평가법 시행령」 별표 3 제3호나목 3) 「환경영향평가법 시행령」 별표 3 제3호다목1)(「에너지법」에 따른 신·재생에너지와 「원자력안전법」에 따른 원자력의 개발사업은 제외한다) 4) 「환경영향평가법 시행령」 별표 3 제3호라목1)(「에너지법」에 따른 신·재생에너지와 「원자력안전법」에 따른 원자력의 개발사업은 제외한다) 5) 「환경영향평가법 시행령」 별표 3 제3호마목
라. 도로의 건설사업	「환경영향평가법 시행령」 별표 3 제5호(도로의 길이가 12 km 이상인 경우만 해당한다)
마. 공항 또는 비행장의 건설사업	「환경영향평가법 시행령」 별표 3 제8호
바. 폐기물 처리시설·분뇨처리 시설 및 가축분뇨처리 시설의 설치	「환경영향평가법 시행령」 별표 3 제15호

[비고]

1. 제1호가목 및·라목, 제2호사목 및 마목, 제3호라목부터 바목까지의 규정은 2023년 9월 25일 이후 「환경영향평가법」 제11조 또는 제24조에 따라 평가준비서를 작성하는 경우부터 적용한다.
2. 기후변화영향평가 대상 개발기본계획 및 개발사업의 규모 산정에 필요한 사항은 환경부장관이 정하여 고시한다.

■ 기후위기 대응을 위한 탄소중립 · 녹색성장 기본법 시행령 [별표3] 〈개정 2023.12.19.〉

녹색국토 관련 계획(제46조제1항 관련)

1. 「생명공학육성법」 제5조제2항에 따른 생명공학육성기본계획
2. 「원자력 진흥법」 제9조제1항에 따른 원자력진흥종합계획
3. 「핵융합에너지 개발진흥법」 제4조제1항에 따른 핵융합에너지개발진흥기본계획
4. 「방사성폐기물 관리법」 제6조제1항에 따른 방사성폐기물 관리에 관한 기본계획
5. 「관광진흥법」 제49조제1항에 따른 관광개발기본계획
6. 「농어촌정비법」 제4조제1항에 따른 농어촌 정비 종합계획 및 같은 법 제15조제1항에 따른 농어촌용수 이용 합리화계획
7. 「농업 · 농촌 및 식품산업 기본법」 제14조제1항에 따른 농업 · 농촌 및 식품산업 발전계획
8. 「사방사업법」 제3조의2제1항에 따른 사방사업기본계획
9. 「산림기본법」 제11조제1항에 따른 산림기본계획
10. 「친환경농어업 육성 및 유기식품 등의 관리 · 지원에 관한 법률」 제7조제1항에 따른 친환경농어업 육성계획
11. 「지방자치분권 및 지역균형발전에 관한 특별법」 제6조제1항에 따른 지방시대 종합계획 중 다음 각 목의 사항에 해당하는 계획
    가. 지역의 문화 · 관광 육성 및 환경 보전에 관한 사항
    나. 지역의 복지 및 보건의료 확충에 관한 사항
12. 「산업발전법」 제19조제1항에 따른 지속가능경영 종합시책
13. 「산업집적활성화 및 공장설립에 관한 법률」 제3조제1항에 따른 산업집적활성화 기본계획
14. 「신에너지 및 재생에너지 개발 · 이용 · 보급 촉진법」 제5조제1항에 따른 신 · 재생에너지의 기술개발 및 이용 · 보급을 촉진하기 위한 기본계획
15. 「에너지이용 합리화법」 제4조제1항에 따른 에너지이용 합리화에 관한 기본계획
16. 「전기사업법」 제25조제1항에 따른 전력수급기본계획
17. 「환경친화적 산업구조로의 전환촉진에 관한 법률」 제3조제1항에 따른 환경친화적인 산업구조로의 전환을 촉진하기 위한 종합시책
18. 「대기환경보전법」 제11조제1항에 따른 대기환경개선 종합계획 및 같은 법 제13조제1항에 따른 장거리이동대기오염물질피해방지 종합대책
19. 「독도 등 도서지역의 생태계 보전에 관한 특별법」 제5조제1항에 따른 특정도서보전 기본계획

20. 「백두대간 보호에 관한 법률」 제4조제2항에 따른 백두대간보호 기본계획
21. 「대기관리권역의 대기환경개선에 관한 특별법」 제9조제1항에 따른 대기환경관리 기본계획
22. 「수도법」 제4조제1항에 따른 국가수도기본계획
23. 「물환경보전법」 제24조제1항에 따른 대권역 물환경관리계획
24. 「습지보전법」 제5조제1항에 따른 습지보전기본계획
25. 「야생생물 보호 및 관리에 관한 법률」 제5조제1항에 따른 야생생물 보호 기본계획
26. 「화학물질관리법」 제6조제1항에 따른 화학물질의 관리에 관한 기본계획
27. 「자연공원법」 제11조제1항에 따른 공원기본계획
28. 「자연환경보전법」 제8조제1항에 따른 자연환경보전을 위한 기본계획
29. 「순환경제사회 전환 촉진법」 제10조제1항에 따른 순환경제기본계획
30. 「녹색제품 구매촉진에 관한 법률」 제4조제1항에 따른 녹색제품의 구매촉진을 위한 기본계획
31. 「토양환경보전법」 제4조제1항에 따른 토양보전에 관한 기본계획
32. 「환경정책기본법」 제14조제1항에 따른 국가환경종합계획
33. 「환경기술 및 환경산업 지원법」 제3조제1항에 따른 환경기술개발 및 환경산업 육성을 위한 계획
34. 「골재채취법」 제5조제1항에 따른 골재수급 기본계획
35. 「교통안전법」 제15조제1항에 따른 국가교통안전기본계획
36. 「국가통합교통체계효율화법」 제4조제1항에 따른 국가기간교통망에 관한 계획
37. 「국토기본법」 제9조제1항에 따른 국토종합계획
38. 「국토의 계획 및 이용에 관한 법률」 제11조제1항에 따른 광역도시계획 및 같은 법 제18조제1항에 따른 도시기본계획
39. 「대도시권 광역교통 관리에 관한 특별법」 제3조제1항에 따른 대도시권 광역교통기본계획
40. 「댐건설 · 관리 및 주변지역지원 등에 관한 법률」 제4조제1항에 따른 댐관리기본계획
41. 「도로법」 제6조제1항에 따른 도로건설 · 관리계획
42. 「수도권정비계획법」 제4조제1항에 따른 수도권정비계획
43. 「주거기본법」 제5조제1항에 따른 주거종합계획
44. 「지하수법」 제6조제1항에 따른 지하수관리기본계획
45. 「철도의 건설 및 철도시설 유지관리에 관한 법률」 제4조제1항에 따른 국가철도망구축계획
46. 「수자원의 조사 · 계획 및 관리에 관한 법률」 제17조제1항에 따른 수자원장기종합계획 및 같은 법 제18조제1항에 따른 하천유역수자원관리계획

47. 「공유수면 관리 및 매립에 관한 법률」 제22조제1항에 따른 공유수면매립 기본계획
48. 「어장관리법」 제3조제1항에 따른 어장관리 기본계획
49. 「연안관리법」 제21조제1항에 따른 연안정비기본계획
50. 「항만법」 제5조제1항에 따른 항만기본계획
51. 「해양공간계획 및 관리에 관한 법률」 제5조제1항에 따른 해양공간기본계획
52. 「해양생태계의 보전 및 관리에 관한 법률」 제9조제1항에 따른 해양생태계보전 · 관리 기본계획
53. 「해양수산발전 기본법」 제6조제1항에 따른 해양수산발전기본계획
54. 「해양환경 보전 및 활용에 관한 법률」 제10조제1항에 따른 해양환경종합계획
55. 「지속가능 교통물류 발전법」 제7조제1항에 따른 지속가능 국가교통물류발전 기본계획
56. 「도시 및 주거환경정비법」 제4조제1항에 따른 도시 · 주거환경정비기본계획
57. 「탄소흡수원 유지 및 증진에 관한 법률」 제5조제1항에 따른 탄소흡수원 증진 종합계획
58. 그 밖에 위원회의 의결을 거쳐 위원장이 선정한 주요 중 · 장기 행정계획

■ 기후위기 대응을 위한 탄소중립 · 녹색성장 기본법 시행령 [별표4] 〈개정 2022.12.30.〉

과태료의 부과기준(제76조제2항 관련)

1. 일반기준
   가. 위반행위의 횟수에 따른 과태료의 가중된 부과기준은 최근 1년간 같은 위반행위로 과태료 부과처분을 받은 경우에 적용한다. 이 경우 기간의 계산은 위반행위에 대하여 과태료 부과처분을 받은 날과 그 처분 후 다시 같은 위반행위를 하여 적발된 날을 기준으로 한다.
   나. 가목에 따라 가중된 부과처분을 하는 경우 가중처분의 적용차수는 그 위반행위 전 부과처분 차수(가목에 따른 기간 내에 과태료 부과처분이 둘 이상 있었던 경우에는 높은 차수를 말한다)의 다음 차수로 한다. 다만, 적발된 날부터 소급하여 1년이 되는 날 전에 한 부과처분은 가중처분의 차수 산정 대상에서 제외한다.
   다. 부과권자는 위반행위자가 다음의 어느 하나에 해당하는 경우에는 제2호의 개별기준에 따른 과태료 금액의 2분의 1 범위에서 그 금액을 줄여 부과할 수 있다. 다만, 과태료를 체납하고 있는 위반행위자에 대해서는 그렇지 않다.
      1) 위반행위가 사소한 부주의나 오류로 인한 것으로 인정되는 경우
      2) 위반행위자가 법 위반상태를 시정하거나 해소하기 위하여 노력한 것이 인정되는 경우

3) 고의 또는 중과실이 없는 위반행위자가 「소상공인기본법」 제2조에 따른 소상공인인 경우로서 위반행위자의 현실적인 부담능력, 경제위기 등으로 위반행위자가 속한 시장 · 산업 여건이 현저하게 변동되거나 지속적으로 악화된 상태인지 여부 등을 종합적으로 고려할 때 과태료를 감경할 필요가 있다고 인정되는 경우
4) 그 밖에 위반행위의 정도, 위반행위의 동기와 그 결과 등을 고려하여 줄일 필요가 있다고 인정되는 경우

라. 부과권자는 다음의 어느 하나에 해당하는 경우에는 제2호의 개별기준에 따른 과태료의 2분의 1 범위에서 그 금액을 늘려 부과할 수 있다. 다만, 늘려 부과하는 경우에도 법 제83조제1항에 따른 과태료 금액의 상한을 넘을 수 없다.
1) 위반의 내용 · 정도가 중대하여 국민 등에게 미치는 피해가 크다고 인정되는 경우
2) 법 위반상태의 기간이 6개월 이상인 경우
3) 그 밖에 위반행위의 정도, 위반행위의 동기와 그 결과 등을 고려하여 늘릴 필요가 있다고 인정되는 경우

2. 개별기준

(단위 : 만원)

위반 행위	근거 법조문	과태료 금액		
		1차 위반	2차 위반	3차 이상 위반
가. 법 제27조제2항을 위반하여 온실가스 배출량 산정을 위한 자료를 제출하지 않거나 거짓으로 제출한 경우	법 제83조 제1항제1호			
1) 자료를 제출하지 않은 경우			500	
2) 거짓으로 제출한 경우			1,000	
나. 법 제27조제3항을 위반하여 명세서를 제출하지 않거나 거짓으로 제출한 경우	법 제83조 제1항제2호			
1) 명세서를 제출하지 않은 기간이 1개월 이내인 경우			500	
2) 명세서를 제출하지 않은 기간이 1개월 초과 3개월 이내인 경우			650	
3) 명세서를 제출하지 않은 기간이 3개월 초과인 경우			800	
4) 거짓으로 제출한 경우			1,000	
다. 관리업체가 법 제27조제6항을 위반하여 개선명령을 이행하지 않은 경우	법 제83조 제1항제3호	500	700	1,000

16.5 전기사업법

[시행 2024. 8. 7.] [법률 제20206호, 2024. 2. 6., 일부개정]
시행령 2025.1.7. 일부개정
시행규칙 2022.4.22. 일부개정

16.5.1 총칙 〈개정 2009.5.21.〉

제1조(목적) 이 법은 전기사업에 관한 기본제도를 확립하고 전기사업의 경쟁을 촉진함으로써 전기사업의 건전한 발전을 도모하고 전기사용자의 이익을 보호하여 국민경제의 발전에 이바지함을 목적으로 한다.

제2조(정의) 이 법에서 사용하는 용어의 뜻은 다음과 같다. 〈개정 2011.3.30., 2013.3.23.〉

1. "전기사업"이란 발전사업 · 송전사업 · 배전사업 · 전기판매사업 및 구역전기사업을 말한다.
2. "전기사업자"란 발전사업자 · 송전사업자 · 배전사업자 · 전기판매사업자 및 구역전기사업자를 말한다.
3. "발전사업"이란 전기를 생산하여 이를 전력시장을 통하여 전기판매사업자에게 공급하는 것을 주된 목적으로 하는 사업을 말한다.
4. "발전사업자"란 제7조제1항에 따라 발전사업의 허가를 받은 자를 말한다.
5. "송전사업"이란 발전소에서 생산된 전기를 배전사업자에게 송전하는 데 필요한 전기설비를 설치 · 관리하는 것을 주된 목적으로 하는 사업을 말한다.
6. "송전사업자"란 제7조제1항에 따라 송전사업의 허가를 받은 자를 말한다.
7. "배전사업"이란 발전소로부터 송전된 전기를 전기사용자에게 배전하는 데 필요한 전기설비를 설치 · 운용하는 것을 주된 목적으로 하는 사업을 말한다.
8. "배전사업자"란 제7조제1항에 따라 배전사업의 허가를 받은 자를 말한다.
9. "전기판매사업"이란 전기사용자에게 전기를 공급하는 것을 주된 목적으로 하는 사업을 말한다.
10. "전기판매사업자"란 제7조제1항에 따라 전기판매사업의 허가를 받은 자를 말한다.
11. "구역전기사업"이란 대통령령으로 정하는 규모 이하의 발전설비를 갖추고 특정한 공급구역의 수요에 맞추어 전기를 생산하여 전력시장을 통하지 아니하고 그 공급구역의 전기사용자에게 공급하는 것을 주된 목적으로 하는 사업을 말한다.
12. "구역전기사업자"란 제7조제1항에 따라 구역전기사업의 허가를 받은 자를 말한다.

12의2. "전기신사업"이란 전기자동차충전사업, 소규모전력중개사업, 재생에너지전기공급사업, 통합발전소사업, 재생에너지전기저장판매사업 및 송전제약발생지역전기공급사업을 말한다.

12의3. "전기신사업자"란 전기자동차충전사업자, 소규모전력중개사업자, 재생에너지전기공급사업자, 통합발전소사업자, 재생에너지전기저장판매사업자 및 송전제약발생지역전기공급사업자를 말한다.

12의4. "전기자동차충전사업"이란 「환경친화적 자동차의 개발 및 보급 촉진에 관한 법률」 제2조제3호에 따른 전기자동차(이하 "전기자동차"라 한다)에 전기를 유상으로 공급하는 것을 주된 목적으로 하는 사업을 말한다.

12의5. "전기자동차충전사업자"란 제7조의2제1항에 따라 전기자동차충전사업의 등록을 한 자를 말한다.

12의6. "소규모전력중개사업"이란 다음 각 목의 설비(이하 "소규모전력자원"이라 한다)에서 생산 또는 저장된 전력을 모아서 전력시장을 통하여 거래하는 것을 주된 목적으로 하는 사업을 말한다.

가. 대통령령으로 정하는 종류 및 규모의 「신에너지 및 재생에너지 개발 · 이용 · 보급 촉진법」 제2조제3호에 따른 신에너지 및 재생에너지 설비

나. 대통령령으로 정하는 규모의 전기저장장치

다. 대통령령으로 정하는 유형의 전기자동차

12의7. "소규모전력중개사업자"란 제7조의2제1항에 따라 소규모전력중개사업의 등록을 한 자를 말한다.

12의8. "재생에너지전기공급사업"이란 「신에너지 및 재생에너지 개발 · 이용 · 보급 촉진법」 제2조제2호에 따른 재생에너지(이하 "재생에너지"라 한다)를 이용하여 생산한 전기를 전기사용자에게 공급하는 것을 주된 목적으로 하는 사업을 말한다.

12의9. "재생에너지전기공급사업자"란 제7조의2제1항에 따라 재생에너지전기공급사업의 등록을 한 자를 말한다.

12의10. "통합발전소사업"이란 정보통신 및 자동제어 기술을 이용해 대통령령으로 정하는 에너지자원을 연결 · 제어하여 하나의 발전소처럼 운영하는 시스템을 활용하는 사업을 말한다.

12의11. "통합발전소사업자"란 제7조의2제1항에 따라 통합발전소사업의 등록을 한 자를 말한다.

12의12. "재생에너지전기저장판매사업"이란 재생에너지를 이용하여 생산한 전기를 전기저장장치에 저장하여 전기사용자에게 판매하는 것을 주된 목적으로 하는 사업으로서 산업통상자원부령으로 정하는 것을 말한다.

12의13. "재생에너지전기저장판매사업자"란 제7조의2제1항에 따라 재생에너지전기저장판

매사업의 등록을 한 자를 말한다.

12의14. “송전제약발생지역전기공급사업”이란 발전용량과 송전용량의 불일치(이하 “송전제약”이라 한다)로 인하여 전력시장을 통하여 전기판매사업자에게 공급하지 못하게 된 전기를 발전설비의 인접한 지역에 위치한 전기사용자의 신규 시설에 공급하는 것을 주된 목적으로 하는 사업을 말한다.

12의15. “송전제약발생지역전기공급사업자”란 제7조의2제1항에 따라 송전제약발생지역전기공급사업의 등록을 한 자를 말한다.

13. "전력시장"이란 전력거래를 위하여 제35조에 따라 설립된 한국전력거래소(이하 "한국전력거래소"라 한다)가 개설하는 시장을 말한다.

14. "전력계통"이란 전기의 원활한 흐름과 품질유지를 위하여 전기의 흐름을 통제 · 관리하는 체제를 말한다.

15. "보편적 공급"이란 전기사용자가 언제 어디서나 적정한 요금으로 전기를 사용할 수 있도록 전기를 공급하는 것을 말한다.

16. "전기설비"란 발전 · 송전 · 변전 · 배전 또는 전기사용을 위하여 설치하는 기계 · 기구 · 댐 · 수로 · 저수지 · 전선로 · 보안통신선로 및 그 밖의 설비(「댐건설 및 주변지역지원 등에 관한 법률」에 따라 건설되는 댐 · 저수지와 선박 · 차량 또는 항공기에 설치되는 것과 그 밖에 대통령령으로 정하는 것은 제외한다)로서 다음 각 목의 것을 말한다.

가. 전기사업용전기설비

나. 일반용전기설비

다. 자가용전기설비

16의2. "전선로"란 발전소 · 변전소 · 개폐소 및 이에 준하는 장소와 전기를 사용하는 장소 상호간의 전선 및 이를 지지하거나 수용하는 시설물을 말한다.

17. "전기사업용전기설비"란 전기설비 중 전기사업자가 전기사업에 사용하는 전기설비를 말한다.

18. "일반용전기설비"란 산업통상자원부령으로 정하는 소규모의 전기설비로서 한정된 구역에서 전기를 사용하기 위하여 설치하는 전기설비를 말한다.

19. "자가용전기설비"란 전기사업용전기설비 및 일반용전기설비 외의 전기설비를 말한다.

20. "안전관리"란 국민의 생명과 재산을 보호하기 위하여 이 법에서 정하는 바에 따라 전기설비의 공사 · 유지 및 운용에 필요한 조치를 하는 것을 말한다.

21. “분산형전원”이란 전력수요 지역 인근에 설치하여 송전선로[발전소 상호 간, 변전소 상호 간 및 발전소와 변전소 간을 연결하는 전선로(통신용으로 전용하는 것은 제외한다)를 말한다. 이하 같다]의 건설을 최소화할 수 있는 일정 규모 이하의 발전설비로서 산업통상자원부령으로 정하는 것을 말한다.

[전문개정 2009.5.21.]

시행령 **제1조의2(구역전기사업자의 발전설비용량)** 「전기사업법」(이하 "법"이라 한다) 제2조제11호에서 "대통령령으로 정하는 규모"란 3만5천킬로와트를 말한다. [전문개정 2009.11.20.]

시행령 **제2조(전기설비에서 제외하는 설비)** ① 법 제2조제16호에서 "선박 · 차량 또는 항공기에 설치되는 것"이란 해당 선박 · 차량 또는 항공기가 기능을 유지하도록 하기 위하여 설치되는 전기설비를 말한다.

② 법 제2조제16호에서 "대통령령으로 정하는 것"이란 다음 각 호의 것을 말한다.

1. 전압 30볼트 미만의 전기설비로서 전압 30볼트 이상의 전기설비와 전기적으로 접속되어 있지 아니한 것
2. 「전기통신기본법」 제2조제2호에 따른 전기통신설비. 다만, 전기를 공급하기 위한 수전설비는 제외한다. [전문개정 2009.11.20.]

제3조(정부 등의 책무) ① 산업통상자원부장관은 이 법의 목적을 달성하기 위하여 전력수급(電力需給)의 안정과 전력산업의 경쟁촉진 등에 관한 기본적이고 종합적인 시책을 마련하여야 한다. 〈개정 2013.3.23.〉

② 산업통상자원부장관은 제1항에 따른 시책 및 제25조에 따른 전력수급기본계획을 수립할 때 전기설비의 경제성, 환경 및 국민안전에 미치는 영향 등을 종합적으로 고려하여야 한다. 〈신설 2017.3.21.〉

③ 제35조에 따라 설립된 한국전력거래소는 전력시장 및 전력계통의 운영과 관련하여 경제성, 환경 및 국민안전에 미치는 영향 등을 종합적으로 검토하여야 한다. 〈신설 2017.3.21.〉

④ 특별시장 · 광역시장 · 도지사 · 특별자치도지사(이하 "시 · 도지사"라 한다) 및 시장 · 군수 · 구청장(자치구의 구청장을 말한다. 이하 같다)은 그 관할 구역의 전기사용자가 전기를 안정적으로 공급받기 위하여 필요한 시책을 마련하여야 하며, 제1항에 따른 산업통상자원부장관의 전력수급 안정을 위한 시책의 원활한 시행에 협력하여야 한다. 〈개정 2013.3.23., 2017.3.21.〉 [전문개정 2009.5.21.]

제4조(전기사용자의 보호) 전기사업자는 전기사용자의 이익을 보호하기 위한 방안을 마련하여야 한다. [전문개정 2009.5.21.]

제5조(환경보호) 전기사업자는 전기설비를 설치하여 전기사업을 할 때에는 자연환경 및 생활환경을 적정하게 관리 · 보존하는 데 필요한 조치를 마련하여야 한다. [전문개정 2009.5.21.]

제6조(보편적 공급) ① 전기사업자는 전기의 보편적 공급에 이바지할 의무가 있다.

② 산업통상자원부장관은 다음 각 호의 사항을 고려하여 전기의 보편적 공급의 구체적 내용을 정한다. 〈개정 2013.3.23.〉

1. 전기기술의 발전 정도
2. 전기의 보급 정도
3. 공공의 이익과 안전
4. 사회복지의 증진

[전문개정 2009.5.21.]

16.5.2 전기사업

제1절 허가 등

제7조(사업의 허가) ① 전기사업을 하려는 자는 전기사업의 종류별로 산업통상자원부장관의 허가를 받아야 한다. 허가받은 사항 중 산업통상자원부령으로 정하는 중요 사항을 변경하려는 경우에도 또한 같다. 〈개정 2013.3.23.〉

② 산업통상자원부장관은 전기사업을 허가 또는 변경허가를 하려는 경우에는 미리 제53조에 따른 전기위원회(이하 "전기위원회"라 한다)의 심의를 거쳐야 한다. 〈개정 2013.3.23.〉

③ 동일인에게는 두 종류 이상의 전기사업을 허가할 수 없다. 다만, 대통령령으로 정하는 경우에는 그러하지 아니하다.

④ 산업통상자원부장관은 필요한 경우 사업구역 및 특정한 공급구역별로 구분하여 전기사업의 허가를 할 수 있다. 다만, 발전사업의 경우에는 발전소별로 허가할 수 있다. 〈개정 2013.3.23.〉

⑤ 전기사업의 허가기준은 다음 각 호와 같다. 〈개정 2014.10.15.〉

1. 전기사업을 적정하게 수행하는 데 필요한 재무능력 및 기술능력이 있을 것
2. 전기사업이 계획대로 수행될 수 있을 것
3. 배전사업 및 구역전기사업의 경우 둘 이상의 배전사업자의 사업구역 또는 구역전기사업자의 특정한 공급구역 중 그 전부 또는 일부가 중복되지 아니할 것
4. 구역전기사업의 경우 특정한 공급구역의 전력수요의 50퍼센트 이상으로서 대통령령으로 정하는 공급능력을 갖추고, 그 사업으로 인하여 인근 지역의 전기사용자에 대한 다른 전기사업자의 전기공급에 차질이 없을 것

4의2. 발전소나 발전연료가 특정 지역에 편중되어 전력계통의 운영에 지장을 주지 아니할 것

5. 그 밖에 공익상 필요한 것으로서 대통령령으로 정하는 기준에 적합할 것

⑥ 제1항에 따른 허가의 세부기준 · 절차와 그 밖에 필요한 사항은 산업통상자원부령으로 정한다. 〈개정 2013.3.23.〉 [전문개정 2009.5.21.]

시행령 **제3조(두 종류 이상의 전기사업의 허가)** 법 제7조제3항 단서에 따라 동일인이 두 종류 이상의 전기사업을 할 수 있는 경우는 다음 각 호와 같다.

1. 배전사업과 전기판매사업을 겸업하는 경우
2. 도서지역에서 전기사업을 하는 경우
3. 「집단에너지사업법」 제48조에 따라 발전사업의 허가를 받은 것으로 보는 집단에너지사업자가 전기판매사업을 겸업하는 경우. 다만, 같은 법 제9조에 따라 허가받은 공급구역에 전기를 공급하려는 경우로 한정한다.

[전문개정 2009.11.20.]

시행령 **제4조(전기사업의 허가기준)** ① 법 제7조제5항제4호에서 "대통령령으로 정하는 공급능력"이란 해당 특정한 공급구역의 전력수요의 60퍼센트 이상의 공급능력을 말한다.

② 법 제7조제5항제5호에 따라 발전사업의 허가를 받으려는 자가 거쳐야 하는 주민 의견수렴 절차는 제4조의2에 따른 절차로 한다.

③ 법 제7조제5항제5호에서 "대통령령으로 정하는 기준"이란 발전사업에 있어서 다음 각 호의 기준을 말한다. 〈개정 2016.7.28.〉

1. 발전소가 특정 지역에 편중되어 전력계통의 운영에 지장을 주지 아니할 것
2. 발전연료가 어느 하나에 편중되어 전력수급(電力需給)에 지장을 주지 아니할 것
3. 법 제25조에 따른 전력수급기본계획에 부합할 것
4. 「기후위기 대응을 위한 탄소중립 · 녹색성장 기본법」 제8조제1항에 따른 중장기 국가 온실가스 감축 목표의 달성에 지장을 주지 아니할 것

④ 제3항 각 호의 기준의 세부기준은 산업통상자원부장관이 정하여 고시한다.

〈개정 2013.3.23., 2020.9.29.〉 [전문개정 2009.11.20.]

제8조(결격사유) 다음 각 호의 어느 하나에 해당하는 자는 전기사업의 허가를 받을 수 없다. 〈개정 2014.5.20., 2016.1.27.〉

1. 피성년후견인
2. 파산선고를 받고 복권되지 아니한 자
3. 「형법」 제172조의2, 제173조, 제173조의2(제172조제1항의 죄를 범한 자는 제외한다), 제174조(제172조의2제1항 및 제173조제1항 · 제2항의 미수범만 해당한다) 및 제175조(제172조의2제1항 및 제173조제1항 · 제2항의 죄를 범할 목적으로 예비 또는 음모한 자만 해당한다) 중 전기에 관한 죄를 짓거나 이 법을 위반하여 금고 이상의 실형을 선고받고 그 집행이 끝나거나(집행이 끝난 것으로 보는 경우를 포함한다) 집행이 면제된 날부터 2년이 지나지 아니한 자
4. 제3호에 규정된 죄를 지어 금고 이상의 형의 집행유예선고를 받고 그 유예기간 중에 있는 자

5. 제12조제1항에 따라 전기사업의 허가가 취소(제1호 또는 제2호의 결격사유에 해당하여 허가가 취소된 경우는 제외한다)된 후 2년이 지나지 아니한 자
6. 제1호부터 제5호까지의 어느 하나에 해당하는 자가 대표자인 법인
[전문개정 2009.5.21.]

제9조(전기설비의 설치 및 사업의 개시 의무) ① 전기사업자는 허가권자가 지정한 준비기간에 사업에 필요한 전기설비를 설치하고 사업을 시작하여야 한다.
〈개정 2013. 3. 23., 2020. 2. 18.〉
② 제1항에 따른 준비기간은 10년의 범위에서 산업통상자원부장관이 정하여 고시하는 기간을 넘을 수 없다. 다만, 허가권자가 정당한 사유가 있다고 인정하는 경우에는 준비기간을 연장할 수 있다. 〈개정 2013. 3. 23., 2020. 2. 18.〉
③ 허가권자는 전기사업을 허가할 때 필요하다고 인정하면 전기사업별 또는 전기설비별로 구분하여 준비기간을 지정할 수 있다. 〈개정 2013. 3. 23., 2020. 2. 18.〉
④ 전기사업자는 사업을 시작한 경우에는 지체 없이 그 사실을 허가권자에게 신고하여야 한다. 다만, 발전사업자의 경우에는 최초로 전력거래를 한 날부터 30일 이내에 신고하여야 한다. 〈개정 2013. 3. 23., 2020. 2. 18., 2020. 3. 31.〉
[전문개정 2009. 5. 21.]

제10조(사업의 양수 및 법인의 분할 · 합병 등) ① 다음 각 호의 어느 하나에 해당하는 자는 산업통상자원부령으로 정하는 바에 따라 허가권자의 인가를 받아야 한다.
〈개정 2014. 10. 15., 2016. 1. 27., 2019. 4. 23., 2020. 2. 18.〉
1. 전기사업의 전부 또는 일부를 양수하려는 자
2. 전기사업자인 법인을 분할하거나 합병하려는 자
3. 전기사업자(발전설비의 규모가 2만킬로와트 미만인 발전사업자는 제외한다)의 경영권을 실질적으로 지배하려는 목적으로 주식을 취득하려는 자로서 대통령령으로 정하는 기준에 해당하는 자

② 허가권자는 제1항에 따른 인가를 하려는 경우 제7조의 절차에 따라 다음 각 호의 사항을 심사하여야 한다. 다만, 허가권자가 시 · 도지사인 경우에는 전기위원회의 심의를 거치지 아니한다. 〈개정 2014. 10. 15., 2020. 2. 18., 2020. 3. 31.〉
1. 제7조에 따른 허가기준에 적합할 것
2. 양수 또는 분할 · 합병 등으로 인하여 전력수급에 지장을 주거나 전력의 품질이 낮아지는 등 공공의 이익을 현저하게 해칠 우려가 없을 것
3. 제9조제1항에 따른 준비기간에 사업을 개시하였을 것(태양광 발전사업에 한정하되, 사업 영위가 곤란한 경우 등 대통령령으로 정하는 정당한 사유가 있는 경우는 그러하지 아니하다)

③ 허가권자는 제1항에 따라 인가를 하는 경우에는 산업통상자원부령으로 정하는 바에 따라 이를 공고하여야 한다. 〈개정 2013. 3. 23., 2020. 2. 18.〉

④ 허가권자는 제1항에 따른 인가를 하려는 경우 그 전기설비가 원자력발전소인 경우에는 원자력안전위원회와 협의하여야 한다. 〈개정 2011. 7. 25., 2013. 3. 23., 2020. 2. 18.〉

[전문개정 2009. 5. 21.]
[제목개정 2014. 10. 15.]

시행령 **제5조(인가 대상이 되는 주식의 취득)** 전기사업자(발전설비의 규모가 2만킬로와트 미만인 발전사업자는 제외한다. 이하 이 조에서 같다)의 경영권을 실질적으로 지배하려는 목적으로 전기사업자 등의 주식을 취득하려는 자가 해당 주식을 취득함으로써 다음 각 호의 어느 하나에 해당하게 되는 경우에는 법 제10조제1항제3호에 따라 산업통상자원부장관의 인가를 받아야 한다. 〈개정 2016.7.28.〉

1. 본인 또는 본인과 다음 각 목의 어느 하나에 해당하는 관계에 있는 자(이하 "특별관계자"라 한다)가 누구의 명의로 하든지 자기의 계산으로 소유하는 주식을 합하여 전기사업자의 의결권 있는 발행주식 총수를 기준으로 100분의 20 이상을 소유하는 경우로서 가장 많은 주식을 소유하게 되는 경우
   가. 「자본시장과 금융투자업에 관한 법률」 제9조제1항제1호에 따른 특수관계인의 관계
   나. 다음의 어느 하나에 해당하는 행위를 직접 또는 제3자를 통하여 할 것을 본인과 합의 또는 양해한 관계(이하 "공동보유관계"라 한다)
      1) 주식을 공동으로 또는 어느 일방의 의사에 따라 취득하거나 처분하는 행위
      2) 주식을 공동으로 또는 어느 일방의 의사에 따라 취득한 후 그 취득한 주식을 상호(본인 또는 공동보유관계에 있는 자가 지정하는 제3자를 포함한다) 양도하거나 양수하는 행위
      3) 의결권(의결권의 행사를 지시할 수 있는 권한을 포함한다)을 공동으로 또는 어느 일방의 의사에 따라 행사하는 행위
      4) 조직변경, 신규투자 또는 중요계약의 체결 등 주요 경영사항이나 업무집행을 공동으로 또는 어느 일방의 의사에 따라 결정하는 행위
2. 본인 또는 특별관계자가 누구의 명의로 하든지 자기의 계산으로 소유하는 주식을 합하여 제1호의 경우에 해당하는 법인의 의결권 있는 발행주식 총수를 기준으로 100분의 20 이상을 소유하는 경우로서 가장 많은 주식을 소유하게 되는 경우
3. 본인 또는 특별관계자가 다음 각 목의 어느 하나에 해당하는 방법으로 전기사업자의 경영에 대하여 지배적인 영향력을 행사할 수 있게 되는 경우
   가. 전기사업자의 대표이사의 임면 또는 이사 총수의 100분의 50 이상의 선임
   나. 본인 또는 특별관계자와 전기사업자 간의 임직원 겸임 또는 파견 등 인사교류의 실시

다. 그 밖에 전기사업자의 조직변경, 신규투자 또는 중요계약의 체결 등 주요 경영사항이나 업무집행에 대한 지배적인 영향력의 행사

4. 본인 또는 특별관계자가 전기사업자의 주주 또는 그 주주의 특별관계자를 통하여 전기사업자의 경영에 대하여 제3호 각 목의 어느 하나에 해당하는 방법으로 지배적인 영향력을 행사할 수 있게 되는 경우

[전문개정 2015.1.15.]

제11조(사업의 승계 등) ① 다음 각 호의 어느 하나에 해당하는 자는 전기사업자의 지위를 승계한다.

1. 법인이 아닌 전기사업자가 사망한 경우에는 그 상속인
2. 제10조제1항에 따른 인가를 받아 전기사업자의 사업을 양수한 자
3. 법인인 전기사업자가 제10조제1항에 따른 인가를 받아 합병한 경우 합병 후 존속하는 법인이나 합병으로 설립되는 법인
4. 법인인 전기사업자가 제10조제1항에 따른 인가를 받아 법인을 분할한 경우 그 분할에 의하여 설립되는 법인

② 제1항에 따른 승계인에 관하여는 제8조를 준용한다.

[전문개정 2009.5.21.]

제12조(사업허가의 취소 등) ① 허가권자는 전기사업자가 다음 각 호의 어느 하나에 해당하는 경우에는 전기위원회의 심의(허가권자가 시 · 도지사인 전기사업의 경우는 제외한다)를 거쳐 그 허가를 취소하거나 6개월 이내의 기간을 정하여 사업정지를 명할 수 있다. 다만, 제1호부터 제4호까지 또는 제4호의2의 어느 하나에 해당하는 경우에는 그 허가를 취소하여야 한다. 〈개정 2013.3.23., 2014.5.20., 2014.10.15., 2018.6.12., 2020.2.18., 2020.3.31., 2022.10.18.〉

1. 제8조제1항 각 호의 어느 하나에 해당하게 된 경우
2. 제9조에 따른 준비기간에 전기설비의 설치 및 사업을 시작하지 아니한 경우
3. 원자력발전소를 운영하는 발전사업자(이하 "원자력발전사업자"라 한다)에 대한 외국인의 투자가 「외국인투자 촉진법」 제2조제1항제4호에 해당하게 된 경우
4. 거짓이나 그 밖의 부정한 방법으로 제7조제1항에 따른 허가 또는 변경허가를 받은 경우

4의2. 산업통상자원부장관이 정하여 고시하는 시점까지 정당한 사유 없이 제61조제1항에 따른 공사계획 인가를 받지 못하여 공사에 착수하지 못하는 경우

5. 제10조제1항에 따른 인가를 받지 아니하고 전기사업의 전부 또는 일부를 양수하거나 법인의 분할이나 합병을 한 경우
6. 제14조를 위반하여 정당한 사유 없이 전기의 공급을 거부한 경우
7. 제15조제1항 또는 제16조제1항을 위반하여 산업통상자원부장관의 인가 또는 변경인가를 받지 아니하고 전기설비를 이용하게 하거나 전기를 공급한 경우

8. 제18조제3항에 따른 산업통상자원부장관의 명령을 위반한 경우
9. 제23조제1항에 따른 허가권자의 명령을 위반한 경우
10. 제29조제1항에 따른 산업통상자원부장관의 명령을 위반한 경우
   10의2. 제31조의2제2항에 따른 산업통상자원부장관의 명령을 위반한 경우
11. 제34조제2항에 따라 차액계약을 통하여서만 전력을 거래하여야 하는 전기사업자가 같은 조 제3항에 따라 인가받은 차액계약을 통하지 아니하고 전력을 거래한 경우
12. 제61조제1항부터 제5항까지의 규정에 따라 인가를 받지 아니하거나 신고를 하지 아니한 경우
13. 제93조제1항을 위반하여 회계를 처리한 경우
14. 사업정지기간에 전기사업을 한 경우

② 산업통상자원부장관은 전기신사업자가 다음 각 호의 어느 하나에 해당하는 경우에는 그 사업의 등록을 취소하거나 그 사업자에게 6개월 이내의 기간을 정하여 사업정지를 명할 수 있다. 다만, 제1호부터 제3호까지의 어느 하나에 해당하는 경우에는 그 등록을 취소하여야 한다. 〈신설 2018. 6. 12.〉

1. 거짓이나 그 밖의 부정한 방법으로 제7조의2제1항에 따른 등록 또는 같은 조 제4항에 따른 변경등록을 한 경우
2. 제7조의2제3항에 따른 등록기준에 부합하지 않게 된 경우. 다만, 30일 이내에 그 기준을 충족시킨 경우는 제외한다.
3. 제8조제2항 각 호의 어느 하나에 해당하게 된 경우
4. 제14조를 위반하여 정당한 사유 없이 전기의 공급을 거부한 경우
5. 제23조제1항에 따른 산업통상자원부장관의 명령을 위반한 경우
6. 사업정지기간에 전기신사업을 한 경우

③ 다음 각 호의 어느 하나에 해당하는 경우에는 그 사유가 발생한 날부터 6개월간은 제1항 또는 제2항을 적용하지 아니한다. 〈개정 2018. 6. 12.〉

1. 법인이 제8조제1항제6호 또는 같은 조 제2항제3호에 해당하게 된 경우
2. 원자력발전사업자가 제1항제3호에 해당하게 된 경우
3. 전기사업자의 지위를 승계한 상속인이 제8조제1항제1호부터 제5호까지의 어느 하나에 해당하는 경우
4. 전기신사업자의 지위를 승계한 상속인이 제8조제2항제1호 또는 제2호에 해당하는 경우

④ 허가권자는 배전사업자가 사업구역의 일부에서 허가받은 전기사업을 하지 아니하여 제6조를 위반한 사실이 인정되는 경우에는 그 사업구역의 일부를 감소시킬 수 있다.
〈개정 2013. 3. 23., 2018. 6. 12., 2020. 2. 18.〉

⑤ 허가권자는 다음 각 호의 어느 하나에 해당하는 경우로서 그 사업정지가 전기사용자 등에게 심한 불편을 주거나 공익을 해칠 우려가 있는 경우에는 대통령령으로 정하는 바에 따라 사업정지명령을 갈음하여 5천만원 이하의 과징금을 부과할 수 있다.
〈개정 2018. 6. 12., 2020. 2. 18., 2020. 3. 31.〉

1. 전기사업자가 제1항제5호부터 제10호까지, 제11호부터 제14호까지의 어느 하나에 해당하는 경우
2. 전기신사업자가 제2항제4호부터 제6호까지의 어느 하나에 해당하는 경우

⑥ 제1항 및 제2항에 따른 위반행위별 처분기준과 제5항에 따른 과징금의 부과기준은 대통령령으로 정한다. 〈개정 2018. 6. 12.〉

⑦ 허가권자는 제5항에 따른 과징금을 내야 할 자가 납부기한까지 이를 내지 아니하면 국세 체납처분의 예 또는 「지방행정제재 · 부과금의 징수 등에 관한 법률」에 따라 징수할 수 있다. 〈개정 2013. 3. 23., 2018. 6. 12., 2020. 2. 18., 2020. 3. 24.〉
[전문개정 2009. 5. 21.]

시행령 **제5조의3(전기사업자 등의 위반행위별 처분기준과 과징금의 부과기준)** ① 법 제12조제1항 및 같은 조 제5항제1호에 따른 전기사업자의 위반행위별 처분기준과 과징금의 금액은 별표 1의2와 같다.

② 법 제12조제2항 및 같은 조 제5항제2호에 따른 전기신사업자의 위반행위별 처분기준과 과징금의 금액은 별표 1의3과 같다.

③ 산업통상자원부장관은 위반행위의 동기 · 내용 및 횟수 등을 고려하여 제1항 및 제2항에 따른 사업정지기간과 과징금 금액의 2분의 1의 범위에서 이를 가중 또는 감경할 수 있다. 이 경우 가중할 때에도 사업정지기간과 과징금의 총액은 법 제12조제1항 · 제2항 및 제5항에 따른 기간 및 금액을 초과할 수 없다.
[본조신설 2018. 12. 11.]
[제5조의2에서 이동, 종전 제5조의3은 제5조의4로 이동 〈2020. 9. 29.〉]

■ 전기사업법 시행령 [별표1의2] 〈개정 2020. 9. 29.〉

전기사업자의 위반행위별 처분기준과 과징금의 금액(제5조의3제1항 관련)

위반행위	근거 법조문	처분기준	과징금 금액
1. 법 제8조제1항 각 호의 어느 하나에 해당하게 된 경우	법 제12조 제1항제1호	허가취소	해당없음
2. 법 제9조에 따른 준비기간에 전기설비의 설치 및 사업을 시작하지 않은 경우	법 제12조 제1항제2호	허가취소	해당없음
3. 원자력발전소를 운영하는 발전사업자에 대한 외국인의 투자가 「외국인투자 촉진법」 제2조제1항제4호에 해당하게 된 경우	법 제12조 제1항제3호	허가취소	해당없음
4. 거짓이나 그 밖의 부정한 방법으로 법 제7조제1항에 따른 허가 또는 변경허가를 받은 경우	법 제12조 제1항제4호	허가취소	해당없음
4의2. 산업통상자원부장관이 정하여 고시하는 시점까지 정당한 사유 없이 법 제61조제1항에 따른 공사계획 인가를 받지 못하여 공사에 착수하지 못하는 경우	법 제12조 제1항제4호의2	허가취소	해당없음
5. 법 제10조제1항에 따른 인가를 받지 않고 전기사업의 전부 또는 일부를 양수하거나 법인의 분할이나 합병을 한 경우	법 제12조 제1항제5호	사업정지 6개월	4천만원
6. 법 제14조를 위반하여 정당한 사유 없이 전기의 공급을 거부한 경우	법 제12조 제1항제6호	사업정지 3개월	2천만원
7. 법 제15조제1항 또는 제16조제1항을 위반하여 산업통상자원부장관의 인가 또는 변경인가를 받지 않고 전기설비를 이용하게 하거나 전기를 공급한 경우	법 제12조 제1항제7호	사업정지 3개월	2천만원
8. 법 제18조제3항에 따른 산업통상자원부장관의 명령을 위반한 경우	법 제12조 제1항제8호	사업정지 1개월	1천만원
9. 법 제23조제1항에 따른 산업통상자원부장관의 명령을 위반한 경우	법 제12조 제1항제9호	사업정지 1개월	1천만원
10. 법 제29조제1항에 따른 산업통상자원부장관의 명령을 위반한 경우	법 제12조 제1항제10호	사업정지 1개월	1천만원
10의2. 제31조의2제2항에 따른 산업통상자원부장관의 명령을 위반한 경우	법 제12조 제1항제10호의2	사업정지 6개월	해당없음
11. 법 제34조제2항에 따라 차액계약을 통해서만 전력을 거래해야 하는 전기사업자가 같은 조 제3항에 따라 인가받은 차액계약을 통하지 않고 전력을 거래한 경우	법 제12조 제1항제11호	사업정지 1개월	1천만원
12. 법 제61조제1항부터 제4항까지의 규정에 따라 인가를 받지 않거나 신고를 하지 않은 경우	법 제12조 제1항제12호	사업정지 1개월	1천만원
13. 법 제93조제1항을 위반하여 회계를 처리한 경우	법 제12조 제1항제13호	사업정지 1개월	1천만원
14. 사업정지기간에 전기사업을 한 경우	법 제12조 제1항제14호	허가취소 또는 사업정지 6개월	4천만원 (사업정지명령을 갈음하는 경우로 한정한다)

시행령 **제5조의4(전기사업자 등의 위반행위에 대한 과징금의 부과 및 납부)** ① 산업통상자원부장관은 법 제12조제5항에 따라 과징금을 부과하려는 때에는 그 위반행위의 종류와 해당 과징금의 금액을 명시하여 이를 납부할 것을 서면으로 통지해야 한다.

② 제1항에 따라 통지를 받은 자는 통지를 받은 날부터 30일 이내에 과징금을 산업통상자원부장관이 지정하는 수납기관에 납부해야 한다. 다만, 천재지변이나 그 밖의 부득이한 사유로 그 기간에 과징금을 납부할 수 없는 경우에는 그 사유가 해소된 날부터 7일 이내에 납부해야 한다.

③ 제2항에 따라 과징금의 납부를 받은 수납기관은 그 납부자에게 영수증을 발급해야 한다.

④ 과징금의 수납기관은 제2항에 따라 과징금을 수납한 때에는 지체 없이 그 사실을 산업통상자원부장관에게 통보해야 한다.

⑤ 삭제〈2021. 9. 24.〉

[본조신설 2018. 12. 11.]
[제5조의3에서 이동, 종전 제5조의4는 제5조의5로 이동 〈2020. 9. 29.〉]

제13조(청문) 산업통상자원부장관은 제12조제1항에 따라 허가를 취소하려면 청문을 하여야 한다. 〈개정 2013.3.23.〉
[전문개정 2009.5.21.]

제 2 절 업무 〈개정 2009.5.21.〉

제14조(전기공급의 의무) 발전사업자, 전기판매사업자, 전기자동차충전사업자, 재생에너지전기공급사업자, 통합발전소사업자, 재생에너지전기저장판매사업자 및 송전제약발생지역전기공급사업자는 대통령령으로 정하는 정당한 사유 없이 전기의 공급을 거부하여서는 아니 된다. 〈개정 2024.2.6.〉
[전문개정 2023.10.31.]

제15조(송전 · 배전용 전기설비의 이용요금 등) ① 송전사업자 또는 배전사업자는 대통령령으로 정하는 바에 따라 전기설비의 이용요금과 그 밖의 이용조건에 관한 사항을 정하여 산업통상자원부장관의 인가를 받아야 한다. 이를 변경하려는 경우에도 또한 같다. 〈개정 2013.3.23.〉

② 산업통상자원부장관은 제1항에 따른 인가를 하려는 경우에는 전기위원회의 심의를 거쳐야 한다. 〈개정 2013.3.23.〉

[전문개정 2009.5.21.]

시행령 **제6조(송전 · 배전용 전기설비의 이용요금 등에 대한 인가기준)** ① 법 제15조제1항에 따른 전기설비의 이용요금과 그 밖의 이용조건에 대한 인가 또는 변경인가의 기준은 다음 각 호와 같다.

1. 이용요금이 적정 원가에 적정 이윤을 더한 것일 것
2. 전기설비의 차별 없는 이용이 보장되어 있을 것
3. 전기설비의 이용에 대한 권리의무 관계가 명확하게 규정되어 있을 것

② 제1항 각 호에 따른 인가 또는 변경인가의 기준에 관한 세부적인 사항은 산업통상자원부장관이 정하여 고시한다. 〈개정 2013.3.23.〉

[전문개정 2009.11.20.]

제16조(전기의 공급약관) ① 전기판매사업자는 대통령령으로 정하는 바에 따라 전기요금과 그 밖의 공급조건에 관한 약관(이하 "기본공급약관"이라 한다)을 작성하여 산업통상자원부장관의 인가를 받아야 한다. 이를 변경하려는 경우에도 또한 같다. 〈개정 2013.3.23.〉

② 산업통상자원부장관은 제1항에 따른 인가를 하려는 경우에는 전기위원회의 심의를 거쳐야 한다. 〈개정 2013.3.23.〉

③ 전기판매사업자는 그 전기수요를 효율적으로 관리하기 위하여 필요한 범위에서 기본공급약관으로 정한 것과 다른 요금이나 그 밖의 공급조건을 내용으로 정하는 약관(이하 "선택공급약관"이라 한다)을 작성할 수 있으며, 전기사용자는 기본공급약관을 갈음하여 선택공급약관으로 정한 사항을 선택할 수 있다.

④ 전기판매사업자는 선택공급약관을 포함한 기본공급약관(이하 "공급약관"이라 한다)을 시행하기 전에 영업소 및 사업소 등에 이를 갖춰 두고 전기사용자가 열람할 수 있게 하여야 한다.

⑤ 전기판매사업자는 공급약관에 따라 전기를 공급하여야 한다.

[전문개정 2009.5.21.]

시행령 **제7조(기본공급약관에 대한 인가기준)** ① 법 제16조제1항에 따른 전기요금과 그 밖의 공급조건에 관한 약관에 대한 인가 또는 변경인가의 기준은 다음 각 호와 같다.

1. 전기요금이 적정 원가에 적정 이윤을 더한 것일 것
2. 전기요금을 공급 종류별 또는 전압별로 구분하여 규정하고 있을 것
3. 전기판매사업자와 전기사용자 간의 권리의무 관계와 책임에 관한 사항이 명확하게 규정되어 있을 것
4. 전력량계 등의 전기설비의 설치주체와 비용부담자가 명확하게 규정되어 있을 것

② 제1항 각 호에 따른 인가 또는 변경인가의 기준에 관한 세부적인 사항은 산업통상자원부장관이 정하여 고시한다. 〈개정 2013.3.23.〉

[전문개정 2009.11.20.]

제16조의2(전기신사업 약관의 신고 등) ① 전기신사업자는 대통령령으로 정하는 바에 따라 요금과 그 밖의 이용조건에 관한 약관을 작성하여 산업통상자원부장관에게 신고할 수 있

다. 이를 변경한 경우에도 또한 같다.

② 전기신사업자는 제1항에 따라 약관의 신고 또는 변경신고를 한 경우에는 신고 또는 변경신고한 약관을 사용하여야 한다.

③ 제1항에 따른 약관은 다음 각 호의 요건을 모두 갖추어야 한다. 〈개정 2021. 4. 20.〉

1. 요금 또는 가격의 단가를 명확하게 규정하고 있을 것
2. 다음 각 목의 자(이하 이 조에서 "수요자"라 한다)의 권리와 책임 및 비용부담 등에 관한 사항을 적정하고 명확하게 규정하고 있을 것
   가. 전기자동차충전사업자로부터 전기를 공급받는 자
   나. 소규모전력중개사업자가 모집한 소규모전력자원의 소유자
   다. 재생에너지전기공급사업자로부터 전기를 공급받는 전기사용자
   라. 통합발전소사업자가 연결 · 제어하는 에너지자원의 소유자
   마. 송전제약발생지역전기공급사업자로부터 전기를 공급받는 전기사용자
3. 특정인에 대하여 부당한 차별적 대우를 하는 것이 아닐 것
4. 요금 및 이용조건이 사회적 · 경제적으로 부적절하거나, 수요자의 공정한 이익을 해할 우려가 없을 것
5. 수요자의 전기신사업자 선택권을 제한하는 등 다른 전기신사업자의 업무를 방해하지 아니할 것
6. 그 밖에 수요자의 이익을 해치거나 공정한 경쟁을 제한하는 내용으로 산업통상자원부령으로 정하는 사항에 위반하지 아니할 것

④ 산업통상자원부장관은 제3항에 따른 약관의 요건에 관한 세부 기준을 정하여 고시할 수 있다.

⑤ 산업통상자원부장관은 제1항에 따른 신고 또는 변경신고를 받은 날부터 7일 이내에 수리(受理) 여부 또는 수리 지연 사유 및 민원 처리 관련 법령에 따른 처리기간의 연장을 통지하여야 한다. 이 경우 7일 이내에 수리 여부 또는 수리 지연 사유 및 처리기간의 연장을 통지하지 아니하면 7일(민원 처리 관련 법령에 따라 처리기간이 연장 또는 재연장된 경우에는 해당 처리기간을 말한다)이 지난 날의 다음 날에 신고 또는 변경신고가 수리된 것으로 본다.

⑥ 산업통상자원부장관은 전기신사업의 공정한 거래질서를 확립하기 위하여 공정거래위원회 위원장과 협의를 거쳐 표준약관을 제정 또는 개정할 수 있다.

⑦ 제1항에 따라 약관의 신고 또는 변경신고를 하지 아니한 전기신사업자는 제6항에 따른 표준약관을 사용하여야 한다.

⑧ 제1항에 따른 약관의 신고 등에 필요한 사항은 산업통상자원부령으로 정한다.

[본조신설 2018. 6. 12.]

[종전 제16조의2는 제16조의3으로 이동 〈2018. 6. 12.〉]

제16조의5(재생에너지전기공급사업자 등의 전기공급) ① 재생에너지전기공급사업자 및 재생에너지전기저장판매사업자는 재생에너지를 이용하여 생산한 전기를 전력시장을 거치지 아니하고 전기사용자에게 공급할 수 있다. 〈개정 2023. 10. 31.〉

② 송전제약발생지역전기공급사업자는 다음 각 호의 요건을 갖춘 경우에 생산한 전기를 전력시장을 거치지 아니하고 전기사용자에게 공급할 수 있다. 이 경우 송전제약발생지역전기공급사업자의 전기 공급에 관한 세부사항은 산업통상자원부장관이 정하여 고시한다. 〈신설 2024. 2. 6.〉

1. 송전제약으로 발전설비의 최적 활용이 곤란한 지역에 위치한 발전설비를 이용하여 생산한 전기를 공급할 것
2. 전기사용자의 수전설비가 발전설비 인접지역에 위치하고 신규 시설일 것

③ 전기자동차충전사업자는 대통령령으로 정하는 범위에서 재생에너지를 이용하여 생산한 전기를 전력시장을 거치지 아니하고 전기자동차에 공급할 수 있다. 〈신설 2023. 10. 31., 2024. 2. 6.〉

④ 제1항 및 제2항에 따라 재생에너지전기공급사업자, 재생에너지전기저장판매사업자 및 송전제약발생지역전기공급사업자가 전기사용자에게 전기를 공급하는 경우 요금과 그 밖의 공급조건 등을 개별적으로 협의하여 계약할 수 있다. 〈개정 2023. 10. 31., 2024. 2. 6.〉

⑤ 제1항부터 제3항까지에 따라 공급되는 전기는 「신에너지 및 재생에너지 개발 · 이용 · 보급 촉진법」 제12조의7제1항에 따른 신 · 재생에너지 공급인증서의 발급대상이 되지 아니한다. 〈개정 2023. 10. 31., 2024. 2. 6.〉

⑥ 그 밖에 제1항부터 제3항까지에 따른 전기공급에 필요한 사항은 산업통상자원부령으로 정한다. 〈개정 2023. 10. 31., 2024. 2. 6.〉

[본조신설 2021. 4. 20.]

[제목개정 2023. 10. 31.]

제17조(전기요금의 청구) 전기판매사업자는 전기사용자에게 청구하는 전기요금청구서에 산업통상자원부령으로 정하는 방법에 따라 요금 명세를 항목별로 구분하여 명시하여야 한다. 〈개정 2013.3.23.〉

[전문개정 2009.5.21.]

제18조(전기품질의 유지) ① 전기사업자는 산업통상자원부령으로 정하는 바에 따라 그가 공급하는 전기의 품질을 유지하여야 한다. 〈개정 2013.3.23.〉

② 전기사업자 및 한국전력거래소는 산업통상자원부령으로 정하는 바에 따라 전기품질을 측정하고 그 결과를 기록 · 보존하여야 한다. 〈개정 2013.3.23.〉

③ 산업통상자원부장관은 전기사업자가 공급하는 전기의 품질이 제1항에 적합하게 유지되지 아니하여 전기사용자의 이익을 해친다고 인정하는 경우에는 전기위원회의 심의를 거쳐 그

전기사업자에게 전기설비의 수리 또는 개조, 전기설비의 운용방법의 개선, 그 밖에 필요한 조치를 할 것을 명할 수 있다. 〈개정 2013.3.23.〉
[전문개정 2009.5.21.]

제19조(전력량계의 설치 · 관리) ① 다음 각 호의 자는 시간대별로 전력거래량을 측정할 수 있는 전력량계를 설치 · 관리하여야 한다.
1. 발전사업자(대통령령으로 정하는 발전사업자는 제외한다)
2. 자가용전기설비를 설치한 자(제31조제2항 단서에 따라 전력을 거래하는 경우만 해당한다)
3. 구역전기사업자(제31조제3항에 따라 전력을 거래하는 경우만 해당한다)
4. 배전사업자
5. 제32조 단서에 따라 전력을 직접 구매하는 전기사용자

② 제1항에 따른 전력량계의 허용오차 등에 관한 사항은 산업통상자원부장관이 정한다. 〈개정 2013.3.23.〉 [전문개정 2009.5.21.]

시행령 **제8조(전력량계 설치의 예외)** 법 제19조제1항제1호에서 "대통령령으로 정하는 발전사업자"란 법 제31조제1항 단서에 따라 전력거래를 하는 발전사업자를 말한다.
[전문개정 2009.11.20.]

제20조(전기설비의 이용 제공) ① 송전사업자 또는 배전사업자는 그 전기설비를 다른 전기사업자등 또는 제32조 단서에 따라 전력을 직접 구매하는 전기사용자에게 차별 없이 이용할 수 있도록 하여야 한다. 〈개정 2018. 6. 12.〉

② 전기사업자는 「지능정보화 기본법」 제37조제2항에 따른 전기통신 선로설비(이하 "전기통신선로설비"라 한다)의 설치를 필요로 하는 자에게 전기설비를 대여할 수 있다. 〈개정 2015. 6. 22., 2020. 6. 9.〉

③ 전기사업자는 「지능정보화 기본법」 제37조제4항에 따른 협의가 성립된 경우에는 그 협의 결과에 따라 같은 조 제3항에 따른 조정을 요청한 자에게 전기설비를 대여하여야 한다. 〈개정 2015. 6. 22., 2020. 6. 9.〉

④ 제2항 및 제3항에 따라 전기설비를 대여받아 전기통신선로설비를 설치하는 자는 제67조에 따른 기술기준을 준수하여야 한다. 〈개정 2020. 3. 31.〉
[전문개정 2009. 5. 21.]

제21조(금지행위) ① 전기사업자등은 전력시장에서의 공정한 경쟁을 해치거나 전기사용자의 이익을 해칠 우려가 있는 다음 각 호의 어느 하나의 행위를 하거나 제3자로 하여금 이를 하게 하여서는 아니 된다. 〈개정 2018. 6. 12., 2020. 2. 4.〉
1. 제33조에 따른 전력거래가격을 부당하게 높게 형성할 목적으로 발전소에서 생산되는

전기에 대한 거짓 자료를 한국전력거래소에 제출하는 행위

2. 송전용 또는 배전용 전기설비의 이용을 제공할 때 부당하게 차별을 하거나 이용을 제공하는 의무를 이행하지 아니하는 행위 또는 지연하는 행위
3. 송전용 또는 배전용 전기설비의 이용을 제공함으로 인하여 알게 된 정보 등을 자신의 사적이익을 위해 부당하게 사용하거나 이러한 정보 등을 이용하여 다른 전기사업자등의 영업활동 또는 전기사용자의 이익을 부당하게 해치는 행위
4. 비용이나 수익을 부당하게 분류하여 전기요금이나 송전용 또는 배전용 전기설비의 이용요금을 부당하게 산정하는 행위
5. 전기사업자등의 업무처리 지연 등 전기공급 과정에서 전기사용자의 이익을 현저하게 해치는 행위
6. 전력계통의 운영에 관한 한국전력거래소의 지시를 정당한 사유 없이 이행하지 아니하는 행위

② 제1항에 따른 행위의 유형 및 기준은 대통령령으로 정한다.

[전문개정 2009. 5. 21.]

시행령 **제9조(금지행위의 유형 및 기준)** ① 법 제21조제1항제1호에 따른 행위는 발전사업자가 발전기의 입찰가격, 가동능력 또는 기술특성에 관한 자료를 거짓으로 작성·제출하여 그 발전사업자가 공급하는 전력거래가격이 적정 가격을 초과하는 경우로 한다.

② 법 제21조제1항제2호에 따른 행위는 전기의 안정적 공급에 대한 전문적·기술적인 사항에 관한 행위로서 다음 각 호의 어느 하나에 해당하는 행위로 한다. 〈개정 2013.3.23.〉

1. 설비 이용에 관한 전기설비의 이용자와의 협의를 부당하게 지연하거나 기피하는 행위
2. 전기설비의 이용요금 또는 이용조건을 이용자 간에 부당하게 차별하는 행위
3. 전기설비의 이용 제공을 정당한 이유 없이 거부하거나 지연하는 행위
4. 이용을 제공하고 있는 전기설비의 유지 및 보수 등을 정당한 이유 없이 거절하는 행위
5. 제1호부터 제4호까지에 준하여 전기설비의 이용 제공을 부당하게 차별하거나 이용 제공 의무를 지연 또는 기피하는 행위로서 산업통상자원부령으로 정하는 행위

③ 법 제21조제1항제3호에 따른 행위는 다음 각 호의 어느 하나에 해당하는 행위로 한다. 〈개정 2013.3.23.〉

1. 전기설비의 이용 제공을 통하여 알게 된 정보를 해당 전기사업자의 동의 없이 제3자에게 제공함으로써 그 전기사업자의 영업활동 또는 전기사용자의 이익을 침해하는 행위
2. 전기설비의 이용 제공을 통하여 알게 된 정보를 이용하여 해당 전기사업자의 전기설비 이용요금의 산정(算定)에 불이익을 주는 행위
3. 제1호 및 제2호에 준하여 다른 전기사업자에 관한 정보를 이용하여 다른 전기사업자의 영업활동 또는 전기사용자의 이익을 부당하게 침해하는 행위로서 산업통상자원부령으

로 정하는 행위

④ 법 제21조제1항제4호에 따른 행위는 다음 각 호의 어느 하나에 해당하는 행위로 한다. 〈개정 2013.3.23.〉

1. 기업회계기준 등을 위반하여 전기요금 또는 전기설비의 이용요금을 산정하는 행위
2. 전기사업과 다른 사업을 겸업하거나 복수(複數)의 전기사업을 하는 경우로서 다른 사업에의 보조금 지급 등의 수단을 통하여 부당한 전기요금 또는 전기설비의 이용요금을 산정하는 행위
3. 제1호 및 제2호에 준하여 전기요금 또는 전기설비의 이용요금을 부당하게 산정하는 행위로서 산업통상자원부령으로 정하는 행위

⑤ 법 제21조제1항제5호에 따른 행위는 다음 각 호의 어느 하나에 해당하는 행위로 한다. 〈개정 2013.3.23.〉

1. 정당한 이유 없이 전기공급을 거부하거나 전기공급을 정지하는 행위
2. 전기사용자로부터 전기공급에 관한 업무처리를 요청받은 경우 정당한 이유 없이 지연하는 행위
3. 공급약관을 위반하거나 공급약관에 규정되지 아니한 방식으로 전기를 공급하는 행위
4. 정당한 이유 없이 전기사용자를 차별하여 전기사용자에게 불이익을 주는 행위
5. 제1호부터 제4호까지에 준하여 전기사용자의 이익을 현저하게 해치는 행위로서 산업통상자원부령으로 정하는 행위

⑥ 법 제21조제1항제6호에 따른 행위는 다음 각 호의 어느 하나에 해당하는 행위로 한다. 〈개정 2017.12.26.〉

1. 발전사업자 · 송전사업자 또는 배전사업자가 한국전력거래소의 전력계통의 운영에 관한 지시를 정당한 이유 없이 이행하지 아니하는 행위
2. 법 제45조제3항에 따라 전력계통의 운영업무를 수행하는 송전사업자 또는 배전사업자가 해당 전력계통의 운영에 관한 한국전력거래소의 지시를 기간 내에 이행하지 아니하는 행위

[전문개정 2009.11.20.]

제22조(사실조사 등) ① 허가권자는 공공의 이익을 보호하기 위하여 필요하다고 인정되거나 전기사업자등이 제21조제1항에 따른 금지행위를 한 것으로 인정되는 경우에는 전기위원회 소속 공무원(허가권자가 시 · 도지사인 전기사업자의 경우에는 해당 시 · 도 소속 공무원을 말한다. 이하 이 조에서 같다)으로 하여금 이를 확인하기 위하여 필요한 조사를 하게 할 수 있다. 〈개정 2013. 3. 23., 2018. 6. 12., 2020. 2. 18.〉

② 허가권자는 제1항에 따른 조사를 위하여 필요한 경우에는 전기사업자등에게 필요한 자료나 물건의 제출을 명할 수 있으며, 대통령령으로 정하는 바에 따라 전기위원회 소속 공무원

으로 하여금 전기사업자등의 사무소와 사업장 또는 전기사업자등의 업무를 위탁받아 취급하는 자의 사업장에 출입하여 장부 · 서류나 그 밖의 자료 또는 물건을 조사하게 할 수 있다. 〈개정 2013. 3. 23., 2018. 6. 12., 2020. 2. 18.〉

③ 허가권자는 제2항에 따른 조사를 하는 경우에는 조사 7일 전까지 조사 일시, 조사 이유 및 조사 내용 등을 포함한 조사계획을 조사대상자에게 알려야 한다. 다만, 긴급한 경우나 사전에 알리면 증거인멸 등으로 조사목적을 달성할 수 없다고 인정하는 경우에는 그러하지 아니하다. 〈개정 2013. 3. 23., 2020. 2. 18.〉

④ 제2항에 따라 출입 · 조사하는 자는 그 권한을 표시하는 증표를 지니고 이를 관계인에게 내보여야 하며, 조사 시 그 조사의 일시 · 목적 등을 기록한 서류를 관계인에게 내주어야 한다.

[전문개정 2009. 5. 21.]

시행령 **제10조(사실조사)** ①법 제22조제2항에 따라 전기사업자의 사무소와 사업장 또는 전기사업자의 업무를 위탁받아 취급하는 자의 사업장에 출입하여 조사하려는 공무원은 조사할 때 해당 사무소 또는 사업장의 관계인을 참석시켜야 한다. 〈개정 2011.9.30.〉

② 산업통상자원부장관은 법 제22조에 따른 사실조사와 관련하여 필요하다고 인정하는 때에는 관계 전문가를 참여시킬 수 있다. 이 경우 관계 전문가에게는 예산의 범위에서 수당과 여비, 그 밖에 필요한 비용을 지급할 수 있다. 〈신설 2011.9.30., 2013.3.23.〉

[전문개정 2009.11.20.]

제23조(금지행위에 대한 조치) ① 허가권자는 전기사업자등이 제21조제1항에 따른 금지행위를 한 것으로 인정하는 경우에는 전기위원회의 심의를 거쳐 전기사업자에게 다음 각 호의 어느 하나의 조치를 명하거나 금지행위에 관여한 임직원의 징계를 요구할 수 있다. 다만, 전기신사업자와 허가권자가 시 · 도지사인 전기사업자의 경우에는 전기위원회의 심의를 거치지 아니한다. 〈개정 2013. 3. 23., 2016. 1. 27., 2018. 6. 12., 2020. 2. 18.〉

1. 송전용 또는 배전용 전기설비의 이용 제공
2. 내부 규정 등의 변경
3. 정보의 공개
4. 금지행위의 중지
5. 금지행위를 하여 시정조치를 명령받은 사실에 대한 공표
6. 금지행위로 인한 위법사항의 원상회복을 위하여 필요한 조치로서 대통령령으로 정하는 사항

② 제1항에 따라 허가권자의 명령을 받은 전기사업자등은 허가권자가 정한 기간에 이를 이행하여야 한다. 다만, 허가권자는 천재지변이나 그 밖의 부득이한 사유로 전기사업자등이 그 기간에 명령을 이행할 수 없다고 인정되는 경우에는 그 이행기간을 연장할 수 있다.

〈개정 2013. 3. 23., 2018. 6. 12., 2020. 2. 18.〉
[전문개정 2009. 5. 21.]

시행령 **제11조(금지행위에 대한 조치)** 법 제23조제1항제6호에서 "대통령령으로 정하는 사항"이란 공급약관 또는 계약조건의 변경을 말한다. [전문개정 2016.7.28.]

제24조(금지행위에 대한 과징금의 부과 · 징수) ① 허가권자는 전기사업자등이 제21조제1항에 따른 금지행위를 한 경우에는 전기위원회의 심의(전기신사업자와 허가권자가 시 · 도지사인 전기사업자의 경우는 제외한다)를 거쳐 대통령령으로 정하는 바에 따라 그 전기사업자등의 매출액의 100분의 5의 범위에서 과징금을 부과 · 징수할 수 있다. 다만, 매출액이 없거나 매출액의 산정이 곤란한 경우로서 대통령령으로 정하는 경우에는 10억원 이하의 과징금을 부과 · 징수할 수 있다. 〈개정 2013. 3. 23., 2018. 6. 12., 2020. 2. 18.〉
② 제1항에 따른 위반행위별 유형, 과징금의 부과기준, 그 밖에 필요한 사항은 대통령령으로 정한다.
③ 허가권자는 제1항에 따른 과징금을 내야 할 자가 납부기한까지 이를 내지 아니하면 국세 체납처분의 예 또는 「지방행정제재 · 부과금의 징수 등에 관한 법률」에 따라 징수할 수 있다. 〈개정 2013. 3. 23., 2020. 2. 18., 2020. 3. 24.〉
[전문개정 2009. 5. 21.]

시행령 **제12조(과징금의 산정방법)** ① 법 제24조제1항에서 "매출액"이란 해당 전기사업자의 금지행위와 관련된 전기사업에 대한 금지행위를 한 날이 속한 사업연도(이하 이 항에서 "해당 사업연도"라 한다)의 직전 3개 사업연도의 연평균 매출액을 말한다. 다만, 해당 사업연도 첫날 현재 사업을 시작한 후 3년이 되지 아니하는 경우에는 해당 사업연도의 직전 사업연도 말일까지의 매출액을 연평균 매출액으로 환산한 금액을 말하고, 해당 사업연도에 사업을 시작한 경우에는 사업 개시일부터 금지행위를 한 날까지의 매출액을 연매출액으로 환산한 금액을 말한다.
② 법 제24조제1항 단서에서 "대통령령으로 정하는 경우"란 다음 각 호의 어느 하나에 해당하는 경우를 말한다.
1. 영업 중단 등으로 인하여 영업실적이 없는 경우
2. 전기사업자가 매출액 산정자료의 제출을 거부하거나 거짓 자료를 제출한 경우
3. 그 밖에 객관적인 매출액의 산정이 곤란한 경우

[전문개정 2009.11.20.]

시행령 **제13조(과징금의 상한액 및 부과기준)** ① 법 제24조제2항에 따라 과징금을 부과하는 위반행위의 종류와 그에 대한 과징금 상한액은 별표 1과 같다.

② 산업통상자원부장관은 제1항에 따른 상한액의 범위에서 구체적으로 과징금의 금액을 정할 때에는 다음 각 호의 사유를 모두 고려하여야 한다. 〈개정 2013.3.23.〉

1. 위반행위의 내용 및 정도
2. 위반행위의 기간 및 횟수
3. 위반행위로 인하여 취득한 경제적 이익의 규모
4. 금지행위에 대한 조치 또는 과징금을 부과받은 횟수

[전문개정 2009.11.20.]

■ **[별표1의4] 과징금 부과 위반행위의 종류 및 과징금 상한액(제13조제1항 관련)** 〈개정 2018.12.11〉

위반행위	근거 법조문	과징금 상한액
1. 법 제33조에 따른 전력거래가격을 부당하게 높게 형성할 목적으로 발전소에서 생산되는 전기에 대한 거짓 자료를 한국전력거래소에 제출하는 행위	법 제21조제1항제1호	매출액의 100분의 4
2. 송전용 또는 배전용 전기설비의 이용을 제공할 때 부당하게 차별을 하거나 이용을 제공하는 의무를 이행하지 않는 행위 또는 지연하는 행위	법 제21조제1항제2호	매출액의 100분의 2
3. 송전용 또는 배전용 전기설비의 이용을 제공함으로 인하여 알게 된 다른 전기사업자에 관한 정보를 이용하여 다른 전기사업자의 영업활동 또는 전기사용자의 이익을 부당하게 해치는 행위	법 제21조제1항제3호	매출액의 100분의 4
4. 비용이나 수익을 부당하게 분류하여 전기요금이나 송전용 또는 배전용 전기설비의 이용요금을 부당하게 산정하는 행위	법 제21조제1항제4호	매출액의 100분의 4
5. 전기사업자의 업무처리 지연 등 전기공급 과정에서 전기사용자의 이익을 현저하게 해치는 행위	법 제21조제1항제5호	매출액의 100분의 1
6. 전력계통의 운영에 관한 한국전력거래소의 지시를 정당한 사유 없이 이행하지 않는 행위	법 제21조제1항제6호	매출액의 100분의 4

시행령 **제14조(과징금의 부과 및 납부)** ① 산업통상자원부장관은 법 제24조에 따라 과징금을 부과하려는 경우에는 해당 위반행위를 조사·확인한 후 위반행위의 종류와 해당 과징금의 금액 등을 구체적으로 밝혀 이를 낼 것을 통지하여야 한다. 〈개정 2013.3.23.〉

② 제1항에 따라 통지를 받은 자는 통지를 받은 날부터 30일 이내에 과징금을 산업통상자원부장관이 지정하는 수납기관에 내야 한다. 다만, 천재지변이나 그 밖의 부득이한 사유로 그 기간에 과징금을 낼 수 없을 때에는 그 사유가 없어진 날부터 7일 이내에 내야 한다. 〈개정 2013.3.23.〉

③ 제2항에 따라 과징금을 받은 수납기관은 납부자에게 영수증을 발급하여야 한다.

④ 과징금의 수납기관은 제2항에 따라 과징금을 받았을 때에는 지체 없이 그 사실을 산업통상자원부장관에게 통보하여야 한다. 〈개정 2013.3.23.〉

⑤ 과징금은 분할하여 낼 수 없다.

[전문개정 2009.11.20.]

제24조의2(구역전기사업자에 대한 준용) 구역전기사업자에 관하여는 제14조부터 제16조까지, 제17조 및 제20조제1항을 준용한다.

[전문개정 2009.5.21.]

16.5.3 전력수급의 안정

제25조(전력수급기본계획의 수립) ① 산업통상자원부장관은 전력수급의 안정을 위하여 전력수급기본계획(이하 "기본계획"이라 한다)을 수립하여야 한다.

〈개정 2013.3.23., 2013.7.30.〉

② 산업통상자원부장관은 기본계획을 수립하거나 변경하고자 하는 때에는 관계 중앙행정기관의 장과 협의하고 공청회를 거쳐 의견을 수렴한 후 제47조의2에 따른 전력정책심의회의 심의를 거쳐 이를 확정한다. 다만, 산업통상자원부장관이 책임질 수 없는 사유로 공청회가 정상적으로 진행되지 못하는 등 대통령령으로 정하는 사유가 있는 경우에는 공청회를 개최하지 아니할 수 있으며 이 경우 대통령령으로 정하는 바에 따라 공청회에 준하는 방법으로 의견을 들어야 한다. 〈신설 2013.7.30.〉

③ 기본계획 중 대통령령으로 정하는 경미한 사항을 변경하는 경우에는 제2항에 따른 절차를 생략할 수 있다. 〈신설 2013.7.30.〉

④ 산업통상자원부장관은 제2항에 따라 기본계획이 확정된 때에는 지체 없이 이를 공고하고, 관계 중앙행정기관의 장에게 통보하여야 한다. 〈신설 2013.7.30.〉

⑤ 산업통상자원부장관은 기본계획을 수립하거나 변경하는 경우 국회 소관 상임위원회에 보고하여야 한다. 이 경우 제3조제2항에 따라 고려할 사항이 포함되어야 한다.

〈신설 2013.7.30., 2017.3.21.〉

⑥ 기본계획에는 다음 각 호의 사항이 포함되어야 한다. 〈개정 2013.7.30., 2015.5.18.〉

1. 전력수급의 기본방향에 관한 사항
2. 전력수급의 장기전망에 관한 사항
3. 발전설비계획 및 주요 송전·변전설비계획에 관한 사항
4. 전력수요의 관리에 관한 사항
5. 직전 기본계획의 평가에 관한 사항

6. 그 밖에 전력수급에 관하여 필요하다고 인정하는 사항

⑦ 산업통상자원부장관은 기본계획이 「기후위기 대응을 위한 탄소중립 · 녹색성장 기본법」 제8조에 따른 중장기 국가 온실가스 감축 목표에 부합하도록 노력하여야 한다.
〈신설 2013. 7. 30., 2021. 9. 24.〉

⑧ 산업통상자원부장관은 기본계획의 수립을 위하여 필요한 경우에는 전기사업자, 한국전력거래소, 그 밖에 대통령령으로 정하는 관계 기관 및 단체에 관련 자료의 제출을 요구할 수 있다. 〈개정 2013.3.23., 2013.7.30.〉

⑨ 기본계획의 수립에 관하여 그 밖에 필요한 사항은 대통령령으로 정한다.
〈개정 2013.7.30.〉 [전문개정 2009.5.21.]

시행령 **제15조(전력수급기본계획의 수립)** ① 법 제25조에 따른 전력수급기본계획(이하 "기본계획"이라 한다)은 2년 단위로 수립 · 시행한다.

② 법 제25조제2항 단서에서 "공청회가 정상적으로 진행되지 못하는 등 대통령령으로 정하는 사유"란 다음 각 호의 어느 하나에 해당하는 경우를 말한다. 〈개정 2014.4.24.〉

1. 이해관계자 등의 방해로 공청회가 개최되지 못한 횟수가 2회 이상인 경우
2. 공청회가 개최되었으나 이해관계자 등의 방해로 정상적으로 진행되지 못한 경우

③ 산업통상자원부장관은 법 제25조제2항 단서에 따른 사유로 공청회를 개최하지 아니한 경우 다음 각 호의 사항을 일간신문 및 산업통상자원부 인터넷 홈페이지에 게재하여 의견을 들어야 한다. 〈개정 2014.4.24.〉

1. 공청회의 미개최 사유
2. 기본계획안의 열람방법
3. 의견제출의 시기 및 방법
4. 그 밖에 산업통상자원부장관이 필요하다고 인정하는 사항

[전문개정 2009.11.20.]

시행령 **제16조(자료제출 대상기관)** 법 제25조제8항에서 "대통령령으로 정하는 관계 기관 및 단체"란 다음 각 호에 해당하는 자를 말한다.
〈개정 2013.3.23., 2014.4.24., 2014.6.25., 2014.11.19., 2015.7.24.〉

1. 법 제48조에 따른 전력산업기반기금(이하 "기금"이라 한다)을 사용하는 자
2. 「에너지이용 합리화법」 제45조에 따른 한국에너지공단
3. 「신에너지 및 재생에너지 개발 · 이용 · 보급 촉진법」 제31조제1항에 따른 신 · 재생에너지센터
4. 「과학기술분야 정부출연연구기관 등의 설립 · 운영 및 육성에 관한 법률」 제2조에 따른 과학기술분야 정부출연연구기관 중 전력산업 관련 연구기관

5. 「공공기관의 운영에 관한 법률」에 따른 공공기관으로서 산업통상자원부장관이 정하여 고시하는 기관
6. 자가용전기설비를 설치한 자 및 전력산업 관련 단체
7. 「지능형전력망의 구축 및 이용촉진에 관한 법률」 제12조제1항에 따라 지능형전력망 서비스 제공사업자로 등록한 자로서 법 제31조제5항에 따라 전력시장에서 전력거래를 하는 자

[전문개정 2009.11.20.]

제25조의2(기초조사 등의 실시) ① 산업통상자원부장관은 기본계획을 수립하는 때에는 제2조제3호에 따른 발전사업을 하려는 자에게 해당 지역에 미치는 영향을 포함한 기초조사와 지역주민 · 관계전문가 등에 대한 의견청취를 실시하도록 하여야 한다.

② 제1항에 따른 기초조사와 의견청취의 방법 및 절차에 필요한 사항은 대통령령으로 정한다.

[본조신설 2013.7.30.]

시행령 **제16조의2(기초조사 및 의견청취의 실시)** ① 기본계획에 따라 신규로 발전사업을 실시하려는 자(이하 "사업예정자"라 한다)가 법 제25조의2제1항에 따라 실시하는 기초조사(이하 "기초조사"라 한다)에 포함되어야 할 사항은 별표 1의2와 같다.

② 사업예정자는 법 제25조의2제1항에 따른 지역주민 · 관계전문가 등에 대한 의견청취(이하 "의견청취"라 한다)를 위하여 다음 각 호의 사항을 지역신문 및 사업예정자의 인터넷 홈페이지에 게재하여 해당 발전사업에 대한 의견을 들어야 한다. 다만, 다른 법령에 따라 의견청취에 준하는 절차를 거친 것으로 산업통상자원부장관이 인정하는 경우에는 그 절차로 의견청취를 갈음할 수 있다.

1. 해당 발전사업의 개요
2. 기초조사의 결과
3. 의견제출의 시기 및 방법

③ 산업통상자원부장관은 기초조사와 의견청취를 실시할 것과 그 결과의 제출기한을 기본계획 수립 예정일 3개월 전까지 사업예정자에게 알려야 한다.

④ 사업예정자는 기초조사와 의견청취 결과를 제3항에 따른 제출기한까지 산업통상자원부장관에게 제출하여야 한다.

[본조신설 2014.4.24.]

■ [별표1의5] 기초조사에 포함되어야 할 사항(제16조의2제1항 관련) 〈개정 2018.12.11〉

분 야	세부 항목
1. 환경 분야	가. 발전설비에 대한 환경 규제 및 기준에 관한 사항 나. 발전설비가 대기 · 수질 및 토지 등의 환경과 주변 지역에 미치는 영향에 관한 분석 및 대책 다. 발전설비 건설에 따른 환경오염 최소화 방안 라. 발전설비 운영에 따른 오염물질 배출량에 관한 분석 및 오염물질 배출 저감을 위한 설비 구축 방안
2. 경제 · 사회 분야	가. 발전사업에 따른 지역경제 활성화 방안 나. 발전사업에 따른 인구 유입 및 고용 유발 효과에 관한 사항

제26조(전기설비의 시설계획 등의 신고) 전기사업자는 대통령령으로 정하는 바에 따라 전기설비의 시설계획 및 전기공급계획을 작성하여 산업통상자원부장관에게 신고하여야 한다. 신고한 사항을 변경하는 경우에도 또한 같다. 〈개정 2013.3.23.〉

[전문개정 2009.5.21.]

시행령 **제17조(전기설비의 시설계획 및 전기공급계획의 신고)** ① 전기사업자는 법 제26조에 따라 매년 12월 말까지 계획기간을 3년 이상으로 한 전기설비의 시설계획 및 전기공급계획을 작성하여 산업통상자원부장관에게 신고하여야 한다. 〈개정 2013.3.23.〉

② 제1항에 따른 신고의 절차와 그 밖에 필요한 사항은 산업통상자원부령으로 정한다. 〈개정 2013.3.23.〉 [전문개정 2009.11.20.]

제27조(송전사업자 등의 책무) 송전사업자 · 배전사업자 및 구역전기사업자는 전기의 수요 · 공급의 변화에 따라 전기를 원활하게 송전 또는 배전할 수 있도록 산업통상자원부장관이 정하여 고시하는 기준에 적합한 설비를 갖추고 이를 유지 · 관리하여야 한다.

〈개정 2003.12.30., 2005.12.23., 2008.2.29., 2013.3.23.〉

제27조의2(전력계통의 신뢰도 유지) ① 산업통상자원부장관은 전력계통의 신뢰도 유지를 위한 기준을 정하여 고시하여야 한다.

② 한국전력거래소 및 전기사업자는 제1항에서 정한 기준에 따라 전력계통의 신뢰도를 유지하여야 한다.

③ 산업통상자원부장관은 대통령령으로 정하는 바에 따라 전력계통의 신뢰도 유지 여부에 관한 감시 · 평가 및 조사 등(이하 "전력계통 신뢰도 관리"라 한다)을 실시하고 그 결과를 공개하여야 한다. 〈개정 2015.5.18.〉

④ 산업통상자원부장관은 전력계통 신뢰도 관리를 위하여 필요한 때에는 한국전력거래소 및 전기사업자에게 자료의 제출을 요구할 수 있다. 이 경우 자료 제출을 요구받은 자는 특별한

사유가 없으면 이에 따라야 한다.

⑤ 산업통상자원부장관은 전력계통의 신뢰도가 제1항에서 정한 기준에 적합하게 유지되지 아니하여 전기사용자의 이익을 해친다고 인정하는 경우에는 전기위원회의 심의를 거쳐 한국전력거래소 및 전기사업자에게 필요한 조치를 할 것을 명할 수 있다.
〈신설 2015.5.18.〉 [본조신설 2013.7.30.]

시행령 **제17조의2(전력계통 신뢰도 관리)** ① 산업통상자원부장관은 법 제27조의2제1항에 따른 전력계통 신뢰도 유지를 위한 기준의 준수 여부를 상시적으로 감시하여야 한다.

② 산업통상자원부장관은 법 제27조의2제3항에 따라 한국전력거래소 또는 전기사업자의 다음 각 호의 사항에 대한 평가를 실시하여야 한다. 〈개정 2015.8.18.〉

1. 전력계통 신뢰도의 유지 수준
2. 전력계통의 운영에 관한 다음 각 목의 사항
   가. 업무의 계획 및 실적
   나. 전기설비 투자계획의 타당성
   다. 전기설비와 통신전산설비 등에 대한 자체 점검 및 관리의 적정성

③ 산업통상자원부장관은 제2항에 따른 평가를 실시하려는 경우 그 평가를 실시하기 15일 전까지 다음 각 호의 사항을 한국전력거래소 및 해당 전기사업자에게 통지하여야 한다.

1. 평가의 항목
2. 제출이 필요한 자료의 목록

④ 산업통상자원부장관은 법 제27조의2제3항에 따라 전력계통의 신뢰도 유지에 영향을 미치는 사고가 발생한 경우 그 사고의 원인 분석 및 재발 방지 대책 마련을 위한 조사를 실시하여야 한다. 〈개정 2015.8.18.〉

⑤ 산업통상자원부장관은 법 제27조의2제3항에 따라 전력계통의 신뢰도 유지 여부에 관한 감시 · 평가 및 조사 등의 결과를 한국전력거래소 홈페이지에 게재하여야 한다.
〈신설 2015.8.18.〉

⑥ 제1항부터 제5항까지에서 규정한 사항 외에 전력계통의 신뢰도 유지 여부에 대한 감시 · 평가 및 조사와 그 결과 공개에 관한 세부적인 사항은 산업통상자원부장관이 따로 정한다.
〈개정 2015.8.18.〉
[본조신설 2014.4.24.]

제28조(원자력발전연료의 제조 · 공급계획) 원자력발전연료를 원자력발전사업자에게 제조 · 공급하려는 자는 대통령령으로 정하는 바에 따라 장기적인 원자력발전연료의 제조 · 공급계획을 작성하여 산업통상자원부장관의 승인을 받아야 한다. 승인받은 사항을 변경하려는 경우에도 또한 같다. 〈개정 2013.3.23.〉 [전문개정 2009.5.21.]

시행령 **제18조(원자력발전연료의 제조 · 공급계획의 작성 등)** ① 법 제28조에 따른 원자력발전연료의 제조 · 공급계획(이하 이 조에서 "원자력발전연료 제조 · 공급계획"이라 한다)은 「원자력안전법」 제2조제11호부터 제13호까지의 규정에 따른 정련(精鍊) · 변환 및 가공 사업별로 작성하여야 한다. 〈개정 2011.10.25.〉

② 원자력발전연료 제조 · 공급계획에 대한 승인기준은 다음 각 호와 같다.

1. 원자력발전연료 제조 · 공급계획이 국가의 원자력산업과 관련한 정책에 부합할 것
2. 원자력발전연료 제조시설의 공사 공정이 구체적이고 타당할 것
3. 원자력발전연료의 설계인력과 생산인력의 확보계획이 적절할 것
4. 원자력발전연료 제조 · 공급계획의 시행을 위한 자금조달 방법이 구체적이고 타당할 것

③ 원자력발전연료 제조 · 공급계획에 대한 승인의 절차와 그 밖에 필요한 사항은 산업통상자원부령으로 정한다. 〈개정 2013.3.23.〉

[전문개정 2009.11.20.]

제29조(전기의 수급조절 등) ① 산업통상자원부장관은 천재지변, 전시 · 사변, 경제사정의 급격한 변동, 그 밖에 이에 준하는 사태가 발생하여 공공의 이익을 위하여 특히 필요하다고 인정하는 경우에는 전기사업자 또는 자가용전기설비를 설치한 자에게 다음 각 호의 어느 하나에 해당하는 사항을 명할 수 있다. 〈개정 2013.3.23.〉

1. 특정한 전기판매사업자 또는 구역전기사업자에 대한 전기의 공급
2. 특정한 전기사용자에 대한 전기의 공급
3. 특정한 전기판매사업자 · 구역전기사업자 또는 전기사용자에 대한 송전용 또는 배전용 전기설비의 이용 제공

② 제1항에 따른 명령이 있는 경우 당사자 간에 지급 또는 수령할 금액과 그 밖에 필요한 사항에 관하여는 당사자 간의 협의에 따른다.

[전문개정 2009.5.21.]

제30조(손실보상) 산업통상자원부장관은 제29조제1항에 따른 명령에 따라 전기사업자 또는 자가용전기설비를 설치한 자가 손실을 입은 경우에는 정당한 보상을 하여야 한다.
〈개정 2013.3.23.〉 [전문개정 2009.5.21.]

16.5.4 전력시장

제1절 전력시장의 구성

제31조(전력거래) ① 발전사업자 및 전기판매사업자는 제43조에 따른 전력시장운영규칙으로 정하는 바에 따라 전력시장에서 전력거래를 하여야 한다. 다만, 도서지역 등 대통령령으로 정하는 경우에는 그러하지 아니하다.

② 자가용전기설비를 설치한 자는 그가 생산한 전력을 전력시장에서 거래할 수 없다. 다만, 대통령령으로 정하는 경우에는 그러하지 아니하다.

③ 구역전기사업자는 대통령령으로 정하는 바에 따라 특정한 공급구역의 수요에 부족하거나 남는 전력을 전력시장에서 거래할 수 있다.

④ 전기판매사업자는 다음 각 호의 어느 하나에 해당하는 자가 생산한 전력을 제43조에 따른 전력시장운영규칙으로 정하는 바에 따라 우선적으로 구매할 수 있다. 〈개정 2013.7.30.〉

1. 대통령령으로 정하는 규모 이하의 발전사업자
2. 자가용전기설비를 설치한 자(제2항 단서에 따라 전력거래를 하는 경우만 해당한다)
3. 「신에너지 및 재생에너지 개발 · 이용 · 보급 촉진법」 제2조제1호 및 제2호에 따른 신에너지 및 재생에너지를 이용하여 전기를 생산하는 발전사업자
4. 「집단에너지사업법」 제48조에 따라 발전사업의 허가를 받은 것으로 보는 집단에너지사업자
5. 수력발전소를 운영하는 발전사업자

⑤ 지능형전력망의 구축 및 이용촉진에 관한 법률」 제12조제1항에 따라 지능형전력망 서비스 제공사업자로 등록한 자 중 대통령령으로 정하는 자(이하 "수요관리사업자"라 한다)는 제43조에 따른 전력시장운영규칙으로 정하는 바에 따라 전력시장에서 전력거래를 할 수 있다. 다만, 수요관리사업자 중 「독점규제 및 공정거래에 관한 법률」 제31조제1항의 상호출자제한기업집단에 속하는 자가 전력거래를 하는 경우에는 대통령령으로 정하는 전력거래량의 비율에 관한 기준을 충족하여야 한다. 〈신설 2014. 5. 20., 2020. 12. 29.〉

⑥ 소규모전력중개사업자는 모집한 소규모전력자원에서 생산 또는 저장한 전력을 제43조에 따른 전력시장운영규칙으로 정하는 바에 따라 전력시장에서 거래하여야 한다.

〈신설 2018. 6. 12.〉

[전문개정 2009. 5. 21.]

제31조의2(산지에 설치되는 재생에너지 설비의 전력거래) ① 「산지관리법」 제2조제1호에 따른 산지에 「신에너지 및 재생에너지 개발 · 이용 · 보급 촉진법」 제2조제2호가목 및 나목에 해당하는 재생에너지 설비를 설치하여 전력거래를 하려는 발전사업자는 「산지관리법」

제39조제2항에 따른 중간복구명령(이에 따른 복구준공검사를 포함한다)이 있는 경우 이를 전력거래 전에 완료하여야 한다.

② 산업통상자원부장관은 제1항의 발전사업자가 중간복구를 완료하지 아니하고 전력거래를 한 경우로서 「산지관리법」 제41조의2제2항에 따라 산림청장등이 사업정지를 요청하는 경우에는 중간복구준공이 완료될 때까지 사업정지를 명할 수 있다.

③ 제2항에도 불구하고 산업통상자원부장관은 계절적 요인으로 복구준공이 불가피하게 지연되거나 부분 복구준공이 가능한 경우 등 대통령령으로 정하는 사유가 있는 때에는 6개월의 범위에서 사업정지 명령을 유예할 수 있다.

④ 제2항에 따른 사업정지 명령의 방법 · 절차 및 해제에 필요한 사항은 대통령령으로 정한다.

[본조신설 2020. 3. 31.]

시행령 **제19조(전력거래)** ① 법 제31조제1항 단서에서 "도서지역 등 대통령령으로 정하는 경우"란 다음 각 호의 경우를 말한다.

〈개정 2021. 1. 12., 2021. 10. 19., 2023. 3. 21., 2024. 4. 30. 2025. 7.29〉

1. 한국전력거래소가 운영하는 전력계통에 연결되어 있지 아니한 도서지역에서 전력을 거래하는 경우
2. 「신에너지 및 재생에너지 개발 · 이용 · 보급 촉진법」 제2조제5호에 따른 신 · 재생에너지발전사업자(이하 "신 · 재생에너지발전사업자"라 한다)가 발전설비용량이 1천킬로와트 이하인 발전설비를 이용하여 생산한 전력을 거래하는 경우
3. 산업통상자원부장관이 정하여 고시하는 요건을 갖춘 신 · 재생에너지발전사업자(자가용전기설비를 설치한 자는 제외한다. 이 호 및 제4호에서 같다)가 발전설비용량(둘 이상의 신 · 재생에너지발전사업자가 공동으로 공급하는 경우에는 그 발전설비용량을 합산한다. 이하 제4호에서 같다)이 1천킬로와트를 초과하는 발전설비를 이용하여 생산한 전력을 전기판매사업자에게 공급하고, 전기판매사업자가 그 전력을 산업통상자원부장관이 정하여 고시하는 요건을 갖춘 전기사용자에게 공급하는 방법으로 전력을 거래하는 경우
4. 산업통상자원부장관이 정하여 고시하는 요건을 갖춘 신 · 재생에너지발전사업자가 발전설비용량이 1천킬로와트를 초과하는 발전설비를 이용하여 생산한 전력을 재생에너지전기공급사업자에게 공급하는 경우
5. 「수소경제 육성 및 수소 안전관리에 관한 법률」 제2조제7호의4에 따른 수소발전사업자가 생산한 전력을 같은 법 제25조의6제2항에 따른 수소발전 입찰시장에서 거래하는 경우
6. 산업통상자원부장관이 정하여 고시하는 요건을 갖춘 재생에너지발전사업자(신 · 재생에너지발전사업자 중 재생에너지를 이용하여 발전사업을 하는 자를 말한다. 이하 같다)가 발전설비용량이 1천킬로와트(송전용 또는 배전용 전기설비 없이 공급하는 경우에는

5백킬로와트)를 초과하는 발전설비를 이용하여 생산한 전력을 재생에너지전기저장판매사업자에게 공급하는 경우

7. 산업통상자원부장관이 정하여 고시하는 요건을 갖춘 재생에너지발전사업자가 발전설비를 이용하여 생산한 전력을 전기자동차충전사업자에게 공급하는 경우

② 법 제31조제2항 단서에서 "대통령령으로 정하는 경우"란 다음 각 호의 어느 하나에 해당하는 경우를 말한다. 〈개정 2017. 3. 2., 2021. 3. 30., 2025. 1. 7.〉

1. 태양광 설비를 설치한 자가 해당 설비를 통하여 생산한 전력 중 자기가 사용하고 남은 전력을 거래하는 경우
2. 태양광 설비 외의 설비(석탄을 에너지원으로 이용하는 설비는 2017년 2월 28일까지 「전기안전관리법」 제8조제1항 전단 또는 같은 조 제2항 전단에 따른 설치공사 · 변경공사의 공사계획의 인가 신청 또는 신고를 한 경우로 한정한다)를 설치한 자가 해당 설비를 통하여 생산한 전력의 연간 총생산량의 30퍼센트 미만의 범위에서 전력을 거래하는 경우

③ 법 제31조제1항 및 제2항에 따른 발전사업자, 전기판매사업자, 전기사용자 및 자가용전기설비를 설치한 자 간의 전력거래 절차와 그 밖에 필요한 사항은 산업통상자원부장관이 정하여 고시한다. 〈개정 2013. 3. 23., 2021. 1. 12.〉

④ 법 제31조제3항에 따라 구역전기사업자는 다음 각 호의 어느 하나에 해당하는 전력을 전력시장에서 거래할 수 있다. 〈개정 2013. 3. 23., 2023. 3. 21.〉

1. 허가받은 공급능력으로 해당 특정한 공급구역의 수요에 부족하거나 남는 전력
2. 발전기의 고장, 정기점검 및 보수 등으로 인하여 해당 특정한 공급구역의 수요에 부족한 전력
3. 제59조의2에 해당하는 자가 산업통상자원부령으로 정하는 기간 동안 해당 특정한 공급구역의 열 수요가 감소함에 따라 발전기 가동을 단축하는 경우 생산한 전력으로는 해당 특정한 공급구역의 수요에 부족한 전력

⑤ 법 제31조제4항제1호에서 "대통령령으로 정하는 규모 이하의 발전사업자"란 설비용량이 2만킬로와트 이하인 발전사업자를 말한다.

⑥ 법 제31조제5항 본문에서 "대통령령으로 정하는 자"란 「지능형전력망의 구축 및 이용촉진에 관한 법률 시행령」 별표 1에 따른 수요반응관리서비스제공사업자(이하 "수요관리사업자"라 한다)를 말한다. 〈신설 2014. 11. 19.〉

⑦ 「독점규제 및 공정거래에 관한 법률」 제9조제1항에 따른 상호출자제한기업집단(이하 이 항에서 "기업집단"이라 한다)에 속하는 수요관리사업자가 법 제31조제5항 본문에 따라 전력거래를 하는 경우에는 제1호 및 제2호를 합한 전력거래량에서 제1호의 전력거래량이 차지하는 비율이 100분의 30을 넘어서는 아니 된다. 〈신설 2014. 11. 19.〉

1. 해당 수요관리사업자가 속하는 기업집단 내부의 전력소비자(해당 수요관리사업자는 제외한다)의 전력소비감축(법 제45조제1항에 따라 한국전력거래소가 전력계통의 운영을 위하여 수요관리사업자에게 하는 전력소비 감축의 지시에 따라 감축하는 것을 말한다. 이하 같다)을 통하여 확보한 전력거래량
2. 해당 수요관리사업자가 속하는 기업집단 외부의 전력소비자의 전력소비감축을 통하여 확보한 전력거래량

[전문개정 2009. 11. 20.]

제32조(전력의 직접 구매) 전기사용자는 전력시장에서 전력을 직접 구매할 수 없다. 다만, 대통령령으로 정하는 규모 이상의 전기사용자는 그러하지 아니하다.
[전문개정 2009.5.21.]

시행령 **제20조(전력의 직접 구매)** 법 제32조 단서에서 "대통령령으로 정하는 규모 이상의 전기사용자"란 수전설비(受電設備)의 용량이 3만킬로볼트암페어 이상인 전기사용자를 말한다.
[전문개정 2009.11.20.]

제33조(전력거래의 가격 및 정산) ①전력시장에서 이루어지는 전력의 거래가격(이하 "전력거래가격"이라 한다)은 시간대별로 전력의 수요와 공급에 따라 결정되는 가격으로 한다. 〈개정 2011.3.30.〉

② 산업통상자원부장관은 제1항에도 불구하고 전기사용자의 이익을 보호하기 위하여 필요한 경우에는 전력거래가격의 상한을 정하여 고시할 수 있다. 이 경우 산업통상자원부장관은 미리 전기위원회의 심의를 거쳐야 한다. 〈신설 2014.5.20.〉

③ 전력거래의 정산은 전력거래가격을 기초로 하며, 구체적인 정산방법은 제43조에 따른 전력시장운영규칙에 따른다. 〈신설 2011.3.30., 2014.5.20.〉

[제목개정 2011.3.30.]

제34조(차액계약) ①발전사업자는 전력구매자(전기판매사업자, 제31조제3항에 따라 전력을 구매하는 구역전기사업자 또는 제32조 단서에 따라 전력을 직접 구매하는 전기사용자를 말한다. 이하 이 조에서 같다)와 전력거래가격의 변동으로 인하여 발생하는 위험을 줄이기 위하여 일정한 기준가격을 설정하고 그 기준가격과 전력거래가격 간의 차액 보전(補塡)에 관한 것을 내용으로 하는 계약(이하 "차액계약"이라 한다)을 체결할 수 있다. 〈개정 2014.5.20.〉

② 전력수급의 안정을 도모하고 전기사용자의 이익을 보호하기 위하여 대통령령으로 정하는 기준에 해당하는 발전사업자와 전력구매자는 산업통상자원부장관이 정하여 고시하는 전력량에 대해서는 차액계약을 통하여서만 전력을 거래하여야 한다. 다만, 차액계약의 체결로 인하여 「댐건설 · 관리 및 주변지역지원 등에 관한 법률」 제44조제2항제1호에 따른 출

연금이 감소하는 경우 전력구매자는 대통령령으로 정하는 바에 따라 감소한 출연금을 보전하여야 한다. 〈신설 2014. 5. 20., 2021. 6. 15.〉

③ 제2항에 따라 차액계약을 체결한 발전사업자와 전력구매자는 대통령령으로 정하는 바에 따라 차액계약의 내용에 대하여 공동으로 산업통상자원부장관의 인가를 받아야 한다. 이를 변경하려는 경우에도 또한 같다. 〈신설 2014.5.20.〉

④ 산업통상자원부장관은 제3항에 따른 인가를 하려는 경우에는 전기위원회의 심의를 거쳐야 한다. 다만, 대통령령으로 정하는 경미한 사항의 경우에는 전기위원회의 심의를 생략할 수 있다. 〈신설 2014.5.20.〉

[전문개정 2009.5.21.]

시행령 **제20조의2(차액계약의 적용 대상)** 법 제34조제2항 본문에서 "대통령령으로 정하는 기준에 해당하는 발전사업자와 전력구매자"란 다음 각 호의 구분에 따른 발전사업자와 전력구매자를 말한다.

1. 발전사업자: 다음 각 목의 요건을 모두 갖춘 발전사업자
   가. 산업통상자원부장관이 정하여 고시하는 저원가 발전원(發電源)을 사용할 것
   나. 발전설비용량이 2만킬로와트를 초과하는 발전기를 보유할 것
2. 전력구매자: 다음 각 목의 어느 하나에 해당하는 전력구매자
   가. 전기판매사업자
   나. 법 제31조제3항에 따라 전력을 구매하는 구역전기사업자 중 이 영 제19조제4항제3호의 전력을 구매하는 구역전기사업자
   다. 법 제32조 단서 및 이 영 제20조에 따라 전력을 직접 구매하는 전기사용자

[본조신설 2014.11.19.]

시행령 **제20조의3(댐 주변지역의 지원사업 출연금의 보전)** ①「댐건설 · 관리 및 주변지역지원 등에 관한 법률」제5조에 따른 댐관리청 또는 댐수탁관리자는 법 제34조제2항 본문에 따른 일정한 기준가격을 설정하고 그 기준가격과 전력거래가격 간의 차액 보전(補塡)에 관한 사항을 내용으로 하는 계약(이하 "차액계약"이라 한다)의 체결로 인하여「댐건설 · 관리 및 주변지역지원 등에 관한 법률」 제44조제2항제1호에 따른 출연금이 감소하는 경우 해당 계약 개시연도의 다음다음 연도분 댐주변지역지원사업(같은 법 제43조에 따른 지원사업을 말한다. 이하 "해당 댐주변지역지원사업"이라 한다)이 개시되기 6개월 전까지 그 감소 사실과 감소하는 출연금의 액수를 해당 전력구매자에게 통보하여야 한다. 〈개정 2022. 6. 14.〉

② 제1항에 따른 통보를 받은 전력구매자는 해당 댐주변지역지원사업이 개시되기 1개월 전까지 그 감소분을 보전하여야 한다.

[본조신설 2014. 11. 19.]

시행령 **제20조의4(차액계약의 인가)** ① 발전사업자와 전력구매자가 법 제34조제2항 본문에 따라 체결하는 차액계약에는 다음 각 호의 사항이 포함되어야 한다.

1. 계약의 당사자
2. 계약의 내용에 관한 다음 각 목의 사항
   가. 기준가격
   나. 차액계약 대상 발전기
   다. 계약전력량
   라. 계약기간
3. 계약당사자의 권리 · 의무에 관한 사항
4. 정산 방법 및 절차

② 법 제34조제3항 전단에 따라 산업통상자원부장관의 인가를 받으려는 발전사업자 및 전력구매자는 산업통상자원부령으로 정하는 인가신청서에 제1항 각 호의 내용을 증명할 수 있는 서류를 첨부하여 해당 계약이 개시되기 3개월 전까지 산업통상자원부장관에게 인가를 공동으로 신청하여야 한다. 다만, 해당 계약기간 개시 3개월 전까지 인가신청서를 제출하기 어려운 특별한 사유가 있다고 산업통상자원부장관이 인정하는 경우에는 1회에 한정하여 신청기한을 1개월 연장할 수 있다.

③ 법 제34조제3항 후단에 따라 변경인가를 신청하려는 발전사업자 및 전력구매자는 산업통상자원부령으로 정하는 변경인가신청서에 변경 내용을 증명할 수 있는 서류를 첨부하여 변경사유가 발생한 날부터 1개월 이내에 변경인가를 공동으로 신청하여야 한다.

④ 산업통상자원부장관은 제2항에 따라 인가의 신청을 받은 경우 해당 계약기간의 개시 전까지 인가 여부를 결정하여 해당 발전사업자 및 전력구매자에게 알려야 한다.

⑤ 산업통상자원부장관은 차액계약에 포함되는 내용 등 차액계약의 체결 및 인가에 필요한 세부사항을 정하여 고시할 수 있다. 이 경우 산업통상자원부장관은 필요한 사항에 관하여 관계 중앙행정기관의 장의 의견을 들을 수 있다.

[본조신설 2014.11.19.]

제 2 절 한국전력거래소

제35조(설립) ① 전력시장 및 전력계통의 운영을 위하여 한국전력거래소를 설립한다.

② 한국전력거래소는 법인으로 한다.

③ 한국전력거래소의 주된 사무소는 정관으로 정한다. 〈개정 2011.3.30.〉

④ 한국전력거래소는 주된 사무소의 소재지에서 설립등기를 함으로써 성립한다.

[전문개정 2009.5.21.]

제36조(업무) ① 한국전력거래소는 그 목적을 달성하기 위하여 다음 각 호의 업무를 수행한다.

1. 전력시장의 개설 · 운영에 관한 업무
2. 전력거래에 관한 업무
3. 회원의 자격 심사에 관한 업무
4. 전력거래대금 및 전력거래에 따른 비용의 청구 · 정산 및 지불에 관한 업무
5. 전력거래량의 계량에 관한 업무
6. 제43조에 따른 전력시장운영규칙 등 관련 규칙의 제정 · 개정에 관한 업무
7. 전력계통의 운영에 관한 업무
8. 제18조제2항에 따른 전기품질의 측정 · 기록 · 보존에 관한 업무
9. 그 밖에 제1호부터 제8호까지의 업무에 딸린 업무

② 한국전력거래소는 제1항에 따른 업무 중 일부를 다른 기관 또는 단체에 위탁하여 처리하게 할 수 있다.

③ 한국전력거래소는 그가 수행하는 업무의 성격이 서로 다른 분야에 대하여는 회계를 구분하여 처리할 수 있다.

[전문개정 2009.5.21.]

제37조(정관의 기재사항) 한국전력거래소의 정관에는 「공공기관의 운영에 관한 법률」 제16조제1항에 따른 기재사항 외에 다음 각 호의 사항이 포함되어야 한다.

1. 자산에 관한 사항
2. 회원에 관한 사항
3. 회원의 보증금에 관한 사항
4. 회원의 지분 양도 및 반환에 관한 사항

[전문개정 2009.5.21.]

제38조(다른 법률과의 관계) 한국전력거래소에 대하여 이 법 및 「공공기관의 운영에 관한 법률」에 규정된 것을 제외하고는 「민법」 중 사단법인에 관한 규정(같은 법 제39조는 제외한다)을 준용한다. 이 경우 사단법인의 "사원" · "사원총회"와 "이사 또는 감사"는 각각 한국전력거래소의 "회원" · "회원총회"와 "임원"으로 본다.

[전문개정 2009.5.21.]

제39조(회원의 자격) 한국전력거래소의 회원은 다음 각 호의 자로 한다. 〈개정 2014.5.20.〉

1. 전력시장에서 전력거래를 하는 발전사업자
2. 전기판매사업자
3. 전력시장에서 전력을 직접 구매하는 전기사용자

4. 전력시장에서 전력거래를 하는 자가용전기설비를 설치한 자
5. 전력시장에서 전력거래를 하는 구역전기사업자
6. 전력시장에서 전력거래를 하지 아니하는 자 중 한국전력거래소의 정관으로 정하는 요건을 갖춘 자
7. 전력시장에서 전력거래를 하는 수요관리사업자

[전문개정 2009.5.21.]

제40조(한국전력거래소의 운영 경비) ① 한국전력거래소의 운영에 필요한 경비는 다음 각 호의 재원으로 충당한다. 〈개정 2013.3.23.〉

1. 회원의 회비
2. 전력거래에 대한 수수료
3. 그 밖에 산업통상자원부령으로 정하는 수입

② 한국전력거래소는 대통령령으로 정하는 바에 따라 제1항제2호에 따른 수수료를 정하여 산업통상자원부장관에게 신고하여야 한다. 〈개정 2013.3.23.〉

[전문개정 2009.5.21.]

제41조(정보의 공개) ① 한국전력거래소는 공정한 전력거래를 위하여 대통령령으로 정하는 바에 따라 전력거래량, 전력거래가격 및 전력수요 전망 등 전력시장과 전력계통의 운영에 관한 정보를 공개하여야 한다.

② 한국전력거래소는 전기사업자 및 수요관리사업자가 전력시장과 전력계통의 운영에 관한 자료(제45조제2항에 따라 전력시장에서 결정된 우선순위와 다르게 지시를 한 경우 변경된 지시의 기준과 사유를 포함한다) 제공을 요구하는 경우 그 내용이 다른 전기사업자 및 수요관리사업자의 영업비밀(「부정경쟁방지 및 영업비밀보호에 관한 법률」 제2조제2호에 따른 영업비밀을 말한다)을 침해하는 등의 특별한 사유가 없으면 이에 따라야 한다.

〈개정 2022. 10. 18.〉 [전문개정 2015. 5. 18.]

시행령 **제22조(정보의 공개 범위 및 절차)** ① 한국전력거래소는 법 제41조제1항에 따라 별표 1의3의 전력시장과 전력계통의 운영에 관한 정보를 공개하여야 한다.

② 제1항에 따른 공개는 한국전력거래소 홈페이지에 게재하는 방법으로 하여야 하며, 그 밖에 추가적으로 다음 각 호에 따른 방법으로 할 수 있다.

1. 방송
2. 일간신문 또는 전력 관련 전문잡지에 게재

③ 한국전력거래소는 별표 1의3에 따른 정보를 1년간 보관하여야 한다.

④ 한국전력거래소가 법 제41조제1항 및 제2항에 따라 공개하거나 전기사업자에게 제공하는 정보 및 자료는 「공공기관의 정보공개에 관한 법률」 제9조에 따른 비공개 대상 정보가 포

함되지 아니한 정보 및 자료로 한정한다.
[전문개정 2015.8.18.]

第42조(임직원의 비밀누설 금지 등) ① 한국전력거래소의 임직원은 그 직무와 관련하여 알게 된 비밀을 누설 또는 도용하거나 다른 사람으로 하여금 이용하게 하여서는 아니 된다.

② 제1항은 제36조제2항에 따라 한국전력거래소의 업무를 위탁받은 기관 또는 단체의 임직원에 관하여 준용한다.
[전문개정 2009.5.21.]

第43조(전력시장운영규칙) ① 한국전력거래소는 전력시장 및 전력계통의 운영에 관한 규칙(이하 "전력시장운영규칙"이라 한다)을 정하여야 한다.

② 한국전력거래소는 전력시장운영규칙을 제정 · 변경 또는 폐지하려는 경우에는 산업통상자원부장관의 승인을 받아야 한다. 〈개정 2013.3.23.〉

③ 산업통상자원부장관은 제2항에 따른 승인을 하려면 전기위원회의 심의를 거쳐야 한다. 〈개정 2013.3.23.〉

④ 전력시장운영규칙에는 다음 각 호의 사항이 포함되어야 한다.
1. 전력거래방법에 관한 사항
2. 전력거래의 정산 · 결제에 관한 사항
3. 전력거래의 정보공개에 관한 사항
4. 전력계통의 운영 절차와 방법에 관한 사항
5. 전력량계의 설치 및 계량 등에 관한 사항
6. 전력거래에 관한 분쟁조정에 관한 사항
7. 그 밖에 전력시장의 운영에 필요하다고 인정되는 사항
[전문개정 2009.5.21.]

第44조(전력시장에의 참여자격) 한국전력거래소의 회원이 아닌 자는 전력시장에서 전력거래를 하지 못한다.

第45조(전력계통의 운영방법) ① 한국전력거래소는 전기사업자 및 수요관리사업자에게 전력계통의 운영을 위하여 필요한 지시를 할 수 있다. 이 경우 발전사업자 및 수요관리사업자에 대한 지시는 전력시장에서 결정된 우선순위에 따라 하여야 한다. 〈개정 2014.5.20.〉

② 한국전력거래소는 제1항 후단에도 불구하고 전력계통의 운영을 위하여 필요하다고 인정하면 우선순위와 다르게 지시를 할 수 있다. 이 경우 변경된 지시는 객관적으로 공정한 기준에 따라 결정되어야 한다. 〈개정 2014.5.20.〉

③ 산업통상자원부장관은 송전사업자 또는 배전사업자에 대하여 산업통상자원부령으로 정하는 바에 따라 전력계통의 운영에 관한 업무 중 일부를 수행하게 할 수 있다. 이 경우 업무

의 범위 등에 관하여 필요한 사항은 산업통상자원부장관이 정하여 고시한다. 〈개정 2013.3.23.〉 [전문개정 2009.5.21.]

제46조(긴급사태에 대한 처분) ① 산업통상자원부장관은 천재지변, 전시 · 사변, 경제사정의 급격한 변동, 그 밖에 이에 준하는 사태가 발생하여 전력시장에서 전력거래가 정상적으로 이루어질 수 없다고 인정하는 경우에는 전력시장에서의 전력거래의 정지 · 제한이나 그 밖에 필요한 조치를 할 수 있다. 〈개정 2013.3.23.〉

② 산업통상자원부장관은 제1항에 따른 조치를 한 후 그 사유가 없어졌다고 인정되는 경우에는 지체 없이 해제하여야 한다. 〈개정 2013.3.23.〉

[전문개정 2009.5.21.]

16.5.5 전력산업의 기반조성

제47조(전력산업기반조성계획의 수립 · 시행) ① 산업통상자원부장관은 전력산업의 지속적인 발전과 전력수급의 안정을 위하여 전력산업의 기반조성을 위한 계획(이하 "전력산업기반조성계획"이라 한다)을 수립 · 시행하여야 한다. 〈개정 2013.3.23.〉

② 전력산업기반조성계획에는 다음 각 호의 사항이 포함되어야 한다.

1. 전력산업발전의 기본방향에 관한 사항
2. 제49조 각 호에 규정된 사업에 관한 사항
3. 전력산업전문인력의 양성에 관한 사항
4. 전력 분야의 연구기관 및 단체의 육성 · 지원에 관한 사항
5. 「석탄산업법」 제3조에 따른 석탄산업장기계획상 발전용 공급량의 사용에 관한 사항
6. 그 밖에 전력산업의 기반조성을 위하여 필요한 사항

③ 전력산업기반조성계획의 수립 · 시행에 필요한 사항은 대통령령으로 정한다.

[전문개정 2009.5.21.]

시행령 **제23조(전력산업기반조성계획의 수립 등)** ① 법 제47조제1항에 따른 전력산업기반조성계획(이하 "전력산업기반조성계획"이라 한다)은 3년 단위로 수립 · 시행한다.

② 산업통상자원부장관은 전력산업기반조성계획을 수립하려는 경우에는 전력정책심의회의 심의를 거쳐야 한다. 이를 변경하려는 경우에도 또한 같다. 〈개정 2013.3.23.〉

③ 산업통상자원부장관은 전력산업기반조성계획을 수립할 때에는 「석탄산업법」 제3조에 따른 석탄산업장기계획에서의 석탄 사용량과, 발전연료로 석탄을 사용하는 발전사업자에 대한 전력거래 가격 및 발전에 따른 비용과의 차액 보전(補塡) 방안 등을 반영하여야 한다.

〈개정 2013.3.23.〉
[전문개정 2009.11.20.]

제47조의2(전력정책심의회의 설치 등) ① 전력수급 및 전력산업기반조성에 관한 중요 사항을 심의하기 위하여 산업통상자원부에 전력정책심의회를 둔다. 〈개정 2013.3.23.〉

② 전력정책심의회는 다음 각 호의 사항을 심의한다. 〈개정 2013.3.23.〉

1. 기본계획
2. 전력산업기반조성계획
3. 전력산업기반조성계획의 시행계획
4. 그 밖에 전력산업의 발전에 중요한 사항으로서 산업통상자원부장관이 심의에 부치는 사항

③ 전력정책심의회는 위원장 1명을 포함한 30명 이내의 위원으로 구성한다. 〈신설 2016.1.27.〉

④ 전력정책심의회의 구성 및 운영에 필요한 사항은 대통령령으로 정한다.
〈개정 2016.1.27.〉 [본조신설 2008.3.28.]

제48조(기금의 설치) 정부는 전력산업의 지속적인 발전과 전력산업의 기반조성에 필요한 재원을 확보하기 위하여 전력산업기반기금(이하 "기금"이라 한다)을 설치한다.

시행령 **제25조(전력산업기반조성사업의 실시)** ① 산업통상자원부장관은 전기사업자, 한국전력거래소 및 제16조 각 호의 자(이하 "주관기관"이라 한다)로 하여금 제24조제2항제1호에 따른 전력산업기반조성사업의 시행에 관한 사항을 실시하게 할 수 있다. 〈개정 2013.3.23.〉

② 산업통상자원부장관은 산업통상자원부장관이 지정하는 기관(이하 "기획관리평가전담기관"이라 한다)으로 하여금 제1항에 따라 추진된 전력산업기반조성사업의 시행에 관한 사항의 기획 · 관리 및 평가 등의 업무를 수행하게 할 수 있다. 〈개정 2013.3.23.〉

③ 주관기관은 전력산업기반조성사업 중 법 제49조제5호에 따른 전력산업 관련 연구개발사업(이하 "연구개발사업"이라 한다)을 완료한 경우에는 그 성과를 직접 이용하거나 신청을 받아 다른 사람에게 이용하게 할 수 있다.

④ 주관기관은 제3항에 따라 성과를 직접 이용하거나 다른 사람에게 이용하게 하는 경우에는 제26조제1항에 따른 협약에 따라 기술료를 기획관리평가전담기관에 내야 한다. 이 경우 기획관리평가전담기관은 납부받은 기술료를 「산업기술혁신 촉진법」 제37조의2에 따른 산업기술진흥및사업화촉진기금에 출연하여야 한다. 〈개정 2017.12.26.〉

⑤ 제1항에 따른 전력산업기반조성사업의 참여대상, 제2항에 따른 기획 · 관리 및 평가 등에 관한 사항은 산업통상자원부장관이 정하여 고시한다. 〈개정 2013.3.23.〉
[전문개정 2009.11.20.]

제49조(기금의 사용) 기금은 다음 각 호의 사업을 위하여 사용한다.

1. 「신에너지 및 재생에너지 개발 · 이용 · 보급 촉진법」에 따른 신 · 재생에너지 발전사업자에 대한 지원사업 및 신 · 재생에너지를 이용하여 생산한 전기의 전력계통 연계조건을 개선하기 위한 사업
2. 전력수요 관리사업
3. 전원개발의 촉진사업
4. 도서 · 벽지의 주민 등에 대한 전력공급 지원사업
5. 전력산업 관련 연구개발사업
6. 전력산업과 관련된 국내의 석탄산업, 액화천연가스산업 및 집단에너지사업에 대한 지원사업
7. 「전기안전관리법」에 따른 전기안전 · 전기재해 예방 및 대응 관련 조사 · 연구 · 홍보에 관한 지원사업
8. 「전기안전관리법」 제12조에 따른 일반용전기설비의 점검사업
   8의2. 「전기안전관리법」 제14조에 따른 공동주택 등의 안전점검사업
   8의3. 「전기안전관리법」 제15조에 따른 응급조치 사업
9. 「발전소주변지역 지원에 관한 법률」에 따른 주변지역에 대한 지원사업
   9의2. 「송 · 변전설비 주변지역의 보상 및 지원에 관한 법률」 제10조제2항에 따른 송 · 변전설비 주변지역 지원사업
10. 「지능형전력망의 구축 및 이용촉진에 관한 법률」에 따른 지능형전력망의 구축 및 이용촉진에 관한 사업
   10의2. 삭제〈2020. 3. 31.〉
11. 제72조의2에 따른 가공전선로의 지중이설 사업
12. 그 밖에 대통령령으로 정하는 전력산업과 관련한 중요 사업

[전문개정 2009. 5. 21.]

[법률 제18280호(2021. 6. 15.) 부칙 제2조의 규정에 의하여 이 조 제11호는 2025년 12월 31일까지 유효함]

시행령 **제34조(기금의 사용)** 법 제49조제11호에서 "대통령령으로 정하는 전력산업과 관련한 중요 사업"이란 다음 각 호의 사업을 말한다. 〈개정 2014.4.24.〉

1. 안전관리를 위한 사업
2. 법 제6조에 따른 전기의 보편적 공급을 위한 사업
3. 전력산업기반조성사업 및 전력산업기반조성사업에 대한 기획 · 관리 및 평가
4. 전력산업 분야 전문인력의 양성 및 관리
5. 전력산업 분야의 시험 · 평가 및 검사시설의 구축
6. 전력산업의 해외진출 지원사업
7. 전력산업 분야 개발기술의 사업화 지원사업

8. 원자력발전의 감축을 위하여 발전사업 또는 「전원개발촉진법」 제2조제2호에 따른 전원개발사업을 중단한 사업자에 대한 산업통상자원부장관이 인정하는 지원사업
[전문개정 2009.11.20.]

제50조(기금의 조성) ① 기금은 다음 각 호의 재원으로 조성한다. 〈개정 2010.4.12.〉
1. 제51조에 따른 부담금 및 가산금
2. 「신에너지 및 재생에너지 개발 · 이용 · 보급 촉진법」 제12조의6제1항에 따른 과징금
3. 기금을 운용하여 생긴 수익금
4. 대통령령으로 정하는 수입금

② 산업통상자원부장관은 제1항에 따라 조성된 재원 외에 기금의 부담으로 에너지 및 자원사업 특별회계 또는 다른 기금 등으로부터 자금을 차입할 수 있다. 〈개정 2013.3.23., 2014.1.1.〉
③ 산업통상자원부장관은 제2항에 따라 자금을 차입하는 경우에는 미리 기획재정부장관과 협의하여야 한다. 〈개정 2013.3.23.〉
[전문개정 2009.5.21.]

시행령 **제35조(기금의 조성)** 법 제50조제1항제4호에서 "대통령령으로 정하는 수입금"이란 기금의 부담으로 차입하는 자금을 말한다. [전문개정 2017.12.26.]

제51조(부담금) ① 산업통상자원부장관은 제49조 각 호의 사업을 수행하기 위하여 전기사용자에 대하여 전기요금(제32조 단서에 따라 전력을 직접 구매하는 전기사용자의 경우에는 구매가격에 제15조에 따른 송전용 또는 배전용 전기설비의 이용요금을 포함한 금액을 말한다)의 1천분의 65 이내에서 대통령령으로 정하는 바에 따라 부담금을 부과 · 징수할 수 있다. 〈개정 2013.3.23.〉
② 산업통상자원부장관은 다음 각 호의 어느 하나에 해당하는 전기를 사용하는 자에게는 제1항에도 불구하고 부담금을 부과 · 징수하지 아니할 수 있다. 〈개정 2013.3.23.〉
1. 자가발전설비(「신에너지 및 재생에너지 개발 · 이용 · 보급 촉진법」에 따른 자가발전설비를 포함한다)에 의하여 생산된 전기
2. 전력시장에 판매할 전기를 생산할 목적으로 사용되는 양수발전사업용 전기
3. 구역전기사업자(이 법에 따라 구역전기사업자로 보는 집단에너지사업자를 포함한다)가 특정한 공급구역에서 공급하는 전기

③ 산업통상자원부장관은 제1항에 따른 부담금의 징수대상자가 납부기한까지 부담금을 내지 아니한 경우에는 그 납부기한 다음 날부터 납부한 날의 전날까지의 기간에 대하여 100분의 5를 초과하지 아니하는 범위에서 대통령령으로 정하는 가산금을 징수한다. 〈개정 2013.3.23.〉
④ 산업통상자원부장관은 제1항에 따른 부담금의 징수대상자가 납부기한까지 부담금을 내지 아니하면 기간을 정하여 독촉하고, 그 지정된 기간에 부담금 및 제3항에 따른 가산금을 내

지 아니하면 국세 체납처분의 예에 따라 징수할 수 있다. 〈개정 2013.3.23.〉

⑤ 산업통상자원부장관은 제1항과 제3항에 따라 징수한 부담금 및 가산금을 기금에 내야 한다. 〈개정 2013.3.23.〉

⑥ 산업통상자원부장관은 제1항에 따른 부담금이 축소되도록 노력하고, 이에 필요한 조치를 마련하여야 한다. 〈개정 2013.3.23.〉

⑦ 부담금의 징수 등에 필요한 사항은 대통령령으로 정한다.

[전문개정 2009.5.21.]

시행령 **제36조(부담금의 부과기준)** 법 제51조제1항에 따른 부담금(이하 "부담금"이라 한다)은 전기요금의 1천분의 37에 해당하는 금액으로 한다. [전문개정 2009.11.20.]

시행령 **제37조(가산금)** 법 제51조제3항에 따른 가산금은 연체기간에 따라 다음 각 호의 금액으로 한다.

1. 연체기간(부담금의 납부기한 다음 날부터 납부일 전날까지의 기간을 말한다. 이하 이 조에서 같다)이 1개월 이하인 경우 : 부담금의 1천분의 15에 해당하는 금액을 연체일수에 따라 일할계산(日割計算)하여 산정한 금액
2. 연체기간이 1개월 초과 2개월 미만인 경우 : 처음 1개월에 대한 가산금(부담금의 1천분의 15에 해당하는 금액을 말한다)과 1개월을 초과하는 부분에 대한 가산금(부담금의 1천분의 10에 해당하는 금액을 연체일수에 따라 일할계산하여 산정한 금액을 말한다)을 합산한 금액
3. 연체기간이 2개월 이상인 경우: 부담금의 1천분의 25에 해당하는 금액

[전문개정 2009.11.20.]

제52조(기금의 운용 · 관리) ① 기금은 산업통상자원부장관이 운용 · 관리한다. 〈개정 2013.3.23.〉

② 산업통상자원부장관은 기금의 운용 · 관리에 관한 업무의 일부를 대통령령으로 정하는 법인 또는 단체에 위탁할 수 있다. 〈개정 2013.3.23.〉

③ 기금의 운용 · 관리에 필요한 사항은 대통령령으로 정한다.

[전문개정 2009.5.21.]

시행령 **제38조(기금의 운용 · 관리에 관한 사무의 위탁 등)** ① 법 제52조제2항에서 "대통령령으로 정하는 법인 또는 단체"란 다음 각 호의 기관을 말한다.

1. 기획관리평가전담기관
2. 전기사업자
3. 금융회사 등

② 산업통상자원부장관은 법 제49조에 따른 사업에 기금을 대출하려는 경우에는 금융회사 등에 대여하여 이를 운용하여야 한다. 이 경우 융자금리 등 융자에 필요한 사항은 기획재정부장관과 협의하여 정한다. 〈개정 2013.3.23.〉

③ 산업통상자원부장관은 법 제52조제2항에 따라 기금의 운용 · 관리에 관한 업무의 일부를 위탁하는 경우에는 그 위탁받은 기관의 임원 중에서 기금수입 담당임원과 기금지출원인행위 담당임원을, 그 직원 중에서 기금 지출직원과 기금출납직원을 임명할 수 있다. 이 경우 기금수입 담당임원은 기금수입징수관의 직무를, 기금지출원인행위 담당임원은 기금재무관의 직무를, 기금지출직원은 기금지출관의 직무를, 기금출납직원은 기금출납공무원의 직무를 각각 수행한다. 〈개정 2013.3.23.〉

④ 기금의 지원 조건 · 절차 및 사후관리 등 기금의 운용 · 관리에 필요한 세부사항은 산업통상자원부장관이 정하여 고시한다. 〈개정 2013.3.23.〉 [전문개정 2009.11.20.]

16.5.6 전기위원회

제53조(전기위원회의 설치 및 구성) ① 전기사업의 공정한 경쟁환경 조성 및 전기사용자의 권익 보호에 관한 사항의 심의와 전기사업과 관련된 분쟁의 재정(裁定)을 위하여 산업통상자원부에 전기위원회를 둔다. 〈개정 2013.3.23.〉

② 전기위원회는 위원장 1명을 포함한 9명 이내의 위원으로 구성하되, 위원 중 대통령령으로 정하는 수의 위원은 상임으로 한다.

③ 전기위원회의 위원장을 포함한 위원은 산업통상자원부장관의 제청으로 대통령이 임명 또는 위촉한다. 〈개정 2013.3.23.〉

④ 전기위원회의 사무를 처리하기 위하여 전기위원회에 사무기구를 둔다.

[전문개정 2009.5.21.]

시행령 **제39조(전기위원회의 개회 및 운영)** ① 법 제53조에 따른 전기위원회의 위원장은 전기위원회의 회의를 소집하고, 그 의장이 된다.

② 전기위원회의 위원장은 회의를 소집하려는 경우에는 회의의 일시 · 장소 및 안건을 정하여 회의일 7일 전까지 각 위원에게 서면으로 알려야 한다. 다만, 긴급한 경우이거나 부득이한 사유가 있는 경우에는 그러하지 아니하다.

③ 전기위원회는 이해관계인, 참고인 또는 관계 전문가를 회의에 출석하게 하여 의견을 진술하게 하거나 필요한 자료를 제출하게 할 수 있다.

[전문개정 2009.11.20.]

제54조(위원의 자격 등) ① 전기위원회 위원은 다음 각 호의 어느 하나에 해당하는 사람으로 한다.

1. 3급 이상의 공무원으로 있거나 있었던 사람
2. 판사 · 검사 또는 변호사로서 10년 이상 있거나 있었던 사람
3. 대학에서 법률학 · 경제학 · 경영학 · 전기공학이나 그 밖의 전기 관련 학과를 전공한 사람으로서 「고등교육법」에 따른 학교나 공인된 연구기관에서 부교수 이상으로 있거나 있었던 사람 또는 이에 상당하는 자리에 10년 이상 있거나 있었던 사람
4. 전기 관련 기업의 대표자나 상임임원으로 5년 이상 있었거나 전기 관련 기업에서 15년 이상 종사한 경력이 있는 사람
5. 전기 관련 단체 또는 소비자보호 관련 단체에서 10년 이상 종사한 경력이 있는 사람

② 제1항제2호 및 제3호의 재직기간은 합산한다.

③ 공무원이 아닌 위원의 임기는 3년으로 하되, 연임할 수 있다.

[전문개정 2009.5.21.]

제55조(위원의 신분보장) 전기위원회의 위원은 다음 각 호의 어느 하나에 해당하는 경우를 제외하고는 그 의사에 반하여 해임 또는 해촉되지 아니한다.

1. 금고 이상의 형을 선고받은 경우
2. 심신쇠약으로 장기간 직무를 수행할 수 없게 된 경우

[전문개정 2009.5.21.]

제56조(전기위원회의 기능) ① 전기위원회는 다음 각 호의 사항을 심의하고 제57조에 따른 재정을 한다. 〈개정 2013.3.23., 2013.7.30., 2014.5.20., 2015.5.18.〉

1. 제7조에 따른 전기사업의 허가 또는 변경허가에 관한 사항
2. 제10조에 따른 전기사업의 양수 또는 법인의 분할 · 합병에 대한 인가에 관한 사항
3. 제12조에 따른 전기사업의 허가취소, 사업정지, 사업구역의 감소 및 과징금의 부과에 관한 사항
4. 제15조에 따른 송전용 또는 배전용 전기설비의 이용요금과 그 밖의 이용조건의 인가에 관한 사항
5. 제16조 및 제16조의2에 따른 전기판매사업자의 기본공급약관 및 보완공급약관의 인가에 관한 사항
6. 제24조의2에 따라 준용되는 제16조에 따른 구역전기사업자의 기본공급약관의 인가에 관한 사항
7. 제18조제3항에 따른 전기설비의 수리 또는 개조, 전기설비의 운용방법의 개선, 그 밖에 필요한 조치에 관한 사항
8. 제23조제1항에 따른 금지행위에 대한 조치에 관한 사항

9. 제24조제1항에 따른 금지행위에 대한 과징금의 부과 · 징수에 관한 사항
 9의2. 제33조제2항에 따른 전력거래가격의 상한에 관한 사항
 9의3. 제34조제3항에 따른 차액계약의 인가에 관한 사항
10. 전력시장운영규칙의 승인에 관한 사항
11. 전력계통 신뢰도 관리업무에 대한 연간계획 및 실적, 관계 규정의 제정 · 개정 및 폐지 등에 관한 사항
 11의2. 제27조의2제5항에 따른 산업통상자원부장관의 조치명령에 관한 사항
12. 전기사용자의 보호에 관한 사항
13. 전력산업의 경쟁체제 도입 등 전력산업의 구조개편에 관한 사항
14. 다른 법령에서 전기위원회의 심의사항으로 규정한 사항
15. 산업통상자원부장관이 심의를 요청한 사항

② 전기위원회는 산업통상자원부장관에게 전력시장의 관리 · 운영 등에 필요한 사항에 관한 건의를 할 수 있다. 〈개정 2013.3.23.〉 [전문개정 2009.5.21.]

제57조(전기위원회의 재정) ① 전기사업자 또는 전기사용자 등은 전기사업과 관련한 다음 각 호의 어느 하나의 사항에 관하여 당사자 간에 협의가 이루어지지 아니하거나 협의를 할 수 없는 경우에는 전기위원회에 재정을 신청할 수 있다. 〈개정 2011.3.30.〉

1. 제15조에 따른 송전용 또는 배전용 전기설비 이용요금과 그 밖의 이용조건에 관한 사항
2. 공급약관에 관한 사항
3. 제29조에 따른 수급조절 명령에 따른 금액의 지급 또는 수령 등에 관한 당사자 간의 협의에 관한 사항
4. 제72조에 따른 비용의 부담에 관한 사항
5. 제90조에 따른 손실보상에 관한 사항
6. 제90조의2에 따른 손실보상에 관한 사항
7. 그 밖에 전기사업과 관련한 분쟁이나 다른 법률에서 전기위원회의 재정사항으로 규정한 사항

② 전기위원회는 제1항에 따른 재정신청을 받은 경우에는 그 사실을 다른 당사자에게 통지하고 기간을 정하여 의견을 진술할 기회를 주어야 한다. 다만, 당사자가 정당한 사유 없이 이에 응하지 아니하는 경우에는 그러하지 아니하다.

③ 전기위원회는 제1항에 따른 재정신청에 대하여 재정을 한 경우에는 지체 없이 재정서의 정본을 당사자에게 송달하여야 한다.

④ 전기위원회가 재정을 한 경우 그 재정의 내용에 대하여 재정서의 정본(正本)이 당사자에게 송달된 날부터 60일 이내에 다른 당사자를 피고로 하는 소송이 제기되지 아니하거나 그 소송이 취하(取下)된 경우에는 당사자 간에 그 재정의 내용과 동일한 합의가 성립된 것으로

본다. 〈개정 2011.3.30.〉

⑤ 제1항부터 제4항까지에서 규정한 사항 외에 재정에 관하여 필요한 사항은 대통령령으로 정한다. 〈신설 2011.3.30.〉

[전문개정 2009.5.21.]

시행령 **제39조의2(재정의 신청 등)** ① 법 제57조제1항에 따라 재정을 신청하려는 자는 다음 각 호의 사항을 포함한 재정신청서를 전기위원회에 제출하여야 한다. 〈개정 2013.3.23.〉

1. 당사자 · 대리인 또는 대표당사자의 성명 및 주소
2. 재정 신청의 취지 및 이유
3. 분쟁의 내용
4. 당사자 간 협의 경과
5. 그 밖에 이용 조건 및 당사자 간 협의 사항이 포함된 협정서 사본 등 산업통상자원부장관이 필요하다고 인정하는 서류

② 전기위원회는 제1항에 따른 재정의 신청 내용이 미비하거나 명확하지 아니한 경우에는 상당한 기간을 정하여 보완을 요구할 수 있으며, 당사자가 그 기간에 보완을 하지 아니한 때에는 사유를 명시하여 재정 신청을 각하할 수 있다.

③ 전기위원회는 재정의 대상에 해당하지 아니하거나 재정 신청이 적법하지 아니한 경우에는 해당 재정 신청을 각하하고, 그 사유를 당사자에게 알려야 한다.

④ 당사자 · 대리인 또는 대표당사자가 감정(鑑定)을 신청한 경우에는 전기위원회는 필요하다고 인정하면 관계 전문기관 또는 전문가에게 감정을 의뢰할 수 있다. 이 경우 감정인의 감정 및 출석에 관한 수당과 여비, 그 밖에 필요한 비용은 감정을 신청한 자가 부담한다.

⑤ 제1항부터 제4항까지에서 규정한 사항 외에 전기위원회의 재정 신청에 필요한 사항은 산업통상자원부장관이 정하여 고시한다. 〈개정 2013.3.23.〉

[본조신설 2011.9.30.]

제58조(의결정족수) 전기위원회의 의사는 재적위원 과반수의 찬성으로 의결한다.

제59조(전문위원회) ① 전기위원회는 그 업무를 효율적으로 수행하기 위하여 분야별로 전문위원회를 둘 수 있다.

② 제1항에 따른 전문위원회의 조직 · 기능 · 운영에 필요한 사항은 산업통상자원부령으로 정한다. 〈개정 2013.3.23.〉

[전문개정 2009.5.21.]

제60조(조직 및 운영) 이 법에 규정된 것 외에 전기위원회의 조직 및 운영 등에 필요한 사항은 대통령령으로 정한다. [전문개정 2009.5.21.]

16.5.7 전기설비의 안전관리

제61조(전기사업용전기설비의 공사계획의 인가 또는 신고) ① 전기사업자는 전기사업용전기설비의 설치공사 또는 변경공사로서 산업통상자원부령으로 정하는 공사를 하려는 경우에는 그 공사계획에 대하여 산업통상자원부장관의 인가를 받아야 한다. 인가받은 사항을 변경하려는 경우에도 또한 같다. 〈개정 2013. 3. 23.〉

② 제1항 후단에도 불구하고 인가를 받은 사항 중 산업통상자원부령으로 정하는 경미한 사항을 변경하려는 경우에는 산업통상자원부장관에게 신고하여야 한다. 〈개정 2013. 3. 23.〉

③ 전기사업자는 제1항에 따라 인가를 받아야 하는 공사 외의 전기사업용전기설비의 설치공사 또는 변경공사로서 산업통상자원부령으로 정하는 공사를 하려는 경우에는 대통령령으로 정하는 바에 따라 공사를 시작하기 전에 허가권자에게 신고하여야 한다. 신고한 사항을 변경하려는 경우에도 또한 같다. 〈개정 2013. 3. 23., 2020. 2. 18.〉

④ 제2항에 따른 신고를 받은 산업통상자원부장관 또는 제3항에 따른 신고ㆍ변경신고를 받은 허가권자는 그 내용을 검토하여 이 법에 적합하면 신고를 수리하여야 한다.
〈신설 2022. 10. 18.〉

⑤ 전기사업자는 전기설비가 사고ㆍ재해 또는 그 밖의 사유로 멸실ㆍ파손되거나 전시ㆍ사변 등 비상사태가 발생하여 부득이하게 공사를 하여야 하는 경우에는 제1항부터 제3항까지의 규정에도 불구하고 산업통상자원부령으로 정하는 바에 따라 공사를 시작한 후 지체 없이 그 사실을 허가권자에게 신고하여야 한다. 〈개정 2013. 3. 23., 2020. 2. 18., 2022. 10. 18.〉

⑥ 제1항에 따른 인가 및 제2항부터 제5항까지의 규정에 따른 신고에 필요한 사항은 산업통상자원부령으로 정한다. 〈개정 2013. 3. 23., 2022. 10. 18.〉

[전문개정 2009. 5. 21.]

시행령 **제42조(공사계획의 인가)** 산업통상자원부장관은 법 제61조제1항 및 제62조제1항에 따라 전기설비의 설치공사 또는 변경공사에 관한 계획을 인가할 때에는 해당 계획이 법 제67조에 따른 기술기준에 적합한 경우에만 인가하여야 한다. 〈개정 2013.3.23.〉

[전문개정 2009.11.20.]

제62조 삭제

제63조(사용전검사) 제61조 및 제62조에 따라 전기설비의 설치공사 또는 변경공사를 한 자는 산업통상자원부령으로 정하는 바에 따라 산업통상자원부장관 또는 시ㆍ도지사가 실시하는 검사에 합격한 후에 이를 사용하여야 한다. 〈개정 2013.3.23.〉

[전문개정 2009.5.21.]

第64조(전기설비의 임시사용) ① 산업통상자원부장관 또는 시 · 도지사는 제63조에 따른 검사에 불합격한 경우에도 안전상 지장이 없고 전기설비의 임시사용이 필요하다고 인정되는 경우에는 사용 기간 및 방법을 정하여 그 설비를 임시로 사용하게 할 수 있다. 이 경우 허가권자는 그 사용 기간 및 방법을 정하여 통지를 하여야 한다. 〈개정 2013.3.23., 2020.2.18〉

② 비상용 예비발전기가 완공되지 아니할 경우 등 제1항에 따른 전기설비 임시사용의 허용기준, 1년의 범위에서의 사용기간, 전기설비의 임시사용방법, 그 밖에 필요한 사항은 산업통상자원부령으로 정한다. 〈개정 2013.3.23.〉

[전문개정 2009.5.21.]

第65조 삭제

第65조의2(송 · 배전사업자의 자체 검사) 송전사업자 및 배전사업자는 산업통상자원부령으로 정하는 바에 따라 송전사업자 · 배전사업자의 전기설비에 대하여 자체적으로 검사를 하여야 하고 산업통상자원부장관에게 검사 결과를 보고하여야 한다.

第66조 삭제

시행령 **第42조의2 삭제**

第66조의2 삭제

第66조의3 삭제 〈2020.3.31.〉

第67조(기술기준) ① 산업통상자원부장관은 원활한 전기공급 및 전기설비의 안전관리를 위하여 필요한 기술기준(이하 "기술기준"이라 한다)을 정하여 고시하여야 한다. 이를 변경하는 경우에도 또한 같다. 〈개정 2008. 2. 29., 2013. 3. 23., 2016. 1. 27., 2020. 3. 31.〉

② 기술기준은 전자파가 인체에 미치는 영향을 고려한 전자파 인체보호기준을 포함하여야 한다. 〈신설 2016. 1. 27.〉

③ 산업통상자원부장관은 제1항에 따라 기술기준을 변경하는 경우 기존의 전기설비에 대하여는 변경 전의 기술기준을 적용한다. 다만, 공공의 안전 확보를 위하여 변경된 기술기준을 적용할 수 있다. 〈신설 2020. 3. 31.〉

시행령 **第42조(공사계획의 인가)** 산업통상자원부장관은 법 제61조제1항에 따라 전기설비의 설치공사 또는 변경공사에 관한 계획을 인가할 때에는 해당 계획이 법 제67조에 따른 기술기준에 적합한 경우에만 인가하여야 한다.

시행령 **第43조(기술기준의 제정)** 법 제67조에 따른 기술기준은 전기설비가 다음 각 호의 기준에 적합하도록 정하여야 한다.

1. 사람이나 다른 물체에 위해(危害) 또는 손상을 주지 아니하도록 할 것

2. 내구력의 부족 또는 기기 오작동에 의하여 전기공급에 지장을 주지 아니하도록 할 것
3. 다른 전기설비나 그 밖의 물건의 기능에 전기적 또는 자기적(磁氣的) 장애를 주지 아니하도록 할 것
4. 에너지의 효율적인 이용 및 신기술 · 신공법의 개발 · 활용 등에 지장을 주지 아니하도록 할 것

[전문개정 2009. 11. 20.]

시행령 **제62조(권한의 위임 · 위탁)** ① 산업통상자원부장관은 법 제98조제1항에 따라 다음 각 호의 권한을 특별시장 · 광역시장 · 도지사 또는 특별자치도지사(이하 "시 · 도지사"라 한다)에게 위임한다. 〈개정 2013. 3. 23., 2020. 9. 29., 2021. 1. 5.〉

1. 발전시설 용량이 3천킬로와트 이하인 발전사업에 대한 다음 각 목의 권한
   가. 법 제7조제1항에 따른 전기사업의 허가
   나. 법 제9조에 따른 준비기간의 지정 · 연장 및 사업개시 신고의 접수
   다. 법 제10조에 따른 전기사업의 양수, 전기사업자인 법인의 분할 · 합병의 인가 및 공고 등
   라. 법 제12조에 따른 사업허가의 취소 및 사업의 정지, 사업구역의 감소, 과징금의 부과 · 징수 등
   마. 법 제13조에 따른 청문
   바. 법 제31조의2제2항에 따른 사업정지 명령 및 같은 조 제3항에 따른 사업정지 명령의 유예 결정
2. 설비용량이 1만킬로와트 미만인 발전설비, 전압이 20만볼트 미만인 송전 · 변전설비 또는 전압이 1만볼트 이상인 공동구(전기 · 가스 · 수도 등의 공급설비, 통신시설, 하수도 시설 등 지하매설물을 공동 수용하는 지하 설치 시설물을 말한다) 및 전력구(전기 관련 설비를 설치하기 위한 지하 시설물을 말한다)의 배전선로에 대한 다음 각 목의 권한
   가. 법 제61조제3항에 따른 공사계획의 신고 및 변경신고의 접수
   나. 법 제71조에 따른 기술기준에의 적합명령
3. 설비용량이 1만킬로와트 미만인 전기설비에 대한 법 제61조제4항에 따른 공사 신고의 접수
4. 삭제〈2021. 3. 30.〉
5. 법 제108조제2항제1호에 따른 과태료의 부과 · 징수 중 제1호나목에 따라 시 · 도지사의 권한으로 위임된 사항과 관련된 과태료의 부과 · 징수

② 삭제〈2021. 3. 30.〉

③ 산업통상자원부장관 또는 시 · 도지사는 법 제98조제2항에 따라 다음 각 호의 업무를 「전기안전관리법」 제30조에 따른 한국전기안전공사에 위탁한다. 〈개정 2013. 3. 23., 2021. 3. 30.〉

1. 삭제〈2021. 3. 30.〉
2. 법 제63조에 따른 전기설비의 검사
3. 법 제64조에 따른 전기설비 임시사용의 허용
4. 삭제〈2021. 3. 30.〉

④ 삭제〈2021. 3. 30.〉

⑤ 산업통상자원부장관은 법 제98조제4항에 따라 법 제67조에 따른 기술기준의 조사 · 연구 및 개정 검토에 관한 업무를 해당 업무를 수행할 수 있다고 인정되는 전기설비의 안전관리 관련 법인 또는 단체 중에서 산업통상자원부장관이 지정하여 고시하는 법인 또는 단체에 위탁한다. 〈개정 2013. 3. 23.〉

⑥ 산업통상자원부장관은 법 제98조제5항에 따라 다음 각 호의 업무를 다음 각 호의 구분에 따른 기관 또는 단체에 위탁한다. 〈신설 2018. 12. 11.〉

1. 법 제7조의2제1항 및 제4항에 따른 전기신사업의 등록 및 변경등록의 접수: 「지능형전력망의 구축 및 이용촉진에 관한 법률」 제20조에 따른 지능형전력망 협회
2. 법 제16조의2제1항에 따른 약관의 신고 및 변경신고의 접수: 한국전력거래소

[전문개정 2009. 11. 20.]

제68조(전기설비의 유지) 전기사업자와 자가용전기설비 또는 일반용전기설비의 소유자나 점유자는 전기설비를 기술기준에 적합하도록 유지하여야 한다.

제69조(물밑선로의 보호) ① 전기사업자는 물밑에 설치한 전선로(이하 "물밑선로"라 한다)를 보호하기 위하여 필요한 경우에는 물밑선로보호구역의 지정을 산업통상자원부장관에게 신청할 수 있다. 〈개정 2013.3.23.〉

② 산업통상자원부장관은 제1항에 따른 신청이 있는 경우에는 물밑선로보호구역을 지정할 수 있다. 이 경우 「수산업법」에 따른 양식업 면허를 받은 지역을 물밑선로보호구역으로 지정하려는 경우에는 그 양식업 면허를 받은 자의 동의를 받아야 한다. 〈개정 2013.3.23.〉

③ 산업통상자원부장관은 물밑선로보호구역을 지정하였을 때에는 이를 고시하여야 한다. 〈개정 2013.3.23.〉

④ 산업통상자원부장관은 물밑선로보호구역을 지정하려는 경우에는 미리 해양수산부장관과 협의하여야 한다. 〈개정 2013.3.23.〉

[전문개정 2009.5.21.]

제70조(물밑선로보호구역의 선로 손상행위 금지) 누구든지 제69조에 따른 물밑선로보호구역에서는 다음 각 호의 행위를 하여서는 아니 된다. 다만, 산업통상자원부장관의 승인을 받은 경우에는 그러하지 아니하다. 〈개정 2013.3.23.〉

1. 물밑선로를 손상시키는 행위

2. 선박의 닻을 내리는 행위
3. 물밑에서 광물 · 수산물을 채취하는 행위
4. 그 밖에 물밑선로를 손상하게 할 우려가 있는 행위로서 대통령령으로 정하는 행위
[전문개정 2009.5.21.]

시행령 **제44조(물밑선로의 손상행위)** 법 제70조제4호에서 "대통령령으로 정하는 행위"란 다음 각 호의 어느 하나에 해당하는 행위를 말한다.
1. 안강망어업 · 저인망어업 또는 트롤어업 행위
2. 연해 · 근해 준설(浚渫) 작업 행위
3. 해저탐사를 위한 지형변경행위
4. 어초(魚礁) 설치행위
[전문개정 2009.11.20.]

제71조(기술기준에의 적합명령) 산업통상자원부장관 또는 시 · 도지사는 제63조 또는 제65조에 따른 검사의 결과 전기설비 또는 제20조제4항에 따라 설치한 전기통신선로설비가 기술기준에 적합하지 아니하다고 인정되는 경우에는 해당 전기사업자, 자가용전기설비 · 일반용전기설비의 소유자나 점유자(전기통신선로설비를 설치한 자를 포함한다)에게 그 전기설비 또는 전기통신선로설비의 수리 · 개조 · 이전 또는 사용정지나 사용제한을 명할 수 있다.
〈개정 2013.3.23.〉 [전문개정 2009.5.21.]

제72조(설비의 이설 등) ① 전기사업용전기설비 또는 자가용전기설비와 다른 자의 전기설비나 그 밖의 물건 또는 다른 사업 간에 상호 장애가 발생하거나 발생할 우려가 있는 경우에는 후에 그 원인을 제공한 자가 그 장애를 제거하기 위하여 필요한 조치를 하거나 그 조치에 드는 비용을 부담하여야 한다. 〈개정 2011.3.30.〉
② 전기사업용전기설비가 다른 자가 설치하거나 설치하려는 지상물 또는 그 밖의 물건으로 인하여 기술기준에 적합하지 아니하게 되거나 아니하게 될 우려가 있는 경우 그 지상물 또는 그 밖의 물건을 설치하거나 설치하려는 자는 그 전기사업용전기설비가 기술기준에 적합하도록 하기 위하여 필요한 조치를 하거나 전기사업자로 하여금 필요한 조치를 할 것을 요구할 수 있다. 〈개정 2011.3.30.〉
③ 전기사업자는 제2항에 따른 요구를 받은 경우 그 조치를 위한 이설부지(移設敷地) 확보가 불가능하거나 기술기준에 적합하도록 할 수 없는 등 업무를 수행함에 있어서나 기술적으로 곤란한 경우로서 대통령령으로 정하는 경우를 제외하고는 필요한 조치를 하여야 한다.
④ 제2항과 제3항에 따른 조치에 필요한 비용은 지상물 또는 그 밖의 물건을 설치하거나 설치하려는 자가 부담하여야 한다. 다만, 제89조에 따라 다른 자의 토지의 지상 또는 지하 공간에 전선로를 설치한 후 그 토지의 소유자 또는 점유자가 그 토지에 지상물 또는 그 밖의 물

건을 설치하거나 설치하려는 경우에는 그 전선로의 이설계획 및 경과연도 등 대통령령으로 정하는 기준에 따라 이설비용을 감면할 수 있다. 〈개정 2011.3.30.〉

⑤ 제1항 및 제4항에 따른 조치의 범위 및 방법, 비용의 부담기준, 그 밖에 필요한 사항은 대통령령으로 정한다. 〈신설 2011.3.30.〉

[전문개정 2009.5.21.]

시행령 **제44조의2(설비의 이설 등의 조치가 곤란한 경우)** 법 제72조제3항에서 "대통령령으로 정하는 경우"란 다음 각 호의 경우를 말한다.

1. 전기설비 이설부지(移設敷地)의 확보가 불가능하거나 이설 등의 조치 시 해당 전기설비를 기술기준에 적합하게 유지할 수 없는 경우
2. 전기설비의 이설 등을 위하여 그 전기설비에 대한 전기공급을 중지하는 경우 전기사업자의 전력계통에 중대한 영향을 미치게 되는 경우

[전문개정 2009.11.20.]

시행령 **제44조의3(이설비용의 감면)** 법 제72조제4항 단서에 따른 전선로의 이설비용 감면기준은 다음 각 호와 같다.

1. 이설계획에 따라 이설공사가 시행되고 있는 전선로의 경우: 이설비용의 전액 면제
2. 다음 각 목의 요건을 모두 갖춘 전선로의 경우: 이설비용의 30퍼센트 감면
   가. 설치된 후 30년 이상 지났을 것
   나. 「공익사업을 위한 토지 등의 취득 및 보상에 관한 법률」에 따른 국가의 공익사업 시행으로 국가가 소유하거나 점유하게 되는 토지 위에 설치될 것

   [전문개정 2009.11.20.]

시행령 **제44조의4(설비의 이설 등 조치의 범위 및 방법 등)** ① 법 제72조제5항에 따른 조치의 범위 및 방법은 다음 각 호와 같다.

1. 전선로 등 전기설비의 기능이 동일하게 유지되도록 할 것
2. 설비의 이설, 철거, 이전 및 그 밖에 장애를 제거하거나 기술기준에 적합하도록 하기 위하여 필요한 조치를 할 것
3. 전기사업자 외의 자가 제2호에 따른 필요한 조치를 하려는 경우에는 전기사업자와 협의할 것

② 제1항에 따른 조치에 필요한 비용은 다음 각 호의 금액으로 한다.

1. 설계, 측량, 감리, 전기설비의 신설 및 철거, 이설부지(移設敷地) 확보 등 전기설비의 이설 등에 필요한 비용
2. 인 · 허가 및 권리 설정을 위한 지적측량수수료, 감정평가수수료, 등기수수료 등 이설공사를 위한 부대 비용 [본조신설 2011.9.30.]

제72조의2(가공전선로의 지중이설) ① 시장 · 군수 · 구청장 또는 토지소유자는 전주와 그 전주에 가공으로 설치된 전선로(제20조에 따라 전주에 설치된 전기통신선로설비를 포함한다)의 지중이설(이하 "지중이설"이라 한다)이 필요하다고 판단하는 경우 전기사업자에게 이를 요청할 수 있다.

② 제1항에 따른 지중이설에 필요한 비용은 그 요청을 한 자가 부담한다. 다만, 시장 · 군수 · 구청장이 공익적인 목적을 위하여 지중이설을 요청하는 경우 전선로를 설치한 자는 산업통상자원부장관이 정하는 기준과 절차에 따라 그 비용의 일부를 부담할 수 있다. 〈개정 2013.3.23.〉

③ 산업통상자원부장관은 제2항에 따른 비용부담의 기준과 절차, 그 밖에 지중이설의 원활한 추진에 필요한 구체적인 사항을 정하여 고시할 수 있다. 〈개정 2013.3.23.〉

[본조신설 2011.3.30.]

제73조 삭제 〈2020.3.31.〉

제73조의2 삭제 〈2020.3.31.〉

제73조의3 삭제 〈2020.3.31.〉

제73조의4 삭제 〈2020.3.31.〉

제73조의5 삭제 〈2020.3.31.〉

제73조의6 삭제 〈2020.3.31.〉

제73조의7 삭제 〈2020.3.31.〉

제73조의8 삭제 〈2020.3.31.〉

16.5.8 한국전기안전공사 삭제 〈2020.3.31.〉

제74조 삭제 〈2020.3.31.〉

제75조 삭제 〈2020.3.31.〉

제76조 삭제 〈2020.3.31.〉

제77조 삭제 〈2020.3.31.〉

제78조 삭제 〈2020.3.31.〉

제79조 삭제 〈2020.3.31.〉

제80조 삭제 〈2020.3.31.〉

제81조 삭제 〈2020.3.31.〉

16.5.9 삭제 〈2008.3.28.〉

第82조 삭제 〈2008.3.28.〉

第83조 삭제 〈2008.3.28.〉

第84조 삭제 〈2008.3.28.〉

第85조 삭제 〈2008.3.28.〉

第86조 삭제 〈2008.3.28.〉

16.5.10 토지 등의 사용

第87조(다른 자의 토지 등의 사용) ① 전기사업자는 전기사업용전기설비의 설치나 이를 위한 실지조사 · 측량 및 시공 또는 전기사업용전기설비의 유지 · 보수를 위하여 필요한 경우에는 「공익사업을 위한 토지 등의 취득 및 보상에 관한 법률」에서 정하는 바에 따라 다른 자의 토지 또는 이에 정착된 건물이나 그 밖의 공작물(이하 "토지등"이라 한다)을 사용하거나 다른 자의 식물 또는 그 밖의 장애물을 변경 또는 제거할 수 있다.

② 전기사업자는 다음 각 호의 어느 하나에 해당하는 경우에는 다른 자의 토지등을 일시사용하거나 다른 자의 식물을 변경 또는 제거할 수 있다. 다만, 다른 자의 토지등이 주거용으로 사용되고 있는 경우에는 그 사용 일시 및 기간에 관하여 미리 거주자와 협의하여야 한다.

1. 천재지변, 전시 · 사변, 그 밖의 긴급한 사태로 전기사업용전기설비 등이 파손되거나 파손될 우려가 있는 경우 15일 이내에서의 다른 자의 토지등의 일시사용
2. 전기사업용 전선로에 장애가 되는 식물을 방치하여 그 전선로를 현저하게 파손하거나 화재 또는 그 밖의 재해를 일으키게 할 우려가 있다고 인정되는 경우 그 식물의 변경 또는 제거

③ 전기사업자는 제2항에 따라 다른 자의 토지등을 일시사용하거나 식물의 변경 또는 제거를 한 경우에는 즉시 그 점유자나 소유자에게 그 사실을 통지하여야 한다.

④ 토지등의 점유자 또는 소유자는 정당한 사유 없이 제2항에 따른 전기사업자의 토지등의 일시사용 및 식물의 변경 · 제거 행위를 거부 · 방해 또는 기피하여서는 아니 된다.
〈신설 2016.1.27.〉 [전문개정 2009.5.21.]

第88조(다른 자의 토지등에의 출입) ① 전기사업자는 전기설비의 설치 · 유지 및 안전관리를 위하여 필요한 경우에는 다른 자의 토지등에 출입할 수 있다. 이 경우 전기사업자는 출입방법 및 출입기간 등에 대하여 미리 토지등의 소유자 또는 점유자와 협의하여야 한다.
〈개정 2011.3.30.〉

② 전기사업자는 제1항에 따른 협의가 성립되지 아니하거나 협의를 할 수 없는 경우에는 시장 · 군수 또는 구청장의 허가를 받아 토지등에 출입할 수 있다.
③ 시장 · 군수 또는 구청장은 제2항에 따른 허가신청이 있는 경우에는 그 사실을 토지등의 소유자 또는 점유자에게 알리고 의견을 진술할 기회를 주어야 한다.
④ 전기사업자는 제2항에 따라 다른 자의 토지등에 출입하려면 미리 토지등의 소유자 또는 점유자에게 그 사실을 알려야 한다.
⑤ 제2항에 따라 다른 자의 토지등에 출입하는 자는 그 권한을 표시하는 증표를 지니고 이를 관계인에게 내보여야 한다.
[전문개정 2009.5.21.]

제89조(다른 자의 토지의 지상 등의 사용) ① 전기사업자는 그 사업을 수행하기 위하여 필요한 경우에는 현재의 사용방법을 방해하지 아니하는 범위에서 다른 자의 토지의 지상 또는 지하 공간에 전선로를 설치할 수 있다. 이 경우 전기사업자는 전선로의 설치방법 및 존속기간 등에 대하여 미리 그 토지의 소유자 또는 점유자와 협의하여야 한다. 〈개정 2011.3.30.〉
② 제1항의 경우에는 제88조제2항부터 제5항까지의 규정을 준용한다.
[전문개정 2009.5.21.]
[제목개정 2011.3.30.]

제89조의2(구분지상권의 설정등기 등) ① 전기사업자는 다른 자의 토지의 지상 또는 지하 공간의 사용에 관하여 구분지상권의 설정 또는 이전을 전제로 그 토지의 소유자 및 「공익사업을 위한 토지 등의 취득 및 보상에 관한 법률」 제2조제5호에 따른 관계인과 협의하여 그 협의가 성립된 경우에는 구분지상권을 설정 또는 이전한다. 〈개정 2011.3.30.〉
② 전기사업자는 「공익사업을 위한 토지 등의 취득 및 보상에 관한 법률」에 따라 토지의 지상 또는 지하 공간의 사용에 관한 구분지상권의 설정 또는 이전을 내용으로 하는 수용 · 사용의 재결을 받은 경우에는 「부동산등기법」 제99조를 준용하여 단독으로 해당 구분지상권의 설정 또는 이전 등기를 신청할 수 있다. 〈개정 2011.3.30., 2011.4.12.〉
③ 토지의 지상 또는 지하 공간의 사용에 관한 구분지상권의 등기절차에 관하여 필요한 사항은 대법원규칙으로 정한다. 〈개정 2011.3.30.〉
④ 제1항 및 제2항에 따른 구분지상권의 존속기간은 「민법」 제280조 및 제281조에도 불구하고 송전선로[발전소 상호간, 변전소 상호간 및 발전소와 변전소 간을 연결하는 전선로(통신용으로 전용하는 것은 제외한다)와 이에 속하는 전기설비를 말한다. 이하 같다]가 존속하는 때까지로 한다. 〈개정 2011.3.30.〉
[본조신설 2009.5.21.]

제90조(토지의 일시사용 등에 대한 손실보상) 전기사업자는 제87조제2항에 따른 다른 자의 토지등의 일시사용, 다른 자의 식물의 변경 또는 제거나 제88조제1항에 따른 다른 자의 토지

등에의 출입으로 인하여 손실이 발생한 때에는 손실을 입은 자에게 정당한 보상을 하여야 한다. 〈개정 2011.3.30.〉

[전문개정 2009.5.21.]

[제목개정 2011.3.30.]

시행령 **제50조(손실보상의 산정기준)** 법 제90조의2제3항에 따른 손실보상의 구체적인 산정기준은 별표 5와 같다.

[본조신설 2011.9.30.]

■ [별표5] 손실보상의 산정기준(제50조 관련) 〈신설 2011.9.30〉

구 분	사용기간	보상금액 산정기준
지상 공간의 사용	송전선로가 존속하는 기간까지 사용	보상금액 = 토지의 단위면적당 적정가격×지상 공간의 사용면적×(입체이용저해율 + 추가보정률)
	한시적 사용	보상금액 = 토지의 단위면적당 사용료 평가가액×지상 공간의 사용면적×(입체이용저해율 + 추가보정률)
지하 공간의 사용	송전선로가 존속하는 기간까지 사용	보상금액 = 토지의 단위면적당 적정가격×지하 공간의 사용면적×입체이용저해율

[비고]

1. "입체이용저해율"이란 송전선로를 설치함으로써 토지의 이용이 저해되는 정도에 따른 적정한 비율을 말한다.
2. "추가보정률"이란 송전선로를 설치함으로써 해당 토지의 경제적 가치가 감소되는 정도를 나타내는 비율을 말한다.
3. "지상 공간의 사용면적"이란 법 제90조의2제2항제1호에 따른 면적을 말하며, "지하 공간의 사용면적"이란 법 제90조의2제2항제2호에 따른 면적을 말한다.
4. "한시적 사용"이란 법 제90조의2제1항에 따라 전기사업자가 설치하는 송전선로에 대하여 「전원개발촉진법」 제5조에 따른 전원개발사업 실시계획 승인의 고시일부터 3년 이내에 철거가 계획된 경우를 말한다(법 제89조의2에 따른 구분지상권의 설정 또는 이전의 경우에 대해서는 적용하지 아니한다).
5. 토지의 가격(단위면적당 적정가격 및 단위면적당 사용료 평가가액을 말한다), 입체이용저해율 및 추가보정률 등 손실보상의 산정 방법에 관하여는 「공익사업을 위한 토지 등의 취득 및 보상에 관한 법률」 제67조 및 제68조에 따라 평가한다.

제90조의2(토지의 지상 등의 사용에 대한 손실보상) ① 전기사업자는 제89조제1항에 따른 다른 자의 토지의 지상 또는 지하 공간에 송전선로를 설치함으로 인하여 손실이 발생한 때에는 손실을 입은 자에게 정당한 보상을 하여야 한다.

② 제1항에 따른 보상금액의 산정기준이 되는 토지 면적은 다음 각 호의 구분에 따른다.

1. 지상 공간의 사용: 송전선로의 양측 가장 바깥선으로부터 수평으로 3미터를 더한 범위에서 수직으로 대응하는 토지의 면적. 이 경우 건축물 등의 보호가 필요한 경우에는 기술기준에 따른 전선과 건축물 간의 전압별 이격거리까지 확장할 수 있다.

2. 지하 공간의 사용: 송전선로 시설물의 설치 또는 보호를 위하여 사용되는 토지의 지하 부분에서 수직으로 대응하는 토지의 면적

③ 제1항 및 제2항에 따른 손실보상의 구체적인 산정기준 및 방법에 관한 사항은 대통령령으로 정한다.

[본조신설 2011.3.30.]

제91조(원상회복) 전기사업자는 제87조제2항제1호에 따른 토지등의 일시사용이 끝난 경우에는 토지등을 원상으로 회복하거나 이에 필요한 비용을 토지등의 소유자 또는 점유자에게 지급하여야 한다. [전문개정 2009.5.21.]

제92조(공공용 토지의 사용) ① 전기사업자는 국가 · 지방자치단체나 그 밖의 공공기관이 관리하는 공공용 토지에 전기사업용 전선로를 설치할 필요가 있는 경우에는 그 토지 관리자의 허가를 받아 토지를 사용할 수 있다.

② 제1항의 경우에 토지 관리자가 정당한 사유 없이 허가를 거절하거나 허가조건이 적절하지 아니한 경우에는 전기사업자의 신청을 받아 그 토지를 관할하는 주무부장관이 사용을 허가하거나 허가조건을 변경할 수 있다.

③ 주무부장관은 제2항에 따라 사용을 허가하거나 허가조건을 변경하려는 경우에는 미리 산업통상자원부장관과 협의하여야 한다. 〈개정 2013.3.23.〉

[전문개정 2009.5.21.]

16.5.11 보칙 〈개정 2009.5.21.〉

제92조의2(집단에너지사업자의 전기공급에 대한 특례) ①「집단에너지사업법」 제9조에 따라 사업허가를 받은 집단에너지사업자 중 50만킬로와트 이하의 범위에서 대통령령으로 정하는 발전설비용량을 갖춘 자는 제31조제1항에도 불구하고「집단에너지사업법」 제9조에 따라 허가받은 공급구역에서 전기를 공급할 수 있다. 〈개정 2022. 10. 18.〉

② 제1항의 집단에너지사업자는 이 법을 적용할 때에는 구역전기사업자로 본다.

[전문개정 2009. 5. 21.]

시행령 **제59조의2(집단에너지사업자의 전기공급에 대한 특례)** 법 제92조의2제1항에서 "대통령령으로 정하는 발전설비용량을 갖춘 자"란「집단에너지사업법」 제2조제3호에 따른 사업자로서 50만킬로와트 이하의 발전설비용량을 갖춘 자를 말한다.

제93조(회계의 구분) ① 대통령령으로 정하는 전기사업자는 재무상태표, 손익계산서 등 회계

서류작성에 대하여 산업통상자원부령으로 정하는 바에 따라 그 회계를 처리하여야 한다. 〈개정 2013.3.23., 2015.5.18.〉

② 제1항에 따른 전기사업자가 전기사업 외의 사업을 하는 경우에는 전기사업에 관한 회계와 전기사업 외의 사업에 관한 회계를 구분하여 처리하여야 한다.

[전문개정 2009.5.21.]

시행령 **제60조(회계기준)** 법 제93조제1항에 따라 회계를 구분하여야 하는 전기사업자는 발전사업자(설비용량이 3천킬로와트 이하인 경우는 제외한다), 송전사업자 및 배전사업자로 한다. [전문개정 2009.11.20.]

제94조(상각 등) 산업통상자원부장관은 전기사업의 적절한 수행을 도모하기 위하여 특히 필요하다고 인정되는 경우에는 「법인세법」 또는 「조세특례제한법」에서 허용하는 범위에서 전기사업자에게 전기사업용 고정자산을 상각(償却)하거나 그 종류 · 방법 또는 금액을 정하여 적립금 또는 충당금을 설정할 것을 명할 수 있다. 〈개정 2013.3.23.〉

[전문개정 2009.5.21.]

제95조 삭제 〈2008.3.28.〉

제96조(외국인투자기업에 대한 제한) 산업통상자원부장관은 「외국인투자 촉진법」에 따른 외국인투자기업에 대하여는 다음 각 호의 어느 하나의 허가 · 승인 또는 지정을 하여서는 아니 된다. 〈개정 2013.3.23.〉

1. 제7조제1항에 따른 발전사업(원자력발전소를 운영하는 경우만 해당한다)의 허가
2. 제28조에 따른 원자력발전연료의 제조 · 공급계획의 승인

[전문개정 2009.5.21.]

제96조의2 삭제 〈2020.3.31.〉
제96조의3 삭제 〈2020.3.31.〉
제96조의4 삭제 〈2020.3.31.〉

제96조의5(충전요금의 표시) ① 전기자동차충전사업자는 대통령령으로 정하는 바에 따라 충전요금을 표시하여야 한다.

② 산업통상자원부장관은 거래의 투명성을 높여 경쟁을 촉진하고 충전요금의 적정화를 위하여 「부정경쟁방지 및 영업비밀보호에 관한 법률」 제2조제2호에 따른 영업비밀을 침해하지 아니하는 범위에서 전기자동차충전사업자의 충전요금을 공개할 수 있다.

[본조신설 2018. 6. 12.]

시행령 제61조의4(충전요금의 표시) ① 전기자동차충전사업자는 법 제96조의5제1항에 따라 충전요금을 표시하는 경우에는 충전요금 정보를 소비자가 쉽게 알아볼 수 있도록 표시판을 설치하거나 인터넷 홈페이지 또는 이동통신단말장치에서 사용되는 애플리케이션(Application)에 게시하는 방법 등으로 충전요금을 표시하여야 한다.

② 전기자동차충전사업자는 「옥외광고물 등의 관리와 옥외광고산업 진흥에 관한 법률 시행령」 제12조제8항 및 제16조제1항에도 불구하고 제1항에 따른 표시판을 추가로 설치하거나 충전요금표시와 관련된 도형 등을 따로 표시 또는 사용할 수 있다.

[본조신설 2018. 12. 11.]

제97조(수수료 등) ① 다음 각 호의 어느 하나에 해당하는 자는 산업통상자원부령으로 정하는 바에 따라 수수료를 내야 한다. 〈개정 2013.3.23.〉

1. 제63조 및 제65조에 따른 검사를 받으려는 자
2. 제66조의2에 따른 전기안전점검을 받으려는 자
3. 제73조의2제2항에 따른 전기안전관리자의 선임신고증명서를 발급받으려는 자
4. 제73조의5제2항에 따른 변경등록을 하려는 자(변경사항이 기술인력인 경우만 해당한다)

② 제73조의4제1항에 따른 전기안전관리자의 안전관리교육을 받으려는 사람은 산업통상자원부령으로 정하는 바에 따라 교육비를 내야 한다. 〈개정 2013.3.23.〉

[전문개정 2009.5.21.]

제98조(권한의 위임 · 위탁) ① 이 법에 따른 산업통상자원부장관의 권한은 그 일부를 대통령령으로 정하는 바에 따라 그 소속 기관 또는 시 · 도지사에게 위임할 수 있다.
〈개정 2013.3.23.〉

② 이 법에 따른 산업통상자원부장관 또는 시 · 도지사의 권한 중 다음 각 호의 업무 중 일부를 대통령령으로 정하는 바에 따라 안전공사에 위탁할 수 있다. 〈개정 2013.3.23.〉

1. 제62조제2항에 따른 자가용전기설비의 공사계획의 신고 및 변경신고의 접수
2. 제63조 및 제65조에 따른 전기설비의 검사
3. 제64조에 따른 전기설비의 임시사용의 허용

③ 이 법에 따른 산업통상자원부장관 또는 시 · 도지사의 권한 중 다음 각 호의 업무는 대통령령으로 정하는 바에 따라 전력기술인단체에 위탁할 수 있다. 〈개정 2013.3.23.〉

1. 제73조의4제1항에 따른 안전관리교육
2. 제73조의5제2항에 따른 전기안전관리업무를 전문으로 하는 자 및 전기안전관리대행사업자의 변경등록(변경사항이 기술인력인 경우만 해당한다)

④ 산업통상자원부장관은 기술기준의 조사 · 연구 및 개정 검토에 관한 업무를 대통령령으로 정하는 바에 따라 전기설비의 안전관리와 관련된 법인 또는 단체에 위탁할 수 있다.

〈개정 2013.3.23.〉 [전문개정 2009.5.21.]

시행령 제62조(권한의 위임 · 위탁) ① 산업통상자원부장관은 법 제98조제1항에 따라 다음 각 호의 권한을 특별시장 · 광역시장 · 도지사 또는 특별자치도지사(이하 "시 · 도지사"라 한다)에게 위임한다. 〈개정 2013. 3. 23., 2020. 9. 29., 2021. 1. 5.〉

1. 발전시설 용량이 3천킬로와트 이하인 발전사업에 대한 다음 각 목의 권한
   가. 법 제7조제1항에 따른 전기사업의 허가
   나. 법 제9조에 따른 준비기간의 지정 · 연장 및 사업개시 신고의 접수
   다. 법 제10조에 따른 전기사업의 양수, 전기사업자인 법인의 분할 · 합병의 인가 및 공고 등
   라. 법 제12조에 따른 사업허가의 취소 및 사업의 정지, 사업구역의 감소, 과징금의 부과 · 징수 등
   마. 법 제13조에 따른 청문
   바. 법 제31조의2제2항에 따른 사업정지 명령 및 같은 조 제3항에 따른 사업정지 명령의 유예 결정
2. 설비용량이 1만킬로와트 미만인 발전설비, 전압이 20만볼트 미만인 송전 · 변전설비 또는 전압이 1만볼트 이상인 공동구(전기 · 가스 · 수도 등의 공급설비, 통신시설, 하수도시설 등 지하매설물을 공동 수용하는 지하 설치 시설물을 말한다) 및 전력구(전기 관련 설비를 설치하기 위한 지하 시설물을 말한다)의 배전선로에 대한 다음 각 목의 권한
   가. 법 제61조제3항에 따른 공사계획의 신고 및 변경신고의 접수
   나. 법 제71조에 따른 기술기준에의 적합명령
3. 설비용량이 1만킬로와트 미만인 전기설비에 대한 법 제61조제4항에 따른 공사 신고의 접수
4. 삭제〈2021. 3. 30.〉
5. 법 제108조제2항제1호에 따른 과태료의 부과 · 징수 중 제1호나목에 따라 시 · 도지사의 권한으로 위임된 사항과 관련된 과태료의 부과 · 징수

② 삭제〈2021. 3. 30.〉

③ 산업통상자원부장관 또는 시 · 도지사는 법 제98조제2항에 따라 다음 각 호의 업무를 「전기안전관리법」 제30조에 따른 한국전기안전공사에 위탁한다. 〈개정 2013. 3. 23., 2021. 3. 30.〉

1. 삭제〈2021. 3. 30.〉
2. 법 제63조에 따른 전기설비의 검사
3. 법 제64조에 따른 전기설비 임시사용의 허용
4. 삭제〈2021. 3. 30.〉

④ 삭제〈2021. 3. 30.〉

⑤ 산업통상자원부장관은 법 제98조제4항에 따라 법 제67조에 따른 기술기준의 조사 · 연구 및 개정 검토에 관한 업무를 해당 업무를 수행할 수 있다고 인정되는 전기설비의 안전관리 관련 법인 또는 단체 중에서 산업통상자원부장관이 지정하여 고시하는 법인 또는 단체에 위탁한다. 〈개정 2013. 3. 23.〉

⑥ 산업통상자원부장관은 법 제98조제5항에 따라 다음 각 호의 업무를 다음 각 호의 구분에 따른 기관 또는 단체에 위탁한다. 〈신설 2018. 12. 11.〉

1. 법 제7조의2제1항 및 제4항에 따른 전기신사업의 등록 및 변경등록의 접수: 「지능형전력망의 구축 및 이용촉진에 관한 법률」 제20조에 따른 지능형전력망 협회
2. 법 제16조의2제1항에 따른 약관의 신고 및 변경신고의 접수: 한국전력거래소

[전문개정 2009. 11. 20.]

시행령 **제62조의3(고유식별정보의 처리)** ① 산업통상자원부장관(법 제98조제1항에 따라 산업통상자원부장관의 권한을 위임받은 자를 포함한다)은 다음 각 호의 사무를 수행하기 위하여 불가피한 경우 「개인정보 보호법 시행령」 제19조제1호 또는 제4호에 따른 주민등록번호 또는 외국인등록번호가 포함된 자료를 처리할 수 있다.

1. 법 제7조제1항에 따른 전기사업의 허가 및 변경허가에 관한 사무
2. 법 제8조에 따른 전기사업 허가 신청자의 결격사유 확인에 관한 사무
3. 법 제10조에 따른 전기사업의 양수 및 전기사업자인 법인의 분할 또는 합병의 인가에 관한 사무
4. 법 제11조제1항에 따른 사업의 승계에 관한 사무
5. 법 제12조제4항 및 제6항에 따른 과징금의 부과 및 징수에 관한 사무
6. 법 제108조에 따른 과태료의 부과 및 징수에 관한 사무

② 송전사업자 또는 배전사업자는 법 제15조에 따라 인가받은 이용요금에 따른 송전 · 배전용 전기설비 이용자 부담 비용 등의 부과 · 징수에 관한 사무를 수행하기 위하여 불가피한 경우 「개인정보 보호법 시행령」 제19조제1호 또는 제4호에 따른 주민등록번호 또는 외국인등록번호가 포함된 자료를 처리할 수 있다.

③ 전기판매사업자는 법 제16조에 따른 약관에 따른 전기공급 및 전기요금의 부과 및 징수에 관한 사무를 수행하기 위하여 불가피한 경우 「개인정보 보호법 시행령」 제19조제1호 또는 제4호에 따른 주민등록번호 또는 외국인등록번호가 포함된 자료를 처리할 수 있다.

④ 삭제〈2021. 3. 30.〉

⑤ 전기사업자는 다음 각 호의 사무를 수행하기 위하여 불가피한 경우 「개인정보 보호법 시행령」 제19조제1호 또는 제4호에 따른 주민등록번호 또는 외국인등록번호가 포함된 자료를 처리할 수 있다.

1. 법 제72조에 따른 설비의 이설 관련 비용 부담에 관한 사무

2. 법 제72조의2에 따른 가공전선로의 지중이설 관련 비용 부담에 관한 사무
3. 법 제87조부터 제89조까지의 규정에 따른 토지 등의 사용 또는 출입에 관한 사무

⑥ 삭제〈2021. 3. 30.〉

[본조신설 2017. 3. 2.]

제99조(벌칙 적용 시의 공무원 의제) 다음 각 호의 어느 하나에 해당하는 자는 「형법」 제129조부터 제132조까지의 규정에 따른 벌칙을 적용할 때에는 공무원으로 본다. 〈개정 2013.3.23.〉

1. 전기위원회의 위원 중 공무원이 아닌 위원
2. 산업통상자원부장관 또는 시 · 도지사가 제52조제2항 및 제98조제2항부터 제4항까지의 규정에 따라 위탁한 업무에 종사하는 안전공사, 법인 또는 단체의 임직원

[전문개정 2009.5.21.]

16.5.12 벌칙 〈개정 2009.5.21.〉

제100조(벌칙) ① 다음 각 호의 어느 하나에 해당하는 자는 10년 이하의 징역 또는 1억원 이하의 벌금에 처한다. 〈개정 2014. 5. 20., 2020. 10. 20.〉

1. 전기사업용전기설비를 손괴하거나 절취(竊取)하여 발전 · 송전 · 변전 또는 배전을 방해한 자
2. 전기사업용전기설비에 장애를 발생하게 하여 발전 · 송전 · 변전 또는 배전을 방해한 자
3. 제17조의2제2항을 위반하여 자료 또는 정보를 사용 · 제공 또는 누설한 자

② 다음 각 호의 어느 하나에 해당하는 자는 5년 이하의 징역 또는 5천만원 이하의 벌금에 처한다. 〈개정 2014. 5. 20.〉

1. 정당한 사유 없이 전기사업용전기설비를 조작하여 발전 · 송전 · 변전 또는 배전을 방해한 자
2. 전기사업에 종사하는 자로서 정당한 사유 없이 전기사업용전기설비의 유지 또는 운용업무를 수행하지 아니함으로써 발전 · 송전 · 변전 또는 배전에 장애가 발생하게 한 자

③ 제1항 및 제2항제1호의 미수범은 처벌한다.

[전문개정 2009. 5. 21.]

제101조(벌칙) 다음 각 호의 어느 하나에 해당하는 자는 3년 이하의 징역 또는 3천만원 이하의 벌금에 처하거나 이를 병과(倂科)할 수 있다. 〈개정 2014.5.20.〉

1. 제7조제1항을 위반하여 허가 또는 변경허가를 받지 아니하고 전기사업을 한 자

2. 제21조제1항에 따른 금지행위를 한 자
3. 제23조에 따른 명령을 이행하지 아니한 자
4. 제28조를 위반하여 승인 또는 변경승인을 받지 아니하고 원자력발전연료를 제조 · 공급한 자
5. 제31조제1항 · 제2항 또는 제32조를 위반하여 전력시장 외에서 전력거래를 한 자
6. 삭제 〈2016.1.27.〉
7. 제70조를 위반하여 물밑선로를 손상하거나 손상하게 할 우려가 있는 행위를 한 자

[전문개정 2009.5.21.]

제102조(벌칙) ① 다음 각 호의 어느 하나에 해당하는 자는 2년 이하의 징역 또는 2천만원 이하의 벌금에 처하거나 이를 병과할 수 있다. 〈개정 2014. 5. 20., 2016. 1. 27., 2020. 3. 31.〉
1. 제14조를 위반하여 정당한 사유 없이 전기공급을 거부한 자
2. 제20조제1항을 위반하여 전기설비를 차별하여 이용하게 한 자
3. 제20조제2항에 따른 대여를 받지 아니하고 전기사업용전기설비에 전기통신선로설비를 설치한 자
4. 삭제〈2014. 5. 20.〉
5. 제42조제1항(같은 조 제2항에 따라 준용하는 경우를 포함한다)을 위반하여 직무와 관련하여 알게 된 비밀을 누설 또는 도용하거나 다른 사람으로 하여금 이용하게 한 자

② 제65조의2에 따른 자체 검사를 하지 아니한 자는 2천만원 이하의 벌금에 처한다. 〈신설 2020. 3. 31.〉

[전문개정 2009. 5. 21.]

제103조(벌칙) 다음 각 호의 어느 하나에 해당하는 자는 1년 이하의 징역 또는 1천만원 이하의 벌금에 처한다.
1. 제7조의2제1항에 따른 등록 또는 변경등록을 하지 아니하고 전기신사업을 한 자

1의2. 제15조제1항에 따른 인가 또는 변경인가를 받지 아니하고 전기설비를 이용하게 한 자

2. 제16조제1항에 따른 인가 또는 변경인가를 받지 아니하고 전기를 공급한 자

2의2. 제20조의2에 따른 전기설비의 정보를 공개하지 아니하거나 거짓으로 정보를 공개한 자

3. 제41조제1항에 따른 정보를 공개하지 아니한 자 또는 같은 항에 따른 전력계통의 운영에 관한 정보를 정당한 사유 없이 변경 또는 말소하거나 조작한 자

3의2. 제61조제1항을 위반하여 전기설비의 설치공사 또는 변경공사를 한 자

4. 삭제〈2020. 3. 31.〉

4의2. 삭제〈2020. 3. 31.〉

5. 삭제〈2020. 3. 31.〉
   [전문개정 2009. 5. 21.]

제104조 삭제 〈200.3.31.〉

제105조(벌칙) 다음 각 호의 어느 하나에 해당하는 자는 300만원 이하의 벌금에 처한다. 〈개정 2014.5.20., 2015.5.18.〉

1. 제16조제5항을 위반하여 전기를 공급한 자
2. 제18조제3항, 제27조의2제5항 또는 제29조제1항에 따른 명령을 위반한 자
3. 제63조에 따른 검사에 합격하지 아니하고 전기설비를 사용한 자. 다만, 제64조에 따른 임시사용의 통지를 받은 경우는 제외한다.
4. 제71조(전기사업용전기설비 및 자가용전기설비의 소유자 또는 점유자만 해당한다)에 따른 명령을 위반한 자
5. 삭제 〈2014.5.20.〉
6. 제93조제2항을 위반하여 회계를 처리한 자
   [전문개정 2009.5.21.]

제106조(벌칙) 다음 각 호의 어느 하나에 해당하는 자는 100만원 이하의 벌금에 처한다. 〈개정 2016.1.27.〉

1. 제61조제3항을 위반하여 전기설비의 설치공사 또는 변경공사를 한 자
2. 삭제 〈2014.5.20.〉
3. 제65조에 따른 검사를 거부 · 방해 또는 기피한 자
4. 제73조제5항을 위반하여 전기안전관리자의 대행자를 지정하지 아니한 자
5. 제73조제6항에 따른 전기안전관리 대행업무의 범위 및 업무량을 넘거나 최소점검횟수에 미달하여 전기안전관리업무를 대행한 자
   [전문개정 2009.5.21.]

제107조(양벌규정) 법인의 대표자나 법인 또는 개인의 대리인, 사용인, 그 밖의 종업원이 그 법인 또는 개인의 업무에 관하여 제101조부터 제106조까지의 어느 하나에 해당하는 위반행위를 하면 그 행위자를 벌하는 외에 그 법인 또는 개인에게도 해당 조문의 벌금형을 과(科)한다. 다만, 법인 또는 개인이 그 위반행위를 방지하기 위하여 해당 업무에 관하여 상당한 주의와 감독을 게을리하지 아니한 경우에는 그러하지 아니하다.
[전문개정 2008.12.26.]

제108조(과태료) ① 다음 각 호의 어느 하나에 해당하는 자에게는 300만원 이하의 과태료를 부과한다. 〈개정 2013. 7. 30., 2016. 1. 27.〉

1. 제22조제2항에 따른 자료나 물건의 제출명령 또는 장부ㆍ서류나 그 밖의 자료 또는 물건의 조사를 거부ㆍ방해 또는 기피한 자
2. 제27조의2제4항에 따른 자료 제출 요구에 따르지 아니하거나 거짓으로 제출한 자
3. 삭제〈2020. 3. 31.〉
4. 삭제〈2020. 3. 31.〉

   4의2. 삭제〈2020. 3. 31.〉
5. 삭제〈2020. 3. 31.〉
6. 삭제〈2020. 3. 31.〉
7. 제94조에 따른 명령을 위반한 자
8. 삭제〈2020. 3. 31.〉

② 다음 각 호의 어느 하나에 해당하는 자에게는 100만원 이하의 과태료를 부과한다.
〈개정 2018. 6. 12., 2019. 8. 20., 2020. 3. 31.〉

1. 제9조제4항, 제11조제4항, 제26조에 따른 신고 또는 변경신고를 하지 아니하거나 거짓으로 신고 또는 변경신고를 한 자
2. 제16조제4항을 위반하여 공급약관을 갖춰 두지 아니하거나 열람할 수 있게 하지 아니한 자
3. 제18조제2항에 따른 기록을 하지 아니하거나 거짓 기록을 한 자 또는 기록을 보존하지 아니한 자
4. 제61조제2항을 위반하여 전기설비의 설치공사 또는 변경공사를 한 자
5. 삭제〈2020. 3. 31.〉
6. 삭제〈2020. 3. 31.〉

③ 제1항 및 제2항에 따른 과태료는 대통령령으로 정하는 바에 따라 산업통상자원부장관, 시ㆍ도지사 또는 시장ㆍ군수ㆍ구청장이 부과ㆍ징수한다. 〈개정 2013. 3. 23.〉

[전문개정 2009. 5. 21.]

시행령 **제63조(과태료의 부과기준)** ① 법 제108조제1항 및 제2항에 따른 과태료의 부과기준은 별표 4와 같다.

② 산업통상자원부장관, 시ㆍ도지사 또는 시장ㆍ군수ㆍ구청장은 위반행위의 정도, 위반횟수, 위반행위의 동기와 그 결과 등을 고려하여 별표 4에 따른 과태료 금액의 2분의 1의 범위에서 그 금액을 가중하거나 감경할 수 있다. 다만, 가중하는 경우에도 법 제108조제1항 및 제2항에 따른 과태료 금액의 상한을 초과할 수 없다. 〈개정 2013.3.23.〉

[전문개정 2009.11.20.]

■ 전기사업법 시행령 [별표4] 〈개정 2021.3.30.〉

과태료의 부과기준 (제63조제1항 관련)

위반행위	근거법령	과태료 금액
1. 법 제9조제4항, 제11조제4항 또는 제26조에 따른 신고 또는 변경신고를 하지 아니하거나 거짓으로 신고 또는 변경신고를 한 경우	법 제108조제2항제1호	80만원
2. 법 제16조제4항을 위반하여 공급약관을 갖춰 두지 않거나 열람할 수 있게 하지 않은 경우	법 제108조제2항제2호	50만원
3. 법 제18조제2항에 따른 기록을 하지 아니하거나 거짓 기록을 한 경우 또는 기록을 보존하지 아니한 경우	법 제108조제2항제3호	50만원
4. 법 제22조제2항에 따른 자료나 물건의 제출명령 또는 장부·서류나 그 밖의 자료 또는 물건의 조사를 거부·방해 또는 기피한 경우	법 제108조제1항제1호	200만원
4의2. 법 제27조의2제4항에 따른 자료의 제출 요구에 따르지 않거나 거짓으로 제출한 경우	법 제108조제1항제2호	200만원
5. 법 제61조제2항을 위반하여 전기설비의 설치공사 또는 변경공사를 한 경우	법 제108조제2항제4호	80만원
6. 법 제94조에 따른 명령을 위반한 경우	법 제108조제1항제7호	200만원

16.6 전기공사업법

[시행 2024.5.1.] [법률 제19812호, 2023.10.31., 일부개정]

16.6.1 총칙 〈개정 2008.12.26.〉

제1조(목적) 이 법은 전기공사업과 전기공사의 시공·기술관리 및 도급에 관한 기본적인 사항을 정함으로써 전기공사업의 건전한 발전을 도모하고 전기공사의 안전하고 적정한 시공을 확보함을 목적으로 한다.

[전문개정 2008.12.26.]

제2조(정의) 이 법에서 사용하는 용어의 뜻은 다음과 같다.

〈개정 2009.5.21., 2011.7.25., 2013.3.23., 2013.12.30.〉

1. "전기공사"란 다음 각 목의 어느 하나에 해당하는 설비 등을 설치·유지·보수·해체하는 공사 및 이에 따른 부대공사로서 대통령령으로 정하는 것을 말한다.
   가. 「전기사업법」 제2조제16호에 따른 전기설비
   나. 전력 사용 장소에서 전력을 이용하기 위한 전기계장설비(電氣計裝設備)
   다. 전기에 의한 신호표지
   라. 「신에너지 및 재생에너지 개발·이용·보급 촉진법」 제2조제3호에 따른 신·재생에너지 설비 중 전기를 생산하는 설비
   마. 「지능형전력망의 구축 및 이용촉진에 관한 법률」 제2조제2호에 따른 지능형전력망 중 전기설비
2. "공사업(工事業)"이란 도급이나 그 밖에 어떠한 명칭이든 상관없이 전기공사를 업(業)으로 하는 것을 말한다.
3. "공사업자(工事業者)"란 제4조제1항에 따라 공사업의 등록을 한 자를 말한다.
4. "발주자(發注者)"란 전기공사를 공사업자에게 도급을 주는 자를 말한다. 다만, 수급인으로서 도급받은 전기공사를 하도급 주는 자는 제외한다.
5. "도급(都給)"이란 원도급(原都給), 하도급, 위탁, 그 밖에 어떠한 명칭이든 상관없이 전기공사를 완성할 것을 약정하고, 상대방이 그 일의 결과에 대하여 대가를 지급할 것을 약정하는 계약을 말한다.
6. "하도급(下都給)"이란 도급받은 전기공사의 전부 또는 일부를 수급인이 다른 공사업자와 체결하는 계약을 말한다.
7. "수급인(受給人)"이란 발주자로부터 전기공사를 도급받은 공사업자를 말한다.

8. "하수급인(下受給人)"이란 수급인으로부터 전기공사를 하도급받은 공사업자를 말한다.
9. "전기공사기술자"란 다음 각 목의 어느 하나에 해당하는 사람으로서 제17조의2에 따라 산업통상자원부장관의 인정을 받은 사람을 말한다.
   가. 「국가기술자격법」에 따른 전기 분야의 기술자격을 취득한 사람
   나. 일정한 학력과 전기 분야에 관한 경력을 가진 사람
10. "전기공사관리"란 전기공사에 관한 기획, 타당성 조사 · 분석, 설계, 조달, 계약, 시공관리, 감리, 평가, 사후관리 등에 관한 관리를 수행하는 것을 말한다.
11. "시공책임형 전기공사관리"란 전기공사업자가 시공 이전 단계에서 전기공사관리 업무를 수행하고 아울러 시공 단계에서 발주자와 시공 및 전기공사관리에 대한 별도의 계약을 통하여 전기공사의 종합적인 계획 · 관리 및 조정을 하면서 미리 정한 공사금액과 공사기간 내에서 전기설비를 시공하는 것을 말한다. 다만, 「전력기술관리법」에 따른 설계 및 공사감리는 시공책임형 전기공사관리 계약의 범위에서 제외한다.

[전문개정 2008.12.26.]

시행령 **제2조(전기공사)** ① 「전기공사업법」(이하 "법"이라 한다) 제2조제1호에 따른 전기공사는 다음 각 호의 공사(저수지, 수로 및 이에 수반되는 구조물의 공사는 제외한다)로 한다. 〈개정 2015.9.1.〉

1. 발전 · 송전 · 변전 및 배전 설비공사
2. 산업시설물, 건축물 및 구조물의 전기설비공사
3. 도로, 공항 및 항만 전기설비공사
4. 전기철도 및 철도신호 전기설비공사
5. 제1호부터 제4호까지의 규정에 따른 전기설비공사 외의 전기설비공사
6. 제1호부터 제5호까지의 규정에 따른 전기설비 등을 유지 · 보수 · 해체하는 공사 및 그 부대공사. 다만, 해체하는 공사는 태양광 발전사업(「신에너지 및 재생에너지 개발 · 이용 · 보급 촉진법」 제2조제2호가목의 태양에너지 중 태양광을 이용하는 발전사업을 말한다)에 사용되는 발전설비를 멸실하기 위한 공사로 한정한다.

② 제1항제1호부터 제5호까지의 규정에 따른 전기공사의 종류는 별표 1과 같다.

[전문개정 2010.6.18.]

■ 전기공사업법 시행령 [별표1] 〈개정 2022. 11. 29.〉

전기공사의 종류 (제2조제2항 관련)

구 분	전기공사의 종류	전기공사의 예시
1. 발전 · 송전 · 변전 및 배전 설비공사	가. 발전설비 공사	발전소(원자력발전소, 화력발전소, 풍력발전소, 수력발전소, 조력발전소, 태양열발전소, 내연발전소, 열병합발전소, 태양광발전소 등의 발전소를 말한다)의 전기설비공사와 이에 따른 제어설비공사
	나. 송전설비 공사	1) 공중송전설비공사: 공중송전설비공사에 부대되는 철탑기초공사 및 철탑조립공사(지지물설치 및 철탑도장을 포함한다), 공중전선설치공사(금구류 설치를 포함한다), 횡단개소의 보조설비공사, 보호선 · 보호망 공사 2) 지중송전설비공사: 지중송전설비공사에 부대되는 전력구설비공사, 공동구(전기 · 가스 · 수도 등의 공급설비, 통신시설, 하수도시설 등 지하매설물을 공동 수용하는 지하 설치 시설물을 말한다. 이하 같다) 안의 전기설비공사, 전력지중관로설비공사, 전력케이블설치공사(전선방재설비공사를 포함한다) 3) 물밑송전설비공사: 물밑전력케이블설치공사 4) 터널 안 전선로공사: 철도 · 궤도 · 자동차도 · 인도 등의 터널 안 전선로공사
	다. 변전설비 공사	1) 변전설비기초공사: 변전기기, 철구, 가대 및 덕트 등의 설치를 위한 공사 2) 모선설비공사: 모선(母線)설치(금구류 및 애자장치를 포함한다), 지지(支持) 및 분기개소의 설비공사 3) 변전기기설치공사: 변압기, 개폐장치(차단기, 단로기 등을 말한다), 피뢰기 등의 설치공사 4) 보호제어설비설치공사: 보호 · 제어반 및 제어케이블의 설치공사
	라. 배전설비 공사	1) 공중배전설비공사: 전봇대 등 지지물공사, 변압기 등 전기기기설치공사, 가선공사(수목전지공사를 포함한다) 2) 지중배전설비공사: 지중배전설비공사에 부대되는 전력구설비공사, 공동구 안의 전기설비공사, 전력지중관로설비공사, 변압기 등 전기기기설치공사, 전력케이블설치공사(전선방재설비공사를 포함한다) 3) 물밑배전설비공사: 물밑전력케이블설치공사 4) 터널 안 전선로공사: 철도 · 궤도 · 자동차도 · 인도 등의 터널 안 전선로공사

구 분	전기공사의 종류	전기공사의 예시
2. 산업시설물, 건축물 및 구조물의 전기설비 공사	가. 산업시설물의 전기설비 공사	1) 산업시설물 및 환경산업시설물(소각로, 집진기, 열병합발전소, 지역난방공사, 하수종말처리장, 폐기물처리시설, 그 밖의 산업설비를 말한다) 등의 전기설비공사 2) 산업시설의 공정관리를 위한 전기설비의 자동제어설비(SCADA, TM/TC 등의 전력설비를 포함한다)공사
	나. 건축물의 전기설비 공사	1) 전원설비공사: 수전 · 변전설비공사[큐비클(전기 기기, 수전 · 변전설비 등을 둘러싼 구조물을 말한다. 이하 같다) 설치공사를 포함한다], 예비전원설비공사(비상용 발전기, 축전지, 충전장치, 무정전전원장치, 연료전지, 정류장치의 설비공사를 말한다) 및 보호 · 제어설비공사 2) 전원공급설비공사: 배전반, 분전반, 전력간선, 분기선 및 배관(덕트 및 트레이를 포함한다) 등의 설비공사 3) 전력부하설비공사: 조명설비(조명제어설비를 포함한다), 콘센트 등 기계 · 기구 및 동력설비의 공사 4) 운송설비공사: 이동보도(무빙워크), 주차설비, 엘리베이터, 에스컬레이터, 전동 소형물품 운반용 승강기, 권상용(물건을 매달아 올리거나 내리기 위한 용도를 말한다) 모터, 궤도, 운반차량, 컨베이어, 공조(덕트 · 시스템 · 설비), 곤돌라, 케이블카 등 사람이나 물건을 이동하게 하는 운송용 시설의 전기설비공사 5) 방재 및 방범 설비공사: 서지보호설비[서지(surge: 전류 · 전압 등의 과도 파형을 말한다)로부터 각종 설비를 보호하기 위한 설비를 말한다] · 낙뢰설비, 잡음 · 전자파(EMI, EMC, EMS 등을 말한다)의 방지설비공사, 항공장애등설비공사, 헬리포트조명설비공사, 접지설비공사, 「소방시설 설치 및 관리에 관한 법률 시행령」 별표 1에 따른 소방시설의 설치 · 유지에 관한 전기공사 및 도난 방지를 위한 전기설비공사 6) 지능형 빌딩시스템 설비공사의 전기설비를 제어 및 감시하는 공사 7) 지능형 주택자동화시스템 설비공사의 전기설비를 제어 및 감시하는 공사 8) 약전설비공사: 전기시계설비, 시보설비, 주차관제전기설비 9) 그 밖에 건축물에서 필요한 전기설비공사 10) 삭제 〈2016. 12. 30.〉
	다. 구조물의 전기설비 공사	1) 전식방지공사: 탱크 및 배관 등의 부식을 방지하기 위한 전기공사 2) 동결방지공사: 제설 · 제빙용, 바닥난방용, 동파방지용, 일정온도 유지용 등의 전기발열체의 설비공사 3) 신호 및 표지 설비공사: 네온사인, 큐빅보드, 광고표시등(전광판을 포함한다), 신호등의 설치공사 및 제어설비의 공사 4) 광장, 운동장 등에 설치하는 조명탑의 전기설비공사와 그 밖에 구조물에서 필요한 전기설비공사

구 분	전기공사의 종류	전기공사의 예시
3. 도로, 공항 및 항만 전기설비 공사	가. 도로전기 설비공사	1) 가로등설치공사: 가로등, 조경등, 보안등, 신호등, 터널 등의 설치공사 2) 터널설비공사: 터널조명설비공사와 터널방재에 필요한 전기설비공사 3) 그 밖에 도로에서 필요한 전기설비공사
	나. 공항전기 설비공사	1) 「항공법」 제2조제8호에서 정하는 공항시설에 대한 전기설비공사 2) 그 밖에 공항에서 필요한 전기설비공사
	다. 항만전기 설비공사	1) 조명타워공사 및 등대 등의 전기설비공사 2) 그 밖에 항만에서 필요한 전기설비공사
4. 전기철도 및 철도신호 전기설비 공사	가. 전기철도 설비공사	전기철도 및 지하철도의 전기시설공사, 수전선로설치공사, 변전소설치공사, 송배전선로의 설치공사, 전차선설비공사, 역사전기설비공사
	나. 철도신호 설비공사	지하철도 및 지상철도의 전기신호설비, 역무자동화(AFC)설비, 전기신호기설치, 자동열차 정지장치, 열차집중 제어장치, 열차행선 안내표시기 및 각종 제어기설치공사
5. 그 밖의 전기설비 공사	전기설비의 설치를 위한 공사	1) 전기기계 · 전기기구(발전기, 변압기, 큐비클, 배전반, 조명탑 등을 말한다)의 설치공사 2) 조광설비공사 등 에너지 절약을 위한 설비공사 3) 주변전실 및 부변전실의 보호 · 제어를 위한 설비공사 4) 유입케이블 또는 가스절연 송전선 등의 계측 및 보호를 위한 전기설비공사 5) 하천변, 유원지, 교각, 빌딩, 고궁 등의 무대조명 및 경관조명을 위한 설비공사 6) 전력설비의 내진 · 방재(소음 · 진동 · 화재 방지를 말한다) · 계측 및 보호를 위한 설비공사 7) 건축용 또는 토목공사용 가설 전기공사 8) 전기충격울타리 시설공사, 전기충격살충기 시설공사, 풀용 수중조명 시설공사, 분수의 조명 시설공사 9) 그 밖에 전기를 동력으로 하는 전기공사

제3조(전기공사의 제한 등) ① 전기공사는 공사업자가 아니면 도급 받거나 시공할 수 없다. 다만, 대통령령으로 정하는 경미한 전기공사는 그러하지 아니하다.

② 다음 각 호의 자는 제1항 본문에도 불구하고 그 수요에 의한 전기공사로서 대통령령으로 정하는 전기공사를 직접 할 수 있다.

1. 국가
2. 지방자치단체
3. 「전기사업법」 제7조제1항에 따라 허가를 받은 자

③ 제2항에 따라 전기공사를 직접 하는 경우에는 제16조, 제17조(통지는 제외한다), 제22조 및 제27조제2호 · 제3호 · 제4호(통지는 제외한다) · 제5호를 준용한다.

[전문개정 2008.12.26.]

시행령 **제5조(경미한 전기공사 등)** ① 법 제3조제1항 단서에서 "대통령령으로 정하는 경미한 전기공사"란 다음 각 호의 공사를 말한다. 〈개정 2017. 1. 26., 2021. 1. 5.〉

1. 꽂음접속기, 소켓, 로제트, 실링블록, 접속기, 전구류, 나이프스위치, 그 밖에 개폐기의 보수 및 교환에 관한 공사
2. 벨, 인터폰, 장식전구, 그 밖에 이와 비슷한 시설에 사용되는 소형변압기(2차측 전압 36볼트 이하의 것으로 한정한다)의 설치 및 그 2차측 공사
3. 전력량계 또는 퓨즈를 부착하거나 떼어내는 공사
4. 「전기용품 및 생활용품 안전관리법」에 따른 전기용품 중 꽂음접속기를 이용하여 사용하거나 전기기계 · 기구(배선기구는 제외한다. 이하 같다) 단자에 전선[코드, 캡타이어케이블(경질고무케이블) 및 케이블을 포함한다. 이하 같다]을 부착하는 공사
5. 전압이 600볼트 이하이고, 전기시설 용량이 5킬로와트 이하인 단독주택 전기시설의 개선 및 보수 공사. 다만, 전기공사기술자가 하는 경우로 한정한다.

② 법 제3조제2항에서 "대통령령으로 정하는 전기공사"란 다음 각 호의 공사를 말한다.

1. 전기설비가 멸실되거나 파손된 경우 또는 재해나 그 밖의 비상시에 부득이하게 하는 복구공사
2. 전기설비의 유지에 필요한 긴급보수공사

16.6.2 공사업의 등록 등 〈개정 2008.12.26.〉

제4조(공사업의 등록) ① 공사업을 하려는 자는 산업통상자원부령으로 정하는 바에 따라 주된 영업소의 소재지를 관할하는 특별시장 · 광역시장 · 도지사 또는 특별자치도지사(이하 "시 · 도지사"라 한다)에게 등록하여야 한다. 〈개정 2013.3.23.〉

② 제1항에 따른 공사업의 등록을 하려는 자는 대통령령으로 정하는 기술능력 및 자본금 등을 갖추어야 한다.

③ 제1항에 따라 공사업을 등록한 자 중 등록한 날부터 5년이 지나지 아니한 자는 제2항에 따른 기술능력 및 자본금 등(이하 "등록기준"이라 한다)에 관한 사항을 대통령령으로 정하는 기간이 지날 때마다 산업통상자원부령으로 정하는 바에 따라 시 · 도지사에게 신고하여야 한다. 〈개정 2013.3.23.〉

④ 시 · 도지사는 제1항에 따라 공사업의 등록을 받으면 등록증 및 등록수첩을 내주어야 한다.

[전문개정 2008.12.26.]

시행령 **제6조(공사업의 등록 등)** ① 법 제4조제2항에 따라 공사업의 등록을 하려는 자가 갖추어야 할 기술능력, 자본금 및 사무실 등에 관한 기준은 다음 각 호와 같다.

〈개정 2013.3.23., 2015.9.1.〉

1. 별표 3에 따른 기술능력, 자본금 및 사무실을 갖출 것
2. 「전기공사공제조합법」에 따른 전기공사공제조합 또는 산업통상자원부장관이 지정하는 금융기관(이하 이 조에서 "공제조합등"이라 한다)이 다음 각 목의 요건을 모두 갖추어 발급하는 보증가능금액확인서(이하 이 조에서 "보증가능금액확인서"라 한다)를 제출할 것
   가. 공제조합등이 보증가능금액확인서의 발급을 신청하는 자의 재무상태 · 신용상태 등을 평가하여 제1호에 따른 자본금 기준금액의 100분의 25 이상에 해당하는 금액의 담보를 제공받거나 현금의 예치 또는 출자를 받을 것
   나. 공제조합등이 보증가능금액확인서의 발급을 받는 자에게 제1호에 따른 자본금 기준금액 이상의 금액에 대하여 「전기공사공제조합법시행령」 제10조의2에 따른 보증을 할 수 있다는 내용을 보증가능금액확인서에 적을 것

② 보증가능금액확인서를 발급하는 공제조합등은 산업통상자원부장관이 정하여 고시하는 보증가능금액확인서의 발급 및 해지에 관한 기준에 따라 세부기준을 정하여 공시하여야 한다. 〈신설 2015.9.1.〉

③ 특별시장 · 광역시장 · 도지사 또는 특별자치도지사(이하 "시 · 도지사"라 한다)는 법 제4조제1항에 따른 공사업의 등록 신청이 다음 각 호의 어느 하나에 해당하는 경우를 제외하고는 등록을 해 주어야 한다. 〈신설 2011.12.30., 2015.9.1.〉

1. 제1항에 따른 등록기준을 갖추지 아니한 경우
2. 등록을 신청한 자가 법 제5조 각 호의 어느 하나에 해당하는 경우
3. 그 밖에 법, 이 영 또는 다른 법령에 따른 제한에 위반되는 경우

④ 법 제4조제3항에서 "대통령령으로 정하는 기간"이란 등록한 날부터 3년을 말한다.

〈개정 2011.12.30., 2015.9.1.〉

[전문개정 2010.6.18.]

[제목개정 2011.12.30.]

■ [별표3] 공사업의 등록기준(제6조제1항 관련) 〈개정 2016. 12. 30.〉

항 목	공사업의 등록기준
1. 기술능력	전기공사기술자 3명 이상(3명 중 1명 이상은 별표 4의2 비고 제1호에 따른 기술사, 기능장, 기사 또는 산업기사의 자격을 취득한 사람이어야 한다)
2. 자 본 금	1억5천만원 이상
3. 사 무 실	공사업 운영을 위한 사무실

[비고]

1. 기술능력
   위 표 중 전기공사기술자는 별표 4의2에 따른 전기공사기술자를 말하며, 상근의 임원 또는 직원 신분으로 소속돼 있어야 한다. 다만, 외국인인 경우에는 「출입국관리법 시행령」 별표 1 제16호부터 제18호까지의 규정에 따른 주재, 기업투자 또는 무역경영의 체류자격에 적합해야 한다.
2. 자본금
   가. 자본금은 공사업을 위한 실질자본금으로서 공사업 외의 자본금은 제외하고, 주식회사 외의 법인의 경우 "자본금"은 "출자금"으로 한다.
   나. 법인의 경우 납입자본금과 실질자본금이 각각 등록기준의 자본금 이상이어야 한다. 다만, 외국법인(외국의 법령에 따라 설립된 법인 또는 외국법인이 자본금의 100분의 50 이상을 출자했거나, 임원수의 2분의 1 이상이 외국인인 법인을 말한다)이 지사를 설치하여 공사업을 신청하는 경우의 자본금은 국내지사 설립자본금(주된 영업소의 자본금을 말한다)을 기준으로 한다.

제5조(결격사유) 다음 각 호의 어느 하나에 해당하는 자는 제4조제1항에 따른 공사업의 등록을 할 수 없다. 〈개정 2014.1.21.〉

1. 피성년후견인
2. 파산선고를 받고 복권되지 아니한 자
3. 다음 각 목의 어느 하나에 해당되어 금고 이상의 실형을 선고받고 그 집행이 끝나거나(집행이 끝난 것으로 보는 경우를 포함한다) 면제된 날부터 2년이 지나지 아니한 사람
   가. 「형법」 제172조의2(전기의 경우만 해당한다), 제173조(전기의 경우만 해당한다), 제173조의2(전기의 경우만 해당하며, 제172조제1항의 죄를 범한 사람은 제외한다), 제174조(전기의 경우만 해당하며, 제164조제1항, 제165조, 제166조제1항 및 제172조제1항의 미수범은 제외한다) 또는 제175조(전기의 경우만 해당하며, 제164조제1항, 제165조, 제166조제1항 및 제172조제1항의 죄를 범할 목적으로 예비 또는 음모한 사람은 제외한다)를 위반한 사람
   나. 이 법을 위반한 사람
4. 제3호에 따른 죄를 범하여 금고 이상의 형의 집행유예를 선고받고 그 유예기간에 있는 사람
5. 제28조제1항에 따라 등록이 취소된 후 2년이 지나지 아니한 자. 이 경우 공사업의 등록이 취소된 자가 법인인 경우에는 그 취소 당시의 대표자와 취소의 원인이 된 행위를 한 사람을 포함한다.

6. 임원 중에 제1호부터 제5호까지의 규정 중 어느 하나에 해당하는 사람이 있는 법인
   [전문개정 2008.12.26.]

제6조(영업정지처분 등을 받은 후의 계속공사) ① 제28조제1항에 따른 등록취소처분이나 영업정지처분을 받은 공사업자 또는 그 포괄승계인은 그 처분을 받기 전에 도급계약을 체결하였거나 관계 법률에 따라 허가 · 인가 등을 받아 착공한 전기공사에 대하여는 이를 계속하여 시공할 수 있다. 이 경우 등록취소처분을 받은 공사업자 또는 그 포괄승계인이 전기공사를 계속하는 경우에는 해당 전기공사를 완성할 때까지는 공사업자로 본다.

② 제28조제1항에 따른 등록취소처분이나 영업정지처분을 받은 공사업자 또는 그 포괄승계인은 그 처분의 내용을 지체 없이 해당 전기공사의 발주자 및 수급인에게 알려야 한다.

③ 전기공사의 발주자 및 수급인은 특별한 사유가 있는 경우를 제외하고는 해당 공사업자로부터 제2항에 따른 통지를 받은 날 또는 그 사실을 안 날부터 30일 이내에 한하여 도급계약을 해지할 수 있다. [전문개정 2008.12.26.]

제7조(공사업의 양도 등) ① 공사업자는 다음 각 호의 어느 하나에 해당하는 경우에는 산업통상자원부령으로 정하는 바에 따라 시 · 도지사에게 신고하여야 한다. 〈개정 2019. 4. 23.〉

1. 공사업을 양도하려는 경우
2. 공사업자인 법인 간에 합병하려는 경우 또는 공사업자인 법인과 공사업자가 아닌 법인이 합병하려는 경우

② 제1항에 따른 공사업 양도의 신고가 수리된 때에는 공사업을 양수한 자는 공사업을 양도한 자의 공사업자로서의 지위를 승계하고, 법인 합병의 신고가 수리된 때에는 합병으로 설립되거나 존속하는 법인은 합병으로 소멸되는 법인의 공사업자로서의 지위를 승계한다.
〈개정 2019. 4. 23.〉

③ 공사업을 상속받는 경우에는 제1항과 제2항을 준용한다. 다만, 상속인이 제5조제1호부터 제5호까지의 규정 중 어느 하나에 해당하는 경우에는 상속이 시작된 날부터 3개월 이내에 다른 사람에게 공사업자로서의 지위를 양도하여야 한다. 〈개정 2019. 4. 23.〉

④ 공사업자는 제1항에 따른 신고에 대하여 양도 또는 합병의 무효판결을 받은 경우에는 산업통상자원부령으로 정하는 바에 따라 시 · 도지사에게 신고하여야 한다.
〈신설 2019. 4. 23.〉

⑤ 제1항에 따른 신고에 관하여는 제5조를 준용한다. 〈신설 2019. 4. 23.〉
[전문개정 2008. 12. 26.]
[제목개정 2019. 4. 23.]

제8조(공사업 양도의 제한) ① 공사업자는 시공 중인 전기공사가 있는 공사업을 양도하려면 그 전기공사 발주자의 동의를 받아 전기공사의 도급에 따른 권리 · 의무를 함께 양도하거나

그 전기공사의 도급계약을 해지한 후에 양도하여야 한다.

② 공사업자는 제15조의2제1항에 따른 하자담보책임기간이 끝나지 아니한 전기공사가 있는 공사업을 양도하려면 그 하자보수에 관한 권리 · 의무를 함께 양도하여야 한다.

[전문개정 2008.12.26.]

제9조(등록사항의 변경신고 등) ① 공사업자는 등록사항 중 대통령령으로 정하는 중요 사항이 변경된 경우에는 시 · 도지사에게 그 사실을 신고하여야 한다.

② 공사업자는 공사업을 폐업한 경우에는 시 · 도지사에게 그 사실을 신고하여야 한다.

[전문개정 2008.12.26.]

시행령 **제7조(공사업자의 변경신고 사항)** 법 제9조제1항에서 "대통령령으로 정하는 중요 사항"이란 다음 각 호의 사항을 말한다.

1. 상호 또는 명칭
2. 영업소의 소재지
3. 대표자
4. 자본금(공사업과 관련이 없는 자본금의 변경은 제외한다)
5. 전기공사기술자

[전문개정 2010.6.18.]

제10조(공사업 등록증 등의 대여금지 등) 공사업자는 타인에게 자기의 성명 또는 상호를 사용하게 하여 전기공사를 수급 또는 시공하게 하거나, 등록증 또는 등록수첩을 빌려 주어서는 아니 된다.

[전문개정 2008.12.26.]

16.6.3 도급 및 하도급 〈개정 2008.12.26.〉

제11조(전기공사 및 시공책임형 전기공사관리의 분리발주) ① 전기공사는 다른 업종의 공사와 분리발주하여야 한다. 다만, 대통령령으로 정하는 특별한 사유가 있는 경우에는 그러하지 아니하다. 〈개정 2011.7.25.〉

② 시공책임형 전기공사관리는 「건설산업기본법」에 따른 시공책임형 건설사업관리 등 다른 업종의 공사관리와 분리발주하여야 한다. 다만, 대통령령으로 정하는 특별한 사유가 있는 경우에는 그러하지 아니하다. 〈신설 2011.7.25.〉

[전문개정 2008.12.26.]
[제목개정 2011.7.25.]

시행령 **제8조(분리발주의 예외)** 법 제11조제1항 단서 및 같은 조 제2항 단서에서 "대통령령으로 정하는 특별한 사유가 있는 경우"란 각각 다음 각 호의 어느 하나에 해당하는 경우를 말한다. 〈개정 2015.9.1.〉

1. 공사의 성질상 분리하여 발주할 수 없는 경우
2. 긴급한 조치가 필요한 공사로서 기술관리상 분리하여 발주할 수 없는 경우
3. 국방 및 국가안보 등과 관련한 공사로서 기밀 유지를 위하여 분리하여 발주할 수 없는 경우

[전문개정 2010.6.18.]

제12조(전기공사의 도급계약 등) ① 도급 또는 하도급의 계약당사자는 그 계약을 체결할 때 도급 또는 하도급의 금액, 공사기간, 그 밖에 대통령령으로 정하는 사항을 계약서에 분명히 기재하여야 하며, 서명날인한 계약서를 서로 주고받아 보관하여야 한다.

② 공사업자는 산업통상자원부령으로 정하는 바에 따라 도급 · 하도급 및 시공에 관한 사항을 적은 전기공사 도급대장을 비치(備置)하여야 한다. 〈개정 2013.3.23.〉

[전문개정 2008.12.26.]

시행령 **제9조(전기공사도급계약서의 내용)** ① 법 제12조제1항에 따라 공사의 도급 또는 하도급 계약서에 분명하게 적어야 하는 사항은 다음 각 호와 같다. 〈개정 2013.3.23.〉

1. 공사 내용
2. 도급금액과 도급금액 중 노임(勞賃)에 해당하는 금액
3. 공사의 착수 및 완성 시기
4. 도급금액의 우선(優先)지급금이나 기성금 지급을 약정한 경우에는 각각 그 지급의 시기 · 방법 및 금액
5. 도급계약 당사자 어느 한쪽에서 설계변경, 공사중지 또는 도급계약 해제 요청을 하는 경우 손해부담에 관한 사항
6. 천재지변이나 그 밖의 불가항력으로 인한 면책의 범위에 관한 사항
7. 설계변경, 물가변동 등에 따른 도급금액 또는 공사 내용의 변경에 관한 사항
8. 「하도급거래 공정화에 관한 법률」 제13조의2에 따른 하도급대금 지급보증서 발급에 관한 사항(하도급계약의 경우만 해당한다)
9. 「하도급거래 공정화에 관한 법률」 제14조에 따른 하도급대금의 직접 지급 사유와 그 절차
10. 「산업안전보건법」 제30조에 따른 산업안전보건관리비 지급에 관한 사항
11. 「고용보험 및 산업재해보상보험의 보험료징수 등에 관한 법률」, 「국민연금법」 및 「국민건강보험법」에 따른 보험료 등 해당 공사와 관련하여 관계 법령 및 산업통상자원부장관이 정하여 고시하는 기준에 따라 부담하는 비용에 관한 사항
12. 도급목적물의 인도를 위한 검사 및 인도 시기

13. 공사가 완성된 후 도급금액의 지급시기
14. 계약 이행이 지체되는 경우의 위약금 및 지연이자 지급 등 손해배상에 관한 사항
15. 하자보수책임기간 및 하자담보방법
16. 해당 공사에서 발생된 폐기물의 처리방법과 재활용에 관한 사항
17. 그 밖에 다른 법령 또는 계약당사자 양쪽의 합의에 따라 명시되는 사항

② 산업통상자원부장관은 계약 당사자가 대등한 입장에서 공정하게 계약을 체결하도록 하기 위하여 전기공사의 도급 및 하도급에 관한 표준계약서(하도급의 경우에는 「하도급거래 공정화에 관한 법률」에 따라 공정거래위원회가 권장하는 전기공사 표준하도급계약서를 말한다)를 정하여 보급할 수 있다. 〈개정 2013.3.23.〉

[전문개정 2010.6.18.]

제13조(수급자격의 추가제한 금지) 국가 · 지방자치단체 또는 「공공기관의 운영에 관한 법률」 제4조에 따라 공공기관으로 지정된 기관(이하 "공공기관"이라 한다)인 발주자는 이 법 및 다른 법률에 특별한 규정이 있는 경우를 제외하고는 공사업자에 대하여 수급자격에 관한 제한을 하여서는 아니 된다.

[전문개정 2008.12.26.]

제14조(하도급의 제한 등) ① 공사업자는 도급받은 전기공사를 다른 공사업자에게 하도급 주어서는 아니 된다. 다만, 대통령령으로 정하는 경우에는 도급받은 전기공사의 일부를 다른 공사업자에게 하도급 줄 수 있다.

② 하수급인은 하도급받은 전기공사를 다른 공사업자에게 다시 하도급 주어서는 아니 된다. 다만, 하도급받은 전기공사 중에 전기기자재의 설치 부분이 포함되는 경우로서 그 전기기자재를 납품하는 공사업자가 그 전기기자재를 설치하기 위하여 전기공사를 하는 경우에는 하도급 줄 수 있다.

③ 공사업자는 제1항 단서에 따라 전기공사를 하도급 주려면 미리 해당 전기공사의 발주자에게 이를 서면으로 알려야 한다.

④ 하수급인은 제2항 단서에 따라 전기공사를 다시 하도급 주려면 미리 해당 전기공사의 발주자 및 수급인에게 이를 서면으로 알려야 한다.

[전문개정 2008.12.26.]

시행령 **제10조(하도급의 범위)** 법 제14조제1항 단서에 따라 도급받은 전기공사의 일부를 다른 공사업자에게 하도급 줄 수 있는 경우는 다음 각 호 모두에 해당하는 경우로 한다.

1. 도급받은 전기공사 중 공정별로 분리하여 시공하여도 전체 전기공사의 완성에 지장을 주지 아니하는 부분을 하도급하는 경우

2. 수급인(受給人)이 법 제17조에 따른 시공관리책임자를 지정하여 하수급인을 지도 · 조정하는 경우

[전문개정 2010.6.18.]

제15조(하수급인의 변경 요구 등) ① 제14조제3항 또는 제4항에 따른 통지를 받은 발주자 또는 수급인은 하수급인 또는 다시 하도급받은 공사업자가 해당 전기공사를 하는 것이 부적당하다고 인정되는 경우에는 대통령령으로 정하는 바에 따라 수급인 또는 하수급인에게 그 사유를 명시하여 하수급인 또는 다시 하도급받은 공사업자를 변경할 것을 요구할 수 있다.

② 발주자 또는 수급인은 수급인 또는 하수급인이 정당한 사유 없이 제1항에 따른 요구에 따르지 아니하여 전기공사 결과에 중대한 영향을 초래할 우려가 있다고 인정되는 경우에는 그 전기공사의 도급계약 또는 하도급계약을 해지할 수 있다.

[전문개정 2008.12.26.]

시행령 **제11조(하수급인 등의 변경 요구)** 발주자 또는 수급인이 법 제15조제1항에 따라 하도급받거나 다시 하도급받은 공사업자의 변경을 요구할 때에는 그 사유가 있음을 안 날부터 15일 이내 또는 그 사유가 발생한 날부터 30일 이내에 서면으로 요구하여

제15조의2(전기공사 수급인의 하자담보책임) ① 수급인은 발주자에 대하여 전기공사의 완공일부터 10년의 범위에서 전기공사의 종류별로 대통령령으로 정하는 기간에 해당 전기공사에서 발생하는 하자에 대하여 담보책임이 있다.

② 제1항에도 불구하고 수급인은 다음 각 호의 어느 하나의 사유로 발생하는 하자에 대하여는 담보책임이 없다.

1. 발주자가 제공한 재료의 품질이나 규격 등의 기준미달로 인한 경우
2. 발주자의 지시에 따라 시공한 경우

③ 공사에 관한 하자담보책임에 관하여 다른 법률에 특별한 규정(「민법」 제670조 및 제671조는 제외한다)이 있는 경우에는 그 법률에서 정하는 바에 따른다.

[전문개정 2008.12.26.]

시행령 **제11조의2(전기공사의 종류별 하자담보책임기간)** 법 제15조의2제1항에 따른 전기공사의 종류별 하자담보책임기간은 별표 3의2와 같다.

[전문개정 2010.6.18.]

■ 전기공사업법 시행령 [별표 3의2] 〈개정 2021. 1. 5.〉

전기공사의 종류별 하자담보책임기간(제11조의2 관련)

전기공사의 종류	하자담보책임기간
1. 발전설비공사	
가. 철근콘크리트 또는 철골구조부	7년
나. 가목 외 시설공사	3년
2. 터널식 및 개착방식(땅을 뚫거나 파는 방식을 말한다) 전력구 송전 · 배전설비공사	
가. 철근콘크리트 또는 철골구조부	10년
나. 가목 외 송전설비공사	5년
다. 가목 외 배전설비공사	2년
3. 지중 송전 · 배전설비공사	
가. 송전설비공사(케이블공사 및 물밑 송전설비공사를 포함한다)	5년
나. 배전설비공사	3년
4. 송전설비공사(제2호 및 제3호 외의 송전설비공사를 말한다)	3년
5. 변전설비공사(전기설비 및 기기설치공사를 포함한다)	3년
6. 배전설비공사(제2호 및 제3호 외의 배전설비공사를 말한다)	
가. 배전설비 철탑공사	3년
나. 가목 외 배전설비공사	2년
7. 산업시설물, 건축물 및 구조물의 전기설비공사	1년
8. 그 밖의 전기설비공사	1년

16.6.4 시공 및 기술관리 〈개정 2008.12.26.〉

제16조(전기공사의 시공관리) ① 공사업자는 전기공사기술자가 아닌 자에게 전기공사의 시공관리를 맡겨서는 아니 된다.

② 공사업자는 전기공사의 규모별로 대통령령으로 정하는 구분에 따라 전기공사기술자로 하여금 전기공사의 시공관리를 하게 하여야 한다.

[전문개정 2008.12.26.]

시행령 **제12조(전기공사기술자의 시공관리 구분)** 법 제16조제2항에 따른 전기공사의 규모별 전기공사기술자의 시공관리 구분은 별표 4와 같다.

[전문개정 2010.6.18.]

■ [별표4] 전기공사기술자의 시공관리 구분(제12조 관련) 〈개정 2016. 12. 30.〉

전기공사기술자의 구분	전기공사의 규모별 시공관리 구분
1. 별표 4의2에 따른 특급 전기공사기술자 또는 고급 전기공사기술자	○ 별표 1에 따른 모든 전기공사
2. 별표 4의2에 따른 중급 전기공사기술자	○ 별표 1에 따른 전기공사 중 사용전압이 100,000볼트 이하인 전기공사
3. 별표 4의2에 따른 초급 전기공사기술자	○ 별표 1에 따른 전기공사 중 사용전압이 1,000볼트 이하인 전기공사

[비고]

1. 1999년 6월 30일 이전에 「국가기술자격법」에 따라 전기공사기사의 자격을 취득한 사람 중 이 영 별표 4의2에 따른 초급 전기공사기술자 또는 중급 전기공사기술자의 등급에 해당하는 사람은 종전의 「전기공사업법 시행령」(대통령령 제16448호로 전부개정되기 전의 것을 말한다) 별표 2의 전기공사의 규모별 전기기술자의 시공관리 구분에 따라 모든 전기공사를 시공관리할 수 있다.
2. 1999년 3월 27일 이전에 종전의 「국가기술자격법」에 따른 전기공사기사 2급 자격을 취득한 후 개정된 「국가기술자격법」에 따라 1999년 3월 28일 이후에 전기공사산업기사로 그 자격이 변경된 사람 중 이 영 별표 4의2에 따른 초급 전기공사기술자의 등급에 해당하는 사람은 종전의 「전기공사업법 시행령」(대통령령 제16448호로 전부개정되기 전의 것을 말한다) 별표 2의 전기공사의 규모별 전기기술자의 시공관리 구분에 따라 사용전압이 100,000볼트 이하인 전기공사를 시공관리할 수 있다.

제17조(시공관리책임자의 지정) 공사업자는 전기공사를 효율적으로 시공하고 관리하게 하기 위하여 제16조제2항에 따른 전기공사기술자 중에서 시공관리책임자를 지정하고 이를 그 전기공사의 발주자(공사업자가 하수급인인 경우에는 발주자 및 수급인, 공사업자가 다시 하도급받은 자인 경우에는 발주자 · 수급인 및 하수급인을 말한다)에게 알려야 한다.

[전문개정 2008.12.26.]

제17조의2(전기공사기술자의 인정) ① 전기공사기술자로 인정을 받으려는 사람은 산업통상자원부장관에게 신청하여야 한다. 〈개정 2013.3.23.〉

② 산업통상자원부장관은 제1항에 따른 신청인이 제2조제9호 각 목의 어느 하나에 해당하면 전기공사기술자로 인정하여야 한다. 〈개정 2013.3.23.〉

③ 산업통상자원부장관은 제1항에 따른 신청인을 전기공사기술자로 인정하면 전기공사기술자의 등급 및 경력 등에 관한 증명서(이하 "경력수첩"이라 한다)를 해당 전기공사기술자에게 발급하여야 한다. 〈개정 2013.3.23.〉

④ 제1항에 따른 신청절차와 제2항에 따른 기술자격 · 학력 · 경력의 기준 및 범위 등은 대통령령으로 정한다.

[전문개정 2008.12.26.]

시행령 **제12조의2(전기공사기술자의 인정 신청 등)** ① 법 제17조의2제1항에 따라 전기공사기술자로 인정을 받으려는 사람은 산업통상자원부령으로 정하는 바에 따라 신청서를 제출하여야 한다. 등급의 변경 또는 경력인정을 받으려는 경우에도 또한 같다. 〈개정 2013.3.23.〉

② 산업통상자원부장관은 법 제17조의2제2항에 따라 전기공사기술자로 인정한 사람의 경력 및 등급 등에 관한 기록을 유지 · 관리하여야 한다. 〈개정 2013.3.23.〉

③ 법 제17조의2제4항의 규정에 따른 전기공사기술자의 등급 및 인정기준은 별표 4의2와 같다. [전문개정 2010.6.18.]

■ 전기공사업법 시행령 [별표 4의2] 〈개정 2022. 2. 17.〉

전기공사기술자의 등급 및 인정기준 (제12조의2제3항 관련)

등급	국가기술자격자	학력 · 경력자
1. 특급 전기공사기술자	기술사 또는 기능장의 자격을 취득한 사람	
2. 고급 전기공사기술자	가. 기사의 자격을 취득한 후 5년 이상 전기공사업무를 수행한 사람 나. 산업기사의 자격을 취득한 후 8년 이상 전기공사업무를 수행한 사람 다. 기능사의 자격을 취득한 후 11년 이상 전기공사업무를 수행한 사람	
3. 중급 전기공사기술자	가. 기사의 자격을 취득한 후 2년 이상 전기공사업무를 수행한 사람 나. 산업기사의 자격을 취득한 후 5년 이상 전기공사업무를 수행한 사람 다. 기능사의 자격을 취득한 후 8년 이상 전기공사업무를 수행한 사람	1) 전기 관련 학과의 석사 이상의 학위를 취득한 후 5년 이상 전기공사업무를 수행한 사람 2) 전기 관련 학과의 학사학위를 취득한 후 7년 이상 전기공사업무를 수행한 사람 3) 전기 관련 학과의 전문학사 학위를 취득한 후 9년(3년제 전문학사 학위를 취득한 경우에는 8년) 이상 전기공사업무를 수행한 사람 4) 전기 관련 학과의 고등학교를 졸업한 후 11년 이상 전기공사업무를 수행한 사람
4. 초급 전기공사기술자	가. 산업기사 또는 기사의 자격을 취득한 사람 나. 기능사의 자격을 취득한 사람	1) 전기 관련 학과의 학사 이상의 학위를 취득한 사람 2) 전기 관련 학과의 전문학사 학위를 취득한 후 2년(3년제 전문학사 학위를 취득한 경우에는 1년) 이상 전기공사업무를 수행한 사람 3) 전기 관련 학과의 고등학교를 졸업한 후 4년 이상 전기공사업무를 수행한 사람

등급	국가기술자격자	학력 · 경력자
		4) 전기 관련 학과 외의 학사 이상의 학위를 취득한 후 4년 이상 전기공사업무를 수행한 사람 5) 전기 관련 학과 외의 전문학사 학위를 취득한 후 6년(3년제 전문학사 학위를 취득한 경우에는 5년) 이상 전기공사업무를 수행한 사람 6) 전기 관련 학과 외의 고등학교 이하인 학교를 졸업한 후 8년 이상 전기공사업무를 수행한 사람

[비고]

1. "국가기술자격자"란 「국가기술자격법」에 따른 국가기술자격 종목 중 다음 각 목의 어느 하나에 해당하는 기술자격을 취득한 사람을 말한다.
   가. 기술사: 발송배전, 건축전기 설비, 전기응용, 철도신호, 전기철도, 산업계측제어, 원자력발전, 전기안전
   나. 기능장: 전기
   다. 기사: 전기, 전기공사, 철도신호, 전기철도, 원자력, 신 · 재생에너지발전설비(태양광)
   라. 산업기사: 전기, 전기공사, 철도신호, 전기철도, 신 · 재생에너지발전설비(태양광)
   마. 기능사: 전기, 철도전기신호, 신 · 재생에너지발전설비(태양광)
2. 전기 관련 학과 및 학과목은 산업통상자원부 장관이 정하여 고시한다.
3. 전기 관련 학과의 학위 취득자 및 졸업자의 학력 인정 범위는 다음 각 목과 같다.
   가. 전기 관련 학과의 학사 이상의 학위에 해당하는 학력으로 인정하는 사람
      1) 「고등교육법」에 따른 학교에서 전기 관련 학과의 학사 · 석사 또는 박사 학위과정을 이수하고 졸업한 사람
      2) 「고등교육법」에 따른 학교에서 학사 · 석사 또는 박사 학위를 받은 사람으로서 전체 이수학점에 대한 전기 관련 학과목의 이수학점 비중이 100분의 30 이상인 사람
      3) 그 밖에 관계 법령에 따라 국내 또는 외국에서 1) · 2)와 같은 수준 이상의 학력이 있다고 인정되는 사람
   나. 전기 관련 학과의 전문학사 학위에 해당하는 학력으로 인정하는 사람
      1) 「고등교육법」에 따른 학교에서 전기 관련 학과의 전문학사 학위과정을 이수하고 졸업한 사람(고등전문학교에서 전기 관련 학과의 교육과정을 이수한 사람과 전기 관련 학과의 학사 학위과정 3년을 이수한 사람을 포함한다)
      2) 「고등교육법」에 따른 학교에서 전문학사 학위를 받은 사람으로서 전체 이수학점에 대한 전기 관련 학과목의 이수학점 비중이 100분의 30 이상인 사람
      3) 그 밖의 관계 법령에 따라 국내 또는 외국에서 1) · 2)와 같은 수준 이상의 학력이 있다고 인정되는 사람
   다. 전기 관련 학과의 고등학교 졸업에 해당하는 학력으로 인정하는 사람
      1) 「초 · 중등교육법」에 따른 해당 학교에서 전기 관련 학과의 고등학교 과정을 이수하고 졸업한 사람
      2) 고등학교 졸업 이상의 학력을 가진 사람으로서 국가가 인정한 전기 분야 교육기관에서 6개월 또는 700시간 이상의 전기공사 관련 교육과정을 이수한 사람
      3) 「고등교육법」에 따른 4년제 대학에서 2년 이상, 2년제 대학 또는 전문대학에서 1년 이상 전기 관련 학과의 교육과정을 이수한 사람
      4) 그 밖에 관계 법령에 따라 국내 또는 외국에서 1) · 2)와 같은 수준 이상의 학력이 있다고 인정되는 사람

4. 전기 관련 학과 외의 학위 취득자 및 졸업자의 학력 인정 범위는 다음 각 목과 같다.
   가. 전기 관련 학과 외의 학사 이상의 학위에 해당하는 학력으로 인정하는 사람
      1) 「고등교육법」에 따른 학교에서 학사 · 석사 또는 박사 학위과정을 이수하고 졸업한 사람
      2) 그 밖에 관계 법령에 따라 국내 또는 외국에서 1)과 같은 수준 이상의 학력이 있다고 인정되는 사람
   나. 전기 관련 학과 외의 전문학사 학위에 해당하는 학력으로 인정하는 사람
      1) 「고등교육법」에 따른 학교에서 전문학사 학위과정을 이수하고 졸업한 사람
      2) 그 밖에 관계 법령에 따라 국내 또는 외국에서 1)과 같은 수준 이상의 학력이 있다고 인정되는 사람
5. "전기공사업무를 수행한 사람"이란 다음 각 목의 어느 하나에 해당하는 사람을 말한다.
   가. 전기공사업체에서 시공 또는 시공관리 업무를 수행한 사람
   나. 전기공사 관련 해당 분야에서 전기공사 관련 설계 · 공사감독 · 감리 · 전기공사재해예방기술지도 업무를 수행한 사람
   다. 「공무원임용령」 별표 1 또는 「지방공무원임용령」 별표 1에 따른 공업 직렬(職列)란 중 (일반)전기 직류 및 종전의 「공무원임용령」(대통령령 제19515호로 개정되기 전의 것을 말한다) 별표 1 또는 종전의 「지방공무원임용령」(대통령령 제19822호로 개정되기 전의 것을 말한다) 별표 1에 따른 (일반)전기 직렬에 보직되어 전기시설의 관리 및 시공에 관한 업무를 수행한 사람
   라. 「초 · 중등교육법」 제2조, 「고등교육법」 제2조, 「국민 평생 직업능력 개발법」 제2조제3호 · 제5호, 「산업재해보상보험법」 제73조제1항 및 「학원의 설립 · 운영 및 과외교습에 관한 법률」 제2조제1호에 따른 학교 · 훈련시설 · 기능대학 · 훈련기관 또는 학원에서 전기 관련 교원(강사를 포함한다)으로서 전기시공에 관한 교육업무를 수행한 사람
   마. 전기공사 관련 해당 분야에서 전기공사의 계획 · 시험 · 검사 · 유지관리 · 전기안전관리 · 전기공사 연구 업무를 수행한 사람
   바. 「소방시설공사업법」 제4조제1항에 따른 소방시설공사업으로 등록된 곳에서 「국가기술자격법」에 따른 소방설비(전기분야) 기술자격 또는 제1호에 따른 국가기술자격을 가지고 소방설비 전기공사 또는 도난방지 시설공사 업무를 수행한 사람
   사. 「군인사법 시행령」 제2조의2제1항제1호부터 제3호까지에 따른 공병병과 또는 시설병과에서 장교 또는 부사관으로 복무하거나 전공병, 발전병 등으로 복무한 사람
6. 전기공사업무를 수행한 사람의 경력을 산정하는 비율은 다음 각 목과 같다.
   가. 제5호가목에 해당하는 경력: 100분의 100
   나. 제5호나목부터 라목까지의 규정에 해당하는 경력: 100분의 80
   다. 제5호마목부터 사목까지의 규정에 해당하는 경력: 100분의 50
   라. 국가기술자격 또는 최종학력의 취득 이전의 경력: 가목부터 다목까지에서 정한 경력의 100분의 50
   마. 전기기능사 시험이 면제되는 기능경기대회에 입상한 사람의 입상 이전의 경력: 100분의 100
   바. 전기공사기술자로 인정된 사람이 전기 관련 상위의 국가기술자격 또는 학력을 취득한 이후의 경력: 100분의 100
7. 전기공사업무를 수행한 사람의 경력을 산정하는 경우 다음 각 목의 경력은 제외한다.
   가. 18세 미만인 기간 동안의 경력. 다만, 18세 미만인 기간 동안 국가기술자격을 취득한 경우는 경력에 포함한다.
   나. 주간학교 재학 중의 경력. 다만, 「직업교육훈련 촉진법」 제9조에 따른 현장실습계약에 따라 산업체에 근무한 경력은 포함한다.
   다. 제5조에 따른 경미한 전기공사 및 「전기사업법」 제2조제16호에 따라 전기설비에서 제외되는 선박, 차량 및 항공기 등의 전기공사 경력
   라. 이중취업으로 확인된 기간 동안의 경력
   마. 전기공사업무 외의 경력으로 확인된 기간 동안의 경력
   바. 다른 업종의 기술능력으로 등록된 기간 동안의 경력
8. 외국인 기술자에 대한 전기공사기술자격은 외국인 기술자의 전기공사기술자격 또는 학력 · 경력에 따라 인정하되, 그 인정기준에 관하여는 제1호부터 제7호까지의 규정을 준용한다.

제18조(전기공사기술자의 의무) 전기공사기술자는 전기공사에 따른 위험 및 장해가 발생하지 아니하도록 이 법, 「전기사업법」 제67조에 따른 기술기준(이하 "기술기준"이라 한다) 및 설계도서(設計圖書)에 적합하게 전기공사를 시공관리하여야 한다.

[전문개정 2008.12.26.]

제18조의2(경력수첩의 대여 금지 등) 전기공사기술자는 타인에게 자기의 성명을 사용하여 공사를 수행하게 하거나 경력수첩을 빌려 주어서는 아니 되며, 누구든지 타인의 경력수첩을 빌려서 사용하여서는 아니 된다.

[전문개정 2008.12.26.]

제19조(전기공사기술자의 양성교육훈련) ① 산업통상자원부장관은 전기공사기술자의 원활한 수급과 안전한 시공을 위하여 산업통상자원부장관이 지정하는 교육훈련기관(이하 "지정교육훈련기관"이라 한다)이 전기공사기술자의 양성교육훈련을 실시하게 할 수 있다. 〈개정 2013.3.23.〉

② 제1항에 따른 교육훈련기관의 지정요건 및 감독과 전기공사기술자 양성교육훈련의 종류 · 대상 및 내용은 대통령령으로 정한다.

[전문개정 2008.12.26.]

시행령 **제12조의3(교육훈련기관의 지정요건)** 법 제19조제1항에 따른 교육훈련기관(이하 "지정교육훈련기관"이라 한다)의 지정요건은 다음 각 호와 같다.

1. 최근 3년간 전기공사 기술인력에 대한 교육실적이 있을 것
2. 연면적 200제곱미터 이상의 교육훈련시설이 있을 것

[전문개정 2010.6.18.]

시행령 **제12조의4(양성교육훈련의 실시 등)** ① 법 제19조제1항에 따라 산업통상자원부장관은 지정교육훈련기관이 다음 각 호의 사람에 대하여 양성교육훈련을 실시하게 하여야 한다. 〈개정 2013.3.23., 2015.9.1.〉

1. 초급 전기공사기술자로 인정을 받으려는 사람으로서 다음 각 목의 어느 하나에 해당하는 사람
   가. 기능사의 자격을 취득한 사람
   나. 별표 4의2에 따른 학력 · 경력자
2. 등급의 변경을 인정받으려는 전기공사기술자

② 제1항에 따른 양성교육훈련의 교육실시기준은 별표 4의3과 같다.

③ 공사업자는 그 소속 전기공사기술자가 양성교육훈련을 받는 데 필요한 편의를 제공하여야 하며, 양성교육훈련을 받는 것을 이유로 불이익을 주어서는 아니 된다.

④ 지정교육훈련기관은 양성교육훈련을 받은 전기공사기술자에 대하여 법 제17조의2제3항에 따른 경력수첩에 교육 이수 사항을 기록하여야 한다.
[전문개정 2010.6.18.]

■ [별표 4의3] 양성교육훈련의 교육실시기준(제12조의4제2항 관련) 〈개정 2010.6.18〉

대상자	교육 시간	교육 내용
별표 4의2에 따른 전기공사기술자로 인정을 받으려는 사람 및 등급의 변경을 인정받으려는 전기공사기술자	20시간	기술능력의 향상

제20조(지정 내용의 변경신고) 지정교육훈련기관은 그 지정된 내용 중 산업통상자원부령으로 정하는 중요 사항이 변경된 경우에는 산업통상자원부령으로 정하는 기간에 산업통상자원부장관에게 그 사실을 신고하여야 한다. 〈개정 2013.3.23.〉
[전문개정 2008.12.26.]

제21조(지정교육훈련기관의 지정취소) 산업통상자원부장관은 지정교육훈련기관이 다음 각 호의 어느 하나에 해당하면 그 지정을 취소할 수 있다. 〈개정 2013.3.23.〉
1. 제19조제2항에 따른 지정요건에 미달하게 된 경우
2. 3개월 이상의 휴업으로 교육훈련업무를 적절하게 수행할 수 없게 된 경우
[전문개정 2008.12.26.]

제22조(전기공사의 시공) 공사업자는 전기공사를 시공할 때에는 이 법, 기술기준 및 설계도서에 적합하게 시공하여야 한다.
[전문개정 2008.12.26.]

제22조의2(전기공사의 공사비 산정기준) ① 산업통상자원부장관은 전기공사의 시공품질 확보와 적정 공사비 산정을 위하여 표준시장단가 및 표준품셈 등 공사비 산정기준을 정할 수 있다.
② 산업통상자원부장관은 제1항에 따른 공사비 산정기준을 정하고 관리하기 위하여 산업통상자원부장관이 정하여 고시하는 관리기관으로 하여금 공사비 산정기준에 관한 조사 · 연구 등 업무를 수행하게 할 수 있다. 이 경우 산업통상자원부장관은 필요한 사업비에 충당하도록 출연할 수 있다.
③ 제2항 후단에 따른 출연금의 지급기준, 사용 및 관리에 필요한 사항은 대통령령으로 정한다. [본조신설 2018.4.17.]

제23조(공사업자 표시의 제한) 공사업자가 아닌 자는 사업장 · 광고물 등에 공사업자임을 표시하거나 공사업자로 오인될 우려가 있는 표시를 하여서는 아니 된다.
[전문개정 2008.12.26.]

제24조(전기공사 표지의 게시 등) ① 공사업자는 전기공사현장의 눈에 잘 띄는 곳에 시공자, 전기공사의 내용, 그 밖에 산업통상자원부령으로 정하는 사항을 기재한 표지를 게시하여야 한다. 〈개정 2013.3.23.〉
② 공사업자는 수급한 전기공사를 완공하면 시공자, 전기공사의 내용, 그 밖에 산업통상자원부령으로 정하는 사항을 적은 표지판을 주된 배전반에 붙이거나 확인하기 쉬운 부분에 설치하여야 한다. 〈개정 2013.3.23.〉
[전문개정 2008.12.26.]

16.6.5 공사업자단체 〈개정 2008.12.26.〉

제25조(공사업자단체의 설립) ① 공사업자는 품위의 유지, 기술의 향상, 전기공사 시공방법의 개선, 그 밖에 공사업의 건전한 발전을 위하여 산업통상자원부장관의 인가를 받아 공사업자단체를 설립할 수 있다. 〈개정 2013.3.23.〉
② 공사업자단체는 법인으로 한다.
③ 공사업자단체는 설립등기를 함으로써 성립한다.
④ 공사업자단체의 설립, 감독 등에 필요한 사항은 대통령령으로 정한다.
[전문개정 2008.12.26.]

시행령 **제13조(공사업자단체의 설립)** 법 제25조에 따라 공사업자단체를 설립할 때에는 공사업자 10명 이상이 발기(發起)하고 전체 공사업자의 10분의 1 이상의 동의를 받아 창립총회에서 정관을 작성한 후 산업통상자원부장관에게 인가를 신청하여야 한다.
〈개정 2013.3.23.〉 [전문개정 2010.6.18.]

제26조(「민법」의 준용) 공사업자단체에 관하여 이 법에 규정된 것을 제외하고는 「민법」 중 사단법인에 관한 규정을 준용한다.
[전문개정 2008.12.26.]

16.6.6 감독 〈개정 2008.12.26.〉

제27조(시정명령 등) 시 · 도지사는 공사업자가 다음 각 호의 어느 하나에 해당하면 기간을 정하여 그 시정을 명하거나 그 밖에 필요한 지시를 할 수 있다.

1. 제14조제1항 본문 또는 제2항 본문을 위반하여 하도급을 주거나 다시 하도급을 준 경우
2. 제16조제1항을 위반하여 전기공사기술자가 아닌 자에게 전기공사의 시공관리를 맡긴 경우
3. 제16조제2항에 따라 전기공사의 시공관리를 하는 전기공사기술자가 부적당하다고 인정되는 경우
4. 제17조에 따른 시공관리책임자를 지정하지 아니하거나 그 지정 사실을 알리지 아니한 경우
5. 제22조를 위반하여 이 법, 기술기준 및 설계도서에 적합하게 시공하지 아니한 경우
6. 제24조를 위반하여 전기공사 표지를 게시하지 아니하거나 전기공사 표지판을 부착 또는 설치하지 아니한 경우
7. 정당한 사유 없이 도급받은 전기공사를 시공하지 아니한 경우
8. 그 밖에 이 법 또는 이 법에 따른 명령을 위반한 경우

[전문개정 2008.12.26.]

제28조(등록취소 등) ① 시 · 도지사는 공사업자가 다음 각 호의 어느 하나에 해당하면 등록을 취소하거나 6개월 이내의 기간을 정하여 영업의 정지를 명할 수 있다. 다만, 제1호 · 제3호 · 제4호 · 제7호 또는 제8호에 해당하는 경우에는 등록을 취소하여야 한다.
〈개정 2013.12.30.〉

1. 거짓이나 그 밖의 부정한 방법으로 다음 각 목의 어느 하나에 해당하는 행위를 한 경우
   가. 제4조제1항에 따른 공사업의 등록
   나. 제4조제3항에 따른 공사업의 등록기준에 관한 신고
2. 제4조제2항에 따라 대통령령으로 정하는 기술능력 및 자본금 등에 미달하게 된 경우. 다만, 「채무자 회생 및 파산에 관한 법률」에 따라 법원이 회생절차개시의 결정을 하고 그 절차가 진행 중이거나 일시적으로 등록기준에 미달하는 등 대통령령으로 정하는 경우는 예외로 한다.
   2의2. 제4조제3항에 따른 공사업의 등록기준에 관한 신고를 하지 아니한 경우
3. 제5조 각 호의 결격사유 중 어느 하나에 해당하게 된 경우
4. 제10조를 위반하여 타인에게 성명 · 상호를 사용하게 하거나 등록증 또는 등록수첩을 빌려 준 경우
5. 제27조에 따른 시정명령 또는 지시를 이행하지 아니한 경우
6. 제27조제1호부터 제5호까지의 규정 중 어느 하나에 해당하는 경우로서 해당 전기공사가 완료되어 같은 조에 따른 시정명령 또는 지시를 명할 수 없게 된 경우

6의2. 제31조제4항에 따른 신고를 거짓으로 한 경우

7. 공사업의 등록을 한 후 1년 이내에 영업을 시작하지 아니하거나 계속하여 1년 이상 공사업을 휴업한 경우

8. 영업정지처분기간에 영업을 하거나 최근 5년간 3회 이상 영업정지처분을 받은 경우

② 다음 각 호의 어느 하나에 해당하는 경우에는 제5조제6호에 해당하게 된 날 또는 상속을 개시(開始)한 날부터 6개월간은 제1항을 적용하지 아니한다.

1. 법인이 제5조제6호에 해당하게 된 경우

2. 공사업의 지위를 승계한 상속인이 제5조제1호부터 제5호까지의 결격사유 중 어느 하나에 해당하는 경우

③ 시 · 도지사는 공사업자가 제27조제2호부터 제5호까지 또는 제8호에 해당되어 같은 조에 따른 시정명령 또는 지시를 받고 이를 이행하지 아니하거나 제1항제2호에 해당되어 영업정지처분을 하는 경우 국민에게 심한 불편을 주거나 그 밖에 공익을 해칠 우려가 있을 때에는 영업정지처분을 갈음하여 1천만원 이하의 과징금을 부과할 수 있다.

④ 시 · 도지사는 제3항에 따른 과징금을 내야 할 자가 납부기한까지 과징금을 내지 아니하면 「지방행정제재 · 부과금의 징수 등에 관한 법률」에 따라 징수한다.

〈개정 2013.8.6., 2020.3.24.〉

⑤ 제1항에 따라 행정처분을 하거나 제3항에 따라 과징금을 부과하는 경우 위반행위의 종류와 위반 정도 등에 따른 행정처분의 기준 및 과징금의 금액은 산업통상자원부령으로 정한다. 〈개정 2013.3.23.〉

[전문개정 2008.12.26.]

제28조의2(전기공사기술자의 인정취소 등) ① 산업통상자원부장관은 거짓이나 그 밖의 부정한 방법으로 전기공사기술자로 인정받은 사람에 대하여 그 인정을 취소하여야 한다.

〈개정 2013.3.23.〉

② 전기공사기술자로 인정받은 사람이 「국가기술자격법」 제16조에 따라 그 국가기술자격이 취소된 경우에는 제1항을 준용한다.

③ 산업통상자원부장관은 전기공사기술자로 인정받은 사람이 다른 사람에게 경력수첩을 빌려 준 경우에는 3년의 범위에서 전기공사기술자의 인정을 정지시킬 수 있다.

〈신설 2011.3.30., 2013.3.23.〉

[전문개정 2008.12.26.]

[제목개정 2011.3.30.]

제28조의3(관할 구역 외의 지역에서의 위반행위에 대한 행정처분 요청) 공사업자가 수된 영업소의 소재지가 아닌 곳에서 제27조 각 호의 어느 하나에 해당하는 행위 또는 제28조제1항 각 호의 어느 하나에 해당하는 행위를 한 경우에는 해당 행위를 한 지역을 관할하는 시 · 도지

사는 공사업자의 주된 영업소의 소재지를 관할하는 시 · 도지사에게 해당 공사업자에 대한 시정명령 등의 조치나 행정처분을 요청할 수 있다.
[전문개정 2008.12.26.]

제29조(이해관계인에 의한 조치의 요구) 공사업자에게 제27조 각 호의 어느 하나에 해당하는 사실이 있는 경우에는 이해관계인은 시 · 도지사에게 그 사유를 명시하여 해당 공사업자에 대하여 합당한 조치를 할 것을 요구할 수 있다.
[전문개정 2008.12.26.]

제29조의2(공사업자의 실태조사 등) ① 시 · 도지사는 등록기준에 적합한지 여부, 하도급의 적절 여부, 성실 시공 여부 등을 판단하기 위하여 필요하다고 인정하면 조사목적과 관련된 최소한의 범위를 정하여 다음 각 호의 행위를 할 수 있다.
1. 공사업자에게 그 업무 및 시공 상황 등에 관한 보고를 명하는 것
2. 소속 공무원에게 공사업자의 경영실태를 조사하게 하거나 공사시공에 필요한 자재 또는 시설을 검사하게 하는 것

② 시 · 도지사는 제1항에 따른 공사업자에 대한 경영실태의 조사를 위하여 필요하다고 인정하면 조사목적과 관련된 최소한의 범위를 정하여 전기공사의 발주자, 「전력기술관리법」 제2조제5호에 따른 감리원, 그 밖의 전기공사 관계 기관에 전기공사의 시공 상황에 관한 자료의 제출을 요구할 수 있다.

③ 시 · 도지사는 제1항에 따른 조사(자재 · 시설의 검사를 포함한다. 이하 이 조에서 같다)를 하는 경우에는 조사 7일 전까지 조사 일시, 조사 이유 및 조사 내용 등을 포함한 조사계획을 조사대상자에게 알려야 한다. 다만, 긴급한 경우이거나 사전에 알리면 증거인멸 등으로 조사목적을 달성할 수 없다고 인정되는 경우에는 그러하지 아니하다.

④ 제1항에 따라 공무원이 조사를 하는 경우 그 권한을 표시하는 증표를 지니고 이를 관계인에게 내보여야 하며, 조사 담당 공무원 자신의 성명, 조사 시간 및 조사 목적 등을 기재한 문서를 관계인에게 내주어야 한다.

⑤ 산업통상자원부장관은 공사업자의 경영실태를 조사할 필요가 있다고 인정되면 시 · 도지사에게 제1항에 따른 실태조사 및 제2항에 따른 자료제출의 요구를 명할 수 있으며, 그 결과에 대한 보고를 요구할 수 있다. 〈개정 2013.3.23.〉
[전문개정 2008.12.26.]

제30조(청문) 산업통상자원부장관 또는 시 · 도지사는 다음 각 호의 처분을 하려면 청문을 하여야 한다. 〈개정 2013.3.23.〉
1. 제21조에 따른 지정교육훈련기관의 지정취소
2. 제28조제1항에 따른 공사업 등록의 취소

3. 제28조의2에 따른 전기공사기술자의 인정취소
[전문개정 2008.12.26.]

16.6.7 보칙 〈개정 2008.12.26.〉

제31조(공사업 관련 정보의 종합관리 등) ① 산업통상자원부장관은 다음 각 호의 정보를 종합관리하여 이 정보가 필요한 행정기관, 발주자, 전기공사공제조합 및 관련 업체에 제공할 수 있다. 〈개정 2013.3.23.〉
1. 공사업자의 자본금, 경영실태, 공사수행상황, 기술인력 보유현황 등 공사업자에 관한 정보
2. 전기공사에 필요한 자재 등 전기공사 관련 정보

② 산업통상자원부장관은 제1항에 따른 정보의 종합관리를 위하여 산업통상자원부령으로 정하는 바에 따라 공사업자, 발주자, 관련 기관 및 단체 등에 필요한 자료를 제출하도록 요청할 수 있다. 〈개정 2013.3.23.〉

③ 산업통상자원부장관은 발주자가 적절한 공사업자를 선정할 수 있도록 하기 위하여 공사업자의 신청이 있는 경우 그 공사업자의 전기공사실적, 자본금, 기술능력 및 신인도 등에 따라 시공능력을 평가하여 공시(公示)하여야 한다. 〈개정 2013.3.23.〉

④ 제3항에 따른 시공능력의 평가 및 공시를 받으려는 공사업자는 해마다 전년도 전기공사실적, 자본금, 그 밖에 산업통상자원부령으로 정하는 사항을 산업통상자원부장관에게 신고하여야 한다. 〈개정 2013.3.23.〉

⑤ 제3항에 따른 시공능력의 평가 및 공시방법과 그 밖에 필요한 사항은 산업통상자원부령으로 정한다. 〈개정 2013.3.23.〉

⑥ 산업통상자원부장관은 제1항에 따른 정보를 종합적 · 체계적으로 관리하기 위하여 전기공사종합정보시스템을 구축 · 운영할 수 있다. 〈신설 2011.3.30., 2013.3.23.〉
[전문개정 2008.12.26.]

제32조(권한의 위임 · 위탁) ① 이 법에 따른 시 · 도지사의 권한은 그 일부를 대통령령으로 정하는 바에 따라 시장 · 군수 또는 구청장(자치구의 구청장을 말한다)에게 위임할 수 있다.

② 이 법에 따른 산업통상자원부장관 또는 시 · 도지사의 권한 중 다음 각 호의 업무는 대통령령으로 정하는 바에 따라 제25조에 따른 공사업자단체에 위탁할 수 있다.
〈개정 2011.3.30., 2013.3.23.〉
1. 제4조제1항에 따른 등록신청의 접수
2. 제4조제3항에 따른 공사업의 등록기준에 관한 신고의 수리(受理)

3. 제7조제2항에 따른 승계신고의 수리
4. 제9조제1항에 따른 등록사항 변경신고의 수리
5. 제31조제1항에 따른 정보의 종합관리 및 제공
6. 제31조제2항에 따른 자료의 제출 요청
7. 제31조제3항에 따른 공사업자의 시공능력의 평가 및 공시
8. 제31조제4항에 따른 신고의 접수
9. 제31조제6항에 따른 전기공사종합정보시스템의 구축 · 운영

③ 이 법에 따른 산업통상자원부장관의 권한 중 전기공사기술자의 인정 · 인정취소 및 인정취소를 위한 청문 등 관련 업무는 대통령령으로 정하는 바에 따라 제25조에 따른 공사업자단체 또는 전기 분야 기술자를 관리하는 법인 · 단체에 위탁할 수 있다.
〈개정 2013.3.23.〉 [전문개정 2008.12.26.]

시행령 **제15조(권한의 위임 · 위탁)** ① 시 · 도지사는 법 제32조제1항에 따라 법 제29조의2에 따른 공사업자의 실태조사 또는 검사에 관한 권한을 공사업자의 주된 영업소 소재지를 관할하는 시장 · 군수 또는 구청장(자치구의 구청장을 말한다. 이하 같다)에게 위임한다.
〈개정 2011.12.30.〉

② 산업통상자원부장관 또는 시 · 도지사는 법 제32조제2항에 따라 같은 항 각 호의 업무를 산업통상자원부장관이 지정하여 고시하는 공사업자단체에 위탁한다. 〈개정 2013.3.23.〉

③ 산업통상자원부장관은 법 제32조제3항에 따라 다음 각 호의 업무를 산업통상자원부장관이 지정하여 고시하는 공사업자단체 또는 전기 분야 기술자를 관리하는 법인 · 단체에 위탁한다. 〈개정 2013.3.23.〉

1. 법 제17조의2제1항부터 제3항까지의 규정에 따른 전기공사기술자의 인정 및 경력수첩의 발급
2. 법 제28조의2에 따른 전기공사기술자의 인정취소
3. 법 제30조제3호에 따른 청문

④ 제1항에 따라 시장 · 군수 또는 구청장이 공사업자의 실태조사 또는 검사를 실시한 경우에는 그 결과를 지체 없이 시 · 도지사에게 보고하여야 한다.
[전문개정 2010.6.18.]

제33조(벌칙 적용 시의 공무원 의제 등) ① 다음 각 호의 사람은 「형법」 제129조부터 제132조까지의 규정을 적용할 때에는 공무원으로 본다.

1. 지정교육훈련기관의 임원 및 직원
2. 제32조제2항 또는 제3항에 따라 위탁한 업무에 종사하는 공사업자단체 또는 전기 분야 기술자를 관리하는 법인 · 단체의 임원 및 직원

② 공사업자단체의 임원 및 직원은 제32조제2항에 따라 위탁받은 업무를 수행하면서 공사업자에게 공사업자단체에 가입할 것을 강요하거나 제35조제6호 및 제7호에 따른 수수료 외의 금품을 받아서는 아니 된다.
[전문개정 2008.12.26.]

제34조(노임에 대한 압류의 금지) ① 공사업자가 도급받은 전기공사의 도급금액 중 그 공사의 근로자에게 지급하여야 할 노임(勞賃)에 해당하는 금액은 압류할 수 없다.
② 제1항의 노임에 해당하는 금액의 범위와 산정방법은 대통령령으로 정한다.
[전문개정 2008.12.26.]

시행령 **제16조(압류 대상에서 제외되는 노임의 산정방법)** 법 제34조에 따른 노임에 해당하는 금액은 해당 전기공사의 도급 또는 하도급 금액 중 설계서에 기재된 노임을 합산하여 산정한다. [전문개정 2010.6.18.]

제35조(수수료) 다음 각 호의 어느 하나에 해당하는 자는 산업통상자원부령 또는 특별시 · 광역시 · 도 · 특별자치도의 조례로 정하는 바에 따라 수수료를 내야 한다. 〈개정 2013.3.23.〉
1. 제2조제9호에 따른 전기공사기술자의 인정을 받으려는 사람
2. 제4조제1항에 따른 공사업의 등록을 하려는 자
3. 제4조제3항에 따른 공사업의 등록기준에 관한 신고를 하려는 자
4. 제7조제2항에 따른 승계신고를 하려는 자
5. 제19조제1항에 따른 양성교육훈련을 받으려는 사람
6. 제31조제1항에 따른 정보를 제공받으려는 자
7. 제31조제3항에 따라 시공능력의 평가 및 공시를 받기 위하여 신청하는 자와 시공능력의 공시 자료를 이용하는 자
[전문개정 2008.12.26.]

제36조(비밀누설 금지) 공사업자는 전기공사의 발주자가 해당 전기공사의 내용에 관하여 비밀보장을 요구한 경우에는 그 전기공사에 관하여 알게 된 비밀을 누설하여서는 아니 된다.
[전문개정 2008.12.26.]

제37조(업무수행 중 알게 된 사실의 누설 금지) 다음 각 호의 사람은 그 업무를 수행하면서 알게 된 공사업자의 업무 및 재산 상황 중 공사업자에게 피해가 되는 사실을 타인에게 누설하여서는 아니 된다.
1. 이 법에 따라 등록 또는 감독업무에 종사하는 공무원
2. 지정교육훈련기관의 임원 및 직원
3. 제32조제2항 또는 제3항에 따른 위탁사무에 종사하는 공사업자단체 또는 전기 분야 기술

자를 관리하는 법인 · 단체의 임원 및 직원
[전문개정 2008.12.26.]

제38조(공사업의 진흥시책) ① 산업통상자원부장관은 공사업의 건전한 발전을 위하여 필요한 진흥시책을 수립 · 시행할 수 있다. 〈개정 2013.3.23.〉

② 제1항에 따른 진흥시책에는 다음 각 호의 사항이 포함되어야 한다.

1. 공사업 진흥시책의 기본방향
2. 전기공사기술의 개발
3. 전기공사에 관한 안전 및 품질의 확보대책
4. 중소공사업자의 육성대책
5. 제1호부터 제4호까지의 규정과 관련된 주요 시책

[전문개정 2008.12.26.]

제39조(중소공사업자 지원을 위한 조치) ① 산업통상자원부장관은 중소공사업자에 대한 지원을 위하여 필요하면 전기공사를 발주하는 국가 · 지방자치단체 또는 공공기관에 대하여 중소공사업자의 참여 기회의 확대와 그 밖에 필요한 조치를 취할 것을 요청할 수 있다. 〈개정 2013. 3. 23.〉

② 국가 · 지방자치단체 또는 공공기관은 제1항에 따른 요청을 받은 때에는 특별한 사유가 없으면 적극 협조하여야 한다.

③ 산업통상자원부장관은 국가 · 지방자치단체 또는 공공기관이 발주하는 공사에 중소공사업자가 참여할 수 있는 기회를 확대하기 위하여 대기업인 공사업자의 기준과 대기업인 공사업자가 도급받을 수 있는 공사금액의 하한을 대통령령으로 정할 수 있다. 〈신설 2019.1.8.〉

[전문개정 2008. 12. 26.]

시행령 **제16조의2(대기업인 공사업자의 기준 등)** ① 법 제39조제3항에 따른 대기업인 공사업자는 다음 각 호의 어느 하나에 해당하는 자로 한다.

1. 「독점규제 및 공정거래에 관한 법률」 제14조에 따라 지정된 상호출자제한기업집단에 속하는 공사업자
2. 「공공기관의 운영에 관한 법률」 제4조에 따른 공공기관(이하 “공공기관”이라 한다)인 공사업자
3. 「지방공기업법」에 따른 지방직영기업, 지방공사 또는 지방공단인 공사업자

② 법 제39조제3항에 따른 대기업인 공사업자가 도급받을 수 있는 공사금액의 하한은 10억원으로 한다. 다만, 국가 · 지방자치단체 또는 공공기관을 당사자로 하는 계약 관련 법령에 따라 수의계약을 하는 경우에는 공사금액의 하한을 적용하지 않을 수 있다.

[본조신설 2019. 11. 5.]

16.6.8 벌칙 〈개정 2008.12.26.〉

제40조(벌칙) ① 공사업자 또는 제17조에 따라 시공관리책임자로 지정된 사람으로서 제18조 또는 제22조를 위반하여 전기공사를 시공함으로써 착공 후 하자담보책임기간에 대통령령으로 정하는 주요 전력시설물의 주요 부분에 중대한 파손을 일으키게 하여 사람들을 위험하게 한 자는 7년 이하의 징역 또는 7천만원 이하의 벌금에 처한다. 〈개정 2014.1.21.〉

② 제1항의 죄를 범하여 사람을 상해(傷害)에 이르게 한 경우에는 1년 이상의 유기징역 또는 1천만원 이상 2억원 이하의 벌금에 처하며, 사망에 이르게 한 경우에는 3년 이상의 유기징역 또는 3천만원 이상 5억원 이하의 벌금에 처한다.

[전문개정 2008.12.26.]

시행령 **제17조(주요 전력시설물의 주요 부분의 범위)** 법 제40조제1항에서 "대통령령으로 정하는 주요 전력시설물의 주요 부분"이란 다음 각 호의 부분을 말한다.

1. 345킬로볼트 이상의 공중 송전설비 중 철탑 기초부분, 철탑 조립부분 및 공중전선 연결부분
2. 345킬로볼트 이상의 변전소 개폐기 및 차단기의 연결부분

[전문개정 2010.6.18.]

제41조(벌칙) ① 업무상 과실(過失)로 제40조제1항의 죄를 범한 자는 3년 이하의 금고 또는 3천만원 이하의 벌금에 처한다.

② 업무상 과실로 제40조제1항의 죄를 범하여 사람을 상해(傷害)에 이르게 한 경우에는 5년 이하의 금고 또는 5천만원 이하의 벌금에 처하며, 사망에 이르게 한 경우에는 7년 이하의 금고 또는 7천만원 이하의 벌금에 처한다.

[전문개정 2008.12.26.]

제41조의2(벌칙) 다음 각 호의 어느 하나에 해당하는 자는 3년 이하의 징역 또는 3천만원 이하의 벌금에 처한다.

1. 제4조제1항에 따른 등록을 하지 아니하고 공사업을 한 자
2. 거짓이나 그 밖의 부정한 방법으로 제4조제1항에 따른 등록을 한 자
3. 거짓이나 그 밖의 부정한 방법으로 제7조제1항, 제3항 또는 제4항에 따른 신고를 한 자
4. 제10조를 위반하여 타인에게 자기의 성명 또는 상호를 사용하게 하여 전기공사를 수급 또는 시공하게 하거나, 등록증 또는 등록수첩을 빌려준 공사업자 및 그 상대방

[본조신설 2019. 4. 23.]

제42조(벌칙) 다음 각 호의 어느 하나에 해당하는 자는 1년 이하의 징역 또는 1천만원 이하의 벌금에 처한다.

1. 삭제〈2019. 4. 23.〉
2. 삭제〈2019. 4. 23.〉
3. 삭제〈2019. 4. 23.〉
4. 제14조제1항 본문 또는 제2항 본문을 위반하여 하도급을 주거나 다시 하도급을 준 자 및 그 상대방
5. 제18조의2를 위반하여 경력수첩을 빌려 준 사람 또는 타인의 경력수첩을 빌려서 사용한 자
6. 제28조제1항에 따른 영업정지처분기간에 영업을 한 자
7. 제31조제4항에 따른 신고를 거짓으로 한 자

[전문개정 2008. 12. 26.]

제43조(벌칙) 다음 각 호의 어느 하나에 해당하는 자는 500만원 이하의 벌금에 처한다. 〈개정 2011.7.25., 2014.1.21.〉

1. 제4조제3항에 따른 공사업의 등록기준에 관한 신고를 하지 아니하고 공사업을 한 자
2. 거짓이나 그 밖의 부정한 방법으로 제4조제3항에 따른 공사업의 등록기준에 관한 신고를 한 자
3. 제7조제2항에 따른 승계신고를 하지 아니하거나 거짓이나 그 밖의 부정한 방법으로 승계신고를 한 자
4. 제11조제1항을 위반하여 전기공사를 다른 업종의 공사와 분리발주하지 아니한 자

4의2. 제11조제2항을 위반하여 시공책임형 전기공사관리를 다른 업종의 공사관리와 분리발주하지 아니한 자

5. 제16조(제3조제3항에서 준용하는 경우를 포함한다)의 시공관리에 관한 의무를 이행하지 아니한 자
6. 제17조(제3조제3항에서 준용하는 경우를 포함한다)에 따른 시공관리책임자를 지정하지 아니한 자
7. 제18조를 위반하여 이 법, 기술기준 및 설계도서에 적합하게 시공관리하지 아니한 전기공사기술자
8. 제22조(제3조제3항에서 준용하는 경우를 포함한다)를 위반하여 이 법, 기술기준 및 설계도서에 적합하게 시공하지 아니한 자
9. 제33조제2항을 위반하여 수수료 외의 금품을 받은 사람
10. 제36조를 위반하여 전기공사에 관하여 알게 된 비밀을 누설한 공사업자
11. 제37조를 위반하여 업무수행 중 알게 된 사실을 누설한 사람 [전문개정 2008.12.26.]

제44조 삭제 〈2014.1.21.〉

제45조(양벌규정) 법인의 대표자나 법인 또는 개인의 대리인, 사용인, 그 밖의 종업원이 그 법인 또는 개인의 업무에 관하여 제40조부터 제43조까지의 어느 하나에 해당하는 위반행위를 하면 그 행위자를 벌하는 외에 그 법인 또는 개인에게도 해당 조문의 벌금형을 과(科)한다. 다만, 법인 또는 개인이 그 위반행위를 방지하기 위하여 해당 업무에 관하여 상당한 주의와 감독을 게을리하지 아니한 경우에는 그러하지 아니하다. 〈개정 2014.1.21.〉
[전문개정 2008.12.26.]

제46조(과태료) ① 다음 각 호의 어느 하나에 해당하는 자에게는 300만원 이하의 과태료를 부과한다. 〈개정 2013.12.30.〉

1. 제4조제3항에 따른 공사업의 등록기준에 관한 신고를 산업통상자원부령으로 정하는 기간 내에 하지 아니한 자
2. 제6조제2항에 따른 통지를 하지 아니한 공사업자 또는 그 승계인
3. 제9조에 따른 신고를 하지 아니하거나 거짓으로 신고한 자
4. 제12조제1항의 도급계약 체결 시 의무를 이행하지 아니한 자
5. 제12조제2항에 따른 전기공사 도급대장을 비치하지 아니한 자
6. 제14조제3항 또는 제4항에 따른 하도급 통지를 하지 아니한 자
7. 제17조에 따른 시공관리책임자의 지정 사실을 알리지 아니한 자
8. 제23조를 위반하여 공사업자임을 표시하거나 공사업자로 오인될 우려가 있는 표시를 한 자
9. 제24조제1항에 따른 표지를 게시하지 아니한 자 또는 같은 조 제2항에 따른 표지판을 붙이지 아니하거나 설치하지 아니한 자
10. 제29조의2제1항제2호에 따른 조사 또는 검사를 거부 · 방해 또는 기피하거나, 거짓으로 보고를 한 자

② 제29조의2제1항제1호에 따른 보고를 하지 아니한 자에게는 100만원 이하의 과태료를 부과한다.

③ 제1항 및 제2항에 따른 과태료는 대통령령으로 정하는 바에 따라 산업통상자원부장관 또는 시 · 도지사가 부과 · 징수한다. 〈개정 2013.3.23.〉
[전문개정 2008.12.26.]

시행령 **제18조(과태료의 부과기준)** 법 제46조제1항 및 제2항에 따른 과태료의 부과기준은 별표 5와 같다.
[전문개정 2010.6.18.]

■ 전기공사업법 시행령 [별표 5] 〈개정 2023. 4. 25.〉

과태료의 부과기준 (제18조 관련)

1. 일반기준

가. 위반행위의 횟수에 따른 과태료 부과기준은 최근 3년간 같은 위반행위로 과태료 부과처분을 받은 경우에 적용한다. 이 경우 위반횟수는 같은 위반행위에 대하여 과태료 처분을 한 날과 그 처분 후에 다시 같은 위반행위를 적발한 날을 각각 기준으로 하여 계산한다.

나. 부과권자는 다음의 어느 하나에 해당하는 경우에는 제2호의 개별기준에 따른 과태료 금액의 2분의 1 범위에서 그 금액을 줄일 수 있다. 다만, 과태료를 체납하고 있는 위반행위자의 경우에는 그렇지 않다.

1) 위반행위자가 「질서위반행위규제법 시행령」 제2조의2제1항 각 호의 어느 하나에 해당하는 경우

2) 위반행위가 사소한 부주의나 오류로 인한 것으로 인정되는 경우

3) 위반행위자가 법 위반상태를 시정하거나 해소하기 위하여 노력한 것이 인정되는 경우

4) 그 밖에 위반행위의 정도, 위반행위의 동기와 그 결과 등을 고려하여 감경할 필요가 있다고 인정되는 경우

다. 부과권자는 고의 또는 중과실이 없는 위반행위자가 「소상공인기본법」 제2조에 따른 소상공인에 해당하고, 과태료를 체납하고 있지 않은 경우에는 다음의 사항을 고려하여 제2호의 개별기준에 따른 과태료의 100분의 70 범위에서 그 금액을 줄여 부과할 수 있다. 다만, 나목에 따른 감경과 중복하여 적용하지 않는다.

1) 위반행위자의 현실적인 부담능력

2) 경제위기 등으로 위반행위자가 속한 시장 · 산업 여건이 현저하게 변동되거나 지속적으로 악화된 상태인지 여부

라. 부과권자는 다음의 어느 하나에 해당하는 경우에는 제2호에 따른 과태료 금액의 2분의 1 범위에서 그 금액을 늘릴 수 있다. 다만, 법 제46조에 따른 과태료 금액의 상한을 넘을 수 없다.

1) 위반의 내용 · 정도가 중대하여 국민 등에게 미치는 피해가 크다고 인정되는 경우

2) 법 위반상태의 기간이 6개월 이상인 경우

3) 그 밖에 위반행위의 정도, 위반행위의 동기와 그 결과 등을 고려하여 가중할 필요가 있다고 인정되는 경우

2. 개별기준

<table>
<tr><th rowspan="2">위반행위</th><th rowspan="2">근거 법조문</th><th colspan="3">과태료 금액(단위: 만원)</th></tr>
<tr><th>1차 위반</th><th>2차 위반</th><th>3차 이상 위반</th></tr>
<tr><td>가. 법 제4조제3항에 따른 공사업의 등록기준에 관한 신고를 산업통상자원부령으로 정하는 기간 내에 하지 않은 경우
1) 신고기간 경과 후 60일 이내에 신고한 경우
2) 신고기간 경과 후 60일 초과하여 신고한 경우</td><td>법 제46조 제1항제1호</td><td colspan="3">

100
200</td></tr>
<tr><td>나. 공사업자 또는 그 승계인이 법 제6조제2항에 따른 통지를 하지 않은 경우</td><td>법 제46조 제1항제2호</td><td colspan="3">100</td></tr>
<tr><td>다. 법 제9조에 따른 신고를 하지 않거나 거짓으로 신고한 경우</td><td>법 제46조 제1항제3호</td><td colspan="3">100</td></tr>
<tr><td>라. 법 제12조제1항의 도급계약 체결 시 의무를 이행하지 않은 경우</td><td>법 제46조 제1항제4호</td><td colspan="3">300</td></tr>
<tr><td>마. 법 제12조제2항에 따른 전기공사 도급대장을 비치하지 않은 경우</td><td>법 제46조 제1항제5호</td><td colspan="3">100</td></tr>
<tr><td>바. 법 제14조제3항 또는 제4항에 따른 하도급 통지를 하지 않은 경우</td><td>법 제46조 제1항제6호</td><td>100</td><td>200</td><td>300</td></tr>
<tr><td>사. 법 제17조에 따른 시공관리책임자의 지정 사실을 알리지 않은 경우</td><td>법 제46조 제1항제7호</td><td colspan="3">100</td></tr>
<tr><td>아. 법 제23조를 위반하여 공사업자임을 표시하거나 공사업자로 오인될 우려가 있는 표시를 한 경우</td><td>법 제46조 제1항제8호</td><td>50</td><td>100</td><td>200</td></tr>
<tr><td>자. 법 제24조제1항에 따른 표지를 게시하지 않은 경우 또는 같은 조 제2항에 따른 표지판을 붙이지 않거나 설치하지 않은 경우</td><td>법 제46조 제1항제9호</td><td>50</td><td>100</td><td>200</td></tr>
<tr><td>차. 법 제29조의2제1항제1호에 따른 보고를 하지 않은 경우</td><td>법 제46조 제2항</td><td colspan="3">100</td></tr>
<tr><td>카. 법 제29조의2제1항제2호에 따른 조사 또는 검사를 거부 · 방해 또는 기피하거나, 거짓으로 보고를 한 경우</td><td>법 제46조 제1항제10호</td><td>100</td><td>200</td><td>300</td></tr>
</table>

16.7 전기안전관리법

[법률 제20194호, 2024. 2. 6., 일부개정]
[대통령령 제33401호, 2023. 4. 11., 일부개정]

제 1 장 총칙

제1조(목적) 이 법은 전기재해의 예방과 전기설비 안전관리에 필요한 사항을 규정함으로써 국민의 생명과 재산을 보호하고 공공의 안전을 확보함을 목적으로 한다.

제2조(정의) 이 법에서 사용하는 용어의 뜻은 다음과 같다.

1. "전기안전관리"란 국민의 생명과 재산을 보호하기 위하여 전기설비의 공사 · 유지 · 관리 및 운용에 필요한 조치를 하는 것을 말한다.
2. "전기재해"란 전기화재, 감전사고 등으로 인하여 사람의 생명과 재산의 피해가 발생하는 경우를 말한다.
3. "전기사업자"란 「전기사업법」 제2조제2호에 따른 전기사업자를 말한다.
4. "전기판매사업자"란 「전기사업법」 제2조제10호에 따른 전기판매사업자를 말한다.
5. "구역전기사업자"란 「전기사업법」 제2조제12호에 따른 구역전기사업자를 말한다.
6. "전기설비"란 「전기사업법」 제2조제16호에 따른 전기설비를 말한다.
7. "전기사업용전기설비"란 「전기사업법」 제2조제17호에 따른 전기사업용전기설비를 말한다.
8. "일반용전기설비"란 「전기사업법」 제2조제18호에 따른 일반용전기설비를 말한다.
9. "자가용전기설비"란 「전기사업법」 제2조제19호에 따른 자가용전기설비를 말한다.
10. "원격점검"이란 전기설비의과전압 · 과전류 및 누설 전류 등을 검출하여 이를 데이터로 수집, 분석 및 전송함으로써 전기설비의 안전 상태 등을 점검하는 것을 말한다.

제3조(국가의 책무) 국가는 국민이 전기재해로부터 안전성을 확보할 수 있도록 전기안전관리에 관한 정책을 수립 · 시행하여야 한다.

제4조(다른 법률과의 관계) 전기안전관리에 대하여 다른 법률에 특별한 규정이 있는 경우를 제외하고는 이 법에서 정하는 바에 따른다.

제 2 장 전기안전관리에 관한 기본계획 수립 등

제5조(전기안전관리 기본계획 수립 등) ① 산업통상자원부장관은 전기재해 예방 등 체계적인 전기안전관리를 위하여 5년마다 전기안전관리에 관한 기본계획(이하 "기본계획"이라 한

다)을 수립 · 시행하여야 한다.

② 기본계획에는 다음 각 호의 사항이 포함되어야 한다.

1. 전기안전관리에 관한 중 · 장기 정책에 관한 사항
2. 전기설비의 안전관리제도 개선에 관한 사항
3. 전기재해 예방을 위한 교육 · 홍보 및 기술개발에 관한 사항
4. 전기설비의 안전관리를 위한 인력 양성에 관한 사항
5. 사회적 취약계층에 대한 전기안전 복지서비스에 관한 사항
6. 그 밖에 전기설비의 안전관리 수준 향상을 위하여 필요한 사항

③ 산업통상자원부장관은 기본계획을 수립하거나 변경하려면 미리 관계 중앙행정기관의 장과 협의한 후 「에너지법」 제9조에 따른 에너지위원회의 심의를 거쳐 이를 확정한다. 다만, 대통령령으로 정하는 경미한 사항을 변경하려는 경우에는 그러하지 아니하다.

④ 산업통상자원부장관은 기본계획의 수립 · 시행을 위하여 필요한 경우 관계 중앙행정기관의 장, 특별시장 · 광역시장 · 특별자치시장 · 도지사 · 특별자치도지사(이하 "시 · 도지사"라 한다) 또는 「공공기관의 운영에 관한 법률」 제4조에 따른 공공기관의 장에게 관련 자료의 제출이나 협력을 요청할 수 있다. 이 경우 요청을 받은 자는 특별한 사유가 없으면 이에 따라야 한다.

⑤ 산업통상자원부장관은 기본계획을 수립 또는 변경한 경우에는 관계 중앙행정기관의 장, 시 · 도지사 및 「공공기관의 운영에 관한 법률」 제4조에 따른 공공기관(전기안전관리에 관한 업무를 수행하는 공공기관에 한정한다)의 장에게 통보하고, 공고(인터넷 게재를 포함한다)하여야 한다.

⑥ 제1항부터 제5항까지의 규정에 따른 기본계획의 수립 · 변경 및 시행에 필요한 사항은 대통령령으로 정한다.

③ 제2항 전단에도 불구하고 산업통상자원부령으로 정하는 저압(低壓)에 해당하는 자가용전기설비의 설치 또는 변경공사의 경우에는 제9조에 따른 사용전검사(使用前檢査) 신청으로 공사계획신고를 갈음할 수 있다.

④ 자가용전기설비의 소유자 또는 점유자는 전기설비가 사고 · 재해 또는 그 밖의 사유로 멸실 · 파손되거나 전시 · 사변 등 비상사태가 발생하여 부득이하게 공사를 하여야 하는 경우에는 제1항 및 제2항에도 불구하고 산업통상자원부령으로 정하는 바에 따라 공사를 시작한 후 지체 없이 그 사실을 산업통상자원부장관 또는 시 · 도지사에게 신고하여야 한다.

⑤ 제1항에 따른 인가 및 제2항 · 제4항에 따른 신고에 필요한 사항은 산업통상자원부령으로 정한다.

시행령 **제2조(전기안전관리 기본계획의 수립 · 변경 등)** ① 「전기안전관리법」(이하 "법"이라 한다) 제5조제3항 단서에서 "대통령령으로 정하는 경미한 사항을 변경하려는 경우"란 다

음 각 호의 경우를 말한다.

1. 법 제5조제1항에 따른 전기안전관리에 관한 기본계획(이하 "기본계획"이라 한다)에서 정한 부문별 사업규모의 100분의 15 범위에서 변경하려는 경우
2. 기본계획에서 정한 부문별 사업기간을 1년의 범위에서 변경하려는 경우
3. 계산 착오, 오기, 누락 또는 이에 준하는 명백한 오류를 수정하려는 경우
4. 그 밖에 기본계획의 목적 및 방향에 영향을 미치지 않는 사항을 변경하는 경우로서 산업통상자원부장관이 고시하는 사항을 변경하려는 경우

② 산업통상자원부장관은 법 제5조제4항에 따라 관계 중앙행정기관의 장이나 특별시장 · 광역시장 · 특별자치시장 · 도지사 · 특별자치도지사(이하 "시 · 도지사"라 한다) 또는 「공공기관의 운영에 관한 법률」 제4조에 따른 공공기관(이하 "공공기관"이라 한다)의 장에게 다음 각 호의 사항에 관한 자료의 제출이나 협력을 요청할 수 있다.

1. 전기설비의 안전과 관련된 규제의 정비
2. 전기설비가 설치된 시설에 대한 관계 기관 합동 전기안전점검의 실시
3. 전기설비로 인한 사고 관련 통계 및 사례의 산출 및 관리
4. 전기설비 관련 안전의식 정착을 위한 전기안전문화운동의 추진
5. 전기설비 사고 예방을 위한 홍보의 지원
6. 그 밖에 기본계획을 효율적으로 시행하기 위하여 산업통상자원부장관이 필요하다고 인정하는 사항

③ 산업통상자원부장관은 기본계획을 수립 또는 변경한 경우에는 법 제5조제5항에 따라 그 수립 또는 변경한 날부터 1개월 이내에 관계 중앙행정기관의 장, 시 · 도지사 및 공공기관(전기안전관리에 관한 업무를 수행하는 공공기관으로 한정한다)의 장에게 해당 사항을 통보하고, 산업통상자원부의 인터넷 홈페이지에 공고해야 한다.

제6조(전기안전자문기구의 설치) ① 산업통상자원부장관은 전기안전관리 정책을 원활하게 수립 · 추진하기 위하여 필요한 경우 전기안전관리와 관련된 전문기관 · 단체 등으로 구성된 자문기구(이하 "전기안전자문기구"라 한다)를 설치 · 운영할 수 있다.

② 산업통상자원부장관은 전기안전자문기구가 원활하게 운영될 수 있도록 필요한 행정적 · 재정적 지원을 할 수 있다.

③ 전기안전자문기구의 구성 및 운영 등에 필요한 사항은 대통령령으로 정한다.

시행령 **제3조(전기안전자문기구의 구성)** ① 법 제6조제1항에 따른 전기안전자문기구(이하 "전기안전자문기구"라 한다)는 위원장 1명을 포함하여 15명 이내의 위원으로 구성한다.

② 전기안전자문기구의 위원장(이하 "위원장"이라 한다)은 산업통상자원부에서 전기안전관리업무를 담당하는 4급 이상 공무원 중에서 산업통상자원부장관이 지명하는 사람이 된다.

③ 전기안전자문기구의 위원(이하 "위원"이라 한다)은 다음 각 호의 사람 중에서 위원장이 지명하거나 위촉하는 사람이 된다.

1. 전기 관련 기관 · 단체의 장이 소속 임직원 중에서 추천한 사람
2. 그 밖에 전기안전관리 분야의 전문지식이나 경험이 풍부한 사람

④ 위원의 임기는 2년으로 한다.

제7조(전기안전관리 관련 기술의 연구 · 개발) ① 산업통상자원부장관은 전기안전관리 관련 기술의 연구 · 개발이 필요한 경우에는 다음 각 호의 어느 하나에 해당하는 기관이나 단체로 하여금 이를 수행하게 할 수 있다.

1. 제30조에 따른 한국전기안전공사(이하 "안전공사"라 한다)
2. 국 · 공립 연구기관
3. 「고등교육법」에 따른 대학 · 산업대학 · 전문대학 및 기술대학
4. 「과학기술분야 정부출연연구기관 등의 설립 · 운영 및 육성에 관한 법률」에 따라 설립된 연구기관
5. 「기업부설연구소등의 연구개발 지원에 관한 법률」 제7조제1항에 따라 인정받은 기업부설연구소
6. 「특정연구기관 육성법」 제2조에 따른 특정연구기관
7. 「민법」이나 다른 법률에 따라 설립된 전기안전 분야의 법인 연구기관 또는 법인 부설연구소
8. 그 밖에 전기안전에 관한 기술 및 기준을 연구 · 개발하는 기관 또는 단체로서 산업통상자원부령으로 정하는 기관 또는 단체

② 산업통상자원부장관은 제1항에 따른 연구 · 개발에 필요한 재정적 지원을 할 수 있다.

제 3 장 전기설비의 안전관리

제8조(자가용전기설비의 공사계획의 인가 또는 신고) ① 자가용전기설비의 설치공사 또는 변경공사로서 산업통상자원부령으로 정하는 공사를 하려는 자는 그 공사계획에 대하여 산업통상자원부장관의 인가를 받아야 한다. 인가받은 사항을 변경하려는 경우에도 또한 같다.

② 제1항에 따라 인가를 받아야 하는 공사 외의 자가용전기설비의 설치 또는 변경공사로서 산업통상자원부령으로 정하는 공사를 하려는 자는 공사를 시작하기 전에 시 · 도지사에게 신고하여야 한다. 신고한 사항을 변경하려는 경우에도 또한 같다.

③ 제2항 전단에도 불구하고 산업통상자원부령으로 정하는 저압(低壓)에 해당하는 자가용전기설비의 설치 또는 변경공사의 경우에는 제9조에 따른 사용전검사(使用前檢査) 신청으로

공사계획신고를 갈음할 수 있다.

④ 자가용전기설비의 소유자 또는 점유자는 전기설비가 사고 · 재해 또는 그 밖의 사유로 멸실 · 파손되거나 전시 · 사변 등 비상사태가 발생하여 부득이하게 공사를 하여야 하는 경우에는 제1항 및 제2항에도 불구하고 산업통상자원부령으로 정하는 바에 따라 공사를 시작한 후 지체 없이 그 사실을 산업통상자원부장관 또는 시 · 도지사에게 신고하여야 한다.

⑤ 제1항에 따른 인가 및 제2항 · 제4항에 따른 신고에 필요한 사항은 산업통상자원부령으로 정한다.

시행령 **제5조(공사계획의 인가)** 산업통상자원부장관은 법 제8조제1항에 따라 전기설비의 설치공사 또는 변경공사에 관한 계획을 인가할 때에는 해당 계획이 「전기사업법」 제67조에 따른 기술기준에 적합한 경우에만 인가해야 한다.

제9조(사용전검사) 제8조에 따라 자가용전기설비의 설치공사 또는 변경공사를 한 자는 산업통상자원부령으로 정하는 바에 따라 산업통상자원부장관 또는 시 · 도지사가 실시하는 검사에 합격한 후에 이를 사용하여야 한다.

제10조(자가용전기설비의 임시사용) ① 산업통상자원부장관 또는 시 · 도지사는 제9조에 따른 검사에 불합격한 경우에도 안전상 지장이 없고 자가용전기설비의 임시사용이 필요하다고 인정되는 경우에는 1년의 범위에서 사용 기간 및 방법을 정하여 그 설비를 임시로 사용하게 할 수 있다. 이 경우 산업통상자원부장관 또는 시 · 도지사는 그 사용 기간 및 방법을 정하여 통지를 하여야 한다.

② 비상용 예비발전기가 완공되지 아니할 경우 등 제1항에 따른 전기설비 임시사용의 허용기준, 1년의 범위에서의 사용기간, 전기설비의 임시사용방법, 그 밖에 필요한 사항은 산업통상자원부령으로 정한다.

제11조(정기검사) ① 전기사업자 및 자가용전기설비의 소유자 또는 점유자는 산업통상자원부령으로 정하는 전기설비에 대하여 산업통상자원부령으로 정하는 바에 따라 산업통상자원부장관 또는 시 · 도지사로부터 정기적으로 검사를 받아야 한다.

② 「전기사업법」 제2조제6호 및 제8호에 따른 송전사업자 및 배전사업자가 같은 법 제65조의2에 따라 자체 검사를 실시한 경우에는 제1항에 따른 검사를 받은 것으로 본다.

제12조(일반용전기설비의 점검) ① 산업통상자원부장관은 일반용전기설비가 「전기사업법」 제67조에 따른 기술기준(이하 "기술기준"이라 한다)에 적합한지 여부에 대하여 산업통상자원부령으로 정하는 바에 따라 그 전기설비의 사용 전과 사용 중에 정기적으로 안전공사로 하여금 점검하도록 하여야 한다. 다만, 주거용 시설물에 설치된 일반용전기설비를 정기적으로 점검(이하 "정기점검"이라 한다)하는 경우 그 소유자 또는 점유자로부터 점검의 승

낙을 받을 수 없는 경우에는 그러하지 아니하다. 〈개정 2022. 10. 18.〉

② 안전공사는 산업통상자원부장관이 정하여 고시하는 원격점검기능이 있는 장치(이하 "원격점검장치"라 한다)를 활용하여 일반용전기설비에 대한 원격점검을 실시할 수 있다. 이 경우 산업통상자원부령으로 정하는 바에 따라 정기점검을 원격점검으로 대체하거나 그 시기를 조정할 수 있다. 〈신설 2021. 12. 21.〉

③ 안전공사는 제2항에 따른 원격점검 결과가 기술기준에 부합하지 아니한 경우에는 해당 전기설비의 소유자 또는 점유자에게 이를 통지하여야 한다. 〈신설 2021. 12. 21.〉

④ 제3항에 따른 통지를 받은 소유자 또는 점유자가 안전공사에 점검을 요청하는 경우 안전공사는 특별한 사유가 없으면 점검을 실시하여야 한다. 〈신설 2021. 12. 21.〉

⑤ 안전공사는 제1항 본문 또는 제4항에 따른 점검 결과 일반용전기설비가 기술기준에 적합하지 아니하다고 인정되는 경우에는 지체 없이 다음 각 호의 사항을 그 소유자 또는 점유자에게 통지하여야 한다. 〈개정 2021. 12. 21., 2022. 10. 18.〉

1. 기술기준에 적합하도록 하기 위하여 필요한 조치의 내용
2. 제1호에 따른 조치를 하지 아니하는 경우에 발생할 수 있는 결과

⑥ 안전공사는 정기점검 또는 원격점검 결과 기술기준에 부합하지 아니한 전기설비 중 경미한 수리(「전기공사업법」 제3조제1항 단서에 따른 경미한 전기공사에 한정한다)가 필요한 경우로서 해당 전기설비의 소유자 또는 점유자의 요청이 있는 경우에는 직접 이를 수리할 수 있다. 〈개정 2021. 12. 21.〉

⑦ 안전공사는 제1항, 제4항 또는 제5항에 따른 점검 또는 통지에 관한 업무를 수행하는 경우 산업통상자원부령으로 정하는 사항을 기록 · 보존하여야 한다. 〈개정 2021.12.21., 2022.10.18.〉

⑧ 안전공사는 제5항에 따라 통지한 사항의 조치 이행 여부를 점검한 결과 그 소유자 또는 점유자가 통지를 받고도 같은 항 제1호의 조치를 하지 아니한 경우에는 특별자치도지사 · 특별자치시장 · 시장 · 군수 · 구청장(구청장은 자치구의 구청장을 말한다. 이하 "시장 · 군수 · 구청장"이라 한다)에게 그 조치 불이행 사실을 통보하여야 한다. 이 경우 시장 · 군수 · 구청장은 그 소유자 또는 점유자에게 그 전기설비의 수리 · 개조 또는 이전에 관한 명령(이하 "개선명령"이라 한다)을 하여야 하되, 전기설비가 기술기준에 적합하지 아니한 사항이 중대하여 시장 · 군수 · 구청장의 개선명령을 기다릴 여유가 없다고 인정되는 경우로서 산업통상자원부령으로 정하는 경우에는 안전공사가 직접 개선명령을 한 후 이를 시장 · 군수 · 구청장에게 통보하여야 한다. 〈개정 2021. 12. 21.〉

⑨ 시장 · 군수 · 구청장은 일반용전기설비의 소유자 또는 점유자가 개선명령(안전공사가 직접 개선명령을 한 경우를 포함한다)을 이행하지 아니하여 전기로 인한 재해가 발생할 우려가 크다고 인정되는 경우에는 산업통상자원부령으로 정하는 바에 따라 전기판매사업자에게 그 소유자 또는 점유자에 대한 전기의 공급을 정지하여 줄 것을 요청하고 그 개선명령을 이행하지 아니한 내용을 즉시 안전공사에 통보하여야 한다. 이 경우 전기공급의 정지요청

을 받은 전기판매사업자는 특별한 사유가 없으면 이에 따라야 한다. 〈개정 2021.12.21.〉

⑩ 안전공사는 제1항에 따른 점검에 필요한 자료를 산업통상자원부령으로 정하는 바에 따라 전기판매사업자에게 요청할 수 있다. 이 경우 자료요청을 받은 전기판매사업자는 특별한 사유가 없으면 이에 따라야 한다. 〈개정 2021.12.21.〉

⑪ 제1항에 따라 점검을 하는 자는 그 권한을 표시하는 증표를 지니고 이를 관계인에게 내보여야 한다. 〈개정 2021.12.21.〉

⑫ 제1항 및 제2항에 따른 점검의 기준 · 방법과 그 밖에 필요한 사항은 산업통상자원부령으로 정한다. 〈개정 2021.12.21.〉

⑬ 구역전기사업자에 관하여는 제9항 및 제10항을 준용한다. 이 경우 "전기판매사업자"는 "구역전기사업자"로 본다. 〈개정 2021.12.21., 2022.10.18.〉

제12조의2(관제센터의 설치 · 운영) 산업통상자원부장관은 원격점검의 효율적 관리를 위하여 원격점검장치와 연결하여 그 측정결과를 전산처리할 수 있는 관제센터를 설치 · 운영할 수 있다.

제13조(여러 사람이 이용하는 시설 등에 대한 전기안전점검) ① 다음 각 호의 시설을 운영하려거나 그 시설을 증축 또는 개축하려는 자는 그 시설을 운영하기 위하여 다음 각 호의 법령에서 규정된 허가신청 · 등록신청 · 인가신청 · 신고(그 시설의 소재지 변경에 따른 변경허가신청 · 변경등록신청 · 변경인가신청 · 변경신고를 포함한다) 또는 「건축법」에 따른 건축물의 사용승인신청을 하기 전에 그 시설에 설치된 전기설비에 대하여 산업통상자원부령으로 정하는 바에 따라 안전공사로부터 안전점검을 받아야 한다.

1. 「청소년활동 진흥법」에 따른 청소년수련시설
2. 「영화 및 비디오물의 진흥에 관한 법률」에 따른 비디오물시청제공업시설, 「게임산업진흥에 관한 법률」에 따른 게임제공업시설 · 인터넷컴퓨터게임시설제공업시설 및 「음악산업진흥에 관한 법률」에 따른 노래연습장업시설
3. 「사격 및 사격장 안전관리에 관한 법률」에 따른 사격장 중 대통령령으로 정하는 권총사격장
4. 「체육시설의 설치 · 이용에 관한 법률」에 따른 체육시설 중 대통령령으로 정하는 골프연습장
5. 「의료법」에 따른 안마시술소 또는 안마원
6. 「식품위생법」에 따른 식품접객업 중 대통령령으로 정하는 단란주점영업 및 유흥주점영업의 시설
7. 「영유아보육법」에 따른 어린이집
8. 「유아교육법」에 따른 유치원

9. 그 밖에 전기설비에 대한 안전점검이 필요하다고 인정하는 시설로서 대통령령으로 정하는 시설

② 「문화재보호법」에 따른 지정문화재 및 그 보호구역의 시설에 대하여 같은 법 제35조제1항 제1호 · 제2호에 따른 현상변경(같은 법 제74조에 따라 준용되는 경우를 포함한다. 이하 같다)을 하려는 자는 그 현상변경이 끝난 후 제1항에 따라 산업통상자원부령으로 정하는 바에 따라 안전공사로부터 안전점검을 받아야 한다.

③ 「자연유산의 보존 및 활용에 관한 법률」에 따른 천연기념물등과 그 보호구역의 시설에 대하여 같은 법 제17조제1항 각 호(제2호 및 제3호는 제외한다)에 따라 보존 및 가치에 영향을 미칠 수 있는 행위(같은 법 제42조에 따라 준용되는 경우를 포함한다)를 하려는 자는 그 행위가 끝난 후 제1항에 따라 산업통상자원부령으로 정하는 바에 따라 안전공사로부터 안전점검을 받아야 한다.

시행령 **제7조(여러 사람이 이용하는 시설 등에 대한 전기안전점검)** ① 법 제13조제1항제3호에서 "대통령령으로 정하는 권총사격장"이란 「사격 및 사격장 안전관리에 관한 법률 시행령」 제2조제1항 및 별표 1 제3호에 따른 권총사격장(실내사격장으로 한정하며, 같은 조 제1항에 따른 종합사격장에 설치된 경우를 포함한다)을 말한다.

② 법 제13조제1항제4호에서 "대통령령으로 정하는 골프 연습장"이란 「체육시설의 설치 · 이용에 관한 법률 시행령」 별표 1에 따른 골프연습장(실내에 1개 이상의 별도로 구획된 공간을 만들어 스크린과 영사기 등의 시설을 갖추고 골프를 연습할 수 있도록 일반의 이용에 제공하는 것으로 한정한다)을 말한다.

③ 법 제13조제1항제6호에서 "대통령령으로 정하는 단란주점영업 및 유흥주점영업"이란 「식품위생법 시행령」 제21조제8호다목에 따른 단란주점영업 및 같은 호 라목에 따른 유흥주점영업을 말한다.

④ 법 제13조제1항제9호에서 "대통령령으로 정하는 시설"이란 다음 각 호의 시설을 말한다. 〈개정 2022. 11. 29.〉

1. 「공연법」 제2조제4호에 따른 공연장
2. 「영화 및 비디오물의 진흥에 관한 법률」 제2조제10호에 따른 영화상영관
3. 「유통산업발전법」 별표 제1호부터 제4호까지의 규정에 따른 대형마트 · 전문점 · 백화점 및 쇼핑센터
4. 「의료법」 제3조의3에 따른 종합병원
5. 「관광진흥법」 제3조제1항제2호가목에 따른 호텔업의 시설, 같은 항 제4호에 따른 국제회의업의 시설 및 같은 항 제5호에 따른 카지노업의 시설
6. 「공중위생관리법」 제2조제1항제2호에 따른 숙박업의 시설 및 같은 항 제3호에 따른 목욕장업의 시설

7. 「모자보건법」 제2조제10호에 따른 산후조리업의 시설
8. 다음 각 목의 영업을 하는 시설
   가. 고시원업: 구획된 공간에 학습자가 공부할 수 있는 시설 등을 갖추고 숙박이나 숙식을 제공하는 형태의 영업
   나. 전화방업 · 화상대화방업: 구획된 공간에 전화기, 텔레비전, 모니터 또는 카메라 등 상대방과 대화할 수 있는 시설 등을 갖춘 형태의 영업
   다. 수면방업: 침대(간이침대를 포함한다), 캡슐 형태의 방 또는 그 밖에 휴식을 취할 수 있는 부대시설을 갖춘 형태의 영업
   라. 콜라텍업: 손님이 춤을 출 수 있는 시설 등을 갖춘 형태의 영업으로서 주류 판매가 허용되지 않는 영업
9. 「학원의 설립 · 운영 및 과외교습에 관한 법률」 제2조제1호에 따른 학원(이하 이 조에서 "학원"이라 한다)으로서 다음 각 목의 어느 하나에 해당하는 시설
   가. 숙박시설을 갖춘 학원
   나. 「소방시설 설치 및 관리에 관한 법률 시행령」 별표 4에 따라 산정된 수용인원(이하 이 조에서 "수용인원"이라 한다)이 300명 이상인 학원
   다. 하나의 건축물에 수용인원 300명 미만의 학원이 둘 이상 있는 경우로서 각 학원 수용인원을 합한 전체 수용인원이 300명 이상인 학원
10. 「노인복지법」 제31조에 따른 노인복지시설. 다만, 같은 법 제36조제1항제2호에 따른 경로당과 같은 법 제38조제1항제1호에 따른 방문요양서비스 시설 및 같은 항 제4호에 따른 방문 목욕서비스 시설은 제외한다.
11. 「농어촌정비법」 제2조제16호라목에 따른 농어촌민박사업의 시설
12. 「환경친화적 자동차의 개발 및 보급 촉진에 관한 법률」 제11조의2에 따른 전기자동차 충전시설(자가용전기설비로 한정한다)

제14조(공동주택 등의 안전점검) ① 산업통상자원부장관은 다음 각 호의 시설에 설치된 자가용전기설비에 대하여 산업통상자원부령으로 정하는 바에 따라 안전공사로 하여금 정기적으로 점검을 하도록 하여야 한다.
1. 「주택법」 제2조제3호에 따른 공동주택의 세대
2. 「전통시장 및 상점가 육성을 위한 특별법」 제2조제1호에 따른 전통시장 점포

② 제1항에 따른 안전점검에 관하여는 제12조제2항부터 제12항까지의 규정을 준용한다. 〈개정 2021. 12. 21.〉

제15조(특별안전점검 및 응급조치) ① 산업통상자원부장관은 다음 각 호의 시설에 설치된 전기설비가 기술기준에 적합한지 여부에 대하여 안전공사로 하여금 특별안전점검을 하게 할 수 있다.

1. 태풍 · 폭설 등의 재난으로 전기사고가 발생하거나 발생할 우려가 있는 시설
2. 장마철 · 동절기 등 계절적인 요인으로 인한 취약시기에 전기사고가 발생할 우려가 있는 시설
3. 국가 또는 지방자치단체가 화재예방을 위하여 관계 행정기관과 합동으로 안전점검을 하는 경우 그 대상 시설
4. 국가 또는 지방자치단체가 주관하는 행사 관련 시설

② 안전공사는 제1항에 따른 특별안전점검의 결과를 전기설비의 소유자 또는 점유자와 관계 행정기관에 통보하여야 한다.

③ 산업통상자원부장관은 전기설비(전기사업용전기설비는 제외한다)의 소유자 또는 점유자가 전기사용상의 불편 해소나 안전 확보에 필요한 응급조치를 요청하는 경우에는 안전공사로 하여금 신속히 응급조치를 하게 할 수 있다.

④ 제3항에 따른 응급조치의 대상, 범위 등에 관한 세부사항은 대통령령으로 정한다.

시행령 **제8조(응급조치의 대상 등)** ① 법 제15조제3항에 따른 응급조치는 다음 각 호의 자가 소유하거나 점유하는 일반용전기설비(주거용으로 한정한다)를 대상으로 한다.

1. 「국민기초생활 보장법」 제2조제2호에 따른 수급자 또는 같은 조 제10호에 따른 차상위계층
2. 「장애인복지법」 제2조제2항에 따른 장애인 중 산업통상자원부령으로 정하는 장애 정도에 해당하는 사람
3. 「국가유공자 등 예우 및 지원에 관한 법률」 제6조의4에 따른 1급부터 3급까지의 상이등급 판정을 받은 사람
4. 「독립유공자예우에 관한 법률」 제4조 및 제5조에 따른 독립유공자와 그 유족 또는 가족
5. 「5 · 18민주유공자예우에 관한 법률」 제4조 및 제5조에 따른 5 · 18민주유공자와 그 유족 또는 가족
6. 다음 각 목의 시설을 설치 · 운영하는 자
   가. 「아동복지법」 제52조에 따른 아동복지시설
   나. 「노인복지법」 제31조에 따른 노인복지시설
   다. 「장애인복지법」 제58조에 따른 장애인복지시설
   라. 「한부모가족지원법」 제19조제1항에 따른 한부모가족복지시설
   마. 「영유아보육법」 제10조에 따른 어린이집
   바. 「성매매방지 및 피해자보호 등에 관한 법률」 제9조제1항에 따른 성매매피해자등을 위한 지원시설
   사. 「정신건강증진 및 정신질환자 복지서비스 지원에 관한 법률」 제3조제7호에 따른 정신재활시설

아. 「가정폭력방지 및 피해자보호 등에 관한 법률」 제7조의2제1항에 따른 보호시설
자. 「성폭력방지 및 피해자보호 등에 관한 법률」 제10조에 따른 성폭력피해상담소 및 같은 법 제12조에 따른 성폭력피해자보호시설

② 법 제15조제3항에 따라 시행하는 응급조치의 범위는 다음 각 호와 같다.
1. 「전기공사업법 시행령」 제5조제1항 각 호에 따른 공사
2. 누전 · 합선 등으로 인한 전기재해를 예방하기 위하여 필요한 범위에서 하는 일시적인 전기사용 제한조치
3. 다음 각 목의 어느 하나에 해당하는 경우를 예방하기 위한 조치로서 산업통상자원부령으로 정하는 저압(低壓)에 해당하는 전기설비에 대한 교체 및 보수 공사
가. 전기공급의 중단 등으로 막대한 피해가 예상되거나 긴급한 경우
나. 전기설비가 멸실 또는 파손될 우려가 있는 경우

제16조(전기재해 예방을 위한 안전조치) ① 산업통상자원부장관은 전기재해 예방을 위하여 전기재해가 발생하거나 발생할 우려가 현저하여 긴급히 안전점검이 필요하다고 인정되는 시설에 대하여 소속 공무원 또는 안전공사에 산업통상자원부령으로 정하는 바에 따라 긴급점검을 하게 할 수 있다.

② 산업통상자원부장관 또는 안전공사는 제1항에 따른 긴급점검 결과를 전기사업자 및 자가용 · 일반용전기설비 소유자 또는 점유자와 관계 행정기관에 통보하여야 한다.

③ 산업통상자원부장관은 제1항에 따른 긴급점검을 실시한 결과 전기재해 발생으로 인명 또는 재산피해의 우려가 현저하다고 인정되는 시설에 대하여는 산업통상자원부령으로 정하는 바에 따라 전기사업자 및 자가용 · 일반용전기설비의 소유자 또는 점유자에게 전기설비의 개수 · 철거 · 이전 또는 공사중지, 사용정지, 운용제한, 그 밖의 필요한 조치를 명할 수 있다.

④ 산업통상자원부장관은 제40조제3항에 따른 사고조사 결과가 인명 또는 재산피해의 우려가 현저할 경우에는 제3항에 따른 조치를 명할 수 있다.

⑤ 산업통상자원부장관은 제3항 및 제4항에 따른 명령으로 인하여 손실을 입은 자가 있는 경우에는 대통령령으로 정하는 바에 따라 손실을 보상할 수 있다.

시행령 **제9조(손실 보상)** ① 법 제16조제3항 및 제4항에 따른 명령으로 인한 손실의 보상에 관하여는 산업통상자원부장관이 그 손실을 입은 자와 협의하여 정한다.

② 산업통상자원부장관은 제1항에 따른 협의가 성립되지 않거나 협의를 할 수 없는 경우 「공익사업을 위한 토지 등의 취득 및 보상에 관한 법률」에서 정하는 바에 따라 관할 토지수용위원회에 재결(裁決)을 신청할 수 있다.

제17조(안전등급 지정 등) ① 산업통상자원부장관 또는 시 · 도지사는 제11조 · 제12조 · 제14조에 따른 검사 및 점검의 결과에 따라 전기설비의 안전등급을 지정하고 해당 전기설비의 소유자 및 점유자에게 통보하여야 한다.

② 제1항에도 불구하고 산업통상자원부장관 또는 시 · 도지사는 다음 각 호의 어느 하나에 해당하는 경우에는 해당 전기설비의 안전등급을 변경할 수 있다. 이 경우 해당 전기설비의 소유자나 점유자에게 그 변경 사실을 통보하여야 한다. 〈개정 2021. 12. 21.〉

1. 제12조제5항에 따라 전기설비의 수리 · 개조 등 필요한 조치를 하여 점검결과 안전등급의 변경이 필요하다고 인정되는 경우
2. 제20조에 따라 전기설비의 수리 · 개조 등 필요한 조치를 하여 검사결과 등급조정이 필요하다고 인정되는 경우
3. 그 밖에 전기설비의 개보수 등 필요한 조치를 하거나 사고나 재해 등으로 전기설비의 성능이 저하되어 안전등급 조정이 필요한 것으로 산업통상자원부장관이 인정하는 경우

③ 산업통상자원부장관 또는 시 · 도지사는 제1항에 따른 전기설비의 안전등급에 따라 해당 전기설비에 대한 제11조 · 제12조 · 제14조에 따른 검사 및 점검의 시기를 조정할 수 있다.

④ 제1항부터 제3항까지 규정에 따른 안전등급의 지정대상 및 기준 · 방법 · 절차 등에 필요한 사항은 산업통상자원부령으로 정한다.

제18조(검사 · 점검의 방법 · 절차 등) 산업통상자원부장관은 전기설비의 안전성 확보를 위하여 제9조, 제11조부터 제15조까지의 규정에 따른 검사 및 점검의 방법 · 절차 등에 대하여 기술기준 등에 따라 필요한 사항을 정하여 고시할 수 있다.

제19조(전기설비의 유지) 자가용전기설비 또는 일반용전기설비의 소유자나 점유자는 전기설비를 기술기준에 적합하게 유지하여야 한다.

제20조(적합명령) 산업통상자원부장관 또는 시 · 도지사는 다음 각 호의 어느 하나에 해당하게 된 경우에는 전기사업자, 자가용전기설비 · 일반용전기설비의 소유자 또는 점유자에게 전기설비의 수리 · 개조 · 이전 또는 사용정지나 사용제한을 명할 수 있다.

1. 제9조 또는 제11조에 따른 검사 결과 기술기준에 적합하지 아니한 경우
2. 제15조에 따른 특별안전점검 결과 기술기준에 적합하지 아니한 경우

제21조(정보의 공개) ① 산업통상자원부장관 또는 시 · 도지사는 대통령령으로 정하는 바에 따라 전기설비의 검사 및 점검 결과 등 전기안전관리에 관한 정보를 「공공기관의 정보공개에 관한 법률」에 따라 제38조의 전기안전종합정보시스템에 공개할 수 있다.

② 제1항에 따른 정보공개 대상, 방법, 절차에 필요한 사항은 대통령령으로 정한다.

시행령 제10조(정보공개의 대상) 산업통상자원부장관 또는 시·도지사는 법 제21조제1항에 따라 별표 1에 따른 전기안전관리에 관한 분야별 업무 정보의 범위에서 다음 각 호의 정보를 공개할 수 있다.

1. 전기설비가 설치된 시설의 상호명(상호명이 없는 경우에는 대표자의 성명을 말한다) 및 소재지
2. 전기설비 현황(수전설비 및 발전설비의 전압 및 용량)
3. 전기설비의 검사·점검 연월일 및 결과
4. 전기설비의 검사자 또는 점검자 성명
5. 전기안전관리자의 점검 연월일 및 결과
6. 전기안전관리자의 성명, 선임 형태, 업체명 및 교육 현황
7. 시공자의 성명(법인인 경우에는 그 명칭과 대표자의 성명을 말한다)

■ 전기안전관리법 시행령 [별표1]

전기안전관리에 관한 분야별 업무 정보 (제10조 관련)

분 야	업무 정보
1. 전기설비 검사·점검	가. 법 제8조에 따른 자가용전기설비 공사계획의 인가 또는 신고 이력정보 나. 법 제9조에 따른 사용전검사 이력정보 다. 법 제10조에 따른 자가용전기설비의 임시사용 이력정보 라. 법 제11조에 따른 정기검사 이력정보 마. 법 제12조에 따른 사용전점검 및 정기점검 이력정보 바. 법 제13조에 따른 여러 사람이 이용하는 시설 등에 대한 전기안전점검 이력정보 사. 법 제14조에 따른 공동주택 및 전통시장 점포 점검 이력정보 아. 법 제15조제1항에 따른 특별안전점검 이력정보 자. 법 제16조제1항에 따른 전기재해 예방을 위한 긴급점검 이력정보 차. 법 제17조제1항 및 제2항에 따른 안전등급 지정 및 안전등급 변경 이력정보
2. 전기안전관리에 관한 정보	가. 법 제22조에 따른 전기설비별 전기안전관리자 선임에 관한 사항 나. 법 제23조에 따른 전기안전관리자 선임 및 해임신고에 관한 사항 다. 법 제25조에 따른 전기안전관리자 및 시공관리책임자 교육에 관한 사항 라. 법 제26조에 따른 전기안전관리업무를 전문으로 하는 자 등의 등록 및 변경등록에 관한 사항 마. 법 제29조에 따른 전기안전관리업무에 대한 실태조사에 관한 사항
3. 그 밖의 정보	가. 전기설비 안전관리 인력 현황에 관한 사항 나. 전기설비 안전사고 및 전기재해통계에 관한 사항 다. 전기안전관리 관련 기술의 연구·개발 및 신기술 보급에 관한 사항 라. 전기설비 안전관리 홍보에 관한 사항

제21조의2(전기자동차 충전시설의 신고) ① 다음 각 호의 어느 하나에 해당하는 자(이하 "전기자동차 충전시설 관리자"라 한다)는 전기자동차(「환경친화적 자동차의 개발 및 보급 촉진에 관한 법률」 제2조제3호에 따른 전기자동차를 말한다. 이하 같다) 충전시설을 설치 또는 변경하려는 경우에는 관할 시·도지사에게 해당 충전시설의 위치·설치수량·충전규격(충전시설의 전기용량을 포함한다) 등을 신고하여야 한다. 신고한 사항을 변경하려는 경우에도 또한 같다.

1. 「전기사업법」 제2조제12호의5에 따른 전기자동차충전사업자
2. 「환경친화적 자동차의 개발 및 보급 촉진에 관한 법률」 제11조의2에 따라 전기자동차 충전시설을 설치하는 자
3. 그 밖에 전기자동차 충전시설의 안전관리를 위하여 신고할 필요가 있는 자로서 대통령령으로 정하는 자

② 시·도지사는 제1항에 따라 신고 또는 변경신고를 받은 때에는 그 내용을 관할 소방서장 및 안전공사에 통보하여야 한다.

③ 제1항에 따른 신고, 변경신고의 내용·방법·절차 등에 필요한 사항은 산업통상자원부령으로 정한다.

[본조신설 2025. 5. 27.]

[시행 2025. 11. 28.] 제21조의2

제21조의3(손해배상책임 및 보험 가입) ① 전기자동차 충전시설 관리자는 전기자동차 충전시설의 설치·보존 또는 관리로 인한 화재 등으로 타인의 생명·신체나 재산에 손해가 발생한 경우 그 손해를 배상할 책임이 있다.

② 전기자동차 충전시설 관리자는 고의 또는 과실이 없음을 들어 제1항에 따른 손해배상책임을 면할 수 없다.

③ 전기자동차 충전시설 관리자는 제1항에 따른 손해배상책임을 보장하기 위하여 보험에 가입하여야 한다.

④ 제3항에 따른 보험의 종류·보상한도액 및 그 밖에 필요한 사항은 대통령령으로 정한다.

[본조신설 2025. 5. 27.]

제 4 장 전기안전관리자의 선임 등

제22조(전기안전관리자의 선임 등) ① 전기사업자나 자가용전기설비의 소유자 또는 점유자는 전기설비(휴지 중인 전기설비는 제외한다)의 공사·유지 및 운용에 관한 전기안전관리 업무를 수행하게 하기 위하여 산업통상자원부령으로 정하는 바에 따라 「국가기술자격법」에 따른 전기·기계·토목 분야의 기술자격을 취득한 사람 중에서 각 분야별로 전기안전관

리자를 선임하여야 한다.

② 제1항에도 불구하고 자가용전기설비의 소유자 또는 점유자는 전기안전관리에 관한 업무를 다음 각 호의 자에게 위탁할 수 있다. 이 경우 안전관리업무를 위탁받은 자는 제1항에 따른 분야별 전기안전관리자를 선임하여야 한다.

1. 전기안전관리업무를 전문으로 하는 자로서 자본금, 기술인력, 장비 등 대통령령으로 정하는 요건을 갖춘 자
2. 시설물관리를 전문으로 하는 자로서 자본금, 기술인력, 장비 등 대통령령으로 정하는 요건을 갖춘 자

③ 제1항에도 불구하고 산업통상자원부령으로 정하는 규모 이하의 전기설비(자가용전기설비와 「신에너지 및 재생에너지 개발 · 이용 · 보급 촉진법」 제2조에 따른 태양에너지 및 연료전지를 이용하여 전기를 생산하는 발전설비만 해당한다)의 소유자 또는 점유자는 다음 각 호의 어느 하나에 해당하는 자에게 산업통상자원부령으로 정하는 바에 따라 전기안전관리업무를 대행하게 할 수 있고, 전기안전관리업무를 대행하는 자는 전기안전관리자로 선임된 것으로 본다. 다만, 제1호에 따른 안전공사는 격지, 오지 등 산업통상자원부령으로 정하는 지역으로서 산업통상자원부장관이 정하는 전기설비에 한정하여 대행할 수 있다.

1. 안전공사
2. 자본금, 기술인력 등 대통령령으로 정하는 요건을 갖춘 전기안전관리대행사업자
3. 전기 분야의 기술자격을 취득한 사람으로서 대통령령으로 정하는 장비를 보유하고 있는 자

④ 제1항부터 제3항까지의 규정에도 불구하고 전기안전관리자를 선임 또는 선임 의제(擬制)하는 것이 곤란하거나 적합하지 아니하다고 인정되는 지역 또는 전기설비에 대하여는 산업통상자원부령으로 정하는 바에 따라 전기안전관리자를 선임할 수 있다.

⑤ 제1항부터 제4항까지의 규정에 따라 전기안전관리자를 선임한 자는 전기안전관리자가 여행 · 질병이나 그 밖의 사유로 일시적으로 그 직무를 수행할 수 없는 경우에는 그 기간 동안, 전기안전관리자를 해임한 경우에는 다른 전기안전관리자를 선임하기 전까지 산업통상자원부령으로 정하는 바에 따라 대행자를 각각 지정하여야 한다.

⑥ 제1항부터 제4항까지의 규정에 따른 전기안전관리자의 세부기술자격 및 직무와 제3항에 따라 전기안전관리업무를 대행하는 자가 준수하여야 하는 전기안전관리 대행업무의 범위, 업무량 및 최소점검횟수에 관한 사항은 산업통상자원부령으로 정한다.

⑦ 제3항에 따라 전기안전관리업무를 대행하게 하는 경우의 대가(代價)는 「엔지니어링산업 진흥법」 제31조에 따른 엔지니어링사업의 대가 기준 중에서 산업통상자원부령으로 정하는 방식에 따라 산정한다.

⑧ 제1항에 따라 전기안전관리자를 선임한 자는 산업통상자원부령으로 정하는 바에 따라 전기안전관리에 필요한 장비를 보유하여야 한다. [시행일: 2028. 4. 1.] 제22조제3항 단서

⑨ 산업통상자원부장관은 제2항 및 제3항에 따른 계약의 체결에 필요한 표준계약서를 작성하여 보급하고 활용하게 하거나 「전력기술관리법」 제18조제1항에 따른 전력기술인단체 중 산업통상자원부장관이 정하여 고시하는 단체(이하 "전력기술인단체"라 한다)로 하여금 표준계약서를 작성하여 보급하고 활용하게 할 수 있다

시행령 **제11조(전기안전관리업무를 전문으로 하는 자 등의 등록 등)** [법 제26조(전기안전관리업무를 전문으로 하는 자 등의 등록) 공용]

① 법 제22조제2항제1호 및 제2호에서 "자본금, 기술인력, 장비 등 대통령령으로 정하는 요건"이란 별표 2의 요건을 말한다.

② 산업통상자원부장관은 법 제26조제1항제1호 및 제2호에 따라 법 제22조제2항제1호 및 제2호에 따른 전기안전관리업무를 위탁받으려는 자의 등록 신청이 다음 각 호의 어느 하나에 해당하는 경우를 제외하고는 등록해 주어야 한다.

1. 제1항에 따른 요건을 갖추지 않은 경우
2. 그 밖에 법, 이 영 또는 다른 법령에 따른 제한에 위반되는 경우

③ 법 제22조제3항제2호에서 "자본금, 기술인력 등 대통령령으로 정하는 요건"이란 별표 3의 요건을 말한다.

④ 시 · 도지사는 법 제26조제1항제3호에 따라 법 제22조제3항제2호에 따른 전기안전관리대행사업자로서 전기안전관리업무를 대행하려는 자의 등록 신청이 다음 각 호의 어느 하나에 해당하는 경우를 제외하고는 등록해 주어야 한다.

1. 제3항에 따른 요건을 갖추지 않은 경우
2. 그 밖에 법, 이 영 또는 다른 법령에 따른 제한에 위반되는 경우

⑤ 법 제22조제3항제3호에 따라 전기안전관리업무를 대행하려는 자는 「국가기술자격법」에 따른 전기분야의 전기산업기사 이상의 자격이 있는 사람으로서 별표 4의 장비를 갖춘 사람이어야 한다.

⑥ 시 · 도지사는 법 제26조제1항제4호에 따라 법 제22조제3항제3호에 따른 자로서 안전관리업무를 대행하려는 자의 등록 신청이 다음 각 호의 어느 하나에 해당하는 경우를 제외하고는 등록을 해 주어야 한다.

1. 제5항에 따른 장비를 갖추지 않은 경우
2. 그 밖에 법, 이 영 또는 다른 법령에 따른 제한에 위반되는 경우

■ 전기안전관리법 시행령 [별표 2]

전기안전관리업무를 전문으로 하는 자 등의 요건 (제11조제1항 관련)

구분		요건
1. 자본금		2억원 이상
2. 기술인력	전기안전관리업무를 전문으로 하는 자	다음 각 목의 기술인력을 모두 갖출 것 가. 전기기사 또는 전기기능장 자격 취득 이후 실무경력 2년 이상인 사람 5명 이상 나. 전기산업기사 자격 취득 이후 실무경력 4년 이상인 사람 10명 이상 다. 전기 분야 기능사 이상의 자격 소지자이거나 전기 분야에서 3년 이상 실무경력이 있는 사람 5명 이상
	시설물관리를 전문으로 하는 자	다음 각 목의 기술인력을 모두 갖출 것 가. 전기기사 또는 전기기능장 자격 취득 이후 실무경력 2년 이상인 사람 2명 이상 나. 전기산업기사 자격 취득 이후 실무경력 4년 이상인 사람 5명 이상 다. 전기 분야 기능사 이상의 자격 소지자이거나 전기 분야에서 3년 이상 실무경력이 있는 사람 3명 이상
3. 장비	공용장비	다음 각 목의 구분에 따른 장비를 모두 갖출 것 가. 계전기 시험기: 2대 나. 절연내력(絕緣耐力) 시험기(직류 60kV 또는 교류 30kV): 1대 다. 절연유(絕緣油) 내압 시험기: 1대 라. 절연유 산가(酸價) 측정기: 1대 마. 절연저항 측정기(1,000V, 2,000MΩ): 2대 바. 회로 시험기: 2대 사. 특고압 COS 조작봉: 2대 아. 적외선 열화상 카메라(적외선 실화상 기능을 갖추고 측정온도 250℃ 이상, 해상도 1만 픽셀 이상일 것): 1대 자. 전기품질분석기(전압, 전류, 전력, 역률, 고조파 측정 및 저장이 가능할 것): 1대 차. 고압절연장갑: 3켤레 카. 절연장화: 3켤레 타. 절연안전모: 3개
	개인장비	접지저항 측정기, 절연저항 측정기(500V, 100MΩ), 클램프미터, 고압·특고압 검전기 및 저압검전기: 기술인력 1명당 각 1대

[비고]

1. "자본금"이란 법인인 경우 납입자본금 또는 출자금을 말하고, 개인인 경우 자산평가액을 말한다.
2. "기술인력"이란 상시 근무하는 사람을 말하며, 「국가기술자격법」에 따라 자격이 정지된 사람은 제외한다.
3. 두 가지 이상의 기능을 함께 가지고 있는 장비를 갖춘 경우에는 각각의 장비를 갖춘 것으로 본다.

■ 전기안전관리법 시행령 [별표 3]

전기안전관리대행사업자의 요건 (제11조제3항 관련)

구분	요건	
	특별시 및 광역시	특별자치시, 도 및 특별자치도
1. 자본금	5천만원 이상	3천만원 이상
2. 기술인력: 다음 각 목의 기술인력을 모두 갖출 것		
가. 전기기사 또는 전기기능장 자격 취득 이후 실무경력 2년 이상인 사람	2명 이상	2명 이상
나. 전기산업기사 자격 취득 이후 실무경력 4년 이상인 사람	5명 이상	3명 이상
다. 전기 분야 기능사 이상의 자격 소지자이거나 전기 분야에서 3년 이상 실무경력이 있는 사람	1명 이상	1명 이상
3. 장비		
가. 공용장비: 다음 각 목의 장비를 모두 갖출 것		
1) 절연저항 측정기(1,000V, 2,000MΩ)	1대	1대
2) 계전기 시험기	1대	1대
3) 절연유 내압 시험기	1대	1대
4) 절연유 산가 측정기	1대	1대
5) 특고압 COS 조작봉	1대	1대
6) 적외선 열화상 카메라(적외선 실화상 기능을 갖추고 측정온도 250℃ 이상, 해상도 1만 픽셀 이상일 것)	1대	1대
7) 전기품질분석기(전압, 전류, 전력, 역률, 고조파의 측정 및 저장이 가능할 것)	1대	1대
8) 고압절연장갑	3켤레	3켤레
9) 절연장화	3켤레	3켤레
10) 절연안전모	3개	3개
나. 개인장비: 다음 각 목의 장비를 모두 갖출 것		
1) 절연저항 측정기(500V, 100MΩ)	7대	5대
2) 접지저항 측정기	7대	5대
3) 클램프미터	7대	5대
4) 저압검전기	7대	5대
5) 고압 · 특고압 검전기	7대	5대

[비고]
1. "자본금"이란 법인인 경우 납입자본금 또는 출자금을 말하며, 개인인 경우 자산평가액을 말한다.
2. "기술인력"이란 상시 근무하는 사람을 말하며, 「국가기술자격법」에 따라 자격이 정지된 사람은 제외한다.
3. 개인장비는 기술인력의 수에 따라 확보해야 하고, 공용장비는 주된 사무소와 영업소 · 출장소 등 사업행위를 하는 사업장마다 확보해야 한다.
4. 두 가지 이상의 기능을 함께 가지고 있는 장비를 갖춘 경우에는 각각의 장비를 갖춘 것으로 본다.

■ 전기안전관리법 시행령 [별표 4]

전기안전관리업무를 대행하는 자가 갖춰야 할 장비 (제11조제5항 관련)

장 비	수 량
1. 절연저항 측정기(500V, 100MΩ)	1
2. 절연저항 측정기(1,000V, 2,000MΩ)	1
3. 접지저항 측정기	1
4. 클램프미터	1
5. 저압검전기	1
6. 고압 및 특고압기	1
7. 계전기 시험기	1
8. 적외선 열화상 카메라(적외선 실화상 기능을 갖추고 측정온도 250℃ 이상, 해상도 1만 픽셀 이상일 것)	1
9. 고압절연장갑	1
10. 절연장화	1
11. 절연안전모	1

[비고] 두 가지 이상의 기능을 함께 가지고 있는 장비를 갖춘 경우에는 각각의 장비를 갖춘 것으로 본다.

■ 전기안전관리법 시행규칙 [별표 9] 〈개정 2023.12.20.〉

전기안전관리업무의 대행 범위 (제31조제2항 관련)

1. 대행 범위

가. 안전공사 및 대행사업자: 안전공사의 사업소 또는 대행사업자의 사무소·영업소 및 출장소별로 계산하되, 다음 표의 전기설비 규모별 개소당 가중치를 적용하여 산출한 가중치의 합계가 사업소 또는 영업소 소속 기술인력 수에 60점을 곱한 점수 이하인 범위. 다만, 사업소 또는 영업소 소속 기술인력 1명이 담당하는 가중치 합계는 78점 이하인 범위에서 할 수 있다.

나. 개인대행자: 다음 표의 전기설비 규모별 개소당 가중치를 적용하여 산출한 가중치의 합계가 60점 이하인 범위

다. 신재생에너지 발전설비에 전기저장장치가 연계되어있는 경우 제2호의 전기설비 규모별 개소당 가중치의 0.2배를 가산한다. 다만, 전기저장장치 연계에 의해 가산되는 가중치는 가목의 60점 범위에 포함되지 않는다.

2. 전기설비 규모별 개소당 가중치

전기설비 규모		대행 범위(개소)		개소당 가중치(점)		점검 횟수
		안전공사 및 대행 사업자	개인 대행자	안전공사 및 대행 사업자	개인 대행자	
저압	용량 50킬로와트 이하	85	60	0.7	1.0	매월 1회 이상
	용량 50킬로와트 초과 100킬로와트 이하	75	46	0.8	1.3	
	용량 100킬로와트 초과 200킬로와트 이하	66	40	0.9	1.5	
	용량 200킬로와트 초과 300킬로와트 이하	60	35	1.0	1.7	
	용량 300킬로와트 초과 400킬로와트 이하	40	23	1.5	2.6	매월 2회 이상
	용량 400킬로와트 초과	33	20	1.8	3.0	
고압 및 특고압	용량 100킬로와트 이하	60	35	1.0	1.7	매월 1회 이상
	용량 100킬로와트 초과 200킬로와트 이하	50	30	1.2	2.0	
	용량 200킬로와트 초과 300킬로와트 이하	46	27	1.3	2.2	
	용량 300킬로와트 초과 400킬로와트 이하	30	17	2.0	3.4	매월 2회 이상
	용량 400킬로와트 초과 500킬로와트 이하	25	15	2.4	4.0	
	용량 500킬로와트 초과 600킬로와트 이하	20	12	3.0	5.0	매월 3회 이상
	용량 600킬로와트 초과 700킬로와트 이하	15	10	4.0	6.0	
	용량 700킬로와트 초과 800킬로와트 이하	12	8	5.0	7.5	매월 4회 이상
	용량 800킬로와트 초과 900킬로와트 이하	10	8	6.0	7.5	
	용량 900킬로와트 초과 1,000킬로와트 이하	8	8	7.5	7.5	
	용량 1,000킬로와트 초과 1,250킬로와트 이하	6	6	10	10	
	용량 1,250킬로와트 초과 1,500킬로와트 이하	5	5	12	12	
	용량 1,500킬로와트 초과 2,000킬로와트 이하	4	4	15	15	매월 5회 이상
	용량 2,000킬로와트 초과 2,500킬로와트 이하	3	–	20	–	매월 6회 이상
	용량 2,500킬로와트 초과 3,500킬로와트 이하	2	–	25	–	
	용량 3,500킬로와트 초과 4,500킬로와트 미만	2	–	30	–	

[비고] 1. 전기설비를 설치 또는 개조 중인 공사의 경우에는 매주 1회 이상 점검한다.
2. 전기설비에 저압, 고압 또는 특고압이 혼재되어 있는 경우에는 각 설비별 가중치를 각각 산정 후 합산한다.

제23조(전기안전관리자의 선임 및 해임신고 등) ① 제22조제1항부터 제4항까지의 규정에 따라 전기안전관리자를 선임 또는 해임한 자는 산업통상자원부령으로 정하는 바에 따라 지체 없이 그 사실을 전력기술인단체에 신고하여야 한다. 신고한 사항 중 산업통상자원부령으로 정하는 사항이 변경된 경우에도 또한 같다.

② 제1항에 따라 전기안전관리자의 선임신고를 한 자가 선임신고증명서의 발급을 요구한 경우에는 전력기술인단체는 산업통상자원부령으로 정하는 바에 따라 선임신고증명서를 발급하여야 한다.

③ 제1항에 따라 전기안전관리자의 해임신고를 한 자는 해임한 날부터 30일 이내에 다른 전기안전관리자를 선임하여야 한다.

제24조(전기안전관리자의 성실의무 등) ① 전기안전관리자는 제22조제6항에 따른 직무를 성실히 수행하여야 한다.

② 전기사업자 및 자가용전기설비의 소유자 또는 점유자(제22조제2항에 따라 전기안전관리업무를 위탁받은 자를 포함한다)와 그 종업원은 전기안전관리자의 전기안전관리에 관한 의견에 따라야 한다.

③ 전기안전관리자는 산업통상자원부령으로 정하는 바에 따라 전기안전관리에 관한 기록을 작성·보존 및 제출하여야 한다.

④ 전기안전관리자는 전기설비가 기술기준에 적합하지 아니하다고 인정되는 경우에는 지체 없이 해당 전기사업자 및 자가용전기설비의 소유자 또는 점유자에게 그 전기설비의 수리·개조·이전 등 필요한 조치를 요구하여야 한다.

⑤ 전기안전관리자로부터 제4항에 따른 조치요구를 받은 해당 전기사업자 및 자가용전기설비의 소유자 또는 점유자는 지체 없이 이에 따라야 한다. 이 경우 이에 따른 조치요구를 이유로 전기안전관리자를 해임하거나 보수의 지급을 거부하는 등 불이익한 처우를 하여서는 아니 된다.

제25조(전기안전관리자의 교육 등) ① 전기안전관리자 및 「전기공사업법」 제17조에 따른 시공관리책임자(이하 "시공관리책임자"라 한다)는 산업통상자원부장관이 실시하는 다음 각 호에 따라 교육(이하 "전기안전교육"이라 한다)을 받아야 한다.

1. 전기안전관리자: 전기설비의 유지 및 운용에 관한 안전관리교육
2. 시공관리책임자: 전기설비의 공사 및 시공관리에 관한 안전시공교육

② 산업통상자원부장관은 필요한 경우 이론교육과 실습교육을 병행하여 전기안전교육을 실시할 수 있다.

③ 제1항에 따라 전기안전교육을 수료한 전기안전관리자 또는 시공관리책임자에 대하여 교육수료증을 발급할 수 있다.

④ 전기안전관리자를 선임한 자는 정당한 사유 없이 전기안전교육을 받지 아니한 전기안전관리자를 해임하여야 한다.

⑤ 「전기공사업법」 제2조제3호에 따른 공사업자는 정당한 사유 없이 안전시공교육을 받지 아니한 시공관리책임자의 지정을 취소하여야 한다.

⑥ 그 밖에 전기안전교육의 실시에 필요한 사항은 산업통상자원부령으로 정한다.

제26조(전기안전관리업무를 전문으로 하는 자 등의 등록) ① 제22조제2항 및 제3항에 따라 전기안전관리업무를 위탁받거나 대행하려는 자는 다음 각 호의 구분에 따라 산업통상자원부장관 또는 시 · 도지사에게 등록을 하여야 한다.

1. 제22조제2항제1호에 따라 전기안전관리업무를 전문으로 하는 자로서 전기안전관리업무를 위탁받으려는 자: 산업통상자원부장관에게 등록
2. 제22조제2항제2호에 따라 시설물관리를 전문으로 하는 자로서 전기안전관리업무를 위탁받으려는 자: 산업통상자원부장관에게 등록
3. 제22조제3항제2호에 따라 전기안전관리대행사업자로서 안전관리업무를 대행하려는 자: 시 · 도지사에게 등록
4. 제22조제3항제3호에 따라 전기 분야의 기술자격을 취득한 사람으로서 안전관리업무를 대행하려는 자: 시 · 도지사에게 등록

② 제1항에 따라 등록한 사항 중 산업통상자원부령으로 정하는 사항이 변경된 경우에는 변경사유가 발생한 날부터 30일 이내에 변경등록을 하여야 한다.

③ 산업통상자원부장관 또는 시 · 도지사는 제1항 및 제2항에 따라 등록이나 변경등록을 받은 경우에는 등록신청자에게 등록증을 발급하여야 한다.

제27조(등록의 결격사유 및 취소 등) ① 다음 각 호의 어느 하나에 해당하는 자는 제26조제1항에 따른 등록을 할 수 없다.

1. 피성년후견인
2. 파산선고를 받고 복권되지 아니한 자
3. 이 법을 위반하여 징역 이상의 실형을 선고받고 그 집행이 종료(집행이 종료된 것으로 보는 경우를 포함한다)되거나 집행이 면제된 날부터 2년이 지나지 아니한 자
4. 이 법을 위반하여 징역 이상의 형의 집행유예를 선고받고 그 유예기간 중에 있는 자
5. 제2항에 따라 등록이 취소(제1호 또는 제2호의 결격사유에 해당하여 등록이 취소된 경우는 제외한다)된 날부터 2년이 지나지 아니한 자(법인인 경우 그 등록취소의 원인이 된 행위를 한 자와 대표자를 포함한다)
6. 대표자가 제1호부터 제5호까지의 어느 하나에 해당하는 법인

② 산업통상자원부장관 또는 시 · 도지사는 제26조제1항에 따라 각각 등록한 자가 다음 각 호

의 어느 하나에 해당하는 경우에는 그 등록을 취소하거나 산업통상자원부령으로 정하는 바에 따라 6개월 이내의 기간을 정하여 업무의 전부 또는 일부의 정지를 명할 수 있다. 다만, 제1호에 해당하는 경우에는 그 등록을 취소하여야 한다.

1. 거짓이나 그 밖의 부정한 방법으로 등록한 경우
2. 제22조제2항, 제22조제3항제2호 및 제3호에 따른 대통령령으로 정하는 요건에 미달한 날부터 1개월이 지난 경우
3. 제22조제6항에 따른 전기안전관리 대행업무의 범위 및 업무량을 넘거나 최소점검횟수에 미달한 경우
4. 제26조제3항에 따라 발급받은 등록증을 다른 사람에게 빌려 준 경우
5. 제1항 각 호의 어느 하나에 해당하게 된 경우(제1항제6호에 해당하게 된 법인이 그 대표자를 6개월 이내에 결격사유가 없는 다른 대표자로 바꾸어 임명하는 경우는 제외한다)

제28조(청문) 산업통상자원부장관 또는 시 · 도지사는 제27조제2항에 따라 등록을 취소하려면 청문을 하여야 한다.

제29조(전기안전관리업무에 대한 실태조사 등) ① 산업통상자원부장관은 매년 1회 이상 전기안전관리업무에 대한 실태조사를 실시하여야 한다.

② 산업통상자원부장관은 제1항에 따른 실태조사 결과 전기안전관리에 필요하다고 인정될 때에는 전기설비의 소유자 또는 점유자에게 전기설비의 안전관리에 관하여 개선을 권고하거나 시정을 명할 수 있다.

③ 시 · 도지사는 전기안전관리업무 수행에 관한 사항을 점검하기 위하여 필요하다고 인정하면 제22조제2항 또는 같은 조 제3항제2호 및 제3호에 따라 전기안전관리업무를 위탁받아 수행하거나 대행하는 자(이하 이 조에서 "대행자등"이라 한다)에 대하여 필요한 자료의 제출을 명하거나, 소속 공무원으로 하여금 대행자등의 사업장 또는 대행자등이 전기안전관리업무를 수행하는 전기설비의 설치장소에 출입하여 장부 · 서류나 그 밖의 자료 또는 물건을 조사하게 할 수 있다.

④ 산업통상자원부장관 또는 시 · 도지사는 제1항 및 제3항에 따른 조사를 하는 경우에는 조사 7일 전까지 조사 일시, 조사 이유 및 조사 내용을 포함한 조사계획을 조사대상자에게 알려야 한다. 다만, 긴급한 경우나 사전에 알리면 증거인멸 등으로 조사목적을 달성할 수 없다고 인정하는 경우에는 그러하지 아니하다.

⑤ 제1항 및 제3항에 따라 출입 · 조사하는 자는 그 권한을 표시하는 증표를 지니고 이를 관계인에게 내보여야 하며, 조사 시 그 조사의 일시 · 목적 등을 기록한 서류를 관계인에게 내주어야 한다.

⑥ 제1항에 따른 실태조사의 대상, 시기 등에 관하여 필요한 사항은 대통령령으로 정한다.

시행령 **제12조(실태조사의 대상 및 시기 등)** ① 법 제29조제1항에 따른 전기안전관리업무에 대한 실태조사(이하 "실태조사"라 한다)는 전기사업용전기설비나 자가용전기설비를 대상으로 매년 1회 실시한다.

② 실태조사는 표본조사로 실시하며, 서면조사, 현장조사 등의 방법이나 정보통신망, 전자우편 등 전자적 방식을 사용할 수 있다.

③ 산업통상자원부장관은 효율적인 실태조사를 위하여 전기안전관리와 관련된 전문기관 · 단체와 합동으로 실시하거나 전문기관 · 단체에 의뢰하여 실시할 수 있다.

시행령 **제14조(전기안전종합정보시스템의 운영)** ① 산업통상자원부장관은 다음 각 호의 업무를 법 제38조제1항에 따른 전기안전종합정보시스템(이하 "전기안전종합정보시스템"이라 한다)을 통하여 수행할 수 있다.

1. 법 제9조부터 제17조까지의 규정에 따른 전기설비의 안전관리에 관한 업무
2. 법 제21조에 따른 정보공개 업무
3. 법 제22조부터 제25조까지의 규정에 따른 전기안전관리자의 선임 · 해임 현황, 전기안전관리에 관한 기록의 작성 · 보존 · 제출 및 전기안전교육 현황 관리 업무
4. 법 제26조에 따른 전기안전관리업무를 전문으로 하는 자 등의 등록에 관한 업무
5. 법 제29조에 따른 실태조사에 관한 업무
6. 법 제40조에 따른 중대사고의 통보 · 조사에 관한 업무
7. 법 제41조에 따른 전기재해통계(이하 "전기재해통계"라 한다)의 작성에 관한 업무
8. 그 밖에 전기안전관리에 관한 정보의 효율적 관리를 위하여 산업통상자원부장관이 필요하다고 인정하는 업무

② 시 · 도지사는 법 제29조제3항에 따른 조사에 관한 업무를 전기안전종합정보시스템을 통하여 수행할 수 있다.

제 5 장 한국전기안전공사

제30조(한국전기안전공사의 설립) ① 전기로 인한 재해를 예방하기 위하여 전기안전에 관한 조사 · 연구 · 기술개발 및 홍보업무와 전기설비에 대한 검사 · 점검업무를 수행하는 한국전기안전공사를 설립한다.

② 안전공사는 법인으로 한다.

③ 안전공사는 주된 사업소의 소재지에서 설립등기를 함으로써 성립한다.

시행령 **제13조(한국전기안전공사의 운영 재원)** ① 「재난 및 안전관리 기본법」 제3조제5호에 따른 재난관리책임기관 중 중앙행정기관과 지방자치단체는 법 제30조에 따른 한국전기안전공사(이하 "안전공사"라 한다)에 재난예방점검비용을 지급해야 한다. 〈개정 2023. 4. 11.〉

② 중앙행정기관과 지방자치단체는 제1항에 따른 재난예방점검비용을 다음 각 호의 사항을 고려하여 안전공사의 의견을 들어 산업통상자원부령으로 정하는 바에 따라 결정해야 한다.

1. 재난 예방점검의 대상
2. 재난 예방점검의 내용
3. 재난 예방점검에 필요한 인력 및 장비
4. 재난 예방점검에 필요한 예산

[제목개정 2023. 4. 11.]

제31조(안전공사의 운영 등) 안전공사의 운영에 필요한 경비는 다음 각 호의 재원으로 충당한다.

1. 제42조제1항제1호에 따른 검사 또는 같은 항 제2호에 따른 점검을 받으려는 자가 내는 수수료
2. 「재난 및 안전관리 기본법」에 따른 재난관리책임기관이 재난예방을 위하여 부담하는 재난예방점검비용 등
3. 「전기사업법」 제48조에 따른 전력산업기반기금에서의 출연금
4. 차입금 및 그 밖의 수입

제32조(임원) ① 안전공사의 임원은 사장 1명, 이사 8명 이내와 감사 1명으로 한다.
② 사장은 안전공사를 대표하고, 그 사무를 총괄한다.

제33조(사업) 안전공사는 다음 각 호의 사업을 한다.

1. 전기안전에 관한 조사 및 연구
2. 전기안전에 관한 기술개발 및 보급
3. 전기안전에 관한 전문교육 및 정보의 제공
4. 전기안전에 관한 홍보
5. 전기설비에 대한 검사 · 점검 및 기술지원
6. 제40조제3항에 따른 전기사고의 원인 · 경위 등의 조사
7. 제41조제3항에 따른 전기재해에 관한 통계의 조사 · 작성 · 분석 및 관리
8. 전기안전에 관한 국제기술협력 및 기술 · 용역의 수출
9. 전기안전을 위하여 산업통상자원부장관 또는 시 · 도지사가 위탁하는 사업
10. 전기설비의 안전진단과 그 밖에 전기안전관리를 위하여 필요한 사업

제34조(다른 법률과의 관계) 안전공사에 관하여 이 법 및 「공공기관의 운영에 관한 법률」에 규정된 것을 제외하고는 「민법」 중 재단법인에 관한 규정을 준용한다.

第35条(감독) 산업통상자원부장관은 안전공사의 업무 중 다음 각 호의 어느 하나에 해당하는 사항에 관련되는 업무에 대하여 지도 · 감독한다.

1. 제33조에 따른 사업의 수행에 관한 사항
2. 토지 · 건물 등 안전공사의 주요 기본재산의 매각, 취득, 양도 또는 담보제공
3. 그 밖에 다른 법령에서 정하는 사항

第36条(유사명칭의 사용 금지) 이 법에 따른 안전공사가 아닌 자는 한국전기안전공사 또는 이와 유사한 명칭을 사용하지 못한다.

第37条(비밀 유지의 의무) 안전공사의 임직원이나 그 직에 있었던 사람은 직무와 관련하여 알게 된 비밀을 누설 또는 도용하거나 다른 사람이 이용하게 하여서는 아니 된다.

제 6 장 보칙

第38条(전기안전종합정보시스템의 구축 · 운영 등) ① 산업통상자원부장관은 전기안전관리에 관한 정보를 체계적으로 관리하기 위하여 전기안전종합정보시스템을 구축 · 운영할 수 있다.

② 산업통상자원부장관은 전기안전종합정보시스템을 구축 · 운영하기 위하여 필요한 경우에는 관계 중앙행정기관의 장, 시 · 도지사, 시장 · 군수 · 구청장, 「공공기관의 운영에 관한 법률」 제4조에 따른 공공기관의 장 및 전기 관련 협회의 장 등에게 필요한 자료의 제공을 요청할 수 있다. 이 경우 요청을 받은 자는 특별한 사유가 없으면 이에 따라야 한다.

③ 제1항에 따른 전기안전종합정보시스템의 구축 · 운영에 필요한 사항은 대통령령으로 정한다.

시행령 **第14条(전기안전종합정보시스템의 운영)** ① 산업통상자원부장관은 다음 각 호의 업무를 법 제38조제1항에 따른 전기안전종합정보시스템(이하 "전기안전종합정보시스템"이라 한다)을 통하여 수행할 수 있다.

1. 법 제9조부터 제17조까지의 규정에 따른 전기설비의 안전관리에 관한 업무
2. 법 제21조에 따른 정보공개 업무
3. 법 제22조부터 제25조까지의 규정에 따른 전기안전관리자의 선임 · 해임 현황, 전기안전관리에 관한 기록의 작성 · 보존 · 제출 및 전기안전교육 현황 관리 업무
4. 법 제26조에 따른 전기안전관리업무를 전문으로 하는 자 등의 등록에 관한 업무
5. 법 제29조에 따른 실태조사에 관한 업무
6. 법 제40조에 따른 중대사고의 통보 · 조사에 관한 업무
7. 법 제41조에 따른 전기재해통계(이하 "전기재해통계"라 한다)의 작성에 관한 업무

8. 그 밖에 전기안전관리에 관한 정보의 효율적 관리를 위하여 산업통상자원부장관이 필요하다고 인정하는 업무

② 시 · 도지사는 법 제29조제3항에 따른 조사에 관한 업무를 전기안전종합정보시스템을 통하여 수행할 수 있다.

시행령 **제14조의2(자료의 요청)** 산업통상자원부장관은 법 제38조제2항에 따라 이 영 제14조제1항의 업무를 수행하기 위하여 불가피한 경우에는 관계 중앙행정기관의 장에게 「주민등록법」에 따른 세대주의 성명, 주민등록번호 및 주소를 요청할 수 있다.

제39조(보고) ① 산업통상자원부장관은 산업통상자원부령으로 정하는 바에 따라 전기설비의 검사 · 점검현황 등 전기안전에 관한 사항을 시 · 도지사, 시장 · 군수 · 구청장, 안전공사, 전기판매사업자 및 구역전기사업자로 하여금 보고하게 할 수 있다.

② 시 · 도지사는 산업통상자원부령으로 정하는 바에 따라 전기안전관리자의 선임 및 해임에 관한 사항을 전력기술인단체로 하여금 보고하게 할 수 있다.

제40조(중대한 사고의 통보 · 조사) ① 전기사업자 및 자가용전기설비의 소유자 또는 점유자는 그가 운용하는 전기설비로 인하여 산업통상자원부령으로 정하는 중대한 사고가 발생한 경우에는 산업통상자원부령으로 정하는 바에 따라 산업통상자원부장관에게 통보하여야 한다.

② 「전기사업법」 제35조에 따른 한국전력거래소는 전력계통의 운영과 관련하여 산업통상자원부령으로 정하는 중대한 사고가 발생한 경우에는 산업통상자원부령으로 정하는 바에 따라 산업통상자원부장관에게 통보하여야 한다.

③ 산업통상자원부장관은 전기사고의 재발방지를 위하여 필요하다고 인정하는 경우에는 다음 각 호의 자로 하여금 대통령령으로 정하는 전기사고의 원인 · 경위 등에 관한 조사를 하게 할 수 있다.

1. 안전공사
2. 산업통상자원부령으로 정하는 기술인력 및 장비 등을 갖춘 자 중 산업통상자원부장관이 지정한 자

시행령 **제15조(전기사고의 조사대상)** 법 제40조제3항에서 "대통령령으로 정하는 전기사고"란 다음 각 호의 사고를 말한다.

1. 법 제40조제1항에 따른 중대한 사고
2. 전기로 인하여 발생한 것으로 추정되는 다음 각 목의 사고
   가. 사망자가 2명 이상이거나 부상자가 3명 이상인 화재사고
   나. 재산피해[해당 화재사고에 대하여 경찰관서나 소방관서에서 추정한 가액(價額)에 따른다]가 3억원 이상인 화재사고

다. 그 밖에 제1호, 가목 또는 나목과 유사한 규모의 사고로서 해당 사고의 재발 방지를 위하여 사고의 원인 · 경위 등에 관한 조사가 필요하다고 인정하여 산업통상자원부장관이 지정하는 화재사고

제41조(전기재해통계의 작성) ① 산업통상자원부장관은 전기안전관리 정책을 효과적으로 수립 · 시행하기 위하여 대통령령으로 정하는 바에 따라 전기재해에 관한 통계를 작성 · 관리할 수 있다.

② 제1항에 따라 통계의 작성에 관하여 이 법에서 규정한 것 이외에는 「통계법」을 준용한다.

③ 산업통상자원부장관은 안전공사 또는 전문성을 갖춘 기관을 지정하여 제1항에 따른 통계의 조사 · 작성 · 분석 및 관리에 관한 업무의 전부 또는 일부를 수행하게 할 수 있다.

제42조(수수료 등) ① 다음 각 호의 어느 하나에 해당하는 자는 산업통상자원부령으로 정하는 바에 따라 수수료를 내야 한다.

1. 제9조 및 제11조에 따른 검사를 받으려는 자
2. 제13조에 따른 전기안전점검을 받으려는 자
3. 제23조제2항에 따른 전기안전관리자의 선임신고증명서를 발급받으려는 자
4. 제26조제2항에 따른 변경등록을 하려는 자(변경사항이 기술인력인 경우만 해당한다)

② 다음 각 호의 어느 하나에 해당하는 사람은 산업통상자원부령으로 정하는 바에 따라 교육비를 내야 한다.

1. 제25조제1항제1호에 따라 전기안전관리자의 안전관리교육을 받으려는 사람
2. 제25조제1항제2호에 따라 시공관리책임자의 안전시공교육을 받으려는 사람

제43조(권한의 위임 · 위탁) ① 이 법에 따른 산업통상자원부장관의 권한은 그 일부를 대통령령으로 정하는 바에 따라 그 소속 기관 또는 시 · 도지사에게 위임할 수 있다.

② 이 법에 따른 산업통상자원부장관 또는 시 · 도지사의 권한 중 다음 각 호의 업무의 전부 또는 일부를 대통령령으로 정하는 바에 따라 안전공사에 위탁할 수 있다. 〈개정 2021. 12. 21.〉

1. 제8조제2항에 따른 자가용전기설비의 공사계획의 신고 및 변경신고의 접수
2. 제9조 및 제11조에 따른 전기설비의 검사
3. 제10조에 따른 자가용전기설비의 임시사용의 허용

   3의2. 제12조의2에 따른 관제센터의 설치 · 운영

4. 제38조에 따른 전기안전종합정보시스템의 구축 · 운영

③ 이 법에 따른 산업통상자원부장관 또는 시 · 도지사의 권한 중 다음 제1호 및 제3호의 업무는 대통령령으로 정하는 바에 따라 전력기술인단체에, 제2호의 업무는 대통령령으로 정하는 바에 따라 「전기공사업법」 제25조제1항에 따른 공사업자단체(이하 "공사업자단체"라 한다)에 위탁할 수 있다.

1. 제25조제1항제1호에 따른 안전관리교육
2. 제25조제1항제2호에 따른 안전시공교육
3. 제26조제2항에 따른 전기안전관리업무를 전문으로 하는 자, 시설물관리를 전문으로 하는 자 및 전기안전관리대행사업자의 변경등록(변경사항이 기술인력인 경우만 해당한다)

시행령 **제17조(권한의 위임 및 업무의 위탁)** ① 산업통상자원부장관은 법 제43조제1항에 따라 다음 각 호의 권한을 시 · 도지사에게 위임한다.

1. 법 제8조제4항에 따른 자가용전기설비의 설치공사 또는 변경공사 신고의 접수(제2항제1호에 따라 자유무역지역관리원장에게 위임된 경우는 제외한다)
2. 설비용량 1만킬로와트 미만인 발전설비에 대한 법 제20조에 따른 적합명령

② 산업통상자원부장관은 법 제43조제1항에 따라 「자유무역지역의 지정 및 운영에 관한 법률」 제2조제1호에 따른 자유무역지역 안의 자가용전기설비에 대한 다음 각 호의 사항을 자유무역지역관리원장에게 위임한다.

1. 법 제8조제4항에 따른 자가용전기설비의 설치공사 또는 변경공사에 대한 신고의 접수
2. 전기설비(법 제8조제1항에 따라 산업통상자원부령으로 정하는 공사는 제외한다)에 대한 법 제20조에 따른 적합명령

③ 산업통상자원부장관 또는 시 · 도지사는 법 제43조제2항에 따라 다음 각 호의 업무를 안전공사에 위탁한다. 〈개정 2022. 6. 21.〉

1. 법 제8조제2항에 따른 자가용전기설비 공사계획의 신고 및 변경신고의 접수
2. 법 제9조에 따른 자가용전기설비의 사용전검사
3. 법 제10조에 따른 자가용전기설비의 임시사용의 허용
4. 법 제11조에 따른 전기설비의 정기검사
5. 법 제12조의2에 따른 관제센터의 설치 · 운영
6. 전기안전종합정보시스템의 구축 · 운영

④ 산업통상자원부장관 또는 시 · 도지사는 법 제43조제3항에 따라 다음 각 호의 업무를 「전력기술관리법」 제18조제1항에 따른 전력기술인단체로서 산업통상자원부령으로 정하는 요건을 갖춘 단체 중 산업통상자원부장관이 지정하여 고시하는 단체에 위탁한다.

1. 법 제25조제1항제1호에 따른 안전관리교육
2. 법 제26조제2항에 따른 전기안전관리업무를 전문으로 하는 자, 시설물관리를 전문으로 하는 자 및 전기안전관리대행사업자의 변경등록(변경사항이 기술인력인 경우만 해당한다)

⑤ 산업통상자원부장관은 법 제43조제3항에 따라 법 제25조제1항제2호에 따른 안전시공교육 업무를 「전기공사업법」 제25조제1항에 따른 공사업자단체로서 산업통상자원부령으로

정하는 요건을 갖춘 단체 중 산업통상자원부장관이 지정하여 고시하는 단체에 위탁한다.
[제목개정 2022. 6. 21.]

시행령 **제18조(고유식별정보의 처리)** ① 산업통상자원부장관(법 제43조에 따라 산업통상자원부장관의 권한을 위임받거나 업무를 위탁받은 자를 포함한다)은 다음 각 호의 사무를 수행하기 위하여 불가피한 경우 「개인정보 보호법 시행령」 제19조제1호 또는 제4호에 따른 주민등록번호 또는 외국인등록번호가 포함된 자료를 처리할 수 있다.

1. 법 제26조제1항 · 제2항에 따른 전기안전관리업무를 전문으로 하는 자 등에 관한 등록 사무
2. 법 제52조에 따른 과태료의 부과 및 징수에 관한 사무

② 안전공사는 법 제12조제1항 · 제2항 및 제13조제1항에 따른 안전점검의 고지에 관한 사무를 수행하기 위하여 불가피한 경우 「개인정보 보호법 시행령」 제19조제1호 또는 제4호에 따른 주민등록번호 또는 외국인등록번호가 포함된 자료를 처리할 수 있다. 〈개정 2022. 6. 21.〉

③ 「전력기술관리법」 제18조제1항에 따른 전력기술인단체 중 산업통상자원부장관이 정하여 고시하는 단체는 법 제23조제1항에 따른 전기안전관리자의 선임신고 및 해임신고에 관한 사무를 수행하기 위하여 불가피한 경우 「개인정보 보호법 시행령」 제19조제1호 또는 제4호에 따른 주민등록번호 또는 외국인등록번호가 포함된 자료를 처리할 수 있다.

제44조(관리 · 감독) ① 산업통상자원부장관 또는 시 · 도지사는 전력기술인단체 또는 공사업자단체의 수탁사무의 처리가 위법하거나 부당하다고 판단되는 경우 등 필요하다고 인정될 때에는 위탁사무에 관하여 필요한 지시를 하거나 시정을 명할 수 있다.

② 산업통상자원부장관은 전력기술인단체 또는 공사업자단체가 제1항에 따른 명령을 위반한 경우 위탁을 취소하거나 6개월 이내의 기간을 정하여 업무정지를 명할 수 있다.

③ 산업통상자원부장관은 전력기술인단체 또는 공사업자단체가 제2항에 해당하는 경우로서 그 업무정지가 전기안전관리자 또는 시공관리책임자에게 심한 불편을 주거나 그 밖에 공공의 이익을 해칠 우려가 있는 경우에는 업무정지 명령을 갈음하여 5천만원 이하의 과징금을 부과할 수 있다.

④ 제2항에 따른 위반행위별 처분기준과 제3항에 따른 과징금의 부과기준은 산업통상자원부령으로 정한다.

⑤ 산업통상자원부장관은 제3항에 따른 과징금을 내야할 자가 납부기한까지 이를 내지 아니하면 국세 체납처분의 예에 따라 징수할 수 있다.

제45조(벌칙 적용에서 공무원 의제) 산업통상자원부장관 또는 시 · 도지사가 제43조제2항 및 제3항에 따라 위탁한 업무에 종사하는 안전공사, 단체의 임직원은 「형법」 제129조부터 제132조까지의 규정을 적용할 때에는 공무원으로 본다.

제 7 장 벌칙

제46조(벌칙) 다음 각 호의 어느 하나에 해당하는 자는 2년 이하의 징역 또는 2천만원 이하의 벌금에 처하거나 이를 병과할 수 있다.

1. 제16조제3항 또는 제4항에 따른 명령을 정당한 사유 없이 위반한 자
2. 제37조를 위반하여 직무와 관련하여 알게 된 비밀을 누설 또는 도용하거나 다른 사람으로 하여금 이용하게 한 자

제47조(벌칙) 다음 각 호의 어느 하나에 해당하는 자는 1년 이하의 징역 또는 1천만원 이하의 벌금에 처한다.

1. 제8조제1항을 위반하여 전기설비의 설치공사 또는 변경공사를 한 자
2. 제22조제3항 각 호의 어느 하나에 해당하지 아니하는 자로서 전기안전관리업무를 대행한 자
3. 제26조제1항제1호부터 제3호까지의 규정에 따른 등록을 하지 아니하거나 같은 조 제2항에 따른 변경등록을 하지 아니하고 전기안전관리업무를 수행한 자
4. 거짓이나 그 밖의 부정한 방법으로 제26조제1항제1호부터 제3호까지의 규정에 따른 등록을 하거나 같은 조 제2항에 따른 변경등록을 한 자

제48조(벌칙) 제22조제1항부터 제4항까지의 규정을 위반하여 전기안전관리자를 선임하지 아니한 자는 500만원 이하의 벌금에 처한다.

제49조(벌칙) 다음 각 호의 어느 하나에 해당하는 자는 300만원 이하의 벌금에 처한다.

1. 제9조에 따른 검사에 합격하지 아니하고 전기설비를 사용한 자. 다만, 제10조에 따른 임시사용의 통지를 받은 경우는 제외한다.
2. 제20조(전기사업용전기설비 및 자가용전기설비의 소유자 또는 점유자만 해당한다)에 따른 명령을 위반한 자

제50조(벌칙) 제11조에 따른 검사를 거부 · 방해 또는 기피한 자는 100만원 이하의 벌금에 처한다.

제51조(양벌규정) 법인의 대표자나 법인 또는 개인의 대리인, 사용인, 그 밖의 종업원이 그 법인 또는 개인의 업무에 관하여 제46조부터 제50조까지의 어느 하나에 해당하는 위반행위를 하면 그 행위자를 벌하는 외에 그 법인 또는 개인에게도 해당 조문의 벌금형을 과(科)한다. 다만, 법인 또는 개인이 그 위반행위를 방지하기 위하여 해당 업무에 관하여 상당한 주의와 감독을 게을리 하지 아니한 경우에는 그러하지 아니하다.

제52조(과태료) ① 다음 각 호의 어느 하나에 해당하는 자에게는 300만원 이하의 과태료를 부과한다. 〈개정 2021. 12. 21.〉

1. 제12조제8항(제14조제2항에서 준용하는 경우를 포함한다)에 따른 시장 · 군수 · 구청장 또는 안전공사의 개선명령을 위반한 자
2. 제20조에 따라 일반용전기설비의 소유자 또는 점유자에게 내린 명령을 위반한 자

   2의2. 제21조의3제3항을 위반하여 보험에 가입하지 아니한 자
3. 제22조제5항을 위반하여 전기안전관리자의 대행자를 지정하지 아니한 자
4. 제22조제6항에 따른 전기안전관리 대행업무의 범위 및 업무량을 넘거나 최소점검횟수에 미달하여 전기안전관리업무를 대행한 자
5. 제24조제3항에 따른 기록을 하지 아니하거나 거짓으로 기록한 자 또는 기록을 보존 · 제출하지 아니한 자
6. 제25조제3항을 위반하여 전기안전교육을 수료하지 않은 사람에게 교육수료증을 발급한 자
7. 제26조제2항의 변경등록 중 기술인력 변경등록을 거짓이나 부정한 방법으로 처리한 자
8. 제29조제3항에 따른 자료의 제출명령을 거부하거나, 장부 · 서류나 그 밖의 자료 또는 물건의 조사를 거부 · 방해 또는 기피한 자
9. 제36조를 위반하여 한국전기안전공사 또는 이와 유사한 명칭을 사용한 자
10. 제40조제1항 또는 제2항에 따른 통보를 하지 아니한 자

② 다음 각 호의 어느 하나에 해당하는 자에게는 100만원 이하의 과태료를 부과한다. 〈개정 2021. 12. 21.〉

1. 제8조제2항을 위반하여 전기설비의 설치공사 또는 변경공사를 한 자
2. 제12조제1항 및 제14조제1항에 따른 점검(주거용 시설물에 설치된 전기설비에 대한 점검은 제외한다)을 거부 · 방해 또는 기피한 자
3. 제12조제7항(제14조제2항에서 준용하는 경우를 포함한다) 또는 제13조제3항에 따른 기록을 하지 아니하거나 거짓 기록을 한 자 또는 기록을 보존하지 아니한 자

   3의2. 제21조의2제1항을 위반하여 전기자동차 충전시설의 신고 또는 변경신고를 하지 아니한 자
4. 제22조제8항을 위반하여 안전관리에 필요한 장비를 보유하지 아니한 자
5. 제23조제1항에 따른 전기안전관리자의 선임 또는 해임 신고를 하지 아니하거나 거짓으로 선임 신고를 한 자
6. 제24조제4항을 위반하여 필요한 조치를 요구하지 아니한 전기안전관리자
7. 제24조제5항을 위반하여 전기안전관리자의 조치요구를 따르지 않거나, 조치요구를 이유로 전기안전관리자에게 불이익한 처우를 한 전기사업자 및 자가용전기설비의 소유자 또는 점유자

8. 제25조제1항제1호를 위반하여 안전관리교육을 받지 아니한 사람
9. 제25조제1항제2호를 위반하여 안전시공교육을 받지 아니한 사람
10. 제25조제4항을 위반하여 전기안전교육을 받지 아니한 사람을 해임하지 아니한 자
11. 제25조제5항을 위반하여 안전시공교육을 받지 아니한 사람의 시공관리책임자 지정을 취소하지 아니한 자
12. 제26조제1항제4호에 따른 등록을 하지 아니하거나 같은 조 제2항에 따른 변경등록을 하지 아니하고 전기안전관리업무를 수행한 자

③ 제1항 및 제2항에 따른 과태료는 대통령령으로 정하는 바에 따라 산업통상자원부장관, 시 · 도지사 또는 시장 · 군수 · 구청장이 부과 · 징수한다.

시행령 **제19조(과태료의 부과기준)** 법 제52조제1항 및 제2항에 따른 과태료의 부과기준은 별표 5와 같다.

■ 전기안전관리법 시행령 **[별표 5]** 〈개정 2022. 6. 21.〉

과태료의 부과기준 (제19조 관련)

1. 일반기준

부과권자는 위반행위의 정도, 위반횟수, 위반행위의 동기와 그 결과 등을 고려하여 제2호의 개별기준에 따른 과태료의 2분의 1 범위에서 그 금액을 늘리거나 줄여 부과할 수 있다. 다만, 늘려 부과하는 경우에도 법 제52조제1항 및 제2항에 따른 과태료의 상한을 넘을 수 없다.

2. 개별기준

위반행위	근거법령	과태료
가. 법 제8조제2항을 위반하여 전기설비의 설치공사 또는 변경공사를 한 경우	법 제52조 제2항제1호	80만원
나. 법 제12조제1항 및 제14조제1항에 따른 점검(주거용 시설물에 설치된 전기설비에 대한 점검은 제외한다)을 거부 · 방해 또는 기피한 경우	법 제52조 제2항제2호	80만원
다. 법 제12조제7항(법 제14조제2항에서 준용하는 경우를 포함한다) 또는 제13조제3항에 따른 기록을 하지 않거나 거짓 기록을 한 경우 또는 기록을 보존하지 않은 경우	법 제52조 제2항제3호	50만원
라. 법 제12조제8항(법 제14조제2항에서 준용하는 경우를 포함한다)에 따른 시장 · 군수 또는 구청장, 안전공사의 개선명령을 위반한 경우	법 제52조 제1항제1호	200만원
마. 법 제20조에 따라 일반용전기설비의 소유자 또는 점유자에게 내린 명령을 위반한 경우	법 제52조 제1항제2호	200만원
바. 법 제22조제5항을 위반하여 전기안전관리자의 대행자를 지정하지 않은 경우	법 제52조 제1항제3호	200만원
사. 법 제22조제6항에 따른 전기안전관리 대행업무의 범위 및 업무량을 넘거나 최소점검횟수에 미달하여 전기안전관리업무를 대행한 경우	법 제52조 제1항제4호	200만원
아. 법 제22조제8항을 위반하여 안전관리에 필요한 장비를 보유하지 않은 경우	법 제52조 제2항제4호	50만원
자. 법 제23조제1항에 따른 전기안전관리자의 선임 또는 해임 신고를 하지 않거나 거짓으로 선임 신고를 한 경우	법 제52조 제2항제5호	80만원
차. 법 제24조제3항에 따른 기록을 하지 않거나 거짓으로 기록한 경우 또는 기록을 보존 · 제출하지 않은 경우	법 제52조 제1항제5호	200만원
카. 전기안전관리자가 법 제24조제4항을 위반하여 필요한 조치를 요구하지 않은 경우	법 제52조 제2항제6호	50만원
타. 전기사업자 및 자가용전기설비의 소유자 또는 점유자 법 제24조제5항을 위반하여 전기안전관리자의 조치요구를 따르지 않거나 조치요구를 이유로 전기안전관리자에게 불이익한 처우를 한 경우	법 제52조 제2항제7호	50만원
파. 법 제25조제1항제1호를 위반하여 안전관리교육을 받지 않은 경우	법 제52조 제2항제8호	50만원

위반행위	근거법령	과태료
하. 법 제25조제1항제2호를 위반하여 안전시공교육을 받지 않은 경우	법 제52조 제2항제9호	50만원
거. 법 제25조제3항을 위반하여 전기안전관리교육을 수료하지 않은 사람에게 교육수료증을 발급한 경우	법 제52조 제1항제6호	200만원
너. 법 제25조제4항을 위반하여 전기안전교육을 받지 않은 사람을 해임하지 않은 경우	법 제52조 제2항제10호	50만원
더. 법 제25조제5항을 위반하여 안전시공교육을 받지 않은 사람의 시공관리책임자 지정을 취소하지 않은 경우	법 제52조 제2항제11호	50만원
러. 법 제26조제1항제4호에 따른 등록을 하지 않거나 같은 조 제2항에 따른 변경등록을 하지 않고 전기안전관리업무를 수행한 경우	법 제52조 제2항제12호	80만원
머. 법 제26조제2항의 변경등록 중 기술인력 변경등록을 거짓이나 부정한 방법으로 처리한 경우	법 제52조 제1항제7호	200만원
버. 법 제29조제3항에 따른 자료의 제출명령을 거부하거나, 장부 · 서류나 그 밖의 자료 또는 물건의 조사를 거부 · 방해 또는 기피한 경우	법 제52조 제1항제8호	200만원
서. 법 제36조를 위반하여 한국전기안전공사 또는 이와 유사한 명칭을 사용한 경우	법 제52조 제1항제9호	200만원

참고문헌

1. 허창수 외 "태양광 발전 시스템 설계와 시공기술" 인피니티 북스
2. 태양광발전연구회 "신재생에너지 발전설비(태양광) 기사 필기" 동일출판사
3. 한국에너지공단 신 · 재생에너지센터 "신재생에너지 RD&D전략 2030 시리즈 2권-13권"
4. 송길영 "신편 전력공학" 동일출판사
5. 이현화 외 "태양광발전시스템 설계 및 시공" 인포더북스
6. 봉우근 외 "태양광에너지공학" 엔트미디어
7. 남상린 외 "전기설비의 설계 및 시공" 동일출판사
8. 권영빈 "태양광 에너지공학" 엔트미디어
9. IRS Global "전기차(EV)용 무선전력전송과 충전인프라시장/기술동향과 참여업체 사업전략"
10. 차재호 외 "에너지총설(상 하)" 한국에너지정보센터
11. 김진 외 "경제성분석" 도서출판 한경사
12. 김재환 "전자기학" 동일출판사
13. 한국에너지공단 신 · 재생에너지센터, http://www.energy.or.kr
14. 한국수력원자력, http://www.khnp.co.kr/
15. 한국수자원공사 http://www.kwater.or.kr/
16. 산림청, http://carbon.forest.go.kr/foahome/
17. 기상청 홈페이지
18. 공주대학교 지구과학교육과, http://earth.kongju.ac.kr/
19. 정춘병 외 "신재생에너지개론" 한국전력공사 인재개발원, 전기 기술인협회
20. 허창수 외 "태양광발전 시스템 설계과정" 신재생에너지협회
21. 정춘병 외 "신재생에너지 실무 및 기초" 신재생에너지협회
22. 황병선 외 "최신 풍력터빈의 이해" 도서출판 아진
23. 박종화 "알기 쉬운 태양광발전" 도서출판 문운당
24. 심성희"기후대응 녹색에너지산업의 성장잠재력 분석"에너지경제연구원
25. 김천오 "계측제어응용" 태영문화사
26. 김두현 외 "전기안전공학"도서출판 동화기연
27. 서대운 외 "신재생에너지 발전설비(태양광) 기사 실무" 한솔
28. "태양광발전소 거래중개사 양성과정교재" 매일경제
29. 최동배 "스마트그리드" 인포더북스

30. “2020 신 · 재생에너지 백서” 산업통상자원부
31. “태양광 재활용센터 구축기반조성사업 안내” 산업통상자원부
32. 정춘병 “태양광발전시스템의 최대출력제어를 위한 새로운 방식 석사학위 논문
33. 윤용식 외 3명 “우주태양광발전 기술동향” 학술논문
34. 태양광발전용어모음(2010)/ 지식경제부 기술표준원
35. 백영식 “토질역학” 구미서관
36. 박영석 “구조역학” 구미서관
37. 이인모 “암반역학의 원리” 새론
38. “건설공사 비탈면 설계기준” 국토교통부
39. “구조물 설계기준” 국토교통부
40. “건축전기설비설계기준” 국토교통부

저자약력

정 춘 병

㈜ 경동엔지니어링 부사장

▸ 학력

명지대학교 전기공학과 학사, 석사, 공학박사

▸ 자격

건축전기설비 기술사, 전기응용기술사 등

▸ 수상

과학기술훈장 웅비장

▸ 저서

건축물의 전기설비 (배전설비) 예문사 공저

건축물의 전기설비 (전원설비) 예문사 공저

태양광 발전시스템 설계와 시공기술 GS인터비전 공저

신재생에너지 발전시스템공학, 동일출판사

주요경력

㈜ 신한 (종합건설) 이사

㈜ 한국종합엔지니어링 부사장

㈜ 이산 (종합엔지니어링) 부사장

명지전문대 전기과 겸임교수

한양대학교, 세종대학교, 한국폴리텍대학 강사 등

사회활동

한국기술사회 부회장, 한림원장

한국건설기술인협회 전기 · 전자 기술인회장

대한중재인협회 부 협회장

한국건설안전학회 부회장

전기설계협의회 의장

한국조명설비학회 이사

전기기술인협회 이사

주요심의위원

국토건설교통부 특별 건설심의위원

국방부 특별 건설심의위원

노동부 국가기술자격 정책심의위원

산업인력공단 직종별 전문위원 등

신재생에너지 발전시스템(태[illegible]합

발　　행 / 2025년 8월 29일

저　　자 / 정 춘 병
펴 낸 이 / 정 창 희
펴 낸 곳 / 동일출판사
주　　소 / 서울시 강서구 곰달래로31길7 (2층)
전　　화 / (02) 2608-8250
팩　　스 / (02) 2608-8265
등록번호 / 109-90-92166

ISBN 978-89-381-1718-2 93560
값 / 35,000원